EINFÜHRUNG IN DIE AKUSTIK

EINFÜHRUNG IN DIE
AKUSTIK

VON

FERDINAND TRENDELENBURG

DR. PHIL.
HONORARPROFESSOR AN DER UNIVERSITÄT FREIBURG I. BR.
UND AN DER TECHNISCHEN HOCHSCHULE MÜNCHEN

DRITTE UMGEARBEITETE AUFLAGE

MIT 412 ABBILDUNGEN

SPRINGER-VERLAG
BERLIN · GÖTTINGEN · HEIDELBERG
1961

ISBN 978-3-642-86496-4   ISBN 978-3-642-86495-7 (eBook)
DOI 10.1007/978-3-642-86495-7

FRAU AENNE TRENDELENBURG
GEB. BRÄHLER

ZUGEEIGNET

Vorwort zur dritten Auflage

Die großen Fortschritte, welche im letzten Jahrzehnt in der Akustik erzielt wurden, bedingten eine weitgehende Neubearbeitung der „Einführung in die Akustik". Der Umfang der Neugestaltung läßt sich anschaulich daran erkennen, daß die nunmehr vorliegende 3. Auflage 132 neue Abbildungen enthält. Die Zahl der seit Erscheinen der 2. Auflage veröffentlichten Arbeiten übersteigt weit diejenige der zwischen der 1. und 2. Auflage erfolgten Veröffentlichungen. Der Verfasser hofft, daß es ihm trotz der überwältigenden Zahl neuerschienener Veröffentlichungen gelungen ist, die wichtigen einschlägigen Arbeiten des In- und Auslandes zu erfassen.

In der Neuauflage wird das MKS-System benutzt; lediglich an Stellen, an denen dies aus besonderen Gründen zweckmäßig erschien, ist neben dem MKS-System auch das CGS-System beibehalten worden. Die Umstellung auf das MKS-System wurde von Herrn Dr. G. Sessler, Göttingen, vorgenommen. Herr Sessler sah weiterhin das Manuskript der neuen Auflage durch und beteiligte sich intensiv an der Neubearbeitung insbesondere der Ziffern 26, 27, 28, 30, 31 und 32. Der Verfasser ist Herrn Sessler für seine Hilfe zu großem Dank verpflichtet. Weiterhin möchte der Verfasser noch den Herren Prof. E. Lerche, Prof. E. Lübcke, Prof. E. Schütz, Prof. F. Spandöck, Prof. E. Thienhaus und Dr.-Ing. W. Willms für wertvolle Ratschläge danken.

Besonderen Dank schuldet der Verfasser Frau E. Albrecht für unermüdliche Hilfe bei Erfassung und Sichtung des akustischen Schrifttums.

Dem Springer-Verlag dankt der Verfasser für seine ihm auch bei Herausgabe der 3. Auflage wieder gewährte große Hilfe.

Erlangen, im Oktober 1960

Ferdinand Trendelenburg

Hingewiesen sei noch auf folgende inzwischen erschienene oder neu aufgelegte Bücher: Beranek, L. L.: Acoustic Measurements. London und New York 1950. — Kinsler, L. E., u. A. R. Frey: Fundamentals of Acoustics. New York 1950. — Fischer, F. A.: Grundzüge der Elektroakustik. Berlin 1950. — Olson, H. F.: Musical Engineering. New York 1952. — Richardson, E. G.: Ultrasonic Physics. Amsterdam, London, New York 1952; Technical Aspects of Sound, Bd. I, Amsterdam, London, New York 1953; Bd. II, Amsterdam, London, New York 1957. —

HUETER, T. F., u. R. H. BOLT: Sonics, Techniques for Industrial Uses of Sound and Ultrasound, New York 1954. — SKUDRZYK, F.: Die Grundlagen der Akustik. Wien 1954. — BERANEK, L. L.: Acoustics. New York 1954. — BERGMANN, L.: Der Ultraschall und seine Anwendung in Wissenschaft und Technik. 6. Aufl., Stuttgart 1954. — LORD RAYLEIGH: Theory of Sound. Neudruck der 2. Aufl., New York 1956. — REICHARDT, W.: Grundlagen der Elektroakustik. 3. Aufl., Leipzig 1952.

Vorwort zur ersten Auflage

Das vorliegende Buch bezweckt, dem Studierenden eine Einführung in die moderne Akustik zu geben; es soll weiterhin dazu dienen, dem auf einem Spezialgebiet arbeitenden Ingenieur und Wissenschaftler einen Einblick in ihm fernerstehende Gebiete der Akustik zu ermöglichen.

Das Buch ist so aufgebaut, daß zunächst die allgemeinen Grundlagen der Schwingungslehre und der Wellenlehre behandelt werden; die theoretischen Darlegungen wurden hierbei in möglichst großem Umfang durch Beispiele aus der akustischen Praxis ergänzt. Die weiteren Abschnitte des Buches behandeln dann Schallfeldgrößen und ihre Messung, Schallerzeugung, Schallausbreitung, Schallempfang und Schallaufzeichnung, Schallanalyse und physikalische Eigenschaften natürlicher Schallvorgänge. Ein Anhang enthält ein Verzeichnis der Benennungen in der Akustik und eine Zusammenfassung wichtiger akustischer Formeln.

Der Verfasser war bemüht, eine sachlich knappe Darstellung der modernen Akustik zu bringen; er hielt es aber für angebracht, die sachlichen Darstellungen auch durch einige historische Bemerkungen zu ergänzen. Manche großen Leistungen auf akustischem Gebiet sind bisher in der Allgemeinheit nur wenig bekanntgeworden. Der Verfasser denkt hierbei z. B. an G. S. OHM, welcher die grundlegenden Gesetze des Zusammenhangs von Schallreiz und Schallempfindung fand, und der hierbei zuerst das FOURIER-Theorem auf dem Gebiet der Akustik anwendete; er denkt auch an WERNER VON SIEMENS, welcher — der modernen Entwicklung um 50 Jahre vorgreifend — das elektrodynamische Telephon erfand und in genialer Weise seine besondere Eignung für klanggetreue Schallübertragung erkannte. Es würde dem Verfasser Freude bereiten, wenn diese Bemerkungen zur Klärung einiger historischer Fragen beitragen würden.

Eine gewisse Schwierigkeit bildete die richtige Auswahl des in den Anmerkungen nachgewiesenen Schrifttums. Bei der raschen Entwicklung, welche die Akustik in den letzten Jahren genommen hat, ist es ausgeschlossen, alle akustischen Arbeiten anzuführen. Der Verfasser war aber bestrebt, alle diejenigen Arbeiten in Anmerkungen nachzuweisen, die in unmittelbarem Zusammenhang mit den im Text behandelten Fragen stehen. Bezüglich weiterer Arbeiten sei auf andere einschlägige Werke[1] verwiesen.

Der besondere Dank des Verfassers gebührt dem Leiter des Forschungslaboratoriums I der Siemens-Werke, Herrn Professor GERDIEN, der die vom Verfasser in dem genannten Laboratorium durchgeführten Arbeiten stets auf das wohlwollendste förderte.

Im August 1939

Ferdinand Trendelenburg

---

[1] Handbuch der Physik 8, Akustik. Berlin 1927. — Handbuch der Experimentalphysik **17/1**, Schwingungs- und Wellenlehre, Ultraschall. Leipzig 1934; **17/2, 3**, Technische Akustik. Leipzig 1934. — MEYER, E.: Beitrag „Akustik" zur Physik i. regelm. Ber. **2**, H. 3, 1 (1934); **6**, H. 4, 1 (1938). — TRENDELENBURG, F.: Die Fortschritte der physikalischen und technischen Akustik, 2. Aufl. Leipzig 1934. — HIEDEMANN, E.: Ultraschall, Ergebn. exakt. Naturw.: **14**, 201 (1935). — Literaturzusammenstellung auf dem Gebiet der technischen Mechanik und Akustik. Herausgegeben von W. ZELLER. H. 1 (W. ZELLER): Wohnlärm. Berlin 1933. H. 2 (W. ZELLER): Boden- und Gebäudeschwingungen, Lärm, Fahrzeugschwingungen. Berlin 1933. H. 3 (W. ZELLER u. E. BOEDEKER): Fortsetzung von Heft 2. Berlin 1934. H. 4 (K. TEGTMEYER u. E. BOEDEKER): Allgemeine Akustik. Raumakustik. Berlin 1935. H. 5 (H. W. KOCH u. E. BOEDEKER): Schwingungen im Bauwesen, bei Fahrzeugen und Maschinen. Schwingungsmessung. Berlin 1936. H. 6 (W. ZELLER): Lärmabwehr. Berlin 1938. — BRAUNMÜHL, J. H. v., u. W. WEBER: Einführung in die angewandte Akustik. Leipzig 1936. — BERGMANN, H.: Ultraschall, 2. Aufl. Berlin 1939.

Inhaltsverzeichnis

Inhaltsverzeichnis

XI

I. Grundlegende Fragen der Schwingungslehre und der Wellenlehre[1]

1. Einfache Schwingungen

Als Schwingungsvorgänge bezeichnet man solche Vorgänge, bei denen nach Ablauf gewisser Zeitabschnitte stets wieder der gleiche Zustand erreicht wird. Besteht ein Schwingungsvorgang aus einer Wiederholung von untereinander identischen Abschnitten, so bezeichnet man ihn als „rein periodisch".

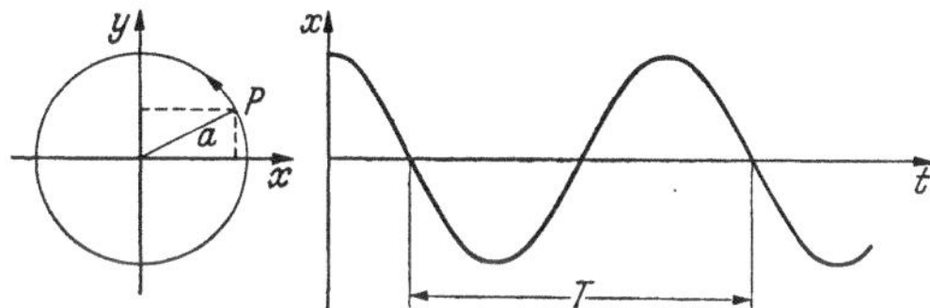

Abb. 1. Ableitung der sinusförmigen Schwingung aus der Kreisbewegung

Ein besonders einfaches Beispiel eines rein periodischen Schwingungsvorganges stellt der mit konstanter Geschwindigkeit erfolgende Umlauf eines materiellen Punktes auf einer Kreisbahn (Abb. 1) dar.

Die Bewegung des Punktes P wird beschrieben durch die Gleichungen:

$$\left.\begin{aligned} x &= a \cdot \cos \omega \, (t - t_0), \\ y &= a \cdot \sin \omega \, (t - t_0), \end{aligned}\right\} \tag{1}$$

[1] Bezüglich eingehenderer Darstellungen der Schwingungslehre und Wellenlehre sei verwiesen auf H. BACKHAUS: Beitrag Theorie akustischer Schwingungen zum Handbuch der Physik 8, 5. Berlin 1927. — KALÄHNE, A.: Grundzüge der math.-phys. Akustik 2 Bände. Leipzig 1910 und 1913. — DIESSELHORST, H.: Beitrag Allgemeine Schwingungslehre zu MÜLLER-POUILLETS Lehrbuch der Physik, 11. Auf., 1/1, 371. Braunschweig 1929. — MARTIN, H.: Beitrag Schwingungslehre zum Handbuch der Exp. Physik **17/1**, 3. Leipzig 1934. — SCHMIDT, H.: Beitrag Schwingungen kontinuierlicher Systeme und Wellenvorgänge. Ebendort S. 177. — WAGNER, K. W.: Einführung in die Lehre von den Schwingungen und Wellen. Wiesbaden 1947. — MORSE, PH. M.: Vibration and Sound. New York 1948. — KLOTTER, K.: Technische Schwingungslehre. Berlin-Göttingen-Heidelberg 1951. — MACKE, W.: Wellen. Leipzig 1957.

wobei mit ω die Winkelgeschwindigkeit (d. h. also der Winkel, welchen der Radiusvektor in der Zeiteinheit durchläuft) bezeichnet wird; t_0 ist die Zeit, bei welcher die Betrachtung des Schwingungsvorganges beginnt. Nach jedem vollen Umlauf erreicht der Punkt die gleiche Stelle der Bahn. Man bezeichnet die Zeit T, welche bei einem Schwingungsvorgang verstreicht, bis jeweils wieder der identische Schwingungszustand erreicht wird, als „Periode" der Schwingung. In der Zeiteinheit erfolgen $1/T = f$ Schwingungen, f heißt die sekundliche „Schwingungszahl" oder „Frequenz"[1]. Die Einheit der Frequenz ist das Hertz (Hz; [sec^{-1}]). Zwischen der Winkelgeschwindigkeit ω (die auch „Kreisfrequenz" genannt wird) und der Frequenz f besteht die Beziehung $\omega = 2\,\pi\,f$.

Die Gln. (1) lassen sich schreiben

$$\left.\begin{aligned} x &= a \cdot \cos(\omega\,t - \varphi), \\ y &= a \cdot \sin(\omega\,t - \varphi). \end{aligned}\right\} \tag{2}$$

$\varphi = \omega\,t_0$ bezeichnet man als die „Phase" der Schwingung.

Projiziert man die Bewegung des Punktes P auf einen Durchmesser des Kreises — also beispielsweise auf die x-Achse —, so erhält man die einfachste Form einer geradlinigen Schwingungsbewegung; für die Lage des Projektionspunktes P' auf der Achse gilt die Beziehung

$$x = a \cdot \cos(\omega\,t - \varphi); \tag{3}$$

a nennt man die „Amplitude" der Schwingung oder die „Schwingungsweite", die jeweilige Entfernung des Punktes P' von der Ruhelage bezeichnet man als seine „Elongation" oder „Auslenkung". Sinusförmige Schwingungen, wie sie durch einen Ausdruck von der Form (3) beschrieben werden, nennt man auch „rein harmonische" Schwingungen.

Durch Differentiation des Ausdrucks (3) nach der Zeit ergibt sich für die momentane Geschwindigkeit des Punktes P' oder wie man meist sagt für seine „Schnelle"

$$v = \frac{dx}{dt} = -\,\omega\,a\,\sin(\omega\,t - \varphi), \tag{4}$$

und für die momentane Beschleunigung

$$\dot{v} = \frac{d^2x}{dt^2} = -\,\omega^2\,a\,\cos(\omega\,t - \varphi) = -\,\omega^2\,x. \tag{5}$$

---

[1] Die hier als „Frequenz" definierte Größe hat H. O. KNESER [A. E. Ü. 2, 167 (1948)] in schärferer Formulierung als „Phasenfrequenz" bezeichnet. Diese „Phasenfrequenz" einer Schwingung ermittelt man beispielsweise aus der Auswertung von Oszillogrammen oder von LISSAJOUS-Figuren. Von der „Phasenfrequenz" hat man, strenggenommen, die „Gruppenfrequenz" zu unterscheiden, die man beispielsweise bei Messungen mit Schallspektrometern, Resonatoren und dgl. ermittelt. Die Gruppenfrequenz unterliegt, wie H. O. KNESER zeigte, der Unsicherheitsrelation (Ziffer 31, S. 489), während man die Phasenfrequenz prinzipiell mit beliebiger Genauigkeit ermitteln kann.

Geschwindigkeit und Beschleunigung verlaufen also bei sinusförmigen Schwingungen ebenfalls sinusförmig, aber gegen die Bewegung um die Phasenwinkel $\pi/2$ bzw. π verschoben. In Abb. 2 ist der zeitliche Verlauf der Bewegung, der Schnelle und der Beschleunigung eingetragen, es wurde hierbei zur Vereinfachung a sowohl wie ω gleich 1 gesetzt.

Sehr viele praktisch wichtige Schwingungen verlaufen nach Art der eben skizzierten geradlinigen sinusförmigen Bewegung. So kann man beispielsweise die Schwingung eines Pendels — solange nur die Pendellänge sehr groß gegen die Schwingungsamplitude ist — als eine geradlinige sinusförmige Schwingung auffassen. Ein anderes solches Beispiel

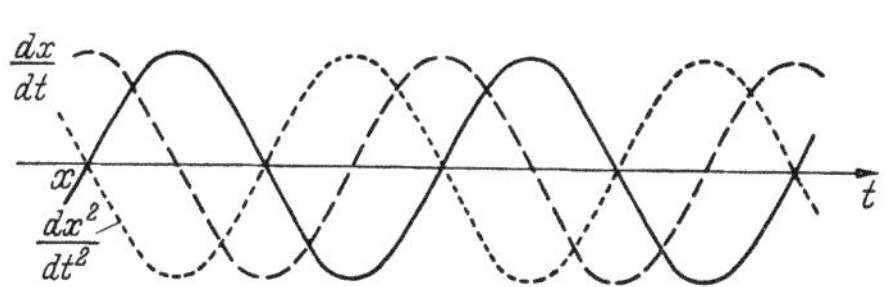

Abb. 2. Auslenkung (x), Momentangeschwindigkeit (Schnelle) (dx/dt) und Momentanbeschleunigung (d^2x/dt^2) eines sinusförmig schwingenden Punktes

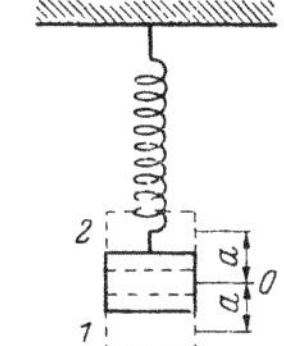

Abb. 3. Schwingungen einer elastisch aufgehängten Masse

ist die elastisch aufgehängte Masse (Abb. 3). Zieht man eine derartige Masse um eine Strecke a aus ihrer Ruhelage und läßt man sie dann los, so wird sie durch die Federkraft nach der Ruhelage hin zurückgezogen; infolge der Massenträgheit schnellt sie dann über die Ruhelage hinaus bis in die Stellung 2, von dieser schwingt sie wieder nach Stellung 1 und so fort: sie führt Schwingungen um die Ruhelage aus. Würde das System keine Reibung erfahren, so würde der Schwingungsvorgang sich beliebig oft — und zwar rein sinusförmig — wiederholen, in Wirklichkeit sind derartige Systeme freilich mit Reibung behaftet; diese bewirkt, daß die Schwingungsamplitude dauernd abnimmt, bis das System schließlich wieder zur Ruhe kommt (vgl. S. 24).

Für die momentane kinetische Energie eines mit der Form $a \cdot \cos \omega t$ schwingenden Systems läßt sich — wenn die Masse des Systems mit m bezeichnet wird — die Beziehung aufstellen:

$$T = \frac{m}{2} v^2 = \frac{m \omega^2}{2} \cdot a^2 \sin^2 \omega t = \frac{m \omega^2}{2} \cdot a^2 \frac{(1 - \cos 2 \omega t)}{2} \, . \tag{6}$$

Die kinetische Energie erreicht ihren größten Wert jeweils beim Durchlaufen der Ruhelage, und zwar wird

$$T_{\max} = \frac{m}{2} \cdot \omega^2 a^2 \, . \tag{7}$$

Beim Durchlaufen der Ruhelage ist die potentielle Energie des Systems gleich Null; da die Summe von kinetischer und potentieller Energie stets gleich der Gesamtenergie E des Systems sein muß, ist also auch die maximale kinetische Energie des Systems gleich der Gesamtenergie der Schwingung.

Für die potentielle Energie gilt

$$U = E - T = T_{\max} - T = \frac{m\,\omega^2\,a^2}{2}\,(1 - \sin^2 \omega\,t)$$

$$= \frac{m\,\omega^2}{2} \cdot a^2 \cos^2 \omega\,t = \frac{m\,\omega^2\,a^2}{2}\left(\frac{1 + \cos 2\,\omega\,t}{2}\right). \tag{8}$$

Die Ausdrücke (6) und (8) lehren, daß ein dauernder Wechsel der Energie von der Form der kinetischen zur Form der potentiellen stattfindet, und zwar erfolgt dieser Wechsel mit der doppelten Kreisfrequenz $2\,\omega$. Ein derartiges Pendeln der Energie ist charakteristisch nicht nur für mechanische oder akustische Schwingungsvorgänge, sondern auch für elektrische, so tritt ja beispielsweise bei elektrischen — aus Selbstinduktion und Kondensator gebildeten Schwingungskreisen — die Energie bald als magnetische im Feld der Spule, bald als elektrische im Dielektrikum des Kondensators in Erscheinung.

Schwingungsvorgänge, wie wir sie am Beispiel der schwingenden Bewegung eines Massenpunktes kennenlernten, treten in der Akustik in den verschiedensten Erscheinungsformen auf. Schwingungsförmige Druckschwankungen in der Luft sind es beispielsweise, die unsere Schallempfindung auslösen. Die Druckschwankungen im Gehörgang rufen erzwungene Schwingungen des Trommelfells hervor, die nach dem inneren Ohr übertragen werden und dort Schallempfindung bewirken. Erfolgt die Druckschwankung nach einem sinusförmigen Gesetz von der Form $p = p_0 \sin(\omega\,t + \varphi)$, so nennt man den Schallvorgang einen reinen ,,*Ton*‘‘, eine Definition, die auf G. S. Ohm[1] zurückgeht.

2. Zusammengesetzte Schwingungen

Soll ein materieller Punkt mehreren getrennten, aber gleichgerichteten Bewegungen unterworfen werden, so kann er diese nicht einzeln ausführen; die den verschiedenen einzelnen Einwirkungen entsprechenden Bewegungen werden zu einer resultierenden Bewegung zusammengefaßt. Sinngemäß gilt dieser Satz auch für andere physikalische Schwingungsvorgänge. Treffen beispielsweise am Ohr zwei verschiedene Schallwellen ein, von denen die eine die Druckschwankung $p_1(t)$, die andere diejenige $p_2(t)$ hervorrufen würde, so entsteht der resultierende Druck $p(t) = p_1(t) + p_2(t)$.

Für die weitere Behandlung sei zunächst ein sinusförmiger Verlauf der Einzelschwingungen vorausgesetzt. Besitzen die beiden Einzelschwingungen die gleiche Frequenz, so bezeichnet man die Zusammen-

---

[1] Ohm, G. S.: Pogg. Ann. Phys. u. Chem. **135**, 513 (1843).

wirkung als eine *Interferenz* von Schwingungen. Kommen zwei Schwingungen gleicher Amplitude und gleicher Phase zur Interferenz, so erhält die resultierende Schwingung die doppelte Amplitude (Abb. 4), bei entgegengesetzter Phase (also einem Phasenunterschied von π) wird die Amplitude der resultierenden Schwingung Null.

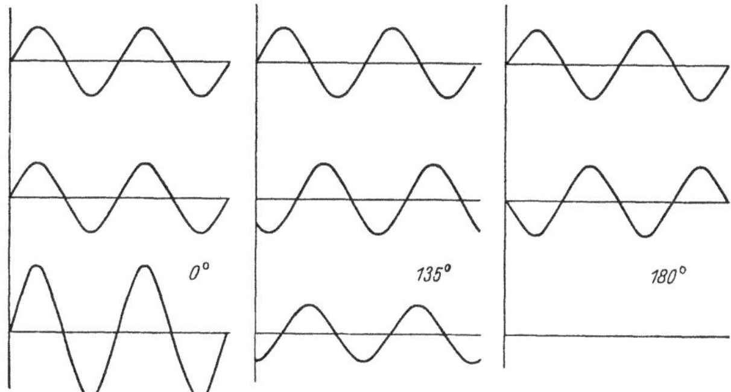

Abb. 4. Interferenz von zwei sinusförmigen Schwingungen gleicher Amplitude bei verschiedener Phasenlage

Allgemein gilt für beliebige Amplitude und Phase der Ausgangsschwingungen

$$\left.\begin{aligned}
x_1 &= a_1 \sin (\omega t - \varphi_1), \\
x_2 &= a_2 \sin (\omega t - \varphi_2), \\
x &= x_1(t) + x_2(t) = a \sin (\omega t - \varphi), \\
a &= \sqrt{a_1^2 + a_2^2 + 2\, a_1 a_2 \cos (\varphi_1 - \varphi_2)}, \\
\operatorname{tg} \varphi &= \frac{a_1 \sin \varphi_1 - a_2 \sin \varphi_2}{a_1 \cos \varphi_1 - a_2 \cos \varphi_2}.
\end{aligned}\right\} \qquad (9)$$

Diese Beziehungen lassen sich leicht ableiten, wenn man auf die auf S. 1 behandelte Herleitung der geradlinigen Schwingung aus der Projektion einer Kreisbewegung zurückgreift; Abb. 5 zeigt die entsprechende Konstruktion für die Zusammensetzung von zwei Schwingungen gleicher Frequenz, aber verschiedener Amplitude und Phase.

Beliebig viele einfach harmonische Schwingungen gleicher Frequenz lassen sich stets zu einer einzigen Schwingung zusammenfassen. Amplitude und Phase der resultierenden Schwingung kann man in einer Erweiterung der in Abb. 5 durchgeführten Konstruktion gemäß Abb. 6 leicht ermitteln.

Ist die Frequenz der sinusförmigen Ausgangsschwingungen verschieden, so besitzt die resultierende Schwingung keine Sinusform mehr, es kommt dann zu Schwankungen der Amplitude der resultierenden Schwingung; die Verhältnisse liegen bei ungleicher Frequenz der beiden Ausgangsschwingungen ja so, daß je nach der Phasenlage zu bestimmten

Zeiten die beiden Ausgangsschwingungen einander entgegenwirken, während sie zu anderen Zeiten in der gleichen Richtung arbeiten.

Für zwei sinusförmige Schwingungen gleicher Amplitude aber verschiedener Frequenz

$$x_1 = a \sin \omega_1 t, \quad x_2 = a \sin \omega_2 t$$

wird

$$x = x_1 + x_2 = a (\sin \omega_1 t + \sin \omega_2 t)$$

$$= 2 a \cos \left(\frac{\omega_1 - \omega_2}{2} \right) t \cdot \sin \left(\frac{\omega_1 + \omega_2}{2} \right) t. \tag{10}$$

Es entsteht also eine resultierende Schwingung von der mittleren Frequenz der beiden Ausgangsschwingungen, deren Amplitude mit der Frequenz

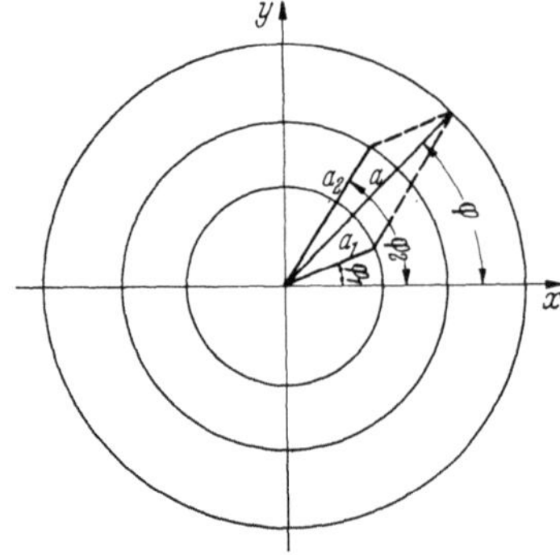

Abb. 5. Zusammensetzung von zwei sinusförmigen Schwingungen gleicher Frequenz, verschiedener Amplitude und verschiedener Phase aus der Kreisbewegung

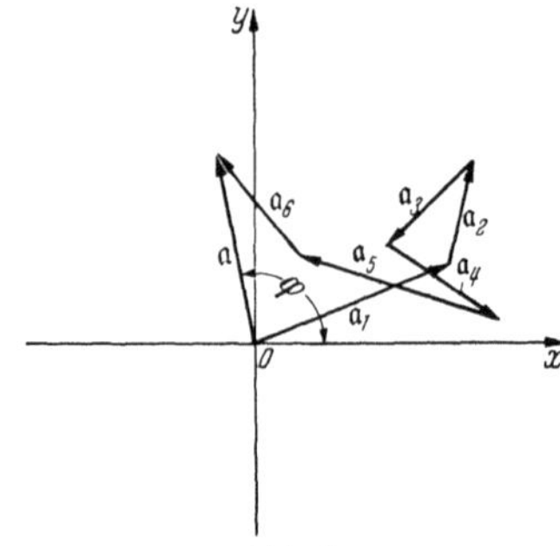

Abb. 6
Zusammensetzung von sechs sinusförmigen Schwingungen gleicher Frequenz

$$\frac{\omega_1 - \omega_2}{2 \pi} = f_1 - f_2$$ schwankt. $f_1 - f_2$ nennt man die „Schwebungsfrequenz".

Sind die Amplituden der beiden Ausgangsschwingungen a_1 und a_2 ungleich, so geht die Schwebungskurve im Minimum nicht auf Null, sondern nur bis auf $a_1 - a_2$. Im Maximum erreicht sie den Wert $a_1 + a_2$.

Für den allgemeinsten Fall $x_1 = a_1 \sin (\omega_1 t + \varphi)$, $x_2 = a_2 \sin \omega_2 t$ wird die resultierende Schwingung

$$x = \sqrt{a_1^2 + a_2^2 + 2 a_1 a_2 \cos \left(\frac{\omega_1 - \omega_2}{2} t + \varphi \right)}$$

$$\cdot \sin \left[\frac{\omega_1 + \omega_2}{2} \cdot t + \varphi/2 + \operatorname{arctg} \left(\frac{a_1 - a_2}{a_1 + a_2} \cdot \operatorname{tg} \frac{\omega_1 - \omega_2 + \varphi}{2} \right) \right]. \tag{11}$$

Man erkennt hiernach, daß sowohl Amplitude wie Phase Funktionen der Zeit sind[1].

---

[1] Vgl. zu diesen Fragen insbesondere H. MARTIN: Schwingungslehre im Handb. d. Exp. Phys. **XVII**/1, S. 32. 1934.

In Abb. 7 sind einige derartige Schwebungskurven dargestellt.

Fallen auf das Ohr zwei Schallvorgänge von der Frequenz f_1 und f_2, so kann das Ohr die Schwebungen von der Frequenz $f_1 - f_2$ tatsächlich hören. Diese Fähigkeit des Ohres folgt allerdings nicht zwangsläufig aus dem vorstehend Gesagten, denn ein „Ton" in dem auf S. 4 definierten Sinn ist im Ausdruck (11) nicht enthalten. Wenn das Ohr so

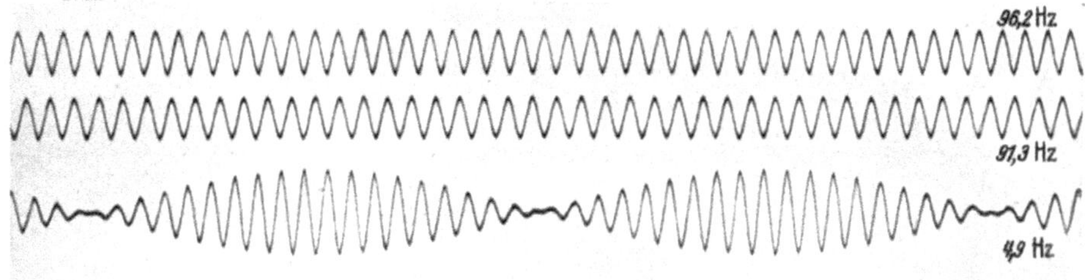

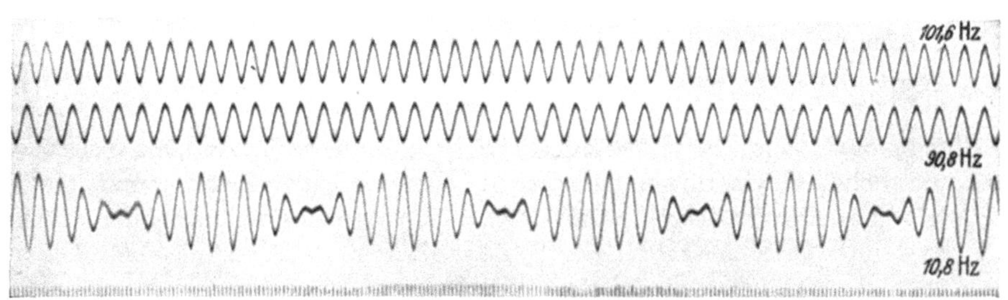

Abb. 7. Superposition zweier Sinusschwingungen gleicher Amplitude und verschiedener Frequenz: „Schwebungen"

gebaut wäre, daß es auch extrem eng benachbarte Töne noch scharf trennen könnte, würde es nur die beiden Töne von der Frequenz f_1 und f_2, und zwar in dauernd gleicher Stärke hören. Wie wir auf S. 449 sehen werden, ist die Analysierschärfe des Ohres aber nur eine begrenzte; es hört zwei eng benachbarte Töne nicht mehr getrennt, sondern nimmt einen zwischen diesen Tönen liegenden Ton schwankender Stärke, den Schwebungston, wahr.

3. Fourier-Darstellung, Kurvenanalyse

Die rein harmonische Schwingung von der Form $x = a \sin \omega t$ ist insofern die fundamental wichtigste Schwingungsform, als sich jede Art von noch so verwickelten Schwingungen als Superposition einer Reihe von einfachen harmonischen Schwingungen darstellen läßt.

Nach dem Theorem von Fourier[1] gilt nämlich der Satz:

„Ist eine von einer Veränderlichen, beispielsweise also von der Zeit t abhängige Funktion $F(t)$ im Bereich $T = t_1 - t_2$ stetig, so ist sie eindeutig darstellbar durch den Ansatz

$$\left.\begin{aligned} F(t) &= a_1 \sin \frac{2\,\pi}{T} \cdot t + a_2 \sin 2 \cdot \frac{2\,\pi}{T} \cdot t + a_3 \sin 3 \, \frac{2\,\pi}{T}\, t \cdots \\ &+ \frac{1}{2}\, a_0 + b_1 \cos \frac{2\,\pi}{T} \cdot t + b_2 \cos 2 \cdot \frac{2\,\pi}{T} \cdot t + b_3 \cos 3 \, \frac{2\,\pi}{T} \cdot t \cdots \end{aligned}\right\} \quad (12)$$

bzw. nach Umformung der Summe einer Sinus- und Kosinusreihe in eine Reihe von mit entsprechender Phase angesetzten Sinusschwingungen:

$$F(t) = A_0 + \sum_{n=1}^{\infty} A_n \sin n\,(\omega\, t + \varphi_n), \quad n = 1, 2, 3 \ldots, \quad (13)$$

wobei

$$A_0 = \frac{1}{2}\, a_0, \quad A_n = \sqrt{a_n^2 + b_n^2}, \quad \operatorname{tg} \varphi_n = b_n/a_n, \quad \omega = \frac{2\,\pi}{T}.$$

Ist die betrachtete Funktion $F(t)$ mit der Abschnittsdauer $T = t_1 - t_2$ periodisch, so gilt der Ansatz ganz allgemein für alle Werte der betrachteten Veränderlichen t; ist eine derartige Periodizität nicht vorhanden, so gilt der Fourier-Ansatz nur im Bereich t_1 bis t_2, außerhalb dieses Bereiches aber nicht. T nennt man die „Grundperiode“, $T/2$, $T/3$, $T/4$, ... sind die Perioden der höheren „*Harmonischen*“ oder, wie man auch sagt, der höheren „*Partialschwingungen*“. Handelt es sich um Schallschwingungen, so spricht man vom „*Grundton*“ und von höheren „*Partialtönen*“[2]. Die Höhe der Partialtöne kennzeichnet man nach ihrer Ordnungszahl n, der Ton mit der Periode $T/3$ ist also beispielsweise der 3. Partialton. Vielfach wird auch die Bezeichnung „Obertöne“ verwendet, diese Bezeichnung kann aber zu Verwechselungen Veranlassung geben, da dem 1. Oberton der 2. Partialton entspricht usf.

Abb. 8 zeigt, wie sich eine verwickelte Schwingung aus mehreren Partialschwingungen zusammensetzen läßt, und zwar treten hier neben der Grundschwingung die 2., 3. und die 4. Partialschwingung auf.

Die Lage der Phase der einzelnen Teilschwingungen ist von großem Einfluß auf die äußere Gestalt der Kurve. So zeigt Abb. 9 zwei Schwingungskurven, die Teilschwingungen gleicher Amplitude, aber verschiedener Phasenlage besitzen. Bemerkt sei aber bereits hier, daß für die Klangwirkung zusammengesetzter Klänge die Phasenlage praktisch ohne

---

[1] Fourier, J. B.: Mém. Acad. France **4**, 185. Paris 1824. (Diese Arbeit wurde der Pariser Akademie aber bereits am 29. IX. 1811 vorgelegt.) Théorie analytique de la chaleur, S. 258. Paris 1822. Das Fourier-Theorem wurde auf akustische Probleme zuerst von G. S. Ohm angewendet. Pogg. Ann. Phys. u. Chem. **135**, 513 (1843).

[2] Es ist vielleicht von historischem Interesse, darauf hinzuweisen, daß schon E. F. F. Chladni bei Betrachtungen über Saitenschwingungen die Begriffe „Grundton“ und „Harmonische“ gebraucht. Vgl. Chladni, E. F. F.: Entdeckungen über die Theorie des Klanges, S. 2. Leipzig 1787.

Bedeutung ist (vgl. S. 443); das Ohr würde also zwei der Abb. 9 entsprechende Klänge als von gleicher Klangfarbe empfinden.

Die FOURIER-Koeffizienten a_n und b_n berechnen sich aus den Funktionswerten gemäß der Vorschrift:

$$\left.\begin{aligned} a_0 &= \frac{1}{T} \int_{t_1}^{t_2} F(t)\, dt\,, \\[2ex] a_n &= \frac{1}{T/2} \int_{t_1}^{t_2} F(t) \sin n\,\frac{2\pi}{T}\, t\, dt\,, \\[2ex] b_n &= \frac{1}{T/2} \int_{t_1}^{t_2} F(t) \cos n\,\frac{2\pi}{T}\, t \cdot dt\,. \end{aligned}\right\} \qquad (14)$$

Für einige einfache Schwingungsformen können die Integrale (14) leicht gelöst werden. In Abb. 10 sind einige praktisch wichtige Schwingungsformen und dazugehörende FOURIER-Darstellungen zusammengestellt[1].

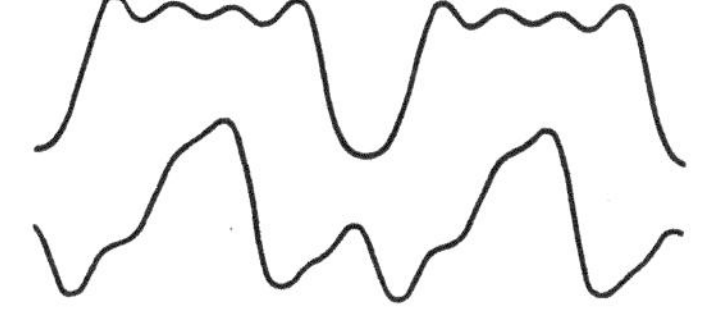

Abb. 9. Zwei Schwingungskurven mit Partialschwingungen von gleicher Amplitude, aber verschiedener Phasenlage (nach A. WALTHER, H. J. DREYER u. H. ESTENFELD[2])

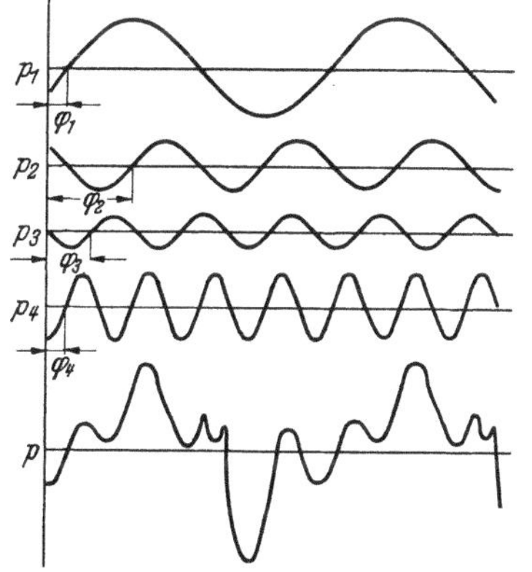

Abb. 8. Aufbau einer zusammengesetzten Schwingung aus vier harmonischen Sinuskomponenten

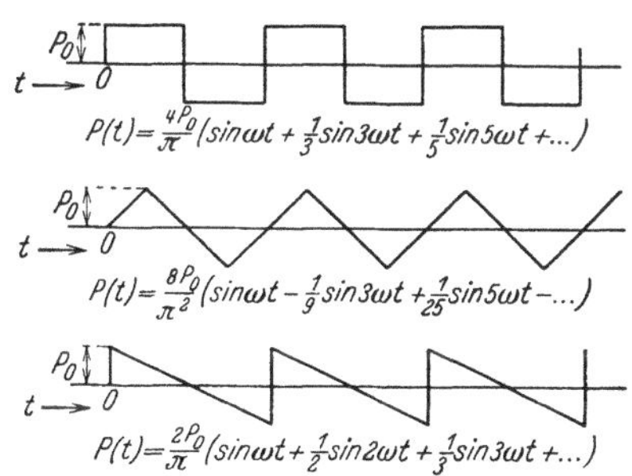

Abb. 10. FOURIER-Darstellung verschiedener Funktionen

[1] Über FOURIER-Darstellung weiterer einfacher Funktionen vgl. z. B. H. MARTIN: Schwingungslehre, im Handbuch der Exper. Physik XVII/1, 18 (1934). — HORNICKEL, R.: Elektr. Nachr.-Techn. 14, 370 (1937). — ARDENNE, M. v.: Hochfrequenztechn. 49, 37 (1937). — PIEPLOW, H.: Elektr. Nachr.-Techn. 14, 225 (1937). — SKUDRZYK, E.: Die Grundlagen der Akustik. Wien 1954, S. 22 u. ff. (Ausführl. Behandlg. d. FOURIERschen Reihen und der LAPLACE-Transformation.) — LIGHTHILL, M. J.: An Introduction to FOURIER Analysis and generalised Functions. Cambridge 1958.

[2] WALTHER, A., H. J. DREYER u. H. ESTENFELD: Z. Instrumentenkde. 59, 162 (1939).

Die Bestimmung der FOURIER-Koeffizienten oder — wie man meist sagt — die FOURIER-Analyse experimentell gewonnener Schwingungskurven kann nach rechnerischen oder graphischen Verfahren erfolgen, oder es wird hierzu ein mechanischer Analysator verwendet. Zur Durchführung der rechnerischen Analyse teilt man die Abszisse der Schwingungskurve zunächst so ein, daß längs einer Periodenlänge $2\,m$ äquidistante Teilpunkte liegen. Man mißt dann die Ordinatenwerte der Funktion, die an diesen Teilpunkten (y_1 bis $y_{2\,m}$) liegen, aus und berechnet Näherungswerte der FOURIER-Koeffizienten nach den Summenformeln

$$\left.\begin{aligned}
a_n &= \frac{1}{m} \sum_{\mu=1}^{2\,m} y_\mu \sin \frac{n \cdot \pi \cdot \mu}{m}\,, && n = 1, 2, 3 \ldots m-1\,, \\
b_n &= \frac{1}{m} \sum_{\mu=1}^{2\,m} y_\mu \cos \frac{n \cdot \pi \cdot \mu}{m}\,, && a_0 = \frac{1}{m} \sum_{\mu=1}^{2\,m} (-1)^\mu\, y_\mu\,.
\end{aligned}\right\} \quad (15)$$

Inwieweit die berechneten Werte der FOURIER-Koeffizienten mit den tatsächlichen durch die Integrale (14) gegebenen Werten übereinstimmen, hängt davon ab, in welchem Maß die Funktionswerte zwischen den einzelnen Punkten, welche für die Ausrechnung benutzt wurden, schwanken. Die Annäherung wird also im allgemeinen eine desto bessere sein, je enger der Abszissenabstand der ausgemessenen Punkte ist. Gegen eine zu weitgehende Unterteilung spricht aber die Tatsache, daß die Rechenarbeit bei Auswertung der Formeln (15) mit wachsender Unterteilung sehr schnell ansteigt. Man verwendet in der Praxis meist die Unterteilung $2\,m = 12, 24, 36$ oder 72. Für diese Unterteilung sind Rechenschemata aufgestellt, welche die Rechenarbeit sehr vereinfachen[1]. Graphische Verfahren zur FOURIER-Analyse werden in der Praxis wenig benutzt. Vorteilhaft ist hingegen die Verwendung eines mechanischen Analysators, z. B. des Analysators nach O. MADER[2]. Zur Durchführung der Analyse mit einem derartigen Analysator wird der zu analysierende Kurvenzug mit einem Fahrstift umfahren, der Fahrstift bewegt ein

---

[1] Vgl. z. B. L. ZIPPERER: Tafeln zur harmonischen Analyse. Berlin 1922. — HUSZMANN, A.: Rechnerische Verfahren zur harmonischen Analyse und Synthese. Berlin 1938. Über ein weiteres Verfahren vgl. K. H. HAASE: Proc. 3. I. C. A. Congr. Stuttgart 1959.

[2] MADER, O.: ETZ **30**, 847 (1909); zum Gebrauch des MADER-Analysators siehe auch L. VIETORIS: Z. angew. Math. u. Mech. **31**, 179 (1951). — Über Analysatoren vgl. ferner F. A. WILLERS: ATM V 3620-6 (1942). — Eine besonders einfache Form eines mechanischen Analysators wurde von M. GRÜTZMACHER angegeben [A. Z. **8**, 49 (1943), vgl. auch W. KALLENBACH, ebendort S. 63, M. GRÜTZMACHER: Proc. 3. I. C. A. Congr. Stuttgart 1959]. In der erwähnten Arbeit bringt M. GRÜTZMACHER auch eine neuartige, unter Benutzung von Vektoradditionen, durchgeführte Darstellungsform der harmonischen Analyse.

System von Hebeln und Zahnrädern, die auf ein Polarplanimeter arbeiten. Am Polarplanimeter können die Amplituden der einzelnen Partialschwingungen sofort abgelesen werden, und zwar gehört zu jeder Partialschwingung eine bestimmte Zahnradkombination, die vor dem Umfahren der Kurve in den Analysator eingesetzt werden muß. Eine Analyse bis zur 25. Partialschwingung — also die Feststellung von

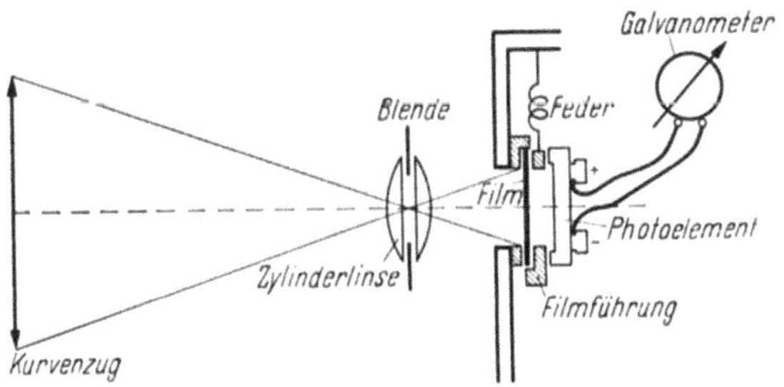

a) Von oben gesehener Querschnitt der Meßanordnung

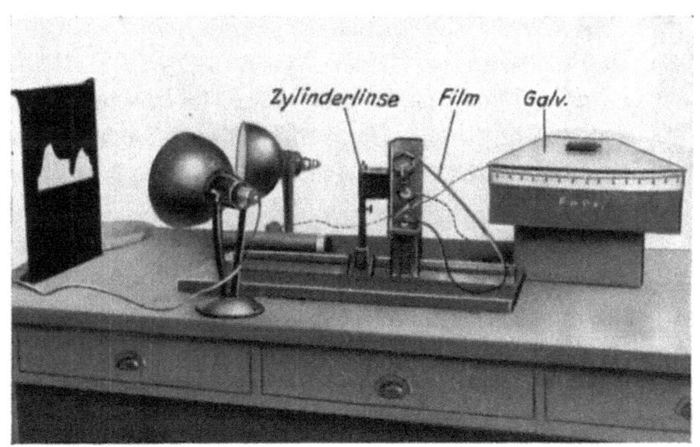

b) Gesamtansicht der Meßanordnung

Abb. 11a u. b. Optischer Analysator nach G. v. BÉKÉSY

25 Sinusgliedern und 25 Kosinusgliedern — erfordert ein 50faches Umfahren der Kurve; eine Arbeit, die in wenigen Stunden geleistet werden kann.

Zur Ermittlung der Integrale (14) der FOURIER-Koeffizienten empirisch gefundener Schwingungslinien wurden auch photoelektrisch arbeitende Verfahren entwickelt. Derartige Verfahren eignen sich zur unmittelbaren Analyse solcher Schwingungskurven, die — wie z. B. Einzackenschrift-Schallfilmaufzeichnungen — als Schattenkurven vorliegen oder auch in Sprossenschrift[1] niedergeschrieben wurden. Abb. 11a

---

[1] Über Zackenschrift- bzw. Sprossenschriftaufzeichnungen vgl. S. 466.

und b zeigen eine derartige Anordnung nach G. v. Békésy[1]. Die in Zackenschrift vorliegende Schattenkurve wird beleuchtet. Das reflektierte Licht fällt über eine Zylinderlinse auf eine Fotozelle. Die Zylinderlinsenanordnung dient dazu, die Zackenschrift in Sprossenschrift zu verwandeln. Die Analyse kann dann mit Hilfe von einfach herstellbaren Zackenschriftblenden erfolgen, welche in einer Filmführung vor die Fotozelle eingeschoben werden. Abb. 12 zeigt derartige Zackenschriftblenden. Für jede Partialschwingung wird eine cos- und eine sin-Blende benötigt. Die Zahl der auf jeder Blende aufgebrachten Wellenlängen entspricht dabei der betreffenden Partialschwingung.

Die Produktbildung $F(t) \cdot \sin n \dfrac{2\pi}{T} t$ bzw. $F(t) \cdot \cos n \dfrac{2\pi}{T} t$ (die beim mechanischen Analysator durch die verschiedenen Zahnradkombinationen vorgenommen wird) erfolgt hier also auf optischem Weg durch Filter verschiedener Wellenlänge. Die Analyse wird dann in der Weise vorgenommen, daß nacheinander die cos- bzw. sin-Blenden verschiedener Wellenlänge vor die Photozelle gezogen werden und der Photozellenstrom registriert wird.

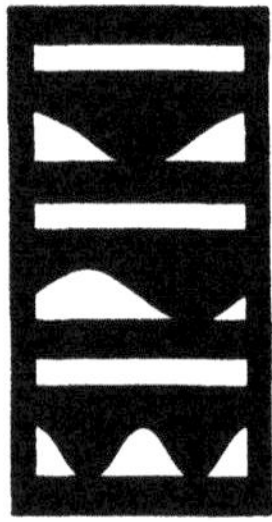
Abb. 12. Zackenschriftblenden

Die Fourier-Darstellung ist nicht die einzig mögliche analytische Darstellung einer gegebenen Funktion, es wäre ja beispielsweise möglich, die Funktionen als Potenzreihe darzustellen. Wenn man in der Akustik gerade die Fourier-Darstellung vielfach benutzt, so liegt dies daran, daß bei vielen akustischen Problemen die betrachteten Schwingungen periodisch verlaufen, die Fourier-Analyse gibt dann ein ungemein anschauliches Bild der Schwingungsbeschaffenheit. Auch ist zu bemerken, daß die Fourier-Analyse insofern eine natürliche Art der Zerlegung eines Schallvorganges ist, als das Ohr unwillkürlich eine zusammengesetzte periodische Schwingung oder — wie man sich in der physikalischen Akustik ausdrückt — einen „Klang" in seine Grundschwingung und seine höheren Partialschwingungen zerlegt. Die Tatsache, daß das Ohr nach Art eines Fourier-Analysators arbeitet, wurde von G. S. Ohm[2] entdeckt. Wir werden diese Fragen

---

[1] v. Békésy, G.: Elektr. Nachr. Techn. **14**, 157 (1937). — Über optisch arbeitende Verfahren vgl. weiterhin noch H. C. Montgomery: Bell Syst. Techn. J. **1938**, 406: J. A. S. A. **10**, 87 (1939). — Schouten, J. F.: Philip's techn. Rdsch. **3**, 310 (1938). — Brown, D.: Proc. Phys. Soc. Lond. **59**, 244 (1939). — Imahori, K.: J. Fac. Sci. Hokkaido Univ. (II) **3**, 57 (1940); 103 (1941). — Born, M., R. Fürth u. R. W. Pringle: Nature **157**, 756 (1945). — Brown, D., u. J. W. Lyttleton: Nature **160**, 709 (1947). — Picht, J.: Ann. Phys. (6) **5**, 117 (1949); **9**, 381 (1951). — Meyer-Eppler, W.: Experimentelle Schwingungsanalyse, Ergebn. Exakte Naturw. **XXIII**, 53, (1950); dort eingehende Literaturangaben.

[2] Ohm, G. S.: Pogg. Ann. Phys. u. Chem. **135**, 513 (1843). Vgl. hierzu insbesondere auch F. Trendelenburg: ETZ **60**, 449 (1939); A. Z. **4**, 89 (1939).

in Ziff. 29, S. 443 eingehend behandeln. Die Klangwirkung wird durch die Stärke und die Tonhöhe der in einem Klang enthaltenen Teilschwingungen oder, wie man sagt, durch das „Spektrum"[1] eines Klanges bestimmt.

Die analytische Darstellung experimentell gewonnener Schwingungskurven durch Fourier-Reihen ist für streng periodische Vorgänge — wie wir sahen — in hervorragend klarer und anschaulicher Weise gelöst. Aber auch für Schwingungsvorgänge, die nicht streng periodisch sind, kann die Fourier-Betrachtung erfolgreich herangezogen werden[2]. Nehmen wir zunächst einmal an, wir hätten es mit einem Schwingungsvorgang zu tun, der neben Komponenten, welche rein harmonisch aufgebaut sind, auch solche aufweist, die keinerlei harmonisches Frequenzverhältnis besitzen. Um einen Überblick über die Zusammensetzung in einem derartigen Vorgang zu gewinnen, kann man zunächst so vorgehen, daß man einen Abschnitt der Schwingungskurve herausgreift, der die wesentlichen Merkmale der Gesamtschwingung enthält, mit der Länge dieses Abschnittes als Grundperiode kann man dann die Fourier-Analyse durchführen. Innerhalb des betrachteten Abschnitts ist die Fourier-Analyse dann gültig, außerhalb des Abschnitts freilich nicht. Immerhin kann man auf diese Weise ein ungefähres Bild davon bekommen, wie der Schwingungsvorgang zusammengesetzt ist; man wird zwar nicht genau feststellen können, welche Teilschwingungen in dem Vorgang wirklich vorhanden sind, aber man wird immerhin ermitteln können, mit welcher Stärke ungefähr die verschiedenen Partialtonbereiche auftreten. In einer Erweiterung des eben skizzierten Verfahrens ist es aber möglich, die tatsächliche Amplitude und die tatsächliche Frequenz von rein sinusförmigen Komponenten, welche in einem verwickelten Schwingungsvorgang enthalten sind, zu ermitteln; allerdings versagt das Verfahren dann, wenn die verschiedenen Komponenten in der Frequenz sehr eng benachbart sind oder wenn die Amplitude der zu ermittelnden sinusförmigen Schwingung relativ klein ist. Man führt zu diesem Zweck eine vielfache Analyse der Schwingungskurve durch und verändert von Analyse zu Analyse stufenweise die Länge des analysierten Abschnitts oder, wie man auch sagt, die „Basislänge". Trägt man die erhaltenen Amplitudenwerte nun in Abhängigkeit von der tatsächlichen Frequenz des betreffenden Fourier-Gliedes (also nicht nur in Abhängigkeit von der Ordnungszahl) in ein Diagramm ein, so erkennt man dann, wenn wahre Periodizitäten genügend großer Amplitude in der Kurve enthalten sind, ausgesprochene Maxima der Amplitudenwerte an bestimmten Stellen des Spektrums. Die Lage der Maxima in der Frequenzskala entspricht der tatsächlichen Frequenz der betreffenden Periodizität, ihre Höhe der

---

[1] Zur Frage der Schallspektren vgl. auch Ziff. 29, S. 428 u. 443.
[2] Vgl. insbesondere F. A. Fischer,: F. T. Z. **2**, 21 (1949).

Amplitude der Periodizität. Man bezeichnet die Analyse unter stufenweiser Änderung der Basislänge auch als „Durchmusterung" einer Schwingungskurve[1].

Für die Ermittlung von Periodizitäten in kompliziert zusammengesetzten Schwingungsvorgängen können auch optische Verfahren verwendet werden. Abb. 13 zeigt einen für derartige Zwecke von W. MEYER-EPPLER entwickelten Projektionsperiodograph[2]. Der zu analysierende, als Schattenkurve vorliegende Schwingungsvorgang wird durch eine Stablichtlampe gleichmäßig ausgeleuchtet. Das Licht fällt über ein periodisches Rastergitter auf eine photographische Platte, auf der sich dann Streifensysteme ausbilden. Das Raster kann gegen die Platte geneigt werden; von der Neigung hängt die „Dispersion" des Verfahrens ab. Bei Neigung 0 bildet sich auf der Platte nur eine bestimmte Wellenlänge der Schwingungskurve ab. Je

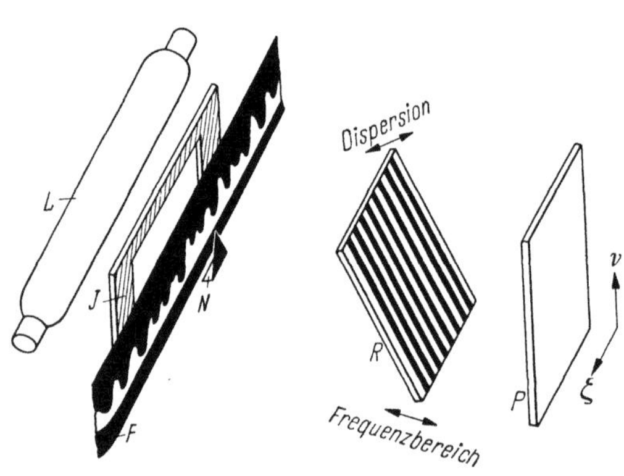

Abb. 13. Projektionsperiodograph
L Lichtquelle, J Opalglasscheibe mit Intervallbegrenzung, F Funktionsschablone, N Nullmarke, R Raster, P photographische Platte (nach W. MEYER-EPPLER)

flacher das Raster liegt, desto größer ist der zur Darstellung kommende Bereich von Wellenlängen. Durch verschiedene Wahl der Entfernung zwischen Rastergitter und Kurvenschablone kann man verschiedene Wellenlängenbereiche der Analyse zugänglich machen. Abb. 14 zeigt die Analyse einer aus periodischen und unperiodischen Anteilen zusammengesetzten Schwingung (und zwar handelt es sich um eine Schiffsschwingung in tiefen Frequenzgebieten). Die Analyse erfolgte an sechs verschiedenen Stellen der Aufzeichnung; ganz rechts befindet sich ein Eichstreifen. Deutlich sind auf allen Teilbildern wiederkehrende

---

[1] Vgl. hierzu K. MADER: Beitrag „Ausgleichsrechnung" im Hdb. d. Physik **3**, S. 540. Berlin 1928. — GLOGOWSKI, A.: Beiträge zur Auffindung verborgener Periodizitäten. Münster i. W. 1929. — STUMPFF, K.: Grundlagen und Methoden der Periodenforschung. S. 87. Berlin 1937. — MEYER-EPPLER, W.: Ann. d. Physik (V) **41**, 261 (1942); Z. Instrkde. **63**, 341 (1943). Besonders darauf hinzuweisen ist noch, daß bei der Durchmusterung von Schwingungskurven außer den die tatsächlichen Periodizitäten anzeigenden Hauptmaximen auch Nebenmaxima auftreten. Bei ungenügend kritischem Vorgehen können die Nebenmaxima, die keine reelle Bedeutung besitzen, zu Täuschungen Veranlassung geben.

[2] MEYER-EPPLER, W.: Ann. Phys. **41**, 261 (1942); Z. Instrkde. **63**, 341 (1943); Ergebn. exakt. Naturw. **XXIII**, 53 (1950), dort weitere Literatur.

Periodizitäten zu erkennen. Sie entsprechen Schwingungen mit Frequenzen von 7 und von 11 Hz.

Zur Analyse kompliziert zusammengesetzter Schwingungsvorgänge können vorteilhaft auch die Verfahren der Korrelationsanalyse benutzt werden. Bei der „Autokorrelationsanalyse" untersucht man den

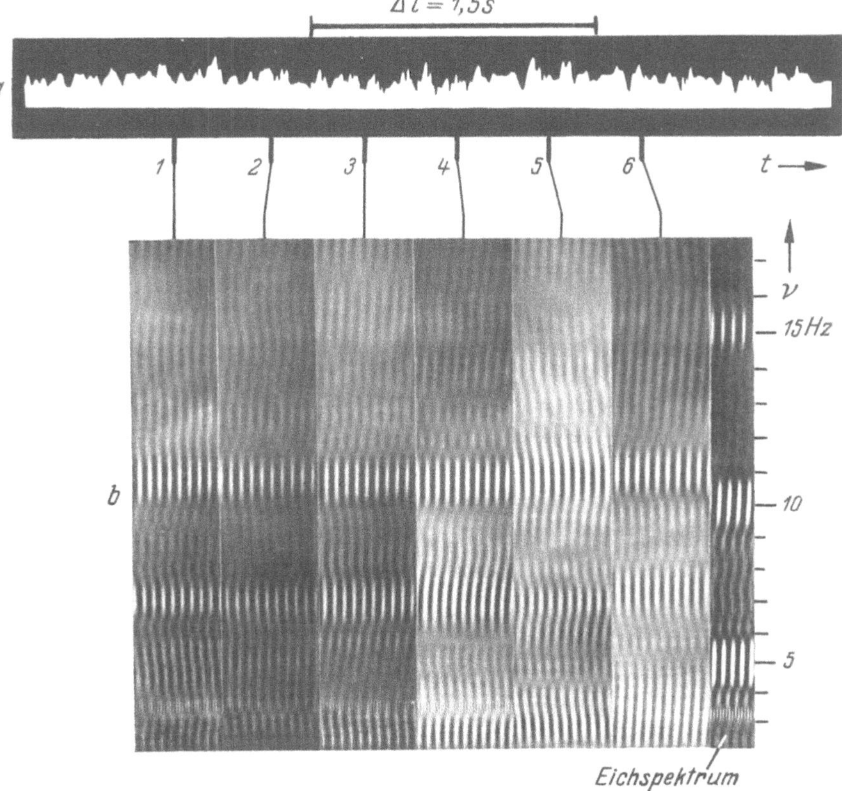

Abb. 14. Mit dem Projektionsperiodograph aufgenommener Schwingungsvorgang
(nach W. MEYER-EPPLER)

„Verwandtschaftsgrad" verschiedener Zeitabschnitte des Schwingungsverlaufs, und zwar bestimmt man die Autokorrelationsfunktion

$$\Phi_{11}(\tau) = \lim_{T \to \infty} \frac{1}{2T} \int_{-T}^{+T} F_1(t) \cdot F_1(t \pm \tau)\, dt \,.$$

Entsprechend ist für zwei Funktionen die sog. Kreuzkorrelationsfunktion

$$\Phi_{12}(\tau) = \lim_{T \to \infty} \frac{1}{2T} \int_{-T}^{+T} F_1(t) \cdot F_2(t \pm \tau)\, dt$$

definiert. Aus der Autokorrelationsfunktion $\Phi_{11}(\tau)$ lassen sich wichtige Rückschlüsse auf die Funktion $F_1(t)$ ziehen. Die wichtigste Anwendung

besteht darin, daß man periodische Vorgänge aus einem Gemisch un-
periodischer Vorgänge ohne Filter herausanalysieren kann (vgl. Ziff. 31,
S. 498), da der Anteil von $\Phi_{11}(\tau)$, der von dem periodischen Vorgang
herrührt, wieder eine periodische Funktion von τ ist, während der Anteil,
welcher von dem unperiodischen Vorgang stammt, mit wachsendem τ
gegen 0 geht.

Autokorrelationsanalysen[1] kann man mit optischen und elektrischen
(vgl. Ziff. 31, S. 498) Methoden durchführen. Besonders vorteilhaft
lassen sich die elektrischen Verfahren dann anwenden, wenn der Schwingungsverlauf auf Tonband[2] registriert vorliegt.

Es sei hier auch noch auf das Verfahren der ,,Exhaustionsanalyse"[3]
hingewiesen. Mit diesen Verfahren können in einem Schwingungsvorgang $F(t)$ verborgene periodische Komponenten durch Bildung der
Summe $s(t, z) = F(t) + F(t + z) + F(t + 2z) + F(t + 3z) + \cdots$ aufge-
funden werden. Die periodische Komponente kommt dann zum Vor-
schein, wenn z mit der verborgenen Periode oder einem ganzzahligen
Vielfachen derselben übereinstimmt.

Auch bei impulsartig ablaufenden Vorgängen kann die FOURIERsche
Betrachtungsweise mit bestem Erfolg verwendet werden. Die FOURIER-
Darstellung führt für derartige Vorgänge freilich nicht auf einzelne, diskret verteilte Teilschwingungen (auf ein sogenanntes ,,*Linienspektrum*"),
sondern auf ein ,,*kontinuierliches*" Spektrum mit einer bestimmten Amplitudendichte oder, um es anders auszudrücken, auf eine FOURIER-Zerlegung mit einer unendlich langen Grundperiode. Für eine Reihe von
Fällen lassen sich die Amplitudenspektren impulsartiger Vorgänge streng
berechnen[4]. So gilt z. B. für das kontinuierliche Amplitudenspektrum

---

[1] MEYER-EPPLER, W., u. G. DARIUS: NTF 3, 40 (1956); VDI-Z. 98, 600 (1956).
— Über Korrelationsanalyse vgl. weiterhin N. WIENER: Acta Mathematica 55,
117 (1930). — FANO, R. M.: J. A. S. A. 22, 546 (1950). — KRAFT, L. G.: J. A. S. A.
22, 762 (1950). — GERSHMAN, S. G., u. E. L. FEINBERG: Akust. Z. (UdSSR) 1, 326
(1955). — Bemerkt sei noch, daß Korrelationsfunktionen mit Vorteil auch bei der
Behandlung von statistischen Schwankungserscheinungen in Wellenfeldern gebraucht werden. Vgl. L. A. CHERNOV: Akust. Z. (UdSSR) 2, 211 (1956). — KARA-
VAINIKOW: ebdt. 3, 165 (1957). — L. A. CHERNOV: ebdt. 192.

[2] EXNER, M. L.: Acustica 4, 365 (1954). — W. MEYER-EPPLER a. a. O.

[3] MEYER-EPPLER, W.: Physikal. Bl. 7, 355 (1951); Geofisica pura e applicata
XX, 1 (1951); Communication Theory, 183 (1953); Impulstechnik 40 (Berlin-
Göttingen-Heidelberg 1955).

[4] Vgl. K. KÜPFMÜLLER: Elektr. Nachr.-Techn. 1, 141 (1924). — CAMPBELL,
G. A.: Bell Syst. Techn. Journ. 7, 639 (1928). — BÜRCK, W., P. KOTOWSKI u.
H. LICHTE: Elektr. Nachr.-Techn. 12, 278, 326 (1935). — BACKHAUS, H.: Beitrag:
Nichtstationäre Schallvorgänge. Erg. Exakt. Naturwiss. 16, 237 (1937). — THIEDE,
H.: E. N. T. 13, S. 84 (1936). — SHANKLAND, R. S.: J. A. S. A. 12, 383 (1941). —
CUNNINGHAM, W. J.: J. Appl. Phys. 18, 656 (1947). — BIERL, R.: Acustica 2
(A. B. 4), 225 (1952). — SKUDRZYK, E.: Die Grundlagen der Akustik. Wien 1954,
S. 44ff.

der Sprungfunktion (Abb. 15) der Ausdruck

$$a = A/2\,\pi\,\omega\,.\tag{16}$$

Für den Rechteckimpuls (Abb. 16) von der Zeitdauer τ gilt

$$a = A\,\frac{\sin\dfrac{\omega\cdot\tau}{2}}{\pi\cdot\omega}\,,\tag{17}$$

die Amplitudendichte des Rechteckimpulses fällt also nicht — wie bei der Sprungfunktion — gleichmäßig mit der Frequenz ω ab, sondern es treten

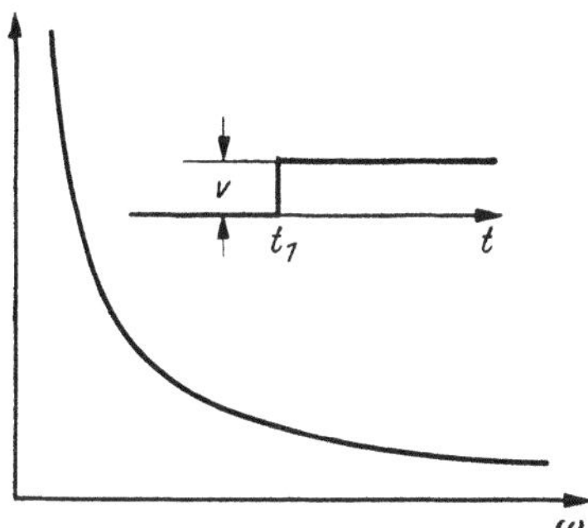

Abb. 15
Amplitudenspektrum der Sprungfunktion

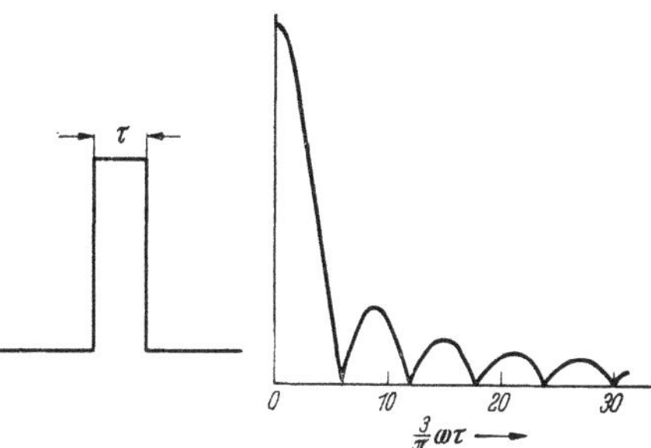

Abb. 16. Der Rechteckimpuls von der
Zeitdauer τ und sein Amplitudenspektrum

Nullstellen auf, deren Lage im Frequenzbereich von der Zeitdauer des Impulses abhängt. Würde man einen derartigen Rechteckimpuls — wie oben skizziert — mit einem Analysator durchmustern, so würden die bei den verschiedenen Basislängen gewonnenen Amplitudenwerte sich in die in Abb. 16 gezeichnete Kurve des Ampli-

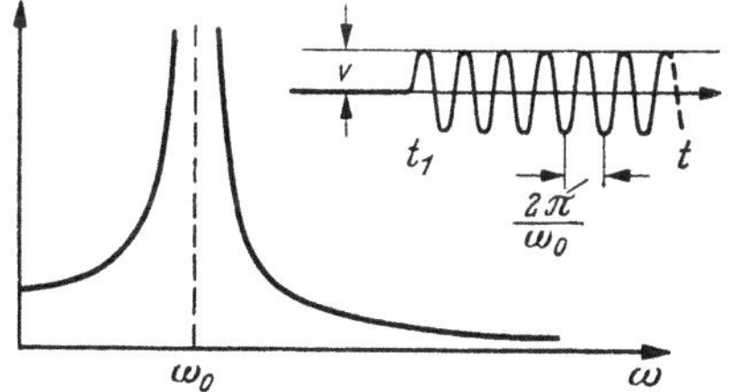

Abb. 17. Amplitudenspektrum eines plötzlich
einsetzenden Sinusvorganges

tudenspektrums einpassen; an den Nullstellen beispielsweise würden auch die mit dem Mader-Analysator ermittelten Fourier-Koeffizienten verschwinden. Praktisch wichtig ist auch noch das Amplitudenspektrum des plötzlichen Einsatzes einer Sinuswelle von der Form $A \sin \omega_0 t$; für dieses gilt

$$a = A\,\frac{\omega_0}{2\,\pi\,(\omega^2 - \omega_0{}^2)}\quad\text{(Abb. 17)}.\tag{18}$$

Die Darstellung kurzzeitig andauernder Vorgänge als Folge unendlich dicht verteilter Teilschwingungen besitzt durchaus nicht nur formale Bedeutung, sie ist im Gegenteil — wie zuerst von K. Küpfmüller[1]

---

[1] Vgl. Fußnote 4, S. 16.

2 Trendelenburg, Akustik, 3. Aufl.

gezeigt wurde — praktisch sehr wichtig. Will man beispielsweise untersuchen, wie ein schwingungsfähiges System auf eine plötzliche Einwirkung von der Form eines kurzen Rechteckimpulses (17) anspricht, oder wie es sich beim plötzlichen Einschalten einer sinusförmigen Erregung (18) verhält, so kann man die Berechnung so durchführen, daß man zunächst feststellt, wie das System auf die einzelnen in dem betreffenden Vorgang enthaltenen Teilschwingungen anspricht und daß man dann die den einzelnen Teilschwingungen entsprechenden Reaktionen superponiert.

Zu bemerken ist noch, daß in der Akustik gelegentlich auch die Aufgabe vorkommt, Schwingungskurven aus harmonischen Sinusgliedern bestimmter Amplitude und Phase zusammenzusetzen; für derartige FOURIER-Synthesen wurden mechanische Apparaturen[1] und elektrische Verfahren[2] entwickelt.

4. Lissajous-Schwingungen

Setzt man zwei in ihrer Richtung senkrecht zueinander liegende periodische Schwingungen — von denen die eine sinusförmigen Verlauf besitzt — zusammen, so erhält man Schwingungsbilder, die man als „LISSAJOUS-Schwingungen" bezeichnet. — J. LISSAJOUS[3], nach dem diese Schwingungsbilder genannt werden, hatte es sich zur Aufgabe

---

[1] Über Apparate zur FOURIER-Synthese vgl. A. WALTHER, H. J. DREYER u. H. ESTENFELD: Z. Instrumentenkde. **59**, 162 (1939). — BROWN, S. L.: J. Frankl. Inst. **228**, 675 (1939). — Ein elektromechanisches Synthesegerät beschreibt J. LEHMANN: Electronics **22**, 106. Nov. 1949.

[2] Vgl. z. B.: FLETCHER, H., u. W. A. MUNSON: J. A. S. A. **5**, 82 (1933). — NAHRGANG, S.: A. Z. **3**, 284 (1938). — SCHOUTEN, J. F.: Phil. Techn. Rdsch. **4**, 176 (1939). — MEYER-EPPLER, W.: Elektrische Klangerzeugung, Bonn 1949 (mit umfassendem Literaturnachweis). — Elektrische Syntheseverfahren werden insbesondere auch für die Zwecke der elektronischen Musik verwendet. Vgl. hierzu noch folgende Arbeiten: Goodell, J. D., u. E. SWEDIEN: Electronics **22**, 92 (1949). — LADNER, A. W.: Electronic Engr. **21**, 379 (1949). — DOUGLAS, A.: ebdt. **22**, 507 (1950). — MEARHAM, L. A.: Electronics **24**, 76 (1951). — KWASNIK, W.: Instrumentenbau-Ztschr. **7**, 125 (1953). — DIETZ, O.: Dtsch. Elektrotechn. **7**, 77 (1953). — DOUGLAS, A.: Electron. Eng. **25**, 278, 336, 370 (1953). — BIERL, R.: Proc. l. I. C. A. Congr. Delft (1953), 218. — MEYER-EPPLER, W.: ebdt. 239. — OLSON, H. F., u. H. BELAR: J. A. S. A. **27**, 595 (1955). — MEYER-EPPLER, W.: Beitr. „Elektronische Musik" in „Klangstruktur der Musik", Berlin (1955), 135ff. — FOX, T. S.: Electronic Engr. **27**, 374 (1955). — HOLOCH, G.: N. T. F. **15**, 25 (1959). — KLEIN, H.: ebdt. 31 (betr. Klangsteuerung durch Lochstreifen). Zur Schallsynthese vgl. auch Ziff. 18, S. 190.

[3] LISSAJOUS, J.: Ann. Chem. et Physique **51**, 147 (1857). Entdeckt wurde dieser Schwingungstyp aber nicht von LISSAJOUS, sondern bereits 1815 von N. BOWDITCH (vgl. D. C. MILLER: Anecdotical History of the science of sound, S. 49. New York 1935). Zur Theorie der LISSAJOUS-Bilder vgl. insbesondere O. H. BLAUM: Z. techn. Phys. **19**, 187 (1938); W. B. HALES: J. A. S. A. **16**, 137 (1945); J. B. COHEN: J. A. S. A. **17**, 228 (1946).

gestellt, aufzuklären, wie die Schwingungsform von Vorgängen verläuft, welche sich so rasch abspielen, daß eine unmittelbare Erkennung oder

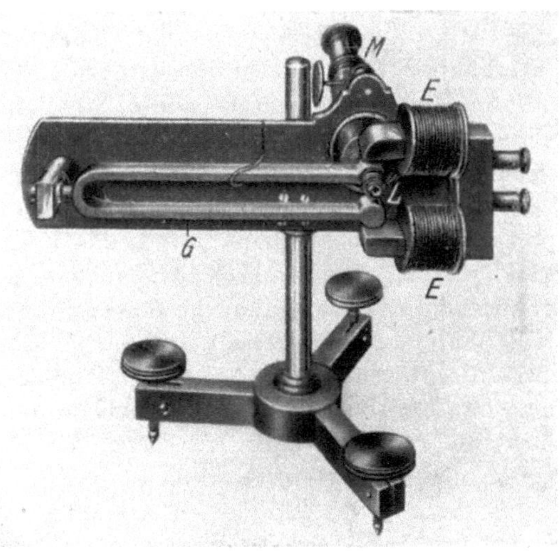

Abb. 18. Das Helmholtzsche Vibrationsmikroskop zur Beobachtung der Schwingungen von Saitenpunkten. *E* Elektromagnet, *G* Stimmgabelzinke, *L* Linsensystem, *M* Okularstück des Mikroskops

Registrierung der Schwingungsbewegung nicht mehr möglich ist. Eine klassische Aufgabe dieser Art — die schon von Lissajous selbst erfolgreich bearbeitet wurde und später von Helmholtz auf das sorgfältigste mit sehr ähnlicher Methodik untersucht wurde — ist die Klärung der Schwingungsformen angestrichener Saiten. Die Lösung dieser Aufgabe kann so erfolgen, daß man mit der Saitenschwingung eine senkrecht dazu liegende Schwingung kombiniert. Von historischem Interesse ist das von Helmholtz[1] geschaffene Vibrationsmikroskop, welches in Abb. 18 dargestellt ist. Das Okular des Mikroskops befindet sich auf einem Arm einer elektromagnetisch angeregten Stimmgabel. Stimmgabel und Saite sind aufein-

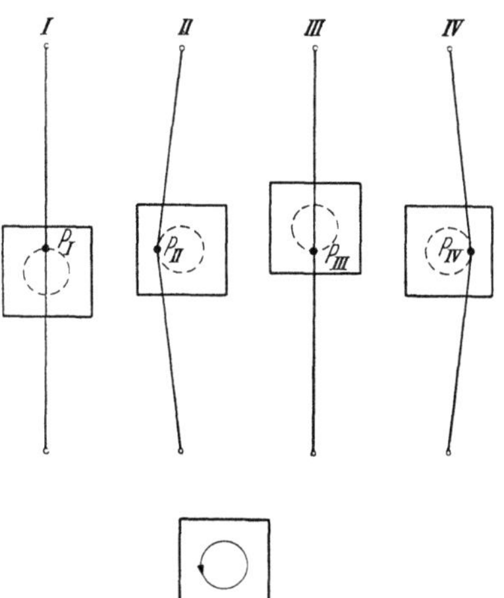

Abb. 19. Das Bild eines sinusförmig schwingenden Saitenpunktes im Blickfeld des Helmholtzschen Vibrationsmikroskops (schematisch)

---

[1] Helmholtz, H.: Die Lehre von den Tonempfindungen. S. 138, Braunschweig 1863.

2*

ander abgestimmt. Betrachtet man nun einen Saitenpunkt (vorteilhaft klebt man hierzu auf die Saite ein weißes Stärkekörnchen, das von einer Lichtquelle hell angestrahlt wird), so scheint der Punkt nach Einsetzen der Mikroskopschwingung und nach Anstreichen der Saite längs bestimmter Figuren sehr rasch umzulaufen. Nehmen wir zunächst an, daß die (senkrecht ausgespannte) Saite eine rein harmonische Schwingung ausführt und daß Saitenamplitude und Amplitude des Vibrationsmikroskops gleich sind, so läßt sich die Figur, welche der Saitenpunkt zu durchlaufen scheint, aus Abb. 19 leicht erkennen. Im ersten Zeitmoment (mit I bezeichnet) besitze das Vibrationsmikroskop (dessen Blickfeld in Abb. 19 durch ein Quadrat gekennzeichnet ist) gerade seine größte Auslenkung nach unten, die Saite sei in ihrer Mittellage. Das Bild des Saitenpunktes erscheint dann in P_I. Eine Viertelperiode später ist das Vibrationsmikroskop in der Mittellage, die Saite am weitesten links, das Bild erscheint in P_{II}. Eine weitere Viertelperiode später ist die Saite wieder in ihrer Mittellage, das Mikroskop in der obersten Lage angelangt, der Punkt erscheint bei P_{III} usf. Wenn wir uns nun der in Abb. 1, S. 1 skizzierten Ableitung der geradlinigen Sinusschwingung aus der Kreisbewegung erinnern, können wir sofort erkennen, daß die Bewegung des Punktes in diesem Fall auf einer Kreisbahn erfolgen muß: Die LISSAJOUS-Figur zweier Sinusschwingungen gleicher Amplitude und Frequenz ist bei der im vorliegenden Fall vorhandenen Phasendifferenz von $\pi/2$ (wie übrigens auch bei einer Phasendifferenz von $3\,\pi/2$) ein Kreis. Sind die Amplituden der beiden Ausgangsschwingungen ungleich oder besitzt die Phasendifferenz nicht die Werte $\pi/2$ bzw. $3\,\pi/2$, so ist die LISSAJOUS-Figur eine Ellipse. Sind nämlich die beiden Ausgangsschwingungen von der Form

$$x = a \sin \omega\, t, \qquad (19)$$

$$y = b \sin (\omega\, t + \varphi),$$

so läßt sich durch Elimination der Zeit t als geometrischer Ort für das Bild des schwingenden Punktes die Gleichung aufstellen

$$\frac{x^2}{a^2} - \frac{2\,x\,y}{a\,b} \cos \varphi + \frac{y^2}{b^2} = \sin^2 \varphi. \qquad (20)$$

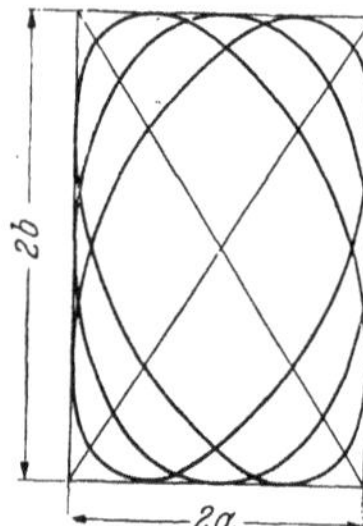

Abb. 20. LISSAJOUS-Ellipsen (Zusammenwirken zweier Sinusschwingungen von den Amplituden a und b bei verschiedener Phasenlage). Die senkrecht stehende Ellipse entspricht dem Phasenunterschied $\pi/2$, die zu Geraden entarteten Ellipsen entsprechen $\varphi = 0$ bzw. $\varphi = \pi$

Dies ist die Gleichung für eine Schar von Ellipsen, im Rechteck $2\,a$, $2\,b$ (Abb. 20). Für die Neigungswinkel ψ der großen Achse gilt die Beziehung

$$\operatorname{tg} 2\,\psi = \frac{2\,a\,b \cos \varphi}{a^2 - b^2}. \qquad (21)$$

Stimmt die Frequenz der beiden Sinusschwingungen nicht ganz genau überein, so verformt sich dauernd die Ellipse, sie läuft dann scheinbar innerhalb des Rechtecks $2\,a\;2\,b$ allmählich um.

Setzt man die LISSAJOUS-Schwingung aus einer Sinusschwingung $x = a'\cos\omega t$ und einer anderen von doppelter Frequenz $y = b'\cos (2\,\omega t + \varphi)$ zusammen, so erhält man nach Elimination der Zeit:

$$y = b'\left(2\,\frac{x^2}{a'^2} - 1\right)\cos\varphi - 2\,x\,\frac{b'}{a'}\sqrt{1 - \frac{x^2}{a'^2}}\,\sin\varphi. \tag{22}$$

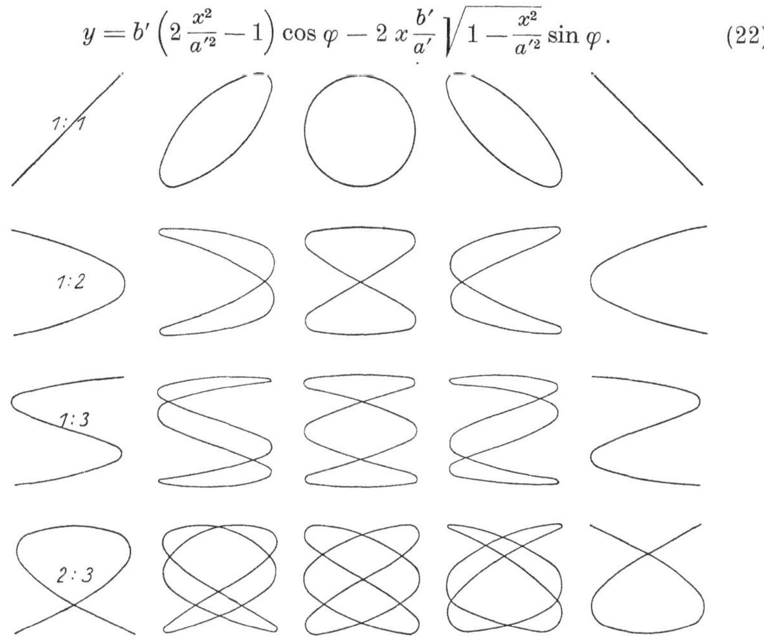

Abb. 21. LISSAJOUS-Figuren. (Die Frequenzverhältnisse der in den einzelnen Horizontalreihen dargestellten Schwingungen sind jeweils links angegeben. Die Vertikalen entsprechen den Phasenunterschieden 0, $\pi/4$, $\pi/2$, $3\,\pi/4$, π)

Die durch den Ausdruck (22) beschriebene Kurve besitzt im allgemeinen Fall einen Doppelpunkt. Für die Phasendifferenz $\varphi = 0$ bzw. $\varphi = \pi$ entartet die Kurve in eine Parabel, es gilt dann ja

$$y = \pm\,b'\left(\frac{2\,x^2}{a'^2} - 1\right). \tag{23}$$

Welche Kurvenformen bei einer Reihe von anderen Frequenzverhältnissen der Ausgangsschwingungen zu erwarten sind, zeigt anschaulich Abb. 21.

Die bisherigen Ausführungen bezogen sich auf LISSAJOUS-Figuren, welche durch zwei sinusförmige Ausgangsschwingungen erzeugt sind. Im allgemeineren Fall, in welchem eine rein sinusförmige Schwingung mit einer aus einer größeren Zahl von Harmonischen zusammengesetzten Schwingung gleicher Grundperiode zusammenwirkt, kommen sehr komplizierte LISSAJOUS-Figuren zustande, deren Beschaffenheit sich rechnerisch nicht übersehen läßt. Um aus einer derartigen LISSAJOUS-Figur die

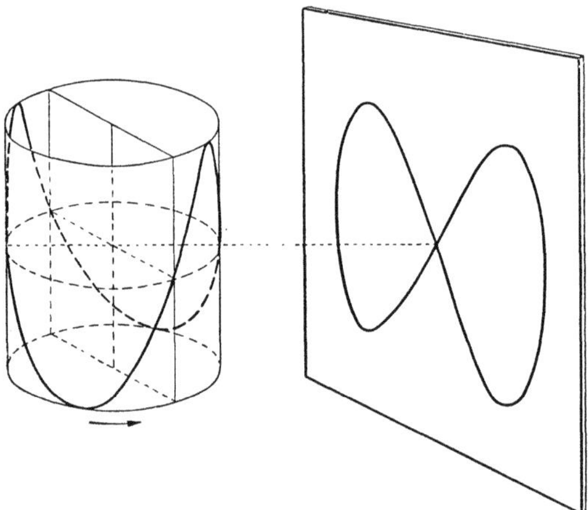

Abb. 22. LISSAJOUS-Figur als Projektion einer um einen Zylinder gewickelten Schwingungskurve

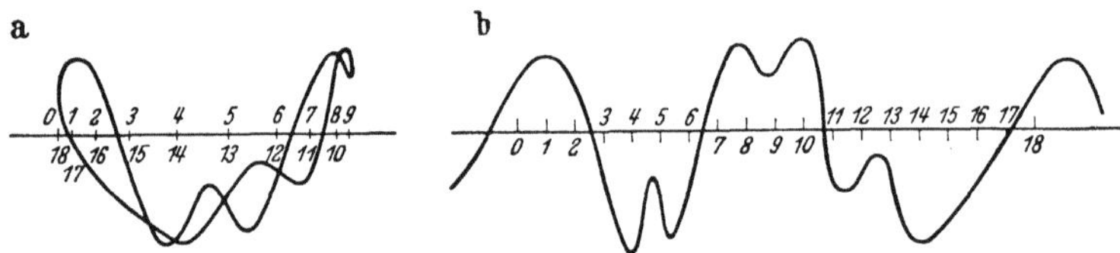

Abb. 23. Ermittlung des tatsächlichen Verlaufs einer Schwingung aus einer LISSAJOUS-Figur

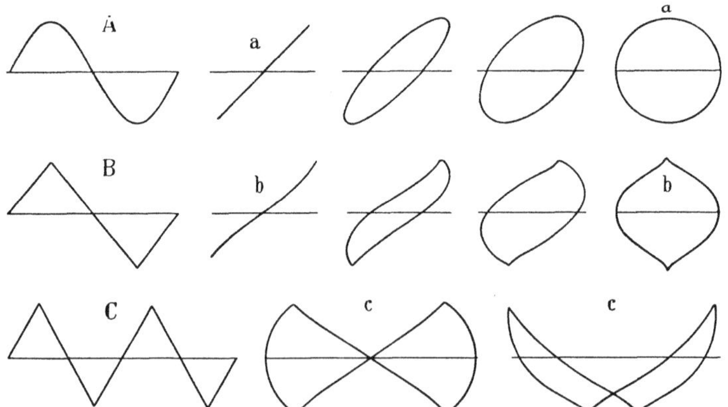

Abb. 24. LISSAJOUS-Figuren bei verschiedener Phasenlage: *a* Stimmgabelschwingung, *b, c* Saitenschwingungen, *A, B, C* die dazugehörigen Ausgangsschwingungen (nach H. V. HELMHOLTZ)

tatsächliche Schwingungsform der in Frage stehenden komplizierten Schwingung zu ermitteln, bedient man sich einer leicht durchzuführenden Konstruktion. Da man jede geradlinige sinusförmige Schwingung als durch Projektion einer gleichmäßigen Kreisbewegung entstanden auffassen kann, so läßt sich eine Lissajous-Figur als Projektion der auf einen Kreiszylinder aufgewickelten tatsächlichen Schwingungsform herleiten (Abb. 22). Aus der Lissajous-Figur läßt sich die tatsächliche Schwingungsform dann also so finden (Abb. 23), daß man die Abszisse der Lissajous-Figur nach einem sinusoidalen Maßstab einteilt und die Ordinatenwerte in ein Diagramm mit linear geteilter Abszisse umzeichnet[1].

In Abb. 24 sind einige Lissajous-Figuren, welche von Helmholtz aufgenommen wurden, wiedergegeben, und zwar zeigt jeweils die linke

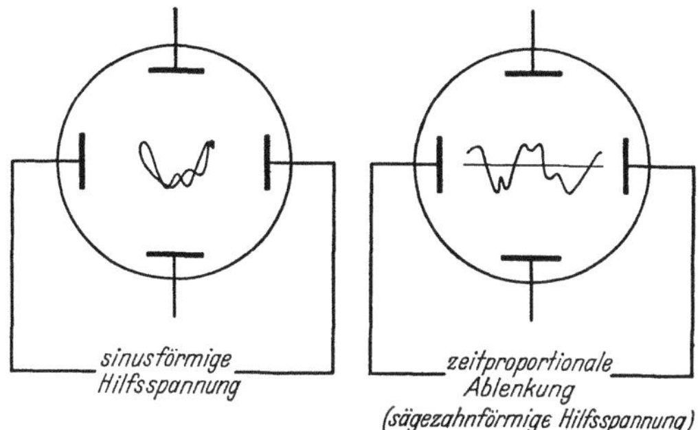

Abb. 25. Schwingungsfiguren auf dem Leuchtschirm eines Braunschen Rohres

Kurve die tatsächliche Schwingungsform, die rechten Kurven sind die zugehörigen Lissajous-Bilder. Die oberen vier Figuren beziehen sich auf eine Stimmgabelschwingung, die nahezu sinusförmig verlief, die mittlere und die untere auf Violinsaitenschwingungen.

Lissajous-Schwingungen — deren Eigenschaften wir an dem klassischen Fall des Vibrationsmikroskops betrachteten — spielen auch in der modernen akustischen Meßtechnik eine wichtige Rolle. Zur objektiven Messung von Klangbildern verwendet man häufig das Braunsche Rohr[2]. Legt man an das eine Ablenkplattenpaar des Braunschen Rohres eine vom Klang gesteuerte Wechselspannung (Abb. 25), an das andere Ablenkplattenpaar eine rein sinusförmige Spannung, deren Frequenz mit der Grundfrequenz des Klanges übereinstimmt, so beschreibt der Lichtfleck auf dem Leuchtschirm eine Lissajous-Figur, welche man photographisch aufnehmen kann. Zeichnet man die Lissajous-Figur gemäß der in Abb. 23 dargestellten Konstruktion auf einen linearen Abszissenmaßstab um, so erhält man unmittelbar die Schwingungsform des in Frage stehenden Klanges.

---

[1] Vgl. hierzu auch E. F. Fahy u. F. G. Karioris: Amer. J. Phys. **20**, 121 (1952).
[2] Über Braunsche Röhren („Kathodenstrahloszillographen") vgl. S. 481.

Ersetzt man die sinusförmige Hilfsspannung durch eine zeitproportionale Ablenkung, so wird auf dem Leuchtschirm des BRAUNschen Rohres unmittelbar das Bild der tatsächlich vorliegenden Schwingungsform entworfen. Zur Herstellung der zeitproportionalen Ablenkung benutzt man eine synchronisierte Kippspannung, welche eine sägezahnähnliche Schwingungskurve liefert.

5. Freie und erzwungene Schwingungen

(Systeme von einem Freiheitsgrad)[1]

Zieht man eine mit einer Flüssigkeitsdämpfung versehene federnd aufgehängte Masse (Abb. 26) aus der Ruhelage und überläßt sie dann sich selbst, so wird sie durch die Federspannung wieder nach der Ruhelage hin beschleunigt, infolge der Massenträgheit wird sie (wenn wir von dem Fall extrem starker Reibung in der Dämpfungsflüssigkeit absehen) über die Ruhelage hinaus bis zu einem oberen Umkehrpunkt schießen und sich dann wieder nach unten in Bewegung setzen. Bei jeder Schwingungsphase wird durch Reibung ein gewisser Energiebetrag dem System entzogen, die Schwingungsamplitude nimmt dadurch von Schwingung zu Schwingung ab und die Masse nähert sich asymptotisch ihrer Ruhelage.

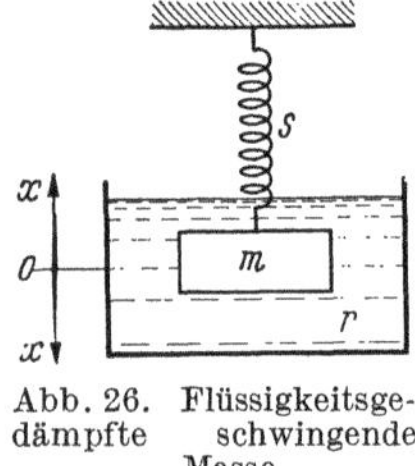

Abb. 26. Flüssigkeitsgedämpfte schwingende Masse

Mathematisch läßt sich dieser Vorgang folgendermaßen behandeln:

Die Summe aller Kräfte am System, also die Summe von Trägheitskraft, Reibungskraft und der von der Federspannung herrührenden rücktreibenden Kraft muß stets gleich Null sein. Es gilt also die Differentialgleichung:

$$m\,\frac{d^2x}{dt^2} + r\,\frac{dx}{dt} + s\,x = 0. \tag{24}$$

m bedeutet hierbei die gesamte schwingende Masse (bei dem betrachteten Beispiel hat man zur Masse des starren Körpers noch einen Betrag, welcher die Masse der „mitschwingenden Flüssigkeit" berücksichtigt, hinzuzufügen). $r \cdot dx/dt$ ist die Reibungskraft; diese ist also proportional zur Geschwindigkeit angesetzt, was bei wirbelfreier Bewegung in einer viskosen Flüssigkeit gerechtfertigt ist. $s \cdot x$ ist die von der Federspannung herrührende rücktreibende Kraft, welche bestrebt ist, das System wieder in die Ruhelage zurückzuführen; die rücktreibende Kraft ist proportional der Elongation angesetzt, es ist also angenommen, daß das HOOKEsche Gesetz erfüllt ist, was für nicht zu große Amplituden zulässig ist. S nennt man „Steifigkeit" (früher „Direktionskraft").

---

[1] Unter Freiheitsgrad versteht man die Zahl der zur Beschreibung der Lage oder der Bewegung eines Schwingungssystems notwendigen Koordinaten.

Nach der Art der Differentialgleichung (24) bezeichnet man das Schwingungssystem als „*linear*" arbeitendes System. Es seien hier zunächst nur Schwingungen derartiger linearer Systeme betrachtet. Enthält die Differentialgleichung, welche die Schwingungen beschreibt, Glieder, welche nichtlinear sind (also beispielsweise eine Reibungskraft, welche dem Quadrat der Geschwindigkeit proportional ist oder eine rücktreibende Kraft, welche von der Form $s' = s_1 x + s_2 x^2$ ist), so bezeichnet man diese Systeme als „*nichtlineare*" Systeme; wir werden derartige Systeme in Ziff. 6, S. 38 behandeln.

Für $r/2\,m$ sei noch die Bezeichnung δ und für s/m die Bezeichnung ω_0^2 eingeführt. Gl. (24) nimmt dann die Form an

$$\frac{d^2x}{dt^2} + 2\,\delta\,\frac{dx}{dt} + \omega_0^2\,x = 0 . \tag{25}$$

Bei Lösung der Differentialgleichung sind drei Fälle zu unterscheiden, je nachdem

$$\delta < \omega_0, \qquad r^2 < 4\,m\,s,$$
$$\delta = \omega_0, \qquad r^2 = 4\,m\,s,$$
$$\delta > \omega_0, \qquad r^2 > 4\,m\,s.$$

Im ersten Fall ($\delta < \omega_0$; $r^2 < 4\,m\,s$) lautet die Lösung

$$x = x_0\,e^{-\delta t} \sin (\overline{\omega}_0\,t - \varphi), \quad \text{wobei} \quad \overline{\omega}_0 = \sqrt{\omega_0^2 - \delta^2} . \tag{26}$$

Das System geht in diesem Fall in exponentiell gedämpften Schwingungen in die Ruhelage zurück. Die Kreisfrequenz $\overline{\omega}_0$ der abklingenden Schwingungen nähert sich mit abnehmender Dämpfung dem Wert für die ungedämpfte Schwingung ω_0, $f_0 = \dfrac{\omega_0}{2\,\pi}$ ist die „ungedämpfte" Eigenfrequenz des Systems. Die Eigenschwingung liegt nach (26) um so höher, je größer die Steifigkeit und je kleiner die Masse des Systems ist. Die Abnahme der Schwingungsamplitude mit der Zeit erfolgt um so rascher, je größer die Dämpfung des Systems ist. $\delta = r/2\,m$ nennt man die „*Abklingkonstante*" (früher „*Dämpfungskonstante*"). Die Zeit, innerhalb welcher die Amplitude auf den e-ten Teil, also auf rund 37% fällt, ist gleich $1/\delta$. Statt des Dämpfungsmoduls benutzt man zur Kennzeichnung der Größe der Abklingkonstante von Schwingungen meist den Wert des Verhältnisses zweier aufeinanderfolgender Ausschläge. Für das Amplitudenverhältnis zweier derartiger, um eine volle Periode getrennter Ausschläge gilt

$$k = \frac{x_n}{x_{n+1}} .$$

Den natürlichen Logarithmus Λ dieses Verhältnisses bezeichnet man als „*Dekrement*"

$$\Lambda = \ln k = \ln \frac{x_n}{x_{n+1}} .$$

Bezieht man das Dekrement nicht auf das Amplitudenverhältnis zweier aufeinanderfolgender Ausschläge, sondern auf dasjenige des p-ten und q-ten Ausschlages, so wird

$$\Lambda = \frac{1}{p-q} \ln \frac{x_p}{x_q}\,.$$

Zwischen der Dämpfungskonstante δ und dem Dekrement Λ besteht die Beziehung

$$\Lambda = \frac{2\,\pi}{\omega_0}\,\delta = T\,\delta\,.$$

In der nachfolgenden Tabelle sind logarithmische Dekremente für verschiedene Amplitudenverhältnisse zusammengestellt. Ferner ist in der Tabelle angegeben, in welchem Maß bei der betreffenden Dämpfung

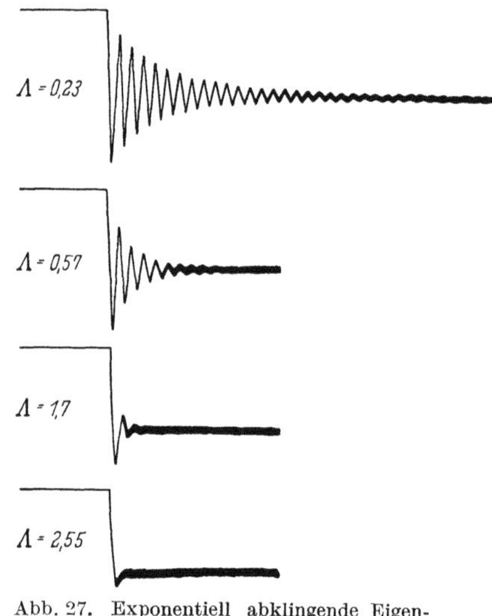

Abb. 27. Exponentiell abklingende Eigen-schwingungen

Tabelle 1

Amplituden-verhältnis zweier im Abstand einer vollen Periode liegenden Ausschläge	Dekrement	Verhältnis der Periodendauer der gedämpften Schwingung zu derjenigen der ungedämpften Schwingung
1,01	0,01	1,0000013
1,02	0,02	1,0000051
1,05	0,05	1,00003
1,11	0,1	1,00013
1,22	0,2	1,0005
1,65	0,5	1,003
2,71	1,0	1,101

die Periodendauer der gedämpften Schwingung von derjenigen der ungedämpften Schwingung abweicht.

In Abb. 27 sind einige abklingende Schwingungen verschiedener Dämpfung dargestellt, die Abbildungen wurden nach oszillographischen Aufnahmen an einem elektrischen Schwingungskreis gezeichnet.

Im zweiten Fall ($\delta = \omega_0$; $r^2 = 4\,m\,s$) lautet die Lösung

$$x = x_1\,(1 + \lambda\,t)\,e^{-\delta t}, \tag{27}$$

wobei λ ein Faktor von der Dimension s^{-1} ist. Das System führt in diesem Fall (dem Fall der sogenannten „aperiodischen Grenzdämpfung") keine Schwingungen aus, es geht asymptotisch zur Ruhelage über.

Im dritten Fall ($\delta > \omega_0$; $r^2 > 4\,m\,s$) lautet die Lösung

$$x = x_2\,e^{-\left(\delta + \sqrt{\delta^2 - \omega_0^2}\right)t} + x_3\,e^{-\left(\delta - \sqrt{\delta^2 - \omega_0^2}\right)t} \tag{28}$$

Ausdruck (28) ist aus zwei Exponentialfunktionen zusammengesetzt. Der Exponent des ersten Terms ist notwendigerweise stets größer als derjenige des zweiten (der im Extremfall $\delta \gg \omega_0$ nahezu Null wird). Der erste Term klingt also rascher ab als der zweite; nach Abklingen des ersten Terms verläuft die Bewegung rein exponentiell.

Bei sehr großer Dämpfung „kriecht" das System in die Ruhelage zurück. Man bezeichnet diesen Fall als den Fall „über-aperiodischer" Dämpfung oder auch als den Fall „kriechender" Dämpfung.

Läßt man auf das betrachtete Schwingungssystem eine äußere Kraft wirken — wir können uns beispielsweise vorstellen, unsere schwingende Masse sei ein Eisenkörper, unter dem eine wechselstromdurchflossene Spule angebracht ist, so daß dann auf den Eisenkörper Wechselkräfte magnetischen Ursprungs wirken —, so führt das System erzwungene Schwingungen aus[1]. Für die erzwungene Schwingung gilt die Kraftgleichung:

$$m \frac{d^2x}{dt^2} + r \frac{dx}{dt} + s\,x = F(t). \tag{29}$$

$F(t)$ ist die äußere, auf das System wirkende Kraft. Wir wollen sie zunächst als rein sinusförmig annehmen $F = F_0 \sin \omega\, t$; die Gl. (29) nimmt dann die Form an:

$$m \frac{d^2x}{dt^2} + r \frac{dx}{dt} + s\,x = F_0 \sin \omega\, t. \tag{30}$$

Die Lösung der Differentialgleichung lautet für den Fall nicht zu großer Dämpfung

$$x = x_0 \sin (\omega\, t - \varphi) + x' \, e^{-\delta t} \sin (\overline{\omega}_0\, t + \psi). \tag{31}$$

Die Lösung ist aus zwei Termen zusammengesetzt. Der zweite Term stellt die Lösung für die frei abklingende gedämpfte Schwingung (26) dar, dieser Term klingt mit der Zeit ab, nach Beendigung des „Einschwingens" braucht er nicht mehr berücksichtigt zu werden. Der erste Term beschreibt die Schwingungen im stationären Zustand. In diesem stationären Zustand führt das (in Frage stehende lineare) System rein sinusförmige erzwungene Schwingungen aus, deren Frequenz genau mit der Frequenz der angreifenden Kraft übereinstimmt.

Für die Amplitude der erzwungenen Schwingungen gilt:

$$x_0 = \frac{F_0}{m \cdot \sqrt{(\omega_0^2 - \omega^2)^2 + \dfrac{\Lambda^2}{\pi^2}\, \omega_0^2\, \omega^2}} , \tag{32}$$

für die Phase:

$$\operatorname{tg} \varphi = \frac{r \cdot \omega}{m\,(\omega_0^2 - \omega^2)} .$$

---

[1] Die Theorie der erzwungenen Schwingung wurde von A. SEEBECK [Pogg. Ann. Phys. u. Chem. **138**, 289 (1844)] ausgearbeitet. Diese, eine Fülle wichtigster Erkenntnisse enthaltende Arbeit scheint völlig in Vergessenheit geraten zu sein, man findet sie nirgends zitiert.

Λ bedeutet das logarithmische Dekrement der freien gedämpften Schwingung.

Für sehr geringe Frequenz der angreifenden Kraft ($\omega \ll \omega_0$) ist nach Gl. (32) die Amplitude der erzwungenen Schwingung unabhängig von der Frequenz der angreifenden Kraft, und zwar ist sie dann gleich

$$\frac{F_0}{m\,\omega_0^2} = \frac{F_0}{s}\,,$$

sie entspricht dann also der Auslenkung aus der Ruhelage, welche ein mit der Steifigkeit s an eine Ruhelage gebundenes System bei Angriff einer konstanten Kraft von der Größe F_0 erfahren würde. Mit

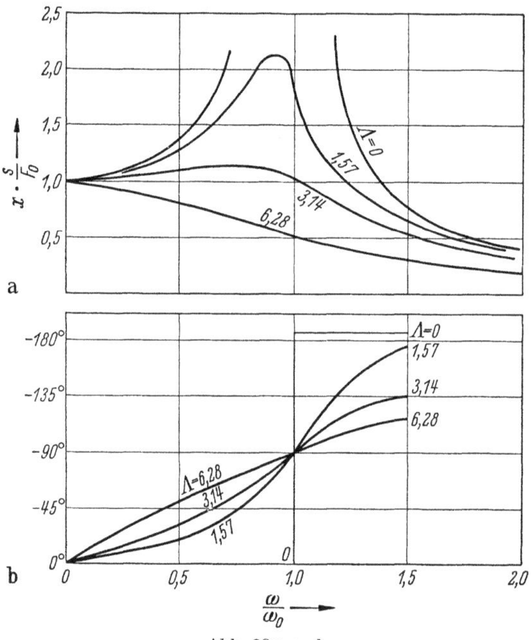

Abb. 28a u. b
a) Frequenzabhängigkeit der Amplitude eines Schwingungssystems bei verschiedener Dämpfung,
b) Phasengang der erzwungenen Schwingung bei verschiedener Dämpfung

wachsender Frequenz der angreifenden Kraft nimmt dann allmählich die Schwingungsamplitude zu, um bei $\omega_{\mathrm{max}} = \sqrt{\omega_0^2 - 2\,\delta^2} \approx \omega_0$ ihr Maximum zu erreichen. Stimmt die Frequenz der angreifenden Kraft mit der Eigenfrequenz des Systems überein, so erreicht die Amplitude den Wert $\dfrac{F_0}{m\,\omega_0^2} \cdot \dfrac{\pi}{\Lambda}$, sie wird also an der Resonanzstelle auf den π/Λ-fachen Betrag „aufgeschaukelt". Jenseits der Resonanzstelle $\omega \gg \omega_0$ fällt die Amplitude mit dem Quadrat der Frequenz ab.

Den genauen Verlauf der „Frequenzkurve" der elastisch aufgehängten Masse zeigt Abb. 28a. Die Abbildung läßt auch erkennen, daß bei sehr großer Dämpfung die Resonanzstelle nach tieferen Frequenzen hin verschoben wird.

Der Verlauf der Phase ist in Abb. 28b dargestellt. Der Phasenwinkel zwischen erregender Kraft und erzwungener Schwingung beträgt bei sehr tiefer Frequenz der angreifenden Kraft 0°, an der Resonanzstelle läuft die erzwungene Schwingung um 90° hinter der erregenden Kraft her, bei sehr hoher Frequenz liegt die erzwungene Schwingung um 180° hinter der Phase der erregenden Kraft.

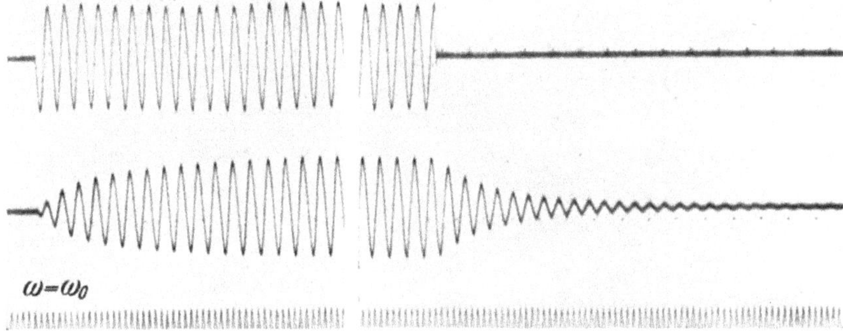

Abb. 29. Ein- und Ausschwingvorgänge bei erzwungenen Schwingungen (Spezialfall $\omega = \omega_0$)

Während des Einschwingvorgangs [Term 2 des Ausdruckes (31)] addiert sich die abklingende Eigenschwingung des Systems und die erzwungene Schwingung des stationären Schwingungsteils. Der Einschwingvorgang macht sich um so länger bemerkbar, je schwächer das System gedämpft ist. In Abb. 29 und 30 sind Ein- und Ausschwingvorgänge bei verschiedenem Verhältnis der Frequenz der angreifenden Kraft zur Eigenfrequenz des Schwingungssystems dargestellt, die Kurven sind Oszillogramme von Ausgleichsvorgängen elektrischer Schwingungskreise[1]. In dem speziellen Fall, daß die aufgezwungene Frequenz und die Eigenfrequenz übereinstimmen, verläuft die Amplitude des Einschwingvorganges gemäß $x_0 (1 - e^{-\delta t})$. Im allgemeinen Fall, bei welchem die Frequenz der angreifenden Kraft und die Eigenfrequenz voneinander abweichen, kommt es während des Einschwingvorganges zu Schwebungen. Beim plötzlichen Aussetzen der erregenden Kraft geht das System mit seiner gedämpften Eigenfrequenz in die Ruhelage zurück.

---

[1] Über Ausgleichsvorgänge vgl. insbesondere auch H. MARTIN: Veröff. Reichsanstalt f. Erdbebenforschg. H. 26, Leipzig 1935 und weitere in Anm. 1, S. 29 angezogene Arbeiten.

Bemerkt sei noch, daß zwischen dem Verlauf der Ausgleichsvorgänge und dem Verlauf der Frequenzcharakteristik und des Phasengangs ein unmittelbarer Zusammenhang besteht: man kann Frequenzcharakteristik und Phasengang aus dem Ausgleichsvorgang durch die LAPLACE-Transformation ermitteln[1]. Von dieser Möglichkeit kann für die Be-

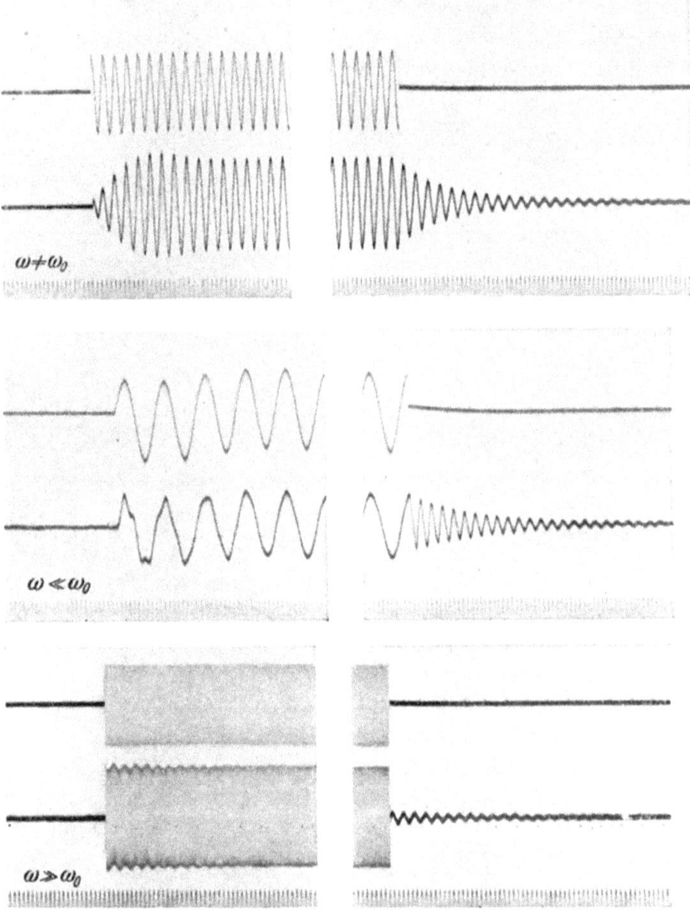

Abb. 30. Ein- und Ausschwingvorgänge bei erzwungenen Schwingungen (Allgemeiner Fall, $\omega \neq \omega_0$). Obere Kurve: anregende Kraft, untere Kurve: erzwungene Schwingung

[1] Vgl. hierzu insbesondere J. R. CARSON: Elektr. Ausgleichsvorgänge und Operatorenrechnung. Berlin 1929. — DOETSCH, G.: Theorie und Anwendung der LAPLACE-Transformation. Berlin 1937. — DROSTE, H. W.: Die Lösung angewandter Differentialgleichungen mittels LAPLACEschen Transformationen. Berlin 1939. — KARKEVICH, A.: J. Techn. Phys. (USSR) **9**, 581 (1939). — WAGNER, K. W.: Operatorenrechnung nebst Anwendungen in Physik und Technik, Leipzig 1940. —

Fortsetzung der Anm. 1 S. 31

stimmung der Frequenzcharakteristik und des Phasengangs von Schwingungssystemen vorteilhaft Gebrauch gemacht werden. Es ist mitunter leichter möglich, den Ausgleichsvorgang bei Beanspruchung durch einen einmaligen Impuls aufzuzeichnen, als die Frequenzcharakteristik und den Phasengang Punkt für Punkt auszumessen. Für akustische Fragen wurden diese Zusammenhänge zuerst von G. v. Békésy[1] ausgenutzt; er bestimmte die Frequenzcharakteristik des menschlichen Trommelfells durch Fourier-Analyse der durch einen Knack erregten Ausgleichsschwingung.

Bei der theoretischen Behandlung von Schwingungsproblemen macht man mit großem Nutzen von der komplexen Rechenweise Gebrauch[2].

Eine komplexe Größe sei mit z bezeichnet, x sei ihre reelle, y ihre imaginäre Koordinate in der komplexen Ebene. Es gilt dann (Abb. 31)

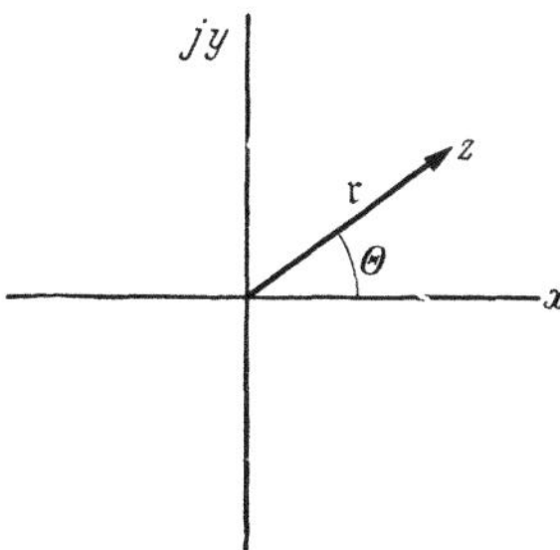

Abb. 31. Darstellung einer Größe in der komplexen Ebene

$$z = x + jy = |\mathfrak{r}|\,(\cos \Theta + j \sin \Theta) = |\mathfrak{r}| \cdot e^{j\Theta}, \qquad |\mathfrak{r}|^2 = \sqrt{x^2 + y^2};$$

hierbei ist $|\mathfrak{r}|$ die Länge des Zeigers zum Punkt mit den Koordinaten x, jy.

Es gilt nun der Satz, daß dann, wenn eine komplexe Größe $z = x + jy$ die Lösung einer Differentialgleichung darstellt, sowohl der reelle Teil für sich als auch der imaginäre Teil für sich eine Lösung bildet. Betrachten wir beispielsweise die eben besprochene Schwingungsgleichung

$$m\,\ddot{x} + r\,\dot{x} + s\,x = F_0 \cos \omega t,$$

so können wir diese als den reellen Teil der komplexen Gleichung

$$m\,\ddot{z} + r\,\dot{z} + s\,z = F_0\,e^{j\omega t}$$

auffassen. Eine Lösung dieser Gleichung ist, wie sich leicht verifizieren

<hr>

MEYER-EPPLER, W.: A. E. Ü. **2**, 1 (1948). — CUNNINGHAM, W. J.: J. appl. Phys. **19**, 251 (1948). — KÜPFMÜLLER, K.: Die Systemtheorie der elektrischen Nachrichtenübertragung, Stuttgart 1949. — MEYER-EPPLER, W.: FTZ **4**, 174 (1951), mit ausführlichen Literaturangaben. — SKUDRZYK, E.: Die Grundlagen der Akustik. Wien 1954, 49 u. ff. — DOETSCH, G.: Anleitung zum praktischen Gebrauch der LAPLACE-Transformation, München 1956. — Einführung in Theorie und Anwendung der LAPLACE-Transformation Basel 1958. — FETZER, V.: Einschwingvorgänge in der Nachrichtentechnik Berlin 1958.

[1] v. BÉKÉSY, G.: A. Z. **2**, 217 (1937).

[2] Die Darstellung komplexer Zahlen in der x-, jy-Ebene geht auf C. F. GAUSS, Götting. Nachr. **1831**, S. 64, zurück. Die komplexe Rechenweise ist für akustische Probleme zuerst von LORD RAYLEIGH (Theory of Sound 1877) und für elektrische Probleme von H. v. HELMHOLTZ (Berl. Ber. **1878**, S. 488) angewendet worden.

läßt, der Ausdruck

$$z = A\, e^{j\,\omega\,t}, \quad \text{wobei} \quad A = \frac{F_0}{(-\,m\,\omega^2 + j\,r\,\omega + s)}\,;$$

hieraus folgt

$$\dot z = \frac{F_0\, e^{j\,\omega\,t}}{[r + j\,(m\,\omega - s/\omega)]} = \frac{F_0\, e^{j\,\omega\,t}}{|Z_m|\,e^{j\,\varphi}} = \frac{F_0}{|Z_m|}\, e^{j\,(\omega\,t - \varphi)},$$

wobei $Z_m^2 = r^2 + (m\,\omega - s/\omega)^2$ und $\operatorname{tg}\varphi = \dfrac{m\cdot\omega - s/\omega}{r}$.

Der reelle Teil ist $\dot x = \dfrac{F_0}{|Z_m|}\cos(\omega\,t - \varphi)$.

Das Verhältnis der am Schwingungssystem angreifenden Kraft zur Schnelle nennt man die mechanische Impedanz des Systems. Diese ist im allgemeinen Fall eine komplexe Größe

$$Z_m = r + j\,(m\,\omega - s/\omega),$$

sie ist analog dem Begriff der Impedanz eines elektrischen Schwingungssystems. r ist die „Resistanz". Der Imaginärteil $m\,\omega - s/\omega$ ist die „Reaktanz". Die Impedanz ist in MKS-Einheiten $N\,\mathrm{s\,m^{-1}}$, in CGS-Einheiten $\mathrm{g\,s^{-1}}$. Ein $\mathrm{g\,s^{-1}}$ wird auch als ein mechanisches Ohm bezeichnet.

Stellt man die mechanische Impedanz eines mechanischen Schwingungssystems als „Zeiger" in einer komplexen Ebene dar und läßt man die Frequenz alle Werte von 0 bis ∞ durchlaufen, so bewegt sich (Abb. 32) der End-

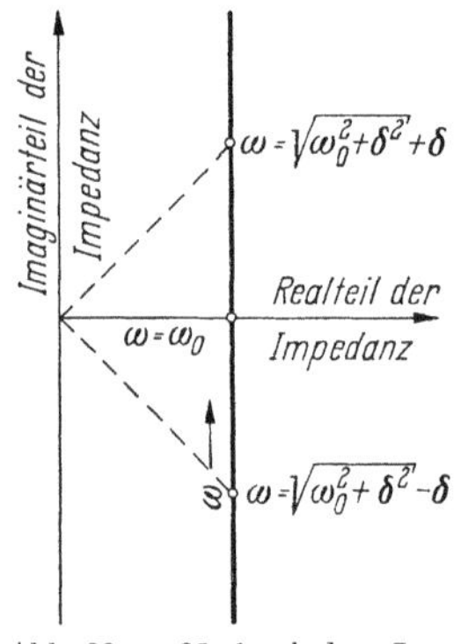

Abb. 32. Mechanische Impedanz eines elastisch gebundenen Massenpunktes

punkt des Zeigers auf einer parallel zur imaginären Achse liegenden Geraden, die von der Achse den Abstand r hat.

Der Begriff der mechanischen Impedanz kann nicht nur für einfache Schwingungssysteme, sondern auch auf beliebig zusammengesetzte gekoppelte Systeme angewendet werden[1].

Wir hatten bisher angenommen, daß die angreifende Kraft eine Cosinusschwingung ist. Diese Vereinfachung bedeutet insofern keine prinzipielle Einschränkung, als man Kräfte beliebigen zeitlichen Verlaufs nach dem FOURIER-Theorem (S. 7) in eine Reihe harmonischer Teilkräfte

---

[1] Vgl. hierzu insbesondere K. SCHUSTER: Erg. exakt. Naturw. XXI, 313, Berlin 1945. — MAWARDI, O. K.: J. A. S. A. **23**, 571 (1951). — WILLMS, W.: Acustica **4**, 133, 427 (1954). — SPANDÖCK, F., u. H. WILKE: Die mechanische Hemmung und der mechanische Widerstand als Meßgrößen in der Schwingungstechnik, VDI-Berichte 4 (Schwingungstechnik) (1955), dort weitere Literaturangaben. — Zur Frage der Messung mechanischer und akustischer Impedanzen vgl. WILLMS, W.: ATM V 54-5, 54-6 (1950). — KURTZE, G.: Techn. Mitt. schweizer. Tel. u. Tel. Verw. **34**, 361 (1956).

zerlegen kann, man kann also ansetzen

$$F(t) = F_1 \sin (\omega t + \varphi_1) + F_2 \sin 2 (\omega t + \varphi_2)$$
$$+ F_3 \sin 3 (\omega t + \varphi_3) + \cdots \qquad (33)$$

und kann die Lösung der Gl. (29) für jede einzelne Teilkraft aufstellen. Sind

$$x_1 = x_{01} \sin (\omega t + \psi_1), \qquad x_2 = x_{02} \sin 2 (\omega t + \psi_2),$$
$$x_3 = x_{03} \sin 3 (\omega t + \psi_3) \ldots$$

derartige Teillösungen, so ergibt sich die Gesamtlösung durch Superposition der Teillösungen als

$$x = x_1 + x_2 + x_3 + \cdots = x_{01} \sin (\omega t + \psi_1) + x_{02} \sin 2 (\omega t + \psi_2)$$
$$+ x_{03} \sin 3 (\omega t + \psi_3) + \cdots . \qquad (34)$$

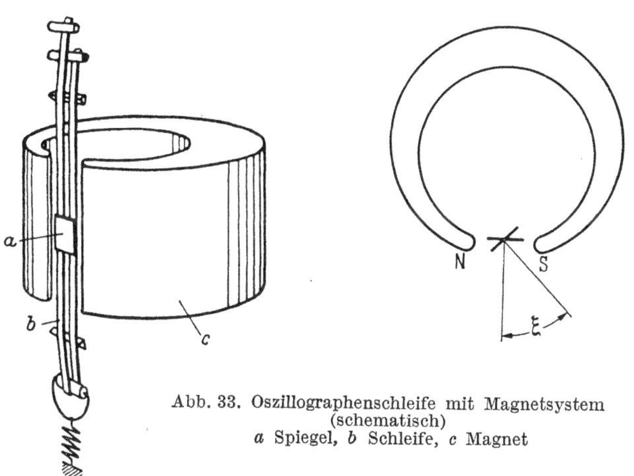

Abb. 33. Oszillographenschleife mit Magnetsystem (schematisch)
a Spiegel, *b* Schleife, *c* Magnet

In der Lösung kommen — worauf hier besonders hingewiesen sei — nur Glieder mit solchen Frequenzen vor, welche auch in der angreifenden Kraft enthalten waren. Diese Feststellung gilt allgemein für Systeme, die durch eine lineare Differentialgleichung von der Form (29) beschrieben werden. Bei nichtlinearen Systemen liegen die Verhältnisse anders, dort treten in der Lösung auch Schwingungen mit Frequenzen auf, die in der angreifenden Kraft nicht enthalten waren (vgl. S. 38).

Für die Akustik, und zwar für das Gebiet der akustischen Meßtechnik, sind auch Schwingungssysteme von Bedeutung, bei denen die Schwingungen nicht in der Form geradliniger translatorischer Bewegungen ablaufen, sondern bei denen *Drehschwingungen* (,,*Torsionsschwingungen*'') um eine Achse ausgeführt werden. Ein Beispiel eines derartigen Systems ist die Oszillographenschleife, die zur Niederschrift von Schallkurven Verwendung findet; hierzu wird der Schall zunächst von einem Mikrophon in elektrische Spannungen umgeformt; der Ausgangsstrom eines von den Wechselspannungen gesteuerten Verstärkers wird dann mittels einer Oszillographenschleife aufgezeichnet. Eine von dem aufzuzeichnenden Strom durchflossene Schleife ist (Abb. 33) unter starker mechanischer Spannung im Feld eines kräftigen Magneten angebracht. Infolge der Wechselwirkung zwischen Strom und Magnetfeld erfahren die beiden Schleifenteile gegeneinander gerichtete Kräfte senkrecht zum Feld, die Schleife wird also gedreht. Als rücktreibende Kraft wirkt auf das System die Torsionskraft der Schleifenspannung. Fließt durch die Schleife ein Wechselstrom, so führt die Schleife erzwungene Torsionsschwingungen aus, deren Verlauf vermittels eines auf der Schleife befestigten Spiegelchens und eines vom Spiegel reflektierten Lichtstrahls auf einer rotierenden Trommel mit photographischem Papier aufgezeichnet werden kann.

Für die erzwungene Torsionsschwingung läßt sich die Drehmomentengleichung aufstellen

$$J \frac{d^2\xi}{dt^2} + R \frac{d\xi}{dt} + D\,\xi = k \cdot i\,(t), \tag{35}$$

wobei J das Trägheitsmoment, R die Reibungsresistanz, D das Rückstellmoment, k die „Galvanometerkonstante" und i den Strom durch die Schleife bedeutet.

Der Vergleich der Drehmomentengleichung (29) mit der Kraftgleichung (24) zeigt die völlige Analogie der beiden Differentialgleichungen. Wir können also auch die für die elastisch aufgehängte Masse abgeleitete Lösung ohne weiteres benutzen und erhalten für die Torsionsschwingung:

$$\xi_0 = \frac{k \cdot i_0}{J \sqrt{(\omega_0^2 - \omega^2)^2 + \frac{A^2}{\pi^2}\,\omega_0^2\,\omega^2}}\,. \tag{36}$$

Für die Eigenfrequenz der Torsionsschwingung ergibt sich, bei Vernachlässigung der Dämpfungskorrektur, $\omega_0 = \sqrt{\frac{D}{J}}$, sie liegt also um so höher, je größer die Torsionskraft der Aufhängung und je geringer das Trägheitsmoment ist. Aus den Ausführungen, die wir oben über die Abhängigkeit der Amplitude der erzwungenen Schwingung von der Frequenz der angreifenden Kraft machten, folgt ohne weiteres, daß die Amplitude der erzwungenen Schwingung der Oszillographenschleife nur so lange frequenzunabhängig der Amplitude der erregenden Kraft entspricht, als die Eigenfrequenz der Oszillographenschleife genügend hoch über der Frequenz der erregenden Kraft liegt oder — mit anderen Worten ausgedrückt — daß wir nur dann eine getreue Registrierung der Schwingungsform des die Schleife durchfließenden Wechselstroms erwarten können, wenn wir die Eigenfrequenz der Schleife wesentlich höher legen als die Frequenz der höchsten, noch im Wechselstrom enthaltenen Teilschwingung. Mit Rücksicht auf Verfälschungen durch Einschwingvorgänge müssen wir die Oszillographenschleife hinreichend dämpfen. Man erreicht dies praktisch durch Einbringen in Öl. Die kritische Abwägung der durch Resonanzüberhöhung, durch Einschwingvorgänge und durch Phasenverschiebung bedingten Fehler zeigt, daß wir die Schwingungsform des die Schleife durchlaufenden Wechselstroms dann am genauesten aufzeichnen, wenn das Dekrement der schwingenden Oszillographenschleife $\varLambda - \sqrt{2} \cdot \pi$ ist[1].

Ein anderes für die akustische Meßtechnik wichtiges System, das Torsionsschwingungen ausführt, ist die „RAYLEIGHsche" Scheibe. Läßt man Luftschall auf eine schräg zur Richtung der Schallwellen stehende Scheibe fallen, so wird auf Grund hydrodynamischer Kräfte auf die Scheibe ein Drehmoment ausgeübt, welches bestrebt ist, die Scheibe quer zur Richtung der Schall-

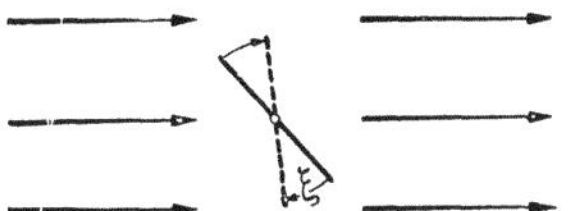

Abb. 34. Drehung einer RAYLEIGH-schen Scheibe im Schallstrahl

wellen zu stellen (Abb. 34). Die an einem Torsionsfaden aufgehängte Scheibe wird also nach Einsetzen der Schallwirkung in eine neue Lage gedreht; in dieser neuen Lage halten sich das auf die Scheibe vom Schall ausgeübte Drehmoment und das von der Torsionskraft der Aufhängung herrührende Rückstellmoment das Gleichgewicht, es gilt also dann

$$M = D\,\xi. \qquad (37)$$

Das vom Schall auf die Scheibe ausgeübte Drehmoment berechnet sich nach W. KÖNIG[2] zu

$$M = \frac{2}{3}\,\varrho\,v^2 \cdot r^3 \sin 2\chi,$$

wobei ϱ die Luftdichte, v die Schnelle, r den Scheibenradius und χ den Winkel zwischen der Richtung der Schallwelle und der Scheibenebene bedeutet. Hängt die Scheibe unter 45° zur Schallrichtung, so gilt

$$M = \frac{2}{3}\,\varrho\,v^2\,r^3. \qquad (38)$$

Die Beziehung (38) gestattet es, die Amplitude der schwingenden Luftteilchen in *absolutem* Maß aus der Drehung der Scheibe zu berechnen und damit dann also auch die Schallintensität (Ziff. 12, S. 95)

---

[1] Vgl. H. BUSCH: Phys. Z. **13**, 615 (1912). — EICHLER, F., u. W. GAARZ: Siemens-Z. **1930**, 598, 635. — Über Oszillographen vgl. noch Ziff. 31, S. 480, dort sind insbesondere auch die in der Akustik sehr viel verwendeten Kathodenstrahloszillographen behandelt.

[2] KÖNIG, W.: Wiedemanns Ann. Phys. **43**, 43 (1891). Ausführliche Literaturangaben über RAYLEIGH-Scheiben vgl. S. 95.

3*

zu bestimmen. Zur Durchführung der Berechnung ist es freilich noch erforderlich, die Größe der Torsionskraft in absolutem Maß zu kennen; die Torsionskraft läßt sich aber aus einer Messung der Schwingungsdauer der RAYLEIGHschen Scheibe mittels einer Stoppuhr leicht bestimmen.

Nach Gl. (36) gilt ja die Beziehung

$$T_0 = 2\,\pi\,\sqrt{\frac{J}{D}}\,,$$

die Torsionskraft ist also

$$D = \frac{4\,\pi^2}{T^2}\,J\,. \tag{39}$$

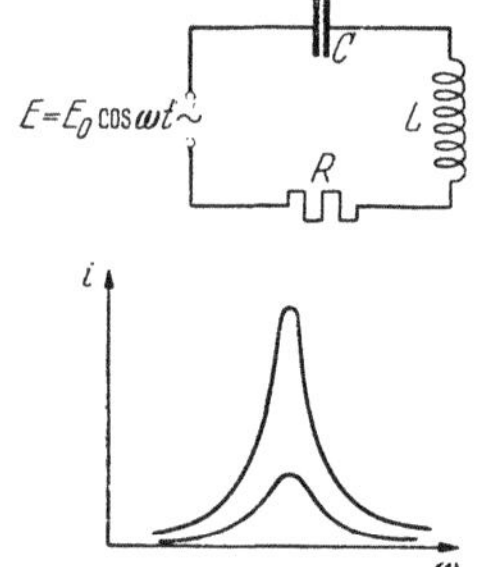

Abb. 35. Der elektrische Resonanzkreis und seine Resonanzkurve bei großer bzw. kleiner Dämpfung

Setzt man in Gl. (39) den gemessenen Wert der Eigenschwingungsdauer[1] und das auf Grund der mechanischen Daten der Scheibe berechenbare[2] Trägheitsmoment ein, so kann man die Torsionskraft und dann gemäß Gl. (38) die Geschwindigkeitsamplitude (Schnelle) der schwingenden Luftteilchen bestimmen.

Die Differentialgleichung des mechanischen Schwingungssystems ist analog gebaut der Differentialgleichung des elektrischen Kreises. Für den elektrischen Kreis (Abb. 35) gilt ja die Spannungsgleichung

$$L\frac{di}{dt} + R\,i + \frac{1}{C}\int i\,dt = E_0 \sin \omega\,t, \tag{40}$$

die nach einmaliger Differentiation die Form annimmt:

$$L\frac{d^2i}{dt^2} + R\frac{di}{dt} + \frac{1}{C}\,i = \omega\,E_0 \cos \omega\,t = \omega\,E_0 \sin\left(\omega\,t + \frac{\pi}{2}\right). \tag{41}$$

Die linken Seiten der Differentialgleichungen des mechanischen und des elektrischen Kreises sind völlig analog gebaut, und zwar entspricht die Selbstinduktion der Masse, der OHMsche Widerstand der mechanischen Resistanz und die Kapazität dem Reziprokwert der Direktionskraft. Die rechten Seiten der Gleichungen sind insofern verschieden, als im elektrischen Fall die „Störungsfunktion" mit dem Faktor ω multipliziert ist. Dementsprechend geht dann die Resonanzkurve des elektrischen Kreises also aus der Resonanzkurve des mechanischen Kreises (Abb. 28a) dadurch hervor, daß man die Ordinatenwerte mit einem der Frequenz proportionalen Umrechnungsfaktor multipliziert, die Resonanzkurve im elektrischen Fall nimmt dann den in Abb. 35 dargestellten Typus an: weit unterhalb der Resonanzstelle wächst die Amplitude der erzwungenen elektrischen Schwingung mit der Frequenz an; bei der

---

[1] Infolge der meist vorhandenen starken Dämpfung der RAYLEIGH-Scheibe ist es erforderlich, die experimentell bestimmte Eigenschwingungsdauer auf die Dauer der ungedämpften Eigenschwingung umzurechnen (vgl. Ziff. 5, S. 26).

[2] Für die Kreisscheibe gilt (bei vernachlässigter Scheibendicke) $J = \frac{1}{4}\,m\,r^2$, wobei m die Scheibenmasse bedeutet.

Resonanzstelle, welche im Gegensatz zum mechanischen Fall unabhängig von der Dämpfung stets an der Stelle der ungedämpften Eigenschwingung liegt, erreicht sie ihr Maximum, um dann jenseits der Resonanzstelle wieder wie $1/\omega$ abzufallen. Die Phase der erzwungenen Schwingung läuft im elektrischen Fall bei tiefer Frequenz um $90°$ der Spannung voraus, an der Resonanzstelle ist Strom und Spannung in Phase, jenseits der Resonanz wird die Phase $-90°$.

Analogiebetrachtungen zwischen elektrischen und mechanischen Schwingungssystemen haben in der Akustik vielfach fruchtbare Anwendung gefunden. Zwei verschiedene Arten von Entsprechungen können verwendet werden[1]. Bei der ersten Art entspricht die mechanische Kraft der elektrischen Spannung, die mechanische Schnelle dem elektrischen Strom. Die zweite Entsprechungsart ist Kraft-Strom, Schnelle-Spannung, Masse-Kapazität, Nachgiebigkeit-Selbstinduktion, Reibungswiderstand-Reziproker OHMscher Widerstand. W. HÄHNLE[2] zeigte, daß diese Entsprechungsart zur Behandlung bestimmter Aufgaben von Vorteil, z. T. sogar allein anwendbar ist. Während bei der ersten Entsprechungsart einer mechanischen Parallelschaltung eine elektrische Serienschaltung, bzw. einer mechanischen Serienschaltung eine elektrische Parallelschaltung entspricht, sind bei der zweiten Entsprechungsart mechanische Parallelschaltungen auch elektrische Parallelschaltungen und mechanische Serienschaltungen elektrische Serienschaltungen[3].

----

[1] Die Entsprechungen sind im Anhang (S. 539) in einer Tabelle zusammengestellt. Herrn G. SESSLER ist der Autor für die Ausarbeitung dieser Tabellen zu großem Dank verpflichtet.

[2] HÄHNLE, W.: Wiss. Veröff. a. d. Siemens-Werken 11/1, 1 (1932).

[3] Über mechanisch-elektrische Analogien vgl. weiterhin R. L. WEGEL: J. Amer. Inst. electr. Eng. 40, 791 (1921). — CORBEILLER, PH. LE: Ann. Post. Télégr. 1929, 1. — BALLANTINE, ST.: Proc. Radio Eng. 17, 929 (1929). — DARRIEUS, M.: Bull. soc. franc. électr. 96, 794 (1929). — McLACHLAN, N. W.: Phil. Mag. 7, 1011 (1929). — HÄHNLE, W.: Wiss. Veröff. Siemens-Werk 11/1, 1 (1932). — FIRESTONE, F. A.: J. A. S. A. 4, 249 (1933); J. appl. Phys. 9, 373 (1938). — HECHT, H.: Schaltschemata und Differentialgleichungen elektrischer und mechanischer Schwingungssysteme. Leipzig 1939, 3. Aufl. (1954). — BORDONI, P. G.: Alta Frequ. 9, 133 (1940). — HECHT, H.: Die elektroakustischen Wandler. Leipzig 1941, 4. Aufl. (1957). — MILES, J.: J. A. S. A. 14, 183 (1943). — OLSON, H. F.: Dynamical analogies. New York 1943. — NUOVO, M.: Alta Frequ. 11, 157 (1942), Acad. d. Lincei 1, 26 (1946). — BORDONI, P. G.: Acad. dei Lincei 1, 1324 (1946). — MERIGHI, M.: Elettronica 1, 50 (1947). — GEHLSHOJ, B.: Electromechanical and electroacoustical analogies (Akad. Teknisk. Vidensk. Kopenhagen 1947). — FISCHER, F. A.: Z. Schwing- u. Schwachstromtechn. 2, 181 (1948); ebdt. S. 232. — Archiv Elektr. Übertr. 3, 129 (1949), 4, 189 (1950). — CORBEILLER, PH. LE, u. YING-WA YEUNG: J. A. S. A. 24, 643 (1952). — REICHARDT, W.: Frequenz 6, 25, 50, 72 (1952). — BAUER, B. B.: J. A. S. A. 25, 837 (1953); 27, 376 (1955). — MEYER, G.: Frequenz 9, 227 (1955). — REICHARDT, W.: ebdt. 428. — FIRESTONE, F. A.: J. A. S. A. 28, 1117 (1956) (mit ausf. Literaturangaben). — TRENT, H. M.: ebdt. 31, 326 (1958). — REICHARDT, W., u. A. LENK: Acustica 9, 251 (1959). — HUPERT, J. J.: Amer. J. Phys. 27, 427 (1959).

6. Schwingungen von Systemen mit nichtlinearen Eigenschaften[1]

Die bisherigen Ausführungen bezogen sich auf Systeme, deren
Schwingungen durch eine lineare Differentialgleichung zweiter Ordnung
beschrieben wurden, so war insbesondere angenommen worden, daß die
translatorische Schwingung eines mechanischen Systems durch die
Gl. (29)

$$m \frac{d^2x}{dt^2} + r \frac{dx}{dt} + s\,x = F(t)$$

dargestellt wird; es waren also die Trägheitskräfte als proportional
der Beschleunigung, die Reibungskräfte als proportional der Geschwindigkeit und die elastischen Kräfte als proportional der Entfernung des
Systems aus der Ruhelage angenommen worden.

In Wirklichkeit liegen nun aber die Verhältnisse häufig wesentlich
anders. So liegt z. B. bei mechanischen Schwingungssystemen sehr oft
der Fall vor, daß die Steifigkeit von der Entfernung aus der Ruhelage abhängt, daß sie also beispielsweise von der Form $s = s_0 + s_1 \cdot x$
oder von der Form $s = (s_0 + s_2 x^2)$ ist. Es wird dann die Schwingung
durch einen Ansatz von der Form (29) nur so lange mit hinreichender
Annäherung beschrieben, als die Schwingungsamplitude so klein bleibt,
daß die Glieder s_1 bzw. s_2 noch nicht gegen das Glied s_0 ins Gewicht fallen.
Ist die Amplitude größer, so treten grundsätzlich neue Erscheinungen
auf. Anschaulich zu übersehen ist folgender Fall: An einem System
mit einer von der Amplitude x abhängigen Steifigkeit s greift eine
sinusförmige Kraft, deren Frequenz sehr klein gegen die tiefste Eigenfrequenz des Systems ist, an. Wir können dann die Schwingungskurve
gemäß der in der Abb. 36 angedeuteten Konstruktion aus der „statischen"
Kennlinie des Schwingungssystems ermitteln. Ist s von der Entfernung
aus der Ruhelage unabhängig — die statische Kennlinie also eine Gerade
—, so ist auch die erzwungene Schwingung sinusförmig. Ist s amplitu-
denabhängig („nichtlineare Kennlinie"), so besitzt die erzwungene

<hr>

[1] Man bezeichnet derartige Schwingungen vielfach auch als „nichtharmonische" Schwingungen und unterscheidet noch zwischen „pseudoharmonischen"
und „quasiharmonischen" Schwingungen. Die pseudoharmonischen Schwingungen sind solche, bei denen die Koeffizienten der Schwingungsgleichung von
der Amplitude x des Systems abhängen, die quasiharmonischen solche, bei denen
die Koeffizienten von der Zeit t abhängen. Eine ausführliche Darstellung der
nichtharmonischen Schwingungen bringt H. MARTIN im Beitr. Schwingungslehre
zum Hdb. d. Experimentalphysik XVII/1, S. 106ff. Leipzig 1934. Vgl. noch
KRYLOFF, N., u. N. BOGOLJUBOFF: Einführung in die nichtlineare Mechanik
(russ.), Kiew (1937), engl. Übers. Princeton (1943). — MASSA, F.: Electronics
11, 20 (1938). — MCLACHLAN, N. W.: Ordinary Nonlinear Differential Equations.
New York (1950). — BRAUNBEK, W.: Z. Phys. **147**, 297 (1957). — BRAUNBEK,
W., u. E. SAUTER: ebdt. 507. — Bemerkt sei, daß gemäß DIN 1311 neuerdings
„quasiharmonische" Schwingungen als „rheolineare" bezeichnet werden.

Schwingung keine Sinusform mehr. Es treten dann höhere Harmonische, welche in der angreifenden Kraft nicht enthalten sind, auf[1]. Als Maß der Nichtlinearität benutzt man in der Akustik nach K. KÜPFMÜLLER[2] den „Klirrfaktor", hierunter versteht man die Wurzel aus der Summe der Intensitäten der durch die Nichtlinearität auftretenden höheren Harmonischen dividiert durch die Intensität der bei linearer Charakteristik allein vorhandenen Grundschwingung

$$k = \sqrt{\frac{x_2^2 + x_3^2 + \cdots}{x_1^2}}.$$

Von großer Bedeutung ist die Frage, wie die erzwungene Schwingung eines nichtlinearen Systems zusammengesetzt ist, auf welches

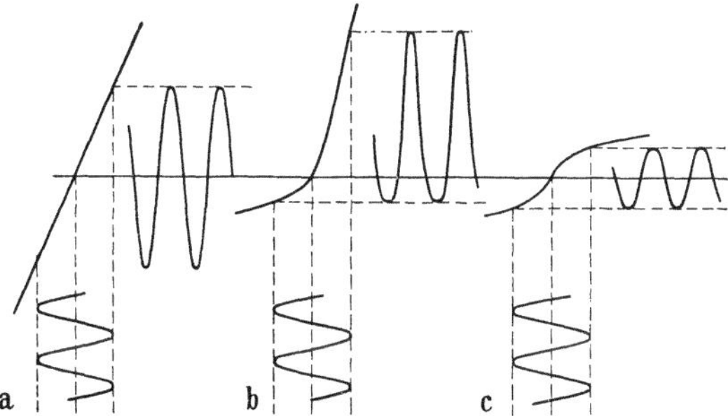

Abb. 36. Lineare und nichtlineare Kennlinien von Schwingungssystemen (*a* verzerrungsfrei, *b* unsymmetrische, *c* symmetrische Verzerrungen)

zwei sinusförmige Kräfte verschiedener Frequenz einwirken. H. v. HELMHOLTZ[3] hat diesen Fall zuerst durchgerechnet, und zwar für die erzwungenen Schwingungen des menschlichen Trommelfells; er legte hierbei die Annahme zugrunde, daß die Steifigkeit des Trommelfells

---

[1] Neben höheren Harmonischen können in der erzwungenen Schwingung nichtlinearer Systeme auch „Subharmonische" („Untertöne") auftreten, deren Frequenz ein ganzzahliger Teil der Frequenz der angreifenden Kraft ist. Vgl. hierzu insbesondere C. A. LUDECKE: J. appl. Phys. **22**, 1321 (1951); CUNNINGHAM, W. J.: J. appl. Phys. **27**, 1374 (1956).

[2] KÜPFMÜLLER, K.: Fachber. 31. Jahresvers. VDE 1926, 87. Fällt auf ein nichtlineares System statt eines einzelnen Sinustones ein Gemisch, so wird der Klirrfaktor sinngemäß als Verhältnis des Effektivwertes der Ober- und gegebenenfalls auch Untertöne zum Effektivwert des Gesamtgemischs definiert [vgl. Mitt. d. Deutschen Akust. Ausschusses, Akust. Z. **4**, 63 (1939)]. In vielen praktisch wichtigen Fällen, insbesondere solchen der Schallübertragungstechnik, reicht aber die Angabe des Klirrfaktors zur vollständigen Kennzeichnung der nichtlinearen Verzerrungen noch nicht aus, es ist dort vielfach erforderlich, noch Aussagen über die Stärke der einzelnen „Differenztöne" zu machen.

[3] v. HELMHOLTZ, H.: Berl. Ber. **1856**, S. 279. Die Lehre von den Tonempfindungen, 6. Aufl., S. 646. Braunschweig 1913.

— das ausgesprochen unsymmetrisch gebaut ist — von der Entfernung aus der Ruhelage abhängig sei[1].

H. v. HELMHOLTZ zeigte, daß bei einem nichtlinearen System, auf welches zwei Teilkräfte von der Frequenz f_1 und der Frequenz f_2 wirken, erzwungene Schwingungen auftreten, deren Frequenz sich nach dem Bildungsgesetz $f_k = m\,f_1 \pm n\,f_2$, m, $n = 0, 1, 2, 3 \ldots$ ermittelt. Man nennt die durch die Nichtlinearität hervorgerufenen, in der ursprünglichen Kraft gar nicht enthaltenen Schwingungen „Kombinationsschwingungen" oder — soweit es sich um rein akustische Systeme handelt — auch „Kombinationstöne". Besonders stark tritt im allgemeinen der sog. erste Differenzton $f_1 - f_2$ und der sog. erste Summationston $f_1 + f_2$ auf; im übrigen hängt die Stärke der einzelnen Kombinationsschwingungen im wesentlichen davon ab, ob sie einer Eigenfrequenz des Systems nahe liegen.

Das Auftreten von Kombinationsschwingungen ist nicht auf den bisher behandelten speziellen Fall der amplitudenabhängigen Direktionskraft beschränkt. Kombinationsschwingungen treten auch auf, wenn der Reibungskoeffizient von der jeweiligen Stellung des Systems abhängt oder dann, wenn die Reibungskraft nicht der Geschwindigkeit, sondern beispielsweise dem Quadrat der Geschwindigkeit proportional ist. Ganz allgemein treten — wie CL. SCHAEFER[2] gezeigt hat — Kombinationsschwingungen bei solchen Systemen in Erscheinung, deren Verhalten durch eine Differentialgleichung von der Form

$$m\,\frac{d^2x}{dt^2} + s\,x \pm \sum_{\alpha\beta} b_{\alpha\beta}\,\frac{d^\alpha x}{dt^\alpha}\,\frac{d^\beta x}{dt^\beta} = F(t) \tag{42}$$

beschrieben wird.

Kombinationsschwingungen wurden objektiv zuerst von E. WAETZMANN[3] nachgewiesen, er zeigte, daß das gewöhnliche Kohlemikrophon

---

[1] Diese Annahme von H. v. HELMHOLTZ entspricht nach neueren Untersuchungen nicht den tatsächlichen Verhältnissen; die nichtlinearen Effekte kommen nicht im Trommelfell und auch nicht an der an dieses angrenzenden Gehörknöchelchenreihe, sondern erst im Innenohr zustande (vgl. S. 453). Dies schmälert aber nicht die grundsätzliche Bedeutung der HELMHOLTZschen Überlegungen.

[2] SCHAEFER, CL.: Ann. Phys. (4) **33**, 1216 (1910); Einführung in die theoretische Physik, 1. Bd., 4. Aufl., S. 156, Berlin 1944. — Über das Verhalten nichtlinearer Schwingungssysteme vgl. weiterhin F. MASSA: Electronics **11**, 20 (1938). — PIPES, L. A.: J. A. S. A. **10**, 29 (1939).—BENNETT, G. S.: J. A. S. A. **23**, 229 (1951). — CUNNINGHAM, W. J.: J. A. S. A. **23**, 418 (1951). — MUNAKATA, K.: J. Phys. Soc. Jap. **7**, 383 (1952). — HAYASHI, C.: J. appl. Phys. **24**, 521 (1953). — LIÉNARD, P.: Acustica **3**, 212 (1953). — HAYASHI, C.: Forced oscillations in non-linear systems, Osaka 1953. — GRAFFI, D.: R. C. Accad. Naz. Lincei **16**, 176 (1954).

[3] WAETZMANN, E.: Ann. Phys. (4), **42**, 729 (1913). Kombinationstonbildung wurde später von E. WAETZMANN auch an einer einseitig belasteten und daher unsymmetrisch wirkenden Gummimembran festgestellt. Ann. Phys. (4), **62**, 371 (1920).

starke Kombinationstöne gibt. Die Nichtlinearität derartiger Mikrophone liegt zum Teil an der durch die einseitige Anlagerung der Membran an die Kohlekörner bedingten Unsymmetrie des mechanischen Schwingungssystems, zum Teil an dem von der Stärke der Membranerregung

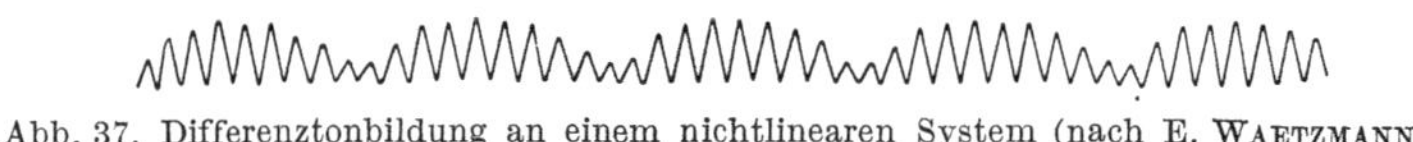

Abb. 37. Differenztonbildung an einem nichtlinearen System (nach E. WAETZMANN)

abhängigen Wert des mittleren elektrischen Widerstandes. Abb. 37 zeigt von E. WAETZMANN aufgenommene Kurven des Mikrophonstroms bei Erregung durch zwei sinusförmige Töne; der erste Differenzton tritt im unteren Kurvenzug deutlich in Erscheinung.

Die Differenztonbildung bei Mikrophonen läßt sich besonders klar übersehen, wenn man den Mikrophonstrom mit einer automatischen

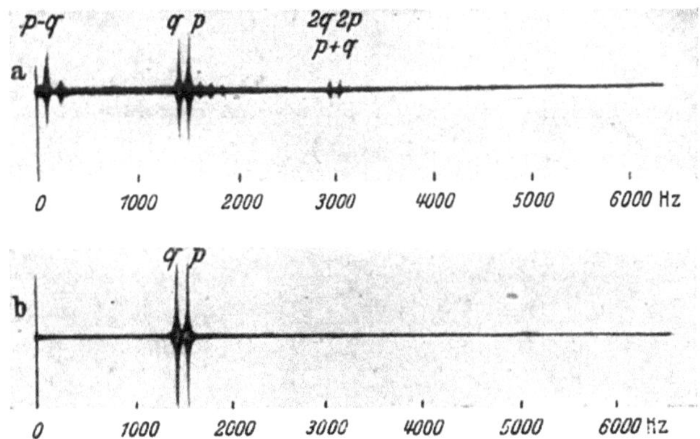

Abb. 38. Verhalten von Kohlemikrophonen beim Auftreffen zweier Töne p und q (nach E. MEYER

Methode analysiert. Abb. 38 zeigt (nach E. MEYER[1]) Klangspektren eines gewöhnlichen Fernsprechmikrophons (a) und eines symmetrisch gebauten, in einer Gegentaktschaltung verwendeten und daher von nichtlinearen Verzerrungen freien Doppelmikrophons (b).

Zur Kennzeichnung der Stärke der Differenztonbildung benutzt man die „*Differenztonfaktoren*" erster und zweiter Ordnung. Als Differenzfaktor erster Ordnung hat man das Verhältnis des Effektivwertes des ersten Differenztons $f_1 - f_2$ zur Summe der Effektivwerte der

---

[1] MEYER, E.: Elektr. Nachr.-Techn. **5**, 398 (1928). — Vgl. auch H. J. VON BRAUNMÜHL u. W. WEBER: ETZ **54**, 1068 (1933).

beiden Primärtöne f_1 und f_2 definiert[1]. Entsprechend wird das Verhältnis des Effektivwertes der Differenztöne $2 f_1 - f_2$ und $2 f_2 - f_1$ zum Effektivwert der Primärtöne als Differenztonfaktor zweiter Ordnung definiert. Der Differenztonfaktor erster Ordnung ist ein Maß für die durch unsymmetrische Nichtlinearität des Systems verursachten Verzerrungen, der Differenztonfaktor zweiter Ordnung ein solches für die durch symmetrische Nichtlinearität bedingten Verzerrungen.

Die durch Nichtlinearitäten verursachten Kombinationseffekte sind außerordentlich bedeutungsvoll für die zur klanggetreuen Schallübertragung verwendeten elektroakustischen Systeme. Das Ohr ist auf das Auftreten neuer, in dem zu übertragenden Klang ursprünglich nicht enthaltener Komponenten sehr empfindlich. Ein Klirrfaktor von nur wenigen Prozent wird bereits als störend empfunden[2]; an die Linearität der zur klanggetreuen Schallübertragung benutzten akustischen, mechanischen und elektrischen Systeme werden daher hohe Anforderungen gestellt. Insbesondere ist darauf zu achten, daß bei Verstärkern, die im Zuge der Übertragung liegen, nur auf den linearen Teilen der Röhrenkennlinie gearbeitet wird, und daß nicht in Übertragern durch nichtlineare magnetische Kennlinien Kombinationstöne entstehen.

7. Koppelungsschwingungen (Systeme mit mehreren Freiheitsgraden)

Findet zwischen zwei schwingungsfähigen Systemen eine Energieübertragung statt, so daß durch Schwingungen des einen Systems auch das andere erregt wird, so bezeichnet man dieses System als „gekoppelt". Abb. 39 zeigt ein gekoppeltes System von zwei mechanischen Schwingern. Die Energieübertragung zwischen den beiden Systemen erfolgt in diesem Fall durch eine die beiden Massen verbindende Feder s_{12}; man bezeichnet eine derartige elastische Koppelung auch als „*Kraftkoppelung*". Außer durch Kraftkoppelung kann eine Energieübertragung auch durch Reibungskräfte („*Reibungskoppelung*") oder durch Trägheitskräfte („*Massenkoppelung*" oder „*Beschleunigungskoppelung*") erfolgen, schließlich ist es möglich, daß mehrere dieser Koppelungsarten zusammenwirken („*gemischte Koppelung*"). Bei elektrischen Systemen findet die Energieübertragung durch eine gemeinsame Kapazität

---

[1] BRAUNMÜHL, H. J. v.: Z. Techn. Phys. **15**, 617 (1934). — Mitteilung des Deutschen Akustischen Ausschusses: Akust. Z. **4**, 63 (1939). — BRAUNMÜHL, H. J. v., u. W. WEBER: Akust. Z. **2**, 135 (1937). — THILO, H. G., u. H. KOSCHEL: Siemens Z. **18**, 273 (1938). — DARRÉ, A.: Frequenz **9**, 84 (1955). (Kritische Übersicht über die Methoden zur Messung nichtlinearer Verzerrungen. ausführl. Lit.-Ang.) — GRAHNERT, W.: Z. Hochfr. u. Elektroakustik **67**, 4 (1958).

[2] Vgl. W. JANOVSKY: Elektr. Nachr.-Techn. **6**, 421 (1929). Vgl. auch S. 453.

(„*elektrische*" oder „*kapazitive Koppelung*"), durch einen gemeinsamen OHMschen Widerstand („OHMsche Koppelung"), durch eine gemeinsame Induktivität („induktive Koppelung") oder auch durch gemischte Koppelung statt. Abb. 40 zeigt die drei Grundarten der Koppelung bei elektrischen Systemen.

Bringt man in der in Abb. 39 dargestellten Anordnung zweier kraftgekoppelter Systeme die Masse m_1 aus der Ruhelage, während man die andere Masse zunächst noch festhält und überläßt dann plötzlich das gesamte System sich selbst, so beginnt zunächst die Masse m_1 zu schwingen. Durch die Wirkung der Koppelungsfeder wird dann Energie aus dem System I in das System II übertragen, dieses System beginnt gleichfalls zu schwingen. Infolge der Energieentnahme aus dem System I kommt dies nach einiger Zeit zur Ruhe, System II ist dann eingeschwungen. Nun wird wieder rückwärts vom System II nach System I Energie transportiert und I beginnt wieder zu schwingen, während die Schwingung in II nachläßt. Der Energiewechsel zwischen den beiden Systemen wiederholt sich dann so lange, bis die Schwingungsenergie durch Reibungsverluste verzehrt ist.

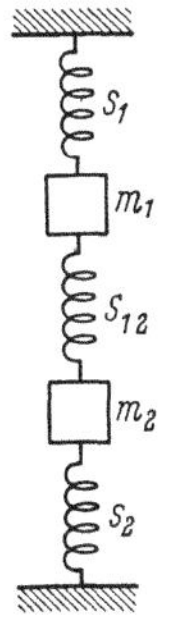

In Abb. 41 ist der Schwingungsverlauf in den beiden Systemen dargestellt. Die Schwingungen in jedem Einzelsystem zeigen schwebungsartigen Charakter.

Abb. 39. Zwei kraftgekoppelte mechanische Schwingungssysteme (schematisch)

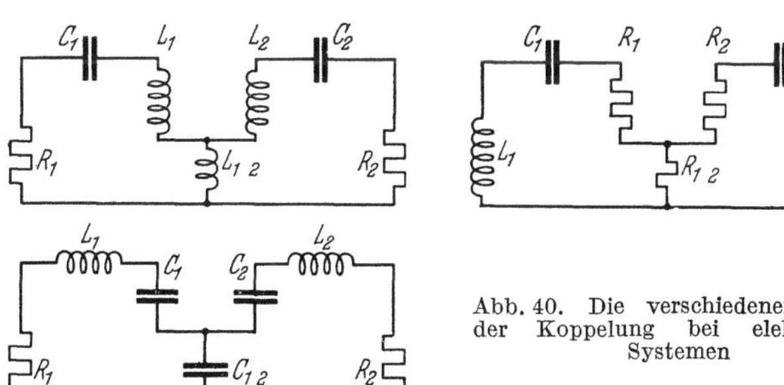

Abb. 40. Die verschiedenen Arten der Koppelung bei elektrischen Systemen

Bei Vernachlässigung der Reibungskräfte muß in jedem Augenblick die Summe der inneren Kräfte jedes einzelnen Systems gleich der äußeren (von den Schwingungen des anderen Systems herrührenden) Kraft sein, es gelten also die Differentialgleichungen[1]

$$m_1 \frac{d^2 x_1}{dt^2} + s_1 x_1 + s_{12}(x_1 - x_2) = 0, \left.\vphantom{\begin{array}{c}a\\b\end{array}}\right\}$$
$$m_2 \frac{d^2 x_2}{dt^2} + s_2 x_2 + s_{12}(x_2 - x_1) = 0. \right\} \quad (43)$$

---

[1] s. Fußnote S. 44

Diese Gleichungen lassen sich schreiben:

$$\frac{d^2x_1}{dt^2} + \omega_{01}^2\, x_1 - \frac{s_{12}}{m_1}\, x_2 = 0, \quad \frac{d^2x_2}{dt^2} + \omega_{02}^2\, x_2 - \frac{s_{12}}{m_2}\, x_1 = 0, \qquad (44)$$

wobei

$$\omega_{01} = \sqrt{\frac{s_1 + s_{12}}{m_1}}$$

die Eigenfrequenz des Schwingungssystems I bei festgehaltener Masse m_2,

$$\omega_{02} = \sqrt{\frac{s_2 + s_{12}}{m_2}}$$

die Eigenfrequenz des Systems II bei festgehaltener Masse m_1 ist. Aus Gl. (44) folgt die für x_1 und x_2 gültige Differentialgleichung

$$\frac{d^4x}{dt^4} + (\omega_{01}^2 + \omega_{02}^2)\frac{d^2x}{dt^2} + \left(\omega_{01}^2\, \omega_{02}^2 - \frac{s_{12}^2}{m_1 \cdot m_2}\right)x = 0 . \qquad (45)$$

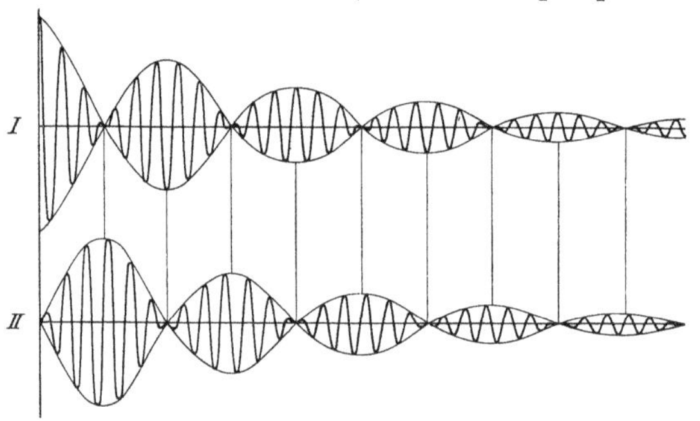

Abb. 41. Schwingungen in gekoppelten Systemen (I Vorgang im Primärsystem, II im Sekundärsystem)

Die Lösung dieser Gleichung führt auf zwei Eigenschwingungen für jedes System, und zwar gilt:

$$\omega_I,\ \omega_{II} = \sqrt{\frac{\omega_{01}^2 + \omega_{02}^2}{2} \pm \frac{1}{2}\sqrt{(\omega_{01}^2 - \omega_{02}^2)^2 + 4\,k^2\,\omega_{01}^2\,\omega_{02}^2}}, \qquad (46)$$

wobei

$$k = \frac{s_{12}}{\sqrt{m_1 \cdot m_2 \cdot \omega_{01}^2 \cdot \omega_{02}^2}}$$

den „Koppelungsfaktor" bedeutet. Ist s_{12} klein gegen s_1 und s_2 (also bei loser Koppelung) und handelt es sich um zwei untereinander gleiche Systeme ($s_1 = s_2 = s$, $m_1 = m_2 = m$), so erhält man für die Eigen-

---

[1] Zur Theorie der Koppelungsschwingung vgl. insbesondere LORD RAYLEIGH: Theory of Sound **1**, 160, 2. Aufl. 1926. — WIEN, M.: Wiedemanns Ann. Phys. **61**, 151 (1897). — STOCKMANN, W.: Phys. Z. **31**, 939 (1930). — KOSSEL, W.: Phys. Z. **32**, 172 (1931). — FIRESTONE, F. A.: J. appl. Physics **9**, 373 (1938). — WAGNER, K. W.: Einführung in die Lehre von den Schwingungen und Wellen. S. 135, Wiesbaden 1947.

frequenzen des gekoppelten Systems:

$$\omega_I = \omega_0 \sqrt{1 + k}, \quad \omega_{II} = \omega_0 \sqrt{1 - k}. \tag{47}$$

Die Eigenfrequenzen des gekoppelten Systems liegen also um so mehr von der Eigenfrequenz des ungekoppelten Systems entfernt, je größer die Koppelung ist[1].

Aus der Schwebungsperiode der abklingenden Eigenschwingungen eines Systems von zwei aufeinander abgestimmten Schwingern kann man nach Gl. (47) die Größe der Koppelung der beiden Systeme ermitteln, ein Verfahren, wie dies z. B. von H. Backhaus[2] durchgeführt wurde, um die Größe der Koppelung zwischen Saite und Resonanzboden bei Geigen zu bestimmen.

Die Fälle reiner Reibungskoppelung und reiner Massenkoppelung sind an mechanischen Systemen — wenn wir uns auf translatorische Schwingungen beschränken — nicht leicht zu realisieren. Es seien deshalb diese Beispiele sowie auch der bereits besprochene Fall der Kraftkoppelung am elektrischen Schwingungssystem veranschaulicht; die Übertragung der an elektrischen Kreisen gewonnenen Erfahrungen auf mechanische und akustische Schwinger kann dann mit Hilfe der auf S. 37 angegebenen Beziehungen leicht erfolgen.

Die Spannungsgleichung im elektrischen Fall lautet, wenn mit q die Ladung bezeichnet wird für die der Kraftkoppelung analoge[3] kapazitive Koppelung:

$$L_1 \frac{d^2 q_1}{dt^2} + \frac{1}{C_1} q_1 + \frac{1}{C_{12}} (q_1 - q_2) = 0,$$

$$L_2 \frac{d^2 q_2}{dt^2} + \frac{1}{C_2} q_2 + \frac{1}{C_{12}} (q_2 - q_1) = 0,$$

hieraus folgt

$$\frac{d^2 q_1}{dt^2} + \omega_{01} q_1 - \frac{q_2}{L_1 C_{12}} = 0, \quad \frac{d^2 q_2}{dt^2} + \omega_{02} q_2 - \frac{q_1}{L_2 C_{12}} = 0, \tag{48}$$

wobei ω_{01} die Eigenfrequenz des Kreises I bei Berücksichtigung der Kapazität C_1 und C_{12} und ω_{02} diejenige des Kreises II unter Berücksichtigung von C_2 und C_{12} bei geöffnetem Kreis II bzw. I ist. Für $C_1 = C_2 = C$ und $L_1 = L_2 = L$, also $\omega_{02} = \omega_{01} = \omega_0$ folgen aus Gl. (48) die Eigen-

---

[1] Die Vorgänge im gekoppelten System von zwei Freiheitsgraden wurden obenstehend — wie meist üblich — als Superposition zweier Schwingungen verschiedener Frequenz behandelt. Es gibt noch eine zweite Möglichkeit der Darstellung; man kann nämlich die Vorgänge als eine einzige Schwingung auffassen, deren Amplitude und Phase moduliert ist. Vgl. hierzu K. Auch u. W. Braunbek: Annal. Phys. **15**, 255 (1955).

[2] Backhaus, H.: Z. techn. Phys. **18**, 98 (1937).

[3] Hier, wie auch im folgenden, wird die erste elektromechanische Analogie (vgl. S. 37 und Tabelle II, S. 540) verwendet.

frequenzen in gekoppeltem Zustand

$$\omega_{I,II} = \omega_0 \sqrt{1 \pm k},$$

wobei k (bei loser Koppelung) $= \dfrac{C}{C_{12}}$ ist.

Für die der Massenkoppelung analoge induktive Koppelung werden die Spannungsgleichungen der beiden Kreise

$$L_1 \frac{d^2 q_1}{dt^2} + \frac{1}{C_1} q_1 + L_{12} \left(\frac{d^2 q_1}{dt^2} - \frac{d^2 q_2}{dt^2} \right) = 0,$$

$$L_2 \frac{d^2 q_2}{dt^2} + \frac{1}{C_2} q_2 + L_{12} \left(\frac{d^2 q_2}{dt^2} - \frac{d^2 q_1}{dt^2} \right) = 0, \tag{49}$$

der Koppelungsfaktor k wird (bei loser Koppelung und bei zwei Systemen gleicher Bauart) $k = \dfrac{L_{12}}{L}$. Für OHMsche Koppelung wird $k = \dfrac{R_{12}}{R}$.

Die Theorie der Koppelungsschwingungen gedämpfter Systeme ist in der erwähnten klassischen Arbeit von M. WIEN eingehend behandelt worden. Die Dinge liegen so, daß bei geringer Dämpfung (also vorherrschender Koppelung) zwei Eigenfrequenzen auftreten („zweiwelliges" System), und zwar liegen die Eigenfrequenzen entsprechend den Verhältnissen bei ungedämpften Schwingungssystemen um so weiter voneinander entfernt, je größer die Koppelung ist[1]. Andererseits aber ergibt sich bei starker Dämpfung und kleiner Koppelung nur eine einzige Eigenfrequenz („einwelliges" System). Erregt man ein gekoppeltes System durch eine sinusförmige Kraft, deren Frequenz man allmählich von sehr tiefen nach sehr hohen Werten hinlaufen läßt — nimmt man also die „Frequenzkurve" eines solchen gekoppelten Systems auf —, so findet man, daß die Frequenzkurve zwei Maxima- oder, wie man auch sagt, zwei Resonanzstellen aufweist[2]. (Abb. 42.)

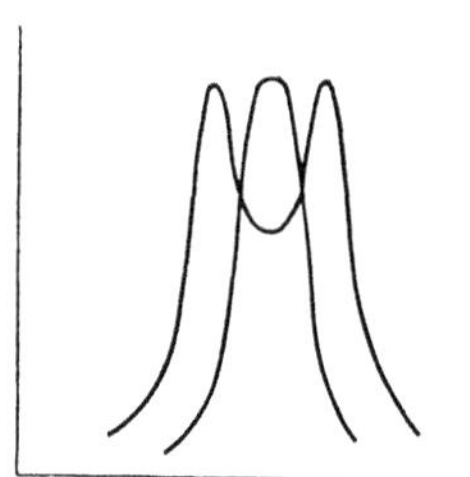

Abb. 42. Typus der Resonanzkurve eines zweifachen Systems bei vorherrschender Dämpfung (einwellig) und bei vorherrschender Koppelung (zweiwellig)

Den Verlauf der mechanischen Impedanz eines Systems von zwei Freiheitsgraden (die Eigenfrequenz beider Systeme ist ω_0, Dämpfung $\delta = \dfrac{1}{16\,\omega_0}$, Koppelung $k = \dfrac{1}{4}$) in Abhängigkeit von der Frequenz gibt Abb. 43 wieder[3]. Im Gegensatz zu den Verhältnissen bei Systemen von

---

[1] Dies gilt nicht bei Reibungskopplung; vgl. G. SCHMERWITZ: Ann. Phys. (5), **30**, 209 (1937).

[2] Über die Theorie der erzwungenen Schwingungen gekoppelter Systeme vgl. J. P. DEN HARTOG: Mechan. Schwingungen, 2. Aufl., Berlin-Göttingen-Heidelberg 1952. — E. SKUDRZYK: Die Grundlagen der Akustik, 353ff., Wien 1954.

[3] Nach K. SCHUSTER: Die Messung mechanischer und akustischer Widerstände, Ergebn. Exakt. Naturw. XXI, 313 (1945). — Zur Frage der Messung mechanischer Impedanzen vgl. F. SPANDÖCK u. H. WILKE: VDI-Berichte **4**, 1955 (Schwingungstechnik); (ausführliche Literaturangaben).

einem Freiheitsgrad (Abb. 32) liegen die Impedanzwerte nicht auf einer zur Ordinate parallelen Geraden, sondern auf einer Kurve, die eine Schleife durchläuft.

Auch die Theorie von drei und mehr gekoppelten Schwingungskreisen ist für elektrische Systeme bereits für eine Reihe von speziellen Fällen weitgehend entwickelt worden, bei der Behandlung mechanischer und akustischer Systeme von mehr als zwei Freiheitsgraden wird man häufig mit Vorteil auf die bei der Behandlung elektrischer Probleme gemachten theoretischen und praktischen Erfahrungen zurückgreifen können. Wir werden im folgenden noch an einigen Stellen Gelegenheit haben, auf solche Analogien hinzuweisen.

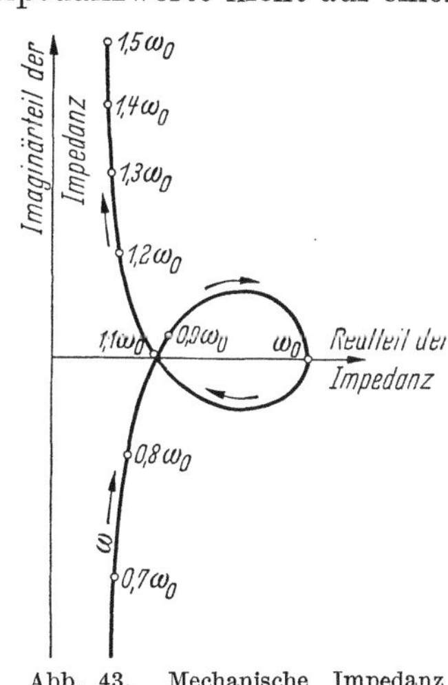

Abb. 43. Mechanische Impedanz eines gekoppelten Systems Parameter: Frequenz

Geht man zu Systemen mit sehr vielen Freiheitsgraden über, so werden die Erscheinungen außerordentlich verwickelt. Manche Systeme mit unendlich vielen Freiheitsgraden sind aber der theoretischen Betrachtung wieder leichter zugänglich, so beispielsweise die schwingende Saite oder die schwingende Luftsäule. Derartige Systeme sind auf S. 71 ff. behandelt.

8. Selbsterregte Schwingungen

Die bisher behandelten Fragen bezogen sich auf abklingende Schwingungen — wie sie bei einmaligem Anstoß eines Schwingungssystems auftreten — und auf Schwingungen, welche durch Wechselkräfte, insbesondere solche rein periodischer Form, erregt wurden; wichtig sind aber auch solche Systeme, bei denen von einer Energiequelle aus in das System einströmende Energie durch einen Selbststeuerungsvorgang in oszillierende Energie verwandelt wird. Ein derartiges System ist beispielsweise die selbsterregte Stimmgabel (Abb. 44). Aus einer Öffnung einer Rohrleitung strömt Luft aus. In der Öffnung befindet sich ein Kolben, der mit der einen

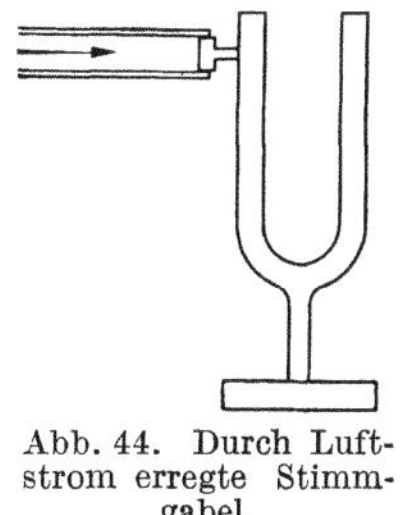

Abb. 44. Durch Luftstrom erregte Stimmgabel

Zinke der Stimmgabel verbunden ist. Beim Einsetzen der Luftströmung drückt sich der Kolben aus der Öffnung heraus. Mit wachsender Freigabe der Öffnung wächst der Luftstrom, der Druck sinkt damit ab und die elastische Rückstellkraft der Gabel kann dann den Kolben wieder in die Öffnung hineinführen, die Strömungsgeschwindigkeit nimmt wieder ab, der Druck wächst und das Spiel beginnt von neuem; die Stimmgabel beginnt in ihrer Eigenfrequenz zu schwingen. Die während dieser Schwingung durch Reibung (und durch Schallabstrahlung) verbrauchte Energie wird dauernd aus der Energiequelle nachgeliefert, so daß die Schwingung stationär bestehen bleiben kann[1].

Selbsterregte Schwingungen ähnlicher Art führen auch die Stimmbänder bei der Erzeugung stimmhafter Sprachlaute aus (Abb. 45). Wird der Druck unterhalb der Stimmritze durch Anspannung der Lungen erhöht, so werden die Stimmbänder auseinandergepreßt. Mit wachsender Öffnung wächst die Strömungsgeschwindigkeit, der Druck läßt nach und die Elastizität der Stimmbänder führt diese wieder gegen die Mitte zusammen. Die Strömungsgeschwindigkeit fällt, der Druck steigt und das Spiel beginnt von neuem[2].

Mechanische selbsterregte Schwingungen führt auch die durch einen Bogen angestrichene Saite aus.

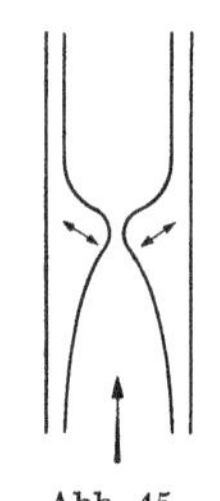

Abb. 45.
Die selbsterregte
Schwingung der
Stimmbänder
(schematisch)

Streicht man eine straff gespannte Saite an, so wird die Saite zunächst vom Bogen mitgenommen, sie bleibt (insbesondere wenn man den Bogen mit einem Mittel, wie Kolophonium bestrichen hat) an diesem zunächst haften; die Relativgeschwindigkeit Saite—Bogen ist zunächst Null. Wenn die Saitenamplitude einen bestimmten Wert erreicht hat, werden (statische) Reibungskraft zwischen Saite und Bogen und elastische Rückstellkraft der Saite einander gleich; die Saite reißt sich vom Bogen los und schnellt (unter sehr geringer dynamischer Reibung) bis zu einem jenseits der Ruhelage liegenden Umkehrpunkt. Dort faßt der Bogen die Saite in dem Augenblick, wo die Relativbewegung Bogen—Saite zu Null geworden ist, wieder und das Spiel beginnt von neuem. Die Saite wird in einer Schwingung erregt, deren Grundfrequenz im allgemeinen dem tiefsten Eigenton der Saite entspricht (vgl. S. 73); diese Schwingungsform der selbsterregten Schwingung ist meist allerdings obertonreich, die Saite führt ja nach dem eben Gesagten zickzackförmige Schwingungen aus, im Spektrum der Zickzackschwingung sind aber höhere Harmonische stark vertreten (vgl. S. 9). Selbsterregte Eigenschwingungen einer angestrichenen Saite würden dann nicht auftreten können, wenn die Reibung zwischen Bogen und Saite mit wachsender Relativgeschwindigkeit wachsen würde, es würden dann ja die

---

[1] Über Eigensteuerung mechanischer Schwingungssysteme vgl. insbesondere W. SPÄTH: ETZ **55**, 465 (1934).

[2] Über den Mechanismus der Stimmbandschwingungen vgl. F. TRENDELENBURG: Klänge und Geräusche, S. 67. Berlin 1935 und Ziff. 18, S. 175.

Reibungsverluste beim mit großer Relativgeschwindigkeit erfolgenden Zurückschnellen der Saite notwendigerweise größer sein als die Energie, welche der Saite beim Hinweg bei kleiner Relativgeschwindigkeit maximal mitgeteilt werden kann. Die mit wachsender Geschwindigkeit abnehmende Reibung (oder, wie man sich auch ausdrückt, die „fallende Charakteristik") ist eine notwendige Bedingung für das Auftreten derartiger selbsterregter Reibungsschwingungen. Bemerkt sei noch, daß die Verhältnisse bei der gestrichenen Saite ganz analog denen beim schwingenden Lichtbogen liegen, auch dort ist die „fallende Charakteristik" eine notwendige Bedingung[1].

Selbsterregte Schwingungen treten auch bei den bei vielen Musikinstrumenten verwendeten Zungenpfeifen auf[2]. Abb. 46 zeigt eine Pfeife (mit durchschlagender Zunge). Beim Einsetzen des Luftstromes wird die Zunge durch die Öffnung gedrückt, mit wachsender Freigabe der Öffnung sinkt der Druck und damit die auf die Zunge wirkende äußere Kraft, so daß die Rückstellkraft der Zunge diese nach ihrer Ruhelage zurückbringen kann. Infolge ihrer Massenträgheit schnellt die Zunge über ihre Ruhelage hinaus, kehrt dort um und das Spiel beginnt vonneuem. Die Frequenz der selbsterregten Schwingung entspricht im wesentlichen der freien Eigenschwingung der Zunge. Einen gewissen Einfluß üben aber noch die Resonanzeigenschaften der bei Musikinstrumenten meist angekoppelten Hohlräume über der Zunge aus (vgl. S. 165).

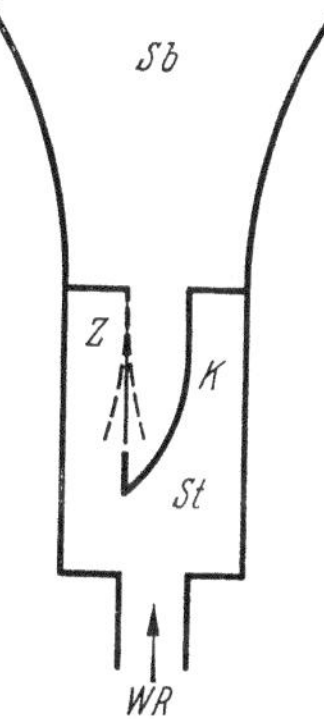

Abb. 46. Pfeife mit durchschlagender Zunge (schematisch, Z Zunge, St Stiefel, K Kehle, WR Windrohr, Sb Schallbecher)

Bei einer anderen Pfeifenart, den Lippenpfeifen, ist der Schwingungsmechanismus folgender: Aus einem Spalt strömt eine Luftlamelle gegen eine Schneide (Abb. 47). An der Schneide bilden sich Wirbel, die abwechselnd rechts und links abfließen. Die zeitliche Folge der Wirbel entspricht einem Eigenton der angekoppelten Pfeife. Wir werden hierauf S. 166 zurückkommen.

In den behandelten Beispielen „steuert" das schwingende System automatisch den Nachfluß der Energie aus der Energiequelle. Dieser

---

[1] Vgl. H. BARKHAUSEN: Einführung in die Schwingungslehre, S. 116. Leipzig 1932.

[2] Der Selbststeuerungsvorgang bei Zungenpfeifen wurde von J. ZAHRADNICEK u. R. NESPER (Phys. Z. **41**, 419 (1940)) eingehend untersucht. Die Charakteristiken von Zungenpfeifen verlaufen ähnlich denen des Lichtbogens, sie besitzen in weiten Gebieten fallende Charakteristik, in diesen Gebieten sind selbsterregte Schwingungen möglich. Über den Schwingungsmechanismus von Zungen- und Lippenpfeifen vgl. auch H. DÄNZER: Annal. Phys. (6) **10**, 395 (1952); DÄNZER, H., u. W. MÜLLER: ebdt. **13**, 97 (1953). In diesen Arbeiten wird insbesondere die für die Klangwirkung der Orgelpfeifen sehr wichtige Frage des zeitlichen Ablaufs der Einschwingvorgänge theoretisch behandelt. Wir werden diese Fragen S. 520 besprechen.

automatische Selbststeuerungsvorgang ist charakteristisch für alle Arten von selbsterregten Schwingungen.

Besonders anschaulich lassen sich die Vorgänge bei selbsterregten Schwingungen am Beispiel des rückgekoppelten Röhrensenders verfolgen. Abb. 48 zeigt das Schaltschema eines derartigen Röhrensenders, und zwar handelt es sich in diesem Fall um einen Sender mit induktiver Rückkoppelung. Die im Kreis LC auftretende Schwingung wirkt über die Rückkopplung L_{12} auf das Gitter eines am Kreis liegenden Verstärkerrohres, so daß im Takt der Schwingung automatisch die zur Aufrechterhaltung der Schwingungen benötigte Energie aus der Energiequelle, der Anodenbatterie, nachgeliefert wird.

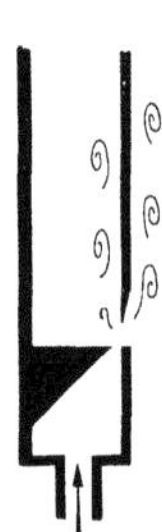

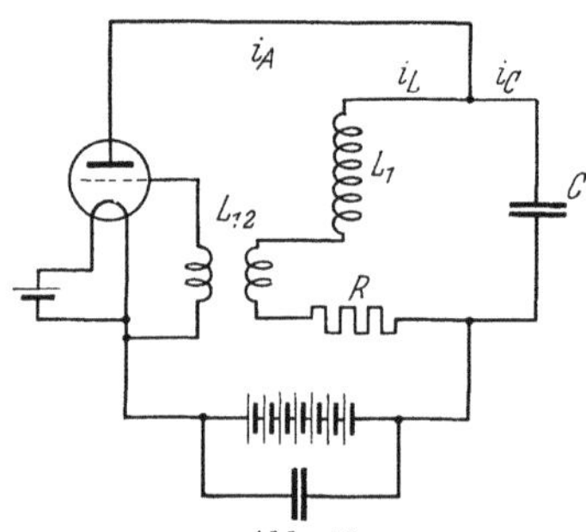

Abb. 47. Periodische Wirbelablösung an der Schneide einer Lippenpfeife

Abb. 48
Der rückgekoppelte Röhrensender

Für die Vorgänge im Schwingungskreis lassen sich (unter Weglassung der für den Schwingungsmechanismus bedeutungslosen Gleichstrom- und Gleichspannungsanteile) die folgenden Gleichungen aufstellen:

$$\left.\begin{aligned}
i_A + i_L &= i_c, & i_A &= S \cdot (V_g + \alpha\, V_A), \\
V_c + R\, i_L + L\frac{di_L}{dt} &= 0, & V_g &= L_{12}\frac{dJ_L}{dt} = k\, V_A, \\
i_c &= C\frac{dV_c}{dt},
\end{aligned}\right\} \quad (50)$$

hierbei ist

k der Rückkoppelungsfaktor, $L = L_1 + L_{12}$,
V_c die Spannung am Kondensator,
V_A die Wechselspannung zwischen Anode und Kathode,
V_g die Wechselspannung zwischen Gitter und Kathode,
S die „Steilheit" des Rohres $\left.\vphantom{\begin{aligned}a\\b\end{aligned}}\right\}$ (Röhrenkonstanten).
α der „Durchgriff" des Rohres

Unter Vornahme einiger zulässiger Vereinfachungen läßt sich aus diesen Gleichungen die Differentialgleichung aufstellen:

$$\frac{d^2 V_c}{dt^2} + \left[\frac{R}{L} + S\left(\frac{k+\alpha}{C}\right)\right]\frac{dV_c}{dt} + \frac{1}{L \cdot C}[1 + S\, R\,(\alpha + k)]\, V_c = 0, \quad (51)$$

deren Lösung in Analogie zu der Differentialgleichung der freien gedämpften Schwingung (Ziff. 5, S. 28) lautet:

$$V_c = A\, e^{-\frac{1}{2}\left(\frac{R}{L} + \frac{S(k+\alpha)}{C}\right)t} \cdot \sin\left(2\,\pi\,f\,t + \varphi\right),^1$$

$$f = \frac{1}{T} = \frac{1}{2\,\pi}\sqrt{\frac{1}{L \cdot C}}. \tag{52}$$

Je nach dem Vorzeichen und nach der Größe des Rückkoppelungsfaktors k (also je nach Übersetzungsverhältnis und Polung des Übertragers L_{12}) führt der Ausdruck (51) auf gänzlich verschiedene Arten der Lösung. Ist zunächst k positiv oder eine nur kleine negative Größe, so besitzt der Exponent der Exponentialfunktion einen negativen Wert, wir haben es dann mit einer gewöhnlichen gedämpft abklingenden Schwingung zu tun. Verstärken wir nun aber die Größe der negativen Koppelung, so erreichen wir schließlich, daß

$$\frac{R}{L} + \frac{S(k+\alpha)}{C} = 0.$$

In diesem Fall ergibt Gl. (52) eine Schwingung, die stationär bestehen bleibt. Eine einmal vorhandene Schwingung im Kreis LC bleibt also dann erhalten; durch die Rückkoppelung wird die zur Aufrechterhaltung der Schwingung benötigte Energie aus der Anodenbatterie im richtigen Takt nachgeschoben. Verstärkt man (die ihrem Vorzeichen nach negative) Koppelung noch weiter, so bedeutet dies, daß der Exponent der Funktion positiv wird. Gl. (52) ergibt dann ansteigende Schwingungsamplituden, und zwar wächst die Schwingungsamplitude so lange exponentiell an, bis bei Überschreiten des linearen Teils der Röhrenkennlinie die Steilheit S abnimmt, so daß dann in der Gl. (52) der Exponent nicht mehr zu Null wird[2].

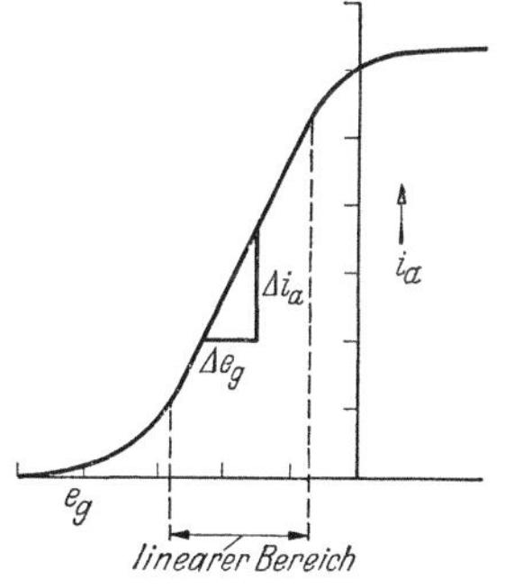

Abb. 49. Röhrenkennlinien

---

[1] Vgl. hierzu z. B. J. ZENNECK u. H. RUKOP: Lehrbuch der drahtlosen Telegraphie, S. 565. Stuttgart 1925. — K. KLOTTER: Technische Schwingungslehre, Bd. 1, Berlin-Göttingen-Heidelberg (1951). — Für bestimmte akustische Fragestellungen (z. B. Untersuchungen über Ausgleichsvorgänge) werden auch Senderschaltungen benötigt, denen kurz dauernde Sinusschwingungen mit möglichst rechteckigen Einhüllenden entnommen werden können. Über einen derartigen „tone burst generator" vgl. K. ONDER: J. S. A. A. **25**, 1154 (1953).

[2] Über den Verlauf des Einschwingvorganges im einzelnen vgl. DÄNZER, H.: Annal. Phys. (6) **10**, 395 (1952).

Trägt man in das Kennliniendiagramm (Abb. 49) den Verlauf des Anodenstroms bei kleiner — eben zur Schwingungsentstehung ausreichender — Rückkoppelung und bei großer Rückkoppelung ein, so erkennt man, daß nur im ersten Fall nahezu sinusförmige Schwingungen erzeugt werden, während im zweiten Fall notwendigerweise durch die Nichtlinearitäten der Kennlinie starke höhere Harmonische auftreten, es wird ja bei großer Rückkoppelung der geradlinige Teil der Charakteristik stark überschritten, ehe die Steilheit so klein geworden ist, daß ein weiteres Amplitudenanwachsen nicht mehr stattfindet.

Die eingehende Behandlung des Röhrensenders ist hier nicht nur deswegen erfolgt, weil sich am Röhrensender die wichtigsten Erscheinungen anschaulicher zeigen lassen als bei den meisten mechanischen oder akustischen Schwingern, sondern auch deswegen, weil der Röhrensender ein außerordentlich wichtiges Hilfsmittel der akustischen Forschung ist. Mit dem Röhrensender lassen sich Wechselspannungen jeder beliebigen Frequenz und Stärke, die mittels eines elektrischen Schallsenders (S. 193) in akustische Schwingungen verwandelt werden können, herstellen.

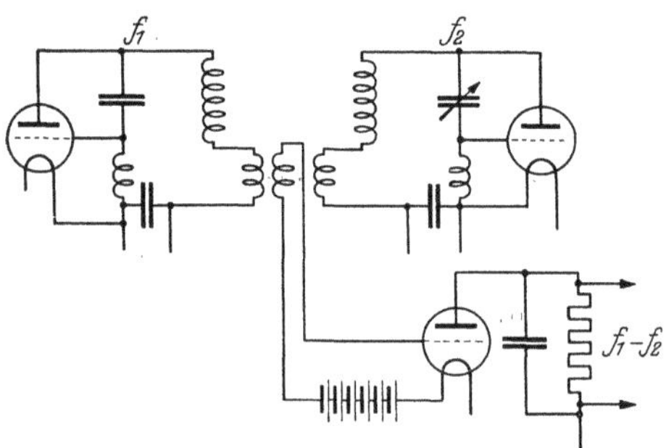

Abb. 50. Schaltschema eines Schwebungssummers

Verwendet man als Kondensator einen Drehkondensator, so läßt sich die Frequenz leicht innerhalb weiter Grenzen ändern. Die Frequenzkonstanz des Röhrensenders ist bei zweckentsprechendem Aufbau eine sehr hohe, eine Frequenzkonstanz auf $1/10^5$ ist leicht erreichbar. Häufig benutzt man zur Schwingungserzeugung nicht einen einzelnen Sender, sondern zwei Sender sehr hoher Frequenz (Abb. 50); läßt man die von den beiden Kreisen herrührenden Schwingungen zusammenwirken, so bilden sich Schwebungen mit der Periode $f_1 - f_2$. Diese Schwebungen läßt man auf das Gitter einer stark negativ vorgespannten und daher „nichtlinear" arbeitenden Röhre oder aber auch auf einen Krystall-Gleichrichter arbeiten; hinter dem nichtlinearen System tritt dann die Differenzschwingung $f_1 - f_2$ auf. Derartige „Schwebungssummer" haben den großen Vorteil, daß man bei sehr kleinen Änderungen der Kapazität eines der Ausgangskreise bereits sehr große Frequenzänderungen des Schwebungstons erhält; man kann die Schaltung leicht so einrichten, daß die vom Schwebungssummer gelieferte Wechselspannung beim Drehen des Drehkondensators des einen Ausgangskreises den gesamten akustisch wichtigen Tonbereich durchläuft. Die Spannungsform ist bei Beachtung gewisser Kunstgriffe praktisch sinusförmig, die Spannungsamplitude im gesamten Tonbereich nahezu konstant[1].

Für Laboratoriumzwecke sind auch ohne Schwingungskreis arbeitende Tongeneratoren[2], z. B. solche, bei denen eine Brückenschaltung durch negative Kopplung erregt wird, im Gebrauch. Derartige Schaltungen haben den Vorteil, daß die Frequenz umgekehrt proportional der Kapazität (und nicht der Wurzel aus der Kapazität) ist.

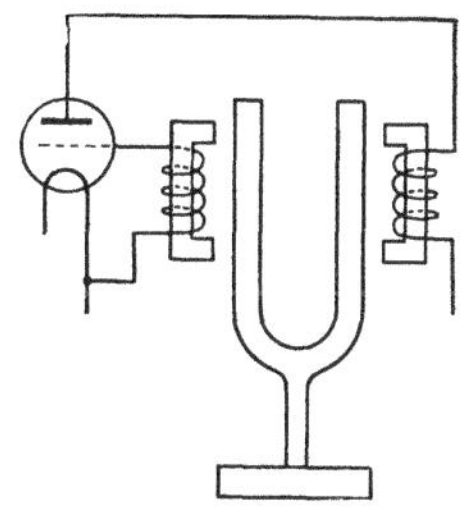

Abb. 51. Selbsterregte elektromagnetische Stimmgabel

Auch für mechanische, schwingende Systeme kann man die Rückkopplung über eine Verstärkerröhre zur Erregung von Schwingungen vorteilhaft benutzen. Abb. 51 zeigt die Schaltung einer selbsterregten elektromagnetischen Stimmgabel. Sorgt man dafür, daß die Temperatur der Stimmgabel genau

---

[1] Über Bauart und Leistungsfähigkeit von Schwebungssummern vgl. insbesondere R. v. RADINGER: Z. techn. Phys. **14**, 197 (1933). — RYALL, L. E.: Post Off. electr. Engrs. J. **27**, 213 (1934). — TAMM, R., u. U. HENNECKE: Z. Hochfrequenztechn. **47**, 133 (1936). (Bericht über die für Meßzwecke benutzten Tonfrequenzgeneratoren.) — ANDERSON, C. A.: Electronics, N. Y. **9**, H. 4, 26—27 (1936). — HELLMANN, R.: Wiss. Veröff. Siemens-Werke **16**/2, 58 (1937). — ZIMMERMANN, G. O.: Siemens Z. **19**, 312 (1939). — LENNARTZ, H.: Radio Mentor **19**, 637 (1953). — Vielfach werden insbesondere für raumakustische Messungen auch Summer benutzt, deren Frequenz periodisch um einen Mittelwert schwankt („Heulsummer"); man erreicht dies durch Anbringung einer zusätzlichen motorisch angetriebenen veränderlichen Kapazität in einem der Hochfrequenzsendekreise. [Über Heulsummer vgl. insbesondere W. L. BARROW: Ann. Phys. (5) **11**, 147 (1931). — J. acoust. Soc. Amer. **3**, 562 (1932).] Auch durch Gitterspannungsänderungen lassen sich Heultoneffekte herstellen [vgl. W. H. BLISS: Electr. Engng. **53**, 547 (1934)]. — Über „Multitonsender" für raumakustische Messungen vgl. W. L. BARROW: J. A. S. A. **10**, 275 (1939) und A. C. RAES: ebdt. **29**, 329 (1957). — Bemerkt sei hier noch, daß man für akustische Zwecke gelegentlich auch Sender benötigt, welche ein kontinuierliches Frequenzspektrum besitzen; zur Erzeugung eines kontinuierlichen Frequenzspektrums („weißes Geräusch") kann das Eigenrauschen von Röhren verwendet werden. Vgl. H. THIEDE: Elektr. Nachr.-Techn. **13**, 84 (1936). — FREYGANG, H. G.: Akust. Z. **3**, 80 (1938). — COBINE, J. D.: Harvard Univ. Radio Res. Lab. Rep. 411—92 (1944). — LICKLIDER, J. C. R., u. E. B. NEWMANN: Electronics **20**, 98 (Juni 1947). — Zur Frage der zweckmäßigen Definition eines „weißen Geräusches" vgl. P. CHAVASSE u. R. LEHMANN: Annal. Télécomm. **5**, 375 (1950). — HOFFMANN, G.: Radio Mentor **19**, 310 (1953). — BENNETT, W. R.: Electronics **29**, März S. 154, April S. 134 (1956). (Eingehende Studie über Geräusche und ihre Erzeugung, ausführliche Literatur.)

[2] Vgl. hierzu F. E. TERMAN, R. R. BUSS, W. R. HEWLETT u. F. C. CAHILL: Proc. Inst. Rad. Engr. **10**, 649 (1939). — GRINZTON, E. L., u. L. M. HOLLINGWORTH: ebdt. **29**, 43 (1941). — WILLONER, G., u. F. TIHELKA: A. T. M. Z. 42-4 (März 1941). — KLEMT, A.: A. T. M. Z. 42-5 (1943). — HOWEY, J. H.: Amer. J. Phys. **19**, 85 (1951). — ROSENTHAL, L. A.: Electronics **24**, Nr. 9, 114 (1951).

konstant gehalten wird (die Tonhöhe von Stahl-Stimmgabeln ändert sich etwa um 0,01% pro Grad C) und sorgt man dafür, daß die Stimmgabel mit möglichst gleicher Amplitude schwingt (um etwaige Änderungen der Direktionskraft durch nichtlineare Effekte auszuschließen), so läßt sich eine Frequenzkonstanz von etwa $1/10^6$ bis $1/10^7$ erreichen[1].

Man benutzt Stimmgabelsummer insbesondere auch zur Reproduzierung des „Normstimmtons", der international auf a^1 440 Hz festgelegt wurde[2]. H. J. v. BRAUNMÜHL und O. SCHUBERT[3] schufen einen netzangeschlossenen Stimmgabelsummer, der nach sehr kurzer Einbrennzeit den Stimmton mit guter Genauigkeit hergibt. Innerhalb eines Temperaturbereichs von 10 bis 30 °C betragen bei diesem Gerät die Frequenzabweichungen maximal 0,15 Hz.

Eine besonders hohe Frequenzkonstanz[4] besitzen in Eigenschwingung erregte Piezoquarze. Abb. 52 zeigt die Anordnung eines Piezo-

---

[1] Über Stimmgabelsummer vgl. D. W. DYE u. L. ESSON: Proc. Roy. Soc. London **143**, 285 (1934). — FAHLENBRUCH, H., u. H. H. MEYER: Z. techn. Phys. **21**, 40 (1940) (betr. FeNiCr-Legierung mit besonders kleinem Temperaturkoeffizient). — MANFREDI, A.: Ric. Scient. **14**, 45 (1943) (Methode zur Temperaturkompensation). — McLOUGHLIN, R. P.: J. A. S. A. **17**, 46 (1945) (Theorie der Stimmgabelsummer, Beschreibung eines Summers hoher Konstanz, dem höhere Harmonische bis 2 MHz entnommen werden können). — ADDINK, C. C. J.: Philips Techn. Rdsch. **12**, 332 (1951) (betr. insbesondere Kalibrierung von Gabeln). — RICHARDSON, E. G., u. Y. L. YOUSEF: Proc. Univ. Durh. Phil. Soc. **11**, 119 (1953). — KAROLUS, A.: Annal. Franc. de Chronométrie, S. 181 (1953) (Bericht über Stimmgabelsummer und deren Frequenzkonstanz, ausführliche Literaturangaben).

[2] Deutscher Akustischer Ausschuß: A. Z. **4**, 67, 88 (1939). A. Z. **7**, 159 (1942). — Zur Frage des Normstimmtons vgl. insbesondere auch R. DUSSAUT: C. R. Acad. Sci. Paris **230**, 2150 (1950). — ALEXANDER, F. W.: B. B. C. Quart. **6**, 21 (1951). — MEINEL, H.: Proc. 1. I. C. A. Congr., S. 233 (1953). — MATZKE, H.: Instr. Bau-Ztschr. **8**, Nr. 11 (1954). — CORSO, F.: J. A. S. A. **27**, 746 (1955) (betr. Stimmen von Musikinstrumenten). — YOUNG, R. W.: ebdt. **27**, 379 (1955). — LOTTERMOSER, W., u. H. J. v. BRAUNMÜHL: Acustica **5**, 92 (1955) (betr. insbesondere Aufzeichnung der Stimmtonfrequenz bei verschiedenen Darbietungen). — MEINEL, H.: Acustica **5**, 284 (1955).

[3] v. BRAUNMÜHL, H. J., u. O. SCHUBERT: A. Z. **6**, 299 (1941). — GELUK, J. J.: Proc. 1. I. C. A. Congr. Delft (1953), 220. — Zur Stimmung großer Orchester mit Hilfe eines elektronischen Gerätes vgl. M. CACIOTTI, P. RIGHINI u. V. SAVELLI: Ann. Télécomm. **12**, 367 (1957).

[4] Die Frequenzkonstanz des Piezoquarzes läßt sich bis auf etwa $1/10^8$ treiben. Vgl. hierzu A. SCHEIBE: Genaue Zeitmessung. Ergebn. exakt. Naturw. **15**, 262 (1936). — Hochfrequenztechn. **53**, 145 (1939). — SCHEIBE, A., u. H. ADELSBERGER: Phys. Z. **40**, 216 (1939). — VORMER, J. J.: Nederl. Tijdsch. v. Natuurk. **8**, 289 (1941). — BECHMANN, R.: Z. Hochfr. Elektroakust. **59**, 97 (1942); **61**, 1 (1943) (betr. insbesondere Temperaturkoeffizienten in verschied. Schnittrichtungen; ausführl. Literaturangaben). — FRY, W. J., J. M. TAYLOR u. B. W. HENVIS: The design of crystal vibrating. Washington 1945. — CONRAD, F.: Frequenz **3**, 270 (1949). — Ein weiteres Frequenz- und Zeitnormal ist die Ammoniakuhr, welche

quarzes in Selbsterregungsschaltung; die Rückkoppelung erfolgt hier über die Kapazität Anode—Gitter. Piezoquarze[1], deren Eigenschwingungen im allgemeinen oberhalb der Hörgrenze liegen, werden auf dem Gebiet des Ultraschalls viel verwendet (vgl. S. 209). Will man Piezoquarze als Normale für Frequenzen im Hörschallgebiet verwenden, so kann man die von ihnen abgegebene Frequenz durch besondere elektrische Schaltmittel in bestimmten Frequenzverhältnissen herabsetzen[2].

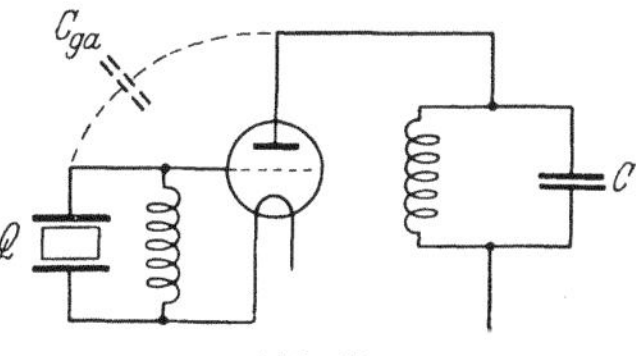
Abb. 52
Selbsterregter Piezoquarzschwinger

Es ist auch gelungen, Stimmgabeln aus Quarzkristallen zu schneiden. Die Temperaturabhängigkeit derartiger piezoelektrisch angetriebener Quarzgabeln ist — wie A. KAROLUS[3] zeigte — außerordentlich klein. Der Temperaturkoeffizient liegt bei richtig gewählter kristallographischer Orientierung der Gabel bei nur etwa $1 \times 10^{-4}\%$ pro Grad C.

9. Wellengleichung. Die verschiedenen Wellenarten

Tritt an einer Stelle eines elastischen Mediums eine Druckstörung auf, so erfahren die der Störungsstelle benachbarten Mediumteilchen Verschiebungen, welche ihrerseits dann wieder auf die angrenzenden weiteren Mediumteilchen wirken; die Druckstörung breitet sich im Medium als eine fortlaufende Welle aus.

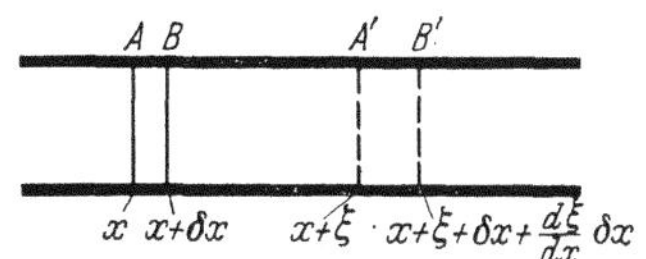
Abb. 53. Zur Berechnung der Schallgeschwindigkeit

Die Erscheinungen lassen sich an einem speziellen Beispiel, der Ausbreitung einer Druckstörung in einem unendlich langen Rohr (Abb. 53) leicht quantitativ übersehen. Der Rohrquerschnitt sei der Einfachheit halber gleich 1 gesetzt.

Fortsetzung der Fußnote 4 von S. 54
Molekülschwingungen ausnutzt (Nat. Bur. Stand. Techn. News. Bull. **33** (Febr, 1949)). — Über Zeit-Präzisionsmessungen vgl. auch SMITH, H. M.: J. Sci. Instr. **32.** 199 (1955) (dort weitere Literatur).

[1] Über Piezoquarze vgl. insbesondere auch W. G. CADY: Piezoelectricity. New York 1946. — PALMANS, ED.: Piezo-Electricité, Antwerpen 1946.

[2] Über Frequenz-Demultiplikation, vgl. P. G. BORDONI: Atti del Congr. Cinquantenario Marconi S. 252, Rom 1948. — Umgekehrt kann man auch durch Benutzung nichtlinearer Schaltelemente eine Frequenzvervielfachung erzielen (vgl. z. B. A. NUOVO: ebdt. S. 330). — Einen mit Frequenzmultiplikatoren und Demultiplikatoren ausgerüsteten Quarzsender, der zwischen 40 Hz und 4,5 MHz brauchbar ist, hat A. BARONE entwickelt [Ric. Scient. **15**, No. 4, 5 (1945); Elettronica **2**, 373 (1947); **3**, 13 (1948)].

[3] KAROLUS, A.: ETZ **74**, 136 (1953) (ausführliche Literaturangaben).

Ein Mediumstreifen AB befindet sich im ersten Augenblick an den Stellen x und $x + \delta x$ des Rohrs. Einen kleinen Zeitteil später ist er unter der Wirkung der Druckstörung nach $A'\,B'$, also an die Stellen $x + \xi$, $x + \xi + \delta\xi + \partial\xi/\partial x\,\delta x$ gekommen, hierbei berücksichtigt das Glied $\partial\xi/\partial x\,\delta x$ die unter dem Einfluß der Druckwirkung stattfindende Volumänderung. $\partial\xi/\partial x = s$ bedeutet die „relative Verdichtung", für s gilt (bei Beschränkung auf kleine Amplituden) $s = \delta p \cdot K$, wobei

$$K = -\frac{1}{V}\frac{dV}{dp} = \frac{1}{\varkappa\,p_0}$$

die „adiabatische" Kompressibilität bedeutet. p_0 ist der mittlere Druck, $\varkappa = c_p/c_v$ das Verhältnis der spezifischen Wärmen. Der theoretische Wert von $\varkappa$ ist für einatomige ideale Gase 1,67, für zweiatomige 1,4 und für dreiatomige 1,33. Die tatsächlichen Werte sind für Luft bei Zimmertemperatur 1,402 (bei 300 °C 1,378), für Edelgase 1,63—1,69, Stickstoff 1,401, Sauerstoff 1,396, Kohlenmonoxyd 1,4007, Kohlendioxyd 1,293. Auch bei Flüssigkeiten ist $\varkappa$ — was mitunter nicht beachtet wurde[1] — meist wesentlich größer als 1, wie nebenstehende Tabelle[2] zeigt.

Tabelle 2. *Verhältnis der spezifischen Wärmen*

Flüssigkeit	c_p/c_v
Wasser	1,007
Quecksilber	1,147
Isobutylalkohol	1,159
n-Butylalkohol	1,183
Äthylalkohol	1,204
Methylalkohol	1,214
Heptan	1,237
Amylacetat	1,281
Nitrobenzol	1,299
m-Xylol	1,319
Cyclohexan	1,335
Toluol	1,350
Aceton	1,416
Benzol	1,447
Tetrachlorkohlenstoff . . .	1,455
Chloroform	1,491
Schwefelkohlenstoff . . .	1,566

Ist δp die Druckschwankung an der Stelle A', so ist diejenige in B'

$$\delta p + \frac{\partial(\delta p)}{\partial x}\,\delta x = \frac{1}{K}\cdot s + \frac{1}{K}\frac{\partial s}{\partial x}\,\delta x.$$

Die gesamte auf den Streifen wirkende Kraft ist gleich der Differenz der Drücke an den beiden Enden (multipliziert mit dem gleich 1 angenommenen Rohrquerschnitt), also gleich

$$\frac{1}{K}\frac{\partial s}{\partial x}\,\delta x = \frac{1}{K}\frac{\partial^2\xi}{\partial x^2}\,\delta x.$$

Die auf den Streifen wirkende Kraft muß (wenn wir von Reibungskräften absehen) gleich sein Masse $\times$ Beschleunigung, es muß also gelten

$$\frac{\partial^2\xi}{\partial x^2}\,\delta x = K\,\varrho_0\,\delta x\,\frac{\partial^2\xi}{dt^2}\,, \tag{53}$$

---

[1] Vgl. hierzu AIGNER, F.: Unterwasserschalltechnik, S. 44, Berlin 1922. — TRENDELENBURG, F.: Z. techn. Physik **11**, 466 (1930).

[2] Auszug aus einer Tabelle von S. PARTHASARATHY u. D. S. GURUSWAMI: Ann. Phys. (6) **16**, 287 (1955). — Vgl. auch PARTHASARATHY, S.: ebdt. **17**, 178 (1956). — RICHARDSON, E. G., u. R. J. TAIT: Phil. Mag. (8) **2**, 441 (1957).

wobei ϱ_0 die Dichte bedeutet, oder

$$\frac{\partial^2 \xi}{\partial t^2} = \frac{1}{K \varrho_0} \frac{\partial^2 \xi}{\partial x^2} = c^2 \frac{\partial^2 \xi}{\partial x^2}, \quad c = \sqrt{\frac{1}{K \varrho_0}}, \tag{54}$$

c ist die Schallgeschwindigkeit[1].

Die allgemeine Lösung der Gl. (54) lautet

$$\xi = F_1(x - c\,t) + F_2(x + c\,t), \tag{55}$$

hierbei sind $F_1(t)$ und $F_2(t)$ zunächst beliebige, von der Zeit abhängige Funktionen. Physikalisch bedeutet diese Lösung folgendes:

Betrachten wir zunächst $F_1(t)$ an der Stelle x. Wir können uns vorstellen, daß für diese Stelle der Verlauf der Funktion $F_1(t)$ als Kurve gegeben ist. Die Lösung an anderen Stellen ($x = x_1, x_2, x_3 \ldots$) können wir dann dadurch erhalten, daß wir uns die Kurve längs der x-Achse mit der Geschwindigkeit c verschieben, an den einzelnen Punkten der x-Achse läuft die Funktion $F_1(t)$ ja in der gleichen Weise nur jeweils um die Zeitdifferenz x/c verspätet ab. Das gleiche gilt für die Funktion $F_2(t)$, nur müssen wir diese Kurve nicht in Richtung der positiven, sondern in Richtung der negativen x-Achse verschieben.

Die Ausbreitungsgeschwindigkeit c von Schallwellen besitzt einen konstanten, insbesondere von der Amplitude unabhängigen Wert; dies gilt aber nur für Wellen, bei denen die Druckänderungen klein gegen den mittleren Atmosphärendruck sind, wie dies ja bei Ableitung der Gl. (54) ausdrücklich vorausgesetzt wurde. Für Wellen endlicher Amplitude ist die Ausbreitungsgeschwindigkeit größer als im Fall sehr kleiner Amplituden; es zeigt sich dies insbesondere bei Explosionen in den der Explosionsstelle naheliegenden Bereichen[2]. So beträgt z. B. die Ausbreitungs-

---

[1] Eine Berechnung der Schallgeschwindigkeit wurde zuerst von J. Newton (1687) durchgeführt. Newton benutzte aber die isotherme Kompressibilität und erhielt daher zu kleine Werte. Die richtige Berechnung unter Benutzung der adiabatischen Kompressibilität wurde von P. L. Laplace (1816) vorgenommen (vgl. hierzu D. C. Miller: Anecdotical History of Science of Sound, S. 28, New York 1935).

[2] Über Schallwellen endlicher Amplitude und Stoßwellen vgl. insbesondere B. Riemann: Göttinger Abhandlungen 8, 43 (1860). — Lamb, H.: Dynamical Theory of Sound, S. 177. London 1925. — Fay, R. D.: J. acoust. Soc. Amer. 3, 222 (1931). — Eichenwald, A.: Rend. Mat. Fis. Milano 6, 28 (1932) Nr. 10. — Thuras, A. L., R. T. Jenkins and H. T. O'Neil: J. acoust. Soc. Amer. 6, 173 (1935). — McLachlan, N. W.: Proc. phys. Soc., Lond. 47, 644 (1935). — Miller, D. C.: Sound waves. Their shape and speed S. 126 u. ff. New York 1937. — Thompson, L., u. R. Riffolt: J. A. S. A. 11, 233, 245 (1939). — Andrejew, N. N.: J. Phys. (UdSSR) 2, 305 (1940). — Döring, W.: Ann. Physik (5) 43, 421 (1943). — Dumond, J. W. M., E. R. Cohen, W. K. H. Panofsky u. E. Deeds: J. A. S. A. 18, 97 (1946). — Döring, W.: Annal. Phys. (6) 5, 133 (1949). — Sauer, R.: Einführung

geschwindigkeit für Stoßwellen in Luft (nach R. BECKER)[1] bei einem Schalldruck von 2 atü 452 ms^{-1}, bei 5 atü 698 ms^{-1}, bei 10 atü 978 ms^{-1} und bei 50 atü 2150 ms^{-1} gegenüber 334 ms^{-1} bei Schallwellen vernachlässigbar kleiner Amplitude.

Welchen Verlauf die Funktionen $F_1(t)$ und $F_2(t)$ haben, hängt von der Form der Druckstörung ab. Nehmen wir an, die Druckstörung werde durch eine sinusförmig schwingende Membran (Abb. 54),

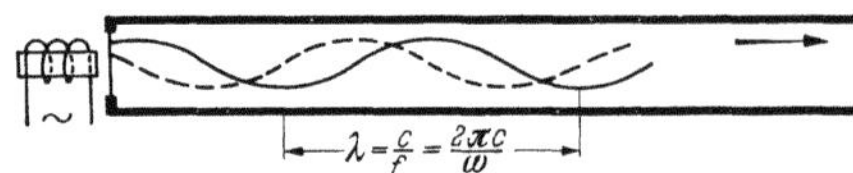

Abb. 54. Ablauf einer Schallwelle an einer sinusförmig schwingenden Membran. (Die gestrichelte Kurve gibt die Verhältnisse für einen Zeitpunkt, der um eine Viertelperiode später liegt als derjenige der ausgezogenen Kurve, wieder)

welche sich an dem Ende eines (einseitig unendlichen) Rohres befindet, erregt, so bekommt die Lösung die Form

$$\xi = \xi_0 \cos \left[\omega(t - x/c) + \varphi\right], \tag{56}$$

es läuft also dann eine Sinuswelle in Richtung der positiven x-Achse mit der Geschwindigkeit c ab. Die Welle ist eine „longitudinale" Welle; die Teilchenverschiebung erfolgt in der Richtung der Fortpflanzung der Welle.

Die Entfernung zwischen zwei Stellen, an denen gleicher Schwingungszustand herrscht (also beispielsweise zwischen zwei Stellen maxi-

Fortsetzung der Fußnote 2 von S. 57.

in die theoretische Gasdynamik, S. 74. — MOTT-SMITH, H. M.: Phys. Rev. **82**, 885 (1951). — SEEGER, R. J., u. H. POLACHEK: J. appl. Phys. **22**, 640 (1951). — OSWATITSCH, K.: Gasdynamik, S. 20, Wien (1952). — MARKHAM, J. J.: Phys. Rev. **86**, 710, 712 (1952); ebdt. **89**, 972 (1953). — MENDOUSSE, J. S.: J. A. S. A. **25**, 51 (1953). — KELLER, J. B.: ebdt. 212. — RUDNICK, J. B.: ebdt. 1012. — COPSON, E. T.: Proc. Roy. Soc. (London) A **216**, 539 (1953). — SAKURAI, A.: J. Phys. Soc. Jap. 8, 662 (1953); **9**, 256 (1954); **10**, 827 (1955). — KELLER, J. B.: J. appl. Phys. **25**, 938 (1954). — SKUDRZYK, E.: Die Grundlagen der Akustik, S. 895, Wien (1954). — FRIEDRICHS, K. O., u. J. B. KELLER: J. appl. Phys. **26**, 961 (1955). — FAY, R. D.: J. A. S. A. **28**, 910 (1956). — GOLDBERG, Z. A.: Akust. Z. (UdSSR) **2**, 325 (1956). — ZAREMBO, L. K., V. A. KRASSILNIKOW u. V. V. SHKLOVSKAYA-KORDY: Dokl. Akad. Nauk UdSSR: **109**, 485 (1956). — SEN, H. K., u. A. W. GUESS: Phys. Rev. **108**, 560 (1957). — KRASSILNIKOW, V. A., V. V. SHKLOVSKAYA-KORDY u. L. K. ZAREMBO: J. A. S. A. **29**, 642 (1957). — GOLDBERG, Z. A.: Akust. Z. (UdSSR) **3**, 322 (1957). — DOLDER, K., u. R. HIDE: Atomic Energy Res. Establ. (Harwell) Rep. G/R 2055 (1957) (Stoßwellen: Literaturzusammenstellung). — ZELDOVICH, YA. B.: Z. exp. theor. Phys. (UdSSR) **32**, 1126 (1957). — DEAL, W. E.: J. appl. Phys. **28**, 782 (1957). — DRUMMOND, W. E.: ebdt. 1437; ebdt. **29**, 167 (1958). — SENKEVICH, A. A.: Akust. Z. (UdSSR) **4**, 102 (1958). — BUROV, V. A., u. V. A. KRASSILNIKOV: Dokl. Akad. Nauk UdSSR **118**, 920 (1958). — FAY, R. D.: J. A. S. A. **31**, 1377 (1959). — NAUGOLNYCH, K. A.: Akust. Z. (UdSSR) **5**, 80 (1959).—ROMANENKO, E. W.: ebdt. 101. — GOLDBERG, Z. A.: ebdt. 118. — ANDREJEW, N. N.: Proc. 3. I. C. A. Congr. Stuttgart (1959). — NAUGOLNYCH, K. A., u. E. W. ROMANENKO: ebdt. — KRASILNIKOV, V., u. L. ZAREMBO: ebdt.

[1] BECKER, R.: Z. Phys. 8, 321 (1922). — Über die Schallgeschwindigkeit in größter Nähe detonierender Ladungen vgl. insbesondere J. SAVITT u. R. F. STRESAU: J. appl. Phys. **25**, 89 (1954).

maler Amplituden gleicher Richtungen), bezeichnet man als „*Wellen-länge*". Zwischen der Wellenlänge, der Frequenz und der Fortpflanzungsgeschwindigkeit gilt die Beziehung

$$f \cdot \lambda = c. \tag{57}$$

Wir haben uns bei Ableitung der Wellengleichung auf den besonders einfachen Fall beschränkt, daß die Fortpflanzung der Druckstörung in einem langen starrwandigen Rohr gleichen Querschnitts erfolgt, daß daher — mit anderen Worten — auch keine Ausbreitung der Welle auf größere Querschnitte erfolgt. Lassen wir diese Einschränkung fallen — betrachten wir also beispielsweise die Ausbreitung einer Druckstörung in einem unendlich ausgedehnten Medium —, so breitet sich die Störung nach allen Seiten aus, es werden also immer größere, die Schallquelle umschließende Flächen von der Wellenbewegung erfaßt.

Ganz allgemein gültig ist die Wellengleichung in der Form

$$\frac{\partial^2 \xi}{\partial t^2} = c^2 \, \varDelta \xi \quad \text{wobei} \quad \varDelta \xi = \frac{\partial^2 \xi}{\partial x^2} + \frac{\partial^2 \xi}{\partial y^2} + \frac{\partial^2 \xi}{\partial z^2}, \tag{58}$$

für $\frac{\partial^2 \xi}{\partial y^2} = 0$ und $\frac{\partial^2 \xi}{\partial z^2} = 0$ geht die Gleichung in den oben abgeleiteten Ausdruck (54) über.

Statt für die Teilchenbewegung setzt man die Wellengleichung meist für eine andere Variable, für das sog. „Geschwindigkeitspotential" $\varPhi$[1] an. Bei wirbelfreier Bewegung — und diese liegt bei den meisten akustischen Problemen vor — läßt sich nämlich die Geschwindigkeit der Mediumteilchen (die „Schnelle") durch Differentiation einer Potentialfunktion nach den räumlichen Koordinaten gemäß

$$v = - \operatorname{grad} \varPhi \tag{59}$$

herleiten. Der Druck ist der zeitlichen Ableitung des Geschwindigkeitspotentials proportional

$$p = \varrho_0 \frac{\partial \varPhi}{dt}. \tag{60}$$

Die Einführung des Geschwindigeitspotentials hat den Vorteil, daß man die Schallfeldberechnungen zunächst nur für eine Größe durchzuführen braucht. Ist die Lösung dann für das Geschwindigkeitspotential für eine Schallfeldstelle gegeben, so kann man durch Ausführung der einfachen Differentialoperationen (59) und (60) Schnelle sowie Druckschwankung ohne weiteres ermitteln.

---

[1] Zur physikalischen Bedeutung des Geschwindigkeitspotentials ist zu bemerken, daß dieses der durch die Dichte dividierte „impulsive Druck" $\frac{1}{\varrho} \int_0^\tau P \, dt$ ist, der nötig wäre, um das anfangs ruhende Medium auf seinen augenblicklichen Geschwindigkeitszustand zu bringen (vgl. Cl. Schaefer: Einf. in die theoret. Physik 1, S. 803, 4. Aufl. Berlin 1944).

Die Wellengleichung für das Geschwindigkeitspotential lautet, in vollständiger Analogie zu Gl. (58),

$$\frac{\partial^2 \Phi}{\partial t^2} = c^2 \cdot \Delta \Phi. \qquad (61)$$

Ist die Störungsstelle im Medium klein gegen die Wellenlänge — handelt es sich also um eine „*punktförmige*" Schallquelle —, so breiten sich die Druckstörungen kugelsymmetrisch aus. Für eine sinusförmige Erregung von der Ergiebigkeit A ergeben die Differentiationen (59) und (60) nach Umformung auf Kugelkoordinaten:

$$\left.\begin{aligned} p &= -\frac{\varrho_0\, \omega\, A}{4\,\pi\, r}\, \sin \omega \left(t - \frac{r}{c}\right) \\[2mm] v &= -\frac{\omega\, A}{4\,\pi\, r \cdot c}\, \sqrt{1 + \left(\frac{\lambda}{2\,\pi\, r}\right)^2}\, \sin\left[\omega\left(t - \frac{r}{c}\right) + \varphi\right] \\[2mm] \operatorname{tg} \varphi &= \frac{\lambda}{2\,\pi\, r}, \quad \lambda = \frac{c}{f} = \frac{2\,\pi\, c}{\omega} \ \ \text{(Wellenlänge des Schalls)}. \end{aligned}\right\} \qquad (62)$$

Druck und Schnelle nehmen also im kugelsymmetrischen Schallfeld (Abb. 55) wie $1/r$ ab. An allen Aufpunkten, welche auf der gleichen

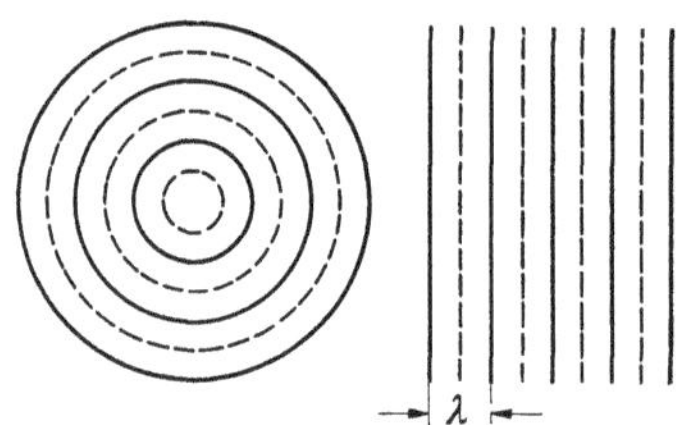

Abb. 55. Kugelwelle und ebene Welle

zur Störungsstelle konzentrischen Kugelfläche liegen, besitzen Druckschwankung bzw. Schnelle dieselbe Amplitude. In größeren Entfernungen von der Schallquelle — also bei ebenen Wellen — sind Druck und Schnelle in Phase. Das Verhältnis des Schalldrucks zur Schallschnelle nennt man die „Schallkennimpedanz". Die Schallkennimpedanz ist im allgemeinen eine komplexe Größe. Im absorptionsfreien Kugelschallfeld in hinreichender Entfernung von der Quelle sind ebenso wie bei absorptionsfreien ebenen Wellen Druck und Schnelle in Phase, die Schallkennimpedanz hat dann den konstanten reellen Wert $\varrho_0 \cdot c$.

Die Schallkennimpedanz einiger Stoffe für 20 °C sind in der folgenden Tabelle in MKS- und CGS-Einheiten angegeben.

Findet die Wellenausbreitung zylindersymmetrisch statt, so nehmen das Geschwindigkeitspotential, der Druck und die Schnelle wie $1/\sqrt{r}$ ab.

Die bisherigen Betrachtungen beziehen sich auf absorptionsfreie Schallausbreitung, auf einen Schallvorgang also, bei dem keinerlei Schwingungsenergie beispielsweise durch die innere Reibung eines Gases in Wärme verwandelt wird. Wird bei der Wellenausbreitung Schwingungsenergie in Wärme verwandelt, so haben wir dies in der Differentialgleichung durch eine der Schnelle proportionale Reibungskraft zu berücksichtigen, die Lösung der Wellengleichung führt dann auf einen Ausdruck

Tabelle 3. Schallkennimpedanzen verschiedener Stoffe[1]

Stoff	Schallkennimpedanz	
	in MKS (kgm^{-2}s^{-1})	in CGS (gcm^{-2}s^{-1}) (Rayl)
Wasserstoff	114,1	11,41
Stickstoff	421	42,1
Luft	428,6	42,86
Kohlendioxyd	508	50,8
Äthylalkohol.	$0,91 \times 10^6$	$0,91 \times 10^5$
Toluol.	$1,12 \times 10^6$	$1,12 \times 10^5$
m-Xylol	$1,14 \times 10^6$	$1,14 \times 10^5$
Chloroform	$1,48 \times 10^6$	$1,48 \times 10^5$
Wasser	$1,48 \times 10^6$	$1,48 \times 10^5$
Glycerin.	$2,50 \times 10^6$	$2,50 \times 10^5$
Quecksilber	$1,97 \times 10^7$	$1,97 \times 10^6$
Aluminium	$8,2 \ \times 10^6$	$8,2 \ \times 10^5$
Kupfer	$2,02 \times 10^7$	$2,02 \times 10^6$
Elektrolyteisen	$2,53 \times 10^7$	$2,53 \times 10^6$
Platin.	$3,7 \ \times 10^7$	$3,7 \ \times 10^6$
Wolfram	$5,05 \times 10^7$	$5,05 \times 10^6$
Polyäthylen	$0,48 \times 10^6$	$0,48 \times 10^5$
Polystyrol.	$1,18 \times 10^6$	$1,18 \times 10^5$
Fett[2]	$1,36 \times 10^6$	$1,36 \times 10^5$
Muskeln[2]	$1,63 \times 10^6$	$1,63 \times 10^5$
Knochen, porös[2]	$2,2$—$2,9 \ \times 10^6$	$2,2$—$2,9 \ \times 10^5$
Knochen, kompakt[2]	$6,1 \ \times 10^6$	$6,1 \ \times 10^5$

von der Form

$$\Phi = \Phi_0 \frac{1}{r} \, e^{-\alpha r} \sin \omega \left(t - \frac{c}{r} \right) \quad \text{(bei Kugelwellen)}$$

bzw.

$$\Phi = \Phi_0 \, e^{-\alpha x} \sin \omega \left(t - \frac{x}{c} \right) \quad \text{(bei ebenen Wellen)}.$$

Neben der durch die Ausbreitung auf größere Flächen bedingten Amplitudenabnahme tritt also jetzt noch eine durch die Reibungsverluste bedingte exponentielle Abnahme mit der Entfernung. Die Geschwindigkeit der Ausbreitung bleibt — solange wir es nicht mit sehr großen Dämpfungen zu tun haben — unverändert. Wir werden die Dämpfungsfragen auf S. 289 eingehender behandeln.

---

[1] Die meisten Werte wurden Angaben im American Institute of Physics Handbook, New York, Toronto, London (1957) entnommen. Die Werte für Gase beziehen sich auf 0 °C, für Flüssigkeiten auf Raumtemperatur.

[2] Nach GÜTTNER, W.: Acustica **4**, 547 (1954), vgl. auch G. D. LUDWIG: J. A. S. A. **22**, 862 (1950).

Sendet man von zwei Quellen aus Schall in ein Schallfeld, so superponiert sich an jeder Schallfeldstelle die von der Schallquelle *1* und die von der Schallquelle *2* ausgehende Erregung. Besitzen die beiden Schallquellen gleiche Frequenz, so spricht man von „Interferenz" der Wellen (vgl. S. 5); ist die Frequenz der beiden Schallwellen etwas verschieden, so machen sich im Schallfeld „Schwebungen" bemerkbar. Die bei Frequenzgleichheit auftretenden Interferenzmaxima und Interferenzminima liegen, solange an den Eigenschaften des Mediums und an den Mediumbegrenzungen sich nichts ändert, im Raum fest.

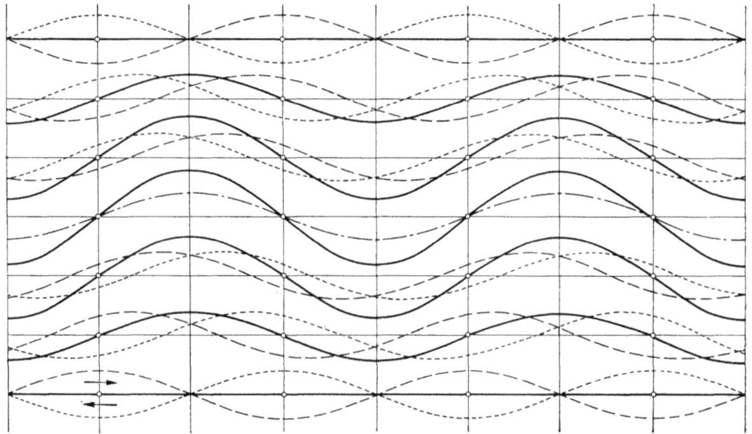

Abb. 56. Interferenz zweier gegenläufiger Wellen gleicher Amplitude und gleicher Wellenlänge (stehende Welle)

Praktisch besonders wichtig ist der Fall der Interferenz zweier ebener Schallwellen gleicher Frequenz und gleicher Amplitude, ein Fall, der in Abb. 56 schematisch dargestellt ist.

Superponiert man die von rechts bzw. von links einfallende Welle, so erhält man:

$$\Phi_s = \Phi \sin \omega \left(t - \frac{x}{c}\right) + \Phi \sin \omega \left(t + \frac{x}{c}\right)$$

$$= 2\,\Phi \sin \omega\, t \cos \frac{\omega\, x}{c}\,,$$

hieraus folgt

$$v = -\frac{\partial \Phi_s}{\partial x} = \frac{2\,\omega\,\Phi}{c} \sin \omega\, t \sin \omega\, \frac{x}{c}\,,$$

$$\left. \begin{aligned} \xi &= \int v\, dt = -\frac{2\,\Phi}{c} \cos \omega\, t \sin \omega\, \frac{x}{c}\,, \\ p &= \varrho\, \frac{\partial \Phi_s}{\partial t} = 2\varrho\,\omega\,\Phi \cos \omega\, t \cos \omega\, \frac{x}{c}\,. \end{aligned} \right\} \tag{63}$$

Unter Benutzung der Beziehung $\lambda = 2\,\pi\,c/\omega$ erkennt man, daß zu *allen* Zeiten an den Stellen $2\,\pi\,x/\lambda = 0, \pi, 2\,\pi \ldots$ Teilchenverschiebung und Schnelle sowie an den Stellen $2\,\pi\,x/\lambda = \pi/2, 3\,\pi/2 \ldots$ der Druck zu Null wird. In dem von zwei gegenläufig fortschreitenden Wellen gleicher Wellenlänge und gleicher Amplitude durchflossenen Raum bildet sich ein System von „stehenden" Wellen aus.

Stehende Schallwellen treten insbesondere dann auf, wenn Schall an der Begrenzungsfläche zwischen zwei Medien reflektiert wird. Handelt es sich um Re-
flexion an einer unnachgiebigen Wand, wie
z. B. für Luftschall an einer starren Platte, so
verlangt die Grenzbedingung in der Trennungsfläche $\xi = 0$, als auch $v = 0$. Die Welle läuft
dann mit einem Phasensprung der Geschwindigkeit um den Winkel π in das Medium
zurück, während der Druck in der Grenzfläche
auf das Doppelte seines Wertes in der fortlaufenden Welle ansteigt (Abb. 57). Die von
der Reflexionsfläche zurücklaufende Welle
bildet mit der ankommenden Welle eine stehende Schwingung, wobei — nach dem eben

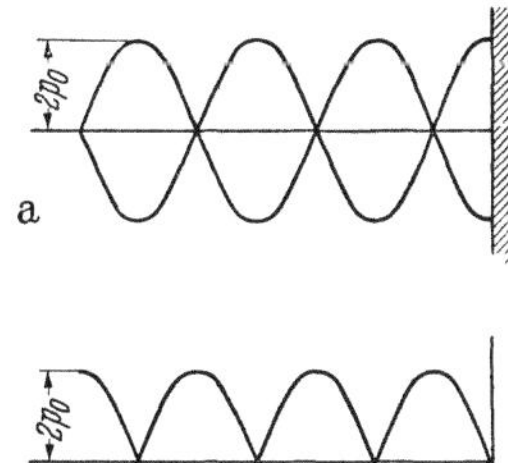

Abb. 57. Druckverteilung in der stehenden Welle bei Reflexion an einer starren Grenzfläche (a) und an einer völlig nachgiebigen Grenzfläche (b)

Gesagten — in der Reflexionsfläche ein Geschwindigkeitsknoten bzw. ein Druckbauch entsteht.

Erfolgt die Reflexion an einer gegen Druckschwankungen im ersten Medium völlig nachgiebigen Grenzschicht (also beispielsweise für Wasserschall an einer Grenzschicht gegen Luft), so ist die Grenzbedingung in der Grenzschicht $p = 0$, die ankommende Welle wird dann also mit einem Phasensprung des Druckes reflektiert, während die Schnelle auf den doppelten Wert geht.

Erfolgt die Reflexion an einer Grenzschicht, welche weder völlig unnachgiebig noch völlig nachgiebig gegen Druckschwankungen im ersten Medium ist, so geht ein Teil der Welle in das zweite Medium hinein, die zurücklaufende Welle hat keine Amplitudengleichheit mit der ankommenden Welle, es entsteht dann im Raum vor der Reflexions-fläche eine Überlagerung einer stehenden und einer fortlaufenden Welle. Durch Ausmessung der Wellenform im Raum vor der Reflexionsstelle kann man dann auf die akustischen Eigenschaften der Reflexionsfläche schließen. Wir werden hierauf in Ziff. 24, S. 338 zu sprechen kommen. In unbegrenzt ausgedehnten gasförmigen Medien und in Flüssigkeiten können, wenn wir von dem Fall großer innerer Reibung absehen[1], nur

---

[1] In viskosen Flüssigkeiten sind auch Transversalwellen möglich; in derartigen Flüssigkeiten treten ja tangentiale Spannungen auf, welche davon herrühren, daß benachbarte Flüssigkeitsteilchen durch ihre relative Bewegung aufeinander Rei-

longitudinale Wellen, deren wesentlichste Eigenschaften wir eben kennenlernten, entstehen.

Grundsätzlich anders liegen die Verhältnisse in festen elastischen Körpern, in welche eine elastische Dehnung von einer zur Dehnungsrichtung senkrechten Kontraktion, der sog. „Querkontraktion", begleitet ist. Die Querkontraktion bewirkt, daß neben longitudinalen Wellen auch transversale Wellen entstehen, bei welchen die Teilchenbewegung in der zur Fortpflanzungsrichtung senkrechten Ebene erfolgt[1].

In festen elastischen isotropen[2] unbegrenzten Körpern lautet die Wellengleichung für ebene longitudinale Wellen

$$\frac{\partial^2 \xi}{\partial t^2} = c_l^2 \frac{\partial^2 \xi}{\partial x^2}, \quad c_l = \sqrt{\frac{E(1-\mu)}{\varrho_0(1-\mu-2\,\mu^2)}}, \tag{64}$$

hierbei ist E der „Elastizitätsmodul" und μ die „POISSONsche Konstante" der Querkontraktion, deren Wert bei den einzelnen Stoffen verschieden ist, er liegt erfahrungsgemäß zwischen 0,2 und 0,5. Für $\mu = 0$

Fortsetzung der Fußnote 1 von S. 63.

bungskräfte ausüben. Vgl. hierzu insbesondere CL. SCHAEFER: Einführung in die theoretische Physik, Bd. I, S. 912, 4. Aufl., Berlin (1944). — HUNT, F. V., J. A. S. A. **27**, 1019 (1955) (eingehende theoretische Darstellung der Schallausbreitung in Flüssigkeiten). Hingewiesen sei hier noch auf das Auftreten von Strömungen in Schallfeldern. Vgl. hierzu insbesondere C. ECKART: Phys. Rev. **73**, 68 (1948). — MARKHAM, J. J.: ebdt. **86**, 497 (1952). — WESTERVELT, P. J.: J. A. S. A. **25**, 60 (1953). — NYBORG, W. L.: ebdt. 68. — MEDWIN, H., u. J. RUDNICK: ebdt. 538. — BORGNIS, F. E.: ebdt. 546. — ANDRES, J. M., u. U. INGARD: ebdt. 928, 932. — NYBORG, W. L.: ebdt. 938. — BORGNIS, F. E.: Acustica 4, 475 (1954). — GHABRIAL, A. M., u. RICHARDSON, E. G.: Acustica 5, 28 (1955). — KOLB, J., u. W. L. NYBORG: J. A. S. A. **28**, 1237 (1956). — NYBORG, W. L.: ebdt. **30**, 329 (1958). — JACKSON, F. J., u. W. L. NYBORG: ebdt. 614. — ELDER, S. A.: ebdt. **31**, 54 (1959). — NYBORG, W. L., R. K. GOULD, F. J. JACKSON u. C. E. ADAMS: ebdt. 706.

[1] Vgl. hierzu R. BERGER: Die Schalltechnik, S. 14ff. Braunschweig 1926. Diesem Buch wurden auch die Abb. 58—60 entnommen. — Vgl. ferner insbesondere E. HIEDEMANN: Wellenausbreitung in festen Körpern, S. 154, in „Physik der festen Körper" hrsg. v. G. JOOS: Wiesbaden 1947. — SCHOCH, A.: Ergebn. Exakte Naturwiss. XXIII, 127 (1950). — CREMER, L.: VDI-Berichte 8, 15 (1956), Acustica **6**, 59 (1956). — TAMM, K., u. O. WEISS: ebdt. **9**, 275 (1959) (Ausführl. Theorie der Wellenausbreitung im begrenzten Festkörper).

[2] In anisotropen Kristallen hängt die Wellengeschwindigkeit von der Richtung im Kristallgitter ab. Über Wellenvorgänge in anisotropen Kristallen vgl. W. G. CADY: Piecoelectricity, New York u. London (1946). — MASON, W. P.: Piecoelectric Crystals and their applications to ultrasonics, New York (1950). — FEIN, A. E., u. C. S. SMITH: J. appl. Phys. **23**, 1212 (1952) (betr. cubische Kristalle). — MEIER, R., u. K. SCHUSTER: Ann. Phys. (6) **11**, 397 (1953) (Theorie der Ausbreitung in unendlich ausgedehnten piezoelektrischen Kristallen unter Berücksichtigung der elastischen und elektrischen Vorgänge; ausführliche Literaturangaben). — BERGMANN, L.: Der Ultraschall 6. Aufl. Stuttgart 1954. S. 561 u. ff. — BINGEN, R.: Bull. Acad. Roy. Belgique Cl. Sci. **41**, 741 (1955). — LE CORRE, Y.: J. Phys. Radium **17**, 1020 (1956). — KOGA, I., M. ARUGA u. Y. YOSHINAKA: Phys. Rev. **109**, 1467 (1958). — WATERMAN, P. C.: Phys. Rev. **113**, 1240 (1959). — MUSGRAVE, M. J. P.: Rep. Prog. Phys. **22**, 74 (1959).

entspricht die Schallgeschwindigkeit dem oben abgeleiteten Wert für querkontraktionsfreie Flüssigkeiten und Gase.

Die Wellengleichungen für die beiden Komponenten ζ und η der transversalen Schwingungsbewegung in unbegrenzten festen elastischen Körpern lauten

$$\frac{\partial^2 \zeta}{\partial t^2} = c_t^2 \frac{\partial^2 \zeta}{\partial y^2}, \quad \frac{\partial^2 \eta}{\partial t^2} = c_t^2 \frac{\partial^2 \eta}{\partial z^2}, \quad c_t = \sqrt{\frac{E}{2(1+\mu)\,\varrho_0}} = \sqrt{\frac{F}{\varrho_0}}, \qquad (66)$$

wenn mit F der „Torsionsmodul" bezeichnet wird. Die Geschwindigkeit der transversal verlaufenden Wellen ist, wie der Vergleich von Gl. (66) mit Gl. (64) zeigt, notwendigerweise stets kleiner als diejenige der longitudinalen Wellen, und zwar ist der Unterschied um so größer, je größer die Querkontraktion μ ist[1]. Handelt es sich nicht um *unbegrenzte* feste Medien, sondern um Körper mit einer Grenzschicht gegen ein anderes Medium, so tritt an dieser Grenzfläche ein Wellentyp in Erscheinung, den man als „Oberflächen"- oder „RAYLEIGH-Welle"[2] bezeich-

---

[1] Die Wellengleichungen (64) und (66) gelten für reibungsfreie Medien. Über Wellenvorgänge in viskosen elastischen Medien vgl. W. VOIGT: Abh. Ges. Wissensch. Göttingen **36**, (1890). — DRUDE, P.: Ann. Phys. **41**, 759 (1890). — Hingewiesen sei in diesem Zusammenhang auch noch auf folgende Arbeiten: OESTREICHER, H. L.: J. A. S. A. **23**, 707 (1951) (Wellenausbreitung in elastischen viskosen Medien unter Berücksichtigung von Relaxationserscheinungen, speziell Wellenausbreitung in menschlichen Muskeln). — KYAME, J. J.: J. A. S. A. **26**, 991 (1954) (Einfluß von innerer Reibung und elektrischen Verlusten auf die Wellenvorgänge in piezoelektrischen Kristallen). — BIOT, M. A.: J. A. S. A. **28**, 168, 179 (1956) (Wellenausbreitung in porösem elastischen Material, welches mit einer viskosen, kompressiblen Flüssigkeit getränkt ist). — BOWSHER, J. M.: Canad. J. Phys. **37**, 1017 (1959). — MORLAND, L. W.: Phil. Trans. A. **251**, 341 (1959). — Über die Wellenausbreitung in Stäben aus viskosem Material vgl. SIMONYI, K.: Acta Techn. Hungarica **1**, 319 (1951). LEE, E. H., u. I. KANTER: J. appl. Phys. **24**, 1115 (1953) (in diesen Arbeiten werden insbesondere Analogiebetrachtungen zu den Vorgängen auf elektrischen Leitungen behandelt). — MORRISON, J. A.: Quart. appl. Math. **14**, 153 (1956). Hingewiesen sei hier noch auf eine Untersuchung von H. SCHMIDT an stabförmig gelagerten Schüttungen aus körnigem Material, insbesondere Sandschüttungen: Acustica **4**, 639 (1954).

[2] LORD RAYLEIGH: Proc. Lond. Math. Soc. **17**, 4 (1885/86). — Vgl. insbesondere auch K. ULLER: Ann. Physik (4) **56**, 463 (1918). — Z. Hochfrequenztechn. **33**, 15 (1929). — McMILLEN, J. H.: J. A. S. A. **18**, 190 (1946). — KOPPE, H.: Z. A. M. **28**, 355 (1948). — HÄNSEL, H., u. H. SCHARDIN: Acustica **6**, 168 (1956) (Funkenkinematographische Schlierenbilder von Oberflächenwellen). — GOLD, L.: Phys. Rev. **104**, 1532 (1956). — SYNGE, J. L.: Proc. Roy. Irish Acad. A **58**, 13 (1956). — DERESIEWICZ, H., u. R. D. MINDLIN: J. appl. Phys. **28**, 669 (1957). — SHERWOOD, J. W. C.: Proc. Phys. Soc. **71**, 207 (1958). — VIKTOROV, I. A.: Dokl. Akad. Nauk (UdSSR) **119**, 463 (1958). — VIKTOROV, I. A.: Akust. Z. (UdSSR) **4**, 131 (1958). — BUCKENS, F.: Ann. Geofis. **11**, 99 (1958). — LOCKETT, F. J.: J. Mech. Phys. Solids **7**, 71 (1958). — BRECHOWSKICH, L. M.: Dokl. Akad. Nauk (UdSSR) **124**, 1018 (1959) (betr. RAYLEIGH-Wellen an unebenen Oberflächen); Akust. Z. (UdSSR) **5**, 4 (1959). — MACDONALD, J. R.: Geophys. J. **2**, 132 (1959). — TAMM, K., u. O. WEIS: Acustica **9**, 275 (1959).

net (Abb. 58). In solchen festen Körpern, deren Dimension von der gleichen Größenordnung wie die Wellenlänge oder kleiner als diese ist, sind reine longitudinale oder transversale Wellen nicht möglich; statt

Abb. 58. Oberflächenwelle (RAYLEIGH-Welle)

dessen treten Dehnungs- (Abb. 59) und Biegungs- (Abb. 60) Wellen auf. Weiterhin sind Torsionswellen und longitudinale Radialwellen möglich[1].

Für einen im Vergleich zur Wellenlänge sehr dünnen langen Stab gilt für die Dehnungswellen $c_D = \sqrt{E/\varrho_0}$, eine Formel, welche analog der

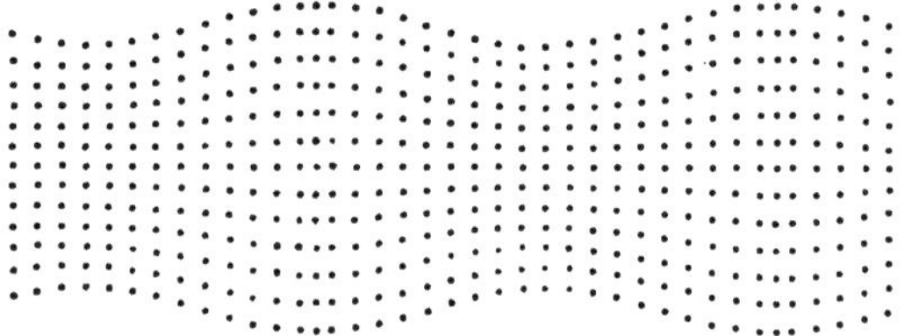

Abb. 59. Dehnungswelle

oben bereits abgeleiteten Formel für die Schallgeschwindigkeit in einer gasgefüllten im Verhältnis zur Wellenlänge engen Röhre gebaut ist.

Der Ansatz für Biegungswellen führt (unter gewissen Vernachlässigungen) auf eine Differentialgleichung von der Form

$$\frac{\partial^2 \zeta}{\partial t^2} = \alpha^2 \frac{\partial^4 \zeta}{\partial y^4}. \tag{67}$$

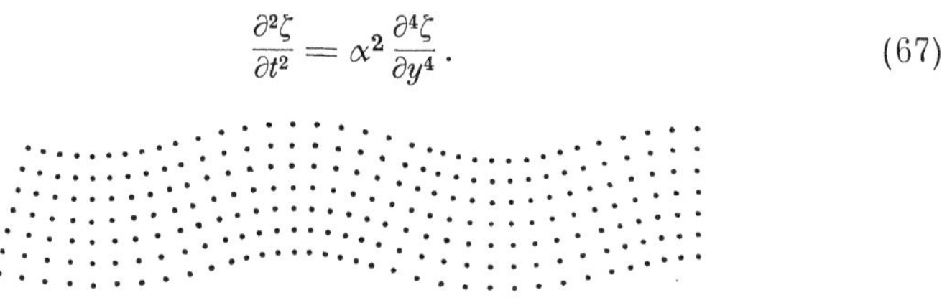

Abb. 60. Biegungswelle

Die Lösung dieser Gleichung führt ebenso wie die Lösung der gewöhnlichen Wellengleichung (58) auf fortlaufende Wellen; sie unterscheidet sich aber von der gewöhnlichen Wellengleichung insofern ganz grundsätzlich, als die Ausbreitungsgeschwindigkeit der Biegungswellen von

---

[1] Zu den verschiedenen Wellenarten vgl. L. BERGMANN: „Der Ultraschall", 6. Auflage, Stuttgart 1954, S. 561 ff., dort Formeln für alle Wellenarten.

der Wellenlänge abhängig ist. Es gilt nämlich für Biegungswellen von Stäben

$$c_b = \frac{2\,\pi}{\lambda}\,\sqrt{\frac{E \cdot I}{\varrho_0 \cdot q}}\,,\tag{68}$$

wobei I das Flächenträgheitsmoment und q den Querschnitt bedeutet[1].

Die Ausbreitungsgeschwindigkeit der Biegungswellen nimmt mit wachsender Wellenlänge, und zwar umgekehrt proportional zu dieser ab[2].

Bemerkt sei noch, daß bei unsymmetrisch gebauten Stäben, bei denen I in bezug auf die y- bzw. z-Achse verschiedene Werte hat, die Ausbreitungsgeschwindigkeit der in der y-Achse bzw. in der z-Achse schwingenden Biegungswellen verschieden ist.

Für zwei Sonderfälle sei die Ausbreitungsgeschwindigkeit noch angegeben: Für den Stab rechteckigen Querschnitts von der Breite b und der Dicke d ist das Trägheitsmoment in bezug auf eine zu b parallele Achse $I = \frac{b\,d^3}{12}$, da $q = b\,d$, wird dann die Ausbreitungsgeschwindigkeit

---

[1] Zur Wellenausbreitung in Stäben, Platten, Schalen und ähnlichen Gebilden vgl . insbesondere auch R. W. Morse: J. A. S. A. **22**, 219 (1950) (Stäbe, rechteckiger Querschnitt). — Holden, A. N.: Bell Syst. Techn. J. **30**, 956 (1951) (kreisförmiger Querschnitt). — Biot, M. A.: J. appl. Phys. **23**, 997 (1952) (Zylinder mit flüssigkeitsgefüllter Bohrung). — Morse, R. W.: J. A. S. A. **26**, 1018 (1954) (anisotrop-kreisförmiger Querschnitt, Stab). — Güth, W.: Acustica **5**, 35 (1955) (Schallimpulse in runden Metallstäben). — Young, J. E.: J. A. S. A. **27**, 1061 (1955) (Dünnwandige Zylinder). — Naghdi, P. M., u. R. M. Cooper: J. A. S. A. **28**, 56 (1956) (zylindrische Schalen). — McSkimin, H. J.: J. A. S. A. **28**, 484 (1956) (isotroper Stab, kreisförmiger Querschnitt); ebdt. 228 (allgemeine Überlegungen zur Wellenausbreitung insbesondere in kristallinen Stäben). — Clak, S. K.: J. A. S. A. **28**, 1163 (1956) (Torsionswellen in hohlen zylindrischen Stäben). — Junger, M. C., u. F. J. Rosato: J. A. S. A. **26**, 709 (1954). — Smith, P. W.: ebdt. **27**, 1065 (1955) (Dünnwandige Zylinder). — Lyon, R. H.: J. A. S. A. **27**, 259 (1955) (Platten). — Redwood, M., u. J. Lamb: Proc. Phys. Soc. B **70**, 136 (1957) (isotrope Zylinder). — Tolstoy, L., u. E. Usdin: J. A. S. A. **29**, 37 (1957) (Platten). — Oliver, J.: ebdt. 189 (1957) (Zylindrischer Stab). — Smith, P. W.: ebdt. 721. — Haskins, J. F., u. J. L. Walsh: ebdt. 729 (1957). — Cooper, R. M., u. P. M. Naghdi: ebdt. 1365 (1957) (Schalen). — Flinn, E. A.: J. appl. Phys. **29**, 1261 (1958) (Zylinder). — Smith, P. W.: J. A. S. A. **30**, 140 (1958) (Schalen). — Thomas, D. A.: ebdt. 220 (Platten). — Naake, H. J., u. K. Tamm: Acustica **8**, 65 (1958) (gummielastische Platten und Stäbe). — Weis, O.: ebdt. **9**, 387 (1959). — Tamm, K., u. O. Weis: Proc. 3. I. C. A. Congr. (Stuttgart 1959) (gummielastische Platten). — Gazis, D. C.: J. A. S. A. **31**, 568, 573 (1959) (Hohlzylinder). — Einspruch, N. G., u. R. Truell: ebdt. 691 (Zylinder). — Kurtze, G.: ebdt. 1183 (Mehrschichten-Platten). — Kurtze, G., u. R. H. Bolt: Acustica **9**, 238 (1959) (Einfluß des angrenzenden Mediums auf die Biegungsschwingungen von Platten).

[2] Die bei Biegungswellen nach Gl. (68) vorhandene sehr große Dispersion führt zu einem sehr großen Unterschied von Gruppen- und Phasengeschwindigkeit bei dieser Wellenart; dies ist bemerkenswert, da sonst im Gebiet des hörbaren Schalls diese Fragen praktisch keine Rolle spielen. Auf wichtige Dispersionserscheinungen im Gebiet des Ultraschalls kommen wir weiter unten zu sprechen (S. 239).

für die parallel zu b schwingende Biegungswelle

$$c_{b\,\square} = \frac{\pi \cdot d}{\lambda} \sqrt{\frac{E}{3\,\varrho_0}}\,. \tag{69}$$

Für einen Stab von kreisförmigem Querschnitt (Radius r) wird

$$I = \frac{r^4\,\pi}{4} \quad \text{und} \quad q = \pi \cdot r^2,$$

also

$$c_{b\,\bigcirc} = \frac{\pi \cdot r}{\lambda} \sqrt{\frac{E}{\varrho_0}}\,. \tag{70}$$

Geht man zu dünneren Stäben über, so nimmt die Ausbreitungsgeschwindigkeit, da das Flächenträgheitsmoment abnimmt, gleichfalls immer mehr ab. Für einen unendlich dünnen Stab wird die Biegungssteifheit Null, damit wird auch die Ausbreitungsgeschwindigkeit Null, eine Ausbreitung von Biegungswellen findet nicht mehr statt. Die Verhältnisse ändern sich aber grundlegend, wenn man den unendlich dünnen Stab unter Zug spannt, oder mit anderen Worten, wenn man zur ausgespannten Saite übergeht. Die Wellengleichung für Wellen, die längs einer gespannten Saite fortlaufen, läßt sich durch folgende Überlegung[1] aufstellen:

Am Saitenelement ds (Abb. 61) greifen die Kräfte $\mathfrak{P}_x$ und $\mathfrak{P}_{x+dx}$ je Flächeneinheit, deren Betrag gleich der Saitenspannung je Flächeneinheit P ist, in tangentialer Richtung an; da die Tangenten an den beiden Enden der Strecke dx den kleinen Winkel α miteinander bilden, re-

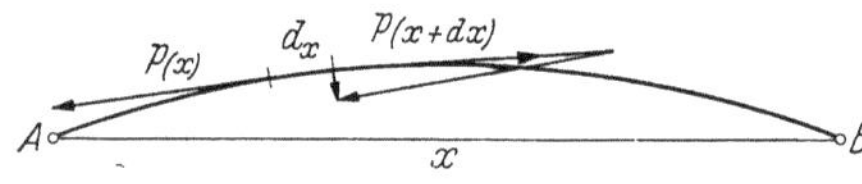

Abb. 61. Die Kräfte an der schwingenden Saite

sultiert eine Kraftkomponente in Richtung senkrecht zur Gleichgewichtsachse der Saite. Die Kraftkomponente quer zur Gleichgewichtsachse wird

$$F_y = q \cdot P \sin(\alpha + d\alpha) - q \cdot P \sin\alpha,$$

diejenige in Richtung der Gleichgewichtsachse

$$F_x = q\,P \cdot \cos(\alpha + d\alpha) - q \cdot P \cdot \cos\alpha,$$

Bei Beschränkung auf kleine Winkel

$$\sin\alpha = \alpha = \operatorname{tg}x = \frac{\partial y}{\partial x}$$

wird

$$F = q_y \cdot P \cdot \frac{\partial^2 y}{\partial x^2}\,dx,$$

---

[1] Vgl. G. Joos: Lehrbuch der theoretischen Physik. 10. Aufl., S. 173, Leipzig (1959).

und es gilt die Kraftgleichung

$$\varrho_0 \cdot q \cdot \frac{\partial^2 y}{\partial t^2} \cdot dx = q \cdot P \cdot \frac{\partial^2 y}{\partial x^2}\, dx \,.$$

Hieraus folgt die Wellengleichung

$$\frac{\partial^2 y}{\partial t^2} = \frac{P}{\varrho_0}\, \frac{\partial^2 y}{\partial x^2}\,, \tag{71}$$

wobei P die Spannung je Flächeneinheit und ϱ_0 die Dichte bedeutet. Die Gleichung ist völlig analog gebaut der Wellengleichung für die Schallausbreitung in einer Röhre (54). Die Ausbreitungsgeschwindigkeit von Saitenschwingungen ist

$$c_{\text{Saite}} = \sqrt{\frac{P}{\varrho_0}}\,. \tag{72}$$

Die Ausbreitungsgeschwindigkeit der transversalen Saitenwellen ist im Gegensatz zur Ausbreitungsgeschwindigkeit von Biegungswellen nicht gespannter Stäbe *unabhängig* von der Wellenlänge.

Die bisher behandelten Wellenarten sind die normalerweise in gasförmigen, flüssigen und festen Medien auftretenden Wellenarten. In einem bestimmten Stoff, nämlich dem flüssigen Helium II bei Temperaturen unterhalb des bei 2,19 °K liegenden Sprungpunktes kommt noch eine völlig andere Schallart, die man als „Second Sound" bezeichnet, vor. Die Möglichkeit des Auftretens dieser Schallart hängt mit dem superfluiden Zustand des Heliums II und mit der Tatsache, daß diese Flüssigkeit eine enorm hohe Wärmeleitfähigkeit besitzt, zusammen. Bis zu Temperaturen unmittelbar oberhalb des Sprungpunktes·verhält sich flüssiges Helium normal, Schall breitet sich dort nur als gewöhnliche longitudinale Wellen, und zwar bei diesen tiefen Temperaturen mit einer Schallgeschwindigkeit von etwa 220 m/s aus[1]. Bei Temperaturen, die unter derjenigen des Sprungpunktes liegen, tritt aber dann noch eine weitere Wellenart auf, deren Ausbreitungsgeschwindigkeit beim Sprungpunkt bei etwa 3 m/s liegt. Das Auftreten dieser Wellenart wurde zuerst von L. TISZA und unabhängig davon von L. LANDAU auf Grund der Eigenschaften des Helium II theoretisch vorausgesagt[2]. Im Gegensatz zu den normalen Schallwellen, bei denen verhältnismäßig große Druckänderungen von nur sehr kleinen Temperaturänderungen begleitet sind, besteht „Second Sound" in Temperaturwellen, bei denen verhältnismäßig große Temperaturschwankungen von nur sehr kleinen Druckschwankungen begleitet werden. Finden an einer Stelle im Helium II

---

[1] Über die Geschwindigkeit normaler longitudinaler Schallwellen („First Sound") in flüssigem Helium in der Umgebung des Sprungpunktes vgl. Ziff. 21, S. 239, dort ausführliche Literaturangaben.

[2] TISZA, L.: J. de Phys. et le Radium (8) **1**, 164 (1940). — LANDAU, L.: Z. Phys. (UdSSR) **5**, 71 (1941).

Temperaturstörungen statt, so laufen diese von der Störungsstelle als räumlich praktisch ungedämpfte Temperaturwellen ab. Besonders bemerkenswert ist es, daß im flüssigen Helium II normale Schallwellen und „Second Sound" Temperaturwellen nebeneinander bestehen. Beide Wellenarten wurden experimentell nachgewiesen und die Ausbreitungsgeschwindigkeiten beider Wellenarten (mit der Impulsmethode, vgl. Ziff. 13, S. 118) gemessen[1].

10. Eigenschwingungen von Luftsäulen, Saiten, Membranen, Stäben

Die Lösung der Wellengleichung für die Schallschwingungen in einem Rohr hatten wir in Ziff. 9, S. 55 unter der Annahme aufgestellt, daß das Rohr unendlich lang ist.

Über die Vorgänge in Rohren *endlicher* Länge ist folgendes festzustellen:

Für ein beiderseits mit einem unnachgiebigen Abschluß versehenes Rohr von der Länge l gelten die Grenzbedingungen für

$$\left.\begin{aligned} x = 0, \quad \xi = 0, \quad \frac{\partial \xi}{\partial t} = 0, \quad p = 2\,p_0, \\ x = l, \quad \xi = 0, \quad \frac{\partial \xi}{\partial t} = 0, \quad p = 2\,p_0. \end{aligned}\right\} \tag{73}$$

Aus der allgemeinen Form der Wellengleichungslösung (55) findet man unter Benutzung des FOURIERschen Theorems für die vorliegenden Grenzbedingungen den Ausdruck

$$\xi = \xi_0 \sum_{n=1}^{\infty} \left\{ \sin n\,\omega \left(t - \frac{x}{c} \right) + \sin n\,\omega \left(t + \frac{x}{c} \right) \right\}.$$

Die Kreisfrequenzen ω_n eines beiderseitig geschlossenen Rohres müssen

---

[1] Über die insbesondere mit Thermophonen (Ziff. 20, S. 214) als Schallquelle durchgeführten experimentellen Untersuchungen über die beiden Schallarten im Helium II vgl. V. PESHKOW: Z. Phys. (UdSSR) 8, 381 (1944); 10, 389 (1946). — FAIRBANK, H. A., W. A. FAIRBANK u. C. T. LANE: J. A. S. A. 19, 475 (1947). — Phys. Rev. 72, 645 (1947). — PELLAM, J. R.: ebdt. 73, 608 (1948); 75, 1183 (1949). — MEYER, L., u. W. BAND: Z. Naturwissenschaften 36, 1 (1949). — PELLAM, J. R., u. R. B. SCOTT: Phys. Rev. 76, 869 (1949). — ATKINS, K. R., u. D. V. OSBORNE: Phil. Mag. 41, 1078 (1950) (diese beiden Arbeiten betreffen insbesondere das starke Anwachsen der „second sound" Ausbreitungsgeschwindigkeit bei Temperaturen unterhalb 1 °K). — OSBORNE, D. V.: Proc. Phys. Soc. (A) 64, 114 (1951). — ATKINS, K. R.: Advances Physics 1, 169 (1952). Vgl. hierzu auch noch Ziff. 21, S. 239, dort weitere Literaturangaben. — Zur Theorie des „Second Sound" vgl. insbesondere noch folgende Arbeiten: KRONIG, R., u. A. THELLUNG: Physica 16, 678 (1950). — DINGLE, R. B.: Proc. Phys. Soc. (A) 63, 838 (1950). — TEMPERLEY, H. N. V.: ebdt. 64, 105 (1951).

also der Bedingung genügen:

$$\text{oder da} \qquad \frac{\omega_n \cdot l}{c} = n \cdot \pi, \quad n = 1, 2, 3, \ldots$$

$$\lambda_n = \frac{2\,\pi\,c}{\omega_n}, \qquad l = n \cdot \frac{\lambda_n}{2}, \tag{74}$$

wenn mit λ_n die Wellenlänge der n-ten Eigenschwingung bezeichnet wird.

Es bildet sich also im abgeschlossenen Rohr eine unendliche Folge von stehenden Wellen aus, und zwar liegen gemäß Gl. (74) die Wellenlängen so, daß jeweils ein ganzzahliges Vielfaches der halben Wellenlänge in die Rohrlänge hineinpaßt. Man nennt diese Folge von Wellen die

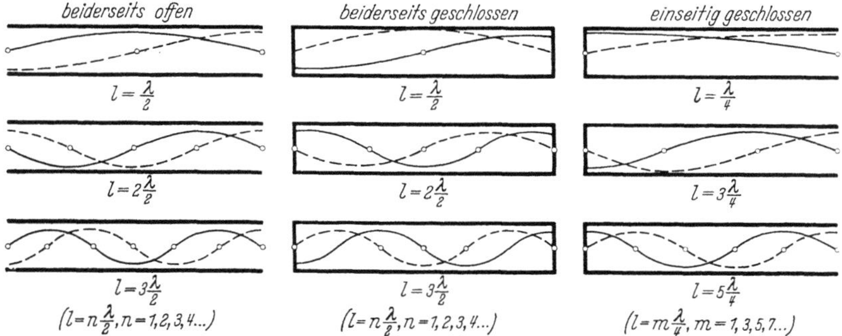

Abb. 62. Schwingungsform des Schalls in Rohren bei verschiedener Abschlußart. (Ohne Berücksichtigung der Mündungskorrektur; ausgezogene Linie Druckschwankung, gestrichelte Linie Auslenkung bzw. Schnelle)

„Eigenwellen", die ihnen zugeordneten Frequenzen die „Eigenfrequenzen" oder auch die „Eigentöne" eines Rohrs. Abb. 62 (links) zeigt die Schwingungsformen des Druckes und der Teilchenbewegung beziehungsweise der Schnelle an einem beiderseits geschlossenen Rohr. Für ein beiderseits offenes Rohr lauten die Grenzbedingungen für

$$x = 0, \quad \xi = 2\,\xi_0, \quad \frac{\partial \xi}{\partial t} = 2\,v_0, \quad p = 0,$$

$$x = l, \quad \xi = 2\,\xi_0, \quad \frac{\partial \xi}{\partial t} = 2\,v_0, \quad p = 0.$$

Die Eigenfrequenzen sind die gleichen wie bei dem beiderseits geschlossenen Rohr (74), es liegen aber am Rohrende jetzt Druckknoten bzw. Bewegungsbäuche.

Ist das Rohr einseitig geschlossen, am anderen Ende aber offen, so lauten die Grenzbedingungen

$$x = 0, \quad \xi = 0, \quad \frac{\partial \xi}{\partial t} = 0, \quad p = 2\,p_0.$$

$$x = l, \quad \xi = 2\,\xi_0, \quad \frac{\partial \xi}{\partial t} = 2\,v_0, \quad p = 0,$$

für das einseitig offene Rohr gilt dann

$$\frac{\omega_m \, l}{c} = m \, \frac{\pi}{2} \quad \text{bzw.} \quad l = m \, \frac{\lambda}{4} \quad m = 1, 3, 5 \ldots$$

es ist also eine ungerade Anzahl von Viertelwellen gleich der Rohrlänge.

In Wirklichkeit liegen die Druckknoten an der offenen Rohrmündung nicht genau in der Öffnungsebene, sondern um eine Strecke a weiter nach außen. Der Grund hierfür liegt darin, daß der Druck in der Öffnung nicht streng zu Null werden kann, da ja sonst keinerlei Energietransport in den Außenraum, also keine Schallabstrahlung, stattfinden könnte. Für die Resonanzwellenlänge der beiderseits offenen Pfeife gilt unter Berücksichtigung dieser Verhältnisse

$$\lambda_{\text{Res}} = 2 \, (l + 2 \, a)$$

und für die der einseitig geschlossenen Röhre

$$\lambda_{\text{Res}} = 4 \, (l + a).$$

Für die rechnerische Behandlung benutzt man meist den Begriff der „Mündungskorrektur" α, hierunter versteht man das Verhältnis der Strecke, um die der Knoten außerhalb der Mündung liegt, zum Radius R des Pfeifenrohres. Für eine Pfeife, deren Öffnung in einer unendlich ausgedehnten starren Wand liegt (so daß Schall nur in einen Halbraum abgestrahlt wird), ist nach LORD RAYLEIGH[1] $\alpha = 0{,}82$, für Öffnungen, die frei in den unbegrenzten Außenraum übergehen (so daß der Schall also in den gesamten Raum abgestrahlt wird), ist nach H. LEVINE und J. SCHWINGER[2] $\alpha = 0{,}6133$.

R. WIRZ[3] hat eine empirische Formel für Pfeifen mit einem Öffnungsflansch endlicher Dicke aufgestellt, die sich mit den experimentellen Ergebnissen gut deckt, er setzt für α an

$$\alpha = 0{,}60 + 0{,}22 \, e^{-k \cdot R/W},$$

[1] LORD RAYLEIGH: Roy. Soc. Trans. **161**, 77 (1871); Philos. Mag. **3**, 456 (1877).

[2] LEVINE, H., u. J. SCHWINGER: Phys. Rev. **73**, 383 (1948).

[3] WIRZ, R.: Helv. Phys. Acta **XX**, 3 (1947). Weitere einschlägige Arbeiten über Mündungskorrektur: K. SATO: Rep. Aeron. Res. Inst. Tokyo **5**, 49 (1930). — LEOPOLD, H. P.: Z. techn. Phys. **13**, 222 (1932). — BATE, A. E.: Philos. Mag. (7) **24**, 453 (1937). — VAN DEN DUNGEN, F. H.: Acad. royale Belg. Cl. d. Sc. 1938. — TYTE, L. C.: Phil. Mag. (7) **30**, 173 (1940). — JONES, A. T.: J. A. S. A. **12**, 387, 467 (1941). — INGERSLEV, F., u. W. FROBENIUS: Trans. Dansk. Technisk. Akad. No. 1, S. 7 (1947). — BORDONI, P. G., u. W. GROSS: Ric. Scient. **17**, 878 (1947). — MILES, J. W.: J. A. S. A. **20**, 652 (1948). — WEINSTEIN, L. A.: J. techn. Phys. (UdSSR) **19**, 911 (1949). — WESTERVELD, P. J.: J. A. S. A. **23**, 347 (1951). — THURSTON, G. B., u. J. K. WOOD: ebdt. **25**, 861 (1953). — LEVINE, H.: ebdt. **26**, 200 (1954). — Hingewiesen sei noch auf eine Arbeit von R. BETCHOV: Phys. of Fluids **1**, 205 (1958) über nichtlineare Schwingungen in Gassäulen.

(W Flanschbreite, R Radius der Pfeife, k eine Konstante, für deren Zahlenwert $0{,}129 < k < 0{,}136$ gilt).

Die Eigenschwingungen dreidimensionaler Gebilde lassen sich in Erweiterung der eben durchgeführten Überlegungen ableiten[1]. Die Lösung der Wellengleichung führt dann auf eine dreifach unendliche Folge von stehenden Wellen. Für einen rechteckigen Raum von den Kantenlängen a, b, c ergibt sich z. B. für die „Eigentöne"

$$f_{pqr} = \frac{c}{2} \sqrt{\frac{p^2}{a^2} + \frac{q^2}{b^2} + \frac{r^2}{c^2}}\,, \qquad p, q, r = 1, 2, 3 \ldots$$

Die Schwingungen einer beiderseits über einen Steg gespannten Saite können ganz analog den Schwingungen des beiderseits fest verschlossenen Rohres behandelt werden, auch bei der Saite gilt ja für $x = 0$ und $x = l$ die Grenzbedingung $\xi = 0$.

Die Eigenfrequenzen der Saite werden also

$$\frac{\omega_n \cdot l}{c} = n \cdot \pi; \qquad n = 1, 2, 3, \ldots$$

für die Eigentöne (in Hertz) gilt, da $c_{\text{Saite}} = \sqrt{P/\varrho_0}$ [nach Gl. (72)]

$$f_n = \frac{n}{2\,l} \sqrt{\frac{P}{\varrho_0}}\,,$$

wobei P die Spannung je Flächeneinheit bedeutet[2].

---

[1] Vgl. hierzu insbesondere V. O. KUNDSEN: J. A. S. A. **4**, 20 (1932). — LAMB, H.: Dynamical Theory of Sound. London 1925. S. 258. — BOLT, R. H.: J. A. S. A. **10**, 184, 228 (1939). — MAA, D. Y.: J. A. S. A. **10**, 235 (1939). — SKUDRZYK, E.: AZ **4**, 172 (1939) (betr. Eigentöne von Räumen mit nichtebenen Wänden). — BOLT, R. H.: J. A. S. A. **19**, 79 (1947). — CREMER, L.: Raum- und Bauakustik Bd. 1, Stuttgart 1948. — MEYER, E., u. H.-G. DIESTEL: Acustica **2**, 160 (1952). — SCHRÖDER, M.: Acustica **4**, 456 (1954) (Modellversuche mit elektrischen Wellen). — KORN, T. S., u. R. VAN DE PLAS: J. A. S. A. **29**, 1267 (1957). — REKVELD: J. Amer. Phys. **26**, 159 (1958). — MA DA-YU: Akust. Z. (UdSSR) **4**, 168 (1958). — ZARYBNICKY, V.: Proc. 3. I. C. A. Stuttgart (1959). — Über Pulsationsschwingungen von gasgefüllten Hohlräumen in unendlich ausgedehnten elastischen Medien — insbesondere Hohlräumen in Gummi — vgl. E. MEYER, K. BRENDEL u. K. TAMM: J. A. S. A. **30**, 1116 (1958).

[2] Diese Beziehung für die Eigenfrequenzen gilt — wie ausdrücklich bemerkt sei — nur bei völlig vernachlässigbarer Steifigkeit der Saite. Ist dies nicht der Fall, so wird die Eigenschwingung durch die Steifigkeit verändert; insbesondere liegen dann die höheren Eigenschwingungen nicht mehr streng harmonisch zum Grundton. Über Saitenschwingungen vgl.: A. SEEBECK: Abh. Math. Phys. Kl. Sächs. Akad. Leipzig 1852. — KIRCHHOFF, G.: Vorles. über Mechanik, 4. Aufl., 29. Vorlesung, Leipzig 1897. — SCHÄFER, O.: Ann. Phys. (4) **62**, 156 (1920). — SHANKLAND, R. S., u. J. W. COLTMAN: J. A. S. A. **10**, 161 (1939). — SCHUCK, O. H., u. R. W. YOUNG: J. A. S. A. **15**, 1 (1943). — MORSE, PH. M.: Vibration and Sound 2. Aufl., New York 1948, S. 166. — MILLER, F.: J. A. S. A. **21**, 318 (1949). — MÜLLER, H.: Ann. Phys. (6) **12**, 398 (1953). — BLADIER, C. R.: Acad. Sci. Paris **238**, 570 (1954); **240**, 1868 (1955); J. Phys. et le Radium **15**, 65 (1954) (betrifft mit Metalldraht umsponnene Darmsaiten). — LEE, E. W.: Brit. J. appl. Phys. **8**, 411 (1957) (nichtlineares Verhalten von Saiten). — FREEMAN, I. M.: Amer. J. Phys. **26**, 369 (1958) (Saiten aus Gummi). — LEIPP, E.: C. R. Acad. Sci. (Paris) **248**, 3278 (1959). — KELLER, J. B.: Amer. J. Phys. **27**, 584 (1959).

Zieht man die Saite aus der Ruhelage und überläßt man sie dann sich selbst, „zupft“ man die Saite also an, so wird eine unendliche Folge diskret verteilter Eigenschwingungen angeregt, und zwar treten alle diejenigen Eigenschwingungen auf, bei denen an der Zupfstelle kein Bewegungsknoten liegt. Infolge der Energieverluste durch Reibung und durch Abstrahlung von Schall in das umgebende Medium klingen die angeschlagenen Saitenschwingungen gedämpft ab. Wenn wir von den

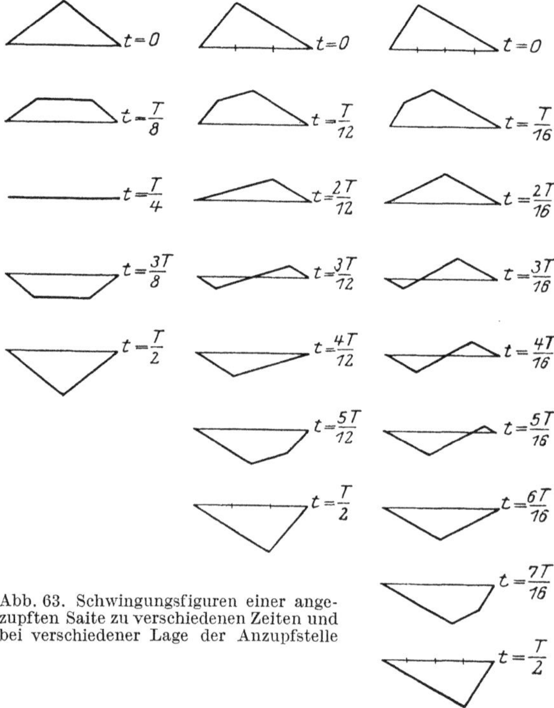

Abb. 63. Schwingungsfiguren einer angezupften Saite zu verschiedenen Zeiten und bei verschiedener Lage der Anzupfstelle

Energieverlusten zunächst absehen, können wir über den Mechanismus angezupfter Saitenschwingungen folgendes erkennen:

Die Saite besitzt im ersten Augenblick des Anzupfens die Form eines Spitzdachs (Abb. 63, oberer Teil). Die Saitenspannung ist bemüht, die Knickstelle auseinander zu ziehen; gewisse Zeit nach dem Anzupfen hat also die Saite dann die Form eines Daches mit First angenommen. Mit wachsender Zeit verbreitert sich der First, die Knickstellen laufen ja [entsprechend der allgemeinen Lösung der Wellengleichung für die gespannte Saite Gl. (71)] mit der Geschwindigkeit der Saitenwellen $c = \sqrt{P/\varrho_0}$ nach den beiden Endpunkten der Saite hin ab. An den Enden werden sie unter Phasensprung reflektiert, so daß nach einer Halbperiode der tiefsten Saiteneigenschwingung eine zur Ausgangsform spiegelbildliche Figur entstanden ist. Die Saite verformt sich dann weiter spiegelbildlich zur ersten Halbperiode, bis die Ausgangsfigur wiederhergestellt ist und das Spiel von neuem beginnt.

Analytisch läßt sich die angezupfte Saitenschwingung[1] folgendermaßen behandeln:

Die allgemeine Lösung der Saitenschwingung läßt sich als FOURIER-Reihe (vgl. S. 8) schreiben

$$\left.\begin{aligned}\xi = A_1 \sin \frac{\pi \cdot x}{l} \cos \omega_0 t + A_2 \sin \frac{2\pi x}{l} \cos 2\omega_0 t + A_3 \sin \frac{3\pi x}{l} \cos 3\omega_0 t \cdots \\ + B_1 \sin \frac{\pi x}{l} \sin \omega_0 t + B_2 \sin \frac{2\pi x}{l} \sin 2\omega_0 t + B_3 \sin \frac{3\pi x}{l} \sin 3\omega_0 t \cdots ,\end{aligned}\right\} \quad (75)$$

wobei ω_0 die tiefste Eigenfrequenz der Saite bedeutet. Die beiden Grenzbedingungen

$$x = 0, \quad \xi = 0,$$
$$x = l, \quad \xi = 0$$

sind für alle Werte von t ohne weiteres erfüllt, es müssen aber noch zwei weitere Grenzbedingungen berücksichtigt werden, und zwar diejenigen, daß im Zeitmoment $t = 0$ längs der ganzen Saite (also für alle Werte von x) $\partial\xi/\partial t = 0$ ist und daß im Zeitmoment $t = 0$ die im ersten Augenblick des Anzupfens vorliegende geometrische Form der Saite $f(x)_{t=0}$ durch den Ausdruck (75) richtig beschrieben wird. Die erstgenannte dieser beiden Bedingungen ist erfüllt, wenn alle Koeffizienten B_n gleich Null sind, der zweitgenannten Bedingung wird Rechnung getragen, wenn

$$\xi_{(t=0)} = F(x) = A_1 \sin \frac{\pi x}{l} + A_2 \sin \frac{2\pi x}{l} + A_3 \sin \frac{3\pi x}{l} + \cdots, \quad (76)$$

d. h. also mit anderen Worten, wenn die Koeffizienten A_n FOURIER-Koeffizienten der Funktion $F(x)$ sind. Nach den in Ziff. 3, S. 9 angegebenen Verfahren können die FOURIER-Koeffizienten einer gegebenen Funktion berechnet werden. Besitzt beispielsweise (wie in Abb. 63, linker Teil) die Saite im Augenblick $t = 0$ die Form eines gleichschenkeligen Dreiecks, so gilt

$$A_n = \frac{8}{\pi^2} \frac{A_0}{n^2}, \qquad n = 1, 2, 3 \ldots \quad (77\,\mathrm{a})$$

es nimmt also dann die Amplitude mit dem Quadrat der Ordnungszahl der Partialschwingungen ab. Wird die Saite nicht in der Mitte angezupft, sondern an der Stelle $x = a$, gilt also für die geometrische Form

---

[1] Nach S. BRANDT: Pogg. Ann. Phys. u. Chem. **188**, 324 (1861). (Die Arbeit wurde bereits 1855 fertiggestellt und H. VON HELMHOLTZ vorgelegt.) — Vgl. auch H. VON HELMHOLTZ: Die Lehre von den Tonempfindungen, S. 575. Braunschweig 1863. — LAMB, H.: Dynamical Theory of Sound, S. 100. London 1925.

der Saite zur Zeit $t = 0$

$$\xi = \beta \cdot \frac{x}{a} \qquad\qquad [0 < x < a]$$

und

$$\xi = \beta\,(l - x)\,(l - a) \qquad [a < x < l],$$

so wird

$$A_n = \frac{2\,\beta\,l^2}{n^2\,\pi^2\,a\,(l - a)}\,\sin\frac{n\,\pi\,a}{l}\,. \tag{77b}$$

es werden dann also alle $A_n = 0$, für welche $\sin n\pi a/l$ verschwindet, oder mit anderen Worten, es treten keine Partialtöne auf, für welche an der Anzupfstelle ein Knoten der Bewegung auftreten würde.

Erfolgt die Saitenerregung nicht durch Anzupfen, sondern durch Anschlag, so liegen die Verhältnisse den eben geschilderten durchaus analog, solang der Anschlag auf einen Punkt der Saite beschränkt bleibt und solang er momentan, d. h. nach Art eines sehr kurzen Impulses erfolgt. Ist dies nicht der Fall, erfolgt also beispielsweise der Anschlag durch einen verhältnismäßig breiten, mit Filz bekleideten Klavierhammer, so bewirkt dies, daß die höheren Teiltöne schwächer auftreten als nach den Ausdrücken (77a) bzw. (77b) zu erwarten[1].

Für die Eigenschwingungen *longitudinal* schwingender Stäbe gelten völlig analoge Beziehungen, es tritt insbesondere bei longitudinal erregten Stäben genau wie bei transversal schwingenden Saiten eine Folge diskret verteilter, aber zueinander harmonischer Eigentöne auf, die Knotenpunkte liegen bei den höheren Eigenschwingungen in äquidistanten Abständen. Ganz grundsätzlich anders liegen die Verhältnisse bei zu *Biegungsschwingungen* angeregten (also *transversal* angeregten) Stäben. Da bei Biegungsschwingungen von Stäben die Ausbreitungsgeschwindigkeit von der Wellenlänge abhängt Gl. (68), liegen die höheren Eigentöne *unharmonisch* zur Grundschwingung, auch teilt sich der zu Biegungsschwingungen angeregte Stab *nicht*, wie die Luftsäule, wie die gespannte Saite oder wie der longitudinal schwingende Stab, in äquidistante Teile auf.

Die Diskussion der Wellengleichung (67) der Biegungsschwingungen zeigt, daß die Eigenfrequenzen folgender Beziehung[2] gehorchen:

$$f_k = \frac{s_k^2 \cdot K}{2\,\pi\,l^2} \cdot \sqrt{\frac{E}{\varrho_0}}\,,$$

---

[1] Über die Hammerwirkung vgl. insbesondere den Beitrag von A. KALÄHNE: „Schallerzeugung mit mechanischen Mitteln", zum Handbuch d. Physik **8**, 181. Berlin 1927. Vgl. auch Ziff. 17, S. 158, dort ausführliche Literaturangaben.

[2] Vgl. A. KALÄHNE: Beitrag „Schallerzeugung mit mechanischen Mitteln" zum Handbuch d. Physik **8**, 201. Berlin 1927. — KALÄHNE, A.: Grundzüge d. mathem.-physikal. Akustik **2**, 134. Leipzig 1913. Über Schwingungen von Stäben und ähnlichen Gebilden vgl. weiter J. PRESCOTT: Phil. Mag. (7) **33**, 703 (1942). — BORDONI, P. G.: Nuovo Cimento **4**, 177 (1947) (Elektrostatische Anregung und ka-

die Beiwerte s_k hängen von der Einspannungsart ab; die Werte für s_1 bis s_5 sind in der folgenden Tabelle zusammengestellt.

Der Faktor $K = \sqrt{\dfrac{I}{q}}$ (siehe Gl. (68)) nimmt für rechteckigen Stabquerschnitt (Dicke in der Schwingungsrichtung gleich d) den Wert $K = d/\sqrt{12}$, für kreisförmigen Stabquerschnitt (Radius r) den Wert $K = r/2$ an.

	Stabende: fest-fest	Stabende: frei-fest
s_1	4,730	1,875
s_2	7,853	4,694
s_3	10,996	7,855
s_4	14,137	10,996
s_5	17,279	14,137

Setzt man die Schwingungszahl des Grundtons gleich 1, so besitzen die Eigenfrequenzen die in der folgenden Tabelle enthaltenen Werte. Die Höhe der Eigentöne wächst also, insbesondere bei einseitig fest eingespanntem Stab mit der Ordnungszahl rasch an, so besitzt z. B. der 5. Eigenton bereits etwa die 57fache Frequenz des Grundtons.

	Stabende: frei-frei fest-fest	Stabende: est-frei
f_1	1	1
f_2	2,76	6,27
f_3	5,41	17,57
f_4	8,94	34,37
f_5	13,37	56,84

<hr>

Fortsetzung der Fußnote 2 von Seite 76

pazitive Amplitudenmessung von Stabschwingungen, Einfluß der Luftdämpfung, Dämpfung durch Lunker). — BARDUCCI, I., u. G. PASQUALINI: ebdt. **5**, 416 (1948) (Messung der elastischen Konstanten und der Dämpfung von Holzstäben). — CREMER, L., u. H. O. LEILICH: Arch. Elektr. Übertr. **7**, 261 (1953) (betr. Biegekettenleiter). — RICHARDSON, E. G., u. R. I. TAIT: Oesterr. Ingen. Arch. **8**, 200 (1954) (Dämpfung schwingender Stäbe durch umgebende viskose Flüssigkeit). — STEPHENSON, C. V.: J. A. S. A. **28**, 51 (1956) (Radialschwingungen in kurzen Hohlzylindern aus Bariumtitanat); ebdt. 1192 (Schwingungen langer Bariumtitanatstäbe). — McFADDEN, J. A.: J. A. S. A. **26**, 714 (1954) (Radialschwingungen dickwandiger Hohlzylinder). — GHOSH, M., u. K. RAY: Ind. J. theor. Phys. **3**, 77 (1955); **3**, 151 (1955). — HÜBNER, G., u. E. LÜBCKE: Z. Naturforsch. **11** a, 492 (1956) (betr. erzwungene Schwingungen linearer Gebilde mit verteilter Masse und Elastizität, wie Saiten, Stäbe, Kreisringe und Kreisbögen. Zusammenstellung der einschlägigen Differentialgleichungen). — TICHÝ, J.: Czech. J. Phys. **6**, 443 (1956). — HEARMON, R. F. S.: Brit. J. appl. Phys. **7**, 405 (1956). — CHEN, H. S. C.: ebdt. 450. — KYNCH, G. J.: ebdt. **8**, 64 (1957). — ABRAMSON, H. N.: J. A. S. A. **29**, 42 (1957) (Biegungsschwingungen von Zylindern). — EDMONDS, P. D., u. E. SITTIG: Acustica **7**, 299 (1957) (Anordnung zur Ausmessung der Eigenschwingungen von Zylindern). — WEISS, O.: ebdt. 402 (Spannungsoptische Untersuchungen an Biegewellen). — MÜLLER, H. L.: Frequenz **11**, 325, 342 (1957) (Schwingungen von mit diskret verteilten Massen beladenen Stäben und Platten). — BORDONI, P. G., u. M. NUOVO: Acustica **7**, 1 (1957) (Elektrostatische Anordnung zur Messung von longitudinalen Eigenschwingungen). — SCHWEIZER, W.: Z. Instr. Kde. **65**, 133 (1957) (betr. Schwingungen einseitig eingespannter Stäbe). — TICHY, J.: Ann. Phys. **1**, 219 (1958) (betr. piezoelektrische Stäbe). — RUPPRECHT, J.: Acustica **8**, 19 (1958) (Wellen in Stäben aus Baustoffen). — FOX, G., u. C. W. CURTIS: J. A. S. A. **30**, 559 (1958) (Zylindrische Stäbe). — JULLIEN, Y.: Acustica **8**, 201 (1958) (Transver-

Stimmgabelschwingungen (Abb. 64) lassen sich in erster Annäherung als Stabschwingungen auffassen; insbesondere liegen die höheren Eigentöne der Stimmgabel auch *unharmonisch* zum Grundton. Für eine genaue Ermittelung der Stimmgabeleigentöne reichen freilich die theoretischen Behandlungsmöglichkeiten nicht aus, man ist auf das Experiment angewiesen.

Die Stimmgabel wird als Tonnormale viel benutzt. Ihre Frequenzkonstanz ist, wenn man sich auf kleine Amplituden beschränkt, aus-

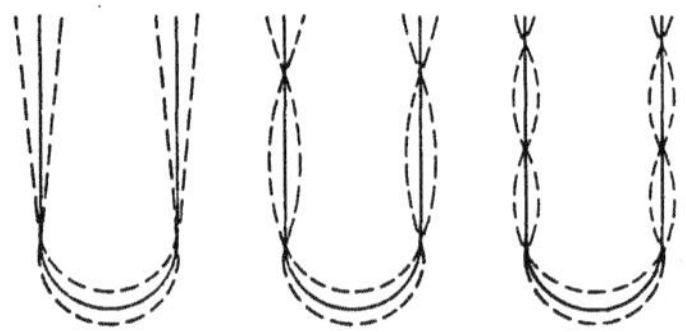

Abb. 64. Grundschwingung und (unharmonische) Oberschwingungen einer Stimmgabel

gezeichnet. Der Temperaturkoeffizient ist klein, bei Gabeln aus gewöhnlichem Stahl liegt er bei etwa $1:10^4$ pro Grad C, bei Gabeln aus Invarstahl läßt er sich auf $1:10^6$ pro Grad C herabdrücken[1]. Schlägt man die Stimmgabel mit einem weichen Klöppel an, so werden die höheren Eigenschwingungen nur verhältnismäßig schwach angeregt; auch klingen die höheren Eigentöne verhältnismäßig rasch ab, so daß nach geraumer Zeit die Stimmgabel nahezu sinusförmig in ihrer tiefsten Eigenschwingung schwingt. Die Dämpfung ist bei Verwendung guten Stahls sehr gering, das Dekrement ist aber nicht ganz unabhängig von der Amplitude, so daß bei Schlüssen aus Beobachtungen der Ausklingzeit von Stimmgabeln Vorsicht am Platz ist.

Am Rand unter Zug gespannte dünne „Membranen", deren eigene Biegungssteife vernachlässigt werden kann, sind ein zweidimensionales Gegenstück der straff gespannten Saite, biegungssteife „Platten" das

---

Fortsetzung der Fußnote 2 von S. 77

salschwingungen von Balken). — SCHWARZL, F.: ebdt. 164 (Visko-elastischer Stab). — FOLK, R., G. FOX, C. A. SHOOK u. C. W. CURTIS: J. A. S. A. **30**, 552 (1958) (Zylinder). — COX, H. L.: ebdt. 568 (Massebeladener Stab). — BARDUCCI, I., u. G. PISENT: Acustica **7**, 288 (1957) (Prismatische Stäbe). — SITTIG, E.: ebdt. 175 (Zylinder). — HIGUCHI, S., H. SAITO u. C. HASHIMOTO: Canad. J. Phys. **35**, 757 (1957) (Stäbe). — SOSKA, F.: Czech. J. Phys. **6**, 558 (1956) (Stäbe aus piezoelektr. Material). — BALTRUKONIS, J. H., u. W. G. GOTTENBERG: J. A. S. A. **31**, 734 (1959) (Stäbe von kreisförmigem Querschnitt). — ENSMINGER, D.: ebdt. **32**, 194 (1960) (fester Konus).

[1] Vgl. hierzu S. 47; dort ist auch die selbsterregte elektromagnetische Stimmgabel behandelt. — Zur Frage der Eigenschwingungen von Stimmgabeln vgl. auch R. CHALEAT: Ann. Franc. Chronom. **13**, 1 (1959). — Über ein sehr empfindliches optisches Verfahren zur Ausmessung von Stimmgabelschwingungen vgl. BERGMANN, L.: Z. Naturforsch. **13a**, 599 (1958).

zweidimensionale Gegenstück zu Stäben. Während die Eigenschwingungen gespannter Membranen — die keine innere Biegungssteife besitzen — theoretisch noch verhältnismäßig gut zu übersehen sind, stößt man bei Plattenschwingungen auf ziemlich verwickelte mathematische Aufgaben.

Für die am Rand unter allseitig gleichem Zug eingespannte Kreismembran gilt die Wellengleichung[1]

$$\frac{\partial^2 \xi}{\partial t^2} = c^2 \left(\frac{\partial^2 \xi}{\partial r^2} + \frac{1}{r} \frac{\partial \xi}{\partial r} + \frac{1}{r^2} \frac{\partial^2 \xi}{\partial \varphi^2} \right) \qquad c^2 = \frac{p'}{\varrho'} , \qquad (78)$$

hierbei bedeutet p' die Flächenspannung ϱ' die Flächendichte. Die

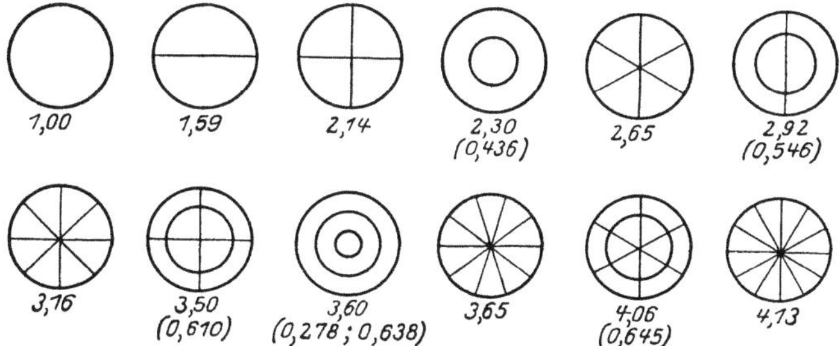

Abb. 65. Knotenlinien einer allseitig gleichmäßig gespannten Kreismembran. (Radien der Knotenkreise in Klammern, die nicht eingeklammerten Zahlen sind die relativen Schwingungszahlen)

Lösung führt auf BESSELsche Zylinderfunktionen. Es zeigt sich, daß *unharmonisch* verteilte Eigenfrequenzen auftreten, die Verhältnisse liegen bei Membranen also anders als bei dem eindimensionalen Gegenstück, der schwingenden gespannten Saite. Auf der Membran bilden sich Knotenlinien aus, für alle auf den Knotenlinien liegenden Punkte ist die Bewegung für alle Zeiten gleich Null. Abb. 65 zeigt die Lage der Knotenlinien der Kreismembran, die relativen Frequenzen und die relativen Radien der Knotenlinien der zugeordneten Eigenschwingungen. Kreismembranen werden in der praktischen Akustik häufig ver-

---

[1] Über Schwingungen von Membranen vgl. weiter SCHULTE, A. M.: Appl. Sci. Res. A 2, 93 (1950). — GÅRDING, L.: K. Fysiogr. Sallsk. Lund. Forh.: 21, No. 11 (1951). — SWENSON, G. W., u. TH. J. HIGGINS: J. appl. Phys. 23, 126 (1952) (Bestimmung der Eigenschwingungen quadratischer Membranen mit Hilfe eines elektrischen Netzwerkanalysators). — WALLER, M. D.: Proc. Phys. Soc. London B 67, 895 (1954). — KORNHAUSER, E. T., u. D. MINTZER: J. A. S. A. 25, 903 (1953) (Eigenfrequenzen einer im Zentrum mit einer Masse belasteten Kreismembran). — LAKSHMANA RAO, S. K.: J. Ind. Inst. Sci. B 38, 1 (1956) (Membranen von Dreiecksform). — YEH, G. C. K., u. J. MARTINEK (Rechteckmembranen in Flüssigkeit). Acustica 6, 104 (1956). — COHEN, H., u. G. HANDELMAN: J. A. S. A. 29, 229 (1957). — KORNHAUSER, E. T., u. D. B. VAN HULSTEYN: ebdt. 1204 (diese beiden Arbeiten betr. massenbelastete Membranen). — SKUDRZYK, E. J.: ebdt. 30, 1140 (1958) (Allg. Theorie der Schwingungen von Stäben, Membranen, Platten und Schalen). — DNESTROVSKII, YU. N.: Akust. Z. (UdSSR) 4, 244 (1958) (belastete Membranen).

wendet. So sind z. B. die schallempfindlichen Systeme der meisten Kondensatormikrophone kreisförmige gespannte Membranen; häufig ist bei derartigen Mikrophonen außer der von der Einspannung herrührenden Flächenspannung als eine weitere Rückstellkraft allerdings die Federungseigenschaft des Luftpolsters zwischen Membran und Gegenelektrode wirksam, so daß die Verhältnisse gegen den durch den Ansatz (78) beschriebenen Fall etwas verändert werden[1]. Zu bemerken ist, daß die Bezeichnung Membran — worunter physikalisch eine gespannte Fläche ohne innere Biegungssteife verstanden wird — praktisch häufig auch für Schwingungskörper gebraucht wird, die nach Art von Platten schwingen, so ist beispielsweise die Membran eines Telephons physikalisch eine am Rand eingespannte Platte. Die unrichtige Bezeichnungsweise ist aber insofern von keinen sehr schweren Folgen, als am Rand gespannte Membranen in ihrem Verhalten den am Rand festgeklemmten Platten ähneln.

Für biegungssteife Platten gilt als Bewegungsgleichung eine Differentialgleichung vierter Ordnung, nämlich der Ausdruck

$$\frac{\partial^2 \xi}{\partial t^2} + \alpha^4\, \varDelta\varDelta\xi = 0, \qquad \alpha^4 = \frac{E\, D^2}{3\,\varrho\,(1 - \mu^2)} \tag{79}$$

($2\,D = d =$ Plattendicke, ϱ Dichte, E Elastizitätsmodul, μ Poissonsche Konstante der Querkontraktion[2].

---

[1] Über den Einfluß des Hohlraumes auf die Eigenfrequenz vgl. insbesondere I. Barducci: Acad. dei Lincei 1, 206 (1946).

[2] Das Zeichen $\varDelta\varDelta\xi$ bedeutet den vierten Differentialparameter

$$\varDelta\varDelta\xi = \frac{\partial^4 \xi}{\partial x^4} + \frac{2\,\partial^4 \xi}{\partial x^2\,\partial y^2} + \frac{\partial^4 \xi}{\partial y^4}.$$

Die Lösungen der Gleichung sind eingehend behandelt bei A. Kalähne: Grundzüge der mathem.-physikal. Akustik 2, 169. Leipzig 1913. — Zur Theorie der Schwingungen, Platten, Schalen und ähnlicher Gebilde vgl. weiterhin F. Sauter: Z. Naturforsch. A 3, 548 (1948). — Mähly, H. J.: Genäherte Berechn. von Eigenwerten elast. Schwingungen anisotroper Körper: Ergebn. Exakt. Natur. XXIV 402 (1951). — Richardson, R. E.: J. appl. Mech. 18, 280 (1951) (betr. im Zentrum belastete Kreisplatte). — Bechmann, R.: Proc. Phys. Soc. London B 64, 323 (1951); 65, 368 (1952) (betr. piezoelektrische Platten). — Aggarwal, R. R.: J. A. S. A. 24, 463 (1952); ebdt. 663; ebdt. 25, 533 (1953). — Aggarwal, R. R., u. E. A. G. Shaw: J. A. S. A. 26, 341 (1954) (die Arbeiten betreffen Schwingungen isotroper Platten). — Meier, R., u. K. Schuster: Ann. Phys. (6) 12, 386 (1953). — Meier, R., u. H. Trommler: ebdt. 393 (betr. Dickenschwingungen piezoelektrischer Kristallplatten). — Reissner, E.: J. A. S. A. 26, 252 (1954). — Mindlin, R. D., u. H. Deresiewicz: J. appl. Phys. 25, 1329 (1954) (betr. kreisförmige Platten mit freiem Rand; ausführliche Literaturangaben); ebdt. 26, 1435 (1955) (betr. rechteckige Platten). — Cox, H. L., u. B. Klein: J. A. S. A. 27, 266 (1955) (betr. dreieckige Platten). — Cox, H. L.: ebdt. 791 (betr. quadratische Platten, in zwei Seitenmittelpunkten unterstützt). — Klein, B.: ebdt. 1059 (trapezförmige Platten). — Thurston, E. G., u. Y. T. Tsui: J. A. S. A. 27, 926 (1955) (Kreisplatten linearveränderlicher Dicke). — Shaw, E. A. G.: J. A. S. A. 28, 38 (1956) (betr. dicke Bariumtitanatplatten). — Onoe, N.: ebdt. 1158 (Kreisscheiben von Bariumtitanat). — Nakata, Y., u. H.

Die Lösung des Ausdrucks (79) führt bei am Rand eingespannten Kreisplatten — wie wir sie im schwingenden System des Telephons oder des Wasserschallsenders realisiert finden — wieder auf BESSELsche Funktionen. Die relativen Schwingungszahlen und die Lagen der Knotenkreise sind aus den nachstehenden Tabellen zu ersehen[1].

Kreisplatte mit fest eingespanntem Rand

Relative Schwingungszahlen der Schwingungen (h, σ) bezogen auf den tiefsten Ton $(h = 0, \sigma = 0)$; h = Zahl der Knotendurchmesser, σ = Zahl der Knotenkreise. In Klammern beigefügt die entsprechenden Werte für die Kreismembran

σ	$h = 0$	$h = 1$	$h = 2$
0	1	2,07 (1,59)	3,42 (2,14)
1	3,90 (2,30)	5,98 (2,92)	8,68 (3,50)
2	8,70 (3,60)	11,76	
3	15,50		

Der Vergleich der Lage der Eigenschwingungen der Kreisplatte mit derjenigen der Eigenschwingungen der Kreismembran zeigt, daß bei der Kreisplatte die Tonhöhe der Eigenschwingungen mit der Ordnungszahl rascher ansteigt als bei der Kreismembran.

Auch quadratische und rechteckige Platten besitzen unharmonisch verteilte Eigentöne.

Fortsetzung der Fußnote 2 von Seite 80

FUJITA: J. Phys. Soc. Jap. **10**, 823 (1955). — SHIBAOKA, Y.: ebdt. **11**, 797 (1956) (betr. elliptische Platten). — KLEIN, B.: J. A. S. A. **28**, 1177 (1956) (Eigenfrequenzen viereckiger Platten nicht rechteckiger Form). — HECKL, M.: Diss. Berlin-Chbg. (1957) (Zylinderschalen). — TRÄNKLE, E.: Frequenz **11**, 142 (1957) (Kreisplatten und Ringe). — HASKINS, J. F., u. J. L. WALSH: J. A. S. A. **29**, 729 (1957) (zylindrische Schalen). — FARADAY, B. J., u. D. G. GREGAN: ebdt. 1001 (ADP-Platten). — MIRSKY, J., u. G. HERRMANN: ebdt. 1116 (Zylindrische Schalen). — NEWMAN, E. G., u. R. D. MINDLIN: ebdt. 1206 (Quarzplatten). — HOPPMANN, W. H. ebdt. **30**, 77 (1958) (Zylindrische Schalen). — ONOE, M.: ebdt. 634 (anisotropische Kreisplatten). — GAZIS, D. C.: ebdt. 786 (Hohlzylinder). — SHERWOOD, J. W. C.: ebdt. 979 (Platten). — POWELL, A.: ebdt. 1136 (Platten). — ONOE, M.: ebdt. 1159 (Rechteckige Platten). — BORDONI, P. G., u. M. NUOVO: Acustica **8**, 351 (1958) (Elektrostat. Anordnung zur Untersuchung von Plattenschwingungen). — KNOPOFF, L.: J. appl. Phys. **29**, 681 (1958) (Oberflächenbewegung an dicken Platten). — ARNOLD, J. S., u. J. G. MARTINER: J. S. A. A. **31**, 217 (1958) (Bariumtitanat-Zylinder). — PFISTER, K. S.: ebdt. 233 (geschichtete Platten). — STARK, R.: Telef. Ztg. **31**, 232 (1958). — KOLOTIKHINA, Z. V.: Akust. Z. (UdSSR) **4**, 333 (1958) (Zylindr. Schalen in Wasser). — SAUNDERS, H., u. P. R. PASLAY: J. A. S. A. **31**, 579 (1959) (Glockenförmige Schalen). — COX, H. L., u. W. A. BENFIELD: ebdt. 963 (Quadratische Platten). — SCHUSTER, K., u. H. VOSAHLO: Acustica **9**, 265 (1959) (Quadratische Kristallplatten). — KARMANN, R.: Proc. 3. I. C. A. Congr. Stuttgart (1959) (Platten als mechan.-akust. Vierpole).

[1] Nach A. KALÄHNE: Beitrag Schallerzeugung mit mechanischen Mitteln zum Hdb. d. Phys. **8**, 237 Berlin 1927.

Kreisplatte mit fest eingespanntem Rand

Radien der Knotenkreise bezogen auf den Plattenradius als Einheit. In Klammern
die Werte für die Kreismembran

σ	$h=0$	$h=1$	$h=2$
1	0,38 (0,44)	0,49 (0,55)	0,54 (0,61)
2	0,26 (0,28)	0,35	
	0,58 (0,64)	0,64	
3	0,19		
	0,44		
	0,68		

Über die Lage der Knotenlinien von Membranen und Platten kann
man — experimentell — nach dem klassischen Versuch von E. F. F.
CHLADNI[1] Auskunft erhalten: Die Platte oder Membran wird mit feinem
Sand oder feinem Pulver (meist benutzt man Lykopodiumpulver) be-
stäubt, man erregt Platte bzw. Membran durch Anschlagen oder auch
durch Anstreichen zu Eigenschwingungen mittels eines Violinbogens an.
Die Bestäubung bleibt dann an den Knotenlinien liegen, während sie
an allen anderen Stellen abgeschleudert wird.

Abb. 66 zeigt, von E. F. F. CHLADNI[1] aufgenommen, Knotenlinienbilder quadratischer Platten.

Auch mit elektrischen Meßmethoden läßt sich der Verlauf von Knotenlinien ermitteln. Ein derartiges Verfahren ist die Methode des „Ab-

---

[1] CHLADNI, E. F. F.: Entdeckungen über die Theorie des Klanges, Leipzig
(1787); Die Akustik, Leipzig 1830. — Abb. 66 ist eine photographische Widergabe
der Tabelle V dieses Buches. Das Buch wurde — wie noch bemerkt sei — schon
1802 niedergeschrieben. Es enthält eine Fülle wertvollster Erkenntnisse und ist
von großem historischen Interesse. — Über Knotenlinienbilder an Membranen und
Platten vgl. insbesondere auch W. FLÜGGE: Z. techn. Phys. **13**, 199 (1932). —
SCHILLER, P. E.: Z. techn. Phys. **15**, 294 (1934). — SCHÜNEMANN, R.: Ann. Phys.
24, 507 (1935) (In dieser Arbeit wird das obenerwähnte Verfahren des Abtastkondensators benutzt). — WOOD, A. B.: Proc. phys. Soc. London **47**, 794 (1935). —
COLWELL, R. C.: J. Franklin Inst. **221**, 635 (1936). — BÄR, R.: Helv. phys. Acta
9, 618 (1936) (Untersuchung über die Klangfiguren von Piezoquarzen). — PAV-
LIK, B.: Ann. Phys. **28**, 353, 632 (1937). — SIBAIYA, L.: Indian J. Phys. **12**, 407
(1938). — COLWELL, R. C., J. K. STEWART u. A. W. FRIEND: Phil. Mag. (7) **27**,
123 (1939). — COLWELL, R. C., J. K. STEWART u. H. D. ARNETT: J. A. S. A. **12**,
260 (1940); Science **92**, 408 (1940). — WALLER, M. D.: Acustica **4**, 677 (1954)
(Kritische Stellungnahme zur Theorie der CHLADNI-Figuren, umfangreiche weitere
Literaturangaben); British Journ. Appl. Physics **6**, 347 (1955) (Untersuchung der
oberhalb schwingender Platten sich ausbildenden Luftströmungen und der Auswirkung dieser Strömungseffekte auf die Pulverbestäubung); Proc. Phys. Soc. B **68**,
462 (1955) (Betrifft insbesondere Einfluß der Teilchengröße). — JENSEN, H. C.:
Amer. J. Phys. **23**, 503 (1955) (Erregung der Plattenschwingungen durch Luftschall
mittels Lautsprecher). — WALLER, M. D.: Amer. J. Phys. **25**, 157 (1957). — JEN-
SEN, H. C.: ebdt. 203.

tastkondensators", H. BACKHAUS[1] hat mit dieser Methode die Schwingungsformen von Geigenkörpern untersucht (vgl. Ziff. 17, S. 152). Nach W. FUCKS und W. BUDDE[2] läßt sich zur Untersuchung von Plattenschwingungen auch die Koronaentladung benutzen, welche an einer dicht

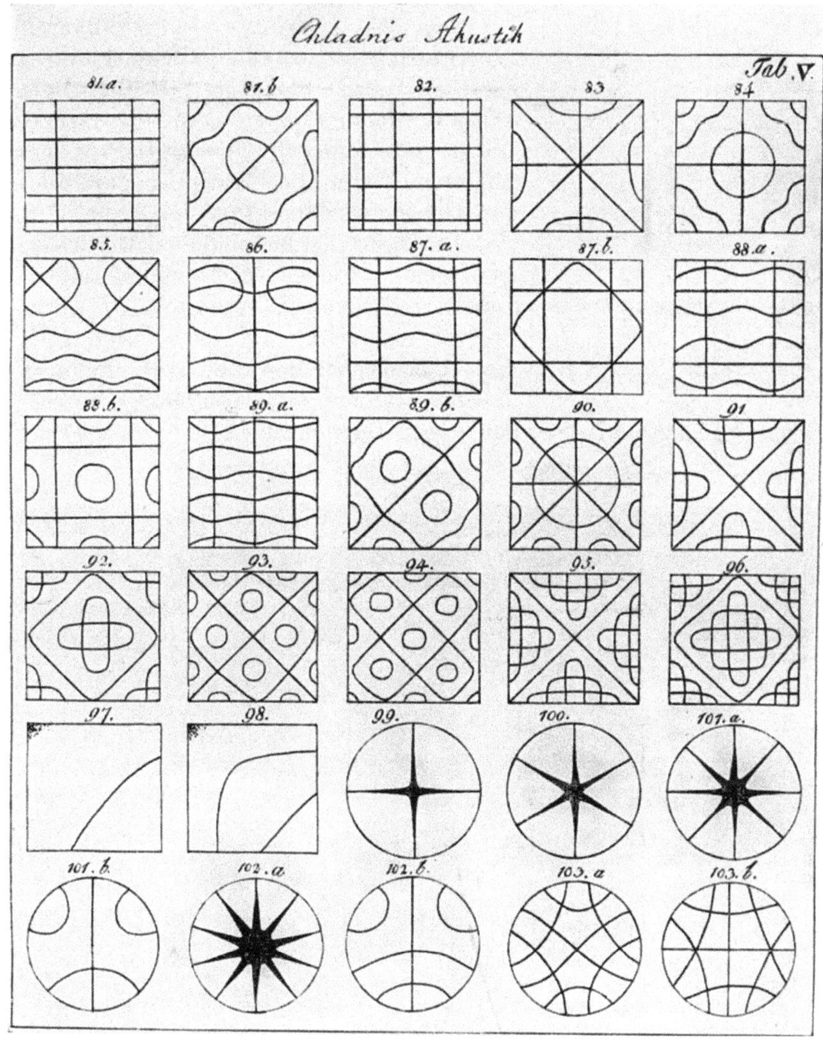

Abb. 66. Knotenlinienbilder an schwingenden Platten (nach E. F. F. CHLADNI)

[1] BACKHAUS, H.: Z. techn. Phys. 9, 491 (1928). — Z. Phys. 62, 143 (1930). Vgl. auch G. v. BÉKÉSY: A. Z. 6, 1 (1941). — BORDONI, P. G.: Nuovo Cimento 4, 177 (1947). — SHATTUCK, R. D.: J. A. S. A. 31, 1297 (1959).
[2] FUCKS, W., u. W. BUDDE: Z. Naturforsch. 6a, 494 (1951).

6*

vor der metallischen oder mit Metall überzogenen Platte angeordneten kleinen Kugelanode auftritt. Das Verfahren ist in Abb. 67 dargestellt. Entfernungsänderungen zwischen der schwingenden Platte und der Kugelanode bewirken Stromänderungen der Glimmentladung.

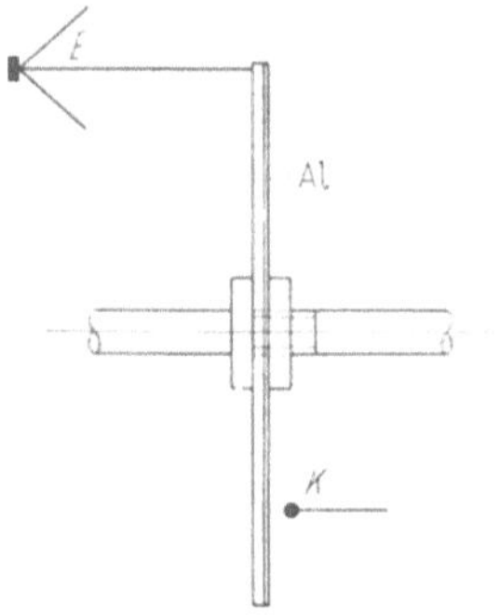

Die Ausbildung von Knotenlinien läßt sich (nach L. Bergmann[1]) mit einer optischen Methode sehr schön an Seifenblasenmembranen demonstrieren. Abb. 68 zeigt das Knotenlinienbild einer quadratischen Seifenblasenmembran bei Erregung durch Luftschall verschiedener Frequenz.

Die Lage der Knotenlinien läßt sich bei genügend großer Schwingungsamplitude auch stroboskopisch ermitteln. P. G. Bordoni[2] untersuchte mit dieser Methode das im Hinblick auf den weit verbreiteten Konuslautsprecher technisch interessante Problem der Lage der Knotenlinien bei Eigenresonanz von an der Spitze

Abb. 67. Anordnung zur Schwingungsmessung mit Koronasonde
E Erregung, *Al* Aluminiumfolie, *K* Koronasonde (nach W. Fucks u. W. Budde)

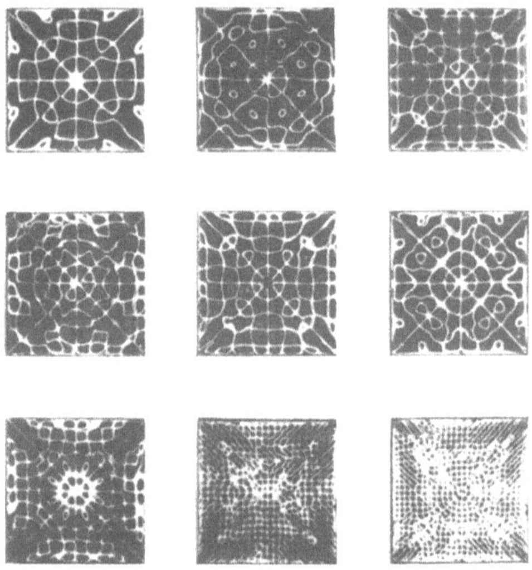

Abb. 68. Knotenlinien einer Seifenblasenmembran
a 400, *b* 500, *c* 630, *d* 640, *e* 700, *f* 720, *g* 920, *h* 2180, *i* 2500 Hz (nach L. Bergmann)

[1] Bergmann, L.: J. A. S. A. **28**, 1043 (1956); Acustica **9**, 185 (1959).
[2] Bordoni, P. G.: J. A. S. A. **18**, 146 (1946) (dort weitere Literaturangaben). — Corrington, M. S., u. M. C. Kidd: Proc. Inst. Radio Eng. **39**, 1021 (1951) (Untersuchungen eines Lautsprecherkonus mit Abtastkondensator). — Eggers, F.: Acustica **7**, 21 (1957) (Amplituden und Phasenverteilung an verschiedenartigen Konus-Lautsprechermembranen).

erregten Kegeln. Abb. 69 zeigt derartige stroboskopische Aufnahmen von Eigenschwingungen eines Kegels.

Die Schwingungen gekrümmter Flächen, wie z. B. die Schwingungen von Glocken, sind der strengen theoretischen Betrachtung nur in geringem Umfang zugänglich. Wir werden auf die Glocken in Ziff. 17, S. 162 zurückkommen.

Von großem praktischem Interesse ist auch die Frage, wie man Schwingungen flächenhaft ausgedehnter Systeme vorteilhaft dämpft. Diese Frage ist für eine Reihe von technischen Aufgaben, insbesondere für die Konstruktion von Fahrzeugkarosserien, Maschinenaggregaten, Lüftungskanälen u. ä. von Bedeutung. Man versieht zu diesem Zweck die zu dämpfenden Flächen mit Entdröhnungsmitteln, und zwar meist mit hochpolymeren Kunststoffen. Die Dämpfung bei plastischen Materialien erfolgt durch die bei Schub

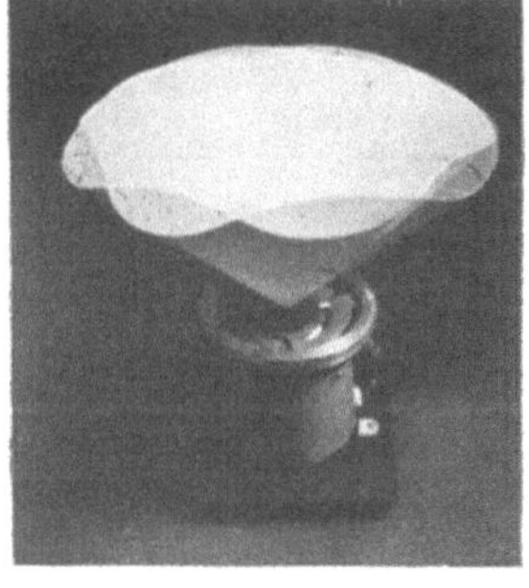

Abb. 69. Eigenschwingungen einer Konusmembran (a: mit 6; b: mit 8 und c: mit 10 Knotenlinien) (nach P. G. Bordoni)

und Drehverformungen auftretende innere Reibung, sie wird durch den Verlustfaktor η gekennzeichnet, und zwar ist η gleich dem Tangens des Phasenwinkels zwischen Verformung und Spannung. Der Wert des Verlustfaktors ist bei Metallen von der Größenordnung 10^{-4} bis 10^{-3}, bei Beton und Ziegelsteinen 10^{-3} bis 10^{-2}, bei Holz etwa 10^{-2}, bei weichem Kork 0,2 bis 0,3 und erreicht bei Kunststoffen mit bestimmten

Füllmitteln 1 und mehr. Der Verlustfaktor hängt von der Frequenz und der Temperatur ab[1].

11. Einfluß einer Bewegung von Schallquelle oder Schallempfänger. Doppler-Effekt

Bewegt sich eine Schallquelle — wir wollen zur Vereinfachung annehmen, daß die Quelle einen sinusförmigen Ton erzeugt — auf einen gegenüber dem Medium feststehenden Beobachter zu, so bedeutet dies, daß in der Zeiteinheit mehr Maxima und Minima der Welle über die Beobachtungsstelle hinweglaufen, als der Frequenz f_{qu} der Quelle selbst entspricht, es tritt also durch die Bewegung der Schallquelle gegenüber dem Medium und damit gegenüber dem Beobachter eine tatsächliche Frequenzerhöhung ein. Ist c_{qu} die Relativgeschwindigkeit der Quelle zum Medium, so wird die Frequenz im Medium

$$f_{med} = \frac{f_{qu}}{1 - c_{qu}/c}, \tag{80}$$

bzw. wenn die Schallquelle sich vom Beobachter entfernt,

$$f_{med} = \frac{f_{qu}}{1 + c_{qu}/c}. \tag{81}$$

Die diesem akustischen Effekt analogen optischen Erscheinungen wurden von CH. DOPPLER entdeckt. Man bezeichnet nach diesem den Effekt allgemein als „DOPPLER-Effekt"[2]. Läuft die Schallquelle un-

---

[1] OBERST, H.: Acustica **6**, 144 (1956). (Zusammenfassender Bericht über Werkstoffe mit hoher innerer Dämpfung. Vgl. insbesondere auch noch A. VAN ITTERBEEK u. H. MYNCKE: Acustica **3**, 207 (1953). — OBERST, H., G. W. BECKER u. K. FRANKENFELD: Acustica **4**, 433 (1954). — HAMPE, E. A.: Kunststoffe **47**, 641 (1957). — BECKER, G. W., u. H. OBERST: Acustica **8**, 11 (1958) (Dämpfungsmaßnahmen an Blechkonstruktionen). — BORDONE-SACERDOTE, C.: Acustica **9**, 75 (1959) (Dämpfstoffe auf Rohren). — KERWIN, E. M.: J. A. S. A. **31**, 952 (1959). — KERWIN, E. M., u. D. ROSS: Proc. 3. I. C. A. Congr. Stuttgart (1959) (Dämpfungsschicht auf Platten). — TARTAKOVSKI, B. D.: Proc. 3. I. C. A. Congr. Stuttgart (1959) (Geschichtete Dämpfungsbeläge). — Hingewiesen sei hier noch auf folgende, den Mechanismus der thermischen Dämpfung elastischer Schwingungen betreffende Arbeiten: ZENER, C.: Phys. Rev. **52**, 230 (1937). — SCHREUER, E.: Z. Phys. **131**, 619 (1952); **134**, 428 (1953). — ZENER, C.: ebdt. 426.

[2] DOPPLER, CH.: Abhandlungen der Böhmischen Gesellschaft der Wissenschaften (5) **2**, (1843). Akustische Versuche über den DOPPLER-Effekt, und zwar von fahrenden Lokomotiven aus, wurden zuerst 1845 durch C. H. D. BUYS BALLOT ausgeführt. (Nach D. C. MILLER: Anecdotical History of the Science of Sound, S. 61. New York 1935.) — FLEISCHMANN, L.: J. A. S. A. **15**, 103 (1943). — SHIROKOW, M. F.: C. R. Acad. Sci. UdSSR **49**, 494 (1945). — Das Gesamtgebiet des DOPPLER-Effektes ist eingehend kritisch behandelt bei N. ROTT: Das Feld einer rasch bewegten Schallquelle. Mitt. a. d. Institut f. Aerodynamik d. E. T. H. Zürich, No. 9 (1945). — Zum DOPPLER-Effekt vgl. weiterhin A. H. SPEES: Amer. J. Phys. **24**, 7 (1956). — MICHELS, W. C.: ebdt. S. 51. — ZATKIS, H.: J. A. S. A. **25**, 897 (1953); ebdt. **26**, 169 (1954) (Berechnung von Schallfeldern bewegter Kugeln und Zylinder). — OESTREICHER, H. L.: ebdt. **29**, 1223 (1957). ·

mittelbar am Beobachter vorbei, so hört dieser im Augenblick des Vorbeilaufens einen Frequenzsprung. Man kann den DOPPLER-Effekt sehr eindrucksvoll beim Vorbeifahren eines hupenden Kraftwagens, am Auspuffgeräusch eines Motorrades oder beim Vorbeifliegen eines in niedriger Höhe fliegenden Flugzeuges wahrnehmen.

Liegt die Schallquelle relativ zum Medium fest und bewegt sich der Beobachter auf die Schallquelle zu bzw. von ihr fort, so tritt für den Beobachter gleichfalls eine Frequenzänderung gegenüber dem Ruhezustand ein. Die Frequenzänderung ist in diesem Fall aber nicht eine tatsächliche Frequenzänderung der Teilchenschwingungen im Medium, sondern es ändert sich nur die Frequenz der erzwungenen Schwingungen des relativ zum Medium bewegten Empfängers, also bei subjektiver Beobachtung die Frequenz der

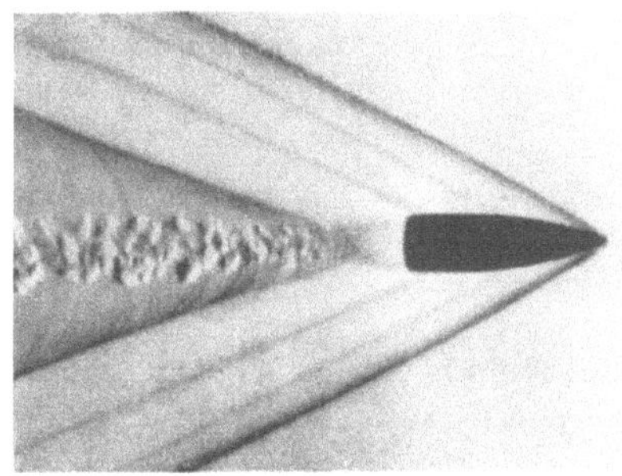

Abb. 70. Kopfwelle

erzwungenen Schwingungen des Trommelfells. Die Frequenz am Empfänger wird in diesem Fall

$$f_{\mathrm{empf}} = f_{\mathrm{qu}} \left(1 \pm \frac{c_{\mathrm{qu}}}{c}\right). \tag{82}$$

Interessante Erscheinungen ergeben sich dann, wenn die Schallquelle mit einer die Schallgeschwindigkeit übertreffenden Geschwindigkeit das Medium durcheilt, so beispielsweise beim Vorbeilaufen eines Geschosses in der Nähe eines Beobachters[1]. Der beim Anprall der Geschoßspitze auf die ruhenden Luftteilchen entstehende Knall wird gewissermaßen vor dem Geschoß hergeschoben, er breitet sich dabei von der Schallquelle, der Geschoßspitze, dauernd mit Schallgeschwindigkeit in das umgebende Medium aus. In Abb. 70 ist eine Schlierenaufnahme (vgl. Ziff. 22, S. 263) einer Kopfwelle wiedergegeben[1]. Beim Vorbeilauf eines mit Überschallgeschwindigkeit fliegenden Geschosses hört dann der Beobachter zuerst den von der Geschoßspitze herrührenden Kopfknall, später nimmt er den vom Abschuß herrührenden Knall wahr. Wie sich

---

[1] Schlierenaufnahmen von Kopfwellen wurden zuerst von E. MACH u. P. SALCHER (Wien. Ber. **95**, 1887) vorgenommen. Vgl. weiter hierzu C. CRANZ: Lehrb. d. Ballistik, 3. Bd. Berlin 1927. — MILLER, D. C.: Sound waves. Their shape and speed. New York 1937. — DUMOND, J. W. M., E. R. COHEN, W. K. H. PANOFSKY u. E. DEEDS: J. A. S. A. **18**, 97 (1946). Bei geeigneten Beobachtungsverhältnissen können intensitätsstarke Stoßwellen sogar unmittelbar sichtbar werden. Eine interessante photographische Aufnahme einer derartigen Erscheinung (Stoßwelle vor Wolkenhintergrund) hat A. T. JONES [Am. J. Phys. **15**, 57 (1947)] veröffentlicht.

aus dem HUYGHENSschen Prinzip (S. 244) gemäß der in der Abb. 71 skizzierten Konstruktion ergibt, bleibt die Schallerregung durch den Knall auf das Innere des „MACHschen Kegels" beschränkt, dessen halber Öffnungswinkel α sich nach der Gleichung

$$\sin \alpha = c/u$$

berechnet, wenn mit c die Schallgeschwindigkeit und mit u die Geschwindigkeit der Quelle bezeichnet wird[1].

Kopfwellen treten, ähnlich wie bei Geschossen, auch an mit Überschallgeschwindigkeit fliegenden Flugzeugen[2] sowie beim Knallen von Peitschen[3] in Erscheinung. Die an der Grenzschicht zweier Medien verschiedener Schallgeschwindigkeit auftretenden Kopfwellen werden in Ziff. 22, S. 269 besprochen.

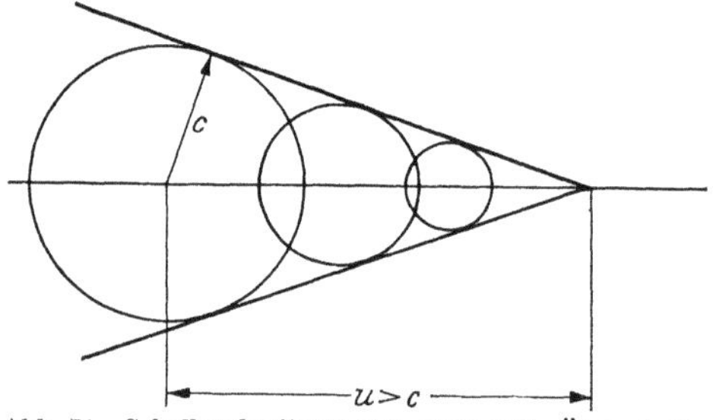

Abb. 71. Schallausbreitung von einer mit Überschallgeschwindigkeit $u > c$ bewegten Quelle (Konstruktion nach dem HUYGHENSschen Prinzip)

II. Schallfeldgrößen und ihre Messung

12. Schalldruck, Bewegung, Schnelle, Temperaturschwankung, Dichteschwankung

Die allgemeinste Form der Wellengleichung für Vorgänge in gasförmigen Medien lautet (vgl. Ziff. 9, S. 55)

$$\frac{\partial^2 U}{\partial t^2} = c^2 \Delta U, \tag{83}$$

für U können wir hier jede Schallfeldgröße einsetzen, welche beim Ablauf des Schallvorganges zeitliche Änderungen erfährt. Wir können die Wellengleichung also für das — für theoretische Berechnungen besonders wichtige — Geschwindigkeitspotential (Ziff. 9, S. 59) ansetzen als

$$\frac{\partial^2 \Phi}{\partial t^2} = c^2 \Delta \Phi, \tag{84}$$

wir können sie aber ganz analog auch für die unmittelbar anschaulichen

---

[1] Die Schallerregung durch gleichförmig translatorisch bewegte punktförmige Schallquellen, und zwar sowohl für Unterschallgeschwindigkeit (DOPPLER-Effekt) als für Überschallgeschwindigkeit (MACH-Kegel), ist von H. HÖNL in Strenge durchgerechnet worden [Ann. Phys. (V) **43**, 437 (1943)]. — MARTIN, M. H., u. B. G. JACKSON: Schweiz. Arch. angew. Wiss. Techn. **16**, 114 (1950). — WALTERS, A. G.: Proc. Camb. Phil. Soc. **47**, 109 (1951).

[2] Vgl. hierzu BLOCH-DASSAULT, P.: C. R. Acad. Sci. (Paris) **237**, 1123 (1953).

[3] Über den Peitschenknall vgl. GRAMMEL, R., u. K. ZOLLER: Z. f. Phys. **127**, 11 (1950). — CARRIÈRE, Z.: Cah. de Phys. No. 63, 1 (1955).

physikalischen Größen wie Teilchenbewegung, Schnelle, Dichteschwankung oder Temperaturschwankung aufstellen[1].

Für eine punktförmige Quelle wird

$$\Phi = - \frac{A}{4\,\pi\,r} \cos \omega \left(t - \frac{r}{c} \right), \tag{85}$$

wobei A die Ergiebigkeit[2] der Quelle bedeutet. Durch Differentiation nach der Zeit ergibt sich für die Druckschwankung

$$p = \varrho_0 \frac{\partial \Phi}{\partial t} = \frac{\varrho_0\,\omega\,A}{4\,\pi\,r} \sin \omega \left(t - \frac{c}{r} \right) \tag{86}$$

und durch Differentiation nach der räumlichen Koordinate für die Schnelle

$$v = -\operatorname{grad} \Phi = -\frac{\partial \Phi}{\partial r}$$

$$= \frac{A\,\omega}{4\,\pi\,r\cdot c} \sqrt{1 + \left(\frac{\lambda}{2\,\pi\,r} \right)^2} \sin \left[\omega \left(t - \frac{r}{c} \right) - \varphi \right], \quad \operatorname{tg} \varphi = \frac{\lambda}{2\,\pi\,r}, \tag{87}$$

$$\xi = \int v\,dt = -\frac{A}{4\,\pi\,r\cdot c} \sqrt{1 + \left(\frac{\lambda}{2\,\pi\,r} \right)^2} \cos \left[\omega \left(t - \frac{r}{c} \right) - \varphi \right], \tag{88}$$

bzw. in großer Entfernung von der Quelle

$$v = \frac{A\,\omega}{4\,\pi\,r\cdot c} \sin \omega \left(t - \frac{r}{c} \right).$$

Aus Gl. (86) kann man die Dichteschwankung ϱ gemäß der Beziehung

$$\varrho = p \cdot \frac{\varrho_0}{\varkappa\,P_0}, \tag{89}$$

wobei $\varkappa = \frac{c_p}{c_v}$, P_0 den Normaldruck, ϱ_0 die mittlere Dichte bedeutet, berechnen. Die Temperaturschwankung T wird

$$T = p \cdot \frac{\varkappa - 1}{\varkappa}\,\frac{T_0}{P_0}. \tag{90}$$

---

[1] Die obenstehend durchgeführten Betrachtungen beziehen sich durchweg nur auf solche Schallfelder, in denen die Dichteschwankung klein gegen die mittlere Dichte ist ($\varrho \ll \varrho_0$), d. h. also auf Wellen mit unendlich kleiner Amplitude. In einigen Fällen (so z. B. bei Explosionsschall in der Nähe der Quelle, bei Funkenschall, bei Schallvorgängen im engsten Teil eines Trichters) ist diese Bedingung nicht erfüllt. Die Wellengleichung nimmt dann wesentlich kompliziertere Form an; es zeigt sich insbesondere auch, daß Wellen endlicher Amplitude sich nicht ohne Formänderung fortpflanzen, daß also die FOURIER-Zusammensetzung eines Schallsignals sich dann örtlich ändert. Über Schallwellen endlicher Amplitude vgl. außer den bereits auf S. 57 Anm. 2 angeführten Arbeiten insbesondere noch S. GOLDSTEIN u. N. W. McLACHLAN: J. A. S. A. **6**, 275 (1935). — KONSTANTINOW, B. P., u. I. N. BRONSTEIN: Phys. Z. Sowjet. **9**, 630 (1936). — FUBINI-GHIRON, E.: Atti 43 Riunione AEI, S. 7 (1938). — THOMPSON, L., u. N. RIFFOLD: J. A. S. A. **11**, 233, 245 (1939). — THOMPSON, L.: J. A. S. A. **12**, 463 (1941).

[2] Vgl. hierzu Ziff. 16, S. 131.

Zur Beschreibung eines Schallfeldes sind alle der eben aufgeführten physikalischen Größen formal in gleicher Weise geeignet, sobald wir die Werte einer dieser Größen an allen Stellen x, y, z des Feldes kennen, ist das Schallfeld festgelegt und wir können auch alle anderen Größen gemäß den Beziehungen (86) bis (90) berechnen.

In der praktischen Akustik bezieht man Aussagen über Schallfelder meistens auf die Druckschwankung, man bezeichnet diese aber dann im Sprachgebrauch der akustischen Praxis einfach als „Schalldruck"[1]. Diese Bevorzugung des Druckes beruht darauf, daß von den verschiedenen Schallfeldbestimmungsstücken der Druck der Messung am besten zugänglich ist, und daß die Druckschwankung es ist, welche uns den Schall zur Wahrnehmung bringt (Ziff. 29, S. 411).

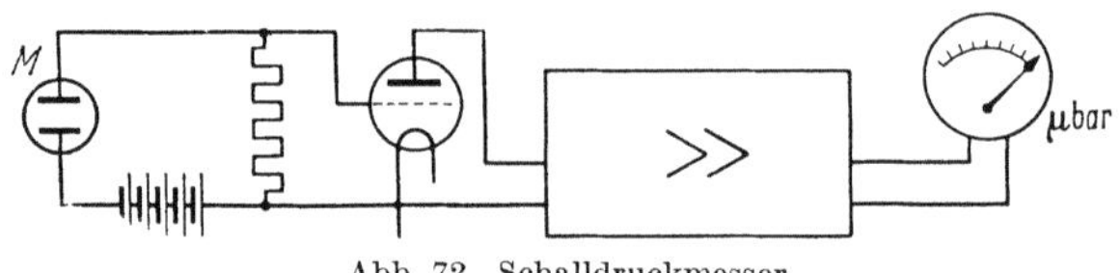

Abb. 72. Schalldruckmesser

Die Messung des Schalldrucks erfolgt mit Hilfe elektrischer Schallempfänger (S. 380). Meist werden als Schallempfänger Kondensatormikrophone benutzt, deren Empfindlichkeit in absolutem Maß durch Kalibrierung (S. 401) bestimmt wurde. Abb. 72 zeigt die Schaltung eines derartigen Schalldruckmessers[2]. Die Druckschwankungen im Schallfeld bewirken erzwungene Schwingungen der Mikrophonmembran und

---

[1] Definition 14c des Deutschen Akustischen Ausschusses [A. Z. **2**, 214 (1937)] DIN 1320 Juni 1959 „Schalldruck: Durch die Schallschwingung hervorgerufener Wechseldruck".

[2] Über Schalldruckmessungen vgl. M. GOSEWINKEL u. F. SPANDÖCK: A. T. M. V. 53—5. Februar 1940. — HUBER, P., u. J. M. WITHMORE: J. A. S. A. **12**, 167 (1940). — SIVIAN, L. J.: J. A. S. A. **12**, 462 (1941) (Turmalin-Kristallempfänger). — MASSA, F.: J. A. S. A. **17**, 29 (1945). — GOFF, K. W. u. D. M. A. MERCER: J. A. S. A. **27**, 1133 (1955) (betr. insbesondere Messungen im Bereich sehr hoher Schalldrucke). — WILLMS, W.: Phys. in Einzelber. Braunschweig (1959) Nr. 2, S. 9. — SCHWIRZER, TH.: Z. Instr. Kde **67**, 223 (1959).

Mit elektrischen Schallempfängern ist es auch möglich, Phasenmessungen in Schallfeldern auszuführen. Eine Anordnung zur automatischen Aufzeichnung der Kurven gleicher Phase in einem dreidimensionalen Schallfeld durch schichtweise Abtastung wurde von V. GAVREAU und A. CALAORA: Acustica **6**, 539 (1956) entwickelt. Bei dieser Anordnung wird ein Glimmlämpchen jedesmal dann zum Aufleuchten gebracht, wenn die Phase an dem das Schallfeld abtastenden Sondenmikrophon mit der Phase einer Multivibratorschwingung gleicher Frequenz übereinstimmt. — Über elektrische Verfahren zur Phasenmessung vgl. weiterhin KRETZMER, E.: Electronics **22**, 114 (1949). — LAWLEY, L. E., u. E. G. RICHARDSON: Proc. 1. I. C. A. (1953) Congr. S. 196. — BROWN, R. K.: J. A. S. A. **26**, 64 (1954) (die beiden letztgenannten Arbeiten betr. Phasenmessungen an räumlich auseinanderliegenden Schallfeldstellen zwecks Geschwindigkeitsbestimmung).

damit Änderungen der Kapazität zwischen Membran und fester Gegenelektrode. Legt man das Kondensatormikrophon in Serie mit einer Gleichspannungsquelle und einem Widerstand, so treten bei Kapazitätsänderungen infolge von Ladungsverschiebungen Spannungsänderungen am Widerstand auf; diese werden in einem Verstärker verstärkt und in einem an den Ausgang des Verstärkers gelegten Meßinstrument gemessen. Die Skala des Meßinstruments pflegt man in μbar (mikrobar) zu unterteilen. Zwischen μb und den anderen praktisch benutzten Druckeinheiten besteht die Beziehung

$$1\,\mu\text{bar} = 1\ \text{dyn/cm}^2 = 0{,}1\ \text{N/m}^2 = 0{,}98692 \cdot 10^{-6}\ \text{Atm} = 1{,}01972 \cdot 10^{-6}\ \text{at}$$

$$(1\ \text{Atm} = 760\ \text{mm Quecksilbersäule.}\quad 1\ \text{at} = 1\ \text{kp/cm}^2).$$

Mit Kondensatormikrophonen lassen sich Schalldrucke bis herauf zu etwa $10^{-3}\ \text{N/m}^2 = 10^4\,\mu\text{bar}$ (wo die obere Grenze der Linearität von normalen Kondensatormikrophonen liegt) und herunter bis etwa $10^{-4}\ \text{N/cm}^2 = 10^{-3}\ \text{dyn/cm}^2$ (Rauschpegel)[1] messen.

Bis zu extrem hohen Schalldrucken brauchbare Schalldruckmesser lassen sich mit Hilfe von Kristallempfängern bauen (Ziff. 26, S. 390),

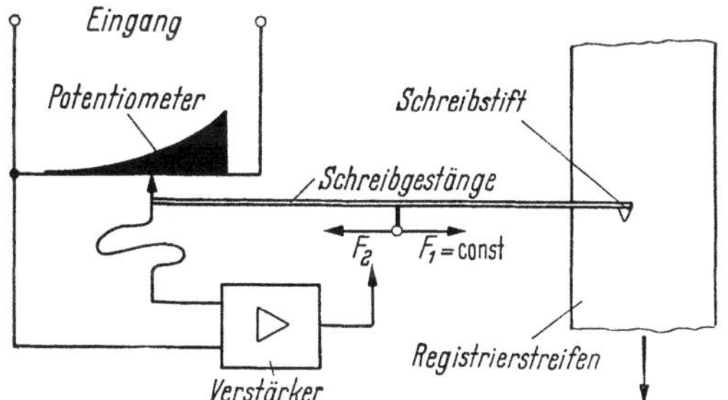

Abb. 73. Logarithmisch anzeigender Pegelschreiber

einen solchen hat F. MASSA[2] beschrieben, dieser Empfänger hat überdies den Vorzug, außerordentlich klein zu sein, und daher das Schallfeld nicht zu stören (vgl. S. 384).

Der große Druckbereich der Schallvorgänge (zwischen Hörschwelle und Schmerzschwelle des Ohres liegen im mittleren Frequenzbereich etwa sechs Zehnerpotenzen des Drucks) (Ziff. 29, S. 421) führt dazu, daß für Druckangaben meist eine logarithmische Skala gewählt wird. Um unmittelbare Angaben mit der logarithmischen Skala machen zu können, hat man Schalldruckmesser gebaut, welche logarithmisch an-

---

[1] Über den Rauschpegel von Mikrophonen vgl. G. WEYMANN: E. N. T. **20**, 149 (1943). — WEBER, W.: A. Z. **8**, 121 (1943) und Ziff. 26, S. 392.
[2] MASSA, F.: J. A. S. A. **20**, 451 (1948).

sprechen, so z. B. den von H. J. v. BRAUNMÜHL und W. WEBER angegebenen Pegelschnellschreiber[1] („NEUMANN-Schreiber").

Das Schema eines logarithmisch anzeigenden Pegelschreibers ist in Abb. 73 dargestellt. Die Funktion dieses Gerätes beruht auf dem Abwägen zweier Kräfte (F_1 und F_2). Die resultierende Kraft bewirkt die Bewegung des Schreibgestänges mit Schreibstift und Potentiometerabgriff.

Die Kraft F_1 ist konstant und dient als Vergleichsnormal. Die Kraft F_2 wird aus der Spannung am Potentiometerabgriff gewonnen. Die durch die Resultierende der beiden Kräfte ausgelöste Bewegung des Abgriffs am (logarithmisch geteilten) Potentiometer ist dabei so gerichtet, daß die Kräfte gleich groß werden.

In der technischen Ausführung unterscheiden sich die Pegelschreiber hauptsächlich in der Umsetzung der resultierenden Kraft in die Bewegung des Schreibgestänges.

Bei älteren Systemen (wie dem NEUMANN-Schreiber) wird die Bewegungsenergie für das Schreibgestänge einem Elektromotor entnommen. Die aus den Kräften F_1 und F_2 resultierende Kraft betätigt ein Wendegetriebe mit Nullstellung, das die Motorkraft in geeigneter Richtung auf das Schreibgestänge überträgt. Bei diesem System wird die Kraft F_1 einer Feder entnommen. Die Kraft F_2 wird durch einen Elektromagneten aufgebracht.

Bei neueren Systemen (wie dem BRUEL-KJAER-Gerät)[2] werden die beiden Kräfte direkt zur Bewegung des Schreibgestänges herangezogen. In einem Topfmagneten mit besonders lang ausgebildeten Polschuhen befinden sich zwei gegensinnig erregte Spulen. Der Strom in der einen Spule dient als Normale, während der Strom in der anderen Spule aus

---

[1] BRAUNMÜHL, H. J. v., u. W. WEBER: Elektr. Nachr.-Techn. **12**, 223 (1935). — Über weitere logarithmisch anzeigende Geräte vgl. E. MEYER u. L. KEIDEL: Elektr. Nachr.-Techn. **12**, 37 (1935). — WENTE, E. C., E. H. BEDELL u. K. D. SWARTZEL: J. acoust. Soc. Amer. **6**, 121 (1935). — WOLF, S. K., u. W. J. SETTE: J. A. S. A. **6**, 160 (1935). — THILO, H. G.: Z. techn. Phys. **17**, 558 (1936). — HOLLE, W., u. E. LÜBCKE: Z. Hochfrequenztechn. **48**, 41 (1936). — THILO, H. G., u. M. BIDLINGMAIER: Elektr. Nachr.-Techn. **4**, 647 (1937). — MARTIN, A., u. B. JADEN: Siemens-Z. **19**, 224 (1939). — KEIDEL, L.: Akust. Z. **4**, 169 (1939). — NUOVO, M.: Ricerca Scient. **8**, 522 (1937); Alta Frequ. **8**, 296 (1939). — VACCARINO, S.: ebdt. **10**, 312 (1941) (besonders einfache Schaltung aus Widerständen und Trockengleichrichtern, mit deren Hilfe sich weitgehend logarithmische Kennlinien herstellen lassen). — GOSEWINKEL, M.: A. Z. **7**, 104 (1942). — BRUEL, P. V., u. U. INGÅRD: J. A. S. A. **21**, 91 (1949) (Pegelschnellschreiber mit elektrodynamisch angetriebenem Schreibstift. Schreibgeschwindigkeit maximal 1000 db/sec). — SHORTER, D. E. L., u. D. G. BEADLE: Electronic Engr. **23**, 283 (1951). — LeBEL, C. J., u. J. Y. DUNBAR: J. A. S. A. **23**, 559 (1951) (Schreibgeschwindigkeit bis etwa 10 000 db/sec). — PEDERSEN, S. B.: Proc. 3. I. C. A. Congr. Stuttgart (1959).

[2] Vgl. die in Anm. 1 angezogene Arbeit von P. V. BRUEL u. U. INGÅRD.

der am Potentiometer abgegriffenen Spannung gewonnen wird. Die
Bewegung ergibt sich aus dem resultierenden Magnetfeld der Spulen.

Für sehr genaue Druckmessungen kann man sich eines Kompensa-
tionsverfahrens[1] bedienen. Bei Kondensatormikrophonen lassen sich
die von den Schallfelddruckschwankungen herrührenden, an der Membran angreifenden Kräfte durch elektrostatische Kräfte entsprechender
Frequenz, Amplitude und Phase derart kompensieren, daß die Membran
in Ruhe bleibt; die elektrostatischen Kompensationskräfte sind dann
ein unmittelbares Maß für die Schallfeldkräfte[2]. Abb. 74 zeigt eine

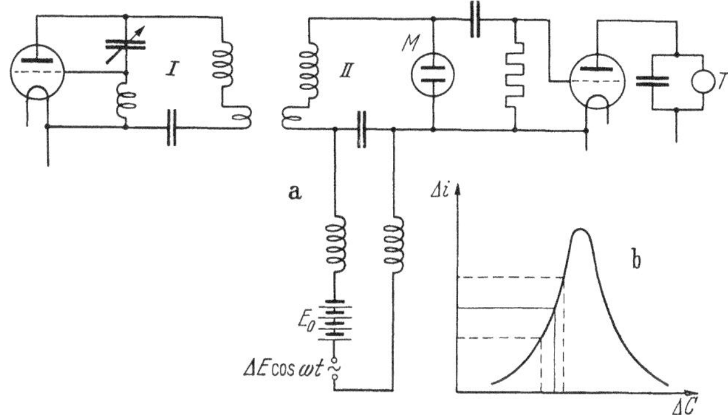

Abb. 74. Schalldruckkompensation durch elektrostatische Kräfte am Kondensatormikrophon
(*a* Schaltung, *b* Resonanzkurve des Hochfrequenzkreises *II*)

derartige Kompensationsschaltung. Die zur Kompensation verwendeten
elektrostatischen Kräfte werden einer Gleichspannungsquelle mit über-
lagerter Wechselspannung entnommen. Der Nachweis der Kompensation erfolgt mit einer Hochfrequenzhilfsschaltung, der sog. Schaltung
der „halben Resonanzkurve“, welche von H. RIEGGER[3] angegeben wurde.
Das Kondensatormikrophon liegt als Kapazität in einem Hochfrequenz-
schwingungskreis, der von einer Senderöhre erregt wird. Man wählt
die Wellenlänge des Senders so, daß man sich im Ruhezustand auf halber
Höhe eines Astes der Resonanzkurve des Schwingungskreises befindet.

---

[1] Das Kompensationsprinzip wurde in die akustische Meßtechnik zuerst von
E. GERLACH eingeführt; E. GERLACH kompensierte die am Bändchenmikrophon
angreifenden Schallfeldkräfte durch elektro-dynamische Gegenkräfte [Wiss. Veröff.
Siemens-Werke **3**/1, 139 (1923)]. — Vgl. über Schalldruckkompensation insbesondere
auch C. A. HARTMANN: VDE-Fachberichte XXI. Jahreshauptversammlung S. 83
(1926). Dort findet sich auch erstmalig ein Hinweis auf die Möglichkeit der Kompensation durch elektrostatische Kräfte. — Vgl. weiterhin C. A. HARTMANN: Siemens-
Jahrb. **1928**, S. 188.

[2] Vgl. E. MEYER: Elektr. Nachr.-Techn. **4**, 86, 509 (1927). — HARTMANN, C. A.:
Elektr. Nachr.-Techn. **7**, 100 (1930).

[3] RIEGGER, H.: Wiss. Veröff. Siemens-Werke **3**/2, 67 (1924).

Wird nun die Membran des Kondensatormikrophons bewegt, die Kapazität des Kreises also geändert, so wandert der Arbeitspunkt auf dem ansteigenden Ast der Resonanzkurve im Takt der Membranbewegung hin und her, der Anodenstrom eines an den Schwingungskreis geschalteten Gleichrichterrohres schwankt also dann auch ganz entsprechend den Bewegungen der Mikrophonmembran. Mit einem in den Anodenkreis des Gleichrichterrohres geschalteten Kopfhörer kann man die Kompensation einregeln; bei völliger Kompensation, also bei völliger Ruhe der Membran, schweigt der Kopfhörer. An Stelle des Kopfhörers kann man zur objektiven Beobachtung der Kompensation auch ein in den Ausgangsstrom geschaltetes Wechselstrominstrument verwenden[1].

Bei der Messung von Schalldrucken ist — wie übrigens bei allen anderen Schallfeldmessungen — darauf zu achten, daß nicht das Schallfeld durch Einbringen des Meßorgans gestört wird, Störungen sind nur so lange vernachlässigbar, als die Ausdehnung des Meßorgans klein gegen die Wellenlänge ist. Ist dies nicht der Fall, so werden die Schallwellen an der Empfängeroberfläche reflektiert, vom Meßorgan aus läuft dann ein reflektierter Wellenzug in das Medium zurück, der mit der ankommenden Welle zu Interferenzerscheinungen führt. Bei solchen Empfängern, welche sehr groß gegen die Wellenlänge sind, tritt (vgl. S. 395) durch die Reflexion an der Empfängeroberfläche eine Verdoppelung des ursprünglichen Druckes des freien Schallfeldes ein. Zur Vermeidung von Schallfeldstörungen durch den Schallempfänger kann man auch in der Weise vorgehen, daß man — wie dies von H. SELL[2] durchgeführt wurde — den Empfänger über eine Rohrsonde an das Feld ankoppelt. Ein solches Vorgehen ist insbesondere auch dann von Vorteil, wenn man Messungen in Schallfeldern sehr hoher Temperatur ausführen will. K. W. GOFF und D. M. A. MERCER[3] haben eine derartige Anordnung beschrieben, die für Temperaturen bis etwa 500 °C und Schalldrucke bis etwa $5 \cdot 10^3 \, \text{N/m}^2 = 5 \cdot 10^4 \, \mu\text{b}$ brauchbar ist. Die Ankopplung des Kondensatormikrophons erfolgt über eine Rohrleitung von $^3/_8$ Zoll Durchmesser, welche am Ende reflexionsfrei abgeschlossen ist.

Eine unmittelbare Messung der Bewegungsamplitude ist nur in besonders günstig liegenden Fällen möglich. Bei den meisten Schallvorgängen sind die Teilchenverschiebungen außerordentlich klein, so beträgt

---

[1] Ein besonders einfaches „Kompensationsmikrophon" zu Schalldruckmessungen wurde von H. TISCHNER [Elektr. Nachr.-Techn. **7**, 192 (1930)] angegeben. Dies Gerät besitzt eine elektromagnetisch kompensierte Telephonmembran, die Kompensation wird mit Hilfe eines an der Membran befindlichen Mikrophonkontaktes eingeregelt. Über Kompensationsmikrophone vgl. auch W. GEFFCKEN: Elektr. Nachr.-Techn. **10**, 39 (1933).

[2] SELL, H.: Wiss. Veröff. Siemens II, 353 (1922).

[3] GOFF, K. W., u. D. M. A. MERCER: J. A. S. A. **27**, 1133 (1955).

ja z. B. nach Gl. (86) bis (88) die Bewegungsamplitude bei einem Ton von 1000 Hz und einem Schalldruck von $0{,}1 \mathrm{N/m^2} = 1\,\mu$bar rund $3 \cdot 10^{-5}$ mm; nur bei Schallvorgängen großer Stärke und tiefer Frequenz ist es also möglich, die Teilchenbewegung zu verfolgen; man kann dann so vorgehen, daß man sehr leichte Fremdkörperchen — z. B. Lykopodiumsamen[1] oder besser noch feinste Öltröpfchen[2] — in das Schallfeld einstäubt und dann die Bewegung dieser Teilchen unter starker Beleuchtung mikrophotographisch registriert. Sind die Teilchen klein genug, so machen sie — zumindest bei tiefen Frequenzen — die Bewegung der angrenzenden Luftteilchen praktisch völlig mit.

Zur Messung der Schallschnelle kann man die (bereits auf S. 35 erwähnte) RAYLEIGHsche[3] Scheibe verwenden. Eine sehr leichte, schräg zur Schallrichtung aufgehängte Scheibe (Abb. 75) ist auf Grund

---

[1] LEWIS, E. P., u. L. P. FARRIS: Phys. Rev. (2) **6**, 491 (1915). — Vgl. auch hierzu W. KÖNIG: Ann. Phys. (4) **49**, 648 (1916). — Über Messungen an Rauchteilchen vgl. E. N. DA C. ANDRADE: Phys. Soc. London Rep. Disc. on Audition, S. 79, Juni 1931; Proc. Roy. Soc. **134**, 445 (1932).

[2] GEHLHOFF, K.: Z. Phys. **3**, 330 (1920). — Über die Bewegung von Teilchen in Schallfeldern vgl. insbesondere auch S. W. GORBATSCHEW u. A. B. SEVERNY: Kolloid-Z. **73**, 146 (1935). — BRANDT, O.: Kolloid-Z. **76**, 272 (1936). — BRANDT, O., H. FREUND u. E. HIEDEMANN: Z. Phys. **104**, 511 (1937). — CHARTIER, C., J. BOUROT u. J. NOEL: C. R. Acad. Sci. Paris **230**, 2269 (1950) (Untersuchungen in Orgelpfeifen mit feinstem Al.-Staub.) — WEST, G. D.: Proc. Phys. Soc. (B) **64**, 483 (1951). — SKOGEN, N.: K. Norske. Videns. Selsk. Forh. **24**, 60 (1951).

[3] LORD RAYLEIGH: Proc. roy. Soc., Lond. **32**, 110 (1881); Theory of Sound **2**, 44. London 1926. — Vgl. insbesondere auch W. KÖNIG: Ann. Phys. **43**, 43 (1891). — ZERNOV, W.: Ann. Phys. (4), **26**, 79 (1908). — SKINNER, CH. H.: Phys. Rev. **27**, 346 (1926). — MEYER, E.: Elektr. Nachr.-Techn. **3**, 290 (1926). — TRENDELENBURG, F.: Wiss. Veröff. Siemens-Werk **5/2**, 120 (1926). — FREIMANN, L., u. I. RUSSAKOFF: Z. techn. Phys. **12**, Nr. 2. 125—126 (1931). — KOTOWSKI, P.: Elektr. Nachr.-Techn. **9**, 404 (1932). — KOTANI, M.: Proc. phys.-math. Soc., Japan (3), **15**, 30 (1933). — GRÖSSER, W.: Arch. Elektrotechn. **27**, 329 (1933). — WOOD, A. B.: Proc. phys. Soc., Lond. **47**, H. 5, 779 (1935). — KING, L. V.: Proc. Roy. Soc., Lond. **153**, 17 (1935). — DEVIK, O., u. H. DAHL: J. acoust. Soc. Amer. **10**, 50 (1938). — KOBAYASHI, M., u. T. HAYASHI: Electr. J., Jap. **2**, 277 (1938). — ERNSTHAUSEN, W.: Akust. Z. **4**, 13 (1939). — MERRINGTON, A. C., u. C. W. OATLEY: Proc. Roy. Soc. London **171**, 505 (1939) (kritische Wertung der Genauigkeit der KÖNIGschen Theorie der RAYLEIGH-Scheibe). — HAYASHI, T.: Journ. Tokyo **3**, 175 (1939) (Messungen mit einer Unterwasser RAYLEIGH-Scheibe, deren mechanische Eigenschwingung mit der Impulsfolge von Ultraschallimpulsen übereinstimmt). — ROSEBERRY, H. H., u. W. C. SMITH: J. A. S. A. **16**, 123 (1944) (Diskussion der versch. Anwendungsmöglichkeiten der RAYLEIGH-Scheibe im Laboratorium). — HARTMANN, J., u. T. MORTENSON: Ingen. Vidensk. Skr. (1948) No. 2, S. 65 (vgl. von RAYLEIGH-Scheiben Messungen mit radiometrischen Messungen). — KEIDEL, L.: Acustica **1** (A. B.) 34 (1951) (Anordnung einer Vielzahl von RAYLEIGH-Scheiben in einem Kreuzgitterrahmen zur Erhöhung der Meßempfindlichkeit). — KÖSTERS, A.: Acustica **2** (A. B.) 171, 258 (1952) (betr. Messungen in Flüssigkeiten). — SIMONDS, J. L., u. R. HELLER: J. A. S. A. **25**, 157 (1953).

hydrodynamischer Kräfte bemüht, sich quer zur Schallrichtung zu stellen.

Mit Hilfe der auf S. 35 angegebenen Formeln ist es ohne weiteres möglich, die Schallschnelle aus dem — mit Spiegelbeobachtung meßbaren — Winkelausschlag und den mechanischen Daten der Scheibe zu berechnen. Die hauptsächliche Bedeutung der Rayleighschen Scheibe liegt in der Tatsache, daß mit ihrer Hilfe eine Grundgröße des Schallfelds, die Schnelle, in absolutem Maß bestimmt werden kann; ein Nachteil liegt aber darin, daß sie nur bei verhältnismäßig starkem Schall (Druckamplitude größer als etwa $0{,}1\,\mathrm{N/m^2} = 1\,\mu\mathrm{bar}$) benutzt werden kann. Auch ist sie sehr empfindlich gegen Störungen durch Luftzug, sie kann nur im Laboratorium unter großen Vorsichtsmaßregeln benutzt werden. Es sei noch besonders hingewiesen, daß die auf S. 35 angegebene Formel für das Drehmoment nur so lange gilt, als der Scheibendurchmesser $< \lambda/2\,\pi$; man muß streng darauf achten, daß diese Bedingung eingehalten ist. Bei Scheiben, die größer sind als die Wellenlänge, können paradoxe Erscheinungen auftreten, so kann es z. B.

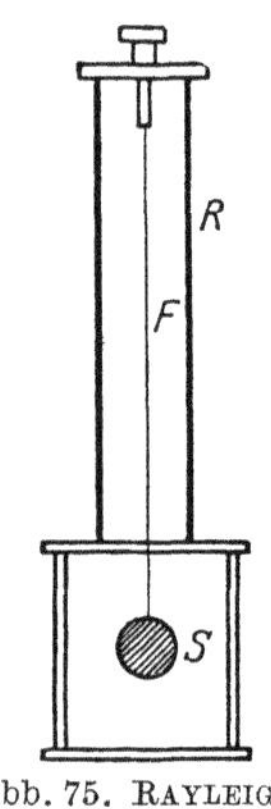

Abb. 75. Rayleighsche Scheibe (S Scheibe, F Fadenaufhängung)

dann vorkommen, daß die Scheibe sich mit ihrer Ebene parallel zur Schallrichtung stellt[1].

Setzt man eine aus einer Düse geeigneter Form bei entsprechend gewähltem Druck ausströmende Gasflamme der Einwirkung von Luftschall aus, so zuckt die Flamme bei Einsetzen des Schalls zusammen; derartige schallempfindliche Flammen sprechen, wie insbesondere H. Zickendraht[2] gezeigt hat, auf die „Schallschnelle" an. Schall-

---

[1] Vgl. hierzu Skinner, Ch. H.: Phys. Rev. **27**, 346 (1926). — Kato, K., u. J. Awatani: Mem. Res. Inst. Acoust. Sci. Osaka **2**, 8 (1951). — Kato, K.: Mem. Inst. Sci. Industr. Res. Osaka **9**, 12 (1952). — Kawai, N.: Sci. Rep. Tôhoku Univ. **35**, 210 (1952). — Awatani, J.: Mem. Inst. Sci. Industr. Res. Osaka **9**, 37, 45 (1952); J. A. S. A. **28**, 297 (1956). — Levine, H.: Proc. Camb. Phil. Soc. **53**, 234 (1957). — Jensen, H., u. K. Saermark: Acustica **8**, 79 (1958).

[2] Zickendraht, H.: Helv. Phys. Acta **5**, 317 (1932); **7**, 773 (1934). — Vgl. auch E. G. Richardson: Nature, Lond. **116**, 171 (1925). — Hardung, V.: Helv. Phys. Acta **7**, 655, 804 (1934). — Brown, G. B.: Proc. phys. Soc. Lond. **47**, 703 (1935). — Schiller, P. E.: Akust. Z. **3**, 36 (1938). — da Andrade, E. N.: Proc. Phys. Soc. **53**, 329 (1941). — Esclangon, E.: C. R. **212**, 181 (1941). — Savic, P.: Nature **147**, 241 (1941). — Zickendraht, H.: Helv. Phys. Acta **14**, 132, 195 (1941); **15**, 322 (1942). — Sutherland, G. A.: Nature **153**, 367 (1944). — Carriére, Z.: J. Phys. et le Rad. **8**, 225 (1947). — Loshaek, L., R. S. Fein u. H. L. Olson: J. A. S. A. **21**, 605 (1949). — Carriére, Z.: J. Phys. et le Rad. **11**, 124 (1950) (Spektralanalyse schallempfindlicher Flammen). — Mülwert, H. H.: Naturwiss. **39**, 349 (1952). — Dubois, M.: C. R. Acad. Sci. Paris **234**, 1259 (1952); Ann. Télécomm. **11**, 111 (1956).

empfindliche Flammen sind zu qualitativem Nachweis von Schall insbesondere auf dem Gebiet des Ultraschalls und auch des Infraschalls gut zu verwenden, für quantitative Messungen sind sie aber nicht zu brauchen.

Bemerkt sei hier noch, daß man in elektrolytischen Flüssigkeiten Schallschnellebestimmungen auch mit Hilfe eines elektrischen Polarisationseffektes durchführen kann. Wie P. DEBYE[1] zeigte, laufen bei Schallschwingungen in Elektrolyten Ionen größerer Masse hinter den Ionen kleinerer Masse her. Es treten dann Potentialschwankungen auf,

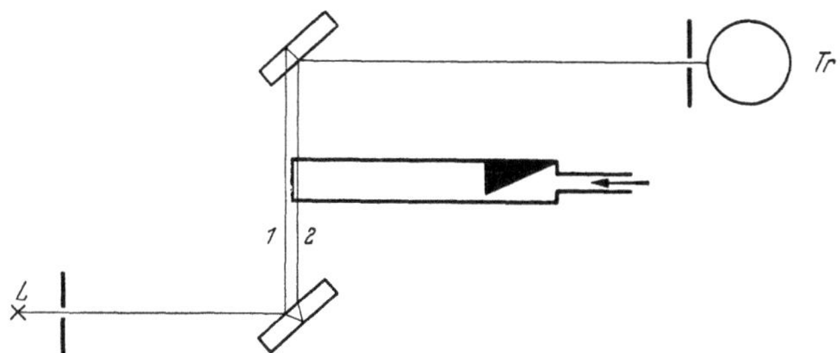

Abb. 76. Verfahren zur photographischen Registrierung von Dichteschwankungen mittels optischer Interferenzen (nach A. RAPS)

deren Größe ein Maß für die Schallschnelle und für die Massendifferenz der Ionenarten ist.

Eine unmittelbare Messung der Dichteschwankung ist nur bei sehr großer Schallintensität möglich; ein prinzipiell sehr interessantes opti-

---

[1] DEBYE, P.: J. chem. Phys. 1, 13 (1933). — Vgl. insbesondere auch E. YEAGER, J. BUGOSH, H. DIETRICK u. F. HOVORKA: J. A. S. A. 22, 686 (1950). — RUTGERS, A. J., u. J. VIDTS: Nature 165, 109 (1950). — YEAGER, E., J. BUGOSH u. F. HOVORKA: Proc. Phys. Soc. Lond. B 64, 83 (1951). — DÉROUET, B., u. F. DENIZOT: C. R. 233, 368 (1951). — HUNTER, A. N.: Proc. Phys. Soc. Lond. 71, 847 (1958). — Um eine Vorstellung von der Größenordnung der Polarisationsspannungen zu geben, sei hier noch bemerkt, daß bei einer Schnelle von 1 cm/sec und einer Frequenz von 200 kHz in 0,005 Mol KCl-Lösung eine Spannungsschwankung von etwa 5 μV entnommen werden kann. — Hingewiesen sei hier auch noch auf die zur Ultraschallmessung ausnutzbaren elektrokinetischen Wechselpotentiale, wie sie an porösen in Wasser eingebetteten Glasfilterplatten bei Schalldurchgang auftreten. Vgl. hierzu insbesondere E. YEAGER u. F. HOVORKA: J. A. S. A. 25, 443 (1953) (m. ausf. Lit.-Ang.). — EISENMENGER, W.: Acustica 7, 45 (1957) (Elektrokinetischer Ultraschallempfänger bis 100 kHz). — RUTGERS, A. J., u. W. RIGOLE: Trans. Faraday Soc. 54, 139 (1958). — WEINMANN, A.: Proc. Phys. Soc. Lond. 73, 345 (1959). — YEAGER, E., J. BOOKER u. F. HOVORKA: ebdt. 690. — WITTENBORN, A. F.: J. A. S. A. 31, 475 (1959).

sches Verfahren hierfür hat A. Raps[1] angegeben. Der eine Lichtstrahl eines Jaminschen Interferentialrefraktors fällt unmittelbar, ohne vom Schall beeinflußt zu werden, auf einen Schirm, der zweite Lichtstrahl durchsetzt die Schallfeldstelle, deren Dichteschwankungen gemessen werden sollen. Abb. 76 zeigt die Anordnung so, wie sie von A. Raps zur Messung der Dichteschwankungen in einer gedackten Pfeife verwendet wurde. Auf dem Schirm bilden sich Interferenzstreifen aus, die sich dann im Takt der Schallschwingung bewegen. Auf einer Filmtrommel Tr können die Interferenzstreifen und damit die Kurvenform der Dichteschwankung registriert werden. Das Verfahren hat den großen Vorteil, daß es völlig trägheitsfrei arbeitet, es gibt aber nur bei großen Dichteänderungen brauchbare Resultate. Abb. 77 zeigt Aufnahmen, welche A. Raps an Orgelpfeifen durchführte.

Abb. 77. Dichteschwankungen in einer gedackten Orgelpfeife (nach A. Raps)

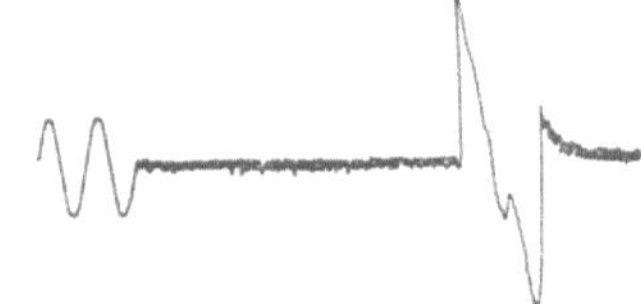

Abb. 78. Mit Koronasonde aufgenommene Kopfwelle (nach H. Oertel)[2]

Zur Messung der Dichteschwankungen in Schallfeldern genügender Stärke kann mit Vorteil auch die Dichteabhängigkeit einer Koronaentladung herangezogen werden. Man bringt zu diesem Zweck in das Schallfeld eine aus zwei kleinen, an Hochspannung liegenden Elektroden bestehende Sonde ein und registriert den Entladungsstrom. Abb. 78 zeigt ein auf diese Weise gewonnenes Oszillogramm der (nach ihrer Form häufig auch als „N"-Welle bezeichneten) Kopfwelle eines an der Sonde vorbeifliegenden kleinkalibrigen Geschosses. Die im linken Teil der Abbildung erkennbare Sinuswelle dient zur Zeitmarkierung. Die Aufnahme erfolgte in 5,8 cm Abstand von der Geschoßbahn, die Auswertung ergab für die Dichteschwankung $\Delta\varrho/\varrho = 0{,}08$.

[1] Raps, A.: Annal. Phys. **50**, 193 (1893). — Ähnliche Anordnungen beschreiben V. Timbrell: Nature **167**, 306 (1951). — Motulevich, G. P., u. I. L. Fabelinskii: Akust. Z. (UdSSR) **3**, 205 (1957).

[2] Oertel, H.: Z. angew. Phys. **4**, 177 (1952). — Vgl. hierzu auch C. O. Criborn: Appl. Sci. Res. A **3**, 225 (1952).

Bei außerordentlich großen Schallintensitäten in Flüssigkeiten ist es, wie W. Schaaffs und F. Trendelenburg[1] gezeigt haben, sogar möglich, die Dichteänderungen durch die Absorption der Röntgenstrahlen nachzuweisen. In Abb. 79 ist die in der Wellenfront einer beim Funkenüberschlag durch Trichloräthylen erzeugten Knallwelle auftretende Verdichtung wiedergegeben, wie sie mit einem Röntgenblitz von nur etwa 10^{-7} sec Dauer photographiert wurde. Die Dichteänderung lag hier bei etwa 30%, dies entspricht einem Druck von der Größenordnung 100 000 Atü. Der innere weiße Fleck ist der beim Funkenübergang durch Verdampfung sich bildende Entladungsraum, der etwa 25 mm Durchmesser zeigende dunkle Ring ist die Wellenfront der ablaufenden Stoßwelle.

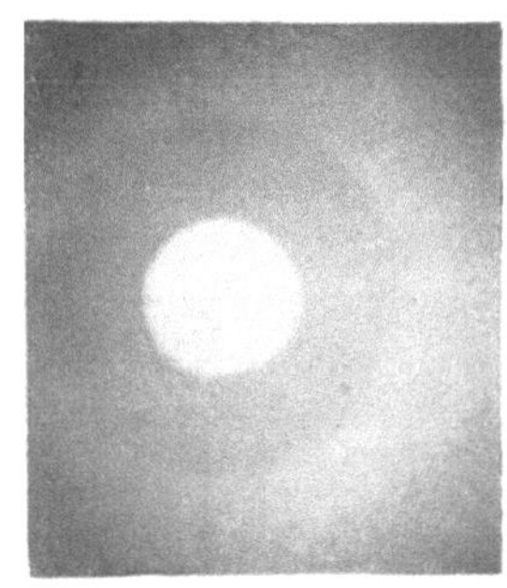

Abb. 79. Röntgenblitzaufnahme der Dichteschwankung in einer durch Funkenüberschlag erregten Stoßwelle in Trichloräthylen (nach W. Schaaffs u. F. Trendelenburg)

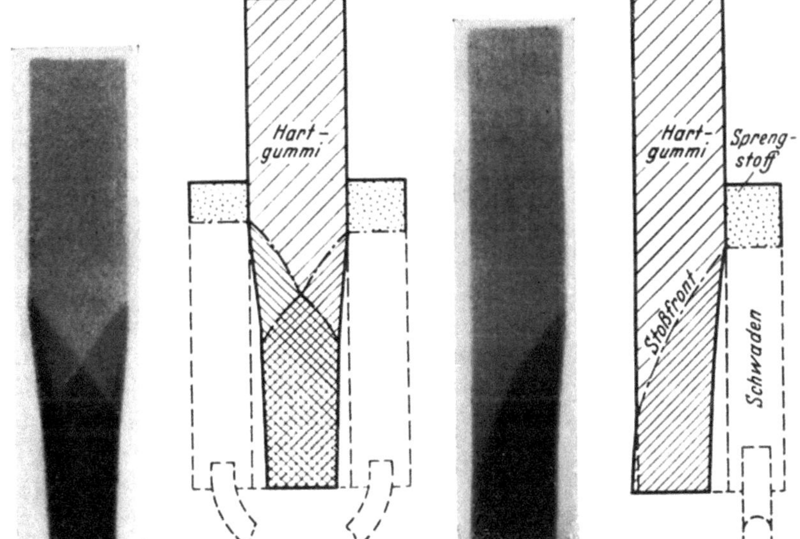

Abb. 80. Röntgenblitzaufnahmen von Verdichtungswellen in einer Hartgummiplatte (nach R. Schall u. G. Thomer) links beidseitig, rechts einseitig angesprengt.

<hr>

[1] Schaaffs, W., u. F. Trendelenburg: Z. Naturforsch. 3a, 656 (1948). — Schaaffs, W.: ebdt. 4a, 463 (1949); Z. angew. Phys. 1, 462 (1949). — Schall, R.: Z. angew. Phys. 2, 252 (1950). — Schall, R., u. G. Thomer: ebdt. 3, 41 (1951). — Schaaffs, W., u. K. H. Herrmann: ebdt. 6, 23 (1954). —Schaaffs, W.: Ergebn. Exakte Naturw. 28, 1 (1955). — Kistiakowsky, G. B., u. P. H. Kydd: J. Chem. Phys. 23, 271 (1955). — Dapoigny, J., J. Kieffer u. B. Vodar: J. Rech. Cent. Nat. Sci. 6, 260 (1955). — Herrmann, K. H.: Z. angew. Phys. 10, 349 (1958). — Duff, R. E., H. T. Knight u. J. P. Rink: Phys. of Fluids 1, 393 (1958).

7*

Auch in festen Körpern können Verdichtungswellen aufgenommen werden. Abb. 80 (nach R. Schall und G. Thomer[1]) zeigen Röntgenblitzaufnahmen von durch Sprengung erzeugten Verdichtungswellen in einer Hartgummiplatte, die Sprengung im Sprengstoff zündete von unten aus, die Aufnahmen erfolgten in einem Moment, in welchem der oberste Teil des Sprengstoffs noch nicht detoniert war. Bei der röntgenographischen Untersuchung von Stoßwellen in Luft bereitet das geringe Absorptionsvermögen dieses Mediums Schwierigkeiten, die sich aber dadurch beheben lassen, daß man der Luft schweratomige Gase oder Dämpfe beimischt. Abb. 81 zeigt (nach R. Schall und G. Thomer[2]) Stoßwellen in Luft mit Methyljodidzusatz.

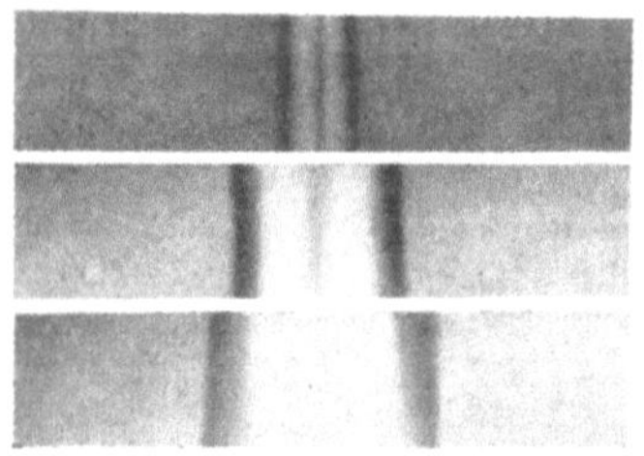

Abb. 81. Röntgenblitzaufnahmen von ebenen Stoßwellen in Luft mit Methyljodidzusatz
(nach R. Schall u. G. Thomer)

Die mit den Druckänderungen verknüpften adiabatischen Temperaturschwankungen können mittels eines Widerstandsthermometers gemessen werden, ein Verfahren, das zuerst von K. Neuscheler[2] benutzt wurde und dann von E. Waetzmann und J. Friese eingehend untersucht wurde[3]. Als Widerstandsthermometer dient ein Wollastondraht, der extrem dünn sein muß, wenn die Leitertemperatur auch schnellen Temperaturschwankungen im Medium genau folgen soll. Der Wollastondraht liegt in einem Zweig einer von einer Gleichspannungssquelle gespeisten Wheatstoneschen Brücke. In der Brückendiagonale liegt ein Verstärker, der die kleinen, bei Temperaturschwankung des Wollastondrahtes an der Brücke auftretenden Spannungsschwankungen soweit verstärkt, daß sie mit einem Wechselstrominstrument gemessen werden können. Das Verfahren ist auf starke Schallvorgänge beschränkt. Die Temperaturschwankungen sind im allgemeinen außerordentlich klein, man erhält in der Brücke Wechselspannungen bestenfalls von etwa 10^{-5} Volt.

Die durch die adiabatischen Temperaturschwankungen bedingten Widerstandsänderungen dürfen nicht mit den um Größenordnungen stärkeren Temperatureffekten verwechselt werden, welche durch das Vorbeistreichen der schwingenden Luft an einem geheizten Leiter auftreten.

---

[1] Schall, R., u. G. Thomer: Z. angew. Phys. 3, 41 (1951).

[2] Neuscheler, K.: Ann. Phys. (IV) 34, 131 (1911). — Vgl. auch K. Heindlhöfer: Ann. Phys. 37, 247 (1912); 45, 259 (1914). — Hayashi, T.: Electr. J. Jap. 3, 103 (1939).

[3] Friese, J., u. E. Waetzmann: Z. Phys. 29, 110 (1924); 31, 50 (1925); 34, 131 (1925). — Ann. Phys. 76, 39 (1925). — Vgl. auch K. T. Theodertschik u. K. Welezhanina: J. of Phys. (UdSSR) 1940, 29. — Pardue, D. R., u. A. L. Hedrich: Rev. sci. Instr. 27, 631 (1956).

Mit derartigen „Hitzdrahtmikrophonen"[1] können Messungen auch bei geringen Schallintensitäten ausgeführt werden.

Bei der Absorption von Schall tritt durch Umwandlung von akustischer Energie in Wärmeenergie eine Temperaturerhöhung auf (vgl. auch S. 122 und S. 302). Dieser Temperatureffekt läßt sich in Schallfeldern genügender Stärke zur Feldausmessung ausnutzen. So werden z. B. durch Lichteinstrahlung erregte Phosphore an genügend beschallten Stellen ausgeleuchtet[2]. Abb. 82 zeigt (nach H. CHOMSE, W. HOFFMANN und P. SEIDEL) die Aufnahme der Interferenzfel-

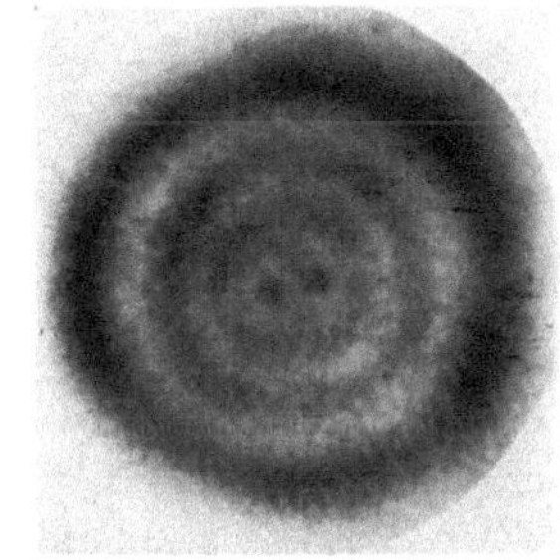

Abb. 82. Mit Hilfe einer Leuchtphosphorplatte aufgenommenes Bild des Interferenzfeldes vor einem Quarz (nach H. CHOMSE, W. HOFFMANN u. P. SEIDEL)

---

[1] Vgl. W. S. TUCKER u. E. T. PARIS: Phil. Trans. **221**, 389 (1921). — HIPPEL, A. v.: Ann. Phys. (IV) **75**, 521 (1924); **76**, 590 (1925). — GOLDBAUM, G., u. E. WAETZMANN: Z. Phys. **54**, 179 (1929). — MÜLLER, H., u. E. WAETZMANN: Z. Phys. **62**, 167 (1930). — MÜLLER, H., u. T. KRAEFFT: Z. Phys. **75**, 313 (1932) (Messungen mit Hitzdrähten im Ultraschallgebiet). — TUGMAN, O.: Rev. sci. Instrum. **7**, 287 (1936). — SCHREINER, J.: Acustica **8**, 303 (1958).

[2] Über die Untersuchung von Schallfeldern mit Phosphoren vgl. H. SCHREIBER u. W. DEGNER: Naturwiss. **37**, 358 (1950); Ann. Phys. (6) **7**, 275 (1950). — ECKARDT, A., u. O. LINDIG: ebdt. 410 (1950). — PÉTERMANN, L.: Helv. Phys. Acta **24**, 596 (1951); J. A. S. A. **24**, 416 (1952). — ERNST, P. J., u. CH. W. HOFFMAN: J. A. S. A. **24**, 207 (1952) (ausführliche Literaturangaben). — CHOMSE, H., W. HOFFMANN u. P. SEIDEL: Naturwiss. **40**, 288 (1953). — PETERMANN, L. A., u. P. B. ONCLEY: Trans. Inst. Radio Engrs. **4**, 42 (1956). — Bemerkt sei hier noch, daß Schall starker Intensität bei entsprechend langer Beschallungszeit auch latente Bilder in photographisch wirksamen Schichten erzeugen kann. Vgl. hierzu ERNST, P. J.: J. A. S. A. **23**, 80 (1951). — BENNETT, S.: J. A. S. A. **25**, 1149 (1953) (ausführliche Literaturangaben). — KÖLLE, H. W.: Exp. Techn. Phys. **1**, 97 (1953). — STELTER, J., u. H. KIEKERT: Forsch. Ber. Nordrh.-Westf. **1956**, Nr. 278. — Auch ist es möglich, durch Beschallung latente Bilder auf einem vorher gleichmäßig belichteten aber nicht entwickelten Photopapier auszulöschen. — TORIKAI, Y., u. K. NEGISHI: J. Phys. Soc. Jap. **10**, 1110 (1955). — Ein Verfahren, bei dem durch Schalleinwirkung Silber aus photographischen Schichten abgelöscht wird, beschreiben HAUER, F., u. G. KECK: Naturwiss. **42**, 601 (1955). — Vgl. auch G. KECK: Acustica **6**, 543 (1956); ebdt. **9**, 79 (1959). — Eine andere photographische Methode — die Photodiffusionsmethode — nutzt die Beschleunigung der Schwärzung belichteter in Entwicklerlösung eingebrachter Papiere durch einfallenden Ultraschall aus. Vgl. M. E. ARCHANGELSKII u. V. YA. AFANASEV: Akust. Z. (UdSSR) **3**, 214 (1957). — Über die Verwendung einer mit einer Stärkeschicht bekleideten Platte zur Untersuchung von Ultraschallfeldern in Wasser vgl. G. S. BENNETT: J. A. S. A. **24**, 470 (1952). — Bemerkt sei noch, daß bei Beschallung von Flüssigkeiten auch Lumineszenzerscheinungen auftreten können. Vgl. z. B. R. O. PRUDHOMME u. R. H. BUSSO: C. R. Acad. Sci. (Paris) **235**, 1486 (1952). Weiterhin können durch Ultraschalleinwirkungen Farbänderungen hervorgerufen werden. Vgl. hierzu HAUL, R., H. J. STUDT u. H. H. RUST: Z. angew. Chem. **62**, 186 (1950). — THIELSCH, H., u. A. BOSZER: Z. angew. Chem. **7**, 213 (1955).

der vor einem Quarz mit Hilfe einer in das Schallfeld gebrachten Leuchtphosphorplatte.

13. Frequenz, Wellenlänge, Schallgeschwindigkeit

Die drei Größen Frequenz, Wellenlänge und Schallgeschwindigkeit
sind durch die Beziehung

$$f \cdot \lambda = c \tag{91}$$

verknüpft. Da — zumindest bei Luftschall — die Schallgeschwindigkeit meist sehr genau bekannt ist, reicht es in vielen praktischen Fällen
aus, die eine der beiden anderen Größen zu messen, die zweite ist dann
gemäß (Gl. 91) leicht zu berechnen.

Bei fortschreitenden Wellen ist die am leichtesten meßbare Größe
die Frequenz. In vielen Fällen genügt es, die Frequenz durch subjektiven Hörvergleich mit einer Normalschallquelle zu bestimmen. Als
Normalschallquellen können Stimmgabeln[1] verwendet werden, die —
falls man sie nur zu kleinen Schwingungsamplituden erregt — außerordentlich frequenzgenau sind. Praktisch viel verwendet werden elektroakustische Schallsender[2], die von einem Schwebungssummer erregt
werden; kontrolliert man kurz vor der Messung einen Bezugspunkt der
Frequenzskala des Schwebungssenders durch Vergleich mit einer Stimmgabel, so erhält man eine Genauigkeit, die für die meisten praktischen
Zwecke ausreicht. Der genaue Abgleich zweier Frequenzen aufeinander
erfolgt am besten derart, daß man die Schwebungen der beiden in Frage
stehenden Töne subjektiv beobachtet, es läßt sich so ohne weiteres eine
Abgleichung auf Bruchteile von 1 Hz herstellen[3].

Gegenüber den elektrisch erregten Normalschallquellen, die in ihrer
Tonhöhe und in ihrer Stärke leicht auf jeden gewünschten Wert gebracht
werden können, haben ältere Verfahren — wie z. B. die mit einem Zähl-
werk verbundene Lochsirene — ihre Bedeutung verloren.

---

[1] In physikalischen Laboratorien benutzt man häufig Gabeln, welche in der
physikalischen Stimmung ($C_2 = 16$ Hz, $C_1 = 32$ Hz usf.) gestimmt sind. — Der
Normalton der musikalischen Stimmung, der früher $a^1 = 435$ Hz war, ist jetzt
$a^1 = 440$ Hz. — KAYE, G. W. C.: Nature **143**, 905 (1939). — Mitt. Dtsch. Akust.
Ausschuß A. Z. **4**, 67, 288 (1939); **7**. 159 (1942), — MATZKE, H.: Z. Instr. bau **1**, 100
(1947) (Behandlung der historischen Entwicklung auf dem Gebiet des Stimmtons).
Über Stimmgabeln vgl. weiterhin Ziff. 10, S. 78.

[2] Über elektrische Sender großer Frequenzkonstanz vgl. Ziff. 8, S. 54.

[3] Zur Frequenzmessung durch Vergleich mit Normalfrequenzen vgl. insbesondere H. M. SCHMIDT: Z. angew. Phys. **2**, 219 (1950). — NICKSON, A. F. B.: J. Sci.
Instr. **29**, 341 (1952). — Hingewiesen sei hier auch noch auf stroboskobische Verfahren zur Frequenzbestimmung. Vgl. hierzu insbesondere F. A. FISCHER: F. T. Z.
3, 174 (1950). — GAVREAU, V.: Ann. Télécomm. **6**, 117 (1951). — WINCKEL, F.:
Forschung **18**, H. 4, 106 (1952). — NICKERSON, J. N.: J. A. S. A. **25**, 796 (1953).

Tabelle 4. I. Schwingungszahlen der temperierten 12stufigen Leiter für $C_2 = 16$, $a^1 = 430{,}54$ (sog. physikalische Stimmung[1])

Töne	C	Cis / Des	D	Dis / Es	E	F	Fis / Ges	G	Gis / As	A	Ais / B	H
Verhältnisse zu C	1	$\sqrt[12]{2}$	$\sqrt[12]{2^2}$	$\sqrt[12]{2^3}$	$\sqrt[12]{2^4}$	$\sqrt[12]{2^5}$	$\sqrt[12]{2^6}$	$\sqrt[12]{2^7}$	$\sqrt[12]{2^8}$	$\sqrt[12]{2^9}$	$\sqrt[12]{2^{10}}$	$\sqrt[12]{2^{11}}$
	1,00000	1,05946	1,12246	1,18921	1,25992	1,33484	1,41421	1,49831	1,58740	1,68179	1,78180	1,88775
Intervalle zu C in Cents	0	100	200	300	400	500	600	700	800	900	1000	1100
Intervallnamen	Prime	Kleine Sekunde	Große Sekunde	Kleine Terz	Große Terz	Quarte	Tritonus	Quinte	Kleine Sexte	Große Sexte	Kleine Septime	Große Septime
Subkontra-Oktave . C_2	16	16,95	17,96	19,03	20,16	21,36	22,63	23,97	25,40	26,91	28,51	30,20
Kontra-Oktave . . C_1	32	33,90	35,92	38,05	40,32	42,71	45,25	47,95	50,80	53,82	57,02	69,41
Große Oktave . . . C	64	67,81	71,84	76,11	80,63	85,43	90,51	95,89	101,59	107,63	114,04	120,82
Kleine Oktave . . c	128	135,61	143,68	152,22	161,27	170,86	181,02	191,78	203,19	215,27	228,07	241,63
1-gestrichene Oktave . c^1	256	271,22	287,35	304,44	322,54	341,72	362,04	383,57	406,37	430,54	456,14	483,26
2-gestrichene Oktave c^2	512	542,45	574,70	608,87	645,08	683,44	724,08	767,13	812,75	861,08	912,28	966,53
3-gestrichene Oktave c^3	1024	1084,89	1149,40	1217,75	1290,16	1366,88	1448,15	1534,27	1625,50	1722,16	1824,56	1933,05
4-gestrichene Oktave c^4	2048	2169,78	2298,80	2435,50	2580,32	2733,75	2896,31	3068,53	3251,00	3444,31	3649,12	3866,11
5-gestrichene Oktave c^5	4096	4339,56	4597,60	4870,99	5160,64	5467,50	5792,62	6137,07	6501,99	6888,62	7298,24	7732,22
6-gestrichene Oktave c^6	8192	8679,12	9195,21	9741,98	10321,27	10935,01	11585,24	12274,13	13003,99	13777,25	14596,48	15464,44

[1] Nach C. STUMPF u. K. L. SCHAEFER. Entnommen dem Handbuch der Physik, herausg. von H. GEIGER u. K. SCHEEL: 8, 448. Berlin 1927.

Tabelle 5. Schwingungszahlen f in Hz und Wellenlängen λ in m der gleichschwebend temperierten Stimmung für $a^1 = 440$ Hz

	C		D		E		F		G		A		H	
	f	λ	f	λ	f	λ	f	λ	f	λ	f	λ	f	λ
C_2	16,35	20,82	18,35	18,54	20,60	16,51	21,83	15,59	24,50	13,89	27,50	12,39	30,87	11,02
C_1	32,70	10,41	36,71	9,27	41,20	8,26	43,65	7,80	49,00	6,94	55,00	6,19	61,74	5,51
C	65,41	5,20	73,41	4,63	82,41	4,13	87,31	3,90	98,00	3,47	110,0	3,10	123,5	2,76
c	130,8	2,60	146,8	2,32	164,8	2,06	174,6	1,95	196,0	1,74	220,0	1,55	247	1,38
c^1	261,6	1,30	293,7	1,16	329,6	1,03	349,2	0,975	392,0	0,868	440,0	0,774	493,9	0,689
c^2	523,3	0,651	587,3	0,579	659,3	0,516	698,5	0,487	784,0	0,434	880,0	0,387	987,8	0,345
c^3	1047	0,325	1175,0	0,290	1319	0,258	1397	0,244	1568	0,217	1760	0,194	1976	0,172
c^4	2093	0,163	2349	0,145	2637	0,129	2794	0,122	3136	0,109	3520	0,097	3951	0,0861
c^5	4186	0,0813	4699	0,0724	5274	0,0645	5588	0,0609	6272	0,054	7040	0,048	7902	0,043
c^6	8372	0,0407	9397	0,036	10548	0,032	11175	0,0305	12544	0,027	14080	0,024	15804	0,022

Unter Benutzung einer Tabelle in F. SCHEMINZKY: Die Welt des Schalles. Salzburg 1943. 2. Aufl. S. 49. — Fünfstellige Schwingungszahltabellen befinden sich im American Institute of Physics Handbook 3—105 (1957). Die Wellenlängen gelten für eine Lufttemperatur von 15° C.

Zur objektiven Frequenzmessung kann man die zu untersuchende Schwingung mit einem elektrischen Schallempfänger aufnehmen und sie dann nach entsprechender Verstärkung oszillographisch aufzeichnen (vgl. Ziff. 31, S. 480). Registriert man auf dem Oszillographenfilm gleichzeitig eine Zeitmarke, so kann man dann durch Auszählen einer Anzahl von Perioden des zu untersuchenden Vorgangs und des Vergleichsvorgangs die Frequenz objektiv ermitteln. Möglich ist es auch, an den Verstärker einen Frequenzmesser, z. B. einen Zungenfrequenzmesser, eine Frequenzmeßbrücke oder einen elektronischen Zähler anzuschließen[1]. Auch kann man LISSAJOUS-Figuren (S. 18) zur Frequenzmessung heranziehen.

---

[1] Über direkt anzeigende Frequenzmesser vgl. F. GUARNASCHELLI u. F. VECCHIACCHI: Proc. I. Rad. Eng. **19**, 659 (1931). — HUNT, F. V.: Rev. Sci. Inst. **6**, 43 (1935). — FECKER, TH.: ENT **13**, 208 (1936). — WAHL, A.: ATMV 3612. — **8**, Juli (1938). — REICH, H. J., u. R. L. UNGVARY: Rev. Sci. Inst. **19**, 43 (1948). — Vgl. ferner über Frequenzmessung bei Tonfrequenz: SCHMIDT, K. H.: A. T. M. V. 3613—1, Nov. 1941; 3613—2, Dezbr. 1941.

Eine fortlaufende Registrierung der Tonhöhe — also insbesondere eine Registrierung der Melodiekurve von Musikstücken, von gesprochenem oder gesungenem Text — ermöglicht der Melodieschreiber von M. GRÜTZMACHER[1]; und zwar wird bei diesem Gerät mit Hilfe einer elektrischen Kippschwingung, die im Augenblick des Nulldurchganges der Schallschwingung jeweils unterbrochen wird, der Abstand der Nulldurchgänge auf einem BRAUNSchen Rohr zur Anzeige gebracht. Mit dem Gerät wurde insbesondere der Tonhöhenverlauf gesprochener und gesungener Worte untersucht (vgl. Abb. 134 u. 135, S. 178).

In der Akustik benutzt man meistens Tonhöhenskalen, die nach einem logarithmischen Maßstab unterteilt sind. Der Grund hierfür liegt in gehörpsychologischen Erscheinungen. Beobachtet man nämlich die Art des Zusammenklangs zweier Töne, so stellt man fest, daß der Zusammenklang dann als sehr rein empfunden wird, wenn das Verhältnis der Frequenzen der beiden Töne sich durch kleine ganze Zahlen ($1:2$, $2:3$, $3:4$ usw.) ausdrücken läßt. Wir werden diese Fragen der Konsonanz zweier Klänge in Ziff. 29, S. 451 eingehender behandeln. Der musikalische Wert einer Tonstufe (eines „Tonintervalls") ist also nicht durch die Frequenzdifferenz zweier Töne, sondern durch das Verhältnis ihrer Schwingungszahlen gegeben. Es empfiehlt sich hiernach eine Tonhöhenskala, welche in geometrischer Progression fortschreitet, die also nach einem logarithmischen Maßstab unterteilt ist. Praktisch benutzt man Logarithmen zur Basis 2, die Skala wiederholt sich also von Oktave zu Oktave. Die Oktaven unterteilt man in gleich große

---

[1] GRÜTZMACHER, M., u. W. LOTTERMOSER: A. Z. **2**, 242 (1937); **3**, 183 (1938); **5**, 1 (1940). — Vgl. auch J. OBATA u. R. KOBAYASHI: Proc. phys.-math. Soc., Japan (3), **21**, 109 (1939). — J. acoust. Soc. Amer. **10**, 147 (1938) — Proc. Phys. Math. Soc. Jap. (3) **22**, 691 (1940); J. A. S. A. **12**, 188 (1940); Proc. Phys. Math. Soc. Jap. **28**, 239 (1941). — BELJERS, H. G.: Philips Techn. Rdschau **7**, 47 (1942). — Verfahren zur laufenden Registrierung des Stimmtons bei Musikdarbietungen: VAN DER POL, B., u. C. C. T. ADDINK: Phil. Techn. Rdschau **4**, 217 (1939). — VECCHIACCHI, F., u. A. BARONE: Rend. R. Acad. Italia **2**, 542 (1940). — BARONE, A.: Ricerca Scient. **10**, 1012 (1939); **11**, 961 (1940). — MURPHY, O. J.: J. A. S. A. **12**, 395 (1941). — TIBY, O., u. A. BARONE: Publ. Minist. Cultura Popolare, Juli 1941. — GRUENZ, O. O., u. L. O. SCHOTT: J. A. S. A. **21**, 487 (1949). — GÜNTHER, W. A.: Frequenzanalyse akustischer Einschwingvorgänge, Zürich (1951). — KALLENBACH, W.: Acustica **1** (A. B.) 37 (1951) (betr. Weiterentwicklung des Tonhöhenschreibers nach M. GRÜTZMACHER u. W. LOTTERMOSER). — DOLANSKY, L. O.: J. A. S. A. **27**, 67 (1954). — MEINEL, H.: Acustica **4**, 233 (1954) (betr. Genauigkeit der Stimmung von Instrumenten). — LOTTERMOSER, W., u. H. J. V. BRAUNMÜHL: Acustica **5** (A. B.) 92 (1955) (betr. laufende Registrierung der Stimmtonfrequenz). — SAKAI, T., u. S. IONUE: J. Inst. Elect. Comm. Eng. Japan **39**, 404 (1956). — — RAPPAPORT, W.: Acustica **8**, 220 (1958). — Über Geräte zur genauen Messung von Tonhöhenschwankungen (insbesondere bei Tonfilmen) vgl. E. W. KELLOGG u. A. R. MORGAN: J. A. S. A. **7**, 271 (1936). — WEBER, K. H. R.: Akust. Z. **4**, H. 1, 1939.

Stufen vom Intervall $\sqrt[12]{2}$. Man nennt eine derartige Tonleiter eine solche mit „gleichschwebender Temperatur".

Unterteilt man die Tonskala streng nach den einfachen Zahlenverhältnissen — so daß also dann die Intervallstufen zum Teil nicht ganz genau identisch werden —, so bezeichnet man die Skala als „rein gestimmt"[1].

In den vorstehenden Tabellen 4 und 5 sind die Schwingungszahlen der verschiedenen Töne der gleichschwebend gestimmten Skala, und zwar in sog. physikalischer Stimmung ($C = 16$ Hz) und in sog. internationaler Stimmung ($a^1 = 440$ Hz) angegeben[2]. Tabelle 4 enthält auch Angaben über Tonintervalle in „Cents". Ein Cent ist das Intervall zwischen zwei Tönen, deren Frequenzverhältnis gleich $\sqrt[1200]{2}$ ist. Das Intervall eines ganzen Tones ist demnach 200 Cents, dasjenige eines halben 100 Cents.

Die wohltemperierte Stimmung, die den Tabellen 4 und 5 zugrunde gelegt ist, wurde von A. Werckmeister (1691) und J. G. Neidhardt (1706) erfunden und insbesondere von J. S. Bach in die Musik eingeführt. Bei dieser Stimmung ist die Oktave, wie erwähnt, in untereinander genau gleiche Intervalle eingeteilt. Teilt man die Tonskala nach den einfachen Zahlenverhältnissen — wie z. B. in der natürlichen diatonischen Durskala — so werden die Intervallstufen nicht genau identisch, so daß Akkorde unrein klingen können. Abb. 83 gibt (nach H. Briner)[3] einen Überblick über die Einteilung der verschiedenen Skalen.

Es sei an dieser Stelle noch darauf hingewiesen, daß von der International Organization for Standardization bestimmte Frequenzen festgelegt wurden, die bevorzugt bei akustischen Messungen benutzt werden sollen[4]. Diese Frequenzen sind in der nachfolgenden Tabelle zusammengestellt.

---

[1] Über musikalische Tonsysteme vgl. insbesondere E. M. v. Hornbostel: Beitr. „Musikal. Tonsysteme" Hdb. d. Phys. VIII, 425, Berlin 1927.

[2] Vgl. A. J. Ellis: Proc. Roy. Soc. Lond. **37**, 368 (1884). — Bemerkt sei, daß man zur bequemen Ermittlung von Tonhöhen in den verschiedenen Stimmungen auch Rechenschieber konstruiert hat [vgl. L. E. Waddington: J. A. S. A. **19**, 878 (1947)].

[3] Briner, H.: Naturwiss. Rdschau H. 5, 188 (1953). — Über musikalische Tonsysteme vgl. weiterhin E. M. v. Hornbostel: Hdb. d. Phys. Bd. **8**, 425, Berlin 1927. — Barbour, J. M.: J. A. S. A. **21**, 586 (1949). — Fokker, A. D.: Acustica **1**, 29 (1951). — Fraunberger, F.: Naturwiss. **39**, 83 (1952). — Vuylsteke, H. A.: J. A. S. A. **24**, 87 (1952). — Moon, P.: J. A. S. A. **25**, 506 (1953). — Simonton, Th. E.: ebdt. 1167 (1953). — Kok, W.: 1. I. C. A. Congr. (1953) S. 229, Harmonische Orgels, Diss. Delft (1955). — Silver, A. L. L.: J. A. S. A. **29**, 476 (1957). — Meinel, H.: Acustica **7**, 185 (1957).

[4] ISO-Conference, Stockholm Juli 1958. — Bemerkt sei noch, daß bei dieser Konferenz auch zweckmäßige Frequenzgruppengrenzen (vgl. Ziff. 29, S. 429) festgelegt wurden.

Tabelle 6: ISO Frequenz-Festlegungen

Bevorzugte Frequenzen	Oktave 1/1	1/2	1/3	Bevorzugte Frequenzen	Oktave 1/1	1/2	1/3	Bevorzugte Frequenzen	Oktave 1/1	1/2	1/3
16	×	×	×	**160**			×	**1600**			×
18				180		×		1800			
20			×	**200**			×	**2000**	×	×	×
22.4		×		224				2240			
25			×	**250**	×	×	×	**2500**			×
28				280				2800		×	
31.5	×	×	×	**315**			×	**3150**			×
35.5				355		×		3550			
40			×	**400**			×	**4000**	×	×	×
45		×		450				4500			
50			×	**500**	×	×	×	**5000**			×
56				560				5600		×	
63	×	×	×	**630**			×	**6300**			×
71				710		×		7100			
80			×	**800**			×	**8000**	×	×	×
90		×		900				9000			
100			×	**1000**	×	×	×	**10000**			×
112				1120				11200		×	
125	×	×	×	**1250**			×	**12500**			×
140				1400		×		14000			
160			×	**1600**			×	**16000**	×	×	×

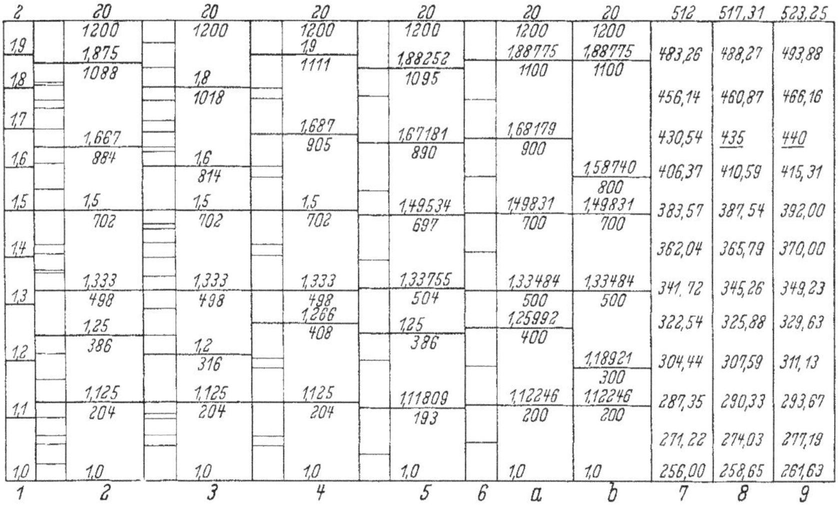

Abb. 83. Übersicht über Tonskalen
1 Logarithmischer Maßstab, 2 Natürliche diatonische Durskala, 3 Natürliche diatonische Mollskala, 4 Pythagoreische Tonleiter, 5 Mitteltönige Skala, 6 Temperierte, a = Dur-, b = Mollskala, 7 Frequenzen der physikalischen Stimmung, 8 Frequenzen der WIENER-Stimmung (a = 435 Hz), 9 Frequenzen nach heutigem Gebrauch (a = 440 Hz)

Auf dem Gebiet der psychologischen Akustik wird, da die subjektive Tonhöhenempfindung weder der Frequenz noch dem Logarithmus der

Frequenz entspricht, auch noch eine anders aufgebaute Skala, die „mel"-Skala verwendet. Als Ausgangspunkt der Skala dient die Tonhöhe eines 1000 Hz-Tons, dessen Stärke 40 db über der Schwelle liegt, diese wird als 1000 mel festgelegt. Durch subjektive Beobachtung wird ermittelt, welche physikalische Frequenz als doppelt so hoch bzw. halb so hoch empfunden wird. Setzt man dann fest, daß die n-mal höher empfundene Tonhöhe eines 1 mel-Tones n mel beträgt, so kommt man zu folgender „mel"-Skala[1]:

Frequenz	mel	Frequenz	mel	Frequenz	mel
20	0	350	460	1750	1428
30	24	400	508	2000	1545
40	46	500	602	2500	1771
60	87	600	690	3000	1962
80	126	700	775	3500	2116
100	161	800	854	4000	2250
150	237	900	929	5000	2478
200	301	1000	1000	6000	2657
250	358	1250	1154	7000	2800
300	409	1500	1296	10000	3075

In Schallfeldern mit fortschreitenden Wellen ist eine unmittelbare Messung der Wellenlänge nicht ohne weiteres möglich, man ermittelt in derartigen Schallfeldern fast immer zunächst die Frequenz und berechnet dann die Wellenlänge gemäß Gl. (91).

Anders liegen die Dinge bei stehenden Wellen, bei diesen ist es häufig sehr einfach, die Wellenlänge zu messen und aus dieser dann gemäß Gl. (91) die Frequenz berechnen.

Klassische Versuche zur Wellenlängenmessung in stehenden Wellen wurden von A. KUNDT[2] ausgeführt. Stäubt man in eine Glasröhre etwas Lykopodiumsamen ein und erregt man die Luft im Glasrohr zu stehenden Schwingungen, so wird der Lykopodiumsamen an allen den Stellen, wo

---

[1] Nach Amer. Inst. of Physics Handbook, New York 1957, S. 3 — 129. — Vgl. insbesondere S. S. STEVENS u. J. VOLKMANN: Ann. J. Psychol. **53**, 329 (1940).

[2] KUNDT, A.: Pogg. Ann. Phys. **127**, 497 (1866). — Vgl. insbesondere auch J. HARTMANN u. B. TROLLE: Kgl. Dansk. Videnskab. Selsk. VII/2 (1925) (betr. besondere Art von Staubfiguren, die dann auftreten, wenn der Rohrdurchmesser größer als die Wellenlänge ist). — IRONS, E. J.: Phil. Mag. (VII) **7**, 523, 873 (1929). — DA C. ANDRADE, E. N.: Proc. Roy. Soc., Lond. (A) **134**, 445 (1931). — Phil. Trans. (A), **230**, 413 (1932). — COOK, R. V.: Phys. Rev. (2) **37**, 1189 (1931). — HASTINGS, R. B., u. D. H. BALL: J. acoust. Soc. Amer. **7**, 59 (1935). — GUITTARD, J.: Acustica **2**, 231 (1952); ebdt. **3**, 22 (1953). — WALLER, M. D.: Nature (London) **174**, 368 (1954) (behandelt speziell die Frage des Einflusses der Teilchengröße auf die Form der Staubbilder).—STASZEWSKI, W.: Acta phys. Polon No. 13, 209 (1954). — CARMAN, R. A.: Amer. J. Phys. **23**, 505 (1955). — KECK, G.: Acustica **5**, 131 (1955) (betr. stehende Wellen in Flüssigkeiten, Wanderung eingelagerter Teilchen in die Knoten bzw. Bäuche). —- ONANG TE-TEHAO: J. Phys. et le Radium **15**, 697

eine nennenswerte Teilchenbewegung stattfindet, fortgeschleudert, während er sich an den Stellen der Bewegungsknoten sammelt (Abb. 84). Der Abstand zweier Knotenstellen entspricht einer halben Wellenlänge. Im KUNDTschen Rohr bildet sich zwischen Schwingungsknoten und Schwingungsbauch eine Luftzirkulation aus, so daß in der Umgebung der Rohrachse eine stationäre Strömung nach den Schwingungsbäuchen hin und längs der Rohrwandungen nach den Knoten hin verläuft[1].

Wellenlängen lassen sich auch auf interferometrischem Wege ermitteln. Vor der Schallquelle wird eine starre schallreflektierende ebene

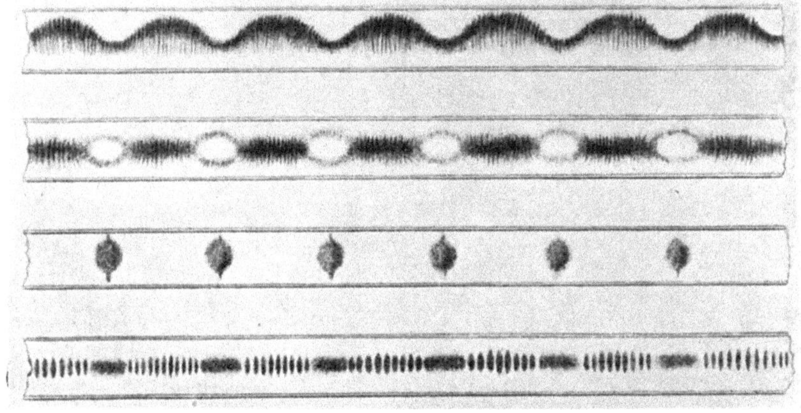

Abb. 84. Staubfiguren in einem Rohr (nach A. KUNDT)

Platte angeordnet, die groß zur Wellenlänge ist (Abb. 85). Verschiebt man nun die Platte allmählich in Richtung auf die Schallquelle zu, so findet dann eine besonders starke Rückwirkung auf die Quelle statt, wenn der Abstand Quelle — Platte ein ganzzahliges Vielfaches der halben

---

Fortsetzung der Fußnote 2 von S. 108.

(1954) (betr. Suspension sehr feiner radioaktiver Teilchen in Flüssigkeiten. Messung der Lage der Knoten und Bäuche auf radiometrischem Weg). — KUBANSKII, P. N.: Z. Techn. Phys. (UdSSR) **27**, 1272 (1957) (betr. Strömungsverhältnisse im KUNDTschen Rohr). — Bemerkt sei noch, daß man auch für Wellenlängenmessungen in festen Stäben die Methode der stehenden Wellen benutzen kann. Die Lage der Knoten kann man dann beispielsweise mit einem Kristalltonabnehmer ermitteln. Vgl. hierzu A. E. BAKANOWSKI u. R. B. LINDSAY: J. A. S. A. **22**, 14 (1950). — Über Analogien zwischen den Vorgängen im KUNDTschen Rohr und Stabbiegewellen vgl. auch S. VOGEL: Acustica **6**, 511 (1956). — KUBANSKII, P. N.: Z. Techn. Phys. (UdSSR) **27**, 1272 (1957).

[1] ANDRADE, E. N. DA C.: Proc. Roy. Soc. Lond. A **134**, 445 (1931). — SCHUSTER, K. u. W. MATZ: A. Z. **5**, 394 (1940) (Formeln für den Zusammenhang zwischen Windgeschwindigkeit und Schnelle bzw. Schalldruck im Rohr). — Zu den Fragen der Strömungen in Schallfeldern vgl. weiterhin noch ECKHARDT, C.: Phys. Rev. **73**, 68 (1948). — INGÅRT, U., u. S. LABATE,: J. A. S. A. **22** 211 (1950). — NYBORG, W. L.: ebdt. **25**, 68 (1953). — MEDWIN, H.: ebdt. **26**, 332 (1954). — GHABRIAL, A. M., u. E. G. RICHARDSON: Acustica **5**, 28 (1955).

Wellenlänge ist. Die Rückwirkung auf die Quelle läßt sich durch einen in der Nähe der Quelle angebrachten Schalldruckmesser ermitteln. Bei elektrischen Schallquellen ist es häufig auch möglich, die Rückwirkung der reflektierenden Wand auf den Sender an der elektrischen Leistungsaufnahme des Senders festzustellen. Dies interferometrische Verfahren wird insbesondere zu Schallwellenmessungen im Ultraschallgebiet mit Vorteil verwendet. Abb. 86 zeigt nach G. W. PIERCE[1] den Verlauf des

---

[1] PIERCE, G. W.: Proc. amer. Acad. Boston **60**, 271 (1925). — Vgl. auch W. H. PIELEMEIER: Phys. Rev. **34**, 1183 (1929). — HUBBARD, J. C., u. A. L. LOOMIS: Phil. Mag. **5**, 1177 (1928). — FREYER, E. B., J. C. HUBBARD u. D. H. ANDREWS: J. Am. Chem. Soc. **51**, 759 (1929). — HUBBARD, J. C.: Phys. Rev. (2) **36**, 1668 (1930); **38**, 1011 (1931). — KNESER, H. O.: Ann. Phys. **11**, 777 (1931); **12**, 1015 (1933). — ZÜHLKE, M.: ebdt. **21**, 667 (1935). — KRANOVSKIN, P.: C. R. Moskau **27**, 214 (1940). — HARDY, H. C.: J. A. S. A. **15**, 91 (1943). — URICK, R. J.: J. Appl. Phys. **18**, 983 (1947). — STEWART, J. L.: Rev. Sc. Instr. **17**, 59 (1946). — McMILLAN, D. R., u. R. T. LAGEMANN: J. A. S. A. **19**, 956 (1947). — FOX, F. E., u. J. L. HUNTER: Proc. Inst. Radio Engs. **36**, 1500 (1948). — FRY, W. J.: J. A. S. A. **21**, 17 (1949) (arbeitet mit einem Quarz als Sender und einem zweiten Quarz als Empfänger). — BOCK, A. DE: Verhdl. Vlaamse Acad. Wetensch. **11**, No. 31 (1949) (Messungen bei tiefen Temperaturen). — ITTERBEEK, A. VAN: Nuovo Cim. **7**, 218, Suppl. 2 (1950). — KNIGHT, J. J.: ebdt. 392. — BELL, J. F.: ebdt. 290. — PETRALIA, S.: ebdt. 705; **9**, 351, 818 (1952); **10**, 817 (1953). — HUNTER, J. L., u. F. E. FOX: J. A. S. A. **22**, 238 (1950). — HUNTER, J. L.: ebdt. 243. — MATTA, K., u. E. G. RICHARDSON: ebdt. **23**, 58 (1951) (Ausmessung der stehenden Wellen mit Hitzdrahtmikrophon). — SMITH, P. W.: J. A. S. A. **24**, 687 (1952) (kritische Wertung der Genauigkeit interferometrischer Verfahren). — MIDUNO, Z., u. K. HUKUDA: Mem. Fac. Sci. Kyusyu Univ. B **1**, 54, 58 (1952). — YASUNAGA, T., u. H. HUKUDA: ebdt. 61. — BARTHEL, R., u. A. W. NOLLE: J. A. S. A. **24**, 8 (1952). — THALER, W. J.: ebdt. 15. — BORGNIS, F. E.: ebdt. 19. — STEWART, J. L., u. E. S. STEWART,: ebdt. 22. — GREENSPAN, N., u. M. C. THOMPSON: ebdt. **25**, 290 (1953) (interferometrische Messungen in Gasen von nur einigen mm Hg). — BELL, J. F. W.: ebdt. 96. — PARBROOK, H. D.: Acustica **3**, 49 (1953) (Messungen in Flüssigkeiten bei Drucken bis etwa 270 Atü). — GRAHAM, G. M.: J. A. S. A. **25**, 1124 (1953). — BERGMANN, L.: Acustica **4**, 591 (1954) (betr. schnellanzeigendes Interferometer, Auszählen der bei Verschiebung des Reflektors durchlaufenen Maxima mit Dezimalzählröhren). — LEON, H.: J. A. S. A. **27**, 1107 (1955) (Interferometer mit festem Abstand des Reflektors und variabler Frequenz). — RICHARDSON, E. G.: Research, Lond. **9**, 249 (1956). — STELTER, J., u. E. PFENDE: Forsch. Ber. Nordrh. Westf. **1956**, No. 280. — SOLOVEV, V. A.: Akust. Z. (UdSSR) **2**, 285 (1956). — CAROME, E. F., F. A. GUTOWSKI u. D. E. SCHUELE: Amer. J. Phys. **25**, 556 (1957). — BARONE, A.: Nuovo Cim. (10) **5**, 717 (1957). — BORGNIS, F. E.: Acustica **7**, 151 (1957). — TAIT, R. J.: ebdt. 193. — ITTERBEEK, A. VAN, u. J. ZINK: Appl. Sci. Res. (A) **7**, 375 (1958) (Interferometer für hohe Drücke). — ESPINOLA, R. P., u. P. C. WATERMAN: J. appl. Phys. **29**, 718 (1958). — ISAEV, A. A., I. G. MIKHAILOV u. A. S. KHIMUNIN: Akust. Z. (UdSSR) **4**, 363 (1958). — ITTERBEEK, A. VAN, u. W. VAN DAEL: Bull. Inst. Int. Froid. Annexe 1958-1, 295. — SREEKANTATH, G. M.: J. sci. Instr. **36**, 330 (1959). — Hingewiesen sei hier auch noch auf eine Methode zur Aufzeichnung von Änderungen der Schallgeschwindigkeit in Seewasser, die auf Messung der Phasendifferenz zwischen gesendetem und empfangenem Signal besteht: W. D. CHESTERMAN u. M. J. GIBSON: Acustica **8**, 44 (1958).

Anodenstroms eines Piezoquarzsenders bei verschiedenem Abstand der reflektierenden Platte; die durch die Rückwirkung bedingten Schwankungen sind deutlich zu sehen. Wenn eine große Meßgenauigkeit erzielt werden soll, ist es erforderlich, das Interferometer mit hoher Präzision auszuführen, insbesondere muß die Platte genau parallel zum Sender liegen.

Interferometrische Wellenlängenmessungen können bei Luftschall und in Gasen auch im Gebiet des Hörschalls durchgeführt werden. Abb. 87 zeigt eine derartige Anordnung (nach P. W. Smith)[1].

Die Messung erfolgt in einem Messingrohr von etwa 1,5 m Länge und etwa 7 cm $\varnothing$. Das Rohr ist durch einen verschiebbaren Kolben (K) abgeschlossen. Zur Schallerzeugung dient ein elektrodynamischer Lautsprecher (L). Der Gaseintritt er-

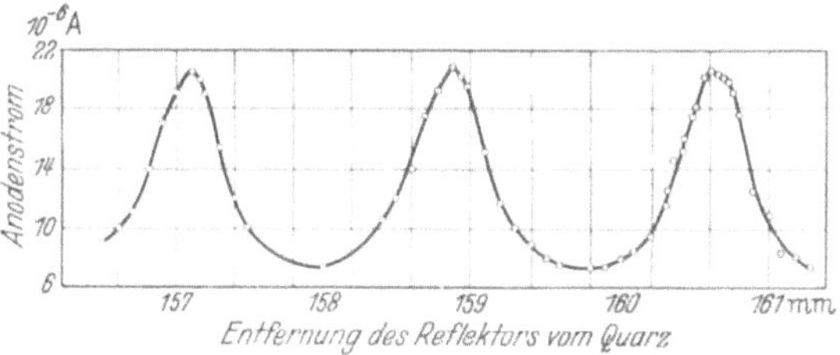

Abb. 85. Interferometrische Wellenlängenmessung ($Q =$ Quarzsender, $R =$ Reflektionsplatte, $F =$ Feinverschiebung der Platte R)

Abb. 86
Interferometrische Wellenlängenmessungen für Ultraschall: Rückwirkung bei verschiedener Stellung der Reflektionsplatte (nach G. W. Pierce)

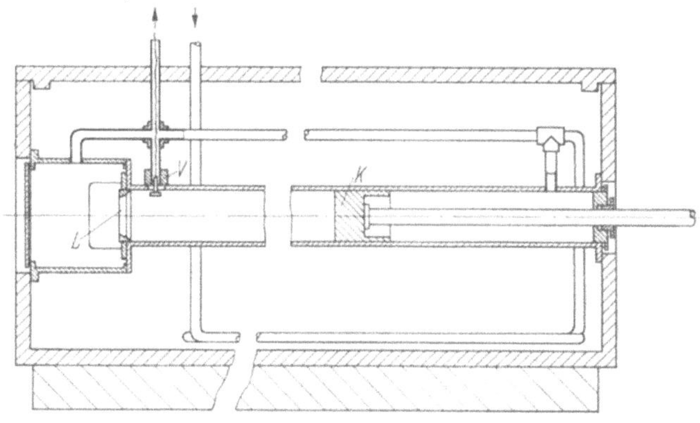

Abb. 87. Interferometer für Hörschall (L Lautsprecher, V Ventil, K verschiebbarer Kolben) (nach P. W. Smith)

folgt durch das Ventil V. Bei konstant gehaltener Frequenz hängt die Impedanz des Lautsprechers von der Stellung des Kolbens ab. Für

---

[1] Smith, P. W.: J. A. S. A. 25, 81 (1953).

Punkte, die ein ganzzahliges Vielfaches einer halben Wellenlänge auseinander liegen, besitzt sie den gleichen Wert. Mit der Anordnung läßt sich eine hohe Genauigkeit erreichen.

Zur Messung der Wellenlänge von Ultraschall, insbesondere in Flüssigkeiten, können die von P. DEBYE und F. W. SEARS und unabhängig auch von R. LUCAS und P. BIQUARD[1] entdeckten optischen Beugungs-

---

[1] DEBYE, P., u. F. W. SEARS: Proc. Nat. Acad. Sci., Wash. 18, 410 (1932). — LUCAS, R., u. P. BIQUARD: J. Phys. Radium 3, 464 (1932). — Vgl. auch L. BRILLOUIN: La diffraction de la lumière par les Ultra sons. Paris 1933. — LUCAS, E., u. P. BIQUARD: Rev. d'Acoustique 3, 198 (1934). — RAMAN, C. V., u. N. S. NAGENDRA-NATH: Proc. Ind. Acad. Sci. 2, 406 (1935); 3, 75 (1936). — PARTHASARATHY, S.: Proc. Ind. Acad. Sci. A 3, 442, 594 (1936). — EXTERMANN, R., u. G. WANNIER: Helv. Phys. Acta 9, 520 (1936). — BECKER, H. E. R.: Ann. Phys. (V) 25, 273 (1936). — KORFF, W.: Phys. Z. 37, 708 (1936). — NAGENDRA-NATH, N. S.: A. Z. 4, 263, 289 (1939). — NOMOTO, O.: Proc. Phys. Math. Soc. Jap. (3) 22, 414 (1940). — BHAGAVANTAM, S., u. B. R. RAO: Nature 158, 267 (1947). — SETTE, D.: Nuovo Cimento 5, 493 (1948). — WILLARD, G. W.: J. A. S. A. 21, 101 (1949). — AGGARWAL, R. R.: Proc. Ind. Acad. Sci. 31, 417 (1950). — AGGARWAL, R. R., u. S. PARTHASARATHY: Acustica 1, 75 (1951). — AGGARWAL, R. R.: ebdt. 2, 20 (1952). — HEINEMANN, E.: Optik 9, 486 (1952). — THASKÖPRÜLÜ, N. S.: Rev. Fac. Sci. Univ. Istanbul A 18, 143 (1952) (Messung durch Vergleich der Beugungsbilder mit Bildern einer Substanz bekannter Schallgeschwindigkeit unter Verwendung einer Doppelküvette). — CARRELLI, A., u. F. PORRECA: Nuovo Cim. 10, 883 (1953). — CARRELLI, A., u. F. PORRECA: ebdt. 1406. — BATHIA, A. B., u. W. J. NOBLE: Proc. Roy Soc. (A) 220, 356, 369 (1953) (eingehende theoretische Untersuchung, ausführliche Literaturangaben). — KOLB, J., u. A. P. LOEBER: J. A. S. A. 26, 249 (1954). — LOEBER, A. P., u. E. A. HIEDEMANN: ebdt. 257. — ITTERBEEK, A. VAN, G. J. VAN DEN BERG u. W. LIMBURG: Physica 20, 307 (1954) (Untersuchungen bei tiefen Temperaturen in N_2, H_2, He). — RAO, B. R., u. K. S. RAO: Proc. Ind. Acad. Sci. (A) 39, 132 (1954). — CARRELLI, A., u. G. BRANCA: Nuovo Cim. 11, 590 (1954). — MURTY, J. S.: J. A. S. A. 26, 970 (1954). — PARTHASARATHY, S., u. H. SINGH: Annales de Physique 9, 382 (1954). — CARRELLI, A., u. F. PORRECA: Nuovo Cim. 1, 527 (1955). — IYENGAR, K. S.: Proc. Indian Acad. Sci. 41, 25 (1955). — RAO, C. R.: ebdt. 42, 158 (1955). — MERTENS, R.: ebdt. 42, 195 (1955). — RAO, C. R.: ebdt. 42, 331 (1955). — WAGNER, E. H.: Z. Phys. 141, 604, 622; 143, 249, 412 (1955). — PARTHASARATHY, S., C. B. TIPNIS, u. M. PANCHOLY: Z. Phys. 142, 14 (1955); 140, 156 (1955). — NOURY, J.: J. Phys. Radium 17, 166 (1956) (Messungen bis 1200 Atü). — LOEBER, A. P., u. E. A. HIEDEMANN: J. A. S. A. 28, 27 (1956). — TERRY, N. S.: Acustica 6, 521 (1956) (schnellarbeitendes Fotozellenverfahren zur Schallgeschwindigkeitsmessung an amplitudenmodulierten fortlaufenden Wellen, Fotozellenanzeige hängt von der einstellbaren Frequenz der Amplitudenmodulation und der Schallgeschwindigkeit ab). — DUTTA, A. K., B. C. RAY u. H. K. ROUT: Nature 177, 1227 (1956). — RAO, B. R., u. J. S. MURTY: ebdt. 178, 160 (1956). — RAJU, M. R., u. B. R. RAO: Curr. Sci. 25, 390 (1956). — PHARISEAU, P.: Physica 23, 651 (1957). — PHARISEAU, P.: ebdt. 1103. — MIKHAILOV, P. G., u. V. A. SHUTILOV: Akust. Z. (UdSSR) 3, 203 (1957). — SAMAL, K.: Acustica 7, 251 (1957). — BREAZEALE, M. A., u. E. A. HIEDEMANN: Naturwiss. 45, 157 (1958). — ZANKEL, K. L., u. E. A. HIEDEMANN: Naturwiss. 45, 157 (1958). — BREAZEALE, M. A., u. E. A. HIEDEMANN: J. A. S. A. 30, 751 (1958). — MILLER, R. B., u. E. A. HIEDEMANN: ebdt. 1042. — BREAZEALE, M. A., B. D. COOK u.

erscheinungen herangezogen werden. Schickt man gemäß Abb. 88 plan-
paralleles monochromatisches Licht durch einen Ultraschallwellenzug
senkrecht hindurch, so machen sich Beugungseffekte (Abb. 89) bemerkbar. Die Beugungserscheinungen kommen dadurch zustande, daß die
in den Schallwellen vorhandenen periodisch aneinander gereihten Stellen
wechselnder Dichte (also auch wechselnden Brechungsindex) ähnlich wie
ein Strichgitter wirken. Bezeichnet man mit
λ die Schallwellenlänge in der Flüssigkeit
und mit Λ die Wellenlänge des Lichts, so
gilt für den Beugungswinkel α_k des Bildes
k-ter Ordnung

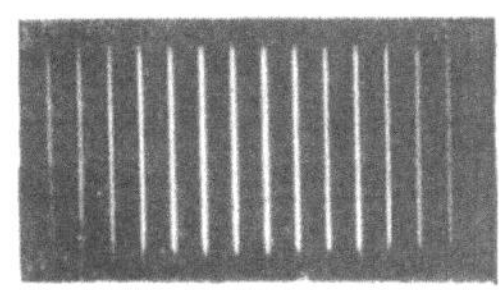
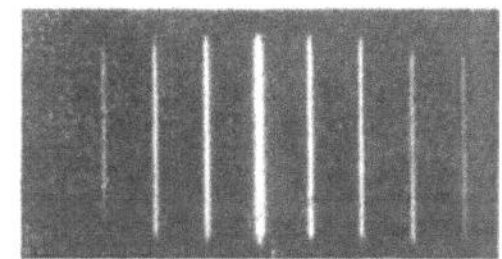

$$\sin \alpha_k = k \cdot \frac{\Lambda}{\lambda} \, . \qquad (92\,\text{a})$$

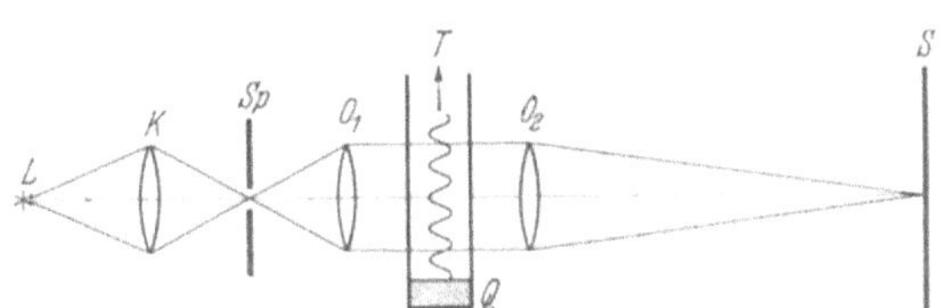

Abb. 88
Anordnung zur Lichtbeugung an Ultraschallwellen

Abb. 89. Mit Schallwellen in
Xylol erhaltene Beugung-
bilder (nach L. BERGMANN)

Ist der Abstand A des Schirms vom Schallwellengitter groß gegen den
Abstand d_K des k-ten Beugungsbildes vom Zentralbild, so gilt

$$d_k = k \cdot \frac{\Lambda}{\lambda} \, . \qquad (92\,\text{b})$$

Genau symmetrische Interferenzerscheinungen treten nur dann auf,
wenn der Lichtstrahl genau senkrecht zur Fortpflanzungsrichtung des
Schalls liegt. Bei schrägem Einfall werden dann, wenn das Schall-

---

Fortsetzung der Fußnote 2 von Seite 112

E. A. HIEDEMANN: Naturwiss. **45**, 537 (1958). — MAYER, W. G., u. E. A. HIEDE-
MANN: J. A. S. A. **30**, 756 (1958). — BREAZEALE, M. A., u. E. A. HIEDEMANN:
J. A. S. A. **31**, 24 (1959). — ZANKEL, K. L., u. E. A. HIEDEMANN: ebdt. 44. —
PARTHASARATHY, S., u. C. B. TIPNIS: Nature **182**, 1795 (1958). — MERTENS, R.:
Proc. Ind. Acad. Sci. (A) **48**, 288 (1958). — RAO, B. R., J. S. MURTY: Z. Phys. **152**,
440 (1958). — MIKHAILOV, I. G., u. V. A. SHUTILOV: Akust. Z. (UdSSR) **5**, 77 (1959).
— HARGROVE, L. E., K. L. ZANKEL u. E. A. HIEDEMANN: J. A. S. A. **31**, 1366
(1959). — BARNES, J. M., W. G. MAYER u. E. A. HIEDEMANN: J. opt. Soc. Am.
48, 663 (1958).

bündel hinreichend breit ist, dem BRAGG-Typ der Röntgenbeugung ähnliche Interferenzen beobachtet[1].

Der in Abb. 89 dargestellte Lichtbeugungseffekt bietet weiterhin die Möglichkeit, die Helligkeit eines Lichtstroms dadurch zu modulieren, daß man die Schwingungsamplitude des Sendequarzes in der gewünschten Weise steuert[2]. Die Beugungsbilder höherer Ordnung werden unterdrückt; in der nullten Ordnung erhält man dann einen intensitätsmodulierten Lichtstrom. Die obere Frequenzgrenze des Verfahrens ist durch die Aufbauzeit des Schallgitters bedingt. Man benutzt das Verfahren zur Lichtmodulation an Stelle einer Kerrzelle (vgl. Ziff. 30, S. 465).

Da aus der Wellenlänge bei bekannter Frequenz mit Hilfe der Beziehung $c = f \cdot \lambda$ die Schallgeschwindigkeit berechnet werden kann, stellt das Schallbeugungsverfahren auch ein sehr wichtiges und viel verwendetes Hilfsmittel zur genauen Bestimmung der Schallgeschwindigkeit dar.

Weitere, auf optischen Erscheinungen fußende Verfahren zur Wellenlängenmessung sind das Verfahren der „sekundären Interferenzen" und das „Amplitudengitterverfahren".

Bei dem erstgenannten mit dem DEBYE-SEARS-Verfahren verwandten Verfahren[3] durchstrahlt man die Meßküvette mit in sich und zur Schallwellenfront genau parallelem Licht. Die im stehenden Schallfeld aneinandergereihten Streifen wechselnder Dichte wirken dann auf das Licht wie Zylinderlinsen, welche das Licht konvergent machen, und

---

[1] Die Theorie der BRAGGschen Reflexion von Licht an Ultraschallwellen ist ausführlich behandelt bei E. H. WAGNER: Acustica **6**, 17 (1956) (dort weitere Literaturangaben).

[2] BIQUARD, P.: Brev. Franc. 752910 (1932). — KAROLUS, A.: U. S. A. Pat. 2084201 (1933). — SCOPHONY, L., u. J. H. JEFFREE: Brit. Pat. 439236 (1934). — BECKER, H. E. R.: Z. Hochfr. **48**, 89 (1936). — OTTERBEIN, G.: E. T. Z. **60**, 161 (1941). — CAMBI, E.: Ric. Sci. **12**, 368 (1941). — BARONE, A.: ebdt. 678. — GIACOMINI, A.: Alta Frequenza **12**, 409 (1943). — Ric. Scient. **15**, Nr. 1 (1945) (betr. besonders lichtstarke Zelle mit 3 mosaikartig angeordneten Quarzen). — SETTE, D.: Ric. Sci. **18**, H. 1 u. 2 (1948).

[3] BACHEM, CH., E. HIEDEMANN u. H. R. ASBACH: Z. Phys. **87**, 734 (1934). — ASBACH, H. R., CH. BACHEM u. C. HIEDEMANN: Z. Phys. **88**, 395 (1934). — HIEDEMANN, E., H. R. ASBACH u. K. H. HOESCH: Z. Phys. **90**, 322 (1934). — SEIFEN, N.: Z. Phys. **108**, 681 (1938). — SCHREUER, E.: A. Z. **4**, 215 (1939). — Für das Verfahren ist genaue Parallelität der Reflexionsfläche mit dem Quarz sehr wichtig. — Wie A. GIACOMINI (Rend. Acad. Lincei (VIII) **2**, 791 (1947); Ric. Scient. **17**, No. 6 (1947); **18**, Nr. 7 (1948); Atti. Congr. Cinquent. Marconi, S. 301. Rom 1948) zeigte, ist vorteilhaft eine Anordnung, bei der man zwei hintereinanderliegende gegenläufige Schallbündel verwendet, die man mit zwei verschiedenen durch dieselbe Spannung betriebenen Quarzen erregt. Diese Anordnung ermöglicht Messungen in größeren Frequenzbereichen ohne komplizierte Neujustierungen. — Vgl. weiterhin ALLEGRETTI, L.: Ric. Scient. **18**, 995 (1948). — WILLARD, G. W.: J. A. S. A. **23**, 83 (1951). — HEINEMANN, E.: Optik **9**, 379 (1952). — TAMM, K., u. H. G. HADDENHORST: Acustica **4**, 653 (1954) (betr. Auszählen der Streifen mittels Fotozelle und elektronischem Zähler. — SREEKANTATH, G. M.: Brit. J. appl. Phys. **10**, 191 (1959).

man bekommt so auf einem in geeigneter Entfernung hinter der Küvette stehenden Schirm eine optische Abbildung des Schallwellengitters.

Das zweitgenannte, besonders einfache und sehr genaue Verfahren[1] ist in Abb. 90 dargestellt. Von einem Spalt S fällt ein divergentes Lichtbündel durch die stehende Schallwelle. Ist der Abstand des Quarzes Qu von der Reflexionsplatte P ein ganzzahliges Vielfache der Wellenlänge, so entsteht zwischen P und Q eine stehende Welle, und man beobachtet auf der Mattglasscheibe G ein Streifensystem. Dreht man an der Mikrometerschraube M, so verschiebt sich das Streifensystem. Zählt man die Anzahl der Streifen, die sich bei einer bestimmten Verschiebung durch eine Marke auf G bewegen, so läßt sich die Wellenlänge ermitteln.

Die optischen Erscheinungen an Ultraschall sind von großer allgemeiner Bedeutung. Abgesehen von der durch diese Effekte gegebenen Möglichkeit, Wellenlängenmessungen — und damit also auch bei bekannter Frequenz Schallgeschwindigkeitsmessungen — an sehr kleinen Materialmengen durchzuführen, kann man mit ihrer Hilfe auch wichtige Aufschlüsse über die Schwingungseigenschaften durchsichtiger Körper (z. B. Glas, Piezoquarz u. dgl.) gewinnen[2].

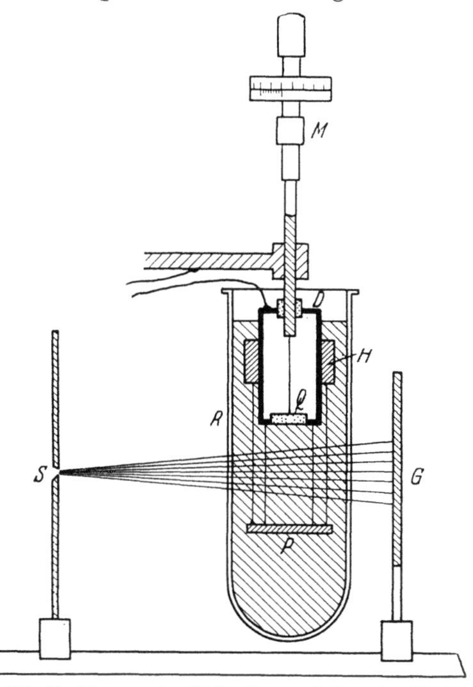

Abb. 90. Messung der Wellenlänge mit dem Amplitudengitterverfahren (R Reagenzglas, Q Quarz, P Reflexionsplatte, H Halterung, M Mikrometerschraube, S Spalt, G Gitterabbildung (nach W. Schaaffs)

---

[1] Bergmann, L., u. H. J. Goehlich: Phys. Z. **38**, 9 (1937). [Die Möglichkeit von Abbildungen dieser Art wurde — mit parallelem Licht — zuerst von O. Nomoto: Proc. Phys. Math. Soc. Jap. **18**, 402 (1936) nachgewiesen. Vgl. auch R. Bär: Helv. Phys. Acta **9**, 265 (1936).] — Schaaffs, W.: Z. Naturf. **3a**, 396 (1948).

[2] Vgl. C. L. Schaefer u. L. Bergmann: Berl. Ber. X, 152 (1934); XIII, 192 (1934); XII, 222 (1935). — Bergmann, L.: Z. techn. Phys. **17**, 441 (1936). — Bergmann, L.: Der Ultraschall. S. 407ff. Stuttgart 1949. — Barnes, J. M., u. E. A. Hiedemann: J. A. S. A. **28**, 1218 (1956). — Gates, H. F., u. E. A. Hiedemann: ebdt. 1222. — Schilling, K.: 2. Intern. Kolloq. Hochsch. Ilmenau 1957, S. 90. — Barnes, J. M., W. G. Mayer u. E. A. Hiedemann: J. opt. Soc. Amer. **48**, 663 (1958).

8*

Die Messung der Ausbreitungsgeschwindigkeit akustischer Wellen kann durch Beobachten der Zeitdifferenz des Eintreffens eines Signals an zwei in einem gewissen Abstand liegenden Beobachtungsstellen erfolgen. Wird mit $t_2 - t_1$ die Laufzeit des Schalls und mit $x_2 - x_1$ die Entfernung der beiden Meßstellen bezeichnet, so gilt

$$v = \frac{x_2 - x_1}{t_2 - t_1}.$$

Zur Erzielung einer hohen Meßgenauigkeit ist eine Meßbasis genügender Länge und eine genaue Laufzeitmessung erforderlich. Man nimmt das Signal an den beiden Beobachtungsstellen mit elektrischen Schallempfängern auf und leitet es einem Oszillographen zu, aus dem Oszillogramm läßt sich dann, wenn man gleichzeitig noch eine Schwingungskurve bekannter Frequenz aufzeichnet, die Laufzeit sehr genau ermitteln. Man kann zur Laufzeitbestimmung auch die für Echolote benutzten Kurzzeitmesser (vgl. S. 254) verwenden[1]. Die oszillographische Bestimmung der Laufzeit akustischer Wellen kann — bei bekannter Schallgeschwindigkeit — auch zur Feststellung des Ortes einer Schallquelle von einer entfernten Meßbasis aus benutzt werden. Registriert man das zeitliche Eintreffen des Signals an drei Meßpunkten, so ergibt sich die Lage der Schallquelle aus den Zeitdifferenzen des Eintreffens an den Meßstellen als Schnittpunkt von Hyperbeln[2]. Eine interessante Anwendung dieses Schallmeßverfahrens wurde von W. W. STIFLER und W. F. SAARS[3] zur Ermittelung der Position von auf dem Ozean in Seenot geratenen Flugzeugen geschaffen: Durch Registrierung des Knalls einer in etwa 4000 Fuß Tiefe unter dem gewasserten Flugzeug zur Detonation gebrachten kleinen Sprengladung an mehreren genügend weit auseinander liegenden Meßstellen an der Küste kann die Lage der in Not gera-

---

[1] Es sei hier auch noch auf ein von M. REICH und O. STIERSTADT (Phys. Z 32., 124 (1931)) angegebenes Verfahren zur Schallgeschwindigkeitsmessung hingewiesen, bei dem der Binauraleffekt des Gehörs (vgl. Ziff. 29, S. 455) zur Kurzzeitmessung herangezogen wird. — Die Genauigkeit dieses Verfahrens reicht aber an diejenige der interferometrischen oder auch der optischen Verfahren — die höher als $1^0/_{00}$ ist — nicht heran. — Zu bemerken ist auch noch, daß das in der Arbeit verwendete mit einem Ansatz von $1/_4 \lambda$ versehene Rohr durchaus nicht — wie die Autoren annahmen — frei von Reflexion ist. [Vgl. E. SKUDRZYK: A. Z. 4, 176 (1939).]

[2] Über dies „Schallmeßverfahren" vgl. insbesondere R. BERGER: Die Schalltechnik, S. 81ff. Braunschweig 1926. — Vgl. auch C. G. CURTIS: Quart. J. Mech. 7, 129 (1954).

[3] STIFLER, W. W., u. W. F. SAARS: Electronics June 1948, S. 98. Das Verfahren trägt den Namen „Sofar" (Sound Fixing and Ranging). — Das Verfahren kam auf dem Pazifik in mittleren Breiten zur Anwendung, dort treten infolge von besonderen Temperaturschichtungen (vgl. Ziff. 22, S. 272) die erwähnten großen Reichweiten auf. Die Position kann auf wenige Meilen genau ermittelt werden.

tenen Maschine auf Entfernungen bis über 2000 Seemeilen ermittelt werden. Die außerordentliche Reichweite der Signale kommt durch abnorm günstige Schallbrechungsverhältnisse in dieser tiefen Schicht des Ozeans zustande (vgl. S. 278).

Durch Laufzeitmessungen läßt sich die Schallgeschwindigkeit bereits an extrem kurzen Meßstrecken von nur wenigen cm Länge sehr genau ermitteln, wenn man die in der Radartechnik hochentwickelten Impulsmethoden zu Hilfe nimmt[1]. Man sendet beispielsweise zur Schallgeschwindigkeitsmessung in einer Flüssigkeit einen kurzen Wellenzug sehr hoher Frequenz von einem Piezoquarz aus und empfängt ihn nach Durchlaufen einer kurzen Meßstrecke mit einem zweiten Quarz. Sendeimpuls und Empfangsimpuls bildet man dann zeitlich auseinandergezogen auf dem Leuchtschirm eines BRAUNschen Rohres ab. Man kann auch so vorgehen, daß man den ausgesandten Impuls an einer Reflexionsfläche reflektiert und mit dem inzwischen auf Empfang umgeschalteten Sendequarz aufnimmt.

---

[1] ROSENBERG, J. P.: Rad. Lab. M. I. T. Rep. 56, Nov. 1945. — PELLAM, J. R., u. J. K. GALT: J. Chem. Phys. **14**, 608 (1946) (die beiden Arbeiten behandeln Schallgeschwindigkeitsmessungen in Flüssigkeiten mit dem Impulsverfahren). — HUNTINGTON, H. B.: J. appl. Phys. **19**, 101 (1948) (Messungen an Einkristallen) — J. A. S. A. **20**, 424 (1948) (Messungen an Quecksilber in Röhren). — PRICE, J. W.: Phys. Rev. **75**, 946 (1949) (Messungen an Rochellesalz). — ADOLPH, R., u. H. O. KNESER: Z. angew. Phys. **1**, 382 (1949). — McSKIMIN, H. J.: J. A. S. A. **22**, 413 (1950); ebdt. **23**, 429 (1951) (Messung der Ausbreitungskonstante in Kunststoffen). — ATKINS, K. R., u. C. E. CHASE: Proc. Phys. Soc. (A) **64**, 826 (1951) (Messungen im flüssigen Helium im Gebiet des λ-Punktes). — LENIHAN, J. M. A.: Acustica **2**, 205 (1952) (Luftschall). — GATFIELD, E. N.: Electronic Eng. **24**, 390 (1952). — McLOUGHLIN, R. C., u. J. R. CHILES: J. A. S. A. **25**, 732 (1953) (Luftschallmessungen an einer Laufstrecke von etwa 1 m Länge). — FILTER, J. H. J.: Electronics **26**, 152 (1953) (Messung der Schallgeschwindigkeit in Betonbalken mit 2 Tonabnehmern). — SCHMAUCH, H., u. W. BENTZ: Z. angew. Phys. **6**, 168 (1954). — LIVENGOOD, J. C., T. P. RONA u. J. J. BARUCH: J. A. S. A. **26**, 824 (1954) (Schallgeschwindigkeitsmessung im Innern eines Verbrennungsmotors zwecks Bestimmung der Momentantemperatur der Gase). — CHUIKIN, E. I.: J. Techn. Phys. (UdSSR) **24**, 1125 (1954). — GABRIELLI, I., u. L. VERDINI: Ric. Scient. **25**, 1152 (1955) (Meßmethode mit konstant gehaltener Laufzeit, besonders für Temperaturabhängigkeitsmessungen geeignet). — McCONNELL, R. A., u. W. F. MRUK: J. A. S. A. **27**, 672 (1955) (Messungen in Flüssigkeitsvolumen von nur etwa 0,1 cm³). — GREENSPAN, M., u. C. E. TSCHIEGG: J. Res. Nat. Bur. Stand. **59**, 249 (1957). — McSKIMIN, H. J.: J. A. S. A. **29**, 1185 (1957). — WILLIAMS, J., u. J. LAMB: ebdt. **30**, 308 (1958). — NOVITSKII, B. G., u. V. M. FRIDMAN- Akust. Z. (UdSSR) **3**, 92 (1957). — LUTSCH, A.: Acustica **8**, 387 (1958) (betr. Messungen in Seewasser in verschiedenen Tiefen). — GREENSPAN, M., u. C. E. TSCHIEGG: Bull. Nat. Bur. Stand. **42**, 38 (1958). — FORGACS, R. L.: Proc. Nat. Electron. Conf. **14**, 528 (1958). — POLOTSKII, I. G., V. F. TABOROV u. Z. L. KHODOV: Akust. Z. (UdSSR) **5**, 202 (1959). — McSKIMIN, H. J.: J. A. S. A. **31**, 287 (1959) (Messungen in Festkörpern bei Temperaturen bis 350 °C).

In Abb. 91 (nach J. R. PELLAM und J. K. GALT)[1] ist ein derartiges Impulsmeßverfahren dargestellt. Durch einen Impulsgenerator wird ein 15 MHz-Quarz zur Aussendung kurzer Wellenzüge von etwa 1,5 mm

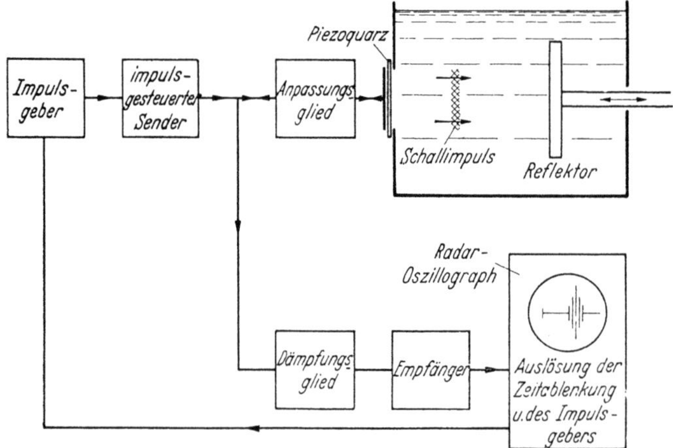

Abb. 91. Impulsmeßmethode zur Bestimmung der Schallgeschwindigkeit (nach J. R. PELLAM u. J. K. GALT)

Gesamtlänge angeregt. Ein Steuerquarz verdunkelt alle 12,192 μsec den Lichtfleck des Oszillograph, so daß auf dem Schirm scharf begrenzte, äquidistante Zeitmarken entstehen. Man stellt nun den Abstand der Reflektorplatte zunächst so ein, daß eine markante Zacke des Oszillogramms des reflektierten Schalls genau auf die Zeitmarke fällt. Dann verdreht man eine Mikrometerschraube an der Reflexionsplatte so weit, daß die Zacke genau auf die nächste Zeitmarke fällt. Aus der Verstellung der Mikrometerschraube und dem Abstand der Zeitmarken kann man die Schallgeschwindigkeit mit einer Genauigkeit von mehr als 1$^0/_{00}$ ermitteln.

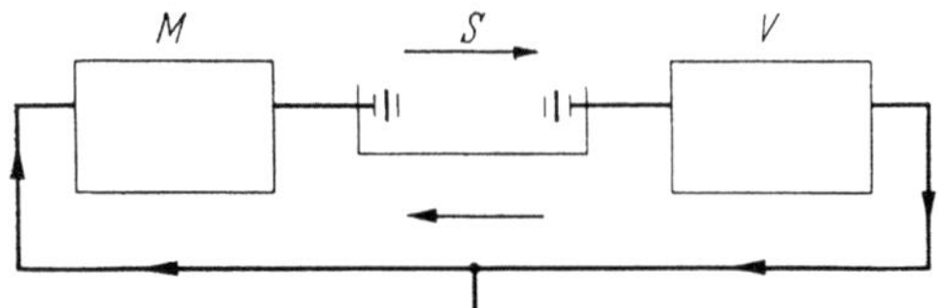

Abb. 92. „Sing-around-Methode" zur Schallgeschwindigkeitsmessung (M Multivibrator, S Meßstrecke, V Verstärker) (nach R. L. HANSON)

Eine spezielle Form des Impulsverfahrens ist die „Sing-around-Methode"[2]. Bei diesem Verfahren wird durch den Multivibrator M (Abb. 92) ein kurzer Schallimpuls auf die Meßstrecke S gegeben, der

---

[1] Siehe Anm. 1 auf S. 117.

[2] Vgl. R. L. HANSON: J. A. S. A. **21**, 60 (1949). — CEDRONE, N. P., u. D. R. CURRAN: ebdt. **26**, 963 (1954). — TSCHIEGG, C. E., u. M. GREENSPAN: ebdt. **28**, 158 (1956). — FICKEN, G. W., u. E. A. HIEDEMANN: ebdt. 921 (dort weitere Literatur). — GREENSPAN, M., u. C. E. TSCHIEGG: Rev. Sci. Instr. **28**, 897 (1957). — MYERS, A., L. MACKINNON u. F. E. HOARE: J. A. S. A. **31**, 161 (1959).

Impuls wirkt nach Durchlaufen der Strecke auf den Verstärker V, der auf dem Multivibrator rückgekoppelt ist, so daß nach Eintreffen des Impulses am rechten Ende der Meßstrecke ein neuer Impuls auf den Anfang der Strecke erfolgt. Die Schallgeschwindigkeit ergibt sich dann aus der Länge der Strecke und der Frequenz des „singing-around".

Die Impulsverfahren ermöglichen umgekehrt auch den Aufbau von Zeitnormalen: Man gibt mit einem Sendequarz auf einen Stab[1] oder auf eine in einem Rohr eingeschlossene Flüssigkeit[2] einen kurzen Impuls und nimmt ihn nach entsprechender Laufzeit am Ende der Laufstrecke mit einem zweiten Quarz wieder ab. Derartige Laufstrecken („Verzögerungsstrecken", „Delay Lines") arbeiten mit sehr hoher Präzision.

Für Laufstrecken, die aus festem Material bestehen, sind am besten geschmolzener Quarz oder Aluminium bzw. Magnesiumlegierungen, die besonders geringe Dämpfung besitzen, geeignet. Für Delay Lines mit Flüssigkeiten benutzt man meistens Quecksilber.

Akustische Laufstrecken lassen sich auch zu beliebig langer Speicherung von Impulsfolgen verwenden, wenn man den am Ende der Laufstrecke mit einem Quarz abgegriffenen Impuls über einen Verstärker wieder auf den Anfang gibt. Derartige Ultraschallaufstrecken finden als „Gedächtnis" elektronischer Rechenmaschinen Verwendung[3].

Ein anderes Verfahren, das mit sehr kleinen Proben in Platten- oder Scheibenform auskommt, läßt sich im Ultraschallgebiet ausnutzen: Eine

---

[1] Vgl. D. ARENBERG: M. I. T. Rad. Lab. Rep. 932, April 1946; J. A. S. A. **20**, 1 (1948). — GERDIEN, H., u. W. SCHAAFFS: Frequenz **2**, 49 (1948) (Elinvarstab). — METZ, F. A., u. W. M. A. ANDERSEN: Electronics **22**, July 1949, S. 96. — MAPLETON, R. A.: J. appl. Phys. **23**, 1346 (1952); J. A. S. A. **25**, 516 (1953). — MEBS, R. W., J. H. DARR u. J. D. GRIMMSLEY: J. Res. Nat. Bur. Stand. **51**, 209 (1953) (betr. metallische Delay-Lines). — SPAETH, D. A., T. F. ROGERS u. S. J. JOHNSON: Electronics **26**, 151, Dec. 1953 (Quarzglas). — MAY, J. E.: J. A. S. A. **26**, 347 (1954). — McSKIMIN, H. J.: J. A. S. A. **27**, 302 (1955) (betr. insbesondere die Konstruktion der elektrisch-mechanischen Übertrager für feste Laufstrecken). — MANDYS, F.: Slaboproudy Obzor **16**, 131 (1955). — REDWOOD, M., u. J. LAMB: Proc. Inst. Electr. Engrs. (B) **103**, 773 (1956) (Quarzglas-Laufstrecken). — Über Laufstrecken für Torsionswellen vgl. P. ANDREATCH u. R. N. THURSTON: J. A. S. A. **29**, 16 (1957). — THURSTON, R. N.: ebdt. 20. — SUTTON, P. M.: ebdt. **31**, 34 (1959) (betr. Laufstrecken in Plattenform).

[2] BENFIELD, A. E., A. G. EMSLIE u. H. B. HUNTINGTON: M. I. T. Rad. Lab. Rep. 792, Sept. 1945. — SHARPLESS, T. K.: Electronics **20**, Nov. 1947, 134. — HUNTINGTON, H. B., A. G. EMSLIE u. V. W. HUGHES: J. Frankl. Inst. **245**, 1 (1948). — EMSLIE, A. G., H. B. HUNTINGTON, H. SHAPIRO u. A. E. BENFIELD: ebdt. 101. — McSKIMIN, H. J.: J. A. S. A. **20**, 418 (1948). — DAIRIKI, S., T. E. LAWRENCE u. R. A. MAPLETON: J. A. S. A. **25**, 841 (1953) (kritischer theoretischer Vergleich der Eigenschaften von Laufstrecken mit festen bzw. flüssigen Medien).

[3] WEST, C. F., u. J. E. DE TURK: Proc. Inst. Rad. Eng. **36**, 1452 (1948). — WILKES, M. V.: Proc. Roy. Soc. (A) **195**, 274 (1948). — WILKES, M. V., u. W. REMNICK: Electron. Eng. **20**, 208 (1948). — GOLD, T.: Phil. Mag. **42**, 787 (1951).

in eine Flüssigkeit eingebettete Platte läßt (vgl. Ziff. 22, S. 249) senkrecht auffallenden Schall dann maximal durch, wenn ihre Dicke ein vielfaches von $\lambda/2$ ist[1]. A. BARONE[2] hat ein weiteres Verfahren entwickelt, bei dieser Methode werden die Brechungserscheinungen photographisch untersucht, die beim Durchgang von Ultraschall durch ein in die Flüssigkeit eingebettetes Prisma aus festem Material auftreten. Aus der bekannten Schallgeschwindigkeit in der Flüssigkeit und den Brechungswinkeln läßt sich die Schallgeschwindigkeit in festen Körpern ermitteln.

Zur Schallgeschwindigkeitsmessung an sehr kleinen Flüssigkeitsmengen kann auch ein Verfahren von J. H. JANSSEN[3] verwendet werden, bei dem die Flüssigkeitsprobe in das trogförmig ausgebildete obere Ende eines senkrecht stehenden schwingenden Stabes eingefüllt wird; aus der Resonanzfrequenz des Stabes mit und ohne Probe läßt sich die Schallgeschwindigkeit berechnen.

14. Schallintensität (Schallstärke), Schalleistung

Die — bei fortlaufenden Schallwellen — in der Zeiteinheit durch eine zur Schallrichtung senkrechte Flächeneinheit durchtretende Energiemenge nennt man die Schallintensität, früher auch Schallstärke (Abb. 93).

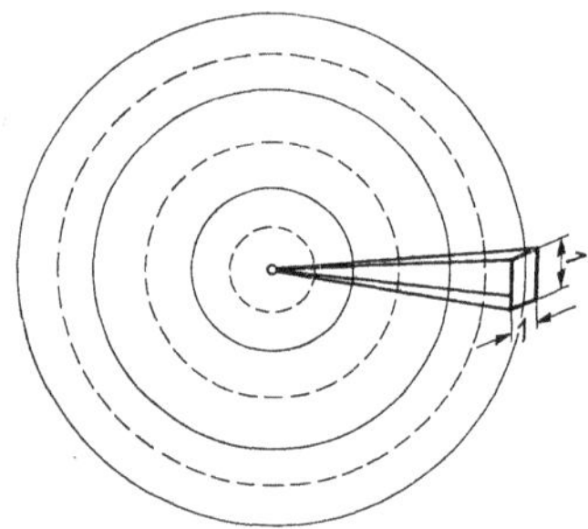

Abb. 93. Zur Definition der Schallintensität

Bei ebenen Wellen läßt sich die Schallintensität aus der Gesamtenergie berechnen, welche in einem Zylinder vom Einheitsquerschnitt enthalten ist, dessen Länge der vom Schall in der Zeiteinheit durchlaufenen Strecke gleich ist; diese Energiemenge ist es ja, die in der Zeiteinheit durch den Einheitsquerschnitt hindurchläuft.

Da die Gesamtenergie sich aus der Summe der kinetischen und der potentiellen Energie zusammensetzt und diese beiden Energieanteile (falls eine genügend große Wellenanzahl in dem betrachteten Zylinder liegt) einander gleich sind, kann man die Schallintensität einmal aus der potentiellen Energie allein be-

---

[1] Vgl. R. BÄR u. A. WALTI: Helv. Phys. Acta **7**, 658 (1934). — WALTI, A.: ebdt. **11**, 113 (1938). — REISSNER, H.: ebdt. 140. — LEVI, L., u. M. S. NAGENDRA NATH: ebdt. 408. — LEVI, L., u. H. J. PHILIPP: ebdt. **21**, 233 (1948). — VELICHKINA, T. S. u., I. L. FABELINSKII: Dokl. Akad. Nauk (UdSSR) **75**, 177 (1950) (Messungen an dünnen Flüssigkeitsschichten). — OTPUSHCHENNIKOV, N. F.: Zh. Exsper. Teor. Fiz. (UdSSR) **22**, 436 (1952) (Messungen an dünnen Platten).

[2] BARONE, A.: Nuovo Cim. **7**, 135 (1950) (Supl.).

[3] JANSSEN, J. H.: Acustica **3**, 391 (1953).

rechnen, dies gibt

$$J = \frac{p^2}{2\,\varrho_0 \cdot c} = \frac{p_{\text{eff}}^2}{\varrho_0 \cdot c},\qquad(93)$$

man kann sie aber auch allein aus der kinetischen Energie ermitteln zu

$$J = \frac{v^2}{2} \cdot \varrho_0 \cdot c = v_{\text{eff}}^2 \cdot \varrho_0 \cdot c \ \left(\text{N/sm}^2 = \text{Watt/m}^2 = \text{kg/s}^3 = 10^3\,\frac{\text{erg}}{\text{s cm}^2}\right).$$

Für Kugelwellen in großer Entfernung von der Quelle (bei denen Druck und Schnelle in Phase sind, vgl. S. 60) gelten die gleichen Beziehungen[1].

Für Schallfelder, in denen Druck und Schnelle den Phasenwinkel φ besitzen, wird

$$J = p_{\text{eff}} \cdot v_{\text{eff}} \cdot \cos\varphi = v_{\text{eff}}^2\,\varrho_0 \cdot c \cdot \cos^2\varphi = p_{\text{eff}}^2/\varrho_0 \cdot c.$$

Man bestimmt die Schallintensität in der akustischen Praxis meist indirekt aus dem mit dem Schalldruckmesser (S. 90) gemessenen Schalldruck oder aus der mit der RAYLEIGHschen Scheibe (S. 96) gemessenen Schnelle, letztere Meßmethode kommt freilich nur im Laboratorium für ganz bestimmte Fragestellungen und insbesondere nur bei hohen Schallintensitäten in Betracht. Eine Anordnung, mit deren Hilfe eine unmittelbare Bestimmung der Schallintensität möglich ist, haben C. W. CLAPP und F. A. FIRESTONE[2] beschrieben. Das Gerät besteht aus zwei parallel geschalteten Kristallempfängern als Druckempfänger, zwischen denen ein als Schnelleempfänger arbeitendes Bändchenmikrophon liegt (S. 387). Die beiden Empfängersysteme wirken auf getrennte, phasenrein arbeitende Verstärker, es kann sowohl p allein wie v allein wie auch mit einem thermoelektrischen Wattmeter $p \cdot v \cdot \cos\varphi$ also die Schallintensität gemessen werden.

T. J. SCHULTZ[3] entwickelte ein direkt anzeigendes „akustisches Wattmeter". Zum Schallempfang dienen zwei Rücken an Rücken montierte Kondensatormikrophone. Die von den Empfängern gelieferten Spannungen können elektrisch addiert oder voneinander subtrahiert werden, im ersten Fall wird der Schalldruck, im zweiten der Druckgradient — also eine der Schnelle proportionale Größe — gemessen. Abb. 94 zeigt Polardiagramme der Anzeige des Wattmeters bei Drehung des Gerätes in einer fortlaufenden Welle in Stufen von je 5°. Bei tieferen

---

[1] Zur Frage inwieweit die Energiebeziehungen streng gültig sind, vgl. noch folgende theoretische Arbeiten: N. N. ANDREJEW: Z. Phys. (UdSSR) **2**, 305 (1940). — MARKHAM, J. J.: Phys. Rev. **86**, 712 (1952). — SCHOCH, A.: Z. Naturforsch. **7a**, 273 (1952).

[2] CLAPP, C. W., u. F. A. FIRESTONE: J. A. S. A. **13**, 124 (1951). — Vgl. weiterhin R. H. BOLT u. A. A. PETRANSKAS: J. A. S. A. **15**, 79 (1943). — BAKER, ST.: ebdt. **27**, 2 (1955) (betr. Messungen mit Kondensatormikrophonen als Druckempfänger, Hitzdrahtmikrophon als Schnelleempfänger in Intensitätsbereichen von 100 bis 135 db).

[3] SCHULTZ, T. J.: J. A. S. A. **28**, 693 (1956) (das Gerät ist brauchbar bis etwa 10000 Hz, Intensitätsbereich etwa 50 db).

Frequenzen entspricht das Polardiagramm sehr gut dem theoretischen
Verlauf, bei höheren Frequenzen macht sich insbesondere für frontalen
Schalleinfall ein kleiner Fehler (durch die endliche Ausdehnung des
Gerätes) bemerkbar. Schallintensitätsmessungen in Flüssigkeiten kön-

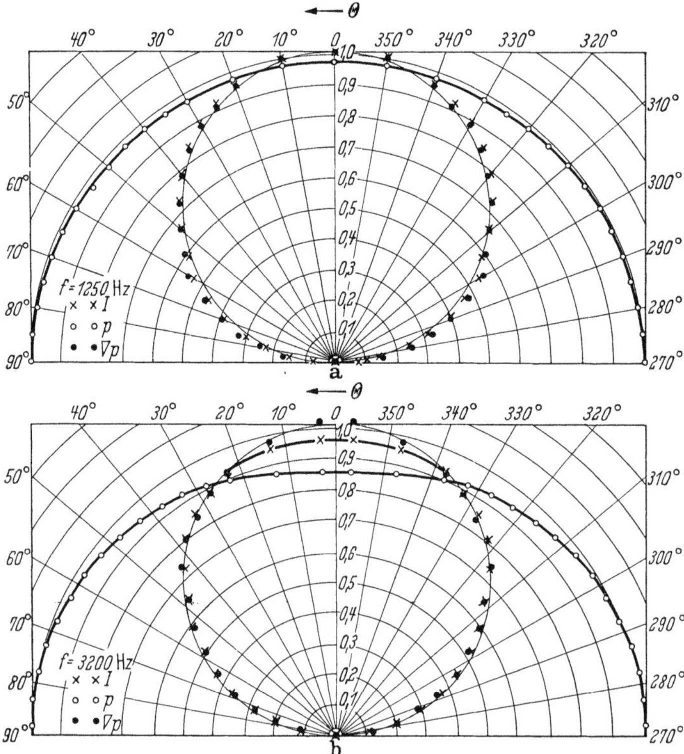

Abb. 94. Polardiagramme eines akustischen Wattmeters (nach T. J. SCHULTZ)

nen vorteilhaft auch mit solchen Geräten durchgeführt werden, welche
auf den „Schallstrahlungsdruck" ansprechen. Wir werden auf diese
Geräte S. 253 eingehen.

Ein weiteres Verfahren zur Schallintensitätsmessung insbesondere in
Flüssigkeiten beruht auf der Temperaturerhöhung, welche schallab-
sorbierende Körper durch Umwandlung akustischer Energie in Wärme
erfahren. So kann man beispielsweise Schallintensitäten in Flüssigkeiten
in einfacher Weise mit Hilfe eines Quecksilberthermometers messen
(O. LINDSTRÖM)[1].

<hr>

[1] LINDSTRÖM, O.: Acustica **3**, 199 (1953). — Vgl. hierzu weiterhin H. FARK:
Frequenz **6**, 256 (1952). — MORITA, S.: J. Phys. Soc. Jap. **7**, 214 (1952). — PALMER,
R. B. J.: J. Sci. Instr. **30**, 177 (1953). — MIKHAILOV, J. G., u. V. A. SHUTILOV:
Akust. Z. (UdSSR) **3**, 379 (1957) (verwendet Olivenöl als Thermometerflüssigkeit).
— ZIENIUK, J.: Proc. 2. Conf. Ultrasonics Warschau 1957, 111.

Die Temperaturmessung an der Absorptionsstelle kann vorteilhaft auch auf thermoelektrischem Weg durchgeführt werden. Abb. 95 (nach W. J. Fry und R. B. Fry)[1] zeigt eine derartige Anordnung: In einer mit sehr dünner Polyäthylenfolie abgeschlossenen Kapsel befindet sich Öl als Absorptionsmittel; in das Öl ist ein Thermopaar eingebracht. Die Messung erfolgt nach dem Impulsverfahren. Der Schallimpuls — von 1 sec Dauer — besitzt eine rechteckige Hüllkurve. Infolge der Reibung der Ölteilchen an der Thermoverbindung steigt die Temperatur zunächst rasch an, der weitere durch die Erwärmung des Öls selbst bewirkte Anstieg erfolgt dann langsamer. Nach Beendigung des Impulses geht die Anzeige des Thermoelements dann schnell wieder auf den Ausgangswert zurück. Auf Grund der thermischen und elektrischen Daten läßt sich die Schallintensität sehr genau ermitteln. Die mit diesen thermoelektrischen Methoden gemessenen Schallintensitätswerte stimmen mit Messungen nach anderen Verfahren, insbesondere Schallstrahlungsdruckmessungen, gut überein.

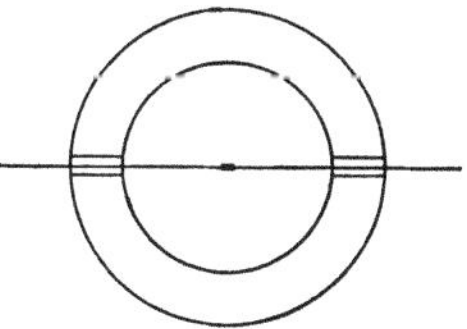

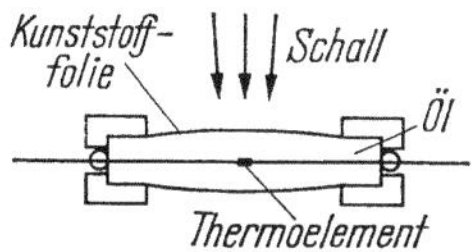

Abb. 95. Schallintensitätsmessung in Flüssigkeiten mittels Thermoelement (nach W. J. Fry u. R. B. Fry)

Bei stehenden Schallwellen, insbesondere solchen der Raumakustik (vgl. S. 353 und ff.), benutzt man häufig den Begriff der räumlichen Energiedichte, hierunter versteht man die im Mittel in der Raumeinheit enthaltene Schallenergie. Zwischen der Schallintensität und der räumlichen Energiedichte besteht die Beziehung

$$E_R = \frac{J}{c} \ (\text{N/m}^2 = \text{Watt sec/m}^3 = \text{kg/sec}^2 \, \text{m} = 10 \, \text{dyn/cm}^2). \quad (95)$$

Integriert man die Schallintensität über eine geschlossene, die Schallquelle umgebende Fläche, so erhält man die gesamte von der Quelle in der Zeiteinheit abgestrahlte Schallenergie, als die *Schalleistung P* der Quelle

$$P = \oint J \, dS \ (\text{Nm/sec} = \text{Watt} = \text{kgm}^2/\text{sec}^3 = 10^7 \, \text{erg/sec}). \quad (96)$$

Zur Bestimmung der Leistung einer Quelle, welche in einen allseits unbegrenzten Raum abstrahlt, kann man zunächst die Schalldrücke an allen Stellen einer die Quelle umgebenden Fläche bestimmen, aus

---

[1] Fry, W. J., u. R. B. Fry: J. A. S. A. **26**, 294, 311 (1954). — Degrois, M.: Ann. Télécomm. **10**, 2 (1955). — Wiederhielm, C. A.: Rev. Sci. Instr. **27**, 540 (1956) (zur Temperaturmessung wird ein in einer Brückenschaltung betriebener Thermistor verwendet). — Parthasarathy, S., M. M. Pancholy u. S. S. Mathur: Annal. Phys. **18**, 220 (1956); **19**, 242 (1956). — Dunn, Fl., u. W. J. Fry: Trans. Inst. Radio Engrs. **5**, 59 (1957). — Hueter, F. T.: J. A. S. A. **29**, 735 (1957). — Szilard, J.: Proc. 3. I. C. A. Congr. Stuttgart (1959).

dem Schalldruck kann man dann gemäß Gl. (93) die Schallintensitäten berechnen und durch Integration der Schallintensitäten gemäß Gl. (96) die Gesamtleistung errechnen. Findet die Abstrahlung in einem geschlossenen stark nachhallenden Raum (Ziff. 25, S. 358) statt, so läßt sich — nach einem von E. MEYER und P. JUST[1] angegebenen grundlegend wichtigen Verfahren — die Schalleistung unmittelbar durch eine einzige Schalldruckmessung ermitteln, und zwar ist dies Verfahren analog dem optischen Verfahren der ULBRICHTschen Kugel. Im Hallraum entstehen unter Wirkung einer Schallquelle von der Leistung P Systeme von stehenden Wellen, und zwar wird — wenn wir von Stellen in unmittelbarer Nähe der Schallquelle absehen — die mittlere räumliche Energiedichte

$$E_R = \frac{4\,P}{A \cdot c}.\tag{97}$$

Hierbei bedeutet A die Gesamtschallabsorption des Raumes (vgl. Ziff. 25, S. 357), die man aus einer Nachhalldauermessung gemäß $A = \dfrac{0,16\,V}{T}$ (wobei T die Nachhallzeit und V das Raumvolumen [in m³] bedeutet) ermitteln kann. Führt man statt der mittleren Energiedichte das Quadrat des Effektivdrucks (in μbar) ein, so erhält man schließlich für Luftschall von 20 °C und Normaldruck:

$$P/\mathrm{Watt} = 0,97 \cdot 10^{-6}\,\frac{(p_{\mathrm{eff}}/\mu\mathrm{bar})^2\,V/\mathrm{m}^3}{T/s}.\tag{98}$$

Unter Verwendung dieser Beziehung läßt sich die Leistungsbestimmung von Schallquellen auf eine einzige Schalldruckmessung in einem Hallraum bekannter Nachhalldauer zurückführen.

Über die Schalleistung einiger Schallquellen gibt die nachstehende Tabelle 7 Auskunft:

Tabelle 7

Unterhaltungssprache, Mittelwert	etwa $7 \cdot 10^{-6}$	Watt
Spitzenleistung der menschlichen Stimme . .	,, $2 \cdot 10^{-3}$	,,
Geige (fortissimo)	,, 10^{-3}	,,
Piston (fortissimo)	,, $5 \cdot 10^{-3}$	,,
Flügel (fortissimo)	,, $2 \cdot 10^{-1}$	,,
Trompete (fortissimo).	,, $3 \cdot 10^{-1}$	,,
Orgel (fortissimo)	,, $1—10$	,,
Pauke (fortissimo)	,, 10	,,
Großlautsprecher (Maximalleistung)	,, 10^2	,,

---

[1] MEYER, E., u. P. JUST: Z. techn. Phys. **10**, 309 (1929). Zur Frage der Messung der gesamten von Schallquellen ausgestrahlten Leistung vgl. weiterhin R. L. HANSON u. E. M. BOARDMAN: J. A. S. A. **12**, 461 (1941). — GREEN, D. B.: J. A. S. A. **12**, 461 (1941). — HARDY, H. C., H. H. HALL u. L. G. RAMER: Trans. Inst. Radio Engrs. Audio No. 10, S. 14 (1952). — JENKINS, R. T.: Bell. Lab. Record **32**, No. 9, S. 331 (1954).

15. Lautstärke

Im Bereich der größten Ohrempfindlichkeit — d. h. im Frequenzbereich um 1000 Hz — ist diejenige Schallintensität, bei welcher eben die Tonempfindung einsetzt, von derjenigen Schallintensität, bei welcher Schmerz erregt wird, um den Faktor rund 10^{13} verschieden. Der Intensitätsbereich des hörbaren Schalls ist also — in dem in Frage stehenden Frequenzbereich um 1000 Hz — ein sehr großer. Es ist einleuchtend, daß dieser große Energiebereich des hörbaren Schalls zu großen Schwierigkeiten bei Schallintensitätsmessungen führt; erst nach Einführung der Verstärkerröhren war es möglich, Messungen praktisch im gesamten Energiebereich vorzunehmen.

Der Umfang des Intensitätsbereichs führt dazu, daß man Schallintensitäten in der Praxis nicht nach einem linearen Maßstab, sondern nach einer logarithmisch aufgebauten Skala angibt. Man benutzt heute allgemein eine logarithmische Skala zur Basis 10, und zwar unterteilt man die Skala derart, daß sich zwei Intensitäten J_1 und J_2 auf der logarithmischen Skala um $10 \log_{10} J_1/J_2$ Skalenteile oder — bei Bezug auf die Schalldrucke p_1 und p_2 (da Schallintensität und Schalldruck nach einem quadratischen Gesetz verbunden sind) — um $20 \log_{10} p_1/p_2$ unterscheiden. Setzen wir die Schallintensität im physikalischen Maß am Nullpunkt der neuen Skala willkürlich gleich 1, so würde die Skala so fortschreiten, daß bei der Schallintensität 10 der zehnte Skalenteil, bei der Schallintensität 100 der zwanzigste, bei der Schallintensität 1000 der dreißigste, bei 10 000 der vierzigste, bis schließlich bei der Schallintensität 10^{13} der 130. Skalenteil erreicht ist. Man bezeichnet die Einheit dieser Schallintensitätsskala mit „Dezibel" (dB)[1].

Eine derartige logarithmische Skala für Schallintensitäten hat den Vorteil, daß man eine Maßzahl erhält, welche auch die Wirkung des Schalls auf die Gehörempfindung — in einer freilich nur groben Annäherung — kennzeichnet. Nach dem WEBER-FECHNERschen Gesetz (Ziff. 29, S. 422) besteht zwischen der eben merkbaren Lautstärkenänderung $\delta \Lambda$ und der dieser entsprechenden Änderung des physikalischen Reizes δJ die Beziehung

$$\delta \Lambda = k \frac{\delta J}{J} . \tag{99}$$

Aus Gl. (99) läßt sich unter gewissen vereinfachenden Annahmen die Beziehung

$$\Lambda = \text{konst. } \log J \tag{100}$$

---

[1] In amerikanischen Arbeiten findet man bei Schallintensitätsangaben häufig den Beweis „db re 0,002 μb". Dies bedeutet, daß die betreffenden Dezibelangaben sich auf eine Skala beziehen, deren 0-Punkt einem Schalldruck von 0,002 μbar entspricht.

herleiten; die Empfindung steigt hiernach also mit dem Logarithmus des physikalischen Reizes an. In Wirklichkeit ist die Beziehung (100) nur in verhältnismäßig grober Annäherung gültig (vgl. Ziff. 29, S. 422); immerhin sind aber Abweichungen von der Wirklichkeit nicht so groß, daß nicht die (mathematisch so einfach aufgebaute) logarithmische Skala in der Praxis mit Nutzen verwendet werden könnte.

Unter Benutzung der logarithmischen Skala können wir ein „Lautstärkenmaß" schaffen, welches nicht nur für einen einzelnen Ton bestimmter Höhe im Bereich der größten Ohrempfindlichkeit — auf den

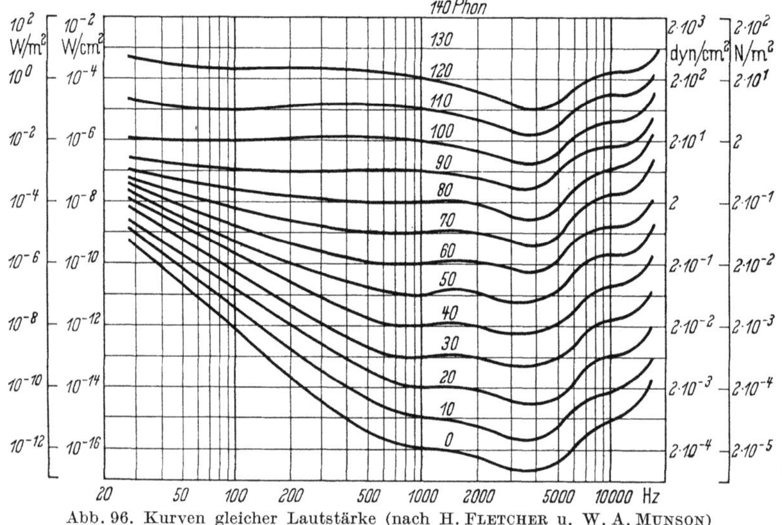

Abb. 96. Kurven gleicher Lautstärke (nach H. FLETCHER u. W. A. MUNSON)

sich unsere bisherigen Ausführungen allein bezogen —, sondern auch für kompliziert zusammengesetzte Schallvorgänge brauchbar ist. Zunächst ergibt sich hierbei allerdings eine Schwierigkeit: Die Empfindlichkeit des menschlichen Ohres hängt von der Frequenz stark ab.

Gleicht man durch subjektive Beobachtung Töne verschiedener Höhe auf gleiche Lautstärke mit einem Normalton von 1000 Hz bei verschiedener Druckamplitude dieses Normaltons ab, so erhält man die in Abb. 96 dargestellten „Kurven gleicher Lautstärke"[1]; es zeigt sich also beispielsweise, daß ein Ton von 1000 Hz und einer Druckamplitude von nur $2 \cdot 10^{-4}$ N/m² $= 2 \cdot 10^{-3}$ dyn/cm² dem Ohr gleichlaut

---

[1] Nach H. FLETCHER u. W. A. MUNSON: J. A. S. A. **5**, 82 (1933). — „Kurven gleicher Lautstärke" wurden zuerst von B. A. KINSBURY: Phys. Rev. **29**, 588 (1927), aufgenommen. — Eine sehr sorgfältige Neubestimmung der Kurven gleicher Lautstärke erfolgte durch D. W. ROBINSON u. R. S. DADSON: Brit. J. Appl. Phys. **7**, 166 (1956). Die Kurven sind in Abb. 315, S. 417 wiedergegeben und diskutiert.

erscheint wie ein Ton von 100 Hz und der sehr viel größeren Amplitude von etwa $1 \cdot 10^{-2}\ \mathrm{N/m^2} = 1 \cdot 10^{-1}\ \mathrm{dyn/cm^2}$, das Ohr ist also bei dem 1000 Hz-Ton in dem in Frage stehenden Intensitätsbereich um ein Vielfaches empfindlicher als bei 100 Hz. Steigert man den 1000 Hz-Ton um das 10^2fache, so erscheint er gleichlaut wie der 100 Hz-Ton von etwa $10^{-1}\ \mathrm{N/m^2} = 1\ \mathrm{dyn/cm^2}$ Druckamplitude, es braucht also der 100 Hz-Ton nur um das 10fache gesteigert zu werden, damit er mit dem um das 10^2fache gesteigerten 1000 Hz-Ton gleichlaut wirkt. Ein praktisch brauchbares Lautstärkenmaß für Schallvorgänge komplizierter Zusammensetzung kann man nur dann aufstellen, wenn man die in Abb. 96 gezeigte Abhängigkeit der Ohrempfindlichkeit von der Tonhöhe und vom Schalldruck berücksichtigt. Dieser Notwendigkeit wird Rechnung getragen durch das von H. Barkhausen[1] angegebene Verfahren der Lautstärkenmessung durch „Hörvergleich": Man gleicht subjektiv die physikalische Stärke eines Normaltons von 1000 Hz so ab, daß er gleichlaut erscheint wie der Schallvorgang, dessen Lautstärke gemessen werden soll, und benutzt dann die Stärke des Normaltons als Maßzahl für die Lautstärke des betreffenden Schallvorganges. Die Lautstärkenskala wird dann als logarithmische Skala gemäß folgender Vorschrift aufgebaut:

„Sind J_1 bzw. J_2 zwei Schallintensitäten des Normalschalls, so unterscheiden sich die Lautstärken um $10 \log_{10} J_1/J_2$ ‚phon' bzw. wenn statt der Schallintensitäten die Schalldrucke p_1 bzw. p_2 gegeben sind, um $20 \log p_1/p_2$ phon."[2]

Der Nullpunkt der Lautstärkenskala liegt bei einer Schallintensität des Normaltons (in der freien Welle, vor Einbringen des Kopfes) von $10^{-12}\ \mathrm{W/m^2}$. Dies bedeutet, daß 0 phon einem 1000 Hz-Ton von $2 \cdot 10^{-5}\ \mathrm{N/m^2} = 2 \cdot 10^{-4}\ \mu\mathrm{bar}$ bei ($T = 20\,^\circ\mathrm{C}$, $p_0 = 736$ Torr) Schalldruck entspricht. Man hat früher in Deutschland den Anschluß an die physikalische Skala so hergestellt, daß man 70 phon gleich $1\ \mu\mathrm{bar}$ ansetzte:

---

[1] Barkhausen, H.: Z. VDI **71**, 1471 (1927). — Über die Genauigkeit des Hörvergleichs siehe insbesondere J. C. Steinberg u. W. A. Munson: J. acoust. Soc. Amer. **9**, 71 (1936). — v. Békésy, G.: Forsch. u. Fortschr. **14**, 342 (1938). — Über Lautstärkenmessung vgl. weiterhin C. Trage: ETZ **55**, 931 (1934). — Churcher, B. G., A. J. King u. H. Davies: J. Inst. electr. Engrs. **75**, 401 (1934). — Campbell, N. R., u. G. C. Marris: Proc. phys. Soc., Lond. **47**, 153 (1935). — Lübcke, E.: Siemens-Z. **15**, 141 (1935). — Churcher, B. G., u. A. J. King: Nature **138**, 329 (1936). — Bürck, W., P. Kotowski u. H. Lichte: Ann. Phys. **27**, 664 (1936). — Churcher, B. G., u. A. J. King: J. Inst. electr. Engrs. **81**, 57 (1937). — Lübcke, E.: Naturwiss. **26**, 17, 33 (1938). — Fletcher, H.: J. A. S. A. **9**, 275 (1938).

[2] Es sei noch darauf hingewiesen, daß in älteren Arbeiten mitunter auch für Angaben von Schallintensitätsunterschieden die Bezeichnung Phon gebraucht wurde. Nach den neuen Festlegungen ist für Angaben von Schallintensitätsunterschieden ausschließlich die Bezeichnung „dezibel" zu verwenden, während Lautstärken in „phon" anzugeben sind.

die nach dieser Feststellung gemessenen Phonwerte liegen um rund 4 phon niedriger als diejenigen nach der auf einem internationalen Kongreß in Paris 1937 getroffenen Regelung[1]. Es sei bemerkt, daß sich in älteren Arbeiten auch Angaben nach heute nicht mehr verwendeten Phonskalen zur Basis 2 oder auch zur Basis der natürlichen Logarithmen finden. Die letzterwähnte Skala entspricht der in der Fernmeldetechnik üblichen Neperskala. Die in einer Skala zur Basis der natürlichen Logarithmen angegebenen Werte sind mit 8,67 zu multiplizieren, wenn sie in die Werte der Skala der Logarithmen zur Basis 10 übertragen werden sollen.

Zur objektiven Lautstärkemessung benutzt man elektrische Geräte, bei denen die einzelnen Komponenten des in Frage stehenden Schallvorganges entsprechend der Ohrempfindlichkeit automatisch bewertet[2] werden; man kann dies durch einen Verstärker erreichen, dessen Frequenzkurve der bei der entsprechenden Intensität geltenden Kurve gleicher Lautstärke angepaßt ist, und zwar benutzt man nach den deutschen Richtlinien[3] einen Verstärker, bei welchem drei verschiedene Frequenzkurven, deren Verlauf etwa den FLETCHER-MUNSON-Kurven entspricht, eingestellt werden können. Die Anzeige erfolgt durch einen Effektivwertmesser mit vorgeschriebener, genügend kurzer Einstellzeit. (0,2 s.)

Geräte, welche den skizzierten Vorschriften entsprechen, werden als „DIN-Lautstärkenmesser" und die mit ihnen ermittelten Lautstärkewerte mit „DIN-phon" bezeichnet.

---

[1] Die deutschen Lautstärkenormen sind im DIN-Blatt 1318 festgelegt.

[2] Über das „Verfahren des gehörähnlich arbeitenden Verstärkers" vgl. F. TRENDELENBURG: Phys. Soc. London Rep. Disc. on Audition June 1931, S. 44.

[3] Vgl. Akust. Z. **2**, 54 (1937); **7**, 156 (1942), DIN-Blatt 5045. — Bezüglich in USA getroffener Festlegungen für Lautstärkemessungen vgl. American Standard for Noise Measurement: J. A. S. A. **14**, 102 (1942); A. S. A. Norm. 1. 4. (1957). — Über objektive Messung von Lautstärken vgl. (außer bereits in Anm. 1, S. 127 genannten Arbeiten) insbesondere auch H. SELL: Siemens-Z. **15**, 147 (1935). — WILLMS, W.: ETZ **56**, 25, 53 (1935). — THILO, H. G., u. U. STEUDEL: Wiss. Veröff. Siemens-Werk **14**, 78 (1935). — BÜRCK, W., P. KOTOWSKI, H. LICHTE: Z. Hochfrequenztechn. **47**, 33 (1936). — LABROUSSE, A.: Ann. Post. Télégr. Téléph. **1937**, 677. — DAVIS, A. H.: J. Inst. Electr. Engrs. **83**, 249 (1938). — GOSEWINKEL, M.: A. T. M. V. **55**—4 (1948). — IVES, W. J.: Electronics **22**, No. 8, 100 (1949). — HOLLE, W.: Funk u. Ton **3**, 367 (1949). — SOUTHWORTH, G.: Audio Eng. **38**, 20 (1954). — BONVALLET, G. L., u. S. M. POTTER: Noise Control **1**, 46 (1955). — BRANDT, W.: Brush (Brüel u. Kjaer) Techn. Rev. (1955), No. 4, S. 1. — WÖHLE, W., u. E. SALBERT: Nachrichtentechnik **5**, 400 (1955). — BOBBERT, G., u. R. MARTIN: VDI Z. **98**, 997 (1956). — LÜBCKE, E.: Frequenz **12**, 209 (1958). — Vgl. insbesondere noch einschlägig amerikanische Arbeiten, über die bei einem Symposium über Sound Level Meters berichtet wurde: J. A. S. A. **29**, 1330 u. ff. (1957). — Bemerkt sei, daß international geplant ist, bei Schallpegelmessern auf drei Frequenzbewertungskurven (A, B, C) überzugehen und dann Angaben in dB(A), dB(B) bzw. dB(C) zu machen.

Im DIN-Lautstärkenmesser wird im wesentlichen nur eine wichtige Eigenschaft des Gehörorgans, nämlich die Frequenzabhängigkeit der Ohrempfindlichkeit nachgebildet. Andere Eigenschaften, wie z. B. der Verdeckungseffekt oder die Eigenart der Addition der einzelnen Komponenten zusammengesetzter Schallvorgänge sind nicht berücksichtigt. So ist es nicht zu verwundern, daß häufig zwischen den durch Hörvergleich bestimmten Lautstärken und der objektiv gemessenen DIN-Lautstärke Differenzen bestehen. Nach Untersuchungen, die G. QUIETZSCH[1] an 37 Geräuschen der verschiedensten Art im Lautstärkenbereich von etwa 50—105 phon durchführte, liegen die Angaben des DIN-Lautstärkenmessers systematisch, und zwar im Mittel um etwa 11 phon zu niedrig. Dieser — in im einzelnen durch schwer zu erfassende Eigenschaften des Gehörorgans begründete — systematische Fehler des DIN-Lautstärkenmessers ist zweifellos grundsätzlich störend, doch fällt er praktisch vielfach nicht besonders ins Gewicht. Benötigt man bei Lautstärkenmessungen genauere Angaben, so muß man so vorgehen, daß man unter Verwendung von Bandfiltern zunächst Messungen in den einzelnen Frequenzbereichen des Gesamtspektrums vornimmt und die Meßwerte der Einzelbereiche dann in geeigneter Weise zusammensetzt (vgl. hierzu Ziff. 29,

---

[1] QUIETZSCH, G.: Acustica **5**, (A. B.) 49 (1955). Vgl. hierzu auch K. BRAUN: Tel. Fernspr. Techn. **29**, 31 (1940). — KÖSTERS, H.: Verh. D. Phys. Ges. **21**, 48 (1940). — BARSTOW, J. M.: J. A. S. A. **12**, 150 (1940). — HUBER, P., u. J. M. WITHMORE: J. A. S. A. **12**, 167 (1940). — KING, A. J., R. W. GUELKE, C. R. MAGUIRE u. R. A. SCOTT: J. Inst. Electr. Eng. (II) **88**, 163 (1941). — TWEEDALE, J. E.: J. A. S. A. **12**, 421 (1941). — JANOVSKY, W.: Z. Hochfrequenztechn. **58**, 118 (1941). — BARON, P.: Noise and Sound Transmission, Phys. Soc. Lond. (1949), S. 129. — KING, A. J.: ebdt. S. 125. — HARDY, H. C.: J. A. S. A. **24**, 767 (1952). — HOLLE, W.: Funk u. Ton **5**, 239 (1951). — BERANEK, L. L., J. L. MARCHALL, A. L. CUDWORTH u. A. P. G. PETERSON: J. A. S. A. **23**, 261 (1951). — QUIETZSCH, G.: Techn. Hausmitt. Nordwestd. Rdfk. **5**, 169 (1953). — GARNER, W. R.: J. A. S. A. **26**, 73 (1954). — KITSOPOULOS, S.: Bull. Ass. Suisse El. **46**, 372, 389 (1955). — MARTIN, R.: VDI-Ber. **25**, 19 (1957) (betr. Geräuschmessungen an Kraftfahrzeugen). — WILLMS, W.: VDI-Ber. **24**, 129 (1957). — GRÜTZMACHER, M., R. MARTIN u. W. WILLMS: VDI-Ztschr. **100**, 185 (1958). — NIESE, H.: Proc. 3. I. C. A. Congr. Stuttgart (1959). — ILJASCHTSCHUK, J. M.: Proc. 3. I. C. A. Congr. Stuttgart (1959). — RADEMACHER, H. J.: Acustica **9**, 93 (1959).

Bemerkt sei hier noch, daß die den Kurven gleicher Lautstärke entsprechende Frequenzbewertung im DIN-Lautstärkenmesser noch nicht die ebenfalls von der Tonhöhe abhängige „Belästigung" durch Störgeräusche berücksichtigt. Im Hinblick auf eine Beurteilung der Stärke der Belästigung kann es von Vorteil sein, Messungen mit einer Frequenzbewertung durchzuführen, bei der ein Anstieg von 3 db/Oktave vorliegt. Vgl. hierzu E. LÜBCKE: Frequenz **12**, 209 (1958) (ausf. kritischer Bericht über Geräuschmessungsfragen; Lit.-Ang.). — LÜBCKE, E.: VDI-Ber. **35**, 155 (1959); Frequenz **13**, 287 (1959); Acustica **9**, 243 (1959); N. T. F. **15**, 12 (1959). — REICHARDT, W.: ebdt. 1.

Phon	Lautstärke
130	in Kesselschmieden
110	in Nähe von Flugzeugen
90	in Maschinenräumen
70	in Großstadtstraßen
50	bei Umgangssprache
30	in Vorortanlagen
10	beim Flüstern
0	an der Hörschwelle

Abb. 97. Lautstärken

S. 426). In Abb. 97 sind einige Lautstärkenwerte, wie sie in der Praxis vorkommen, zusammengestellt.

Ausdrücklich sei hier noch bemerkt, daß die Phonwerte nur ein *Maß* für die Lautstärke sind, es ist aber nicht etwa so, daß die *Lautstärkenempfindung* im Ohr (oder wie man hierfür sagt, die „Lautheit") nun genau den Phonwerten entspricht. Wir werden auf die Zusammenhänge zwischen „Lautstärke" und „Lautheit" in Ziff. 29, S. 424 zu sprechen kommen.

III. Schallerzeugung

16. Grundlegende theoretische Bemerkungen zur Schallabstrahlung

Die wichtigsten Gesetze der Schallabstrahlung lassen sich an idealisierten Strahlertypen, den „*Kugelstrahlern*", und an einem weiteren Strahlertyp, der „*Kolbenmembran*", anschaulich erläutern.

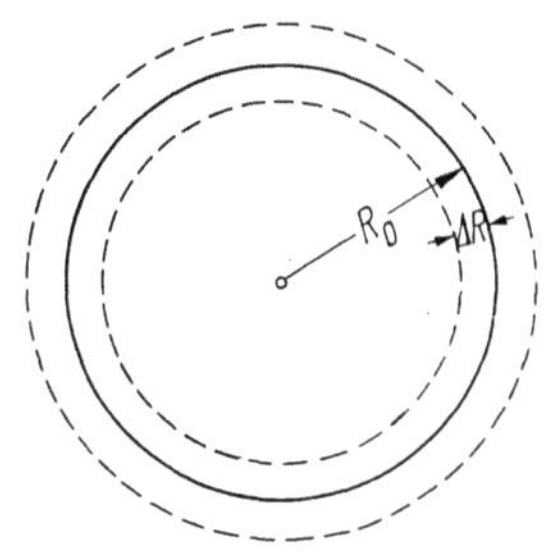

Abb. 98. Die atmende Kugel (Strahler nullter Ordnung)

Die einfachste Form eines Kugelstrahlers ist die sog. „*atmende Kugel*", hierunter versteht man eine Kugel, welche ihr Volumen periodisch ändert, und zwar in der Weise, daß alle Teile der Kugeloberfläche mit gleicher Amplitude und mit gleicher Phase schwingen (Abb. 98). Nehmen wir zur Vereinfachung an, daß das Atmen der Kugel nach einem Sinusgesetz erfolgt, so gilt für das Kugelvolumen

$$V = V_0 + \delta V \sin \omega t \qquad (101)$$

und für den Kugelradius

$$R = R_0 + \delta R \sin \omega t. \qquad (102)$$

Das Schallfeld der atmenden Kugel führt — wie bereits eine einfache Symmetrieüberlegung zeigt — auf Kugelwellen, und es gilt dann nach Gl. (85) für das Geschwindigkeitspotential

$$\Phi = - \frac{A}{4\pi r} \cos \omega \left(t - \frac{r}{c} \right), \qquad (103)$$

also für die Schnelle

$$v = - \operatorname{grad} \Phi = - \frac{\partial \Phi}{\partial r} = \frac{A\,\omega}{4\pi r \cdot c} \sqrt{1 + \left(\frac{\lambda}{2\pi r} \right)^2} \sin \left[\omega \left(t - \frac{r}{c} \right) - \varphi \right], \quad (104)$$

$$\operatorname{tg} \varphi = \frac{\lambda}{2\pi r},$$

und für den Druck

$$p = \varrho_0 \frac{\partial \Phi}{\partial t} = \frac{\varrho_0\,\omega\,A}{4\,\pi\,r}\,\sin\,\omega\left(t - \frac{r}{c}\right), \tag{105}$$

wobei $A = \omega \cdot \delta V$ die „Quellenergiebigkeit" und r die Entfernung des Aufpunktes vom Kugelzentrum bedeutet. Aus den Gln. (104) und (105) läßt sich nach einigen Umformungen für den Druck die Beziehung herleiten[1]

$$p = \frac{c\,\varrho_0}{1 + \left(\dfrac{\lambda}{2\,\pi\,r}\right)^2} \cdot v + \varrho_0\,r\,\frac{1}{1 + \left(\dfrac{2\,\pi\,r}{\lambda}\right)^2}\,\frac{\partial v}{\partial t}. \tag{106}$$

Wir können Gl. (106) schreiben

$$p = \mathfrak{w}\,v + \overline{m}\,\frac{\partial v}{\partial t}, \tag{107}$$

wobei[2]

$$\mathfrak{w} = \frac{c\,\varrho_0}{1 + \left(\dfrac{\lambda}{2\,\pi\,r}\right)^2}, \qquad \overline{m} = \varrho_0\,r\,\frac{1}{1 + \left(\dfrac{2\,\pi\,r}{\lambda}\right)^2},$$

die Beziehung (107) ist völlig analog gebaut der Spannungsgleichung der Elektrizitätslehre für einen aus einem Ohmschen Widerstand und aus einer Selbstinduktion zusammengesetzten Widerstand,

$$u = R\,i + L\,\frac{di}{dt}. \tag{108}$$

Ebenso wie man beim elektrischen System die Gesamtspannung aus einem Spannungsanteil am Ohmschen Widerstand R und einem um 90° phasenverschobenen Anteil an der Induktivität $j\,\omega\,L$ zusammensetzt, besteht auch der Druck im akustischen Fall aus einem reellen Anteil $\mathfrak{w} \cdot v$ und einem imaginären Anteil $j\,\omega\,\overline{m}\,v$.

Im elektrischen Fall berechnet sich die Leistung P_{el} gemäß

$$P_{\mathrm{el}} = R \cdot \frac{i^2}{2} = R \cdot i_{\mathrm{eff}}^2, \tag{109}$$

ganz entsprechend wird im akustischen Fall die (pro Flächeneinheit des Kugelstrahlers vom Radius R_0) abgestrahlte „spezifische" Leistung

$$P_{\mathrm{spez}} = \mathfrak{w} \cdot \frac{v^2}{2} = \mathfrak{w} \cdot v_{\mathrm{eff}}^2 = \frac{c \cdot \varrho_0}{1 + \left(\dfrac{\lambda}{2\,\pi\,R_0}\right)^2} \cdot v_{\mathrm{eff}}^2, \tag{110}$$

---

[1] Vgl. hierzu W. Hahnemann u. H. Hecht: Phys. Z. **17**, 601 (1916); **18**, 261 (1917). — Aigner, F.: Unterwasserschalltechnik, S. 38. Berlin 1922. — Heymann, O.: Akust. Z. **2**, 193 (1937). — Stenzel, H.: Leitfaden zur Berechnung von Schallvorgängen 2. Aufl. Berlin (1957). — In Gl. (108) ist als elektrisches Ersatzschaltbild eine Serienschaltung verwendet worden. Wie A. Th. van Urk u. R. Vermeulen: Philips Techn. Rdschau. **4**, 225 (1939) gezeigt haben, kann man auch eine Parallelschaltung als Ersatzschaltung verwenden. Man erhält dann für den reellen und den imaginären Anteil des Leitwertes frequenzunabhängige Größen. Vgl. auch B. B. Bauer: J. A. S. A. **15**, 223 (1944).

[2] $\overline{m}$ hat die Dimension kg m^{-2}.

9*

also die gesamte abgestrahlte Leistung

$$P_{\mathrm{strahl}} = \int P_{\mathrm{spez}}\, dS = 4\,\pi\,R_0^2 \cdot N_{\mathrm{spez}} = \frac{4\,\pi\,R_0^2 \cdot c \cdot \varrho_0}{1 + \left(\dfrac{\lambda}{2\,\pi\,R_0}\right)^2}\, v_{\mathrm{eff}}^2,$$

oder, da an der Kugeloberfläche die Grenzbedingung gilt $v = \omega\, \Delta R$,

$$P_{\mathrm{strahl}} = \frac{4\,\pi\,R_0^2 \cdot c\,\varrho_0}{1 + \left(\dfrac{\lambda}{2\,\pi\,R_0}\right)^2}\cdot \omega^2\,\frac{\Delta R^2}{2}\,, \qquad r_{\mathrm{str}} = \frac{4\,\pi\,R_0^2 \cdot c \cdot \varrho_0}{1 + \left(\dfrac{\lambda}{2\,\pi\,R_0}\right)^2}\,, \qquad (111)$$

r_{str} nennt man die „Strahlungsresistanz" eines Strahlers. Der Induktivität L im elektrischen Fall entspricht im akustischen Fall eine Masse, und zwar die pro Flächeneinheit „mitschwingende Mediummasse"

$$\overline{m} = \varrho_0\, r\, \frac{1}{1 + \left(\dfrac{2\,\pi\,r}{\lambda}\right)^2}\,.$$

Die gesamte bei einem Kugelstrahler vom Radius R_0 mitschwingende Masse wird dann

$$m_s = \oint \overline{m}\, dS = 4\,\pi\,R_0^3\,\varrho_0\,\frac{1}{1 + \left(\dfrac{2\,\pi\,R_0}{\lambda}\right)^2}\,. \qquad (112)$$

Es ist vorstehend versucht worden, die grundlegenden Gesetze der Schallabstrahlung der atmenden Kugel möglichst anschaulich herauszuarbeiten, es war daher sofort Kugelsymmetrie des Schallfeldes vorausgesetzt worden. Man hätte die Berechnung streng formal so aufbauen müssen, daß man zunächst das Geschwindigkeitspotential berechnet hätte, das durch Zusammenwirken der über die gesamte Oberfläche der Kugel verteilten punktförmigen Quellen zustande kommt, man hätte also Φ ansetzen müssen als

$$\Phi = \frac{1}{4\,\pi\,c^2}\iint \frac{1}{r}\,\Phi_0\left(t - \frac{r}{c}\right) dS. \qquad (113)$$

Die Lösung dieses Integrals führt auf Kugelfunktionen; diejenige nullter Ordnung, welche ein kugelsymmetrisches Feld ergibt, stimmt mit obenstehender in anschaulicher Weise abgeleiteter Lösung überein. Die Kugelfunktionen höherer Ordnung beschreiben dann die Schallfelder der Kugelstrahler höherer Ordnung[1]. Wir werden auf die Eigenschaften der Kugelstrahler höherer Ordnung gleich zurückkommen.

---

[1] Vgl. zu diesen Fragen LORD RAYLEIGH: Theory of Sound 2, 103 ff., 236 ff. London 1926. — BACKHAUS, H.: Beitrag „Schwingungen räumlich ausgedehnter Kontinua" zum Handbuch d. Physik 8, 107. Berlin 1927. — McLACHLAN, N. W.: Loudspeakers, S. 115 ff. Oxford 1934. — Bemerkt sei noch, daß der Ansatz für das Geschwindigkeitspotential im allgemeinsten Fall räumlich beliebig verteilter Schallquellen lautet:

$$\Phi = \frac{1}{4\,\pi\,c^2}\iiint \Phi_0\left(t - \frac{r}{c}\right)\frac{d\tau}{r}\,,$$

wobei $d\tau$ das Volumelement bedeutet.

Die Strahlungsresistanz r_{str} der atmenden Kugel wird für $\lambda \gg 2\,\pi\,R_0$

$$r_{str} = \frac{4\,\pi\,R_0^4\,\varrho_0\;\omega^2}{c}\,, \tag{114}$$

sie nimmt dann also mit dem Quadrat der Frequenz und mit der vierten Potenz des Kugelradius zu. Für $\lambda \ll 2\,\pi\,R_0$ wird

$$r_{str} = 4\,\pi\,R_0^2\,\varrho_0 \cdot c\,, \tag{115}$$

es wächst dann also die Strahlungsresistanz nur noch mit dem Quadrat des Kugelradius, und sie ist dann frequenzunabhängig. Für sehr großen Kugelradius entspricht der Wert der Strahlungsresistanz dem Produkt von Kugeloberfläche und Schallkennimpedanz des Mediums.

Die mitschwingende Masse m_s wird für $\lambda \gg 2\,\pi\,R_0$

$$m_s = 4\,\pi\,R_0^3 \cdot \varrho_0\,, \tag{116}$$

die mitschwingende Masse ist also für lange Wellen unabhängig von der Frequenz. Für $\lambda \ll 2\,\pi\,R_0$ nimmt die mitschwingende Masse gemäß

$$m_s = \frac{4\,\pi\,c^2\,R_0\,\varrho_0}{\omega^2} \tag{117}$$

nur noch proportional dem Radius zu, und proportional dem Quadrat der Frequenz ab. Bei hohen Frequenzen und kleinem Kugelradius kann die mitschwingende Masse bei Luftschall vernachlässigt werden. Andererseits ist zu bemerken, daß bei Wasserschall infolge der großen Mediumdichte die mitschwingende Masse eines Strahlers bei tiefen Frequenzen sehr erhebliche Beträge erreichen kann.

Außer der in ihrer ganzen Oberfläche mit gleicher Amplitude schwingenden atmenden Kugel (Abb. 99a) kennt man noch andere Formen von Kugelstrahlern. So zeigt z. B. Abb. 99b eine Kugel, welche längs einer Geraden hin und her schwingt. Bei diesem Typ eines Kugelstrahlers ist an allen denjenigen Punkten die radiale Bewegung gleich Null, welche längs eines größten Kreises liegen, dessen Ebene senkrecht zur Bewegungsrichtung steht. Diese Punkte führen nur tangentiale Bewegungen aus. Alle diejenigen Schallfeldpunkte, welche sich auf einer durch den Knotenkreis gelegten Ebene

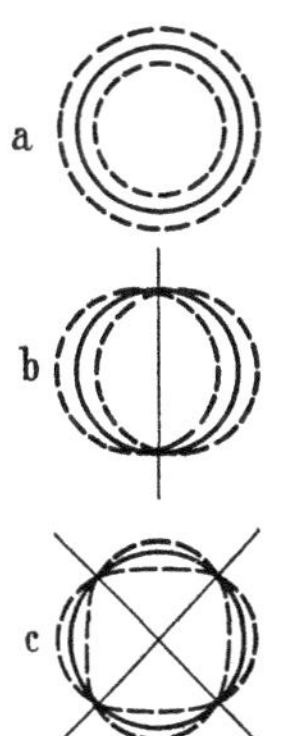

Abb. 99. Kugelstrahler verschiedener Ordnung (a nullter Ordnung, b erster Ordnung, c zweiter Ordnung)

befinden, werden von der rechten bzw. von der linken Kugelhälfte gegenphasig erregt; in der durch den Knotenkreis gelegten Ebene ist die resultierende Erregung daher gleich Null. Man nennt das Schallfeld eines derartigen Strahlers „polarisiert". Allgemein bezeichnet man die

Kugelstrahler nach der Zahl ihrer Knotenlinien, man spricht also von der atmenden Kugel auch als von dem Kugelstrahler „nullter Ordnung", von einem Kugelstrahler gemäß Abb. 99b von einem Strahler „erster Ordnung". Kugelstrahler mit Knotenlinien, welche Breitenkreise sind, bezeichnet man als „zonale Kugelstrahler", Kugelstrahler mit Knotenlinien, welche Längskreise sind, als „sektorielle Strahler", Kugelstrahler mit Knotenlinien entlang von Breitenkreisen und entlang von Längskreisen als „tesserale Strahler".

Aus der Tatsache, daß bei den Strahlern höherer Ordnung die durch eine Knotenlinie getrennten Flächenteile gegenphasig arbeiten, so daß also eine Druckerhöhung an der einen Seite der Knotenlinie sich mit einer Druckerniedrigung an der anderen Seite der Knotenlinie teilweise ausgleichen kann, folgt bereits anschaulich, daß Strahler höherer Ordnung unter sonst gleichen Verhältnissen weniger strahlen als Strahler nullter Ordnung. Es macht sich dies um so mehr bemerkbar, je größer die Wellenlänge im Vergleich zum Durchmesser ist.

Das Schallfeld der Strahler höherer Ordnung kann streng aus der Wellengleichung unter Berücksichtigung der Randbedingungen am Strahler berechnet werden; die Berechnung führt auf Kugelfunktionen entsprechender Ordnung. Beispielsweise erhält man das Schallfeld eines Kugelstrahlers 1. Ordnung dadurch, daß man Gl. (103) nach den kartesischen Koordinaten in der ausgezeichneten Richtung ableitet. Man bekommt so für den Strahler 1. Ordnung die Felddarstellung in der Form:

$$\Phi = -\frac{B\,\omega}{4\,\pi\,r\,c}\sqrt{1 + \left(\frac{\lambda}{2\,\pi\,r}\right)^2}\,\sin\left(\omega\,t - \frac{r}{c}\right)\cdot\cos\Theta,$$

wobei Θ den Winkel des Fahrstrahles gegen die ausgezeichnete Achse bedeutet. Entsprechend ergeben sich die Lösungen für Strahler höherer Ordnungen durch die Bildung höherer Differentialkoeffizienten nach den verschiedenen kartesischen Koordinaten.

Allgemein kann man im übrigen das Schallfeld flächenförmig verteilter Schallquellen aus dem Ansatz

$$\Phi = \frac{1}{4\,\pi\,c^2}\iint \frac{1}{r}\,\Psi\left(t - \frac{r}{c}\right)dS$$

bestimmen, wobei Ψ ein Maß für die Ergiebigkeit des betreffenden Flächenelementes dS ist.

Für Strahlungsresistanz und mitschwingende Mediummasse des Strahlers erster Ordnung ergibt sich auf diese Weise[1]

$$r_{\text{str (1. Ordnung)}} = \frac{\frac{4\,\pi}{3}\,R_0^3\,\varrho_0\,\omega\,\left(\frac{2\,\pi\,R_0}{\lambda}\right)^3}{4 + \left(\frac{2\,\pi\,R_0}{\lambda}\right)^4}, \tag{118}$$

[1] Vgl. LORD RAYLEIGH: Theory of Sound 2, 246. London 1925. — AIGNER, F.: Unterwasserschalltechnik, S. 109. Berlin 1922.

für $\lambda \ll 2\,\pi\,R_0$ strebt r_{str} dem Grenzwert zu

$$r_{\mathrm{str}\,(1.\,\mathrm{Ordnung},\,\lambda \ll 2\,\pi\,R_0)} = \frac{4}{3}\,\pi\,R_0^2\,\varrho_0 \cdot c. \tag{119}$$

Die mitschwingende Mediummasse des Strahlers 1. Ordnung wird

$$m_{s\,(1.\,\mathrm{Ordnung})} = \frac{4\,\pi}{3}\,R_0^3\,\varrho_0\,\frac{2 + \left(\dfrac{2\,\pi\,R_0}{\lambda}\right)^2}{4 + \left(\dfrac{2\,\pi\,R_0}{\lambda}\right)^4}, \tag{120}$$

für sehr lange Wellen $\lambda \gg 2\,\pi\,R_0$ wird Gl. (120)

$$m_s\,(1.\,\mathrm{Ordnung},\,\lambda \ll 2\,\pi\,R_0) = \frac{2\,\pi}{3}\,R_0^3\,\varrho_0, \tag{121}$$

für sehr kurze Wellen $\lambda \ll 2\,\pi\,R_0$ wird m_s zu Null. In Abb. 100 ist die Abhängigkeit der Strahlungsresistanz der Strahler nullter und erster Ordnung vom Verhältnis λ/R_0 eingetragen. Das Bild zeigt sehr anschau-

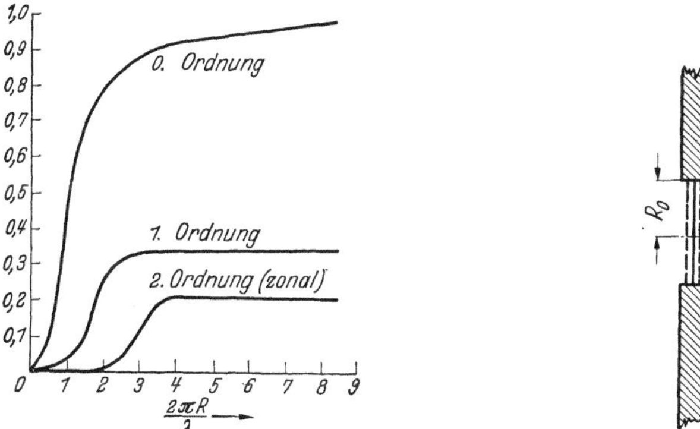

Abb. 100. Schallabstrahlung von Kugelstrahlern verschiedener Ordnung, bezogen auf gleiche Normalgeschwindigkeit (nach H. Backhaus). Der Grenzwert der Strahlungsresistanz der atmenden Kugel für $\lambda \ll 2\,\pi\,R_0$ ist gleich 1 gesetzt

Abb. 101. In der Öffnung einer starren Wand schwingende Kolbenmembran

lich, wieviel geringer die durch Strahler höherer Ordnung abgestrahlte Gesamtleistung gegenüber der vom Strahler nullter Ordnung abgestrahlten Leistung ist[1].

Die Kugelstrahler wurden verhältnismäßig ausführlich behandelt, weil sich an ihnen die wichtigsten Erscheinungen der Schallabstrahlung besonders gut übersehen lassen, zu bemerken ist allerdings, daß es schwierig ist, Strahler technisch zu realisieren, die streng nach dem Prinzip eines Kugelstrahlers arbeiten.

[1] Vgl. H. Backhaus: Naturwiss. **17**, 811, 835 (1929). Dort auch Angaben über Strahler 2. bis 4. Ordnung. — Zur Frage des Einflusses einer reflektierenden Ebene hinter Strahlern verschiedener Ordnung vgl. noch U. Ingard u. G. L. Lamb: J. A. S. A. **29**, 743 (1953).

Eine praktisch sehr wichtige Strahlerform, welche sich auch technisch vorzüglich realisieren läßt[1], ist die sog. „Kolbenmembran" (Abb. 101).

Die Strahlungsresistanz einer Kolbenmembran vom Radius R_0 läßt sich aus Gl. (113) berechnen[2] zu

$$\left. \begin{aligned} r_{s\,(\text{Kolben})} &= \varrho_0 \cdot c \cdot \pi\, R_0^2\, h(y), \quad y = 2 \cdot \frac{2\,\pi\,R_0}{\lambda} \\ h(y) &= 1 - \frac{2\,J_1(y)}{y}, \end{aligned} \right\} \qquad (122)$$

$J_1(y) = $ BESSELsche Funktion erster Ordnung.

----

[1] Der von H. RIEGGER angegebene „Blatthaller" arbeitet nach dem Prinzip der Kolbenmembran; er wird auf S. 200 behandelt werden. Auch die Schallabstrahlung von Konuslautsprechern entspricht, insofern nicht der Konus unterteilt schwingt, etwa derjenigen einer Kolbenmembran.

[2] Die Berechnung wurde von H. RIEGGER vorgenommen [Wiss. Veröff. Siemens-Werke 3/2, 67 (1924)]. Bemerkt sei, daß die oben wiedergegebene Berechnung sich auf eine einseitig strahlende (also rückseitig abgeschlossene) Kolbenmembran in einer starren unendlich ausgedehnten ebenen Wand bezieht. Strahlt die Membran nach der Vorderseite und der Rückseite, so sind die Werte für die Strahlungsresistanz bzw. die mitschwingende Masse mit 2 zu multiplizieren. Über Schallfelder von Kolbenmembranen vgl. insbesondere auch H. BACKHAUS: Ann. Phys. (V) 5, 1 (1930). — HÄHNLE, W.: Wiss. Veröff. a. d. Siemens-Konz. 10/4, 73 (1931). — STENZEL, H.: Elektr. Nachr.-Techn. 12, 16 (1935); Acustica 2, 263 (1952). — STENZEL, H.: Leitfaden zur Berechnung von Schallvorgängen. 2. Aufl. Berlin (1957). — QUINT, R. H.: J. A. S. A. 31, 190 (1959).
Es sei hier noch auf folgende Arbeiten über Schallabstrahlung hingewiesen: RUEDY, R.: Canad. J. Res. 10, 134 (1934). — KARKEVICH, A.: J. Techn. Phys. (USSR) 8, 1468 (1938). — SOMMERFELD, A.: Ann. Phys. (V) 42, 389 (1942); ebdt. (VI) 2, 85 (1948). — BACKHAUS, H.: Z. Techn. Phys. 24, 75 (1943). — BAUER, B. B.: J. A. S. A. 15, 223 (1944). — LAX, M.: J. A. S. A. 16, 5 (1944). — SAKADI, Z., u. E. TAKIZAWA: J. Phys. Soc. Jap. 3, 235 (1948). — STENZEL, H.: Ann. Phys. (VI) 4, 303 (1949). — MEIXNER, J., u. U. FRITZE: Z. ang. Phys. 1, 535 (1949). — PACHNER, J.: J. A. S. A. 21, 617 (1949). — RSCHEVKIN, S. N.: J. Techn. Phys. (USSR) 19, 1380 (1949). — BOUWKAMP, J.: Physica XVI, 1 (1950). — MEEKER, W. F., F. H. SLAYMAKER u. L. L. MERVILL: J. A. S. A. 22, 206 (1950). — WILLIAMS, A. O.: ebdt. 23, 1 (1951). — CARTER, A. H., u. A. O. WILLIAMS: ebdt. 179. — FISCHER, F. A.: Acustica 1, 35 (1951). — RIMSKII-KORSAKOV, A. V.: Z. Techn. Phys. USSR 21, 970 (1951). — KNESER, H. O.: Z. angew. Phys. 3, 113 (1951). — NIMURA, T., u. K. SHIBAYAMA: Rep. Res. Inst. Tôhoku Univ. 3, 77 (1951). — PRICHART, R. L.: J. A. S. A. 23, 591 (1951). — PACHNER, J.: ebdt. 481. — NOMURA, Y., u. Y. AIDA: Rep. Res. Inst. Tôhoku (B) 1,2 337 (1951). — WIENER, F.: J. A. S. A. 23, 697 (1951). — ÖSTREICHER, H. L.: ebdt. 23, 707 (1951). — GUPTILL, E. W., u. A. D. MACDONALD: Canad. J. Phys. 30, 119 (1952). — MALECKI, I.: Arch. Elektrotechn. (Warschau) 1, 39 (1952). — WATSON, R. B.: J. A. S. A. 24, 225 (1952). — CARTER, A. H., u. A. O. WILLIAMS: ebdt. 230. — JUNGER, M. C.: ebdt. 288. — ELROD, H.: ebdt. 325. — GUPTILL, E. W.: ebdt. 784. — CHETAEV, D. N.: Dokl. Acad. Nauk. USSR 90, 355 (1953). — GÖSELE, K.: Acustica 3, 243 (1953). — JUNGER, M. C.: J. A. S. A. 25, 40 (1953). — MILES, J. W.: ebdt. 200. — GAVREAU, V., u. A. CALAORA:

Die mitschwingende Mediummasse wird

$$m_{s\ (\text{Kolben})} = \frac{8}{3}\,\varrho_0\,R_0^3\,g(y) \qquad g(y) = \frac{3\,\pi}{2}\,\frac{K_1(y)}{y^3} \tag{123}$$

$K_1(y)$ ist eine von Lord Rayleigh[1] berechnete Funktion.

Der Verlauf der Funktionen $g(y)$ und $h(y)$ ist (nach H. Riegger) in Abb. 102 und 103 dargestellt. Für $\lambda \gg 2\,\pi\,R_0$ gilt $h(y) = \frac{1}{8}\,y^2$, es wird also dann

$$r_{s\ (\text{Kolben},\ \lambda \ll 2\,\pi\,R_0)} = \frac{2\,\pi^3\,\varrho_0\cdot c\,R_0^4}{\lambda^2} = \frac{\varrho_0\cdot \pi\cdot R_0^4\,\omega^2}{c}\ . \tag{124}$$

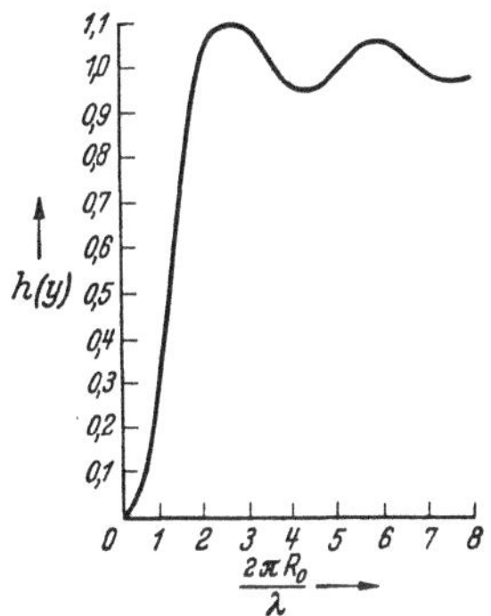

Abb. 102. Verlauf der Strahlungsresistanz der Kolbenmembran in Abhängigkeit von der Wellenlänge

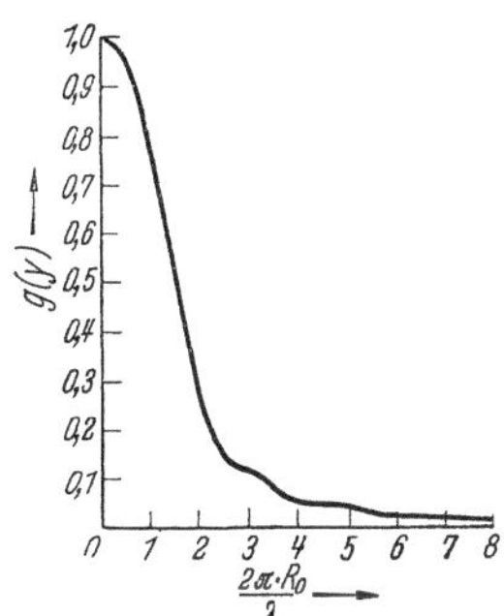

Abb. 103. Abhängigkeit der mitschwingenden Mediummasse der Kolbenmembran von der Wellenlänge

Für $\lambda \ll 2\,\pi\,R_0$ wird $h(y) = 1$, es gilt dann

$$r_{s\ (\text{Kolben},\ \lambda \ll 2\,\pi\,R_0)} = \pi\,R_0^2\cdot \varrho\cdot c\ . \tag{125}$$

Die Strahlungsresistanz wird dann also gleich dem Produkt von Membranfläche und Schallkennimpedanz.

Fortsetzung der Fußnote 2 von S. 136

C. R. Acad. Sci. **239**, 1272 (1954). — Miller, G. F., u. H. Pursey: Proc. Roy. Soc. (A) **223**, 521 (1954). — Malyuzhinets, G. D.: Akust. Z. (USSR) **1**, 144, 226 (1955). — Miller, G. F., u. H. Pursey: Proc. Roy. Soc. (A) **233**, 55 (1955). — Robey, D. H.: J. A. S. A. **27**, 711 (1955). — Bulashevich, Yu. P.: Z. techn. Phys. (USSR). **26**, 2599 (1956). — Timofeev, V. N., A. S. Nevskii, N. G. Gusev u. E. E. Kovalev: ebdt. 2600. — Jung, H.: Z. Hochfr. u. Elektroak. **65**, 37 (1956). — Östreicher, H. L.: J. A. S. A. **29**, 1219 (1957). — Linhardt, F.: Z. Instr. Kde **65**, 144 (1957). — Cremer, L., u. G. Schwantke: Acustica **7**, 329 (1957) (Abstrahlung von Biegewellen). — Federici, M.: Ric. Sci. **27**, 1826 (1957) (Zylinderstrahler). — Heckl, M.: Diss. T. U. Berlin-Chbg. (1957) (Zylinder). — Paul, D. J.: J. A. S. A. **29**, 1102 (1957) (Schallquelle in Grenzschicht zweier Medien). — Horton, C. W., u. A. E. Sobey: J. A. S. A. **30**, 1088 (1958). — Skudrzyk, E.: ebdt. 1152. — Sherman, Ch. H.: J. A. S. A. **31**, 947 (1959). — Heckl, M.: Acustica **9**, 86, 371 (1959). — Barkhatov, A. N.: Akust. Z. (UdSSR) **4**, 11 (1958). — Gazarian, Iu. I.: ebdt. 237. — Huszty, D.: Acta techn. Hungar. **25**, 119 (1959).

[1] Lord Rayleigh: Theory of Sound **2**, 162 London (1926).

Die Funktion $g(y)$ wird für $\lambda \gg 2\,\pi\,R_0 = 1$, die mitschwingende Masse wird dann also

$$m_{s\,(\text{Kolben},\,\lambda \gg 2\,\pi\,R_0)} = \frac{8}{3}\,\varrho\,R_0^3. \tag{126}$$

Die Strahlungsresistanz nimmt nach Gl. (124), solange $\lambda \gg 2\,\pi\,R_0$, mit dem Quadrat der Frequenz zu. H. RIEGGER hat zuerst die Möglichkeit erkannt, unter Verwendung von Kolbenmembranen die gleiche Schalleistung innerhalb eines weiten Frequenzbereichs abzustrahlen; in dem nach dem Prinzip der Kolbenmembran arbeitenden Blatthaller hat er einen grundlegend wichtigen Schallsender zur klanggetreuen Schallübertragung geschaffen. Verwendet man nämlich als strahlende Fläche ein mechanisches System, dessen Amplitude bei gleicher angreifender mechanischer Kraft mit dem Quadrat der Frequenz abnimmt, so gleicht sich das Anwachsen der Strahlungsresistanz mit der Abnahme der Amplitude mit der Frequenz derart aus, daß (solange $\lambda \gg 2\,\pi\,R_0$) bei gleicher angreifender Kraft bei allen Frequenzen stets die gleiche Schalleistung abgestrahlt wird. Nach den Ausführungen S. 28 fällt bei einem tief abgestimmten schwingungsfähigen System die Amplitude mit dem Quadrat der Frequenz ab; wenn wir mit einer Kolbenmembran frequenzunabhängig Schalleistung abstrahlen wollen, müssen wir also eine solche wählen, welche sehr weich aufgehängt ist, so daß ihre Eigenschwingung unterhalb des zu übertragenden Frequenzbereichs liegt.

Bei hoher Frequenz, bei welcher die Bedingung $(\lambda \gg 2\,\pi\,R_0)$ nicht mehr erfüllt ist, kommt man in ein Gebiet, in welchem die Strahlungsresistanz einem konstanten Grenzwert, nämlich dem Produkt von Membranfläche und Schallkennimpedanz des Mediums zustrebt; es sinkt also dann mit wachsender Frequenz die abgestrahlte Leistung ab. Trotzdem bleibt für Schallfeldpunkte in der Nähe der Mittelnormalen die Schallintensität in erster Näherung noch unabhängig von der Frequenz. Es zeigt sich nämlich, daß bei Kolbenmembranen, deren Ausdehnung groß gegen die Wellenlänge ist, die abgestrahlte Energie nach der Mitte gebündelt wird.

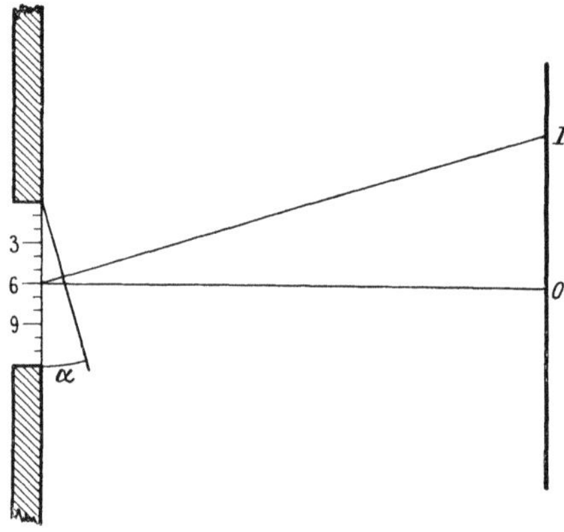

Abb. 104. Interferenzerscheinungen im Schallfeld einer Kolbenmembran

Die Richtwirkungseigenschaften im Schallfeld von Kolbenmembranen lassen sich anschaulich an Hand der in Abb. 104 und 105[1] dargestellten

---

[1] Nach R. W. POHL: Einführung in die Mechanik und Akustik, S. 214. Berlin 1930.

Konstruktion behandeln[1]. Man ermittelt nach dieser Konstruktion (unter Benutzung des FRESNEL-HUYGENSschen Prinzips, S. 246), wie die von den einzelnen Membranelementen herrührenden Erregungen in den verschiedenen Richtungen zusammenwirken. Für die in Abb. 105 dargestellte Konstruktion wurde die Membran in 12 Teile unterteilt. In der Mittelnormalen treffen (für Aufpunkte in genügend großer Entfernung von der Membran) die von den 12 Membranteilen herrührenden Erregungen sämtlich gleichphasig an. Die Einzelerregungen addieren sich also dort zu der Gesamterregung $\mathfrak{E}_0$. Geht man aus der Mittel-

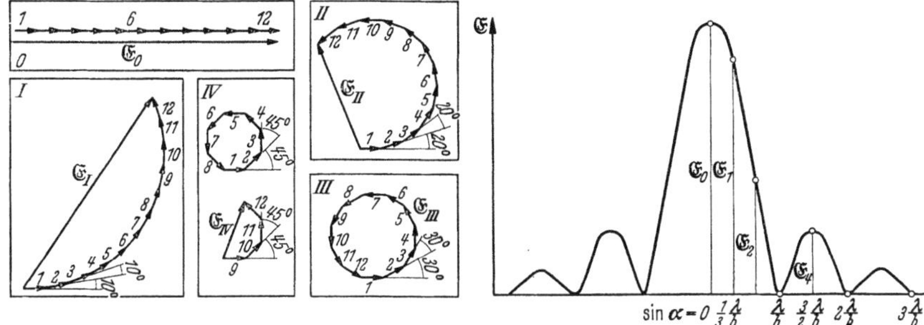

Abb. 105. Konstruktion des Richtwirkungsdiagramms einer Kolbenmembran. (Nach einer von R. POHL[2] angegebenen Konstruktion für die Interferenzerscheinungen an einem Spalt)

normalen heraus, so kommen die Erregungen von den Stellen 1 bis 12 jeweils um einen gewissen Phasenwinkel verschoben an, die vektorielle Addition ergibt also dort eine kleinere Gesamterregung. Für $\sin\alpha = \lambda/b$ wird die Erregung zu Null, in dieser Richtung liegt das erste seitliche Minimum der Schallabstrahlung, weitere Minima treten in den Richtungen $\sin\alpha = n \cdot \lambda/b$ auf, wobei n die Reihe der ganzen Zahlen durchläuft. Der wesentliche Teil der Schallabstrahlung der zur Wellenlänge großen Kolbenmembran erfolgt hiernach gebündelt in einem Kegel vom Spitzenwinkel $\beta = \arcsin 2\lambda/b$. Die Ausmessung des Schallfeldes der

---

[1] Zur theoretischen Behandlung der Richtwirkungseigenschaften vgl. H. BACKHAUS u. F. TRENDELENBURG: Z. Techn. Phys. 7, 630 (1926). — STENZEL, H.: Elektr. Nachr.-Techn. 4, 239 (1927); 6, 156 (1929); Z. techn. Phys. 10, 567 (1929). — McLACHLAN, N. W.: Proc. roy. Soc., Lond. 122, 604 (1929). — LINDSAY, R. B.: Phys. Rev. 32, 515 (1928). — WOLFF, I., u. L. MALTER: Phys. Rev. 33, 1061 (1929). — BACKHAUS, H.: Ann. Phys. 5, 1 (1930). — RUEDY, B.: Canad. J. Res. 10, 134 (1934). — STENZEL, H.: Leitfaden zur Berechnung von Schallvorgängen, Berlin 1939. — SCHOCH, A.: A. Z. 6, 318 (1941). — STENZEL, H.: Ann. Phys. (V) 41, 245 (1942). — WILLIAMS, A. O., u. L. W. LABAW: J. A. S. A. 16, 231 (1945). — WILLIAMS, A. O.: J. A. S. A. 19, 156 (1947) —. VOLLERNER, N. F., u. M. I. KARNOVSKII: Akust. Z. (UdSSR) 5, 25 (1959). — HUSZTY, D.: Proc. 3. I. C. A. Congr. Stuttgart (1959). — (Vgl. weitere Arbeiten Anm. 1, S. 142.)

[2] POHL, R. W.: Mechanik und Akustik, S. 215. Berlin 1930.

Kolbenmembran mit einem Schalldruckmesser ergibt gute Übereinstimmung mit den eben skizzierten Überlegungen. Abb. 106 u. 107 zeigt das Ergebnis derartiger Messungen an Blatthallern[1].

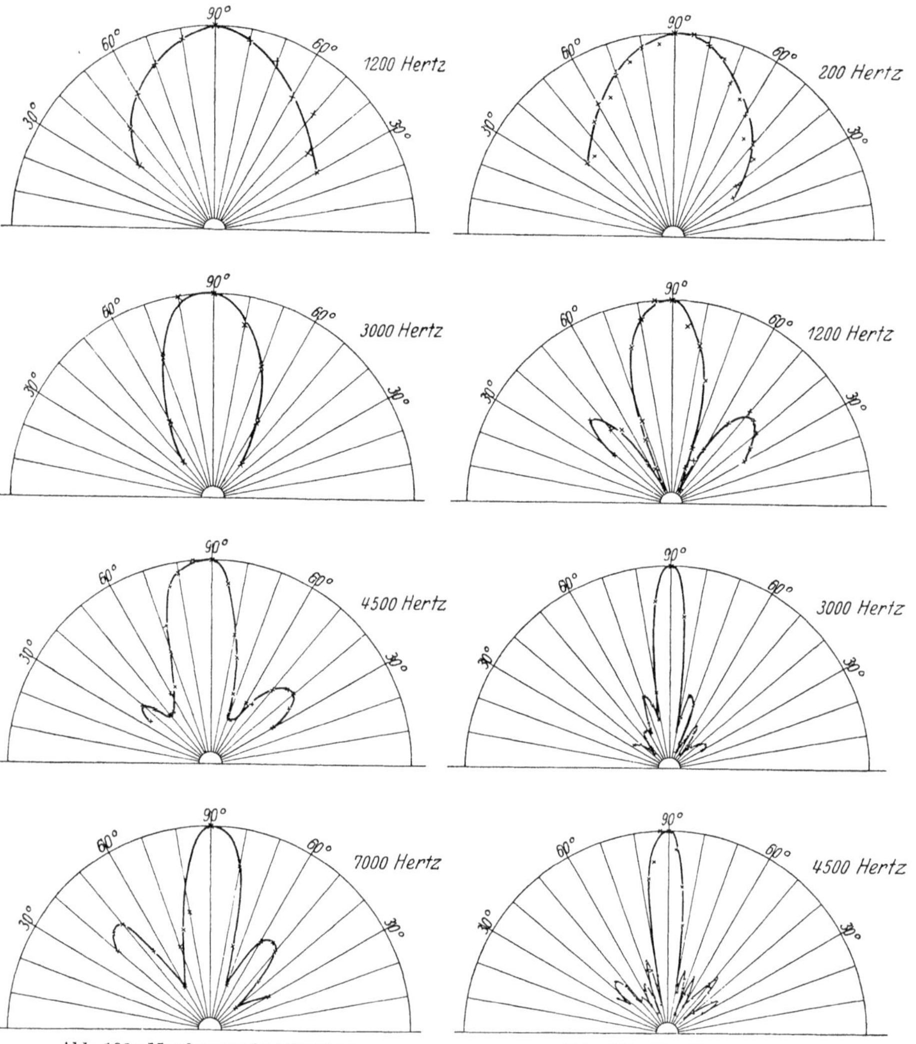

Abb. 106: Membrangröße 20 × 20 cm　　　　　　　　Abb. 107: 50 × 50 cm
(nach H. Backhaus u. F. Trendelenburg)
Abb. 106 u. 107. Richtwirkungsdiagramme von Kolbenmembranen

Bemerkt sei, daß die Richtwirkungseffekte der Kolbenmembran ganz analog den Fraunhoferschen Beugungserscheinungen der Optik verlaufen.

---

[1] Backhaus, H., u. F. Trendelenburg: Z. techn. Phys. 7, 630 (1926).

Sehr anschaulich lassen sich den eben geschilderten Erscheinungen entsprechende Effekte im Ultraschallgebiet beobachten.

Abb. 108 zeigt eine Schlierenaufnahme, welche von K. OSTERHAMMEL[1] im Schallfeld eines Piezoquarzsenders aufgenommen wurde.

Die Abbildung 108 läßt auch anschaulich die Tatsache erkennen, daß die Schallintensität in der Mittelnormalen in der Nähe des Strahles nicht gleichmäßig mit der Entfernung abnimmt, es finden sich im Gegenteil dort ausgesprochene Maxima und Minima. Erst in großer Entfernung vom Strahler fällt die Schallintensität dann gleichmäßig ab[2].

Abb. 109 zeigt (nach Berechnungen von H. STENZEL[3]) den Verlauf des Schalldruckes auf der Mittelnormalen einer quadratischen und einer kreisförmigen Kolbenmembran.

Praktisch wichtig ist auch die Frage der Richtwirkung von Gruppen von räumlich verteilten punktförmigen Schallquellen, beispiels-

Abb. 108. Interferenzerscheinungen im Schallfeld eines Piezoquarzsenders. $D/\lambda = 8.31$ (nach K. OSTERHAMMEL)

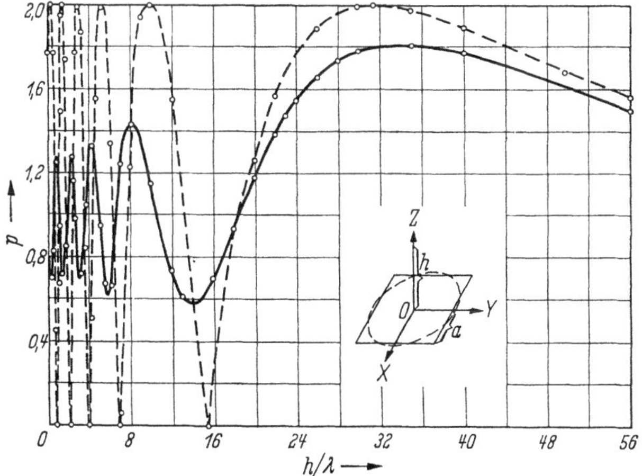

Abb. 109. Schalldruckverlauf auf der Symmetrieachse. ——— Quadrat $2\,a/\lambda = 10$, — — — —flächengleicher Kreis (nach H. STENZEL)

---

[1] OSTERHAMMEL, K.: A. Z. **6**, 73 (1941).

[2] BACKHAUS, H., u. F. TRENDELENBURG: Z. techn. Phys. **7**, 630 (1926). — Diese Feststellungen sind wichtig auch für die kritische Diskussion von Absorptionsmessungen in Flüssigkeiten im Schallfeld vor Piezoquarzen und für Dosierungsfragen bei medizinischer Anwendung von Quarzsendern. Vgl. H. BORN: Z. Phys. **121**, 754 (1943).

[3] STENZEL, H.: Acustica **2**, 263 (1952).

weise von Strahlern, die auf einem Kreis oder auf der Oberfläche eines Körpers verteilt sind; mit derartigen Strahlergruppen lassen sich, insbesondere dann, wenn man das Amplitudenverhältnis und die Phasenlage der einzelnen Strahler entsprechend regelt, scharfe Bündelungen erzielen[1].

Für Lautsprecherübertragungen in Innenräumen benutzt man vorteilhaft Anordnungen, bei denen mehrere Lautsprecher in Form einer „Schallzeile" aneinandergereiht sind. Man erhält auf diese Weise eine Bündelung des Schalls in die zur Schallzeile normale Mittelebene[2].

---

[1] FISCHER, F. A.: E. N. T. **7**, 369 (1930); **9**, 147 (1932); **10**, 19 (1933); Naturwiss. **29**, 138 (1941). — Über Richtwirkung von Schallsendern vgl. weiter B. G. KLAPMAN: J. A. S. A. **11**, 289 (1940). — MENGES, K.: A. Z. **6**, 90 (1941). — ROSENBERG, D. L.: Z. Techn. Phys. (USSR) **12**, 102, 211, 220 (1942). — JONES, R. C.: J. A. S. A. **16**, 147 (1945). — CARLISLE, R. W.: J. A. S. A. **15**, 44 (1943). — BORDONI, P. G.: J. A. S. A. **17**, 123 (1945) (betr. Schallstrahlung durch Konus). — SLAYMAKER, F. H., W. F. MEEKER u. L. L. MERRILL: J. A. S. A. **18**, 355 (1946). — MERRILL, L. L., u. F. H. SLAYMAKER: J. A. S. A. **20**, 375 (1948) (diese Arbeiten behandeln insbesondere Richtwirkungsfragen bei Flächenstrahlern mit ungleichmäßiger Amplitudenverteilung und der hier gegebenen Möglichkeit, seitliche Maxima zu unterdrücken). — MOLLOY, C. T.: J. A. S. A. **20**, 387 (1948). — HOPKINS, F. H., u. N. STRYKER: Proc. Inst. Rad. Engrs. **36**, 315 (1948). — LAX, S. M., u. H. FESHBACH: J. A. S. A. **19**, 682 (1947). — BORDONI, P. G., u. W. GROSS: J. Math. and Physics **27**, 241 (1949) (Schallstrahlung von Zylindern). — MILLER, L. N.: J. A. S. A. **19**, 59 (1947). — KENDIG, P. M., u. R. E. MUESER: J. A. S. A. **19**, 691 (1947) (betr. Richtwirkungsfragen bei Wasserschallgeräten). — KARNOSVKII, M. I.: Izv. Acad. Nauk. (USSR) **13**, 698 (1949). — STENZEL, H.: Arch. Übertr. **5**, 447, 517 (1951). — LOTTRUP, K. H.: J. appl. Phys. **22**, 1299 (1951). — FISCHER, F. A.: Acustica 1 (AB), 9 (1951). — DAVIDS, N., E. G. THURSTON u. R. E. MUESER: J. A. S. A. **24**, 50 (1952). — RHIAN, E.: ebdt. **26**, 704 (1954). — MEYER, E.: Acustica **4**, 53 (1954). — ROBEY, D. H.: J. A. S. A. **27**, 706 (1955). — FEIK, K.: Z. Hochfr. u. Elektroak. **64**, 35 (1955). — MARTIN, G. E., u. J. S. HICKMAN: J. A. S. A. **27**, 112 (1955). — FEHÉR, H.: Arch. El. Übertr. **10**, 125, 163 (1956). — PACHNER, J.: J. A. S. A. **28**, 86, 90 (1956). — WELKOWITZ, W.: ebdt. **28**, 362 (1956). — FEDERICI, M.: Ricerca sci. **25**, 1423 (1955). — FEIK, K.: Z. Hochfr. u. Elektroak. **66**, 29 (1957). — SEGARD, N., u. J. CASSETTE: Ann. Soc. Sci. Bruxelles I, **72**, 185 (1958). — KOCK, W. E.: Acustica **9**, 227 (1959). — MARTIN, G. E., J. S. HICKMAN u. F. BYRNES: Proc. 3. I. C. A. Congr. Stuttgart (1959). — HASELBERG, K. VON, u. J. KRAUTKRÄMER: Acustica **9**, 359 (1959). — FRITSCHE, L., u. T. NONNENMACHER: Proc. 3. I. C. A. Congr. Stuttgart 1959. — FREEDAM, A.: J. A. S. A. **32**, 197 (1960).

[2] Über Schallzeilen vgl. PRITCHARD, R. L.: J. A. S. A. **25**, 879 (1953). — THIESSEN, G. J.: Canad. J. Phys. **33**, 618 (1955). — NICKSON, A. F. B.: Austr. J. appl. Sci. **6**, 476 (1955). — TARTAKOVSKII, B. D.: Dokl. Akad. Nauk (USSR) **108**, 636 (1956). — BURGESS, R. E.: Can. J. Phys. Res. **34**, 149 (1956). — TUCKER, D. G.: Acustica **6**, 403 (1956). — KARNOVSKII, M. L.: Akust. Z. (USSR) **2**, 267 (1956). — TOULIS, W. J.: J. A. S. A. **29**, 346 (1957). — BERMAN, A., u. C. S. CLAY: ebdt. 805. — THIESSEN, G. J., u. T. F. W. EMBLETON: J. A. S. A. **30**, 449, 1124 (1958). — KAWAI, N.: J. Phys. Soc. Japan **13**, 1374 (1958). — REMILLARD, W. J.: Proc. 3. I. C. A. Congr. Stuttgart 1959. — LOWENSTEIN, C. D.: ebdt. — ÖSTREICHER, H. L.: ebdt.

Diese Anordnung ist insbesondere bei Schallübertragungen in großen Sälen, Hallen und Kirchen Anordnungen ohne Richtwirkung weit überlegen[1]. Bemerkt sei hier noch, daß sich eine gebündelte Abstrahlung auch durch Einbau des Schallsenders in einen Reflektor erreichen läßt. Mit Rücksicht auf Beugungseffekte (vgl. Ziff. 22, S. 256) muß aber der Reflektor hinreichend groß gegen die Wellenlänge sein[2]. Im Gebiet des Ultraschalls können auch Linsen zur Schallbündelung verwendet werden (vgl. Ziff. 22, S. 281).

Zur Kennzeichnung der Richteigenschaften eines schallstrahlenden Systems benutzt man den Begriff des „Richtungsfaktors Γ", wobei unter dem Richtungsfaktor[3] das Verhältnis des Schalldruckes unter dem Winkel φ zum Schalldruck in einer Bezugsrichtung φ_0 (z. B. also zum maximalen Schalldruck in der Hauptachse) verstanden wird. Für Angaben in der Dezibelskala benutzt man das „Richtungsmaß" D, wobei $D = 20 \lg 1/\Gamma$ ist.

Die Strahlungseigenschaften der Kolbenmembran wurden oben unter der Voraussetzung behandelt, daß die Membran in die Öffnung einer unendlich ausgedehnten ebenen Wand eingebaut ist. Praktisch wichtig ist die Frage, wie sich die Strahlungseigenschaften bei Einbau in einem Schallschirm endlicher Größe verhalten; es kann sich dann ja die Druckerhöhung auf der einen Membranseite mit der Druckerniedrigung auf der anderen Membranseite in gewissem Maß ausgleichen, und die abgestrahlte Leistung wird geringer als beim Einbau in die unendlich ausgedehnte Wand. Der die Schallabstrahlung verringernde Druckausgleich erfolgt in um so geringerem Maß, je größer der (in Wellenlängen gemessene) Umweg zwischen Vorderseite und Rückseite der Membran ist. Der Einfluß der endlichen Schallschirmgröße wurde von M. J. O. STRUTT[4] rechnerisch untersucht, und zwar behandelte

---

[1] Vgl. F. TRENDELENBURG: ETZ **48**, 1685 (1927) (in dieser Arbeit wird über Erfahrungen berichtet, die mit in einer Ebene bündelnden Lautsprechern von länglicher Form im Dom zu Köln gewonnen wurden). — KALUSCHE, H.: Z. angew. Phys. **2**, 411 (1950). — SPANDÖCK, F.: ETZ **72**, 101 (1951).

[2] Vgl. L. D. ROZENBERG: Izv. Acad. Nauk (USSR) **13**, 710 (1949). — TAKEUCHI, R.: Mem. Res. Inst. Acoust. Soc. Osaka **1**, 33 (1950). — ROZENBERG, L. D.: J. Techn. Phys. (USSR) **20**, 385 (1950). — BARONE, A.: Acustica **2**, 221 (1952). — ROZENBERG, L. D.: Dokl. Acad. Nauk **91**, 1951 (1953). Eine Fokussierung kann man auch durch geeignete Formgebung der Strahlerfläche (z. B. Konkavschliff bei Quarzsendern) bewirken. Vgl. hierzu Ziff. 19, S. 210.

[3] Vgl. H. STENZEL: J. A. S. A. **24**, 417 (1952). — RAES, A. C.: Ann. Télécom. **9**, 313 (1954). — FEIK, K., u. D. BRODHUN: Nachrichtentechnik **5**, 149 (1955). — SACERDOTE, G., u. C. B. SACERDOTE: Acustica **6**, 45 (1956). — DIN 1332 (Okt. 1957).

[4] STRUTT, M. J. O.: Phil. Mag. (7) **7**, 537 (1929). — Vgl. ferner G. BUCHMANN: Z. Techn. Phys. **17**, 563 (1936). — NICHOLS, R. H.: J. A. S. A. **18**, 151 (1946). — PACHNER, J.: J. A. S. A. **23**, 198 (1951). — NIMURA, T., u. Y. WATANABE: ebdt. **25**, 76 (1953).

STRUTT zunächst die Frequenzabhängigkeit der Schallstrahlung zweier auf den gegenübergesetzten Polen einer Kugel angebrachter gegenphasig schwingender, punktförmiger Schallquellen. Die mit dieser idealisierten Anordnung gewonnenen Ergebnisse lassen sich auf die Schallstrahlung der in einem Schallschirm endlicher Größe eingebauten Kolbenmembran übertragen. Es zeigt sich, daß die Schallstrahlung dann stark nachläßt, wenn $D < \lambda/2$ ($D =$ Durchmesser des Schallschirms) wird, so daß also beispielsweise zu günstiger Abstrahlung eines 100 Hz-Tones eine Mindestschallschirmgröße von etwa 1 m erforderlich ist.

Die Schallabstrahlung einer Schallquelle läßt sich durch Anbau eines Trichters verstärken. Für eine *punktförmige* Quelle lautet der Ausdruck für das Geschwindigkeitspotential bei Abstrahlung in einen Trichter vom Raumwinkel χ

$$\Phi = -\frac{A}{\chi} \cdot \frac{1}{r} \cos \omega \left(t - \frac{r}{c} \right), \tag{127}$$

wobei A die Quellenergiebigkeit bedeutet.

Außerhalb des Trichters ist (wenn wir den Trichter zunächst als unendlich lang voraussetzen) das Geschwindigkeitspotential gleich Null.

Aus Gl. (127) folgt, daß für einen in einer bestimmten Entfernung r liegenden Aufpunkt die Schallintensität J um so größer ist, je kleiner der Raumwinkel, und zwar gilt $J \sim 1/\chi^2$. Bestimmt man die gesamte von der Quelle abgestrahlte Leistung gemäß $P = \oint J \, dS$, so findet man (da außerhalb des Raumwinkels χ die Intensität gleich Null), daß $P \sim 1/\chi$ wird; durch Einbau eines (punktförmigen) Strahlers in einen Trichter vom Raumwinkel χ erhöht man also die abgestrahlte Leistung im Verhältnis $4\pi/\chi$ oder — anders ausgedrückt — man vergrößert die Strahlungsresistanz um den Faktor $4\pi/\chi$; gleiches gilt für die mitschwingende Mediummasse.

Bei einem Trichter endlicher Länge liegen die Verhältnisse den eben geschilderten ähnlich, solange als der in Frage stehende Trichter sehr lang gegen die Wellenlänge des abgestrahlten Schalls ist. Ist der Trichter aber wesentlich kleiner als die Wellenlänge, so läßt infolge von Beugungseffekten die Verstärkung der Abstrahlung nach, der Strahler verhält sich schließlich so, als ob gar kein Trichter vorhanden wäre; durch Anbau eines gegen die Wellenlänge sehr kurzen Trichters tritt keine Erhöhung der Strahlungsresistanz ein.

Trichter engen Öffnungswinkels, welche eine zur Wellenlänge große Trichterlänge besitzen, strahlen den Schall gerichtet ab. Die Richtwirkungserscheinungen sind sehr ähnlich denen, die wir im Schallfeld von Kolbenmembranen kennenlernten; ähnlich wie bei Kolbenmembranen wird ja beim Trichter die gesamte Öffnungsfläche nahezu gleichphasig erregt, während außerhalb der Öffnung keine Erregung stattfindet.

Schalltrichter werden in der praktischen Akustik vielfach benutzt, sei es — um wie beim Sprachrohr — den Schall in bestimmte Richtungen zu bündeln, sei es, um die Strahlungsresistanz an sich schlecht strahlender Flächen zu vergrößern und an die Schallkennimpedanz des Mediums besser anzupassen.

Konisch geformte Trichter haben den Nachteil, daß sie —ähnlich wie Pfeifen — Eigenschwingungen besitzen, die zu störenden Resonanzen Veranlassung geben[1]. In der Praxis verwendet man meistens nicht konische Trichter, sondern Trichter, deren Querschnitt mit der Entfernung von der Spitze exponentiell wächst. Bei derartigen Exponentialtrichtern machen sich bei genügend großer Länge und genügend großem Ausgangsquerschnitt störende Eigenschwingungen praktisch nicht bemerkbar.

Für die abgestrahlte Schalleistung eines mit einer schallstrahlenden Kolbenmembran ausgerüsteten Exponentialtrichters von der Form $S/S_1 = e^{mx}$ (S_1 Querschnitt am Anfang des Trichters) gilt[2]

$$P_\mathrm{exp} = \frac{\varrho_0 \cdot c \cdot A^2}{2 \cdot S_1} \sqrt{1 - \frac{m^2 c^2}{4\,\omega^2}} = \varrho_0 \cdot c\, S_1 \frac{v^2}{2} \sqrt{1 - \frac{m^2 c^2}{4\,\omega^2}}\,, \qquad (128)$$

---

[1] Die Schallausbreitung in konischen Trichtern und insbesondere die Lage der verschiedenen Eigenschwingungen in Abhängigkeit vom Öffnungswinkel wurde von H. BUCHHOLZ untersucht [A. Z. **5**, 169 (1940)].

[2] Über Trichter vgl. A. G. WEBSTER: Proc. Nat. Acad. Am. **5**, 275 (1919); **6**, 316 (1920). — STEWART, G. W.: Phys. Rev. **15**, 229 (1920). — CRANDALL, J. B.: Theory of vibrating systems and sound, S. 156. New York 1926. Über den Exponentialtrichter endlicher Länge vgl. ebenda S. 163, sowie H. STENZEL: Z. techn. Phys. **12**, 621 (1931). — Vgl. ferner PHELPS, W. D.: J. A. S. A. **12**, 68 (1940) (betr. Einfluß der Schallschluckung an der Trichterwand). — P. W. KLIPSCH: J. A. S. A. **13**, 137 (1941). — BUCHHOLZ, H.: Ann. Phys. (V) **42**, 423 (1942). — SLAYMAKER, F. H., W. F. MEEKER u. L. L. MERILL: J. A. S. A. **18**, 355 (1946) (betr. Paraboloidtrichter). — SALMON, V.: J. A. S. A. **17**, 199, 212 (1946). — KLIPSCH, P. W.: J. A. S. A. **17**, 254 (1946). — MUESER, R. E.: J. A. S. A. **19**, 952 (1947) (Trichter für Wasserschall-Magnetostriktionssender). — MAWARDI, O. K.: J. A. S. A. **21**, 323 (1949) (Verallgemeinerung der WEBSTERschen Trichtertheorie). — MOKHTAR, M., u. G. A. MESSIH: Proc. Math. Phys. Soc. Egypt. **4**, 27 (1949). — TANAKA, S.: Sci. Rep. Tôhoku Univ. (A) **1**, 243 (1949). — MOLLOY, C. T.: J. A. S. A. **22**, 551 (1950). — THIESSEN, C. G.: ebdt. 558. — STEVENSON, A. F.: J. Appl. Phys. **22**, 1461 (1951). — NORTHWOOD, T. D., u. H. C. PETTIGREW: J. A. S. A. **26**, 503 (1954). — LAMBERT, R. F.: ebdt. 1024. — JENSEN, A. O., u. R. L. LAMBERT: ebdt. 1029. — McKINNEY, C. M., u. C. D. ANDERSON: ebdt. 1040 (Trichter für Wasserschall). — WEIBEL, E. S.: ebdt. **27**, 726 (1955). — LANGE, T. H.: Acustica **5**, 323 (1955) (behandelt u. a. Einfluß der Druckkammer am Trichtereingang). — SCIBOR-MARCHOCKI, R. I.: J. A. S. A. **27**, 939 (1955). — THIESSEN, G. J.: ebdt. **28**, 281, 356 (1956) (betr. Nebelhörner). — KAPROWSKI, J.: Arch. Elektrotechn. (Warschau) **5**, 719 (1956) (Exponentialtrichter). — MERKULOV, L. G.: Akust. Z. (USSR) **3**, 230 (1957). — OWENS, W. R., u. C. M. McKINNEY: J. A. S. A. **29**, 744, 940 (1957). — RUDNICK, J.: ebdt. **30**, 339 (1958) (betr. Wellen sehr hoher Intensität in Trichtern). — CARLISLE, R. W.: J. A. S. A. **31**, 1135 (1959). — Auch die menschliche Stimme

A bedeutet die Ergiebigkeit der Quelle. Für eine am Trichteranfang eingebaute Kolbenmembran ($R_0 \ll \lambda/2\,\pi$) wird

$$A = S_1 \cdot \frac{d\xi}{dt} = S_1 \cdot v,$$

wobei ξ die Amplitude und v die Schnelle der Membran bedeutet.

Für den Konustrichter gilt

$$P_{\text{Kon}} = \frac{\varrho_0 \cdot c\, A^2}{2 \cdot S_1}\; \frac{\left(\frac{2\,\pi\,x_1}{\lambda}\right)^2}{1 + \left(\frac{2\,\pi\,x_1}{\lambda}\right)^2} = \varrho_0 \cdot c\, S_1\, \frac{v^2}{2}\; \frac{\left(\frac{2\,\pi\,x_1}{\lambda}\right)^2}{1 + \left(\frac{2\,\pi\,x_1}{\lambda}\right)^2}. \qquad (129)$$

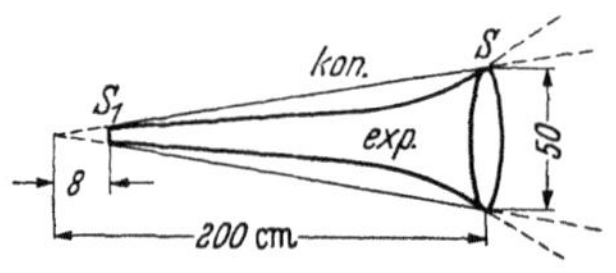

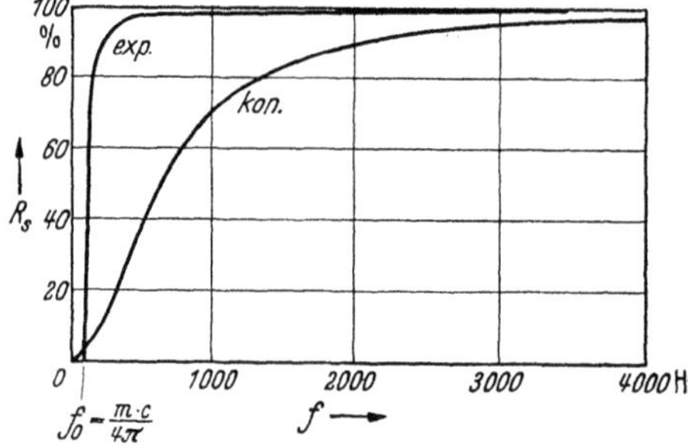

Abb. 110. Frequenzabhängigkeit der Strahlungsresistanz eines (unendlich langen) konischen und eines (unendlich langen) exponentiellen Trichters der Form $S = S_1\, e^{0,033\,x}$ (nach J. B. Crandall)

Hierbei bedeutet x_1 die Entfernung zwischen der Spitze des Konus und der schallstrahlenden Kolbenmembran. In Abb. 110 ist der Verlauf der Ausdrücke (128) und (129) in Abhängigkeit von der Wellenlänge dargestellt. Es zeigt sich sehr anschaulich, daß der Exponentialtrichter unterhalb der Grenzfrequenz $\omega = m \cdot c/2$ keinen Schall abstrahlt. Oberhalb der Grenzfrequenz steigt die Strahlungsresistanz des Exponentialtrichters sehr rasch an, während die Strahlungsresistanz des Konustrichters (wie bei der Kolbenmembran) nur mit dem Quadrat der Frequenz anwächst[1].

Hingewiesen sei hier auch noch auf Strömungserscheinungen, die durch nichtlineare Effekte im Nahfeld von Schallsendern auftreten; so

Fortsetzung der Fußnote 2 von S. 146

besitzt, insbesondere für die hohen für Konsonanten maßgeblichen Frequenzbereiche (S. 185) eine starke Richtwirkung. Diese kommt einerseits durch die Trichterform des Mundes, andererseits aber auch durch die Schattenwirkung des Kopfes zustande. — Stewart, G. W.: Phys. Rev. **33**, 467 (1911). — Trendelenburg, F.: Z. Techn. Phys. **10**, 558 (1929). — Farnsworth, D. W.: Nature **150**, 583 (1942); Bell. Lab. Rec. **20**, Nr. 12 (1942).

[1] Durch besondere Formgebung von Trichtern (Profil nach einer Kettenlinie) kann man — wie V. Salmon [J. A. S. A. **17**, 199, 212 [1946]] zeigte — sehr hohe Strahlungsresistanzen im Gebiet unmittelbar oberhalb der Grenzfrequenz erreichen.

beobachtet man z. B. vor hochfrequent schwingenden Quarzsendern den sog. „Quarzwind"[1]. Abb. 111 zeigt (nach A. M. GHABRIAL und E. G. RICHARDSON)[2] Strömungen in einer mit Benzol gefüllten Röhre oberhalb eines Quarzsenders bei einer Frequenz von 5 MHz.

17. Mechanische Schallsender, Musikinstrumente

Schallsender, bei denen primär vorhandene mechanische Energie in Schallenergie umgewandelt wird, sind in den zahlreichsten Ausführungsformen im praktischen Gebrauch.

Nach der Art der Schallerzeugung teilt man die mechanischen Schallsender vorteilhaft wie folgt ein:

a) Schallsender mit zum Schwingen erregten Saiten.

b) Schallsender mit zum Schwingen erregten Stäben und Zungen.

Abb. 111. Strömungserscheinungen vor einem in Benzol schwingenden Quarz (nach A. M. GHABRIAL u. E. G. RICHARDSON)

c) Schallsender mit zum Schwingen erregten Membranen oder Fellen.

d) Schallsender mit zum Schwingen erregten Platten.

e) Schallsender mit zum Schwingen erregten Luftsäulen.

Die unter a) bis e) aufgeführten Schallsender werden insbesondere als Musikinstrumente verwendet. Noch nicht aufgeführt wurde eine — für musikalische Zwecke nicht benutzte — Schallsenderart, bei denen Schall ohne Verwendung besonderer schwingungsfähiger Systeme erzeugt wird; wie beispielsweise bei Schallsirenen oder wie bei den als Hieb- und Schneidentöne bekannten Schallerscheinungen. Wir werden

---

[1] MEISSNER, A.: Z. Techn. Phys. **7**, 585 (1926); **8**, 74 (1927). — HIGHT, S. C.: J. A. S. A. **7**, 77 (1935). — FOX, F. E., u. K. F. HERZFELD: Phys. Rev. **78**, 156 (1950). — SPENGLER, G.: Naturwiss. **41**, 59 (1953). — DARNER, C. L., u. E. N. LIDE: J. A. S. A. **26**, 104 (1954). — DOAK, P. E.: Proc. Roy. Soc. (A) **226**, 7 (1954). — JOHNSEN, I., u. S. T. TJÖTTA: Acustica **7**, 7 (1957).

[2] GHABRIAL, A. M., u. E. G. RICHARDSON: Acustica **5**, 28 (1955). — Weitere Literatur vgl. S. 253, Anm. 2.

10*

auf diese Art der Schallerzeugung am Schluß dieser Ziffer zu sprechen kommen.

Bei den *Saiteninstrumenten* wird eine gespannte Saite durch Anstreichen mittels eines Bogens (wie bei der Geige, der Bratsche, dem Cello und dem Kontrabaß), durch Anzupfen oder Anreißen (wie bei Harfe, Gitarre, Mandoline, Zither, Cembalo und Laute) oder durch Anschlagen mittels eines Hammers (wie bei Flügel und Klavier) zum Schwingen erregt. Die Saite selbst strahlt nur wenig Schall ab; sie stellt einen eindimensionalen Strahler erster Ordnung dar, dessen Durchmesser verschwindend klein gegen die Wellenlänge ist. Eine auf der einen Seite der Saite auftretende Druckerhöhung kann sich mit der auf der anderen Seite auftretenden Druckerniedrigung ohne weiteres ausgleichen. Will man mit der Saite Schall nennens-

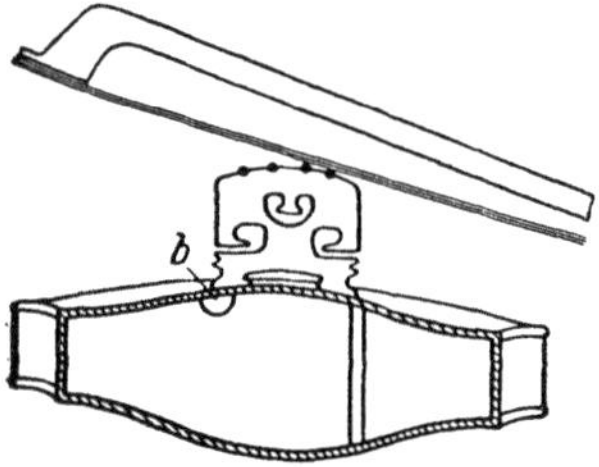

Abb. 112. Schnitt durch einen Geigenkörper (schematisch nach H. BACKHAUS)

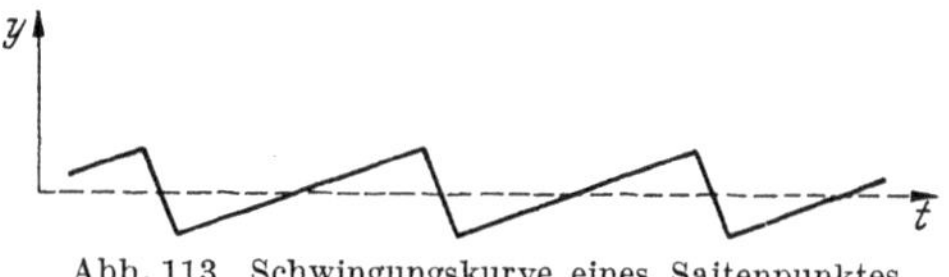

Abb. 113. Schwingungskurve eines Saitenpunktes (nach H. BACKHAUS)

werter Stärke erzeugen, so muß man die Saite mit einem stark strahlenden Gebilde, mit einem großflächigen Resonanzkörper koppeln.

Die physikalischen Verhältnisse der Klangerzeugung sind für die Geige — und zwar insbesondere durch die grundlegenden Arbeiten von H. BACKHAUS[1] — weitgehend geklärt worden. Da viele der bei der Geige auftretenden Erscheinungen auch auf die anderen Saiteninstrumente übertragbar sind, sei hier der physikalische Mechanismus der Geige näher behandelt.

Zur Koppelung zwischen Saite und Resonanzkörper dient der „Steg". Schwingt die Saite transversal, so führt der Steg Drehschwingungen um den oberhalb des Stimmstocks liegenden Unterstützungspunkt (Abb. 112) aus und versetzt so den Resonanzkörper in Schwingungen[2].

Das Entstehen „selbsterregter" Saitenschwingungen beim Anstreichen mittels eines Bogens hatten wir bereits auf S. 48 besprochen, wir hatten gezeigt, wie die Saite beim Aufsetzen des Bogens zunächst

---

[1] BACKHAUS, H.: Z. techn. Phys. **8**, 509 (1927). — Naturwiss. **17**, 811, 825 (1929). — Z. techn. Phys. **9**, 491 (1928). — Z. Phys. **62**, 143 (1930); **72**, 218 (1931). — Z. techn. Phys. **17**, 573 (1936); **18**, 98 (1937). — BACKHAUS, H., u. G. WEYMANN: A. Z. **4**, 302 (1939).

[2] Über die Stegschwingungen vgl. M. MINNAERT u. C. C. VLAM: Physica, Haag **4**, 361 (1937).

an der Bespannung des Bogens haftet und von diesem mit der gleichen
Geschwindigkeit, mit der der Bogen bewegt wird, mitgenommen wird,
bis die Rückstellkraft die Klebkraft überwiegt, in diesem Augenblick
reißt sich die Saite vom Bogen los, sie schnellt — und zwar in erster
Näherung wieder mit konstanter Geschwindigkeit — über die Ruhelage
hinaus zurück. Sie wird dann vom Anstreichband wieder erfaßt und
das Spiel beginnt von neuem. Die Grundperiode dieses Vorgangs ist (normalerweise) die Periode der tiefsten Eigenschwingung der Saite (Ziff. 10,
S. 68). Die Saitenbewegung verläuft hiernach gemäß einer Dachkurve
(Abb. 113). Die zuerst von H. v. HELMHOLTZ[1] durchgeführte Berechnung
zeigt, daß eine derartige Saitenschwingung durch den FOURIER-Ansatz

$$y = \frac{8\,A}{\pi^2} \sum_{n=1}^{\infty} \frac{1}{n^2} \sin\frac{n\,\pi\,x}{l} \sin n\,\omega_0\,t, \quad n = 1, 2, 3 \ldots \tag{130}$$

beschrieben wird, hierbei bedeutet x die Entfernung des betrachteten
Saitenpunktes von dem einen Saitenende, l die Länge der Saite,
$\omega_0 = \frac{\pi}{l}\sqrt{\frac{P}{\varrho}}$ (Ziff. 10, S. 76) ist die tiefste Eigenfrequenz der Saite.

Unter bestimmten Bedingungen — und zwar dann, wenn bei vorgegebener Bogengeschwindigkeit der Bogendruck zu gering ist bzw. wenn
bei vorgegebenem Bogendruck die Bogengeschwindigkeit über einen
bestimmten Wert hinaus gesteigert wird — treten Schwingungstypen
auf, welche von dem in Abb. 113 dargestellten „HELMHOLTZschen Typ"
abweichen, es treten dann nämlich in der Saitenschwingung nicht nur
eine, sondern mehrere Unstetigkeitsstellen pro Periode auf. Die Dinge
liegen dann so, daß die Saite die Rückbewegung nicht in einem Zug ausführt, sondern daß sie zwei- oder mehrmals am Bogen hängen bleibt und
von diesem ein Stück mitgeführt wird. Man bezeichnet diese Schwingungstypen nach der Zahl der in ihnen vorkommenden Unstetigkeiten als
Typen „zweiter" bzw. „dritter Ordnung" (höhere Typen als dritter Ordnung kommen selten vor). In Abb. 114 sind auf photographischen Aufnahmen von O. KRIGAR-MENZEL und A. RAPS[2] Saitenschwingungen der

---

[1] HELMHOLTZ, H. v.: Die Lehre von den Tonempfindungen, S. 575, Beilage V.
Braunschweig 1863. Über Saitenschwingungen vgl. insbesondere auch H. LAMB:
Dynamical Theory of Sound, S. 75. London 1925. — VOIGT, W.: Göttinger Nachr.
1890, 502. — LINDEMANN, F.: Ber. Naturforsch. Ges. Freiburg **7**, 500 (1880). —
RAMAN, C. V.: Beitrag „Musikinstrumente und ihre Klänge" zum Handbuch d.
Physik **8**, 369ff. (1927). — WITT, A.: Techn. Phys. Sowjet. **5**, 261 (1937). — KAR,
K. C., N. K. DATTA u. S. K. GOSH: Ind. J. Phys. **25**, 423 (1951); **26**, 577 (1952). —
FRIEDLANDER, F. G.: Proc. Cambr. Phys. Soc. **49**, 516 (1953). — KELLER, J. B.:
Comm. pure. appl. Math. **6**, 483 (1953). — MONTGOMERY, D. J.: J. appl. Phys. **24**,
1092 (1953). — KAR, K. C.: Ind. J. theor. Phys. **2**, 47 (1954). — BLADIER, B.: J.
Phys. et le Rad. **16**, 108 (1955). — MANE, H. G.: Ind. J. Phys. **29**, 573 (1955). —
BAGCHI, R. N., u. C. DUTTA: Ind. J. theor. Phys. **3**, 1 (1955).

[2] KRIGAR-MENZEL, O., u. A. RAPS: Ann. Phys. **55**, 623 (1891).

verschiedenen Typen zu erkennen. Im FOURIER-Ansatz der Typen höherer Ordnung tritt nicht, wie beim HELMHOLTZ-Typ, die Grundschwingung besonders stark auf, sondern diejenige Partialschwingung deren Ordnungszahl der Ordnungszahl des Typs entspricht.

Lage des Beobachtungspunktes	Lage der Anstrichstelle	
in Bruchteilen der Saitenlänge		
$^1/_{15}$	etwa $^1/_4$	
$^1/_{15}$	etwa $^3/_{11}$	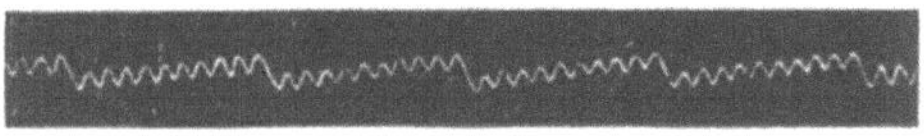
$^1/_{15}$	etwa $^2/_7$	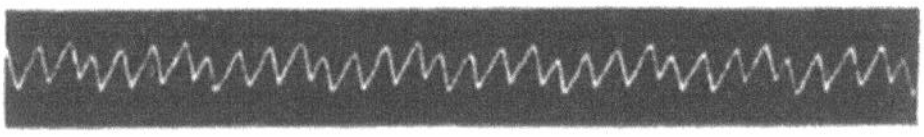
$^1/_{15}$	etwa $^1/_3$	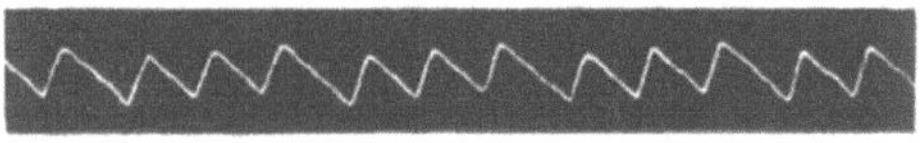
$^3/_7$	$^1/_7$	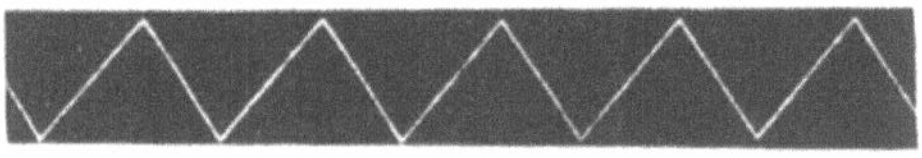
$^2/_7$	$^3/_7$	
$^1/_7$	$^2/_7$	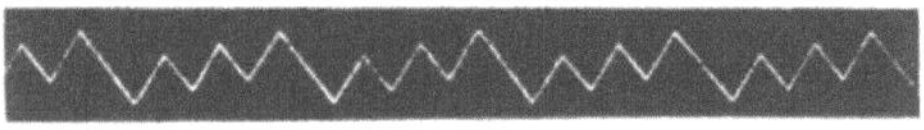
$^1/_{10}$	$^1/_{15}$	
$^1/_7$	$^1/_{15}$	

Abb. 114. Schwingungsformen verschiedener Punkte einer Violinsaite (nach O. KRIGAR-MENZEL u. A. RAPS)

Die durch die Saitenschwingung auf den Steg ausgeübte Kraft kann man in erster Näherung proportional der Neigung der Saite am Stegende gegen die Ruhelage ansetzen, die Amplituden der verschiedenen Teilkräfte sind [wie sich durch Differentiation aus Gl. (130) ergibt] umgekehrt proportional zur Ordnungszahl der betreffenden Teilkraft. Die von der Saitenschwingung herrührenden Kräfte wirken über den Steg auf den Resonanzkörper. Die einzelnen Teilschwingungen werden in das Schallfeld um so mehr abgestrahlt, je stärker die Resonanzvergrößerung und je größer die Strahlungsresistanz des Instrumentenkörpers bei der betreffenden Frequenz ist.

Wir hatten oben (Ziff. 16, S. 135) gesehen, daß die Strahlungsresistanz einer strahlenden Fläche dann sehr klein ist, wenn die Ausdehnung der Fläche klein gegen die Wellenlänge ist. Diese Erscheinung tritt bei den Saiteninstrumenten sehr augenfällig in Erscheinung. Nimmt man nämlich die ins Schallfeld abgestrahlten Klänge der unverkürzten tiefsten Saite eines Saiteninstruments beispielsweise oszillographisch auf, so zeigt sich, daß in dem abgestrahlten Klang der Grundton stets

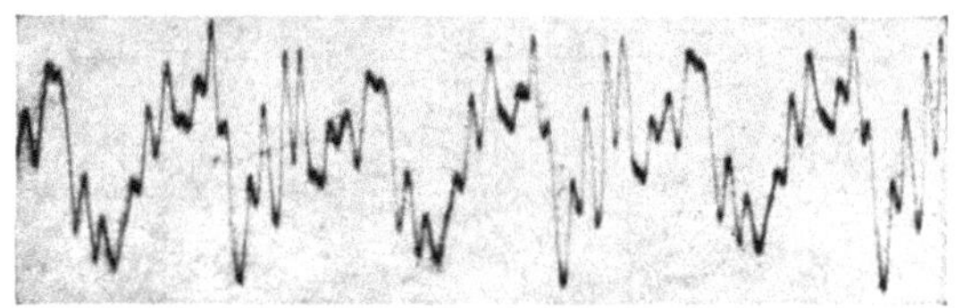

Abb. 115. Geigenklang (g-Saite, nach H. BACKHAUS)

nur sehr schwach vertreten ist (vgl. Abb. 115)[1]; dies liegt aber nicht etwa daran, daß die Saite in einem Typ höherer Ordnung, welcher den Grundton nur schwach enthält, geschwungen hätte, es wurde im Gegenteil bei den Versuchen sichergestellt, daß tatsächlich die Saite im HELMHOLTZ-Typ schwang.

Die Schwingungsform der Geige bei verschiedener Tonhöhe ist von H. BACKHAUS[2] mit der Methode des Abtastkondensators (S. 83) eingehend untersucht worden; es wurde hierbei festgestellt, daß gute Geigen in sehr tiefen Gebieten als Strahler zweiter Ordnung schwingen, mit steigender Frequenz geht die Geige in einen Strahler erster Ordnung über bis schließlich bei mittlerer Frequenz nahezu der Strahlertyp nullter Ordnung, also der am besten strahlende Typ erreicht wird. Bei noch höherer Frequenz schwingt die Geige dann wieder als Strahler höherer Ordnung. Abb. 116 zeigt die Ausbildung der Knotenlinien an einer Stradivariusgeige, das betreffende Instrument schwingt im Bereich um 700 Hz nahezu als Nullstrahler.

Die Tatsache, daß die Geige bei tiefen Frequenzen als Strahler höherer Ordnung schwingt, ist — wie H. BACKHAUS und G. WEYMANN[3]

---

[1] BACKHAUS, H.: Naturwiss. **17**, 811 (1929). Die schwache Abstrahlung des Grundtons wurde übrigens auch schon von C. W. HEWLETT: Phys. Rev. **35**, 359 (1912) beobachtet, aber erst durch H. BACKHAUS erklärt. Auch an einem japanischen Zupfinstrument (dem Syamisen) wurde die gleiche Erscheinung gefunden [OBATA, J., u. Y. OZAWA: Proc. phys. math. Soc. Jap. (3), **13**, 1 (1931)].

[2] BACKHAUS, H.: Z. Phys. **62**, 143 (1930); **72**, 218 (1931).

[3] BACKHAUS, H., u. G. WEYMANN: A. Z. **4**, 302 (1939). Das Ergebnis dieser Arbeit entkräftet früher von H. MEINEL geäußerte Ansichten [Z. techn. Phys. **19**, 297, 421 (1938)], nach welchen die Ausbildung der Knotenlinien als nicht wesentlich für die Qualität der Geige ist.

nachgewiesen haben — insofern von besonderer Bedeutung, als hierdurch der Einfluß der bei allen normalen Geigen im Gebiet von 270 Hz auftretenden sog. „Hohlraumresonanz" weitgehend verringert wird; würden die Geigen in diesem Gebiet als Strahler nullter Ordnung schwingen, so würde sich diese Resonanz unerträglich stark bemerkbar machen.

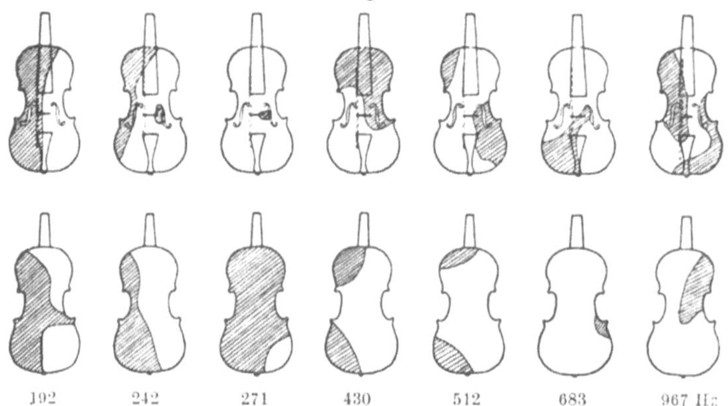

Abb. 116. Knotenlinien auf einem Geigenkörper (nach H. BACKHAUS)

Über die Resonanzeigenschaften kann man Aufschluß erhalten, wenn man — wie dies von H. BACKHAUS durchgeführt wurde[1] — die verschiedenen Saiten der Geige bei verschiedener Tonhöhe (also unter den verschiedensten Verkürzungen) mittels eines endlosen, über Rollen laufenden Anstreichbandes erregt und dann den Schalldruck des abgestrahlten Tons im Schallfeld mißt; man muß hierbei darauf achten,

---

[1] BACKHAUS, H.: Z. techn. Phys. **17**, 573 (1936). Der von H. BACKHAUS angegebenen Anordnung entspricht in ihrem wesentlichen Aufbau die von H. MEINEL benutzte Anordnung zur Untersuchung der Frequenzkurve von Geigen. — MEINEL, H.: Elektr. Nachr.-Techn. **14**, 119 (1937). — Akust. Z. **2**, 22, 62 (1937); **4**, 81 (1939); **5**, 124, 283 (1940). Über derartige Untersuchungen vgl. auch R. B. ABBOTT: J. acoust. Soc. Amer. **7**, 111 (1935). — SAUNDERS, F. A.: J. Frankl. Inst. **229**, 1 (1940). — Man kann zur Aufnahme von Frequenzkurven auch eine elektromechanische Erregung der Geige benutzen. BACKHAUS, H., u. G. WEYMANN (a. a. O.) erregten den Steg elektromagnetisch zu Kippschwingungen. R. B. WATSON, W. J. CUNNINGHAM u. F. A. SAUNDERS benutzten eine elektrodynamische Erregung der Saite: J. A. S. A. **12**, 339, 471 (1941). — G. PASQUALINI verwendet ein kapazitives Anregungsverfahren [Ann. Reg. Acad. di S. Cecilia 1938/39 Ricerca Scient **11**, 622 (1940); **14**, 111 (1943); Acustica **4**, 244 (1954)]. — Vgl. zu diesen Fragen weiterhin F. A. SAUNDERS: J. A. S. A. **17**, 169 (1946); **25**, 491 (1953). — BRINER, H.: Helv. Phys. Acta **24**, 595 (1951). — MÖCKEL, O., u. F. WINCKEL: Die Kunst des Geigenbaues. 2. Aufl. Berlin 1954. — LOTTERMOSER, W., u. W. LINHARDT: Acustica **7**, 281 (1957). — LOTTERMOSER, W.: Acustica **8**, 91 (1958) (betr. Ausgleichsvorgänge an Geigen und ihre Beziehung zur Resonanzkurve). — LOTTERMOSER, W., u. FR. J. MEYER: Instr.-Bau Z. **12**, 42 (1958); **13**, 185 (1959). — Hingewiesen sei hier auch noch auf eine Arbeit über das Violoncello: EGGERS, F.: Acustica **9**, 453 (1959).

daß die Saiten mit genau konstantem Druck angestrichen werden. Trägt man die Schalldruckwerte in Abhängigkeit von der Frequenz in einem Diagramm ein, so erhält man eine „Frequenzkurve" der Geige, welche die Resonanzeigenschaften erkennen läßt.

Abb. 117 zeigt (im oberen Teil) die Frequenzkurve einer gewöhnlichen Fabrikgeige, und im unteren Teil diejenige einer besonders guten Geige.

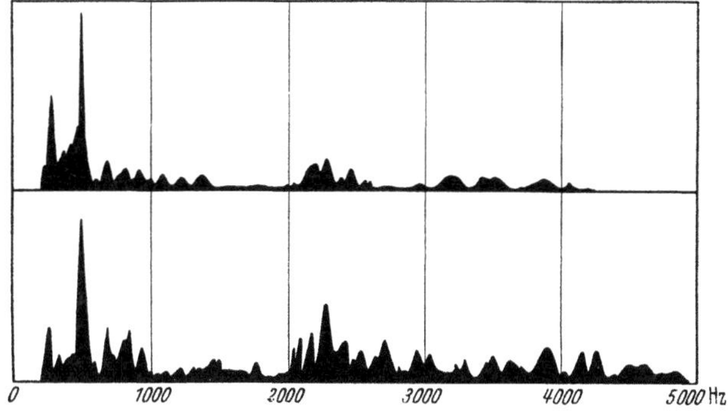

Abb. 117. Frequenzkurven von Geigen (nach H. Backhaus)

Der Vergleich der beiden Frequenzkurven zeigt, daß die gute Geige starke Resonanzen auch in hohen Frequenzgebieten — zwischen etwa 3000 und 5000 Hz — aufweist, diese Resonanzbereiche bedingen das subjektiv als strahlend hell Empfundene des Klangs dieser Geige[1].

Auf die große Bedeutung der hohen Frequenzgebiete um 3000 Hz für die Güte von Geigen hat auch H. Rohloff[2] nachdrücklich hingewiesen; man hört subjektiv bei wirklich guten Geigen über dem Grundton ein „schwebendes Singen". H. Rohloff wertete Frequenzspektren von Geigen, die von H. Meinel[3] aufgenommen worden waren, unter diesem Gesichtspunkt im einzelnen kritisch aus und fand in der Mehrzahl aller Fälle bei italienischen Geigen verhältnismäßig starke Komponenten im Bereich von 3000 Hz, unterhalb dieses Bereichs sind die Komponenten

---

[1] Nach H. Backhaus: Z. techn. Phys. **17**, 573 (1936).

[2] Rohloff, H.: Z. Naturforsch. **3**a, 184 (1948). — Z. angew. Physik **2**, 145 (1950).

[3] Meinel, H.: A. Z. **5**, 283 (1940); vgl. auch H. Meinel: A. Z. **2**, 22, 62 (1937); E. N. T. **14**, 119 (1937); Z. techn. Phys. **19**, 297, 421 (1938); A. Z. **4**, 89 (1939); **5**, 124, 283 (1940). — H. Meinel deutet aber seinen Befund anders. Er formuliert die Forderung für gute Geigen so, daß diese bei tiefen und mittleren Frequenzen größere, bei hohen geringere Schalldrucke aufweisen als weniger gute Geigen. — Hingewiesen sei hier noch auf eine Arbeit von H. Briner: Experientia **6**, 59 (1950). Hiernach muß bei Schlüssen aus subjektiven Beobachtungen der Klangwirkung alter und neuer Geigen auch der psychologische Effekt der Grundtonverstärkung (der „Residuumseffekt", vgl. Ziff. 29, S. 454) berücksichtigt werden.

meist verhältnismäßig schwach und erst wesentlich tiefer wächst die Stärke wieder erheblich an. Der in Frage stehende Befund zeigt sich auch bei der Betrachtung der von H. MEINEL aufgenommenen Schalldruckkurven unmittelbar. In Abb. 118 ist die Schalldruckverteilung von 6 italienischen Meistergeigen (Mittelwertkurve, Kurve g) und von 4 schlechten Geigen h i k l eingetragen. Die Kurve g hat eine deutliche Einsattelung im Bereich von etwa 2000 Hz. Die Ansichten von H. ROHLOFF decken sich im übrigen bestens mit den Erfahrungen aus der

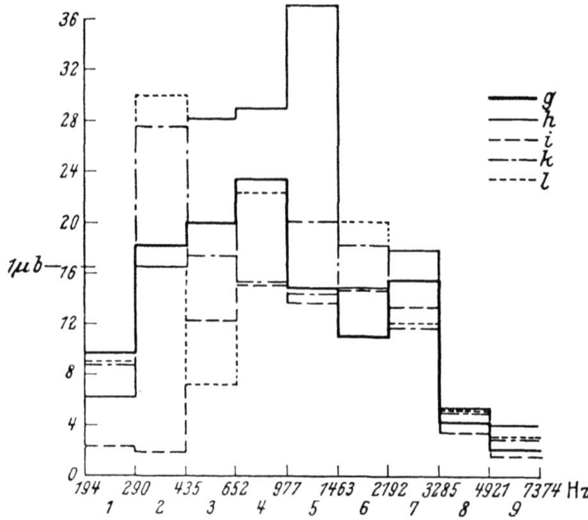

Abb. 118. Mittlere Schalldrucke von 6 italienischen Meistergeigen (g) und Schalldrucke von 4 schlechten Geigen (h, i, k, l) (nach H. MEINEL)

Schallübertragungstechnik, schneidet man nämlich die Frequenzen oberhalb etwa 2500 Hz ab, so klingt die Geige weich und farblos, das strahlend Klare des Klanges geht völlig verloren.

Die Frage, ob vielleicht ein unterschiedliches nichtlineares Verhalten für die Güte von Geigen von Bedeutung ist, wurde von H. KURZ[1] untersucht. Es zeigte sich, daß bei erzwungenen Schwingungen von Geigenkörpern nur vernachlässigbar kleine nichtlineare Effekte auftreten. Der „Klirrfaktor" (Ziff. 6, S. 39) lag bei den untersuchten Geigen durchweg unter 2%, also unter dem Grenzwert der subjektiven Wahrnehmbarkeit.

Eine interessante Erscheinung bei Streichinstrumenten ist der sog. „Wolfston" oder „Bullerton"; dieser besteht darin, daß beim Anstreichen eines Tones ganz bestimmter Höhe der Klang nicht stationär für längere

---

[1] KURZ, H.: Acustica **3**, 148 (1953). — Auf die Möglichkeit eines Einflusses nichtlinearer Effekte ist zuerst von E. SKUDRZYK: Acta Phys. Austr. **3**, 52 (1949) hingewiesen worden.

Zeit aufrechterhalten werden kann, sondern daß er in der Sekunde mehrmals seine Klangfarbe ändert. Dies instabile Verhalten ist folgendermaßen zu erklären; das Instrument besitzt beim Grundton des betreffenden Klanges eine nur schwach gedämpfte Resonanz, der Grundton wird also dann besonders stark abgestrahlt. Durch die starke Abstrahlung wird der Saitenschwingung sehr viel Energie entzogen. Der Bogendruck reicht nun zur Aufrechterhaltung des Schwingungstyps erster Ordnung nicht mehr aus, die Schwingung schlägt in den Typ zweiter Ordnung um, die den Grundton nicht enthält; der starke Energieentzug hört auf und der Geigendruck reicht dann wieder zur Erzeugung des Typs erster Art. In dieser Weise wechselt dauernd der Schwingungstyp und damit die Klangzusammensetzung[1].

Der modernen akustischen Forschung gelang eine weitgehende Klärung der physikalischen Vorgänge bei der Geige. Auf die Frage, worin das Geheimnis des Baus wirklich guter Geigen liegt, muß man allerdings antworten, daß sich hierfür eine einfache Formel oder eine einfache geometrische Vorschrift nicht aufstellen läßt. Sicher ist, daß dies Geheimnis nicht etwa in der sklavischen Innehaltung ganz bestimmter geometrischer Verhältnisse, nicht also etwa in einer Dimensionierung streng nach dem Goldenen Schnitt, wie dies mehrfach behauptet wurde, besteht. Die Dinge liegen wohl vielmehr so, daß man unter Verwendung ausgesuchter guter Hölzer eine Geige erwünschten Klangtyps in der Weise herstellen kann, daß man einen zunächst bewußt zu stark gewählten Resonanzboden unter fortwährender Kontrolle der erzielten Klangeigenschaften systematisch abarbeitet[2]. G. Pasqualini[3] hat die Frage, wie sich die Frequenzkurve einer Geige beim Abarbeiten des Holzes ändert, mit der von ihm ausgearbeiteten Methode der kapazitiven Schwingungsanregung[4] untersucht. Abb. 119 zeigt einige besonders charakteristische Frequenzkurven, und zwar bezieht sich die obere Kurve auf eine Fichtenholzplatte von 35 mm Stärke im Ausgangszustand (wobei aber die Umrandung bereits der endgültigen Form der Geige entspricht), die mittlere Kurve auf die gleiche Platte nach Abarbeitung auf die gewünschte

---

[1] Über den „Wolfston" vgl. C. V. Raman: Phil. Mag. **32**, 391 (1916). — Backhaus, H.: Naturwiss. **17**, 811 (1929). — Vollmer, W.: Diss. Techn. Hochschule Karlsruhe 1936. — Kessler, J. A.: J. A. S. A. **19**, 886 (1947).

[2] Vgl. hierzu insbesondere H. Meinel: Elektr. Nachr.-Techn. **14**, 119 (1937); Akust. Z. **2**, 22, 62 (1937); Z. techn. Phys. **19**, 297 (1938). — Backhaus, H., u. G. Weymann: A. Z. **4**, 302 (1939). — Meinel, H.: J. A. S. A. **29**, 817 (1957). — Suominen, L.: Acustica **8**, 363 (1958).

[3] Pasqualini, G.: Acustica **4**, 244 (1954). — Zur Frage der klanglichen Veränderungen während der Bearbeitung vgl. auch E. Rohloff: Die Musikforschung **12**, 86 (1959).

[4] Vgl. Anm. 1, S. 152.

Stärke und nach Anbringung der *F*-Löcher, und die untere Kurve auf die unter Benutzung derselben Platte fertiggestellte Geige.

Zur Frage der Qualität von Hölzern führten E. ROHLOFF und W. LAWRYNOWICZ[1] eine Untersuchung durch, bei der sie das durch

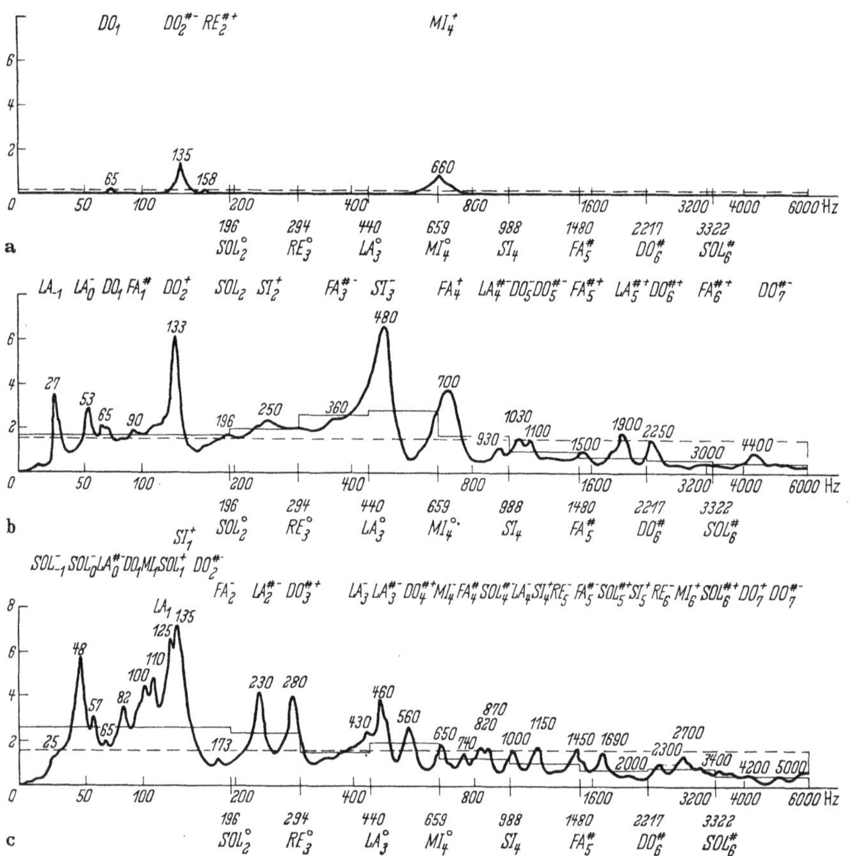

Abb. 119. Änderungen der Frequenzkurve eines Geigenkörpers beim Abarbeiten des Holzes (nach G. PASQUALINI)

innere Reibung bedingte Dekrement maßen. Das Dekrement erwies sich im Bereich von 10 bis 800 Hz als frequenzunabhängig. Extrapoliert auf kleine Amplituden ergaben sich folgende Werte: Gabun 0,023, Fichte 0,024, Ahorn 0,028, Kiefer 0,029, Pappel 0,030, Nußbaum 0,032, Eiche 0,034, Rotbuche 0,035, Birke 0,035.

---

[1] ROHLOFF, E.: Z. Phys. **117**, 64 (1941). — ROHLOFF, E., u. W. LAWRYNOWICZ: Z. techn. Phys. **22**, 110 (1941). Vgl. hierzu auch R. B. ABBOTT u. G. H. PURCELL: J. A. S. A. **13**, 54 (1941). — SAUNDERS, F. A.: J. A. S. A. **17**, 169 (1946).

E. SKUDRZYK[1] weist darauf hin, daß der Verlauf der Ausgleichsvorgänge — auf deren Bedeutung für die Klangwirkung wir S. 518 kommen — von der Dämpfung der verschiedenen Eigenfrequenzen abhängt.
Abb. 120 zeigt (nach einer Untersuchung von PTACNIK[2]) die Frequenzabhängigkeit des Verlustfaktors verschieden gealterter, für den Geigen-
bau geeigneter Fichtenhölzer. Infolge der geringen Dämpfung gealterten
Holzes in tiefen Frequenzgebieten dürften bei alten Geigen die tiefen

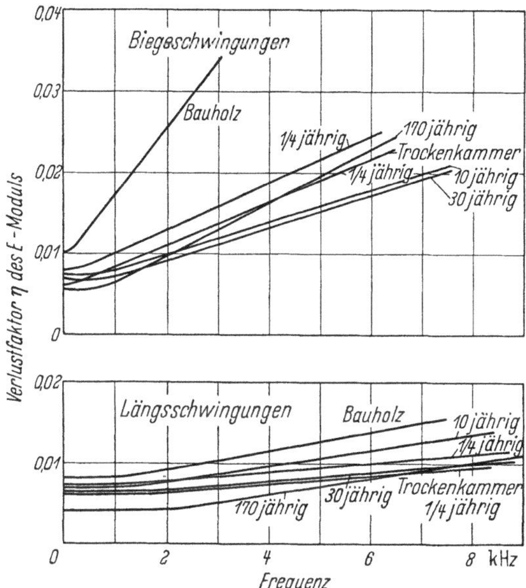

Abb. 120. Innere Reibung von verschieden gealterten Fichtenhölzern (nach PTACNIK)

Ausgleichsschwingungen stärker in Erscheinung treten. Auch scheint
nach diesen Feststellungen der Effekt des „Warmspielens" einer Geige
physikalisch verständlich, da die Erwärmung die Dämpfung beeinflußt;
ebenso verständlich wird der Einfluß der Lackierung. Der Lack erhöht
die Dämpfung jungen Holzes in den hohen Frequenzgebieten.

Während durch Anstreichen einer Saite mit einem Bogen eine Erzeugung ungedämpfter Schwingungen möglich ist, können durch Anzupfen oder durch Anschlagen nur gedämpft abklingende Eigenschwingungen von Saiten angeregt werden.

Die Schwingungsform der angezupften Saitenschwingung wurde —
der klassischen Berechnung von HELMHOLTZ[3] folgend — bereits auf

---

[1] SKUDRZYK, E.: Acta Phys. Austr. **3**, 52 (1949); Acustica **4**, 249 (1954); vgl.
hierzu auch W. LOTTERMOSER: Acustica **8**, 91 (1958).
[2] Entnommen der Arbeit von E. SKUDRZYK.
[3] HELMHOLTZ, H. v.: Die Lehre von den Tonempfindungen. S. 563, Beilage II,
Braunschweig 1863.

S. 76 behandelt. Wir hatten dort gesehen, daß für die Amplituden der einzelnen Partialschwingungen die Beziehung gilt

$$A_n = \frac{2\,\beta\,l^2}{n^2\,\pi\,a\,(l-a)} \sin \frac{n\,\pi\,a}{l}\,, \quad n = 1, 2, 3 \tag{131}$$

(l Saitenlänge, a Anzupfstelle).

Aus Gl. (131) kann dann durch Differentiation die auf den Steg wirkende Kraft berechnet werden. Die Schallabstrahlung erfolgt nach den Resonanzeigenschaften und nach den Abstrahlungseigenschaften des Instrumentkörpers in ähnlicher Weise, wie wir dies bei der Geige kennengelernt hatten[1].

Die Dämpfung der einzelnen Partialschwingungen der angezupften oder angeschlagenen Saiteninstrumente kann sehr verschieden sein. So ermittelten z. B. E. MEYER und G. BUCHMANN[2] für die Dämpfung der verschiedenen Partialtöne eines Flügels die folgenden Werte:

Dämpfung in dB/s *verschiedener Klänge eines Flügels*

64 Hz . . .	20,0	5,4	4,0	3,8	2,7	9,5	2,5	2,6	6,4	5,0	2,9	3,5	3,1	3,9	8,7
256 Hz . . .	5,7	5,0	9,0	10,0	6,2	9,0	12,0	12,0							
1024 Hz . . .	50,0	33,0	67,0												
Partialton-Nr.	1	2	3	4	5	6	7	8	9	10	11	12	13	14	15

---

[1] Über durch Hammer angeschlagene Saiten vgl. insbesondere W. KAUFMANN: Wiedem. Ann. **54**, 675 (1895). — RAMAN, C. V., u. B. BANERJI: Proc. roy. Soc., Lond. (A) **97**, 99 (1920). — DAS, P.: Proc. Ind. Ass. Cultiv. Sci. **7**, 13 (1921). — KAR, K. C., u. M. GHOSH: Z. Phys. **66**, 414 (1930). — KAR, K. C., and M. GHOSH: Phil. Mag. (7) **12**, 676 (1931). — SAWADE, S.: Z. techn. Phys. **14**, 355 (1935). — GHOSH, R. N., u. H. G. MOHAMMAD: Phil. Mag. (7) **19**, 260 (1935). — GHOSH, R. N.: J. acoust. Soc. Amer. **7**, 27 (1935). — LANGE, W.: Hochfrequenztechn. **45**, 118, 159 (1935). — DHAR, S. C.: Indian J. Physics **10**, 305 (1936). — GHOSH, R. N.: J. acoust. Soc. Amer. **7**, 254 (1936). — Indian J. Physics **12**, 317, 437 (1938). — ebdt. **15**, 1, 11 (1941). — DAVY, N., J. H. LITTLEWOOD u. M. McCAIG: Phil. Mag. (VII) **27**, 133 (1939). — JAKOVLEV, N.: J. Techn. Phys. (USSR) **9**, 321 (1939). — ebdt. **10**, 957 (1940). — SMALL, A.: J. A. S. A. **11**, 381 (1940). — BELOV, A.: J. techn. Phys. USSR **10**, 807 (1940). — SCHUCK, O. H., u. R. W. YOUNG: J. A. S. A. **15**, 1 (1943). — GHOSH, R. N.: J. A. S. A. **20**, 324 (1948). — PFEIFFER, W.: Der Hammer. Stuttgart 1948. — BHATTACHARYYA, K. L., B. K. GHOSH u. S. K. CHATTERJEE: Naturwiss. **43**, 103 (1956). (Untersuchungen an dem Saiteninstrument Tanpura.)

[2] MEYER, E., u. G. BUCHMANN: Berl. Ber. Physikal. Math. Kl. **1931**, Nr. 32, 735. — MARTIN, D. W.: J. A. S. A. **19**, 535 (1947). — Über den Flügel vgl. weiterhin W. LANGE: Hochfrequenztechn. **45**, 118, 159 (1935). — VIERLING, O.: Z. techn. Phys. **16**, 528 (1935). — GRÜTZMACHER, M., u. W. LOTTERMOSER: Phys. Z. **36**, 903 (1935); Akust. Z. **1**, 49 (1936). — MILLER, F.: J. A. S. A. **21**, 318 (1949). — YOUNG, R. W.: ebdt. 580; ebdt. **24**, 267 (1952); Acustica **4**, 259 (1954). — Zur Frage der inneren Reibung von Hölzern vgl. noch F. KRÜGER u. E. ROHLOFF: Z. Phys. **110**, 58 (1938), sowie die in Anm. 1 S. 156 und 1 der vorhergehenden Seite genannten Arbeiten.

Die Klangzusammensetzung des Flügels erfährt also während des Abklingens merkliche Änderungen.

Besonders anschaulich lassen sich die Dämpfungsverhältnisse an Abklingkurven zeigen, welche unter Zwischenschaltung eines Oktavsiebes mit dem NEUMANN-Schreiber aufgenommen wurden[1]. Abb. 121 zeigt Abklingkurven eines Flügels mit und ohne Pedalbetätigung. Bei Pedalbenutzung erfolgt das Abklingen sehr langsam, so wurde z. B. (unteres Bild) ein Abfall von 45 dB in 60 sec (raumakustisch ausgedrückt also ein Nachhall von 80 sec Nachhalldauer!) beobachtet. Die Abklingkurven fallen durchaus nicht gleichmäßig ab, es kommen im Gegenteil in den mit Oktavsieb aufgenommenen Kurven auch sekundenlange Anstiege vor, offenbar findet ein Hin- und Herpendeln der Energie der verschiedenen gekoppelten Resonanzsysteme statt. Weiterhin ist festzustellen, daß die Dämpfung kurz nach dem Anschlag größer ist als gegen Ende der Schwingungen, hierdurch erklären sich auch die Unterschiede gegenüber den von E. MEYER und G. BUCHMANN gemessenen Werten.

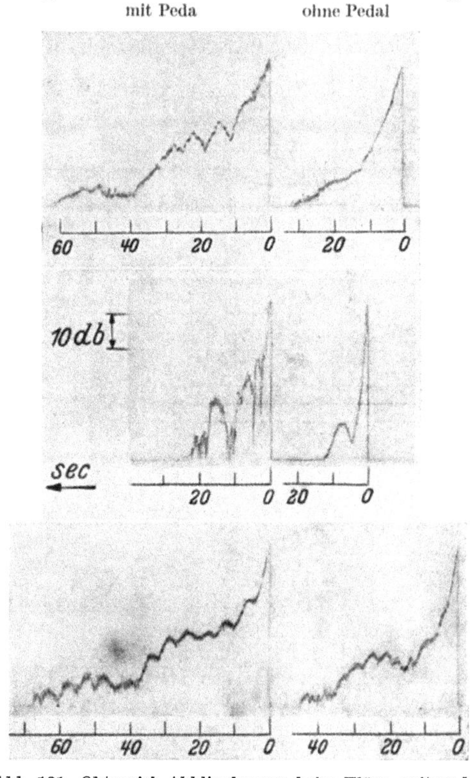

Abb. 121. Oktavsieb-Abklingkurven beim Flüge mit und ohne Pedal. (Anschläge ff., nach F. TRENDELENBURG, E. THIENHAUS u. E. FRANZ) D^1 36 Hz Sieb 100—200 Hz, d^1 290 Hz Sieb 200—400 Hz, Akkord auf F^{-1} Sieb 75—150 Hz

Die Klänge der angezupften und angeschlagenen Saiteninstrumente besitzen im Gegensatz zu den rein harmonischen Klängen der angestrichenen Saiten auch solche Komponenten, die unharmonisch zum Grundton der erregten Saite liegen. Die unstetige Kraftänderung im Augenblick des Anzupfens bzw. des Anschlagens bewirkt, daß *alle* freien Eigenschwingungen des Instruments, also auch die freien Eigenschwingungen des Resonanzbodens, angestoßen werden. Die freien Eigenschwingungen des Resonanzkörpers sind nun aber durchaus nicht

[1] TRENDELENBURG, F., E. THIENHAUS u. E. FRANZ: A. Z. **5**, 309 (1940).

wie diejenigen der Saite harmonisch verteilt, sie liegen im Gegenteil nach Art von Plattenschwingungen bei den verschiedensten, in keinerlei ganzzahligem Verhältnis stehenden Frequenzen. Das Auftreten unharmonischer Komponenten im Augenblick des Anschlags zeigen besonders anschaulich Oktavsieboszillogramme[1], welche an einem Flügel aufgenommen wurden (Abb. 122). Es sind in diesen Oszillogrammen neben dem Grundton (im Oktavbereich 800—1600 Hz) und dessen harmoni-

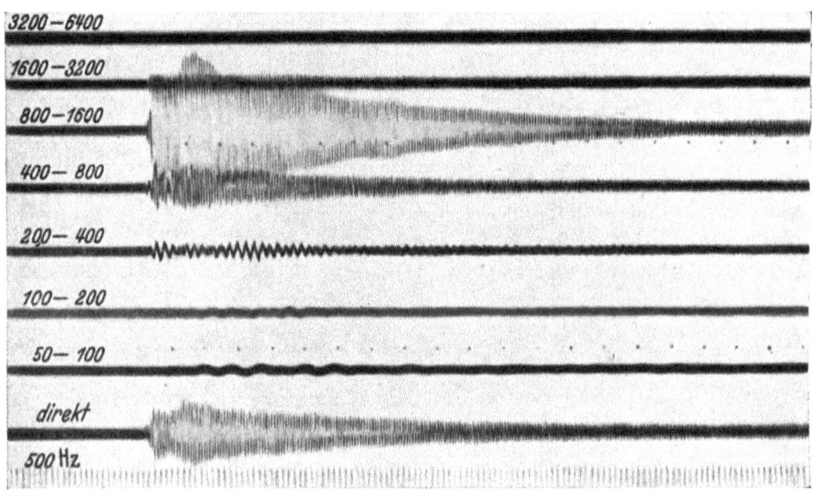

Abb. 122. Oktavsieboszillogramm eines Klavierklanges (Taste c^3, 1035 Hz)

scher Obertonfolge, welche von den freien Eigenschwingungen der Saite herrühren, auch solche Klangkomponenten zu erkennen, die unharmonisch zum Grundton der angeschlagenen Saite liegen; insbesondere treten auch unharmonische Komponenten auf, deren Frequenz wesentlich tiefer liegt als die des Grundtons der angeschlagenen Saite. Es sind diese Komponenten die durch den ersten Impuls erregten abklingenden Eigenschwingungen des Resonanzbodens und der sonstigen schwingungsfähigen Teile des Flügels[2]. Die Eigenschwingungen des Resonanzbodens[3] klingen im allgemeinen rascher ab als diejenigen der verhältnismäßig schwach gedämpften Saiten, man erkennt aus dem Oktavsieboszillogramm, daß einige Zeit nach dem Anschlag im wesent-

---

[1] Vgl. F. Trendelenburg u. E. Franz: Wiss. Veröff. Siemens-Werke **15**/2, 78 (1936). — Trendelenburg, F., E. Thienhaus u. E. Franz: A. Z. **5**, 309 (1940).

[2] In gewissem Umfang macht sich auch das Klopfgeräusch bemerkbar, welches durch den Aufprall der Taste auf den Klaviaturboden entsteht.

[3] Bezüglich des Resonanzbodens vgl. P. E. Bilhuber u. C. A. Johnson: J. A. S. A. **11**, 311 (1940). — Manfredi, A.: Ricerca Scient. **13**, 804 (1942).

lichen nur noch die harmonisch aufgebaute[1] Partialtonfolge, die von den Saiten herrührt, vorhanden ist.

Zur Frage, ob es möglich ist, beim Flügel oder beim Klavier die Klangfarbe eines einzelnen Klanges durch die Art des Anschlages zu beeinflussen, ohne gleichzeitig die Schallintensität zu ändern, ist noch zu bemerken, daß dies (entgegen vielfach vorherrschenden Ansichten) nach den physikalischen Gegebenheiten nicht möglich ist[2]. Der Hammer fliegt — sich selbst überlassen — gegen die Saite. Irgendwelche Beeinflussungsmöglichkeiten durch den Spieler liegen nach dem Abschnellen von der Taste nicht mehr vor. Dieser physikalischen Tatsache entgegenstehende auf Grund subjektiver Wahrnehmungen gezogene Schlüsse sind Selbsttäuschungen, die vielleicht auf der Beobachtung des bereits erwähnten eigenartigen Fluktuierens beim Abklingvorgang beruhen. Nur beim Klavichord ist eine Beeinflussung der Klangfarbe durch die Art des Anschlages in beschränktem Ausmaß möglich[3].

Die durch Anschlag erregten, gedämpft abklingenden Eigenschwingungen von *Stäben* — wie solche z. B. im Stabklavier (Xylophon) und bei dem Triangel benutzt werden — bilden, wie wir bereits S. 76 ausführten, eine unharmonische Folge. Bei diesen Instrumenten erfolgt die Schallabstrahlung unmittelbar vom schwingenden Stab ohne Ankoppelung eines besonderen Resonanzkörpers. Da der schwingende Stab als ein Strahler höherer Ordnung arbeitet, ist die Abstrahlung der tiefen Frequenzen nur eine sehr geringe (vgl. S. 134); der Klang dieser Instrumente wirkt sehr hell. Ein mit einem Resonanzboden ausgerüstetes Stabinstrument ist das Glockenklavier (Celesta), dies Instrument besitzt allerdings keine massiven Stäbe, sondern Röhren. Auch die Stimmgabel (S. 78) wird häufig in Verbindung mit einem Resonanzkörper benutzt.

Bei den *Zungeninstrumenten* werden schwingungsfähige, am einen Ende fest eingespannte Zungen in ihrer (tiefsten) Eigenfrequenz durch Luftstrom angeblasen (vgl. S. 49). Die Schallerzeugung findet entweder unmittelbar an der Zunge selbst (wie bei Harmonium, Drehorgel, Ziehharmonika und Mundharmonika) oder unter Vermittlung eines mit der Zunge gekoppelten Hohlraumresonators statt; wir werden die letzt-

---

[1] Da die Biegungssteifigkeit der Saite nicht völlig zu vernachlässigen ist, treten allerdings — wie schon in Ziff. 10, S. 73 erwähnt — geringfügige Abweichungen von streng harmonischer Verteilung auf. Vgl. hierzu O. H. SCHUCK u. R. W. YOUNG: J. A. S. A. **15**, 1 (1943). — MILLER, F.: ebdt. **21**, 318 (1949). — YOUNG, R. W.: Acustica **4**, 259 (1954).

[2] WHITE, W. B.: J. A. S. A. **1**, 357 (1930). — HART, H. C., M. W. FULLER u. W. S. LUSBY: ebdt. **6**, 80 (1934).

[3] TRENDELENBURG, F., E. THIENHAUS u. E. FRANZ: A. Z. **5**, 309 (1940).

genannte Art der Zungeninstrumente weiter unten bei den Instrumenten
mit schwingenden Luftmassen behandeln.

Man kennt zwei Arten von Zungen, die „durchschlagenden" und die
„aufschlagenden" Zungen (Abb. 123). Die Ruhelage der durchschlagenden Zunge ist in der Mitte der Öffnung. Die aufschlagende Zunge
schwingt um eine oberhalb der Öffnung liegende Ruhelage, in jeder
Schwingungsperiode einmal schlägt die Zunge auf den Rahmen auf.

Bei den mit Membranen ausgestatteten Musikinstrumenten, wie
Trommel[1] und Pauke, dient als Schallquelle ein über einen Resonanzkörper gespanntes Fell, das durch einen Klöppel angeschlagen wird.

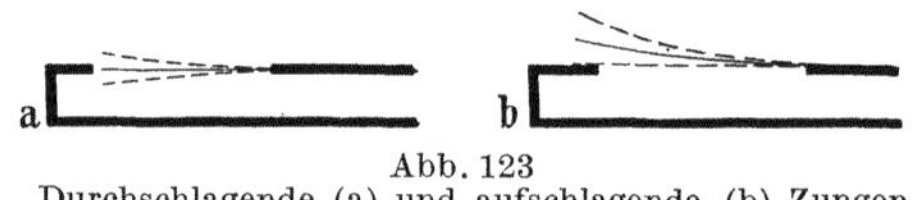

Abb. 123
Durchschlagende (a) und aufschlagende (b) Zungen

Die Eigenschwingungen
derartiger Gebilde bilden
(wie wir in Ziff. 10, S. 78
zeigten), eine unharmo-
nische Folge. Die Dämp-
fung der Eigenschwingungen ist bei Trommel und Pauke eine verhältnismäßig große; der mit diesen Instrumenten erzeugte Schall hat weniger
Klangcharakter als Geräuschcharakter. Harmonische, verhältnismäßig
schwach gedämpfte Eigenschwingungen besitzen gewisse indische Trommeln (die „Mridanga" und die „Thabala"). Auf das Fell dieses Instruments wird eine aus Wachs, Gummi und Eisenfeilspänen angerührte
Paste verschiedener Schichtdicke aufgetragen; bei richtiger Wahl der
Schichtdicke tritt eine harmonisch verteilte Obertonfolge auf[2].

Musikinstrumente, bei denen der Schall durch Anschlag einer schwingungsfähigen Platte erzeugt wird, sind das Gong (Tamtam) und das
Becken — bei letztgenanntem Instrument erfolgt die Anregung nicht
durch Klöppel, sondern durch Gegeneinanderschlagen zweier Schalen[3].
Die Eigenschwingungen von Platten liegen (Ziff. 10, S. 81) in einer unharmonischen Folge, im Gegensatz zu den Eigenschwingungen der mit
Fell bespannten Instrumente sind sie nur schwach gedämpft.

Die Glocken besitzen einen schalenförmigen Klangkörper, welcher
durch Anschlag mit einem metallischen Klöppel in seinen Eigenschwingungen erregt wird. Man bezeichnet die verschiedenen nicht harmonisch

---

[1] Über Trommeln vgl. insbesondere J. Obata u. T. Tesima: J. A. S. A. **6**, 267
(1935).

[2] Vgl. C. V. Raman u. S. Kumar: Nature Lond. **104**, 500 (1920); Proc. Ind.
Acad. (A) **1**, 179 (1934). — Die Schwingungen dieser Trommeln sind eingehend
untersucht durch B. S. Ramakrishna u. M. M. Sondhi: J. A. S. A. **26**, 523 (1954). —
Ramakrishna, B. S.: ebdt. **29**, 234 (1957). — Sarojini, T., u. A. Rahman: ebdt.
30, 191 (1958).

[3] Auch zur Erregung von Wasserschall starker Intensität kann man angeschlagene Platten verwenden. Vgl. M. Strasberg: J. A. S. A. **20**, 683 (1948).

liegenden Eigenschwingungen wie folgt[1]:

1. Teilton = Unteroktave
2. ,, = Prime
3. ,, = Terz
4. ,, = Quinte
5. ,, = Oberoktave

} Prinzipalbereich

Abb. 124. Spektrum und Schwingungsform der verschiedenen Teiltöne einer Glocke (nach M. GRÜTZMACHER)

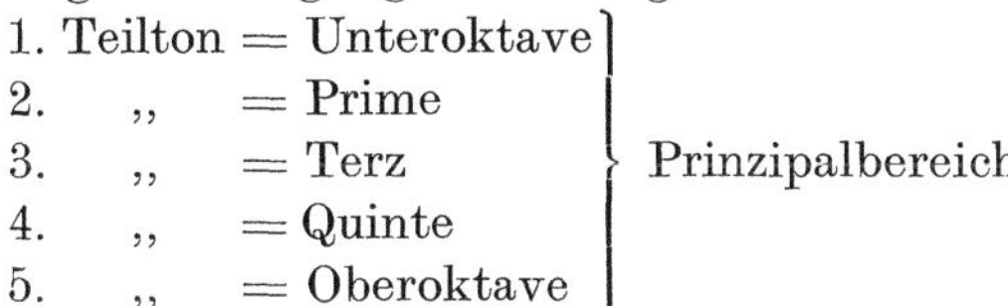

die höheren Teiltöne bilden den sog. Mixturbereich. Mit wachsender Ordnungszahl der Teiltöne wächst die Zahl der Knotenlinien auf der Glocke. Abb. 124 zeigt nach M. GRÜTZMACHER[2] das Klangspektrum einer Glocke und die Art der den einzelnen Teiltönen zugehörenden Knotenlinien. Rechnerisch lassen sich Glockenschwingungen nur unzureichend behandeln; immerhin lassen sich aber beispielsweise für Glocken von Glockenspielen gewisse Ähnlichkeitssätze ableiten: die Frequenz des 1. Teiltons ist der mittleren Wandstärke der Glocke proportional[3]. Die auf Grund langer Erfahrungen von den Glockenbauern im einzelnen herausgearbeitete Formgebung dürfte im wesentlichen darauf hinzielen, die tiefsten Eigenschwingungen harmonisch zueinander anzuordnen, anderseits dürften aber auch Festigkeitsgründe für die Formgebung stark mitspielen.

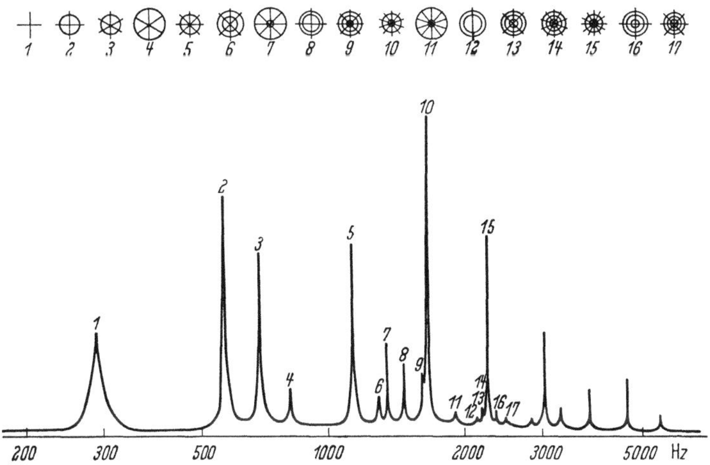

Wichtig ist auch die Frage der Abklingdauer von Glocken. Abb. 125, die einer Arbeit von E. THIENHAUS[1] entnommen wurde, zeigt, daß die Dämpfung mit der Ordnungszahl der Teiltöne rasch zunimmt. Während

---

[1] THIENHAUS, E.: Acustica **2** (AB 4), 251 (1952).
[2] GRÜTZMACHER, M.: Acustica **4**, 226 (1954).
[3] LEHR, A.: Acustica **2**, 35 (1952).

z. B. die Unteroktave mit rund 1 dB/s abklingt, — also eine Abklingdauer von rund 60 sec —, liegt der Dämpfungswert für die Teiltöne oberhalb der Oberoktave bei etwa 20 dB/s, die Abklingzeit beträgt dort also nur rund 3 sec. Ein sehr eigentümliches Phänomen ist der sog. „Schlagton" der Glocken. Dieser Ton war objektiv im Schallfeld der Glocken bisher noch nicht nachzuweisen, obwohl er subjektiv stark gehört wird. E. Meyer und J. Klaes[1] gewannen die Ansicht, daß der Schlagton infolge der nichtlinearen Eigenschaften des Ohres (vgl. Ziff. 29, S. 452) als subjektiver Differenzton höherer Teiltöne zustande kommt, tatsächlich läßt sich der Schlagton dann auch objektiv nachweisen, wenn man als

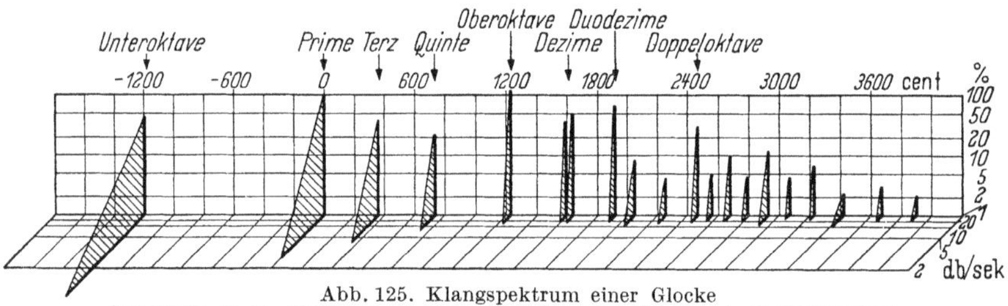

Abb. 125. Klangspektrum einer Glocke
Amplitude in %, Frequenz in cent, Dämpfung in dB/s (nach E. Thienhaus)

Schallempfänger ein nichtlinear arbeitendes Instrument benutzt. Diese Ansicht wird allerdings von anderen Forschern, wie A. T. Jones und J. Arts[1] nicht geteilt. Gegen die genannte Auffassung spricht vor allem die Tatsache, daß der Schlagton in großer Entfernung — also bei kleinen Schallintensitäten — besonders gut wahrgenommen wird, bei kleinen Schallintensitäten müßten die nichtlinearen Effekte des Ohres aber verschwinden. Auch stimmt die subjektiv empfundene Schlagtonhöhe durchaus nicht immer mit der Höhe eines Differenztones überein, im Gegenteil wird er häufig in der gleichen Höhe wie der Glockengrundton (die „Prime") empfunden. Eine allgemein befriedigende Erklärung des Schlagtons ist noch nicht gefunden. Offenbar spielen psychologische Effekte im ersten Moment des Anklingens eine Rolle.

---

[1] Meyer, E., u. J. Klaes: Naturwiss. **21**, 697 (1933). Jones, A. T.: J. A. S. A. **8**, 199 (1937) Über Glocken vgl. weiterhin Arts, J.: J. A. S. A. **9**, 344 (1938); **11**, 321 (1946). — Obata, J., u. T. Tesima: Japan. J. Phys. **9**, 49 (1934). In der letzterwähnten Arbeit wird mitgeteilt, daß bei japanischen Glocken bestimmter Formgebung der Schlagton auch objektiv nachweisbar ist. — Brailsford, H. D.: J. A. S. A. **15**, 180 (1944). — Angaben über europäische Glocken vgl. auch P. Price: Campanology Europe 1945—1947. Ann. Arbor 1948. — Jones, A. T.: J. A. S. A. **21**, 315 (1949). — Arts, J.: ebdt. **22**, 511 (1950). — Stüber, C.: Instr. Zschr. **4**, 45 (1950). — Lehr, A.: Acustica **1**, 101 (1951). — Vaders, E.: Metall **7**, 110 (1953). — Slaymaker, F. H., u. W. R. Meeker: J. A. S. A. **26**, 515 (1954). — Grützmacher, M., u. E. Wesselhöft: Acustica **9**, 221 (1959) (betr. chinesischen Gong).

Eine außerordentlich große praktische Anwendung finden Schallsender, bei denen Lufttraumresonatoren zum Schwingen erregt werden. Zwei verschiedene Erregungsarten werden benutzt; die Erregung durch eine schwingende Zunge und die Erregung durch periodische Wirbelablösung in einem gegen eine Schneide geblasenen Luftstrom.

Bei den mit Zungenpfeifen ausgestatteten Instrumenten stimmt die Grundfrequenz des abgestrahlten Klangs mit der Eigenfrequenz der frei schwingenden Zunge dann im wesentlichen überein, wenn die Dämpfung der Zunge klein ist gegen die Dämpfung des angekoppelten

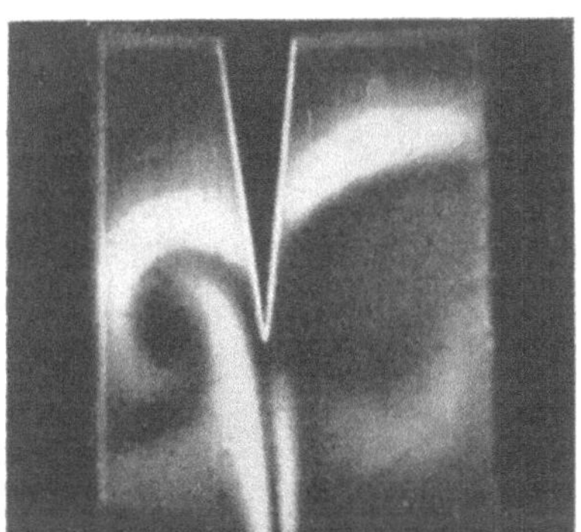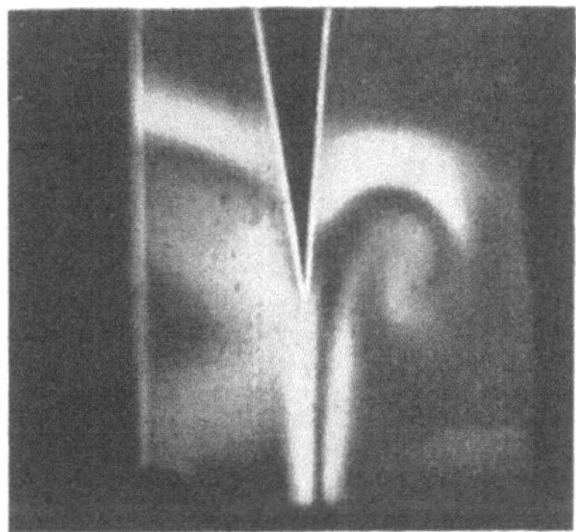

Abb. 126. Wirbelbildung an einer Schneide (nach F. Krüger u. H. Casper)

Resonators; bei metallischen Zungen ist dies meist der Fall. Anders liegen die Dinge, wenn die Dämpfung der Zunge groß ist gegen die Dämpfung des angekoppelten Resonators; in diesem Fall entspricht die Grundfrequenz des abgestrahlten Klanges nahezu derjenigen Eigenschwingung des an die Zunge gekoppelten Resonators, welche der Zungeneigenfrequenz am nächsten liegt[1].

Die Lippenpfeifen arbeiten in folgender Weise: Beim Auftreffen eines aus einem schmalen Spalt ausströmenden Luftstroms auf eine Schneide bilden sich Wirbel. Die Wirbel strömen (Abb. 126) abwechselnd links und rechts der Schneide ab. Ist die Schneide frei angeordnet, ist also insbesondere kein Resonator vorhanden, so gilt für die Frequenz der Wirbelablösung und damit die Frequenz der hierbei erzeugten Schneidetöne genähert $f = k \cdot u/A$, wobei u die Strömungsgeschwindigkeit und A den Abstand zwischen Schneide und Spalt bedeutet: k ist eine Konstante, deren Wert von dem Verhältnis

---

[1] Über Koppelungsfragen bei Zungenpfeifen vgl. insbesondere M. Wien u. H. Vogel: Ann. Phys. (4), **62**, 649 (1920). — Vogel, H.: ebdt. **62**, 247 (1920). — Zahradníček, J.: Publ. Fac. Sci. Univ. Masaryk Nr. 229 (1936). — Lottermoser, W.: Klanganalytische Untersuchungen an Zungenpfeifen. Neue dtsch. Forschungen Bd. 105. Berlin 1936.

A/d ($d =$ Spaltweite) abhängt. Bei freistehenden Schneiden ist die Tonhöhe des Schalls also proportional der Ausströmgeschwindigkeit und damit abhängig vom Anblasdruck[1].

Koppelt man einen Resonator an, so ändern sich die Verhältnisse grundlegend, die Frequenz der Wirbelablösung an der Schneide stimmt dann nämlich im wesentlichen mit der Frequenz des nächstgelegenen Eigentones des angekoppelten Resonators überein; der Resonator wird in seiner Eigenschwingung „angeblasen". Bläst man den Resonator — beispielsweise eine offene Pfeife — zunächst durch Einstellung einer geeigneten Ausströmgeschwindigkeit in seiner tiefsten Eigenschwingung an und steigert man dann die Ausströmgeschwindigkeit, so ändert sich die Frequenz zunächst nur wenig, bis sie dann plötzlich in die nächsthöhere Eigenfrequenz — bei der offenen Pfeife also in die Oktave — „umspringt", man nennt diesen Effekt das „Überblasen" einer Pfeife. In der Regel tritt bei Druckerhöhung ein Eigenton höherer Frequenz auf — es kommen freilich auch umgekehrt Fälle vor, bei denen die Pfeife bei niedrigem Druck zunächst mit einem verhältnismäßig hohen Eigenton anspricht und dann erst bei Drucksteigerung in den tiefsten Eigenton umspringt[2]. Dieser Effekt liegt dann darin begründet, daß der Druck zunächst nicht ausreichte, die nötige Energie für den tiefsten Eigenton, bei dem eine besonders starke Energieentnahme an der Pfeife auftritt, zuzuführen, erst bei höherem Anblasdruck kann dann die für den tiefsten Eigenton benötigte große Energiemenge aufgebracht werden.

---

[1] Über Schneidentöne vgl. F. KRÜGER u. A. LAUTH: Ann. Phys. (4) **55**, 801 (1914). — KRÜGER, F., u. R. SCHMIDTKE: ebdt. **60**, 701 (1919). — KRÜGER, F.: ebdt. **62**, 673 (1920). — KRÜGER, F., u. E. MARSCHNER: ebdt. **67**, 581 (1922). — SCHMIDTKE, E.: ebdt. **60**, 715 (1919). — CARRIÈRE, Z.: J. Phys. Radium (6) **6**, 52 (1925); **7**, 7 (1926). — RICHARDSON, E. G.: Proc. phys. Soc., Lond. **43**, 394 (1931). — Wind Instruments from musical and scientific aspects. Cantor Lecture. Roy. Soc. Arts. London 1929. — KLUG, H.: Ann. Phys. (5), **11**, 53 (1931). — KRÜGER, F., u. H. CASPER: Z. techn. Phys. **17**, 416 (1936). — BROWN, G. B.: Proc. Phys. Soc. London **49**, 493, 508 (1937). — LENTHAN, J. M. A., u. E. H. RICHARDSON: Phil. Mag. (7) **29**, 400 (1940). — MOKHTAR, M., u. H. YOUSSEF: Acustica **2**, 135 (1952). — NYBORG, W. L., M. D. BURKHARD u. H. K. SCHILLING: J. A. S. A. **24**, 293 (1952). — CURLE, M.: Proc. Roy. Soc. (A) **216**, 412 (1953). — POWELL, A.: Acustica **2**, 233 (1953). — NYBORG, W. L.: J. A. S. A. **26**, 174 (1954). — GERRARD, J. H.: Proc. Phys. Soc. Lond. (B) **68**, 453 (1955). — Speziell mit den Schwingungseigenschaften von Lippenpfeifen beschäftigen sich noch folgende Arbeiten: MERCER, D. M.: J. A. S. A. **23**, 45 (1951); Amer. J. of Phys. **21**, 376 (1953); Acustica **4**, 237 (1954). — DÄNZER, H.: Ann. Phys. **10**, 395 (1952). — DÄNZER, H., u. W. MÜLLER: ebdt. **13**, 97 (1953). — DÄNZER, H., u. W. KOLLMANN: Z. Phys. **144**, 237 (1956) (betr. insbesondere die für die Klangwirkung wichtige Frage des Verlaufs der Einschwingvorgänge; diese Fragen werden unter Ziff. 32, S. 520 besprochen).

[2] Derartige Umspringeffekte machen sich insbesondere auch im Klangeinsatz bei Orgelpfeifen bemerkbar.

In welch starkem Maß die Tonhöhe in Abhängigkeit vom Anblasdruck umspringt, zeigt eine Kurve, die einer Arbeit von P. Lutz[1] entnommen wurde (Abb. 127).

Die Schallerzeugung bei Lippenpfeifen besitzt einen ausgesprochen labilen Charakter, scheinbar sehr geringfügige Änderungen am Spalt oder an der Schneide, geringe Änderungen des Anblasdrucks bewirken erhebliche Änderungen des Klangcharakters. Der labile Charakter der Lippenpfeifen macht sich insbesondere auch in der Art ihres Einsatzes bemerkbar, der Klangeinsatz der Lippenpfeifen ist meist ein ziemlich langsamer und unsicherer (S. 520). Ganz anders liegen die Dinge bei

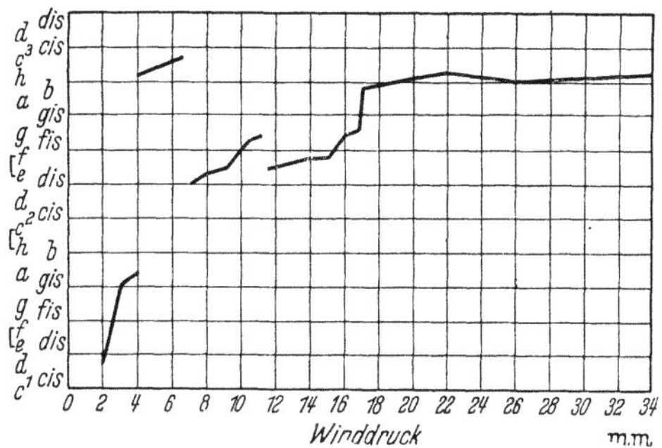

Abb. 127. Tonbildung in Lippenpfeifen. Stetiger Anstieg und Springen der Tonhöhe bei verschiedenem Winddruck (nach P. Lutz)

Zungenpfeifen, deren Höhe in weiten Grenzen vom Anblasdruck unabhängig ist, diese besitzen einen wesentlich stabileren Klangcharakter ihr Einsatz erfolgt rasch und präzise.

Die Eigenschwingungen von pfeifenartigen Resonatoren liegen — wie wir in Ziff. 10, S. 71 ausführten — in einer harmonischen Folge, und zwar tritt bei offenen Pfeifen die Folge $n \cdot \lambda/2 = l$; $n = 1, 2, 3, 4 \ldots$, wobei l die wirksame Rohrlänge einschließlich Mündungskorrektur bedeutet und bei gedackten Rohren die Folge $m \cdot \lambda/4 = l$; $m = 1, 3, 5 \ldots$, also nur ungeradzahlige Partialtöne, auf.

Eine kontinuierliche Veränderung der Höhe der Eigentöne von Rohren ist durch Änderung der tatsächlichen Rohrlänge mittels eines Auszugs (wie bei der Posaune) möglich, sprunghafte Änderungen können durch Anschaltung eines zusätzlichen Rohrstücks (wie bei den Ventilinstrumenten) oder durch Freigabe von Seitenlöchern (wie bei der Flöte) erzielt werden.

---

[1] Lutz, P.: Beitr. z. Anat., Physiol. d. Ohres usw. **17**, 1 (1921); vgl. hierzu auch Wien, M., u. H. Vogel: Ann. Phys. (IV) **62**, 649 (1920). — M. Mokhtar: Proc. Durham Phil. Soc. **10**, 352 (1938); Phil. Mag. (VII), **27**, 133 (1939). Weitere Arbeiten in Anm. 1, S. 166.

Nach dem Mechanismus der primären Schallerzeugung teilt man die Blasinstrumente vorteilhaft wie folgt ein:

Instrumente mit Lippen oder Schneiden (Labien)	Lippen- oder Labialpfeifen der Orgel a) Flöte[1] mit ihren Unterarten	
Instrumente mit Zungen	Metallzungen	Zungen oder Lingualpfeifen (der Orgel b), Harmonika	
	Rohrblattzungen	Doppelzungen (Oboe, Fagott, Schalmei) Einfache Zungen (Klarinette[2], Saxophon) Dudelsack[3]	Holzblasinstrumente
	Membranöse Polsterzungen (Bläserlippen)	Trompete, Posaune, Horn[4], Cornett[5], Tuba	Blechblasinstrumente

a) Die wichtigsten Lippenpfeifenregister der Orgel sind: Prinzipal, die verschiedenen Flötenarten, Gedackt, Streicher.

b) Die wichtigsten Zungenpfeifenregister der Orgel sind: Trompete, Posaune, Oboe, Cornet, Vox Humana.

Die Klangfarbe der Blasinstrumente hängt — abgesehen von den durch die Art der primären Schallerzeugung bedingten Eigentümlichkeiten — von der Bauart des angeschlossenen Resonanzkörpers ab. Bei zylindrischen Pfeifen beispielsweise liegen die Dinge so, daß bei weiten Pfeifen (bei großer „Mensur") die Stärke der höheren Partialtöne mit wachsender Ordnungszahl rasch abnimmt, derartige Pfeifen klingen weich. Bei enger Mensur treten die höheren Partialtöne verhältnismäßig

---

[1] Über Flöten vgl. insbesondere A. v. Lüpke: A. Z. 5, 39 (1940). — Saunders, F. A.: J. A. S. A. 18, 395 (1946). — Herman, R.: Amer. J. Phys. 27, 22 (1959).

[2] Zur Wirkungsweise der Klarinette vgl. insbesondere J. Redfield: J. A. S. A. 6, 34 (1934). — McGinnis, C. S., u. C. Gallagher: J. A. S. A. 12, 529 (1941). — McGinnis, C. S., H. Hawkins u. V. J. Sher: J. A. S. A. 14, 228 (1942). — Dammann, A.: Publ. Univ. d. S. Cuore Milano VIII, 1940. — Ginnis, S. S., u. R. Pepper: J. A. S. A. 16, 188 (1945). — Saunders, F. A.: J. A. S. A. 18, 395 (1946). — Parker, S. E.: J. A. S. A. 19, 415 (1947). — Es sei hier weiterhin noch auf eine Arbeit von R. W. Young: J. A. S. A. 17, 187 (1946) hingewiesen, in der das wichtige Problem der Verstimmung der Musikinstrumente durch Temperatureinflüsse behandelt wird. — Chatterji, R. G.: Proc. Nat. Acad. Sci. India A, 21, 261 (1952). Über Holzblasinstrumente vgl. noch A. H. Benade: J. A. S. A. 31, 137 (1959).

[3] Lenihan, J. M. A., u. S. McNeill: Acustica 4, 231 (1954) (betr. highland bagpipe).

[4] Zur Trompete vgl. H. W. Henderson: J. A. S. A. 14, 58 (1942). — Long, H. T.: J. A. S. A. 19, 852 (1947). — Webster, J. C.: J. A. S. A. 21, 208 (1949). — Igarashi, J., u. M. Koyasu: J. A. S. A. 25, 122 (1953).

[5] Über Cornett vgl. H. P. Knauss u. W. J. Yeager: J. A. S. A. 12, 160 (1941). — D. W. Martin: J. A. S. A. 13, 305 (1942). — Woodward, J. G.: J. A. S. A. 13, 156 (1941).

stark in Erscheinung. Auch die nach der Spitze hin verjüngten konischen Pfeifen besitzen kräftige Obertöne. Von der Möglichkeit, durch verschiedene Bauart der Resonanzkörper die verschiedenartigsten Klangfarben zu schaffen, wird bei der Orgel[1] in großem Maß Gebrauch gemacht. Die Zusammensetzung der Klänge der Musikinstrumente werden wir in Ziff. 32, S. 507 u. ff. behandeln.

Außer den vorstehend erwähnten, vornehmlich zur Erzeugung musikalischer Klänge benutzten Instrumenten, kennt man noch einige weitere Arten der mechanischen Schallerzeugung.

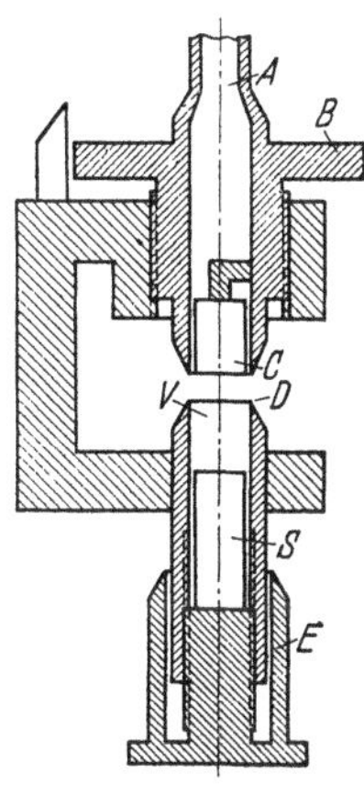

Zur Erzeugung von Tönen an der oberen Grenze des Hörbereichs und von Ultraschall bis zu etwa 100 kHz kann die Galtonpfeife (Abb. 128) verwendet werden[2]. Der von obenher aus einem kreisförmigen Schlitz (C) aus strömende Luftstrom trifft auf eine messerscharfe, ebenfalls kreisförmige Schneide (D);

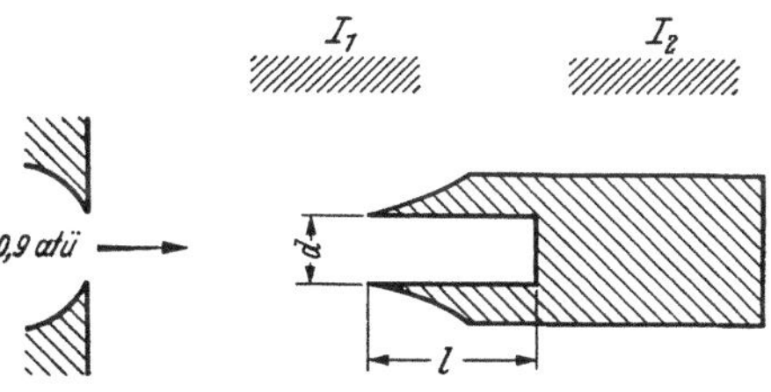

Abb. 128. Galtonpfeife

Abb. 129. HARTMANN-Generator

hierbei wird das Luftvolumen V zu Eigenschwingungen angeregt. Die Höhe der Eigenschwingung des Volumens V kann durch Verschiebung eines Stempels (S) mit Hilfe einer Mikrometerschraube verändert werden. Bemerkt sei aber, daß die Tonhöhe vom Anblasdruck verhältnismäßig stark abhängt; wird eine sehr genaue Frequenzkonstanz benötigt, so muß der Anblasdruck sehr genau reguliert werden.

Einen besonders leistungsfähigen Sender zur Erzeugung von Ultraschall in Luft stellt der HARTMANN-Generator dar. Von einer Düse (Abb. 129) strömt Luft mit Überschallgeschwindigkeit aus. Vor der Düse befindet sich ein zylindrischer mit scharfkantig geschliffenen Rändern versehener Resonator. Bei geeignet gewählter Entfernung zwischen Düse und Resonator (nämlich dann, wenn die Öffnung sich in einem der gestrichelt gezeichneten Instabilitätsbereiche befindet),

---

[1] Über die Orgel vgl. insbesondere S. 510, dort ausführliche Literaturangaben.
[2] Vgl. M. TH. EDELMANN: Ann. Phys. (4), **2**, 469 (1900). Über Pfeifen mit ähnlichem Mechanismus berichten noch V. GAVREAU: Acustica **4**, 555 (1954).— VONNEGUT, B.: J. A. S. A. **26**, 18 (1954). — MICHELSON, J.: ebdt. **27**, 930 (1955).

schwingt der Resonator in seiner Eigenfrequenz. Für die Eigenwelle gilt $\lambda_0 = 4\,(l + 0{,}3\,d)$. Mit einem derartigen Luftstrahlgenerator konnte bei 10^5 Hz etwa 1,6 W, bei 10^4 Hz 160 W und bei 500 Hz 650 W abgestrahlt werden[1].

Ultraschallwellen lassen sich auch unter Vermittlung der longitudinalen Eigenschwingung von Stäben durch Reiben erzeugen. M. HOLTZMANN[2] hat einen derartigen, mit endlosen Reibebändern aus Leder ausgestatteten Schallgenerator, dessen Leistung diejenige der Galtonpfeife weit übertrifft, angegeben.

Wirbelablösung an Schneiden, deren Bedeutung für die Klangerzeugung bei mit Lippenpfeifen ausgerüsteten Musikinstrumenten oben besprochen ist, führt auch sonst vielfach zu Schallentstehung. Die zahlreichsten Arten von Störgeräuschen bilden sich durch Vorbeistreichen der Luft an scharfen Schneiden, dünnen Drähten, scharfen Kanten u. dgl.; es ist hierbei an sich gleichgültig, ob die Luft gegen ein feststehendes Hindernis strömt oder ob ein solches Hindernis mit entsprechender Geschwindigkeit durch ruhende Luft hindurchgetrieben wird, diese letztgenannte Art der Schallerzeugung nennt man „Hieb-

---

[1] Vgl. hierzu J. HARTMANN: Phys. Rev. **20**, 114, 719 (1922). — HARTMANN, J., u. B. TROLLE: Kgl. Danske Vidensk. Selsk. VII/6 (Kopenhagen 1926). — HARTMANN, J.: Phil. Mag. (7), **11**, 936 (1931); J. Phys. Radium (7), **6**, 123 (1935); **7**, 49 (1936). — HARTMANN, J., u. E. v. MATHES: Akust. Z. **4**, 126 (1939). — HARTMANN, J.: Umschau **43**, 589 (1939); Akad. f. Tekniske Vidensk. (Kopenhagen 1939). — HARTMANN, J., u. F. LAZARUS: Phil. Mag. **29**, 140 (1940); Nature, Lond. **145**, 787 (1940). — SCHAAFFS, W.: Frequenz **3**, 333 (1949). — KLING, R., u. J. CRABOL: C. R. Acad. Sci. Paris **229**, 1209 (1949). — PALMÉ, M.: Nuovo Cim. **7**, 260 (1950). — SAVORY, L. E.: Engineering **170**, 99, 136 (1950). — HARTMANN, J., u. E. TRUDSO: K. Dansk. Vidensk. Selsk. Math. Phys. Medd. **26**, 39 (1951).—HARTMANN, J., u. F. LARRIS: ebdt., 26. — MONSON, H. O., u. R. C. BINDER: J. A. S. A. **25**, 1007 (1953). — NYBORG, W. L., L. WOODBRIDGE u. H. K. SCHILLING: ebdt. 138. — BRUN, E., u. R. M. G. BOUCHER: J. A. S. A. **29**, 573 (1957). — LESNIAK, B.: Pol. Acad. Sci. Warschau (1957) 59. — GAVREAU, V.: Acustica **8**, 121 (1958).

Über einen durch Preßluft angetriebenen „aerodynamischen Plattenschwinger" vgl. L. EHRET u. H. HAHNEMANN: Z. techn. Phys. **23**, 245 (1942).

Auch zur Erzeugung von Flüssigkeitsschall lassen sich ähnliche Anordnungen verwenden. W. JANOVSKY u. R. POHLMAN entwickelten eine Anordnung, bei welcher die Flüssigkeit aus einer Düse auf eine einen Hohlraum abschließende Membran oder auf einen an den Enden schneidenartig zugespitzten in Eigenschwingung erregten Stab ausströmt. Derartige Anordnungen arbeiten insbesondere für Emulgierungszwecke mit besonders hoher Wirtschaftlichkeit. — JANOVSKI, W., u. R. POHLMAN: Z. angew. Phys. **1**, 222 (1948). — LEITNER, A., u. E. A. HIEDEMANN: J. A. S. A. **26**, 509 (1954). — BOUYOUCOS, J. V., u. W. L. NYBORG: ebdt. 511. — BRACKENRIDGE, J. B., u. W. L. NYBORG: ebdt. **29**, 459 (1957). — GROSS, M. J.: Acustica **9**, 164 (1959).

[2] HOLTZMANN, M.: Phys. Z. **26**, 147 (1925).

tonbildung"[1]. Die Dinge liegen bei der Hiebtonbildung ganz allgemein
gesprochen so, daß die Wirbel (unter sonst gleichen Verhältnissen, also
bezogen insbesondere auf ein bestimmtes Profil des Objektes) sich in
um so rascherer Folge ablösen, je höher die relative Geschwindigkeit
des Störobjektes gegen die Luft ist, dementsprechend wächst dann
also auch die Höhe der Hiebtöne mit der Relativgeschwindigkeit. Für
durch die Luft bewegte Stäbe vom Durchmesser D gilt in erster Annäherung $f \cdot D = \text{konst.} \cdot u$, wobei mit f die Höhe des Hiebtones
und mit u die Relativgeschwindigkeit des Störobjektes gegen die Luft
bezeichnet wird. Ein praktisch besonders wichtiges Problem der Hiebtonbildung ist diejenige an umlaufenden Luftschrauben, also insbesondere
an Flugzeugpropellern. Der Umstand, daß die verschiedenen Teile der
Schrauben mit verschiedener Relativgeschwindigkeit die Luft durch-
eilen, und daß weiterhin das Profil der Schraube sich längs des Schrau-
benradius ändert, führt dazu, daß die zeitliche Folge der Wirbelablösung
an den in verschiedener Entfernung vom Mittelpunkt liegenden Stellen
der Propellerkante eine ganz verschiedene ist, und zwar nimmt sie
nach außen hin zu. Dementsprechend tritt bei Luftschrauben nicht ein
diskreter Hiebton bestimmter Höhe, sondern eine kontinuierlich verteilte Folge von Hiebtönen, also ein dichtes Geräuschspektrum auf.
Das Schwergewicht des Wirbelgeräuschspektrums an Luftschrauben
liegt im allgemeinen in den höheren Frequenzgebieten.

Mit dem durch Wirbelablösung entstehenden „Luftschraubenge-
räusch" darf nicht verwechselt werden der sog. „Propellerdrehklang".
Dieser kommt dadurch zustande, daß an der von der Luftschraube
jeweils getroffenen Schallfeldstelle eine starke Druckstörung auftritt,
vor der Luftschraube liegt ja ein Gebiet des Unterdrucks, hinter ihr
ein Überdruckgebiet. Diese Druckstörung wird bei stehendem Flugzeuge längs einer Kreisbahn bzw. bei fliegendem Flugzeug längs einer
Spiralbahn bewegt; die Schallabstrahlung entspricht derjenigen einer
längs der Bahn verteilten Gruppe von Elementarstrahlern, deren
Schwingungsphase mit dem Umlauf des Propellers mitläuft. Der Propellerdrehklang ist nach Art seiner Entstehung streng harmonisch aufgebaut; der Grundton entspricht dem Produkt der sekundlichen Dreh-
zahl der Propellernabe mit der Flügelzahl[2].

---

[1] Die Hiebtonbildung wurde eingehend von F. KRÜGER und seinen Mitarbeitern
untersucht. Vgl. Anm. 1, S. 166. — Vgl. weiterhin insbesondere W. HOLLE: Akust.
Z. **3**, 322 (1938). Über Schneidentöne an dünnen Drähten, auf welche aus einem Spalt
Luft strömt, vgl. J. M. A. LENIHAN u. E. G. RICHARDSON: Phil. Mag. **29**, 400
(1940). — ETKIN, B., G. K. KORBACHER u. R. T. KEEFE: J. A. S. A. **29**, 30 (1957).
[2] Über Propellerschall vgl. E. WAETZMANN: Z. techn. Phys. **2**, 191 (1921). —
KEMP, C. F. B.: Proc. Phys. Soc., Lond. **44**, 151 (1932). — PARIS, E. T.: Phil.
Mag. (7), **13**, 99 (1932). — OBATA, J., Y. YOSIDA u. S. MORITA: Rep. aeron. Res.
Inst., Tokio **6**, 361 (1932). — KEMP, C. F. B.: Proc. phys. Soc., Lond. **45**, 727

Bei schnellfliegenden Flugzeugen, insbesondere solchen mit Strahl-
antrieb, wird ein nicht unerheblicher Teil der Antriebsleistung in akustische Leistung umgesetzt. An der Geräuscherzeugung ist insbesondere
auch die aerodynamische Wirbelbildung an den Profilen und — bei
strahlgetriebenen Flugzeugen — auch der aus dem Antrieb tretende
Strom beteiligt. Der mechanisch-akustische „Wirkungsgrad" kann nach
H. E. v. GIERKE[1] die Größenordnung Prozent erreichen. So ist es ver-

Fortsetzung der Fußnote 2 von S. 171

(1933). — PARIS, E. T.: Phil. Mag. (7) **16**, 50, 61 (1933). — CAPON, R. S.: Enginee-
ring **136**, 503 (1933). — OBATA, J., u. S. MORITA: Rep. aeron. Res. Inst., Tokio 8,
101 (1933). — GUTIN, L.: Phys. Z. Sowjet. **9**, 57 (1935). — ERNSTHAUSEN, W.:
Luftf.-Forschg. **13**, 433 (1936). — GUTSCHE, F.: Z. VDI **78**, 825 (1934). — HILTON,
W. F.: Proc. roy. Soc., Lond. **169**, 174 (1938). — ERNSTHAUSEN, W.: Akust. Z. **3**,
141, 380 (1938). — ERNSTHAUSEN, W., u. W. WILLMS: Akust. Z. **4**, 20 (1939). —
OBATA, J., u. Y. YOSIDA: Rep. Aeron. Res. Inst. Tokio **14**, 273 (1939). —
NEPOMNASCHIJ, E.: J. Techn. Phys. (USSR) **9**, 1227 (1939); ebdt. **10**, 1800 (1940).—
OBATA, J., Y. YOSIDA u. Y. MAKITA: Proc. Imp. Acad. Tokio **16**, 455 (1940). —
OBATA, J., Y. MATUMARA, R. KANAYAMA u. Y. YOSIDA: ebdt. **15**, 556 (1940). —
HILTON, W. F.: Phil. Mag. **30**, 237 (1940) (betr. Geräusche an stromlinienförmigen
Profilen). — DEMING, A. F.: J. A. S. A. **12**, 173 (1940) (Erweiterung der GUTINSchen
Theorie vom strahlenden Kreisring auf eine strahlende Kreisfläche). — WEYMANN,
G.: Luftfahrtforschg. **17**, 89 (1940). — ERNSTHAUSEN, W.: ebdt. **18**, 289 (1941);
A. Z. **6**, 245 (1941). — GUTIN, L. Y.: J. Techn. Phys. (USSR) **12**, 76 (1942). —
KONSTANTINOV: J. Techn. Phys. (USSR) **12**, 84 (1942). — WIENER, F. M., u. R. J.
MARQUIS: J. A. S. A. **18**, 450 (1946). — MERBT, H., u. H. BILLING: Z. angew.
Math. Mech. **23**, 301 (1949). — NEDOSPASOV, A. V.: Z. techn. Phys. (USSR) **22**,
579 (1952). — KEMP, N. H.: J. A. S. A. **26**, 450 (1954). — SRETENSKII, L. N.:
Akust. Z. (USSR) **2**, 93 (1956). — Über Geräuschbildung bei Ventilatoren vgl. ins-
besondere BERANEK, L. L., G. W. KAMPERMAN u. C. H. ALLEN: ebdt. **27**, 217
(1955). — HOWES, F. S., u. R. R. REAL: ebdt. **30**, 714 (1958). — HÜBNER, G.:
Proc. 3. I. C. A. Congr. Stuttgart (1959).
 [1] v. GIERKE, H. E.: J. A. S. A. **25**, 367 (1953); Vortrag anläßlich eines Sympo-
siums über Aircraft Noise. — Im gleichen Heft des J. A. S. A. sind weitere wichtige
Arbeiten zur Frage des Flugzeugschalls veröffentlicht. Über Flugzeugschall sowie über Schall, der durch Austritt von Luftströmungen aus Düsen erzeugt wird
vgl. weiterhin: H. v. GIERKE: Z. ang. Phys. **2**, 97 (1950). — KLING, R. u. O.
GUILLON: C. R. Acad. (Paris) **230**, 1736 (1950). — GROGNOT, P.: Ann. Télécomm.
6, 341 (1951). — BUGARD, P., M. GUENNEC u. J. SELZ: Ann. Télécomm. **7**, 47
(1952). — v. GIERKE, H. E., H. O. PARRACK, W. J. GANNON u. R. G. HANSEN:
J. A. S. A. **24**, 169 (1952). — HARDY, H. C.: ebdt. 185. — FEHR, R. O.: ebdt.
772. — ANDERSON, A. B. C.: J. A. S. A. **24**, 675 (1952); **25**, 541, 626 (1953); **26**,
21 (1954); **27**, 13, 1048 (1955); **28**, 914 (1956) (Pfeifentöne beim Ausströmen aus Öffnungen). — NICHOLSON, H. M., u. A. RADCLIFFE: Brit. J. Appl. Phys. **4**, 359
(1953). — LIGHTHILL, M. J.: Proc, Roy. Soc. **222** A, 1 (1954). — PARKIN, P. H.,
u. H. J. PURKIS: Acustica **4**, 507 (1954). — POWELL, A.: Proc. Phys. Soc. Lond.
(B) **66**, 1039 (1953). **67**, 313 (1954). — THOMAS, N.: J. A. S. A. **27**, 446 (1955). —
MERLE, M.: C. R. Acad. Paris **240**, 2055 (1955). — LASSITER, L. B., u. H. H.
HUBBART: J. A. S. A. **27**, 431 (1955). — KRAMER, H. P.: ebdt. 789. — PIETRASAN-
TA, A. C.: ebdt. **28**, 427, 434 (1956). — WILLMARTH, W. W.: ebdt. 1058 (1956).
— KOBRYNSKI, M.: Acustica **7**, 121 (1957). — HUBBARD, H. H.: J. A. S. A. **29**, 331

ständlich, daß die Schallintensität am Boden beim Überfliegen sehr hohe Werte erreichen kann. Abb. 130 zeigt nach P. CHAVASSE u. R. LEHMANN[1] Ergebnisse von Schallintensitätsmessungen in verschiedenen Oktavbereichen des hörbaren Spektrums an einem strahlangetriebenen Flugzeug in Entfernungen von 250 und 500 m. Bemerkt sei noch besonders, daß derartige Flugzeuge in starkem Maß Ultraschall abstrahlen.

Infolge der mit der Frequenz stark ansteigenden Schallabsorption der Luft (vgl. Ziff. 23, S. 297) haben die höheren Komponenten des Flugzeugschalls allerdings nur eine kleine Reichweite.

Eine in der älteren physikalischen Akustik für Versuche viel benutzte, neuerdings für Warngeräte in großem Umfang verwendete Klasse der mechanischen Schallerzeuger ist diejenige der Sirenen. Bei der einfachsten — von A. SEEBECK angegebenen — Ausführungsform der Sirene[2] rotiert eine mit in regelmäßigem Abstand liegenden

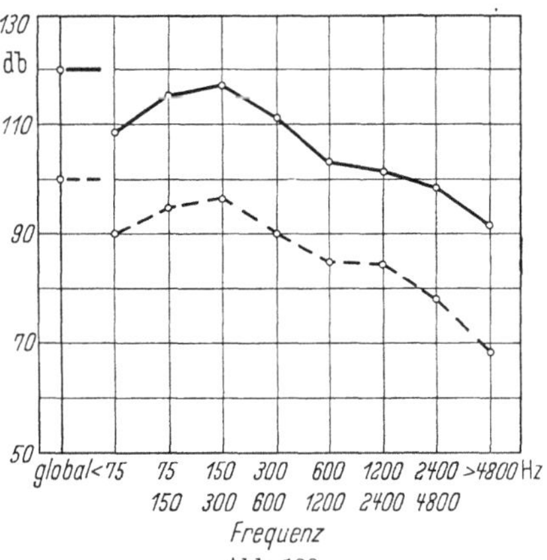

Abb. 130
Geräuschspektrum eines Strahlantrieb-Flugzeuges
——— 300 m Flughöhe, — — — 600 m Flughöhe
(nach P. CHAVASSE u. R. LEHMANN)

Löchern versehene Scheibe vor einer Luftaustrittsdüse. Jedesmal dann, wenn eine Öffnung an der Düse vorbeiläuft, tritt eine impulsartige

Fortsetzung der Fußnote 1 von S. 172
(1957). — MILLER, L. N., u. L. L. BERANEK: ebdt. **29**, 1169 (1957). — WATERHOUSE, R. V., u. R. D. BERENDT: ebdt. **30**, 114 (1958). — MEECHAM, W. C., u. G. W. FORD: ebdt. 318. — DYER, I., P. A. FRANKEN u. P. J. WESTERVELT: ebdt. 761. — KAMPS, E. C.: ebdt. **31**, 65 (1959). — MULL, H. R.: ebdt. 147. — MAGLIERI, D. J.: J. A. S. A. **31**, 420 (1959). — ELDRED, K.: ebdt. 547. — MAYES, W. H.: ebdt. 1013. — DYER, I.: ebdt. 1016. — KRYTER, K. D.: ebdt. 1415. — GRAVITT, J. C.: ebdt. 1516. — POWELL, A.: ebdt. 1649. — Vgl. weiterhin Arbeiten von W. BAUSCH, M. G. DAVIES, H. E. GIERKE, H. C. HARDY, H. H. HUBBARD, U. INGARD, W. C. MEECHAM u. G. W. FORD, F. STAAB: Proc. 3. I. C. A. Congr. Stuttgart (1959).

[1] CHAVASSE, P., u. R. LEHMANN: Acustica **5**, 289 (1955).

[2] SEEBECK, A.: Pogg. Ann. Phys. u. Chem. **129**, 417 (1841). Vgl. über Sirenenschall insbesondere auch LÜBCKE, E.: Z. techn. Phys. **16**, 576 (1935). — SCHIESSER, H.: Akust. Z. **3**, 363 (1938). — Bemerkt sei hier noch, daß man in der älteren Akustik vielfach die von R. HOOKE 1681 erfundene Zahnradsirene, bei der die Schallerzeugung durch Anschlagen der Zähne gegen eine Feder bewirkt wird, verwendete. Die Lochsirene geht auf CAGNIARD DE LA TOUR zurück, welcher übrigens bereits 1827 mit ihrer Hilfe eine Untersuchung über die Abhängigkeit der Ohrempfindlichkeit von der Tonhöhe ausführte. Zur Geschichte der Sirenen vgl. insbesondere E. ROBEL: Die Sirenen, Schulschriften Berliner Realgymnasien. 1891. Progr.-Nr. 98.

Druckstörung auf. Die periodische Folge der Öffnungsimpulse läßt sich, wie G. S. Ohm gezeigt hat, nach Fourier zerlegen und so dann die Zusammensetzung des Sirenenklanges ermitteln[1]. Sirenen wurden bis zu einigen kW akustischer Leistung und bis Frequenzen von 35 kHz gebaut[2].

Mit Hilfe einer Lochsirene konnte H. Oberst[3] außerordentlich intensive stehende Schallwellen in folgender Anordnung herstellen: Die Sirene befindet sich vor der Öffnung eines Kundtschen Rohres (Abb. 131), dessen Querschnitt sich in einem bestimmten Abstand l_1 von der Rohröffnung unstetig ändert. Ist die Länge des engen Abschnitts l_2 und

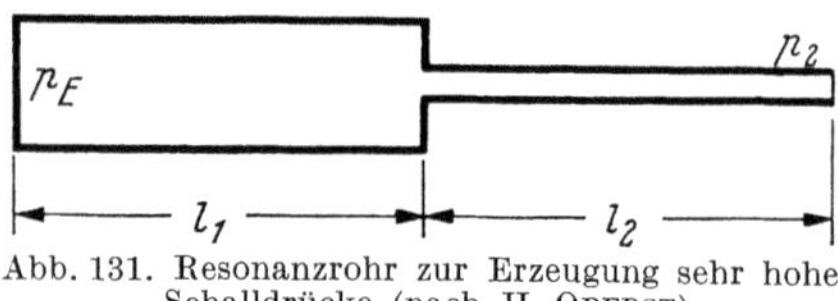

Abb. 131. Resonanzrohr zur Erzeugung sehr hoher Schalldrücke (nach H. Oberst)

der an der Öffnung erregte Schalldruck p_E, so gilt für den Schalldruck p_2 am anderen Ende $p_2 = p_E/\alpha_1 \cdot l_1 \cdot \alpha_2 \cdot l_2$, hierbei ist α_1 (cm^{-1}) die Dämpfungskonstante des ersten, α_2 des zweiten Abschnittes. Fernerhin ist angenommen, daß $l_1 = l_2 = \lambda/4$ ist. H. Oberst konnte mit einem auf 180 Hz abgestimmten Rohr einen Schalldruck von etwa 10^4 N m^{-2} $= 10^5 \mu$b = rund 1/10 atm herstellen.

Der Schallerzeugung der Sirene eng verwandt ist die Entstehung des Auspuffschalls der Verbrennungsmotoren, ähnlich wie bei der Sirene wird ja auch hier eine Ausströmöffnung, nämlich das Auspuffventil, kurzzeitig freigegeben. Die Dinge liegen hier aber insofern anders, als der Auspuff nicht, wie bei der Sirene, unmittelbar ins freie Schallfeld erfolgt, sondern zunächst in eine Rohrleitung oder zumindest in einen kurzen Auspuffstutzen mündet. Dementsprechend wird jeder Impuls durch die Schwingungseigenschaften der angeschlossenen Rohrleitung verändert. Durch

---

[1] Ohm, G. S.: Pogg. Ann. Phys. u. Chem. **135**, 513 (1843). Es ist von großem historischen Interesse, daß in dieser Arbeit zum ersten Mal das Fourier-Theorem zur Behandlung akustischer Probleme, ja sogar von Schwingungsproblemen schlechthin, herangezogen wurde. Die Fourier-Zerlegung gehört heute zu dem wichtigsten Handwerkzeug der physikalischen und praktischen Akustik sowie der Elektrizitätslehre. — Bemerkt sei, daß es zur genauen Durchrechnung der Klangzusammensetzung der Sirene erforderlich ist, die Frequenzabhängigkeit der Strahlungsresistanz der Öffnung in Rechnung zu stellen, diese wurde selbstverständlich von Ohm noch nicht berücksichtigt. Ein mit dem Suchtonverfahren ermitteltes Spektrum einer Lochsirene ist in Abb. 371, S. 485 wiedergegeben; ein Oktavsieboszillogramm von Lochsirenenschall ist in Abb. 374, S. 491 reproduziert.

[2] Über die Konstruktion großer Sirenen vgl. R. C. Jones: J. A. S. A. **18**, 371 (1946). — Allen, C. H., u. I. Rudnick: ebdt. **19**, 857 (1947). — Pimonow, L.: Ann. Télécomm. **6**, 337 (1951). — Mednikov: Akust. Z. (USSR) **4**, 59 (1958). — Allen, C. H., u. B. G. Watters: J. A. S. A. **31**, 177 (1959). — Leonard, R. W., u. I. Rudnick: Proc. 3. I. C. A. Congr. Stuttgart (1959).

[3] Oberst, H.: Akust. Z. **5**, 27 (1940).

geeigneten akustischen Bau der Auspuffleitung ist es möglich, insbesondere die subjektiv störenden höheren Komponenten des Auspuffschalls zu dämpfen (vgl. Ziff. 24, S. 325). Neben den in der Periode der Auspuffolge streng harmonisch aufgebauten Anteilen des Auspuffschalls tritt auch ein kontinuierlich zusammengesetztes Geräusch auf, dieses entsteht durch Wirbelbildung in der Ausströmöffnung, also in der Enge zwischen Ventilteller und Ventilsitz. Die hauptsächlichen Komponenten dieses Geräusches liegen in verhältnismäßig hohen Frequenzgebieten[1].

Bemerkt sei noch, daß man in der Technik, insbesondere für Signalzwecke, vielfach selbstgesteuerte Membransender verwendet, so benutzt man bei Autohupen z. B. elektromagnetisch angetriebene Membranen mit einem mechanischen Selbstunterbrechungskontakt; für Signalzwecke in der Schiffahrt[2] werden auch druckluftgesteuerte Membransender benutzt.

18. Die menschliche Stimme

Das menschliche Stimmorgan stellt einen Schallerzeugungsapparat von großer Vielseitigkeit dar; es ist in der Lage, schnell wechselnde Folgen von Klängen verschiedenster Tonhöhen und Klangzusammensetzung und von länger und kürzer dauernden Geräuschen bis zu den extrem kurzen Explosivlauten, die in wenigen Millisekunden verfliegen, herzustellen.

Die Energiequelle für die Spracherzeugung ist die in der Lunge komprimierte Luft. Die Luftströmung bringt — bei den stimmhaften Sprachlauten — die Stimmlippen zum Schwingen. Bei den stimmlosen Lauten werden durch die Luftströmung Hohlräume des Ansatzrohres angeblasen oder es entstehen Strömungsgeräusche beim Durchströmen von Einengungen.

Die Stimmbandschwingung verläuft in folgender Weise: Durch die Druckerhöhung unterhalb der zunächst geschlossen gedachten Stimmritze werden (Abb. 132) die Stimmlippen auseinandergepreßt, mit wachsender Öffnung sinkt dann der Druck, und die Stimmlippen werden durch die elastische Rückstellkraft der Muskulatur wieder zusammengeführt, die Ritze schließt sich, und das Spiel beginnt von neuem: die Stimmlipppen führen selbsterregte Eigenschwingungen aus.

---

[1] Zur Frage des Auspuffgeräuschs vgl. insbesondere U. Schmidt: Das Auspuffgeräusch von Verbrennungsmotoren. Diss. TH Berlin 1932. — Kauffmann, A., u. U. Schmidt: Schalldämpfer für Automobilmotoren. Berlin 1932. — Kluge, M.: Mitt. Inst. Kraftfahrw. TH Dresden 9, 50 (1934). — Wawrziniok, O.: Mitt. Inst. Kraftfahrw. TH Dresden 9, 38 (1934). — Martin, E.: A. T. Z. **1937**, 383. — Martin, E., U. Schmidt u. W. Willms: Motortechn. Z. **2**, 377 (1940); **3**, 11 (1941).

[2] Über Signalsender vgl. insbesondere O. Devik u. H. Dahl: J. acoust. Soc. Amer. **10**, 50 (1938).

Die Schwingungsrichtung der Stimmlippen liegt in der in Abb. 132 durch Pfeile angedeuteten Richtung, sie erfolgt also durchaus nicht senkrecht zur Achse der Strömung. Die Schwingungsform der Stimmlippen ist nahezu sinusförmig, wie W. Trendelenburg und H. Wullstein[1] mit einer kapazitiven Meßmethode nachweisen konnten. Trotzdem verläuft der Öffnungsvorgang der Stimmritze durchaus nicht sinusförmig, im Gegenteil liegen die Verhältnisse — und zwar in besonders ausgesprochenem Maß bei tiefen Frequenzen — so, daß die Stimmritze nur während eines kleinen Teils der Periode geöffnet ist, im größeren

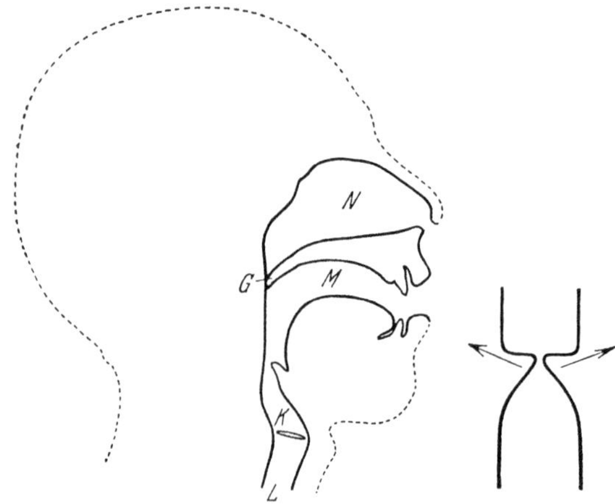

Abb. 132. Sprachorgan (linker Teil: Luftröhre L, Kehlkopf K und Ansatzrohr M, N; rechter Teil: Schnitt durch die Stimmritze, schematisch)

Teil der Periode bleibt sie geschlossen. Die Stimmlippen verformen sich also während der Verschlußzeit in sich. Der Öffnungsvorgang im einzelnen wurde am anatomischen Präparat von W. Trendelenburg[2]

---

[1] Trendelenburg, W., u. H. Wullstein: Berl. Ber. **1935**, H. 21.

[2] Trendelenburg, W.: Arb. Ges. Wiss. Debrecen VII, H. 2 (1941); Berl. Ber. **1940**, Nr. 11. Über Stimmbandschwingungen vgl. ferner W. Herriot u. D. W. Farnsworth: J. A. S. A. **9**, 274 (1938). — Farnsworth, D. W.: Bell. Lab. Rec. **18**, 203 (1940) (Filmaufnahmen der Stimmbänder mit hoher Bildfolge). — Cowan, M. J.: J. A. S. A. **11**, 380 (1940). — Steinberg, J. C.: J. A. S. A. **11**, 373 (1940). — Husson, R.: Rev. Sci. (Paris) 88, 67 (1950). — Winckel, F.: Folia Phoniatrica **4**, 93 (1952). — Hartlieb, K.: ebdt. **5**, 146 (1953). — Lullies, H.: Physiol. d. Stimme u. Sprache im Lehrb. d. Physiol., herg. v. W. Trendelenburg u. E. Schütz, S. 165. Berlin, Göttingen, Heidelberg (1953). — G. E. Peterson: Laryngeal Vibrations in „Manual of Phonetics"; Amsterdam (1957). — Van den Berg, J., J. T. Zantema u. P. Doornenbal: J. A. S. A. **29**, 626 (1957) (betr. Strömungswiderstand des Kehlkopfs). — Miller, R. L.: J. A. S. A. **31**, 667 (1959). — Über künstliche Stimmerregung mittels elektrisch erzeugter Folgen von Schallimpulsen vgl. Firestone, F. A.: J. A. S. A. **11**, 357 (1940). — Van den Berg, J. W.: J. A. S. A. **27**, 169 (1955). — Barney, H. L., F. E. Haworth u. H. K. Dunn: Proc. 3. I. C. A. Congr. Stuttgart (1959).

mit einer Schattenbildmethode (Abb. 133a) untersucht, bei der von einer punktförmigen Quelle aus ein Bild der Stimmritzenöffnung auf einen vorbeilaufenden Film entworfen wurde. Abb. 133b zeigt eine derartige Schattenbildaufnahme, man erkennt deutlich, wie sich die Stimmritze plötzlich und sehr schnell öffnet und schon nach kurzer Zeit wieder verschließt. Der Öffnungsvorgang ist also eine periodische Folge kurzer Impulse. Die von verschiedenen Forschern über das Verhältnis Q der Öffnungszeit

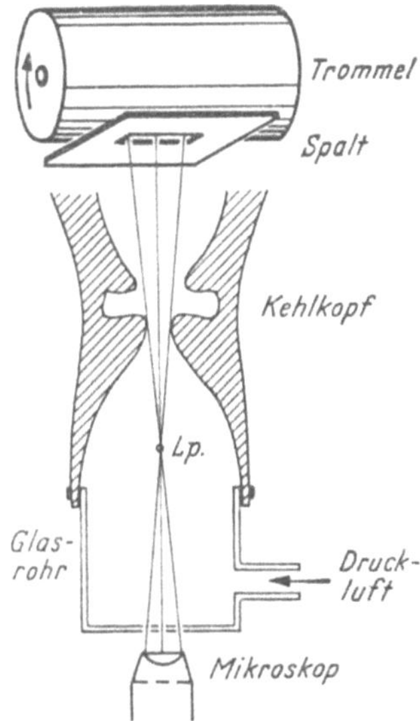

Abb. 133a. Schattenbildmethode zur Untersuchung der Stimmbandschwingungen (nach W. Trendelenburg)

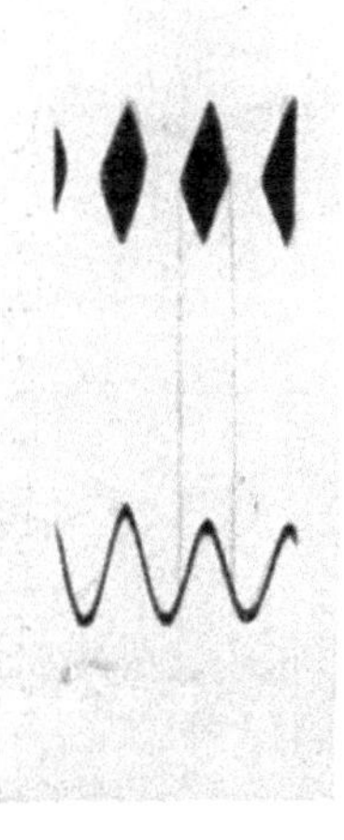

Abb. 133b. Öffnungsvorgang der Stimmritze (oben) und Schwingungsform der Stimmbänder (unten) (nach W. Trendelenburg)

der Stimmritze zur gesamten Schwingungsdauer gemachten Angaben weichen erheblich voneinander ab. So findet z. B. T. H. Tarnóczy[1] aus Oszillogrammen von Vokalklängen, daß Q im Bereich von 100 bis 400 Hz von etwa 0,2 auf 0,7 ansteigt, oder — anders ausgedrückt — daß die Öffnungszeit unabhängig von der Frequenz etwa 2—2,5 ms beträgt. Im Gegensatz hierzu stellte R. Timcke[2] mit einer phasengezielten stroboskopischen Methode fest, daß Q nur sehr wenig von der Frequenz abhängt und etwa 0,68 beträgt.

Die Frequenz der Stimmlippenschwingung liegt — je nach Anspannung der Muskulatur — für gesprochene Laute bei Männern zwischen etwa

---

[1] Tarnóczy, T. H.: J. A. S. A. **23**, 42 (1951).

[2] Timcke, R.: Naturwissensch. **42**, 542 (1955). — M. Joos gibt in Language **24**, 2, Suppl. (1948) einen sehr viel kleineren Wert für die Öffnungszeit, nämlich 0,2 ms an. Dieser Wert erscheint mit Rücksicht auf die Eigenschaften des in Frage stehenden Schwingungssystems reichlich kurz.

120 und 160 Hz, bei Frauen und Kindern zwischen etwa 220 und 330 Hz. Für Gesangsstimmen ist der Stimmumfang im Baß etwa 85—320, Tenor 128—433, Alt 171—640 und Sopran 256—853 Hz[1].

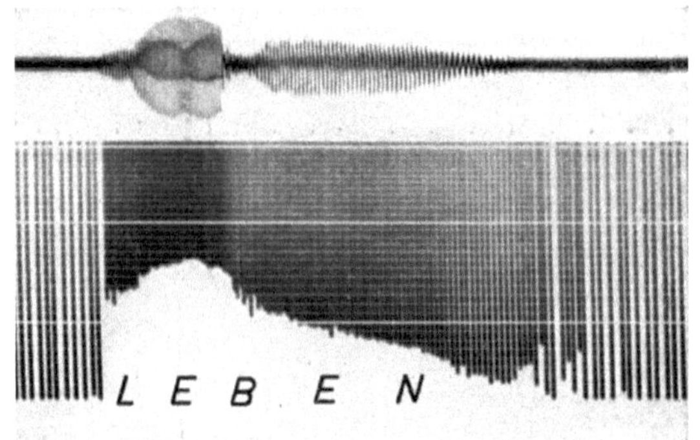

Abb. 134. Tonhöhenverlauf (Melodiekurve) im gesprochenen Wort „Leben"
(nach M. GRÜTZMACHER u. W. LOTTERMOSER)

Beim Ablauf der Sprache ändert sich die Tonhöhe dauernd in einer für den Sprechenden und für die Ausdrucksform charakteristischen Weise. Mit den elektrisch arbeitenden Verfahren der Tonhöhenregi-

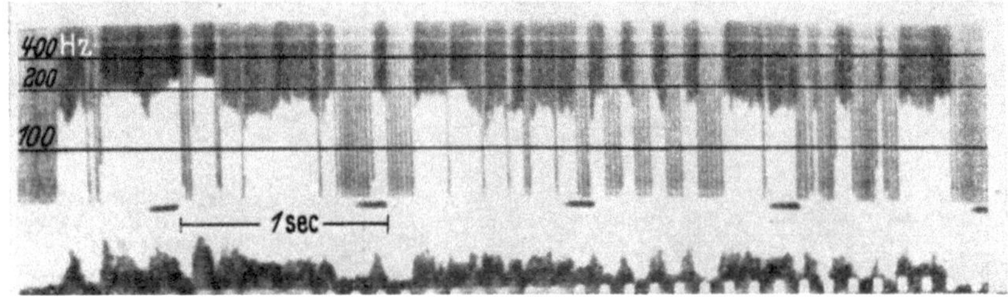

Abb. 135. Melodiekurve eines Rundfunksprechers (nach W. LOTTERMOSER)

strierung (Ziff. 13, S. 105) ist es möglich, den — phonetisch sehr wichtigen — Tonhöhenverlauf gesprochenen oder gesungenen Textes zu registrieren. Abb. 134 zeigt (nach M. GRÜTZMACHER und W. LOTTERMOSER)[2] den Tonhöhenverlauf im gesprochenen Wort „Leben". In Abb. 135[3] ist der

[1] WAETZMANN, E.: Resonanztheorie des Hörens. Braunschweig 1912, S. 25; vgl. auch M. COWAN: Arch. of Speech. Dezbr. 1936. — FAIRBANKS, G.: J. A. S. A. 11, 457 (1940).

[2] GRÜTZMACHER, M., u. W. LOTTERMOSER: A. Z. 3, 183 (1938).

[3] LOTTERMOSER, W.: Z. Phonetik 4, 369 (1950). — Über Tonhöhenschreiber für phonetische Zwecke vgl. weiter O. O. GRUENZ u. L. O. SCHOTT: J. A. S. A. 21, 487 (1949). — KALLENBACH, W.: Acustica 1, (A. B.) 37 (1951). — SACERDOTE, G. G.: ebdt. 7, 61 (1957) (betr. Singstimme, insbesondere Vibrato). — RAPPAPORT, W.: ebdt. 8, 220 (1958) (Häufigkeitsverteilung der Tonhöhen in der deutschen Sprache). — LERNER, R. M.: Proc. 3. I. C. A. Congr. Stuttgart (1959).

Verlauf der Melodiekurve eines Rundfunksprechers aufgezeichnet; die Aufnahme wurde in der Weise durchgeführt, daß die Sprache zunächst mittels Magnetophon aufgezeichnet und dann dem Tonhöhenschreiber zugeführt wurde.

Über dem Kehlkopf liegt das Ansatzrohr mit seinen verschiedenen Hohlräumen, Rachen-, Mund- und Nasenhöhle.

Bei den stimmhaften Vokalen erregt der obertonreiche, durch die Stimmlippen erzeugte Klang, bevor er das Außenmedium erreichen kann, erzwungene Schwingungen des Ansatzrohres. In dem vom Mund abgestrahlten Klang[1] sind dann die einzelnen Teiltöne mit völlig anderer

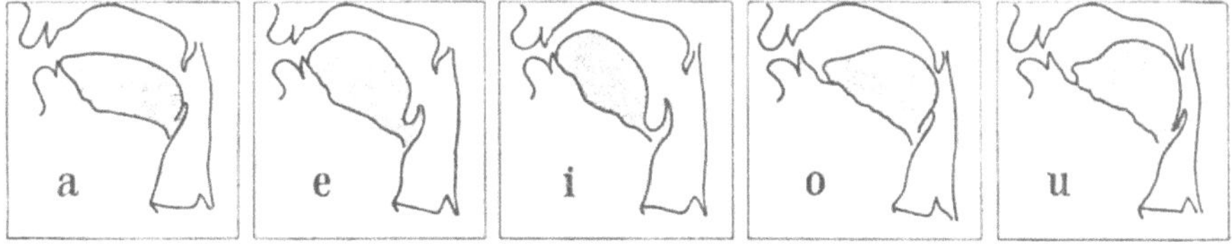

Abb. 136. Die Mundstellung bei den fünf Hauptvokalen (nach H. FLETCHER)

relativer Stärke als in dem primären Klang unmittelbar über der Stimmritze. Je nach Frequenzlage und Dämpfung der Eigenschwingungen des Ansatzrohres werden bestimmte Obertonbereiche des von den Stimmlippen herrührenden Klanges verstärkt. Lage und Dämpfung der Eigenschwingungen des Ansatzrohres hängen von der Einstellung der einzelnen Teile des Ansatzrohres, also insbesondere von der Mundstellung und von der Zungenstellung, ab. Jedem Vokal entspricht eine ganz bestimmte Mundstellung und damit ein ganz bestimmter, besonders stark auftretender Resonanzbereich, oder wie man diesen meist bezeichnet, ein bestimmter „Formantbereich". Unabhängig von der Höhe des Stimmtons werden also bei den bestimmten Sprachlauten jeweils in ihrer absoluten Höhe fest liegende Bereiche besonders stark abgestrahlt. Abb. 136 zeigt nach H. FLETCHER[2] die Mundstellungen für die Hauptvokale A E I O U.

Die Formantbereiche sind in der nebenstehenden Tabelle zusammengestellt.

Tabelle 8

Vokal	Formantbereich
U	etwa 200—400 Hz
O	„ 400—600 Hz
A	„ 800—1200 Hz
E	„ 400—600 und 2200—2600 Hz
I	„ 200—400 und 3000—3500 Hz

---

[1] Die Abstrahlung durch den Mund erfolgt für die hohen Frequenzgebiete stark gerichtet. Vgl. F. TRENDELENBURG: Z. Techn. Phys. **10**, 528 (1929). Bemerkt sei auch noch, daß die scheinbare Schallquelle hinter den Lippen im Mundinneren liegt. Vgl. M. E. HAWLEY u. A. H. KETTLER: J. A. S. A. **22**, 365 (1950).

[2] FLETCHER, H.: Speech and Hearing. New York 1927. S. 8.

12*

Wichtig ist noch die Feststellung, daß die Resonanzen ziemlich stark gedämpft sind. Stößt man beispielsweise durch Funkenknall die Eigenschwingungen der Mundhöhle an, so findet man, daß die Dekremente zwischen etwa 0,3 und 1,0 liegen[1]. Infolge der großen Dämpfung laufen

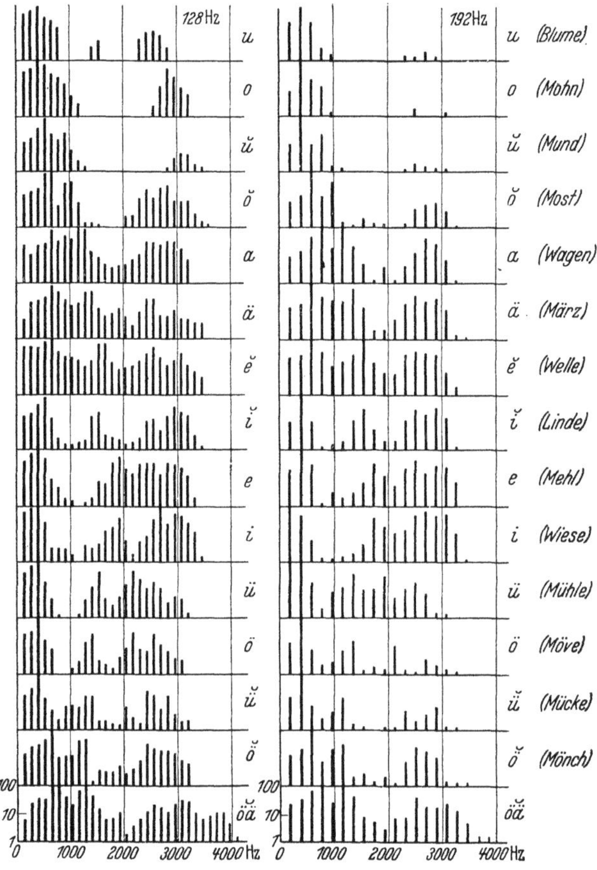

Abb. 137. Vokalspektren (nach E. Thienhaus)

die Ausgleichsvorgänge (Ziff. 5, S. 29) verhältnismäßig rasch ab, so daß die verschiedenen Laute, aus denen die Sprache zusammengesetzt ist, in schneller Wechselfolge erzeugt werden können. Die durchschnittliche Dauer eines Vokals beträgt nur 0,2 sec, bei schneller Sprache kann sie sich bis etwa 0,05 sec verkürzen.

---

[1] Vgl. T. v. Tarnóczy: Akust. Z. **8**, 22 (1943). — Bogert, B. P.: J. A. S. A. **25**, 791 (1953). — Van den Berg, J.: ebdt. **27**, 161 (1955).

Die Klangzusammensetzung der Vokale wurde von H. v. Helm-holtz[1] unter Verwendung von in das Ohr gesetzten Resonatoren (vgl. S. 479) unter subjektiver Beobachtung eingehend untersucht; C. Stumpf[2] führte umfangreiche Analysen unter Benutzung von Stimmgabeln, deren Mitschwingen beobachtet wurde, durch. Mit den Hilfsmitteln der modernen Akustik wurden weiterhin genaueste Analysen von Vokal-klängen durchgeführt; die verwendeten Methoden und die Ergebnisse sind auf S. 487 u. ff. ausführlich behandelt. In Abb. 137 ist eine Zu-sammenstellung von Vokalspektren, die E. Thienhaus[3] mit dem Such-tonverfahren (S. 483) aufnahm, wiedergegeben. Dieses Bild zeigt die Lage der Formantgebiete der einzelnen Vokale, es läßt insbesondere auch erkennen, daß meist mehrere Formantbereiche auftreten[4]. Es ist

---

[1] Helmholtz, H. v.: Gelehrte Anz. Bayer. Akad. Wiss. 18. Juni 1859. Lehre von den Tonempfindungen, 6. Aufl., S. 168 ff. Braunschweig 1913. Die oben ent-wickelte Resonanztheorie der Vokale wird als Helmholtzsche Theorie der Vokale bezeichnet. Als Vorgänger von Helmholtz sind noch R. Willis [Pogg. Ann. **24**, 397 (1832)]; A. Wheatstone (London and Westminster Review Okt. 1837) u. H. Grassmann (Progr. Stettiner Gymnasium 1854) zu nennen.

[2] Stumpf, C.: Berl. Ber. **1918**, Nr. 17; Beitr. Anatomie usw. Ohr usw. **17**, 181 (1921). Die Sprachlaute, Berlin 1926. Vgl. weiterhin insbesondere D. C. Miller: Science of Musical Sounds. New York 1916.

[3] Thienhaus, E.: Z. techn. Phys. **15**, 637 (1934). — Barczinski, L., u. E. Thien-haus: Arch. Néerland Phon. exp. **11**, 47 (1935). — Zur Frage der Änderung der Spektren mit der Art des Gesanges vgl. D. B. Fry u. L. Manén: J. A. S. A. **29**, 690 (1957).
Über die Spektren geflüsterter Vokale vgl. W. Meyer-Eppler: J. A. S. A. **29**, 104 (1957).

[4] Auf die mehrfachen Resonanzen wurde insbesondere auch von I. B. Crandall: Bell. Syst. techn. Journ. **6**, 100 (1927) u. R. S. Paget: Proc. roy. Soc. A **102**, 752 (1923); **106**, 150 (1924) hingewiesen. Vgl. auch D. Lewis u. Tuthill: J. A. S. A. **11**, 451 (1940). — Tarneaud, J.: C. R. Acad. Paris **121**, 286 (1941). — Chiba, T., u. N. Kajiama: The Vowel, its Nature and Structure (Tokio 1941). — Pepinsky, A.: J. A. S. A. **14**, 32 (1942). — Carhart, R.: ebdt. S. 36. — Morrow, Ch. T.: ebdt. **20**, 487 (1948). — Potter, R. K., u. G. Peterson: ebdt. 530. — Dunn, H. K.: J. A. S. A. **22**, 740 (1950). — Potter, R. K., u. J. C. Steinberg: ebdt. 807. — C. S. McGinnis, M. Elnick u. M. Kraichman: ebdt. **23**, 440 (1951).—Peterson, E.: ebdt. 668. — Peterson, G. E.: Language **27**, 541 (1951). — Peterson, G. E., u. H. L. Barney: J. A. S. A. **24**, 175 (1952). — Fant, C. G. M.: Acoust. Lab. M. I. T. Techn. Rep. Nr. 12 (1952). — Peterson, G. E.: J. A. S. A. **24**, 629 (1952). — Kock, W. E.: ebdt. 625. — Winckel, F.: Folia Phoniatrica **4**, 2 (1952); Funk u. Ton **3**, 124 (1953). — House, A. S., u. G. Fairbanks: J. A. S. A. **25**, 105 (1953). — House, A. S., u. K. N. Stevens: J. A. S. A. **27**, 882 (1955). — Flanagan, J. L.: ebdt. **28**, 110, 118 (1956). — David, E. E., u. H. S. McDonald: ebdt. 1261. — Rschevkin, S. N.: Akust. Z. (USSR) **2**, 205 (1956). — Meyer-Eppler, W. u. G. Ungeheuer: Z. Phonetik **10**, 245 (1956). — Lehiste, I., u. G. E. Peterson: ebdt. **31**, 428 (1959). — Brubaker, R. S., u. M. W. Altshuler: ebdt. 1362. — Ungeheuer, G.: Proc. 3. I. C. A. Congr. Stuttgart (1959). — Meyer-Eppler, W., u. H. Leicher: ebdt. — (Betrifft Erkennbarkeit auf verschiedener Tonhöhe ge-sungener Vokale). — Bemerkt sei noch, daß die Resonanz des Tracheo-Bronchial-

nach den geometrischen Verhältnissen einleuchtend, daß das System Rachen—Mundhöhle nicht ein einfaches Schwingungssystem ist, sondern daß es aus verschiedenen Einzelsystemen zusammengesetzt ist.

Sehr anschaulich läßt sich die Lage der Haupt- und Nebenformanten auch bei Aufzeichnungen, die nach dem „Visible speech"-Verfahren

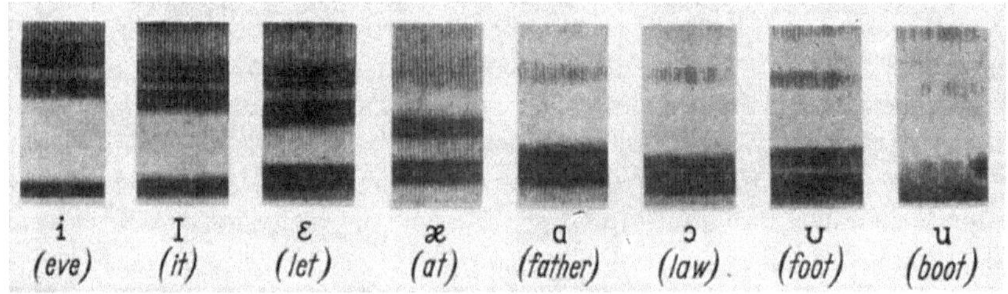

Abb. 138. Haupt- und Nebenformanten verschiedener Vokale (nach R. K. POTTER)

(vgl. Ziff. 31, S. 491) vorgenommen wurden[1], erkennen (Abb. 138 nach R. K. POTTER).

Die mit den modernsten Mitteln ausgeführten Untersuchungen haben die Richtigkeit der HELMHOLTZschen Resonanztheorie der Vokale voll bestätigt. Insbesondere zeigten die Untersuchungen, daß die Vokale

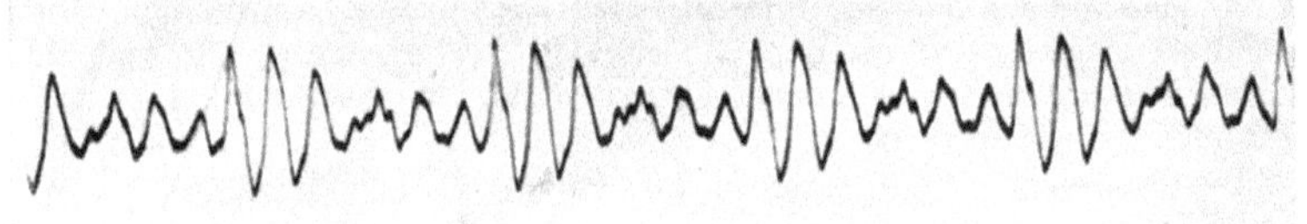

Abb. 139. Oszillogramm eines auf bestimmter Tonhöhe gesungenen Vokales „A"

streng harmonisch zur Periode der Stimmbandschwingung aufgebaut sind. Wenn man die Vokale sauber auf einer bestimmten Tonhöhe singt, treten irgendwelche unharmonischen Komponenten nicht auf[2]. Die strenge Periodizität des auf bestimmter Tonhöhe gesungenen Vokales zeigt besonders anschaulich das in Abb. 139 wiedergegebene Oszillogramm des Vokales „A".

Die Richtigkeit der HELMHOLTZschen Resonanztheorie ist lange Zeit hindurch stark bezweifelt worden. L. HERMANN[3] hatte eine andere

---

Fortsetzung der Fußnote 4 von S. 181

systems nur in den tiefsten Stimmtonlagen eine Rolle spielt, für die Formantfrequenz ist sie ohne Einfluß. Die Eigenfrequenz dieses Systems liegt bei etwa 85 Hz [vgl. W. TRENDELENBURG, Berl. Ber. **1940**, Nr. 9].

[1] POTTER, R. K.: J. A. S. A. **22**, 814 (1950).

[2] TRENDELENBURG, F.: Wiss. Veröff. Siemens-Konzern **3**, H. 2, 43 (1924).

[3] HERMANN, L.: Pflügers Archiv **47**, 347 (1890); **48**, 181, 543, 574 (1890); **53**, 1 (1890); **56**, 467 (1894); **58**, 255, 264 (1894); **61**, 169 (1895); **83**, 1, 33 (1901); **141**, 1 (1911). Vgl. weiterhin insbesondere E. W. SCRIPTURE: Researches in experimental phonetics, Washington 1906. — Nature, Lond. **143**, 619 (1938).

Theorie der Vokale, die sogenannte Stoßtheorie entwickelt, diese Theorie schien ihm mit der HELMHOLTZschen Theorie unvereinbar. Die HERMANNsche Stoßtheorie ging von der Tatsache aus, daß in jeder Periode der Stimmbandschwingung im wesentlichen nur während kurzer Zeit eine impulsähnliche Anregung der freien abklingenden Schwingungen des Ansatzrohres stattfindet. Da die Höhe der Eigenschwingungen von der Eigentonhöhe der Stimmbandschwingungen unabhängig ist, und also im allgemeinen zu dieser unharmonisch liegt, schloß HERMANN, die Vokale seien unharmonisch zusammengesetzt und die HELMHOLTZsche Theorie sei falsch. Diese Ansicht ist aber nicht stichhaltig. Die HELMHOLTZsche Theorie führt bei richtiger Wahl des FOURIER-Ansatzes des Öffnungsvorganges und bei Einsetzen der entsprechenden Werte der Eigenfrequenz und der Dämpfung der Resonanzsysteme im Ansatzrohr auf genau das gleiche Schwingungsbild wie die HERMANNsche Theorie[1]. Die von HERMANN geforderten abklingenden Eigenschwingungen kommen in der HELMHOLTZschen Theorie durch Superposition zahlreicher benachbarter Harmonischer, also als Schwebungen benachbarter Partialtöne in der Periode der Grundschwingung zustande.

Im übrigen läßt sich durch ein einfaches Experiment[2] beweisen, daß die HERMANNsche Vorstellung der gedämpft abklingenden Eigenschwingungen phonetisch bedeutungslos ist. Klebt man nämlich Abschnitte aus Vokalklängen, welche man Tonfilmaufzeichnungen entnommen hat, teils in der richtigen zeitlichen Folge, teils umgekehrt zusammen, so daß also die Eigenschwingungen teils wie in Wirklichkeit abklingen, teils aber fälschlich anklingen, so kann man bei subjektivem Abhören nicht entscheiden, welche Abschnitte richtig, und welche falsch wiedergegeben werden. Das Ohr beurteilt den Vokalcharakter ganz offenbar nur nach der relativen Stärke der einzelnen Komponenten; es ist bei der kurzen Zeitdauer der Einzelperioden nicht in der Lage festzustellen, ob die während dieser Periode auftretenden Schwingungen anklingen oder abklingen. Mit diesem einfachen Versuch dürfte die phonetische Bedeutungslosigkeit der HERMANNschen Theorie endgültig nachgewiesen sein.

---

[1] TRENDELENBURG, F.: Z. Sinnesphysiol. **59**, 385 (1928). Vgl. zu diesen Fragen weiterhin auch LORD RAYLEIGH: Theory of Sound **2**, 473, London 1926. — CRANDALL, I. B.: Bell. Syst. Techn. Journ. **4**, 586 (1925). — STEWART, J. Q.: Nature, Lond. **110**, 311 (1922). — TRENDELENBURG, W., u. H. WULLSTEIN: Berl. Ber. **1935**, Nr. 21. — VIERLING, O.: Annal. Physik (5) **26**, 219 (1936). — TRENDELENBURG, W.: Berl. Ber. **1936**, Nr. 22, 23; ebenda **1937**, Nr. 13, 14. — TRENDELENBURG, W., u. W. HARTMANN: Berl. Ber. **1937**, Nr. 27, 28. — TRENDELENBURG, W., u. F.: Berl. Ber. **1937**, Nr. 20. — TRENDELENBURG, F.: Proc. 3. International Congress of Phonetic Sciences. Gent 1938.

[2] TRENDELENBURG, F.: Proc. 3. Internat. Congr. of. Phonet. Sciences. Gent 1938, S. ·128. Es sei aber ausdrücklich bemerkt, daß dieser Versuch sich nur auf ausgeschnittene Teile aus einzelnen isolierten Vokalklängen bezieht.

Diese Feststellung mindert aber nichts an der Leistung von HERMANN, der mit primitiven Methoden wichtige Aussagen über die Eigenschaften von Vokalen machte und zuerst — wenn auch unter einem zu engen Blickwinkel — die Frage der Anregung des Resonanzsystems durch kurze Impulse anschnitt.

Es wurde bereits erwähnt, daß die Dekremente der Eigenschwingung des Ansatzrohres große Werte besitzen. Dieser Umstand ermöglicht es, Vokale außerordentlich rasch aufzubauen. Isoliert ohne vorangestellte Konsonanten gegebene Vokale besitzen eine sehr kurze Aufbauzeit. Bei ,,gestoßenem" Einsatz sind Vokale meist nach nur einer Periode der Stimmbandschwingung fertig aufgebaut, Abb. 140 zeigt den gestoßenen Einsatzes eines A, nach einer Periode sind alle Teiltöne vorhanden, nach etwa 2 bis 3 Perioden wird der Klang rein periodisch[1].

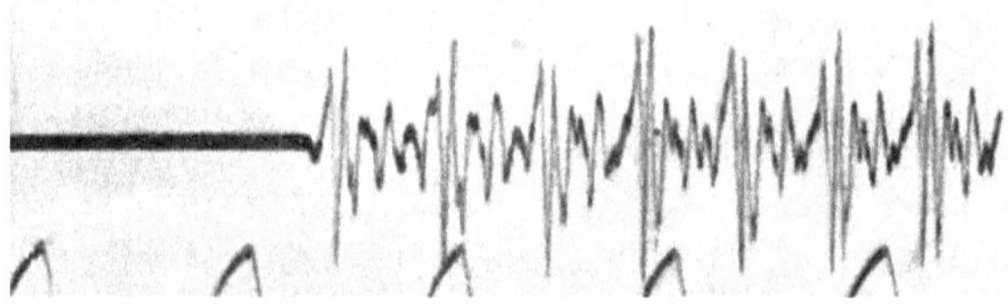

Abb. 140.   Oszillogramm eines ,,gestoßen" einsetzenden Vokales ,,A" (nach W. TRENDELENBURG)

Der Verlauf des Einschwingvorganges ist bei Vokalen — im Gegensatz zu den Verhältnissen bei vielen Musikklängen (vgl. S. 518) — ohne Bedeutung für die Erkennbarkeit. Die Vokale sind allein durch die relative Teiltonverteilung im stationären Klangteil definiert.

Bei den Doppellauten Au Ai Eu Ei bleibt beim Übergang vom ersten Teillaut zum zweiten die Stimmlippenschwingung voll in Gang, es wird lediglich die Mundstellung von der für den ersten Laut charakteristischen Art in die für den zweiten charakteristischen Art verwandelt und damit die Formantlage verschoben.

Bei den stimmhaften Halbvokalen M N R L findet die primäre Schallerzeugung ähnlich wie bei den stimmhaften Vokalen statt, das Klangbild dieser Sprachlaute ist weitgehend, aber meist nicht streng periodisch[2]. Die Stimmlippenschwingung ist bei diesen Sprachlauten — im Gegensatz zu den Verhältnissen bei den Vokalen — nicht die einzige primäre Schallquelle, sondern es wird auch Schall durch Anblasen von Hohlräumen erzeugt. Eine besondere Stellung nimmt der Zitterlaut R ein, hier findet eine ausgesprochene Amplitudenmodulation des von den

---

[1] TRENDELENBURG, W.: Arb. d. Ges. Wiss. in Debrecen **VII**, H. 2, 1941.

[2] Zur Formantlage der Nasalen vgl. T. TARNOCZY: Word **4**, 71 (1948). — HATTORI, S., K. YAMAMOTO u. O. FUJIMURA: J. A. S. A. **30**, 267 (1958). — NAKATA, K.: ebdt. **31**, 661 (1959).

Stimmlippen herührenden Schalls durch mechanische Schwingungen der Zunge (beim R uvulare) bzw. des Zäpfchens (beim R alveolare) statt[1]. Die Frequenz dieser Modulation liegt wesentlich tiefer als die Frequenz der Stimmbandschwingung. Da im allgemeinen kein harmonisches Verhältnis zwischen beiden besteht, sind die Klangbilder des R unharmonisch zusammengesetzt ohne freilich ausgesprochenen Geräuschcharakter zu haben, man nennt derartige Zusammensetzungen „Klanggemische".

Für die stimmlosen Zischlaute F, S, Sch und Ch sind Strömungsgeräusche, die — insbesondere beim S — bis in sehr hohe Frequenzgebiete hinaufreichen, charakteristisch[2].

Bei stimmhaften Zischlauten tritt zu den unperiodischen Geräuschkomponenten noch ein periodisch verlaufender Schallanteil hinzu, welcher primär von der Stimmbandschwingung erzeugt wird. Die relative Stärke der periodischen Komponenten läßt sich aus mit dem Suchtonverfahren (S. 483) durchgeführten Schallanalysen — insbesondere, wenn der periodische Anteil nur klein ist — schwer ermitteln, sehr anschaulich treten die periodischen Anteile aber dann in Erscheinung, wenn man die in Frage stehenden Schallvorgänge mit der Methode der Autokorrelation untersucht[3]. In Abb. 141—144 sind nach Untersuchungen von M. L. EXNER[4] die Analysen und die zugehörigen Autokorrelationsfunktionen der stimmlosen und der stimmhaften Zischlaute „Sch" und „S" wiedergegeben. Man sieht, daß beim stimmhaften „Sch" (Abb. 141) die (gestrichelt eingetragene) Funktion $\Phi_s(\tau)$ = Anteil des Stimmtons an der Autokorrelationsfunktion bei $\tau = 0{,}65\,\mathrm{ms}$ ihre erste Nullstelle hat, hieraus ergibt sich für die Periodendauer der Stimmlippenschwingung $4 \times 0{,}65\,\mathrm{ms}$, $= 2{,}6\,\mathrm{ms}$, für die Frequenz also 382 Hz. Beim stimmhaften „S" (Abb. 143) sind die Werte 3,1 ms bzw. 322 Hz.

Eine ganz besondere Rolle unter den Konsonanten spielen die Explosivlaute P, T, K, B, D, G. Diese Laute können nicht kontinuierlich gegeben werden, sie entstehen bei plötzlicher Freigabe des vorher verschlossenen Luftwegs, sie stellen ausgesprochenermaßen nur sehr kurzzeitige Ausgleichsvorgänge dar. Bei der Gruppe der Tenues P T K wird bei zunächst geöffneter Stimmritze durch Überdruck im Mund

---

[1] Über den Laut R vgl. MEYER-EPPLER, W.: Acustica **9**, 247 (1959). — VAN GILSE, P. H. G., u. L. KAISER: Folia Phoniatrica **11**, 178 (1959).

[2] Über Zischlaute vgl. insbesondere W. MEYER-EPPLER: Z. f. Phonetik u. allg. Sprachwiss. **7**, 89 (1953). — HUGHES, G. W., u. M. HALLE: J. A. S. A. **28**, 303 (1956).

[3] Über die Autokorrelationsanalyse vgl. auch Ziff. 3, S. 15.

[4] EXNER, M. L.: Acustica **4**, 365 (1954). — Über Autokorrelationsanalysen von Sprachklängen vgl. auch H. N. STEVENS: J. A. S. A. **22**, 769 (1950). — HUGGINS, W. H.: ebdt. **26**, 790 (1954).

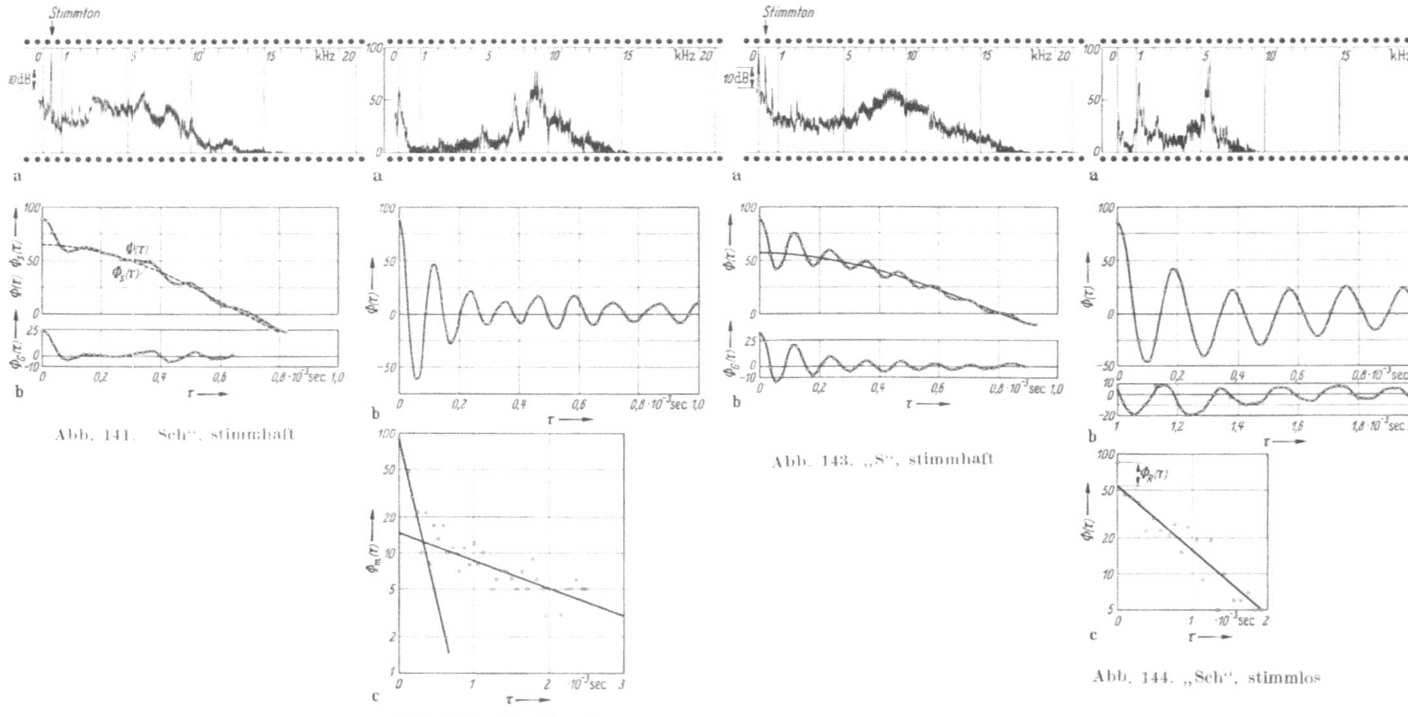

Abb. 141. „Sch", stimmhaft

Abb. 142. „S", stimmlos

Abb. 143. „S", stimmhaft

Abb. 144. „Sch", stimmlos

Autokorrelationsanalysen von Zischlauten

a Klanganalysen, b Autokorrelationskurven, c Extremwerte der Autokorrelationsfunktionen (logarithmisch) (nach M. L. EXNER)

der Lippenverschluß auseinandergesprengt und es entsteht ein explosionsartiges Geräusch, später werden dann die Stimmbänder einander genähert und beginnen zu schwingen, es formt sich dann der auf den Konsonant folgende Vokal. Bei der Gruppe der Mediae B D G sind Stimmritze und Mund zunächst geschlossen, bei der Öffnung der Stimmritze beginnen die Stimmbänder zu schwingen, der Druck im Mund erhöht sich und die vordere Enge wird dann gesprengt.

Den Schallverlauf der Explosivlaute im einzelnen kann man sehr schön mit dem Verfahren der Oktavsieboszillographie (vgl. S. 488) verfolgen[1]. Bei diesem Verfahren werden die zu untersuchenden Schall-

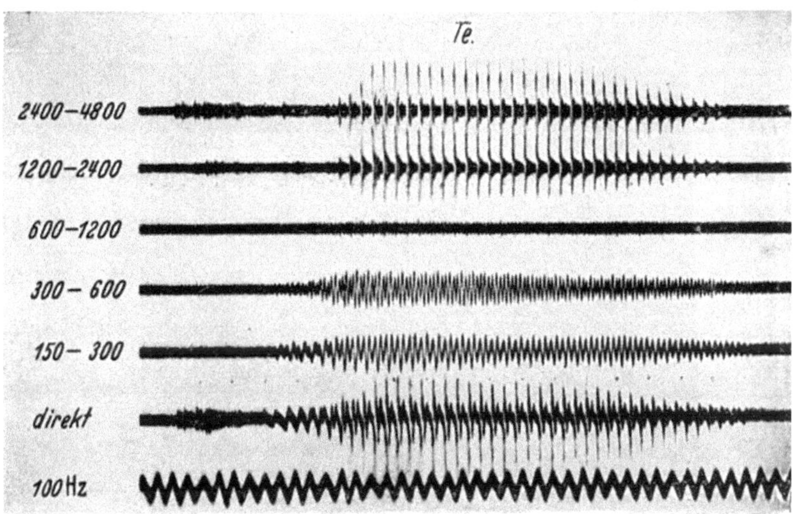

Abb. 145. Oktavsieboszillogramm der Silbe „Te"

vorgänge über einen Satz von elektrischen Filtern geleitet, die jeweils den Bereich einer Oktave durchlassen und es wird dann in einem Oszillograph der zeitliche Verlauf der in den einzelnen Oktavbereichen liegenden Komponenten aufgezeichnet. Abb. 145 läßt erkennen, daß bei der Silbe Te (aus der Gruppe der Tenues) zunächst isoliert in hohen Frequenzbereichen das Strömungsgeräusch bei Sprengung des Verschlusses der Lippen auftritt, und dann erst allmählich der Stimmklang einsetzt, während die Silbe De (Abb. 146) mit der Schwingung des Stimmbandes beginnt und dann erst später der Verschluß am Mund aufplatzt und ein

---

[1] TRENDELENBURG, F., u. E. FRANZ: Wiss. Veröff. Siemens **15**, 78 (1936). Über Explosivlaute vgl. auch P. C. DELATTRE, A. M. LIBERMAN u. F. S. COOPER: J. A. S. A. **27**, 769 (1955). — HALLE, M., G. W. HUGHES u. J. P. RADLEY: ebdt. **29**, 107 (1957). — HARRIS, K. S., H. S. HOFFMAN, A. M. LIBERMAN, P. C. DELATTRE u. F. S. COOPER: ebdt. **30**, 122 (1958). — H. S. HOFFMAN: ebdt. 1035.

kurzes Strömungsgeräusch erkennbar wird. Die objektiven, mit der Methode der Oktavsieboszillographie gemachten Feststellungen bestätigen im übrigen auf das beste die Richtigkeit der Vorstellungen, die H. v. HELMHOLTZ sich auf Grund subjektiver Beobachtung über den Mechanismus dieser Laute machte. Die verschiedenen Arten der Schallerzeugung bei den einzelnen Sprachlauten sind in der Tabelle 9 übersichtlich zusammengestellt. Auf weitere Einzelheiten der physikalischen Zusammensetzung der Laute werden wir S. 524 zurückkommen. Wir werden dort insbesondere sehen, welche Einzelheiten der zeitlichen

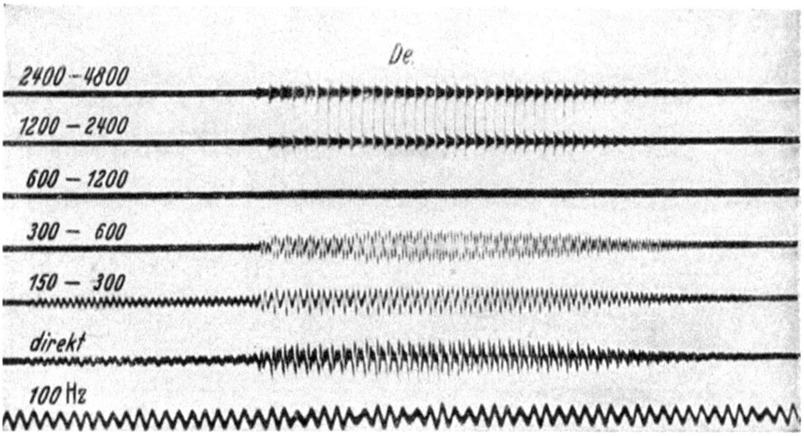

Abb. 146. Oktavsieboszillogramm der Silbe ,,De"

Änderungen der Laute, die in ihrer Gesamtheit die Sprache darstellen, man mit dem Verfahren der Oktavsieboszillographie und ähnlichen anderen Verfahren, wie z. B. ,,Visible Speech-"Verfahren[1], herausarbeiten kann. Mit dem Visible Speech-Verfahren ist man bei entsprechender Übung in der Lage, Sprache unmittelbar an Bildern, die auf einem Leuchtschirm entstehen, abzulesen. Das Verfahren und seine Leistungsfähigkeit sind auf S. 491 behandelt.

Die Aufgabe, Sprachlaute künstlich zu erzeugen, hat Erfinder und Sprachforscher seit langem beschäftigt. Bereits um 1780 gelang es

---

[1] POTTER, R. K.: Science **1945**, 462; J. A. S. A. **18**, 1 (1946). — STEINBERG, J. C., u. N. R. FRENCH: ebdt. S. 4. — RIESZ, R. R. u. L. SCHOTT: ebdt. S. 50. — KOPP, G. A., u. H. C. GREEN: ebdt. S. 74. — POTTER, R. K., G. A. KOPP u. H. C. GREEN: Visible Speech, New York 1947. — POTTER, R. K., u. G. E. PETERSON: J. A. S. A. **20**, 528 (1948). — FRENCH, N. R., u. J. C. STEINBERG: J. A. S. A. **19**, 90 (1947). — KOCK, W. E., u. R. L. MILLER: ebdt. **24**, 783 (1952). — KERSTA, L. G.: Bell Lab. Rec. **30**, 9 (1952). — PETERSON, G. E.: J. A. S. A. **26**, 406 (1954).

Tabelle 9. Einteilung der Sprachlaute nach ihrer Erzeugungsart

Bezeichnung des Lautes	Art der Schallerzeugung	Bemerkungen
Vokale U O Ao A Ae E Oe Ue I	Bei stimmhaften Vokalen: Einzige primäre Schallquelle die Stimmbänder Bei stimmlosen Vokalen: Die Stimmbänder sind außer Tätigkeit, Schallerzeugung erfolgt im wesentlichen durch Anblasen der Ansatzrohrresonanzen	
Doppellaute Au Ei Ai Eu		Beim Übergang von dem ersten Laut des Doppellautes in den zweiten Laut bleibt die Stimmbandschwingung aufrechterhalten
Konsonanten L ⎫ M ⎬ Liquidae N ⎪ R ⎭	Bei stimmhaften Konsonanten mehrere primäre Schallquellen: Stimmbänder, Anblasen von Ansatzrohrresonanzen, Geräuschbildung an den Einengungsstellen des Luftstromes. Bei stimmlosen Konsonanten bleiben die Stimmbänder außer Tätigkeit	Bei dem „Zitterlaut" R findet eine Amplitudenmodulation des von den Stimmbändern herrührenden Schalls durch die mechanischen Schwingungen der Zunge beim R uvulare bzw. des Zäpfchens beim R alveolare statt
Sch ⎫ Reibe- F ⎬ laute S ⎭ (Zischlaute)	Geräuschbildung an Einengungsstellen des Luftstromes	Art der Einengung: bei S Zungenspitze nahe Schneidezähne, Zähne sehr eng aufeinander, bei F Oberzähne auf Unterlippe. Bei Beigabe des Stimmbandklanges geht das F in W über, Zähne gegen Zunge; dicht hinter der Zunge größerer Luftraum, der vom Luftstrom durchflossen wird
H	Im wesentlichen nur Strömungsgeräusch in Stimmritze	
Explosivlaute P ⎫ T ⎬ Tenues K ⎭	Plötzliche Freigabe der Luftströmung	Zuerst Konsonantgeräusch bei plötzlicher Öffnung der vorderen Einengung, dann Einschwingen der Stimmbänder
B ⎫ D ⎬ Mediae G ⎭		Zuerst Einsetzen der Stimmbandschwingung, dann Konsonantgeräusch bei Freigabe der vorderen Einengung

Das S geht in das Th (der englischen Sprache) über, wenn die Zunge eng gegen die Oberzähne gelegt wird.

W. v. KEMPELEN[1] ein Gerät zu konstruieren, welches mit Recht als
„Sprechmaschine" bezeichnet werden kann. Die Spracherzeugung erfolgt in diesem Gerät — ähnlich wie im menschlichen Sprechorgan —
durch Zungenpfeifen mit angekoppelten Resonatoren. Eine ähnliche
Sprechmaschine baute auch CH. WHEATSTONE[2]. H. v. HELMHOLTZ[3]
synthetisierte Vokalklänge mit einem Satz von Stimmgabeln, D. C. MIL-
LER[4] und C. STUMPF[5] benutzten hierzu Systeme von Pfeifen. Die mit
den modernen Methoden der Klanganalyse gewonnene genaue Kenntnis der Zusammensetzung und des Ablaufs der Sprachklänge und die
Heranziehung elektronischer Verfahren zur Klangerzeugung hat es ermöglicht, Apparaturen zur künstlichen Spracherzeugung zu bauen, die
eine sehr hohe Güte erreichen. H. DUDLEY, R. R. RIESZ und S. S. A.
WATKINS[6] schufen den „Voice Demonstration Operator". Dies kurz
„Voder" genannte Gerät besitzt zur Erzeugung der Vokale und der Konsonanten elektrische Mechanismen, die in ihrer grundsätzlichen Wirkungsweise ganz den mechanischen Mechanismen entsprechen, die wir
am menschlichen Sprachorgan kennenlernten. Die Tatsache, daß es
mit dem Voder gelingt, hochwertige Sprache im kontinuierlichen Fluß
zu erzeugen, ist ein Beweis der Richtigkeit der Anschauungen, die wir
über die Sprache gewonnen haben.

Abb. 147 zeigt das Schema der Voder-Apparatur. Für die stimmhaften Vokale erfolgt die Schallerzeugung primär durch eine oberton-
reiche Kippschwingung, welche auf einen Satz von 10 Filtern arbeitet.
Die Filter können durch eine Tastatur wahlweise geschaltet werden,
so daß am Ausgang des Filtersatzes ein Klang verfügbar wird, dessen
Zusammensetzung der Formantverteilung des gewünschten Vokales

---

[1] v. KEMPELEN, W.: Mechanismus der menschlichen Sprache nebst der Beschreibung seiner sprechenden Maschine (1791). — DUDLEY, H., u. T. H. TARNOCZY:
J. A. S. A. **22**, 151 (1950).

[2] WHEATSTONE, CH.: London and Westminster Rev. **28** (1837).

[3] v. HELMHOLTZ, H.: Lehre von der Tonempfindung, S. 184, Braunschweig
(1863).

[4] MILLER, D. C.: Science of Musical Sounds, New York (1926).

[5] STUMPF, C.: Die Lehre von den Sprachlauten. Berlin (1927).

[6] DUDLEY, H., R. R. RIESZ u. S. S. A. WATKINS: J. Frankl. Inst. **227**, 739
(1939). — SCHOTT, L. O.,: Bell Lab. Rec. **28**, 549 (1950). — BARNEY, H. L., u.
K. DUNN: Manual of Phonetics, 203ff. (Amsterdam 1957). — Zur Frage der elek-
trischen Erzeugung von Sprachlauten vgl. weiterhin K. W. WAGNER: Ber. Berl.
Acad. Wiss. Abt. 2 (1936). — DUNN, H. K.: J. A. S. A. **22**, 740 (1950). — WINCKEL,
F.: Z. Phonetik **4**, 144 (1950); E. T. Z. (A) **73**, 708 (1952). — STEVENS, K. N., u.
S. KASOWSKI u. C. G. W. FANT: J. A. S. A. **25**, 734 (1953). — MEYER-EPPLER, W.:
Z. VDI **96**, 293 (1954). — WEIBEL, E. S.: J. A. S. A. **27**, 858 (1955). — HOWARD,
C. R.: ebdt. **28**, 1091 (1956). — FLANAGAN, J. L.: ebdt. **29**, 306 (1957). — ROSEN, G.:
ebdt. **30**, 201 (1958). — PETERSON, G. E., W. S.-Y. WANG u. E. SIVERTSEN: ebdt.
739. — WANG, W. S.-Y., u. G. E. PETERSON: ebdt. 743.

entspricht. Zur Erzeugung der Konsonanten dient primär ein Geräusch, das gleichmäßig im gesamten Spektrum verteilt ist (Röhrenrauschen). Durch den Filtersatz werden dem „weißen Rauschen" die für die verschiedenen Konsonanten charakteristischen Frequenzbereiche entnommen. Durch Umlegen eines Schalters kann je nach Wunsch die harmonisch aufgebaute Kippschwingung oder das Geräusch an das Filter angelegt werden. Die Tonhöhe der Kippschwingung kann durch eine besondere Einstellung kontinuierlich geändert werden. Eine besondere Taste dient zur Auslösung der Explosivlaute t d, p b, k-g.

Bemerkt sei noch, daß es mit einem dem Voder ähnlichen Apparat — dem „Vocoder" auch möglich ist, Sprache verschlüsselt in die Ferne

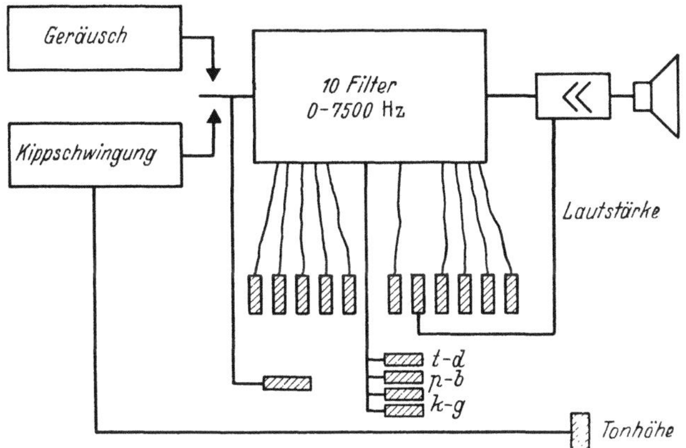

Abb. 147. Apparat zur künstlichen Spracherzeugung („Voder", nach H. DUDLEY, R. R. RIESZ u. S. S. A. WATKINS)

zu übertragen[1]. Man analysiert die Sprache laufend mit einem Satz von Filtern und überträgt die Momentanwerte der Intensität in den verschiedenen Filtern und die Tonhöhe des Grundtons sowie etwa sonst noch benötigte Werte durch Steuerimpulse zum Steuermechanismus eines am Wiedergabeort stehenden „Voders". Die Übertragungsgüte des Gerätes ist sehr gut, es ist subjektiv kaum möglich, die vom Aufnahmemikrophon in das Analysiergerät primär hineingegebene Sprache von der

---

[1] DUDLEY, H.: J. A. S. A. **11**, 169 (1939); Proc. Inst. Radio Engrs. **28**, 1 (1940). Vgl. auch W. MEYER-EPPLER: Z. VDI **94**, 13 (1954). — DUDLEY, H.: J. A. S. A. **30**, 733 (1958). — LIBERMAN, A. M., F. INGEMAN, L. LISKER, P. DELATTRE u. F. S. COOPER: J. A. S. A. **31**, 1490 (1959). — DAVID, E. E., jr., M. V. MATHEWS u. H. S. MCDONALD: Proc. 3. I. C. A. Congr. Stuttgart (1959). — DAVID, E. E., jr., M. V. MATHEWS u. V. A. VYSSOTSKY: ebdt. — FLANAGAN, J. L.: ebdt. — GILL, J. S.: ebdt. — OTTEN, K. W.: ebdt. — SCHROEDER, M. R.: ebdt. — STEVENS, K. N., C. G. BELL, J. M. HEINZ u. G. ROSEN: ebdt. — STEVENS, K. N.: J. A. S. A. **32**, 47 (1960).

vom Voder am Wiedergabeort produzierten Sprache zu unterscheiden. Die bei der verschlüsselten Übertragung erreichte Silbenverständlichkeit beträgt etwa 90%, die Satzverständlichkeit 99%[1]. Zur Übertragung der Steuerimpulse vom Vocoder zum Voder reicht eine Bandbreite von 300 Hz aus, während für eine unmittelbare telefonische Übermittlung bei gleicher Güte eine Bandbreite von 3000 Hz erforderlich ist[1].

Mit den Hilfsmitteln der Elektronik kann auch der Aufgabe näher getreten werden, das gesprochene Wort in Zeichen zu verwandeln. K. H. DAVIS, R. BIDDULPH und S. BALASHEK[2] entwickelten ein Verfahren, um die in ein Mikrophon gesprochenen Zahlen 1—10 auf einem Zahlentableau aufleuchten zu lassen. Zur Diskriminierung der verschiedenen gesprochenen Zahlen wird im wesentlichen das unterschiedliche Intensitätsverhältnis der tiefen und hohen Formanten der einzelnen Laute verwendet. Die Sicherheit der Anzeige liegt bei etwa 97—99%.

Der von J. DREIFUS-GRAF[3] entwickelte „Sonograph" ermöglicht die oszillographische Niederschrift des gesprochenen Wortes, in einer Schriftart, die äußerlich ein wenig an Stenographie erinnert. Das Gerät besitzt 6 (auf 200, 500, 1000, 1500, 2000 und 3000 Hz) abgestimmte Filter, die zusammen auf den Schreibstift eines vektoriell arbeitenden Tintenschreibers wirken. Jeder Sprachlaut erzeugt auf diese Weise — je nach der Frequenzlage seiner Formanten — eine ganz bestimmte charakteristische Schwingungsfigur. Aus der fortlaufenden Niederschrift des Tintenschreibers läßt sich dann das gesprochene Wort bei entsprechender Übung erkennen.

---

[1] HALSEY, R. J., u. J. SWAFFIELD: J. Inst. Electr. Eng. **95**, 391 (1948). — Über andere Geräte zur Sprachübertragung mit verminderter Bandbreite vgl. B. P. BOGERT: J. A. S. A. **28**, 399 (1956). — FLANAGAN, J. L., u. A. S. HOUSE: ebdt. 1099. — VILBIG, F., u. K. H. HAASE: ebdt. 573. — CHANG, S. H.: ebdt. 565. — FUJIMURA: ebdt. **30**, 56 (1958). — Zur Frage des Informationsgehalts der Sprache und der Verständlichkeit synthetisierter Sprache vgl. noch COOPER, F. S., P. C. DELATTRE, A. LIBERMAN, J. M. BORST u. L. J. GERSTMAN: J. A. S. A. **24**, 597 (1952). — PETERSON, G. E.: ebdt. 629. — JACOBSEN, H.: ebdt. **23**, 463 (1951). — MILLER, R. L.: ebdt. **25**, 114 (1953). — HARRIS, C. M.: ebdt. 962, 970. — KALLENBACH, W.: Phys. Bl. **10**, 486 (1954). — FLANAGAN, J. L.: J. A. S. A. **28**, 592 (1956). — WARUS, O.: Frequenz **11**, 169 (1957). — LADEFOGED, P., u. D. E. BROADBENT: ebdt. **29**, 98 (1957). — ENDRES, W.: Nachr. Techn. Z. **10**, 74 (1957).

[2] DAVIS, K., R. BIDDULPH u. S. BALASHEK: J. A. S. A. **24**, 637 (1952). — DUDLEY, H., u. S. BALASHEK: ebdt. **30**, 721 (1958).

[3] DREIFUS-GRAF, J.: J. A. S. A. **22**, 731 (1950). — Bulletin Technique P. T. T. Nr. 3 (1950); Nr. 12 (1952); Folia Phoniatrica **5**, 223 (1953). — Techn. Mitt. P. T. T. **35**, 41 (1957).— Vgl. zu diesen Fragen auch J. WIREN u. H. L. STUBBS: J. A. S. A. **28**, 1082 (1956). — OLSON, H. F., u. H. BELAR: ebdt. 1072. — CHAO, Y. R.: ebdt. 1107. — INOMATA, S.: Proc. 3. I. C. A. Congr. Stuttgart (1959).

19. Elektrische Schallsender

Die elektrischen Schallsender teilt man nach der Art ihres Antriebes in elektromagnetische, magnetostriktive, elektrodynamische, elektrostatische und piezoelektrische Sender ein[1].

Das elektromagnetische Prinzip findet in der Fernsprechtechnik eine außerordentlich große Verwendung[2]. Die elektromagnetische Telephonie wurde von ALEXANDER GRAHAM BELL erfunden[3]. Es ist historisch interessant, daß etwa zwei Stunden, nachdem die Anmeldung BELLS beim amerikanischen Patentamt eingelaufen war, eine Anmeldung eines anderen Erfinders, ELISHA GRAY, eingereicht wurde, in welcher gleichfalls ein elektromagnetischer Fernhörer beschrieben wurde[4]. Während nun BELL aus seiner Erfindung den größten Nutzen ziehen konnte, brachte GRAY's Erfindung keinen großen Gewinn. Ausdrücklich bemerkt sei noch, daß BELL nicht etwa der Erfinder der elektrischen Telephonie schlechthin ist, lange vor ihm hatte der deutsche Lehrer PHILIPP REIS[5] ein Verfahren zur Telephonie entwickelt. REIS verwendete als Empfänger eine mit einem Kontakt versehene Membran, als Schallgeber benutzte er einen magnetostriktiven Schallsender. PHILIPP REIS blieb tragischerweise jeder wirtschaftliche Nutzen aus seiner Erfindung versagt. Er hatte diese in einer Zeit getätigt, welche für das große technische Geschenk der Telephonie noch nicht reif war.

---

[1] Zur Theorie der elektroakustischen Wandler, insbesondere ihrer Kraftgesetze vgl. H. HECHT: Die akustischen Wandler, Leipzig, 1. Auflage 1941, 4. Auflage 1957. — JOHN, U.: A. E. Ü. **4**, 139 (1950). — BAUER, B. B.: J. A. S. A. **23**, 680 (1951). — FISCHER, F. A.: A. E. Ü. **7**, 569 (1953); Acustica **3**, 441 (1953). — MAWARDI, O. K.: J. A. S. A. **26**, 1 (1954). — FELDTKELLER, R., u. W. NONNENMACHER: A. E. Ü. **8**, 191 (1954). — SPANDÖCK, F.: E. T. Z. **76**, 598 (1955). — REICHARDT, W., u. A. LENK: Acustica **5**, 1 (1955). — LENK, A.: ebdt. **6**, 303 (1956). — DIESTEL, H. G.: ebdt. 357. — FISCHER, F. A.: ebdt. 421. Phys. in Einzelberichten 1957, 19. — BIERL, R.: Nachr. Techn. Z. **10**, 160 (1957). — KACPROWSKI, J.: Acustica 8, 379 (1958). — LENK, A.: ebdt. 159. — FISCHER, F. A.: ebdt. **9**, 215 (1959). Vgl. auch Ziff. 26, S. 380.

[2] 1956 waren auf der Erde etwa 100 Millionen mit elektromagnetischen Fernhörern ausgerüstete Fernsprechstellen vorhanden.

[3] BELL, A. G.: Amerikanisches Patent 174465, angemeldet 14. II. 1876.

[4] Vgl. hierzu A. ROTTH: Das Telephon und sein Werden. Berlin 1927. Nach anderen Quellen soll E. GRAY seine Erfindung zwei Stunden früher als A. G. BELL eingereicht haben. Vgl. H. HEIDEN: Rund um den Fernsprecher. Berlin 1937. — HOWE, G. W. O.: Nature Lond. **159**, 455 (1947). — REINLÄNDER, C.: Die Entstehung des Telephons. Diss. TH München (1960).

[5] PH. REIS gab am 26. X. 1861 in einem Vortrag vor dem Physikalischen Verein zu Frankfurt am Main den ersten öffentlichen Bericht über sein Telephon. — In Deutschland wurde der Fernsprecher am 12. XI. 1877 in den Dienst der Nachrichtentechnik gestellt, er wurde verwendet zum Durchsprechen von Telegrammen zwischen den Postämtern Friedrichsberg b. Berlin und Rummelsburg.

Abb. 148 zeigt (schematisch) einen Schnitt durch einen elektromagnetischen Fernhörer. Der Sprechstrom durchfließt eine Spule und ändert so die Stärke eines von einem Permanentmagneten erzeugten Magnetfeldes und damit die Stärke der auf die Eisenmembran wirkenden Kraft; die Membran führt dann also im Takt des Sprechstroms erzwungene Schwingungen aus. Die Membran ist am Rand eingespannt; sie besitzt (vgl. S. 87) neben der tiefsten Eigenschwingung, bei der sie als Ganzes schwingt, eine Reihe unharmonischer Oberschwingungen, bei denen sie durch Knotenlinien unterteilt arbeitet.

Die Steifigkeit der Membran muß groß sein, wenn verhindert werden soll, daß die Membran am Magneten anliegt. Der verhältnis-

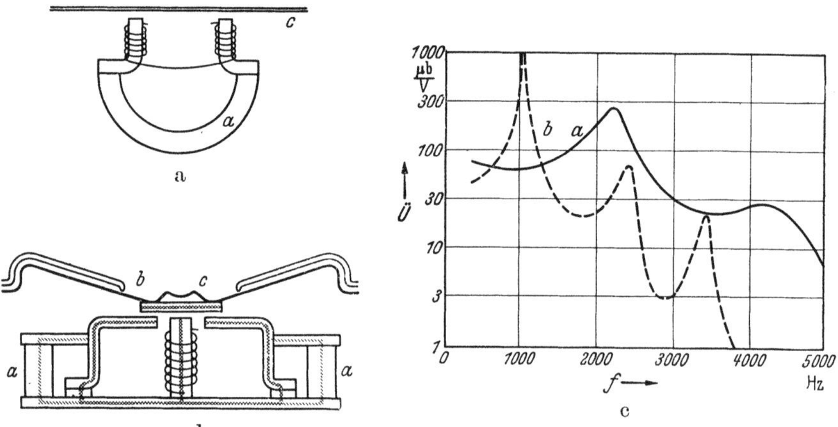

Abb. 148. Elektromagnetisches Telefon (a ältere Bauart, b neuere Bauart, schematisch, c Frequenzkurven eines älteren und eines neueren Telefons, nach H. PANZERBIETER)

mäßig große Wert der Steifigkeit bedingt eine verhältnismäßig hohe Lage der tiefsten Eigenschwingung; es ist nicht möglich, die tiefste Eigenschwingung unterhalb des für die Sprachübertragung wichtigen Frequenzbereichs zu legen. Andererseits ist es aber auch aus Empfindlichkeitsgründen nicht möglich, die tiefste Eigenschwingung über den Frequenzbereich der Sprache hinauszuheben. Trotzdem es vom Standpunkt der klanggetreuen Schallübertragung sehr wünschenswert wäre, Eigenschwingungen im Übertragungsbereich zu vermeiden, muß man praktisch stets Resonanzstellen im Übertragungsbereich zulassen. Sorgt man aber dafür, daß die Eigenschwingungen der Membran genügend gedämpft sind, so bekommt man eine Übertragung, die für gute Sprachverständlichkeit voll ausreicht. Abb. 148c zeigt die Frequenzkurven von elektromagnetischen Fernhörern, und zwar ist b die Frequenzkurve eines Telephons älterer Bauart, a diejenige eines neueren Fernhörers mit besonders guter Dämpfung[1].

Will man von einer elektromagnetisch angetriebenen Membran aus größere Leistungen ins freie Schallfeld abstrahlen, so muß man die Membran mit einem Trichter versehen, um so ihre Strahlungsresistanz zu vergrößern (vgl. S. 145). Elektromagnetisch angetriebene Membranlautsprecher sind in den Anfängen der Radiotechnik vielfach gebraucht worden. Die Klanggüte derartiger Lautsprecher läßt aber sehr zu wünschen übrig, und zwar einerseits wegen der im Übertragungsgebiet liegenden Resonanzstellen, andererseits — und dies ist praktisch besonders wichtig — wegen des hohen Klirrfaktors, welchen das gewöhnliche, unsymmetrisch gebaute, elektromagnetische Telephon besitzt. Die unsymmetrische Bauart bedingt, daß die Kraft zwischen Magnet und Membran stark wächst, wenn die Membran sich dem Magneten nähert; es treten also nichtlineare Effekte ein (vgl. S. 38). Nach Messungen von E. MEYER[2] besaß ein elektromagnetisch angetriebener Trichterlautsprecher bei 200 Hz einen Klirrfaktor von 120%, bei 250 Hz von 60%, 400 Hz 10%, 700 Hz 2% und 1000 Hz 0,5%. Da einem Klirrfaktor von 5% bereits deutlich hörbare, nichtlineare Verzerrungen entsprechen, klingen derartige Lautsprecher schlecht. Bei symmetrisch arbeitenden elektromagnetischen Antriebsanordnungen liegen die Dinge etwas günstiger[3]. Aber auch derartige Systeme erreichen nicht die Klanggüte der weiter unten behandelten elektrodynamischen.

Bei den Magnetostriktionssendern wird die bei der Magnetisierung ferromagnetischer Stäbe auftretende Längenänderung[4] zur Schallerzeugung benutzt. Die Längenänderungen sind vom Vorzeichen des Magnetfeldes unabhängig. Sie sind verhältnismäßig klein; die relative Längenänderung erreicht maximal die Größenordnung 10^{-5}. Die Län-

---

[1] Nach H. PANZERBIETER: Europ. Fernsprechdienst **1938**, 106. — ETZ **59**, 550 (1938). — Über Fernsprechhörer vgl. auch ROBERTSON, J. S. P.: Elektr. Nachr. W. **17**, 118 (1939). — BARDUCCI, J.: Energia **1**, 30 (1946). — FAY, R. D.: J. A. S. A. **15**, 32 (1943). — GÜTTNER, W.: Z. angew. Phys. **2**, 76 (1950) (betr. elektromagnetische Kleinhörer für Hörhilfen). — GOSEWINKEL, M., u. H. KOSCHEL: F. T. Z. **6**, 80 (1953). — GOSEWINKEL, M.: Messung der Übertragungseigenschaften von Telephonen, Mikrophonen und Fernsprechern, Karlsruhe 1953. — KARMANN, R., u. HOFFMANN, H.: Siemens-Z. **33**, 154 (1959) (betr. Ringankerhörer, mit ausf. Lit.-Ang.). — Hingewiesen sei hier noch auf eine Impulsschallquelle zur Erzeugung von Druckstößen: EISENMENGER, W.: Proc. 3. I. C. A. Congr. Stuttgart (1959).

[2] MEYER, E.: E. N. T. **4**, 509 (1927).

[3] Über die verschiedenen Antriebsmöglichkeiten elektromagnetischer Lautsprecher vgl. W. SCHOTTKY: Beitrag „Elektroakustik" zu dem Sammelwerk Physikalische Grundlagen des Rundfunkempfangs, hrsg. von K. W. WAGNER, Berlin 1927, S. 60. — STENZEL, H.: Beitrag „Lautsprecher" zum Hdb. d. Exp. Phys. **17**/2 Leipzig 1934.

[4] Der Magnetostriktionseffekt wurde von J. P. JOULE entdeckt [Philos. Mag. (3), **30**, 76 (1847)]. Er wurde zur Luftschallerzeugung zuerst von PHILIPP REIS benutzt.

13*

genänderungen können je nach Art des Materials, der Vorbehandlung, der Vormagnetisierung usw. in einer Verlängerung oder auch in einer Verkürzung bestehen. Neben Nickel- und Nickeleisenlegierungen werden insbesondere auch Nickel-Kupfer- und auch Eisen-Kobaltlegierungen verwendet. Magnetostriktive Sender werden im Gebiet des Hörschalls nicht mehr benutzt; zur Erzeugung von Ultraschall, und zwar insbesondere zur Erzeugung von Ultraschall in Flüssigkeiten, finden sie aber vielfache Anwendung. Bei Flüssigkeitsschall liegen die Dinge wegen der großen Schall-Kennimpedanz der Flüssigkeiten wesentlich anders als in Luft, es beträgt ja beispielsweise die Schallkennimpedanz des Wassers etwa $1{,}5 \times 10^6$ kg m^{-2} s^{-1} gegen 428 kg m^{-2} s^{-1} der Luft[1]. Während zur Abstrahlung einer vorgegebenen Leistung in Luft verhältnismäßig große Amplituden der strahlenden Fläche, aber nur verhältnismäßig kleine Kräfte erforderlich sind, benötigt man zur Abstrahlung der gleichen Leistung in eine Flüssigkeit verhältnismäßig kleine Amplituden der strahlenden Fläche, dafür aber dann große Kräfte. Für diese Bedingungen ergibt der magnetostriktive Antrieb günstige Ergebnisse.

---

[1] Die besondere Eignung des Magnetostriktionsprinzips zur Erzeugung von Schall in Flüssigkeiten wurde zuerst von H. GERDIEN erkannt (D. R. P. 449982 v. 19. 1. 1927). (Der betreffende Patentanspruch lautet: „Unterwasserschallsender gekennzeichnet durch die Ausnutzung der Magnetostriktion zur Erzeugung mechanischer Schwingungen.") — Über Magnetostriktionssender vgl. weiter G. W. PIERCE: Proc. Amer. Acad. Boston 63, 1 (1928). — Proc. Inst. Radio Engrs., N. Y. 17, 42 (1929). — GIEBE, E., u. F. BLECHSCHMIDT: Ann. Physik (5), 18, 417, 458 (1933). — KUNZE, W.: Z. VDI 77, 1265 (1933). — BRANDT, O., u. H. FREUND: Z. Phys. 92, 385 (1934). — PIERCE, G. W., u. A. NOYES: J. Acoust. Soc. Amer. 9, 185, 205 (1938). — MEYER, E., u. G. BUCHMANN: Akust. Z. 3, 132 (1938). — BERGMANN, L.: Der Ultraschall, S. 5ff. Berlin 1937. — METSCHL, E. C.: ETZ 60, 33 (1939). — SALISBURY, W. W., u. C. W. PORTER: Rev. Scient. Instr. 10, 142 (1939). — THIEDE, H.: A. Z. 8, 20 (1943) (Magnetostriktionssender mit Schwinger aus keramischem Material gekoppelt). — CAMP, L.: J. A. S. A. 20, 289 (1948) (Beschreibung eines ringförmigen Senders mit genau kreissymmetrischer Abstrahlung im Frequenzbereich 20—27 kHz). — CAMP, L., R. VINCENT u. F. DU BREUIL: J. A. S. A. 20, 611 (1948), (Sender für 85—107 kHz). — CAMP, L.: J. A. S. A. 20, 617 (1948). — BUNDY, F. B.: J. A. S. A. 20, 297 (1948). — CAMP, L., u. F. D. WERTZ: J. A. S. A. 21, 382 (1949). — LESLIE, F. M.: J. A. S. A. 22, 418 (1950). — SUSSMAN, H., u. S. L. EHRLICH: ebdt. 499. — TAKESADA, Y.: J. Phys. Soc. Jap. 5, 197 (1950). — RUST, H. H.: Z. angew. Phys. 2, 487 (1950). — THIEDE, H.: Funk und Ton 5, 32 (1951). — SCHÖNFELD, H., u. J. SIXTUS: Frequenz 5, 331 (1951). — RUST, H. H., u. E. BAILITIS: Acustica 2, 132 (1952). — Akust. Beih. Nr. 2, 98 (1952). — PIGOTT, M. T., u. P. M. KENDIG: J. A. S. A. 26, 974 (1954). — NODVEDT, H.: Acustica 4, 500 (1954). — JORSBOE, H.: ebdt. 5, 219 (1955). — GIANOLA, U. F.: J. Appl. Phys. 26, 1152 (1955). — DAVIS, C. M., u. S. F. FEREBEE: J. A. S. A. 28, 286 (1956). — HOOVER, R. M.: ebdt. 291. — PIGOTT, M. T.: ebdt. 343. — WHYMARK, R. R.: Acustica 6, 277 (1956). — SUWALSKI, R.: Pol. Acad. Sci. Warschau 1957, S. 87. — DAVIS, C. M., H. H. HELMS u. S. F. FEREBEE: J. A. S. A. 29, 431 (1957). — HASKINS, J. F., u. J. L. WALSH: ebdt. 729. — LAMPORT, H.. u. H. H. ZINSSRR: J. A. S. A. 31, 435 (1959).

Zur Vermeidung von Wirbelstromverlusten baut man die Magnetostriktionsschwinger aus geschichteten dünnen Blechen auf. Abb. 149 zeigt schematisch einen derartigen Schwinger. Bei einem Nickelschwinger von 10 cm Höhe liegt die Grundschwingung bei etwa 20 kHz. Abb. 150 zeigt nach einer Untersuchung von G. STEINKAMP[1] die Schnitte von Nickelblechen für Schwinger von den Frequenzen 80, 133, 174, 230 und 500 kHz. Für noch höhere Frequenzgebiete sind Magnetostriktionssender nicht geeignet; man muß dort piezoelektrische Sender benutzen (S. 206).

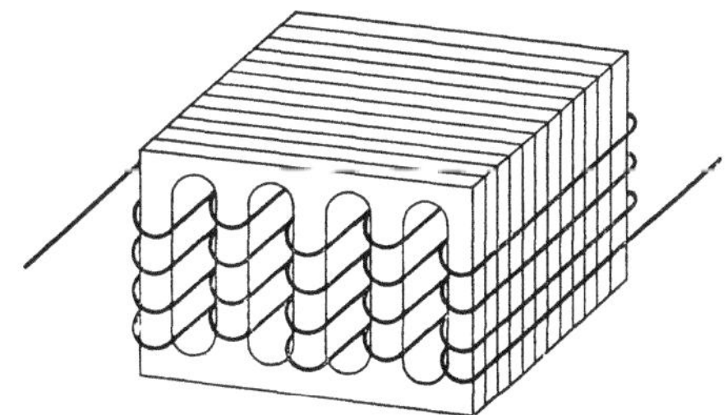

Abb. 149. Magnetostriktionsschwinger

Die bisher behandelten Sender sind aus Blechen zusammengebaut. Neuerdings verwendet man auch Ferritkerne[2]. Sinterkörper aus Ferrit können in den verschiedensten Formen leicht hergestellt werden. Das Material besitzt einen sehr hohen spezifischen Widerstand, so daß die Wirbelstromverluste sehr klein sind. Es lassen sich elektroakustische Wirkungsgrade von mehr als 90% erreichen. Neben dem Effekt der Längsmagnetostriktion kann nach einem Vorschlag von H. H. RUST[3] auch der

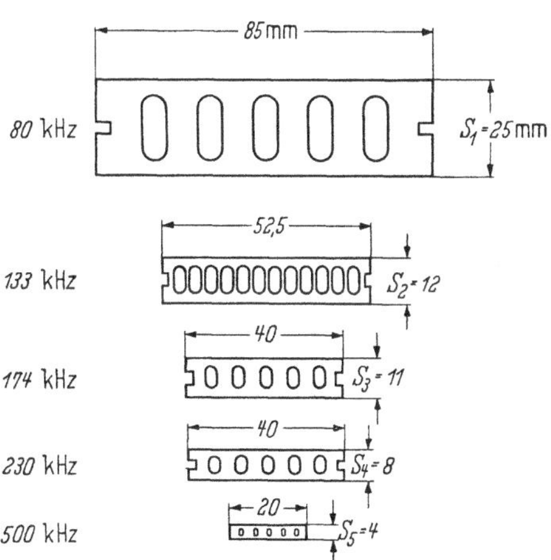

Abb. 150. Bleche für Magnetostriktionsschwinger für fünf verschiedene Frequenzen (Maße in mm nach G. STEINKAMP)

---

[1] STEINKAMP, G.: Acustica **3**, 399 (1953).

[2] Vgl. SIXTUS, K.: Frequenz **5**, 535 (1951). — VAN DER BURGT, C. N.: Philipps Res. Repts. **8**, 91 (1953). — VAN ROBERTS, W. B.: R. C. A. Review **14**, 3 (1953). — ENZ, U.: Techn. Mitt. P. T. T. **33**, 209 (1955). — GOLJAMINA, I. P.: Akust. Ztchr. (USSR) **2**, 225 (1956). — ENZ, U.: Erzeugung von Ultraschall mit Ferriten. Diss. ETH Zürich (1955). — KIKUCHI, Y.: J. A. S. A. **29**, 569 (1957). — FEREBEE, S. F., u. C. M. DAVIS: J. A. S. A. **30**, 747 (1958). — GOLJAMINA, I.: Proc. 3. I. C. A. Congr. Stuttgart (1959). — HENKEL, O.: ebdt.

[3] RUST, H. H.: Z. angew. Phys. **3**, 9 (1951). — RUST, H. H., u. P. PILZ: ebdt. 379. — Erwähnt sei hier noch kurz, daß auch der Elektrostriktionseffekt zur Schallerzeugung benutzt werden kann. Vgl. hierzu H. FALKENHAGEN: Z. angew. Phys. **1**, 304 (1949). — RUST, H. H.: ebdt. **2**, 293 (1950). — GOETZ, H.: Z. Phys. **141**, 277 (1955).

(allerdings sehr viel kleinere) Volumenmagnetostriktionseffekt zur Schallerzeugung herangezogen werden, beispielsweise in der Art, daß man
Karbonyleisenpulver in eine isolierende Flüssigkeit einbringt und durch
Magnetfeld erregt. Derartige Sender sind frei von Eigenschwingungen
und können auch bei sehr hohen Frequenzen verwendet werden.

Mit technischen Magnetostriktionssendern genügend großer Leistung
läßt sich in Flüssigkeiten leicht „Kavitation" erzeugen. Bei entsprechend
starker Zugspannung zerreißt die Flüssigkeit; es bilden sich gasgefüllte
Hohlräume, die beim Aufhören der Zugspannung in der entgegengesetzten Schwingungsphase schlagartig zusammenschlagen. Die beim
Zusammenschlag auftretenden Kräfte wurden bereits von LORD
RAYLEIGH[1] berechnet. Das Auftreten des Kavitationseffektes macht
sich akustisch als ein Geräusch mit sehr breitem Frequenzspektrum
bemerkbar[2]. Die Kavitationsbildung kann zur Herstellung von Emulsionen[3] und zur Oberflächenreinigung[4] ausgenutzt werden.

Das *elektrodynamische* Prinzip ist für die Zwecke der klanggetreuen
Schallübertragung von größter Bedeutung geworden, eine Bedeutung,
die wohl in allererster Linie darin liegt, daß die elektrodynamische Antriebsart an sich frei von nichtlinearen Effekten ist. Die Wechselwirkung
zwischen einem in einem konstanten Magnetfeld liegenden stromdurchflossenen Leiter und dem Magnetfeld sowie die aus dieser Wechselwirkung resultierende Kraft auf eine mit dem Leiter verbundene

---

[1] LORD RAYLEIGH: Phil. Mag. (6) **34**, 94 (1917).

[2] LANGE, TH.: Acustica **2**, (A. B.) 75 (1952). — ESCHE, R.: ebdt. (A. B.) 208. —
MELLEN, R. H.: J. A. S. A. **26**, 356 (1954). — GAERTNER, W.: ebdt. 977. — BOHN, L.:
Acustica **7**, 201 (1957). — Über Kavitation vgl. insbesondere noch P. WENK u.
U. MÜNDEL: Siemens-Ztsch. **25**, 91 (1951). — WILLARD, G. W.: J. A. S. A. **25**,
669 (1953). — GALLOWAY, W. J.: ebdt. **26**, 849 (1954). — CONNOLLY, W., u. F. E.
FOX: ebdt. 843. — GÜTH, W.: Acustica **5**, 192 (1955). — ELLIS, A. T.: J. A. S. A.
27, 913 (1955). — STRASBERG, M.: ebdt. **28**, 20 (1956). — GÜTH, W.: Acustica **6**,
526 (1956). — ROY, N. A.: Akust. Z. (USSR) **3**, 3 (1957). — MEYER, E.: J. A. S. A.
29, 4 (1957). — MUNDRY, E., u. W. GÜTH: Acustica **7**, 241 (1957) (Funkenkinematographische Untersuchung der Kavitationsblasenschwingungen). — MOHR, M.:
ebdt. 267. — NAAKE, H. J., TAMM, K., DÄMMIG, P., u. H. W. HELBERG: ebdt. **8**,
193 (1958). — KURTZE, G.: Nachr. Akad. Wiss. Göttingen **1958**, S. 1. — STRASBERG,
M.: J. A. S. A. **31**, 163 (1959). — MEYER, E., u. H. KUTTRUFF: Z. angew. Phys.
11, 325 (1959). — SCHMID, J.: Acustica **9**, 321 (1959). — GÜTH, W.: Proc. 3. I. C. A.
Congr. Stuttgart (1959). — HEIM, E.: ebdt. — MEYER, E., u. H. KUTTRUFF: ebdt.
— SANEYOSHI, J.: ebdt. — SETTE, D.: ebdt.

[3] Über Magnetostriktionssender für Emulgierungszwecke auch G. HERTZ u.
R. WIESSNER: DRP. 712216, 716231 (1939). — THIEDE, H.: A. Z. **8**, 20 (1943)
(Magnetostriktionssender mit Schwinger aus keramischem Material gekoppelt).
Zur Emulsionsbildung wurden auch Ultraschallpfeifen — und zwar mit besonders
guter Wirtschaftlichkeit — benutzt. [JANOVSKY, W., u. R. POHLMAN: Z. angew.
Phys. **1**, 222 (1948).] Über die Anwendungen des Ultraschalls in der Technik vgl.
insbesondere L. BERGMANN: Der Ultraschall, 6. Auflage, Stuttgart 1954, S. 667ff.

[4] Vgl. hierzu J. OLAF: Acustica **7**, 253 (1957).

Membran ist — solange man im homogenen Teil des Magnetfeldes bleibt (und dies läßt sich durch richtige Dimensionierung der Polschuhe leicht erreichen) — unabhängig von der jeweiligen Lage des Leiters im Feld. Weiterhin ist es bei dem elektrodynamischen Antrieb sehr vorteilhaft, daß im Ruhezustand keinerlei einseitig gerichtete Kräfte auf die Membran ausgeübt werden, man benötigt also keine größere Steifigkeit, um die Membran in ihrer Ruhelage zu halten. Das elektrodynamische Prinzip liefert die verschiedensten Möglichkeiten zum gleichmäßigen Antrieb sehr großer und leichter Flächen, so daß man mit elektrodynamischen Systemen auch ohne Anbau von Trichtern sehr große Leistungen abstrahlen kann.

Das erste elektrodynamische Telephon wurde von WERNER VON SIEMENS[1] gebaut und in einer am 21. Januar 1878 der preußischen Akademie der Wissenschaften vorgelegten Arbeit ausführlich beschrieben. Dies Telephon besitzt eine nichtebene, aus Pergamenthaut oder Fischblase geformte Membran von etwa 20 cm Durchmesser, und zwar hatte WERNER VON SIEMENS auf Rat von H. v. HELMHOLTZ die Form der Membran derjenigen des menschlichen Trommelfells nachgebildet. In der Membranmitte ist eine vom Sprechstrom durchflossene Spule, die in das Feld eines Topfmagneten eintaucht, angebracht. Es ist sehr interessant, aus dem erwähnten Bericht zu entnehmen, daß WERNER VON SIEMENS bereits erkannte, daß das elektrodynamische Prinzip gut in der Lage ist, sinusförmige Erregungen sinusförmig wiederzugeben[2] oder mit anderen Worten, daß es frei ist von nichtlinearen Verzerrungen. Bemerkt sei noch, daß WERNER VON SIEMENS das elektrodynamische Telephon besonders geeignet für Empfangszwecke hielt; hätten ihm Verstärker, wie wir sie heute besitzen, zur Verfügung gestanden, so hätte er sein Telephon mit gutem Erfolg bereits als Lautsprecher zur klanggetreuen Schallübertragung verwenden können.

Der erste elektrodynamische angetriebene großflächige Lautsprecher, mit dem es gelang, hochwertige Sprach und Musikübertragungen durchzuführen, war der „Blatthaller", der von H. RIEGGER[3] 1924 ge-

---

[1] Vgl. W. v. SIEMENS: Wiss. u. techn. Arbeiten **2**, 353. Berlin 1891.

[2] Die diesbezügliche Stelle der Veröffentlichung lautet: ... „Bemerkenswert ist dabei die große Reinheit und Klarheit, mit der das Telephon die Sprachlaute und Töne überträgt. Es kann dies zum Teil von der zweckmäßigen Membranform, zum Teil aber auch davon herrühren, daß die Rolle bei der Verschiebung im zylindrischen magnetischen Feld regelmäßigere sinusoide Ströme erzeugt als eine schwingende Eisenplatte."

[3] RIEGGER, H.: Wiss. Veröff. Siemens-Werke **3**/2, 67 (1924). RIEGGER hat in dieser Arbeit die Theorie der Schallabstrahlung durch eine mit einem Schallschirm ausgerüstete Kolbenmembran ausführlich behandelt, die Arbeit kann als grundlegend wichtig für die technische Entwicklung der Lautsprecher bezeichnet werden. Es ist historisch interessant, daß die Erfindung des elektrodynamisch angetriebenen tief abgestimmten großflächigen Senders nahezu gleichzeitig und unab-

schaffen wurde. 1925 wurde der Blatthaller bei der Einweihung des Deutschen Museums in München erstmalig zu großen Übertragungen verwendet[1], er wurde auch in späteren Jahren bei zahlreichen Veranstaltungen, insbesondere als Großlautsprecher zur Übertragung von Reden erfolgreich benutzt[2]. Mit dem größten Modell wurden bei geeigneter Wetterlage Entfernungen von mehreren Kilometern überbrückt. Der Blatthaller ist heute durch technisch einfachere und wirtschaftlichere Konstruktionen, insbesondere durch die modernen Ausführungsformen von Konuslautsprechern überholt, dieser Umstand schmälert nicht die Leistung H. RIEGGERs, der mit seinem Blatthaller vor nunmehr bereits 35 Jahren eine hervorragende und auch modernen Ansprüchen entsprechende Übertragungsgüte erreichte. Die Wirkungsweise elektrodynamischer Schallsender läßt sich am Beispiel des Blatthallers besonders klar übersehen; sie soll daher an diesem Schallsender trotz seiner nur mehr historischen Bedeutung besprochen werden.

Die Schallabstrahlung beim Blatthaller erfolgt durch eine am Rand sehr nachgiebig gelagerte, aber in sich starr ausgeführte Membran; also durch eine „Kolbenmembran" (vgl. Ziff. 16, S. 136). Die Kolbenmembran ist in die Öffnung eines Schallschirmes, der groß gegen die Wellenlänge der tiefsten noch abzustrahlenden Töne ist, eingebaut. Auf der Membran isoliert befestigt sind vom Sprechstrom durchflossene Kupferleiter, welche in das Feld eines Magneten eintauchen (Abb. 151).

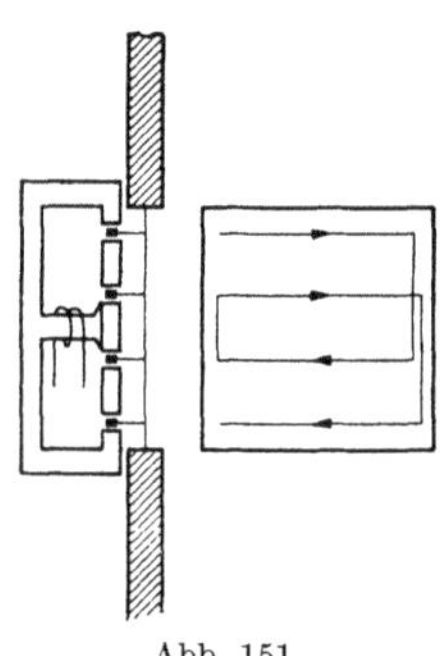

Abb. 151
Blatthaller (Schnitt und Windungsschema)

Fließt durch die Leiter ein Strom von der Stärke i, so ist die auf die Membran ausgeübte Kraft $F = B \cdot i \cdot l$, wobei B die Stärke des Magnetfeldes und l die Leiterlänge bedeutet. Bei geeigneter Dimensionierung der Luftspalte ist die Kraft, auch bei großen Amplituden, unabhängig von der jeweiligen Stellung des Leiters, es treten keine nichtlineare Verzerrungen auf. Mes-

---

Fortsetzung der Fußnote 3 von S. 199

hängig voneinander an zwei Stellen erfolgte. H. RIEGGER lieferte das Manuskript seiner Arbeit am 17. III. 1924 ab, am 27. III. 1924 übergaben CH. W. RICE und E. W. KELLOGG dem amerikanischen Patentamt die den tief abgestimmten Konuslautsprecher beschreibenden Anmeldungen No. 1631646 und 1795214.

[1] Vgl. W. O. SCHUMANN: ETZ **47**, 294 (1926). — ZENNECK, J.: Jb. drahtl. Telegr. **26**, 177 (1925). — GERDIEN, H.: Telefunkenztg. 8, Nr. 43, 44 (1926).

[2] Vgl. F. TRENDELENBURG: ETZ **48**, 1685 (1927). — NEUMANN, H.: Z. techn. Phys. **10**, 548 (1929). — Siemens-Z. **10**, 562 (1930). — Wiss. Veröff. Siemens-Werk. **XI**/2, 226 (1930).

sungen, welche von E. MEYER[1] ausgeführt wurden, ergaben, daß der Klirrfaktor des Blatthallers auch bei tiefen Frequenzen unterhalb 1% liegt.

Die Schallabstrahlung der Kolbenmembran haben wir auf S. 137 besprochen. Auf Grund der dort gebrachten Ausführungen und der auf S. 28 behandelten Theorie der erzwungenen Schwingungen kann man die Schwingungsgleichung für die elektrodynamische, elastisch gelagerte Kolbenmembran von der Masse m aufstellen zu

$$\frac{d^2x}{dt^2}(m + m_s) + \frac{dx}{dt}(r_v + r_\text{dyn} + r_\text{str}) + x\,s = B \cdot i \cdot l. \qquad (132)$$

Hierbei bedeutet

m_s die mitschwingende Luftmasse,

r_v die Verlustwiderstände (z. B. durch eine etwaige Dämpfung in der Aufhängung bedingt),

r_dyn den durch die Bewegung des Leiters im Magnetfeld bedingten Dämpfungswiderstand,

r_str die Strahlungsresistanz der Membran,

s die Steifigkeit der Aufhängung.

Durch eine sehr weiche Lagerung ist es möglich, die Eigenschwingung der Membran $\left(\omega_0 = \sqrt{\dfrac{s}{m + m_s}}\right)$ unterhalb des für Klangübertragungen wichtigen Frequenzbereichs zu legen. Die Membranelongation nimmt dann im Übertragungsbereich (gemäß Gl. 32, S 27) wie $1/\omega^2$ ab. Solange der Membranradius $R_0 \ll \lambda/2\,\pi$ ist, wächst die Strahlungsresistanz der Kolbenmembran mit ω^2 an. Dementsprechend wird dann unabhängig von der Frequenz bei gleicher angreifender Kraft auch gleiche Leistung abgestrahlt. Bei höherer Frequenz ($R_0 > \lambda/2\,\pi$) sinkt die abgestrahlte Leistung ab, es tritt aber dann eine Schallbündelung ein, so daß für die in der Nähe der Mittelnormalen der Membran gelegenen Schallfeldpunkte die Wiedergabe doch noch einigermaßen richtig bleibt.

Besonders darauf hingewiesen sei, daß für die Dämpfung der Eigenschwingung des Lautsprechers neben dem durch die Abstrahlung bedingten Anteil in besonders starkem Maß die elektrodynamisch bedingte Dämpfung r_dyn maßgebend ist. Dieser Dämpfungsanteil ist dem

---

[1] MEYER, E.: Elektr. Nachr. Techn. **4**, 509 (1927). — Zur Frage der nichtlinearen Verzerrungen vgl. auch F. ROESSLER: Funk u. Ton, **4**, 549 (1950). — INGERSLEV, F.: Proc. 1. I. C. A. Congr. S. 74; Delft (1953). — BORDONE, C.: Acustica **4**, 563 (1954). — BIRKHOLZ, K.: Nachr. Techn. Z. **4**, 525 (1954). — BELKIN, V. G.: Akust. Ztsch. (USSR) **1**, 12 (1955).

Quadrat des Magnetfeldes proportional. Starke Magnetfelder sind nicht nur zur Erzielung eines hohen Wirkungsgrades, sondern auch zur Erzielung ausreichender Dämpfung der tiefsten Eigenresonanz nützlich. Ist die Dämpfung der Eigenresonanz zu klein, so machen sich bei Schallübertragungen unangenehme Verzerrungen durch Ausgleichsvorgänge bemerkbar[1].

Praktisch in größtem Umfang verwendet werden Konuslautsprecher[2]. Abb. 152 zeigt einen Schnitt durch einen derartigen Lautsprecher. Bei tiefen Frequenzen arbeiten die Konuslautsprecher kolbenmembranähnlich[3], d. h. es schwingt der gesamte Konus mit etwa der gleichen Amplitude, bei höheren Frequenzen schwingt im wesentlichen nur der innere Teil des Konus. Die Dinge liegen hier also so, daß bei tiefen Frequenzen die gesamte Konusfläche als strahlende Fläche einzusetzen ist, während bei hohen Frequenzen im wesentlichen nur der innere Konusteil strahlt. Als Masse des bewegten Systems ist bei tiefen Fre-

---

[1] BACKHAUS, H.: Z. techn. Phys. **13**, 31 (1932). — NEUMANN, H.: techn. Phys. **12**, 627 (1931). Über Ausgleichsvorgänge bei Lautsprechern vgl. auch N. W. McLACHLAN and A. T. McKAY: Elektr. Nachr. Techn. **13**, 251 (1936). — HELMBOLD, J. G.: Akust. Z. **2**, 256 (1937). — CORRINGTON, M. S.: Audio Eng. **34**, 9 (1950). — EWASKIO, CH. A., u. O. K. MAWARDI: J. A. S. A. **22**, 444 (1950). — MOIR, I.: Wireless World **57**, 252 (1951). — MAYER, N.: Funk und Ton **8**, 239 (1954).

[2] Der Konuslautsprecher wurde von CH. W. RICE u. E. W. KELLOGG angegeben [J. Amer. Inst. electr. Engng. **44**, 982 (1925)]. Theorie und Wirkungsweise von Lautsprechern ist ausführlich behandelt bei N. W. McLACHLAN: Loudspeakers, Oxford 1943. Vgl. über Lautsprecher weiterhin auch H. BENECKE: Z. techn. Phys. **13**, 471 (1932). — OLSON, H. F.: Proc. Inst. Radio Engrs., N. Y. **22**, 33 (1934). — SEABERT, J. D.: ebdt. **22**, 738 (1934). — DAVIS, A. H.: Modern Acoustics, S. 30ff. London 1934. — SCHAFFSTEIN, G.: Z. Hochfrequenztechn. **45**, 204 (1935). — BRAUNMÜHL, H. J. v., u. W. WEBER: Einführung in die angewandte Akustik S. 56ff. Leipzig 1936. — THIENHAUS, E.: Z. VDI **81**, 855, 905 (1937). — MANFREDI, A.: Ricerca Scient. **10**, 404 (1939). (betr. mechan. Eigenschaften von Konusmembranen). — BROWN, N. W.: J. A. S. A. **13**, 20 (1941). — CARLISLE, R. W. J.: J. A. S. A. **15**, 44 (1943). — BORDONI, P. G.: Ric. Scient. **15**, 250 (1945); J. A. S. A. **17**, 123 (1945); ebdt. **17**, 338 (1946). — HOPKINS, H. F., u. N. R. STRYKER: Proc. Inst. Radio Eng. **36**, 315 (1948) (behandelt Leistungs- und Lautstärkenfragen in geschlossenen Räumen). — MEEKER, W. F., F. H. SLAYMAKER, L. L. MERRILL: J. A. S. A. **22**, 206 (1950). — SALOMON, V.: Audio Eng. **35**, 13 (1951). — HARZ, H., u. H. KÖSTERS: Techn. Hausmitt. NWD **3**, 205 (1951). — NIMURA, T., u. E. MATSUI: J. Inst. Electr. Comm. Engrs. Jap. **35**, 447 (1952). — RODRIGUES, J. DE MIRANDA: Proc. 1. I. C. A. Delft (1953) S. 38. — MEYER, E.: ebdt. S. 53. — BUCHMANN, G.: ebdt. S. 63. — CHAVASSE, P., u. R. LEHMANN: ebdt. S. 66. — MAWARDI, O. K.: J. A. S. A. **26**, 1 (1954). — PIACH, D. J., u. PH. B. WILLIAMS: Audio Eng. **38**, 34 (1954). — BELKIN, B. G.: Akust. Z. (USSR) **1**, 200 (1955). — SCHURINK, J. J.: Philips Techn. Rdschau, **16**, 293 (1955). — v. LEEUWEN, F. J.: T. Ned. Radiogenoot. **21**, 195 (1956). — WERNER, R. E.: J. A. S. A. **29**, 335 (1957). — MIESSNER, B. F.: Trans. Inst. Radio Eng. A. U. **6**, 21 (1958). — GAMZON, M. R.: Proc. 3. I. C. A. Congr. Stuttgart (1959).

[3] Vgl. H. STENZEL: Jahrb. Forsch. Inst. A. E. G. **1**, 57 (1930).

quenzen die gesamte Konusmasse (zuzüglich der Tauchspulenmasse
und der Masse der mitbewegten Luft) einzusetzen, bei höheren Frequenzen nimmt nur ein entsprechender Teil der Konusmasse an den Schwingungen teil. Der Wirkungsgrad von Konuslautsprechern liegt in der
Größenordnung Prozent, bei Trichterlautsprechern kommt man um
etwa 1 Größenordnung höher[1].

Bei Erregung zu starken Schwingungen neigt die Konusmembran
zu Knickschwingungen nach der in Abb. 153 angedeuteten Art[2]. Diese

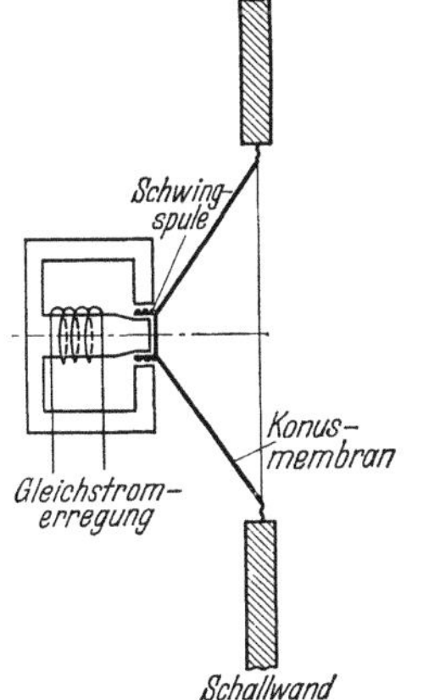

Abb. 152. Konuslautsprecher (Schnitt)

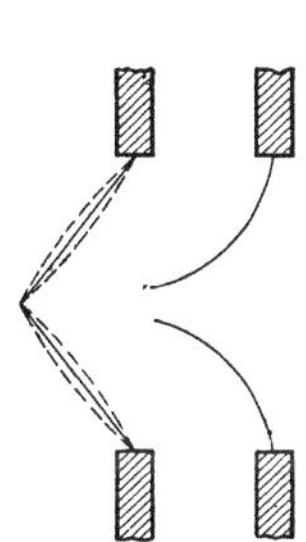

Abb. 153. Knickschwingungen bei Konusmembranen (*a*). Nicht abwickelbare Membran (*b*)

Knickschwingungen erfolgen, wie leicht einzusehen ist, mit der halben
Frequenz der antreibenden Kraft; sie machen sich für die subjektive
Wahrnehmung als störende „Untertöne" („son rauque") bemerkbar.
Günstiger verhalten sich Membranen mit nicht abwickelbaren Flächen
(Abb. 153 rechts).

Das elektrodynamische Prinzip findet auch bei Wasserschalltele-
graphiesendern für Frequenzen im Hörbereich Anwendung. Abb. 154

---

[1] Vgl. R. K. VEPA u. N. K. TRIVEDI: Acustica **4**, 329 (1954) (betr. insbes.
zweckmäßige Definition des Wirkungsgrads). — SPANDÖCK, F.: E. T. Z. (A)
76, 598, (1955).

[2] SCHMOLLER, F. v.: Telefunkenztg. **15**, H. 67, 47 (1934). — Vgl. auch P. O.
PEDERSEN: J. acoust. Soc. Amer. **6**, 227 (1935); **7**, 64 (1935). — WAETZMANN, E.,
u. R. KURTZ: Ann. Phys. (5), **31**, 661 (1938). — WAETZMANN, E.: Akust. Z. **3**,
130 (1938). — Über nichtharmonische Untertöne an Lautsprechern vgl. weiterhin
F. OLSON: J. A. S. A. **16**, 1 (1944). — HARTLEY, R. V. L.: J. A. S. A. **16**, 206 (1945).
— CUNNINGHAM, W. J.: ebdt. **23**, 418 (1951). — LUDECKE, C. A.: J. Appl. Phys.
22, 1321 (1951). — KALUSCHE, H.: Frequenz **6**, 166 (1952). — HAYASHI, C.:
ebdt. **24**, 521 (1953). — FISCHER, J. B.: A. E. Ü. **10**, 441 (1956) (Neue, von
den bisherigen Anschauungen abweichende Deutung der Untertonbildung). —
MERHAUT, J.: Proc. 3. I. C. A. Congr. Stuttgart (1959).

[3] Bereits das von WERNER v. SIEMENS 1878 gebaute elektrodynamische Telephon besaß, wie erwähnt, eine nicht abwickelbare Membran.

zeigt einen Schnitt durch den von R. A. FESSENDEN[1] angegebenen elektrodynamischen historisch interessanten Signalsender. An der Membran befestigt ist ein Kupferzylinder K, welcher in ein starkes, durch die Gleichstromwicklung D erregtes Magnetfeld eintaucht. Der Kupferzylinder K dient als niederohmige sekundäre Wicklung im Transformator, dessen primäre Wicklung S vom Signalstrom durchflossen wird. Als Signalfrequenz benutzt man bei Hörschall meist eine Frequenz von 1050 Hz. Bei der Abstimmung der Membran ist zu berücksichtigen, daß ihre Eigenfrequenz im Wasser infolge des Einflusses der mitschwingenden Wassermasse (vgl. Ziff. 16, S. 133) erheblich tiefer liegt als in Luft. Im Resonanzgebiet beträgt der Wirkungsgrad eines FESSENDEN-Senders etwa 50%, die maximale abgestrahlte Leistung beträgt etwa 400 W. Die Reichweite der Signale hängt von den Temperaturverhältnissen im Wasser sehr stark ab (vgl. Ziff. 22, S. 278). Auch bei Luftschallsignalsendern, z. B. für Nebelsignale, verwendet man meist abgestimmte Schwingungssysteme.

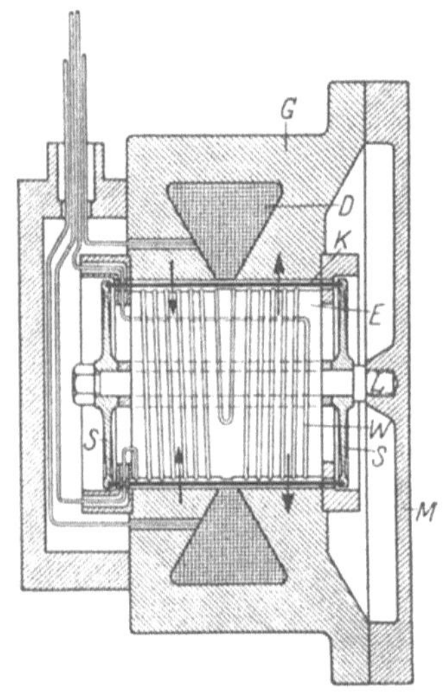

Abb. 154. Schnitt durch einen elektrodynamischen Wasserschallsender (FESSENDEN-Sender)

Auch für mit Trichter ausgestattete Lautsprecher ist der elektrodynamische Antrieb erfolgreich angewandt worden, so seinerzeit zuerst bei dem von W. SCHOTTKY und E. GERLACH[2] geschaffenen Bändchenlautsprecher; das schallstrahlende System bildete hier ein vom Sprech-

---

[1] Über den von R. A. FESSENDEN angegebenen Sender (DRP. 289427, 1913) vgl. insbesondere F. AIGNER: Unterwasserschalltechnik, S. 10, 171ff. Berlin 1922. — Das elektrodynamische Prinzip wurde auch zur Konstruktion von Wasserschalllautsprechern verwendet. — OLSON, H. F., R. A. HACKLEY, A. R. MORGAN u. J. PRESTON: R. C. A. Rev. **VIII**, 698 (1947) beschreiben einen derartigen Sender, der von tiefen Frequenzen bis zu etwa 10 kHz brauchbar ist. Die Schallabstrahlung erfolgt durch eine kleine mit einer Tauchspule versehene Membran. Vgl. hierzu auch GEMPERLE, H.: Elektrotechn. Z. S. **72**, 599 (1951). — Über elektrodynamisch angetriebene Ultraschallsender vgl. BARONE, A., u. A. GIACOMINI: Acustica **4**, 182 (1954). — GAVREAU, V., u. M. MIANE: ebdt. 387.

[2] SCHOTTKY, W.: Z. techn. Phys. **5**, 574 (1924). — GERLACH, E.: Z. techn. Phys. **5**, 576 (1924). Ein elektrodynamisches Folientelefon wurde auch schon von M. REINGANUM angegeben. Phys. Z. **11**, 460 (1910). Bemerkt sei, daß der Bändchenlautsprecher auch zur Abstrahlung von Luft-Ultraschall geeignet ist. Vgl. H. MÜLWERT: Arch. Ohr- usw. Heilk. **125**, 266 (1930). — THIENHAUS, E.: Das akustische Beugungsgitter und seine Anwendung zur Schallspektroskopie, S. 44ff. Leipzig 1935.

strom durchflossenes, sehr dünnes Aluminiumbändchen, das unter sehr geringer Eigenspannung in einem Magnetfeld aufgehängt war. Zwecks Erhöhung der Strahlungsresistanz wurde das Bändchen in die Öffnung eines Exponentialtrichters eingebaut. Trichterlautsprecher mit elektrodynamisch angetriebenen, schallstrahlenden Systemen, wie z. B. kleine Konusmembranen, Ringmembranen oder dgl. werden auch heute noch in den verschiedensten Ausführungsformen benutzt[1].

Bei den elektrostatischen Schallsendern ist die angreifende Kraft die elektrostatische Kraft zwischen einer festen Elektrode und einer mit einer leitenden Belegung versehenen, beweglichen Gegenelektrode, beispielsweise einer versilberten Glimmerfolie. Da die elektrostatische Kraft dem Quadrat der Feldstärke im Dielektrikum proportional ist — sie also beim Anlegen einer sinusförmigen Wechselspannung von der Form $I_0 \sin \omega\, t$ mit der doppelten Frequenz $2\,\omega$ verläuft —, ist es beim elektrostatischen Lautsprecher erforderlich (gemäß der in Abb. 155 angedeuteten Schaltung), eine gegen die Spitzenwerte der

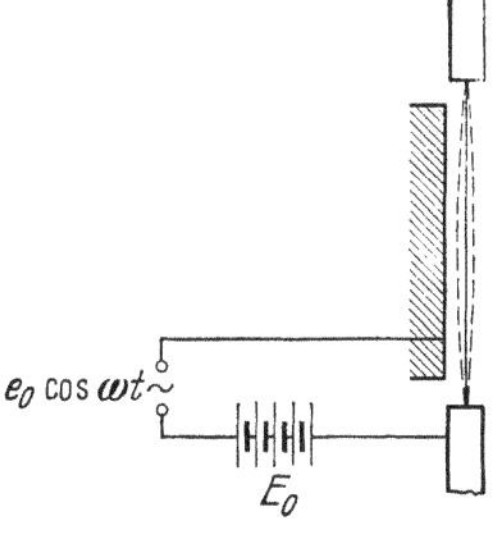

Abb. 155. Elektrostatischer Schallsender (schematisch)

Wechselspannung große Gleichspannung anzulegen, um so nichtlineare Verzerrungen zu vermeiden[2].

Es ist von historischem Interesse, daß bei der ersten öffentlichen Vorführung eines Tonfilms in Deutschland am 17. 9. 1922 durch die Erfindergemeinschaft Triergon (J. Engl, J. Massolle und H. Vogt)

---

[1] Vgl. z. B. E. Thienhaus: Z. VDI 81, 855, 905 (1937.) — Olson, H. F.: J. Soc. Motion Pict. Eng. 30, 511 (1938). — Massa, J.: Proc. Inst. Radio Eng. 27, 720 (1938). — Olson, H. F.: J. A. S. A. 10, 305 (1939) (Kombination verchiedener Membranen in einem Lautsprechersystem). — Klipsch, P.: J. A. S. A. 13, 137 (1941) (Einbau in einer Zimmerecke, um zu erreichen, daß die Abstrahlung nur in den Raumwinkel $\pi/2$ stattfindet, wodurch der Wirkungsgrad erhöht wird. — Klipsch, P. W.: J. A. S. A. 14, 179 (1943); ebdt. 17, 254 (1946). — Augspurger, G.: Audio Eng. 35, 11 (1951). — Sawade, W.: Elektrotechn. Z. 74, 289 (1953). — Lehmann, R.: Proc. 1. I. C. A. Congr. Delft (1953), S. 84. — Beranek, L. L.: J. A. S. A. 26, 618 (1954).

[2] Über die Wirkungsweise elektrostatischer Lautsprecher vgl. H. Riegger: Wiss. Veröff. Siemens-Werke 3/2, 67 (1924). — Greaves, F. V., F. W. Kranz u. W. D. Crozier: Proc. Inst. Radio Engrs., N. Y. 17, 1142 (1929). — Green, G.: Phil. Mag. 7, 115 (1929). — Vogt, H.: ETZ 52, 1402 (1931); Z. techn. Phys. 12, 632 (1931). — McLachlan, N. W.: Loudspeakers, S. 158ff. Oxford 1934. — Sherman, Ch. H.: J. A. S. A. 30, 48 (1958). Bemerkt sei, daß man auch für Wasserschall das elektrostatische Prinzip — und zwar Wandler mit festem Dielektrikum verwendet. Über Wandler mit festem Dielektrikum vgl. H. Sell: Z. techn. Phys. 18, 3 (1937). — G. R. Schodder u. F. Wiekhorst: Acustica 7, 38 (1957).

elektrostatische Lautsprecher verwendet wurden[1]. Für die Aufgabe der klanggetreuen Schallwiedergabe mit einem einzigen Lautsprecher im gesamten Hörbereich hat sich aber die elektrostatische Antriebsart auf die Dauer nicht bewährt. Die bei den normalen Ausführungsformen vorhandene einseitige Membrandurchbiegung und die Gefahr des Durchschlags des Dielektrikums bei starken Spannungsspitzen bedingt seine technische Unterlegenheit gegen die anderen Antriebsarten, als zusätzliche Hochtonlautsprecher für den obersten Teil des Hörbereichs finden sie aber noch vielfache Verwendung. Für besonders hochwertige Übertragungen benutzt man vielfach Kombinationen von zwei oder mehreren Lautsprechern verschiedener Bauart; man leitet dann jedem der Lautsprecher nur einen entsprechenden Teil des gesamten Frequenzbereichs zu. Viel benutzt werden Kombinationen von zwei Lautsprechern, z. B. einem Konuslautsprecher mit Schallwand, der den Frequenzbereich bis etwa 1000 Hz abstrahlt, und einem elektrodynamischen Exponentialtrichterlautsprecher, der die Abstrahlung der höheren Frequenzen leistet[2], oder auch Kombinationen von Konuslautsprechern verschiedenen Membrandurchmessers und Kombinationen von Tieftonkonuslautsprechern und elektrostatischen Hochtonlautsprechern[3].

Unter Ausnutzung des piezoelektrischen Effektes[4] lassen sich Schallsender bauen, welche insbesondere für Erzeugung von Ultraschall von großer praktischer Bedeutung sind. Legt man an einen piezoelektrisch

---

[1] Diese Vorführung fand im Alhambratheater in Berlin statt. Vgl. hierzu H. VOGT: Die Erfindung des Tonfilms, Erlau bei Passau (Privatdruck 1954), S. 51. — Die Qualität der Übertragung, insbesondere für Sprache, war — wie der Verfasser aus eigener Erinnerung an dieses historische Ereignis bezeugen kann — bereits erstaunlich gut.

[2] Über derartige Anordnungen vgl. L. G. BOSTWICK: J. A. S. A. **2**, 242 (1930). — WILLMS, W.: E. N. T. **9**, 68 (1932). — OLSON, H. F., u. F. MASSA: J. acoust. Soc. Amer. **8**, 48 (1936). — OLSON, H. F., u. R. A. HACKLEY: Proc. Inst. Radio Engrs., N. Y. **24**, 1557 (1936). — MASSA, F.: Proc. Inst. Radio Engrs., N. Y. **26**, 720 (1938). — THIENHAUS, E.: Z. VDI **81**, 855 (1937). — OLSON, H. F., J. PRESTON u. D. H. CUNNINGHAM: R. C. A. Rev. **10**, 490 (1949). Es sei an dieser Stelle auch noch auf einige Arbeiten hingewiesen, welche die Prüfung von Lautsprechern behandeln: SCHÄFER, O.: Z. Hochfrequenztechn. **44**, 101 (1934). — STEUDEL, U., u. A. SCHAAF: Veröff. Nachr.-Techn. **5**, H. 2 (1935).

[3] Über elektrostatische Hochtonlautsprecher vgl. W. KUHL: Proc. 1. I. C. A. Congr. Delft (1953) S. 82. — HOBBS, M.: Electronics **27**, 143 (1954). — BOBB, L., R. B. GOLDMAN u. R. W. ROOP: J. A. S. A. **27**, 1128 (1955). — HOYT, R. C.: Amer. J. Phys. **24**, 34 (1956).

[4] Der piezoelektrische Effekt wurde 1880 durch J. und P. CURIE entdeckt [C. R. Acad. Sci., Paris **91**, 494 (1880); **93**, 1137 (1881)]. Piezoquarzsender wurden für Ultraschallzwecke zuerst von P. LANGEVIN: Brev. Franc. 505703 v. 7. 9. 1918 benutzt. Vgl. weiter G. W. PIERCE: Proc. Amer. Acad. Boston **60**, 271 (1925). — HEHLGANS, F. W.: Ann. Phys. (4), **86**, 587 (1928). — GRUETZMACHER, J.: Z. techn. Phys. **17**, 166 (1936). — METSCHL, E. C.: ETZ **60**, 33 (1939). — SALISBURY, W. W., u. C. W. PORTER: Rev. Scient. Instr. **10**, 269 (1939). — YOSIOKA, K.: Scient. Pap.

Fortsetzung der Fußnote 4 von S. 206

Inst. Phys. Chem. Tokio **36**, Nr. 915/919 (1939). — ZWIKKER, C.: Nederl. Tijdschr. Naturk. **8**, 311 (1941). — NUOVO, M.: Ric. Sci. Nr. 1, 2 (1946) (Günstigere Anpassung an das umgebende Medium durch eine Zwischenschicht). — LABAW, W. L.: J. A. S. A. **16**, 237 (1945). — EPSTEIN, L. F., M. A. ANDERSEN u. L. R. HARDEN: J. A. S. A. **19**, 248 (1947). — WILLIAMS, A. O.: J. A. S. A. **17**, 219 (1946). — WILLARD, G. W.: J. A. S. A. **21**, 360 (1949). — FEIN, L.: ebdt. 511. — O'NELL, H. T.: ebdt. 516. — GRIFFIN, V., u. F. E. FOX: J. A. S. A. **21**, 348, 352 (1949). — KYAME, J. J.: ebdt. 159. — CADY, W. G.: J. A. S. A. **22**, 579 (1950). — HASKINS, J. F., u. J. S. HICKMAN: ebdt. 584. — SAMUEL, E. W., u. R. S. SHANKLAND: ebdt. 589. — BOLZ, G.: Z. angew. Phys. **2**, 119 (1950). — VIGOUREUX, P., u. C. F. BOOTH: Quartz vibrators, London (1950). — KING, A. J.: Nuovo Cim. **7**, 129 (1950). — BERGMANN, L.: Schwingende Kristalle, Leipzig (1951). — SWANSON, G. W., u. W. T. THOMSON: J. Appl. Mech. **17**, 427 (1950). — SCHMITZ, W., u. L. WALDICK: Z. angew. Phys. **3**, 281 (1951). — FRY, W. J., R. B. FRY u. W. HALL: J. A. S. A. **23**, 94 (1951). — KECK, W., G. S. HELLER u. A. O. WILLIAMS: J. A. S. A. **23**, 168 (1951). — BORODOVSKAYA, L. N., u. A. E. SALMONOVICH: J. Techn. Phys. (USSR) **21**, 221 (1951). — PARTHASARATHY, S., H. SINGH u. M. PANCHOLY: Ann. Phys. **13**, 353 (1953). — HATFIELD, P.: Proc. 1. I. C. A. Congr. Delft (1953), S. 193. — CADY, W. G.: J. A. S. A. **25**, 687 (1953). — MEIER, R., u. K. SCHUSTER: Ann. Phys. **12**, 386 (1953). — PARTHASARATHY, S., M. PANCHOLY u. A. F. CHAPGAR: Ann. Phys. **12**, 1 (1953). — GROSSETTI, E.: Nuovo Cim. **10**, 151 (1953). — BHADRA, T. C.: Ind. J. Phys. **27**, 496 (1953). — THIEDE, H.: Acustica **3**, 449 (1953). — PARTHASARATHY, S., u. V. NARASIMHAN: Ann. Phys. **15**, 6 (1954). — WELKOWITZ, W., u. W. J. FRY: J. A. S. A. **26**, 159 (1954). — MARTIN, G.: ebdt. 413. — PARTHASARATHY, S., M. PANCHOLY u. C. B. TIPNIS: Z. Phys. **142**, 14 (1955). — PARTHASARATHY, S., u. V. NARASIMHAN: Ann. Phys. **143**, 300, 368 (1955). — SHAW, E. A. G.: Canad. J. Phys. **33**, 504 (1955). — DUNN, F. G., F. J. FRY u. W. J. FRY: J. A. S. A. **28**, 275 (1956). — CADY, W. G.: Amer. J. Phys. **23**, 31 (1955). — BOLZ, G.: Z. angew. Phys. **7**, 514 (1955). — MÜSER, H. E., u. H. BITTEL: A. E. Ü. **9**, 231 (1955). — ROBEY, D. H.: J. A. S. A. **28**, 700 (1956). — MIKHAILOW, G. D., N. V. TIKHONOVA u. I. N. YADROVA: Akust. Ztsch. (USSR) **2**, 231 (1956). — PARTHASARATHY, S., u. V. NARASIMHAN: Z. Phys. **145**, 508, 511, 592 (1956). — DOBELLI, A. C.: Acustica **6**, 346 (1956). — ANANEVA, A. A.: Akust. Z. (USSR) **3**, 288 (1957). — PONOMAREV, P. V.: ebdt. 243. — PARTHASARATHY, S., u. P. P. MAHENDROO: Z. Phys. **147**, 573, 577 (1957). — BARANSKII, K. N.: J. Cryst. (UdSSR) **2**, 299 (1957). — GONCHAROV, K. V.: Akust. Z. (UdSSR) **4**, 37 (1958). — ANANEVA, A. A.: ebdt. 223. — BUROV, A. K.: ebdt. 315. — PARTHASARATHY, S., u. H. SINGH: J. Phys. Radium **19**, 920 (1958). — WHITE, D. L.: J. A. S. A. **31**, 311 (1959). — FILIPCZYNSKI, L.: Proc. 3. I. C. A. Congr. Stuttgart (1959). — POHLMAN, R.: N. T. F. **15**, 67 (1959). — KRISHNAN, R. S., V. S. VENKATASUBRAMANIAN u. E. S. RAJAGOPAL: Brit. J. appl. Phys. **10**, 250 (1959). — GUDEMCHUK, V. A., B. F. PODOSHEVNIKOV u. B. D. TARTAKOVSKII: Akust. Z. (UdSSR) **5**, 246 (1959). — ESCHE, R.: N. T. F. **15**, 63 (1959) (Ultraschall für Reinigung und Dispergierung). — PSHENAI-SEVERIN, S. V.: Dokl. Akad. Nauk (UdSSR) **125**, 775 (1959) (Coagulation). — GOLLMICK, H. J.: Proc. 3. I. C. A. Congr. Stuttgart (1959). — ROSENBERG, L. D.: ebdt. — YEAGER, E., A. PATSIS u. F. HOVORKA: ebdt. — ESCHE, R., u. P. LANGER: Siemens Z. **33**, 43 (1959). — PARTHASARATHY, S., u. H. SINGH: Nature (Lond.) **181**, 260 (1958). — GONCHAROV, K. V.: Akust. Z. (USSR) **4**, 37 (1958).

Man kann Quarzkristalle auch synthetisch herstellen: vgl. Bell. Lab. Rec. **26**, 384 (1948)]. — WALKER, A. C.: Electronics **24**, 96 (1951). — BECHMANN, R., u. D. R. HALE: Brush Strokes **4**, Nr. 1, 1 (1955).

wirksamen Kristall (z. B. an Quarz, Turmalin od. dgl.) ein elektrisches Feld in Richtung der elektrischen Achse, so deformiert sich der Kristall, und zwar ergibt eine positive Ladung auf der Fläche bl (Abb. 156) und eine negative auf der gegenüberliegenden Begrenzungsfläche eine Dilatation des Kristalls in der X-Richtung (longitudinaler reziproker piezoelektrischer Effekt) und eine Kompression in der Y-Richtung (transversaler reziproker piezoelektrischer Effekt).

Benutzt man zur Erregung eine Wechselspannung, deren Frequenz mit einer der mechanischen Eigenschwingungen des Quarzes übereinstimmt, so kann man den Quarz zu kräftigen mechanischen Eigenschwingungen anregen. Infolge des hohen Elastizitätsmoduls des Kristalls erhält man aber an den Kristalloberflächen, auch bei verhältnismäßig starken Kräften, nur verhältnismäßig kleine Amplituden. Zur Schallabstrahlung in Luft ist daher der Quarz nicht so geeignet wie zur Schallabstrahlung in Flüssigkeiten, bei denen wegen der hohen akustischen Kennimpedanz der Flüssigkeiten der Strahlungswirkungsgrad ein sehr viel höherer ist. Piezoelektrische Schallsender werden zur Erzeugung von Ultraschall in flüssigen und festen Medien — sei es zu physikalischen Experimentaluntersuchungen, sei es für technische Zwecke —, z. B. für Echolote[1], zur Herstellung von Emulsionen[2] oder für medizinische Anwendungen[3], praktisch viel verwendet.

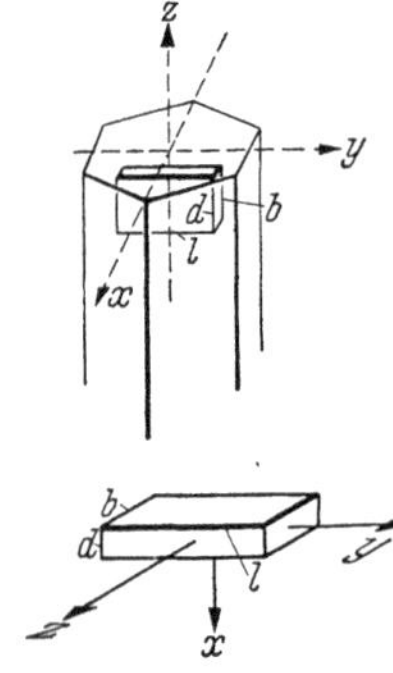

Abb. 156. Achsenorientierung einer piezoelektrischen Quarzplatte

Abb. 157 zeigt die Konstruktion eines piezoelektrischen Wasserschallsenders, der Sender besteht aus zwei (b, c) Stahlplatten, zwischen

---

[1] Über Ultraschallecholote vgl. M. P. LANGEVIN: Bur. Hydrograph. Intern. Public. Spec. **3** Monaco 1924. — LANGEVIN, P., u. C., CHILOWSKY: Nature **115**, 689 (1925). — LÜBCKE, E.: Z. VDI **71**, 1245 (1927). — Z. Fernmeldetechn. **14**, 119 (733). — SLEE, J. A.: J. Instn. electr. Engrs. **70**, 269 (1932). — KUNZE, W.: Z. VDI **77**, 1265 (1933). — MARRO, W.: Electrician **111**, 609 (1933). — SUND, O.: Nature, Lond. **135**, Nr. 953 (1935). — CADY, W. G.: J. A. S. A. **21**, 65 (1949) (Betr. Mosaikkristall ähnl. d. Bauart von P. LANGEVIN). Über die der Echolotmethode im Prinzip ähnliche „Impulsmethode" zur Messung der Schallgeschwindigkeit längs sehr kurzer Meßstrecken vgl. S. 118, dort ausführliche Literaturangaben. — Über Echolote vgl. auch Ziff. 22, S. 255, dort weitere Literaturangaben.

[2] Über die technischen Anwendungen und über weitere Ausführungsformen vgl. insbesondere L. BERGMANN: Ultraschall, 6. Aufl. Stuttgart 1954, dort ausführliche Literaturangaben.

[3] Über medizinische Anwendungen vgl. besonders J. PÄTZOLD, K. OSSWALD u. H. BORN: Radiologica 4, 190 (1939). — SCHUBOTZ, F.: Die Ultraschallwellen. Diss. Berlin 1941. — BARONE, A.: Rend. Inst. Sup. di Sanita **9**, 632 (1946). — PÄTZOLD, J.: Strahl. Therapie **76**, 653 (1947). — POHLMAN, R.: Die Ultraschalltherapie, Stuttgart (1951).

denen — mosaikartig angeordnet — Piezoquarze (a) eingekittet sind, die Frequenz beträgt etwa 40 kHz.

Mit Piezoquarzsendern können maximal etwa 20—50 W/cm² abgestrahlt werden; sie können für Gesamtleistungen von einigen hundert Watt gebaut werden[1]. Man erreicht akustisch-elektrische Wirkungsgrade von etwa 50%. Mit in Grundschwingung erregten Quarzen kommt man zu Frequenzen von maximal etwa 50 MHz. Zur Abstrahlung höherer Frequenzen muß man die Platte in Oberschwingungen anregen, wobei man einen geringeren Wirkungsgrad in Kauf nehmen muß. Unter Ausnutzung der Mikrowellentechnik (Anbau piezoelektrischer Wandler an elektrische Hohlraumresonatoren) konnte man neuerdings bis in das Gebiet des „Hyperschalls" in den Bereich über 10^{10} Hz vordringen[2].

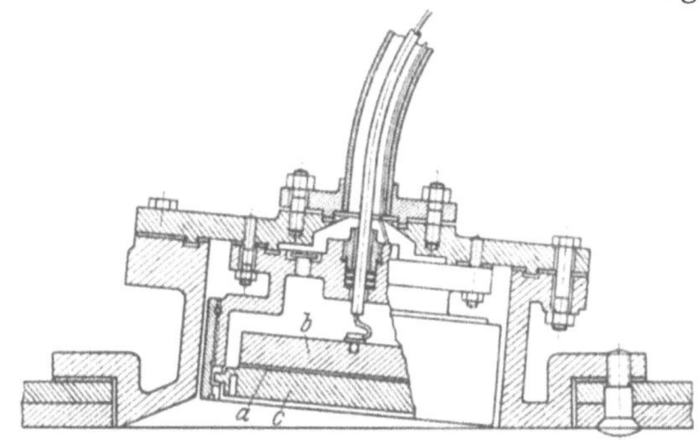

Abb. 157. Quarzsender für Wasserschall (nach LANGEVIN-FLORISSON)

Außer Quarz werden für piezoelektrische Schallsender auch keramische Materialien, insbesondere Bariumtitanate ($BaTiO_3$) verwendet[3]. Die Bariumtitanat-Wandler besitzen aber wegen der hohen Dielektrizitäts-

---

[1] PÄTZOLD, J., K. OSSWALD u. H. BORN: Radiologica 4, 190 (1939). — EPSTEIN, L. F., W. M. A. ANDERSEN u. L. R. HARDEN: J. A. S. A. 19, 248 (1947). — SELMAN, G. G., u. M. F. K. WILKINS: J. Scient. Instr. 26, 229 (1949).

[2] Vgl. hierzu BARANSKII, K. N.: Proc. Acad. Sci. (UdSSR) 114, 517 (1957). — BÖMMEL, H. E., u. K. DRANSFELD: Phys. Rev. Letters 1, 234 (1958), ebdt. 3, 83 (1959). — JACOBSEN, E. H.: ebdt. 2, 249 (1959). — BÖMMEL, H., u. K. DRANSFELD: Proc. 3. I. C. A. Congr. Stuttgart (1959).

[3] Über Schwinger aus Bariumtitanaten und anderen keramischen Materialien vgl. W. P. MASON: Piezoelectric Crystals and their Application to Ultrasonics, New York (1950). — BLATTNER, H., W. KÄNZIG u. W. MERZ: Helv. Phys. Acta 22, 35 (1949). — SACHS, H.: Z. angew. Phys. 1, 473 (1949). — LITTLE, A. D.: Mech. Eng. 72, 737 (1950). — BRADFIELD, G.: Nuovo Cim. 7, 182 (1950). — MASON, W. P., u. R. F. WICK: J. A. S. A. 23, 209 (1951). — SCHMIDT, H.: Acustica 2, (A. B.) 82 (1952). — HUETER, T. F., u. E. DOZOIS: J. A. S. A. 24, 85 (1952). — THURSTON, E. G.: ebdt. 656. — BERLINCOURT, D. A., u. F. KULCSAR: ebdt. 709. — HUETER, T. F.: ebdt. 25, 152 (1953). — CAMP, L.: ebdt. 297. — BAERWALD, H. G., u. D. A. BERLINCOURT: ebdt. 703. — LANE, A. L.: ebdt. 873. — MOTULEVICH, G. P., u. I. L. FABELINSKII: Z. exp. u. theor. Phys. (USSR) 25, 605 (1953). — GIACOMINI, A., u. G. POIANI: Proc. 1. I. C. A. Congr. Delft (1953) S. 188. — MASON, W. P.: ebdt. 200. — LANE, A. L.: J. A. S. A. 25, 697 (1953). — LANGEVIN, R. A.: ebdt. 26, 421 (1954). — HUETER, T. F., D. P. NEUHAUS u. J. KOLB: ebdt. 696. — GOLYAMINA, J. P.: Akust. Ztsch. (USSR) 1, 40 (1955). — ZHELUDEV, J. S.: Z. techn. Phys. (USSR) 24, 1467 (1954). — MASON, W. P.: J. A.

konstante dieses Materials im Gegensatz zu Quarzwandlern eine niedrige elektrische Impedanz, so daß zu ihrem Betrieb weit kleinere elektrische Spannungen erforderlich sind wie bei Quarzsendern. Sie haben aber relativ hohe dielektrische Verluste und niedrigen CURIE-Punkt, so daß bei dicken Platten die Kühlung Schwierigkeiten bedeutet. Der akustisch-elektrische Wirkungsgrad ist schlechter als der Wirkungsgrad von Quarzsendern. Ein großer Vorteil ist aber der Umstand, daß Bariumtitanatschwinger leicht in jeder gewünschten Form hergestellt werden können. Abb. 158 zeigt (nach O. MATTIAT)[1] verschieden geformte $BaTiO_3$-Schwinger, Abb. 159 einen fokussierenden Mosaikschwinger für 100 kHz mit einer Brennweite von etwa 18 cm.

Weitere für piezoelektrische Wandler verwendete Materialien sind Kalium-Dihydrogen-Phosphat, Ammonium-Dihydrogen-Phosphat, Äthylen-Diamin-Tartrat und Dikaliumtartrat (meist kurz als KDP, ADP, EDT und DKT bezeichnet), fernerhin das schon seit längerer Zeit verwendete Seignette-Salz, das Kaliumnatriumtartrat (KNT)[2]. Die

Fortsetzung der Fußnote 3 von S. 209

S. A. **27**, 73 (1955). — BECHMANN, R.: ebdt. **28**, 347 (1956) — STEPHENSON, C. V.: ebdt. 928. — VAN DER BURGT, C. M.: ebdt. 1020. — GRAY, A. L., u. J. M. HERBERT: Acustica **6**, 229 (1956). — KELL, R. C., u. N. J. HELLICAR: ebdt. 235. — DOBELLI, A. C.: ebdt. 346. — KAINZ, J.: Elektrotechn. u. Masch.-Bau **73**, 407 (1956). — PAJEWSKI, W.: Pol. Acad. Sci. Warschau 1957, S. 71. — KOGAN, I. N., u. L. I. MENES: Akust. Z. (USSR) **3**, 62 (1957). — SCHOFIELD, D., u. R. F. BROWN: Canad. J. Phys. **35**, 594 (1957). — BOKOV, B. A.: Akust. Z. (USSR) **3**, 104 (1957). — IKEDA, T., u. K. NEGISHI: Bull. Kobayasi Inst. phys. Res. **7**, 112 (1957). — KOPPELMANN, J., R. FRIELINGHAUS u. FR. J. MEYER: Acustica **8**, 181 (1958) (Verwendung von Bariumtitanat-Dickenschwinger zur Erzeugung extrem kurzer Impulse). — LEISTERER, R.: A. E. Ü. **12**, 515, 557 (1958). — ESCHE, R.: acustica **9**, 211 (1959). — VAN DER BURGT, C. M.: Valvo-Ber. **5**, 1 (1959). („Ferroxcube" Schwinger). — ANANEVA, A. A.: Akust. Z. (UdSSR) **5**, 14 (1959). — McSKIMIN, H. J.: J. A. S. A. **31**, 1519 (1959). — ANANEVA, A. A.: Proc. 3. I. C. A. Congr. Stuttgart (1959). — VAN DER BURGT, C. M.: ebdt. — CRAWFORD, A. E.: ebdt. — JAFFE, H.: ebdt. — LUTSCH, A.: ebdt. — McKINNEY, J. E., u. C. S. BOWYER: J. A. S. A. **32**, 56 (1960). — PERLS, T. A., D. O. MILES u. L. B. WILNER: ebdt. 274.

[1] MATTIAT, O.: J. A. S. A. **25**, 291 (1953). — Fokussierende piezoelektrische Schwinger wurden zuerst von J. GRUETZMACHER: Z. Phys. **96**, 342 (1935) angegeben. Vgl. zu Fokussierungsfragen weiterhin L. D. ROZENBERG: Dokl. Akad. Nauk (USSR) **94**, 845 (1954). — KANEVSKII, J. N., u. L. D. ROZENBERG: Akust. Z. (USSR) **3**, 46, 101 (1957). — NAUGOLNYGH, K. A., u. E. V. ROMANENKO: Akust. Z. (UdSSR) **5**, 191 (1959).

[2] Vgl. zu diesen Materialien: MASON, W. P., W. O. BAKER, H. J. McSKIMIN u. J. H. HEISS: Phys. Rev. **73**, 1074 (1948). — BÖMMEL, H.: Helv. Phys. Acta XXI, 403 (1948). — BECK, M., u. H. GRÄNICHER: ebdt. XXII, 522 (1950). — BECHMANN, R.: Proc. Phys. Soc. (Lond.) B. **63**, 577 (1950). — MOSANER, H., u. M. WURL: A. E. Ü. **5**, 463 (1951). — SPITZER, F.: ebdt. 544. — KONSTANTINOWA, V. P., u. A. V. SHUBNIKOV: Z. techn. Phys. (USSR) **21**, 962 (1951). — MEIER, R., u. H. TROMMLER: Ann. Phys. **12**, 393 (1953). — MINAJEWA, K. A.: Dokl. Akad. Nauk **21**, 444 (1957).

elektrischen und mechanischen Werte einer großen Anzahl piezoelektrischer Wandler sind (nach F. SPITZER[1]) in Tabelle 10, S. 212, und in den Abb. 160 und 161, S. 213 bzw. 214, zusammengestellt.

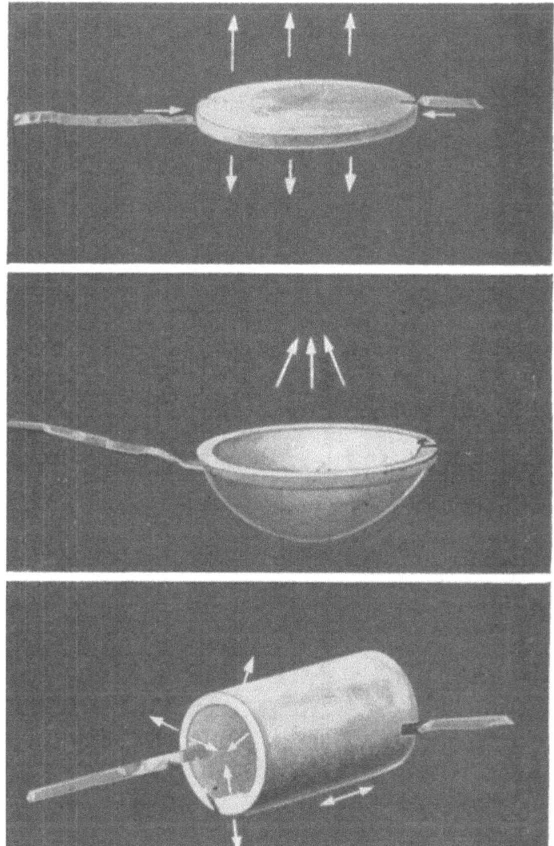

Abb. 158. Keramische Schwinger. Die Pfeile deuten die Schwingungsart an (nach O. MATTIAT)

Piezoelektrische Wandler werden nicht nur im Gebiet des Ultraschalls verwendet, man benutzt auch im Hörschallgebiet Kristallwandler und zwar für Hörhilfen[2].

Elektrische Schallerzeugung kann auch auf einem von den bisher besprochenen Wandlungsverfahren völlig verschiedenen Weg vorgenommen werden: Bei dem Jonophon nach S. KLEIN[3] erfolgt die Schallerzeugung ohne besonderes mechanisches Zwischenglied durch elektrische

---

[1] SPITZER, F.: A. E. Ü. **5**, 544 (1951). — Vgl. hierzu insbesondere auch A. C. DOBELLI: Acustica **6**, 346 (1956).

[2] Vgl. insbes. GÜTTNER, W.: Z. angew. Phys. **2**, 33 (1950).

Fußnote 3 S. 213

14*

Tabelle 10. *Mechanische und elektrische Eigenschaften piezoelektrischer Wandler* ($T = 20\ °C$, n. F. Spitzer)

Anwendungsbereich		Elektromechanische Wandler					Schwingkristalle	
			Ultraschall-Wandler					
Kristallmaterial / Kurzbezeichnung		Kalium-Natriumtartrat (Seignette-Salz) KNT	Ammoniumdihydrogenphosphat ADP		Lithiumsulfat LSH	Quarz	Äthylendiamin-tartrat-Anhydrit EDT	Kaliumtartrat DKT
Schnittrichtung		45°—X	45°—Z	L	Y	X	Y temperatur-kompensiert	45°—Z temp. kompensiert
Elektromechanischer Kopplungsfaktor		54%	29%	6%	35%	10%	21,5%	24%
Elektro-mechanische Wandler (unabgestimmt)	Ausgangsleerlaufspannung für vorgegebenen Druck	$95 \cdot 10^{-3}\ \dfrac{V \cdot m}{Newton}$	$180 \cdot 10^{-3}\ \dfrac{V \cdot m}{Newton}$		$140 \cdot 10^{-3}\ \dfrac{V \cdot m}{Newton}$ für hydrostatischen Druck			
	Dielektrizitätskonstante (Impedanz)	etwa 200 Nur für Temperatur zwischen −18 bis +24°C	15	42	10	4,5		
	Temperaturbereich	Nur zwischen −18 bis +24°C elektrisch günstig. Oberhalb 55°C wird der Kristall zerstört	bis +100°C	bis +100°C	bis +75°C	bis +300°C		
Elektro-mechanische Wandler (abgestimmt)	Frequenzkonstante		160 kHz · cm Längsschwinger	1100 kHz · mm Dickenschwinger	2500 kHz · mm Dickenschwinger	2700 kHz · mm Dickenschwinger		
	Piezoelektrische Konstante (berechnet)		0,15 As · m⁻²	0,15 As · m⁻²	0,89 As · m⁻²	0,17 As · m⁻²		
Schwing-kristalle	Relativer Frequenzabstand $\Delta f/f$ zwischen Resonanz- u. Antiresonanzstelle					0.4%	1,9%	2,6%
	Kapazitätsverhältnis $r = \dfrac{C_0}{C_m}$					125	26	19
	Frequenzkonstante					287 kHz · cm Längsschwinger	200 kHz · cm Längsschwinger	170 kHz · cm Längsschwinger
	Induktivität L_m					$130\ \dfrac{L\,d}{b}\ H$	$23\ \dfrac{L\,d}{b}\ H$	$30\ \dfrac{L\,d}{b}\ H$
	Gütefaktor $\dfrac{\omega\,L_m}{R_m}$					$> 100\,000$	$> 30\,000$	$> 30\,000$

Anregung einer jonisierten Luftmenge. Das Verfahren ist zur Erregung von Luftschall sowohl im Hörbereich als auch im Ultraschallgebiet bis zum Megahertzbereich geeignet.

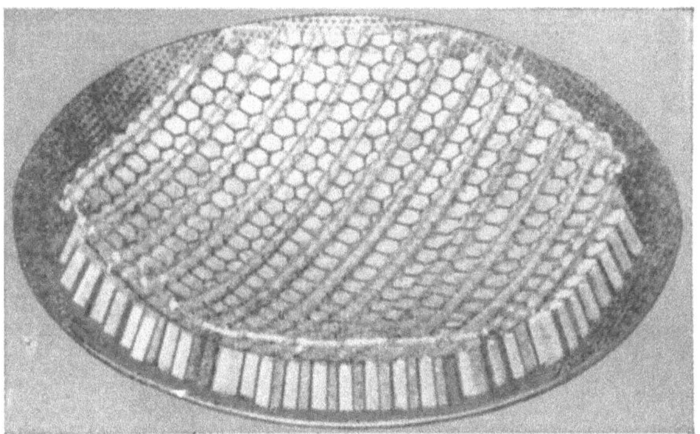

Abb. 159. Keramischer Schwinger, fokussierend, in Mosaikanordnung (nach O. MATTIAT)

Nomograph mit logarithmischen Skalen. Linke Skala: 400, 200, 100, 60, 40, 20, 10, 6, 4, 2, 1, 0,6, 0,4, 0,2. Rechte Skala (db): 60, 50, 40, 30, 20, 10.

Deformation für vorgegebene Spannung d $[10^{-12}\,\mathrm{m/V}]$	Kapazität $\dfrac{\varepsilon}{10}$	Ausgangsleerlaufspannung für vorgegebenen Druck g $[10^{-3}\,\mathrm{V\cdot m/Newton}]$	Elastizitätsmodul E $[10^{9}\,\mathrm{Newton/m^2}]$	Ausgangsleerlaufspannung für vorgegebene Deformation h $[10^{8}\,\mathrm{V/m}]$
KNT	BaTiO₃	DKT / ADP / LSH / EDT	Turmalin	LSH
BaTiO₃	KNT	KNT	Quarz / BaTiO₃ / LSH	Turmalin / Quarz / DKT
ADP	KDP	KDP / Quarz	KNT / DKT / KDP / ADP / EDT	ADP / KNT / EDT
LSH	ADP	Turmalin		KDP
KDP	LSH	BaTiO₃		BaTiO₃
DKT	Turmalin / DKT / EDT / Quarz			
EDT				
Quarz / Turmalin				

Abb. 160. Bestimmungsgrößen piezoelektrischer Kristalle (nach F. SPITZER)
Quarz: X-Schnitt Turmalin: Z-Schnitt ADP (Ammoniumphosphat): 45°-Z-Schnitt KDP (Kaliumphosphat): 45°-Z-Schnitt KNT (Seignette-Salz): 45°-X-Schnitt DKT (Kaliumtartrat): 45°-Z-Schnitt EDT (Äthylendiamintartrat-Anhydrit): 45°-Z-Schnitt LSH (Lithiumsulfat): Y-Schnitt BaTiO₃ (Bariumtitanat-Keramik, polarisiert)

---

[3] KLEIN, S.: C. R. **233**, 143 (1951); Proc. 1. I. C. A. Congr. Delft (1953) S. 77. — LÖLHÖFFEL, E.: Gravesaner Blätter S. 22 (1955). — BOLLE, G.: Nachrichtentech. Z. **11**, 172 (1958).

Hingewiesen sei hier noch auf einen pneumatischen Lautsprecher (durch Ventil gesteuerter Luftstrom) mit sehr hoher Leistung. WEBSTER, J. C., R. G. KLUMPP u. A. L. WITCHEY: J. A. S. A. **31**, 795 (1959)

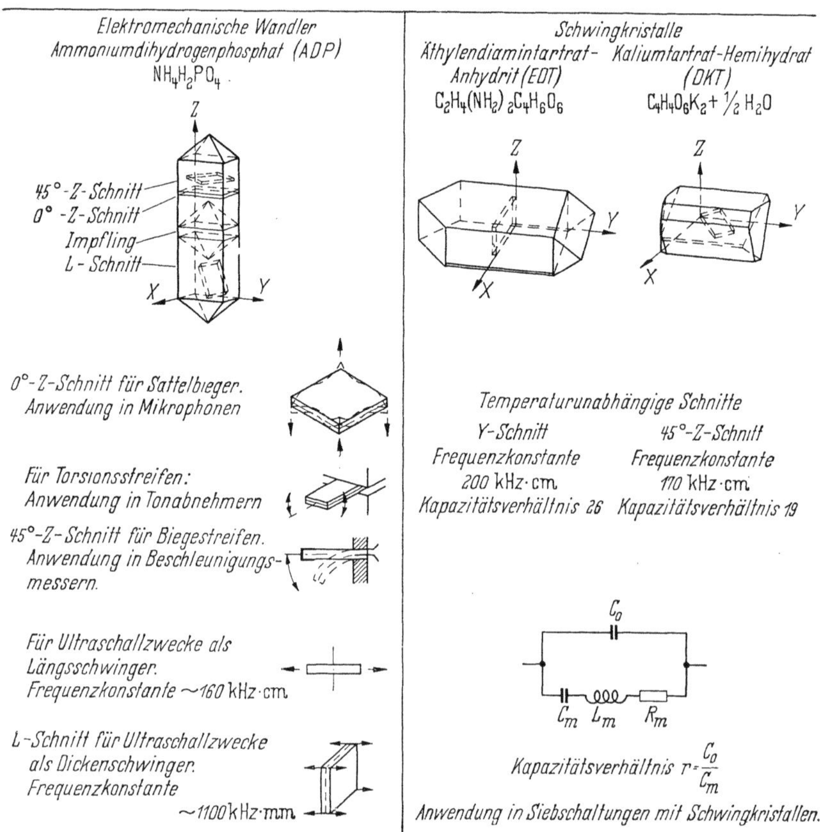

Abb. 161. Schnittrichtungen und Anwendungsbeispiele piezoelektrischer Kristalle (nach F. SPITZER)

20. Thermische Schallsender

Leitet man durch einen dünnen Draht oder durch eine dünne Folie einen Wechselstrom, so entstehen im Leiter Temperaturschwankungen im Takt der in ihm in Wärme umgesetzten Wechselleistung. Die Temperaturschwankungen im stromdurchflossenen Leiter teilen sich durch Wärmeübergang der dem Leiter unmittelbar angrenzenden Luftschicht mit und bewirken hier auf Grund der Gasgesetze Druckschwankungen, die sich als Schallwellen in das umgebende Medium ausbreiten. Man bezeichnet diesen Effekt als „Thermophoneffekt".

Da die momentane Leistung des Wechselstromes mit der doppelten Frequenz des Stromes abläuft, besitzt der vom Thermophon bei reiner Wechselstromerregung abgestrahlte Schall die doppelte Frequenz des erregenden Stromes. Diese Frequenzverdoppelung wird vermieden, wenn man den Wechselstrom einem Gleichstrom überlagert. Ist die Stärke des Gleichstromes groß gegen die Spitzenwerte des durch den Leiter gesandten Wechselstromes, so arbeitet das Thermophon praktisch frei von nichtlinearen Verzerrungen.

Die Wirkungsweise des Thermophons ist von E. D. Arnold, J. B. Crandall, E. C. Wente u. a.[1] untersucht worden. Die abgestrahlte Schalleistung läßt sich auf Grund der thermischen, elektrischen und mechanischen Daten eines Thermophons genau berechnen. Auf gleiche, im Leiter umgesetzte elektrische Leistung bezogen, fällt die abgestrahlte Schalleistung in dem praktisch interessierenden Frequenzbereich mit der dritten Potenz der Frequenz ab.

Für den Schalldruck p_{eff}, der von einem stromdurchflossenen Draht aus Platin (Radius a, Gesamtwiderstand R) in einem luftgefüllten Volumen V_0 erzeugt wird, gilt nach W. Geffcken und L. Keibs im CGS-System

$$p_{\text{eff}} = \frac{11{,}4\, I_0 \cdot R \cdot I_1}{a^2 \cdot V_0 \cdot \varphi(f)}\ \mu\text{bar},$$

wobei I_0 den übergelagerten Gleichstrom, I_1 die Amplitude des Wechselstroms ($I_1 \ll I_0$) und $\varphi(f) = f^2 \cdot \left[\left(\frac{L}{\pi}\right)^2 + \frac{4\,k^2}{\omega^2 \cdot \bar{\gamma}^2} + \frac{k}{\omega\,\bar{\gamma}} + \frac{1}{16}\right]^{1/2}$ bedeutet ($k = $ Wärmeleitfähigkeit der Luft, $\bar{\gamma} = $ Wärmekapazität des Drahtes pro Längeneinheit, $\omega = 2\,\pi\,f$, $L = 0{,}577 + \ln\dfrac{\alpha \cdot a}{\sqrt{2}}$

$$\alpha = \sqrt{\frac{P_0 \cdot \omega \cdot c_p}{R_g \cdot k \cdot T}}$$

P_0 Atmosphärendruck
R_g spez. Gaskonstante
c_p spez. Wärme der Luft).

Für die Zwecke der Telephonie kommen Thermophone — trotzdem sie infolge des Fehlens von Resonanzeffekten günstige Übertragungseigenschaften besitzen — nicht in Betracht; der Wirkungsgrad des Thermophons ist demjenigen der normalen elektromagnetischen Kopfhörer weit unterlegen. Thermophone werden aber mit Nutzen als Normalschallquelle für Kalibrierungen verwendet (vgl. Ziff. 28, S. 405).

---

[1] Der Thermophoneffekt wurde von F. Braun entdeckt [Wiedem. Ann. Phys. **65**, 358 (1898)]. — Arnold, H. D., u. J. B. Crandall: Phys. Rev. **10**, 22 (1917). — Wente, E. C.: Phys. Rev. **19**, 333 (1922). — Trendelenburg, F.: Wiss. Veröff. Siemens-Werke **3/1**, 212 (1923). — Geffcken, W., u. L. Keibs: Ann. Phys. (5), **16**, 404 (1933). — Sivian, L. J.: Bell Syst. techn. J. **10**, 109 (1931). — Ballantine, St.: J. acoust. Soc. Amer. **3**, 319 (1932). — Franke, E.: Ann. Phys. **20**, 780 (1934). — v. Békésy, G.: Ann. Phys. **25**, 413 (1936) (betr. Erzeugung sinusförmiger Töne sehr tiefer Frequenz durch Überlagerung zweier hochfrequenter Schwingungen). — v. Békésy, G.: ebdt. **26**, 554 (1936). — Riety, P.: Ann. Télécom. **10**, 168, 195 (1955). — Zur Theorie der Schallerzeugung durch Temperaturschwankungen in Grenzschichten vgl. insbesondere auch L. Trilling: J. A. S. A. **27**, 425 (1955).

Mit den von Thermophonen normalerweise in Gasen erzeugten, räumlich außerordentlich stark gedämpften und nur in unmittelbarer Nähe des Thermophons nachweisbaren Wärmewellen dürfen nicht verwechselt werden Temperaturwellen[1], wie sie in flüssigem Helium II bei Temperaturen unterhalb des Sprungpunktes bei 2,19 °K erzeugt werden können. Diese Temperaturwellen in flüssigem Helium II sind räumlich ungedämpft; sie sind eine ganz besondere Wellenart („Second Sound", vgl. Ziff. 9, S. 69), die nur in diesem Stoff vorkommt.

Ein anderer thermischelektrischer Schallsender ist der tönende Lichtbogen[2], dessen Schallabstrahlung dadurch zustande kommt, daß in Abhängigkeit von der auf der Entladungsstrecke in Wärme umgesetzten Leistung das Volumen des von der Entladung erfaßten Mediumraumes verändert wird. Die Wirkungsweise des tönenden Lichtbogens ähnelt also derjenigen einer atmenden Kugel. Gut geeignet ist der tönende Lichtbogen auch zur Erzeugung hoher Frequenzen, so konnte z. B. K. PALAIOLOGOS[3] mit Lichtbogensendern Luftschallwellen bis zu etwa $2 \cdot 10^6$ Hz, also einer Wellenlänge von etwa 0,17 mm erzeugen.

Beim Übergang einer Funkentladung entsteht gleichfalls Schall auf thermischer Grundlage. Die starke Wärmeentwicklung im Augenblick des Überschlags bewirkt eine stoßartige Druckerhöhung, welche sich als Schallwelle von der Überschlagsstelle aus in das Medium verbreitet.

Die Zusammensetzung des Funkenknalls wurde von W. WEBER untersucht[4]. An der Übergangsstelle entsteht beim Funkenüberschlag in einem kleinen Luftvolumen plötzlich ein hoher Überdruck, der sich dann durch Schallabstrahlung über die Strahlungsresistanz des Volumens wieder ausgleicht. W. WEBER hat gezeigt, daß man das vom Knall erregte Schallfeld so auffassen kann, als rühre es von einem Kugelstrahler nullter Ordnung her, der konzentrisch zur Ursprungsstelle liegt. Es zeigt sich, daß der scheinbare Radius dieses Kugelstrahlers um so größer ist, je größer die beim Überschlag umgesetzte Energiemenge ist. Nach den Ausführungen auf S. 133 hängt die Schallabstrahlung vom Verhältnis R_0/λ ab, wenn mit R_0 der Radius eines Kugelstrahlers bezeichnet wird; die nähere Durchrechnung ergibt, daß die höheren Frequenzen relativ zu den tieferen Frequenzen um so stärker abgestrahlt

---

[1] Über die Verwendung des Thermophons als Schallquelle für „Second Sound" Temperaturwellen vgl. H. A. FAIRBANK, W. M. FAIRBANK u. C. T. LANE: J. A. S. A. **19**, 475 (1947).

[2] Das Tönen des Lichtbogens wurde zuerst beobachtet von H. TH. SIMON: Wiedemanns Ann. **74**, 233 (1898). — Phys. Z. **2**, 253 (1901). Vgl. auch W. RIHL: Ann. Phys. (4), **36**, 647 (1911). — LICHTE, H.: ebdt. **42**, 843 (1913).

[3] PALAIOLOGOS, K.: Z. Phys. **12**, 375 (1923).

[4] WEBER, W.: Diss. Univ. Berlin 1939. — A. Z. **4**, 373 (1939). Ein elektrisches Ersatzschema des durch Funken erregten Knalls behandelt L. CREMER: A. Z. **5**, 46 (1940).

werden, je kleiner R_0 ist; mit anderen Worten, der Überschlag einer starken Entladung klingt dumpfer als derjenige einer schwachen Entladung. Das Schallspektrum von Funkenknallwellen ist so gut definiert, daß man mit Hilfe von Knallen Kalibrierungen von Schallempfängern in weiten Frequenzbereichen durchführen kann. Die erzielbare Meßgenauigkeit beträgt ± 1 db.

Auch zur Erzeugung von kurzen Schallimpulsen in Flüssigkeiten kann vorteilhaft der Funkenüberschlag verwendet werden[1]. Man benutzt Funkenknallsender insbesondere bei Untersuchungen über Wellenausbreitung mit Schlierenmethoden[2].

Führt man in ein beiderseits offenes, lotrechtstehendes Rohr eine Gasflamme ein, so kommt das Rohr bei geeigneter Lage der Ausströmungsöffnung und bei geeignetem Gasdruck zum Tönen[3], die Tonhöhe entspricht genähert einer der freien Eigenschwingungen des beiderseits offenen Rohrs (vgl. S. 71). Für das Auftreten der Schwingungen maßgebend ist die Rückwirkung der Rohrschwingungen auf die Flamme; beim Ablauf von Schwingungen treten periodische Druckänderungen an der Zuleitungsöffnung ein, die zum Vibrieren der Flamme und damit zu periodischen Änderungen der von der Flamme abgegebenen Wärme führen. Die Zusammenhänge im einzelnen sind ziemlich verwickelt. Auch mit Hilfe — beispielsweise durch elektrischen Strom — erhitzter Drahtnetze[4], welche in einem vertikalen Rohr, etwa $^1/_4$ Wellenlänge vom unteren Ende entfernt, angebracht sind, kann Schall erzeugt werden. Bemerkt sei hier noch, daß man auch feste Körper durch Wärme zum Tönen bringen kann; das Auftreten derartiger, thermisch erregter Schwingungen fester Körper wurde zuerst von TREVELYAN be-

---

[1] Über Funkenknallsender in Flüssigkeiten vgl. insbesondere H. DRUBBA u. H. H. RUST: A. E. Ü. **7**, 429 (1953) (m. zahlr. Lit.-Ang.). — BAILITIS, E.: Diss. Hamburg (1955). Z. angew. Phys. **9**, 429 (1957). — FRÜNGEL, F., u. H. KELLER: ebdt. 145. — FRÜNGEL, F., E. BAILITIS u. W. THORWART: ebdt. 153. — BENNETT, F. D.: Phys. of Fluids **1**, 347 (1958) (betr. Knallwelle bei Drahtexplosion). — ROY, N. A. u. D. P. FROLOV: Proc. 3. I. C. A. Congr. Stuttgart (1959).

[2] Über Schlierenverfahren vgl. S. 263.

[3] Die singende Flamme wurde 1777 von HIGGINS entdeckt. Vgl. insbesondere auch J. WÜRSCHMIDT: Verh. Dtsch. Phys. Ges. **18**, 444 (1916). — RICHARDSON, E. G.: Proc. phys. Soc. Lond. **35**, 47 (1923). — JONES, A. T.: J. A. S. A. **16**, 254 (1945); ebdt. **17**, 151 (1945). — HOPWOOD, F. L.: Sci. Progr. **40**, 233 (1952) (betr. Erzeugung größerer Schalleistungen). — NEIMARK, YU. I., u. G. V. ARONOVIČ: Z. exp. u. theor. Phys. (USSR) **28**, 567 (1950). — PUTNAM, A. A., u. W. R. DENNIS: J. A. S. A. **28**, 246, 260 (1956) (mit zahlreichen weiteren Literaturangaben).

[4] Netztöne wurden zuerst von P. L. RIJKE [Pogg. Ann. Phys. u. Chem. **107**, 339 (1859)] beobachtet. Vgl. hierzu weiterhin K. O. LEHMANN: Ann. Phys. (5) **29**, 527 (1937). — COOP, J. J.: J. A. S. A. **9**, 321 (1948). — NEURINGER, J. L., u. G. H. HUDSON: ebdt. **24**, 667 (1952). — PUTMANN, A. A., u. W. R. DENNIS: ebdt. **26**, 716 (1954). — MAWARDI, O. K.: Rep. Progr. Phys. **19**, 156 (1956). — MERK, H. J.: Appl. Sci. Res. (Haag) (A) **6**, 317, 402 (1957), **8**, 1 (1958).

obachtet[1]. TREVELYAN benutzte ein Dreikantprisma aus Metall, welches längs einer Kante mit einer Rille versehen ist. Erhitzt man das Dreikantprisma und stellt man es dann mit den Rändern der Rille auf eine kalte Metallplatte, so kann ein Ton zustande kommen. Das kalte Metall dehnt sich an der Berührungsstelle mit dem heißen „Wackler" und wirft diesen hoch. Bei geeigneter Bauart des Wacklers treten abwechselnd die beiden Rillenränder mit der kalten Unterlage in Verbindung und führen so zu periodischen Schwingungen des Wacklers. Für das Auftreten der Schwingungen entscheidend ist es, daß die Wärmeausdehnungskoeffizienten des Materials des Wacklers und des Materials der Unterlage verschieden sind.

IV. Schallausbreitung

21. Schallgeschwindigkeit

Die in Ziff. 9, S. 57 abgeleitete Wellengleichung ergibt für Schallwellen in Flüssigkeiten und Gasen

$$c = \sqrt{\frac{1}{K \cdot \varrho_0}} = \sqrt{\frac{E_V}{\varrho^0}},$$

wobei K die adiabatische Kompressibilität, E_V den Volum-Elastizitätsmodul und ϱ_0 die Dichte bedeutet. Die experimentelle Bestimmung der Schallgeschwindigkeit mit den in Ziff. 13 besprochenen Methoden hat die Gültigkeit dieser Beziehung bestens bestätigt[2].

Da die Dichte der Flüssigkeiten und Gase von der Temperatur abhängt, ist auch die Schallgeschwindigkeit bei verschiedenen Temperaturen verschieden. Für ein Gas von der absoluten Temperatur T berechnet sich die Geschwindigkeit c_T gemäß

$$c_T = c_0 \, (T/273)^{\frac{1}{2}}$$

aus dem für die Temperatur 0 °C gültigen Werte c_0. Die Schallgeschwindigkeit nimmt also mit der Wurzel aus der Temperatur zu.

Solange die LAPLACEsche Beziehung $p \cdot v^\varkappa = \text{konst.}$ erfüllt ist, besteht keine Abhängigkeit der Schallgeschwindigkeit vom mittleren

---

[1] TREVELYAN, A.: Phil. Mag. **3**, 321 (1833). — Über den Effekt vgl. insbesondere auch E. G. RICHARDSON: Phil. Mag. (6), **45**, 946 (1923).

[2] Auf die Tatsache, daß die Ausbreitungsgeschwindigkeit von Wellen endlicher Amplitude (insbesondere Stoßwellen) wesentlich größer werden kann, als die Ausbreitungsgeschwindigkeit der normalerweise in der Akustik vorkommenden Wellen mit nur kleiner relativer Dichteänderung, war schon hingewiesen worden (Ziff. 9, S. 57).

Druck. Im Gebiet extrem kleiner Drucke[1] und bei Drucken oberhalb
mehrerer Atmosphären wird die Schallgeschwindigkeit aber größer.
Abb. 162 zeigt (nach A. H. Hodge)[2] den Anstieg der Schallgeschwindigkeit
bei großen Drucken für Luft, Stickstoff, Wasserstoff und Helium. Im
Gebiet des kritischen Zustands erfährt die Schallgeschwindigkeit — wie
noch bemerkt sei — eine starke Abnahme und steigt dann rasch auf den
sehr viel höheren Wert in der flüssigen Phase[3].

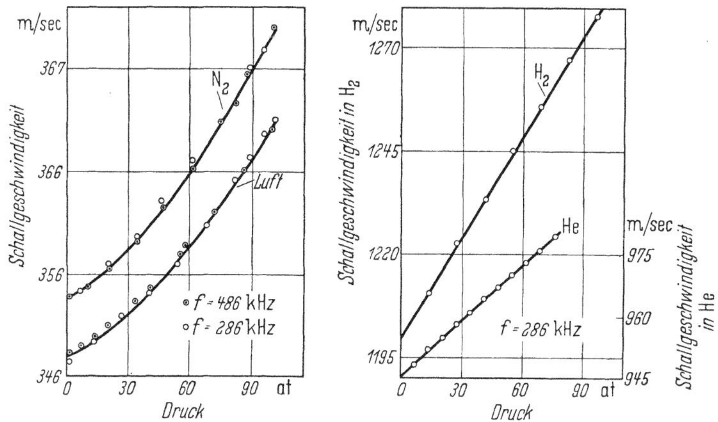

Abb. 162. Druckabhängigkeit der Schallgeschwindigkeit in Luft, Stickstoff, Wasserstoff und Helium
(nach A. H. Hodge)

[1] Über Schallgeschwindigkeit bei kleinen Drucken vgl. Abbey, R. L., u. G. E.
Barlow: Austr. J. Res. (A) 1, 175 (1948). — Zartman, I. F.: J. A. S. A. 21,
171 (1949). — Greenspan, M.: ebdt. 22, 568 (1950). — Smith, P. W.: ebdt. 23,
715 (1951). — Abbey, R. L.: Austr. J. Res. (A) 5, 513 (1952). — Stewart, J. L.
u. E. S. Stewart: J. A. S. A. 24, 22 (1952). — Boyer, R. A.: ebdt. 716. — Caro,
D. E. u. L. H. Martin,: Nature (Lond.) 172, 363 (1953); Proc. Phys. Soc. (Lond.)
B 36, 760 (1953). — Greenspan, M.: J. A. S. A. 28, 644 (1956). — Vgl. hierzu
auch noch Ausführungen auf S. 242.

[2] Hodge, A. H.: J. Chem. Phys. 5, 974 (1937). — Über Schallgeschwindigkeitsmessungen in Gasen bei höheren Drucken vgl. W. G. Schneider u. C. J. Thiessen:
Canad. J. Rec. (A) 28, 509 (1950). — Lacam, A.: J. Phys. et le Rad. 14, 351, 426
(1953). — Lacam, A., u. J. Noury: C. R. 236, 362 (1953). — Lacam, A.: J. Phys.
et le Rad. 15, 381 (1954). — Lacam, A., u. R. Bergeon: J. Rech. Centre. Nat.
1955, S. 349. — van Itterbeek, A., u. W. de Rop: Appl. Sci. Res. (Haag) (A) 6,
21 (1956). — van Itterbeek, A., W. de Rop u. G. Forrez: ebdt. 421. —
Hayess, E.: Z. phys. Chem. (Leipzig) 206, 210 (1957). — van Itterbeek, A. u.
J. Zink: Appl. sci. Res. Hague (A) 7, 375 (1958).

[3] Vgl. hierzu C. M. Herget: J. Chem. Phys. 8, 537 (1940). — van Itterbeek, A.:
Nuovo Cim. 7, Suppl. 2, 218 (1950). — Anderson, N. S. u. L. P. Delsasso J. A. S.
A. 23, 423 (1951). — Noury, J.: C. R. 233, 516 (1951). — Chynoweth, A. G., u.
W. G. Schneider: J. Chem. Phys. 20, 1777 (1952). — Kling, R., E. Nicolini
u. H. Tissot: C. R. 234, 708 (1952). — Noury, J.: ebdt. 303, 1036; J. Phys. et le
Rad. 15, 831 (1954). — Lacam, A.: ebdt. 830. — van Itterbeek, A., u. G. Forrez:
Physica 20, 767 (1954). — Tielsch, H., u. H. Tanneberger: Z. Phys. 137, 256

Die Feuchtigkeit ist insofern von Einfluß auf die Schallgeschwindigkeit, als sich mit ihr die Dichte ändert, der Feuchtigkeitseinfluß ist aber (im Bereich des Hörschalls) sehr klein, so sind beispielsweise die Schallgeschwindigkeitswerte von trockener Luft und von Luft mit 100% Feuchtigkeit bei 0 °C nur um etwa 1,5 pro Mill. verschieden.

In der Tabelle 11[1] sind die Schallgeschwindigkeitswerte für Luft verschiedener Temperaturen[2] zusammengestellt:

Tabelle 11

$t\,°C$	m/sec		$t\,°C$	m/sec		$t\,°C$	m/sec
−140	227		+ 10	337,8		+ 200	437
−100	263		+ 20	343,8	0,60	+ 300	478
− 80	278		+ 30	349,6	0,58	+ 400	521
− 60	293		+ 40	355,3	0,57	+ 500	558
− 40	306,5		+ 60	366,5		+ 600	593
− 20	319,3	0,63	+ 80	377,5		+ 700	626
− 10	325,6	0,62	+100	387,2		+ 800	658
0	331,8	0,60	+140	408		+1000	717

Über die Schallgeschwindigkeit in verschiedenen Gasen und Dämpfen gibt die Tabelle 12, S. 221, Auskunft.

Die erste Schallgeschwindigkeitsmessung in Luft ist, wie noch bemerkt sei, im Jahre 1636 von MERSENNE durchgeführt worden; er beobachtete die Zeit zwischen dem Aufblitzen des Mündungsfeuers eines Geschützes und dem Eintreffen des Schalls. Der von ihm gefundene Wert (230 Toisen/sec entsprechend rund 450 m/sec) liegt allerdings zu hoch[3].

Die Schallgeschwindigkeit im Wasser wurde zuerst von J. D. COLLADON und J. K. F. STURM[4] im Genfer See bestimmt; sie fanden (bei

---

Fortsetzung der Fußnote 3 von S. 219

(1954). — GALATRY, L., u. J. NOURY: J. Phys. et le Rad. **17**, 375 (1956). — SCHAAFFS, W.: Acustica **6**, 382 (1956). — NOZDREV, V. F., u. V. D. SOBOLEV: Akust. Z. (USSR) **2**, 379 (1956). — FISHER, J. Z.: ebdt. **3**, 208 (1957).

[1] Entnommen E. LÜBCKE: Beitrag „Schallgeschwindigkeit" zum Hdb. d. Phys. 8, Berlin 1927. — H. O. KNESER gibt (Ann. Phys. (5) **34**, 665 (1939)) als zuverlässigsten Wert für Luft von 0° C (trocken, kohlensäurefrei) 331,60 m/sec, T. J. KUKKAMÄKI (ebdt. **31**, 398 (1938)) 330,79 m/sec, R. C. COLWELL, A. W. FRIEND u. L. H. GIBSON (J. Frankl. Inst. **230**, 749 (1940)) 331,36 m/sec, H. C. HARDY u. W. H. PIELEMEIER (Phys. Rev. (2) **59**, 934 (1941)) 331,47 m/sec an. Vgl. ferner H. C. HARDY, D. TELFAIR u. W. H. PIELEMEIER: J. A. S. A. **13**, 226 (1942), W. L. WOOLF: J. A. S. A. **15**, 83 (1943). — LENIHAN, J. M. A.: Acustica **2**, 205 (1952) (331,45 ± 0,04 m/s). — SMITH, P. W.: J. A. S. A. **25**, 81 (1953) (331,45 ± 0,05 m/s).

[2] Im Bereich der gewöhnlicherweise vorkommenden Temperaturen ist auch die Geschwindigkeitszunahme pro Grad C angegeben.

[3] MERSENNE: De l'utilité de l'Harmonie, Paris (1636), S. 44. — Vgl. zu diesen historischen Fragen insbesondere auch J. M. A. LENIHAN: Acustica **1**, 96 (1951).

[4] COLLADON, J. D., u. J. K. F. STURM: Pogg. Ann. Phys. u. Chem. **12**, 171 (1828).

Tabelle 12. Schallgeschwindigkeit in Gasen und Dämpfen

Stoff	t °C	Druck in atm	c in m/s	Entnommen
Acetylen	18	...	327	[4]
Ammoniak	18	1	428,2	[2]
	100	1	481,9	[2]
Argon	0	...	308	[4]
Äthan	10	...	308	[4]
Äthylalkohol	80	...	266,1	[7]
Äthylchlorid.	18	1	428,2	[2]
	100	1	481,9	[2]
Äthyläther	35	...	166,3	[7]
Äthylen.	0	...	317	[4]
Benzol	80	0,9	208	[1]
Brom	0	...	135	[4]
Bromwasserstoff	0	...	200	[4]
Chlor	0	...	206	[4]
Chloroform	70	...	154	[1]
Chlorwasserstoff	0	...	296	[4]
Cyangas	0	...	229	[4]
Helium	0	...	971	[6]
Jod	0	...	108	[4]
Jodwasserstoff.	0	...	157	[4]
Kalium	850	...	656	[4]
Kohlenoxyd	0	...	337	[4]
Kohlensäure	18	1	265,8	[2]
	100	1	297,2	[2]
Leuchtgas	13,6	...	453	[4]
Methan	0	...	430	[1]
Methylalkohol	67	0,9	341	[3]
Neon	0	0,88	433,4	[3]
Quecksilber	360	...	208	[4]
Sauerstoff.	0	1	315,4	[5]
	−183,2	0,8453	178,3	[3]
Schwefeldioxyd	18	1	216,2	[2]
	100	1	244,2	[2]
Schwefelkohlenstoff . . .	0	...	189	[1]
Schwefelwasserstoff . . .	0	...	289	[4]
Stickoxyd.	0	...	324	[4]
Stickoxydul	0	...	257	[4]
Stickstoff	0	...	334	[8]
Tetrachlorkohlenstoff. . .	97	0,9	145	[1]
Wasserdampf	0	...	401	[1]
Wasserstoff	0	1	1286	[5]
	18	1	1301	[2]
	100	1	1643	[2]
Wasserstoff (schwerer) . .	0	...	890	[8]

[1] D'ANS, J., u. E. LAX: Taschb. f. Chem. u. Physiker, Berlin 1943, S. 1030. Über Wasserdampf bei hoher Temperatur vgl. auch: BECK, R.: I. Arch. techn.

Fortsetzung s. S. 222

8 °C) $c = 1435$ m/sec. Auch die Schallgeschwindigkeit des Wassers ist stark temperaturabhängig. Abb. 163 zeigt nach Messungen von H. Leon[1] die Werte der Schallgeschwindigkeit im Bereich von 25 °C bis 53 °C für Frequenzen zwischen 600 und 800 kHz.

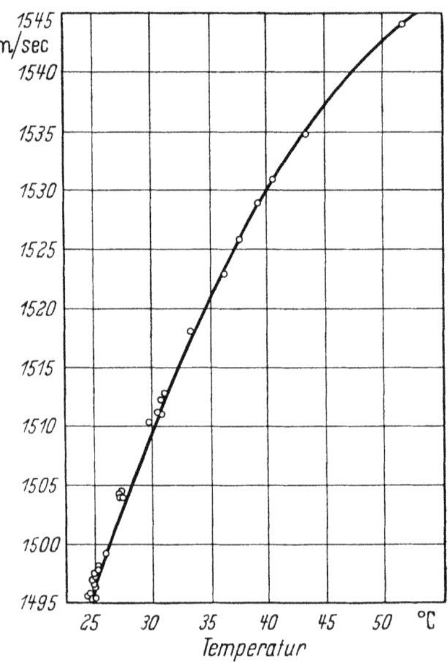

Abb. 163. Schallgeschwindigkeit in Wasser (nach H. Leon)

In Tabelle 13, S. 224, sind (nach M. Greenspan und C. E. Tschiegg[2]) die Ergebnisse von im National Bureau of Standards

Fortsetzung der Fußnote von S. 222.

Messen V 52—2, 97 (1958). — Lindsay, R. B., D. D. Eden u. J. Zink: Proc. 3. I. C. A. Congr. Stuttgart (1959).

[2] Kaye, G. W. C., u. G. G. Sherratt: Proc. Roy. Soc. Lond. (A) **141**, 123 (1933).

[3] Keesom, W. H., u. J. A. van Lammeren: Kon. Akad. Wet. Amstd. **37**, 614 (1934); Physica **1**, 1161 (1934); Comm. Leiden Nr. 234e.

[4] Lübcke, E.: Hdb. d. Physik **8**, 644 (1927). — Vgl. auch Richardson, E. G.: J. A. S. A. **31**, 152 (1959).

[5] Pitt, A., u. W. J. Jackson: Canad. Journ. Res. **12**, 686 (1935).

[6] Keesom, W. H., u. A. van Itterbeek: Kon. Akad. Wet. Amstd. **34**, 204 (1931); Comm. Leiden 213b. — van Itterbeek, A., u. W. de Laet: Physica, **24**, 59 (1958). — (Helium bei sehr tiefen Temperaturen.)

[7] Matta, K., u. M. Mokhtar: J. A. S. A. **16**, 120 (1944).

[8] Henvis, B. W.: Electronics März 1947, S. 134 (umfangreiche Tabellen über Schallgeschwindigkeiten in den verschiedensten Stoffen). Hovi, V.: Annal. Acad. Scienc. Fenn. (A) VI, 1 (1958) (betr. H_2 und andere Gase). — Hingewiesen sei hier auch noch auf Arbeiten über die Schallgeschwindigkeit von Gasmischungen: van Itterbeek, A., u. W. van Domnik: Proc. Roy. Soc. Lond. **58**, 615 (1946); B **22**, 62 (1949). — Vrkljan, V. S.: Anz. Oesterr. Akad. Wiss. 1957, S. 251.

[1] Leon, H.: J. A. S. A. **27**, 1107 (1955) (kritische Zusammenstellung der von verschiedenen Forschern gewonnenen Resultate).

[2] Greenspan, M., u. C. E. Tschiegg: J. A. S. A. **31**, 75 (1959) (Die Genauigkeit der Messung liegt bei $1:3 \times 10^4$). — Über Schallgeschwindigkeit in Wasser vgl. noch P. P. Heusinger: Acustica **1**, (AB 3) (1951) (Messungen an H_2O und D_2O). — Houton, G.: J. appl. Phys. **22**, 1407 (1951). — Pancholy, M.: J. A. S. A. **25**, 1003 (1953) (betr. D_2O). — Graham, G. N.: ebdt. 1124. — Smith, A. H., u. A. W. Lawson: J. chem. Phys. **22**, 351 (1954) (Messungen bei hohen Drucken). — Litovitz, T. A., u. E. H. Carnevale: J. appl. Phys. **26**, 816 (1955). — Connell, R. A., u. W. F. Mruk: J. A. S. A. **27**, 672 (1955). — Martin, A. V. J.: J. Rech. Cent. Nat. Rech. Sci. 8, 251 (1957). — Otpushchennikov, N. F.: Akust. Z. (UdSSR) **4**, 367 (1958). — Wilson, W. D.: J. A. S. A. **31**, 1067 (1959). — McDade, J. C., D. R. Pardue, A. L. Hedrich u. F. Vrataric: J. A. S. A. **31**, 1380 (1959).

durchgeführten Messungen der Schallgeschwindigkeit in destilliertem Wasser wiedergegeben. Der Gehalt an Gasblasen ist von Einfluß auf die Schallgeschwindigkeit und zwar sinkt diese mit wachsendem Gasgehalt[1]. Die Änderung der Dichte mit dem Druck bedingt auch eine Abhängigkeit von der Wassertiefe. Für Seewasser von $32{,}35^0/_{00}$ Salzgehalt gilt[2]: für c in m/s bei den verschiedenen Tiefen:

$t\,^{\circ}C$	m Tiefe				
	0	750	1500	2250	3000
0	1440	1448	1456	1462	1467
5	1462	1469	1476	1483	1489
10	1481	1488	1494	1500	1507
15	1498	1505	1511	1517	1522

In Abb. 164 ist nach Messungen von A. Weissler und V. A. Del Grosso[3] die Abhängigkeit der Schallgeschwindigkeit im Seewasser ($37{,}29^0/_{00}$ Salzgehalt) von der Temperatur dargestellt; der Anstieg erfolgt bei höheren Temperaturen flacher als bei tieferen. Infolge der mit dem Salzgehalt sich ändernden Kompressibilität und der mit dem Salzgehalt sich ändernden Dichte ist bei Seewasser eine merkliche Abhängigkeit vom Salzgehalt vorhanden[4].

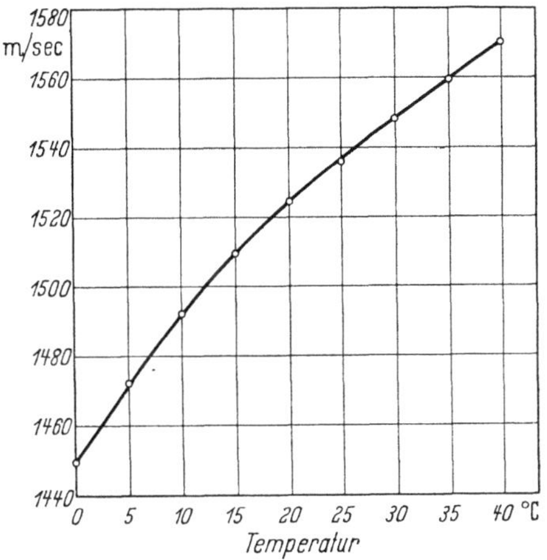

Abb. 164. Schallgeschwindigkeit in Salzwasser. Salzgehalt $37{,}29^0/_{00}$ (nach A. Weissler u. V. A. del Grosso)

[1] Meyer, E., u. E. Skudrzyk: Acustica 3, 434 (1953). — Vgl. auch F. E. Fox, St. R. Curley u. G. S. Larson: J. A. S. A. 27, 534 (1955). — Markgraf, H.: Hochfrequenz u. Elektroakustik 65, 169 (1957).

[2] Maurer, H.: Ann. Hydrogr. Berlin, 52, 75 (1924). — Über Schallgeschwindigkeit in Seewasser (bei Drucken bis 1200 Atm.) vgl. Martin, A. V. J.: J. Rech. Centre Nat. Rech. Sci. No 41, S. 251 (1957).

[3] Weissler, A., u. V. A. Del Grosso: J. A. S. A. 23, 219 (1951). — Vgl. hierzu insbesondere auch E. R. Anderson: Trans. Amer. Geophys. Ann. 31, 221 (1950). — Brown, R. K.: J. A. S. A. 26, 64 (1954). — Ener, C., u. N. S. Tasköprülü: Rev. Fac. Sci. Univ. Istanbul C 19, 105 (1954).

[4] Vgl. insbesondere A. Schumacher: Ann. Hydrg. Berlin 52, 780 (1924). — Kuwahara, S.: Hydrographic Rev. 16, 123 (1939). — Martin, A. V. J.: Ann. Géophys. 13, 307 (1957). — Froese, C.: Canad. J. Phys. 37, 775 (1959). — Mackenzie, K. V.: J. A. S. A. 32, 100 (1960).

Tabelle 13. Schallgeschwindigkeit in destilliertem Wasser (nach M. Greenspan u. C. E. Tschiegg)

$\frac{T}{°C}$	$\frac{c}{m/sec}$	$\frac{\varDelta}{m/sec}$	$\frac{T}{°C}$	$\frac{c}{m/sec}$	$\frac{\varDelta}{m/sec}$	$\frac{T}{°C}$	$\frac{c}{m/sec}$	$\frac{\varDelta}{m/sec}$	$\frac{T}{°C}$	$\frac{c}{m/sec}$	$\frac{\varDelta}{m/sec}$
	1400+			1400+			1500+			1500+	
0	2,74		25	97,00	2,71	50	42,87	1,12	75	55,45	—0,01
1	7,71	4,97	26	99,64	2,64	51	43,93	1,07	76	55,40	—0,05
2	12,57	4,86	27	*2,20	2,56	52	44,95	1,02	77	55,31	—0,09
3	17,32	4,75	28	4,68	2,49	53	45,92	0,97	78	55,18	—0,13
4	21,96	4,64	29	7,10	2,41	54	46,83	0,92	79	55,02	—0,17
5	26,50	4,53	30	9,44	2,34	55	47,70	0,87	80	54,81	—0,20
6	30,92	4,43	31	11,71	2,27	56	48,51	0,82	81	54,57	—0,24
7	35,24	4,32	32	13,91	2,20	57	49,28	0,77	82	54,30	—0,28
8	39,46	4,22	33	16,05	2,14	58	50,00	0,72	83	53,98	—0,31
9	43,58	4,12	34	18,12	2,07	59	50,68	0,67	84	53,63	—0,35
10	47,59	4,02	35	20,12	2,00	60	51,30	0,63	85	53,25	—0,39
11	51,51	3,92	36	22,06	1,94	61	51,88	0,58	86	52,82	—0,42
12	55,34	3,82	37	23,93	1,87	62	52,42	0,53	87	52,37	—0,46
13	59,07	3,73	38	25,74	1,81	63	52,91	0,49	88	51,88	—0,49
14	62,70	3,64	39	27,49	1,75	64	53,35	0,45	89	51,35	—0,52
15	66,25	3,55	40	29,18	1,69	65	53,76	0,40	90	50,79	—0,56
16	69,70	3,46	41	30,80	1,63	66	54,11	0,36	91	50,20	—0,59
17	73,07	3,37	42	32,37	1,57	67	54,43	0,31	92	49,58	—0,63
18	76,35	3,28	43	33,88	1,51	68	54,70	0,27	93	48,92	—0,66
19	79,55	3,19	44	35,33	1,45	69	54,93	0,23	94	48,23	—0,69
20	82,66	3,11	45	36,72	1,39	70	55,12	0,19	95	47,50	—0,72
21	85,69	3,03	46	38,06	1,34	71	55,27	0,15	96	46,75	—0,76
22	88,63	2,95	47	39,34	1,28	72	55,37	0,11	97	45,96	—0,79
23	91,50	2,87	48	40,57	1,23	73	55,44	0,07	98	45,14	—0,82
24	94,29	2,79	49	41,74	1,17	74	55,47	0,03	99	44,29	—0,85
25	97,00	2,71	50	42,87	1,12	75	55,45	—0,01	100	43,41	—0,88
	1400+			1500+			1500+			1500+	

Die nachstehende Tabelle 14 gibt eine Zusammenstellung von Schall-geschwindigkeitswerten in Flüssigkeiten:

Tabelle 14. Schallgeschwindigkeit in Flüssigkeiten

Flüssigkeit	$t\,°C$	c in m/s	Temperatur-koeffizient $m\ s^{-1}\ grad^{-1}$	Entnommen bei:
Aceton	20	1190	—4,3	[3]
Äthylalkohol	20	1168	—3,5	[3]
Äthyläther	20	1006	—5,2	[3]
Ammoniak (konzentriert) .	16	1663	....	[6]
Benzin	17	1166	....	[6]
Benzol	20	1326	—5,2	[9]
Chlorbenzol	20	1291	—3,6	[9]
Chloroform	20	1005	—3,6	[9]
cis-Dekalin	20	1451	—4,1	[1]
trans-Dekalin	20	1403	—4,2	[1]
cis-Dichloräthylen	20	1072	....	[2]
trans-Dichloräthylen . . .	20	1031	....	[2]
Glyzerin	20	1923	—1,8	[3]
Hexan, aus Petroleum . .	20	1083	....	[9]
Kochsalzlösung 1% . . .	15	1487	....	[4]
	25	1520	....	[4]
,, 5% . . .	15	1540	....	[4]
	25	1569	....	[4]
,, 10% . . .	25	1600	....	[3]
,, 20% . . .	25	1723	....	[3]
,, 25% . . .	25	1770	....	[3]
Methylalkohol	20	1121	—3,3	[3]
Methyljodid	20	834	....	[9]
Naphthalin	86	1302	....	[12]
Nitrobenzol	20	1473	—3,8	[9]
n-Oktan	20	1197	—4,4	[9]
Olivenöl	32,5	1381	....	[13]
Paraffinöl	33,5	1420	....	[13]
Petroleum	7,2	1395	....	[6]
	15	1326	....	[6]
Quecksilber	20	1451	—0,46	[3]
Salzsäure (konzentriert) . .	15,5	1518	....	[6]
Sauerstoff (flüssig)	—182,9	912	....	[7]
Schwefelkohlenstoff . . .	20	1158	—3,2	[10]
Terpentinöl	15	1326	....	[6]
Tetrachlorkohlenstoff . . .	25	920,6	—3,1	[10]
Trichloräthylen	20	1049	—4,4	[9]
Toluol	25	1308	—4,2	[11]
Wasser (leichtes)	25	1497	+2,5	[10]
Wasser (schweres)	25	1401	+2,9	[8]
Wasserstoff (flüssig) . . .	—252,1	1150	....	[5]
m-Xylol	25	1324	—4,2	[11]

[1] BACCAREDDA, M.: Ric. Scient. **16**, Nr. 5, 6 (1946).
[2] BACCAREDDA, M., u. A. GIACOMINI: Ric. Scient. **15**, Nr. 2, (1945).
Fortsetzung s. S. 226

15 Trendelenburg, Akustik, 3. Aufl.

Die Tabelle zeigt, daß die Schallgeschwindigkeit bei den meisten Flüssigkeiten mit wachsender Temperatur sinkt. Wasser bildet aber eine Ausnahme. Die Schallgeschwindigkeit in Wasser steigt zunächst mit zunehmender Temperatur. Bei $+74\,°C$ erreicht sie mit $1557\,\mathrm{m/sec}$ ein sehr flaches Maximum. Oberhalb dieser Temperatur nimmt die Schallgeschwindigkeit dann wieder ab. Mischt man Wasser mit anderen Flüssigkeiten, so kann man je nach dem Mischungsverhältnis positiven oder negativen Temperaturkoeffizienten erhalten. Abb. 165 zeigt nach

Fortsetzung von S. 225

[3] Freyer, E. B., J. C. Hubbard u. D. H. Andrews: J. Amer. Chem. Soc. **51**, 759 (1929). Über Quecksilber vgl. auch G. R. Ringo, J. W. Fitzgerald u. B. G. Hurdle: Phys. Rev. **72**, 87 (1947). — Über Glycerin vgl. F. A. A. Ferguson, F. W. Guptill u. A. D. MacDonald: J. A. S. A. **26**, 67 (1954). — Über Alkohole vgl. E. H. Carnavale u. T. A. Litovitz: ebdt. **27**, 547 (1955).

[4] Hubbard, J. C., u. A. L. Loomis: Nature **120**, 189 (1927). — Phil. Mag. (VII) **5**, 1177 (1928).

[5] van Itterbeek, A., u. L. Verhaegens: Nature **163**, 399 (1949) [weitere Messungen vgl. auch J. K. Galt: J. chem. Phys. **16**, 505 (1948)].

[6] Lübcke, E.: Handb. d. Physik 8, 644 (Berlin 1927). Die Angaben über die Schallgeschwindigkeiten in Benzin differieren, wie nach der uneinheitlichen Zusammensetzung dieser Flüssigkeit nicht anders zu erwarten, erheblich. B. W. Henvis (Electronics März 1947, S. 234) gibt beispielsweise für 20 °C 1320 $\mathrm{ms^{-1}}$ an.

[7] Pitt, A., u. W. J. Jackson: Canad. J. of Res. **12**, 686 (1935).

[8] McMillan, D. R., u. R. T. Lagemann: J. A. S. A. **19**, 956 (1947). Vgl. auch R. T. Lagemann, D. R. McMillan u. W. E. Woolf: J. Chem. Phys. **17**, 369 (1949).

[9] Schaaffs, W.: Z. Physik. Chem. **194**, 28 (1944).

[10] Seifen, N.: Z. Physik **108**, 681 (1938). — Über Tetrachlorkohlenstoff vgl. J. F. Mifsud u. A. W. Nolle: J. A. S. A. **28**, 469 (1956).

[11] Willard, G. W.: J. A. S. A. **12**, 438 (1941); ebdt. **19**, 235 (1947) (Messungen in 50 organischen Flüssigkeiten). Bezüglich organischer Flüssigkeiten vgl. weiter J. R. Pellam u. J. K. Galt: J. Chem. Phys. **14**, 608 (1946). — Lagemann, R. T., D. R. McMillan u. M. Woolsey: J. Chem. Phys. **16**, 247 (1948). — Lagemann, R. T., D. R. McMillan u. W. E. Woolf: ebdt. **17**, 369 (1949). — Schaaffs, W.: a. a. O. (Anm. 4, S. 229). — Sette, D.: Nuovo Cim. VI G. 6 (Suppl.) (1949). — Fox, W. M., u. G. W. Hazzard: J. chem. Phys. **22**, 1485 (1954). — Busch, G., u. W. Maier: Z. Naturf. 11 a, 765 (1956). — Heasell, E. L., u. J. Lamb: Proc. Roy. Soc. (A) **237**, 233 (1956). — Young, J. M., u. A. A. Petrauskas: J. chem. Phys. **25**, 943 (1956). — Parthasarathy, S. u. M. Pancholy: Ann. Phys. (6) **17**, 417 (1956). — Bass, R. u. J. Lamb: Proc. Roy. Soc. (A) **247**, 168 (1958). — Leon, H. I.: J. chem. Phys. **28**, 748 (1958). — Tabuchi, D.: ebdt. 1014. — Parthasarathy, S., u. V. Narasimhan: J. Phys. Radium **19**, 957 (1958). — Pesin, M. S., u. I. L. Fabelinskii: Dokl. Akad. Nauk (UdSSR) **122**, 575 (1958). — Rabinovich, I. B., V. I. Kucheryavii u. P. N. Nikolaev: J. phys. Chem., Moscow **32**, 1499 (1958). — Breazeale, M. A.: Proc. 3. I. C. A. Congr. Stuttgart (1959). — Kudrjawzew, B. B. u. S. A. Baljan: ebdt.

[12] Busch, G., u. W. Maier: Z. Phys. **137**, 494 (1954).

[13] Pancholy, M., A. Pande u. S. Parthasarathy: J. Sci. and Ind. Rec. **3**, Nr. 3 u. Nr. 5 (1944). — Ausführliche Angaben über Schallgeschwindigkeiten in den verschiedensten Stoffen bringt auch ein Referat von E. G. Richardson: Rev. Mod. Phys. **27**, 15 (1955).

Messungen von A. GIACOMINI[1] die Schallgeschwindigkeit von Mischungen von Wasser mit Äthylalkohol in Abhängigkeit von der Temperatur. Bei 17,35 Gewichtsprozent Alkohol ist der Temperaturkoeffizient praktisch gleich Null, es ergeben sich für dies Mischungsverhältnis folgende Werte der Geschwindigkeit:

5° C 1610 m/sec;
15° C 1611 m/sec;
25° C 1611 m/sec;
35° C 1609 m/sec.

Abb. 165 läßt erkennen, daß die Schallgeschwindigkeit in Wasser—Alkohol-Mischungen durchaus nicht Werten entspricht, die zwischen den Schallgeschwindigkeitswerten für die einzelnen reinen Komponenten liegen[2].

---

[1] GIACOMINI, A.: Acta Pont. Acad. Scient. VI, 87 (1942); J. A. S. A. **19**, 701 (1947). — Vgl. auch R. PARSHAD: J. A. S. A. **20**, 66 (1948) (theoretische Erklärung der von A. GIACOMINI gefundenen Kurven durch intermolekulare Kräfte). — HEUSINGER, P. P.: Acustica **1**, (AB 3) (1951).

[2] Auch Mischungen von Tetrachlorkohlenstoff und Paraffin zeigen das gleiche Verhalten. [Vgl. P. J. ERNST: J. A. S. A. **19**, 372 (1947).] — Bezüglich weiterer Untersuchungen über die Schallgeschwindigkeit in verschiedenen Mischungen, Lösungen, Elektrolyten, Emulsionen u. a. vgl. M. R. RAO: Current Sci. **9**, 534 (1940). — GIACOMINI, A., u. B. PESCE: Ric. Sci. **11**, 605, 619 (1940).—DERENZINI, T.,

15*

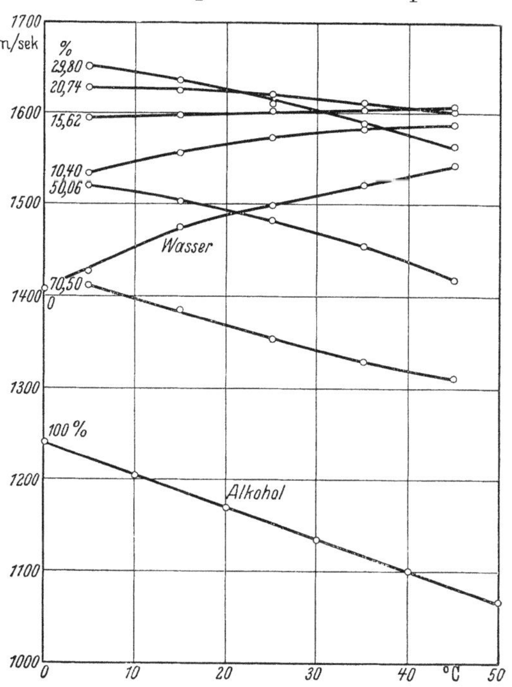

Abb. 165. Die Temperaturabhängigkeit der Schallgeschwindigkeit in Wasser-Alkohol-Mischungen (nach A. GIACOMINI). Die angegebenen Prozentzahlen sind die Gewichtsprozente an Alkohol

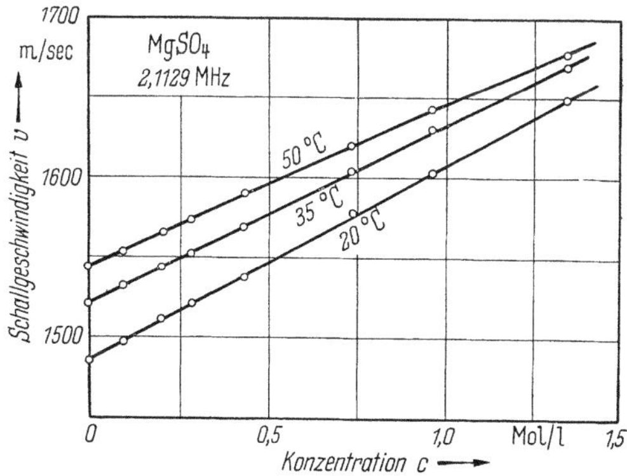

Abb. 166. Schallgeschwindigkeit von MgSO₄-Lösungen in Abhängigkeit von der Konzentration. Parameter: Temperatur. Messungen bei 2,1129 MHz. (nach K. TAMM u. H. G. HADDENHORST)

u. A. Giacomini: ebdt. **13**, 242 (1942). — Willard, G. W.: J. A. S. A. **19**, 235 (1947). — Burton, C. J.: J. A. S. A. **20**, 186 (1948). — Parshad, R.: J. A. S. A. **21**, 175 (1949). — Epstein, P. S.: T. v. Karman Anniversary Volume, S. 162. — Urick, R. J., u. W. S. Ament: J. A. S. A. **21**, 115 (1949). — Sette, D.: Ric. Sci. **19**, 1338 (1949). — Mikhailov, I. G., u. A. A. Christorazum: Dokl. Acad. Nauk (USSR) **81**, 779 (1951). — Chynoweth, A. G., u. W. G. Schneider: J. Chem. Phys. **19**, 1566 (1951). — ebdt. **20**, 760 (1952). — Barthel, R.: J. A. S. A. **24**, 313 (1952). — Petralia, S., u. M. Cevolani: R. C. Accad. Naz. Lincei **12**, 674 (1952). — Barnartt, S.: J. Chem. Phys. **20**, 278 (1952). — Gabrielli, I., u. G. Poiani: Ric. Sci. **22**, Nr. 7 (1952). — Ament, W. S.: J. A. S. A. **25**, 638 (1953). — Barthel, R.: J. A. S. A. **26**, 227 (1954). — Chambré, P. L.: ebdt. 329. — Pryor, A. W., u. R. Roscoe: Proc. Phys. Soc. Lond. (B) **67**, 70 (1954). — Gabrielli, I., u. G. Poiani: Ric. Sci. **24**, 1039 (1954). — Fox, W. M., u. G. W. Hazzard: J. Chem. Phys. **22**, 1485 (1954). — Mohanty, B. S., u. B. B. Deo: Ind. J. Phys. **28**, 577 (1955). — Kretschmar, G. G.: J. Chem. Phys. **23**, 2102 (1955). — Cevolani, M., u. S. Petralia: Nuovo Cim. **1**, 705 (1955). — Marks, G. W.: J. A. S. A. **27**, 680 (1955). — Savaf, J. R., u. L. N. Sistrava: Z. Phys. Chem. **205**, 84 (1955). — Gabrielli, J., u. L. Verdini: Suppl. Nuovo Cim. (10) **2**, 936 (1955). — Collins, F. C., M. H. Navidi u. L. P. Friedman: Industr. Engr. Chem. **47**, 1181 (1955). — Krishnamurthi, M.: Proc. Ind. Acad. Sci. (A) **43**, 106 (1956). — Kudryavtsev, B. B.: Akust. Ztsch. (USSR) **1**, 39 (1956); **2**, 36, 172 (1956). — Verma, G. S., u. S. K. Kor: J. Chem. Phys. **24**, 163 (1956). — Buonsanto, M.: Suppl. Nuovo Cim. (10) **4**, 1061 (1956). — Balachandran, C. G.: J. Ind. Inst. Sci. (A) **38**, 1 (1956). — Mikhailov, J. G., u. V. A. Shutilov: Dokl. Akad. Nauk (USSR) **110**, 116 (1956). — Jeener, J.: J. Chem. Phys. **25**, 584 (1956). — Mikhailov, I. G., L. J. Savina u. G. N. Feofanov: Vestnik. Leningrad Univ. No 22, 25 1957). — Krishnamurty, B. H.: J. Sci. Industr. Res. **16**, 337 (1957). — Rehfeld, K.: Wiss. Z. Ernst-Moritz-Arndt-Univ. Greifswald **6**, 203 (1956/57). — Panda, S., u. B. S. Mohanty: Indian J. Phys. **31**, 560 (1957). — Allinson, P. A.: J. Colloid Sci. **13**, 513 (1958). — Ishida, Y.: J. phys. Soc. Japan **13**, 536 (1958); Mem. Coll. Sci. Univ. Kyoto A, **29**, 91 (1958). — Krishnamurty, B.: J. Sci. Industr. Res. **17 B**, 397, 475 (1958). — Nomoto, O.: J. phys. Soc. Japan **18**, 1524 (1958). — Prakash, S., u. S. Ch. Srivastava: Indian J. Phys. **32**, 62 (1958). — Shio, H.: J. Amer. chem. Soc. **80**, 70 (1958). — Vrkljan, V. S.: Anz. österr. Akad. Wiss. **95**, 192 (1958). — Parthasarathy, S., M. Pancholy: Z. angew. Phys. **10**, 453 (1958). — Krishnamurty, B., u. M. S. Murty: J. Sci. Industr. Res. **17**, 216 (1958). — Allinson, P. A., u. E. G. Richardson: Proc. Phys. Soc. **72**, 833 (1958). — Nomoto, O.: J. Phys. Soc. Jap. **18**, 1524 (1958). — Rao, B. R., u. K. S. Rao: Proc. Phys. Soc. **73**, 239 (1959). — Baljan, S. A. u. B. B. Kudrjawzew: Proc. 3. I. C. A. Congr. Stuttgart (1959). — Barone, A., Fanti, F., u. D. Sette: ebdt. — Carstensen, E. L., u. H. P. Schwan: J. A. S. A. **31**, 305 (1959). — Jacob, H. P.: Proc. 3. I. C. A. Congr. Stuttgart (1959). — Kleiman, Ya. Z.: Akust. Z. (UdSSR) **5**, 157 (1959). — Marks, G. W.: J. A. S. A. **31**, 936 (1959). — Rao, B. R. u. K. S. Rao: Curr. Sci. **28**, 108 (1959). — Rao, K. S. u. B. R. Rao: J. Sci. Industr. Res. **18 B**, 223 (1959); J. A. S. A. **31**, 439 (1959).

Über Schallgeschwindigkeit in unterkühlten Flüssigkeiten vgl. Noury, J.: J. Rech. **7**, 217 (1956). — Hunter, A. N.: Proc. Phys. Soc. (B) **69**, 965 (1956). — Barone, A., G. Pisent u. D. Sette: Suppl. Nuovo Cim. (10) **6**, 434 (1957), Acustica **7**, 109 (1957).

Über Schallgeschwindigkeit in Schmelzen vgl. Reich, M., u. O. Stienstadt: Phys. Z. **32**, 124 (1931). — Kleppa, O. J.: J. Chem. Phys. **18**, 1331 (1950). — Pochapsky, T. E.: Phys. Rev. **84**, 553 (1951). — Richards, N. E., S. J. Brauner u. J. O'M. Bockris: Brit. J. Appl. Phys. **6**, 387 (1955).

In wässerigen Elektrolytlösungen steigt nach Untersuchungen von K. Tamm und H. G. Haddenhorst[1] die Schallgeschwindigkeit mit der Konzentration an. Abb. 167 zeigt die Abhängigkeit der Schallgeschwindigkeit von der Konzentration in verschiedenen 2—2-wertigen Elektrolytlösungen, Abb. 168 die Abhängigkeit von der Temperatur einer wässerigen $MgSO_4$-Lösung.

S. Parthasarathy[2] hat zuerst auf gesetzmäßige Zusammenhänge zwischen der Schallgeschwindigkeit und der chemischen Konstitution organischer Flüssigkeiten hingewiesen, so ist z. B. die Schallgeschwindigkeit in aromatischen Verbindungen höher als in aliphatischen, auch wächst sie mit der Moleküllänge. Nach einer von M. R. Rao[3] aufgestellten Beziehung gilt $\sqrt[3]{c} = \text{const}\ \dfrac{\varrho}{M}$, wobei ϱ die Dichte und M das Molekulargewicht bedeutet. Über den Zusammenhang der Schallgeschwindigkeit und der chemischen Konstitution hat, ausgehend von der van der Waalsschen Zustandsgleichung

$$\left(p + \frac{a}{v^2}\right)(v - b) = RT,\qquad \text{W.}$$

Schaaffs[4] eingehende theoretische Untersuchungen ange-

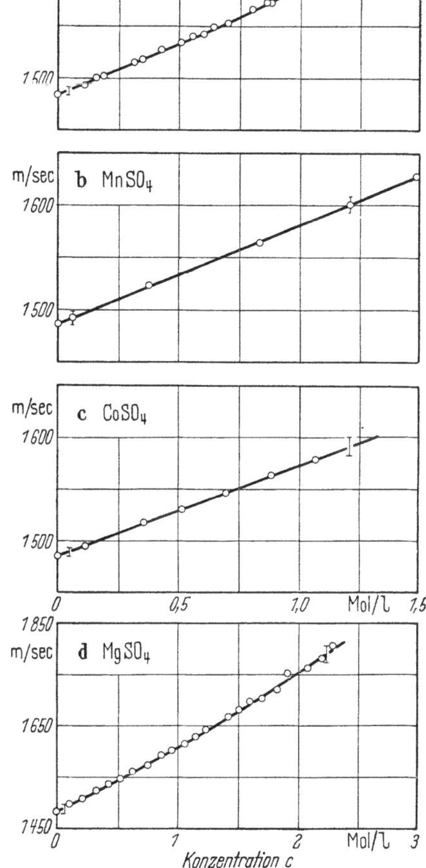

Abb. 167. Abhängigkeit der Schallgeschwindigkeit von der Konzentration in Elektrolyten. Messungen bei 20 °C, 7,0488 MHz (nach K. Tamm u. H. G. Haddenhorst)

---

[1] Tamm, K., u. H. G. Haddenhorst: Acustica **4**, 653 (1954).

[2] Parthasarathy, S.: Curr. Sci. **6**, 322 (1938).

[3] Rao, M. R.: J. Chem. Phys. **9**, 682 (1941).

[4] Schaaffs, W.: Z. Phys. **114**, 251 (1939); **115**, 69 (1940); Beitrag Schallgeschwindigkeit und Molekülstruktur, Ergebn. Exakte Naturw. **25**, 109 (1951) (mit ausführlichen Literaturangaben); Acustica **4**, 635 (1954). — Vgl. zu diesen Fragen weiterhin M. Baccaredda u. A. Giacomini: Ric. Scient. **16**, Nr. 5—6 (1946). — Richardson, E. G.: Nature **158**, 296 (1946). — Weissler, A., J. W. Fitzgerald u. J. Resnick: J. Appl. Phys. **18**, 434 (1947). — Dienes, J. G.: ebdt. 848. —

stellt, die die Raosche Formel atomistisch deuten und eine Berechnung der Schallgeschwindigkeit aus den chemischen Daten, insbesondere dem Molekulargewicht und dem Molekülvolumen pro Mol, ermöglichen. Tabelle 15 S. 231 zeigt eine Zusammenstellung von berechneten und gemessenen Werten, die in guter Übereinstimmung liegen.

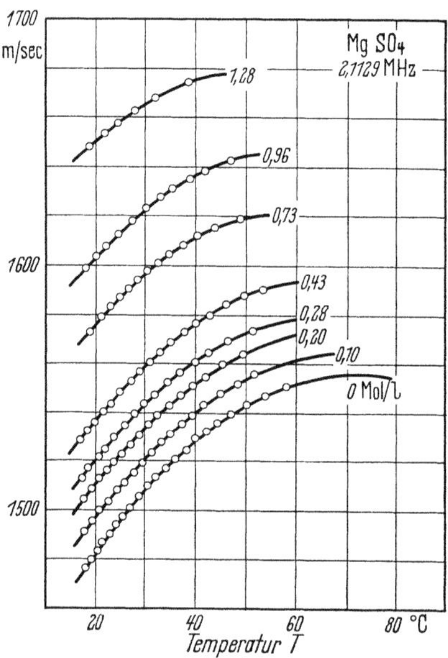

Abb. 168. Abhängigkeit der Schallgeschwindigkeit von der Temperatur in wässeriger MgSO₄-Lösung verschiedener Konzentration
Messungen bei 2,1129 MHz (nach K. Tamm u. H. G. Haddenhorst)

Fortsetzung der Fußnote 4 von S. 229

Parshad, P.: J. A. S. A. 20, 66 (1948). — Sette, D.: Ric. Scient. 20, 102, 673 (1950); Z. Naturf. 5a, 170 (1950). — Parthasarathy, S., u. N. N. Bakhshi: J. Sci. Indust. Res. 12 A, 448 (1953); J. Chem. Phys. 57, 453 (1953). — Danusso, F., u. E. Fadigati: R. C. Acad. Lincei 14, 81 (1953). — Danusso, F.: ebdt. 17, 109, 114, 234, 370 (1954). — Kannebley, G., u. W. Schaaffs: Acustica 4, 661 (1954). — Leon, H. J.: J. Chem. Phys. 23, 983 (1955). — Nomoto, O.: J. Phys. Soc. Jap. 8, 533 (1953); J. Chem. Phys. 21, 950 (1953). — Kishimoto, T., u. O. Nomoto: J. Phys. Soc. Jap. 9, 59, 66, 73 (1954). — Busch, G., u. W. Maier: Z. Phys. 137, 494 (1954). — Gabrielli, J., u. L. Verdini: Nuovo Cim. 2, 426 (1955). — Nomoto, O.: J. Phys. Soc. Jap. 10, 31 (1955). — Parthasarathy, S., u. M. Pancholy: Ann. Phys. 17, 417 (1956). — Venkatasubramanian, V. S.: J. Ind. Sci. (A) 38, 23 (1956). — Kudryavtsev, B. B.: Akust. Z. (USSR) 2, 331 (1956). — Wada, Y.: J. Phys. Soc. Jap. 11, 1203 (1956). — Fisher, J. Z.: Akust. Z. (USSR) 3, 206 (1957). — Kuczera, F.: 2. Konf. Ultraschall Warschau 1957, S. 55. — Lal, K. C., u. P. N. Sharma: Z. Phys. Chem. 206, 231 (1957). — Prokhorenko, V. K., u. J. Z. Fisher: Akust. Z. (USSR) 4, 204 (1958). — Leon, H. J.: J. chem. Phys. 28, 748 (1958). — Lal, K. C.: Curr. Sci. 27, 387 (1958). — Genähr, R.: Acustica 8, 153 (1958). — Schuyer, J.: Nature, Lond. 181, 1394 (1958). — Nomoto, O.: J. Phys. Soc. 13, 1524 (1958). — Altenburg, K.: Proc. 3. I. C. A. Congr. Stuttgart (1959). — Kuczera, F., A. Opilski u. S. Szyma: ebdt.

Tabelle 15. Gemessene und berechnete Schallgeschwindigkeiten in organischen Flüssigkeiten (nach W. SCHAAFFS)[1]

Flüssigkeiten	Bruttoformel	Dichte ϱ_4^{20}	Schallgeschwindigkeit m/sec gemessen	berechnet
ringförmige Kohlenwasserstoffe				
Benzol	C_6H_6	0,878	1326	1326
Toluol	C_7H_8	0,866	1328	1327
o-Xylol	C_8H_{10}	0,871	1360	1347
m-Xylol	C_8H_{10}	0,863	1340	1335
p-Xylol	C_8H_{10}	0,860	1330	1331
Inden	C_9H_8	0,998	1475	1471
Tetralin	$C_{10}H_{12}$	0,967	1492	1468
Cyclohexan	C_6H_{12}	0,779	1284	1284
Cyclohexen	C_6H_{10}	0,811	1305	1304
Methylcyclohexan	C_7H_{14}	0,764	1247	1247
Hydrinden	C_9H_{10}	0,910	1403	1369
cis-Decalin	$C_{10}H_{18}$	0,896	1451	1435
trans-Decalin	$C_{10}H_{18}$	0,870	1403	1392
ringförmige Kohlenstoffverbindungen mit Sauerstoff in der Bindung O = (C)				
Acetophenon	C_8H_8O	1,026	1496	1482
Benzaldehyd	C_7H_6O	1,046	1479	1480
Zimtaldehyd	C_9H_8O	1,112	1570	1593
Benzylaceton	$C_{10}H_{12}O$	0,989	1514	1463
Äthylphenylketon	$C_9H_{10}O$	1,009	1498	1470
Cyclohexanon	$C_6H_{10}O$	0,948	1443	1428
Kohlenstoffverbindungen mit der Gruppe OH				
Benzylalkohol	C_7H_8O	1,045	1540	1538
Carvacrol	$C_{10}H_{14}O$	0,976	1475	1466
o-Kresol	C_7H_8O	1,046	1523	1538
Cyclohexanol	$C_6H_{12}O$	0,962	1493	1500
l-Linalool	$C_{10}H_{18}O$	0,863	1341	1359
Furfurylalkohol	$C_5H_6O_2$	1,135	1467	1470
Kohlenstoffverbindungen mit Stickstoff				
Diäthylanilin	$C_{10}H_{15}N$	0,934	1482	1476
Äthylbenzylanilin	$C_{15}H_{17}N$	1,029	1586	1574
Anilin	C_6H_7N	1,022	1656	1657
o-Toluidin	C_7H_9N	0,998	1634	1630
m-Toluidin	C_7H_9N	0,989	1620	1613
Cyclohexylamin	$C_6H_{13}N$	0,819	1435	1420
Äthanolamin	C_2H_7ON	1,018	1741	1781

[1] Vgl. Anm. 4 S. 229.

Tabelle 15 (Fortsetzung)

Flüssigkeiten	Bruttoformel	Dichte ϱ_4^{20}	Schallgeschwindigkeit c m/sec gemessen	Schallgeschwindigkeit c m/sec berechnet
Kohlenstoffverbindungen mit Chlor				
Chlorbenzol	C_6H_5Cl	1,107	1291	1295
m-Dichlorbenzol	$C_6H_4Cl_2$	1,287	1295	1295
o-Chlortoluol	C_7H_7Cl	1,085	1344	1334
m-Chlortoluol	C_7H_7Cl	1,070	1326	1313
p-Chlortoluol	C_7H_7Cl	1,066	1316	1305
α-Chlornaphthalin	$C_{10}H_7Cl$	1,192	1483	1481
1,2,4-Trichlorbenzol	$C_6H_3Cl_3$	1,456	1301	1324
Trichloräthylen	C_2HCl_3	1,447	1049	1052
Acetylchlorid	C_2H_3OCl	1,103	1060	1088
Perchloräthylen	C_2Cl_4	1,614	1066	1082
Kohlenstoffverbindungen mit Brom				
Äthylbromid	C_2H_5Br	1,461	900	820
n-Butylbromid	C_4H_9Br	1,275	900	968
n-Amylbromid	$C_5H_{11}Br$	1,223		1024
n-Octylbromid	$C_8H_{17}Br$	1,166	1182	1192
m-Methylcyclohexylbromid	$C_7H_{13}Br$	1,259	1194	1173
p-Methylcyclohexylbromid	$C_7H_{13}Br$	1,267	1189	1183
Methylenbromid	CH_2Br_2	2,484	963	1025
Äthylenbromid	$C_2H_4Br_2$	2,178	1009	1014
Propylenbromid	$C_3H_6Br_2$	1,941	995	995
Bromoform	$CHBr_3$	2,890	928	925
Acetylentetrabromid	$C_2H_2Br_4$	2,963	1041	1060

In der folgenden Tabelle 16, S. 233, sind noch einige Werte für silicium-organische Verbindungen zusammengestellt.

Eine bezüglich der Schallgeschwindigkeit sehr interessante Flüssigkeit ist Helium II bei Temperaturen unterhalb des Sprungpunktes bei 2,19 °K. Es war schon oben (S. 69) darauf hingewiesen worden, daß in dieser Flüssigkeit neben normalem Schall die meist als „Second Sound" bezeichneten Temperaturwellen auftreten. Die Geschwindigkeit des normalen Schalls im Helium II beträgt beim Sprungpunkt etwa 220 m/sec[1], unterhalb 1,4 °K ist der Wert der Schallgeschwindigkeit im

---

[1] PELLAM, J. R., u. CH. F. SQUIRE: Physic. Rev. **72**, 1249 (1947). — LANE, C. T., H. A. FAIRBANK u. W. M. FAIRBANK: Physic. Rev. **71**, 600 (1947). — Über Messungen in weiteren verflüssigten Gasen wie Argon, Sauerstoff, Stickstoff, Wasserstoff vgl. J. K. GALT: J. chem. Physics **16**, 505 (1948). — VAN ITTERBEEK, A., u. L. VERHAEGEN: Nature **136**, 399 (1949). — VERHAEGEN, L.: Verh. Vlaamse Acad. Wetensch. **13**, Nr. 38 (1952). — VAN ITTERBEEK, A.: Proc. 3. I. C. A. Congr. Stuttgart (1959).

Tabelle 16. *Schallgeschwindigkeiten und Temperaturkoeffizient in silicium-organischen Verbindungen* (nach G. KANNEBLEY u. W. SCHAAFFS) [1]

Nr.		Bezeichnung	Formel	Schallgeschwindigkeit c	Temperaturkoeffizient dc/dT	Dichte ϱ_4^{20}
				m/s	m/(s · grad)	g/cm³
1	Tetraalkylsilane	Tetraäthylsilan	$Si(C_2H_5)_4$	1213	—4,1	0.7667
2		Tetrapropylsilan	$Si(C_3H_7)_4$	1254	—3,8	0,7833
3		Tetrabutylsilan	$Si(C_4H_9)_4$	1292	—3,6	0,8011
4		Dimethyldiäthylsilan	$(CH_3)_2Si(C_2H_5)_2$	1089	—3,4	0,7192
5		Dimethyldipropylsilan	$(CH_3)_2Si(C_3H_7)_2$	1139	—3,6	0,7402
6		Dimethyldibutylsilan	$(CH_3)_2Si(C_4H_9)_2$	1187	—3,7	0,7630
7	Alkoxysilane*	Tetramethoxysilan	$Si(OCH_3)_4$	1104	—3,6	1,0333
8		Tetraäthoxysilan	$Si(OC_2H_5)_4$	1076	—4,2	0,9336
9		Tetrapropoxysilan	$Si(OC_3H_7)_4$	1149	—4,1	0,9106
10		Tetrabutoxysilan	$Si(OC_4H_9)_4$	1194	—3,8	0,8974
11		Tetraisopropoxysilan	$Si(O{-}iC_3H_7)_4$	1016	—3,9	0,8750
12		Tetraisobutoxysilan	$Si(O{-}iC_4H_9)_4$	1139	—4,0	0,8872
13		Tetraisoamoxysilan	$Si(O{-}iC_5H_{11})_4$	1203	—2,8	0,8845
14	Alkylalkoxysilane	Methyltriäthoxysilan	$CH_3Si(OC_2H_5)_3$	1068	—3,7	0,8955
15		Tripropylmethoxysilan	$CH_3OSi(C_3H_7)_3$	1222	—3,8	0,8216
16		Dimethyldiacetoxysilan	$(CH_3)_2Si(OCOCH_3)_2$	1178	—4,1	1,0535
17		Methyltriacetoxysilan	$CH_3Si(OCOCH_3)_3$	1248	—4,6	1,1680

* Diese Gruppe ist auch unter der Bezeichnung Orthokieselsäureester bekannt.

flüssigen Helium 239 m/sec [2]. Die Geschwindigkeit der „Second Sound"-Wellen im Temperaturbereich von 2,176 °K bis 1,408 °K sind nach Messungen von J. R. PELLAM [3] in der nebenstehenden Tabelle zusammengestellt. Bei sehr tiefen Temperaturen wurde ein starkes Ansteigen der „Second Sound"-

Tabelle 17

Temperatur °K	Ausbreitungsgeschwindigkeit m/s
2,176	3,12
2,170	5,00
2,105	16,64
1,806	19,68
1,654	20,26
1,603	20,07
1,408	19,83

[1] KANNEBLEY, G., u. W. SCHAAFFS: Acustica 4, 661 (1954).

[2] CHASE, C. E.: Phys. Rev. (2) 91, 489 (1953); Proc. Roy. Soc. Lond. (A) 220, 116 (1953). — Über die Schallgeschwindigkeit im flüssigen Helium bei sehr tiefen Temperaturen vgl. weiterhin K. R. ATKINS u. C. E. CHASE: Proc. Phys. Soc. 64, 826 (1951). — VAN ITTERBEEK, A., G. FORREZ u. M. TEIRLINCK: Physica 23, 63, 905 (1957). — LIM, C. C., A. C. H. HALLETT u. E. W. GUPTILL: Canad. J. Phys. 35, 1343 (1957). — CHASE, C. E.: Phys. of Fluids 1, 198 (1958). — ATKINS, K. R., u. H. FLICKER: Phys. Rev. 113, 959 (1959) (betr. He₃).

[3] PELLAM, J. R.: Physic. Rev. 75, 183 (1949); vgl. auch V. PESHKOV: J. theor. exp. Phys. (USSR) 18, 951 (1948).

Ausbreitungsgeschwindigkeit beobachtet; unterhalb 0,1 °K beträgt ihr Wert nach Untersuchungen von K. R. Atkins und D. V. Osborne[1] 152 m pro sec.

Die an festen Körpern vorgenommenen Schallgeschwindigkeitsmessungen sind meist an Proben ausgeführt worden, welche in Form von Stäben vorlagen. Longitudinale Wellen in Stäben laufen, wie auf S. 66 ausgeführt, mit einer Geschwindigkeit ab, welche sich aus dem Elastizitätsmodul E und der Dichte ϱ gemäß der Beziehung

$$c_{\text{long (Stab)}} = \sqrt{\frac{E}{\varrho}}$$

ermitteln.

Aus der Schallgeschwindigkeit der longitudinalen Wellen in Stäben läßt sich dann die Schallgeschwindigkeit für den unendlich ausgedehnten Körper aus der in Ziff. 9, S. 64 angegebenen Formel (64) folgendermaßen berechnen:

$$\frac{c_{\text{long (untegr)}}}{c_{\text{long (Stab)}}} = \sqrt{\frac{(1-\mu)}{(1-\mu-2\,\mu^2)}}\,,$$

wobei mit μ die Poissonsche Zahl bezeichnet ist. Für Stoffe mit kleiner Poissonscher Zahl (z. B. Kork) ist die Geschwindigkeit longitudinaler Wellen in unbegrenzten Medien nur unwesentlich von derjenigen in Stäben verschieden. Bei Metallen liegt die Poissonsche Zahl zwischen etwa 0,2 und 0,45, dementsprechend können beträchtliche Unterschiede zwischen der Schallgeschwindigkeit im freien Medium und der Schallgeschwindigkeit in Stäben vorhanden sein.

Aus der Ausbreitungsgeschwindigkeit longitudinaler Wellen im unbegrenzten festen Körper lassen sich unter Berücksichtigung der in S. 64 behandelten Zusammenhänge die Geschwindigkeiten aller anderen in festen Körpern möglichen Wellenarten, z. B. die Geschwindigkeiten von Torsionswellen in Stäben und dgl. berechnen.

Eine Zusammenstellung der Ausbreitungsgeschwindigkeiten longitudinaler Wellen in Metallen gibt Tabelle 18 S. 235 wieder:

Die Schallgeschwindigkeit in Metallen sinkt mit wachsender Temperatur. Nach Messungen von P. G. Bordoni und M. Nuovo[2] beträgt

---

[1] Atkins, K. R., u. D. V. Osborne: Phil. Mag. **41**, 1078 (1950). — Vgl. auch J. R. Pellam u. R. B. Scott: Phys. Rev. **76**, 869 (1949) (geben einen wesentlich kleineren Wert an, vermutlich wurden diese Messungen bei etwas höherer Temperatur durchgeführt).

[2] Bordoni, P. G., u. E. Nuovo: Nuovo Cim. **10**, 386 (1953) (betr. Pb, Sn, Bi, Al, Cd). — Bordoni, P. G., u. M. Nuovo: ebdt. **11**, 127 (1954) (Pb). — Zucker, Ch.: J. A. S. A. **27**, 318 (1955) (Al). — Bell, J. F. W.: Phil. Mag. (8) **2**, 1113 (1957) (betr. speziell Änderung der Schallgeschwindigkeit an Umwandlungspunkten).

Tabelle 18[1]. Schallgeschwindigkeit in m/s in Metallen

Stoff	in Stäben $d \ll \lambda$	im unbegrenzten Medium $d \gg \lambda$	POISSONsche Zahl
Aluminium	5240	6400	0,34
Antimon	3400	—	—
Blei	1250	2400	0,45
Cadmium	2400	2780	0,30
Eisen	5170	5850	0,27
Gold	2030	3240	0,42
Kobalt*	4720	—	—
Konstantan	4300	5240	0,33
Kupfer	3580	4606	0,35
Manganin	3830	4660	—
Magnesium	4900	—	—
Messing	3420	4250	0,35
Molybdän**	—	6286	0,30
Nickel	4970	5600	0,30
Palladium*	3160	—	—
Platin	2800	3960	0,39
Silber	2640	3600	0,38
Stahl	5050	6100	—
Tantal	3350	—	—
Wismut	1790	2186	0,33
Wolfram**	—	5183	0,278
Zink	3810	4170	0,2—0,3
Zinn	2730	3320	0,33
Zink + $^{1}/_{5}$ Zinn*	3330	—	—
Zink + $^{5}/_{5}$ Zinn	2980	—	—
Zink + $^{10}/_{5}$ Zinn	2710	—	—

[1] Die Angaben über Schallgeschwindigkeit in Metallen sind — soweit nicht anders bemerkt — entnommen B. W. HENVIS: Electronics, März 1947, S. 124. Die mit * bezeichneten Werte entstammen einer Zusammenstellung von E. LÜBCKE: Hdb. d. Phys. 8, 647 (1927), die mit ** gekennzeichneten sind Messungen von F. A. METZ u. W. M. A. ANDERSEN: Electronics 22, Juli 1949, S. 96. — Über Schallgeschwindigkeiten in Metallen vgl. auch noch P. G. BARDONI,: Alluminio 16, 495 (1947) (Einfluß von Verunreinigungen in Al). — DE KERVERSAU, E., J. BLETON u. P. BASTIEN: Rev Métall. 47, 421 (1950) (strukturbedingte Einflüsse bei Stahl). — GOLD, L.: J. Appl. Phys. 21, 541 (1950) (Abh. von der Orientierung in kubischen und hexagonalen Kristallen). — OVERTON, W. C.: J. Chem. Phys. 18, 113 (1950) (Beryllium). — VIDAL, G., u. P. LESCOP.: C. R. Paris, 235, 1221 (1952) (Stahl). — BÖMMEL, H., u. J. L. OLSEN: Phys. Rev. 91, 1017 (1953) (supraleitendes Blei und Zinn). — MANDEL, H.: Acustica 4, 333 (1954) (betr. Metallegierungen). — HIKATA, A., R. TRUELL, A. GRANATO, B. CHICK u. G. LÜCKE: J. Appl. Phys. 27, 396 (1956) (Einfluß plastischer Verformungen in Al). — BÖMMEL, H. E., u. H. J. McSKIMIN: Bull. Am. Phys. Soc. (2) 1, 57 (1956) (supraleitendes Zinn). — BERGMAN, R. H., u. R. A. SHAHBENDER: J. appl. Phys. 29, 1736 (1958) (Al-Legierungen). — ELION, H. A.: Proc. 3. I. C. A. Congr. Stuttgart (1959). — RICHTER, H. U.: Proc. 3. I. C. A. Congr. Stuttgart (1959) (technische Metalle). — DE KLERK, J.: Proc. Phys. Soc. Lond. 73, 337 (1959) (Ni-Einkristalle). — STEIN, F., N. G. EINSPRUCH u. R. TRUELL:

sie (für Dehnungswellen in Stäben) für Al bei 30 °C 5035 m/sec, bei 376 °C nur 4508 m/sec und für Pb bei 31 °C 1345 m/sec, bei 284 °C 1086 m/sec. Am Schmelzpunkt erfährt die Schallgeschwindigkeit einen Sprung, und zwar fällt sie dort, wie W. SCHAAFFS[1] zeigte, um etwa 25%.

An Hölzern wurden die nachstehend angegebenen Schallgeschwindigkeitswerte gefunden:

Tabelle 19[2]

Stoff	m/sec	c_l/c_q	Stoff	m/sec	c_l/c_q
Buche	3400	1,34	Kirsche . . .	4400	—
Zeder	4400	—	Nußbaum . .	4700	—
Eiche	3380	1,36	Tanne	5260	2,2
Eiche	4310	—	Tanne rot. . .	4180	1,5
Esche	3900				

Die Werte beziehen sich auf Stäbe[3], die längs der Faser geschnitten waren, quer zur Faser ist die Schallgeschwindigkeit kleiner, das Verhältnis der Ausbreitungsgeschwindigkeit längs zur Faser c_l zur Ausbreitungsgeschwindigkeit c_q quer zur Faser ist in der 3. Spalte angegeben. In der folgenden Tabelle 20, S. 237, sind die Schallgeschwindigkeitswerte noch für eine Reihe weterer Stoffe zusammengestellt.

In plastischen Kunststoffen besteht eine sehr starke Abhängigkeit der Schallgeschwindigkeit von der Temperatur. Die Abb. 169 und Abb. 170 zeigen diese Temperaturabhängigkeit für die Kunststoffe

J. appl. Phys. **30**, 820 (1959) (Si-Einkristalle). — GIBBONS, D. F., u. C. A. RENTON: Phys. Rev. **114**, 1257 (1959) (supraleitendes Zinn). — Bemerkt sei noch, daß die in der Literatur angegebenen Werte für die Schallgeschwindigkeit stark differieren; in Tabelle 18 wurde versucht, möglichst gut gesicherte Werte zusammenzustellen.

[1] SCHAAFFS, W.: Acustica **6**, 387 (1956).

[2] Nach E. LÜBCKE: Hdb. d. Phys. 8, 647, Berlin (1927). Die in der Literatur angegebenen Werte für die Schallgeschwindigkeiten in Hölzern differieren stark. — Umfangreiche Messungen (an 85 Holzarten) führten I. BARDUCCI u. G. PASQUALINI: Nuovo Cimento **5**, 416 (1948), durch. Die Geschwindigkeiten der einzelnen Holzarten sind sehr verschieden, die geringste Schallgeschwindigkeit hat Vitis vinifera mit 2050 m/s, die höchste Populus alba mit 5700 m/s.

[3] Wobei vorausgesetzt ist, daß die Stabausdehnung sehr klein gegen die Wellenlänge ist. In den Gebieten, in welchen die Wellenlänge von gleicher Größenordnung wie die Querdimension ist, tritt Dispersion auf, vgl. S. K. SHEAR u. A. B. FOCKE: Phys. Rev. **57**, 532 (1940). — CZERLINSKY, E.: A. Z. 7, 12 (1942). — HUETER, T. F.: J. A. S. A. **22**, 514 (1950). — TU, L. Y., J. N. BRENNAU u. J. A. SAUER: ebdt. **27**, 550 (1955).

Tabelle 20. Schallgeschwindigkeit (m/s) in verschiedenen festen Stoffen

Stoff	in Stäben $d \ll \lambda$	im unbegrenzten Medium $d \gg \lambda$	nach
Degussit (Degussa-Aluminiumoxyd) . .	9600	—	[7]
Ebonit	1560	—	[2]
Eis —4 °C	3232	—	[5]
Elfenbein	3010	—	[3]
Gips (Stuck)	2310	—	[2]
Glas[1]			[6]
leichtes Flintglas	4550	4800	
schweres Flintglas	3490	3760	
Kronglas	5300	5660	
schwerstes Kronglas	4710	5260	
Granit	3950	—	[1]
Hartgummi[2]	1570	—	[3]
Harz	1600	—	[2]
Kork (kompr.)	535	—	[2]
Lehm	1659	—	[4]
Paraffin	1390	—	[2]
Pech	1310	—	[2]
Quarzglas	5370	5570	[6]
Quarz, kristalliner (X Schnitt)[3]	5440	5720	[6]
Quecksilber (—50° C, fest)	2673	—	[5]
Rochellesalz[4] (45° Y Schnitt)	2740	—	[6]
Sand . . . . etwa	100—300	—	[7]
Siegellack	1370	—	[2]
Stearin	1380	—	[3]
Talg	390	—	[3]
Ton, gebrannt	3650	—	[3]
Turmalin (Z Schnitt)	—	7540	[6]
Wachs	808	—	[2]
Baumwollschnur, mit 1 kg gespannt .	1250	—	[3]
Leinenschnur, mit 1 kg gespannt .	1815	—	[3]
Pergament, mit 1,5 kg gespannt .	1640	—	[3]
Schafleder, mit 0,1 kg gespannt .	470	—	[3]
Schreibpapier, mit 0,9 kg gespannt .	2100	—	[3]
Seidenpapier, mit 0,3 kg gespannt .	2700	—	[3]

[1] D'ANS, J., u. E. LAX: Taschb. f. Chem. u. Physiker, 1018, Berlin 1943. — Über Schallgeschwindigkeiten in Gesteinen vgl. auch M. KRISHNAMURTHI u. S. BALAKRISHNA: Proc. Ind. Acad. Sci. (A) **38**, 495 (1953). — S. BALAKRISHNA: ebdt. **40**, 125 (1954). — RAO, B. R., u. P. V. RAO: Acustica **5**, 217 (1955).

[2] IRONS, E. J.: Journ. Scient. Instr. **7**, 223 (1930).

[3] LÜBCKE, E.: Hdb. d. Physik **8**, 647 (1927).

[4] SCHMIDT, H.: Diss. Göttingen 1923.

[5] REICH, M., u. O. STIERSTADT: Phys. Z. **32**, 1241 (1931).

[6] HENVIS, B. W.: Electronics März 1947, S. 134.

[7] THIEDE, H.: A. Z. **6**, 64 (1941). — Über Schallgeschwindigkeiten in Sedimenten, vgl. auch E. L. HAMILTON, G. SHUMWAY, H. W. MENARD u. C. J. SHIPEK: J. A. S. A. **28**, 1 (1956). — HAMILTON, E. L.: ebdt. 16. — MATSUKAWA, E., u.

Polyäthylen und Nylon (nach Messungen von H. J. McSkimin[1]) sehr anschaulich. Die Schallgeschwindigkeiten in Muskeln[2] liegen bei etwa 1570 m/sec, in Knochen[3] bei 3800 m/sec.

A. N. Hunter: Proc. Phys. Soc. Lond. (B) **69**, 847 (1956) (trockener Sand unter statischer Druckbelastung). — Schmidt, H.: Acustica **4**, 639 (1954) (betr. stabförmig gelagerte Schüttungen aus körnigen Materialien). — Brandt, H.: J. A. S. A. **32**, 171 (1960).

Fußnoten 1 bis 4 von Seite 237

[1] Über Schallgeschwindigkeit in Gläsern vgl. insbesondere K. Schuster: Glastechn. Ber. **18**, 213 (1940). — Allegretti, L.: Ric. Sci. **18**, 995 (1948). — Schaefer, C. L., u. L. Bergmann: Ann. Phys. (6) **3**, 2 (1948). — Diestel, A., u. E. Deeg: Glastechn. Ber. **27**, 105 (1954).

[2] Für Hartgummi fanden F. Levi u. H. J. Philipp [Helv. Phys. Acta **21**, 233 (1948)] etwa 2300 m/sec für $d \gg \lambda$. Die Longitudinalgeschwindigkeit an einer Latexprobe ergab sich zu 1475 m/sec. Ältere, in der Literatur verbreitete Angaben, die für die Longitudinalgeschwindigkeit Werte zwischen 30 und 69 m/sec angeben, sind falsch und beruhen auf fehlerhaftem Meßverfahren.

[3] Über die von der Orientierung der Fortpflanzungsrichtung zu den Kristallen abhängende Schallgeschwindigkeit in kristallinem Quarz vgl. insbesondere E. Giebe u. A. Scheibe: Ann. Phys. (5) **9**, 93, 137 (1931). — Gramont A. de u. D. Beretzki: C. R. Acad. Sci. Paris **199**, 1273 (1934). — Hughes, G. S., u. J. M. Kennel: J. Appl. Phys. **26**, 1307 (1955) (Quarzglas). — Über Schallgeschwindigkeit in Bariumtitanat vgl. H. B. Huntington u. R. B. Southwick: J. A. S. A. **27**, 677 (1955).

[4] Die Schallgeschwindigkeit in Rochellesalz hängt von der Temperatur sehr stark ab.

[1] McSkimin, H. J.: J. A. S. A. **23**, 429 (1951). — Über Schallgeschwindigkeit in Hochpolymeren vgl. insbesondere auch G. W. Willard: ebdt. 83. — Natta, G., u. M. Baccaredda: J. Polymer. Sci. **4**, 533 (1949); Makromol. Chem. **4**, 134 (1949). — Kuhl, W., u. E. Meyer: Phys. Soc. Lond. Rep. Acoustics Sympos. S. 181 (1949). — Hillier, K. W.: Nuovo Cim. **7**, 213 (1950). — Hughes, D. S., E. B. Blankenship u. R. L. Mims: J. appl. Phys. **21**, 294 (1950). — Hatfield, P.: Brit. J. appl. Phys. **1**, 232 (1950). — Gaffney, J., u. A. A. Petrauskas: Phys. Rev. **81**, 303 (1951) (betr. Plexiglas). — Esmail-Begui, Z., u. Th. K. Naylor: J. A. S. A. **25**, 87 (1953). — Mason, W. P., u. H. J. McSkimin: Bell Syst. Techn. J. **31**, 122 (1952). — Nolle, A. W., u. P. W. Sieck: J. appl. Phys. **23**, 888 (1952) (betr. Buna). Nolle, A. W., u. J. F. Mifsud: ebdt. **24**, 5 (1953). — Altenburg, K.: Z. phys. Chemie **202**, 14 (1953). — Kuhn, W., u. S. Vielhauer: ebdt. **1**, 124. — Krishnamurthi, M., u. S. S. Sastry: Nature **174**, 132 (1954). — Subrahmanyam, S. V.: J. chem. Phys. **22**, 1562 (1954). — Mandel, H.: Acustica **4**, 333 (1954) (Schallgeschwindigkeit in Trolitul-Araldit und anderen Mischkörpern.) — Work, R. N.: J. appl. Phys. **27**, 69 (1956). — Hatfield, P.: ebdt. 192. — Wada, Y., u. K. Yamamoto: J. Phys. Soc. Jap. **11**, 887 (1956). — Verma, G. S., u. S. K. Kor: Physica **23**, 306 (1957) (Temperaturabhängigkeit in Thermoplasten). — Verdini, L.: Nuovo Cim. (10) **5**, 648 (1957). — Naake, H. J., u. K. Tamm: Acustica 8, 65 (1958). — Nittel, J.: Exper. Techn. der Phys. **7**, 14 (1959) (Buna). — Mason, P.: Nature (London) **183**, 812 (1959) (Naturkautschuk, Butylkautschuk). — Barone, A.: Proc. 3. I. C. A. Congr. Stuttgart (1959).

[2] Nach G. E. Goldman u. T. F. Hueter: J. A. S. A. **28**, 35 (1956); dort zahlreiche weitere Literaturangaben.

[3] Nach F. Seidl: Acustica **3**, 224 (1953). — Über die Ausbreitungsgeschwindigkeit in der Schädeldecke vgl. J. Zwislocki: J. A. S. A. **30**, 186 (1958).

Die in den vorstehenden Tabellen angegebenen Schallgeschwindigkeitswerte gelten im allgemeinen für im Hörbereich liegende Frequenzen. Die Frequenzabhängigkeit der Schallgeschwindigkeit ist im Hörschall-

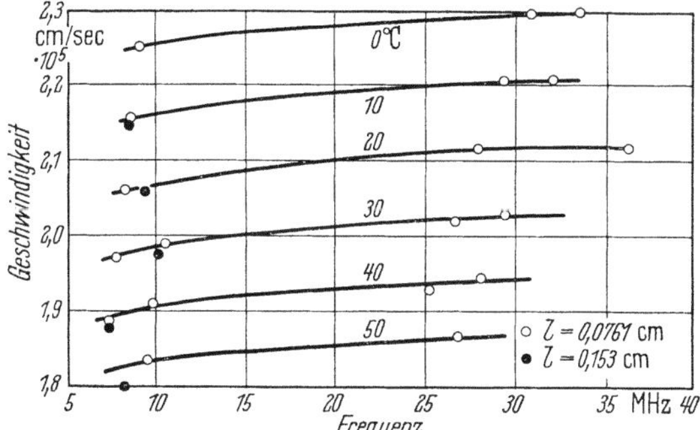

Abb. 169. Schallgeschwindigkeit longitudinaler Wellen in Polyäthylen (nach H. J. McSkimin)

bereich außerordentlich gering; sie spielt dort praktisch keine Rolle. Anders liegen die Dinge bei Ultraschall. Hier gibt es Frequenzgebiete, in denen eine starke Schalldispersion auftritt. G. W. Pierce[1] beobachtete 1925 erstmalig die Erhöhung der Schallgeschwindigkeit mit steigender Frequenz in Kohlendioxyd, er fand bei 42 kHz einen Wert von 258,8 m/sec, bei 98 kHz von 258,9 m/sec und bei 206 kHz von 260,2 m/sec. Von K. F. Herzfeld und F. O. Rice[2] wurde der Schallgeschwindigkeitsanstieg als Relaxationserscheinung gedeutet: Bei hohen Frequenzen

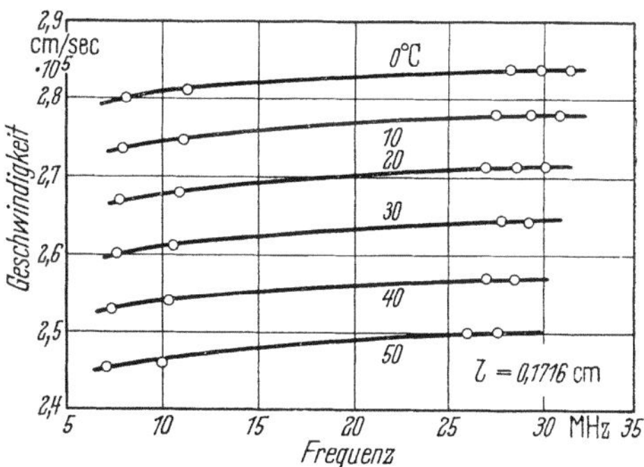

Abb. 170. Schallgeschwindigkeit longitudinaler Wellen in Nylon (nach H. J. McSkimin)

kann der Austausch von Translations- und Schwingungsenergie bzw. Rotationsenergie der Gasmoleküle den raschen Druckschwankungen nicht mehr folgen, hierdurch wird eine Abnahme der spezifischen Wärmen um die entsprechenden Anteile bewirkt.

Der Ansatz für die Schallgeschwindigkeit

$$c = \sqrt{\frac{\varkappa\, P_0}{\varrho_0}} = \sqrt{\frac{c_p\, P_0}{c_v\, \varrho_0}} \tag{133}$$

[1] Pierce, G. W.: Proc. Am. Acad. Boston **60**, 271 (1925).
[2] Herzfeld, K. F., u. F. O. Rice: Phys. Rev. **31**, 691 (1928).

läßt sich, da $c_p - c_v = R$ (R Gaskonstante) schreiben:

$$c = \sqrt{\frac{P_0}{\varrho_0}\left(1 + \frac{R}{c_v}\right)} = \sqrt{\frac{P_0}{\varrho_0}\left(1 + \frac{R}{c_{va} + c_{vi}}\right)}, \qquad (134)$$

wobei c_{va} die spezifische Wärme der Translations- und Rotationsfreiheitsgrade und c_{vi} diejenige der Schwingungsfreiheitsgrade (bei konstantem Volumen) bedeutet. Bei hohen Frequenzen strebt dann also, da c_{vi} dort seinen Einfluß verliert, die Schallgeschwindigkeit dem Grenzwert

$$c = \sqrt{\frac{P_0}{\varrho_0}\left(1 + \frac{R}{c_{va}}\right)} \qquad (135)$$

zu.

H. O. KNESER[1] führte Messungen über den gesamten Verlauf der Dispersionskurve in CO_2 durch und stellte folgende Formel für die

[1] KNESER, H. O.: Ann. Phys. (5) **11**, 761, 777 (1931). — Zur Schalldispersion vgl. weiterhin H. O. KNESER u. J. ZÜHLKE: Z. Physik **77**, 649 (1932). — KNESER, H. O.: Ann. Physik (5) **16**, 337, 360 (1933); EUCKEN, A.: Naturwiss. **20**, 85 (1932) (Beeinflussung der Schwingungsrelaxation durch Fremdgase). — MARIENS, P.: Med. Kon. Vlaamsch. Acad. **1940**, S. 3. — VAN PAEMEL, J., u. P. MARIENS, ebdt. **1942**, 11 — BENDER, T.: Ann. Physik (5) **38**, 199 (1940) (Messungen in Stickstoff, Stickoxyd und Kohlenoxyd zwischen 20° C und 200° C) — TELFAIR, D.: J. A. S. A. **12**, 466 (1941) (Einfluß von Wasserdampf auf die Dispersion von CO_2). — OVERBECK, C. J., u. H. C. KENDALL: J. A. S. A. **13**, 26 (1941); Phys. Rev. (2) **55**, 934 (1941) (Messungen an CO_2 im Bereich von 25° C bis 530° C für 25 kHz bis 530 kHz). — KNESER, H. O.: Ann. Phys. (5) **43**, 465 (1943). — MEIXNER, J.: ebdt. 470 (theoret. Unters. über Gase mit dissoziierenden Molekülen). — BYERS, W. H., u. W. H. PIELEMEIER: J. A. S. A. **15**, 17 (1943). — PIELEMEIER, W. H.: ebdt. 22; STEWART, E. S.: Phys. Rev. **69**, 632 (1946); RICHARDSON, E. G.: Nature Lond. **158**, 296 (1946); RHODES, J. E.: Phys. Rev. **70**, 932 (1946); JATKAR, S. K., u. D. LAKSMINARAYANAN: J. Ind. Inst. Sci. **28** A, 1 (1946). — KNESER, H. O.: Erg. d. Exakt. Naturw. **22**, 121 (1949) (mit ausführlichen Literaturangaben). — LAMBERT, J. D., u. J. S. ROWLINSON: Proc. Roy. Soc. (A) **204**, 424 (1950). — KOHLER, M.: Abh. Braunschw. Wiss. Ges. **2**, 104 (1950). — ÖZDOGAN, I.: Istamb. Univ. Fen. Fak. Mec. (A) **15**, 163 (1950) (betr. NH_3). — ZMUDA, A. J.: J. A. S. A. **23**, 472 (1951) (N_2). — STEWART, E. S., u. J. L. STEWART: J. A. S. A. **24**, 194 (1952) (H_2 u. D_2). — HUBBARD, J. C., u. D. SETTE: Phys. Rev. (2) **87**, 233 (1952) (Dichloräthylen). — NOZDREV, V. F.: Dokl. Acad. Nauk. USSR **85**, 1005 (1952) (n-Hexan). — ÖZDOGAN, B.: J. A. S. A. **24**, 541 (1952) (Äthyläther). — PETRALIA, S.: Nuovo Cim. **9** Suppl., Nr. 1, 1 (1952) (mit ausführlichen Literaturangaben). — GREENSPAN, M.: J. A. S. A. **26**, 70 (1954). — FOGG, P. G. T., P. A. HANKS u. J. D. LAMBERT: Proc. Roy. Soc. A **219**, 490 (1953) (aliphatische Halogen-Kohlenwasserstoffe). — NOMOTO, O., T. IKEDA u. T. KISHIMOTO: J. Phys. Soc. Jap. **7**, 117 (1953) (Äthylen). — LACAM, A.: J. Phys. et le Rad. **15**, 381 (1954) (Methan). — RAO, S. T., u. J. C. HUBBARD: J. A. S. A. **27**, 321 (1955) (Dichloräthan). — ENER, C., A. BUSALA u. J. C. HUBBARD: J. Chem. Phys. **23**, 155 (1955) (Methylalkohol). — FOGG, P. G. T., u. J. D. LAMBERT: Proc. Roy. Soc. (A) **232**, 537 (1955) (halogenisierte Alkylene). — BROER, L. J. F.: Ned Tijdschr. Naturkd. **31**, 314 (1955) (Theorie d. Relaxation in Gasen). — HERZFELD, K. F., u.

Dispersion auf:

$$c = \sqrt{\frac{P_0}{\varrho_0}\left(1 + R\,\frac{c_v + \omega^2\,k^2\,c_{va}}{c_v + \omega^2\,k^2\,c_{va}}\right)}. \tag{136}$$

Hierbei bedeutet k die „mittlere Lebensdauer des Energiequants". Nach Gl. (136) steigt die Schallgeschwindigkeit im Dispersionsgebiet rasch an. Bei der Frequenz

$$f_d = \frac{1}{2\,\pi\,k}\,\frac{c_v}{c_{va}} \tag{137}$$

ist der Anstieg am steilsten, die Dispersionskurve hat an dieser Stelle ihren Wendepunkt, die Schallgeschwindigkeit strebt dann bei noch höheren Frequenzen ihrem oberen Grenzwert zu.

In Abb. 171 ist die Schalldispersionskurve von Kohlensäure[1] wiedergegeben.

Auch in trockener kohlensäurefreier Luft tritt, wie Abb. 172 zeigt, ein Dispersionseffekt auf, der durch die verzögerte Einstellung der Rotationsfreiheitsgrade des Stickstoffs und des Sauerstoffs verursacht wird, das Dispersionsgebiet liegt allerdings bei sehr hohen Frequenzen,

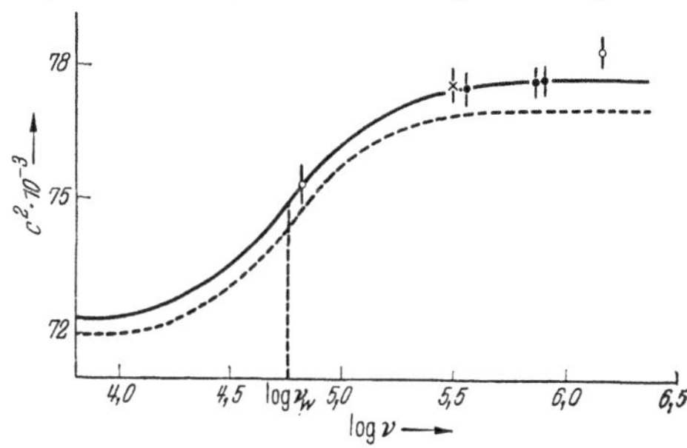

Abb. 171. Schalldispersion in reiner Kohlensäure (nach M. H. WALLMANN). Ordinate: Quadrat der Schallgeschwindigkeit m²/sec²

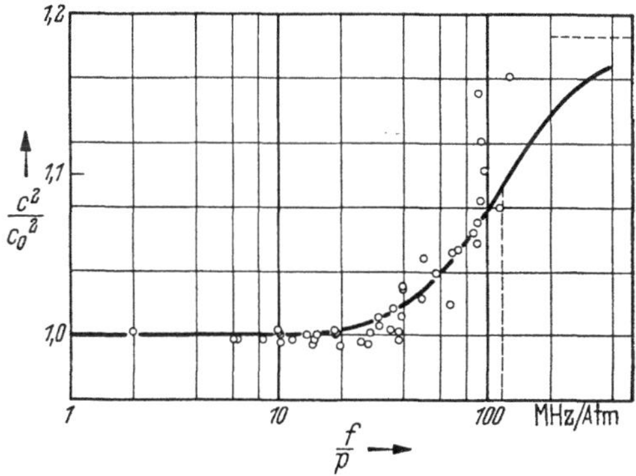

Abb. 172. Schalldispersion in Luft (nach C. ENER, A. F. GABRYSH u. J. C. HUBBARD)

Fortsetzung der Fußnote 1 von Seite 240

V. GRIFFING: J. phys. Chem. **61**, 844 (1957). — DICKENS, P. G., u. J. W. LINNETT: Proc. Roy. Soc. (A) **243**, 84 (1957) (Theorie d. Relaxation für Schwefeldioxyd). — LAMBERT, J. D., u. R. SALTER: ebdt. 78 (Messungen an Schwefeldioxyd). — KELLY, B. TH.: J. A. S. A. **29**, 1005 (1957) (Methan). — CONNOR, J. V.: ebdt. **30**, 297 (1958) (Sauerstoff). — KLOSE, J. Z.: ebdt. 605 (n-Hexan). — CORRAN, P. G., J. D. LAMBERT, R. SALTER u. B. WABURTON: Proc. Roy. Soc. (A) **244**, 212 (1958) (Temperaturabhängigkeit der Relaxation). — GREENSPAN, M.: J. A. S. A. **31**, 155 (1959) (N_2, O_2, Luft bei kleinen Drucken). — AMME, R., u. S. LEGVOLD: J. chem. Phys. **30**, 163 (1959). — HUETZ-AUBERT, M., u. J. HUETZ: J. Phys. Radium **20**, 7 (1959). — SESSLER, G.: Acustica **9**, 119 (1959) (Distickstofftetroxyd).

[1] Nach M. H. WALLMANN: Ann. Phys. (5) **21**, 671 (1934). — Über die Dispersion in CO_2 vgl. weiter D. SETTE u. J. C. HUBBARD: J. A. S. A. **25**, 994 (1953). — GUTOWSKI, F. A.: ebdt. **28**, 478 (1956). — SHIELDS, F. D.: ebdt. **29**, 450 (1957). — HENDERSON, M. C., u. L. PESELNICK: ebdt. 1074.

nämlich (unter Atmosphärendruck) bei etwa 85 MHz[1]. Bemerkt sei noch, daß die mittlere Lebensdauer des Schwingungsquants oder Rotationsquants druckabhängig ist, sie ist umgekehrt proportional zum Druck. Dies bedeutet, daß eine Druckänderung auf das Doppelte den gleichen Einfluß auf die Schallgeschwindigkeit hat, wie eine Frequenzerhöhung auf das Doppelte. Man kann dementsprechend Schalldispersionskurven sowohl durch Veränderung der Frequenz wie auch durch Veränderung des Druckes aufnehmen und trägt dann — wie in Abb. 172 u. 173 — längs der Abszisse vorteilhaft den Quotient Frequenz/Druck auf.

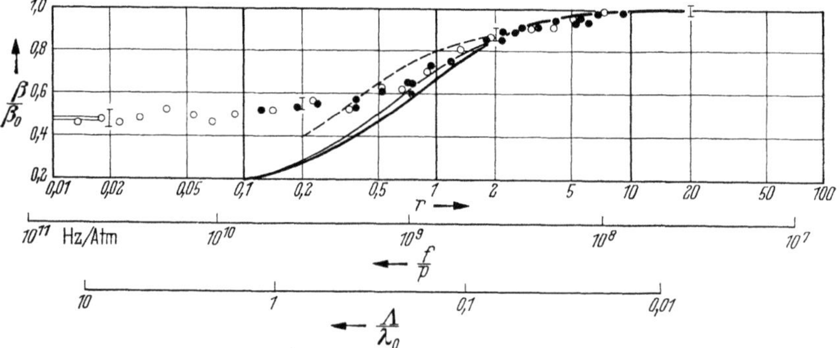

Abb. 173. Schalldispersion in Argon (nach E. MEYER u. G. SESSLER)
—— klassische, —— BURNETT'sche, - - - super BURNETT'sche, ═══ Nahbereich-Theorie, β Phasenkonstante, Ω mittlere freie Weglänge, ○ 100 kHz, ● 200 kHz

Bei noch höheren Frequenz/Druck-Werten, nämlich dann, wenn die mittlere freie Weglänge von der Größenordnung der Wellenlänge oder größer ist, tritt — wie aus der klassischen Theorie von STOKES und KIRCHHOFF folgt — in allen Gasen Schalldispersion auf[2]. Die klassische Theorie gilt jedoch in diesem Frequenz/Druck-Bereich nur noch näherungsweise. Die exakte Berechnung der Schallgeschwindigkeit (wie auch der Schallabsorption, s. S. 299) erfolgt dann durch die BURNETT-Theorie[3]. Abb. 173 zeigt die aus der klassischen, der BURNETT- und der Super-BURNETT-Theorie (höhere Näherung) folgenden Schallgeschwindigkeitsverhältnisse sowie Meßpunkte in Argon. Bei den höchsten Fre-

---

[1] Nach C. ENER, A. F. GABRYSH u. J. C. HUBBARD: J. A. S. A. **24**, 474 (1952).

[2] H. PRIMAKOFF: J. A. S. A. **14**, 14 (1942). — HSUE-SHEN-TSIEN u. R. SCHAMBERG: J. A. S. A. **18**, 334 (1946).

[3] Während der klassischen Theorie die MAXWELL-BOLTZMANNsche Geschwindigkeitsverteilung zugrunde liegt, verwendet die BURNETT-Theorie das Geschwindigkeitsverteilungsgesetz von BURNETT. Letzteres liefert andere Formeln für Drucktensor und Wärmeleitungsvektor. Es muß immer dann verwendet werden, wenn große Gradienten von Druck, Temperatur usw. auf Entfernungen auftreten, die von der Größenordnung der mittleren freien Weglänge sind. — Siehe dazu insbesondere WANG CHANG, C. S.: Appl. Phys. Lab., Johns Hopkins Univ. CM 467, UHM-3-F (1948). — GREENSPAN, M.: J. A. S. A. **22**, 568 (1950); **28**, 644 (1956). —

quenz/Druck-Werten der Abb. 173, bei denen die Entfernung Schallsender—Schallempfänger kleiner als die mittlere freie Weglänge ist, kann die Schallgeschwindigkeit auf molekularkinetischer Grundlage erklärt werden[1].

In gasfreien Flüssigkeiten tritt Dispersion meist nur bei sehr hohen Frequenzen auf, ihr Nachweis ist aber nur bei genauer Messung möglich. Von E. SCHREUER[2] durchgeführte Präzisionsmessungen an Wasser, Toluol, Methyl- und Amylazetat sowie Tetralin zeigten, daß bei diesen Flüssigkeiten die Dispersion bis etwa 12 MHz kleiner als etwa 10^{-4} ist[3].

Starke Dispersionserscheinungen werden aber in gashaltigen Flüssigkeiten beobachtet; dieser Effekt hat aber nichts mit den durch

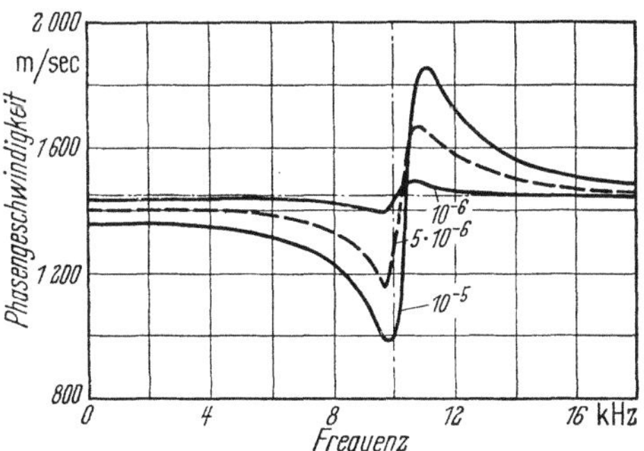

Abb. 174. Phasengeschwindigkeit in einem Wasser-Gasblasen-Gemisch einheitlicher Blasengröße Parameter: Gasgehalt, Resonanzfrequenz der Blasen 10 kHz (nach E. MEYER u. F. SKUDRZYK)

---

[1] Vgl. dazu E. MEYER u. G. SESSLER: Z. Physik **149**, 15 (1957). (m. ausf. Literaturangaben) — SESSLER, G.: Acustica **8**, 395 (1958).

[2] SCHREUER, E.: A. Z. **4**, 215 (1939).

[3] SCHREUER, E. a. a. O., — F. MATOSSI: Physik. Z. **40**, 294 (1939). — Zur Schalldispersion in Flüssigkeiten vgl. weiterhin A. SCHALLAMACH: Nature **161**, 476 (1948). — PARTHASARATHY, S.: Proc. Ind. Acad. Sci. **4**, Nr. 1 (1936). — GHOSH, B. B.: Ind. J. Phys. **24**, 1 (1950). — WADA, Y., S. SHIMBO u. M. ODA: J. A. S. A. **22**, 880 (1950) (Dispersion bei zwei MHz in Palmitinsäure). — FREEDMAN, E.: J. Chem. Phys. **19**, 1318 (1951) (Essigsäure). — BARTHEL, R., u. A. W. NOLLE: J. A. S. A. **24**, 8 (1952) (Dispersion im Gebiet von 5-25 MHz unter $0{,}1^0/_{00}$ bei verschiedenen Flüssigkeiten und Lösungen). — PARTHASARATHY, S., A. F. CHHAPGAR u. H. W. SINGH: Nuovo Cim. **10**, 260 (1953) (Ester). — LITOVITZ, T. A., u. D. SETTE: J. Chem. Phys. **21**, 17 (1953). — FOX, F. E., u. TH. M. MARION: J. A. S. A. **25**, 661 (1953) (wässerige Lösung von Magnesiumsulfat). — PARTHASARATHY, S.: ebdt. **26**, 611 (1954). — CARSTENSEN, E. L.: ebdt. 858 (starke Zunahme der Schallgeschwindigkeit mit der Frequenz in Milch). — KING McCUBBIN, T.: ebdt. 247 (Wasser, praktisch keine Dispersion). — SCHMID, G., u. W. SCHMIDT: Naturwissensch. **42**, 123 (1955). — LYON, T., u. T. A. LITOVITZ: J. Appl. Phys. **27**, 179 (1956) (Propylalkohol). — HEASELL, E. L., u. J. LAMB: Proc. Roy. Soc. (A) **237**, 233 (1956). — NOMOTO, O.: J. Phys. Soc. Jap. **12**, 85 (1957) (Theorie d. Relaxation in Flüssigkeiten). — SCHMID, G., u. H. PESSEL: Naturwissensch. **44**, 257 (1957). — GLOTOV, V. P.: Akust. Z. (USSR) **3**, 220 (1957). (Elektrolyte) — BASS, R., u. J. LAMB: Proc. Roy. Soc. (A) **243**, 94 (1957) (Schwefeldioxyd). — ARNOLD, J. W., J. C. McCOUBRY u. A. R. UBBELOHDE; ebdt. **248**, 445 (1958). — PESIN, M. S. u. I. L. FABELINSKII: Doke. Nauk. (USSR) **122**, 575 (1958) — BARONE, A., G. PISENT u. D. SETTE: Nuovo Cim. (10) **7**, 365 (1958) (Propionsäure). — LITOVITZ, T. A., u. E. H. CARNEVALE: J. A. S. A. **30**, 134 (1958) (Triäthylamin, bei hohen Drucken).

Molekülanregung bedingten Dispersionseffekten zu tun. Abb. 174 zeigt
— nach Messungen von E. MEYER und F. SKUDRZYK[1] — den Verlauf
der Phasengeschwindigkeit eines Wasser-Gasblasengemisches einheitlicher Gasblasengröße in Abhängigkeit von der Frequenz, und zwar
liegt die maximale Dispersion bei der Resonanzfrequenz der Gasblasen.

Auf die Schalldispersion in engen Röhren und in Schlauchleitungen
werden wir weiter unten eingehen (S. 327).

Abschließend sei hier noch darauf hingewiesen, daß Relaxationserscheinungen, wie wir sie kennenlernten, auch für die Absorption von
Schall in Gasen und Flüssigkeiten von entscheidender Bedeutung sind,
wir kommen hierauf S. 291 zu sprechen.

22. Huygenssches Prinzip, Reflexion, Beugung, Brechung

Auf S. 59 wurde die Differentialgleichung der Wellenausbreitung
— „die Wellengleichung" — aufgestellt und ihre Lösung für verschiedene Wellenarten abgeleitet. Bei Diskussion der Wellengleichung
hatten wir uns im wesentlichen auf Vorgänge in unendlich ausgedehnten,
homogenen und absorptionsfreien Medien beschränkt. Die Wellengleichung muß selbstverständlich auch in komplizierten Fällen gelten,
also beispielsweise in Räumen, in welchen schallreflektierende Hindernisse liegen oder in inhomogenen Medien mit örtlich verschiedener
Temperaturverteilung; bei Einführung der richtigen Konstanten und
bei Einführung der richtigen Randbedingungen muß die Lösung der
Wellengleichung das Schallfeld richtig beschreiben[2]. Es ist aber in
vielen Fällen nur schwer möglich — wenn nicht überhaupt unmöglich —,
die Wellengleichung streng zu lösen. Man muß dann darauf verzichten,
eine genaue Lösung aufzustellen und wird versuchen, durch ander-
weitige physikalische Überlegungen einen Einblick in die Vorgänge zu
gewinnen.

Eine sehr fruchtbare Betrachtungsweise der Wellenlehre geht auf
CHR. HUYGENS[3] zurück. Es wird bei dieser Betrachtungsweise zunächst
davon ausgegangen, daß beim Einsatz einer Störung in einem elastischen Medium die der Störungsstelle benachbarten Teilchen gleichfalls zu Schwingungen angeregt werden, und daß von allen diesen Teil-

---

[1] MEYER, E., u. F. SKUDRZYK: Acustica **3**, 434 (1953). — Vgl. hierzu auch
E. SILBERMAN: J. A. S. A. **29**, 925 (1957). — Auch beim Vorhandensein suspendier-
ter Teilchen in Luft tritt, worauf noch hingewiesen sei, eine Dispersion auf. Vgl.
J. W. ZINK u. L. P. DELSASSO: J. A. S. A. **30**, 765 (1958).

[2] Zur allgemeinen Theorie der Wellenfelder vgl. insbesondere den Bericht von
A. SCHOCH: Schallreflexion, Schallbrechung und Schallbeugung. Ergeb. Exakt.
Naturwiss. **23**, 127 (1950) (ausführliche Literaturangaben).

[3] HUYGENS, CHR.: Traité de la Lumière, Leyden 1690. — Zur Frage der mathe-
matischen Formulierung des HUYGENSschen Prinzips vgl. insbesondere G. KIRCH-
HOFF: Annal. Phys. **18**, 663 (1883). — MACKIE, A. G.: Proc. Roy. Soc. (A) **236**, 265
(1956). — BOILLET, P.: Cahiers Phys. **11**, 59, 238 (1957).

chen neue Wellen, sog. Elementarwellen, kugelsymmetrisch ablaufen. Das Huygenssche Prinzip setzt nun fest, daß eine Erregung nur in der umhüllenden Fläche aller Elementarwellen stattfindet, oder mit anderen Worten, daß die umhüllende Fläche die Wellenfront der von der primären Störungsstelle ausgehenden Welle darstellt. Das Huygenssche Prinzip in dieser ursprünglichen Formulierung leistet bereits Erhebliches. So läßt es uns beispielsweise sehr anschaulich die Gesetzmäßigkeiten der

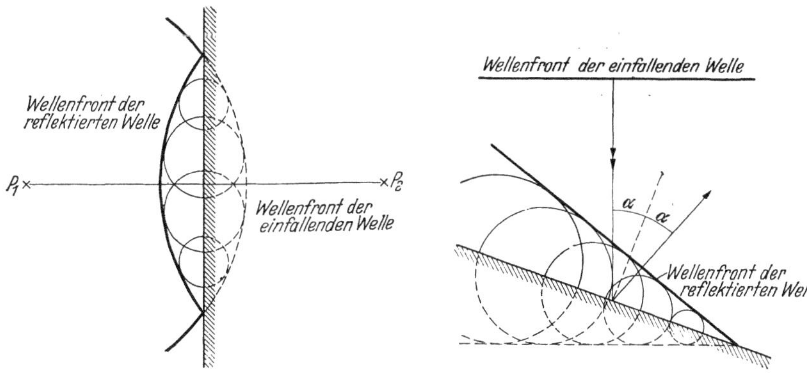

Abb. 175a. Reflexion einer Kugelwelle an einer ebenen Fläche (Huygenssches Prinzip)

Abb. 175b. Reflexion einer ebenen Welle an einer ebenen Fläche (Huygenssches Prinzip)

Schallwellenreflexion an einer unendlich ausgedehnten, ebenen Fläche[1] erkennen. In Abb. 175a ist die entsprechende Konstruktion dargestellt. Die Reflexion einer von einem Punkt P_1 ausgehenden Welle erfolgt derart, daß die von der Fläche rückgeworfene Welle von einem Punkt P_2

[1] Neben dem oben behandelten spiegelnden Rückwurf ist auch — insbesondere in der Raumakustik (vgl. S. 350) oder bei Reflexion von Wasserschall an der Meeresoberfläche — der gestreute Rückwurf an akustisch „rauhen" Begrenzungen von Interesse. — Vgl. hierzu V. Twersky: J. A. S. A. **22**, 539 (1950); **23**, 336 (1951). — Meyer, E., u. L. Bohn: Acustica **2** (AB), 195 (1952) (eingehende Angaben über den „Streuindex" verschieden geformter Wandstrukturen). — Eckart, C.: J. A. S. A. **25**, 566 (1953) (gestreute Reflexion an der Meeresoberfläche). — Mintzer, D.: ebdt. 1015. — Miles, J. M.: J. A. S. A. **26**, 191 (1954). — Heaps, H. S.: ebdt. **27**, 666, 698 (1955). — Parker, J. G.: ebdt. **28**, 672 (1956). — Meecham, W. C.: ebdt. 370. — Meecham, W.: J. A. S. A. **28**, 370 (1956). — Isakovich, M. A.: Akust. Z. (USSR) **2**, 146 (1956). — Leproskii, A. N.: ebdt. 182. — Meecham, W.: J. A. S. A. **28**, 370 (1956). — Miles: ebdt. **29**, 226 (1957). — La Casce, E. O., u. P. Tamarkin: J. Appl. Phys. **27**, 138 (1956). — Heaps, H. S.: ebdt. **28**, 815 (1957). — Proud, J. M., P. Tamarkin u. W. C. Meecham: ebdt. 1298. — Twersky, V.: J. A. S. A. **29**, 209 (1957). — Parker, J. G.: ebdt. 377. — Biot, M. A.: ebdt. 1193. — Lysanov, Ju., P.: Akust. Z. (USSR) **4**, 3, 47 (1958). — Hickling, R.: J. A. S. A. **30**, 137 (1958). — La Casce, E. O.: ebdt. 578. — Blons, H.: C. R. Acad. Sci. Paris **247**, 50 (1958).

Zur Reflexion an bewegten Medien vgl. Ribner, H. S.: J. A. S. A. **29**, 435 (1957). — Miles, G. W.: ebdt. 226.

auszugehen scheint, der ebensoweit hinter der Fläche liegt wie der Punkt P_1 vor dieser[1]. Man kann weiter auf konstruktivem Wege erkennen, daß Einfallswinkel und Ausfallswinkel eines auf eine reflektierende, ebene Fläche fallenden Schallstrahls einander gleich sind (Abb. 175b). Das HUYGENSsche Prinzip erschließt auch, wie wir weiter unten sehen werden, die Gesetze der Brechung bei schrägem Auffall eines Schallstrahls auf die Grenzfläche zweier Medien verschiedener Schallgeschwindigkeit. In der bisher behandelten, ursprünglichen Form versagt das Prinzip aber dann, wenn die Ausdehnung von Hindernissen nicht mehr groß gegen die Wellenlänge der in Frage kommenden Wellen ist, oder mit anderen Worten dann, wenn Beugungseffekte einsetzen. Gerade

Abb. 176. Fokussierender, parabolischer Schallreflektor (nach A. BARONE)

die Beugungsprobleme sind aber in der Akustik von großer praktischer Bedeutung. Während man es in der praktischen Optik in vielen Fällen mit Hindernissen zu tun hat, deren Ausdehnung ein Vielfaches der Wellenlänge des Lichtes ist, hat man es in der Akustik meist mit Hindernissen zu tun, deren Ausdehnung von der gleichen Größenordnung oder sogar wesentlich kleiner ist als die Wellenlänge des Schalls. In allen diesen Fällen hilft das HUYGENSsche Prinzip in seiner ursprünglichen Formulierung nicht weiter. HUYGENS selbst waren ja auch die Erscheinungen der Interferenz von Schallwellen — auf Grund deren allein die Beugungseffekte verständlich sind — noch nicht bekannt. A. FRESNEL[2] führte dann die Interferenzerscheinungen in der Weise in die HUYGENSschen Vorstellungen ein, daß er die von den verschiedenen Punkten ausgehenden Elementarwellen an den in Frage stehenden Aufpunkten des Schallfeldes *phasenrichtig* zusammensetzte. Mit dieser Ergänzung

---

[1] Die strenge Theorie der Reflexion einer Kugelwelle an einer unendlich ausgedehnten Fläche behandelt U. INGARD: J. A. S. A. **23**, 329 (1951).

[2] FRESNEL, A.: Mém. Acad. Sci. **5**, 339; Pogg. Ann. Phys. u. Chem. **30**, 100 (1836). — Zur Entwicklung der Vorstellungen über die Beugungserscheinungen vgl. noch MALYUGHINETZ, G. D.: Proc. 3. I. C. A. Congr. Stuttgart (1959).

läßt sich das HUYGENSsche Prinzip in der fruchtbringendsten Weise auch zur Diskussion der in der Akustik praktisch so wichtigen Beugungserscheinungen (die auf S. 256 behandelt werden) verwenden.

Mit reflektierenden Flächen kann bei Wellenlängen, die klein gegen die Reflektorausdehnung sind, eine Schallfokusierung vorgenommen werden. Abb. 176 zeigt nach A. BARONE[1] ein aus einem kegelförmigen Innenteil und einem als Rotationsparaboloid ausgeführten Außenteil bestehendes fokussierendes System. Das von unten kommende Schallbündel wird durch den 45°-Kegel um 90° nach außen gelenkt und dann durch das Rotationsparaboloid fokussiert. Abb. 177 zeigt Schlieren-

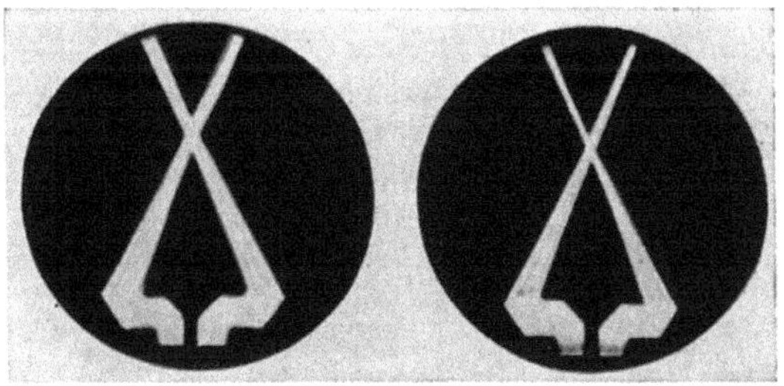

Abb. 177. Ultraschallstrahlenverlauf bei einem parabolischen Reflektor. a 4 MHz, b 8 MHz (nach A. BARONE)

aufnahmen[2] des Strahlenverlaufs bei 4 MHz und 8 MHz. Der Vergleich der beiden Bilder läßt erkennen, daß bei der kleineren Wellenlänge eine wesentlich bessere Annäherung an die geometrisch-optischen Verhältnisse vorliegt wie bei der größeren Wellenlänge.

Die Reflexion von Schall erfolgt nur dann vollständig, wenn die Schallkennimpedanz (vgl. S. 61) des Mediums und die Schallkennimpedanz des Stoffes, aus dem das Hindernis besteht, sehr verschieden sind. Ist dies nicht der Fall, so wird nur ein Teil der Schallenergie an der Begrenzungsfläche reflektiert, während der andere Teil durch die Begrenzungsfläche in das zweite Medium eintritt. Zwischen der Schallintensität J_E der einfallenden, J_R der reflektierten und J_D der durchlaufenden

[1] BARONE, A.: Acustica **2**, 221 (1952). — Zur Schallfokussierung vgl. weiter V. GRIFFING u. F. E. FOX: J. A. S. A. **21**, 348, 352 (1949). — WILLARD, G. W.: ebdt. 360. — ROZENBERG, L. D.: Z. techn. Phys. (USSR) **20**, 385 (1950). — JOOS, G.: Optik **9**, 544 (1952). — ROZENBERG, L. D.: Dokl. Akad. Nauk (USSR) **91**, 1091 (1953). — KHAMINOV, D. V.: ebdt. 294. — TARTAKOVSKII, B. D.: ebdt. **4**, 355 (1958). — NAUGOLNYGH, K. A., u. E. V. ROMANENKO: ebdt. **5**, 191 (1959). — Vgl. zur Fokussierung noch weitere bereits auf S. 210, Anm. 1 angeführte Arbeiten. Zur Frage der Fokussierung in inhomogenen Medien vgl. S. 266 u. 279.
[2] Nach S. A. BARONE: Acustica **2**, 221 (1952). Bezüglich Schlierenverfahren vgl. S. 263.

Welle gilt bei senkrechtem Einfall:

$$J_R = J_E \frac{(q-1)^2}{(q+1)^2}, \qquad J_D = \frac{J_E \cdot 4\,q}{(q+1)^2}, \tag{138}$$

wobei $q = \frac{c_1 \cdot \varrho_1}{c_2 \cdot \varrho_2}$ das Verhältnis der Schallkennimpedanzen der beiden Medien bedeutet[1]. Die Formeln (138) zeigen, daß bei Übereinstimmung der Schallkennimpedanz der beiden Medien keinerlei Reflexion eintritt. Fällt der Schall schräg auf die Begrenzungsfläche ein, so sind die Verhältnisse verwickelter; insbesondere erfährt dann die in das zweite Medium einfallende Welle eine Brechung. Wir werden weiter unten auf die Brechungseffekte zu sprechen kommen.

An der Grenzfläche zweier Medien verschiedener Schallkennimpedanz erfahren Druck bzw. Schnelle einen Phasensprung, und zwar erfolgt bei Einfall einer Schallwelle aus einem Medium sehr kleiner Schallkennimpedanz auf ein Medium sehr großer Schallkennimpedanz der Phasensprung so, daß die Phase der Schnelle um 180° springt, während der Druck sich verdoppelt[2]. Durch Superposition der auffallenden mit der reflektierten Welle ist dann die Grenzbedingung $v = 0$ erfüllt; ein derartiger Phasensprung tritt beispielsweise beim Auftreffen von Luftschall auf die Oberfläche eines festen Körpers ein. Andererseits erfährt beim Einfall von Schall aus einem Medium großer Schallkennimpedanz auf die Grenzfläche zu einem Medium kleiner Schallkennimpedanz (also beispielsweise beim Auftreffen von Wasserschall auf die gegen Luft grenzende Wasseroberfläche) der Druck einen Phasensprung von 180°, so daß dann die Grenzbedingung $p = 0$ erfüllt ist. Wir haben diese Erscheinung bereits S. 71 bei Besprechung der stehenden Wellen in luftgefüllten Rohren und in Stäben erwähnt.

Die bisherigen Betrachtungen beziehen sich auf die Vorgänge an der Grenzfläche zweier unendlich ausgedehnter Medien. Komplizierter sind die Erscheinungen dann, wenn Schall durch eine Schicht endlicher Dicke fällt, wenn also beispielsweise Wasserschall durch eine im Wasser gebettete Platte tritt, wobei im allgemeinen Fall dann in der Platte Longitudinal- und Transversalwellen auftreten. Die exakte Lösung für senkrechten und schrägen Durchtritt von Flüssigkeitsschall durch plan-

---

[1] Vgl. hierzu insbesondere R. Berger: Die Schalltechnik, S. 35 ff. Braunschweig 1926.

[2] Die Verdoppelung des Druckes gilt nur für den Fall, daß der Schalldruck klein gegen den Atmosphärendruck ist. Handelt es sich um Wellen endlicher Amplitude, z. B. Stoßwellen, so liegt der Faktor zwischen 2 und 8. — Vgl. hierzu R. Finkelnstein: Phys. Rev. **71**, 42 (1947). — Alpher, R. A., u. R. J. Rubin: J. Appl. Phys. **25**, 395 (1954). — Embleton, T. F. W.: Proc. Roy. Soc. (B) **69**, 382 (1956). — Gubanov, A. I.: Z. techn. Phys. (UdSSR) **28**, 2035 (1958). — Blackstock, D. T.: Proc. 3. I. C. A. Congr. Stuttgart (1959).

parallele Platten hat H. REISSNER[1] gebracht. Die Durchlässigkeit der Platte hängt vom Verhältnis Plattendicke zu Wellenlänge, vom Einfallswinkel, von der Dichte der Flüssigkeit, der Plattendichte und den elastischen Konstanten der Platte ab. Für den speziellen Fall senkrechten Schalleinfalls gilt

$$\tau = \frac{J_D}{J_E} = \frac{1}{1 + \dfrac{1}{4}\left(q - \dfrac{1}{q}\right)^2 \sin^2 \dfrac{2\pi d}{\lambda}}$$

wobei $q = \dfrac{\varrho_1 c_1}{\varrho_2 c_2}$ und λ die Wellenlänge (der longitudinalen Wellen) in der Platte bedeutet[2].

Die Beziehung zeigt, daß maximale Durchlässigkeit dann auftritt, wenn $d = n \cdot \lambda/2$ ist, ($n = 1, 2, 3$) minimale dann, wenn $d = 2(n-1)\lambda/4$. Die Erscheinungen beim Durchgang einer senkrecht einfallenden Schallwelle durch eine planparallele Platte sind sehr deutlich an Schlierenaufnahmen zu erkennen, die von A. GIACOMINI[3] stammen. Der obere Teil der Abb. 178 wurde mit einer Platte von der Dicke $d = \lambda/4$, der untere mit einer solchen von der Dicke $d = \lambda/2$ aufgenommen. Man kann im übrigen die Abhängigkeit der Schalldurchlässigkeit vom Verhältnis d/λ auch benutzen, um Wellenlängenmessungen (und damit also

---

[1] REISSNER, H.: Helv. phys. Acta **11**, 140, 268 (1938). Vgl. auch R. BÄR: ebdt. 397. — LEVI, F., u. N. S. NAGENDRA NATH: ebdt. 408. — GÖTZ, J.: A. Z. **8**, 145 (1943). — SMITH, J. B., u. R. B. LINDSAY: J. A. S. A. **16**, 20 (1944). — OSBORNE, M. F. M., u. S. D. HART: J. A. S. A. **17**, 1 [1945]. — FAY, R. D.: J. A. S. A. **20**, 620 (1948). — FINNEY, W. J.: ebdt. 626. — SCHOCH, A.: Nuovo Cim. **7**, Suppl. 2 (1950). — FAY, R. D., u. O. V. FORTIER: J. A. S. A. **23**, 339 (1951). — MAKINSON, K. R.: ebdt. **24**, 202 (1952). — WEINSTEIN, M. S.: ebdt. 204. — SCHOCH. A.: Acustica **2**, 1 (1952) (ausführliche Theorie des Schalldurchgangs durch Platten bei verschiedenem Einfallswinkel; Schlierenaufnahmen). — FAY, R. D.: J. A. S. A. **25**, 220 (1953). — YOUNG, J. E.: ebdt. **26**, 485 (1954). — TORIKAI, Y.: J. Phys. Soc. Jap. **8**, 234 (1953). — MARTINEK, J., u. G. C. K. YEH: Quart. J. Mech. **8**, 179 (1955). — LINDH, G.: Acustica **5**, 257 (1955). — LIAMSHEV, L. M.: Akust. Z. (USSR) **1**, 138 (1955). — LIAMSHEV, L. M., u. S. N. RUDAKOV: Sov. Phys. Dokl, **1**, 530 (1956); Akust. Z. (USSR) **2**, 228 (1956). — LAMB, G. L.: J. A. S. A. **29**, 1091 (1957). — EICHLER, E. G., u. R. F. LAMBERT: Acustica **7**, 379 (1957). — GOSAR, P.: Nuovo Cim. (10) **7**, 742 (1958). — LAMB, G. L.: J. A. S. A. **31**, 929 (1959). — DIANOV, D. B.: Akust. Z. (USSR) **5**, 31 (1959). — KRAUSE, R.: Z. angew. Phys. **11**, 149 (1959).
Auf die bauakustisch wichtigen Fragen des Schalldurchgangs durch plattenförmige Trennwände werden wir in Ziff. 25, S. 374 zu sprechen kommen; dort werden wir insbesondere auch den „Koinzidenzeffekt" behandeln.

[2] Die obenstehende Formel für den Spezialfall senkrechten Schalleinfalls hat im übrigen schon LORD RAYLEIGH abgeleitet.

[3] Herr Prof. GIACOMINI stellte freundlicherweise Kopien dieser auf dem Erlanger Ultraschallkongreß (1949) gezeigten Aufnahmen zur Verfügung.

bei bekannter Frequenz Schallgeschwindigkeitsmessungen) bei in Plattenform vorliegenden Materialien durchzuführen[1].

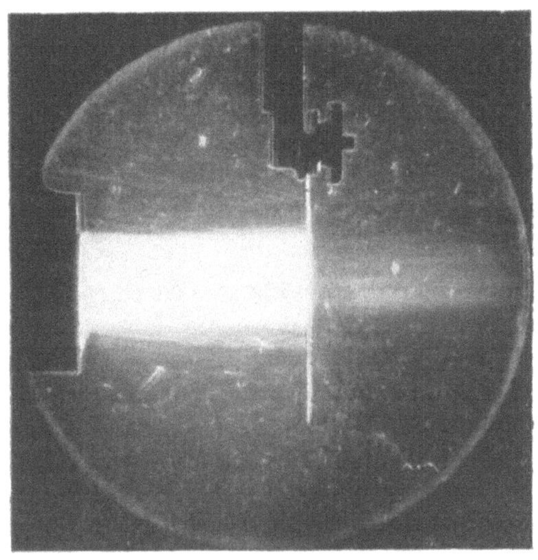

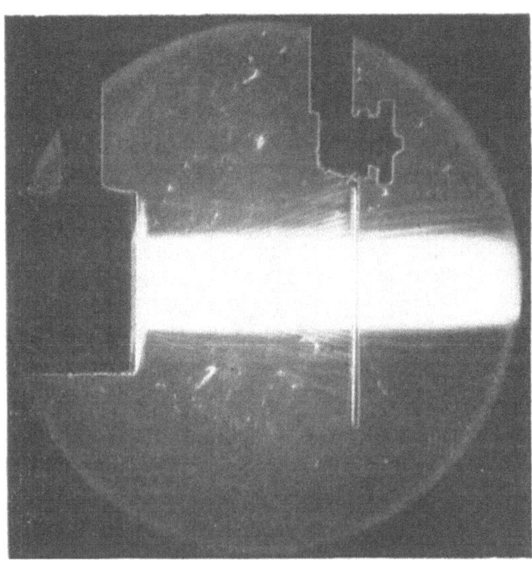

Abb. 178. Schlierenaufnahmen des Schalldurchganges durch eine in einer Flüssigkeit eingebettete Platte. (Aluminiumplatte in Wasser. Oberer Teil $d = \lambda/4$; unterer Teil: $d = \lambda/2$; nach A. GIACOMINI)

[1] BÄR, R., u. A. WALTI: Helv. Phys. Acta **7**, 658 (1934). — WALTI, S.: ebdt. **11**, 113 (1938). — LEVI, F., u. H. J. PHILIPP: ebdt. **11**, 233 (1948).

Aus Bariumtitanat hergestellte $\lambda/2$ Platten können, wie Ch. L. Darner und R. J. Bobber[1] zeigten, zur Intensitätsmodulation eines durch eine Flüssigkeit gesandten Schallstrahls benützt werden. Abb. 179 zeigt die hierfür benützte Anordnung. Der vom Sender S zum Empfänger E laufende Schallstrahl geht durch die Bariumtitanatplatte B. Die Elektroden der Platte können elektrisch kurzgeschlossen oder auch durch ein entsprechend bemessenes Schaltglied induktiv belastet werden. Die mechanisch-akustische Koppelung führt dazu, daß der Schwinger, der bei offenem Kreis vom Schall durchlaufen wird, bei entsprechender Belastung sperrend wirkt. Die Durchlässigkeit kann so auf elektrischem Weg um maximal etwa 40 db geändert werden.

Beim Auftreffen von Schall auf Trennschichten verschiedener Medien wird auf die Trennfläche ein einseitig gerichteter „Schallstrahlungsdruck" Π ausgeübt.

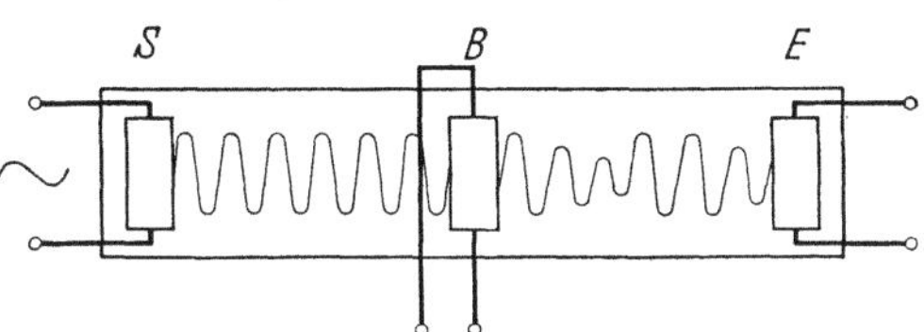

Abb. 179. Amplitudenmodulation durch $\lambda/2$-Platten (nach Ch. L. Darner u. R. J. Bobber)

Nach Cl. Schaefer[2] gilt für adiabatische Vorgänge $\Pi = E_R$, wobei $E_R = J/c$ die Schalldichte vor der Trennschicht bedeutet.

[1] Darner, Ch. L., u. R. J. Bobber: J. A. S. A. **27**, 908 (1955).

[2] Schaefer, Cl.: Ann. Phys. (5) **35**, 473 (1939); Z. Phys. **115**, 109 (1940). — Lord Rayleigh: Phil. Mag. (6) **3**, 338 (1902); **10**, 364 (1905) hatte für den Schalldruck die Formel $\Pi = E_R \dfrac{\varkappa + 1}{2}$ aufgestellt, wobei $\varkappa = c_p/c_v$. Vgl. über Schallstrahlungsdruck weiterhin E. Waetzmann: Phys. Z. **21**, 122, 449 (1920). — Küstner, F.: Ann. Phys. (4) **50**, 941 (1916). — King, L. V.: Proc. Roy. Soc. Lond. **147**, 212 (1934); **153**, 1 (1935). — Fubini-Ghiron, E.: Alta Frequ. **6**, 640 (1937). — Hertz, G., u. H. Mende: Z. Phys. **114**, 354 (1940). — Richter, G.: ebdt. **115**, 97 (1940). — Bopp, F.: Ann. Phys. (5) **38**, 495 (1940). — Rocard, V.: Rev. Sci. Franc. **84**, 329 (1946). — Brillouin, J.: Ann. Télécomm. **5**, 160, 179 (1950). — Mendousse, J. S.: Proc. Amer. Acad. Sci. **78**, 148 (1950). — Lucas, R.: Nuovo Cim. **7**, Suppl. 2 (1950). — Westervelt, P. J.: J. A. S. A. **23**, 312 (1951). — Schoch, A.: Z. Naturforsch. **7a**, 273 (1952). — Borgnis, F. E.: J. A. S. A. **24**, 468 (1952). — Eckart, G., u. P. Liénard: Acustica **2**, 157 (1952). — Awatani, J.: J. Inst. Elect. Comm. Jap. **35**, 311 (1952); Mem. Inst. Sci. Ind. Osaka **9**, 24 (1952). — Seidl, F.: Acustica **2**, 45 (1952). — Koppelmann, J.: ebdt. 92. — Post, E. J.: J. A. S. A. **25**, 55, 797 (1953). — McNamara, F. L., u. R. T. Beyer: ebdt. 259. — Rhodes, J. E.: Amer. J. Phys. **21**, 683 (1953). — Borgnis, F. E.: Rev. Mod. Phys. **25**, 653 (1953); J. A. S. A. **25**, 546 (1953); Z. Phys. **134**, 363 (1953). — Gavreau, V., u. M. Miane: C. R. **238**, 2148 (1954). — Mercier, J.: Acustica **4**, 509 (1954). — Embleton, T. F. W.: J. A. S. A. **26**, 40, 46 (1954). — Yosioka, K., u. Y. Kawasima: Acustica **5**, 167 (1955). — Yosioka, K., Y. Kawasima u. H. Hirano: ebdt. 173. — Awatami, J.: J. A. S. A. **27**, 278, 282 (1955). — Andreev, N. N.: Acust. Z. (USSR) **1**, 3 (1955). — Embleton, T. F. W.: Canad. J. Phys. **34**, 276 (1956). — Gavreau, V.: J. Phys. Radium **17**, 899 (1956). — Brillouin, L.: ebdt. 379. — Mawardi, O. K.: ebdt. 384. — Post, E. J.: ebdt. 391. — Johansen, A.: ebdt. 400. — Mercier, J.:

Besonders anschaulich kommt der Schallstrahlungsdruck im Ultraschallgebiet in dem Sprudel in Erscheinung, der sich über der Oberfläche einer von unten beschallten Flüssigkeit bildet. G. Hertz und H. Mende[1] zeigten, daß im Gegenteil zu Vorstellungen, welche man früher hatte, ein Schallstrahlungsdruck auch dann auftritt, wenn die Schallkennimpedanzen $\varrho_1 \cdot c_1$ und $\varrho_2 \cdot c_2$ der beiden Medien einander gleich sind, also gar keine Reflexion an der Grenzfläche vorhanden ist; die Bedingung für das Auftreten des Schallstrahlungsdruckes ist nämlich nur die, daß die beiden Schalldichten E_{R_1} im ersten und E_{R_2} im zweiten Medium ver-

 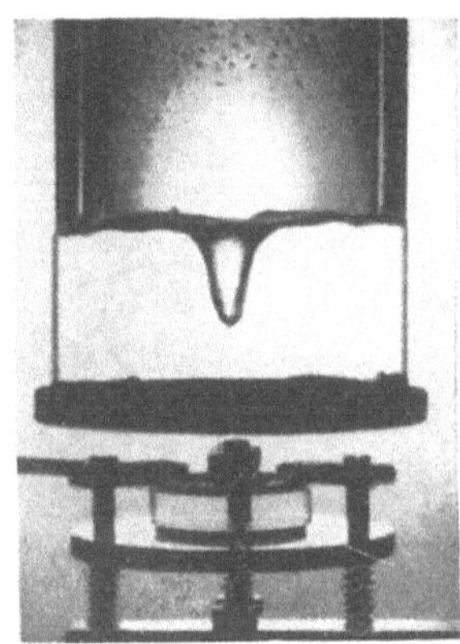

Abb. 180 Vom Schallstrahlungsdruck erzeugter Flüssigkeitssprudel (links Wasser über Tetrachlorkohlenstoff, rechts Wasser über Anilin; nach G. Hertz u. H Mende)

schieden sind. Der durch den Schallstrahlungsdruck bedingte Sprudel bildet sich im Fall zweier Medien gleicher Schallkennimpedanz nach dem Medium mit der größeren Schallgeschwindigkeit hin aus. Abb. 180 zeigt den Sprudel in Wasser und zwar einmal über Tetrachlorkohlenstoff, das andere Mal über Anilin. Im ersten Fall bildet sich der Sprudel in das Wasser hinein aus, im zweiten läuft er entgegen der Schallausbreitungsrichtung in das Anilin hinein. Bemerkt sei noch, daß der Schallstrahlungsdruck nicht aus den normalerweise in der Akustik benutzten linearen Differentialgleichungen hergeleitet werden kann, sondern daß auf ihn im Gegenteil nur die Glieder höherer Ordnung führen.

Fortsetzung der Fußnote 2 von Seite 251

ebdt. 401. — Piercy, J. E.: ebdt. 405. — Westervelt, P. J.: J. A. S. A. **29**, 26 (1957). — Maidanik, G.: ebdt. **30**, 620 (1958). — Olsen, H., H. Wergeland u. P. J. Westervelt: ebdt. 633. — Budal, K., E. Höy u. H. Olsen: ebdt. **31**, 1536 (1959).

[1] Hertz, G., u. H. Mende: Z. Phys. **114**, 354 (1940). — Über den Schallsprudel vgl. insbesondere auch M. Kornfeld u. V. I. Triers: Z. techn. Phys. (USSR) **26**, 2778 (1956). — Sorokin, V. I.: Akust. Z. (USSR) **3**, 262 (1957).

Die Erscheinung des Schallstrahlungsdruckes kann zur Schallintensitätsmessung benutzt werden, einen derartigen „Schallstrahlungsdruckmesser" (auch „Schallradiometer" genannt) hat W. Altberg[1] angegeben. An einen flachen Schirm ist ein zylindrischer Ansatz angebaut, in
dem sich ein leicht beweglicher Kolben befindet; die auf den Kolben
beim Auffallen von Schallstrahlung ausgeübten Kräfte können mit einer
Torsionswaage gemessen werden. Man benutzt derartige Schallstrahlungsdruckmesser insbesondere zu
Schallintensitätsbestimmungen im
Schallfeld von Flüssigkeitssendern,
z. B. solchen, die für medizinische
Zwecke gebraucht werden. In Abb. 181
ist ein derartiges Gerät (nach Th. Hüter[2]) dargestellt.

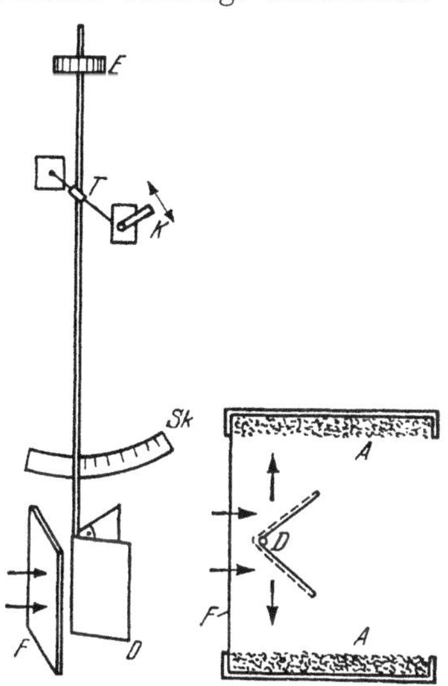

Abb. 181. Schallstrahlungsdruckwaage
nach Th. Hüter[2] (E Gegengewicht,
T Torsionsaufhängung, K Nullpunktsein-
stellung, Sk Skala, F Folie zum Abhalten
der Gleichströmung, D Reflektordach mit
Luftdoppelung, A Absorptionspolster)

[1] Altberg, W.: Ann. Phys. (4), **11**, 405
(1903). — Vgl. auch A. Halbig: Dissert.
Erlangen 1919. — Zernov, W.: Ann. Phys.
(4), **21**, 131 (1906). — Pohl, R. W.: Einführung in die Mechanik u. Akustik,
S. 221, Berlin 1930. Bemerkt sei noch, daß
man „Schallstrahlungsmesser" früher häufig
auch als „Schalldruckmesser" bezeichnete;
dies empfiehlt sich aber mit Rücksicht auf
die S. 90 besprochenen „Schalldruckmesser" zur Messung von Druckschwankungen
nicht.

[2] Hüter, Th.: Z. angew. Phys. **1**, 274
(1948). — Vgl. über Schallstrahlungsmesser
sowie allgemeinere Fragen des beim Auftreffen von Schall auf Hindernisse der
verschiedensten Art auftretenden Strahlungsdrucks sowie hiermit verbundene
Strömungseffekte nach E. Klein: J. A. S. A. **9**, 312 (1938). — Fox, F. E.: ebdt.
12, 147 (1940). — Hartmann, J., u. T. Mortensen: Akad. Tesnike Vidensk.
Kopenhagen Nr. 2 (1948) (kritischer Vergleich von Messungen mittels Strahlungs-
druckmessern mit solchen mittels Rayleigh-Scheibe: gute Übereinstimmung). —
Goetz, A.: Z. Naturforsch. 4a, 587 (1949). — Wada, E.: J. Sci. Rec. Inst. Tokyo **44**,
127 (1950). — Barone, A., u. M. Nuovo: Ric. Sci. **21**, 516 (1951). — Yosioka, K., u.
K. Fujibayashi: Mem. Inst. Sci. Ind. Osaka **9**, 21 (1952). — Florisson, C.: C. R.
235, 27 (1952). — Awatani, J.: J. Inst. Elect. Comm. Jap. **36**, 125 (1953). —
Kiernan, E. F.: J. A. S. A. **26**, 451 (1954). — Lucas, R., u. E. Grossetti: C. R.
238, 458 (1954). — Herrey, E. M. J.: J. A. S. A. **27**, 891 (1955). — Laville, G.:
C. R. **241**, 465 (1955). — Mokhtar, M., u. H. Youssef: J. A. S. A. **28**, 651 (1956). —
Bhadra, T. C.: Trans. Bose Res. Inst. **19**, 107 (1953—55). — Raney, W. P., J. C.
Corelli u. P. J. Westervelt: J. A. S. A. **26**, 1006 (1954). — Embleton, T. F. W.:
Canad. J. Phys. **34**, 276 (1956). — Levi, F. A.: Suppl. Nuovo Cim. (10) **4**, 1073
(1956). — Rieckmann, P.: Z. Instr.-Kde. **65**, 217 (1957). — Maidanik, G.: J. A. S. A.
29, 738 (1957). — Maidanik, G., u. P. J. Westervelt: ebdt. 936. — Olsen, H.,
W. Romberg u. H. Wergeland: ebdt. **30**, 69 (1958).

Eine mit dem Schallstrahlungsdruck eng zusammenhängende Erscheinung ist die ponderomotorische Kraft, die dann auftritt, wenn Schallwellen auf einen Resonator treffen; diese Kraft ist bemüht, den Resonator nach Art einer Rakete in der von der Öffnung nach dem Innenraum zielenden Richtung vorwärtszutreiben[1].

Erzeugt man in einiger Entfernung von einer reflektierenden Wand einen kurzdauernden Schall, so beobachtet man bei Rückkehr der von der Wand reflektierten Wellen ein Echo. Die Laufzeit T des Echos ist, wenn mit l die Entfernung zwischen Erzeugungsort und der (als eben angenommenen) Fläche bezeichnet wird, $T = 2\,l/c$. Echo-Effekte spielen in der praktischen Raumakustik eine wichtige Rolle, wir werden hierauf S. 343 zu sprechen kommen. Aus der Laufzeit eines Echos kann man bei bekannter Schallgeschwindigkeit die Entfernung zwischen Schallquelle und Reflexionsfläche bestimmen. Diese Möglichkeit wird zur Bestimmung von Wassertiefen ausgenutzt. Das Verfahren sei an den historisch interessanten Behm-Anschütz-Echolot erläutert. Als Schallquelle dient bei diesem Echolot eine Knall-

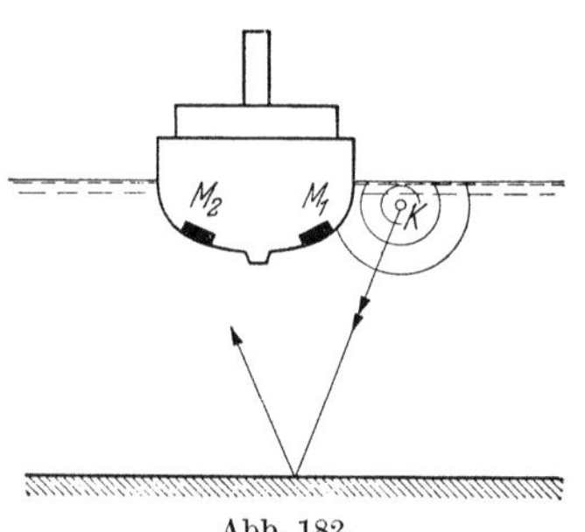

Abb. 182.
Echolotung mittels Knallpatrone

patrone, welche etwa 1 bis 2 m unterhalb der Wasseroberfläche zur Detonation gebracht wird. Der Knall erregt dann das Mikrophon M_1 (Abb. 182) unmittelbar, während ein zweites Mikrophon M_2 infolge der Schattenwirkung des Schiffsrumpfes nur wenig erregt wird; dies Mikrophon M_2 spricht erst dann an, wenn der vom Meeresgrund reflektierte Schall das Schiff erreicht. Die Tiefenanzeige erfolgt auf einem Behm-Kurzzeitmesser[2], dessen Wirkungsweise in Abb. 183 skizziert ist. Das Anzeigesystem ist eine gut ausgewuchtete, durch eine Feder F_1 gespannte Scheibe, welche vor Durchführung der Lotung durch das vom Mikrophon M_1 betätigte Relais R_1 festgehalten wird. Beim Ansprechen des Mikrophons M_1 gibt das Relais R_1 die Scheibe frei und diese schnellt los, bis sie durch eine vom Mikrophon M_2 über das Relais R_2 betätigte

---

[1] Vgl. hierzu insbesondere V. Dvořák: Wiedemanns Ann. Phys. **3**, 328 (1878). — Lebedew, P.: Wiedemanns Ann. Phys. **62**, 18 (1897). — Meyer, E.: Ann. Phys. (4), **71**, 567 (1923). — Hippe, G.: Ann. Phys. (4), **82**, 161 (1927). — Thomas, W.: Ann. Phys. (4) **83**, 255 (1927). — Waetzmann, E., u. K. Schuster: Ann. Phys. (5), **1**, 556 (1929). — Borgnis, F. E.: J. A. S. A. **25**, 546 (1953). — Cady, W. G., u. C. E. Gittings: ebdt. 892. — Hingewiesen sei hier auch noch auf eine Untersuchung über die anziehenden und abstoßenden Kräfte zwischen Kugeln in Schallfeldern: W. Dörr: Acustica **5**, 163 (1955).

[2] Behm, A.: Ann. Hydrogr., Berlin **49**, 241 (1921). — Über moderne, insbesondere optisch oder elektronisch arbeitende Kurzzeitmesser vgl. H. H. Rust: Z. angew. Phys. **5**, 237 (1953).

Bremse nahezu momentan angehalten wird. Der Winkel, um den die Scheibe sich bei der Lotung gedreht hat, ist dann ein Maß für die Wassertiefe; der Kurzzeitmesser kann unmittelbar in Meter geeicht werden. Auch in der Luftfahrt hat man Echolote mit Erfolg benutzt, so sind z. B. die Zeppelinluftschiffe mit Echoloten ausgerüstet worden. Das unvermeidliche Störgeräusch durch Propellerschall und Auspuffschall verursacht freilich bei Luftfahrzeugen — insbesondere bei Flugzeugen — Schwierigkeiten[1].

Echolotungen lassen sich besonders vorteilhaft mit Ultraschallimpulsen[2] durchführen. In der Schifffahrt benutzt man für vertikale Lotungen zur Tiefenbestimmung oder für horizontale Lotungen zur Bestimmung der Richtung

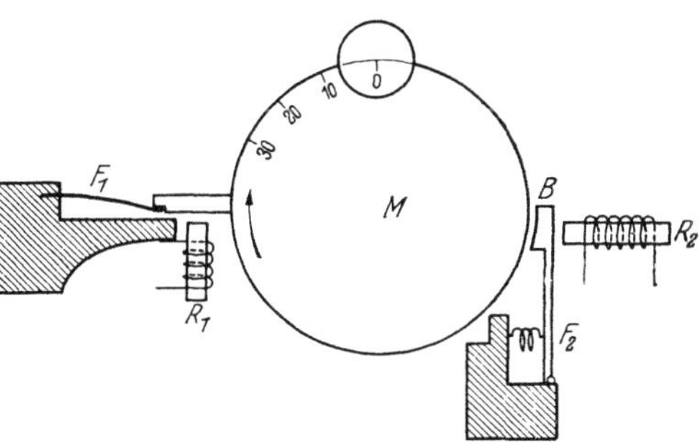

Abb. 183. BEHM-Kurzzeitmesser für Echolotung (R_1 Relais zur Freigabe, R_2 Relais zur Bremsung der um M drehbaren Scheibe, F_1 Antriebsfeder, B Bremse, F_2 Bremsfeder)

und der Entfernung von anderen Fahrzeugen, Eisbergen und ähnlichen Hindernissen Frequenzen im Bereich von 10 kHz bis 100 kHz. Mit Ultraschallecholoten lassen sich auch sehr geringe Tiefen unter Kiel mit großer Genauigkeit erfassen und laufend registrieren.

Abb. 184 zeigt (nach S. FAHRENTHOLZ[3]) eine im Rhein bei Breisach durchgeführte Schallotungsreihe. Auch zum Aufsuchen von Fisch-

---

[1] Über Luftecholote vgl. E. KUTZSCHER u. P. ORLICH: Die Physikal. u. Techn. Grundl. des akust. Landehöhenmessers, Berlin 1942. Über das Reflexionsvermögen des Erdbodens für Luftschall vgl. W. ERNSTHAUSEN u. W. v. WITTERN: A. Z. **4**, 353 (1939).

[2] Die Ultraschallecholotung wurde von P. LANGEVIN eingeführt (Franz. Patentschr. Nr. 502913 u. 505703 (1918)). — Über Echolote vgl. weiterhin E. LÜBCKE: Z. VDI **71**, 1245 (1927); Z. Fernmeldetechn. **14**, 119 (1933). — KUNZE, W.: Z. VDI **77**, 1265 (1933). — UETSUKI, K., u. K. KATO: Mem. Res. Inst. Acust. Osaka **1**, 20 (1950). — GIACOMINI, A.: Nuovo Cim. **9**, Suppl. 2 (1952). — DRUBBA, H., u. H. H. RUST: Z. angew. Phys. **5**, 388 (1953) (ausführl. Literaturang.). — THIEDE, H.: Acustica **4**, 601 (1954). — TUCKER, D. G.: J. Brit. Inst. Rad. Engr. **16**, 243 (1956). — TUCKER, D. G., V. G. WELSBY u. R. KENDELL: ebdt. **18**, 465 (1958). — JAGDOZINSKI, Z.: Pol. Acad. Sci. Warschau (1957), 149. — KALLMEYER, F. W.: Wasserschall, Schallortung, Physik in Einzelber. (1957) S. 35. — CHESTERMAN, P., R. CLYNICK u. A. H. STRIDE: Acustica **8**, 285 (1958). — KOLTONSKI, W., u. J. MALECKI: ebdt. 307. — GRIFFITHS, J. W. R., u. A. W. PRYOR: Electron. Radio Engr. **35**, 29 (1958). — RUST, H. H., u. H. DRUBBA: A. T. M. V 1122-6 März 1959. — FAHRENTHOLZ, S.: Proc. 3. I. C. A. Congr. Stuttgart (1959). — Über Echoimpulsgeräte zur zerstörungsfreien Materialprüfung vgl. die Ausführungen auf S. 286.

[3] FAHRENTHOLZ, S.: Bücherei der Funkortung, hg. v. L. BRANDT **6**, Teil 5, S. 86, Dortmund (1957).

schwärmen werden in der Hochseefischerei Echolote mit Erfolg verwendet[1].

Eine sehr interessante Anwendung des Ultraschallecholotes findet sich in der Tierwelt. Die Fledermäuse besitzen die Möglichkeit, kurze Ultraschallimpulse (Frequenzbereich 30—80 kHz) auszusenden[2]; sie nehmen dann die von Hindernissen irgendwelcher Art reflektierten Echos auf und können sich hierdurch — auch im völligen Dunkel — mit erstaunlicher Sicherheit über die Lage der Hindernisse orientieren.

Trifft Schall auf ein Hindernis, dessen Ausdehnung, von der gleichen Größenordnung oder kleiner ist als die Wellenlänge, so reichen die Be-

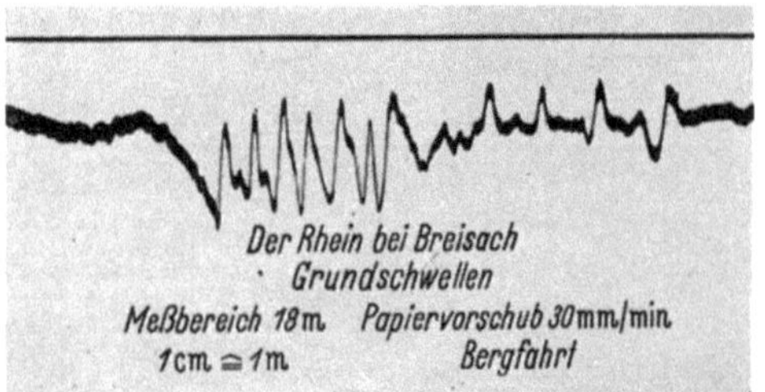

Abb. 184. Ultraschallotung: Bodenprofil im Rhein (nach S. FAHRENTHOLZ)

trachtungen, wie wir diese bisher im Sinne der geometrischen Optik durchführten, in keiner Weise zur richtigen Erfassung der Erscheinungen aus. Es treten dann Beugungseffekte auf, welche beispielsweise dazu führen, daß auch hinter dem Hindernis liegende Stellen des Mediums vom Schallvorgang erfaßt werden. Das Hindernis stört das Schallfeld um so weniger, je kleiner seine Ausdehnung im Vergleich zur Wellenlänge ist. Ist die Ausdehnung des Hindernisses sehr klein zur Wellenlänge, so ist die Schallfeldverteilung in einiger Entfernung hinter dem Hindernis die gleiche wie im ungestörten Feld.

---

[1] Vgl. A. v. BRANDT: Allg. Fischereizeitg. **75**, 437 (1950). — SCHNAKENBECK, W.: Fischereiwelt **2**, 9 (1950). — SCHUBERT, K.: ebdt. 119. — KIETZ, H.: Beitr. in Funk-Schallortung in der Seeschiffahrt, Bücherei der Funkortung, hg. v. L. BRANDT, Bd. 1, Dortmund 1953. — FAHRENTHOLZ, S.: ebdt. Bd. 6, Teil IV, S. 86 (1957). — HASHIMOTO, T., u. Y. KIKUCHI: J. A. S. A. **29**, 702 (1957).

[2] Vgl. R. GALAMBOS u. D. R. GRIFFIN: J. Expl. Zool. **86**, 481 (1941). — GALAMBOS, R.: Sci. Mo. **56**, 155 (1943). — HARTRIDGE, H.: Nature **156**, 490 (1945). — DIJKGRAAF, S.: Nederl. Akad. Wetensk. **52**, 622 (1943); Vakbl. voor Biologen **27**, 97 (1947); Experientia II, 11 (1946); V, 90 (1949). — SCHALLER, F., u. C. TIMM: ebdt. 162. — GRIFFIN, D.: J. A. S. A. **22**, 247 (1950). — MÖHRES, F. P.: Naturwiss. **39**, 273 (1952). — HOLLMANN, H. E.: ebdt. S. 384. — KELLOGG, W. N., R. KOHLER u. H. N. MORRIS: Science **117**, 239 (1953). — GRIFFIN, D. R.: Listening in the Dark New Haven 1958. — KELLOGG, W. N.: J. A. S. A. **31**, 1 (1959) (betr. Schallortung bei Tümmlern). — Man hat auch Ultraschallgeräte für Blinde gebaut, Vgl. F. H. SLAYMAKER u. W. F. MEEKER: Electronics **21**, Mai 1948 S. 76. — BRADFIELD, G.: Electronic Eng. **21**, 464 (1949). — TWERSKY, V.: J. A. S. A. **25**, 156 (1953).

Von LORD RAYLEIGH[1] sind die Beugungserscheinungen, welche an
einer starren Kugel auftreten, theoretisch behandelt worden, und zwar
untersuchte LORD RAYLEIGH die Schattenwirkung der Kugel für eine
an ihrer Oberfläche angeordnete punktförmige Schallquelle. Er löste
die Wellengleichung für Aufpunkte, die sich in hinreichend großer
Entfernung von der Kugeloberfläche befinden. Abb. 185 zeigt das
Ergebnis der Berechnung; es ist in dieser Abbildung die relative Schallintensität für in verschiedenen Richtungen liegende Aufpunkte eingetragen, die eine Kurve gilt für das Verhältnis $\beta R = 10$ und die andere
für das Verhältnis $\beta R = 2$; R bedeutet den Radius der Kugel, $\beta = 2\pi/\lambda$.

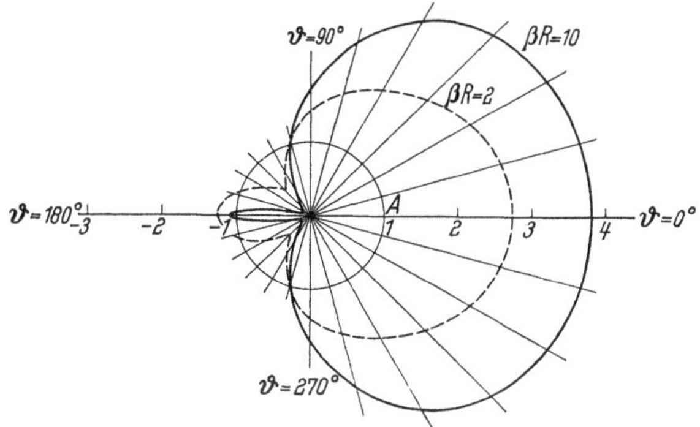

Abb. 185. Schallschatten einer Kugel (nach Lord RAYLEIGH)

Die Länge der Fahrstrahlen in den verschiedenen Richtungen ist ein
relatives Maß der in dieser Richtung auftretenden Schallintensität. Die
Darstellung zeigt anschaulich die mit zunehmender Wellenlänge abnehmende Schattenwirkung der Kugel. Während bei sehr kurzen
Wellen der der Quelle abgewendete Schallfeldteil nur wenig erregt wird,

---

[1] LORD RAYLEIGH: Theory of Sound **2**, 253, London 1926. — Vgl. insbesondere
auch G. W. STEWART: Phys. Rev. **33**, 467 (1911). — Die obenstehend besprochenen
Beugungserscheinungen sind praktisch bedeutungsvoll u. a. auch für die Richtwirkung der menschlichen Stimme. Vgl. F. TRENDELENBURG: Z. Techn. Phys. **10**,
558 (1929). — DUNN, H. K., u. D. W. FARNSWORTH: J. A. S. A. **10**, 184 (1939).
Zur Beugung an Kugeln vgl. weiterhin V. C. ANDERSON: J. A. S. A. **22**, 426
(1950). — FARAN, J. J.: ebdt. **23**, 405 (1951). — HART, R. W.: ebdt. 323. — ANDER-
SON, D. V., T. D. NORTHWOOD u. C. BARNES: ebdt. **24**, 276 (1952). — MONTROLL,
E. W., u. J. N. GREENBERG: Phys. Rev. **86**, 889 (1952). — JUNGER, M. C.: J. A. S. A.
24, 366 (1952). — SIVUKHIN, D. V.: Akust. Z. (USSR) **1**, 78 (1955). — PROSZE, O.:
Elektron. Rdsch. **9**, 112 (1955). — LANE, C. A.: J. A. S. A. **27**, 1082 (1955); **28**,
1194 (1956). — NAGASE, M.: J. Phys. Soc. Jap. **11**, 279 (1956). — RSCHEVKIN, S. N.:
Akust. Z. (USSR) **2**, 366 (1956). — MANN-NACHBAR, P.: Quart. appl. Math. **15**,
83 (1957). — FEDERICI, M.: Ric. Sci. **28**, 1659 (1958). — GILBERT, F., u. L. KNO-
POFF: J. A. S. A. **31**, 1169 (1959). — HELBERG, H. W.: Acustica **9**, 118 (1959). —
KNOPOFF, L.: Geophysics **24**, 30 (1959). — BARAKAT, R. G.: J. A. S. A. **32**, 61
(1960). — EINSPRUCH, N. G., u. R. TRUELL: ebdt. 214.

ist dies bei großer Wellenlänge nicht der Fall; bei großer Wellenlänge wird auch die der Quelle abgewendete Schallfeldhälfte nennenswert erregt. Besonders bemerkenswert ist übrigens ein stets auftretendes enges Maximum in der der Schallquelle genau entgegengesetzten Richtung,

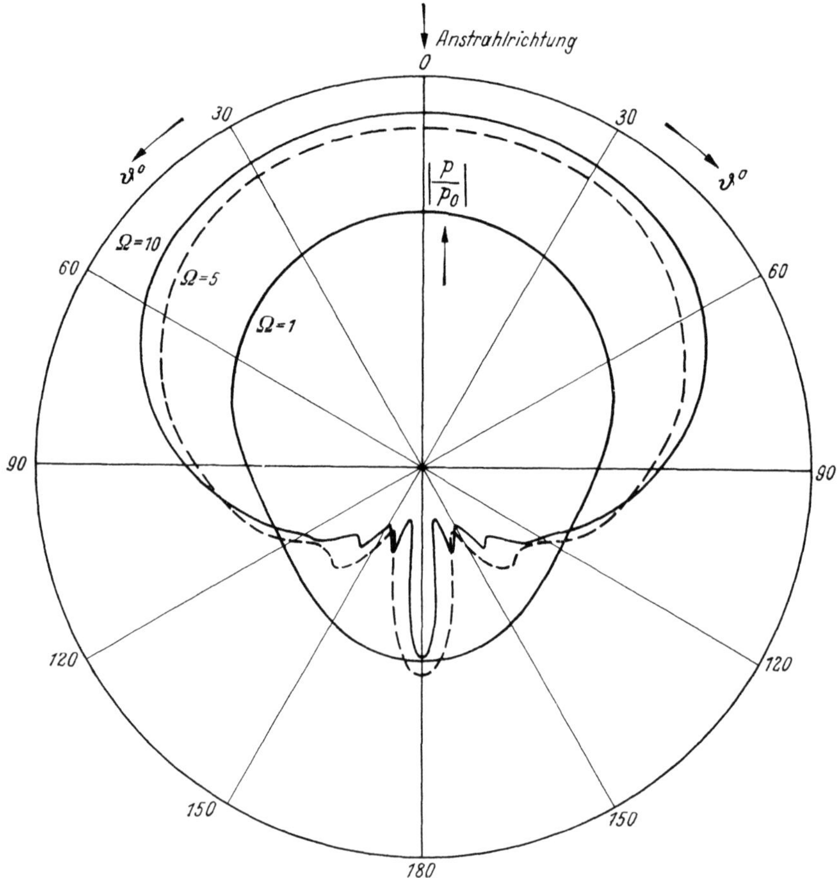

Abb. 186. Schalldrucke auf einer von einer ebenen Welle getroffenen Kugel (nach L. Schwarz)

der sog. „helle Fleck". Die Existenz dieses Maximums läßt sich in Analogie zur Optik aus der Fresnelschen Zonenkonstruktion ableiten.

Von L. Schwarz[1] wurde unter Benutzung der Ansätze von Lord Rayleigh das Verhältnis des Druckes in einer auf eine Kugel fallenden

---

[1] Schwarz, L.: A. Z. 8, 91 (1943). Es sei darauf hingewiesen, daß L. Schwarz für $\Omega = \infty$ am Äquator eine Druckverdoppelung findet, dies steht im Widerspruch zu K. Koller: A. Z. 8, 208 (1943), der hierfür 1,4 findet. Bemerkt sei noch, daß K. Zoller (a. a. O.) die beim Auftreffen einer Druckfront auf eine Kugel auftretenden Einschwingvorgänge des Schalldrucks berechnete und die Mitbewegung der Kugel durch einen Druckstoß ermittelte [A. Z. 8, 213 (1943)]. Die Arbeit ist

ebenen Welle zum Druck in der ungestörten Welle p/p_0 für auf der Oberfläche gelegene Aufpunkte berechnet. In Abb. 186 ist der Wert p/p_0 für verschiedene Werte Radius R_0/λ dargestellt, und zwar ist der Parameter $\Omega = 2\pi \cdot R_0/\lambda$. ϑ ist der Winkel zwischen der Richtung nach der Schallquelle und der Richtung nach dem Aufpunkt.

Ein interessantes Beispiel für Beugungserscheinungen sind auch Reflexionsmessungen (Abb. 187), die K. TAMM[1] über Reflexionen an einem Schirm von 6λ Breite durchführte, der Schirm wurde hierbei in 310 cm Entfernung vor einem

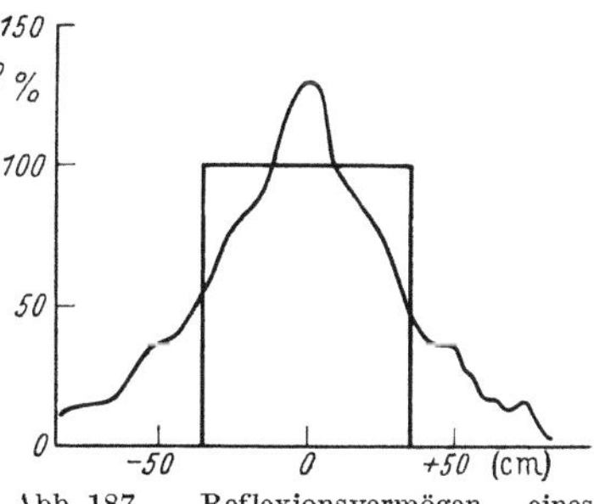

Abb. 187. Reflexionsvermögen eines schallreflektierenden Schirms von 6λ Breite (nach K. TAMM)

Fortsetzung der Fußnote 1 von S. 258

von Bedeutung für die Theorie der in die Oberfläche einer Kugel eingebauten Meßgeräte (Ziff. 27, S. 395). Vgl. hierzu auch W. KUHL: Acustica 2, 226 (1952).

[1] TAMM, K.: A. Z. 6, 16 (1941). Weitere Untersuchungen über Beugungseffekte an Hindernissen verschiedenster Form vgl. ST. BALLANTINE: J. A. S. A. 3, 319 (1932). — SIVIAN, L. J., u. H. T. O. NEIL: J. A. S. A. 3, 483 (1932). — SPANDÖCK, F.: Ann. Phys. (5) 20, 328 (1934) — MULLER, G. G., R. BLACK u. T. E. DAVIS: J. A. S. A. 10, 6 (1938) (Beugung an zylindrischen und kubischen Körpern, kreisförmigen und quadratischen Platten). — STENZEL, H.: E. N. T. 15, 71 (1938). — FRIEDLANDER, F. G.: Proc. Roy. Soc. London (A) 186, 322, 344, 352, 356 (1946). — WIENER, F. M.: J. A. S. A. 19, 444 (1947). — MALYNZHINETZ, G. D.: C. R. Acad. Sci. USSR 54, 399 (1947). — KARPACHEVA, A., L. D. ROSENBERG u. B. D. TARTAKOVSKY: ebdt. 395; PRIMAKOFF, H., u. J. B. KELLER: J. A. S. A. 19, 820 (1947). — PRIMAKOFF, H., M. J. KLEIN, J. B. KELLER u. E. L. CARSTENSEN: J. A. S. A. 19, 132 (1947). — WIENER, F. M.: ebdt. 20, 367 (1948) (Kreiskegel). — SPENCE, R. D.: ebdt. 380 (Scheiben und Öffnungen). — BAUER, L., P. TARMARKIN u. R. B. LINDSAY: ebdt. 858. — LEITNER, A.: ebdt. 21, 331 (1949); WIENER, F. M.: ebdt. 334; TARMARKIN, P.: ebdt. 21, 612 (1949) (Zylinder) — HORTON, C. W., u. F. C. KARAL: ebdt. 22, 855 (1950) (Rotationsparaboloid). — WIENER, F. M.: ebdt. 47. — BOUWKAMP, C. J.: Physica 16, 1 (1950) (Kreisscheiben). — KOCK, W. E., u. F. K. HARVEY: Bell Syst. Techn. J. 30, 564 (1951). — CANAC, F., u. V. GAVREAU: Acustica 1, 2 (1951). — MONTROLL, E. W., u. R. W. HART: J. Appl. Phys. 22, 1278 (1951) (Zylinder, Sphäroide und Scheiben). — SPENCE, R. D., u. S. GRANGER: J. A. S. A. 23, 701 (1951). — LEVITAS, A., u. M. LAX: ebdt. 316. — WIENER, F. M.: ebdt. 697. — MAUE, A. W.: Z. Naturforsch. 7a, 387 (1952). — FARAN, J. J.: J. A. S. A. 25, 155 (1953). — TWERSKY, V.: ebdt. 24, 42 (1952) (Anordnung von parallelen Zylindern). — AWATANI, J.: J. Inst. Electr. Comm. Jap. 35, 407 (1952). — JUNGER, M. C.: J. A. S. A. 25, 899 (1953) (elastischer, schwingungsfähiger Zylinder). — HORTON, C. W.: ebdt. 632 (Rotationsparaboloid). — BEZUSKA, ST. J.: ebdt. 1090 (flüssigkeitsgefüllter Zylinder). — MILES, J. M.: ebdt. 1087. — HEAPS, H. S.: ebdt. 26, 707 (1954) (Kreisscheibe). — TWERSKY, V.: J. Appl. Phys. 25, 859 (1954) (Anordnung von parallelen Zylindern). — Jones, D. S.: Phil. Trans. (A) 247, 499 (1955). — LEPORSKII, A. N.: Akust. Z. (USSR) 1, 48 (1955); 2 177 (1956) (betr. periodische Anordnungen). — KNOPOFF, L.; J. A. S. A. 28, 217 (1956) (allgem. Theorie). — SEKI, H., A. GRANATO u. R. TRUELL. : ebdt. 230. — GRANNEMANN, W. W.: ebdt. 494 (Beugung an Kanten). — WILLIAMS, W. E.: Proc. Cambr. Phil. Soc. 52, 322 (1956). — YING, C. F., u. R. TRUELL:

17*

Wasserschallsender von etwa 12 kHz und in 200 cm Entfernung vor einem Ultraschallempfänger vorbeigeschoben. Befindet sich der Schirm symmetrisch zwischen Sender und Empfänger, so hat er ein scheinbares Reflexionsvermögen von mehr als 100%. Auch außerhalb des Gebietes geometrischer Reflexion kommen durch Beugungserscheinungen starke Reflexionen zustande. Ein weiteres Beispiel von Beugungserscheinungen zeigt Abb. 188, und zwar ist hier die Schalldruckverteilung wiedergegeben, die sich in einiger Entfernung hinter einer von vorn her mit ebenen Wellen beschallten Kreisscheibe ergibt. Man erkennt anschaulich in

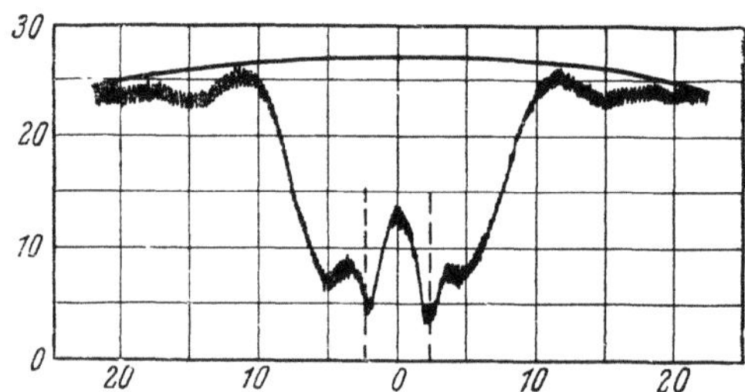

Abb. 188. Schalldruckverteilung hinter einer kreisförmigen von vorn beschallten Scheibe. (Wasserschall, 10 kHz. Scheibendurchmesser 18 Zoll, Abstand Platte-Empfänger 1 Zoll, Ordinatenmaßstab dB, Abszisse Abstand in Zoll von Mittelachse. Die leicht gewölbte Kurve oberhalb 25 dB ist die Schalldruckverteilung im ungestörten Feld; (nach H. Primakoff, M. J. Klein, J. B. Keller u. E. L. Carstensen[1])

der Mittelachse den bereits erwähnten, aus der Optik bekannten „hellen Fleck".

Die Beugungseffekte beim Durchgang ebener Schallwellen durch eine Öffnung in einer starren Wand sind durchaus analog den Richtwirkungserscheinungen im Schallfeld der Kolbenmembran, die wir S. 138 behandelt haben. Beim Durchgang einer ebenen Welle durch eine Öffnung findet ja, ganz wie bei der schwingenden Kolbenmembran,

---

Fortsetzung der Fußnote 1 von S. 259

J. appl. Phys. **27**, 1086 (1956). — Khaskind, M. D.: Akust. Z. (USSR) **3**, 348 (1957). — Brosze, O.: Elektron. Rdsch. **11**, 19 (1957). — Keller, J. B.: J. A. S. A. **29**, 1085 (1957). — Jones, D. S.: Proc. Roy. Soc. (A) **239**, 338 (1957). — Lyamshev, L. M.: Dokl. Akad. Nauk (USSR) **115**, 271 (1957). — Khaskind, M. D.: Akust. Z. (USSR) **4**, 92 (1958). — White, R. M.: J. A. S. A. **30**, 771 (1958). — Lyamshev, L. M.: Akust. Z. (USSR) **4**, 51, 161 (1958). — Wait, J. R.: Appl. sci. Res. B **4**, 464 (1955). — Lyamshev, L. M., u. S. N. Rudakov: Akust. Z. (USSR) **4**, 283 (1958). — Lyamshev, L. M.: ebdt. **5**, 58 (1959). — Tyntekin, V. V.: ebdt. 106. — Kanevskii, I. N.: ebdt. 151. — Inomata, S., u. E. Matsui: Proc. 3. I. C. A. Congr. Stuttgart (1959). — Malynghinetz, G. D.: ebdt.

Über Beugungserscheinungen bei nichtperiodischen Schallvorgängen, insbesondere kurzen Impulsen vgl. F. A. Fischer: Optik **4**, 167 (1948/49). — Miles, J. W.: Proc. Roy. Soc. (A) **112**, 543 (1952). — Berry, F. J.: Quart. J. Mech. appl. Math. **5**, 324, 333 (1952). — Friedlander, F. G.: C. Comm. pure appl. Math. **7**, 705 (1954).

[1] Primakoff, H., M. J. Klein, J. B. Keller u. E. L. Carstensen: J. A. S. A. **19**, 132 (1947).

eine gleichphasige Erregung in der Öffnungsfläche statt, während außerhalb der Öffnung die Erregung Null bleibt. Wir hatten S. 139 bereits gezeigt, wie sich diese Frage auf konstruktivem Wege lösen läßt: Man kann die Erregung an den verschiedenen Schallfeldpunkten durch phasenrichtige Addition der von den einzelnen Flächenelementen herrührenden Erregungen — also durch Anwendung der FRESNELschen Erweiterung des HUYGENSschen Prinzips — quantitativ ermitteln. Die auf S. 140 gebrachten Richtwirkungsdiagramme der Kolbenmembran lassen sich ohne weiteres auch als Beugungsdiagramme ebener Schallwellen, die durch eine Öffnung in einer starren Wand fallen, deuten. Die Diagramme zeigten insbesondere, wie bei Schall, dessen Wellenlänge sehr groß gegen den Öffnungsdurchmesser ist, von der Öffnung aus sich eine neue, kugelsymmetrisch ablaufende Welle ausbildet, während bei kurzer Wellenlänge ein scharf gebündelter Schallstrahl und Seitenmaxima auftreten[1].

Beugungseffekte vor der Öffnung eines kugelförmigen HELMHOLTZ-Resonators (vgl. Ziff. 24, S. 318) wurden von U. INGARD[2] untersucht. Die Ausbildung des Schallfeldes in der Umgebung des Resonators hängt im starken Maß von dem Verhältnis der Frequenz des auffallenden Schalls zur Eigenfrequenz des Resonators und von der Dämpfung des Resonators ab. Abb. 189 zeigt den Verlauf der Linien gleichen Druckes für einen HELMHOLTZ-Resonator von 9 cm Radius und 3,82 cm Öffnungsdurchmesser (Eigenfrequenz 195 Hz). Die Parameter der Kurven sind die auf das ungestörte Schallfeld bezogenen Werte der Schalldruckerhöhung im Dezibelmaß.

Mittels des FRESNEL-HUYGENSschen Prinzips läßt sich auch die Schallbeugung durch Gitter leicht übersehen[3]. Auf ein Gitter (Abb. 190) falle von links her eine ebene Welle. Die von den einzelnen Spalten des

---

[1] Zur Theorie der Beugung von Schall in Öffnungen vgl. C. J. BOUWKAMP: Theoretische en numerische behandeling van de buiging door en ronde opening, Diss. Groningen 1941. — MILES, J. W.: J. A. S. A. **21**, 140 (1949). — MEIXNER, J., u. U. FRITZE: Z. angew. Phys. **1**, 535 (1949). — LEVINE, H.: J. A. S. A. **22**, 48 (1950). — NIMURA, T.: Sci. Rep. Inst. Tohoku (B) **1**, 381 (1951). — AWATANI, J.: Mem. Res. Inst. Acoust. Osaka **2**, 14 (1951). — MILES, J. W.: Acustica **2**, 287 (1952) (mit ausführlichen Literaturangaben). — SEVERIN, H., u. C. STARKE: Acustica **2** (AB), 59 (1952). — MAGNUS, W.: Quart. Appl. Math. **11**, 77 (1953). — BEKEFI, G.: J. A. S. A. **25**, 205 (1953). — ANDERS, T.: Z. Phys. **135**, 219 (1953).

[2] INGARD, U.: J. A. S. A. **25**, 1062 (1953).

[3] Experimentelle Untersuchungen über die Beugung von Ultraschall an Gittern wurden insbesondere von W. ALTBERG: Ann. Phys. **23**, 267 (1907) und von R. W. POHL (Mechanik und Akustik, S. 224ff., Berlin 1930) durchgeführt. Über Schallbeugung an Gittern vgl. weiter E. MEYER u. E. THIENHAUS: Z. techn. Phys. **15**, 630 (1934). — THIENHAUS, E.: Das akustische Beugungsgitter, Leipzig 1935. — TAKEUCHI, R.: Mem. Res. Inst. Acoust. Osaka **1**, 1 (1950). — FOX, E. N.: Proc. Roy. Soc. (A) **211**, 398 (1952).

Gitters mit gleicher Phase ablaufenden Elementarwellen bewirken dann an allen denjenigen (in großer Entfernung vom Gitter angenommenen) Aufpunkten eine gleichphasige Erregung, welche in den Richtungen

$$\sin \alpha_n = n \cdot \lambda/d \qquad (139)$$

liegen (d Abstand der Spalte, ,,Gitterkonstante", $n = 0, 1, 2, 3, \ldots$). $n = 0$ ergibt das auf der Mittelnormalen liegende ,,Maximum nullter Ordnung". Geht man aus der Mittelnormalen heraus, so fallen die verschiedenen Elementarwellen mit verschiedener Phase ein, so daß dort die Erregung geringer ist als in der Mittelnormalen. Erst dann, wenn die Bedingung $\sin \alpha = \lambda/d$ erfüllt ist, liegt wieder Phasengleichheit vor, in dieser Richtung liegt das Maximum erster Ordnung. Die weiteren Maxima fallen in die Richtungen $\alpha_2, \alpha_3, \ldots$ Der Intensitätsverlauf im einzelnen läßt sich durch phasenrichtige Addition der von den verschiedenen Spalten herrührenden Elementarwellen leicht konstruktiv ermitteln.

Mit akustischen Beugungsgittern kann man analog den optischen Verfahren der Spektralanalyse mittels Gitterspektrograph Schallanalysen durchführen, wir werden hierauf unten (S. 494) zu sprechen kommen.

Auf Beugungseffekten beruht auch die Zerstreuung des Schalls beim Durchgang durch akustisch trübe Medien, wie z. B.

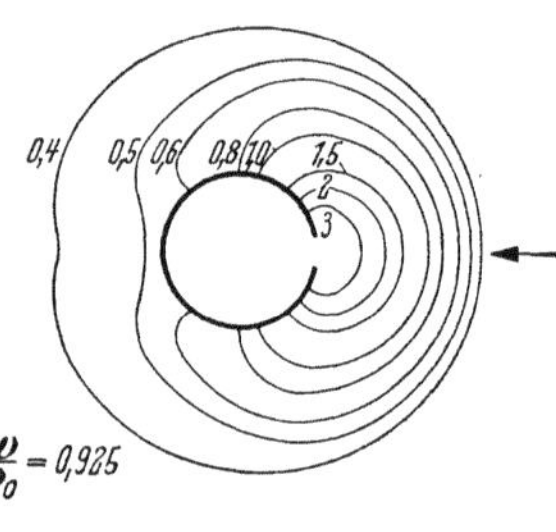

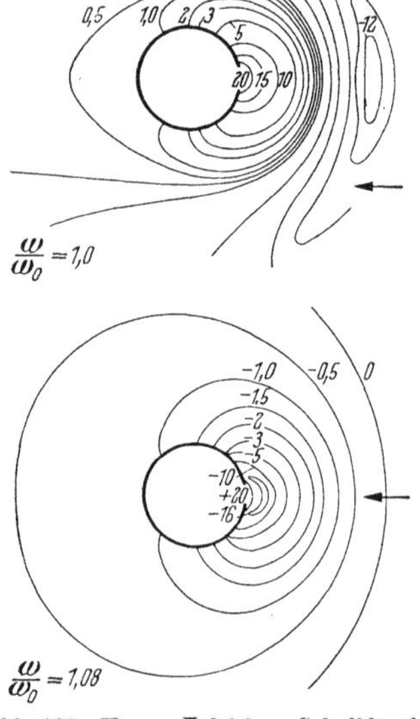

Abb. 189. Kurven gleichen Schalldrucks an einem HELMHOLTZ-Resonator (nach U. INGARD)

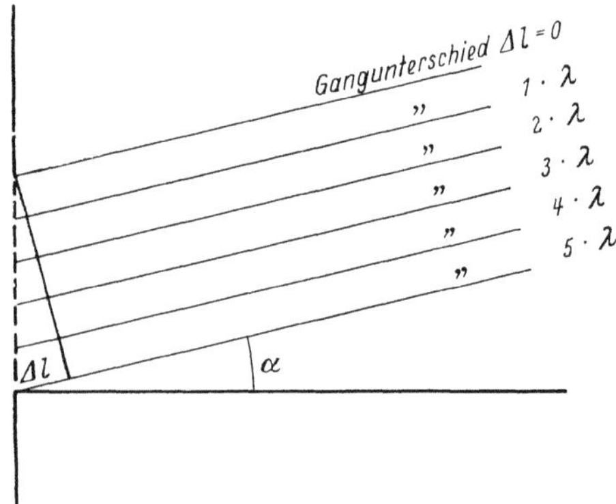

Abb. 190. Beugung an einem Gitter (Maximum erster Ordnung)

durch solches kristallines Material, dessen Kristallitgröße in der Größenordnung der Wellenlänge liegt[1].

Die Beugungserscheinungen an Hindernissen der verschiedensten Art lassen sich experimentell sehr schön mit Ultraschall an Hand von Schlierenaufnahmen demonstrieren. Die auf A. Toepler zurückgehende Schlierenmethode[2] arbeitet in folgender Weise: Durch eine Linsen-

---

[1] Vgl. hierzu W. P. Mason u. H. J. McSkimin: J. A. S. A. **19**, 464 (1947). — Huntington, H. B.: ebdt. **22**, 362 (1950). — Bathia, A. B.: ebdt. **31**, 16 (1959). Zerstreuung tritt in allen Medien mit statistisch verteilten Inhomogenitäten auf. Über Schallzerstreuung vgl. noch Odintsov, M. G., u. J. P. Shaposhikov: J. techn. Phys. (USSR) **19**, 1001 (1949). — Michurin, V. K., u. L. A. Chernov: ebdt. **21**, 920 (1951) (betr. Nebel, Emulsionen). — Kraichnan, R. H.: J. A. S. A. **25**, 1096 (1953) (Schalldurchgang d. turbulente Medien). — Mintzer, D.: J. A. S. A. **25**, 922, 1107 (1953); **26**, 186 (1954). — Skeib, G.: Z. Meteorol. **9**, 225 (1955) (Schallstreuung bei Temperatur- und Windunruhe). — Krasilnikov, V. A., u. A. M. Obukhof: Akust. Z. (USSR) **2**, 107 (1956); **3**, 175 (1957). — Skudrzyk, E.: J. A. S. A. **29**, 50 (1957). — Potter, D. S., u. S. R. Murphy: ebdt. 197. — Witmarsh, D. C., E. Skudrzyk u. R. J. Urick: ebdt. 1124 (Temperaturunruhe in der See). — Nanda, J. N., u. V. N. Rao: ebdt. **30**, 639 (1958) (Streuung durch Plankton).

Schallzerstreuung tritt — infolge nichtlinearer Effekte — auch beim Durcheinanderlaufen intensitätsstarker Schallwellen auf. Vgl. hierzu: M. T. Lighthill: Proc. Cambr. Phil. Soc. **49**, 531 (1953). — Mikhailov, G. D.: Z. exp. theor. Phys. (USSR) **30**, 1142 (1956). — Ingard, U., u. D. C. Pridmore-Brown: J. A. S. A. **28**, 367 (1956). — Westervelt, P. J.: ebdt. **29**, 199, 934 (1957).

[2] Toepler, A.: Beobachtungen nach einer neuen optischen Methode, Bonn 1864. (Es ist historisch interessant, daß diese klassische Arbeit von Toepler im Selbstverlag herausgegeben werden mußte, weil sie keine Aufnahme in einer Zeitschrift finden konnte!) Die erste Beobachtung von Schlieren beschreibt im übrigen L. Foucault: Annales de l'Obs. Imp. de Paris **5**, 197 (1859). — Bei genügend großen Dichte-Änderungen kann man auch die als „Schattenverfahren" bezeichnete einfachere Anordnung von V. Dvorak: Ann. Physik **9**, 502 (1880) verwenden. Über interessante Bilder von Stoßwellen, die in dieser Art entstanden sind, berichtet A. T. Jones: Amer. J. Phys. **15**, 57 (1947). — Über Schlierenverfahren vgl. weiterhin H. Schardin: Ergebnisse d. Exakt Naturwiss. **XX**, 303 (1942). — Barnes, N. F., u. S. L. Bellinger: J. Opt. Soc. Amer. **35**, 497 (1945). — Giacomini, A.: Alta Frequenza **7**, 660 (1938). — Nuovo Cim. **6**, 39 (1939). — Carlson, F. D., K. C. Clark u. J. C. Eisenstein: J. A. S. A. **17**, 101 (1945). — Hubbard, J. C., I. F. Zartman u. C. R. Larkin: J. Opt. Soc. Amer. **37**, 832 (1947.) — Willard, G. W.: Bell Lab. Rec. **5**, 194 (1947). — Barnes, R. B., u. Ch. J. Burton: J. Appl. Phys. **20**, 286 (1949). — Burton, Ch. J., u. R. B. Barnes: ebendort S. 462. — Mortensen, T. A.: Rev. Sc. Instr. **21**, 3 (1950). — Barone, A.: Ric. Sci. **21**, 513 (1951). — Canac, F.: Proc. 1. I. C. A. Congr. Delft (1953), S. 187. — Seidl, F.: Acustica **3**, 224 (1953). — Torikai, Y., u. K. Negishi: J. Phys. Soc. Jap. **8**, 119 (1953). — Güth, W.: Acustica **4**, 445 (1954) (Schlierenaufnahmen implodierender Gasblasen). — Nomoto, O.: J. Phys. Soc. Jap. **9**, 267 (1954). — Canac, F.: Acustica **4**, 320 (1954) (betr. stroboskopische Schlierenverfahren). — Gessert, W. L., u. E. A. Hiedemann: J. A. S. A. **28**, 944 (1956) (stroboskop. Verfahren, ausführliche Literaturangaben). — Hänsel, H., u. H. Schardin: Acustica **6**, 168 (1956) (Schlieren-Hochfrequenzmethode zur Untersuchung von Deformationswellen). — Averyanova, V. G., V. I. Makarov u. S. N. Rschevkin: Akust. Z. (USSR) **2**, 224 (1956).

anordnung wird ein beleuchteter Ausschnitt, z. B. ein Spalt oder eine Kreisblende, auf einem Beobachtungsschirm scharf abgebildet. Es wird dann an entsprechender Stelle des optischen Strahlenganges eine Blende so angeordnet, daß gerade das gesamte Licht abgeschirmt wird und daher der Beobachtungsschirm dunkel bleibt. Tritt nun an irgendeiner Stelle des von den Strahlen durchsetzten Mediums eine Dichte-

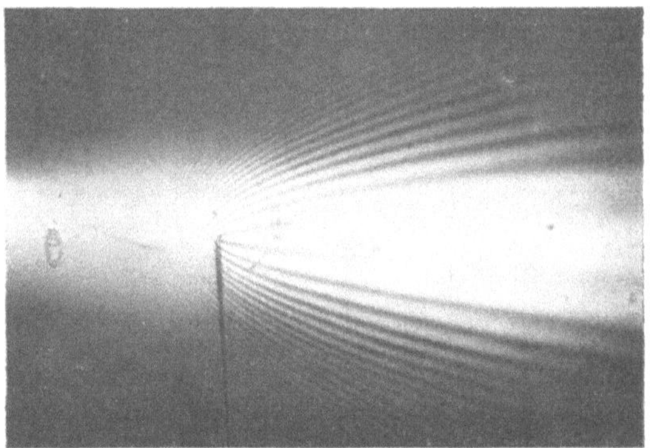

Abb. 191. Schlierenaufnahmen der Beugungserscheinungen an Zylindern verschiedenen Durchmessers (nach R. B. BARNES u. CH. J. BURTON)

änderung ein, so bewirkt diese durch Brechungseffekte eine Ablenkung des diese Stelle durchlaufenden Strahlenbündels und damit eine Aufhellung der entsprechenden Stelle des Beobachtungsschirms: die „Schliere" kommt auf dem Beobachtungsschirm zur Abbildung.

Abb. 191 zeigt nach Schlierenaufnahmen von R. B. BARNES und CH. J. BURTON[1] die Beugungserscheinungen an Zylindern verschiedenen Durchmessers, die Zylinderachse liegt senkrecht zur Abbildungsebene. Die von den genannten Forschern für ihre Schlierenaufnahmen ver-

---

[1] A. a. O. (Anm. 2 S. 263). Herr BARNES hatte die große Freundlichkeit, Originalaufnahmen zur Reproduktion zur Verfügung zu stellen.

wendete optische Anordnung ist in Abb. 192 dargestellt. Als Lichtquelle L dient bei dieser Anordnung ein Punktstrahler, der durch die beiden Linsen scharf auf dem lichtundurchlässigen Punkt P abgebildet wird. Die Schlierenebene im Flüssigkeitstrog T wird durch die rechte Linse auf dem Film F abgebildet.

Trifft Schall unter schrägem Einfallwinkel auf eine Grenzfläche zwischen zwei Medien verschiedener Schallgeschwindigkeit, so erfährt

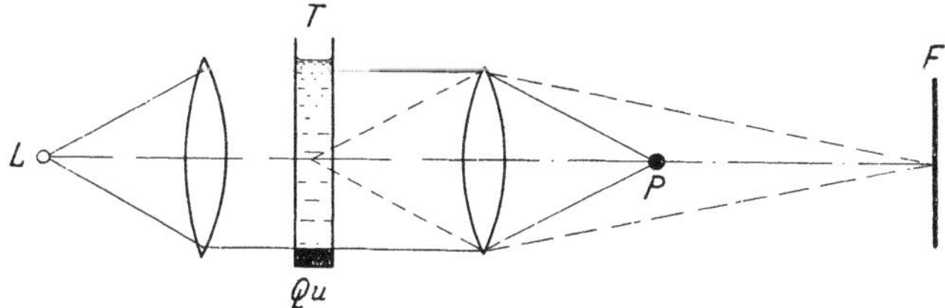

Abb. 192. Schlierenverfahren (nach R. B. Barnes u. Ch. J. Burton)
(L punktförmige Lichtquelle, T Trog, Qu Quarz, P geschwärzter Punkt, F Film in der Abbildungsebene der Schlieren)

er an der Trennfläche eine Richtungsänderung: er wird gebrochen. Man kann die Erscheinung der Schallbrechung elementar aus dem Huygensschen Prinzip ableiten. In Abb. 193 ist die dem Huygensschen Prinzip entsprechende Konstruktion dargestellt. AB sei die Wellenfront der mit der Geschwindigkeit c_1 aus dem Medium I einfallenden Welle. Die Strecke BD wird dann von der auf die Trennfläche einfallenden Welle in der Zeit $t = BD/c_1$ zurückgelegt. In dieser Zeit hat die in das Medium I von der Stelle A ablaufende Elementarwelle einen Radius $r = t \cdot c_2$ erreicht, oder mit anderen Worten, die Radien der von B im Medium I und der von A im Medium II ablaufenden Elementarwellen verhalten sich wie c_1/c_2, das Verhältnis der Strecke BD zu AC ist

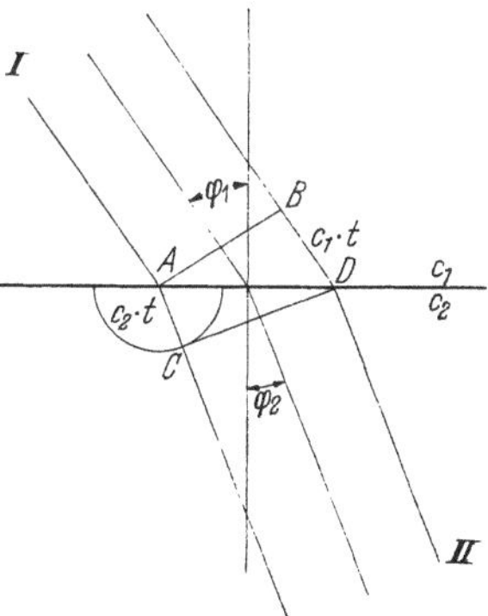

Abb. 193. Schallbrechung an der Trennschicht zweier Medien von der Schallgeschwindigkeit c_1, c_2

ebenfalls gleich c_1/c_2. Diese Konstruktion läßt sich für alle Punkte der Trennfläche durchführen, sie ergibt dann ohne weiteres das Brechungsgesetz

$$\frac{\sin \varphi_1}{\sin \varphi_2} = \frac{c_1}{c_2} = n, \tag{141}$$

wobei mit φ_1 der Winkel zwischen einfallendem Strahl und Flächennormale, mit φ_2 der Winkel zwischen gebrochenem Strahl und Flächennormale bezeichnet wird, n ist der Brechungsindex. Die Brechungsformel zeigt, daß bei schrägem Einfall von Schall aus einem Medium großer Schallgeschwindigkeit auf ein Medium kleiner Schallgeschwindigkeit die Brechung so erfolgt, daß der Schallstrahl nach dem Einfallslot hin gebrochen wird, beim Auffall von Schall aus einem Medium kleiner Schallgeschwindigkeit auf ein Medium großer Schallgeschwindigkeit hingegen wird der Schall vom Einfallslot weggebrochen[1].

Auch bei schrägem Einfall von Schall auf die Trennungsfläche zweier Medien wird ein Teil der Energie an der Begrenzungsfläche reflektiert, während ein anderer Teil in das Medium eintritt. Wie groß die Schallintensität des reflektierten und die des gebrochenen Strahls ist, hängt außer von den Schallkennimpedanzen der beiden Medien auch vom Einfallswinkel ab. Es soll diese Frage hier nicht im einzelnen behandelt werden; die Verhältnisse sind ziemlich verwickelt, insbesondere deswegen, weil beim Auffallen von Schall auf eine Begrenzungsfläche zu einem neuen Medium unter Umständen auch neue Wellenarten entstehen, so treten beispielsweise beim Auffallen von longitudinalen Wellen auf die Begrenzungsfläche zu einem festen Körper neben longitudinalen Wellen in dem festen Medium auch Schubwellen und Oberflächenwellen[2] auf. Ausdrücklich hingewiesen sei aber hier noch auf einen wichtigen Grenzfall, nämlich den der „totalen Reflexion". Die Brechungsformel zeigt, daß bei einem bestimmten Einfallswinkel φ_1, für welchen die Beziehung

$$\sin \varphi_2 = \frac{\sin \varphi_1}{n} = 1 \qquad (142)$$

[1] Zu den allgemeinen Fragen der Schallbrechung vgl. insbesondere L. M. BRECHOVSKICH: J. techn. Phys. (USSR) **19**, 1126 (1949); Izv. Acad. Nauk. (USSR) **13**, 505, 515, 534 (1949). — ELLISON, T. H.: J. Atm. Terr. Phys. **2**, 14 (1951). — TATARSKII, V. I.: J. eksper. teor. Fiz. (USSR) **25**, 84 (1953). — KHARANEN, V. YA.: Dokl. Acad. Nauk. (USSR) **88**, 253 (1953). — ALTENBURG, K., u. S. KÄSTNER: Ann. Phys. (6) **13**, 1 (1953). — HELLER, G. S.: J. A. S. A. **25**, 1104 (1953). — MINTZER, D.: ebdt. 922, 1107; **26**, 186 (1954). — KELLER, J. B.: ebdt. **27**, 1044 (1955). — WHITE, J. E., u. F. A. ANGONA: ebdt. 310. — BRILLOUIN, J.: Acustica **5**, 149 (1955). — BRECHOVSKICH, L. M., u. I. D. IVANOV: Akust. Z. (USSR) **1**, 23 (1955). — BARKHATOV, A. N.: ebdt. 315. — BRECHOVSKICH, L. M.: ebdt. **2**, 235, 341 (1956). — KÄSTNER, S.: Ann. Phys. (6) **19**, 102 (1956). — PEKEVIS, C. L., u. J. M. LONGMAN: J. A. S. A. **30**, 323 (1958). — GAULARD, M. L.: C. R. Acad. Sci. Paris **244**, 2486 (1957). — BARKHATOV, A. N.: Akust. Z. (USSR) **4**, 13 (1958). — SECKLER, B. D., u. J. B. KELLER: J. A. S. A. **31**, 192, 206 (1959). In entsprechend geschichteten Medien kommt es zur „Wellenleiter"ausbreitung, bei der dann extrem große Reichweiten von Schall erreicht werden können. Zur Theorie dieser Erscheinungen vgl. TARTAKOVSKII: Dokl. Akad. Nauk. **75**, 29 (1950). — TOLSTOY, J.: J. A. S. A. **27**, 897 (1955). — GAZARIAN, JU. L.: Akust. Z. (USSR) **2**, 133 (1956). — BRECHOVSKICH, L. M.: ebdt. 235. — GAZARIAN, JU. L.: Akust. Z. (USSR) **3**, 127 (1957). — Bei entsprechenden Geschwindigkeitsgradienten kann auch Fokussierung auftreten. Vgl. hierzu W. J. NOLLE: J. A. S. A. **27**, 888 (1955). — BRECHOVSKICH, L. M.: Akust. Z. (USSR) **2**, 124 (1956) (ausf. Theorie). — CHERNOV, L. A.: ebdt. **3**, 360 (1957). — BARKHATOV, A. N., u. I. I. SHMELEV: ebdt. **4**, 100 (1958). — ROCARD, Y.: C. R. Acad. Sci. Paris **246**, 2111 (1958). Vgl. auch S. 279 Anm. 1.

[2] Vgl. hierzu insbesondere auch die auf S. 65, Anm. 2 angezogenen Veröffentlichungen.

erfüllt ist, der gebrochene Strahl parallel zur Trennfläche verläuft und daß für $\sin \varphi_1/n > 1$ kein reeller gebrochener Strahl mehr existiert. Der aus dem Medium I einfallende Schallstrahl wird dann an der Trennfläche — nach den oben besprochenen Gesetzen der geometrischen Reflexion — vollständig reflektiert. Aus Gl. (142) läßt sich für das Auffallen von Luftschall auf eine Wasseroberfläche ein Grenzwinkel der totalen Reflexion von etwa 13° errechnen. Beim Auffallen von Luftschall

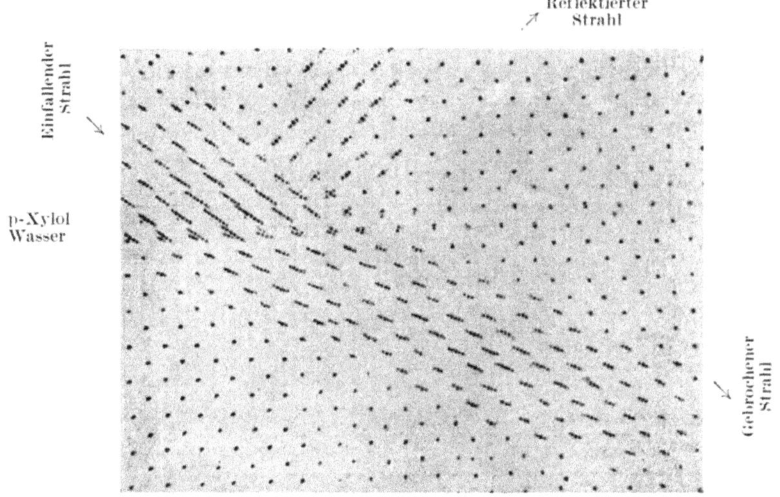

Abb. 194. Brechung und Reflexion eines Ultraschallstrahles an der Grenzfläche von p-Xylol (oben) und Wasser (unten) nach R. Bär und E. Meyer

auf Messing beträgt der Grenzwinkel nur 5°, während er beim Auffallen von Wasserschall auf Sandstein einen Wert von 38° bekommt. Dies letzte Beispiel, bei dem es sich um zwei Medien nicht sehr verschiedener Schallgeschwindigkeit handelt, zeigt, daß die totale Reflexion bei Medien nicht sehr verschiedener Schallgeschwindigkeit erst bei verhältnismäßig großen Einfallswinkeln einsetzt, während nach den erstgenannten Beispielen bei Medien sehr verschiedener Schallgeschwindigkeit die totale Reflexion schon bei sehr kleinen Abweichungen vom senkrechten Einfall auftritt[1].

---

[1] Zur Frage der Totalreflexion vgl. noch F. A. Fischer: Ann. Phys. (6) **2**, 211 (1948) (betr. Totalreflexion von Impulswellen). — Arons, A. B., u. D. R. Yennie: J. A. S. A. **22**, 231 (1950). — Roesler, F. C.: Phil. Mag. **46**, 517 (1955). — Craggs, J. W.: Proc. Roy. Soc. **237**, 372 (1956) (Stoßwellen). — Subbarao, K., u. B. R. Rao: Nature Lond. **180**, 978 (1957) (Benutzung der Totalreflexion zur Messung der Ultraschallgeschwindigkeit von Gesteinsproben, analog optischem Totalreflektometer).

Auch die Brechungserscheinungen lassen sich an Ultraschallwellen sehr anschaulich zeigen.

Abb. 194[1] gibt eine photographische Aufnahme des Verlaufs eines Ultraschallstrahls beim Übergang von Xylol ($c_1 = 1333$ m/sec) in Wasser ($c_2 = 1460$ m/sec) wieder. Die Aufnahme wurde in folgender Weise hergestellt: In die in Abb. 88, S. 113 dargestellte Anordnung zur Herstellung optischer Beugungsbilder wurde statt eines einfachen Spaltes eine Blende mit einer sehr großen Anzahl regelmäßig verteilter Öffnungen eingesetzt; auf dem Abbildungsschirm entsteht dann (solange kein Schall das flüssigkeitsgefüllte Gefäß durchsetzt), ein scharfes Schattenbild der Lochanordnung. Leitet man Schall durch die Flüssigkeit, so entstehen an jeder Öffnung optische Beugungsbilder. Die Beugungsbilder

Abb. 195. Strahlversetzung bei Totalreflexion (nach A. Schoch)

erstrecken sich in der Richtung des Schallstrahls, aus der Lage der Beugungsbilder läßt sich also die Richtung des gebrochenen sowie des reflektierten Strahls erkennen.

Bei der Totalreflexion eines aus einer Flüssigkeit oder aus einem gasförmigen Medium auf die Trennfläche zu einem festen Körper fallenden Schallstrahls wird — ähnlich wie in der Optik — eine seitliche Verschiebung (parallel zu der zu erwartenden Richtung des reflektierten Strahls) beobachtet. Die seitliche Verschiebung ist am stärksten ausgeprägt bei einem Einfallswinkel, der ein wenig größer ist als der Grenzwinkel der totalen Reflexion, und zwar bei dem Winkel, bei welchem die Spurgeschwindigkeit der einfallenden Welle gleich der Geschwindigkeit der RAYLEIGHschen Oberflächenwellen im festen Körper ist. Abb. 195 zeigt nach A. SCHOCH[2] die Strahlversetzung an der Grenzfläche Xylol-Aluminium bei 5,5 MHz; beim mittleren Bild entspricht der Einfallswinkel dem Wert für die maximale Strahlversetzung, links ist er etwas kleiner, rechts größer.

---

[1] Nach R. BÄR u. E. MEYER: Helv. Phys. Acta **6**, 242 (1933); Phys. Z. **34**, 393 (1933). — BÄR, R.: Helv. Phys. Acta **6**, 570 (1933).

[2] SCHOCH, A.: Acustica **2**, 18 (1952).

Die Erscheinungen an der Grenzschicht zweier Medien verschiedener Schallgeschwindigkeit lassen sich an Schlierenaufnahmen des Verlaufs von Knallwellen schön zeigen. Abb. 196 zeigt (nach einer Arbeit von O. v. Schmidt) den Verlauf von Knallwellen an einer Grenzschicht Xylol gegen NaCl-Lösung[1]. Die in das zweite Medium eindringende und dort mit größerer Schallgeschwindigkeit als im ersten Medium ablaufende Welle sowie die in das erste Medium zurücklaufende Welle sind deutlich zu erkennen. Besonders hinzuweisen ist noch auf eine im ersten Medium auftretende „Kopfwelle"[2], welche auf den Abb. 196 und 197

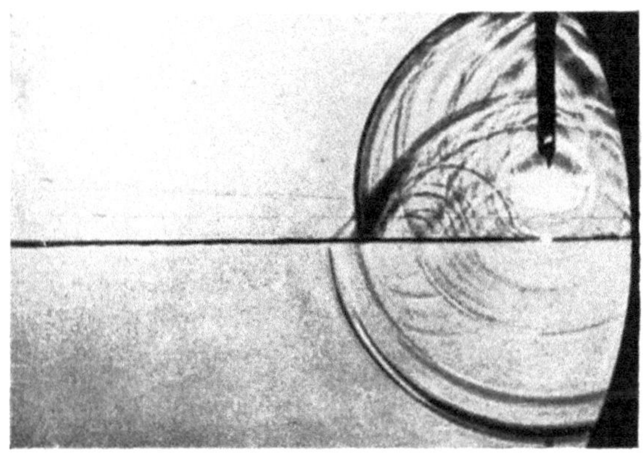

Abb. 196. Schlierenaufnahme einer Funkenknallwelle (nach O. v. Schmidt)[1].
Xylol NaCl-Lösung $c_I = 1175\ \text{m/sec}$ $c_{II} = 1600\ \text{m/sec}$

unter einem Winkel von etwa 45° gegen die Trennschicht nach links ablaufend zu erkennen ist. Die hier beobachtete Erscheinung ähnelt den Erscheinungen bei der Kopfwelle eines mit Überschallgeschwindigkeit fliegenden Geschosses (vgl. Ziff. 11, S. 87). Sie kommt hier dadurch zustande, daß von jeder von der mit der Geschwindigkeit c_{II}

---

[1] In Abb. 195 und 196 ist — wie in der Arbeit von O. v. Schmidt — als Schallgeschwindigkeit in Xylol 1175 m/sec angegeben. Die Angabe O. v. Schmidts ist nicht genau, die Schallgeschwindigkeit in p-Xylol liegt höher (bei etwa 1330 m/sec).

[2] Grenzschichtwellen dieser Art wurden (und zwar auf seismischem Gebiet) zuerst von L. Mintrop entdeckt (DRP. 371963 v. 7. 12. 19). Die physikalische Klärung der Erscheinungen brachten die Untersuchungen von O. v. Schmidt: Ann. Physik (5) **19**, 891 (1934); Z. techn. Physik **19**, 554 (1938); Z. Geophysik **15**, 141 (1939); Physik. Z. **39**, 668 (1939). — Der quantitative Nachweis des Auftretens v. Schmidtscher Kopfwellen in der Optik gelang H. Maecker: Ann. Physik (6) **48**, 409 (1949). — Vgl. über Grenzschichtwellen ferner H. Ott: Ann. Physik (5) **51**, 443 (1942). — McMillan, J. H.: J. A. S. A. **18**, 190 (1946). — Gerjuoy, E.: Phys. Rev. (2) **81**, 296 (1951); Comm. pure appl. Math. **6**, 73 (1953). — Brillouin, J.: Acustica **5**, 199 (1955). — Isakovich, M. A.: Akust. Z. (USSR) **2**, 154 (1956). — Lamb jr., G. L.: Ann. Phys. N. Y. **1**, 233 (1957). — Červený, V.: Czech. J. Phys. **9**, 101 (1959).

fortschreitenden Wellenfront im zweiten Medium getroffenen Stelle der Grenzschicht aus eine Welle mit der Geschwindigkeit c_I in das erste Medium zurückläuft. Der Winkel zwischen Kopfwelle und Grenzschicht

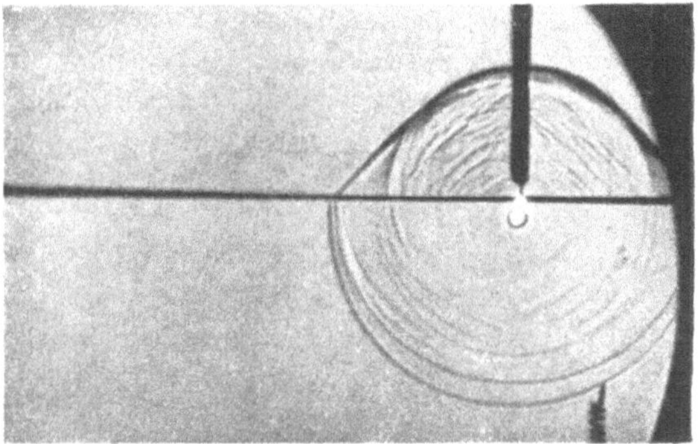

Abb. 197. Schlierenaufnahme einer Knallwelle (Schallquelle in der Grenzschicht zweier Medien) (nach O. v. SCHMIDT)

gehorcht der Beziehung $\sin \alpha = c_I/c_{II}$. Besonders gut ist die Erscheinung in der Abb. 197, bei der die Schallquelle in der Grenzschicht selbst lag, zu erkennen.

Die an der Grenzfläche von festen Körpern mit Flüssigkeiten auftretenden Kopfwellen können zur Untersuchung der in festen Körpern erzeugten verschiedenen Wellenarten (Dichtewellen, Schubwellen und RAYLEIGH-Wellen in Platten, Dehnwellen und Biegewellen in dünnen Drähten) herangezogen werden. Abb. 198 und 199 zeigen (nach E. MEYER[1]) Aufnahmen von durch Funkenentladung angeregten Wellen. Die vorderste Kopfwelle in Abb. 198 rührt von der Dichtewelle im Draht, in Abb. 199 von der Dehnwelle im festen Block her. Da die Biegungswellen im Draht Dispersion besitzen — die höheren Frequenzen laufen schneller als die tiefen —, sind die von den Biegungswellen herrührenden Kopfwellen gekrümmt.

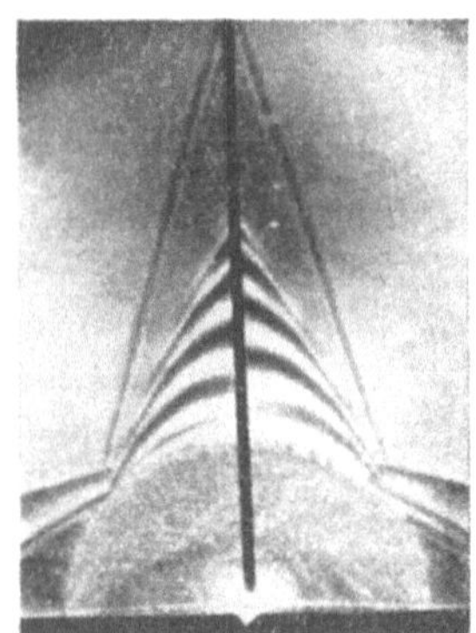

Abb. 198. Dehn- und Biegewellen in dünnem Draht, sichtbar gemacht durch die Flankenwellen in der umgebenden Flüssigkeit (nach E. MEYER)

Wie A. KLING und O. v. SCHMIDT[2] an Hand von Schlierenaufnahmen zeigten, treten Kopfwellen nicht nur bei sprunghaften Änderungen des Brechungsindex, sondern auch bei kontinuierlich veränderlichem Brechungsindex auf. Die vollständige theore-

---

[1] MEYER, E.: Acustica 6, 49 (1956).

[2] KLING, A., u. O. v. SCHMIDT: Verh. dtsch. Physik. Ges. 20, 154 (1939).

tische Aufklärung der Kopfwellenerscheinungen brachten G. Joos und J. Teltow[1] an Hand der Sommerfeldschen Theorie der Ausbreitung elektrischer Wellen längs Grenzschichten.

Auch bei Röntgenblitzaufnahmen an Schallwellen sehr starker Intensität konnten Kopfwellenerscheinungen nachgewiesen werden. Abb. 200 zeigt durch Funkenüberschlag in Trichloräthylen erregte

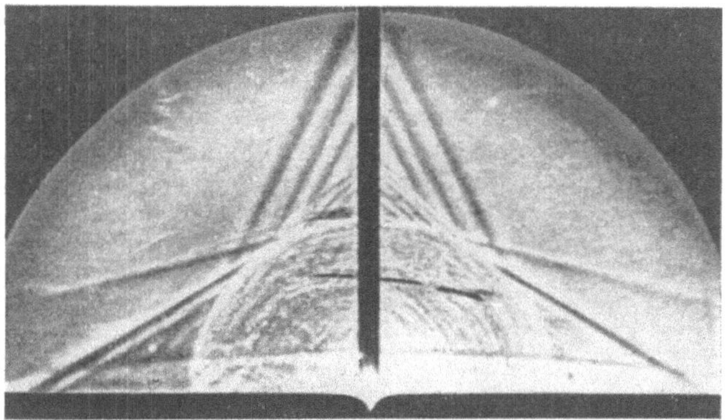

Abb. 199. Dichte- und Schubwellen in einem Aluminiumblock, sichtbar gemacht durch die Flanken-wellen (nach E. Meyer)

Druckwellen[2]. In der Flüssigkeitsschicht befand sich eine etwa 3 mm starke Pertinaxplatte, die mit einem länglichen Schlitz versehen war (in Abb. 200 als stark geschwärztes horizontal liegendes Rechteck erkennbar). Im Schlitz betrug die Flüssigkeitstiefe etwa 3 mm, außerdem stand über der gesamten Platte eine sehr dünne Flüssigkeitsschicht. Die Schallgeschwindigkeit in der dünnen Schicht oberhalb der Pertinaxscheibe ist geringer als in dem Schlitz von 3 mm Tiefe, demgemäß laufen die Wellen in der dünnen Schicht langsamer als in der dickeren und an der Grenze bilden sich Kopfwellen aus, die — unter

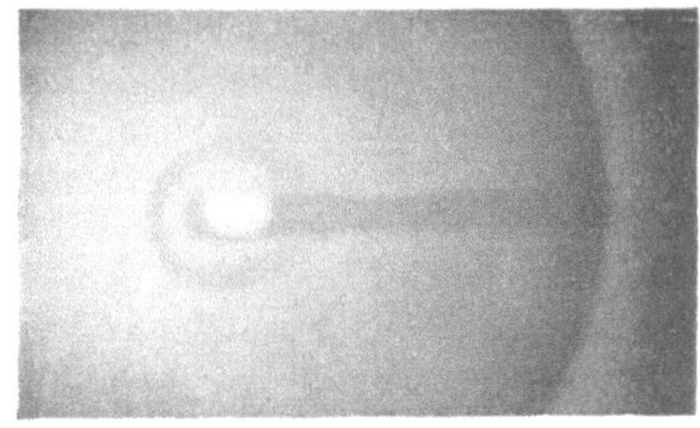

Abb. 200. Röntgenblitzaufnahme von Kopfwellen in Trichloräthylen (nach W. Schaaffs u. F. Trendelenburg)

etwa 30° geneigt — nach rechts ablaufend etwa 8 mm vom Wellenzentrum im Röntgenbild erkennbar sind.

Sehr wichtig sind die Brechungserscheinungen für die Fragen der Schallausbreitung auf große Entfernungen; so kommen bei Luftschall

[1] Joos, G., u. J. Teltow: Physik. Z. **40**, 289 (1939).
[2] Schaaffs, W., u. F. Trendelenburg: Z. Naturforsch. **3**a, 656 (1948). — Weitere Literaturangaben über das Röntgenblitzverfahren Ziff. 12, S. 99, Anm. 1.

Brechungseffekte einerseits durch verschiedene Temperatur der in verschiedener Höhe liegenden Schichten der Atmosphäre, andererseits durch eine Zunahme der Windgeschwindigkeit mit der Höhe zustande.

Nach den Ausführungen in Ziff. 21, S. 218 nimmt die Schallgeschwindigkeit der Luft mit der Wurzel aus der absoluten Temperatur zu. Nimmt man zur Vereinfachung zunächst an, daß die Temperatur der Atmosphäre in parallel zur Erdoberfläche liegenden Schichten jeweils die gleiche ist, sich aber von Schicht zu Schicht sprunghaft ändert, so kann man die Brechungseffekte nach der in Abb. 201 angedeuteten Konstruktion beurteilen. Beim Übergang des Schalls von einer Schicht in die nächste erfolgt jedesmal eine Brechung, und zwar wird dann, wenn die Temperatur nach oben hin zunimmt, der Schallstrahl in jeder Grenz-

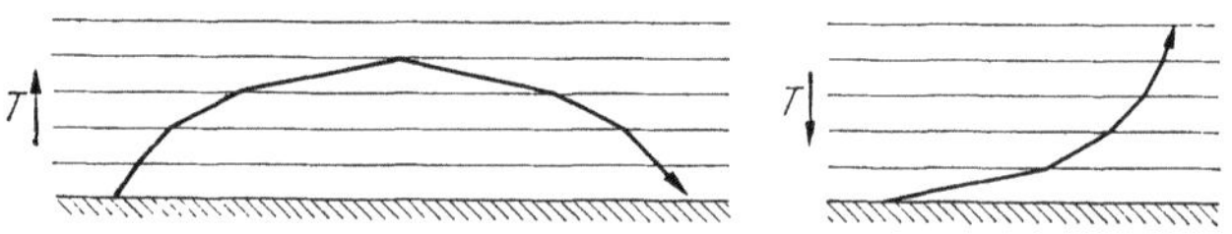

Abb. 201. Schallbrechung an Schichten verschiedener Temperatur

schicht vom Einfallslot fort gebrochen; schräg von der Erde ablaufender Schall wird also allmählich in eine Richtung gebracht, welche nahezu parallel zur Erdoberfläche läuft. Mit Erreichen des (im vorliegenden Falle nahezu 90° betragenden) Grenzwinkels der totalen Reflexion läuft der Schall dann in einer zum Aufstieg spiegelsymmetrischen Weise zur Erde zurück. Nimmt die Temperatur mit der Höhe ab, so wird ein von der Erdoberfläche schräg ablaufender Schallstrahl nach dem Einfallslot hin gebrochen, er kommt also allmählich in eine Richtung, welche senkrecht zur Erdoberfläche steht. Bei der erstbehandelten Temperaturverteilung — also bei mit der Höhe zunehmender Temperatur — können Schallsignale eine ungewöhnlich große Reichweite erzielen, der schräg abgestrahlte Anteil kommt dann in größerer Entfernung wieder zur Erdoberfläche herab und kann dort zu abnorm großen Schallintensitäten führen. Im zweiten Fall — bei mit der Höhe abnehmender Temperatur — kehrt dagegen der schräg abgestrahlte Schall nicht mehr zur Erdoberfläche zurück, die Reichweite der Signale ist nur eine geringe[1]. Man kann

---

[1] Vgl. hierzu insbesondere E. v. ANGERER u. R. LADENBURG: Ann. Phys. (IV) **66**, 292 (1921). — KOMMERELL, V.: Phys. Z. **17**, 172 (1916). — BERGER, R.: Die Schalltechnik, S. 74ff. Braunschweig 1927. — HUBBARD, B. R.: J. acoust. Soc. Amer. **3**, 111 (1931). — DORSEY, H. G.: ebdt. **3**, 428 (1932). — BRANDT, O.: Meteor. Z. **55**, 350 (1938). — SIEG, H.: E. N. T. **17**, 193 (1940); Dissert. Köln (1941) (Angaben über die normalerweise auftretenden Temperaturgradienten). — EAGLESON, H. V.: J. A. S. A. **12**, 217 (1940). — DELSASSO, L. P., u. V. O. KNUDSEN: ebdt. **12**, 471 (1941) (betr. Schwankungserscheinungen bei Schallübertragungen durch atmosphärische Konvektionsströmungen). — KNUDSEN, V. O.: ebdt. **18**, 90

derartige Brechungserscheinungen häufig beobachten; so erreicht an Tagen, an welchen warme Luft über kalten Schichten liegt — insbesondere z. B., wenn im Vorfrühling die erste Warmluft über eine große Eisfläche einfällt —, der Schall große Reichweiten, umgekehrt ist die Reichweite bei mit der Höhe abnehmender Temperatur — also bei der an heißen Sommertagen herrschenden Verteilung — nur eine geringe[1].

Ganz ähnlich wie bei Temperaturschichtungen machen sich Brechungseffekte auch dann bemerkbar, wenn die Windgeschwindigkeit sich mit der Höhe ändert; die Geschwindigkeit, mit welcher eine Schallwelle die Entfernung zwischen zwei festen Punkten durchläuft, hängt ja von der Geschwindigkeit, mit welcher das Medium gegen die festen Punkte bewegt wird, ab: Windgeschwindigkeit und Schallgeschwindigkeit addieren sich vektoriell. Bei mit der Höhe zunehmendem Wind erfolgt — wie sich leicht einsehen läßt — die Brechung derart, daß ein mit dem Wind

---

Fortsetzung der Fußnote 1 von Seite 272

(1946). — SABY, J. S., u. W. L. NYBORG: ebendort 316. — RUDNICK, I.: ebdt. **19**, 202 (1947). — ROTHWELL, P.: ebdt. 205. — SCHILLING, H. K., M. P. GIVENS, W. L. NYBORG, W. A. PIELEMEIER u. H. A. THORPE: ebdt. 222. — GILMAN, G. W., H. B. COXHEAD u. F. H. WILLIS: ebdt. **18**, 274 (1946) (Reflexion senkrecht nach oben gesandten Schalls in der Troposphäre). — FLEAGLE, R. G.: ebdt. **21**, 411 (1949) (Einfluß von Temperaturschichtungen und Windverhältnissen in Gewittern auf die Reichweite des Donners). — KRASILNIKOV, V. A., u. K. M. IVANOV: Dokl. Akad. Nauk. (USSR) **67**, 639 (1949). — POEVERLEIN, H.: Z. Naturforsch. **5a**, 492 (1950) (Theorie des Windeinflusses). — ECKART, G.: La Récherche Aéronautique, Nr. 21, 59 (1951) (Akustische Daten der Atmosphäre bis 10 km Höhe). — RICHARDSON, J. M., u. W. B. KENNEDY: J. A. S. A. **24**, 731 (1952) (Wind und Temperaturverteilung bis 50 km Höhe). — INGARD, U.: ebdt. **25**, 405 (1953) (Einfluß von Windinhomogenitäten). — KORNHAUSER, E. T.: ebdt. 945 (Strahlentheorie bei Windgradient). — HAYHURST, J. D.: Acustica **3**, 227 (1953). — BARON, P.: Ann. Télécomm. **9**, 258 (1954). — GROVES, G. V.: J. Atm. terr. Phys. **7**, 113 (1955) (Schallausbreitung in inhomogenen bewegten Medien nach den Methoden der geometrischen Optik). — PRIDMORE-BROWN, D. C., u. U. INGARD: J. A. S. A. **27**, 36 (1955) (Schattenzone in temperaturgeschichteter Atmosphäre). — ROTHWELL, P.: ebdt. **28**, 656 (1956) (Schallausbreitung in der unteren Atmosphäre). — ECKART, G.: Acustica **2**, 256 (1956) (Theorie der Reflexion an Schichten in der Troposphäre). — ROCARD, Y.: C. R. Acad. Sci. Paris **244**, 1339 (1957). — WIENER, F. M., K. W. GOFF u. D. N. KEAST: J. A. S. A. **30**, 860 (1958). — SUCHKOV, B. A.: Akust. Z. (USSR) **4**, 85 (1958) (Turbulenz). — ROCARD, Y.: C. R. Acad. Sci. (Paris) **248**, 538 (1959). — LYON, R. H.: J. A. S. A. **31**, 1176 (1959). (Turbulenz). — KALLISTRATOVA, M. A.: Proc. 3. I. C. A. Congr. Stuttgart (1959). — SAGAR, F. H.: J. A. S. A. **32**, 112 (1960). — Zur Schallausbreitung bei Turbulenz vgl. auch noch in Anm. 1, S. 263 angeführte Arbeiten.

[1] Über historische Beobachtungen von — wohl durch Temperatureffekte bedingte — extrem geringen Reichweiten von Schall berichtete H. W. DOVE in einem Vortrag über „Wirkungen aus der Ferne" (Berlin 1845, Verlag v. G. Reimer). — Hiernach wurde der Kanonendonner der Schlacht von Liegnitz am 15. 8. 1760 in nur 8 km Entfernung vom Heer des österreichischen Feldherrn DAUN bereits nicht mehr gehört. Ähnliches ereignete sich am 16. 8. 1705 bei Cassano an der Adda.

18 Trendelenburg, Akustik, 3. Aufl.

ablaufender Schallstrahl nach entsprechendem Laufweg die Erdoberfläche wieder erreicht, während ein gegen den Wind ablaufender Schallstrahl nach oben hin gebrochen wird.

Abb. 202 zeigt (nach H. Sieg[1]) den Verlauf der Schallstrahlen von
einer in 10 m Höhe angebrachten Schallquelle bei von links kommendem
Wind von 2 m/sec Geschwindigkeit in 2 m Höhe und 12 m/sec in 12 m

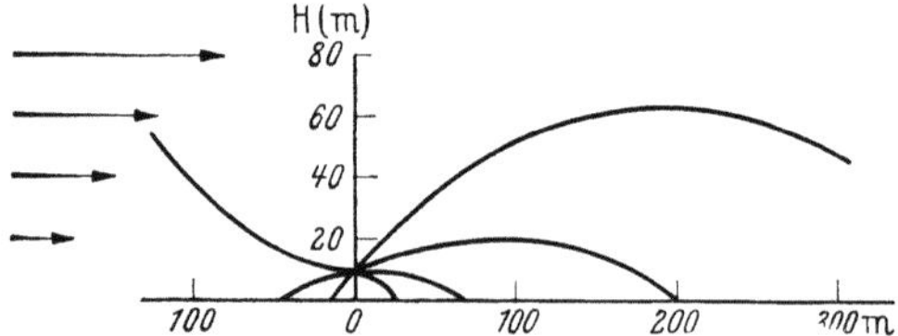

Abb. 202. Verlauf von Schallstrahlen unter Einfluß eines Windgradient von 1 m/s/m (nach H. Sieg)

Höhe, bei einem Windgradient von 1 m/sec/m also. In der Richtung
mit dem Wind trifft horizontal abgestrahlter Schall dann nach 82 m,
unter 30° nach oben abgestrahlter Schall nach 690 m wieder den Boden,

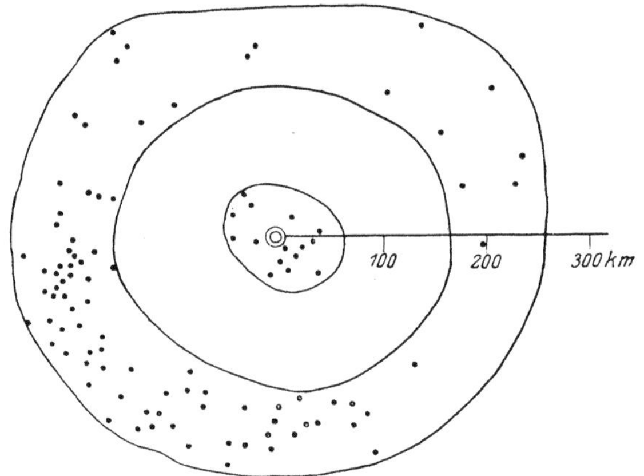

Abb. 203. Innere und äußere Hörbarkeitszone (Explosion Moskau 9. 5. 1920,
nach W. J. Witkiewitsch)

gegen den Wind abgestrahlter Schall biegt nach oben ab. Bemerkt sei
noch, daß die Windeinflüsse meist größer sind als die Temperatureinflüsse, bei Windstille ist aber die Temperaturschichtung entscheidend.

Bei sehr starkem Schall — wie z. B. Explosionsschall oder Schall
sehr großer Geschütze — werden häufig mehrere Hörbarkeitsgebiete beobachtet, die durch eine „Zone des Schweigens“ getrennt sind; das innere
Hörbarkeitsgebiet besitzt dann einen Radius von etwa 60 km, bei etwa

---

[1] Sieg, H.: E. N. T. **17**, 198 (1940). — Vgl. auch L. A. Chernov: Akust. Z.
(USSR) **4**, 299 (1958).

120 km tritt ein weiteres Hörbarkeitsgebiet auf, welches bis etwa 250 km reicht. In Abb. 203 sind die Hörbarkeitsgebiete einer Explosion dargestellt[1]. Im inneren Hörbarkeitsgebiet beobachtet man normale Werte der Laufzeit der Explosionswelle. In der äußeren Zone trifft hingegen die Explosionswelle später ein, als es den normalen Schallgeschwindigkeitswerten entspricht, es ist dort die scheinbare Schallgeschwindigkeit etwas kleiner als die normalerweise zu erwartende. Dieser Befund deutet darauf hin, daß der Explosionsschall einen Umweg, der bis in sehr hohe Schichten der Atmosphäre führt, durchläuft. Die jenseits der Zone des Schweigens liegenden Hörbarkeitsgebiete werden vom direkten Schall nicht erreicht, die Absorption am Boden ist zu groß, als daß man jenseits der ersten Hörbarkeitszone den Schall noch wahrnehmen könnte. Der in die hohen Schichten der Atmosphäre hinauflaufende Schall erfährt hingegen insbesondere, wenn es sich, wie bei Explosionswellen, um Schall mit tieffrequenten Komponenten handelt, nur eine geringere Absorption, so daß er, nachdem er wieder zur Erdoberfläche herunter kommt, noch wahrgenommen werden kann[2].

Man glaubte zunächst diese Erscheinungen durch die Annahme deuten zu können, daß der Schall bei etwa 70 km Höhe in eine vornehmlich Wasserstoff enthaltende Schicht verhältnismäßig hoher Schallgeschwindigkeit eindringt. Eine andere Erklärung wäre, daß dann,

---

[1] WITKIEWITSCH, W. J.: Meteorol. Z. **43**, 91 (1926); Ed. Obs. Aerol. Moscou 2 (1929). — Die ersten Beobachtungen einer Zone des Schweigens erfolgten schon im 17. Jahrhundert. Aus Aufzeichnungen von J. EVELYN und von S. PEPYS in Tagebüchern ist bekannt, daß der Kanonendonner eines Gefechts, welches am 1. 6. 1666 zwischen britischen und holländischen Schiffen im Kanal stattfand, zwar in London, nicht aber an der Kanalküste gehört wurde (vgl. A. B. WOOD: Acoustics, London 1947, S. 169). — Zur Frage der abnormalen Hörbarkeit vgl. weiterhin insbesondere: G. V. D. BORNE: Phys. Z. **11**, 483 (1910). — LINDEMANN, F. A., u. G. M. B. DOBSON: Proc. Roy. Soc. Lond. (A) **102**, 411 (1923). — WIECHERT, E.: Gött. Nachr. **1925**, 49; Meteorol. Z. **43**, 81 (1926). — ANGENHEISTER, B.: Z. Geophys. **1**, 314 (1924/25); **2**, 88 (1926). — MEYER, R.: Z. Geophys. **2**, 78, 236 (1926). — GUTENBERG, B.: ebdt. 101; Naturw. **14**, 338 (1926); Bull. Am. Meteorol. Soc. **20**, 192 (1939). — DUCKERT, P.: Beitrag Ausbreitung von Explosionswellen in Ergebn. d. Kosmischen Physik 1 (1931). — WEGENER, K.: Meteorol. Z. **58**, 289 (1941). — GUTENBERG, B.: J. A. S. A. **14**, 151 (1942). — HAURWITZ, B.: J. Roy. Aeron. Soc. **46**, 125 (1942). — PEKERIS, C. L.: J. A. S. A. **18**, 295 (1946). — COX, E. F.: J. A. S. A. **19**, 832 (1946); **21**, 6, 501 (1949). — OTTERMAN, J.: ebdt. **31**, 470 (1959). — DELSASSO, L. P.: Proc. 3. I. C. A. Congr. Stuttgart (1959).

[2] Die höherfrequenten Schallkomponenten erfahren in den höchsten Atmosphärenschichten eine starke Dämpfung: Schall wird dann in hohem Maß absorbiert, wenn die freie Weglänge der Moleküle von gleicher Größenordnung wie die Wellenlänge wird (vgl. E. SCHRÖDINGER: Phys. Z. **18**, 445 (1917). — GUTENBERG, B.: J. A. S. A. **14**, 151 (1942). — LINDSAY, R. B.: Amer. J. Phys. **16**, 371 (1948). — VELDKAMP, J.: J. Atm. Terr. Phys. **1**, 147 (1950).

18*

wenn der Schalldruck nicht mehr klein gegen den Atmosphärendruck ist — und dies könnte in den hohen Atmosphärenschichten für den Schall sehr starker Explosionen der Fall sein —, die Schallgeschwindigkeit wächst und so Brechung zustande kommt. F. F. WHIPPLE[1] wies als erster auf die Möglichkeit hin, daß die Zone des Schweigens und die Zonen abnormaler Hörbarkeit durch die Temperaturverteilung in den hohen Schichten der Atmosphäre, und zwar durch einen Anstieg der Temperatur im Gebiet von etwa 50 bis 80 km Höhe bedingt sind. Diese Erklärung hat sich durch die neueren Forschungen als richtig erwiesen.

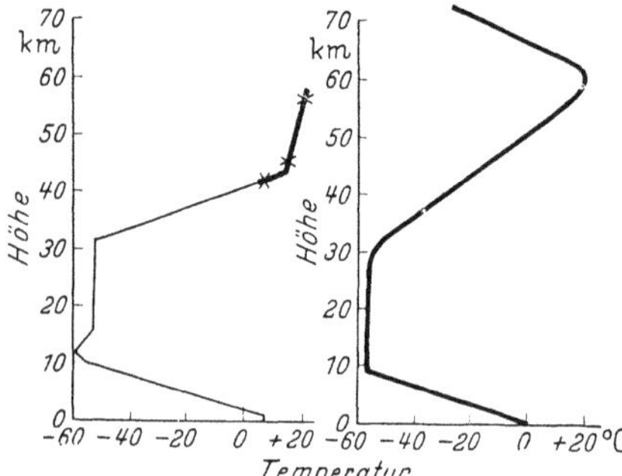

Abb. 204. Temperaturverlauf in der hohen Atmosphäre.
Links nach akustischen Messungen (Meßpunkte angekreuzt; dünne Linie bis 29,5 km Höhe nach Ballonmessungen; nach E. F. COX); rechts nach Messungen mit V₂-Rakete (nach N. BEST, R. HAVENS u. H. LA GOW)

Abb. 204 zeigt, nach Untersuchungen von E. F. Cox[2] anläßlich der Sprengung der Insel Helgoland am 18. 4. 1947, den Temperaturverlauf in den hohen Schichten der Atmosphäre so, wie er sich aus den Laufzeiten der Schallwellen zu den verschiedenen, in Entfernungen bis zu 630 km vom Sprengort entfernten Beobachtungspunkten ergeben hat. Die aus den akustischen Messungen ermittelte Temperaturverteilung steht im besten Einklang mit Temperaturmessungen, die in den USA (White Sands, New Mexiko, 7. 3. 1947) von N. BEST, R. HAVENS und H. LA Gow[3] mit V₂-Geschossen vorgenommen wurden; das Ergebnis dieser unmittelbaren Temperaturmessungen ist in Abb. 204 (rechts) wiedergegeben.

Bei der Übertragung von Explosionsschall auf sehr große Entfernungen wurden auch Effekte beobachtet, die auf das Vorhandensein von zwei übereinanderliegenden schallbrechenden Atmosphärenschichten deuten. Abb. 205 zeigt nach C. T. JOHNSON und F. E. HALE[4] das Weg-Zeit-Diagramm des Schalls einer großen Sprengung, die am 16. 8. 1950 im Staat Arizona durchgeführt wurde. In Entfernungen bis etwa 200 km ist nur ein Signal wahrzunehmen, oberhalb 180 km tritt mit

---

[1] WHIPPLE, F. J. W.: Nature **111**, 187 (1923).

[2] Cox, E. F.: J. A. S. A. **21**, 6 (1949); vgl. auch ebdt. **19**, 832 (1947). — Phys. of Fluids **1**, 95 (1958).

[3] BEST, N., R. HAVENS u. H. LA Gow: Physic. Rev. (2) **71**, 915 (1947). Vgl. auch E. O. HULBERT: Journ. Opt. Soc. Am. **37**, 405 (1947). — PAETZOLD, H. K.: Umschau **56**, 528 (1956).

[4] JOHNSON, C. T., u. F. E. HALE: J. A. S. A. **25**, 642 (1953).

etwa 100 sec Zeitdifferenz ein zweites Signal auf, oberhalb 220 km ist
ein drittes, gegen das zweite um
fast 300 sec verspätetes Signal zu-
beobachten. Die erste schallbre-
chende Schicht liegt nach diesen
Beobachtungen in einer Höhe von
etwa 35—45 km, die zweite von
etwa 90—100 km.

Auch die Ausbreitung von
Wasserschall auf größere Entfer-
nungen wird — ähnlich wie die von
Luftschall — wesentlich von der
Temperaturverteilung im Wasser
beherrscht; die Wasserströmungen
spielen wegen der verhältnismäßig
hohen Schallgeschwindigkeit im
Wasser eine wesentlich geringere
Rolle als der Wind bei Luftschall[1].

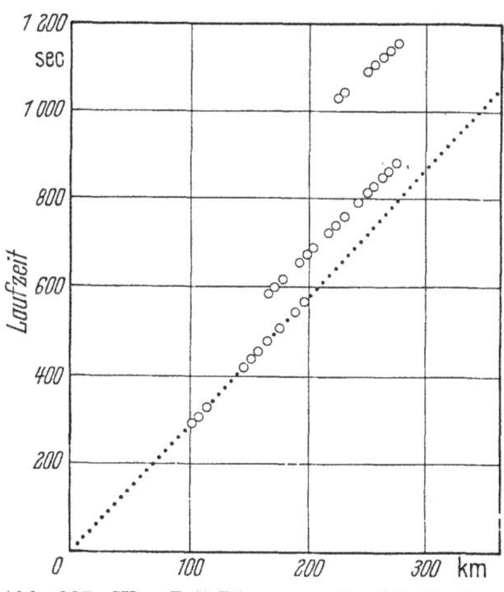

Abb. 205. Weg-Zeit-Diagramm des Schalls einer
großen Sprengung (nach C. T. Johnson u.
F. E. Hale)

---

[1] Vgl. hierzu H. Lichte: Phys. Z. **20**, 385 (1919). — Aigner, F.: Unterwasserschalltechnik, S. 52ff. Berlin 1922. — Über die Schallfortpflanzung im Wasser
vgl. auch H. G. Dorsey: J. acoust. Soc. Amer. **3**, 428 (1932). (In dieser Arbeit
wird erstmalig auf die durch den Luftgehalt des Wassers bedingte Absorption
hingewiesen. Es sei bemerkt, daß dieser Effekt einen beträchtlichen Einfluß auch
auf die jahreszeitlichen Reichweitenschwankungen besitzt.) — Dorsey, H.:
J. A. S. A. **7**, 287 (1936). — Lindsay, R. B., C. R. Lewis u. R. D. Albright:
J. A. S. A. **5**, 202 (1934). — Lindsay, R. B.: ebdt. **12**, 378 (1941). — Bergmann, P. G.: J. A. S. A. **17**, 329 (1946). (Ableitung der Wellengleichung für Medien
mit variablem Brechungsindex.) — Rudnick, J.: ebdt. 245 (betr. Brechungseffekte an laminar strömenden Schichten). — Young, R. W.: J. A. S. A. **18**, 255
(1946). — Sheehy, M. H.: ebdt. 255. — Ide, J. M., F. Post u. W. J. Fry:
ebdt. **19**, 283 (1947) (betr. Ausbreitung von tieffrequentem Schall in flachem
Wasser). — Carstensen, E. L., u. L. L. Foldy: ebendort **19**, 481 (1947). (Übertragung durch Flüssigkeiten, welche Luftblasen enthalten). — Eyring, C. F.,
R. J. Christensen u. R. W. Raitt: ebdt. **20**, 462 (1948) (Oszillographische
Untersuchung von Nachhallvorgängen in der offenen See). — Loye, D. P., u.
W. F. Arndt: ebdt. 143 (betr. Reflexion von Wasserschall an einem Luft-
blasenschleier). — Raitt, R. W.: J. Mar. Res. **7**, 393 (1948) (Schallstreuung durch
Organismen). — Morse, R. W.: J. A. S. A. **22**, 857 (1950) (Schattenzone im Ozean).
— Sheehy, M. J.: ebdt. 24 (Schallübertragung von tiefliegender Quelle). — Lieber-
mann, L.: ebdt. **23**, 563 (1951) (Temperaturinhomogenitäten). — Cahart, R. R.:
J. appl. Phys. **24**, 929 (1953) (Horizontale Temperaturschichtung). — Sanders,
F. H.: Canad. J. Phys. **32**, 599 (1954) (Interferenzeffekte durch Spiegelung). —
Grant, P. E.: J. A. S. A. **27**, 287 (1955) (Ausbreitung bei radialem zylindrischen
Temperaturgradient). — Noble, W. J.: ebdt. **28**, 1247 (1956) (Schattenzone). —
Knauss, J. A.: ebdt. 443 (Einfluß von Turbulenzeffekten). — Macpherson, J. D.:
Proc. Phys. Soc. (B) **70**, 85 (1957) (Reflexion am Blasenschleier). — Barkhatov,
A. N., u. I. I. Shmelev: Akust. Z. (USSR) **4**, 100 (1958). — Malyuzhinets, G. D.:
ebdt. **5**, 70 (1959). — Sagar, F. H.: J. A. S. A. **32**, 112 (1960).

Nimmt die Temperatur des Wassers nach der Tiefe hin zu (wie dies meist im Winter der Fall ist), so wird von der Wasseroberfläche schräg ablaufender Schall vom Einfallslot fortgebrochen; der Schallstrahl verläuft also mit wachsender Laufstrecke immer flacher, bis er wieder zur Wasseroberfläche emporläuft. An der Wasseroberfläche erfolgt dann eine Totalreflexion, und das Spiel wiederholt sich von neuem (Abb. 206). Nimmt die Temperatur mit der Tiefe ab (wie meist im Sommer), so wird der Schall nach dem Einfallslot hin gebrochen, er läuft also ziemlich senkrecht in die Tiefe und wird am Grund teils nach oben reflek-

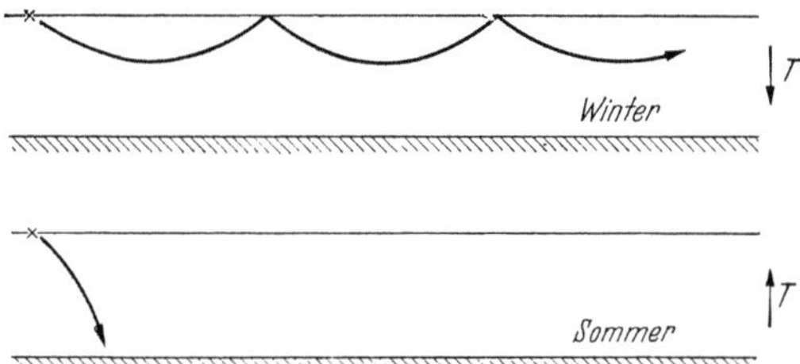

Abb. 206. Ausbreitung von Schallstrahlen im Meer zu verschiedener Jahreszeit (schematisch)

tiert, teils absorbiert, zu einem Teil läuft er auch in die Erde hinein[1]. Wasserschallsignale besitzen im Winter eine um ein Vielfaches größere Reichweite als im Sommer.

Der genaue Verlauf von Schallstrahlen in temperaturgeschichteten Medien läßt sich auf konstruktivem Weg ermitteln. W. GAUSTER-FILEK v. WITTINGHAUSEN[2] hat hierfür geeignete Verfahren angegeben.

Auch auf dem Gebiet des Wasserschalls kennt man durch Brechungseffekte bedingte abnorme Reichweiten. In tiefen Ozeanen findet man in etwa 1300 m Tiefe eine Schicht, in welcher der Schall wie in einem Kanal geführt wird, der Effekt kommt durch Brechungserscheinungen zustande, die darauf beruhen, daß einerseits die Temperatur bis zu dieser

---

[1] Über die Reflexion am Grund bzw. an der Oberfläche vgl. R. J. URICK u. H. L. SAXTON: J. A. S. A. **19**, 8 (1947) (oszillographische Untersuchungen der Reflexion von 25 kHz-Impulsen an bewegter See). — YOUNG, R. W.: ebdt. **20**, 455 (1948). — LIEBERMANN, L. N.: ebdt. 305, 498. — (Für den Reflexionskoeffizient wurden bei 24 kHz gefunden: an Schlick 0,16—0,17, Sand 0,41—0,85 und am steinigen Grund 0,56—0,82). — ECKART, C.: J. A. S. A. **25**, 566 (1953) (zerstreute Reflexion an der Meeresoberfläche). — URICK, R. J.: ebdt. **26**, 231 (1954). — URICK, R. J., u. R. M. HOOVER: ebdt. **28**, 1038 (1956). — HORTON, C. W.: ebdt. 1243 (akustische Eigenschaften des Grundes). — POLLAK, M. J.: ebdt. **30**, 343 (1958). — GARRISON, G. R., S. R. MURPHY u. D. S. POTTER: J. A. S. A. **32**, 104 (1960). — MACKENZIE, K. V.: ebdt. 221.

[2] GAUSTER FILEK v. WITTINGHAUSEN, W.: A. Z. **8**, 175 (1943). Vgl. weiterhin hierzu A. W. LAWSON, P. H. MILLER u. L. J. SCHIFF: Rev. sci. Instrum. **18**, 117 (1947) (Mechanisches Zeichengerät für den Verlauf von Schallstrahlen in geschichteten Medien).

Tiefe ständig abnimmt, um dort den endgültigen Wert von 4^0 C zu erreichen, während andererseits der Druck von der Oberfläche zum Grund ständig zunimmt[1]. — In dieser Tiefe erzeugte Detonationen kleiner Sprengladungen konnten bis zu Entfernungen von mehr als 3000 km registriert werden. Mit dem Schallmeßverfahren (S. 116) kann auf derartige Entfernungen die Detonationsstelle mit großer Genauigkeit ermittelt werden.

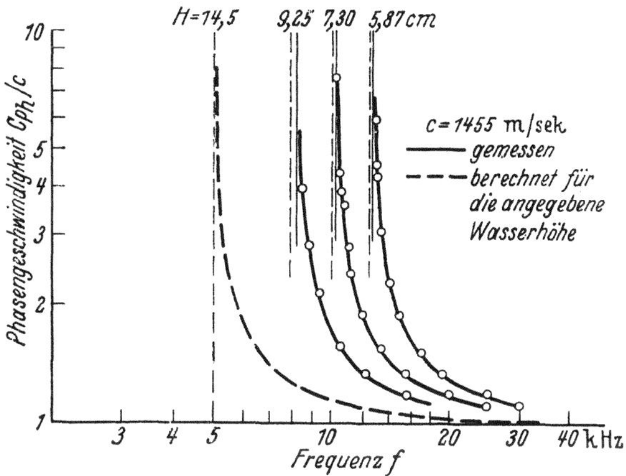

Abb. 207. Abhängigkeit der Phasengeschwindigkeit von der Frequenz bei verschiedener Wassertiefe (nach K. TAMM)

Bemerkt sei noch, daß in flachem Wasser die Verhältnisse für die Schallausbreitung dann sehr kompliziert werden, wenn die Tiefe die halbe Wellenlänge des Schalls unterschreitet, es tritt dann eine ausgesprochene Sperrwirkung ein, Wellen die länger sind als die doppelte Wassertiefe, erfahren eine sehr starke Dämpfung. Gleichzeitig tritt in dem Bereich, in dem die halbe Wellenlänge von der Größenordnung der Wassertiefe ist, eine sehr starke Dispersion auf. K. TAMM[2] untersuchte diese Fragen in einem Flachbecken, das oben an Luft grenzte

---

[1] STIFLER, W. W., u. W. F. SAARS: Electronics Juni 1948, S. 98. Vgl. hierzu auch L. M. BRECHOVSKICH: Dokl. Akad. Nauk (USSR) **69**, 157 (1949). — L. D. ROSENBERG: ebdt. 175. — E. R. ANDERSON: Trans. Amer. Geophys. Un. **31**, 221 (1950). — GAZARIAN, IU. L.: Akust. Z. (USSR) **3**, 127 (1957); **4**, 233 (1958). — AGEEVA, N. S.: ebdt. **5**, 146 (1959). — WESTON, D. E.: Proc. Phys. Soc. **73**, 365 (1959). — ARASE, T.: J. A. S. A. **31**, 588 (1959) und S. 266, Anm. 1 angezogene Arbeiten.

[2] TAMM, K.: A. Z. **6**, 16 (1941).
Zur Schallausbreitung in flachem Wasser vgl. noch C. L. PEKERIS: Geol. Soc. Am. Mem. **27**, 1 (1948). — KNUDSEN, W. C.: J. A. S. A. **29**, 918 (1957). — SAGAR, F. H.: ebdt. 948. — TOLSTOY, J.: ebdt. **30**, 348 (1958). — WOOD, A. B.: J. A. S. A. **31**, 1213 (1959). — CLAY, C. S.: ebdt. 1473. — EBY, R. K., A. O. WILLIAMS, R. P. RYAN u. P. TAMARKIN: ebdt. **32**, 88 (1960).

und unten mit einer stark lufthaltigen gegen das Wasser relativ schallweichen Schicht abgeschlossen war, und zwar war die Grundschicht
eine durch eine Gummiabdeckung gegen das Wasser abgedichtete Holz-
faserplatte, die auf einer Betonplatte ruhte. Abb. 207 zeigt den Verlauf
der Phasengeschwindigkeit in Abhängigkeit von der Frequenz bei verschiedener Wassertiefe H, Abb. 208 den Druck (mit $\sqrt{x}$ multipliziert)
für eine Frequenz von 10 kHz bei verschiedener Tiefe in Abhängigkeit

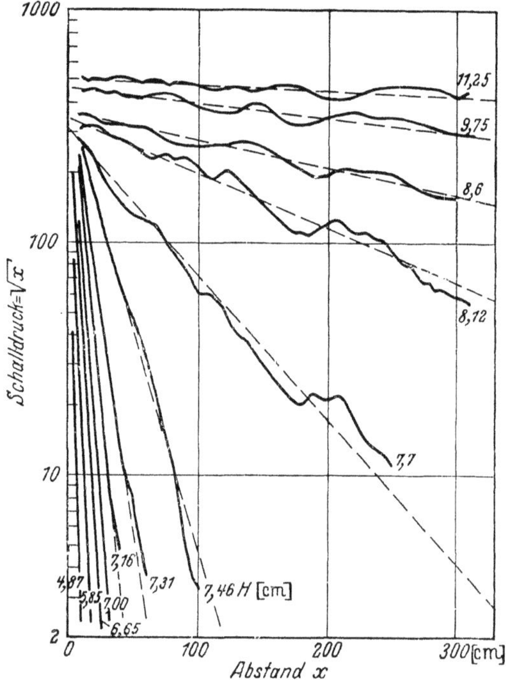

Abb. 208. Abhängigkeit des Schalldruckes von der Entfernung bei verschiedener Wassertiefe
(Frequenz 10 kHz, Ordinate Schalldruck × Wurzel aus Entfernung, nach K. TAMM)

von der Entfernung. Man erkennt, wie außerordentlich groß die Sperrwirkung für Schall wird, dessen Wellenlänge die doppelte Wassertiefe
übertrifft.

Ähnlich wie in der Optik lassen sich auch in der Akustik Prismen[1]
bauen, an denen die Brechungsgesetze geprüft werden können. Wegen
der oben behandelten Beugungserscheinungen müssen aber die Prismen
groß gegen die Wellenlänge sein, so daß sich Brechungsversuche mit akustischen Prismen im allgemeinen nur im Ultraschallgebiet durchführen

<hr>

[1] Über akust. Prismen vgl. W. Bez-Bardili: Physik. Z. **36**, 20 (1935). —
Hopward, F. L.: J. Sci. Inst. **23**, 63 (1946). — Narayanan, M. S.: J. Inst.
Télécomm. Engrs. **4**, 87 (1958).

lassen. Zur spektralen Zerlegung von Schall sind Prismen wegen der zumindest im normalen Frequenzgebiet fehlenden Dispersion nicht zu gebrauchen.

Linsen für Flüssigkeitsschall kann man aus festen Materialien — z. B. Kunststoff — herstellen; man kann sie aber auch als Hohlkörper — z. B. aus dünnem Kupferblech — bauen, die mit einer Flüssigkeit abweichender Schallgeschwindigkeit gefüllt sind. Abb. 209 zeigt nach A. SETTE[1] Schlierenaufnahmen von Ultraschallstrahlen, welche Plexiglaslinsen durchsetzen. Für Luftschall im Hörbereich lassen sich Linsen — in Ana-

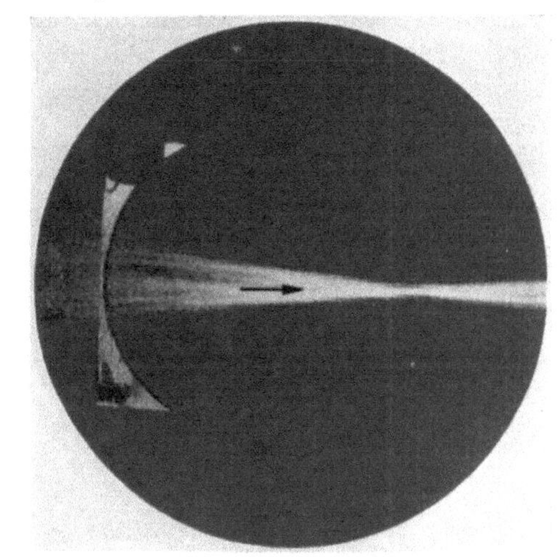

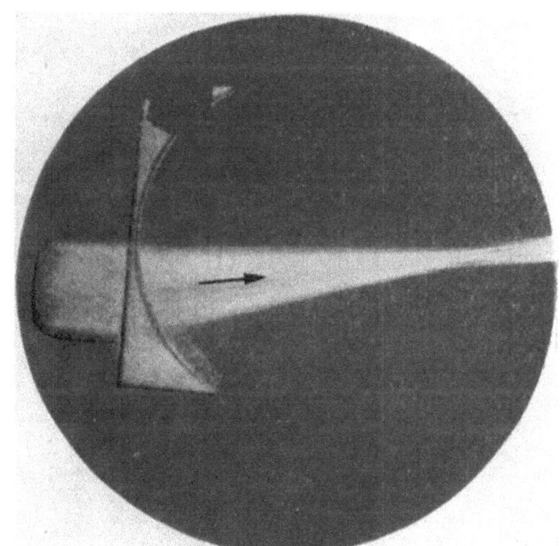

Abb. 209. Schlierenaufnahmen von durch Plexiglaslinsen gelaufenen Ultraschallstrahlen.
Oberes Bild $r = 25$ mm, unteres Bild $r = 30$ mm (nach D. SETTE)

---

[1] SETTE, D.: Ric. Sci. 18, 231 (1948); J. A. S. A. 21, 375 (1949). — Über Linsen vgl. auch W. BEZ-BARDILI: Phys. Z. 36, 20 (1935). — GIACOMINI, A.: Alta Frequ. 7, 660 (1938). — ERNST, P. J.: J. Sci. Inst. 22, 238 (1945). — HERR, R.: Mass. techn. Acoust. Lab. 9 (1946). — ERNST, P. J.: J. A. S. A. 19, 474 (1947). — TARTAKOVSKII, B. D.: Dokl. Akad. Nauk. (USSR) 69, 29 (1949); 78, 1119 (1951). — BRONZO, J. A., u. J. M. ANDERSON: J. A. S. A. 24, 718 (1952). — BONDAREVA, L. N., u. M. J. KARNOVSKII: Akust. Z. (USSR) 1, 126 (1955). — KAMINIR, G. J., u. B. D. TARTAKOVSKII: Akust. Z. (USSR) 2, 154 (1956) (betr. „Vergütung" akustischer Linsen durch $\lambda/4$-Schichten). — KHAMINOV, D. V.: ebdt. 3, 294 (1957). — BLYAKHMAN, E. A.: ebdt. 4, 128 (1958). — KROM, M. N., u. L. A. CHERNOV: ebdt. 341. — BLYAKHMAN, E. A., u. L. A. CHERNOV: ebdt. 5, 21 (1959). — KROM, M. N.: ebdt. 45. — SUCKLING, E. E.: J. A. S. A. 31, 678 (1959). — TARNÓCZY, T., u. A. ILLÉNYI: Proc. 3. I. C. A. Congr. Stuttgart (1959). — NEPOMUCENO, L. X.: ebdt.

logie zu Linsen für elektromagnetische Wellen — in der Art bauen,
daß man eine Vielzahl von im Vergleich zur Wellenlänge kleinen Hindernissen gitterartig in Linsenform anordnet. Die Hindernisse führen dazu,
daß die effektive Dichte im Bereich der Linse größer ist als im freien

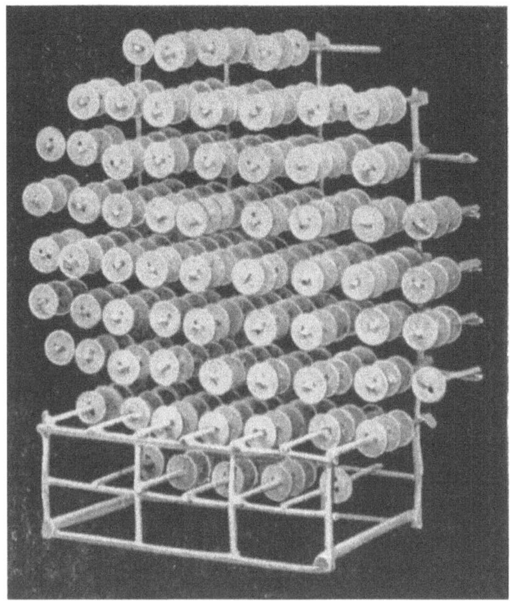

Abb. 210. Schallinse von 15 cm Durchmesser (nach W. E. Kock u. F. K. Harvey)

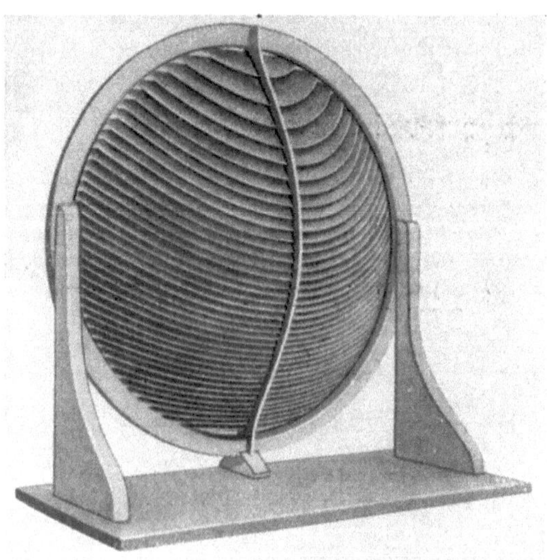

Abb. 211. Plankonvexlinse von 75 cm Durchmesser (nach W. E. Kock u. F. K. Harvey)

Luftraum; dies führt dazu, daß die Schallgeschwindigkeit innerhalb der Linse verringert wird. Abb. 210 und Abb. 211 zeigen (nach W. E. KOCK und F. K. HARVEY)[1] derartige Luftschallinsen; Abb. 212 gibt die Richtwirkungsdiagramme der in Abb. 211 abgebildeten Linse wieder. Derartige Sammellinsen können zur Schallfokussierung in Verbindung mit Schallempfängern verwendet werden. Mit Zerstreuungslinsen kann man die unerwünscht große Richtwirkung von großflächigen Lautsprechern und auch von Trichterlautsprechern verringern.

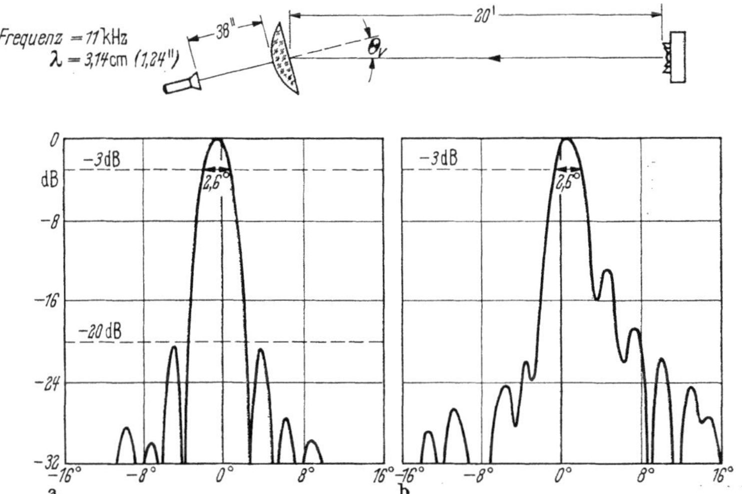

Abb. 212. Richtwirkungsdiagramm einer Plankonvexlinse (nach W. E. KOCK u. F. K. HARVEY) a in der Horizontal-, b in der Vertikal-Ebene

In Analogie zur optischen Abbildung kann man mit akustischen Linsen auch akustische Abbildungen vornehmen. R. POHLMAN[2] hat ein Verfahren zur optischen Abbildung entwickelt, mit dessen Hilfe man z. B. im Inneren von festen Körpern befindliche Lunker, Spalte und Risse ermitteln kann. Abb. 213 zeigt die hierzu verwendete Apparatur. Von einem Piezoquarz 3 aus wird Schall von 2,4 MHz durch die zu untersuchende Probe 1 hindurchgestrahlt. Der ganze Aufbau befindet sich in einer mit Xylol gefüllten Wanne. Die Blende 10 dient zum seitlichen Ab-

[1] KOCK, W. E., u. F. K. HARVEY: J. A. S. A. **21**, 471 (1949); Bell Syst. Techn. J. **30**, 564 (1951). — Vgl. auch S. S. D. JONES u. J. BROWN: Nature **163**, 324 (1949). — NÖDTVEDT, H.: Proc. 1. I. C. A. Congr. Delft (1953) S. 202 (betr. Flüssigkeitslinsen mit Anordnungen von schallweichen Platten). — TOULIS, W. J.: J. A. S. A. **29**, 1021, 1027 (1957).

[2] POHLMAN, R.: Z. Phys. **113**, 697 (1939); Forsch. Fortschr. **16**, 248 (1940); Z. angew. Physik **1**, 181 (1948); Die Technik **3**, 465 (1948). Über ein mit einem akustischen Hohlspiegel arbeitendes Abbildungsverfahren, bei dem das entworfene Bild nacheinander mittels eines Empfängers zeilenweise abgetastet wird, vgl. O. BARBIER: Alta Frequ. **XI**, 383 (1942).

blenden des Schallstrahls. Die akustische Linse 11 besteht aus zwei Kugelflächen aus dünnem Kupferblech (0,01 mm Stärke), Krümmungsradius 5,5 cm, Brennweite in Xylol 6,4 cm. Öffnungsverhältnis 1:1,8 bei 3,5 cm Durchmesser. Mit 9 ist die Einrichtung zur optischen Sichtbarmachung des akustischen Bildes bezeichnet. Hierzu wird eine sehr dünnwandige

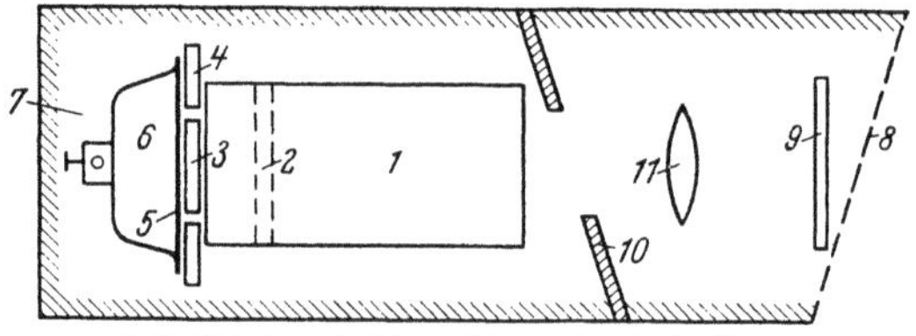

Abb. 213. Schallsichtverfahren (nach R. Pohlman)

mit einer Suspension feinster Aluminiumteilchen (Durchmesser etwa $20\,\mu$, Dicke $1,5\,\mu$) in Xylol gefüllte Küvette verwendet. Fällt Schall auf eine derartige Suspension, so richten sich die vom Schall getroffenen Teilchen nach Art kleiner Rayleigh-Scheiben (S. 95) aus. Sorgt man durch Umrühren dafür, daß zunächst alle Richtungen statistisch ver

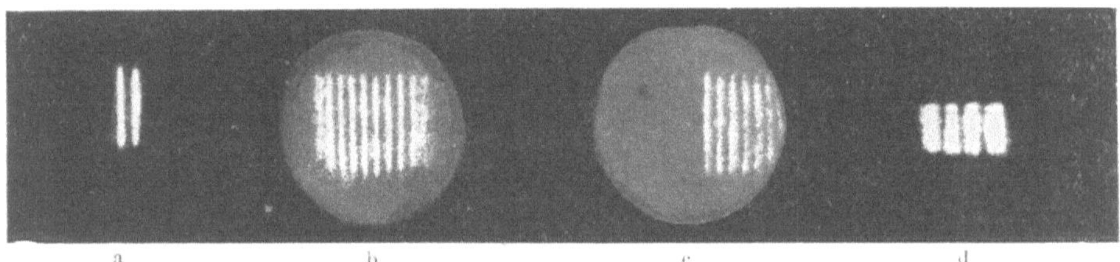

Abb. 214. Trennschärfe einer Ultraschallabbildung bei $\lambda = 0.85$ mm. a 1 mm breite Metallstege in 1 mm Abstand; b und c Gitter von 1,5 mm Gitterkonstante; d Bohrungen 0,9, 0,7 und 0,5 mm Abstand in Aluminium (nach R. Pohlman)

teilt sind und läßt man dann den Schall einfallen, so entsteht in der Küvette ein deutliches Bild. Abb. 214 läßt die Trennschärfe der erzielten Abbildungen an Aufnahmen feiner Gitter erkennen[1].

Eine andere Art der Sichtbarmachung von Schallwellen bei der Ultraschallabbildung verwendet K. Schuster[2]. Der Schallstrahl wird, wie

---

[1] Über die Lichtstreuung an durch Ultraschall ausgerichteten Teilchen vgl. R. H. Pohlman: Z. Phys. **107**, 497 (1937). — Bömmel, H., u. S. Nikitine: Helv. Phys. Acta **18**, 234 (1945). — Bömmel, H.: ebdt. **20**, 289 (1948).

[2] Schuster, K.: Jenaer Jahrb. **12**, 217 (1951). — Trommler, H.: ebdt. 226 (1954). — Zur Sichtbarmachung von Ultraschall durch Reliefverfahren vgl. auch R. W. Pohl: Naturwiss. **38**, 486 (1951). — Rust, H. H., u. H. Drubba: Kolloid-Ztschr. **127**, 38 (1952). — Vgl. weiterhin H. Schreiber u. W. Degner: Ann. Phys. **7**, 275 (1950) (betr. Sichtbarmachung von Ultraschall durch Auslöschung von Phosphoreszenz). — Sokolov, S. Y.: Usp. Fisichesk. Nauk **40**, (1950) (Sichtbarmachung durch photoelektrische Anordnung). — Ernst, P. J., u. C. W. Hoffmann: J. A. S. A. **24**, 87 (1952) (betr. insbesondere Sichtbarmachung durch Phos

Abb. 215 zeigt durch einen 45°-Spiegel S an die Wasseroberfläche gewor-
fen, dort entsteht durch den Schallstrahlungsdruck ein Oberflächen-
reliefbild des mit Ultraschall durchstrahlten Objekts. Durch ein Schlie-

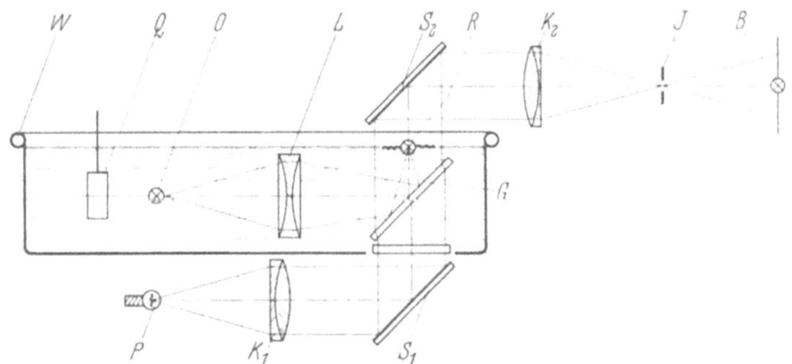

Abb. 215. Verfahren zur Sichtbarmachung von Ultraschallbildern durch Schlierenabbildung eines
Oberflächenreliefbildes (nach K. Schuster)
Q Quarz, O Objekt, L akust. Linse, P, K_1, S_1, S_2, K_2, J opt. Schlierenanordnung

renverfahren wird das Relief in der Bildebene B als optisches Bild abgebildet. Abb. 216 zeigt eine mit diesem Verfahren vorgenommene Ultraschallabbildung eines mit Bohrungen von 15, 10 und 5 mm $\varnothing$ versehenen
Messingblechs, Abb. 217 zeigt die Durchstrahlung eines mit Lufttren-
nungen versehenen Doppelblechs. Die Betriebsfrequenz betrug 4,6 MHz.

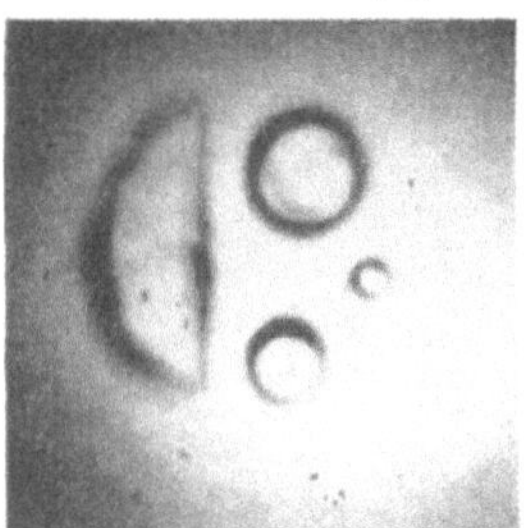

Abb. 216. Ultraschallbild eines Messingblechs
mit drei Bohrungen (nach K. Schuster)

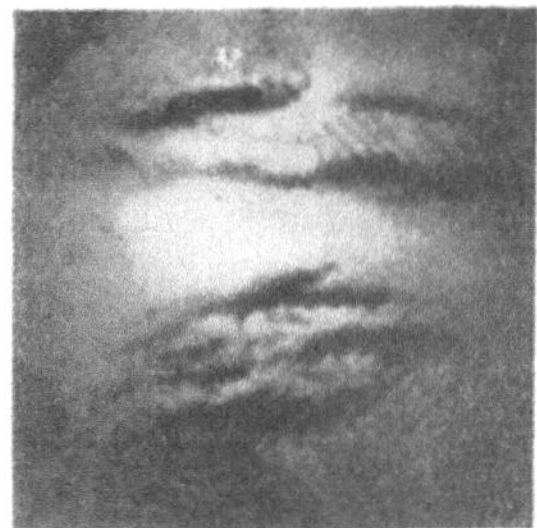

Abb. 217. Ultraschallbild eines Doppelblechs
mit Lufttrennung (nach K. Schuster)

Fortsetzung der Fußnote 2 von S. 284
phoreszenz). — Spengler, G.: Nachr. Techn. **3**, 399 (1953) (Übersicht über Gesamtgebiet, Literaturangaben). — Suckling, R. E., u. W. R. McLean: J. A. S. A. **27**,
297 (1955). — Rozenberg, L. D.: Akust. Z. (USSR) **1**, 105 (1955) (Überblick über
die verschiedenen Methoden). — Keck, G.: Acustica **6**, 543 (1956) (Akustisch-
optische Bildwandlung durch für Ultraschall sensibilisierte photographische
Schicht). — Einen elektronischen Ultraschallbildwandler, bei dem das Bild auf
eine Quarzplatte entworfen wird, welche zeilenweise mit einem Elektronenstrahl
abgetastet wird, entwickelten W. Freitag u. H. J. Martin: Acustica **8**, 197
(1958). — Über weitere Anordnungen vgl. Oshchepkov, P. K., L. D. Rozenberg
u. Ju. B. Semennikov: Akust. Z. (USSR) **1**, 348 (1955). — Prokhorov, V. G.:
ebdt. **3**, 254 (1957). — Semennikov, Ju.: ebdt. **4**, 73 (1958). — Hartwig, K.:
Acustica **9**, 109 (1959). — Pigulevskii, E. D.: ebdt. **4**, 348 (1958). — Vgl. weiterhin noch einige, S. 101, Anm. 2, angezogene Arbeiten.

Zur Materialuntersuchung mit Ultraschall kann man auch ein von S. Sokoloff[1] angegebenes Verfahren verwenden: Man führt an der einen Seite des Werkstücks einen Quarzsender entlang und nimmt mit einem mitgeführten, an der Rückseite des Werkstücks entlanglaufenden Empfänger den durchgestrahlten Ultraschall auf. Fehler, wie z. B. Lunkerbildungen, sind bei entsprechender Größe nachweisbar.

Ein besonders leistungsfähiges Verfahren zur zerstörungsfreien Werkstoffprüfung mit Ultraschall ist das von Fl. A. Firestone[2] angegebene „supersonic reflectoscope"; bei diesem — dem Echolot ähnlichen — Verfahren werden durch einen Quarzsender Ultraschallimpulse im MHz-Bereich in das zu untersuchende Werkstück eingestrahlt. An Materialfehlern, wie Lunkern in Gußstücken oder an nicht einwandfrei gebrannten Stellen in keramischen Werkstücken treten beim Durchschallen Echos auf. Abb. 218 zeigt (nach Aufnahmen von R. Schinn und U. Wolff)[3] Echobilder einer fehlerfreien Stelle eines 25-t-Schmiedestücks von 505 mm $\varnothing$ und einer Stelle mit einem Fehler in 200 mm Tiefe.

[1] Sokoloff, S.: E. N. T. **6**, 454 (1929); Dokl. Akad. Nauk **64**, 333 (1949). — Vgl. hierzu auch O. Mühlhauser: D. R. P. Nr. 569589 (1931). — Meyer, E., u. G. Buchmann: A. Z. **3**, 132 (1938) (betr. Risse in Betonbalken). — Meyer, E., u. E. Bock: A. Z. **4**, 231 (1939). — Giacomini, A., u. A. Bertini: Ric. Sci. **10**, 921 (1939). — Kruse, F.: A. Z. **4**, 153 (1939); **6**, 137 (1941). — Trost, A.: Z. VDI **87**, 352 (1943). — Clayton, R. H., u. R. S. Young: J. Sci. Inst. **28**, 129 (1951). — Patton, R. G., u. P. Hatfield: Electron. Eng. **24**, 522 (1952) (Untersuchung von Autoreifen). — Sokoloff, V. S.: Elektr. Stantsii (USSR) 24 (1953). — Rieckmann, P.: Z. angew. Phys. **8**, 386 (1956) (Autoreifen). — Über Versuche, das von S. Sokoloff angegebene Verfahren für medizinisch diagnostische Zwecke (am Schädel) nutzbar zu machen vgl. K. T. Dussik, F. Dussik u. L. Wyt: Wiener med. Woch. **35**, 425 (1947). — Hueter, T. F., u. R. H. Bolt: J. A. S. A. **23**, 160 (1951). — Güttner, W., G. Fiedler u. J. Pätzold: Acustica **2**, 148 (1952) (kritische Stellungnahme zu grundsätzlichen Störeffekten).

[2] Firestone, Fl. A.: USA-Pat. 2280226 (1942); 2398701 (1943); J. A. S. A. **17**, 287 (1946). — Firestone, Fl. A., u. J. R. Frederick: ebdt. **18**, 200 (1946). — Über Materialprüfung mit Ultraschall vgl. weiterhin Fl. A. Firestone- J. A. S. A. **17**, 287 (1954). — Bastien, P., J. Blexon u. E. de Kervesau: C. R. **229**, 1016 (1949). — Bergmann, L.: Z. VDI **92**, 711 (1950). — Müller, E. A. W.: Der Elektrotechniker **2**, 339 (1950). — Baud, R. V., u. E. Beusch: Nuovo Cim. **7**, Suppl. 2 (1950). — Krautkrämer, H. u. J.: Z. VDI **93**, 364 (1951). — Barthelt, H. u. A. Lutsch: Siemens-Z. **26**, 114 (1952). — Müller, E. A. W.: Zerstörungsfreie Materialprüfung 4. März (1952) (Schrifttumzusammenstellung). — Krautkrämer, J.: Werkstoffe und Korrosion **3**, 125 (1952). — Jupe, J.: Electronics **25**, Nr. 2, 214 (1952). — Lutsch, A.: Z. angew. Phys. **4**, 166 (1952). — Krautkrämer, J., u. W. Roth: Z. Metallk. **44**, 198 (1953). — Malherbe, G.: Proc. 1. I. C. A. Congr. Delft (1953), S. 198. — Lutsch, A.: ATM-V-91-193-1 (1953); ebdt. 91-193-2 (1954). — Barthelt, H.: Elektrotechn. Z. (A) **75**, 69 (1954). — Seemann, H. J., u. W. Bentz: Metall 8, 1 (1954). — Barthelt, H., u. W. Böhme: Siemens-Z. **29**, 206 (1955). — Lutsch, A.: J. A. S. A. **30**, 544, 964 (1958). — Stüber, C.: Proc. 3. I. C. A. Congr. Stuttgart (1959). — Werner, K.: ebdt.

[3] Schinn, R., u. U. Wolff: Stahl u. Eisen **72**, 695 (1952).

J. EDLER und C. H. HERTZ[1] benutzten die Ultraschallechomethode, um die Bewegungen der Herzwand im menschlichen Körper zu stu-

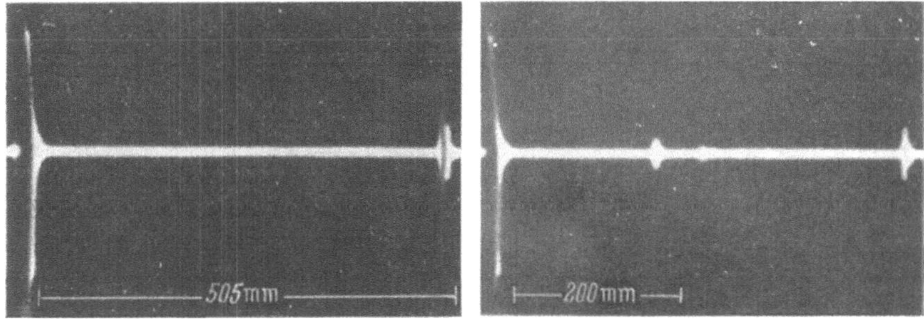

Abb. 218. Ultraschallechobilder an einem fehlerfreien (links) und fehlerhaften (rechts) Schmiedestück (nach R. SCHINN u. U. WOLFF)

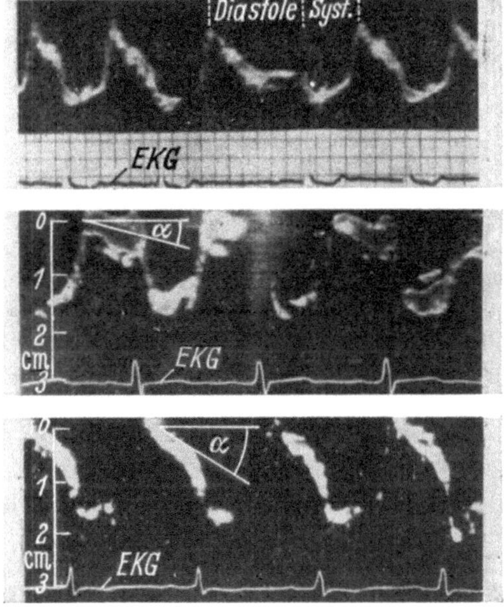

Abb. 219. Reflektogramme der Herzwandbewegung.
Oben: Bewegungen der Wand des linken Vorhofes bei Mitralinsuffizienz (ungenügendes Schließen der Mitralklappen); Mitte: Bewegungen der Wand des linken Vorhofes bei hochgradiger Mitralstenose (Verengung der Mitralöffnung); unten: Die gleiche Aufnahme wie Mitte, nachdem durch Operation die Mitralöffnung des Patienten erweitert wurde. Dabei entstand eine leichte Mitralinsuffizienz (nach I. EDLER u. C. H. HERTZ)

---

[1] EDLER, I., u. C. H. HERTZ: Kungl. Fysiogr. Sallskap. Lund Forhandl. **24**, Nr. 5 (1954); Acustica **6**, 361 (1956). — EFFERT, S., C. H. HERTZ u. W. BÖHME: Z. Kreislaufforschg. **48**, 230 (1959). — Hingewiesen sei hier noch auf eine Untersuchung von S. SATOMURA, J. A. S. A. **29**, 1181 (1957), bei welcher der bei Reflexion von Ultraschallwellen an bewegten Teilen des Herzens auftretende DOPPLER-Effekt zu diagnostischen Zwecken benutzt wird.

dieren. Mit einem 2,5 MHz-Quarz, der zwischen den Rippen auf die Brustwand aufgesetzt wird, werden Schallimpulse in den Körper gesandt und die Echobilder fortlaufend registriert.

Abb. 219 zeigt ein derartiges Reflektogramm. Das Verfahren ermöglicht wichtige diagnostische Schlüsse bei bestimmten Herzerkrankungen.

Schließlich ist es auch möglich, an der zu untersuchenden Probe Resonanzschwingungen hervorzurufen („Sonigage"-Verfahren von W. S. Erwin[1]). Resonanz tritt in einer Mediumschicht dann ein, wenn deren Dicke $d = n \cdot \lambda/2$ beträgt (λ Wellenlänge des longitudinalen Schalls in der Probe). Man benutzt dann zur Prüfung einen Ultraschallsender, dessen Frequenz kontinuierlich verändert wird und bringt die Resonanz auf dem Leuchtschirm eines Braunschen Rohrs zur Anzeige. Der Leuchtfleck wird entsprechend der jeweiligen Frequenz des Senders längs der Abszissenachse entlangbewegt. Die Abszisse ist unmittelbar in cm Schichtdicke geeicht und man kann die Materialdicke dann sofort am Leuchtschirm ablesen.

23. Schallabsorption

Die Betrachtungen, welche wir bisher über die Schallausbreitung anstellten, bezogen sich im allgemeinen auf „ideale" Gase und Flüssigkeiten. Wir hatten also insbesondere die Reibungsverluste unberücksichtigt gelassen, welche infolge der „inneren Reibung" von einer Schicht des Mediums mit den benachbarten oder infolge von „äußerer Reibung" der Grenzschicht eines Mediums gegen ein angrenzendes Medium anderer Beschaffenheit auftreten. Für viele Probleme der Schallausbreitung ist eine Vernachlässigung der Reibungsverluste zulässig, da diese — insbesondere bei tiefen Frequenzen — verhältnismäßig wenig ins Gewicht fallen. Bei Fragen der Schallausbreitung auf große Entfernungen und insbesondere bei Schall höherer Frequenz spielen die Absorptionseffekte aber eine wichtige Rolle.

Mit dem Impulsverfahren (Ziff. 13, S. 117) läßt sich die Schallabsorption von Ultraschall bereits an sehr kurzen Meßstrecken zeigen. Abb. 220 (nach C. E. Teeter[2]) gibt ein Oszillogramm einer Folge der

[1] Erwin, W. S.: Steel **116**, 131 (1945); Iron Age **154**, 59 (1944). — Erwin, W. S., u. G. H. Rassweiler: Rev. Sci.. Instrum. **18**, 750 (1947) — Vgl. auch J. W. Butler u. J. B. Vernon: J. A. S. A. **18**, 212 (1946). — Struthers, V. W., u. H. M. Trent: ebdt. **19**, 368 (1947). — Carlin, D.: Electronics **21** Nov. (1948), S. 76.— Tanaka, S.: Sci. Rep. Rec. Inst. Tohoko (A) **2**, 917 (1950); **3**, 201 (1951). — Tanaka, S., u. S. Yamada: ebdt. 393. — Branson, N. G.: Electr. Eng. **70**, 619 (1951). — Cook, E. G., u. H. E. van Valkenburg: J. A. S. A. **27**, 564 (1955).

[2] Teeter, C. E.: J. A. S. A. **18**, 488 (1946); vgl. auch S. 117, Anm. 1 angezogene Arbeiten.

Echos eines Ultraschallimpulses in einer Flüssigkeitsstrecke wieder; die durch die Absorption bedingte Amplitudenabnahme von einem Echo zum folgenden ist sehr anschaulich zu erkennen.

Für (ebene) Schallwellen in einem Medium, in welchem Schallenergie durch innere Reibung in Wärme umgesetzt wird, hat G. S. Stokes[1] die Differentialgleichung abgeleitet:

$$\frac{\partial^2 \xi}{\partial t^2} = c^2 \frac{\partial^2 \xi}{\partial x^2} + \frac{4}{3}\mu' \frac{\partial^3 \xi}{\partial x^2\, \partial t} \tag{143}$$

hierbei ist μ' der Maxwellsche kinematische Reibungskoeffizient; für verschwindend kleinen Reibungskoeffizienten geht diese Differentialgleichung in die auf S. 57 abgeleitete Wellengleichung über.

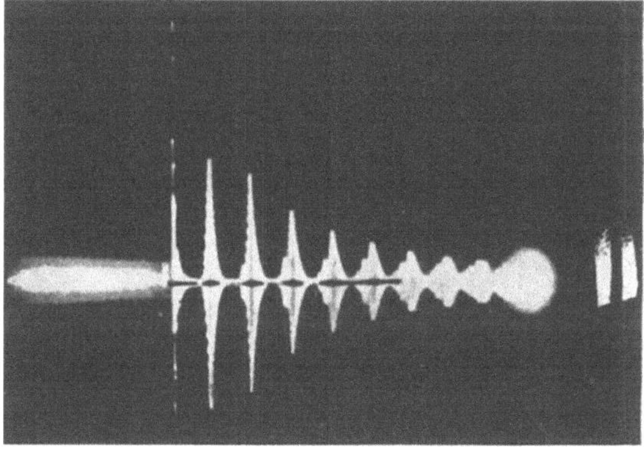

Abb. 220. Echofolge eines Ultraschallimpulses in einer Flüssigkeit (nach C. E. Teeter)

Die Durchrechnung der Differentialgleichung (143) zeigt, daß die ebene Welle nicht mehr — wie im idealen Gas und in der idealen Flüssigkeit — an allen Stellen des Schallfeldes die gleiche Amplitude besitzt, sondern daß ihre Amplitude mit der Entfernung von der Schallquelle aus exponentiell abnimmt[2]. Sie führt nämlich für die Amplitude ξ auf

---

[1] Stokes, G. G.: Cambr. Trans. Phil. Soc. 8, 287 (1845); Phil. Mag. (4) 1, 305 (1851).

[2] Aus der Differentialgleichung (143) folgt übrigens — wie noch bemerkt sei —, daß in Schallfeldern, in welchen Reibungsverluste stattfinden, auch bei ebenen Wellen Druck und Schnelle *nicht genau* in Phase sind. Da die Reibungskoeffizienten in den praktisch interessierenden Fällen meist sehr klein sind, ist der Phasenwinkel allerdings nur gering. Weiterhin ist zu bemerken, daß die strenge Durchrechnung von (143) eine Ausbreitungsgeschwindigkeit für Wellen in dämpfenden Medien ergibt, die kleiner ist als die Ausbreitungsgeschwindigkeit in idealen Gasen oder Flüssigkeiten. Der Unterschied ist freilich derart gering, daß er praktisch meist gar keine Rolle spielt. In engen Rohren (vgl. S. 327) ergeben sich aber (wie von H. v. Helmholtz: Verh. Nat. Med. Ver. Heidelberg III/16, 163 zuerst gezeigt wurde) merkliche Unterschiede durch Reibungsverluste, es tritt dort insbesondere eine Schalldispersion auf.

19 Trendelenburg, Akustik, 3. Aufl.

den Ausdruck:

$$\xi = \xi_0 \cdot e^{-\frac{2\,\mu'\,\omega^2}{3\,c^3}\cdot x} \cos\left(\omega\,t - \frac{x}{c}\right) = \xi_0\,e^{-\alpha\,x} \cos\left(\omega\,t - \frac{x}{c}\right)$$

$$\alpha = \frac{2\,\mu'^2\,\omega^2}{3\,c^3} = \frac{8\,\pi^2\cdot\mu'}{3\,\lambda^2\cdot c} = \frac{8\,\pi^2\,f^2}{3\,c^3}\,\mu' \tag{144}$$

nennt man den Dämpfungsfaktor.

Die von G. STOKES durchgeführte Berechnung berücksichtigt noch nicht den Einfluß der Wärmeleitung. Zieht man, wie dies zuerst von G. KIRCHHOFF[1] durchgeführt wurde, auch die Wärmeleitung in die Betrachtungen ein, so erhält man:

$$\alpha = \alpha_R + \alpha_L = \frac{2\,\pi^2\,f^2}{c^3}\left(\frac{4}{3}\,\mu' + \frac{(\varkappa - 1)\,\nu}{c_p\cdot\varrho}\right), \tag{145}$$

wobei α_R den Reibungsanteil der Absorption, α_L den Anteil der Wärmeleitung, $\varkappa$ das Verhältnis der spezifischen Wärmen, ν den Koeffizient der Wärmeleitung und ϱ die Dichte bedeutet. Die Wärmestrahlung spielt bei normalen Temperaturen keine Rolle.

Die nach den „klassischen" Ansätzen von G. G. STOKES und von G. KIRCHHOFF berechnete Schallabsorption steigt mit dem Quadrat der Frequenz an; meist gibt man daher als charakteristische Größe der Schallabsorption den frequenzunabhängigen Wert α/f^2 an.

In den nachfolgenden Tabellen sind die auf Grund der „klassischen" Theorien ermittelten Schallabsorptionswerte für einige Stoffe zusammengestellt:

Tabelle 21. Nach der klassischen Theorie berechnete Werte der Schallabsorption in Gasen (bei 20 °C und 1 atm)

	$\alpha_R/f^2\cdot 10^{15}$	$\alpha_L/f^2\cdot 10^{15}$	$\alpha/f^2\cdot 10^{15}$ (s^2 m^{-1})
Luft	0,98	0,41	1,39
Sauerstoff	1,17	0,48	1,65
Kohlendioxyd	1,22	0,34	1,56

Tabelle 22. Nach der klassischen Theorie berechnete Werte der Schallabsorption in Flüssigkeiten

	$\alpha_R/f^2\cdot 10^{19}$ (s^2 m^{-1})	$\alpha_L/f^2\cdot 10^{19}$ (s^2 m^{-1})	$\alpha/f^2\cdot 10^{19}$ (s^2 m^{-1})
Wasser	8,5	0,0064	8,5
Toluol	7,56	0,28	7,84
Benzol . . . . +	8,36	0,3	8,66
m-Xylol	8,13	0,24	8,37

[1] KIRCHHOFF, G.: Pogg. Annal. Phys. u. Chem. **134**, 177 (1868). Bemerkt sei noch, daß die klassische Theorie nach STOKES und KIRCHHOFF die in mehratomigen Gasen auftretende „Volumenreibung" nicht berücksichtigt, diese kann bei rauhen

Die klassisch berechneten Werte der Schallabsorption sind in Flüssigkeiten um mehrere Größenordnungen kleiner als in Gasen.

Die experimentell ermittelten Werte stimmen nur bei einigen wenigen Gasen und Flüssigkeiten einigermaßen mit den nach der klassischen Theorie berechneten Werten überein. In den meisten Fällen ist die tatsächliche Schallabsorption — und zwar zum Teil ganz wesentlich — größer als die klassisch berechnete. In Tabelle 23 sind experimentell bestimmte und klassisch berechnete Werte einiger Gase gegenübergestellt. Besonders augenfällig ist die Abweichung für CO_2.

Tabelle 23[1]

Gas	Temperatur °C	Druck at	Frequenz kHz	$x/f^2 \cdot 10^{13}$	
				exp.	theor.
Ar	20,0	1	4250	1,9	1,9
He	17,5	0,99	598,9	2,9	0,52
Ne	19,0	0,65	304,4	5,82	1,87
H_2	19,9	1	598,9	3,58	1,17
O_2	19,6	0,99	598,9	1,68	1,68
N_2	19,9	0,97	598,9	1,35	1,39
CO_2	16,6	0,98	304,4	27,1	1,44
CO	18,7	0,85	304,4	5,78	1,47
NO	16,3	0,95	598,9	1,83	1,56

Die starke Abweichung zwischen dem experimentellen Befund und den Erwartungen der klassischen Theorie beruhen auf den bei der Besprechung bei der Dispersion der Schallgeschwindigkeit im Ultraschallgebiet bereits erwähnten Relaxationserscheinungen[2]. Im Frequenzgebiet der maximalen Dispersion setzt starke Absorption ein. Abb. 221

Fortsetzung der Fußnote 1 von Seite 290

Molekülmodellen noch eine etwa 20proz. Erhöhung der Absorption verursachen. Vgl. M. KOHLER: Naturwiss. 33, 251 (1946); Z. Physik 124, 757 (1948); ebdt. 125, 715 (1949). Vgl. zu diesen Fragen auch noch MEIXNER, J.: Acustica 2, 101 (1952) (Allgemeine Theorie der Schallabsorption in Gasen unter Berücksichtigung der Wärmeleitung, Diffusion, Thermodiff. und innerer Reibung). — KELLER, J. B.: J. A. S. A. 26, 58 (1954). — SMITH, P. W.: ebdt. 29, 693 (1957). — BHATIA, A. B.: ebdt. 823. (Betr. den Einfluß der Wärmestrahlung bei hohen Temperaturen.) — KANWAL, R. P.: ebdt. 593. — KASPARYANTS, A. A.: Akust. Z. (USSR) 4, 325 (1958). — HUETZ-AUBERT, M., u. M. J. HUETZ: J. Phys. Radium 20, 7 (1959).

[1] Auszug aus einer Zusammenstellung in L. BERGMANN: Ultraschall, 6. Auflage S. 558 (1954).

[2] Die Möglichkeit einer endlichen Einstellungsdauer der Energieverteilung auf die verschiedenen Freiheitsgrade hat zuerst L. BOLTZMANN: Pogg. Ann. 141, 473 (1870) angedeutet. Vgl. weiter H. A. LORENTZ: Arch. Néerl. Phys. 16, (1880). — LORD RAYLEIGH: Philos. Mag. März 1899 und insbesondere P. S. H. HENRY: Proc. Camb. Phys. Soc. 28, 249 (1931).

19*

zeigt nach R. W. Leonard[1] ein charakteristisches Beispiel für die starke Absorption im Dispersionsgebiet und zwar bei CO_2. Im oberen Teil ist der Verlauf der Schallgeschwindigkeit, im unteren der Absorptionskoeffizient pro Wellenlänge aufgetragen. Die Stelle maximaler Absorption liegt bei etwa 70 kHz. Abb. 222 und 223 zeigen nach F. Angona[2] den

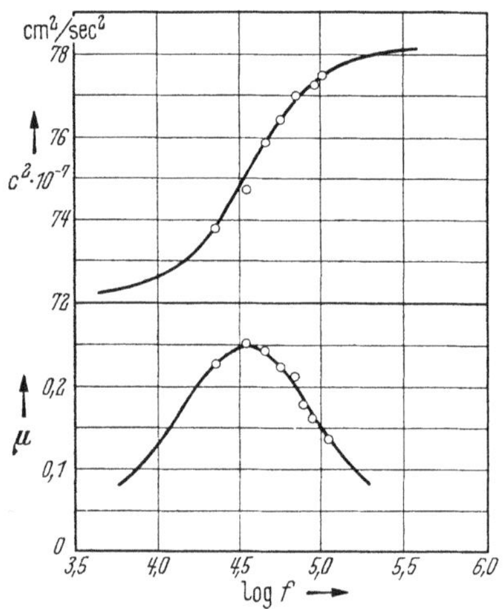

Abb. 221. Schalldispersion und -absorption in CO_2-Gas (nach R. W. Leonard)

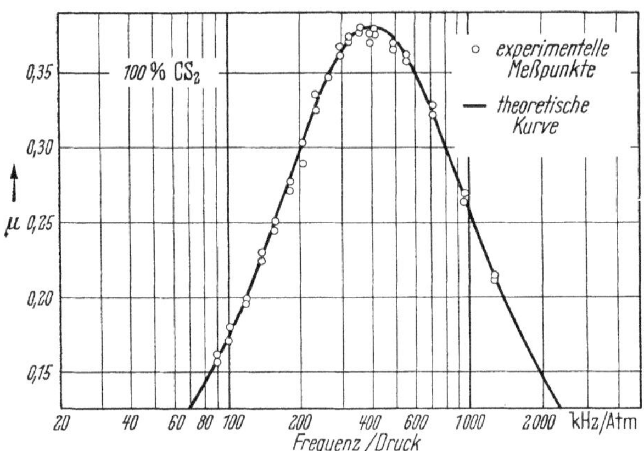

Abb. 222. Schallabsorption in CS_2 (nach F. A. Angona)

[1] Leonard, R. W.: J. A. S. A. **12**, 241 (1940). — Über CO_2 vgl. noch Ener, C., A. F. Gabrish u. J. C. Hubbard: J. A. S. A. **24**, 474 (1952); Shields, F. D.: J. A. S. A. **29**, 450 (1957). — Özdogan, B.: Rev. Fac. Sci. Univ. Istanbul, C, **21**, 233 (1958). — Henderson, M. C., u. J. Z. Klose: J. A. S. A. **31**, 29 (1959). (Untersuchungen in den Bereichen 19 °C bis 146 °C; 0,1 bis 650 atm; 300 kHz bis 7 MHz.) — Schreiner, J.: Acustica **9**, 144 (1959). — Kneser, H. O., u. H. Roesler: ebdt. 224. — Proc. 3. I. C. A. Congr. Stuttgart (1959).

[2] Angona, F. A.: J. A. S. A. **25**, 1111, 1116 (1953).

Verlauf der Absorption in CS_2 und C_2H_4O. Bei Wasserstoff (Abb. 224) liegt nach E. S. STEWART und J. L. STEWART[1] das Dispersionsgebiet bei etwa 15 MHz, bei Sauerstoff liegt es nach H. D. PARBROOK und W. TEMPEST[2] bei etwa 400 MHz, bei Stickstoff nach A. J. ZMUDA[3] bei 80 MHz. Betrachtet man die Energieänderungen, welche die Moleküle eines Gases bei Druckänderungen erfahren, so zeigt es sich, daß zwar die Translationsenergie und die Rotationsenergie von Molekülen sich sehr schnell ändert, daß aber die Schwingungsenergie nur verhältnismäßig langsam folgt.

---

[1] STEWART, E. S., u. J. L.: J. A. S. A. **24**, 194 (1952).

[2] PARBROOK, H. D., u. W. TEMPEST: Acustica 8, 345 (1958). — Vgl. auch G. SESSLER: ebdt. 395. — GREENSPAN, M.: J. A. S. A. **31**, 155 (1959).

[3] ZMUDA, A. J.: J. A. S. A. **23**, 472 (1951). — Über Schallabsorptionsmessungen in Gasen und Dämpfen vgl. weiterhin: N. NEKLEPAJEW: Ann. Phys. **35**, 175 (1911). — PIELEMEIER, W. H.: Phys. Rev. (II) **34**, 1183 (1929); **41**, 833 (1932). — GROSSMANN, E.: Ann. Phys. (V) **13**, 681 (1932). — KNUDSEN, VERN O.: J. acoust. Soc. Amer. **3**, 126 (1931); **5**, 112 (1931); **6**, 199 (1935). — KNUDSEN, V. O., and L. OBERT: J. acoust. Soc. Amer. **7**, 249 (1936). — KNUDSEN, V. O., u. E. F. FRICKE: J. acoust. Soc. Amer. **10**, 89 (1938). — OBERST, H.: Z. techn. Phys. **17**, 850 (1938). — ITTERBEEK, A. VAN, u. P. MARIËNS: Physica, Haag **5**, Nr. 3, 153 (1938). — SCHMIDTMÜLLER, N.: Akust. Z. **3**, 114—129 (1938). — ITTERBEEK, A. VAN, P. DE BRUYN u. P. MARIËNS: Physica **6**, 511 (1939). — FRICKE, E. F.: J. A. S. A. **12**, 245 (1940) (betr. CO_2, NO, COS, CS_2, SO_2). — KELLER, H. H.: Phys. Z. **41**, 386 (1940) (A, N_2, NH_3, CO_2). — ITTERBEEK, A. VAN, u. R. VERMEULEN: Physica **9**, 345 (1942) (Messungen an schwerem Wasserstoff). — PIELEMEIER, W. M., u. W. H. BYERS: J. A. S. A. **15**, 17 (1943). — MEIXNER, J.: Ann. Phys. (5) **43**, 470 (1943) (Theorie der Absorption in Gasen mit chemisch reagierenden Komponenten). — KNUDSEN, V. O.: J. A. S. A. **18**, 90 (1946) (N_2, O_2, CO_2). — MATTA, K., u. E. G. RICHARDSON: J. A. S. A. **23**, 58 (1951) (Messungen in verschiedenen Dämpfen). — DUBOIS, M.: J. Phys. Rad. **12**, 876 (1951) (Allgem. Übersicht, Literaturangaben). — SETTE, D., A. BUSALA u. J. C. HUBBARD: J. Chem. Phys. **20**, 1899 (1952) (Dichloräthylendampf). — PETRALIA, S.: Nuovo Cim. **11**, 570 (1954) (Helium-Argon-Mischungen). — RICHARDSON, E. G.: Rev. mod. Phys. **27**, 15 (1955) (Übersicht über Absorption in Dämpfen, ausführliche Literaturangaben). — SETTE, D., A. BUSALA u. J. C. HUBBARD: J. Chem. Phys. **23**, 787 (1955) (CH_3Cl, $CHCl_3$, CCl_4). — MIYAHARA, M., u. E. G. RICHARDSON: J. A. S. A. **28**, 1016 (1956) (betr. Freon). — TEMPEST, W., u. H. D. PARBROOK: Nature **177**, 181 (1956) (O_2, N_2). — WIGHT, H. M.: J. A. S. A. **28**, 459 (1956) (N_2O-H_2O bzw. D_2O-Mischungen). — GREENSPAN, M.: Phys. Rev. **75**, 197 (1940) (He bei geringem Druck). — PARKER, J. G., C. E. ADAMS u. R. M. STAVSETH: ebdt. **25**, 263 (1953) (Ar, N_2, O_2, bei geringem Druck). — INOUE, T., u. T. TAKAHASHI: J. phys. Soc. Jap. **10**, 208 (1955) (Methan). — YOUNG, J. E., u. O. K. MAWARDI: J. Chem. Phys. **24**, 1109 (1956). (Luft) — KELLY, B. TH.: J. A. S. A. **29**, 1005 (1957) (Methan). — KLOSE, J. Z.: ebdt. **30**, 605 (1958) (n-Hexan). — EDMONDS, P. D., u. J. LAMB: Proc. Phys. Soc. Lond. **72**, 940 (1958). — SESSLER, G.: Acustica **9**, 119 (1958) (Stickstofftetroxyd). — GREENSPAN, M.: ebdt. **31**, 155 (1959) (N_2, O_2, Luft). — BAUER, H., u. H. O. KNESER: Proc. 3. I. C. A. Congr. Stuttgart (1959) (Stickoxyde). — SHIELDS, F. D.: J. A. S. A. **32**, 180 (1960) (Halogengase). — Vgl. auch noch bereits in Ziff. 21, S. 240, Anm. 1 bei Besprechung der Schalldispersion angezogene Arbeiten.

Die Vorgänge bei der Relaxation sind in den Abb. 225 und 226 (nach
H. O. Kneser)[1] veranschaulicht.

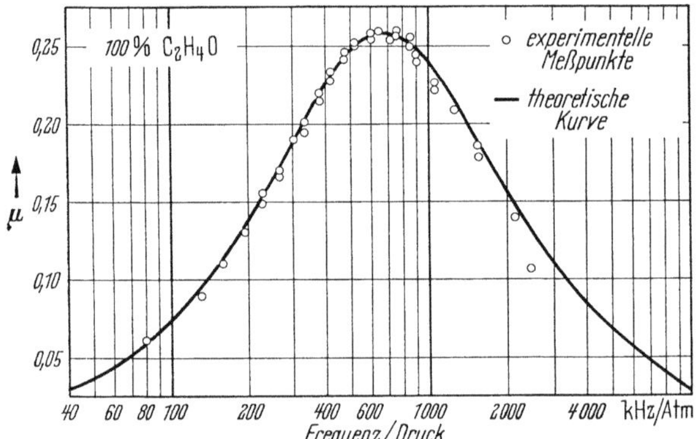

Abb. 223. Schallabsorption in C_2H_4O (nach F. A. Angona)

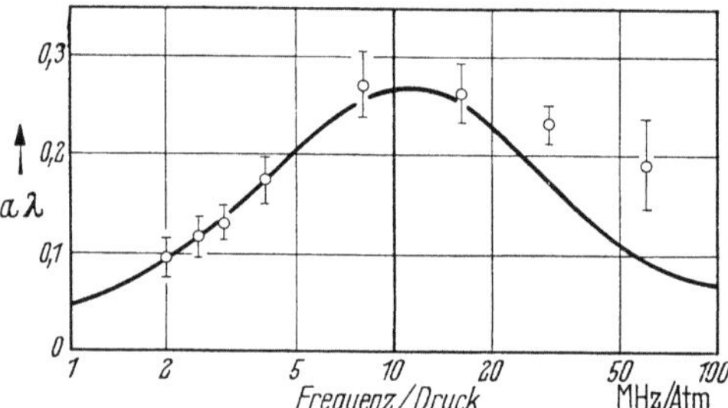

Abb. 224. Schallabsorption in Wasserstoff (nach E. S. u.
J. L. Stewart)

Im Augenblick der Kompression eines Volumens vom Wert v_1 auf den Wert v_2 durch eine (zunächst als rechteckigen Stoßvorgang angenommene) Welle nimmt die äußere Energie E_A des Systems um den dem Schallfeld entnommenen Energiebetrag

[1] Kneser, H. O.: Ann. Phys., (V) 16, 337 (1933); 16, 360 (1933); A. J. Rutgers: ebdt. S. 360. — Kneser, H. O., u. Vern O. Knudsen: Ann. Phys. 21, 682 (1934). — Kneser, H. O.: Z. techn. Phys. 16, 213 (1935); 19, 486 (1938); Ann. Physik (5) 43, 465 (1943); Erg. Exakte Naturw. 22, 131 (1949). — Zur Theorie der Relaxation vgl. auch Herzfeld, K., u. F. O. Rice: Phys. Rev. 31, 691 (1928). — Bourgin, D. G.: ebdt. 34, 521 (1929); 42, 721 (1932); 50, 355 (1936). — Henry, P. S. H.: Proc. Cembr. Phil. Soc. 28, 249 (1931). — Kohler, M.: Z. Phys. 127, 41 (1950) (Mischungen von zwei Gasen). — de Groot, S. R.: Ned. T. Natuurk. S. 1 (1950). — Petralia, S.: Nuovo Cim. 9, Suppl. 1 (1952) (Übersicht über die Theorien, Literaturangaben). — Beyer, R. T.: J. A. S. A. 24, 714 (1952) (Berechnungen für die dreiatomigen Gase CO_2, COS, CS_2, N_2O, SO_2). — Schwartz, R. N., Z. I. Slawsky u. K. F. Herzfeld: J. Chem. Phys. 20, 1591 (1952). — Manes, M.: ebdt. 21, 1791 (1953). — Greenspan, N.: J. A. S. A. 26, 70 (1954). — Odajima, A.: Monogr. Res. Inst. Appl. Elect. Hokkaido Univ. Nr. 4, 125 (1954) (betr. Absorption in Nähe des kritischen Punktes). — Brout, R.: J. Chem. Phys. 22, 1500 (1954). — Petralia, S.: Nuovo Cim. 1, 351 (1955); 2, 241 (1955) (Mischungen von Gasen mit H_2). — Walther, K.: Acustica 6, 245 (1956) (elektr. Modellversuche zur akustischen Relaxation). — Lukasik, S. J.: J. A. S. A. 28, 455 (1956). — Beyer, R. T.: J. A. S. A. 29, 243 (1957). — Nomoto, O.: J. Phys. Soc. Jap. 11, 818 (1956); 12, 85 (1957). — Bordoni, P. G.: Proc. 3. I. C. A. Congr. Stuttgart (1959). — Herzfeld, K.: ebdt. — Parker, J. G.: ebdt.

ΔE zu, von dieser Energie wandert aber dann noch ein gewisser Teil in die innere Energie E_i über, so daß die äußere Energie um denselben Betrag wieder abnimmt, und zwar erfolgt dieser Ausgleich um so langsamer, je größer die Relaxationszeit τ ist. Der Druck im $p\,v$-Diagramm (Abb. 225) steigt dann demgemäß bei einer plötzlichen Kompression zunächst von 1 nach 2 und fällt dann wieder bis 3 ab.

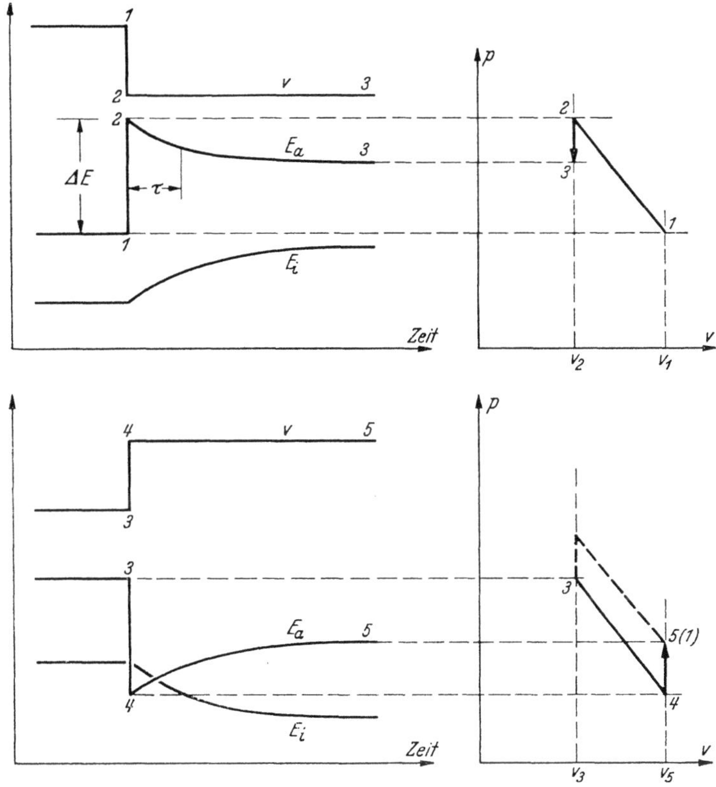

Abb. 225. Relaxationserscheinungen bei plötzlicher Kompression bzw. Dilatation
(nach H. O. Kneser)

Bei dem umgekehrten Vorgang der Dilatation fällt die äußere Energie plötzlich von 3 auf 4, sie steigt dann durch Nachlieferung aus der inneren Energie allmählich wieder bis 5 an. Im $p\,v$-Diagramm wird dann die geknickte Strecke 3 4 5 durchlaufen.

Bei jedem geschlossenen Umlauf wird zwar der Anfangszustand im $p\,v$-Diagramm wieder erreicht; da der Kreisprozeß entgegen dem Uhrzeigersinn abläuft, wird hierbei aber eine dem Flächeninhalt der durchlaufenen Strecke proportionale Wärmemenge laufend in Wärme verwandelt. Der Prozeß ist irreversibel.

Erfolgen die Druckänderungen nicht nach Art von Rechtecksprüngen, sondern sinusförmig, so werden (unter der Annahme, daß die Amplitude der Sinuswellen gleich der halben Kompressionsstufe der Stöße ist) im pv-Diagramm Abb. 226 Kurven durchlaufen, die innerhalb des Parallelogramms 1 2 3 4 liegen; und zwar läuft man bei niedriger Frequenz $\omega \ll 1/\tau$ — bei welcher praktisch stets Gleichgewicht herrscht — im wesentlichen auf der Linie 1 3, bei sehr hohen Frequenzen $\omega \gg 1/\tau$ — bei denen im wesentlichen keine Änderung von E_i stattfindet — auf der Diagonalen 2 4. Für $\omega \approx 1/\tau$ durchläuft man eine innerhalb des Parallelogramms liegende Ellipse, man erkennt anschaulich, daß in diesem Frequenzbereich ein besonders hoher Anteil der Energie in Wärme verwandelt wird: die molekularen Effekte bewirken in einem bestimmten Frequenzgebiet eine selektive Absorption.

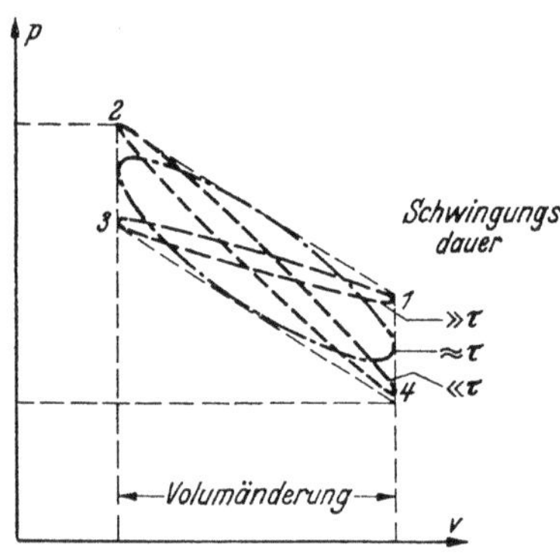

Abb. 226. pv-Diagramm bei Relaxation

Aus Abb. 226 kann man weiterhin anschaulich ableiten, daß die Schallgeschwindigkeit frequenzabhängig ist. Die Schallgeschwindigkeit ist nach (54) $c = \sqrt{1/K \cdot \varrho}$, wobei K die adiabatische Kompressibilität bedeutet. Die Kompressibilität ist im wesentlichen durch die Neigung der großen Ellipsenachse bestimmt. Die Neigung nimmt bei wachsender Frequenz von geringer Steigung bei tiefen Frequenzen zu starker bei hohen Frequenzen zu, die Schallgeschwindigkeit geht also von einem kleineren Wert bei tiefen Frequenzen im Dispersionsgebiet $\omega \approx 1/\tau$ zu einem größeren Wert bei hohen Frequenzen über. Maximale Dispersion und Absorption liegen bei der gleichen Frequenz $\omega \approx 1/\tau$.

Für die Schallabsorption pro Wellenlänge $\alpha^* = \alpha \cdot \lambda$ gilt nach H. O. Kneser

$$\alpha^* = \alpha\,\lambda = \pi \frac{R\,c_{vi}}{c_{va}(R+c_{va})} \cdot \frac{k\,\omega}{k^2 + \omega^2}. \tag{146}$$

Hierbei bedeutet R die Gaskonstante, $1/k$ die mittlere Lebensdauer des Rotations- oder Schwingungsquants, c_{vi} die spezifische Wärme der inneren und c_{va} diejenige der äußeren Freiheitsgrade. Welche Freiheitsgrade zu den inneren und welche zu den äußeren zu zählen sind, hängt von den Relaxationszeiten und der Ursache der molekularen Absorption ab. Da im allgemeinen die Relaxationszeit der Schwingungsfreiheitsgrade wesentlich größer als diejenige der Rotationsfreiheitsgrade ist, ergibt sich folgendes: Handelt es sich um molekulare Absorption auf Grund verzögerter Einstellung der Schwingungsfreiheitsgrade, so ist c_{va} die spezifische Wärme der Translations- und der Rotationsfreiheitsgrade und $c_{v\,i}$ diejenige der Schwingungsfreiheitsgrade. Bei molekularer Absorption auf Grund verzögerter Einstellung der Rotationsfreiheitsgrade ist $c_{v\,a}$ die spezifische Wärme der Translationsfreiheitsgrade und $c_{v\,i}$ diejenige der Rotationsfreiheitsgrade, während die spezifische Wärme der Schwingungsfreiheitsgrade wegen der großen Relaxationszeit dieser Freiheitsgrade gar keine Rolle mehr spielt.

Die Gl. (146) zeigt, daß die Absorption pro Wellenlänge bei einer bestimmten Frequenz, und zwar bei $\omega_{max} = k$ ein Maximum aufweist; dies Verhalten ist von der klassischen Theorie in keiner Weise vorhergesagt worden.

Die Absorption nimmt, wenn ein Fremdgas zugesetzt wird, mit wachsender Konzentration der Beimengung zu. Ganz besonders stark macht sich ein Anwachsen bei Anwesenheit von Wasserdampf bemerkbar[1]. So kommt es, daß die Schallabsorption in der Atmosphäre vom Feuchtigkeitsgehalt der Luft sehr stark abhängt.

In Abb. 227 und 228 ist die Schallabsorption von Luft bei verschiedener Temperatur und verschiedenem Feuchtigkeitsgehalt, wie sie von KNESER auf Grund

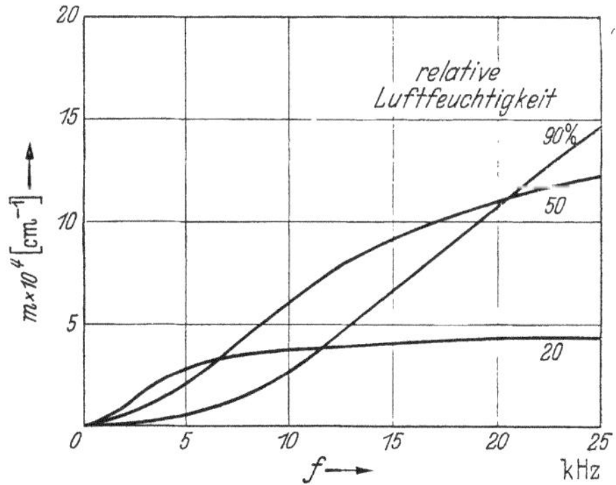

Abb. 227. Absorptionskoeffizient pro Zentimeter in Luft bei 20° C in Abhängigkeit von der Frequenz (nach Berechnungen von H. O. KNESER)

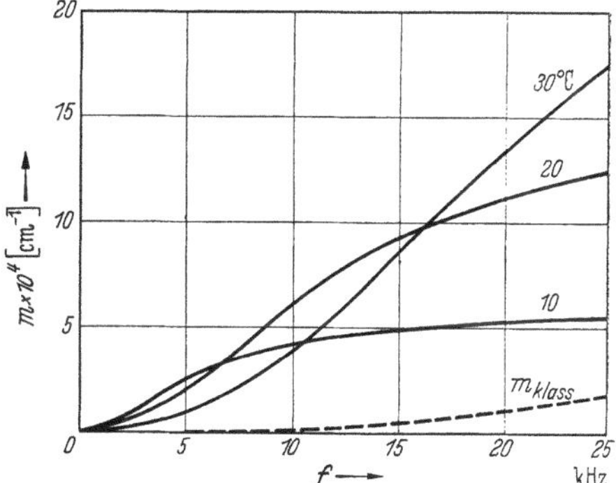

Abb. 228. Absorptionskoeffizient pro Zentimeter in Luft bei 50% relativer Luftfeuchtigkeit in Abhängigkeit von der Frequenz (nach Berechnungen von H. O. KNESER)

---

[1] Der starke Einfluß von Fremdgasen wurde zuerst von A. EUCKEN: Naturwiss. **20**, 85 (1932) festgestellt. Über den Einfluß von Beimengungen und Verunreinigungen vgl. weiterhin A. VAN ITTERBEEK, P. DE BRUYN u. P. MARIËNS: Physica **6**, 511 (1939). — ITTERBEEK, A. VAN, u. P. MARIËNS: ebdt. **7**, 125 (1940). — KNUDSEN, V. O., u. F. FRICKE: J. A. S. A. **12**, 255 (1940) (betr. Verschiebung der Frequenz der maximalen Absorption durch Verunreinigungen in CO_2, N_2O, COS und CS_2). — KNÖTZEL, H.: A. Z. **5**, 245 (1940). — KNÖTZEL, H., u. L.: Ann. Physik (5) **2**, 293 (1948). — SIVIAN, L. J.: J. A. S. A. **19**, 914 (1947). — SETTE, D., u. J. H. HUBBARD: ebdt. **25**, 994 (1953) (CO_2). — PETRALIA, S.: Nuovo Cim. **2**, 241 (1955) (H_2). — KNESER, H. O., u. H. ROESLER: Acustica **9**, 224 (1959) (CO_2).

der vorstehend skizzierten Überlegung berechnet wurde, dargestellt[1]. Abb. 228 enthält auch eine Kurve der nach der klassischen Theorie berechneten Absorptionswerte, die Kurve zeigt, daß die klassischen Werte nur einen kleinen Bruchteil der molekulartheoretisch berechneten Werte erreichen.

Abb. 229 zeigt die Dämpfung pro km Laufweg für Luftschall nach Messungen von V. O. KNUDSEN[2]. Die Ordinatenwerte sind Neper/km, ein Ordinatenwert von 5 beispielsweise bedeutet dann, daß der Schalldruck einer ebenen Welle nach 1 km Laufstrecke auf den e^{-5}ten Teil gefallen ist[3].

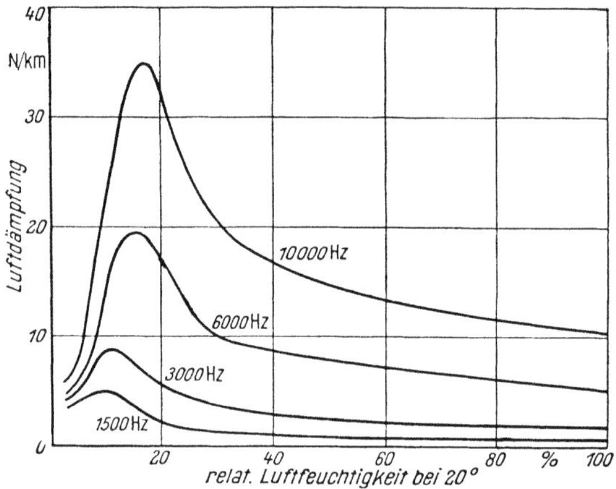

Abb. 229. Abhängigkeit der Luftdämpfung von der relativen Feuchtigkeit für verschiedene Frequenzen (nach Messungen von V. O. KNUDSEN)

Bei kleinen Frequenz/Druck-Werten ist, wie die vorhergehenden Ausführungen zeigen, in den meisten Gasen die molekulare Absorption wesentlich größer als die klassische Absorption. Da jedoch die molekulare Absorption bei höheren Frequenz/Druck-Werten (nach Überschreiten ihres Maximums) wieder abnimmt, überwiegt dort die zunächst

---

[1] Als Ordinate ist in den Abb. 227 und 228 der Absorptionskoeffizient pro Zentimeter Laufweg (also nicht pro Wellenlänge) eingetragen.

[2] Vgl. V. O. KNUDSEN: J. acoust. Soc. Amer. 5, 64 (1933); 5, 112 (1933); 6, 199 (1935). — Zur Berechnung der Schallabsorption in Luft verschiedener Temperatur und Feuchtigkeit für verschiedene Frequenzen hat H. O. KNESER: A. Z. 5, 256 (1940) ein Nomogramm aufgestellt. Vgl. auch W. H. PIELEMEIER: J. A. S. A. 16, 273 (1945). — Über den Einfluß der Feuchtigkeit auf die Absorption in Luft vgl. auch G. S. VERMA: J. A. S. A. 22, 861 (1950). — GOPALJI: Ind. J. Phys. 25, 298 (1951). — EVANS, E. J., u. E. N. BAZLEY: Acustica 6, 238 (1956). — PÖHLMANN, W.: Proc. 3. I. C. A. Congr. Stuttgart (1959). — Über Ausbreitung von Ultraschall in der freien Atmosphäre vgl. H. K. SCHILLING, N. P. GIVENS, W. L. NYBORG, W. A. PIELEMEIER u. H. A. THORPE: J. A. S. A. 19, 222 (1947).

[3] 1 Neper/km entspricht 8,686 db/km.

ständig zunehmende klassische Absorption[1], die oben [s. Formel (145), S. 290] berechnet wurde. Wird — durch Vergrößerung der Frequenz oder Verkleinerung des Drucks — die mittlere freie Weglänge der Gasmoleküle etwa gleich der Wellenlänge, so folgt aus der klassischen Theorie ein von (145) abweichender Ausdruck für die Absorption. Auch hier werden jedoch (wie bei der Schallgeschwindigkeit, s. S. 242) die Verhältnisse besser durch die BURNETT-Theorie[2] wiedergegeben.

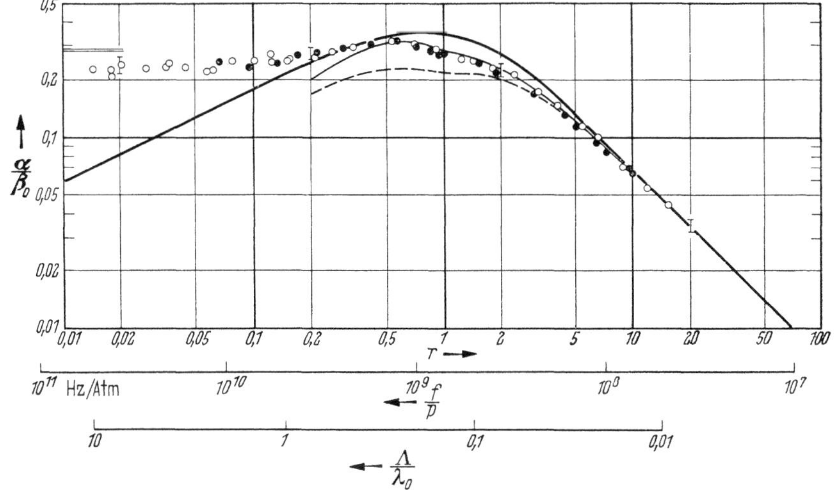

Abb. 230. Schallabsorption in Argon.
———— Klassische, ———— BURNETTsche, — — — super-BURNETTsche, ===== Nahbereich-Theorie, β_0 Normalwert der Phasenkonstante, $\bigcirc$ 100 kHz, $\bullet$ 200 kHz (nach E. MEYER u. G. SESSLER)

Abb. 230 zeigt die aus der klassischen sowie die aus der BURNETT-Theorie und deren höherer Näherung (Super-BURNETT-Theorie) folgende Absorptionskonstante für Argon. Die Meßwerte folgen im wesentlichen der BURNETT-Theorie. Bei den höchsten Frequenz/Druck-Werten, bei denen die mittlere freie Weglänge größer als die Entfernung Schallsender-Schallempfänger wird, kann die Schallabsorption [ebenso wie die Schallgeschwindigkeit (s. Anm. 3, S. 242)] auf molekularkinetischer Grundlage errechnet werden.

---

[1] SCHRÖDINGER, E.: Phys. Z. 18, 445 (1917). — PRIMAKOFF, H.: J. A. S. A. 14, 14 (1942). — ZARTMANN, I. F.: ebdt. 21, 171 (1949). — GREENSPAN, M.: Phys. Rev. 75, 197 (1940) (Helium bei geringem Druck). — ENER, C., A. F. GABRYSH u. J. C. HUBBARD: J. A. S. A. 4, 475 (1952) (Messungen in trockener, CO_2-freier Luft bei geringem Druck). — PARKER, J. G., C. E. ADAMS u. R. M. STAVSETH: ebdt. 25, 263 (1953) (Ar, N_2, O_2 bei geringem Druck). — SESSLER, G.: Acustica 8, 395 (1958). — NOSDREW, W. F., W. F. JAKOWLEW, J. G. PEREPETSCHKO u. A. A. SENKEWITSCH: Proc. 3. I. C. A. Congr. Stuttgart (1959).

[2] MEYER, E., u. G. SESSLER: Z. Phys. 149, 15 (1957) (m. ausf. Lit.-Angaben).

Bemerkt sei noch, daß Absorptionsmessungen in Gasen bei kleinen Frequenzen meist nach dem Hallkammerverfahren[1] ähnlich wie bei der Absorptionsmessung in der Raumakustik (S. 358) durchgeführt werden. Bei hohen Frequenzen werden die Messungen teils aus der Rückwirkung auf ein PIERCE-Interferometer[2] (vgl. S. 110), teils mit aus Sender und Empfänger bestehenden Interferometern durchgeführt. In neuester Zeit gewinnen für Schallabsorptionsmessungen in zunehmendem Maße Interferometer, die aus elektrostatischen Wandlern mit festem Dielektrikum bestehen[3], an Bedeutung.

In nebelhaltiger Luft tritt insbesondere bei tiefen Frequenzen eine merkbare zusätzliche Absorption auf. Diese kommt einerseits durch Verdampfung und Kondensation von Wasserdampf[4], andererseits aber auch durch das Vorbeistreichen der Luft an den trägeren Nebeltröpfchen zustande[5].

Die oben angestellten Überlegungen sind wichtig insbesondere für die Fragen der Reichweite von Schallsignalen[6].

V. O. KNUDSEN[7] konnte aus seinen Schallabsorptionsmessungen interessante Schlüsse auf die Schallabsorption in verschiedenen klimatisch unterschiedlichen Gegenden ziehen; Tabelle 24 gibt einige Angaben über die von ihm berechneten Absorptionswerte wieder.

[1] KNUDSEN, V. O. a. a. O. — KNUDSEN, V. O., u. L. OBERT: J. A. S. A. **7**, 249 (1936). — SCHMIDTMÜLLER, N.: A. Z. **3**, 115 (1938). — KNUDSEN, V. O., u. E. F. FRICKE: J. A. S. A. **12**, 245 (1940). — SLAWIK, J. B., u. J. TICHY: Slabopr. Obzor **18**, 545 (1957). — EDMONDS, P. D., u. J. LAMB: Proc. phys. Soc. Lond. **71**, 17 (1958) (verwendet Resonator). — Hingewiesen sei hier auch noch auf Messungen, die in Rohren vorgenommen wurden, F. A. ANGONA: J. A. S. A. **25**, 1111 (1953), u. F. D. SHIELDS u. R. T. LAGEMANN: ebdt. **29**, 470 (1957).

[2] Vgl. insbesondere H. C. HARDY: J. A. S. A. **15**, 91 (1943). — PIELEMEIER, W. H.: J. A. S. A. **17**, 24 (1947). Vgl. auch Anm. 4, S. 302.

[3] MEYER, E.: Nuovo Cim. **7**, Suppl. Nr. 2, 248 (1950).

[4] Vgl. Y. ROCARD: J. Phys. et le Rad. (7) **4**, 118 (1933). — MACHE, H.: Meteorol. Z. **50**, 393 (1933). — OSWATITSCH, K. S.: Phys. Z. **42**, 365 (1941).

[5] BRANDT, O.: Meteorol. Z. **55**, 350 (1938). — LAIDLER, T. J., u. E. C. RICHARDSON: J. A. S. A. **9**, 217 (1938). Auch spielt der Entzug von Wärme aus der Schallwelle durch die wärmeträgeren Schwebeteilchen eine Rolle (PFRIEM, H.: A. Z. **6**, 109 (1941)). Vgl. zu den Fragen der Schalldämpfung in Wolken und Nebel weiterhin noch C. T. J. SEWELL: Phil. Trans. Roy. Soc. London A **210**, 239 (1910). — RASMUSSEN, R. E. H.: Med. Danske Ved. Skelskab **18**, Nr. 11 (1941); Fysisk Tidskr. **39**, 51 (1941); KNUDSEN, V. O.: J. A. S. A. **18**, 245 (1946). — KNUDSEN, V. O., J. V. WILSON u. N. S. ANDERSON: J. A. S. A. **20**, 849 (1948). — WEI, Y. T.: Phys. Rev. **81**, 658 (1951). — ZANOTELLI, G.: Ann. Geofis. **3**, 289 (1950) (eingehende Theorie des Schalldurchgangs durch Wolken und Nebel; Einfluß der Tröpfchengröße). — ROCARD, Y.: Rev. Sci. Paris **89**, 42 (1951). — EPSTEIN, P. S.: Phys. Rev. **91**, 458 (1953). — EPSTEIN, P. S., u. R. R. CARHART: J. A. S. A. **25**, 553 (1953).

[6] Vgl. insbesondere W. JANOVSKY u. A. RECHTEN: Wiss. Veröff. Siemens-Werke **16/2**, 84 (1937). — WAETZMANN, E., J. SCHOLZ u. H. KRÜGER: Akust. Z. **3**, 245 (1938).

[7] KNUDSEN, V. O.: J. A. S. A. **18**, 90 (1946).

Tabelle 24. Schallabsorption in verschiedenen Gegenden

Klima von	Rel. Feuchte	T °C	Schallabsorption in dB/km		
			3000	6000	10000
				Hertz	
New York, Boston, im Sommer . . .	70%	32	9	30	74
Los Angeles, im Sommer	60%	29	14	46	98
Los Angeles, im Winter	60%	10	17	57	143
Greenland Ranch Inyo County, California	2,4%	57	140	300	480
Northern Alberta, Canada	80%	—23	2	9	24

Die in der Tabelle 24 enthaltenen Werte zeigen, welch außerordentliche Abhängigkeit der Schallabsorption von den klimatischen Verhältnissen besteht. Die Werte erklären die geringen Schallreichweiten in der Wüste und die abnorm hohen, von Polarforschern oft beobachteten Reichweiten in der Arktis über großen Eisflächen[1]. Bemerkt sei noch, daß die Absorption längs des Bodens, auf die wir gleich zu sprechen kommen, in der Tabelle nicht berücksichtigt ist.

Die Schallabsorption an den Begrenzungswänden eines luftgefüllten Raumes, wie sie durch Luftreibung in den Poren der Begrenzungswände oder durch die innere Reibung von schwingenden Wandteilen zustande kommt — ist von größter Bedeutung für die Raumakustik, wir werden diese Fragen S. 360 besprechen. Auch bei der Schallausbreitung auf große Entfernungen längs des Erdbodens tritt eine von der Bodenbeschaffenheit — insbesondere dem Bewuchs — abhängige zusätzliche Absorption auf. In dichtem Unterholz kann die Schallabsorption hierdurch außerordentlich groß werden. Einige einer Arbeit von C. F. EYRING[2] entnommene Werte sind in der folgenden Tabelle zusammengestellt:

Tabelle 25. Schallabsorption längs des Bodens

	dB/km		
	3000 Hz	6000 Hz	10000 Hz
Geringer Bewuchs, einzelne Bäume, wenig Blätter, optische Sicht etwa 100 m	120	108	240
Dichtes Dschungel, optische Sicht etwa 7 m	360	600	720

[1] Auf die wichtigen Einflüsse der Temperaturschichtung hatten wir bereits oben (S. 272) hingewiesen.

[2] EYRING, C. F.: J. A. S. A. **18**, 257 (1946). — Über den Einfluß atmosphärischer Turbulenz vgl. noch M. MOKHTAR u. M. A. MAHROUS: Acustica **5**, 179 (1955). — Über Schallausbreitung in bebautem Gelände vgl. P. H. PARKIN u. W. E. SCHOLER: ebdt. **8**, 99 (1958). — WIENER, F. M., u. D. N. KEAST: J. A. S. A. **31**, 724 (1959). — MEISTER, F. J.: Proc. 3. I. C. A. Congr. Stuttgart (1959).

Auch die Schallabsorption in den meisten Flüssigkeiten ist weit größer, als man dies nach den klassischen Berechnungen von STOKES und von KIRCHHOFF erwartet. Lediglich bei flüssigem Helium oberhalb des λ-Punktes bei 2,19° K und bei dem einatomigen Quecksilber[1] liegt die Schallabsorption nur unwesentlich über dem nach der KIRCHHOFFschen Theorie berechneten Wert. Bei den mehratomigen Flüssigkeiten spielen für die Schallabsorption molekulare Effekte eine Rolle.

Zur Messung der Schallabsorption in Flüssigkeiten bedient man sich vielfach der Methode der Lichtbeugung an Ultraschallwellen[2]. Bei hinreichend kleiner Schallintensität ist die aus der nullten Ordnung abgebeugte Lichtintensität der Schallintensität proportional. Man muß bei diesem Verfahren allerdings große Vorsicht anwenden, es arbeitet einwandfrei nur in solchen Schallfeldern, in denen die Schallwellenfronten gleichzeitig Flächen genau gleicher Amplitude sind[3]. Absorptionsmessungen können weiterhin mit dem Schallstrahlungsdruckmesser (S. 253) durchgeführt werden. Auch wurden Impulsmethoden[4] (vgl. Ziff. 14, S. 118) zu hoher Leistungsfähigkeit entwickelt. Man geht bei der Messung der Schallabsorption bei diesen Verfahren meist so vor, daß man mit

---

[1] RIECKMANN, P.: Phys. Z. **40**, 582 (1939).

[2] Vgl. S. 113 (dort ausf. Literaturangaben). Für Absorptionsmessungen wurde dieses Verfahren erstmalig verwendet von P. BIQUARD: Ann. de Physique (11) **6**, 195 (1936). — Vgl. hierzu auch noch C. R. RAO: Proc. Ind. Acad. Sci. (A) **42**, 331 (1955). — CARRELLI, A., u. F. S. GAETA: Nuovo Cim. **5**, 773 (1957); **6**, 439 (1957). — KOR, S. K.: Naturwiss. **45**, 261 (1958). — PARTHASARATHY, S., M. PANCHOLY u. A. F. CHHAPGAR: Nuovo Cim. **10**, 111 (1958).

[3] Vgl. O. PETERSEN: Phys. Z. **41**, 29 (1940) (betr. insbes. auch die Störungen durch Strömungen vor dem Schwingquarz und ihre Beseitigung). — DAVID, E.: Phys. Z. **41**, 37 (1940). — LINDBERGH, A.: Phys. Z. **41**, 457 (1940). — WILLARD, G. W.: J. A. S. A. **12**, 438 (1941) (Messungen an 40 organischen Flüssigkeiten im Bereich zwischen 6 und 31 kHz). — GREGG, E. C.: Rev. Scient. Instr. **12**, 149 (1941). Bezüglich der Schallfeldverteilung vor Schwingquarzen vgl. insbesondere auch H. BORN: Z. Phys. **120**, 383 (1943); **121**, 754 (1943). — OSTERHAMMEL, K.: A. Z. **6**, 73 (1941) (Schlierenmethode zur Schallfelduntersuchung).

[4] PELLAM, J. R., u. J. K. GALT: J. chem. Phys. **14**, 608 (1946). — PINKERTON, J. M.: Nature **160**, 128 (1947). — RAPUANO, R. A.: Physic. Rev. **72**, 78 (1947). — TEETER, C. E.: J. A. S. A. **18**, 488 (1946). — KOSHKIN, N. I., u. V. F. NOZDREV: Dokl. Akad. Nauk (USSR) **92**, 793 (1955). — NOZDREV, V. F., u. V. D. SOBOLEV: ebdt. **111**, 808 (1956). — KOSHKIN, N. I., V. F. NOZDREV, V. D. SOBOLEV, M. G. SHIRKEVICH u. V. F. IAKOVLEV: Akust. Z. (USSR) **2**, 161 (1956). — TAIT, R. I.: Acustica **7**, 193 (1957). — BASS, R.: J. A. S. A. **30**, 602 (1958). — ANDREAE, J. H., R. BASS, E. L. HEASELL u. J. LAMB: Acustica **8**, 131 (1958).

Hingewiesen sei hier noch auf interferometrische Verfahren zur Messung der Schallabsorption in Flüssigkeiten. Vgl. SCHUELE, D. E., F. A. GUTOWSKI u. E. F. CAROME: J. A. S. A. **29**, 1081 (1957). — MUSA, R. S.: ebdt. **30**, 215 (1958). — RAO, B. R. R., u. H. S. RAMA RAO: Nature (Lond.) **182**, 1794 (1958). — Auch werden zu Absorptionsmessungen kalorimetrische Verfahren verwendet. Vgl. hierzu S. PARTHASARATHY, M. PANCHOLY u. S. S. MATHUR: Ann. Phys. (6) **18**, 220 (1955); **19**, 242 (1956). — GROSSETTI, E.: Nuovo Cim. (7) **3**, 673 (1956).

Hilfe eines elektrischen Dämpfungsgliedes die Echoamplitude nach Änderung des Abstandes der Reflektorplatte wieder auf den gleichen Wert wie bei der anfänglichen Reflektorstellung einreguliert (vgl. Abb. 91, S. 118). Am Wert der Dämpfung des elektrischen Dämpfungsgliedes kann man dann die akustische Dämpfung sofort ermitteln. Mit dem Verfahren lassen sich sehr hohe Dämpfungswerte — bis etwa 120 db — mit erheblicher Genauigkeit bestimmen.

In der folgenden Tabelle sind einige Absorptionswerte $A = 2\,\alpha/f^2 \cdot 10^{17}$ entsprechend $J = J_0 \cdot e^{-2\,\alpha\,x}$ (x in m) für Wasser (nach M. C. Smith und R. T. Beyer)[1] zusammengestellt.

Die Absorption im Wasser ist insbesondere bei tiefen Temperaturen größer, als nach der klassischen Theorie zu erwarten, es würde sich nach dieser $A = 17$ ergeben. Nach H. O. Kneser[2] ist der Unterschied durch verzögerte Einstellung des Gleichgewichtes zwischen

---

[1] Smith, M. C., u. R. T. Beyer: J. A. S. A. **20**, 608 (1948). Die Werte stimmen gut überein mit F. E. Fox u. G. D. Rock: Phys. Rev. **70**, 68 (1946) und mit Messungen nach dem Impulsverfahren von J. M. Pinkerton: Nature, Lond. **160**, 128 (1947). Bezügl. weiterer Messungen an Wasser vgl. noch F. E. Fox u. G. D. Rock: J. A. S. A. **12**, 505 (1941); Phys. Rev. **70**, 68 (1946). — Tsung-Yueh-Hsu, E.: J. A. S. A. **17**, 127 (1945). — Leonard, H.: J. A. S. A. **18**, 252 (1946). — Everest, F. A., u. H. T. O'Neill: J. A. S. A. **18**, 255 (1946). — Urick, R. I.: J. A. S. A. **20**, 283 (1948). — Mulders, C. E.: Nature **164**, 347 (1949). — van Itterbeek, A., u. P. Slootmakers: Physica **15**, 897 (1949). — van Itterbeek, A., u. A. de Bock: Proc. Univ. Durham: Phil. Soc. **7**, 547 (1950). — Gosh, B. B.: Indian J. Phys. **24**, 1 (1950). — Fox, F. E.: Phys. Rev. (2) **83**, 199 (1951). — Pancholy, M.: J. A. S. A. **25**, 1003 (1953) (D_2O). — Fox, F. E., u. W. A. Wallace: ebdt. **26**, 994 (1954). — Towle, D. M., u. R. B. Lindsay: ebdt. **27**, 530 (1955). — Stakutis, V. J., R. W. Morse, M. Dill u. R. T. Beyer: J. A. S. A. **27**, 539 (1955) (Suspensionen in Wasser). — Litovitz, T. A., u. E. H. Carnevale: J. Appl. Phys. **26**, 816 (1955) (bei Drucken bis 2000 atü). — Sheehy, M. J., u. R. Halley: J. A. S. A. **29**, 464 (1957) (Bereich 20 bis 200 Hz). — Busby, J., u. E. G. Richardson: Geophysics, **22**, 821 (1957) (Sedimente). — Barron, K., u. L. E. Lawley: Proc. Phys. Soc. **72**, 933 (1958) (Sedimente). — Murphy, S. R., G. R. Garrison u. D. S. Potter: J. A. S. A. **30**, 871 (1958) (Bereich 50 bis 500 kHz).

[2] Kneser, H. O.: Naturwissensch. **34**, 54 (1947). — Zur Theorie der Relaxationserscheinungen in Flüssigkeiten vgl. auch L. Hall: Phys. Rev. **73**, 775 (1948). — Liebermann, L. M.: ebdt. 868 (betr. Seewasser). — Gierer, A., u. K. Wirtz: Z. Naturf. **5a**, 270 (1950). — Sette, D.: Ric. Sci. **21**, 2006 (1951) (betr. Mischungen). — Andreae, J. H., u. J. Lamb: Proc. Phys. Soc. Lond. (B) **64**, 1021 (1951). — Lu, H.: J. A. S. A. **23**, 12 (1951). — Hall, L. H.: ebdt. **24**, 704 (1952) (betr. Ionenrelaxation). — Herzfeld, H. F.: J. Chem. Phys. **20**, 288 (1952). — Karim, S. M.: J. A. S. A. **25**, 997 (1953). — Andreae, J. H., u. J. Lamb: Proc. phys. Soc. Lond. (B) **69**, 814 (1956). — Nomoto, O.: J. Phys. Soc. Japan **12**, 300 (1957). — Beyer, R. T.: J. chem. Phys. **25**, 219 (1956). — Litovitz, T. A.: ebdt. **26**, 469 (1957). — Davies, R. O., u. J. Lamb: Quart. Rev. Chem. Soc. **11**, 134 (1957). — Herzfeld, K. F.: J. A. S. A. **29**, 1180 (1957). — Shmatov, V. T.: Z. exp. theor. Phys. (USSR) **33**, 1359 (1957). — Nettleton, R. E.: J. A. S. A. **31**, 557 (1959). — Litovitz, T. A.: ebdt. 681. — Vgl. weiterhin noch bereits in Anm. 3, S. 243 angezogene Arbeiten.

Tabelle 26. $A = 2\,\alpha/f^2 \cdot 10^{19}$ $(m^{-1}\,sec^2)$ für Wasser

Frequenz in MHz	12,23	16,00	21,96	22,47	27,30	40,50
0° C	144	145	140		127	
20° C		54	61	46	51	
40° C		31	38	31	29	
60° C		22	25	24	19	28
80° C		17	16		15	15

assoziierten und einzelnen H_2O-Moleküle sowie zwischen schwingenden und nichtschwingenden Molekülen bedingt.

Auf Relaxationseffekte lassen insbesondere auch die Ergebnisse von Schallabsorptionsmessungen an wässerigen Elektrolyten schließen. M. Eigen, G. Kurtze und K. Tamm[1] fanden bei 2 — 2-wertigen Salzen

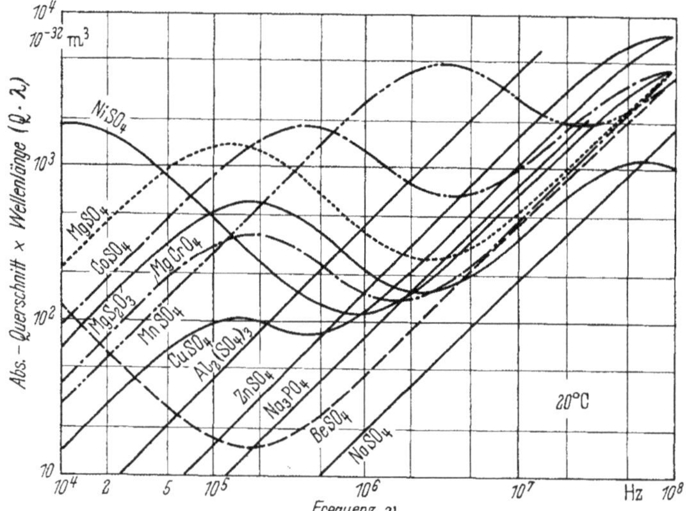

Abb. 231. Relaxationskurven von Elektrolyten (nach M. Eigen, G. Kurtze u. K. Tamm)

---

[1] Eigen, M., G. Kurtze u. K. Tamm: Z. Elektro Chem. **57**, 103 (1953); Acustica **4**, 380 (1954): — Über Elektrolyte vgl. auch Barrett, R. E., u. R. T. Beyer: Phys. Rev. **84**, 1066 (1951). — Smith, M. C., R. E. Barrett u. R. T. Beyer: J. A. S. A. **23**, 71 (1951). — Connolly, Ph. L., u. F. E. Fox: ebdt. **25**, 658 (1953). — Wilson, O. B., u. R. W. Leonard: ebdt. **26**, 223 (1954). — Carstensen, E. L.: ebdt. 862. — Tasköprülü, N. S.: Rev. Fac. Sci. Univ. Istanbul (C) **19**, 110 (1954). — Krishnamurthi, M., u. M. Suryanarayana: Curr. Sci. **24**, 369 (1955). — van Craeynest, L.: Verh. K. Vlaams. Acad. Wetensch. **49**, 50 (1955). — Smithson, J. R., u. T. A. Litovitz: J. A. S. A. **28**, 462 (1956). — Nomoto, O.: J. Phys. Soc. Jap. **11**, 827 (1956). — Fisher, F. H.: J. A. S. A. **30**, 442 (1958). — Carnevale, E. H., u. T. A. Litovitz: ebdt. 610. — Kor, S. K., u. G. S. Verma: J. chem. Phys. **29**, 9 (1958). — Verma, G. S.: J. chem. Phys. **29**, 1186 (1958). — Hilf, A.: Proc. 3. I. C. A. Congr. Stuttgart (1959).

ausgeprägte Absorptionsgebiete, die zwei getrennten Relaxationsgebieten entsprechen. Offenbar verläuft der Dissoziationsvorgang des Elektrolyten über Zwischenstufen, denen die beiden Relaxationseffekte zuzuordnen sind. Abb. 231 zeigt Relaxationskurven einiger 2 — 2-wertiger Elektrolyte in wässeriger Lösung. Als Ordinate ist eine dem Produkt von Absorptions- und Wellenlänge proportionale Größe (Absorptionsquerschnitt pro Molekül Q mal Wellenlänge λ) aufgetragen. Bei dieser Art der Darstellung treten die beiden Absorptionsmaxima (z. B. beim MgS_2O_3) besonders deutlich in Erscheinung. Tabelle 27 zeigt Dämpfungswerte für Wasser und für Elektrolyte von 0,1 mol/pro Liter Konzentration bei 20 °C.

Tabelle 27

Elektrolyte	10 kHz	100 kHz	1 MHz	10 MHz	100 MHz
	dB/km	dB/km	dB/m	dB/cm	dB/cm
H_2O	0.0217	2.17	0.217	0.217	21.7
$Al_2(SO_4)_3$	$\geq$ 0,1	10,0	1,0	1,0	57
$BeSO_4$	1,75	4,8	0,29	0,29	28
$CaCrO_4$		$\geq$ 3,1	0,31	0,31	29
$Ca(CH_3COO)_2$	$\geq$ 0,036	3,6	0,36	0,36	36
$CoSO_4$	1,77	162	2,3	0,39	31
$CuSO_4$	0,282	23	0,43	0,39	39
$MgCrO_4$	$\geq$ 0,72	54,7	0,48	0,29	29
$MgSO_4$	3,92	247	0,9	0,3	29
MgS_2O_3	1,42	90	0,57	0,28	23,8
$MnSO_4$	0,55	51	5,2	0,74	29
$NiSO_4$	31,0	86	0,48	0,39	29
$ZnSO_4$	$\geq$ 0,05	5	0,5	0,5	36
H_2SO_4			0,24	0,24	24
$AlCl_3$			0,223	0,223	22,3
K_2SO_4			0,227	0,227	22,7
K_2CrO_4			0,226	0,226	22,6
$La(NO_3)_3$				0,5	34
Li_2CO_3			0,238	0,238	23,8
Li_2SO_4			0,229	0,229	22,9
Na_2CO_3			0,24	0,24	24
Na_3PO_4		$\geq$ 3,9	0,39	0,35	30,7
Na_2SO_4			0,25	0,25	25
$(NH_4)_2SO_4$			0,227	0,227	22,7

Auch in Essigsäure, Formiaten und Azetaten tritt deutlich ein Absorptionsmaximum auf. Abb. 232 zeigt (nach Messungen von J. LAMB und J. M. M. PINKERTON[1]) die Abhängigkeit der Absorption von der Frequenz und der Temperatur in Essigsäure.

Sehr starke Absorption tritt in Wasser dann auf, wenn es Gasblasen enthält. Abb. 233 zeigt die Abhängigkeit der Schallabsorption von der

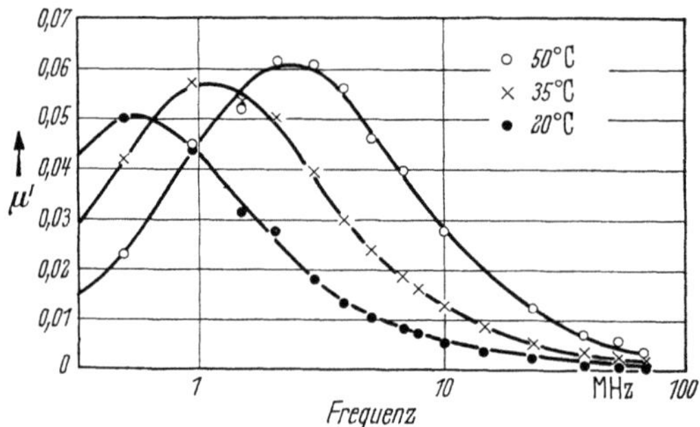

Abb. 232. Schallabsorption pro Wellenlänge in Essigsäure (nach J. LAMB u. J. M. M. PINKERTON)

Frequenz beim Vorhandensein von Luftblasen nach Messungen von E. MEYER und E. SKUDRZYK[2]. Im Gebiet der Eigenfrequenz der Luft-

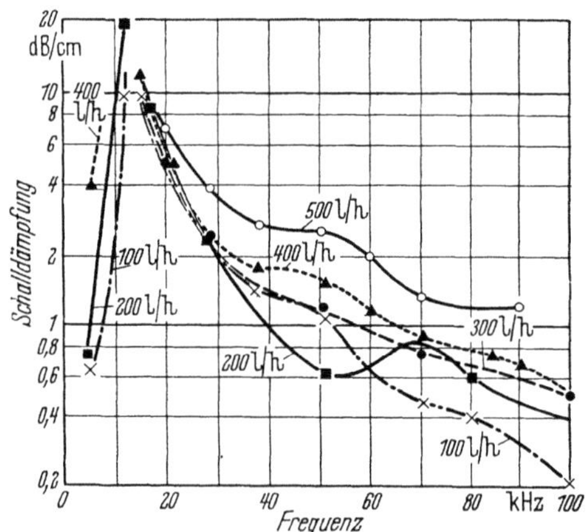

Abb. 233. Schalldämpfung in einem Gasblasengemisch
Parameter: Ausströmungsgeschwindigkeit aus einer Ärolithplatte (nach E. MEYER u. F. SKUDRZYK)

---

[1] LAMB, J., u. J. M. M. PINKERTON: Proc. Roy. Soc. (A) **199**, 114 (1949). — Vgl. hierzu auch E. FREEDMAN: J. Chem. Phys. **19**, 1318 (1951). — BARRETT, R. E., R. T. BEYER u. F. L. MCNAMARA: J. A. S. A. **26**, 966 (1954) (betr. verschiedene Acetatlösungen).

Fußnote 2 S. 307

blasen, die im Versuchsfall bei 15 kHz liegt, tritt ein ausgeprägtes Maximum der Absorption auf.

In den Tabellen 28[1] und 29 sind die Absorptionswerte einer größeren Anzahl weiterer Flüssigkeiten zusammengestellt. Die experimentell ermittelten Absorptionswerte sind — von einigen wenigen Fällen, wie z. B. Quecksilber und verflüssigte Gase, abgesehen — durchwegs größer als die klassisch berechneten Werte.

---

[2] MEYER, E., u. E. SKUDRZYK: Acustica **3**, 434 (1953). — Vgl. hierzu weiter E. L. CARSTENSEN u. L. L. FOLDY: J. A. S. A. **19**, 481 (1947). — TAKESADA, Y.: J. Phys. Soc. Jap. **4**, 356 (1949). — LAIRD, D. L., u. P. M. KENDIG: J. A. S. A. **24**, 29 (1952). — FOX, F. E., ST. R. CURLEY u. G. S. LARSON: ebdt. **27**, 534 (1955). — Über die Schwingungseigenschaften der Blasen selbst vgl. auch E. MEYER u. K. TAMM: A. Z. **4**, 145 (1939). — DAVIDS, N., u. E. G. THURSTON: J. A. S. A. **22**, 20 (1950). — LAUER, H.: Acustica **1** (AB 1), 12 (1951). — EXNER, M.: ebdt. 25. — EXNER, M. L., u. W. HAMPE: Acustica **3**, 67 (1953). — STRASSBERG, M.: ebdt. **4**, 450 (1954). — HAESKE, H.: ebdt. **6**, 266 (1956). — GÜTH, W.: ebdt. 532. — NAAKE, H. J., K. TAMM, P. DÄMMIG u. H. W. HELBERG: ebdt. **8**, 142, 193 (1958) (mit ausführlichen Literaturangaben).

[1] Nach einer Zusammenstellung bei J. J. MARKHAM, R. P. BEYER u. R. B. LINDSAY: Rev. Mod. Phys. **23**, 353 (1951) (dort Angaben, von welchen Forschern die Ergebnisse gewonnen wurden). — Weitere, mit ausführlichen Literaturnachweisen versehene zusammenfassende Berichte: SETTE, D.: Nuovo Cim. **4**, 1, Suppl. 1 (1949). — LAMB, J.: Research **5**, 553 (1952). — Es ist nicht möglich, die große Zahl der auf diesem Gebiet veröffentlichten, teilweise im wesentlichen chemische Fragen behandelnden Arbeiten zu zitieren. Auf folgende Veröffentlichungen sei noch hingewiesen: MULDERS, C. E.: Nuovo Cim. **7**, 255 (1950) (Nachhallmessungen in Flüssigkeiten). — SETTE, D.: Ric. **21**, 1999 (1951) (Mischungen). — LITOVITZ, TH. A., u. D. SETTE: J. Chem. Phys. **21**, 17 (1953) (Glyzerin). — HUETER, T. F., H. MORGAN u. M. S. COHEN: J. A. S. A. **25**, 1200 (1953) (Milch). — PARTHASARATHY, S., S. S. CHARI u. D. SRINIVASAN: Acustica **3**, 363 (1953) (Ester); Z. Phys. **134**, 408 (1953); **135**, 395, 403 (1953); **136**, 17 (1953). — LITOVITZ, T. A., T. LYON u. L. PESELNICK: J. A. S. A. **26**, 566 (1954). — LITOVITZ, T. A., u. T. LYON: ebdt. 577. — O'CONNOR, C. L.: ebdt. 361 (SF_6). — SCHULZ, A. K.: Z. Naturf. **9a**, 944 (1954) (Glyzerin). — ANDREAE, J. H., u. J. LANG: Proc. Roy. Soc. (A) **226**, 51 (1954) (CS_2). — PRYOR, A. W.: Acustica **4**, 658 (1954) (Gummilösungen). — LAMB, J., u. J. SHERWOOD: Trans. Faraday Soc. **51**, 1674 (1955) (Cyclohexanderivate). — DE GROOT, M. S., u. J. LAMB: ebdt. 1676 (Aldehyde und Ketone). — VAN ITTERBEEK, A.: Ned. Tijdschr. Natuurk. **21**, 349 (1955). — BEYER, R. T.: J. A. S. A. **27**, 1 (1955). — KISHIMOTO, T., u. O. NOMOTO: J. Phys. Soc. Jap. **9**, 620, 1021 (1954); **10**, 933 (1955). — EPPLER, K.: Z. Naturf. **10a**, 744 (1955) (Mischungen). — MEZ, A., u. W. MAIER: ebdt. 997 (CCl_4, C_6H_{12}, C_6H_5Cl). — PARTHASARATHY, S., C. B. TIPNIS u. M. PANCHOLY: Z. Phys. **140**, 156, 504 (1955). — PARTHASARATHY, S., u. A. P. DESHMUKH: Ann. Phys. **15**, 417 (1955) (Vergleiche zwischen Lichtstreuung und Schallabsorption). — PARTHASARATHY, S., u. D. S. GURUSWAMY: ebdt. **16**, 31, 287 (1955) (betr. empirisch gewonnenen Korrekturfaktor zur STOKES-KIRCHHOFFschen Absorptionsformel, der von dem Verhältnis der spezifischen Wärmen der Flüssigkeiten abhängt). — PARTHASARATHY, S., u. A. F. CHHAPGAR: ebdt. 287. — SETTE, D.: Nuovo Cim. **1**, 800 (1955) (Wasser-Alkohol-Mischungen). — LAWLEY, L. E., u. R. D. C. REED: Acustica **5**, 316 (1955) (Nachhallmethode). — MIK-

Fortzetzung der Fußnote 1 von S. 307

HAILOV, I. G., u. G. N. FEOFANOV: Akust. Z. (USSR) 2, 194 (1956). — PARTHA-SARATHY, S., D. S. GURUSWAMY u. A. P. DESHMUKH: Ann. Phys. 17, 170 (1956) (Beziehungen zur Lichtstreuung). — MIFSUD, J. F., u. A. W. NOLLE: J. A. S. A. 28, 469 (1956). — LIEBERMANN, L.: ebdt. 1253 (Druckeinfluß). — HEASELL, E. L., u. J. LAMB: Proc. Phys. Soc. Lond. (B) 69, 869 (1956) (Absorptionswerte von 94 Flüssigkeiten). — BORMOSOV, IU. N., W. F. NOSDREW, V. D. SOBOLEV u. A. I. SULTANOV: Akust. Z. (USSR) 2, 118 (1956). — BUSCH, G., u. W. MAIER: Z. Na-turf. 11a, 765 (1956) (Triäthylamin). — HEASELL, E. L., u. J. LAMB: Proc. Roy. Soc. A 236, 233 (1956) (Triäthylamin). — ANDREAE, J. H., E. L. HEASELL u. J. LAMB: Proc. Phys. Soc. Lond. (B) 69, 625 (1956) (CS_2). — ANDREAE, J. H.: ebdt. 70, 71 (1957) (Methylenchlorid). — MIKHAILOV, J. G.: Akust. Z. (USSR) 3, 187 (1957) (pflanzliche Öle). — LITOVITZ, T. A., E. H. CARNEVALE u. P. A. KEN-DALL: J. chem. Phys. 26, 465 (1957) (CS_2, Glycerin). — PICCIRELLI, R., u. T. A. LITOVITZ: J. A. S. A. 29, 1009 (1957) (Glycerin). — DE GROOT, M. S., u. J. LAMB: Proc. Roy. Soc. (A) 242, 36 (1957) (Relaxation bei Rotationsisometrie, Butadien). — DUTTA, A. K., u. K. SAMAL: Nature (Lond.) 179, 95 (1957) (Toluol). — PAR-THASARATHY, S., u. M. PANCHOLY: Z. angew. Phys. 10, 453 (1958) (Mischungen Äthylalkohol mit Wasser). — PARTHASARATHY, S., u. V. NARASIMHAN: Journ. Phys. et Radium 19, 957 (1958) (Ketone). — CEVOLANI, M., u. S. PETRALIA: Nuovo Cim. 7, 866 (1958) (Anilin). — PARTHASARATHY, S., M. PANCHOLY u. A. F. CHHAPGAR: Nature 181, 405 (1958) (Temperaturabh.: Anilin, Hexan, Oktan, Dekan). — PARTHASARATHY, S., M. PANCHOLY u. A. F. CHHAPGAR: Nuovo Cim. 10, 111 (1958) (Fettsäuren). — NOSDREW, W. F.: Akust. Z. (USSR) 4, 202 (1958) (Ätylacetat). — MOKHTAR, M., u. H. YOUSEFF: J. A. S. A. 30, 549 (1958) (Tem-peraturabhängigkeit: Alkohole, Chloroform, Benzol u. a.). — FLAD, F. R., u. R. T. BEYER: J. chem. Phys. 28, 985 (1958) (Zuckerlösungen). — TABUCHI, D.: ebdt. 1014 (Äthylformiat). — WHITE, P., u. G. C. BENSON: Canad. J. Chemie 36, 1135 (1958) (Buttersäure). — CEVOLANI, M., u. S. PETRALIA: Nuovo Cim. 7, 866 (1958). — MIKHAILOV, I. G., u. N. M. FEDOROVA: Vestnik Leningr. Univ. (USSR) 1958, No. 16, S. 78 (Hochpolymere). — CARSTENSEN, E. L., u. H. P. SCHWAN: ebdt. 31, 185 (1959) (Blut). — KAL'IANOV, B. I., u. W. F. NOSDREW: Akust. Z. (USSR) 4, 197 (1958) (Methylacetat). — MIKHAILOV, I. G.: ebdt. 199 (Äthylacetat). — NOSDREW, W. F.: ebdt. 202 (Äthylacetat). — WHITE, P., D. MOULE u. G. C. BENSON: Trans. Faraday Soc. 54, 1638 (1958) (Buttersäure). — VERMA, G. S.: J. chem. Phys. 28, 985 (1958) (Zuckerlösungen). — MOKHTAR, M., u. K. SALAMA: Proc. Math. Phys. Soc. Egypt. No. 21, 77, 83 (1957) (Mischungen organ. Flüssigk.). — PARTHASARATHY, S., M. PANCHOLY u. A. F. CHHAPGAR: Nuovo Cim. 10, 1053 (1958) (Alkohole). — BASS, R., u. J. LAMB: Proc. Roy. Soc. A 247, 168 (1958) (verflüssigtes CO_2, SF_6 u. a. m.). — PARTHASARATHY, S., u. V. NARASIMHAN: J. Phys. Radium 19, 957 (1958) (Ketone). — MUSA, R. S., u. M. EISNER: J. chem. Phys. 30, 227 (1959) (Lösungen in Cyclohexan). — CHEN, J. H., u. A. A. PETRAUS-KAS: ebdt. 304 (Dimethylbutan, Methylpentan). — BARFIELD, R. N., u. W. G. SCHNEIDER: ebdt. 31, 488 (1959) (Diäthylamin). — HEASELL, E. L., R. A. PAD-MANABHAN u. J. LAMB: Proc. 3. I. C. A. Congr. Stuttgart (1959) (Äthan). — LITO-VITZ, T. A., u. A. E. CLARK: ebdt. (Butylbromid). — LITZLER, R, u. R. CERF: ebdt. (Lösungen). — NOSDREW, W. F., L. G. BELINSKAJA u. B. A. BELINSKY: ebdt. (Ester). — NOSDREW, W. F., N. J. KOSCHKIN u. M. A. GORBUNOW: ebdt. (Benzol, Xylol u. a.). — NOSDREW, W. F., B. K. KALJANOW u. M. G. SCHIRKE-WITSCH: ebdt. (Flüssigkeiten bei hoher Temperatur und Druck). — VERMA, G. S., u. E. YEAGER: ebdt. (Toluol). — SITTIG, E.: ebdt. (flüssiges Chlor). — TABUCHI, D.: ebdt. (Essigsäure).

Tabelle 28

Flüssigkeit	Formel	T°	MHz Frequenz	exp. $\alpha/f^2 \cdot 10^{-17}$ $cm^{-1}s^2$	theor. $\alpha/f^2 \cdot 10^{-17}$ $cm^{-1}s^2$
Helium[1]	He	4 °K	15	231	204
Argon	Ar	85	44,4	10,1	10,5
Wasserstoff	H_2	17	44,4	5,6	5,8
Stickstoff	N_2	73,9	44,4	10,6	9,5
Sauerstoff	O_2	87	44,4	8,6	7,3
Schwefelkohlenstoff	CS_2	20 °C	1—10	6000	5
		21	75—105	1400	5
Quecksilber	Hg	20—25	20—50	6	5,05
Benzol	C_6H_6	20—25	1—165	900	8,7
Methyljodid	CH_3J	25	1—4	820	
		20	15	316	
		2	15	247	10
Toluol	$C_6H_5CH_3$	27	0,15	205	7,8
		20—25	1—75	80	7,8
Dichloräthylen	$C_2H_2Cl_2$	25	1—10	420	7,7
Methylbromid	CH_3Br	2	15	304	
Chloroform	$CHCl_3$	20—25	1—10	400	10
Tetrachlorkohlenstoff	CCl_4	20	1—100	500	20
Monochlorbenzol	C_6H_5Cl	25	1—4	124	8
n-Butylchlorid	$CH_3(CH_2)_2CH_2Cl$	2	15	108	10
Aceton	CH_3COCH_3	25	1—4	70	7
		20	5—70	30	7
m-Xylol	$C_6H_4(CH_3)_2$	25	1—15	78	8,4
n-Heptan	$CH_3(CH_2)_5CH_3$	22	15	80	10
n-Hexan	$CH_3(CH_2)_4CH_3$	21	15	77	10
Äthylbromid	CH_3CH_2Br	2	15	61	10
Nitrobenzol	$C_6H_5NO_2$	25	1—15	80	14
n-Propylchlorid	$CH_3CH_2CH_2Cl$	2	15	42	8
n-Propyljodid	$CH_3CH_2CH_2J$	2	15	54	14
n-Butylbromid	$CH_3(CH_2)_2CH_2Br$	2	15	49	13
n-Propylbromid	$CH_3CH_2CH_2Br$	2	14	39	11
Äthyljodid	CH_3CH_2J	2	15	40	12
n-Butyljodid	$CH_3(CH_2)_2CH_2J$	2	15	48	17
Wasser	H_2O	20	7—250	25	8,5
Methylalkohol	CH_3OH	20—25	1—250	34	14,5
Äthylalkohol	CH_3CH_2OH	20—25	1—220	54	22
n-Propylalkohol	$CH_3CH_2CH_2OH$	22—28	15—280	75	36
n-Butylalkohol	$CH_3(CH_2)_2CH_2OH$	25	1—4	104	50
n-Amylalkohol	$CH_3(CH_2)_3CH_2OH$	29	15	106	58
Essigsäure	CH_3COOH	18	0,5	90000	17
		18	67,5	158	17
Ameisensäure	HCOOH	17,5	4,04	2270	5
		20,5	9,83	1170	5
Methylacetat	CH_3COOCH_3	25	1,00	468	6,8
		22	69	34	6,8

[1] Über die Absorption in flüssigem HeII vgl. K. DRANSFELD, J. A. NEWELL u. J. WILKS: Proc. Roy. Soc. (A) **243**, 500 (1958) (mit ausführl Literaturangaben).

Tabelle 28 (Fortsetzung)

Flüssigkeit	Formel	$T°$	MHz Frequenz	exp. $\alpha/f^2 \cdot 10^{-17}$ cm^{-1} s^2	theor. $\alpha/f^2 \cdot 10^{-17}$ cm^{-1} s^2
Äthylacetat	$CH_3COOC_2H_5$	25	1,00	516	8,3
		22	69	37	8,3
Äthylformiat	$HCOOCH_2CH_3$	23—28	3	138	7,6
		23—28	16	70	7,6
Rizinusöl		21,4	15,72	2100	7980
		21,5	4,29	4500	7900
		18,6	3,157	10900	9130
		21,6	3,95	8400	7820
Olivenöl		21—25	1—4	1250	1100
Leinöl		20,5	3,157	1470	1450
Glyzerin	$C_3H_8O_3$	20—27	0,15—4	2500	
		21—23	6—21	1700	
		32,8	30	1410	590
		—19,8	30	12500	29100

Tabelle 29[1]

Flüssigkeit	Formel	exp. $\alpha/f^2 \cdot 10^{-17}$ cm^{-1} s^2	theor. $\alpha/f^2 \cdot 10^{-17}$ cm^{-1} s^2
Bromoform.	$CHBr_2$	230	23,9
Cyclohexan.	$H_2C{<}^{CH_2-CH_2}_{CH_2-CH_2}{>}CH_2$	458	15,3
Methyläthylketon . . .	$CH_3COC_2H_5$	33	7,6
Äthylenchlorid	CH_2ClCH_2Cl	136	9,0
Nitrobenzol	$C_6H_5NO_2$	99	13,2
Äthylbutyrat	$CH_3CH_2CH_2COOC_2H_5$	230	12,4
Amylacetat	$CH_3COO(CH_2)_4CH_3$	234	15,3
Cyclohexanol	$HOHC{<}^{CH_2-CH_2}_{CH_2-CH_2}{>}CH_2$	489	119,2
Acetophenon	$C_6H_5COCH_3$	189	12,8
Hexylalkohol	$CH_3(CH_2)_4CH_2OH$	192	61,0
Benzylalkohol	$C_6H_5CH_2OH$	159	38,5

Die Schallabsorption in Flüssigkeiten hängt von der Schallintensität ab; bei sehr großen Intensitäten kann der Wert auf ein Vielfaches des für kleine Intensitäten gültigen Wertes steigen. In Tabelle 30 sind Ergebnisse von Messungen von Äthyläther, Toluol, destilliertem Wasser,

---

[1] Nach S. PARTHASARATHY u. D. S. GURUSWAMI: Annal. Phys. **16**, 289 (1955).

Tabelle 30

$W/\mathrm{cm^2}$	$\alpha/f^2 \cdot 10^{17}$ $(\mathrm{cm^{-1}\,s^2})$	$t\,°\mathrm{C}$
	Äthyläther 96%	
kleine Intensität	55	20
0,9	1670	20
0,93	1445	21,5
1,1	1870	21,5
1,35	1670	21,5
1,8	2690	21,5
1,86	2380	21,5
1,9	2625	20
2,25	2110	21,5
3,5	3535	21,5
3,7	3735	21,5
	Toluol	
kleine Intensität	80	20
0,4	955	17
0,65	1755	17
0,8	1110	20
1,0	1510	20
1,2	1335	20
1,33	2225	17
1,8	2445	20
2,1	2890	20
5,3	6220	20
	Destilliertes Wasser	
kleine Intensität	23	20
2,0	265	20
4,0	335	
4,7	645	20
7,0	535	
9,0	845	19
	Ameisensäure	
1,0	3290	23
	Essigsäure	
1,4	11370	31,5
	Transformatoröl	
0,9	710	
1,2	2090	19
2,0	1960	19
4,7	4050	19
	Glyzerin	
kleine Intensität	2600	22
2,5	2755	21
3,5	3115	19,5
4,5	4150	19

Ameisensäure, Essigsäure, Transformatoröl und Glyzerin[1] zusammengestellt.

Mit den Impulsmethoden können auch Absorptionsmessungen in festen Stoffen durchgeführt werden. In Metallen steigt die Absorption

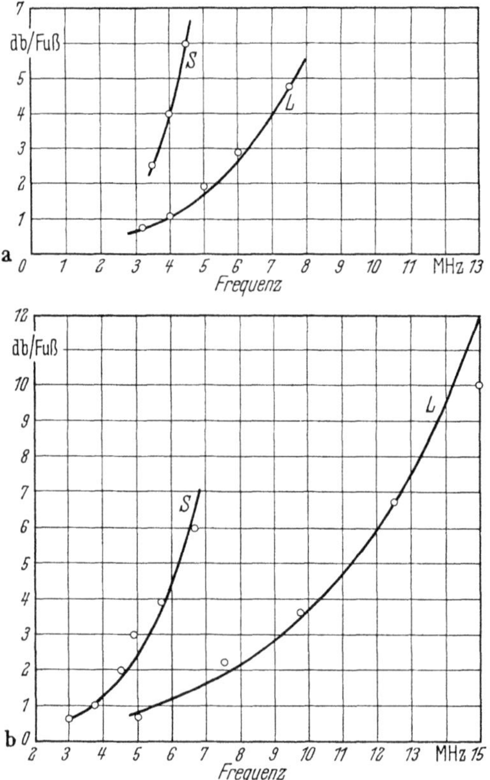

Abb. 234a u. b.   Dämpfung für longitudinale und Schub-Wellen in einem Aluminiumstab
a 0,23 mm,   b 0,13 mm Korngröße (nach M. P. Mason u. H. J. McSkimin)

[1] Krassilnikov, V. A., V. V. Shkolovskaya-Kordy u. L. K. Zarembo: J. A. S. A. **29**, 642 (1957); Dokl. Akad. Nauk. (USSR) **109**, 731 (1956). — Zarembo, L. K.: Akust. Z. (USSR) **3**, 163 (1957). — Zur Schallabsorption bei großen Intensitäten vgl. weiterhin Fox, F. E.: Phys. Rev. (2) **83**, 199 (1951). — Towle, D. M., u. R. B. Lindsay: J. A. S. A. **27**, 530 (1955). — Narasimhan, V., u. R. T. Beyer: ebdt. **28**, 1233 (1956). — Michailov, I. G., u. N. M. Fedorova: Akust. Z. (USSR) **3**, 239 (1957). — Goldberg, Z. A.: ebdt. 322. — Rudnick, I.: J. A. S. A. **30**, 564 (1958) (Aufstellg. einer Formel für die Intensitätsabhängigkeit d. Abs.). — Naugolnykh, K. A.: Akust. Z. (USSR) **4**, 115 (1958) (theoret. Unts.). — Naugolnykh, K. A., u. E. V. Romanenko: ebdt. 200. — Beyer, R. T., u. V. Narasimhan: ebdt. 196. — Podoshevnikov, B. F., u. B. D. Tartakovskii: ebdt. 369. — Polyakova, A. L.: Dokl. Akad. Nauk (USSR) **122**, 51 (1958); Akust. Z. (USSR) **5**, 85 (1959). — Burov, V. A., u. V. A. Krassilnikov: Dokl. Akad. Nauk (USSR) **124**, 571 (1959).

mit der Frequenz an, und zwar gehorcht der Absorptionskoeffizient einer Beziehung von der Form $\alpha = \alpha_1 \cdot f + \alpha_2 f^4$, wobei der erste Teil von der inneren Reibung, der zweite von einer „RAYLEIGH-Streuung"[1] an den Einzelkristalliten herrührt, und zwar ist dieser Streueffekt vorhanden, solange die Ausdehnung der Kristallite $d < \lambda/3$ bleibt.

Abb. 234a und b zeigen nach Messungen von W. P. MASON und H. J. McSKIMIN[2] den Verlauf der Schallabsorption in Abhängigkeit von der

[1] LORD RAYLEIGH: Theory of Sound II, New York 1929, S. 152. — Vgl. hierzu insbesondere auch W. J. ROTH: J. Appl. Phys. **19**, 901 (1948). — BASTIEN, P. J., J. BLETON u. E. DE KEVERSEAU: C. R. Acad. Sci. Paris **227**, 726 (1948). — FIRESTONE, F. A.: Nondestructive Testing **7**, 5 (1948). — LIFSHITS, J. M., u. G. D. PARKHOMOWSKII: J. exp. theor. Phys. (USSR) **20**, 175 (1950). — BORDONI, P. G.: Nuovo Cim. **7**, 144 (1950). — MERKULOV, L. G.: J. techn. Phys. (USSR) **26**, 64 (1956). — Vgl. auch noch in Anm. 1, S. 263 bereits angezogene Arbeiten.

[2] MASON, W. P., u. H. J. McSKIMIN: J. A. S. A. **19**, 464 (1947). — Über Schallabsorption in festen Körpern vgl. noch H. B. HUNTINGTON: Phys. Rev. (2) **72**, (1947) (Einkristalle). — GALT, J. K.: Mass. Inst. Technol. Rep. 45 (1947) (NaCl, KBr, KCl). — NYBORG, W. L., I. RUDNICK u. H. K. SCHILLING: J. A. S. A. **22**, 422 (1950) (Sand). — BORDONI, P. G., u. M. NUOVO: Nuovo Cim. **7**, 161 (1950) (Zinn). — BARDUCCI, I.: Ric. Sci. **21**, 897 (1951) (Legierungen). — FERRERO, M. A., u. G. G. SACERDOTE: Acustica **1**, 137 (1951) (körnige Materialien). — LEVY, S., u. R. TRUELL: Phys. Rev. **83**, 668 (1951) (Magnetisierung). — DE KLERK, J.: Nature **168**, 963 (1951) (Magnetisierung). — TANAKA, S., u. T. ANZAI: Sci. Rep. Res. Inst. Tôhoku Univ. (A) **4**, 643 (1952) (Metalle). — I. BARDUCCI: Ric. Sci. **22**, 1733 (1952) (Zinn-Blei-Legierungen). — MORSE, R. W.: J. A. S. A. **24**, 696 (1952) (körnige Materialien). — RODERICK, R. L., u. R. TRUELL: J. appl. Phys. **23**, 267 (1952) (Stahl). — OTPUSHCHENNIKOV, N. F.: Z. techn. Phys. (USSR) **22**, 1867 (1952) (Metalle). — BORDONI, P. G.: J. A. S. A. **26**, 495 (1954) (Metalle bei tiefen Temperaturen). — HUETER, T. F., u. D. P. NEUHAUS: ebdt. **27**, 292 (1955) (BaTiO$_3$, mit u. ohne Polarisation). — BORDONI, P. G., u. M. NUOVO: Nuovo Cim. **11**, 127 (1954). — BARDUCCI, I.: Ric. Sci. **24**, 2025 (1954) (Blei). — KNESER, H. O., S. MAGUN u. G. ZIEGLER: Naturwiss. **42**, 437 (1955) (Eis). — MASON, W. P.: J. A. S. A. **27**, 643 (1955) (Relaxationserscheinungen bei Bleieinkristallen bei tiefer Temperatur). — BARDUCCI, I.: Ric. Sci. **25**, 2572 (1955) (Relaxation). — MASON, W. P.: Phys. Rev. **97**, 557 (1955). — ALERS, G. A.: ebdt. 863 (Zinkeinkristalle unter Einfluß von Deformationen). — MORSE, R. W.: ebdt. 1716 (Relaxationseffekte in Metallen). — HIVONE, T., u. K. KAMIGAKI: Sci. Rep. Res. Inst. Tohoku Univ. (A) **7**, 455 (1955) (Metalle). — OTPUSHCHENNIKOV, N. F.: J. exp. theor. Phys. (USSR) **28**, 371 (1955) (Eisen). — GRANATO, A., u. R. TRUELL: J. appl. Phys. **27**, 1219 (1956) (Einfluß von Kupferbeimengungen in Germanium). — HUTCHISON, T. S., u. A. J. FILMER: Canad. J. Res. **34**, 159 (1956) (Aluminium). — MASON, W. P.: J. A. S. A. **28**, 1197, 1207 (1956). — LÜCKE, K.: J. appl. Phys. **27**, 1433 (1956) (Metalle). — MERKULOV, L. G.: Z. techn. Phys. (USSR) **27**, 1045 (1957) (Metalle). — BLATT, F. J.: Phys. Rev. **105**, 1118 (1957) (Germanium, Silizium). — LESSEN, M.: J. appl. Phys. **28**, 364 (1957) (Einfl.: Korngrenzen). — GOBRECHT, H., u. H. HAMISCH: Acustica **7**, 17 (1957) (Selen). — HUTCHISON, T. S., u. G. J. HUTTON: Canad. J. Phys. **34**, 1498 (1956) (Aluminium). — AKHIEZER, A. I., M. I. KAGANOV u. G. YA. LYUBARSKII: Z. exp. theor. Phys. (USSR) **32**, 837 (1957) (theor. Unts.: Metalle). — WEINREICH, G.: Phys. Rev. **107**, 317 (1957) (Germanium). — WEST, F. G.: J. appl. Phys. **29**, 480 (1958) (Nickeleinkristall). — WATERMAN, P. C.: ebdt. 1190 (Zink). — EIN-

Frequenz in einem Aluminiumstab. Der starke Anstieg der Absorption bei Wellenlängen, die klein gegen die Korngröße sind, tritt sehr deutlich in Erscheinung.

Bei supraleitenden Metallen treten im Gebiet des Sprungpunktes bei der Schallabsorption besondere Effekte auf. Abb. 235 zeigt (nach H. E. Bömmel)[1] die Abhängigkeit der Schallabsorption von der Temperatur für longitudinale Wellen (26,64 MHz) in Blei. Im supraleitenden Zustand fällt die Schalldämpfung unterhalb des Sprungpunktes außerordentlich stark ab, im (durch Einwirkung eines Magnetfeldes auch unter-

Fortsetzung der Fußnote 2 von S. 313

Spruch, N. G., u. R. Truell: Phys. Rev. **109**, 652 (1958) (Aluminium). — Gibbons, D. F., u. V. G. Chirba: ebdt. **110**, 770 (1958) (Eisen). — Steinberg, M. S.: ebdt. 1467 (theoret. Unts.: Einfluß von Magnetfeldern). — Simon, G.: Ann. Phys. **1**, 23 (1958) (ferromagnet. Materialien). — Matta, K. M.: Proc. Math. Phys. Soc. Egypt. No. 21, 135 (1957) (Wismut). — Merkulov, L. G.: J. techn. Phys. (USSR) **27**, 1045 (1957) (Al, Mg, Fe). — Tanaka, S.: Rep. Inst. High Speed Mech. Tohoku Univ. No. 90, 149 (1958) (Metalle). — Hirone, T., u. K. Kamigaki: Sci. Rep. Res. Inst. Tohoku Univ. **10**, 276 (1958) (Nichtrostender Stahl). — Goehlich, H. J.: Z. Naturforschg. **13**a, 90 (1958) (ferromagnet. Materialien). — Rodriguez, S.: Phys. Rev. **112**, 80 (1958) (Effekte in Metallen im Magnetfeld). — Hutchison, T. S., u. G. J. Hutton: Canad. J. Phys. **36**, 82 (1958) (Al). — Morse, R. W., u. J. D. Gavenda: Phys. Rev. Letters **2**, 250 (1959) (Magnet. Effekte in Cu). — Kjeldaas, T., u. T. Holstein: ebdt. 340 (Magnet. Effekt in Metallen). — Bell, J. F.: J. appl. Phys. **30**, 196 (1959) (Al). — Truell, R.: J. appl. Phys. **30**, 1275 (1959) (NaCl). — Holstein, T.: Phys. Rev. **113**, 479 (1959) (Allgem. Theorie: Metalle). — Chaudhuri, K. D.: Z. Phys. **155**, 290 (1959) (Metalle bei tiefen Temperaturen). — Lamb, J. M., Redwood u. Z. Shteinshleifer: Phys. Rev. Letters **3**, 28 (1959) (Quarz, Si, Ge). — Kotkin, G. L.: Zh. eksper. teor. Fiz. (USSR) **36**, 941 (1959) (Magnetfeldeffekt). — Reneker, D. H.: Phys. Rev. **115**, 303 (1959) (Bi). — Galkin, A. A., u. A. P. Koroljuk: Zh. eksper. teor. Fiz. **36**, 1307 (1959) (Metalleinkristalle in Magnetfeld). — Liebermann, L.: Phys. Rev. **113**, 1059 (1959) (Sehr hohe Abs. in Benzol-Einkristall). — Morse, R. W., u. H. V. Bohm: J. A. S. A. **31**, 1523 (1959) (supraleitendes Al). — Chick, B., G. Anderson u. R. Truell: ebdt. **32**, 186 (1960) (NaCl, KCl). — Goncharov, K. V.: Akust. Z. (USSR) **5**, 244 (1959) (Mg-Legierungen, Quarz). — Barducci, I., u. M. Nuovo: Proc. 3. I. C. A. Congr. Stuttgart (1959) (Gold-Silber-Legierungen). — Bordoni, P. G., u. M. Nuovo: ebdt. (kubisch flächenzentr. Metalle). — Filson, D. H., u. E. Lax: ebdt. (Al). — Forte, B.: ebdt. (Theorie, polykristalline Materialien). — Mason, W. P.: ebdt. (Ge, Si). — Olsen, T.: ebdt. (Zinn). — Redwood, M., Z. Shteinshleifer u. J. Lamb: ebdt. (Ge, Si, Quarz bis 1000 MHz). — Stern, R. M., u. K. Lücke: ebdt. (metall. Einkristalle). — Wilson, O. B., J. H. Dowling u. G. R. Shultz: ebdt. (festes Cyclohexan).

[1] Bömmel, H. E.: Phys. Rev. **96**, 220 (1954). — Mason, W. P., u. H. E. Bömmel: J. A. S. A. **28**, 930 (1956). — Vgl. hierzu noch Mackinnon, L.: Phys. Rev. **100**, 665 (1955) (Zinn). — Bömmel, H. E.: ebdt. 758 (Zinn). — Pippard, A.: Phil. Mag. **46**, 388 (1955) (Theoret. Unts.) — Mackinnon, L.: Phys. Rev. **106**, 70 (1957). — Kurtze, G.: Naturwissensch. **44**, 368 (1957). — Chopra, K. L., u. T. S. Hutchison: Canad. J. Phys. **36**, 805 (1958) (Aluminium). — Mackinnon, L., u. A. Myers: Proc. Phys. Soc. **73**, 291 (1959) (Quecksilber).

halb des Sprungpunktes aufrechterhaltenen) normal leitenden Zustand steigt sie nach tiefen Temperaturen hin bis etwa 4 °K stetig an. Der Unterschied der Schallabsorption im normalleitenden und supraleitenden Zustand hängt, wie Abb. 236 erkennen läßt, von der Frequenz des Ultraschalls stark ab. Die Effekte werden durch die verschiedenartigen Zustände der Elektronen im supraleitenden und normalleitenden Fall hervorgerufen.

In Glas und in Quarzglas ist die Absorption — wie Abb. 237 (nach W. P. Mason und H. J. McSkimin[1] zeigt — proportional zu f. Offenbar sind die in diesen Stoffen vorkommenden Inhomogenitäten von extrem kleiner Ausdehnung.

Die Absorption von Ultraschall in Buna und ähnlichen hochpolymeren Stoffen ist sehr hoch; es wurden Werte bis etwa 500 db/cm (bei 10 MHz) gemessen. Besonders charakteristisch ist bei Hochpolymeren die sehr große Temperaturabhängigkeit der Absorption.

---

[1] Mason, W. P., u. H. J. Skimin: J. A. S. A. **19**, 464 (1947). — Über Gläser vgl. noch G. A. Korn: ebdt. **21**, 547 (1949). — Yousef, Y. L., u. R. Kamel: Nature **167**, 945 (1951). Über Schallabsorption in piezoelektrischen Kristallen vgl. noch Simons, S.: Proc. Cambr. Phil. Soc. **53**, 702 (1957). — Yakovlev, J. A., T. S. Velichkina u. K. N. Baranskii: Z. exp. theor. Phys. (USSR) **32**, 935 (1957); **33**, 1075 (1958) (betr. Rochellesalz). — Bömmel, H. E., u. K. Dransfeld: Phys. Rev. Letters **2**, 298 (1959); Phys. Rev. **117**, 1245 (1960) (Quarz, 1000—4000 MHz). — Merkulow, L. G.: Proc. 3. I. C. A. Congr. Stuttgart (1959) (Quarz und andere Kristalle, 1000 MHz).

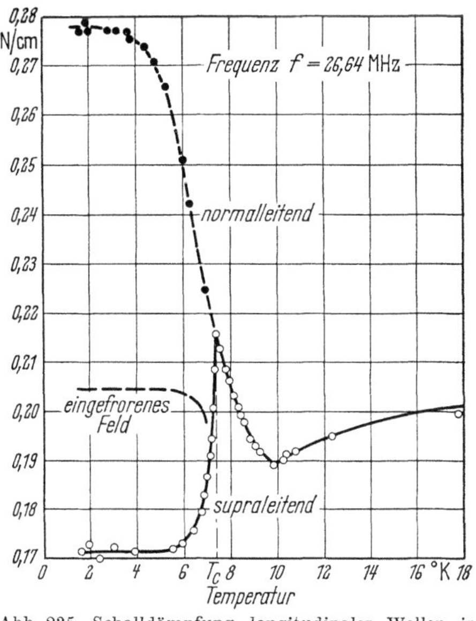

Abb. 235. Schalldämpfung longitudinaler Wellen in supraleitendem Blei (nach H. E. Bömmel)

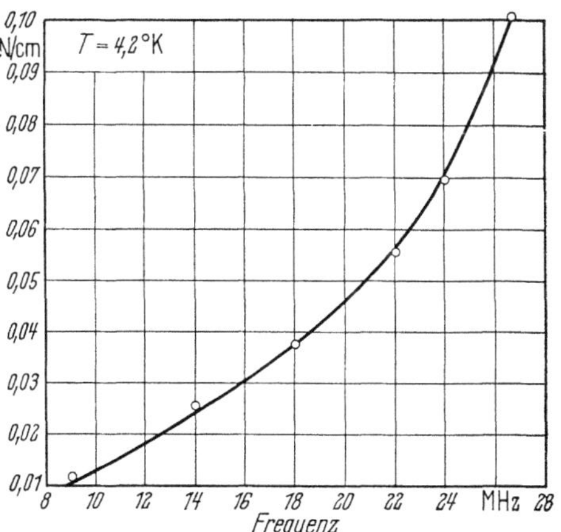

Abb. 236. Unterschied der Schalldämpfung in normalleitendem und supraleitendem Blei (nach H. E. Bömmel)

Abb. 238 zeigt den Temperaturverlauf der Schallabsorption bei Buna-N nach Messungen von A. W. Nolle und S. C. Mowry[1]. Ein ausgeprägtes Absorptionsmaximum ist bei $+42\,°C$ zu erkennen, ein

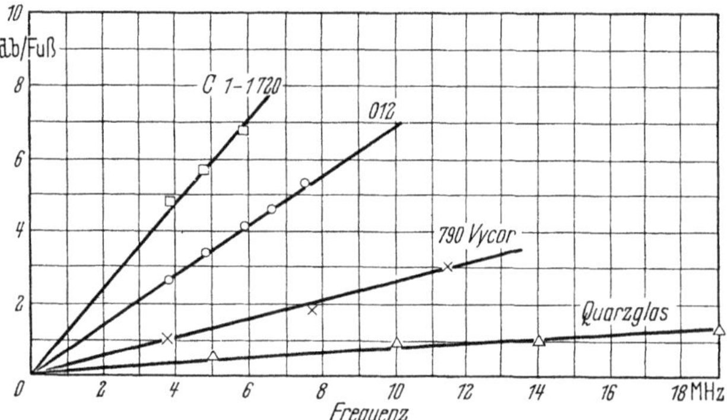

Abb. 237. Schalldämpfung in drei Gläsern und in Quarzglas (nach W. P. Mason u. H. J. McSkimin)

weiteres Maximum liegt bei $-45\ °C$. Die Maxima hängen mit temperaturabhängigen Relaxationserscheinungen zusammen.

Die Wellenausbreitung längs einer absorbierenden Fläche erfolgt, wie noch bemerkt sei, in ähnlicher Weise wie die Ausbreitung elektrischer

---

[1] Nolle, A. W., u. S. C. Mowry: J. A. S. A. **20**, 432 (1948). — Über Schallabsorption in Hochpolymeren vgl. auch Th. Hueter u. R. Pohlman: Z. angew. Phys. **1**, 405 (1949). — Smith, J. C., u. J. W. Ballou: J. A. S. A. **20**, 586 (1948). — Witte, R. S., A. B. Mrowca u. E. Guth: J. Appl. Phys. **20**, 481 (1949). — Gaffney, J., u. A. A. Petranskas: Phys. Rev. (2) **81**, 303 (1951). — Mikhailov, I. G., u. V. A. Solovev: Dokl. Acad. Nauk (USSR) **78**, 245 (1951). — Nolle, A. W., u. P. W. Sieck: J. Appl. Phys. **23**, 888 (1952). — Mason, W. P., u. H. J.McSkimin: Bell Syst. Techn. J. **31**, 122 (1952). — Nolle, A. W., u. J. F. Mifsud: J. Appl. Phys. **24**, 5 (1953). — Bordoni, P. G., u. M. Nuovo: Ric. Sci. **24**, 773 (1954). — Shinyanskii, L. A.: Z. techn. Phys. (USSR) **24**, 851 (1954). — Gabrielli, I., u. G. Iernetti: Nuovo Cim. **1**, 403 (1955). — Otpushchennikov, N. F.: J. exp. theor. Phys. (USSR) **28**, 371 (1955) (Plexiglas). — Hatfield, P.: J. Appl. Phys. **27**, 192 (1956). — Wada, Y., u. K. Yamamoto: J. Phys. Soc. Jap. **11**, 887 (1956).

Über Schallabsorption in Gelen vgl. noch I. G. Mikhailov u. L. I. Tarutina: Dokl. Acad. Nauk (USSR) **74**, 41 (1950). — Srivastava, A. M.: Ind. J. Phys. **25**, 491 (1951); Z. Elektrochem. **58**, 241, 245 (1954).

In tierischem Gewebe ist die Absorption nach T. Hueter: Naturwiss. **35**, 285 (1948) genähert proportional der Frequenz. Vgl. hierzu insbesondere auch noch T. Hueter: ebdt. **39**, 21 (1952). — Fry, W. J.: J. A. S. A. **24**, 412 (1952). — Esche, R.: Acustica **2** (AB), 71 (1952). — Güttner, W.: ebdt. **4**, 547 (1954). — Goldmann, D. E., u. T. F. Hueter: J. A. S. A. **28**, 35 (1956) (mit ausführlichen Tabellen).

Wellen[1] längs einer halbleitenden Schicht. Es findet eine Intensitätsabnahme quer zur Ausbreitungsrichtung statt, wenn man sich der Schicht nähert, und die Wellenfront ändert sich dadurch, daß Energie in die absorbierende Schicht einströmt.

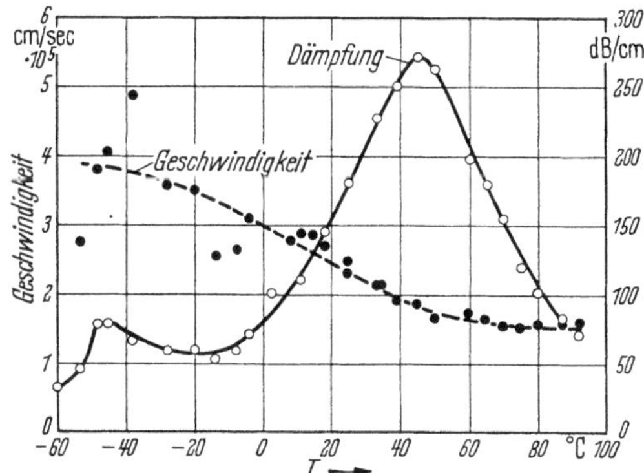

Abb. 238. Schalldämpfung in Buna-N, 10 MHz (nach A. W. Nolle u. S. C. Mowry)

24. Vorgänge in geschlossenen akustischen Systemen (Resonatoren, Filter, Leitungen)

Für die Klärung der Vorgänge in geschlossenen akustischen Systemen wie Resonatoren, Filtern und Leitungen haben sich Analogiebetrachtungen zu den entsprechenden Vorgängen in elektrischen Systemen als besonders fruchtbar erwiesen. Viele der in elektrischen Systemen gewonnenen Erfahrungen können ohne weiteres auf die entsprechenden akustischen Systeme übertragen werden.

Es sei hier zunächst das akustische Analogon zu einem aus Induktivität und Kapazität zusammengesetzten elektrischen Schwingungskreis, der HELMHOLTZ-Resonator (Abb. 239) behandelt, wobei vorausgesetzt sei, daß die Wellenlänge des Schalls groß gegen die Ausdehnung der Bauteile des Resonators ist, so daß also — elektrisch gesprochen —

---

[1] ZENNECK, J.: Ann. Phys. (4) **23**, 836 (1907). — SOMMERFELD, A.: ebdt. **28**, 665 (1907). — WEYL, H.: ebdt. **60**, 481 (1909). Über die Schallausbreitung längs absorbierender Schichten vgl. G. v. BÉKÉSY: Z. techn. Phys. **14**, 6 (1933). — BRILLOUIN, J.: Revue d'Acoustique **8**, 97 (1939); J. Phys. et le Rad. (7) **10**, 497 (1939). — SCHUSTER, K.: A. Z. **4**, 335 (1939). — NIESSEN, K. F.: Physica **8**, 337 (1941). — COOK, R. K.: J. A. S. A. **18**, 252 (1946). — RUDNICK, I.: J. A. S. A. **19**, 348 (1947). — WATSON, R. W.: ebdt. **20**, 846 (1948) (Orientierende Messungen über die Schallausbreitung über Schneeflächen).
Eine ausführliche theoretische Behandlung der Oberflächenwellen in der Akustik bringt L. M. BRECHOWSKICH: Akust. Z. (USSR) **5**, 4 (1959). Auf einige weitere die Wellenausbreitung an Grenzflächen betreffende Fragen werden wir bei der Besprechung raumakustischer Erscheinungen eingehen (Ziff. 25, S. 362).

ein System vorliegt, bei welchem der eine Bauteil nur als Induktivität, der andere nur als Kapazität arbeitet.

Der HELMHOLTZ-Resonator[1] besteht aus einem meist kugelförmigen Hohlraum, an dem sich ein zylindrisches nach der Außenluft offenes Ansatzrohr anschließt. Die im Ansatzrohr des Resonators (Abb. 239) eingeschlossene Luftmasse wirkt hierbei, wie wir gleich sehen werden, als „akustische Induktivität", das Resonatorvolumen als „akustische Kapazität".

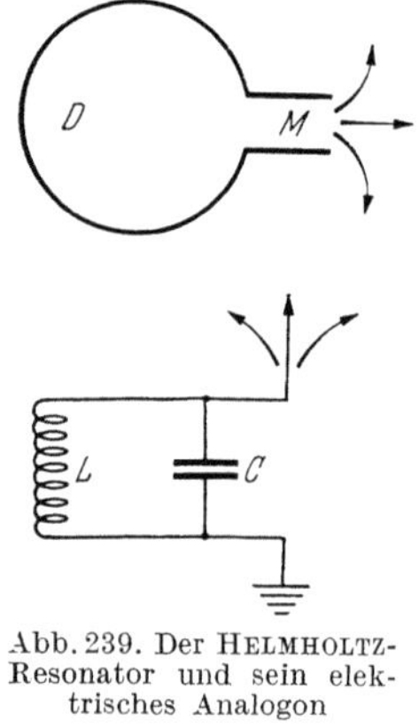

Abb. 239. Der HELMHOLTZ-Resonator und sein elektrisches Analogon

Man kann die Schwingungsgleichung des HELMHOLTZschen Resonators an Hand folgender Überlegung aufstellen:

Im Schallfeld möge eine Druckschwankung von der Form $p = p_0 \cdot \sin \omega t$ herrschen. Die Druckschwankung ist bestrebt, die im Ansatzrohr befindliche Luftmasse hin und her zu schieben. Wenn wir zunächst den Resonatorhohlraum unberücksichtigt lassen und Reibungseffekte vernachlässigen, gilt

$$m \frac{d^2 x}{dt^2} = S\, p_0 \sin \omega t, \qquad (147)$$

---

[1] HELMHOLTZ, H. v.: Lehre v. d. Tonempfindungen, 73, 561. Braunschweig 1863. Vgl. weiter E. G. RICHARDSON: Sound, 2. Aufl. London 1935, S. 213, 229. — COTTON, J. C.: J. A. S. A. **5**, 208 (1934) (Einfluß der Wandnachgiebigkeit). — ROBINSON, N. W.: Phil. Mag. (7) **23**, 665 (1937); Proc. Phys. Soc. London **50**, 599 (1938). — SATO, K.: Proc. Phys. Math. Soc. Jap. (3) **20**, 312 (1938) (Rückwirkung auf das Schallfeld). — GEMPERLEIN, M.: Z. Hochfr. Elektroak. **52**, 193 (1938). — KUCHER, E., u. K. TEODORCHIK: J. Techn. Phys. (USSR) **9**, 1413 (1939). — ZICKENDRAHT, K.: Helv. Phys. Acta **14**, 309 (1941). — SABINE, P. E.: J. A. S. A. **14**, 74 (1942) (betr. Eigenschaften sehr kleiner Resonatoren). — BROWNING, H. M.: Phil. Mag. (7) **33**, 551 (1942). — WIRZ, R.: Helv. Phys. Acta XX, 3 (1947) (betr. insbesondere die Mündungskorrektur). — TUCKER, W. S.: Phil. Mag. **36**, 473 (1945). — SAMULON, H.: J. A. S. A. **19**, 191 (1947). — INGÅRD, U.: ebdt. **20**, 665 (1948). — BOLT, R. H., S. LABATE u. U. INGÅRD: ebdt. **21**, 94 (1949). — MERHAUT, J.: Slabopr. Obz. **12**, 235 (1951). — VOELZ, K.: Z. angew. Phys. **3**, 67 (1951). — McGINNIS, C. S., u. V. F. ALPERT: J. A. S. A. **24**, 374 (1952) (betr. gekoppelte HELMHOLTZ-Resonatoren, vgl. auch H. K. DUNN: ebdt. **26**, 103 (1954)). — NOLLE, A. W.: ebdt. **25**, 32 (1953). — INGÅRD, U., u. R. H. LYON: ebdt. 854. — INGÅRD, U.: ebdt. 1037, 1062. — GÜTTNER, W.: Acustica **3**, 201 (1953) (betr. Ankoppelung von HELMHOLTZ-Resonatoren an andere Schwingungsgebilde). — GUITTARD, J.: Acustica **5**, 7 (1955) (betr. akustische Leitfähigkeit von Öffnungen). — CHRISTIAN, E.: ebdt. 119 (allgemeine Theorie akustischer Resonatoren). — THORSEN, V.: Fysik T. **53**, 162 (1955). — VLCEK, M.: Slabopr. Obz. **17**, 553, 622 (1956) (Dämpfung durch poröse Membran). — BIES, D. A., u. O. B. WILSON: J. A. S. A. **29**, 711 (1957) sowie BARTHEL, F.: Frequenz **12**, 72 (1958) (betr. nichtlineares Verhalten bei großen Intensitäten). — VLCEK, M.: Z. Hochfrequ. Elektroak. **67**, 135 (1959).

wobei mit m die Masse der im Ansatzrohr eingeschlossenen Luft und mit S der Querschnitt des Rohres bezeichnet wird. Führt man nun in Gl. (147) die Volumenverschiebung ($V =$ Teilchenverschiebung x mal Querschnitt S) ein und ersetzt man die Masse m durch das Produkt von Dichte, Querschnitt und Länge, so erhält man:

$$\frac{\varrho_0 \cdot l}{S} \cdot \frac{d^2 V}{dt^2} = p_0 \sin \omega\, t. \tag{148}$$

Die Gleichung ist völlig analog gebaut der Spannungsgleichung:

$$L \frac{d^2 q}{dt^2} = L \frac{di}{dt} = u_0 \sin \omega\, t, \tag{149}$$

wobei q die elektrische Ladung bzw. i den Strom bedeutet.

$$L_{ak} = \frac{\varrho_0 \cdot l}{S} \tag{150}$$

nennt man die akustische Induktivität der im Hals des HELMHOLTZschen Resonators schwingenden Luftmasse.

Analog wie man im elektrischen Fall das Verhältnis Spannung zu Strom als „Impedanz" bezeichnet, ist im akustischen Fall die akustische Impedanz das Verhältnis von Druck zu Schallfluß, wobei unter „Schallfluß" die Geschwindigkeit der Volumenverschiebung, also dV/dt, verstanden wird[1].

Im allgemeinen laufen der Schalldruck und der Schallfluß nicht mit derselben Phase ab, bei Verwendung der komplexen Darstellungsart von Impedanzen ist also die akustische Impedanz im allgemeinen nicht eine reelle, sondern eine komplexe Größe.

Aus Gl. (149) folgt die akustische Impedanz der im Resonatorhals hin und her geschobenen Luftmasse zu

$$Z = j\,\omega\,L_{ak} = \frac{j\,\omega\,\varrho_0\,l}{S}. \tag{151}$$

Bemerkt sei, daß als Länge l des Resonatorhalses nicht nur die tatsächliche geometrische Länge einzusetzen ist, sondern daß zur geometrischen

[1] Zum Begriff der Schallimpedanz vgl. insbesondere noch folgende Arbeiten: O. K. MAWARDI: J. A. S. A. **23**, 571 (1951). — WILLMS, W.: Proc. 1. I. C. A. Congr. Delft (1953), 133. — Acustica **4**, 427 (1954). — PYETT, J. S.: J. A. S. A. **26**, 870 (1954). — LAVILLE, G., u. TH. VOGEL: Acustica **7**, 101 (1957).

[2] Vgl. LORD RAYLEIGH: Theory of Sound **2**, 181. London 1926. Die Beziehung (152) gilt für den Fall, daß sich die Öffnung in einer ausgedehnten Wand befindet. Zur Frage der Mündungskorrektur vgl. insbesondere R. WIRZ: Helv. Phys. Acta XX, 3 (1947). — LEVINE, H.: J. A. S. A. **23**, 307 (1951). — WOOD, J. K., u. G. B. THURSTON: ebdt. **25**, 858 (1953). — KUBANSKII, P. N.: Z. techn. Phys. (USSR) **24**, 348 (1954). — THURSTON, G. B., u. CH. E. MARTIN: J. A. S. A. **25**, 26 (1953) und J. K. WOOD: ebdt. **26**, 492 (1954). — THURSTON, G. B., L. E. HARGROVE u. B. D. COOK: ebdt. **29**, 992 (1957). — THURSTON, G. B.: ebdt. **30**, 452 (1958).— Weitere Literaturangaben in Ziff. 10, S. 73.

Länge noch ein Zuschlag hinzukommt, durch welchen die in der Öffnung mitschwingende Luftmasse berücksichtigt wird. Für die in Gl. (150) einzusetzende wirksame Länge ergibt sich nach LORD RAYLEIGH

$$l' = l + \frac{\pi R}{2}, \tag{152}$$

wobei R den Radius der Öffnung bedeutet; λ sowie l ist hierbei als sehr groß gegen R vorausgesetzt. Die Beziehung zeigt, daß selbst dann, wenn die Länge l zu Null wird — wenn es sich also nicht um die in einem Leiter endlicher Länge, sondern um die in einer Öffnung schwingende Luftmasse handelt —, eine akustische Induktivität[1] vorhanden ist, und zwar wird diese nach Gl. (152)

$$L_{ak,\text{Öffnung}} = \frac{\varrho_0}{2 R}. \tag{153}$$

Bei Verschiebungen der im Resonatorhals enthaltenen Luftmenge treten im Resonatorhohlraum Verdichtungen bzw. Verdünnungen auf, das im Resonatorhohlraum eingeschlossene Luftvolumen wirkt also als Federung für die im Resonatorhals schwingende Luftmasse. Rechnet man die Größe der Federung aus der Kompressibilität der im Hohlraum enthaltenen Luftmenge aus, so kann man unter Berücksichtigung der Tatsache, daß die Summe der Massenkräfte und der elastischen Kräfte eines Schwingungssystems gleich der von außen einwirkenden Kraft sein muß, folgende Schwingungsgleichung für den HELMHOLTZ-Resonator aufstellen:

$$\frac{\varrho_0 \cdot l}{S} \frac{d^2 V}{dt^2} + \frac{\varrho_0 \cdot c^2}{V_h} V = p_0 \sin \omega t, \tag{154}$$

wobei c die Schallgeschwindigkeit und V_h das Volumen des Hohlraumes bedeutet. Die Gleichung ist völlig analog gebaut für den aus Selbstinduktion und Kapazität zusammengesetzten elektrischen Schwingungskreis

$$L \frac{d^2 q}{dt^2} + \frac{1}{C} q = u_G \sin \omega t \tag{155}$$

bzw.

$$L \frac{di}{dt} + \frac{1}{C} \int i \, dt = u_0 \sin \omega t. \tag{156}$$

$$\frac{V_h}{\varrho_0 \cdot c^2} = C_{ak} \tag{157}$$

bezeichnet man als akustische Kapazität eines Luftvolumens.

Die akustische Impedanz eines HELMHOLTZ-Resonators wird

$$Z = j \omega L_{ak} - \frac{j}{\omega C_{ak}}. \tag{158}$$

---

[1] Die Beziehung (153) gilt nur für $\lambda \ll R$. Wir hätten die Induktivität der Öffnung übrigens auch aus der mitschwingenden Masse der Kolbenmembran (Ziff. 16, S. 136) berechnen können.

Die akustische Impedanz wird zu Null, wenn $1/\omega\, C_{ak} = \omega\, L_{ak}$ oder, mit anderen Worten, wenn ω mit der Eigenfrequenz ω_0 des Resonators

$$\omega_0 = \sqrt{\frac{1}{L_{ak} \cdot C_{ak}}} \tag{159}$$

übereinstimmt.

Unter Benutzung von Gl. (150), (152), (153) und (156) ergibt sich für die Eigenfrequenzen von HELMHOLTZ-Resonatoren

a) langer Hals $l \gg R$

$$f_0 = \frac{c}{2\,\pi} \sqrt{\frac{\pi\,R^2}{V_h \cdot l}}, \tag{160}$$

b) kurzer Hals, unter Berücksichtigung der Mündungskorrektur,

$$f_0 = \frac{c}{2\,\pi} \sqrt{\frac{\pi\,R^2}{V_h\left(l + \dfrac{\pi}{2}\,R\right)}}, \tag{161}$$

c) ohne Hals

$$f_0 = \frac{c}{2\,\pi} \sqrt{\frac{2\,R}{V_h}}. \tag{162}$$

Bemerkt sei noch, daß die Dämpfung, wie sie durch Reibungseffekte im Resonatorhals und durch Strahlungsdämpfung infolge der von der Resonatoröffnung abgestrahlten Schallenergie auftritt[1], nicht berücksichtigt wurde, erforderlichenfalls ist in die Gl. (154) noch ein Dämpfungsglied von der Form $R_{ak} \cdot dV/dt$ einzusetzen, so daß dann diese Gleichung die Form erhält:

$$L_{ak}\frac{d^2 V}{dt^2} + R_{ak}\frac{dV}{dt} + \frac{1}{C_{ak}}\,V = p_0 \sin \omega\, t. \tag{163}$$

Diese Form ist analog der Spannungsgleichung eines aus Selbstinduktion, Kapazität und OHMschem Widerstand zusammengebauten elektrischen Schwingungskreises:

$$L\frac{d^2 q}{dt^2} + R\frac{dq}{dt} + \frac{1}{C}\,q = e_0 \sin \omega\, t. \tag{164}$$

Wir können die an den elektrischen Schwingungskreisen gewonnenen Erfahrungen, also insbesondere die an elektrischen Schwingungskreisen gewonnenen Erkenntnisse über die Form der Resonanzkurve in Ab-

---

[1] Die Strahlungsdämpfung der Öffnung läßt sich aus den in Ziff. 16, S. 136 abgeleiteten Beziehungen für die Strahlungsresistanz der Kolbenmembran ermitteln. Bemerkt sei hier noch besonders, daß diese Beziehungen nur genähert gültig sind. Durch Strömungsvorgänge in den Öffnungen, die zu Wirbelbildung führen, treten nichtlineare Effekte auf. Die Impedanz wächst mit der Schnelle an. Vgl. hierzu U. INGARD u. S. LABATE: J. A. S. A. **22**, 211 (1950). — Die Arbeit enthält auch instruktive photographische Aufnahmen der Wirbel vor den Öffnungen.

hängigkeit von der Dämpfung und über die Phasenverhältnise auf den akustischen Resonator übertragen.

Aus akustischen Induktivitäten und akustischen Kapazitäten lassen sich in analoger Weise wie aus elektrischen Induktivitäten und Kapazitäten Gebilde zusammenbauen, welche Filtereigenschaften aufweisen, Gebilde also, welche bestimmte Frequenzgebiete praktisch ungeschwächt durchlassen, während sie andere Gebiete unterdrücken. Das allgemeine Schema eines derartigen akustischen „Kettenleiters"[1] zeigt Abb. 240. Eine Reihe untereinander gleicher akustischer Gebilde, welche die akustische Impedanz Z_1 besitzen, sind in Serie angeordnet. Seitlich angeschlossen an den Anschlußpunkten $...CDE...$ liegen andere Gebilde von der akustischen Impedanz Z_2. Die Endpunkte der Seitenanschlüsse sind die Punkte $...UVW...$ Dies Schema ist analog dem Schema eines elektrischen Kettenleiters.

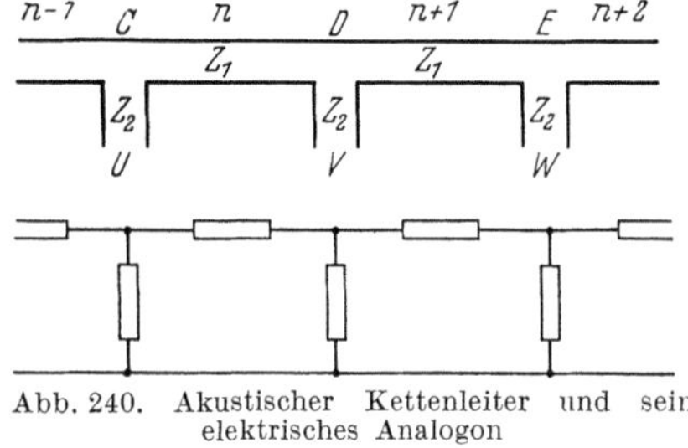

Abb. 240. Akustischer Kettenleiter und sein elektrisches Analogon

Wird mit p_C die Druckschwankung in Punkt C, mit p_D diejenige in D usw. bezeichnet, so gilt für die Druckdifferenz p_{CD} zwischen C und D

$$p_{CD} = (p_C - p_D) \sin \omega\, t = Z_1 \frac{dV_n}{dt}, \qquad (165)$$

wobei V_n die Volumenverschiebung im n-ten Abschnitt, dV_n/dt also den Schallfluß bedeutet. Da die Summe aller Schallflüsse in jedem Ver-

---

[1] Die Theorie der akustischen Filter wurde zuerst von G. W. STEWART behandelt: Phys. Rev. (2) **20**, 528 (1922); **22**, 502 (1923); **23**, 520 (1924); **25**, 90 (1925); **26**, 688 (1925); **27**, 487, 494 (1926); **28**, 1038 (1926). — Vgl. weiterhin W. P. MASON: Bell Syst. techn. J. **6**, 258 (1927). — STEWART, G. W., u. R. B. LINDSAY: Acoustics New York **1930**, 159ff. — WAETZMANN, E., u. F. NOETHER: Ann. Phys. (5) **13**, 212 (1932). — LINDSAY, R. B.: J. Applied Phys. **9**, 612 (1938); **10**, 680 (1939). — DAVIS, A. H.: Modern Acoustics, London 1934, S. 193. — RICHARDSON, E. G.: 2. Aufl. S. 229. London 1935. — LINDSAY, R. B., u. A. B. FOCKE: J. acoust. Soc. Amer. **10**, 41 (1938). — OLSON, N.: Canad. J. Res. (A) **28**, 377 (1950). — LIPPERT, W. K. R.: Acustica **4**, 479 (1954); **5**, 269 (1955). — LAMBERT, R. F.: J. A. S. A. **28**, 1054, 1059 (1956). — LIPPERT, W. K. R.: Acustica **7**, 137, 234 (1957); **8**, 337 (1958).

Über mechanische Kettenleiter vgl. M. L. EXNER: Acustica **2**, 213 (1952) (mechanische Drosselkette aus zwei durch eine Masse verbundene Federn). — CREMER, L., u. H. O. LEILICH: A. E. Ü. **7**, 261 (1953) (Theorie der Biegekettenleiter). — KONNO, M.: J. Inst. Electr. Comm. Jap. **40**, 44 (1957) (Theoretische Analyse mechanischer Filter). — MÜLLER, H. L.: Frequenz **11**, 325, 342 (1957) (Biegekettenleiter).

zweigungspunkt gleich Null sein muß[1], gilt:

$$p_{CU} = Z_2 \left(\frac{dV_{n-1}}{dt} - \frac{dV_n}{dt} \right), \tag{166}$$

$$p_{DV} = Z_2 \left(\frac{dV_n}{dt} - \frac{dV_{n+1}}{dt} \right). \tag{167}$$

Aus Gl. (165), (166), (167) folgt

$$\frac{\dfrac{dV_{n+1}}{dt}}{\dfrac{dV_n}{dt}} + \frac{\dfrac{dV_{n-1}}{dt}}{\dfrac{dV_n}{dt}} = \frac{Z_1}{Z_2} + 2. \tag{168}$$

Da die einzelnen Bauteile der Leitung als untereinander gleich angenommen wurden, folgt

$$\frac{\dfrac{dV_n}{dt}}{\dfrac{dV_{n-1}}{dt}} = \frac{\dfrac{dV_{n+1}}{dt}}{\dfrac{dV_n}{dt}} = \frac{\dfrac{dV_{n+2}}{dt}}{\dfrac{dV_{n+1}}{dt}} = \cdots = e^{-\alpha}, \tag{169}$$

wobei α ein Maß für die Veränderung des Schallflusses von Abschnitt zu Abschnitt ist. Ein positiver reeller Wert von α bedeutet eine Abnahme des Schallflusses von Abschnitt zu Abschnitt, also eine dämpfende Wirkung des akustischen Kettenleiters, während dann, wenn α imaginär wird, keinerlei Dämpfung eintritt. Aus Gl. (168) und (169) folgt

$$e^{\alpha} + e^{-\alpha} = \frac{Z_1}{Z_2} + 2 \tag{170}$$

oder

$$\mathfrak{Cof}\,\alpha = 1 + \frac{1}{2}\frac{Z_1}{Z_2}. \tag{171}$$

Wenn

$$0 > \frac{Z_1}{Z_2} > -4 \tag{172}$$

ist, so muß α eine rein imaginäre Größe sein[2], dementsprechend tritt dann keine Dämpfung von Abschnitt zu Abschnitt sondern nur eine Phasendrehung ein. Dieser Bereich ist der Durchlaßbereich des akustischen Kettenleiters. Außerhalb des Bereichs findet von Glied zu Glied eine Dämpfung statt.

Ist die Frequenz des in Frage stehenden Schallvorganges derart, daß Z_1/Z_2 innerhalb des durch Gl. (172) eingegrenzten Bereichs liegt, so kann der Schall den Kettenleiter — von Reibungsverlusten abgesehen — ungehindert durchlaufen; während der Schall anderer Frequenzen den Kettenleiter nicht passieren kann. Die skizzierte Theorie

---

[1] Dieser Satz ist der dem ersten „KIRCHHOFFschen Gesetz" der Elektrizitätslehre analoge akustische Satz.

[2] Z_1 und Z_2 sind als rein imaginär vorausgesetzt, die Leitung ist also als „verlustfrei" angenommen.

21*

des akustischen Kettenleiters steht in voller Analogie zur Theorie der elektrischen Kettenleiter, wie diese von K. W. Wagner[1] entwickelt wurde.

In Abb. 241 ist ein akustisches Hochpaßfilter (welches analog einer elektrischen Kondensatorkette arbeitet) dargestellt. An einer Rohrleitung, deren einzelne Abschnitte als akustische Kapazität arbeiten, $\left(Z_1 = \dfrac{-j}{\omega \cdot C_{ak}}\right)$, sind seitlich kurze Rohrstutzen angebracht, welche als Induktivitäten wirken $(Z_2 = j\,\omega \cdot L_{ak})$.

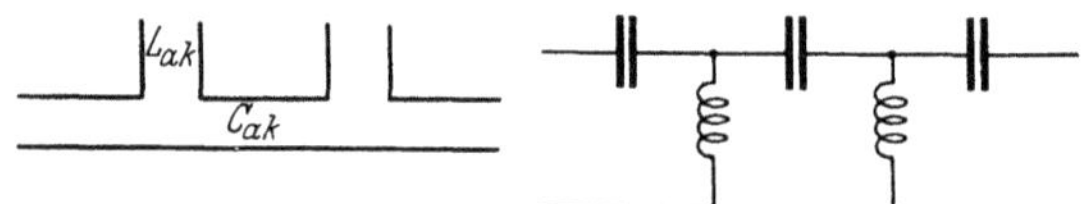

Abb. 241. Akustisches Hochpaßfilter und sein elektrisches Analogon (Kondensatorkette)

Aus Gl. (172) folgt als Grenzfrequenz des Hochpaßfilters

$$\omega_0 = \frac{1}{2\sqrt{C_{ak} \cdot L_{ak}}}\,. \tag{173}$$

Frequenzen, welche oberhalb dieser Grenzfrequenz liegen, werden vom Filter hindurchgelassen, während die tieferen Frequenzen unterdrückt werden. Abb. 242 zeigt ein akustisches Tiefpaßfilter, die einzelnen Ab-

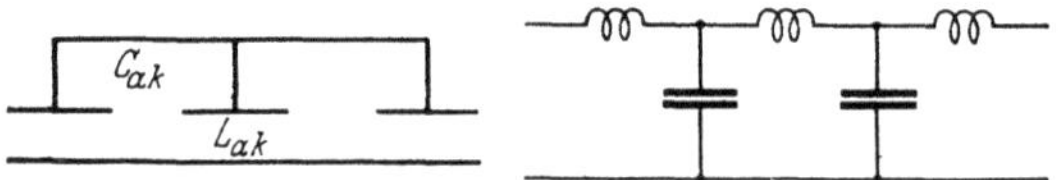

Abb. 242. Akustisches Tiefpaßfilter und sein elektrisches Analogon (Spulenkette

schnitte der Rohrleitung wirken hier als akustische Induktivitäten, die seitlich angeschlossenen Kammern als akustische Kapazitäten.

$$Z_1 = j\,\omega\,L_{ak}\,, \quad Z_2 = \frac{-j}{\omega\,C_{ak}}\,.$$

Die Grenzfrequenz wird gemäß Gl. (172)

$$\omega_0 = \frac{2}{\sqrt{L_{ak} \cdot C_{ak}}}\,. \tag{174}$$

Schließlich ist es auch möglich, Wellensiebe zu bauen, welche nur einen ganz engen Frequenzbereich hindurchlassen.

Aus akustischen Induktivitäten und Kapazitäten zusammengebaute Schallfilter werden zur Dämpfung des Auspuffschalls von Verbrennungsmotoren in der Praxis in großem Umfang verwendet. Bei jeder Öffnung eines Auslaßventils des Verbrennungsmotors wird ein gewisses Volumen Verbrennungsgas impulsähnlich in den Außenraum hinausgestoßen. Das Spektrum der periodischen Impulsfolge reicht bis in

---

[1] Wagner, K. W.: Arch. Elektrotechn. **3**, 315 (1915); **8**, 61 (1919).

das kHz-Gebiet hinauf. Subjektiv werden besonders die hohen Komponenten des Auspuffschalls als stark störend empfunden. Läßt man den Auspuff nicht unmittelbar in den Außenraum austreten, sondern leitet man ihn durch eine Auspuffleitung, so läßt sich bei richtiger akustischer Dimensionierung der Bauteile der Auspuffleitung der Auspuffschall weitgehend dämpfen.

Nach Untersuchungen von M. KLUGE[1] ist es vorteilhaft, die Auspuffleitung in der in Abb. 243 skizzierten Weise an den Motor anzubauen. Bei dieser Anbauart sitzt unmittelbar am Auslaßstutzen des Motors eine Kammer großen Volumens, sie bewirkt, daß die akustische Impedanz auf die der Motor arbeitet, klein wird, so daß also am Eingang der Auspuffleitung dann nur verhältnismäßig geringe Wechsel-

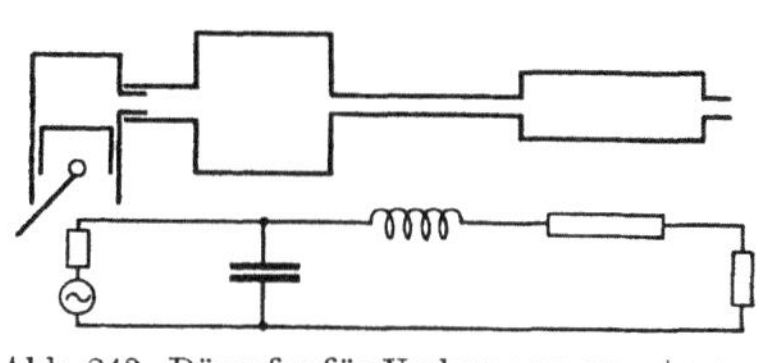

Abb. 243. Dämpfer für Verbrennungsmotoren (nach M. KLUGE)

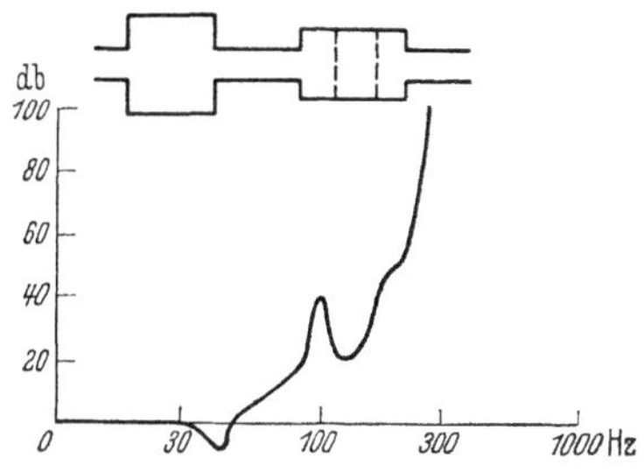

Abb. 244. Dämpfungskurve eines Kraftwagendämpfers (nach M. KLUGE)

drücke auftreten. Die Kammer entspricht in ihrer Wirkungsweise durchaus derjenigen einer großen elektrischen Kapazität, die Kapazität wirkt für hohe Frequenzen als Kurzschluß. Zu den akustischen Vorteilen des Anbaues einer derartigen Kammer tritt ein motorentechnischer Vorteil, der darin liegt, daß der Wirkungsgrad des Motors nicht durch hohe Gegendrücke im Auslaßstutzen herabgesetzt wird.

Aus wirtschaftlichen Gründen ist es meist erforderlich, mit möglichst geringem Filtergewicht auszukommen; man versucht dementsprechend Filter mit wenigen akustischen Bauteilen zu verwenden. Abb. 244 zeigt die Bauart eines von M. KLUGE angegebenen Kraftwagendämpfers und dessen Durchlaßkurve. Oberhalb der tiefsten Grenzfrequenz bei etwa 40 Hz dämpft dieses Filter sehr gut, und zwar maximal um etwa 40 db. Bei 200 Hz liegt dann noch ein Bereich verhältnismäßig geringer Dämpfung, der davon herrührt, daß Teile des

---

[1] KLUGE, M.: Mitt. Inst. Kraftfahrw., TH Dresden 9, 50 (1934). — Autom.-techn. Z. 1933, H. 7 u. 9. — Über Auspuffdämpfer vgl. insbesondere noch A. KAUFMANN u. U. SCHMIDT: Schalldämpfer für Automobilmotoren. Berlin 1932. — WAGNER, K. W.: Z. VDI 79, 531 (1935). — KAMM, W., u. O. HOFFMEISTER: Kraftfahrtechn. Forschungsarb. (1936) Nr. 3, 11. — MARTIN, A.: Autom.-techn. Z. 1937, H. 15. — BENTELE, M.: Forschg. Ing.-Wes. 8, 305 (1937). — Schalldämpfer f. Rohrleitungen, Berlin 1938. — MARTIN, W., U. SCHMIDT u. W. WILLMS: Motortechn. Z. 2, 377 (1940); 3, 11 (1941).

Filters unterteilt schwingen, oberhalb dieses Durchlaßbereichs nimmt die Dämpfung dann wieder sehr stark zu[1].

Bei anderen Dämpferkonstruktionen werden mit Absorptionsmaterialien ausgekleidete Rohrleitungen verwendet; man verwendet solche Dämpfer insbesondere in der Lüftungstechnik[2]. Wir werden auf die Schalldämpfung in mit Absorptionsmaterial ausgekleideten Leitungen auf S. 331 zurückkommen.

Auch Rohrleitungen, welche unstetige Querschnittsänderungen aufweisen, wirken infolge der Schallreflexionen an den Unstetigkeitsstellen schalldämpfend[2]. Handelt es sich darum, Schall ganz bestimmter Wellenlängen auszulöschen, so kann man hierzu ein Interferenzrohr benützen wie dies zuerst von G. Quincke[3] — freilich für rein physikalische Zwecke, nämlich Wellenlängenmessungen — verwendet wurde. Von C. Stumpf[4] wurden Interferenzröhrenfilter zur Klanguntersuchung benutzt. Er schnitt mit derartigen Filtern bestimmte Teiltongebiete ab und beobachtete die hierbei bewirkten Klangänderungen.

Die bisherigen Ausführungen bezogen sich auf akustische Systeme, bei denen Induktivität und Kapazität räumlich getrennt sind, eine Einschränkung, die bei akustischen Vorgängen meist nur genähert erfüllt ist.

Auch zur Betrachtung der Vorgänge in akustischen Leitern mit kontinuierlich verteilter Induktivität und Kapazität sowie kontinuierlich verteilter Absorption können elektrische Analogien mit Vorteil herangezogen werden.

---

[1] Vgl. hierzu E. Lübcke: Gesundh.-Ing. **60**, 577 (1937). — Sabine, H. J.: J. A. S. A. **12**, 53 (1940). — Willms, W.: Forsch. Anst. G. H. H. Konzern **9**, 193 (1942). — Beranek, L. L., J. L. Reynolds u. K. E. Wilson: J. A. S. A. **25**, 313 (1953). — Gerber, O.: Konstruktion **5**, 363 (1953). — Venzke, G.: Techn. Mitt. NWD Rdfk. **5**, 224 (1953). — Vgl. auch die in Anmerkung 1, S. 325 angegebene Literatur.

[2] Über Schallreflexionen an Unstetigkeitsstellen vgl. L. W. Labaw: J. A. S. A. **12**, 232 (1940); **13**, 345 (1942). — Miles, J. W.: J. A. S. A. **16**, 14 (1944); **17**, 259, 272 (1946); **19**, 572 (1947); **22**, 59 (1950). — Ingard, U., u. D. Pridmore-Brown: ebdt. **23**, 689 (1951). — Caral, C. F.: ebdt. **25**, 327 (1953). — Lippert, W. K. R.: Acustica **4**, 307, 313 (1954); **5**, 274 (1955). — Lambert, R. F.: J. A. S. A. **28**, 1054, 1059 (1956). — Lippert, W. K. R.: Proc. 3. I. C. A. Congr. Stuttgart (1959). — Über die Schallausbreitung in einem akustischen Labyrinth — einem Rohr von rechteckigem Querschnitt, das durch Zwischenwände mit gegeneinander versetzten Öffnungen unterteilt ist — vgl. O. K. Mawardi: Acustica **3**, 187 (1953).

[3] Quincke, G.: Pogg. Annal. Phys. u. Chem. **128**, 177 (1866).

[4] Stumpf, C.: Berl. Ber. **17**, 333 (1918). — Stumpf, C., u. G. v. Allesch: Beitr. Anatomie usw. **17**, 143 (1921). — Vgl. auch Stewart, G. W.: Phys. Rev. **29**, 220 (1927); J. A. S. A. **17**, 107 (1945). — Hahn, D.: Annal. Phys. **7**, 81 (1950). — Bemerkt sei hier noch, daß sich Filterung durch Interferenz bei Körperschall auch in einer ganz anderen Art bewirken läßt: durch wechselweises Übereinanderschichten von Schichten verschiedener Schallkennimpedanz von geeigneter Stärke. Vgl. B. D. Tartakowskii: Akust. Z. (USSR) **3**, 183 (1957).

Für die Schallausbreitung in einer Rohrleitung läßt sich die Differentialgleichung aufstellen[1]:

$$\frac{\partial^2 \xi}{\partial t^2}\left[1 + \frac{2}{r}\sqrt{\frac{\mu}{2\,\omega\,\varrho_0}}\right] + \frac{\partial \xi}{\partial t}\cdot\frac{2}{r}\sqrt{\frac{\omega\,\mu}{2\,\varrho_0}} = c^2\,\frac{\partial^2 \xi}{\partial x^2}, \tag{175}$$

hierbei bedeutet ξ die Teilchenverschiebung in Richtung der Rohrachse, r den Rohrradius, μ die innere Reibung und c die Schallgeschwindigkeit im freien Raum.

Im Ansatz (175) wird von den Energieverlusten lediglich der Energieverlust durch die innere Reibung erfaßt. Berücksichtigt man — entsprechend einer von G. KIRCHHOFF[2] aufgestellten Theorie — auch die Einflüsse der Wärmeleitung, so ist statt $\sqrt{\dfrac{\mu}{\varrho_0}}$ zu setzen

$$\sqrt{\frac{\bar{\mu}}{\varrho_0}} = \sqrt{\frac{\mu}{\varrho_0}}\left[1 + \left(\sqrt{\varkappa} - \frac{1}{\sqrt{\varkappa}}\right)\sqrt{\frac{5}{2}}\right],$$

wobei $\varkappa$ das Verhältnis der spezifischen Wärme bedeutet.

Die experimentellen Untersuchungen, und zwar insbesondere solche von H. TISCHNER[3] haben gezeigt, daß der KIRCHHOFFsche Ansatz die Verhältnisse richtig wiedergibt.

Die Differentialgleichung (175) läßt sich auf die Form bringen

$$\frac{\partial^2 U}{\partial x^2} = \gamma^2\,U, \tag{176}$$

wobei man für U die Teilchenverschiebung ξ, die Schnelle $v = \partial\xi/\partial t$ oder den Druck p einsetzen kann.

Die Differentialgleichung (176) ist analog gebaut der aus der Kabeltheorie bekannten Gleichung

$$\frac{\partial^2 U}{\partial x^2} = \gamma^2\,U,$$

bei welcher man für U den Strom i bzw. die Spannung e einsetzen kann. γ ist die sog. Fortpflanzungskonstante, sie setzt sich gemäß $\gamma = \alpha + j\,\beta$ aus einem reellen Anteil α und einem imaginären Anteil $j \cdot \beta$ zusammen. α nennt man „Dämpfungsmaß" und β „Winkelmaß". Das Dämpfungsmaß ist maßgebend für die Energieabnahme einer längs der Leitung

---

[1] HELMHOLTZ, H. v.: Crelles J. **57**, (1860). — Vgl. insbesondere auch LORD RAYLEIGH: Theory of Sound **2**, 319. 7. Aufl. London 1926.

[2] KIRCHHOFF, G.: Pogg. Ann. Phys. u. Chem. **134**, 177 (1868). — Zur KIRCHHOFF-HELMHOLTZschen Absorption vgl. insbesondere noch L. E. LAWLEY: Proc. Phys. Soc. Lond. (B) **65**, 181 (1952). — KEMP, G. T., u. A. W. NOLLE: J. A. S. A. **25**, 1083 (1953). — MARIENS, P., A. VAN ITTERBEEK u. P. GODENIV: Med. K. Vlaams. Akad. Wetensch. **16**, 1 (1954). — MARIENS, P.: J. A. S. A. **29**, 442 (1957). — HARLOW, R. G.: Proc. 3. I. C. A. Congr. Stuttgart (1959). — Vgl. auch in Anm. 1, S. 329, angezogene Arbeiten.

[3] TISCHNER, H.: Elektr. Nachr. Techn. **7**, 192, 236 (1930).

entlanglaufenden Welle, das Winkelmaß für die Phasen an den verschiedenen Stellen der Leitung[1].

Im akustischen Fall ist

$$\gamma = \sqrt{-\frac{\omega^2}{c^2}\left[\left(1 + \frac{2}{r}\sqrt{\frac{\mu}{2\,\omega\,\varrho_0}}\right) - j\,\frac{2}{r}\sqrt{\frac{\mu}{2\,\omega\,\varrho_0}}\right]}\,. \tag{177}$$

Für das Dämpfungsmaß ergibt sich nach zulässiger Vernachlässigung

$$\alpha = \frac{1}{2\,r\,c}\sqrt{\frac{2\cdot\bar{\mu}\,\omega}{\varrho_0}}\,. \tag{178}$$

Nach Einsetzen der Werte für Luft erhält man

$$\alpha_{\mathrm{Luft}} = 3{,}25\cdot 10^{-7}\,\frac{1}{r/m}\sqrt{f/\mathrm{Hz}}\,.$$

Für das Winkelmaß β gilt

$$\beta = \frac{\omega}{c_R}\,, \tag{179}$$

hierbei bedeutet c_R die Schallgeschwindigkeit im Rohr. Zwischen c und c_R besteht die Beziehung

$$c = c_R\left(1 - \frac{1}{r}\sqrt{\frac{\bar{\mu}}{2\,\omega\,\varrho_0}}\right). \tag{180}$$

In luftgefüllten Röhren weicht — solange es sich nicht um Röhren sehr kleinen Querschnittes handelt — c_R nur unwesentlich von der Schall-

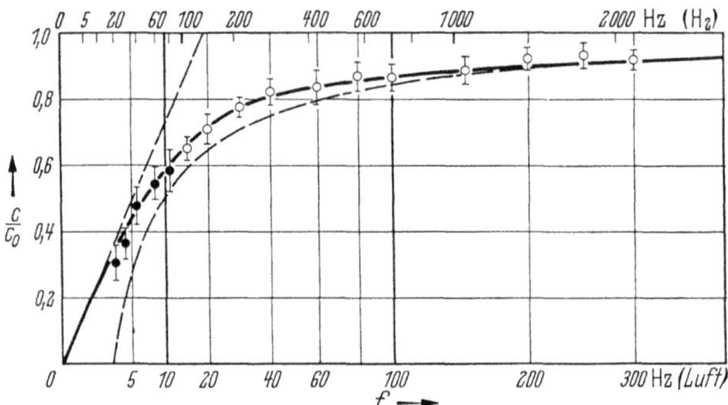

Abb. 245. Schallgeschwindigkeit in einem engen rechteckigen Kanal
○ Luft, ● H₂ (nach H. W. HELBERG)

geschwindigkeit c des freien Mediums ab. Nach einer Messung von H. TISCHNER ergab sich beispielsweise in einem Rohr von 2,4 cm Radius bei einer Frequenz von rund 700 Hz $c_R = 0{,}9974\cdot c$, dieser Wert stimmt gut mit dem theoretisch geforderten Wert überein. Von H. W. HEL-

---

[1] Zur Frage der Analogien bei der Ausbreitung akustischer und elektrischer Wellen sei noch hingewiesen auf H. SEVERIN: Acustica **9**, 270 (1959).

BERG[1] wurde die Schallausbreitung in Luft und in Wasserstoff in einem
sehr engen, rechteckigen Kanal (1,03 mm breit, 19,4 mm hoch und
2,2 m lang) untersucht. Abb. 245 gibt die experimentell ermittelte Abhängigkeit der Schallgeschwindigkeit von der Frequenz und Abb. 246

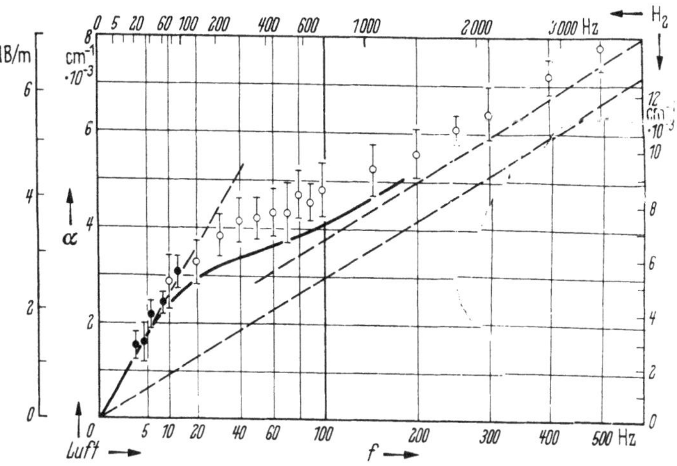

Abb. 246. Dämpfungsmaß in einem engen rechteckigen Kanal
○ Luft, ● H₂ (nach H. W. HELBERG)

[1] HELBERG, H. W.: Acustica 4, (AB 2) 578 (1954). — Die gewonnenen Ergebnisse
können leicht auf flüssigkeitsgefüllte Rohre mit starren Wandungen übertragen
werden: HELBERG, H. W.: Acustica 5, 267 (1955). — Vgl. über die Schallfortpflan-
zung in Kanälen bzw. Rohren, insbesondere auch noch E. A. ECKHARDT, V. L. CHRIS-
LER, P. P. QUAYLE, N. J. EVANS: Technol. Paper, U. S. Bur. Stand. 21, 163 (1926). —
PRESS, A.: Phys. Z. Sowjet. 5, 616 (1934) (Einfluß der Schallabstrahlung durch die
Rohrwandungen). — WAETZMANN, E., u. L. KEIRS: Ann. d. Phys. 22, 247 (1935). —
LEHMANN, K. O.: Ann. Phys. 21, 533 (1935). — SIVIAN, L. J.: J. A. S. A. 9, 135
(1937). — BÜRK, W., u. H. LICHTE: A. Z. 3, 359 (1938). — WAETZMANN, E., u.
W. WENKE: ebdt. 4, 1 (1939). — WENKE, W.: ebdt. 10. — MAY, J.: Proc. Phys.
Soc. 50, 553 (1938) (Versuche in Kapillarröhren mit Frequenzen zwischen 39 und
115 kHz). — Über die Schallfortpflanzung in Kapillarröhren vgl. auch G. NIEF:
C. R. Paris 223, 306 (1946). — BINDER, R. C.: J. A. S. A. 15, 41 (1943) (betr. Wellen
sehr großer Amplituden in Rohren). — HUNTINGTON, H. B.: ebdt. 20, 424 (1948).
(Dämpfungsmessungen in Quecksilber in engen Rohren bei 10,6 MHz mit der Im-
pulsmethode). — MAWARDI, O. K.: J. A. S. A. 21, 482 (1949). — DANIELS, F. B.:
ebdt. 22, 563 (1950). — ANGONA, F. A.: ebdt. 336. — BOGERT, B. P.: ebdt. 432. —
WESTON, D. E.: Proc. Phys. Soc. Lond. (B) 66, 695 (1953). — WESTON, D. E., u.
I. D. CAMPBELL: ebdt. 769. — LAWLEY, L. E.: ebdt. 67, 65 (1954). — INGARD, U.:
J. A. S. A. 26, 99 (1954) (betr. Schalldurchgang durch in die Röhre gespannte
Membranen). — CAMPBELL, I. D.: Acustica 5, 298 (1955). — PROUD, J. M., P.
TARMAKIN u. E. T. KORNHAUSER: J. A. S. A. 28, 80 (1956) (betr. Dispersion von
hochfrequenten Schallimpulsen in Rohren). — MAWARDI, O. K.: ebdt. 239 (betr.
Wechselwirkung zwischen Wärmefeld und akustischem Feld in einem Kanal mit
eingebauten aufgeheizten Bändern). — BARDUCCI, J. Alta Frequenza 25, 355
(1956). — PIAZZA, R.: Alta Frequenza 27, 44 (1958). — SAMUELS, J. CL.: J. A. S. A.
31, 319 (1959). — POWELL, A.: ebdt. 1527. — PIAZZA, R. S.: Acustica 9, 129 (1959).

die Abhängigkeit des Dämpfungsmaßes von der Frequenz wieder. Die Ergebnisse zeigen, daß für den Fall extrem kleiner Werte des Quotienten Kanalbreite zur Zähigkeitswellenlänge λ_z [1] die KIRCHHOFFsche Berechnung nicht zu genauen Werten führt; für diese Theorie ist nämlich Voraussetzung, daß die Störung der Schallfelder durch die Wand nur einen kleinen Teil des Schallfeldes beeinflußt. Bei extrem engen Kanälen liegt diese Voraussetzung nicht vor, bei guter Wärmeleitfähigkeit der Wand gilt dann, wie zuerst LORD RAYLEIGH [2] zeigte, nicht mehr die adiabatische sondern die isotherme Zustandsgleichung. In den Abb. 245 und 246 sind auch die theoretischen Kurven nach KIRCHHOFF bzw. RAYLEIGH gestrichelt eingetragen.

Im akustischen Fall ist die Induktivität pro Längeneinheit

$$L_{\ddot{u}k} = \varrho_0 \left(1 + \frac{2}{r} \, \middle| \, \overline{\frac{\mu}{2\,\omega\,\varrho_0}} \right), \tag{182}$$

die Kapazität pro Längeneinheit

$$C_{ak} = K = 1/c^2\,\varrho_0 \tag{183}$$

(wobei K die adiabatische Kompressibilität bedeutet), und der Widerstand pro Längeneinheit

$$R_{ak} = \sqrt{2\,\mu\,\omega\,\varrho_0} \, . \tag{184}$$

Für die Kennimpedanz W_0 der ableitungsfreien elektrischen Leitung gilt

$$W_0 = \sqrt{\frac{R + j\,\omega\,L}{j\,\omega\,C}} \, , \tag{185}$$

im akustischen Fall wird also

$$W_0 = c \cdot \varrho_0 \sqrt{1 - j\,\frac{1}{r}\,\sqrt{\frac{2\,\mu}{\omega\,\varrho_0}}} \, . \tag{186}$$

Ist $\mu \ll \omega\,\varrho_0/2$ so wird $W_0 = c \cdot \varrho_0$, die Kennimpedanz entspricht dann also dem Wert der Schallkennimpedanz ebener Wellen in einem absorptionsfreien unbegrenzten Medium.

---

[1] $\lambda_z = \sqrt{\dfrac{4\,\pi\,\mu}{\varrho_0\,f}}$, vgl. hierzu L. CREMER: A. E. Ü. **2**, 136 (1948). — MEYER, E., u. W. GÜTH: Acustica **3**, 184 (1953).

[2] LORD RAYLEIGH: Theory of Sounds, Bd. II, S. 319, London (1929). — Vgl. auch C. ZWIKKER u. C. W. KOSTEN: Sound Absorbing Materials. Amsterdam 1949, S. 34ff. — MAWARDI, O. K.: J. A. S. A. **26**, 726 (1954). — YOUNG, J. E.: ebdt. **27**, 1039 (1955) (mit ausführlichen Literaturangaben).

Die Lösung der Differentialgleichung (175) lautet in ihrer allgemeinsten Form:

$$p_x = a_1 e^{\gamma x} + a_2 e^{-\gamma x} , \left.\begin{matrix} \\ \\ \end{matrix}\right\}$$
$$v_x = \frac{a_1 e^{\gamma x}}{W_0} - \frac{a_2 e^{-\gamma x}}{W_0} , \qquad (187)$$

wenn mit p_x der Druck an der Stelle x und mit v_x die Schnelle an der Stelle x bezeichnet wird, a_1 und a_2 sind Konstanten, die von den Grenzbedingungen abhängen.

Betrachten wir zunächst die Vorgänge in einem einseitig abgeschlossenen Rohr unendlicher Länge, an dessen Anfang eine periodische Druckschwankung $p_a \cos \omega t$ stattfindet, so folgt nach Einsetzen der entsprechenden Grenzbedingungen aus Gl. (187), daß

$$p_x = p_a e^{-\gamma x} = p_a e^{-\alpha x} e^{j \beta x}, \qquad (188)$$

bzw. in reeller Form

$$p_x = p_a e^{-\alpha x} \cos \omega \left(t - \frac{x}{c_R} \right). \qquad (189)$$

Es nimmt also die Druckamplitude der vom Anfang der Leitung mit der Geschwindigkeit $c_R = \omega/\beta$ ablaufenden Welle exponentiell gemäß $e^{-\alpha x}$ ab. Da zwischen Druck und Schnelle die Beziehung $p_x/v_x = W_0$ gilt, nimmt auch die Schnelle gemäß $e^{-\alpha x}$ ab.[1]

Die Größe der Dämpfung von in engen Röhren fortgeleiteten Schallwellen [Gl. (175)] wurde unter der Annahme abgeleitet, daß die Dämpfung durch Reibung im Gas erfolgt. Kleidet man die Innenwand der Rohre mit schallabsorbierenden Materialien[2] aus, so daß eine starke Abwanderung von Energie in die absorbierenden Wandungen erfolgt, so erhält man unter Umständen außerordentlich raschen Abfall der Schallintensität längs der Leitung. Weiterhin zeigt sich, daß dann, wenn die Wellenlänge klein gegen den Durchmesser des Absorptionsrohres wird,

---

[1] Bemerkt sei noch, daß die bisher durchgeführten Überlegungen sich auf solche Rohrleitungen beschränken, deren Durchmesser klein gegen die Wellenlänge ist. Ist diese Beziehung nicht mehr erfüllt, so sind auch Querschwingungen möglich. Über die Ausbreitung von Schwingungen höherer Ordnung vgl. insbesondere L. BRILLOUIN: Revue d'Acoustique 8, 1 (1939). — MORSE, P. M.: Vibration and Sound, 2. Aufl., New York (1948), S. 370. — HARTIG, H. E., u. R. F. LAMBERT: J. A. S. A. 22, 42 (1950). — BOGERT, P. B.: ebdt. 432. — BEATTY, R. E.: ebdt. 850. — SHAW, E. A. G.: ebdt. 25, 224, 231 (1953); Acustica 3, 87 (1953). — GHABRIAL, A. M.: ebdt. 5, 187 (1955). — KOCK, W. E.: Proc. Inst. Radio Engrs. 47, 1192 (1959). — Vgl. hierzu weiterhin auch einige der S. 321, Anm. 1 angeführten Arbeiten.

[2] Man macht hiervon insbesondere bei der Schalldämpfung in Lüftungsanlagen Gebrauch.

die Schallintensität in der Nähe der Rohrwandungen viel kleiner ist als in der Mitte, es tritt „Strahlbildung"[1] ein.

Abb. 247 zeigt nach Messungen vom W. LIPPERT[2] den Schalldruckverlauf bei verschiedenen Frequenzen längs eines mit Schlackenwolle ausgekleideten Kanals (20 cm starke Schlackenwolleauskleidung, lichte Weite des unverkleideten Teils 30×30 cm). Von W. WILLMS[3] wurden eingehende theoretische und experimentelle Untersuchungen über den Einfluß der Schichtdicke des Absorptionsmaterials durchgeführt. Ist das Material von sehr großer Schichtdicke, so steigt die Dämpfung im Bereich tiefer Frequenzen mit $\omega^{3/4}$, bei höheren Frequenzen und großen Strömungswiderständen mit $\omega^{1/2}$; bei sehr hohen Frequenzen nimmt dann die Dämpfung nach Durchlaufen eines Maximums mit $\omega^{1/2}$ wieder ab.

Abb. 248 zeigt (nach W. WILLMS) die Druckverteilung quer zur Rohrachse in einem mit dicker Watteschicht ausgekleideten Absorptionsrohr, der bereits erwähnte „Strahlbildungseffekt" tritt deutlich in Erscheinung.

Die Luftschalldämpfung in Kanälen von rechteckigem Querschnitt, bei denen eine Wand mit schallschluckendem Material verkleidet ist, wurde von L. CRE-

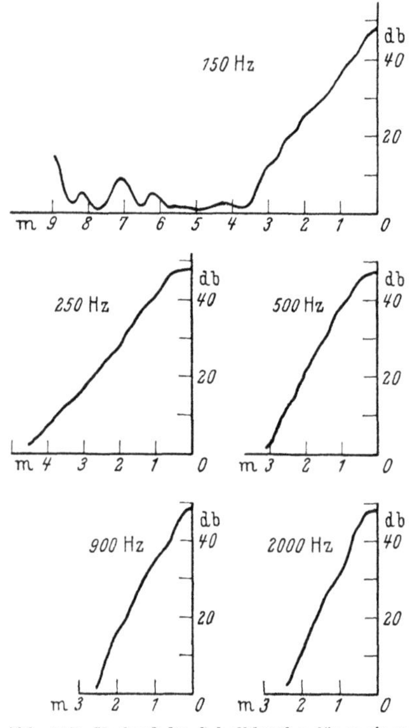

Abb. 247. Verlauf des Schalldruckes längs eines mit Schlackenwolle ausgekleideten Kanals (20 cm starke Auskleidung. Lichte Weite des unverkleideten Kanalteils 30×30 cm; nach W. LIPPERT)

---

[1] Die „Strahlbildung" wurde von L. CREMER: A. Z. **5**, 57 (1940) theoretisch behandelt. Vgl. hierzu auch noch W. JANOVSKY u. F. SPANDÖCK: A. Z. **2**, 322 (1937).

[2] LIPPERT, W.: A. Z. **6**, 46 (1941).

[3] WILLMS, W.: A. Z. **6**, 150 (1941). Über die Schalldämpfung in Rohren vgl. weiter A. BELOV: J. Techn. (USSR) **8**, 752 (1938). — SCHUSTER, K.: A. Z. **4**, 335 (1939). — BRILLOUIN, L.: J. A. S. A. **11**, 10 (1939). — FAY, R. D.: J. A. S. A. **10**, 259 (1939); **12**, 228 (1940). — BERANEK, L. L.: J. A. S. A. **12**, 228 (1940). — HARMANS, J.: A. Z. **5**, 215 (1940). — PHELPS, W. D.: J. A. S. A. **12**, 461 (1941). — ROCHESTER, N.: J. A. S. A. **12**, 511 (1941). — MOLLOY, C. T., u. E. HONIGMAN: J. A. S. A. **16**, 267 (1945). — FISHER, E.: J. A. S. A. **17**, 121, 338 (1945). — MOLLOY, CH. T.: ebdt. **16**, 31 (1944) (1944); **21**, 413 (1949). — KING, A. J.: ebdt. **30**, 505 (1958). — Vgl. auch Anm. 1, S. 329 angezogene Arbeiten.

MER[1] eingehend theoretisch behandelt. Es zeigt sich, daß die höchste Dämpfung dann erreicht wird, wenn der komplexe Wandwiderstand den Wert

$$\overline{W} = 1{,}2 \cdot \varrho \cdot c \frac{2\,h}{\lambda} \cdot e^{-j0{,}7}$$

besitzt. — Hierbei ist $\varrho \cdot c$ die Schallkennimpedanz, λ die Wellenlänge und h die Breite des Kanals senkrecht zu der schallschluckenden Fläche.

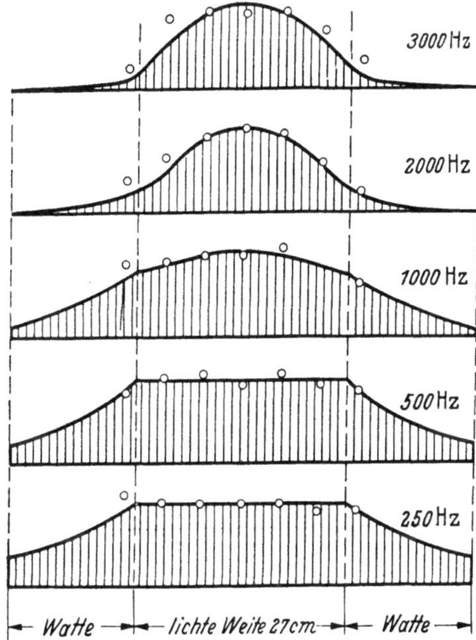

Abb. 248. Schalldruckverteilung quer zur Rohrachse in einem mit einer Watteschicht ausgekleideten Absorptionsrohr (nach W. WILLMS)

Aus den Berechnungen ergibt sich, daß der theoretisch maximal erreichbare Pegelabfall bei entsprechend tiefen Frequenzen 19 dB je Kanalbreite beträgt. Bei hohen Frequenzen nimmt (infolge der Strahlbil-

---

[1] CREMER, L.: Acustica 3, (A. B.), 249 (1953). — Vgl. hierzu insbesondere auch F. V. HUNT, L. L. BERANEK u. D. Y. J. MAA: J. A. S. A. 11, 80 (1939). — MORSE, P. M.: ebdt. 205. — CREMER, L.: A. Z. 5, 57 (1940). — TAMM, K.: ebdt. 6, 16 (1941). — MORSE, P. M., u. R. H. BOLT: Rev. mod. Phys. 16, 69 (1944). — CREMER, L.: Wellentheoret. Raumakustik, Leipzig, 1950, § 90. — LIPPERT, W. K. R.: Acustica 3, 153 (1953). — YOUNG, J. E.: J. A. S. A. 26, 804 (1954). — Über die Teilchenbewegung in der Nähe einer schallabsorbierenden Rohrwandung bzw. an der akustischen Zähigkeitsgrenzschicht in der Nähe starrer Grenzflächen vgl. die Arbeiten von E. MEYER u. R. W. KARMANN: Acustica 1, 130 (1951) und E. MEYER u. W. GÜTH: ebdt. 3, 184 (1953).

dung) die Dämpfung ab. Von O. Gerber[1] wurden Messungen an nach
diesen Gesichtspunkten gebauten Dämpfern vorgenommen. Um optimale Dämpfung in möglichst breiten Frequenzgebieten zu erreichen,
werden zur Wandauskleidung abwechselnde Packungen verschiedener
Tiefe verwendet. Abb. 249 zeigt, daß im Bereich von 200—2000 Hz

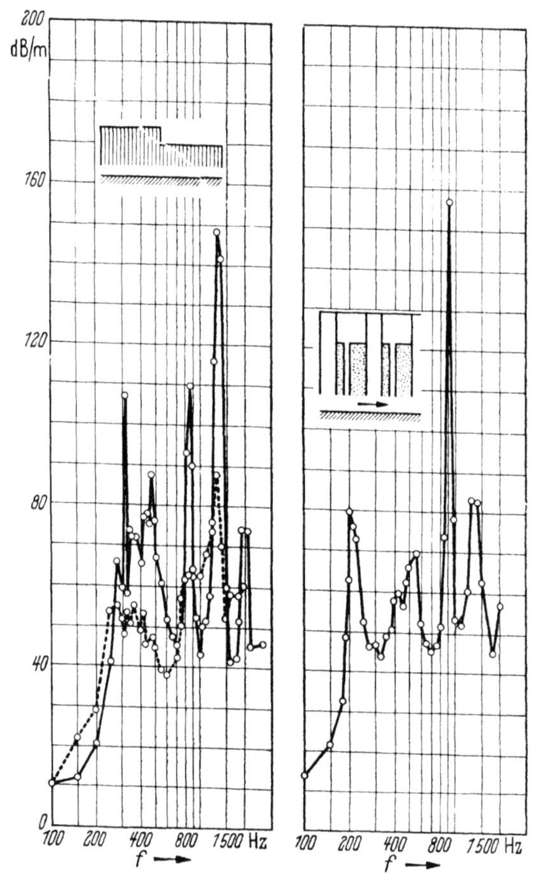

Abb. 249. Frequenzgänge des Dämpfungsmaßes in verschiedenartig ausgeführten, an einer Wand mit
schallschluckendem Material ausgekleideten Kanälen
Links: ——— Aluminiumwolle 100 kg/m³, — — — 2 × 100 kg/m³; rechts: Sonderkonstruktion
(nach O. Gerber)

praktisch ein mittleres Dämpfungsmaß von etwa 60 db/m erreicht werden
kann. Bei dem zum rechten Teil der Abb. 249 gehörenden Dämpfer
wurden, wie die Skizze andeutet, neben homogen ausgeführten Packungen auch noch Helmholtz-Resonatoren angeordnet.

Besondere Effekte treten an Röhren und Schläuchen mit nachgiebigen Wänden auf, die Mitbewegung der Wand ist dann von entscheiden-

---

[1] Gerber, O.: Acustica **3**, (A. B.), 264 (1953).

dem Einfluß. Bei Gummischläuchen können ausgesprochene Resonanz-
effekte durch Biegungs- und Dreh-Schwingungen auftreten.

Abb. 250 zeigt nach Messungen von E. WAETZMANN und W. WENKE[1]
die Schalldämpfung in drei Gummischläuchen von 10, 11 und 17 mm

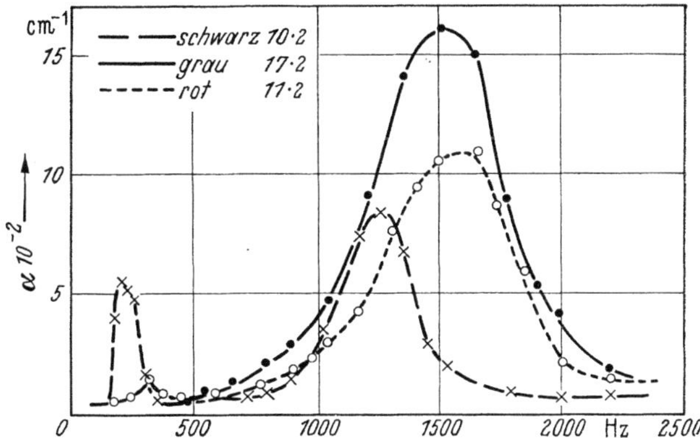

Abb. 250. Schalldämpfung in drei Gummischläuchen (nach E. WAETZMANN u. W. WENKE)

lichter Weite und 2 mm Wandstärke. In den Resonanzgebieten für die
Absorption tritt — wie Abb. 251 erkennen läßt eine starke Dispersion
der Schallgeschwindigkeit auf. Besonders darauf hingewiesen sei noch,

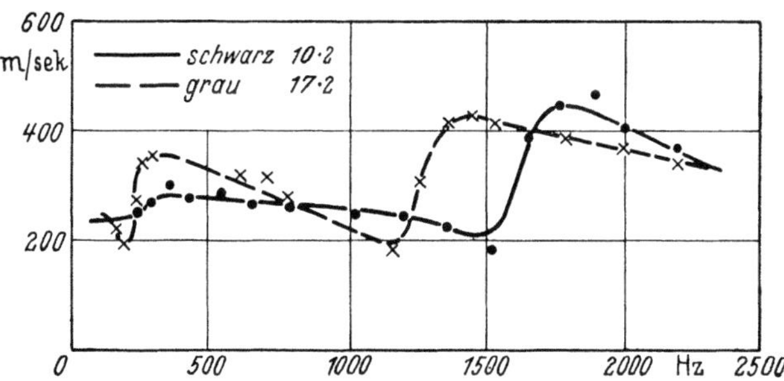

Abb. 251. Schallgeschwindigkeit in zwei Gummischläuchen in Abhängigkeit von der Frequenz (nach
E. WAETZMANN u. W. WENKE)

daß die Schallgeschwindigkeit in Rohren mit nachgiebigen Wandungen
sehr viel kleiner sein kann als im freien Medium oder in Röhren mit starrer
Wand. Wir werden hierauf bei Besprechung der Schallausbreitung in
der menschlichen Schnecke (S. 438) noch zurückkommen, der Effekt
ist von Bedeutung für die Schallanalyse in der Schnecke.

---

[1] WAETZMANN, E., u. W. WENKE: A. Z. 4, 1 (1939).

Über die Schallausbreitung in flüssigkeitsgefüllten Rohren stellte
W. Kuhl[1] eingehende Untersuchungen an. Abb. 253 zeigt den Verlauf
der Schallgeschwindigkeit in Abhängigkeit von der Frequenz für die in

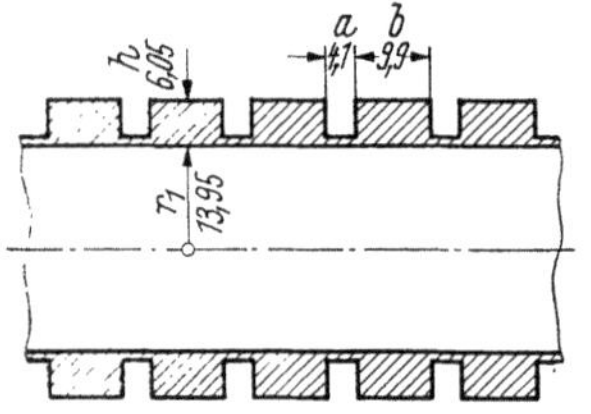
Abb. 252. Rohr mit unterteilter Wand

Abb. 252 dargestellte Rohrkonstruktion
mit einer durch Eindrehungen unterteilten Wandung.

Über die akustische Dämpfung in
solchen Leitungen, längs denen seitlich
eine Vielzahl Helmholtzscher Resonatoren angeschlossen sind, wurde von E.
Meyer, F. Mechel und G. Kurtze[2] eine
aufschlußreiche Untersuchung durchge-
führt. Wenn eine derartige Leitung von einer turbulenten Strömung
durchflossen wird, hängt — wie Abb. 254 zeigt — der Dämpfungsverlauf
entscheidend von der Strömungsgeschwindigkeit ab. Bei bestimmten
Strömungsgeschwindigkeiten kann es in entsprechenden Frequenzbe-

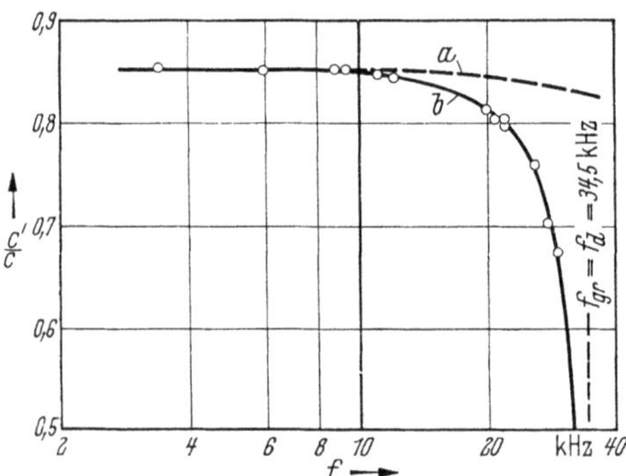
Abb. 253. Schallgeschwindigkeit in flüssigkeitsgefülltem
Rohr nach Abb. 252
a berechnet (Wand als Federung), *b* berechnet (Wand mit
Federung und Masse), o o o Meßpunkte (nach W. Kuhl)

reichen zu negativer Dämpfung kommen; selbster-
regte Schwingungen kön-
nen auftreten.

Ist die Schalleitung von
endlicher Länge, so erfolgt
— im allgemeinen Fall —
am Rohrende eine Refle-
xion der Schallwelle; es
läuft von der Abschlußstelle
aus eine reflektierte Welle
in das Rohr zurück, die
Schallerzeugung an den
verschiedenen Stellen des
Rohrs resultiert dann aus

der Superposition der einfallenden und der reflektierten Welle. Für die
Stärke der Reflexion am Rohrabschluß ist das Verhältnis der Abschlußimpedanz zur Kennimpedanz maßgebend; für den das Verhältnis des

[1] Kuhl, W.: Acustica **3**, (AB), 111 (1953). — Über die Schallausbreitung in
Rohren mit nachgiebigen Wandungen vgl. weiterhin Ganitta, E.: A. Z. **5**, 87
(1940). — King, A. L.: J. Appl. Phys. **18**, 595 (1947). — Jacobi, W. J.: J. A. S. A.
21, 120 (1949). — Hardung, V.: Helv. Phys. Acta **24**, 321 (1951). — Fay, R. D.:
J. A. S. A. **24**, 459 (1952). — Kuhl, W., u. K. Tamm: Acustica **3**, (AB), 303
(1953). — Morgan, G. W., u. J. P. Kiely: J. A. S. A. **26**, 323 (1954). — Junger,
M. C.: ebdt. **28**, 165 (1956). — Lin, T. C., u. G. W. Morgan: ebdt. 1165. — Sal-
ceanu, C., u. M. Zaganescu: C. R. Acad. Sci. **247**, 812 (1958).
[2] Meyer, E., F. Mechel u. G. Kurtze: J. A. S. A. **30**, 165 (1958). — Mechel,
F.: Proc. 3. I. C. A. Congr. Stuttgart (1959). — Ingard, U.: J. A. S. A. **31**, 1202 (1959).

Schalldrucks der einfallenden und der reflektierten Welle kennzeichnenden Reflexionsfaktor k_r gilt:

$$k_r = \frac{W_a - W_0}{W_a + W_0}, \tag{191}$$

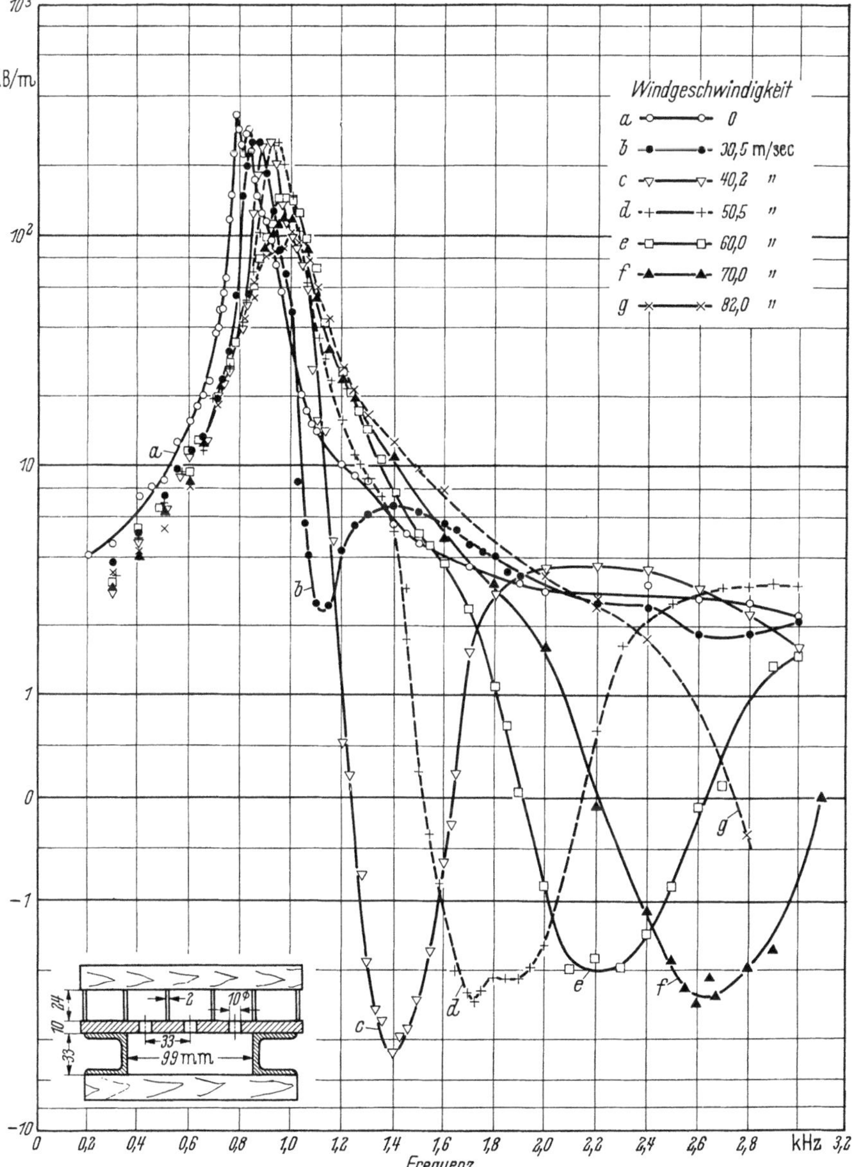

Abb. 254. Dämpfung in einer Leitung, längs deren eine Vielzahl von HELMHOLTZ-Resonatoren angeschlossen ist (nach E. MEYER, F. MECHEL u. G. KURTZE)

22 Trendelenburg, Akustik, 3. Aufl.

wobei W_a die (im allgemeinen Fall komplexe) Abschlußimpedanz bedeutet. Für $W_a = \infty$ (schallharter Abschluß, „Leerlauf" an der elektrischen Leitung) wird $k_r = +1$, d. h. also, daß die Schalldrucke der reflektierten und der einfallenden Welle einander gleichen; es tritt eine Verdoppelung des Druckes an der Abschlußstelle ein. Für $W_a = 0$ (schallweicher Abschluß, „Kurzschluß" im elektrischen Fall), wird $k_r = -1$, die resultierende Druckamplitude wird also dann an der Abschlußstelle zu Null. Für $W_a = W_0$ ist $k_r = 0$; es tritt dann keinerlei Reflexion an der Abschlußstelle ein.

Für die in der einfallenden Welle auftretenden Drücke und Schnellen (p_E, v_E) sowie die in der reflektierten Welle auftretenden Drücke und Schnellen (p_R, v_R) gilt für den Fall, daß die Abschlußimpedanz gleich der Kennimpedanz ist, an allen Stellen der Leitung:

$$\frac{p_E}{v_E} = \cdot\, W_0, \qquad \frac{p_R}{v_R} = W_0. \tag{192}$$

Die Vorgänge in der Schalleitung werden beschrieben durch das der entsprechenden Lösung der Telegraphengleichung völlig analoge Gleichungspaar:

$$\left.\begin{aligned}
p_a &= p_e \operatorname{Cos} \gamma \cdot l + v_e\, W_0 \operatorname{Sin} \gamma\, l, \\[4pt]
v_a &= v_e \operatorname{Cos} \gamma \cdot l + \frac{p_e}{W_0} \operatorname{Sin} \gamma \cdot l, \\[8pt]
\end{aligned}\right\} \tag{193}$$

$$p_e / v_e = W_e,$$

wobei p_a, v_a den Druck bzw. die Schnelle am Anfang, p_e, v_e am Ende der Leitung, W_e die Abschlußimpedanz am Ende der Leitung und l die Länge der Leitung bedeutet.

Die Theorie der mit einer Abschlußimpedanz bestimmter Größe abgeschlossenen akustischen Leitung ist wichtig nicht nur für die Kenntnis der Vorgänge in derartigen Leitungen selbst, sondern insbesondere auch mittelbar für die akustische Meßtechnik, und zwar für die Aufgabe der Messung akustischer Impedanzen. Man kann akustische Impedanzen in der Weise messen, daß man die unbekannten Impedanzen an eine Rohrleitung bekannter Eigenschaften anschließt und die Rückwirkung der Anschlußimpedanzen auf die Schallvorgänge in der Rohrleitung selbst bestimmt. Dies Verfahren wurde von J. Tröger[1] entwickelt und dazu verwendet, die Impedanz des menschlichen Trommelfells in Abhängigkeit von der Frequenz zu bestimmen. Besonders einfach gestalten sich Impedanzmessungen dann, wenn man die Impedanz

---

[1] Tröger, J.: Phys. Z. **31**, 26 (1930); vgl. auch H. Tischner: ENT **7**, 192, 236 (1930). — Sabine, H. J.: J. A. S. A. **14**, 143 (1942).

am Ende einer langen, stark gedämpften Leitung ($\varkappa \cdot l \gg 3$) anbaut[1]. Die erforderlichen Messungen beschränken sich dann auf zwei Druckmessungen am Rohrende, und zwar wird die eine Messung bei schallhartem Abschluß, die andere bei Abschluß mit der in Frage stehenden Impedanz ausgeführt[2].

Unter Verwendung von Rohrleitungen ist es auch möglich, Messungen akustischer Impedanzen in einer Brückenanordnung, also in der analogen Weise, wie man elektrische Impedanzen in Brückenschaltungen

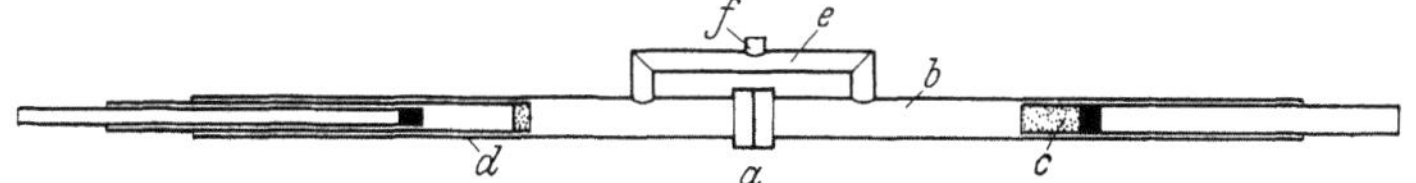

Abb. 255. Akustische Brücke (nach K. SCHUSTER)

mißt, zu bestimmen. Abb. 255 zeigt die von K. SCHUSTER[3] angegebene Brückenanordnung. Zur Erregung der Anordnung dient eine bei a angebrachte, beiderseits strahlende Membran. Sind die beiden Zweige der Brücke genau abgeglichen, so hört man an der Abhörstelle f nichts, da dann die von rechts bzw. links eintreffenden Wellen mit entgegen-

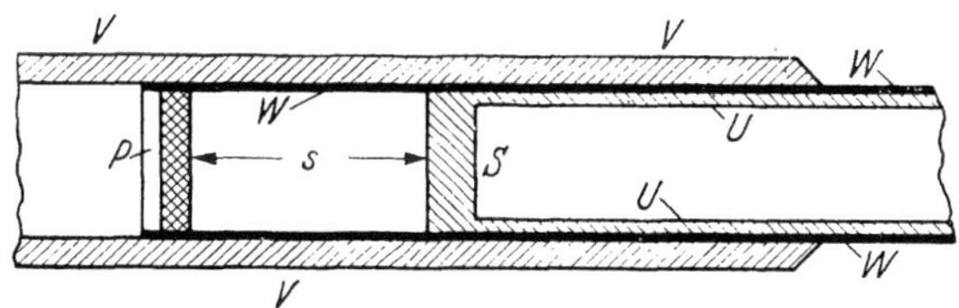

Abb. 256. Akustische Vergleichsimpedanz (nach K. SCHUSTER u. W. STÖHR)

gesetzter Phase einlaufen, sich also durch Interferenz auslöschen. Das Hauptrohr der Brücke ist auf der einen Seite mit der zu messenden Impedanz c (beispielsweise einer Stoffprobe, deren Schluckgrad gemessen werden soll; vgl. S. 359) abgeschlossen, an der anderen Seite liegt eine regelbare kalibrierte Vergleichsimpedanz d. Abb. 256 zeigt

---

[1] KEIBS, L.: Ann. Phys. (5) **26**, 585 (1936). — Vgl. auch R. KURTZ: Akust. Z. **3**, 74 (1938). — Bemerkt sei noch, daß G. v. BÉKÉSY [Ann. Phys. (5) **13**, 111 (1932)] zur Messung akustischer Impedanzen folgende Methode verwendet: er schließt die in Frage stehenden Impedanzen an eine im Vergleich zur Wellenlänge kleine Druckkammer an und mißt den Schalldruck einmal bei Anschluß der unbekannten Impedanz und einmal bei schallhartem Abschluß.

[2] Hingewiesen sei hier noch auf eine Untersuchung von W. K. R. LIPPERT: Acustica **8**, 173 (1958) über den Abschlußwiderstand einer mit einem Resonator abgeschlossenen Leitung.

[3] SCHUSTER, K.: Phys. Z. **35**, 408 (1934). — Elektr. Nachr.-Techn. **13**, 164 (1936). — Z. VDI **82**, 921 (1938).

(nach K. Schuster und W. Stöhr[1]) den Aufbau einer akustischen Vergleichsimpedanz. Diese besteht aus einem dem von links einfallenden Schall zugekehrten Schluckstoff P, hinter welchem eine Luftsäule

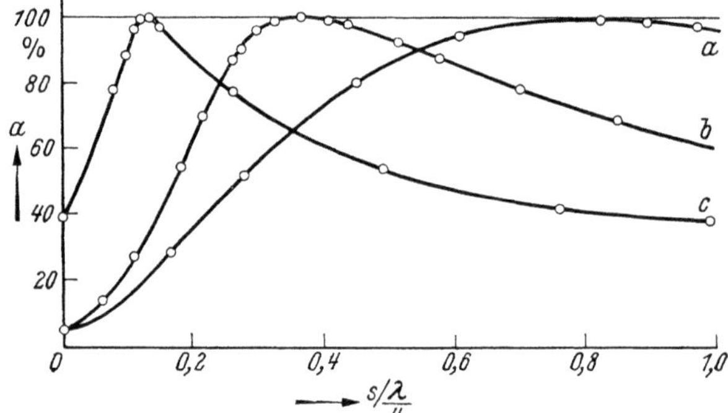

Abb. 257. Kennlinie der akustischen Vergleichsimpedanz (nach K. Schuster u. W. Stöhr)
a Filzplatte, *b* Calitplatte, *c* Dyckerhoff Akustikplatte

von der Länge s liegt, durch Verschieben des schallharten Stempels S im Hauptrohr V der Meßbrücke läßt sich der Absorptionsgrad des Ver-

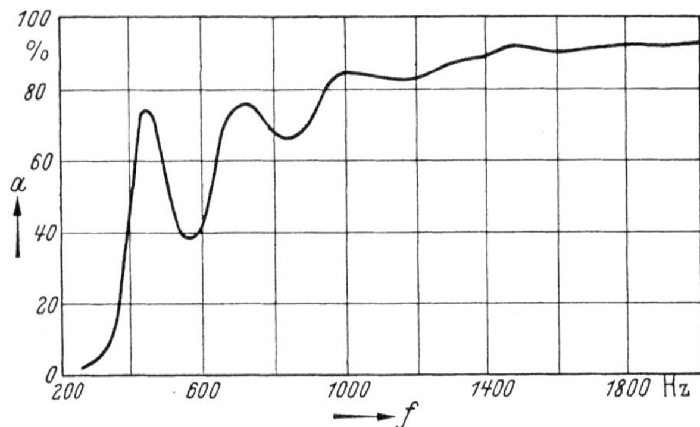

Abb. 258. Absorptionskurve eines konischen Trichters (nach K. Schuster u. W. Stöhr)

gleichswiderstandes in weiten Grenzen ändern. In Abb. 257 ist die Abhängigkeit des Absorptionsgrades[2] der Vergleichsimpedanz vom Verhältnis $s/\lambda/4$, wobei λ die Wellenlänge des Schalls bedeutet, eingetragen.

---

[1] Schuster, K., u. W. Stöhr: A. Z. **4**, 253 (1939). Über veränderliche Impedanzen vgl. auch E. C. Jordan: J. A. S. A. **13**, 8 (1941). — Meeker, W. F., u. F. H. Slaymaker: J. A. S. A. **16**, 178 (1945). — Morton, J. Y., u. R. A. Jones: Post Off. El. Engr. J. **49**, 50 (1956).

[2] Unter „Absorptionsgrad" versteht man das Verhältnis der nichtrückkehrenden zur auffallenden Schallintensität (vgl. S. 359).

(Die Frequenz betrug 950 Hz.) Abb. 258 zeigt Messungen des Absorptionsgrades eines konischen Trichters und Abb. 259 diejenige eines Tiefpaßfilters. Bemerkt sei, daß mit einer Brücke der skizzierten Art von

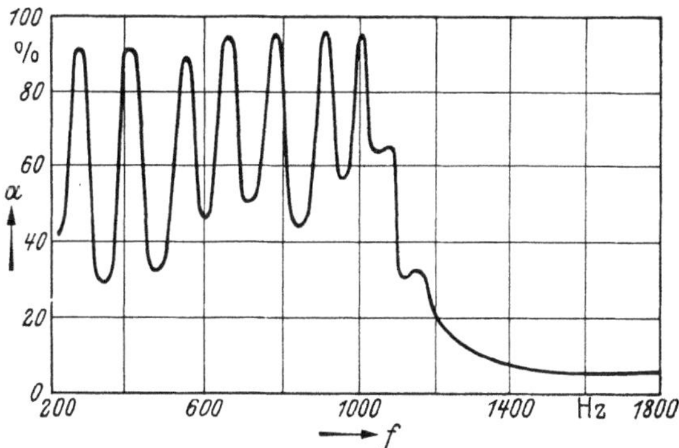

Abb. 259. Absorptionskurve eines Tiefpaßfilters (nach K. SCHUSTER u. W. STÖHR)

W. MENZEL[1] auch Absorptionsgradmessungen des menschlichen Trommelfells vorgenommen wurden, wir werden hierauf in Ziff. 29 zurückkom-

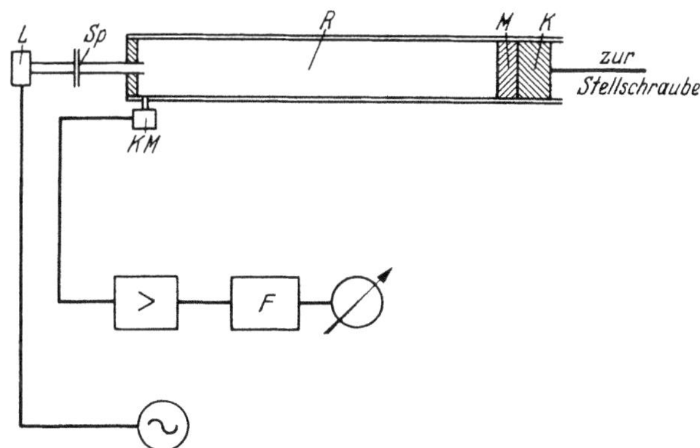

Abb. 260. Verfahren zur Messung akustischer Impedanzen (nach L. BERANEK)

men, dort ist in Abb. 312 die Frequenzabhängigkeit der Schallabsorption des Trommelfells dargestellt.

Auch aus der Veränderung der Dämpfung von in Resonanz erregten Rohren durch Einbringen der zu untersuchenden Proben können akustische Impedanzen gemessen werden. Abb. 260 zeigt eine derartige

---

[1] MENZEL, W.: A. Z. **5**, 257 (1940).

Anordnung von L. Beranek[1]. Das Rohr wird von einem Lautsprecher L über eine dünne Leitung, die überdies um die Rückwirkung der Resonanzschwingungen auf den Lautsprecher möglichst zu verringern, mit dünnen Kupferdrähten angefüllt ist, mit Schall beschickt. Die Probe befindet sich — durch einen Stempel verschiebbar — am Ende des insgesamt 2 m langen Stahlrohres von 7,5 cm Durchmesser und 6 mm Wandstärke. Mit einem dicht am Rohreingang angebrachten Kristallmikrophon können die Resonanzschwingungen im Rohr ausgemessen werden. Messungen können im Frequenzbereich von 100 bis 3000 Hz und (mit einem Rohr von 3 cm Durchmesser) auch bis 8000 Hz durchgeführt werden. Die Meßgenauigkeit ist (für den tiefen Frequenzbereich) $\pm 3\%$.

Akustische Rohrleitungen können, wie hier noch kurz bemerkt sei, mit Vorteil auch zu Versuchen auf dem Gebiet der Stoßwellen benutzt werden. Man kann beispielsweise so vorgehen, daß man an den Anfang der Leitung eine Kammer für hohen Druck anschließt. Kammer und Rohrleitung sind durch ein Diaphragma (aus einer Kunststoffolie oder auch einer Metallfolie) getrennt. Bei entsprechend hohem Überdruck platzt dann das Diaphragma und die Stoßwelle läuft (infolge des nichtlinearen Verhaltens des Mediums bei großen Amplituden mit Überschall-

---

[1] Beranek, L.: J. A. S. A. **12**, 3 (1940); ebdt. **19**, 420 (1947). — Zur Struktur des Schallfeldes in einem derartigen Impedanzmesser vgl. insbesondere A. K. Nielsen: Proc. 1. I. C. A. Congr. Delft (1953), S. 120. — Mit einer ähnlichen Methode konnten E. Meyer u. K. Tamm [A. Z. **7**, 46 (1942)] in einem flüssigkeitsgefüllten Rohr aus der Änderung der Eigenfrequenz und der Dämpfung Elastizitätsmodul und Verlustfaktor von Stoffen zur Absorption von Wasserschall bestimmt werden. Über verschiedene weitere Meßverfahren zur Messung akustischer Impedanzen vgl. noch W. Wisotzki: Hochfrequenztechn. u. Elektroak. **53**, 97 (1939). — Sabine, H.J,: J. A. S. A. **14**, 143 (1942). — Schuster, K.: Die Messung mechanischer und akustischer Widerstände. Erg. d. exakten Naturwiss. **21**, 313 (1945). — Mawardi, O. K.: J. A. S. A. **21**, 84 (1949). — Loye, D. P., u. R. L. Morgan: ebdt. **17**, 326 (1946). — Fay, R. D., R. L. Brown u. O. V. Fortier: ebdt. **19**, 850 (1947). — Kosten, C. W., u. C. Zwikker: Sound-absorbing Material, Amsterdam 1949, S. 85 ff. — Kosten, C. W.: Appl. Sci. Res. (B) **1**, 35 (1950). — Willms, W.: Messung von akustischen Widerständen A. T. M. V-54-5 u. V-54-6 (1950) (mit ausführlichen Literaturangaben). — Scerri, A. M.: Über die elektrische Rückwirkung akust. Widerstände. Diss. Freiburg-Schweiz (1952). — Johns, E., S. Edelman u. A. London: J. Res. Bur. Stand. **49**, 17 (1952). — Kosten, C. W.: Proc. 1. I. C. A. Congr., S. 108, Delft (1953). — Mawardi, O. K.: ebdt. 112. — Morton, J. Y.: ebdt. 117. — Nielsen, A. K.: ebdt. 120. — Taylor, H. O.: J. A. S. A. **25**, 575 (1953). — Pyett, J. S.: Acustica **3**, 375 (1953). — Ferrero, M. A., u. G. G. Sacerdote: Acustica **4**, 359 (1954). — Mawardi, O. K.: J. A. S. A. **28**, 351 (1956). — Tichy, J.: Slaboproudy Obzor, **17**, 197 (1956). — Ayers, E. W., E. Aspinall u. J. Y. Morton: Acustica **6**, 11 (1956). — Lippert, W. K. R.: Acustica **9**, 435 (1959). — Hingewiesen sei hier auch noch auf eine Rohrapparatur zur Messung des Reflektionsfaktors von Wasserschallabsorbern nach Betrag und Phase, die von W. Kuhl, H. Oberst u. E. Skudrzyk entwickelt wurde: Acustica **3**, (A. B. 3), 421 (1953).

geschwindigkeit und mit einer steiler werdenden Wellenfront) längs des Rohres ab. Derartige Anlagen werden insbesondere auch zur Untersuchung des Verhaltens angeströmter Profile bei Überschallgeschwindigkeit verwendet[1].

25. Raum- und Bauakustik[2]

Für die Eignung von Innenräumen zu Schalldarbietungen — oder wie man kurz sagt: für die „Hörsamkeit" von Innenräumen — grundlegend wichtig sind die Reflexionseffekte und die Absorptionseffekte an den Raumbegrenzungen. Die prinzipiellen Fragen der Reflexion und Absorption wurden in Ziff. 22 und 23 besprochen, hier sei nur noch speziell die Bedeutung dieser Erscheinungen für die Raumakustik behandelt. Obwohl an sich jeder Reflexionsvorgang auch mit einem Absorptionsvorgang verknüpft ist, empfiehlt es sich doch, die Reflexionserscheinungen und die Absorptionserscheinungen der Raumakustik getrennt zu besprechen. Es zeigt sich nämlich, daß die durch Reflexionseffekte bedingten Erscheinungen ganz wesentlich von der geometrischen Form der Räume abhängen, daß aber andererseits für die Absorptionserscheinungen die geometrische Form des Raumes häufig nur von geringerer Bedeutung ist.

Die Hörsamkeit von Innenräumen hängt von etwaigen durch Reflexionserscheinungen bedingten Echoeffekten stark ab. Trifft beispielsweise ein Echo auf das Ohr eines Zuhörers, welcher der Darbietung einer Rede folgt, so kann es dazu kommen, daß das Echo in die Pause

---

[1] Vgl. hierzu insbesondere R. COURANT u. K. O. FRIEDRICHS: Supersonic Flow and Shock Waves. 2. Aufl. New York 1956. — v. BECKER, J.: J. appl. Phys. **21**, 619 (1950). — BECHERT, K., u. H. MARXS: Z. Naturforsch. **6a**, 767 (1951). — RESLER, E. L., S. C. LIN u. A. KANTROWITZ: J. appl. Phys. **23**, 1390 (1952). — EMRICH, R. J., u. C. W. CURTIS: ebdt. **24**, 360 (1953). — LAPONSKY, A. B., u. R. J. EMRICH: ebdt. 1383. — KELLER, J. B.: J. A. S. A. **25**, 212 (1953). — WERTH, G. C., u. L. P. DELSASSO: ebdt. **26**, 253 (1954) (betr. periodische Wellen großer Amplitude). — THURSTON, E. G.: ebdt. **27**, 735 (1955) (betr. Geschwindigkeitsmessung bei Stoßwellen in Rohrleitungen). — DOLDER, K., u. R. HIDE: Atomic Energy Res. Est. (Harwell) Rep. G/R 2055 (1957) (ausf. Literaturübers.). — GINSBURGH, J.: J. appl. Phys. **29**, 1381 (1958) (Extrem hohe Drucke in der Stoßwelle). — KNIGHT, H. T., u. D. VENABLE: Rev. Sci. Instr. **29**, 92 (1958) (Röntgenblitztechnik für Untersuchungen in Stoßrohren). — BLOXSOM, D. E.: J. appl. Phys. **29**, 1128 (1958). — EMRICH, R. J., u. D. B. WHEELER: Phys. of Fluids **1**, 14 (1958). — OERTEL, H.: Raketentechn. u. Raumfahrtforschg. Heft 3, S. 65 (1959) (m. zahlr. Lit.-Ang.). — GERRARD, J. H.: Acustica **9**, 17 (1959) (betr. Druckmessungen in Stoßrohren). — DUFF, R. E.: Phys. of Fluids **2**, 207 (1959).

[2] Vgl. zu dem in dieser Ziffer behandelten Stoff insbesondere noch einen zusammenfassenden Bericht „Raum- u. Bauakustik" von L. CREMER: Physik in Einzelber. 1957, S. 26.

zwischen zwei Silben oder sogar auf spätere Silben fällt; die Sprachverständlichkeit wird dann wesentlich verschlechtert. Bei normaler Sprechgeschwindigkeit von etwa 5 Silben/s stören bereits solche Echos sehr stark, die mit etwa 1/10 s Verspätung eintreffen. Einer Laufzeit von 1/10 s entspricht rund 34 m Laufweg bzw. 17 m Entfernung der das Echo bewirkenden Wand. Andererseits wirkt ein mit genügend kleiner Zeitdifferenz einlaufendes Echo schallverstärkend[1]. Für Redner empfiehlt sich hiernach eine Aufstellung dicht vor einer reflektierenden Wand.

Die Auswirkung von Echos auf die Hörsamkeit von Sprache wurde unter Verwendung einer elektroakustischen Anordnung zur Erregung künstlicher Echos von H. Haas[2] eingehend untersucht. Bei kleinen Laufzeiten etwa zwischen 1 ms und 30 ms bewirkt das Echo eine Lautstärkezunahme entsprechend dem Energieadditionsgesetz, es wird hierbei nur eine angenehme Änderung der Klangwirkung im Sinne einer Verbreiterung der Schallquelle empfunden. Das Echo selbst wird gehörmäßig unterdrückt („Haas-Effekt"). Nur dann, wenn die Echointensität diejenige des Primärschalls um mehr als 10 db übertrifft, kann in dem in Frage stehenden Laufzeitbereich das Echo getrennt wahrgenommen werden. Bei größeren Laufzeiten oberhalb einer scharf abgrenzbaren „kritischen Laufzeitdifferenz" tritt eine Störung des Klangeindrucks ein, die sich bis zur Unverständlichkeit der Sprache steigern kann. Die kritische Laufzeitdifferenz hängt von der Echointensität und der Sprechgeschwindigkeit ab. Sind Echoschall und Primärschall von gleicher Stärke, so beträgt bei einer Sprechgeschwindigkeit von 5,3 Silben/s die kritische Laufzeitdifferenz 68 ms, bei einer Schwächung des Echos gegen den Primärschall um 3 db 108 ms, um 6 db 175 ms, bei 10 db Schwächung tritt praktisch keine Störung mehr auf. Das Ergebnis dieser Untersuchungen ist von besonderer Bedeutung auch für die zweckmäßige Planung von elektroakustischen Sprachverstärkungsanlagen, bei denen

---

[1] Nach H. Niese: Hochfrequenztechn. u. Elektroak. **65**, 4 (1956) ist „nützliches" Echo solches, das innerhalb 50 ms eintrifft. Vgl. hierzu auch Furduev, V. V.: Akust. Z. (USSR) **3**, 74 (1957). — Lochner, J. P. A., u. P. Meffert: J. A. S. A. **32**, 267 (1960).

[2] Haas, H.: Acustica **1**, 49 (1951). — Vgl. auch R. H. Bolt u. P. E. Doak: J. A. S. A. **22**, 507 (1950). — Meyer, E., u. G. R. Schodder: Nachr. Akad. Wiss. Göttingen Math. Phys. Kl., Nr. 6, S. 31 (1952). — Parkin, P. H.: Proc. 1. I. C. A. Congr., S. 87, Delft (1953). — Muncey, R. W., A. F. B. Nickson u. P. Dubout: Acustica **3**, 168 (1953); ebdt. **4**, 515 (1954). — Bogert, B. P.: Bell Techn. Publ. **64**, 308 (1955). — Lochner, J. P. A., u. J. F. Burger: ebdt. **8**, 1 (1958). — Dubout, P.: ebdt. 371 (betr. Kriterium für das Wahrnehmungsvermögen von Echos). — Kietz, H.: Proc. 3. I. C. A. Congr. Stuttgart (1959). — Hingewiesen sei hier auch noch auf eine elektronische Apparatur zur automatischen Auswertung von Rückwurffolgen: Junius, W.: Acustica **8**, 266 (1958).

im Raum verteilte Schallsender verwendet werden[1]. Durch Zwischenschaltung von Laufzeitverzögerungsgliedern, die so bemessen sind, daß
der Lautsprecherschall bei den Zuhörern jeweils etwas später eintrifft
als der direkte Schall, kann man in Entfernungen vom Sprecher, in denen
überhaupt der direkte Schall noch hörbar ist, erreichen, daß vom Zuhörer der Sprecher und nicht etwa der nächstgelegene Lautsprecher
als Schallquelle lokalisiert wird.

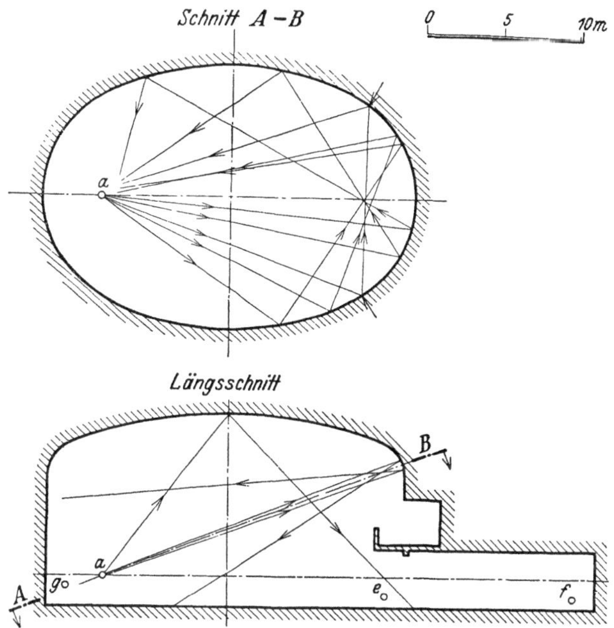

Abb. 261. Längsschnitt und schräger Schnitt durch eine Aula

In starkem Maß stören[2] können Echoeffekte, welche an hohl gekrümmten Begrenzungsflächen, und zwar insbesondere solchen mit Brenn-
punkteigenschaften, zustande kommen[3]. Ein Beispiel hierfür sind
Echoeffekte in Räumen mit elliptischer Begrenzung. Befindet sich die
Schallquelle in der Nähe eines Brennpunktes, so wird der Schall nach

---

[1] Vgl. insbesondere MEYER, E., u. W. KUHL: Acustica **2**, 77 (1952). — SCHOD-
DER, G. R., F. K. SCHRÖDER u. R. THIELE: Acustica **2**, (A. B.), 115 (1952). —
MEYER, E.: Acustica **4**, 53 (1954). — LOCHNER, J. P. A., u. J. F. BURGER: ebdt.
9, 31 (1959). — KASHYNSKI, G.: Proc. 3. I. C. A. Congr. Stuttgart (1959).

[2] Störend sind häufig auch Flatterechos, wie sie bei wandparallelen Begrenzungen in Räumen mit sehr geringer Schallabsorption auftreten. Über Flatterechos vgl. R. BOLT: J. A. S. A. **10**, 184 (1939). — MAA, D. Y.: ebdt. **13**, 170 (1941).

[3] PARKIN, P. H.: Nature **169**, 214 (1952); Proc. 1. I. C. A. Congr. S. 87, Delft
(1953).

Reflexion an der Wand im anderen Brennpunkt gesammelt. Er breitet
sich dann von dort erneut aus und kehrt nach nochmaliger Reflexion an
den Ausgangspunkt zurück, worauf das Spiel sich so lange wiederholt,
bis die Schallenergie allmählich durch die mit jedem Reflexionseffekt
verbundene Absorption vernichtet worden ist. Ein Beispiel aus der
praktischen Raumakustik sind Echoeffekte in der Aula einer Universität,
welche von E. SCHARSTEIN und W. SCHINDELIN[1] untersucht wurde.
Abb. 261 zeigt einen Schnitt durch diesen Raum und eine Konstruktion
des Wellenverlaufs für solchen Schall, der an dem bei a aufgestellten
Rednerpult erzeugt wird. Die Konstruktion zeigt, daß ein erheblicher

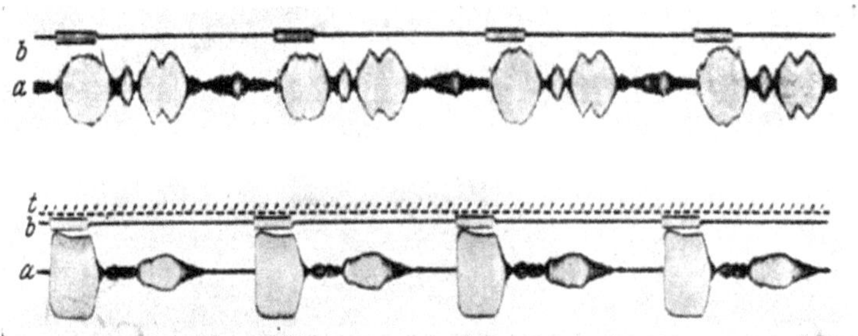

Abb. 262. Oszillogramme von Tonstößen in einer Aula (nach E. SCHARSTEIN u. W. SCHINDELIN)
oben: Mikrophon bei Punkt g unten: bei Punkt a der Abb. 261.

Teil des in a erzeugten Schalls nach Reflexion an der Raumbegrenzung,
Sammlung in dem zweiten Brennpunkt und erneuter Reflexion an den
Raumbegrenzungen an die Ausgangsstelle zurückkehrt. Abb. 262 gibt
Oszillogramme von Tonstößen wieder; die Echoeffekte sind im Oszillo-
gramm deutlich zu erkennen. Das hier gebrachte besonders krasse Bei-
spiel könnte durch weitere zahlreiche Beispiele aus der raumakustischen
Praxis ergänzt werden[2]. So gut konvex gekrümmte Flächen vom
architektonischen Standpunkt aus wirken mögen, so störend machen

---

[1] SCHARSTEIN, E., u. W. SCHINDELIN: Ann. Phys. (5) **2**, 194 (1929). — Über
raumakustische Untersuchungen mit dem „Stoßtonverfahren" vgl. insbesondere
auch B. BURGER: Z. Hochfr. u. Elektroakustik, **61**, 75 (1943). — THIELE, R.:
Acustica **3**, 291 (1953). — VEPA, R. K., u. N. K. TRIVEDI: Ind. J. Phys. **29**, 369
(1955). — MEYER, E., u. R. THIELE: Acustica **6**, 425 (1956). — SCHODDER, G. R.:
ebdt. 445. — BORÉ, G.: Diss. TH Aachen 1956. — NIESE, H.: Nachr. Techn.
6, 545 (1956); Hochfrequenztechn. u. Elektroak. **65**, 98 (1956). — BURGTORF, W.:
Acustica **7**, 325 (1957). — CHO, A. C. F., u. R. B. WATSON: J. A. S. A. **31**, 1322
(1959).

[2] Vgl. z. B. E. SCHARSTEIN: Ann. Phys. (5) **2**, 163 (1929). — LINCK, W.: Ann.
Phys. (5) **4**, 1017 (1930). — KUNTZE, W.: Ann. Phys. (5) **4**, 1058 (1930). — MICHEL,
E.: Zbl. Bauverw. **48**, 486 (1928). — Dtsch. Bauztg. **65**, 69 (1931). — WATSON,
F. R.: Acoust. Forum 1929, 441. — CRONE, W. H., SEIBERTH u. J. ZENNECK: Ann.
Phys. (5) **19**, 299 (1934).

derartige Flächen sich häufig für die Hörsamkeit bemerkbar. Es ist eine wichtige Aufgabe der raumakustischen Planung, Bauprojekte auf derartige Fehler hin zu prüfen.

Andererseits können aber zweckmäßig entworfene Raumbegrenzungen auch sehr vorteilhafte raumakustische Vorteile herbeiführen. Ein gutes Beispiel hierfür ist der Pleyel-Saal in Paris (Abb. 263), der

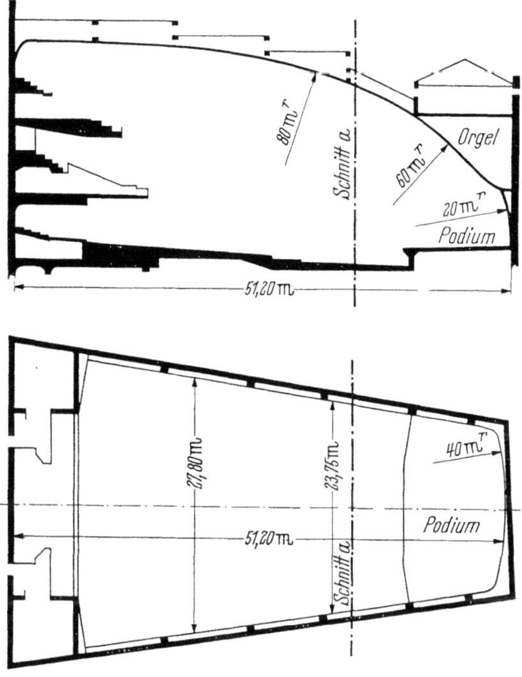

Abb. 263. Pleyel-Saal in Paris

von G. LYON projektiert wurde[1]. Das Orchester befindet sich in einem Paraboloid. Bei den praktischen Erprobungen ergaben sich zunächst noch einige Schwierigkeiten durch Reflexionen an der Rückwand des Saales, die aber nach Einbau schallabsorbierender Stoffe zum Verschwinden gebracht werden konnten[2]. Auch in modernen Bauten, wie z. B. der Royal Festival Hall in London[3] oder der Liederhalle in Stuttgart[4] werden schallreflektierende Flächen zur Verbesserung der Raum-

---

[1] Eine ausführliche Beschreibung des Pleyel-Saales bringt V. O. KNUDSEN: J. A. S. A. **2**, 434 (1931).

[2] Vgl. F. M. OSSWALD: Schweizer Bauhütte **95**, 3 (1939).

[3] PARKIN, P. H., W. A. ALLEN, H. J. PURKIS u. W. E. SCHOLER: Acustica **3**, 1 (1953). — Vgl. auch G. R. SCHODDER: ebdt. **6**, 445 (1956).

[4] CREMER, L., L. KEIDEL u. H. MÜLLER: Acustica **6**, 466 (1956).

akustik benutzt. Abb. 264 zeigt einen Schnitt durch die Royal Festival Hall, Abb. 265 den Grundriß der Liederhalle und Abb. 266 den Längsschnitt durch den großen Saal dieser Halle. Die Bilder lassen sehr anschaulich erkennen, wie man durch Ausnutzung der Reflexion zu einer

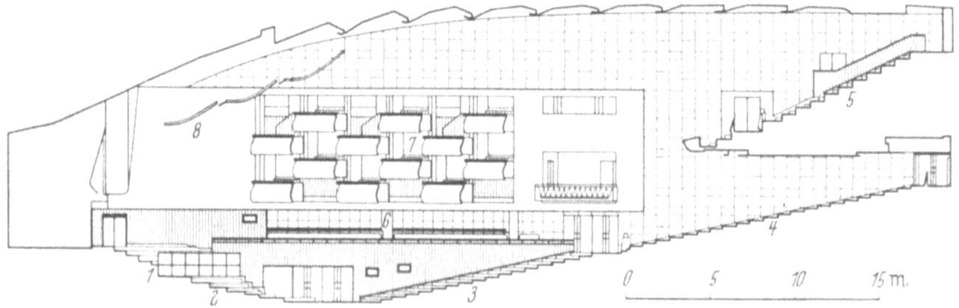

Abb. 264. Längsschnitt der Royal Festival Hall in London.
1 Choir, 2 Orchestra, 3 Stalls, 4 Terrace Stalls, 5 Grand Tier, 6 Balcony, 7 Boxes, 8 Schallspiegel

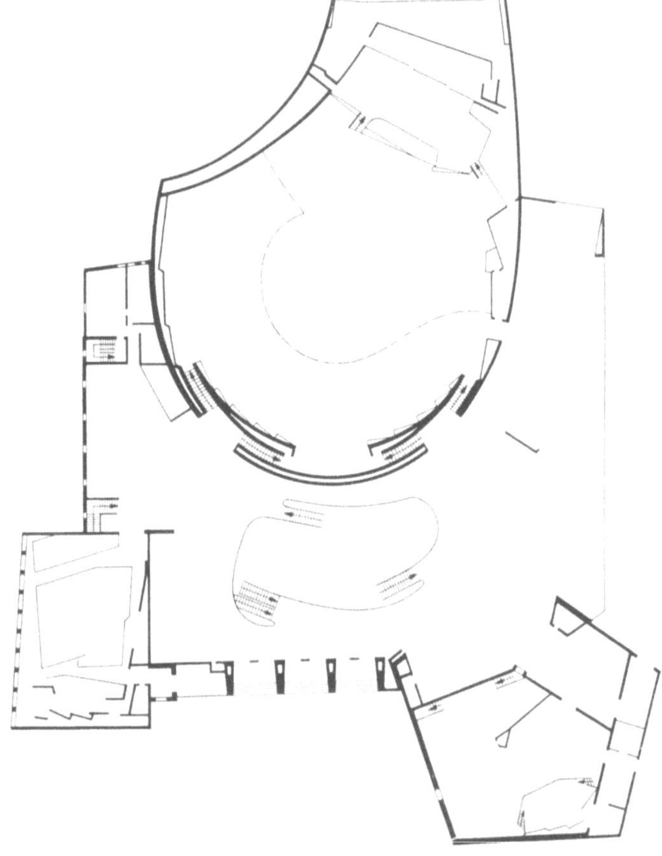

Abb. 265. Grundriß der neuen Liederhalle in Stuttgart

günstigen geometrischen Führung des Schalles von dem Raumteil, in welchem der Schall erzeugt wird, zu den im Raum verteilten Zuhörern kommen kann.

Der Wellenverlauf der von bestimmten Stellen eines Raumes ausgehenden Schallwellen kann geometrisch konstruktiv untersucht werden. Meistens ermittelt man ihn allerdings aus Modellversuchen, und zwar entweder mit Wasserwellen in einem Trog, dessen Umrandung einem Schnitt durch den betreffenden Raum nachgebildet ist[1] oder mit Knallwellen in räumlichen Modellen mit Schlierenverfahren[2]. Vorteil-

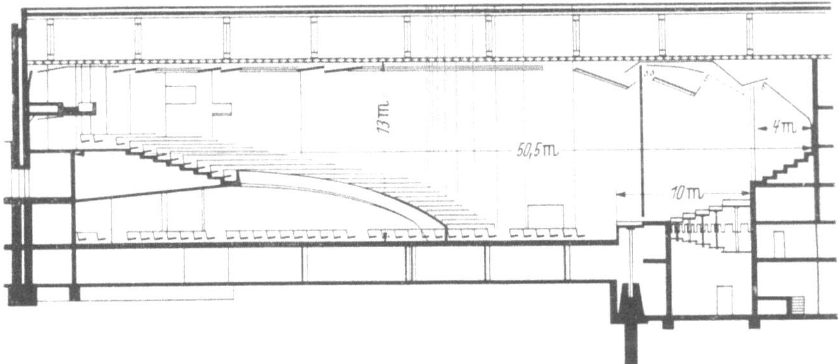

Abb. 266. Längsschnitt durch den großen Saal der Liederhalle

haft benützt man zur Schallerzeugung Funkenüberschläge, man photographiert dann die Wellenfront durch einen entsprechend kurze Zeit nach dem Knall ausgelösten Belichtungsfunken. Abb. 267 zeigt (nach F. M. OSSWALD) eine Schlierenaufnahme in einem Modell.

Neben optischen Schlierenuntersuchungen an Knallwellen werden bei raumakustischen Modellversuchen auch rein akustische Verfahren verwendet. F. SPANDÖCK[3] wies 1934 auf die grundsätzliche Möglichkeit

---

[1] Vgl. z. B. E. MICHEL: Hörsamkeit großer Räume, S. 9, Braunschweig 1921.

[2] Über Schlieren-Verfahren vgl. Ziff. 22, S. 263. Zur Durchführung raumakustischer Modellversuche vgl. insbesondere F. SPANDÖCK: Ann. Phys. (5) **20**, 345 (1934). — OSSWALD, F. M.: Z. Techn. Phys. **17**, 561 (1936). — CANAC, F., u. V. G. GAVREAU: Acustica **1**, 2 (1951). — SOMMERVILLE, T., u. F. L. WARD: ebdt. 40. — LAMORAL, R., u. R. TREMBASKY: Onde électric **33**, 570 (1953). — CANAC, F.: C. R. Acad. Sci. (Paris) **236**, 467 (1953). — NICKSON, A. F. B. u. R. W. MUNCEY: Acustica **6**, 35, 295 (1956). — CREMER, L., L. KEIDEL u. H. MÜLLER: ebdt. 466. — KRAAK, W.: Z. Hochfrequenzt. u. Elektroak. **65**, 91 (1956). — REICHARDT, W.: ebdt. 134. — NIESE, H.: ebdt. 106. — REICHARDT, W.: Schalltechn. **17**, 1 (1957). — CANAC, M. F.: Proc. 2. Conf. Ultrasonics (1957). — CONNOR, A. K.: Acustica **9**, 403 (1959). — KRAUTH, E.: N. T. F. H. **15**, 51 (1959). — ZEMKE, H. J.: ebdt. 56 (1959). — BOUTROS-ATTIA, R.: Proc. 3. I. C. A. Congr. Stuttgart (1959). — KRAUTH, E.: ebdt. — SPANDÖCK, F.: ebdt.

[3] SPANDÖCK, F.: Ann. Phys. (V) **20** 345 (1934).

hin, durch schnelleres Abspielen von Schallplatten Frequenztransponierung und damit eine Anpassung der Wellenlängen an den Modellmaßstab herbeizuführen. Dies Verfahren hat mit der Verbesserung des Schallaufzeichnungsverfahrens, insbesondere seit Einführung des bis zu sehr hohen Frequenzen brauchbaren Magnettonverfahrens an Bedeutung gewonnen[1]. Man kann im Modell die Wirkung von Sprache und Musik im Hörversuch studieren, man ist sogar in der Lage, stereophonisch abzuhören.

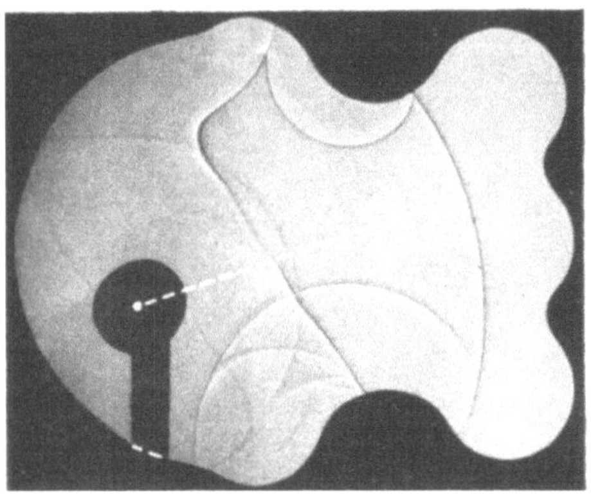

Abb. 267. Schlierenaufnahme der Wellenausbreitung in einem raumakustischen Modell (nach F. M. Osswald)

Die bisherigen Betrachtungen bezogen sich auf Reflexionsvorgänge, bei denen Schallrückwürfe in ganz bestimmte Richtungen erfolgen. Von großer praktischer Bedeutung ist auch die „diffuse Reflexion, wie sie an kassetierten Wänden, Säulen und dgl. erfolgt. Am Ort des Beobachters führte die diffuse Reflexion zu einer Durchmischung der aus den verschiedensten Richtungen einfallenden Schallwellen.

Besonders für die Wirkung musikalischer Darbietungen ist genügend große „Diffusität" des Schallfeldes von Bedeutung. Von R. Thiele[2] wurde die Richtungsdiffusität verschiedener Räume mit Hilfe eines nach allen Richtungen schwenkbaren, in einen großen Hohlspiegel eingebauten und daher scharf gerichtet arbeitenden Mikrophons untersucht; zur Schallerzeugung diente eine allseitig gleichmäßig abstrahlende Lautsprecherkombination. Mit dieser Anordnung wurde die aus den verschiedenen Richtungen einfallende Schallenergie $E(\alpha, \varphi)$ ermittelt, wobei α den Erhebungswinkel und φ den Azimuth bedeutet. Für den durchmessenen Raumwinkel Θ ergibt sich dann als Mittelwert der einfallenden Energie

$$M = \frac{1}{\Theta} \int\limits_{\alpha=\alpha_0}^{\pi/2} \int\limits_{\varphi=0}^{2\pi} E(\alpha, \varphi) \cos \alpha \, d\alpha \, d\varphi,$$

wobei

$$\Theta = 2\pi \int\limits_{\alpha=\alpha_0}^{\pi/2} \cos \alpha \, d\alpha.$$

---

[1] Über die Verwendung des Magnettonverfahrens für raumakustische Modellversuche vgl. E. Krauth: N. T. F. 15, 51 (1959). — R. Botros: Diss. TH Karlsruhe (1956). — Keller, F.: Gravesaner Blätter (1958) 75. — Zemke, H. J.: NTF 15, 56 (1959). Bücklein, R.: Schalltechn. 20 Nor. 36 (1960)

[2] Thiele, R.: Acustica 3, 291 (1953).

Um ein Maß für die Diffusität zu gewinnen, bestimmt man dann noch die absolute mittlere Abweichung um den Mittelwert

$$\varDelta M = \frac{1}{\Theta} \int\limits_{\alpha=\alpha_0}^{\pi/2} \int\limits_{\varphi=0}^{2\pi} |\, E(\alpha, \varphi) - M\,| \cos\alpha\, d\alpha\, d\varphi.$$

Setzt man noch zur Abkürzung $\varDelta M - M = m$ und für den reflexionsfreien Raum $m = m_0$ (wobei m_0 aus der Richtungscharakteristik des Mikrophons bestimmt wird), so ergibt $d = 1 - (m/m_0)$ ein Maß für die Diffusität. Im reflexionsfreien Raum wird $d = 0$ bei völliger Durchmischung des Schallfeldes wird $d = 1$. Tabelle 31 gibt einen Überblick über Diffusitätswerte, welche in verschiedenen Räumen gemessen wurden.

Tabelle 31

Raum	Meßort	Richtungs-diffusität	Ort der Schallquelle	Volumen in m³	Nachhallzeiten in s im leeren Raum bei			
					0,5 kHz	1 kHz	2 kHz	3 kHz
Stadttheater Duisburg	Parkett Mitte	48%	Bühnenmitte	5000	1,2	1,1	1,0	0,9
	Parkett Mittelloge	32%	Bühnenmitte					
	I. Rang Mitte	36%	Bühnenmitte					
	II. Rang Mitte	31%	Bühnenmitte					
Pauliner Kirche Göttingen	Mittelgang Mitte	66%	Altarraum	8500	5,8	5,4	4,4	3,2
Staatsoper Hamburg	Parkett 18. Reihe	17%	Bühnenmitte	6000	1,7	1,4	1,2	1,1
	Rang 9. Reihe	13%	rechte Bühnenseite					
Kurhaussaal Wiesbaden	Parkett Mittelgang 26. Reihe	49%	Orchesterpodium Mitte	11500	1,7	1,8	1,7	1,5

Zu einer sehr anschaulichen Darstellung der an verschiedenen Stellen von Innenräumen vorherrschenden Richtungsverteilungen kann man dadurch kommen, daß man in eine an ihre Oberfläche mit radialen Bohrungen versehene Kugel Metallstäbe hineinsteckt, deren Länge dem Wert der aus der betreffenden Richtung einfallenden Schallenergie entspricht. Als Bezugsmaß dient die aus der Richtung der Schallquelle direkt einfallende Schallenergie. Abb. 268 gibt nach Messungen von E. MEYER und

R. Thiele[1] in dieser Darstellungsart die Schallrichtungsverteilung in
verschiedenen Räumen mit stark aufgegliederten Wänden wieder,
Abb. 269 in dem antiken Theater von Orange. Infolge der Bauart dieses

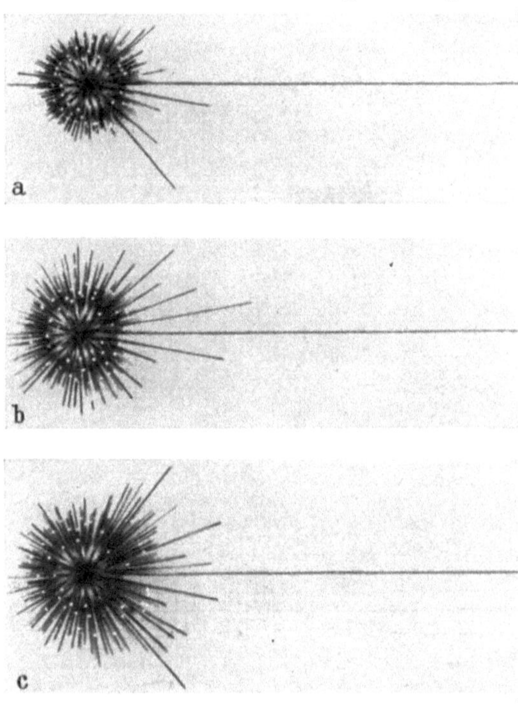

Abb. 268. Schallrichtungsverteilungen in Rundfunkstudios mit aufgegliederten Wänden
a Studio F in Bremen, $d = 64\%$ b Studio i in Bremen, $d = 74\%$ c Studio 1 in Hamburg
$d = 73\%$ (nach E. Meyer u. R. Thiele)

---

[1] Meyer, E., u. R. Thiele: Acustica 6, 424 (1956). — Meyer, E.: J. A. S. A.
26, 630 (1956). Über Diffusität vgl. weiter noch E. Meyer u. L. Bohn: Acustica
2 (AB) 195 (1952). — Furdujew, W. W.: Nachr. Techn. 6, 448 (1956) (betr. insbesondere Eignung von Korrelationsverfahren zur Diffusitätsmessung). — Golikov, E. E.: Akust. Z. (USSR) 2, 255 (1956). — Meyer, E., u. W. Burgtorf:
Acustica 7, 313 (1957). — Dämmig, P.: ebdt. 387 (Messung der Korrelation in
diffusen Schallfeldern). — Kuttruff: ebdt. 8, 330 (1958) (Optische Modellversuche
zur Diffusität). — Stroh, W. R.: J. A. S. A. 31, 234 (1959) (Korrelationsfragen). —
Mit der „Diffusität" eines Innenraumes steht auch der Verlauf seiner Frequenz-
kurve in einem gewissen Zusammenhang. Vgl. hierzu R. H. Bolt u. R. W. Roop:
J. A. S. A. 22, 280 (1950). — Furrer, W., u. A. Lauber: Acustica 2, 251 (1952)
(Kritische Ergänzung zu der Arbeit von Bolt und Roop. Die Arbeit enthält auch
Angaben über die Auswirkung des Einbaues polyzylindrischer Schalldiffusoren in
einem Studio). — Somerville, T.: ebdt. 3, 365 (1953). — Über Verfahren zur
Messung der Frequenzgangschwankung vgl. P. V. Brüel: Proc. 1. I. C. A. Congr.,
S. 21, Delft (1953). — Schröder, M.: Acustica 4, 594 (1954). — Kuttruff, H., u.
R. Thiele: ebdt. 614. — Kurtze, G.: techn. Mitt. P. T. T. 32, 218 (1954). —
Furdujew, W. W.: Akust. Z. (USSR) 1, 299 (1955). — Meyer, E., u. W. Burgtorf:

Gebäudes (von hohen Wänden abgeschlossener Raum ohne Decke) ist die Richtungsdiffusität sehr klein, was der Sprachverständlichkeit zugute kommt.

Für die Hörsamkeit von Innenräumen ist die Frage, wie rasch die im Raum vorhandene Schallenergie nach Abschalten der Schallquelle verschwindet — oder mit anderen Worten, wie stark die Schallabsorption ist —, von großer Bedeutung. Ist die Schallabsorption klein, so klingt der Schallvorgang nach Abschalten der Erregung längere Zeit nach, Musikvorträge klingen verwaschen, bei gesprochenem Wort laufen

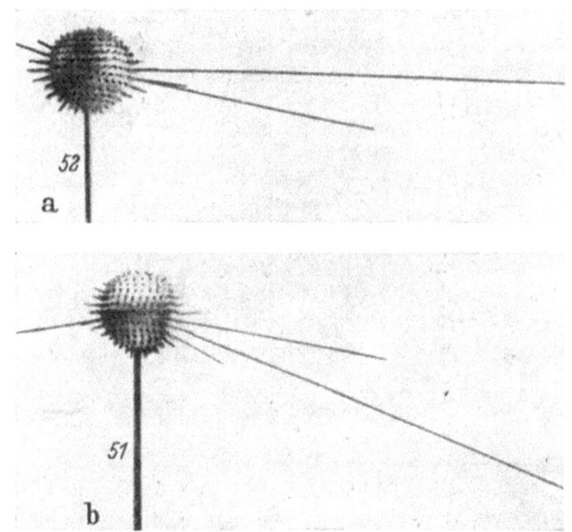

Abb. 269. Schallrichtungsverteilungen im antiken Theater in Orange
a Reihe 1, $d = 32\%$; b Reihe 21, $d = 23\%$ (nach E. MEYER u. R. THIELE)

die einzelnen Silben ineinander über. Ist andererseits die Schallabsorption groß, so wird — bei vorgegebener Leistung der Schallquelle — die mittlere Energiedichte im Raum zu klein, die Sprachverständlichkeit ist wegen zu geringer Lautstärke schlecht, Musikvorträge klingen matt und unbelebt.

In der praktischen Raumakustik kennzeichnet man die Absorptionsverhältnisse von Innenräumen durch die „Nachhallzeit"; hierunter

---

Fortsetzung der Fußnote 1 von Seite 352
Acustica 7, 313 (1957). — LAMORAL, R.: Acustica 9, 57 (1959). — SCHROEDER, M. R.: ebdt. 256. — PEUTZ, V. M. A.: Proc. 3. I. C. A. Congr. Stuttgart (1959). — REICHOW, D.: ebdt. — SCHROEDER, M. R.: ebdt. — VENZKE, G. u. P. DÄMMIG: ebdt. — Besonders hingewiesen sei hier noch auf die kritischen Ausführungen zu diesen Fragen von L. CREMER: Physik in Einzelberichten, H. 2, Raum- und Bauakustik, S. 26 (1957). — Die Definition der Diffusität durch die Richtungsverteilung der am Beobachtungsort einfallenden Schallwellen im Sinn der oben besprochenen Arbeiten von E. MEYER und R. THIELE dürfte wohl die zweckmäßigste sein.

versteht man nach W. C. Sabine[1] die Zeit, innerhalb derer ein Ton vom 10^6fachen Wert der Schallenergie an der Schwelle zur Hörschwelle selbst absinkt — oder — wenn man sich auf den Druck bezieht — die Zeit, innerhalb derer die Druckamplitude vom 10^3fachen Wert des Schwellendruckes auf die Hörschwelle selbst absinkt. Der zeitliche Abfall der gesamten im Raum enthaltenen Schallenergie erfolgt nach Berechnungen von W. Jäger[2] nach einem exponentiellen Gesetz:

$$E = E_0\, e^{-\dfrac{A_R \cdot c \cdot t}{4\,V}}. \tag{194}$$

[1] Sabine, W. C.: Collected papers on acoustics, S. 43ff. Cambridge 1923. Bemerkt sei hier noch, daß die Unterschiedsschwelle des Gehörs für Nachhallzeiten bei sehr niedrigen Werten liegt. Nach Messungen von H. P. Seraphim: Acustica 8, 280 (1958) beträgt für Nachhallzeiten zwischen 0,5 und 2 s die relative Schwelle 4%. — Vgl. auch Kirk, R. E.: J. A. S. A. 30, 915 (1958). — Járfás, T.: Proc. 3. I. C. A. Congr. Stuttgart (1959). — Tarnóczy, T., T. Járfás u. M. Lucácz: Elektron. Rdschau 14, 223 (1960)

[2] Jäger, G.: Wiener Ber. Abt. IIa 120, 613 (1911). — Vgl. hierzu insbesondere auch M. J. O. Strutt: Phil. Mag. 8, 236 (1929). — Math. Ann. 102, 671 (1930). — Schuster, K., u. E. Waetzmann: Ann. Phys. (5) 1, 671 (1929). Die letzterwähnte Arbeit behandelt die exakte Theorie für Räume bestimmter Konfiguration (Kugel, Würfel, Zylinder). — Millington, G.: J. A. S. A. 4, 69 (1932). (Behandlung der Frage, ob man — wie in der Jägerschen Theorie — eine arithmetische Addition bei der Berechnung der Gesamtschluckung aus den einzelnen Schluckwerten vornehmen soll, oder ob zur Berücksichtigung einer gewissen Ordnung bei den Reflexionen eine geometrische Mittelung erforderlich ist.) — Sette, W. J.: J. A. S. A. 4, 193 (1933); Knudsen, V. O.: ebdt. 4, 20 (1933). (Behandlung der Resonanzerscheinungen in kleinen Räumen.) — Voeckler, K.: Ann. Phys. (5) 24, 361 (1935). — Jäger, G.: Eigentöne geschlossener und offener Räume, der Straßen und Plätze. Wien 1936. — Cremer, H., u. L. Cremer: Akust. Z. 2, 225, 296 (1937). — Power, J. R.: J. A. S. A. 10, 98 (1938) (betr. Einfluß der räumlichen Verteilung der Absorptionsmaterialien). — Morison, G. E.: J. A. S. A. 9, 244 (1938). — Hunt, F. V., L. L. Beranek u. D. Y. Maa: ebdt. 11, 80 (1939). — Kawashima, S.: J. A. S. A. 12, 515 (1941). (Betrifft Schluckgrad von Öffnungen, welche in einen anderen Raum führen.) — Bolt, R. H., H. Feshbach u. A. M. Clogston: ebdt. 14, 65 (1942) (Lage der Eigenfrequenzen bei unsymmetrischer Raumbegrenzung). — Morse, P. M., u. R. H. Bolt: Rev. Mod. Physics 16, 69, 324 (1944). — Harris, C. M.: J. A. S. A. 18, 246 (1946) (die letztgenannte Arbeit behandelt Nachhallvorgänge in gekoppelten Räumen). — Feshbach, H., u. C. J. Harris: J. A. S. A. 18, 472 (1946) (Einfluß der räumlichen Verteilung der Absorptionsmaterialien). — Bolt, R. H.: J. A. S. A. 18, 130 (1946); ebdt. 19, 79 (1947) (Frequenzverteilung der Eigenfrequenzen von Innenräumen). — Bolt, R. H., P. E. Doak u. P. J. Westerveld: J. A. S. A. 22, 328 (1950) (betrifft Verfahren der statistischen Analyse). — Mintzer, B.: ebdt. 341 (Theorie der Ausgleichsvorgänge in Innenräumen). — Vogel, Th.: Acustica 2, 281 (1952) (betr. Wellentheorie der Raumakustik). — Allred, J. C., u. A. Newhouse: J. A. S. A. 30, 1, 903 (1958) (Anwendung der Monte Carlo Methode in der Nachhalltheorie). — Ganz besonders sei hier noch auf die eingehende Darstellung durch L. Cremer: Die wissenschaftl. Grundl. d. Raumakustik Bd. 1 Geometrische Raumakustik, Stuttgart (1948) und Wellentheoretische Raumakustik, Leipzig (1950) hingewiesen.

Hierbei bedeutet A_R die gesamte Schallabsorption des Raumes, V das Raumvolumen, E die jeweils vorhandene Gesamtenergie, E_0 die Energie im stationären Zustand vor dem Abschalten der Schallquelle. Zwischen der Raumabsorption A_R und der Nachhallzeit T gilt nach W. C. SABINE

$$T = 0{,}162 \cdot \frac{V}{A_R}. \tag{195}$$

wobei V das Raumvolumen in m³ bedeutet.

Die Beziehung (195) gilt exakt nur dann, wenn der mittlere Absorptionskoeffizient a sämtlicher absorbierender Raumbegrenzungen klein gegen 1 ist. Wenn diese Bedingung nicht erfüllt ist, muß für A_R der Wert $-S \ln (1 - \bar{a})$, wobei S die Gesamtfläche der Raumbegrenzungen bedeutet, gesetzt werden[1]. Auch berücksichtigt Gl. (195) nicht die Luftabsorption; diese beginnt in Räumen mittlerer Größe bei etwa 1000 Hz Einfluß zu gewinnen, bei sehr hohen Frequenzen ist die Luftabsorption allein maßgebend, die Nachhallzeit bei sehr hohen Frequenzen wird dann unabhängig von der Raumgröße[2].

Das durch Gl. (194) beschriebene Exponentialgesetz gilt nur für die Gesamtenergie eines Raumes. Die in den einzelnen Raumelementen jeweils vorhandene Schallenergie schwankt infolge von Interferenzeffekten der von verschiedenen Richtungen aus einfallenden Schallerregungen um den exponentiell abklingenden Mittelwert[3].

Abb. 270 zeigt den Schalldruckverlauf beim Anhall und Nachhall nach oszillographischen Aufnahmen im Kölner Dom[4], die erwähnten Schwankungen um den Mittelwert sind deutlich zu erkennen.

Der Anhall beim Einschalten einer Schallquelle in einem Innenraum verläuft komplementär zum Nachhall, es gilt für die Gesamtenergie die Beziehung:

$$E = E_0 \left(1 - e^{-\frac{A_r \cdot c \cdot t}{4 V}}\right). \tag{196}$$

Gemäß Gl. (195) läßt sich die Gesamtabsorption eines Raumes bekannten Volumens aus Nachhallzeitmessungen ermitteln. Während man sich anfänglich meist auf Nachhallzeitmessungen mit Ohrbeobachtung

---

[1] K. SCHUSTER u. E. WAETZMANN: Ann. Phys. (5) **1**, 671 (1929). — EYRING, C. F.: J. A. S. A. **1**, 217 (1930). — SCHUSTER, K.: A. Z. **4**, 313 (1939). — BRÜEL, P., u. F. INGERSLEV: Lydteknisk Lab. Medd. Nr. 1, S. 1, Kopenhagen 1942 (Diskussion der verschiedenen Nachhalltheorien). — YOUNG, R. W.: J. A. S. A. **31**, 912 (1959). — GOLDBERG, G. A.: Proc. 3. I. C. A. Congr. Stuttgart (1959). — HOLSTMARK, J.: ebdt.

[2] Vgl. hierzu V. O. KNUDSEN: J. A. S. A. **3**, 126 (1931).

[3] Zum Verlauf von Nachhallkurven im einzelnen vgl. insbesondere R. C. JONES: J. A. S. A. **11**, 324, 485 (1940). — WATSON, R. B.: ebdt. **18**, 119 (1946). — ROBBINS, J.G.: ebdt. **24**, 380 (1952). — BARKECHLI, M.: Acustica **1**, 59 (1951). — KUTTRUFF, H.: ebdt. **8**, 273 (1958).

[4] TRENDELENBURG, F.: Wiss. Veröff. Siemens **6**, H. 1, 276 (1927).

beschränkte, führt man Nachhallzeitbestimmungen heute objektiv mittels automatischer elektrischer Verfahren oder auch Registrierung des Nachhallverlaufs mittels eines logarithmischen Pegelschreibers (Ziff. 12, S. 91) durch[1].

Man erregt hierbei den Raum vorteilhaft nicht durch reine Töne, sondern durch einen Heulton[2] oder durch Frequenzbänder geeigneter Breite (meist Oktavbänder oder Terzbänder), die man aus weißem Rauschen ausschneidet[3];

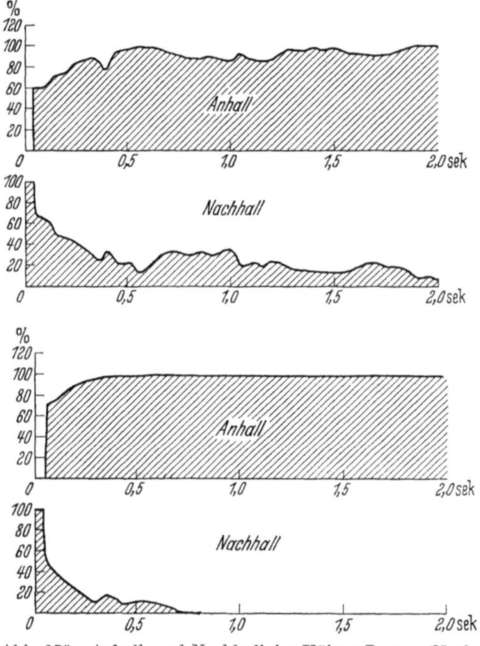

Abb. 270. Anhall und Nachhall im Kölner Dom. (Nach oszillographischen Aufnahmen. Oberer Teil 320 Hz; unterer Teil etwa 3000 Hz)

[1] Über elektrische Methoden zur Nachhallmessung vgl. V. L. Chrisler: J. A. S. A. 1, 418 (1930). — Norris, R. F., u. C. A. Andree: ebdt. 1, 366 (1930). — Olson, H. F., u. B. Kreuzer: ebdt. 2, 78 (1930). — Hartmann, C. A., u. G. Sommer: Veröff. Nachr.-Techn. 1, 173 (1931). — Hollmann, H. E., u. Th. Schultes: Elektr. Nachr.-Techn. 8, 387 (1931). — Chrisler, V. L., u. W. F. Snyder: J. Motion Pict. Eng. 18, 479 (1932). — Snyder, W. F.: Bur. Stand. J. Res., Wash. 9, 47 (1932). — Norris, R. F.: J. A. S. A. 3, 361 (1932). — Strutt, M. J. O.: Elektr. Nachr.-Techn. 9, 202 (1932). — Meyer, E., u. W. Jordan: Elektr. Nachr.-Techn. 12, 213 (1935). (Methode zur Messung des Nachhalls in besetzten Konzert- und Theaterräumen ohne Belästigung der Zuhörer.) — Cotton, J. C.: Rev. sci. Instrum. 6, 344 (1935). — Benz, F.: Z. Hochfrequenztechn. 48, 98 (1936). — Thienhaus, E.: Arch. Musikforschg. 4, 86 (1939). (Verfahren zur Nachhallmessung, das mit Schußerregung arbeitet und Oktavfilter in Verbindung mit einem logarithmischen Pegelschreiber benutzt.) — Hall, W. M.: J. A. S. A. 10, 302 (1939). — Morrical, K. C.: ebdt. 10, 300 (1939). — Tak, W.: Revue Techn. Philips 9, 370 (1947/48). — v. Leeuwen, F. J.: Tijds. Ned. Radiogenoot. 16, 13 (1951). — Mayo, C. G., u. D. G. Beadle: Electron. Eng. 23, 368, 462 (1951). — LeBel, C. J., u. J. Y. Dunbar: J. A. S. A. 23, 559 (1951). — Brüel and Kjaer: Techn. Rev. No. 3 (1952). — Somerville, T., u. C. L. S. Gilford: B. B. C. Quart. 7, 1 (1952). — Lamoral, R., u. R. Trembasky: Onde électr. 36, 441 (1956). — Odin, G.: Hochfrequenztechn. u. Elektroak. 65, 86 (1956). — Faiman, Z.: Slaboproudy Obzor 17, 322 (1956).

[2] Über Wobbeltöne vgl. W. L. Barrow: J. A. S. A. 3, 562 (1932). — Ann. Phys. (5) 11, 147 (1931). — J. A. S. A. 10, 275 (1939). — Furrer, W., u. A. Lauber: J. A. S. A. 25, 90 (1953).

[3] Vgl. hierzu H. Thiede: Elektr. Nachr. Techn. 13, 84 (1936). — Freygang, H. G.: A. Z. 3, 80 (1938). — Vgl. auch Ziff. 8, S. 53.

man erreicht dadurch, daß die durch Interferenzen bedingten Schwankungen um die exponentiell verlaufende Mittelwertkurve geringer werden. Als Einheit der Absorption benutzt man in der praktischen Raumakustik die Absorption einer 1 m² großen Öffnung.

Das Absorptionsvermögen eines Raumes setzt sich zusammen aus der Absorption an den Begrenzungsflächen des Raumes, wie Wänden, Decke und Fußboden und einer Absorption von Gegenständen, die in den Raum hineingebracht wurden, und schließlich aus der Absorption, die in der Raumluft selbst stattfindet; letztgenannte spielt freilich nur für sehr große Räume und für hohe Frequenzen eine Rolle. Man kann das Absorptionsvermögen in folgender Weise ansetzen:

$$A_R = \sum \alpha_n' \, S_n + \sum \alpha_m'' \, M_m + \sum \alpha_p''' \, V_p \tag{197}$$

hierbei bedeutet α_n' die Absorptionsgrade der Saalbegrenzungsflächen, bezogen auf den Absorptionsgrad von 1 m² offenem Fenster, und zwar wird als Absorptionsgrad das Verhältnis der nichtrückkehrenden zur auffallenden Schallstärke verstanden.

S_n sind die entsprechenden Flächen in m²,

α_m'' die Absorptionsgrade der Einzelobjekte,

M_m die entsprechenden Stückzahlen,

α_p''' den Absorptionsgrad von Stoffen (pro m³), deren Absorption vom Volumen abhängt,

V_p die entsprechenden Volumina.

Zur Messung des Absorptionsgrades von Schallschluckstoffen können verschiedene Verfahren, nämlich das sog. „Nachhallzeitverfahren" und die „Reflexionsverfahren mit stehenden Wellen" bzw. mit „fortlaufenden Wellen" angewendet werden, weiterhin können Messungen in der Weise vorgenommen werden, daß man rechtwinklig gebaute Meßkammern in Eigentönen erregt und das Ausklingen der Schwingungen mißt[1].

---

[1] BHATT, N. B.: J. A. S. A. **11**, 67 (1939). — NEUBERT, H.: A. Z. **5**, 189 (1940). Über Eigentöne rechtwinkliger Räume vgl. noch MAYO, S. G.: Acustica **2**, 49 (1952). — MEYER, E., u. H. G. DIESTEL: Acustica **2**, 161 (1952). — HEAD, J. W.: ebdt. **3**, 174 (1953), ferner Anm. 1, S. 73 angezogene Arbeiten. Über schiefwinkelige Räume vgl. T. NIMURA u. K. SHIBAYAMA: J. A. S. A. **29**, 85 (1957). — Über Messungen in einem kugelförmigen Hohlkörper, in welchem konzentrisch eine Kugel aus Absorptionsmaterial eingebracht ist, vgl. M. A. FERRERO u. G. G. SACERDOTE: Acustica **8**, 325 (1958). — Über kugelförmige Räume vgl. auch W. PECHHOLD: Acustica **9**, 48 (1959).

Bei dem Nachhallzeitverfahren[1] wird der Absorptionsgrad durch Nachhallzeitmessungen in einem stark hallenden Meßraum (dem „Hallraum") vor und nach Einbringen der Schluckstoffprobe ermittelt. Für den Absorptionsgrad α_p einer Probe von der Fläche S_p folgt aus Gl. (195):

$$\alpha_p = \frac{1}{S_p}\left[\frac{0{,}162\ V}{T} - \frac{0{,}162\ V\,(S - S_p)}{T_0 \cdot S}\right], \qquad (198)$$

hierbei bedeutet S die Fläche der nicht vom Schluckstoff bedeckten Wandteile; da diese meist groß gegen S_p ist, reicht praktisch zur Absorp-

---

[1] SABINE, W. C.: Collected papers on acoustics, S. 43ff. Cambridge 1923. — Über Hallraummessungen vgl. noch P. E. SABINE: J. A. S. A. **3**, 139 (1931). — CHRISLER, V. L.: Phys. Rev. (2) **45**, 749 (1934). — KNUDSEN, V. O.: Rev. Mod. Phys. **6**, 1 (1934). — SABINE, P. E.: J. A. S. A. **6**, 239 (1935). — DREISEN, I.: Techn. Phys. (USSR) **3**, 743 (1936). — MEYER, E.: Akust. Z. **2**, 179 (1937). — MORRIS, R. M., G. M. NIXON and J. S. PARKINSON: J. A. S. A. **9**, 234 (1938). — SABINE, P. E.: ebdt. **10**, 1 (1938). — POWER, J. R.: ebdt. **10**, 98 (1938). — SCHUSTER, K.: Z. VDI **82**, 921 (1938). — MEYER, E., u. A. SCHOCH: Akust. Z. **4**, 51 (1939). (Kritische Gegenüberstellung von in verschiedenen Instituten gewonnenen Meßwerten.) — HARRIS, C. M.: J. A. S. A. **17**, 35 (1945) (Absorptionsmessung durch Aufnahme von Frequenzkurven des Raums). — BOTSFORD, J. H., R. N. LANE u. R. B. WATSON: J. A. S. A. **24**, 742 (1952). — MEYER, E., u. H. G. DIESTEL: Acustica **1**, 161 (1952) (betr. Erregung bestimmter Eigenschwingungen eines quaderförmigen Hallraumes durch scharf gerichteten Schallsender). — TYZZER, F. G., u. H. A. LEEDY: J. A. S. A. **26**, 651 (1954) (Kritische Wertung der verschiedenen Meßverfahren, zahlreiche Literaturang.). — HÄNDLER, W., u. G. VENZKE: Acustica **4**, 587 (1954) (Nomogramm zur Ermittlung der Schallabsorption). — LAMORAL, R.: Ann. Télécomm. **10**, 206 (1955). — WATERHOUSE, R. V.: J. A. S. A. **27**, 247 (1955) (betr. Interferenzfelder in Hallräumen). — COOK, R. K., R. V. WATERHOUSE, R. D. BERENDT, S. EDELMAN u. M. C. THOMSON: ebdt. 1072 (betr. Korrelationseffekte in Hallräumen). — VENZKE, G.: Acustica **6**, 2 (1956) (betr. Formgebung von Hallräumen für Meßzwecke). — KEIBS, L.: Nachr. Techn. **6**, 347 (1956) (Messungen im Hallraum bei verschiedenartiger Schallerregung). — KOLMER, F.: Slaboproud. Obz. **17**, 500 (1956). — WATERHOUSE, R. V.: J. A. S. A. **29**, 544 (1957). — MCAULIFFE, D. R.: ebdt. 1270. — KOYASU, M.: Bull. Kobayasi Inst. Res. **7**, 188 (1957). — WATERHOUSE, R. V.: ebdt. **30**, 4 (1958). — MEYER, E.: ebdt. 624 (Analogien zu elektr. Systemen). — KUTTRUFF, H.: Acustica 8, 330 (1958). — MEYER, E., u. H. KUTTRUFF: Nachr. Akad. Wiss. Göttingen No 6 (1958) (betr. Diffusitätsfragen in Hallräumen). — STEFFEN, E.: Z. Hochfrequ. u. Elektroak. **67**, 73 (1958). — FIALA, W. T., u. J. K. HILLIARD: J. A. S. A. **31**, 269 (1959). — FITZROY, D.: ebdt. 893. — BALACHANDRAN, C. G.: ebdt. 1319. — SCHROEDER, M. R.: ebdt. 1407. — DOAK, P. E.: Acustica **9**, 1 (1959). — ATAL, B. S.: ebdt. 27. — VENZKE, G.: Z. Instr. Kde **67**, 231 (1959). — SATO, K., u. M. KOYASU: J. Phys. Soc. Jap. **14**, 365 (1959). — BADARAU, E., M. GRUMAZESCU u. L. MATEI: Proc. 3. I. C. A. Congr. Stuttgart (1959). — CACIOTTI, M., u. G. SACERDOTE: ebdt. — MÜLLER, H. A.: ebdt. — NEPOMUCENO, L. X., H. C. A. MURTA u. W. JORGE: ebdt. — NORTHWOOD, T. D., u. C. G. BALACHANDRAN: ebdt. — TARNOCZY, T.: ebdt. — WATERHOUSE, R. V.: ebdt. — Zur Bestimmung von Absorptionsgraden in Hallräumen vgl. auch Normblatt DIN 52212.

Das Hallraumverfahren kann auch zu Schallabsorptionsmessungen in Flüssigkeiten verwendet werden. Vgl. J. KARPOVICH: J. A. S. A. **26**, 819 (1954).

tionsgradberechnung häufig die einfachere Beziehung

$$\alpha_p = \frac{1}{S_p}\left(\frac{0{,}162\,V}{T} - \frac{0{,}162\,V}{T_0}\right) \tag{199}$$

aus. T_0 ist hierbei die Nachhallzeit vor Einbringen der Probe.

Bei dem Reflexionsverfahren mit stehenden Wellen[1] beobachtet man die Rückwirkung des Prüfstoffs auf die Schallvorgänge in einem Rohr, die hierbei auftretenden Erscheinungen wurden bereits in Ziff. 24, S. 338 besprochen. Die Schalldruckwerte vor der Prüfstoffwand schwanken räumlich zwischen einem Maximalwert $p_{\max} = p_e + p_r$ und einem Minimalwert $p_{\min} = p_e - p_r$, wenn mit p_e die Druckamplitude der einfallenden, mit p_r diejenige der reflektierten Welle bezeichnet wird.

Der Absorptionsgrad berechnet sich zu

$$\alpha_p = 1 - \frac{(p_{\max} - p_{\min})^2}{(p_{\max} + p_{\min})^2}, \tag{200}$$

Beim Reflexionsverfahren mit fortlaufenden Wellen[1] muß man die reflektierte Welle unbeeinflußt von der einfallenden Welle ausmessen, man läßt hierzu einen Schallstrahl schräg auf die Prüffläche auffallen und mißt den Schalldruck in der reflektierten Welle mit einem geeigneten richtungsempfindlichen Empfänger (Druckgradientempfänger), der so orientiert ist, daß er auf die einfallende Welle nicht anspricht; der Ausschlag am Meßinstrument möge A_1 betragen. Dann ersetzt man die Prüffläche durch eine unter gleichem Winkel zum Schallstrahl angebrachte vollkommen reflektierende Fläche und bestimmt wieder den Ausschlag (A_2). Der Absorptionsgrad ergibt sich dann zu

$$a_p = 1 - \frac{A_1^2}{A_2^2}. \tag{201}$$

Dies Vefrahren ist insbesondere geeignet, die Winkelabhängigkeit des Schallabsorptionsvermögens zu ermitteln.[2]

---

[1] Vgl. L. CASPER u. G. SOMMER: Wiss. Veröff. Siemens-Werke **10**/4, 117 (1931). — SCHUSTER, K.: Phys. Z. **35**. 408 (1934); Elektr. Nachr. Techn. **13**, 164 (1936). — MORRICAL, K. C.: J. A. S. A. **8**, 162 (1937). — BERANEK, L.: ebdt. **12**, 3 (1940). — JONES, E., EDELMAN, S., u. A. LONDON: J. Res. Nat. Bur. Stand. **49**, 17 (1952). — KURTZE, G., u. A. LAUBER: Techn. Mitt. P. T. T. **32**, 249 (1954) (Vergleich von mit dem Rohrverfahren und mit dem Hallraumverfahren gewonnenen Meßwerten). — DUBOUT, P., u. W. DAVERN: Acustica **9**, 15 (1959). — Vgl. zu dem Rohrverfahren insbesondere noch die eingehenden kritischen Ausführungen von C. ZWIKKER u. C. W. KOSTEN in dem Buch „Sound Absorbing Material" S. 85ff., Amsterdam (1949).

[2] CREMER, L.: Z. techn. Phys. **16**, 568 (1935). — Elektr. Nachr.-Techn. **13**, 36 (1936). — Eine Methode zur Messung des Reflexionsvermögens von Baustoffen hat auch F. SPANDÖCK: Ann. Phys. **20**, 328 (1934), entwickelt. (Kurztonmethode: oszillographische Ausmessung eines von einem Lautsprecher abgestrahlten, vom Probestück reflektierten Wellenzugs von etwa $^1/_{200}$ sec Dauer.) — Vgl. weiterhin noch RAES, A. C.: Proc. 1. I. C. A. Congr. S. 123, Delft (1953).

In der folgenden Tabelle 32 sind einige Werte von Absorptionsgraden zusammengestellt[1].

Die Absorptionsgrade sind im allgemeinen stark frequenzabhängig. So ist beispielsweise die Schallabsorption poröser Materialien bei tiefer Frequenz nur gering, in einem bestimmten Frequenzgebiet nimmt sie dann stark zu; sie kann dann bei hoher Frequenz dem optimalen Wert von 1 nahe kommen.

Die Schallabsorption in porösen Materialien kommt dadurch zustande, daß die Luftteilchen in den Kanälen des Stoffs durch den auffallenden Schall zum Schwingen erregt werden und daß dann durch Reibung Schallenergie in Wärme verwandelt wird. Neben der Materialdicke ist für den Absorptionsgrad maßgebend in erster Linie die Strömungsresistanz pro Längeneinheit („spezifische Strömungsresistanz") und zwar versteht man hierunter das Verhältnis des Druckgefälles zu der dadurch hervorgerufenen mittleren Strömungsgeschwindigkeit. Die spezifische Strömungsresistanz läßt sich durch einen Versuch mit Gleichströmung ermitteln, bei dem man die Luftmenge bestimmt, welche in der Zeiteinheit bei vorgegebenem Druckgefälle durch den Stoff hindurchtritt[2]. Von Einfluß ist weiterhin die „Porosität" des Materials, hierunter versteht man das Verhältnis des der Luftströmung im Material zur Verfügung stehenden Querschnitts zum Gesamtquerschnitt. Die bei den verschiedenen Materialien vorkommenden Strömungsresistanzen besitzen stark abweichende Werte (z. B. $17 \cdot 10^6 \, \mathrm{Nsm^{-4}}$ bei Celotex B, $68 \cdot 10^3 \, \mathrm{Nsm^{-4}}$ bei dichtem Wollfilz, $8 \cdot 10^3 \, \mathrm{Nsm^{-4}}$ bei Akustikplatte A und 1,6 bis $7 \cdot 10^3 \, \mathrm{Nsm^{-4}}$ bei Watte). Die Porosität der meisten Materialien ist nahezu die gleiche, die Werte schwanken zwischen etwa 0,7 und 0,9. Die Theorie der Schallabsorption[3] zeigt, daß man gute Absorptionszahlen dann

---

[1] Nach E. MICHEL: Raumakustisches Merkblatt, 6. Aufl., S. 10. Hannover 1939. Vgl. noch in Anm. 3 angezogene Arbeiten.

[2] Über Porositätsmessungen vgl. H. F. GERDIEN: A. Z. **6**, 329 (1941). — SULLIVAN, R. R.: J. Appl. Phys. **12**, 503 (1941). — BROWN, R. L., u. R. H. BOLT: J. A. S. A. **13**, 337 (1942). — LEONARD, R. W.: ebdt. **17**, 240 (1946). — NICHOLS, R. H.: ebdt. **19**, 866 (1947). — LEONARD, R. W.: J. A. S. A. **20**, 39 (1948) (Dynamische Meßmethode). — ZWIKKER, C., u. C. W. KOSTEN: Sound Absorbing materials. New York 1949 S. 76 u. ff. — SABINE, H. J.: Bull. Am. Soc. Test. Mat. No 211, S. 29 (1956). — BARTHEL, F.: Acustica **6**, 259 (1956). — Vgl. weiterhin Normblatt DIN 52213.

[3] Nach L. CREMER: Elektr. Nachr.-Techn. **12**, 333, 362 (1935). — Vgl. zu diesen Fragen insbesondere auch V. KÜHL u. E. MEYER: Nature **130**, 580 (1932). — Berliner Ber. **1932** (XXVI). — GEMANT, A.: Berliner Ber. **1933** (XVI, XVII) 579. — WINTERGERST, E., u. H. KLUPP: Z. VDI **77**, 91 (1933). — WINTERGERST, E.: Schalltechn. **6**, 5 (1933). — RETTINGER, M.: J. A. S. A. **6**, 188 (1935); **8**, 53 (1936). — CREMER, L.: E. N. T. **10**, 302 (1933); **13**, 36 (1936). — A. Z. **5**, 57 (1940) (Abhängigkeit vom Einfallswinkel). — SCHUSTER, K.: A. Z. **3**, 137 (1938). — HUNT, V.: J. A. S. A. **10**, 216 (1939). — PELLAM, J.: ebdt. **11**, 396 (1940). — MORSE, P. M.,

Tabelle 32. Schallabsorptionsgrade

Bei Tönen von	128	512	2048 Hertz
a) auf 1 m² Fläche bezogen:			
Beton, Marmor, Wasserfläche (z. B. in Schwimmhallen)	0,01	0,01	0,02
Putz	0,02	0,02	0,03
Ziegelmauerwerk in Zement	0,01	0,02	0,02
Nesselstoff	—	0,02	—
Glas in einfacher Dicke	0,04	0,03	0,02
Linoleum, gewöhnl. Ziegelmauerwerk	0,02	0,03	0,04
Stuck-Verzierung	0,03	0,04	0,07
Kork-Fußbodenplatte, 2 cm dick, gebohnert	0,04	0,05	0,07
Kunststein	0,02	0,05	0,07
Rupfen	—	0,07	—
Gummifußbodenbelag, 5 mm dick, auf Beton	0,04	0,08	0,03
Holz	0,10	0,10	0,08
Baumwollstoff, glatt an der Wand .	0,04	0,13	0,32
Teppich, 5 mm dick	0,04	0,15	0,52
Kokos-Läufer.	0,08	0,17	0,30
Schallschluckende Platten, je nach Art, Dicke und Befestigungsweise	0,12—0,30	0,17—0,61	0,21—0,77
Haarfilz, weich, 5 mm dick, auf der Fläche liegend	0,09	0,18	0,55
Des., mit Teppich-Auflage	0,07	0,57	0,81
Vorhang	0,05	0,23	0,30
Bühnenöffnung	—	0,25—0,40	—
Ölgemälde einschl. Rahmen	—	0,28	—
Velour	0,05	0,35	0,38
Öffnungen von Heizungs- und Lüftungskanälen	0,30	0,50	0,50
b) auf 1 Stück bezogen:			
Holzbank mit Lehne, je Sitz	—	0,01	—
Stuhl aus gebogenem Holz (sog. Wiener Stuhl)	0,01	0,02	0,02
Kirchengestühl, je Sitz.	0,01	0,02	0,02
Sitzkissen, mit dünnem Stoff	0,07	0,14	0,13
Dsgl., mit Plüsch	0,09	0,17	0,13
Dsgl., mit Kunstleder	0,11	0,18	0,07
Klappstuhl, Sitz u. Lehne aus Sperrholz	0,02	0,02	0,04
Dsgl., Sitz u. Lehne mit Kunstleder gepolstert	0,13	0,15	0,07
Dsgl., mit Velour gepolstert	0,28	0,28	0,34
Hörerschaft, für 1 Person	0,33	0,44	0,46
Klavier	0,20	0,60	0,52
c) auf 1 m³ bezogen:			
Zimmerpflanzen	—	0,11	—

erreicht, wenn das Produkt von Plattendicke und spezifischer Strömungsresistanz etwa das 2—8fache des Wertes der Schallkennimpedanz der Luft (415 MKS) beträgt. Zur Absorption tiefer Töne sind beträchtliche Plattendicken (für 100 Hz mindestens etwa 8 cm) erforderlich. Zur Absorption tiefer Töne ist es — insbesondere, wenn nicht genügend dicke Platten zur Verfügung stehen — weiterhin erforderlich, die absorbierenden Stoffe hinreichend weit vor einer etwaigen schallharten Raumbegrenzung anzuordnen[1].

Der Schluckgrad poröser Stoffe hängt, wie noch bemerkt sei, vom Einfallswinkel ab; er steigt mit zunehmendem Einfallswinkel zunächst an, um dann nach Erreichen eines Maximums abzufallen. Der — für nicht zu hochliegende Frequenzen — theoretisch ermittelte Verlauf für

Fortsetzung der Fußnote 3 von S. 360

R. H. Bolt u. R. L. Brown: ebdt. **12**, 217 (1940). — Ramer, L. G.: ebdt. **12**, 323 (1941) (Absorption von streifenförmig angeordnetem Material). — Eijk, J. van den, u. C. Zwikker: Physica 8, 149 (1941). — Zwikker, C., J. van den Eijk u. C. W. Kosten: ebdt. 469 (1941). — Kosten, C. W., u. C. Zwikker: ebdt. 933, 947, 957. — Zwikker, C.: ebdt. 1102. — Beranek, L. L.: J. A. S. A. **13**, 248 (1942). — Korniga, J., R. Kronig u. A. Smit: Physica **11**, 209 (1945). — Kosten, C. W.: J. A. S. A. **18**, 457 (1946). — Harris, C. M.: ebdt. **17**, 242 (1946). — Cook, R. K., u. P. Chrzanowski: ebdt. **17**, 315 (1946) (Absorption an zylinderförmigen mit Absorptionsstoffen verkleideten Körpern), vgl. auch ebdt. **21**, 167 (1949). — Beranek, L. L.: ebdt. **19**, 556 (1947). — Harris, C. M.: J. A. S. A. **20**, 440 (1948). — Cremer, L.: A. E. Ü. **2**, 136 (1948) (betr. akustische Grenzschicht vor Wänden). — Cramer, W. S.: J. A. S. A. **22**, 260 (1950) (Absorption bei sehr hohen Frequenzen). — Sabine, H. J.: ebdt. 387 (Vergleich von nach verschiedenen Methoden ermittelten Werten). — Bressi, A., u. G. G. Sacerdote: Alta Frequenza **20**, 28 (1951). — Meyer, E., u. R. W. Karmann: Acustica **1**, 130 (1951) (betr. Luftteilchenschwingungen in der Nähe schallabsorbierender Wand). — Kenworthy, R. W., u. T. D. Burnam: J. A. S. A. **23**, 531 (1951). — Eisenberg, A.: Acustica **2** (AB), 108 (1952) (betr. Schluckgradvergleichsmessungen). — McGrath, J. W.: J. A. S. A. **24**, 305 (1952). — Harris, C. M., u. Ch. T. Molloy: ebdt. 1 (Überblick über die Theorien der Schallabsorption). — Parolini, G.: J. A. S. A. **26**, 795 (1954) (Absorption von mit porösen Materialien verkleideten zylindrischen Schalldiffusern). — Harris, C. M.: ebdt. **27**, 1077 (1955). — Reichardt, W.: Hochfr. Techn. u. Elektroakust. **63**, 145 (1955) (elektrische Analogien zur akustischen Absorption). — Brosio, E.: Alta Frequenza. **26**, 632 (1957) (Glasfaser u. Steinwollmatten mit Lackdeckschicht). — Baranova, V. N., u. K. A. Velizhina: Akust. Z. (USSR) **3**, 99 (1957). — Cook, R. K.: J. A. S. A. **29**, 324 (1957) (Absorption an Materialien in Streifenform). — Pancholy, M., u. B. S. Atal: J. Sci. Industr. Res. **17** B, 239 (1958). — Tichy, J.: Slaboprod. Obz. **19**, 690 (1958). — Evans, E. J., u. P. H. Parkin: Acustica 8, 117 (1958) (Steinwände). — Venzke, G.: ebdt. 295 (poröse Kunststoffschäume). — Northwood, T. D., M. T. Grisaru u. M. A. Medcof: J. A. S. A. **31**, 595 (1959). — Gilford, C. L. S., u. N. C. H. Druce: Proc. 3. I. C. A. Congr. Stuttgart (1959). — Kuhl, W.: ebdt. — Lang, W. W.: ebdt. — Löchstöer, W.: ebdt. — Schubert, R.: ebdt. — Helberg, H. W.: Acustica **9**, 155 (1959) (betr. Unters. d. Schwing. von Luftteilchen dicht vor porösen Absorbern).

[1] Vgl. C. M. Harris: J. A. S. A. **22**, 290 (1950).

die Winkelabhängigkeit der Schallabsorption (unendlich dick vorausgesetzter) poröser Proben ist (nach L. CREMER[1]) in Abb. 271 dargestellt.

Parameter der Kurven sind die Werte $\sqrt{\dfrac{r_a}{\omega \varrho \sigma}}$, wobei r_a den spezifischen äußeren Strömungswiderstand, ϱ die Dichte, σ die Porosität der Probe und ω die Kreisfrequenz bedeutet. Die Parameterwerte der Kurven a, b und c betragen 4, 8 bzw. 16. Die für Nachhallräume wirksamen Mittelwerte sind mit a', b', c' bezeichnet. Für sehr große Frequenzen und hochporöse Schallschlucker ergibt die Rechnung eine Unabhängigkeit vom Winkelwert. Eingehende Messungen der Winkelabhängigkeit der Schallabsorption wurden F. K. SCHRÖDER[2] mit der zuerst von TH. LANGE[3] angewandten Flachraummethode, bei der nach dem Impulsverfahren

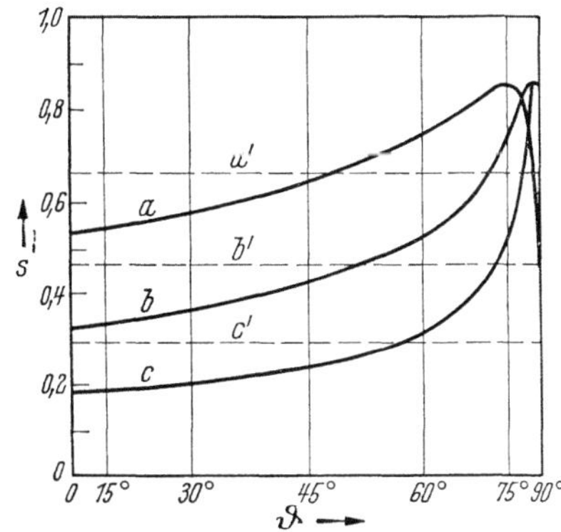

Abb. 271. Winkelabhängigkeit des Absorptionsgrades einer dicken porösen Schicht für tiefe Frequenzen (nach L. CREMER)

gearbeitet wird, durchgeführt. Abb. 272 zeigt die Meßanordnung. An der linken Abschlußseite des Flachraumes sind abwechselnd

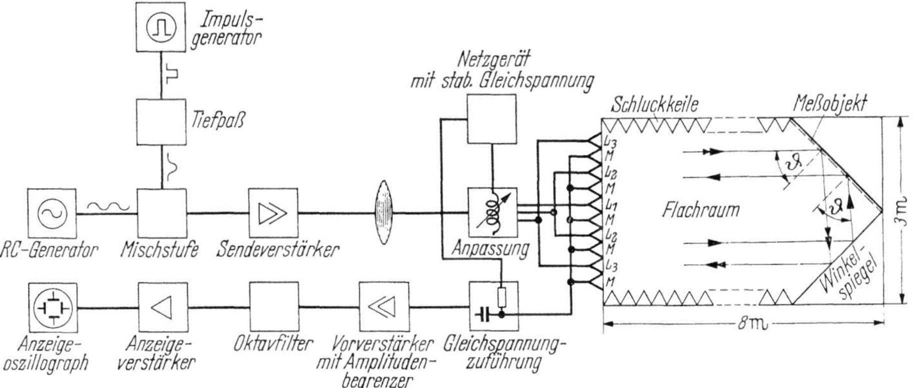

Abb. 272. Flachraumverfahren zur Messung der Winkelabhängigkeit der Schallabsorption (nach F. K. SCHRÖDER)

---

[1] Nach L. CREMER: Wiss. Grundl. d. Raumakustik, Bd. 3, S. 152, Leipzig 1950. — Vgl. hierzu insbesondere auch V. KÜHL u. E. MEYER: Berl. Ber. Phys. Math. Kl. Bd. 26, 416 (1932). — CREMER, L.: E. N. T. 10, 302 (1933); 13, 36 (1936). — SCHUSTER, K.: A. Z. 3, 137 (1938). — HUNT, V. J.: J. A. S. A. 10, 216 (1939). — LONDON, A.: ebdt. 22, 663 (1950). — INGARD, U., u. R. H. BOLT: ebdt. 23, 509 (1951).
[2] SCHRÖDER, F. K.: Acustica 3, 54 (1953).
[3] LANGE, TH.: Dipl.-Arbeit Göttingen (1948).

elektrostatische Lautsprecher L und Mikrophone M angebracht, die gegenüberliegende Seite ist durch einen drehbaren 90° Winkelspiegel abgeschlossen. Durch diesen Winkelspiegel wird der von links

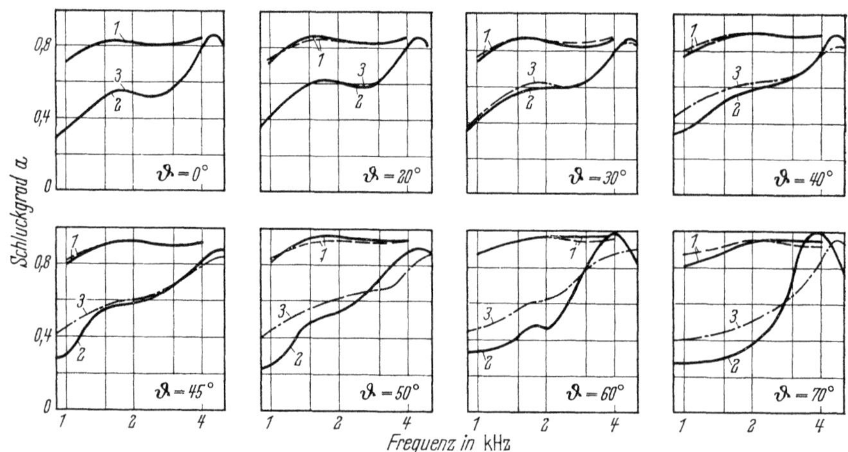

Abb. 273. Schluckgrad poröser Materialien
1 Hallonit, Dicke 3 cm, Dichte 0,20 g · cm⁻³; *2* Gepreßte Holzwolle, Dicke 5 cm, Dichte 0,06 g · cm⁻³, Unterteilung in Zellen durch Metallbleche in jeweils 5 cm Abstand; *3* wie *2*, aber ohne Unterteilung
——— und —·—·— gemessen, — — — berechnet (nach F. K. SCHRÖDER)

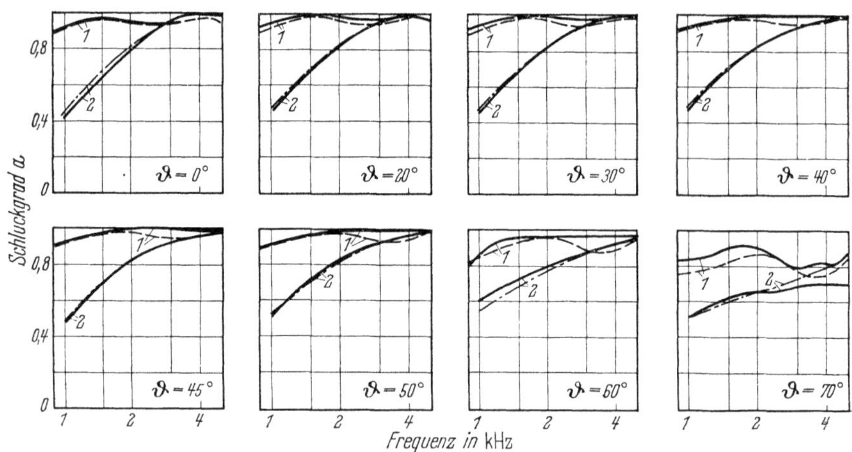

Abb. 274. Schluckgrad poröser Materialien
1 Gerrix-Glasfaserplatte V, Dicke 4,5 cm, Dichte 0,050 g · cm⁻³; *2* Gerrix-Glasfaserplatte X, Dicke 2 cm, Dichte 0,10 g · cm⁻³
——— gemessen, — — — — und —·—·— berechnet (nach F. K. SCHRÖDER)

ankommende Schall unabhängig von der jeweiligen Orientierung des Spiegels in die Einfallsrichtung zurückgeworfen. Der eine Schenkel des Winkelspiegels wird mit der auszumessenden Probe belegt.

Abb. 273 und Abb. 274 zeigen die Winkelabhängigkeit der Schallabsorption einiger poröser Materialien. Da die betreffenden Proben eine
endliche Dicke besitzen, ergeben sich Maxima der Absorption dann,
wenn $d = (2\,n + 1) \cdot \lambda'/4$ ist ($d =$ Dicke der durchlaufenden Schicht,
λ' Wellenlänge des Schalles im absorbierenden Material) — oder, anders
ausgedrückt, wenn in der Oberfläche Schwingungsknoten liegen. Die
Maxima sind in den Kurven zu erkennen.

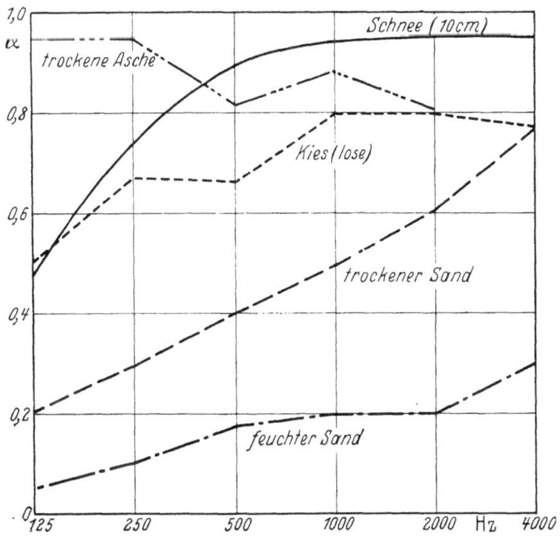

Abb. 275. Schallabsorption in Sand, Asche, Kies und Schnee (nach G. W. C. Kaye u. E. J. Evans)

Auch die Absorption von Versuchspersonen nimmt mit der Frequenz
stark zu. So fanden z. B. E. Meyer und P. Just[1] folgende Absorp-
tionskoeffizienten pro Person:

150 Hz $\pm$ 50 Hz	300 Hz $\pm$ 100	600 Hz $\pm$ 100	1200 Hz $\pm$ 200
0,04	0,1	0,7	0,8

	2400 Hz $\pm$ 200	4800 Hz $\pm$ 300	
	1,4	1,4	

Die Schallabsorption von Sand, Asche, Kies und Schnee wurde von
G. W. C. Kaye und E. J. Evans[2] gemessen, die wichtigsten Ergebnisse
sind in Abb. 275 zusammengestellt.

Zur Schallabsorption bei tiefen Frequenzen eignen sich Materialien,
welche zu Biegungsschwingungen fähig sind, so z. B. schwingungsfähig
gelagerte Sperrholzplatten. Bei derartigen Materialien erfolgt die Schall-

---

[1] Nach E. Meyer u. P. Just: Elektr. Nachr.-Techn. **5**, 295 (1928). — Gigli, A.:
Alta Frequenza. IX, 103 (1940).
[2] Kaye, G. W. C., u. E. J. Evans: Proc. Phys. Soc. **52**, 351 (1940).

absorption durch die mit der erzwungenen Biegungsschwingung verbundene innere Reibung im Material[1]. In Abb. 276 ist die Frequenzabhängigkeit der Schallabsorption derartiger Schallschluckstoffe dargestellt[2].

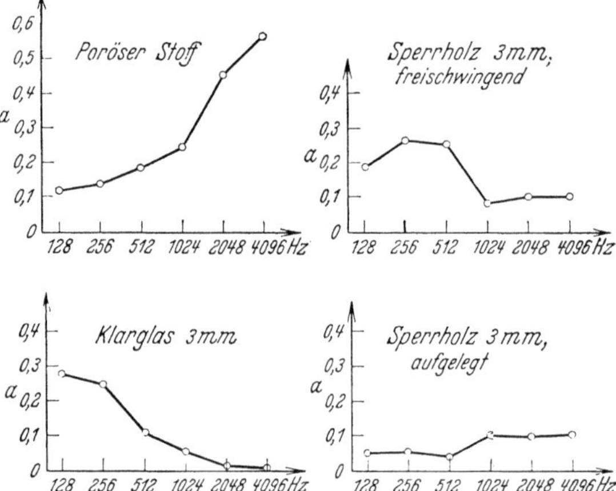

Abb. 276. Frequenzabhängigkeit der Schallabsorption bei schwingungsfähigen und bei porösen Materialien

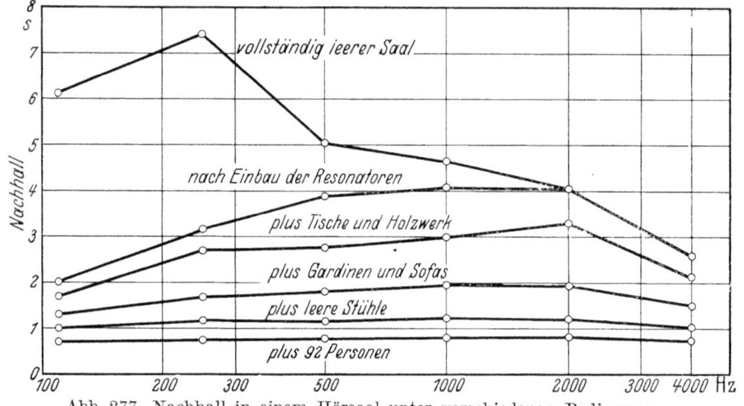

Abb. 277. Nachhall in einem Hörsaal unter verschiedenen Bedingungen

[1] Vgl. hierzu insbesondere E. MEYER: Elektr. Nachr.-Techn. **13**, 95 (1936). — LAUFFER, H.: Hochfrequenztechn. **49**, 9 (1937).

[2] Nach E. MEYER u. L. CREMER: Z. techn. Phys. **14**, 500 (1933). Die Theorie der Schalldämpfung durch schwingungsfähige Platten behandelt J. HOLTSMARK: Norsk. Vidensk. Selsk. Forh. **14**, 25 (1941). Vgl. ferner P. E. SABINE u. L. G. RAMER: J. A. S. A. **20**, 267 (1948). — PARKIN, P. H., u. H. J. PURKIS: Acustica **1**, 81 (1951). — ORMESTAD, H.: Norsk. Vidensk. Selsk. Forh. **23**, 3 (1951). — SPIEKERMANN, H.: Glastechn. Ber. **27**, 162 (1954). — LAUBER, A.: Techn. Mitt. P. T. T. **33**, 192 (1955). — BRODHUN, D.: Nachr. Techn. **5**, 354 (1955). — BROSSIO, E.: Alta Frequenza **25**, 32 (1956) (Membranen aus plastischen Stoffen). — KOSTEN, W. C., u. J. H. JANSEN: Acustica **7**, 372 (1957) (nachgiebige Schicht auf starrer Wand). — CHOUDHURY, N. K. D., u. M. V. S. S. RAO: J. Inst. Telecomm. Eng. **5**, 103 (1959).

Zur Erhöhung der Schallabsorption bei tiefen Frequenzen hat sich auch der Einbau von verschieden abgestimmten Resonatoren, beispielsweise in Form von Lochsteinen mit dahinter befindlichen Hohlräumen, oder „Resonanzwänden" (mit Löchern oder Schlitzen versehenen und in einiger Entfernung vor einer starren Wand angeordneten Schallschluckstoffen) bewährt. Abb. 277 zeigt nach P. O. PEDERSEN[1] die Wirkung des Einbaus von in einem Bereich von 90—350 Hz abgestimmten Resonatoren auf den Nachhall in einem Hörsaal.

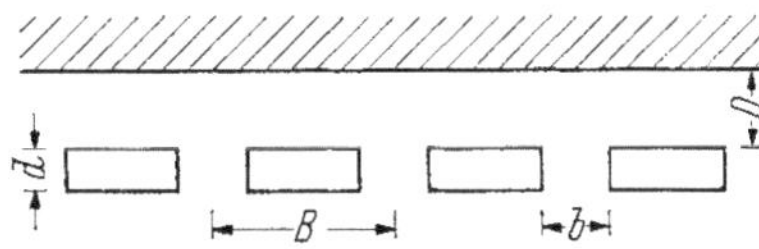

Abb. 278. Schallabsorptionswand mit Schlitzen (nach J. W. SMITS u. C. W. KOSTEN)

Die Frequenz der maximalen Schallabsorption geschlitzter Wände hängt von der Stärke d, dem Abstand D der geschlitzten Wand von der massiven Abschlußwand (Abb. 278), der Schlitzbreite b und dem Schlitzabstand B ab.

In Tabelle 33 sind (nach J. W. SMITS und C. W. KOSTEN[2]) Resonanzfrequenzen f_0 einer geschlitzten Wand mit den Daten $d = 4$ mm, $b = 7{,}28$ mm, $B = 228$ mm für verschiedene Abstandswerte D angegeben.

Tabelle 33

D [mm]	72,8	54,6	36,5	18,4	7,3
f_0 [Hz]	263	320	377	494	625

---

[1] PEDERSEN, P. O.: Lydtekniske, Undersogelser, Ingeniorvidensk. Skrifter 1940, Nr. 5. — BERG, R., u. J. HOLTSMARK: Norske Vidensk. Selsk. Forh. **13**, 190 (1940). — Zur Absorption durch Resonatoren und geschlitzte Wände vgl. weiter S. N. RSCHEVKIN: C. R. Acad. Moskau (USSR) **22**, 564 (1939). — WILLMS, W.: A. Z. **4**, 29 (1929). — JORDAN, V. L.: A. Z. **5**, 77 (1940). — GIGLI, A.: Alta Frequenza **IX**, 717 (1940). — VITAL, K.: J. Techn. Phys. (USSR) **10**, 980 (1940). — RSCHEVKIN, E. N., u. S. P. TEROSSIPIJANTZ: J. Phys. (USSR) **IV**, 45 (1941). — JORDAN, V. L.: J. A. S. A. **19**, 972 (1947). — GIGLI, A.: ebdt. **20**, 839 (1948). — SACERDOTE, G. G. u. E. A. GIGLI: ebdt. **23**, 349 (1951). — INGARD, U., u. R. H. BOLT: ebdt. 533. — VEPA, R. K.: Electrotechnics **23**, 50 (1951). — VELIZHANINA, K. A.: Z. Techn. Phys. (USSR) **21**, 1087 (1951). — GILFORD, C. L. S.: Brit. J. Appl. Phys. **3**, 86 (1952). — WARD, F. L.: B. B. C. Quart. **7**, 174 (1952). — CALLAWAY, B. B., u. L. G. RAMER: J. A. S. A. **24**, 309 (1952). — LAUBER, A.: Techn. Mitt. P. T. T. **30**, 209 (1952) — KURTZE, G.: ebdt. **32**, 81 (1954). — HABANEC, J.: Slaboproudy Obzor **15**, 508 (1954). — INGARD, U.: J. A. S. A. **24**, 289 (1954). — BECKER, E. C. H.: ebdt. **26**, 798 (1954). — KOHLSDORF, E.: Hochfrequenztechn. u. Elektroak. **64**, 33 (1955). — MIKESKA, E. E., u. R. N. LANE: J. A. S. A. **28**, 987 (1956). — LIENARD, P.: Acustica **8**, 86 (1958) (Berechnung gelochter Strukturen). — RAGAVAN, D. G.: J. Inst. Telcomm. Eng. **4**, 213 (1958). — FERRERO, M. A., u. G. G. SACERDOTE: Acustica **9**, 23 (1959). — LIENARD, P.: ebdt. 419.

[2] SMITS, J. M. A., u. C. W. KOSTEN: Acustica **1**, 114 (1951) (mit ausführlichen Diagrammen zur praktischen Berechnung derartiger Absorptionswände). Vgl. auch TICHY, J.: Z. Hochfrequ. Elektroak. **67**, 149 (1959). — GIGLI, A., u. G. SACERDOTE: Proc. 3. I. C. A. Congr. Stuttgart (1959).

Die experimentell bestimmten Werte stimmen gut mit Werten überein, die nach einer von den genannten Forschern aufgestellten Theorie ermittelt wurden.

Bemerkt sei noch, daß auch an nichtporösen starren Wänden eine beträchtliche, zunächst nicht vorauszusehende Schallabsorption dann eintritt, wenn der Schall sehr flach einfällt. B. KONSTANTINOV[1] und L. CREMER[2] zeigten, wie diese Absorption in einer Grenzschicht unmittelbar vor der starren Wand zustande kommt, insbesondere ist für den Energieentzug aus dem Schallfeld auch die Tatsache von Bedeutung, daß an einer starren Wand hinreichend großer Wärmeleitfähigkeit die Temperatur konstant bleiben muß. Die Nachhallzeiten idealer Hallräume (beispielsweise solcher, deren Wände aus starken Marmorplatten bestehen) sind durch diesen Effekt begrenzt.

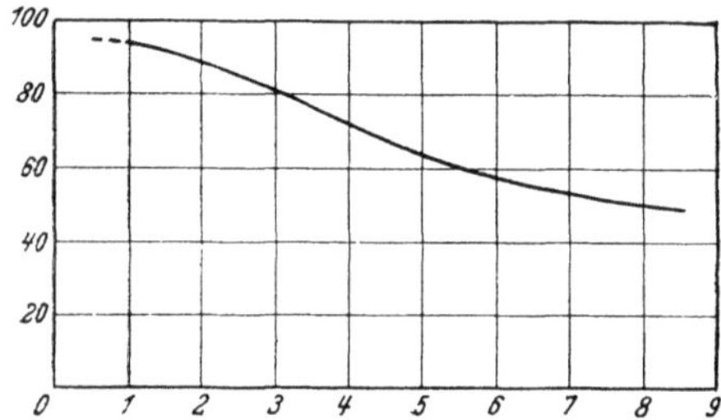

Abb. 279. Nachhallzeit und Sprachverständlichkeit. (Bei konstanter Lautstärke, Ordinate: Sprachverständlichkeit in %; Abszisse: Nachhalldauer in sec; nach V. O. KNUDSEN)

Unter Zuhilfenahme der Beziehungen (195), (197) und der in den vorstehenden Tabellen angegebenen Schallabsorptionswerte ist es möglich, die Nachhallzeit von Räumen vorgegebener Beschaffenheit rechnerisch zu ermitteln. Es empfiehlt sich bei Planung von Räumen, in denen Sprache oder Musik zu Gehör gebracht werden soll, die Nachhallzeiten vor baulicher Ausführung zu errechnen. In den meisten Fällen stimmt die berechnete Nachhallzeit mit den Ergebnissen der praktischen Messungen hinreichend genau überein, in einzelnen speziell gelagerten Fällen kann die Berechnung allerdings auch zu ungenauen oder sogar unbrauchbaren Werten führen; dies gilt insbesondere für Innenräume, die aus mehreren verhältnismäßig lose gekoppelten Raumteilen zusammengesetzt sind wie z. B. große mehrschiffige Kirchen[3].

Die Frage, welche Nachhallzeiten für Räume, in denen Sprachübertragungen stattfinden sollen, vorteilhaft sind, läßt sich an Hand von Silbenverständlichkeitsmessungen weitgehend klären. Abb. 279 zeigt die Abhängigkeit der Silbenverständlichkeit[4] von der Nachhallzeit bei

---

[1] KONSTANTINOV, B.: J. techn. Phys. (USSR) **9**, 226 (1939).

[2] CREMER, L..: A. E. Ü. **2**, 136 (1948).

[3] Vgl. hierzu F. TRENDELENBURG: Z. techn. Phys. **13**, 46 (1932). — EYRING, C. F.: J. A. S. A. **4**, 179 (1933).

[4] Über den Begriff der Silbenverständlichkeit vgl. Ziff. 32, S. 501.

konstant gehaltener Lautstärke am Ohr des Beobachters nach Messungen von V. O. KNUDSEN[1], und zwar wurden diese Messungen in Räumen mittlerer Größe (Raumvolumen etwa 5000—8000 m³) durchgeführt. Bei einer Nachhallzeit von einer Sekunde besitzt die Silbenverständlichkeit noch nahezu den (optimalen) Wert von 96%, bei 3 sec Nachhallzeit beträgt die Silbenverständlichkeit nur noch 80%, bei 6 sec 55%. Bei derart langer Nachhallzeit ist es dann nicht mehr möglich, gesprochenem Wort zu folgen. Führt man die Messungen statt bei konstant gehaltener Lautstärke bei konstant gehaltener Leistung der Schallquelle durch, so verschieben sich die Verhältnisse etwas, es tritt ja bei absinkender Absorption, also anwachsender Nachhallzeit eine Erhöhung der mittleren Energiedichte und damit der Lautstärke am Ohr des Beobachters ein. Man erhält in diesem Falle in Abhängigkeit vom Raumvolumen ein freilich sehr flaches Optimum der Nachhallzeit, und zwar beträgt

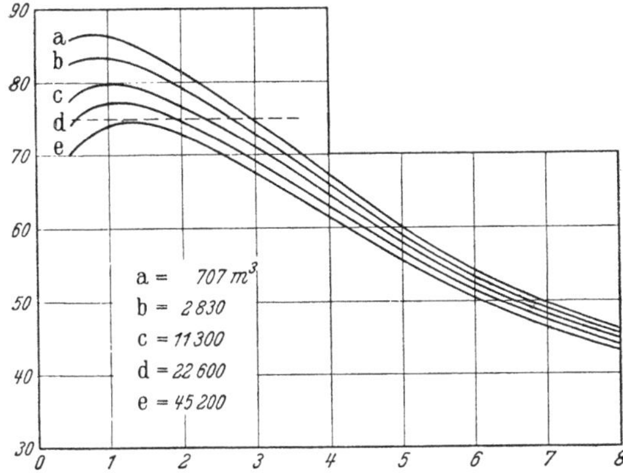

Abb. 280. Nachhallzeit und Sprachverständlichkeit. (Bei konstant gehaltener Schalleistung Ordinate: Sprachverständlichkeit in %; Abszisse: Nachhalldauer in sec; nach V. O. KNUDSEN)

die optimale Nachhallzeit 0,8 sec bei Räumen von 1000 m³ gegenüber 1,3 sec bei 50000 m³ (Abb. 280).

Für den Zusammenhang zwischen der Nachhallzeit und der Wirkung musikalischer Darbietungen fehlt ein so scharfes Kriterium, wie wir dieses bei Sprachdarbietungen in Verständlichkeitsmessungen besitzen; man ist bei Beurteilung dieser Frage durchaus auf den subjektiven Ein-

---

[1] KNUDSEN, VERN O.: J. A. S. A. 1, 56 (1929). — Zur Frage des Zusammengangs der Nachhalldauer mit der Sprachverständlichkeit vgl. insbesondere noch R. H. BOLT u. A. B. MacDONALD: J. A. S. A. 21, 577 (1949). — GOLIKOV, E. E.: Akust. Z. (USSR) 2, 255 (1956). — NIESE, H.: Hochfrequenztechn. u. Elektroak. 66, 70 (1957). — GOLIKOV, E. E.: Akust. Z. (USSR) 3, 142 (1957). — JANSSEN, J. H.: Acustica 7, 305 (1957). — SOMERVILLE, T., u. J. W. HEAD: ebdt. 96. — DOLANSKY, L. O.: J. A. S. A. 30, 175 (1958). — Hingewiesen sei hier auch noch auf den sog. „Cocktail Party" Effekt (Verständigungsschwierigkeiten bei Zusammensein vieler Gäste in einem kleinen Raum). Vgl. hierzu insbesondere MacLEAN, W. R.; J. A. S. A. 31, 79 (1959). — GOLIKOV, E. E.: Akust. Z. (USSR) 4, 362 (1958). — NICKSON, A. F. B., u. R. W. MUNCEY: Acustica 9, 316 (1959). — Proc. 3. I. C. A. Congr. Stuttgart (1959).

druck angewiesen. Abb. 281, welche einer Arbeit von F. R. WATSON[1] entnommen wurde, enthält die Nachhallzeitwerte einer Anzahl anerkannt guter Konzertsäle. Die Dinge liegen hier so, daß die optimale Nachhallzeit für Musikdarbietungen etwa mit der dritten Wurzel aus dem Raumvolumen ansteigt. Die Nachhallzeiten britischer Konzertsäle sind (nach P. H. PARKIN, W. E. SCHOLES und A. G. DERBYSHIRE[2]) in Abb. 282 zusammengestellt, in die Darstellung sind auch Kurven der Werte eingetragen, die von H. BAGENAL und A. WOOD[3] bzw. V. O. KNUDSEN und C. M. HARRIS[4] für die Optimalen erachtet werden.

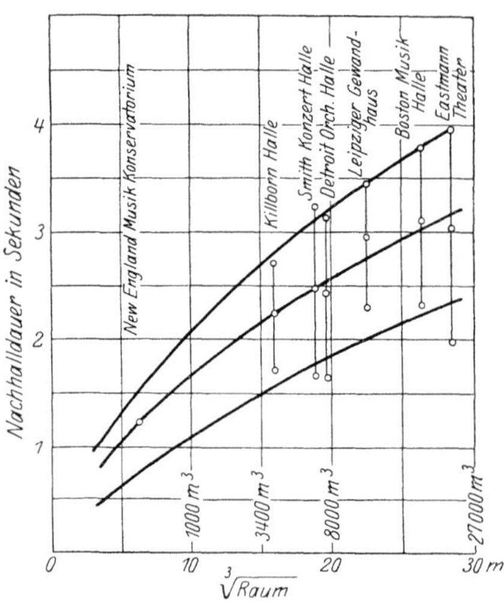

Abb. 281. Nachhallzeiten guter Konzertsäle. (Leer, ein Drittel besetzt, voll besetzt, nach F. R. WATSON)

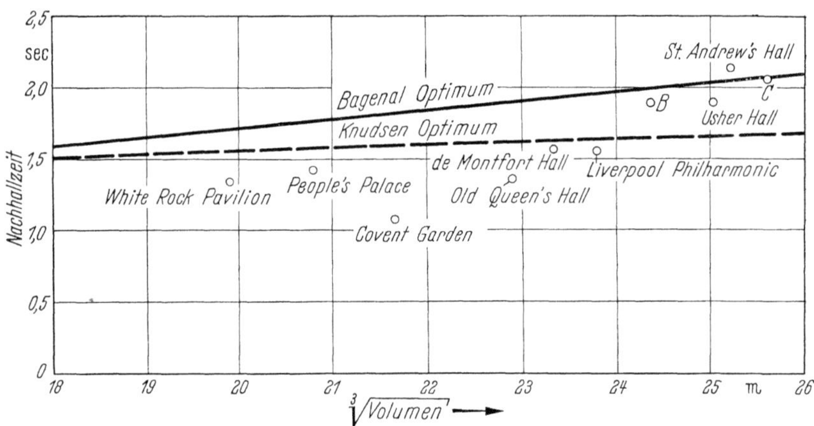

Abb. 282. Nachhallzeiten britischer Konzertsäle (nach P. H. PARKIN, W. E. SCHOLES u. A. G. DERBYSHIRE)

---

[1] Nach F. R. WATSON: J. Franklin Inst. **198**, 73 (1924). — Bei zu kurzer Nachhalldauer läßt sich, worauf hier noch hingewiesen sei, eine Verbesserung durch künstliche Nachhallverlängerung mit elektrischen Mitteln erreichen. Vgl. hierzu R. VERMEULEN: Phil. Techn. Rev. **17**, 229 (1955/1956). — SLAVIK, J. B., u. J. TICHY: Slaboproud. Obzor **19**, 96 (1958).

[2] PARKIN, P. H., W. E. SCHOLES u. A. G. DERBYSHIRE: Acustica **2**, 97 (1952).

[3] BAGENAL, H., u. A. WOOD: Planning for good Acoustics, London 1931, S. 116.

[4] KNUDSEN, V. O., u. C. M. HARRIS: Acoustical design in architecture, New York, 1950, S. 194; Architectural Record, Nov. 1948, S. 157.

Abb. 283 gibt nach F. Winckel[1] Auskunft über die Frequenzabhängigkeit der Nachhallzeit einiger weiterer neuzeitlicher Konzertsäle; die Nachhallzeit nimmt im allgemeinen mit steigender Frequenz etwas ab. Messungen über die Frequenzabhängigkeit der Nachhallzeit von Barockkirchen führte W. Lottermoser[2] durch (Abb. 284). Ins-

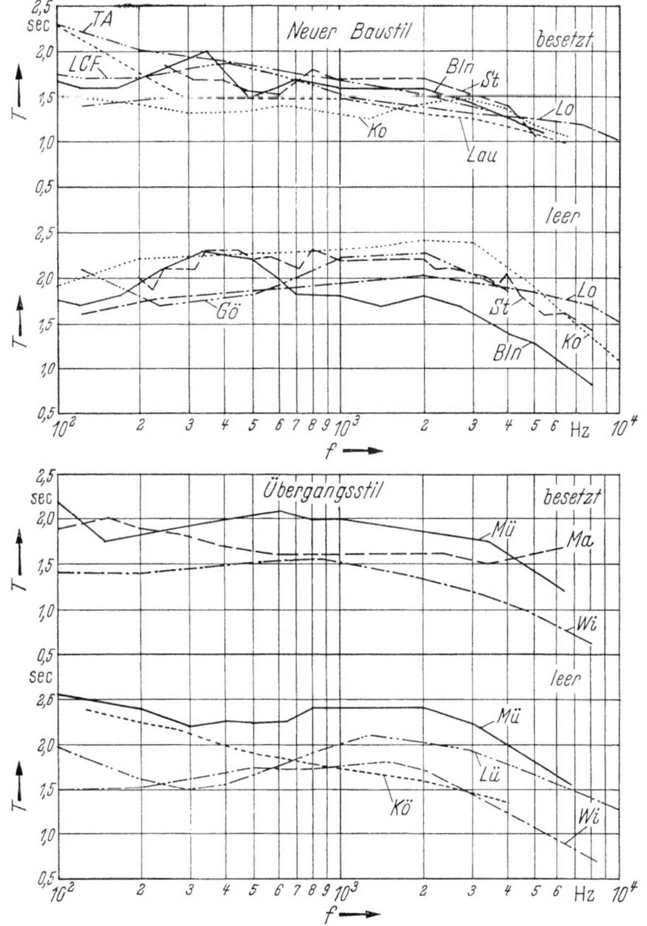

Abb. 283. Nachhallzeiten verschiedener neuerer Konzertsäle (nach F. Winckel)

besondere in den Kirchen in Rot und in Ebersmünster ist ein längerer Nachhall in mittleren Frequenzbereichen zu beobachten; es scheint, daß ein derartiger Verlauf der Nachhallkurve gerade für die Klangwirkung polyphoner Musik, wie sie in der Barockzeit einen Höhepunkt erreichte, von besonderer Bedeutung ist. Abb. 285 enthält diejenigen Werte der Nach-

[1] Winckel, F.: Frequenz **12**, Nr. 2, S. 50 (1958).
[2] Lottermoser, W.: Acustica **2**, 109 (1952).

24*

halldauer, die — nach V. O. KNUDSEN und C. M. HARRIS[1] — in Räumen verschiedener Größen für die verschiedenen Arten akustischer Darbie-

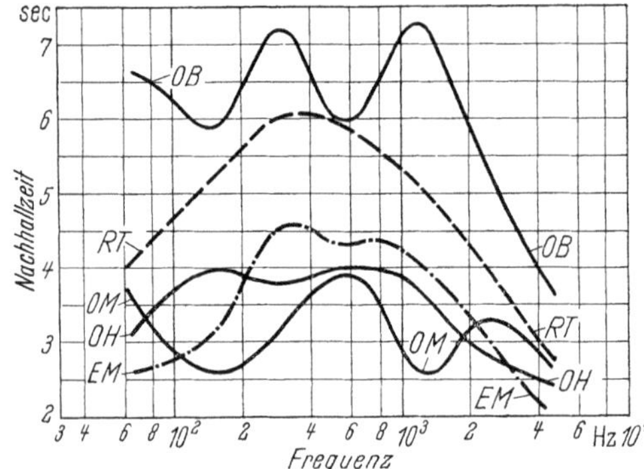

Abb. 284. Nachhallzeiten in Barockkirchen
OB Ottobeuren, *RT* Rot a. d. Rot, *OM* Obermarchtal,
OH Ochsenhausen u. *EM* Ebersmünster
(nach W. LOTTERMOSER)

tungen empfehlenswert sind. Eingehende Untersuchungen über die günstigste Nachhallzeit von Musikräumen wurden insbesondere auch von W. KUHL[2] durchgeführt. Er erachtet einen Wert von 1,5 sec für klassische (MOZART) und moderne (STRAWINSKY) symphonische Musik und von etwas über 2 sec für romantische symphonische Musik (BRAHMS)

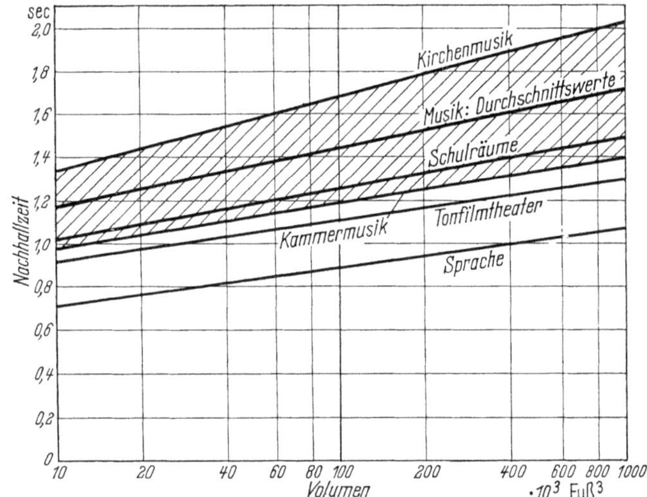

Abb. 285. Optimale Nachhallzeiten (nach V. O. KNUDSEN u. C. M. HARRIS)

[1] KNUDSEN, V. O., u. C. M. HARRIS: Architectural Record, Nov. 1948, S. 157.
[2] KUHL, W.: Acustica 4, 618 (1954). — Zur Frage guter Raumakustik von Kirchen, Theatern, Rundfunkräumen usw. vgl. insbesondere MACNAIR, W. A.: J. A. S. A. 1, 242 (1930). — BÉKÉSY, G. v.: Ann. Phys. (5) 8, 851 (1931). — KNUDSEN, VERN O.: J. A. S. A. 2, 434 (1931). — STANTON, G. T., and F. C. SCHMID: ebdt. 4, 44 (1932). — BÉNÉCKE, H.: Ann. Phys. (5) 15, 259 (1932). — TRENDELENBURG, F.: Z. techn. Phys. 13, 46 (1932). — BÉKÉSY, G. v.: Ann. Phys. 19, 665 (1934). — GABLER, W.: Kinotechn. 16, 78 (1935). — BRAUNMÜHL, H. J. v.: Z. techn. Phys. 16, 571 (1935). — BERG, R. R., u. J. HOLTSMARK: Norske Vidensk. Selsk. Forh. Nr. 32 (1935). — KIRKE, H. L., u. A. B. HOWE: J. Instn. electr. Engrs. 78, 404 (1936). — GIGLI, A.: Alta Frequ. 8, 87 (1939). — RETTIN-

Fortsetzung der Fußnote 2 von S. 372
GER, M.: J. Motion Pict. Engrs. **33**, 410 (1939). — SUHAREVSKY, C. M.: C. R. Moskau **26**, 892 (1940) (raumakustische Rückkoppelung in Innenräumen). — POTWIN, C. C.: J. Mot. Pict. Engr. **35**, 111 (1940). — MASON, C. A., u. J. MOIR: J. Inst. Electr. Engr. **88**, 175 (1941) (Tonfilmtheater). — WATSON, F. R.: J. A. S. A. **12**, 470 (1941). — FURRER, W.: Schweiz. Angew. Wiss. Archiv. **8**, 77, 99, 143 (1943) (Rundfunksenderäume). — VOLKMANN, J. E.: J. A. S. A. **13**, 234 (1942). — BONER, C. P.: ebdt. 244 (mit konvex geformten „Schallzerstreuern" ausgestattetes Studio). — FRANK, W.: A. Z. **8**, 205 (1943). — MAXFIELD, J. P., u. W. J. ALBERSHEIM: J. A. S. A. **19**, 71 (1947) (Diskussion der Bedeutung des Verhältnisses der Energiedichte des direkt einfallenden Schalls zur Energiedichte des reflektierten Schalls für die Raumakustik). — RETTINGER, M.: ebdt. 343 (Schallzerstreuung durch konvexe Holzflächen). — PAOLINI, E.: ebdt. 346 (Skala in Mailand: Nachhalldauer etwa 1,3 sec, sehr gute Sprachverständlichkeit). — GURIN, H. M., u. G. M. NIXON: ebdt. 404. — GREEN, L., u. J. Y. DUNBAR: ebdt, 412 (Tonfilmstudios). — MAXFIELD, J. P.: ebdt. **20**, 483 (1947) (Ableitung einer Formel für die optimale Nachhalldauer $T_{opt} = 0{,}212\ V^{1/6}$, V in cufeet). — BERANEK, L. L.: J. A. S. A. **21**, 264 (1949) (Angaben über antike Theater). — CARRUTHERS, W. W., u. D. P. LOYE: ebdt. 428 (Nachhalldauer hochwertiger Studios). — WINTERGERST, E.: Z. angew. Phys. **1**, 428 (1949). — HARRIS, C. M., u. H. FESHBACH: J. A. S. A. **22**, 572 (1950) (gekoppelte Räume). — TUTINO, C., u. G. G. SACERDOTE: Telecomunicazione **4**, 5 (1951) (Schalldiffusoren in Rundfunkräumen). — CANAC, F.: Rev. Sci. Paris **89**, 151 (1951) (antike Theater). — LANE, R. N., F. SEAY u. C. P. BONER: J. A. S. A. **24**, 127 (1952) (Schulräume). — PUJOLLE, J.: Ann. Télécomm. **7**, 305 (1952) (Rundfunkstudios). — SABINE, P. E.: J. A. S. A. **24**, 121 (1952) (akustische Verbesserungen im Capitol). — RAES, A. C., u. G. G. SACERDOTE: ebdt. **25**, 954 (1953) (römische Basiliken). — DIPPNER, H., u. H. J. ZEMKE: Frequenz **7**, 71 (1953). — NICKSON, A. F. B., u. R. W. MUNCEY: Austral. J. Appl. Sci. **4**, 186 (1953). — TARNÓCZY, TH.: Acustica **4**, 665 (1954) (Stadttheater Budapest, Maßnahmen zur Vergrößerung der Nachhallzeit). — REICHARDT, W., E. KOHLSDORF u. H. MUTSCHER: Hochfr. u. Elektroak. **64**, 18 (1955). — LANE, R. N., u. E. E. MIKESKA: J. A. S. A. **27**, 1087 (1955) (Schulräume). — REICHARDT, W.: Hochfr. Elektroak. **64**, 134 (1956) (Staatsoper Berlin). — BLANKENSHIP, J., R. B. FITZGERALD u. R. N. LANE: J. A. S. A. **27**, 774 (1955). — PUJOLLE, J.: Onde électr. **36**, 419 (1956) (Radiostudios). — OLNEY, B., u. R. S. ANDERSON: J. A. S. A. **29**, 94 (1957) (sehr großes Auditorium, etwa 16000 Zuhörer). — FURDUEV, V. V.: Akust. Z. (USSR) **3**, 74 (1957). — CODEGONE, C. C.: J. A. S. A. **29**, 885 (1957). — SOMERVILLE, T., u. C. L. S. GILFORD: Proc. Inst. Electr. Engrs. **104** B, 85 (1957) (große Konzerthallen). — LAMORAL, R.: Acustica **7**, 117 (1957); Revue Sou. Nr. 53, S. 238 (1957). — CANAC, F.: Acustica **7**, 69 (1957) (betr. Freilufttheater). — WINCKEL, F.: Frequenz **12**, 50 (1958) (kritischer Vergleich von 24 Konzerthallen). — NORTHWOOD, T. D., u. E. J. STEVENS: J. A. S. A. **30**, 507 (1958) (Halle für 2700 Personen). — VENZKE, G.: Acustica **9**, 151 (1959). — JUNIUS, W.: ebdt. 289. — KEIBS, L., u. W. KUHL: ebdt. 365. — GILFORD, C. L. S.: Proc. Inst. Elect. Engr. (B) **106**, 245 (1959). — MIKESKA, E. E., u. R. N. LANE: J. A. S. A. **31**, 857 (1959). — SHANKLAND, R. S., u. E. A. FLYNN: ebdt. 866. — OLSON, H. F.: ebdt. 872. — KLEPPER, D. L.: ebdt. 879. — BERANEK, L. L.: ebdt. 882. — BERANEK, L. L.: Proc. 3. I. C. A. Congr. Stuttgart 1959. — BLAUKOPF, K.: ebdt. — JAHODA, M., F. KOLMER u. V. POLÁSKOVÁ: ebdt. — HIRSCHWEHR, E.: ebdt. — JORDAN, V. L.: ebdt. — LUKÁCS, M.: ebdt. — MUNCEY, R. W., u. A. F. B. NICKSON: ebdt. — LEHMANN, R., u. P. BRUN: ebdt. — PAPATHANASSOPOULOS, B.: ebdt. — PEUTZ, V. M. A.: ebdt. — ROSSMAN, W. E.: ebdt. — SOMERVILLE, T.: ebdt. — TOLK, J., u. V. M. A. PEUTZ: ebdt. — ZELLER, W.: ebdt. — TANNER, R. H.: J. A. S. A. **32**, 232 (1960).

für optimal, und zwar unabhängig von der Raumgröße. Die Verschiedenheit der Auffassungen über optimale Nachhalldauerwerte zeigt, wie schwierig es ist, ein sicheres Urteil hierüber zu fällen.

In Rundfunkstudios — insbesondere kleineren Studioräumen — sieht man, wie noch kurz bemerkt sei, vielfach Mittel vor, um die Nachhallzeit verändern zu können, beispielsweise durch Abdecken der stark absorbierenden Wandteile. Abb. 286 zeigt nach P. Arni[1] die extrem erreichbaren Nachhallzeitwerte in einem 750 m³ fassenden Raum des Dänischen Rundfunks in Kopenhagen.

Für das Bauwesen sind neben raumakustischen Erscheinungen auch die Fragen der Schallausbreitung durch Konstruktionsteile, und zwar insbesondere des Schalldurchgangs durch Trennwände von Bedeutung.

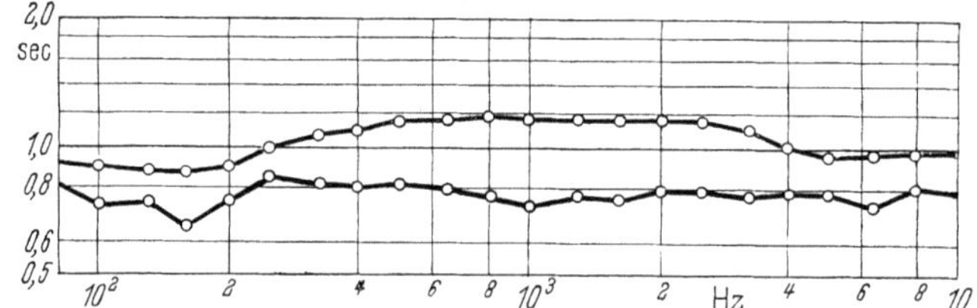

Abb. 286. Extreme Nachhallzeitwerte in einem Rundfunksenderaum variabler Nachhallzeit
(nach P. Arni)

Zur Kennzeichnung der Stärke des Schalldurchgangs durch eine Trennwand benutzt man den Begriff des „Schallisolationsmaßes" R, und zwar versteht man hierunter das im Dezibelmaß (S. 125) angegebene Verhältnis der auf eine Wand auffallenden Schallintensität J_1 zur gesamten hindurchgelassenen Schallintensität J_2; man setzt also $R = 10 \log J_1/J_2$.

Die wichtigsten Gesetzmäßigkeiten der Schalldämmung durch (nichtporöse) Einfachwände wurden von R. Berger und von F. Weisbach[2] ermittelt. Der für die Schalldämmung ausschlaggebende Faktor ist die Wandmasse pro Flächeneinheit, und zwar steigt die Schalldämmung ungefähr mit dem Logarithmus des Wandgewichtes an. In Tabelle 34

---

[1] Arni, P.: J. A. S. A. **22**, 353 (1950). Vgl. hierzu insbesondere auch K. F. Darmer: A. Z. **6**, 331 (1941). — Müller, I.: Techn. Hausmitt. Nordwestd. Rdfk., **5**, 87 (1953). — Venzke, G.: ebdt. **6**, 229 (1954). — Westphal, H.: ebdt. **7**, 11 (1955). — Über künstliche Änderung des Nachhalls mit elektrischen Mitteln vgl. Anm. 1, S. 370.

[2] Berger, R.: Über die Schalldurchlässigkeit. Diss. München 1911. — Weisbach, F.: Ann. Phys. **33**, 763 (1910). — Das Gesamtgebiet der Schalldämmung ist dargestellt bei A. Schoch: Die physikalischen und technischen Grundlagen der Schalldämmung im Bauwesen. Leipzig 1937.

sind nach Messungen von E. MEYER[1] Schallisolationsmaße verschiedener Trennwände zusammengestellt. Die Schalldämmung von Wänden

Tabelle 34. Schallisolationsmaße von Trennwänden

Beschreibung der Wand	Dicke cm	Gewicht kg/m²	Mittlere Schalldämmzahl db
Dachpappe.	—	1	13
Sperrholz, lackiert.	0,5	2	19
Spiegelglas	0,3—0,4	11,4	28
Spiegelglas	0,48	11,6	30
Fensterglas 8/4	—	14	28
Spiegelglas	0,7—0,8	16	29
Dickglas	0,6—0,7	16	29
Spiegelglas	1,0—1,2	30	32
Heraklithwand, verputzt	—	50	38,5
Koksascheplatte, verputzt	6,5	64	34
Rohglas	2,5	66	38,5
Verschiedene Leichtbauplatten . .	8	70	39
	13	75	37
	8	75	43
	13	75	42
	10,5	100	40
	10,5	100	43,5
Schwemmsteinwand, verputzt . . .	12	122	39
Bimsbetonplatte, verputzt	11	131	41
Vollziegelwand, $^1/_4$ Stein, verputzt .	9	153	41,5
Vollziegelwand, $^1/_2$ Stein, verputzt .	15	228	44
Vollziegelwand, $^1/_1$ Stein, verputzt .	27	457	49,5

---

[1] MEYER, E.: Berliner Ber. **1931**, (XI) 166. — Bemerkt sei, daß das logarithmische Gesetz auch bei Ultraschall noch gut erfüllt ist, vgl. N. N. MALOV u. S. N. RSCHEVKIN: Hochfrequenztechn. **40**, 134 (1932). — Über den Schalldurchgang durch Wände vgl. weiterhin V. O. KNUDSEN: J. A. S. A. **2**, 129 (1930). — REIHER, H.: Beih. z. Gesundheits-Ing. **1932** (XI) 28. — BERGER, R.: Forsch. Ing.-Wes. **3**, 193 (1932). — LÜBCKE, E.: Z. techn. Phys. **17**, 54 (1936). — LÜBCKE, E., u. A. EISENBERG: Z. techn. Phys. **18**, 170 (1937). — LINDSAY, R. B., C. R. LEWIS u. R. D. ALBRIGHT: J. A. S. A. **5**, 202 (1934). — CONSTABLE, J. E. R.: Phil. Mag. (7) **18**, 321 (1934). — Proc. phys. Soc., Lond. **48**, 690 (1936). — KIMBALL, A. L.: J. acoust. Soc. Amer. **7**, 222 (1936). — CONSTABLE, J. E. R., and G. H. ASTON: Phil. Mag. (7) **23**, 161 (1937). — KNOWLER, A. T.: Engineering **1939**, 110 (Nomogramm zur Berechnung von Schalldurchlässigkeiten). — SANDERS, F. A.: Canad. J. Res. (A) **17**, 179 (1939); Phys. Rev. **55**, 1127 (1939). — BERG, R., u. J. HOLTSMARK: Norske Vid. Selsk. Forh. **10**, 173 (1937); **12**, 148 (1939). — THIENHAUS, R.: Forsch. u. Fortschr. **21/23**, 244 (1947). — LONDON, A.: Nat. Bur. of Stand. J. of Res. **42**, 605 (1949). — CREMER, L.: V. D. I. Z. **91**, 199 (1949) (Überblick über den Forschungsstand auf dem Schallschutzgebiet). — BERANEK, L. L., u. G. A. WORK: J. A. S. A. **21**, 419 (1949). — MEYER, E., P. H. PARKIN, H. OBERST u. H. J. PURKIS: Acustica **1**, 17 (1951). — CREMER, L.: ebdt. **3**, 317 (1953). — ELLING, W.: ebdt. **4**, 396 (1954) (betr. Messung der mechanischen Eingangsimpedanzen von Platten und Wänden). — FROST, A. D.: ebdt. **28**, 1285

wächst — solange man die Biegungssteifigkeit der Wände nicht zu
berücksichtigen braucht, d. h. also in genügend hohen Frequenzgebieten
— mit der Frequenz an. Abb. 287 gibt die Frequenzabhängigkeit einer
Kunststeinwand (25 cm Stärke, 270 kg/m²)[1] wieder. Theoretisch wäre ein
Anwachsen um 6 db pro Oktave zu erwarten.

Die Berücksichtigung der Massenkräfte allein bedeutet aber eine
starke Vereinfachung gegenüber den tatsächlich vorliegenden Verhältnissen. Für die Wirklichkeit muß auch die Biegungssteifigkeit beachtet

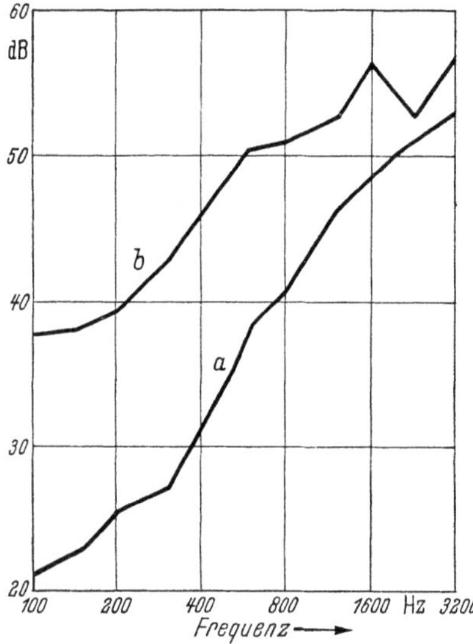

Abb. 287. Schallisolation einer Kunststeinwand
a unverputzt, *b* verputzt (nach C. W. Kosten)

werden. Abb. 288 zeigt den berechneten Frequenzgang der
Schalldämmung bei senkrechtem
Einfall, und zwar gilt die ausgezogene Kurve für eine Wand,
die man als am Rand elastisch
gelagerten Kolben auffaßt, die
gestrichelte Kurve für eine Wand
mit gleichmäßig verteilter Steifigkeit und Masse[2]. Für die Frequenz $f = f_0$ (f_0 Eigenschwingung
der Wand) wird die Schalldämmung zu Null, wenn man von
den Verlusten durch innere Reibung absieht.

Beim Schalldurchgang durch
Trennwände tritt bei schrägem
Schalleinfall ein interessanter von

Fortsetzung der Fußnote 1 von S. 375

(1956) sowie J. J. Geluk: Acustica **7**, 84 (1957) (elektrische Analogien). — Pujolle,
M. J.: ebdt. **8**, 27 (1958). — Heckl, M., u. K. Seifert: Acustica **8**, 212 (1958)
(Einfluß der Eigenresonanzen der Meßräume auf Schalldämmessungen). — Venzke,
G., P. Dämmig u. D. Reichow: ebdt. 315 (Fehlermöglichkeiten bei Schalldämm-
messungen). — Eisenberg, A.: Glastech. Ber. **31**, 297 (1958). — Kurtze, G.:
Acustica **9**, 441 (1959). Venzke, G. u. H. J. Rademacher, ebdt. 409. — Fasold,
W.: Proc. 3. I. C. A. Congr. Stuttgart 1959. — Mariner, T.: ebdt. — Raes, A. C.:
ebdt. — Ingard, K. U., R. Huntley, W. A. Jack, M. B. Summerfield, F. Tyzzer
u. R. V. Waterhouse: J. A. S. A. **31**, 76 (1959) (amerikanische Normen). Bezüglich
deutscher Normen vgl. DIN 52210 (März 1960), 52111 (Sept. 1953) und Entwurf
DIN 4109 (Jan. 1959) „Schallschutz im Hochbau". Die DIN-Blätter enthalten
auch ausführliche Empfehlungen und Sollkurven der Schalldämmung für die verschiedensten Konstruktionsteile.

[1] Nach C. W. Kosten: de Ingenieur (1954); die Hefte 38, 41, 44, 47 dieser
Zeitschrift enthalten noch weitere Arbeiten über Schallisolation von M. L. Kaste-
leyn, C. Bitter u. P. van Weeren, W. P. van Leening u. J. van den Eyk.

[2] Nach L. Cremer: V. D. I. Z. **91**, 199 (1949).

L. CREMER[1] gefundener und untersuchter Effekt, der „Koinzidenzeffekt" oder „Spuranpassungseffekt" auf. Ist nämlich die Spurge-

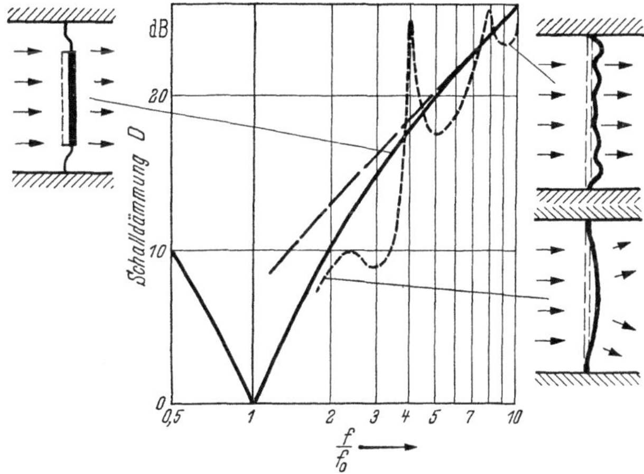

Abb. 288. Berechneter Frequenzgang der Schalldämmung einer Wand bei senkrechtem Einfall (nach L. CREMER)

schwindigkeit der schräg einfallenden Schallwelle (Abb. 289) längs der Trennwand gleich der Schallgeschwindigkeit c_w der Biegungswelle für die entsprechende Frequenz in der Trennwand, so findet — abgesehen von etwaigen Verlusten durch innere Reibung im Material — Totaldurchgang statt. Für den Einfallswinkel beim Koinzidenzeffekt gilt also $c_w = c \cdot \sin \alpha$, wobei c die Schallgeschwindigkeit in Luft bedeutet.

Da die Phasengeschwindigkeit von Biegungswellen mit der Wurzel aus der Frequenz wächst

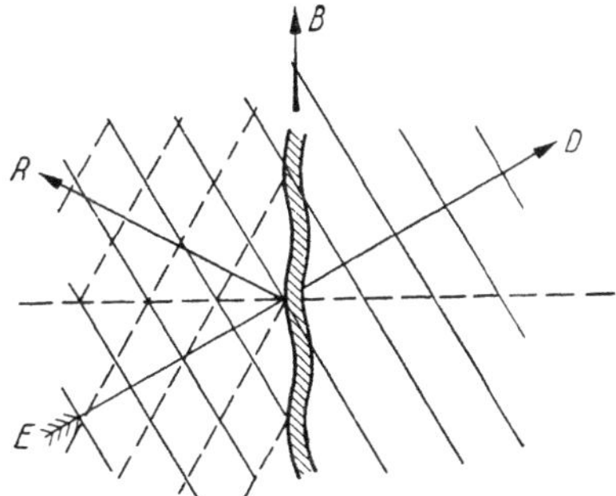

Abb. 289. Koinzidenzeffekt (E einfallende, R reflektierte, D durchgelassene Welle, B Biegungswelle; nach L. CREMER)

---

[1] CREMER, L.: A. Z. **7**, 81 (1942).; A. E. Ü. **1**, 28 (1947). — SCHOCH, K.: Acustica **2**, 1 (1952); Proc. 1. I. C. A. Congr. S. 288 (1953) Delft. — WATERHOUSE, R. V.: ebdt. 290. — KURTZE, G., K. TAMM u. S. VOGEL: Acustica **5**, 223 (1955) (Modellversuche über Biegewellen an Ecken). — BÖRNER, H.: Hochfrequ. u. Elektroak. **65**, 173 (1957) (Biegewellen in Türkonstruktionen). — GRANHOLM, P.: Trans. Chalmers Univ. Technol. No. **194**, S. 1 (1958). — KURTZE, G., u. B. G. WATTERS: J. A. S. A. **31**, 739 (1959). — WATTERS, B. G.: ebdt. 898.
Zur Frage der Abstrahlung von Biegewellen vgl. insbesondere noch folgende Arbeiten: BRILLOUIN, J.: Acustica **2**, 65 (1952). — GÖSELE, K.: ebdt. **3**, 243 (1953). — WESTPHAL, W.: ebdt. **4**, 603 (1954). — GÖSELE, K.: ebdt. **6**, 94 (1956).

(S. 67), ist bei entsprechend hoher Frequenz stets mit dem Auftreten des Koinzidenzeffektes zu rechnen. Für die tiefste Frequenz, bei welcher Koinzidenz eintritt, gilt bei homogener Dicke der Platte bei streifendem Einfall:

$$\lambda_g/d = 2\,c_l/c,$$

wobei λ_g die Wellenlänge der tiefsten Frequenz für welche Koinzidenz auftritt, c_l die longitudinale Schallgeschwindigkeit im Wandmaterial und d die Dicke bedeutet. Nur bei sehr dünnen Platten liegt die Koinzidenz oberhalb des Hörbereichs, bei Platten von 1—2 cm Stärke fällt sie bereits in den Hörbereich, bei Platten von Mauerstärke liegt sie in tiefen Frequenzgebieten. Der Koinzidenzeffekt wurde von A. Schoch und K. Fehér[1] mit Ultraschall im Modellmaßstab eingehend untersucht; die Ergebnisse dieser Arbeit zeigen, daß auch die an den Rändern ausgelösten Wellen eine wichtige Rolle spielen.

Bemerkt sei auch noch, daß man bei gekrümmten Platten eine höhere Schalldämmung gegenüber ebenen Platten im Gebiet der tiefen Frequenzen erhält[2].

Bei Mehrfachtrennwänden erfolgt die Schallübertragung in der Weise, daß zunächst durch den auffallenden Schall die erste Trennwand zum Schwingen erregt wird, unter Vermittlung des zwischen der ersten und der nächsten Trennwand liegenden Luftpolsters, welches als eine Art von Federung wirkt, wird dann die nächste Trennwand in Bewegung gesetzt usw. Die Theorie der Mehrfachwände[3] zeigt, daß die Trennwände sich sehr ähnlich verhalten wie elektrische Drosselketten. Es ist aber zu bemerken, daß in manchen Punkten Verschiedenheiten vorliegen, so insbesondere darin, daß bei Trennwänden die Schwingungen nicht nur in der Richtung senkrecht zur Wand erfolgen, sondern sich in den Luftpolstern zwischen den Trennwänden auch Querschwingungen ausbilden können, durch welche dann eine Verringerung der Schalldämmung bei

---

[1] Schoch, A., u. K. Fehér: Acustica **2**, 189 (1952).

[2] Vgl. A. Bergassoli, F. Canac u. Th. Vogel: Acustica **4**, 471 (1954). — Cremer, L.: ebdt. **5**, 245 (1955).

[3] Meyer, E.: Elektr. Nachr.-Techn. **12**, 393 (1935); Z. techn. Phys. **16**, 665 (1935). — Frost, A. D.: J. A. S. A. **28**, 1285 (1956).

Über Mehrfachtrennwände vgl. weiterhin A. London: J. A. S. A. **22**, 270 (1950). — Kosten, C. W.: Proc. 1. I. C. A. Congr. Delft (1953), 263. — Brandt, O.: ebdt. 270. — Gösele, K.: ebdt. 276. — Kobrynski, A. Neyron u. J. Brillonino ebdt. 279. — Peutz, V. M. A.: 281. — Pujolle, J., u. R. Lamoral: ebdt. 284. — Waterhouse, R. V.: ebdt. 290. — Waterhouse, R. V., u. R. K. Cook: J. A. S. A. **27**, 967 (1955). — Pujolle, F.: Onde électr. **36**, 435 (1956). — Wei, Y. T.: Hochfrequ. u. Elektroak. **67**, 116 (1959). — Hansen, K. H., u. C. Stüber: Proc. 3. I. C. A. Congr. Stuttgart 1959. — Heckl, M.: ebdt. — Kurtze, G.: ebdt. — Eisenberg, A.: ebdt. — Vgl. ferner noch in Anm. 1, S. 375 angezogene Arbeiten.

bestimmten Frequenzen bewirkt wird. Bringt man in die Luftpolster geeignete Absorptionsstoffe ein, so kann man die verschlechternde Wirkung dieser Querresonanzen verringern. Weiterhin ist zu bemerken, daß die Schalldämmung für diejenigen Wellenlängen verschlechtert wird, für welche ein ganzzahliges Vielfaches der halben Wellenlänge gleich dem Abstand der Trennwände ist; aus diesem Grund darf der Abstand der Trennwände nicht zu groß gewählt werden.

Der Hintereinanderschaltung von Masse und Federung im akustischen Fall entspricht die Aneinanderschaltung von Induktivitäten und Kapazität im elektrischen Fall. Mehrfachtrennwände besitzen, ähnlich wie elektrische Drosselketten, eine untere Grenzfrequenz, bei sehr tiefen Frequenzen ist die Schalldämmung sehr gering, oberhalb der Grenzfrequenz steigt sie dann an. Die Grenzfrequenz hängt mit dem Gewicht m pro Flächeneinheit (kg/m^2) und der Dicke des Luftpolsters d (m) gemäß der Beziehung zusammen

$$f_g \cong 1{,}19 \cdot 10^2 \cdot 1/\sqrt{m \cdot d} \ (\text{Hz}).$$

Bei richtiger Ausführung lässt sich durch Mehrfachtrennwände hohe Schallisolation bei viel geringerem Gesamtgewicht erreichen als mit Einfachtrennwänden, so ergab sich z. B. bei Messungen von E. MEYER für eine Vierfachtrennwand von 50 kg/m^2 Gesamtgewicht und 0,45 m Gesamtdicke ein mittleres Schallisolationsmaß von ungefähr 55 db, diese Vierfachwand erreichte somit nahezu die Schalldämmung einer 0,5 m starken Vollziegelwand von 1000 kg/m^2 Gewicht.

Für die praktische Bauakustik sind außer den Fragen der Schallisolation von Trennwänden wichtig auch die Fragen der Verhinderung der Ausbreitung von Körperschall. Während man den Übertritt von Luftschall in einen anderen Raum durch schallharte Trennwände bekämpft, kann man die Übertragung von Körperschall durch Baukonstruktionen mit Hilfe von schallweichen Zwischenwänden[1], also

---

[1] Zur Frage der Übertragung und Dämmung von Körperschall vgl. insbesondere einen zusammenfassenden Bericht von L. CREMER: Acustica **6**, (AB 1) 59 (1956). Das gleiche Heft enthält weitere einschlägige Arbeiten von E. MEYER (S. 51), W. KUHL u. F. K. SCHRÖDER (S. 73 u. 79), W. WESTPHAL (S. 85), R. MARTIN u. H. W. MÜLLER (S. 88), M. HECKL (S. 91), E. LÜBCKE (S. 109), A. C. RAES (S. 115), J. C. SNOWDON (S. 118) u. O. GERBER (S. 126). — Vgl. weiterhin REICHARDT, W.: Wiss. Z. Techn. Hochschule Dresden **2**, 821 (1952/53). — BRILLOUIN, J.: Acustica **2**, 65 (1952). — CREMER, L.: Acustica **3**, 317 (1953). — WESTPHAL, W.: Acustica **7**, 335 (1957) (betr. insbesondere Stahlbetonkonstruktionen, Hochhäuser). — RUPPRECHT, J.: ebdt. **8**, 19 (1958).
Über die speziellen Fragen der Trittschallübertragung vgl. HALLER, P.: A. Z. **4**, 370 (1939). — LINDAHL, R., u. H. J. SABINE: J. A. S. A. **11**, 67 (1940). — INGERSLEV, F., A. K. NIELSEN u. S. F. LARSEN: ebdt. **19**, 981 (1947). — CREMER, H., u. L. CREMER: Frequenz **2**, 61 (1948). — CREMER, L.: Acustica **2**, 167 (1952). — LANGE, TH.: ebdt. **3**, 161 (1953). — GÖSELE, K.: ebdt. **6**, 67 (1956) (zusammen-

beispielsweise Trennschichten von Kork, Gummi oder dgl. herabsetzen. Am besten eignen sich Trennstoffe, die einen möglichst kleinen Elastizitätsmodul[1] aufweisen, so daß dann die Schallkennimpedanz in den Körperschalldämmstoffen wesentlich kleiner ist als in den in Frage stehenden Konstruktionsteilen; vorteilhaft sind weiterhin möglichst große Energieverluste im Dämmstoff.

V. Schallempfang und Schallaufzeichnung

26. Wirkungsweise und Bauart technischer Schallempfänger (Schallwandler)

Als Schallempfänger oder Schallwandler bezeichnet man Geräte, mit deren Hilfe Schallschwingungen in Schwingungen anderer Energieform, insbesondere in mechanische oder elektrische Schwingungen umgesetzt werden können. Von besonderer praktischer Bedeutung sind die elektrischen Schallempfänger, mit ihrer Hilfe kann Schall über Leitungen oder drahtlos in die Ferne geleitet werden, insbesondere kann er auch in hochwertiger Weise aufgezeichnet werden. Fast alle modernen Geräte zur Messung der Schallintensität oder zur Analyse von Schallvorgängen besitzen elektrische Schallempfänger; die Schallschwingungen werden zunächst in elektrische Schwingungen umgesetzt, die dann nach entsprechender Verstärkung mit den hochwertigen Mitteln der elektrischen Meßtechnik untersucht werden.

Fortsetzung der Fußnote 1 von Seite 379

fassender Bericht). — FOTI, M.: ebdt. **7**, 29 (1957) (Stoßerregung schwimmender Estrich). — VENZKE, G., P. DÄMMIG u. D. REICHOW: ebdt. **8**, 315 (1958) (Fehlermöglichkeiten bei Trittschallmessungen). — GÖSELE, K.: Z. Hochfrequ. u. Elektroak. **67**, 97 (1959). — CREMER, L., u. M. HECKL: Acustica **9**, 200 (1959). — RADEMACHER, H. J., u. G. VENZKE: ebdt. 409.

Über Meßverfahren für Körperschall vgl. E. MEYER: Z. VDI **78**, 957 (1934). — WILLMS, W., u. L. KEIDEL: E. N. T. **11**, 314 (1934). — COSTADONI, C.: Z. techn. Phys. **17**, 108 (1936). — MEYER, E., u. L. KEIDEL: ebdt. **18**, 299 (1937). — MEYER, E., u. K. TAMM: A. Z. **6**, 46 (1942). — MEYER, E., P. H. PARKIN, H. OBERST u. H. J. PURKIS: Acustica **1**, 17 (1951). — LONDON, A.: J. A. S. A. **23**, 686 (1951). — BECKER, G., G. BOBBERT u. H. BRANDT: Acustica **2**, (A. B.) 180 (1952). — EXNER, M. L., u. W. BÖHME: ebdt. **3**, 105 (1953). — KUHL, W.: ebdt. **4**, 611 (1954). — RAES, A. C.: J. A. S. A. **27**, 98 (1955). — OBERST, H.: Acustica **6**, 144 (1956). — EISENBERG, A.: ebdt. 186. — TAMM, R.: ebdt. 189. — GÖSELE, K.: ebdt. 205.

[1] Ausschlaggebend ist allerdings nicht der durch statische Messung bestimmte Elastizitätsmodul, sondern der für Schwingungsbeanspruchung gültige „dynamische" Elastizitätsmodul. Bei den praktisch gebrauchten Körperschalldämmstoffen ist der dynamische Elastizitätsmodul etwa 5—20mal größer als der statische Modul; der Anstieg des Elastizitätsmoduls macht sich hierbei bereits bei sehr tiefen Frequenzen bemerkbar; im Hörbereich ist der dynamische Elastizitätsmodul dann nahezu frequenzunabhängig.

Je nachdem ein Schallempfänger auf die Druckschwankung im Medium, auf den Druckgradient, auf die Teilchenbewegung, auf die Schnelle oder auf die Temperaturschwankungen im Medium anspricht, bezeichnet man ihn als Druckempfänger, Druckgradientempfänger, Bewegungsempfänger, Schnelleempfänger oder thermischen Empfänger. Ob ein Schallempfänger ein Druckempfänger oder ein Bewegungsempfänger ist, läßt sich am leichtesten in stehenden Schallwellen entscheiden. Man bringt den Empfänger in ein beiderseits geschlossenes, in seiner tiefsten Eigenschwingung erregtes Rohr ein. Der Druckempfänger spricht dann im Druckknoten (also in der Rohrmitte) nicht an, während er in den Druckbäuchen (also an den Rohrenden) maximale Erregung zeigt. Bewegungsempfänger und Schnelleempfänger sprechen dagegen bei dem gewählten Beispiel an den Rohrenden nicht an, während sie in der Rohrmitte maximal erregt werden.

Bei den meisten elektrischen Schallempfängern findet die Umwandlung der Schallschwingungen in elektrische Schwingungen mit Hilfe eines schwingungsfähigen mechanischen Systems statt, dies führt unter der Einwirkung der Schallwellen erzwungene Schwingungen aus und steuert dann elektrische Schwingungen. Die hierbei gegebenen Zusammenhänge gestatten eine andere Art der Klassifikation. Während sich die obige Klassifikation auf den Zusammenhang zwischen Schallfeld und mechanischer Wirkung auf den Empfänger bezieht, charakterisiert diese Klassifikation den Zusammenhang zwischen der mechanischen Schwingung des Empfängers und der erzeugten elektrischen Spannung. Je nachdem die an dem Ausgang des Schallempfängers auftretenden elektrischen Spannungen der Elongation des Schwingungssystems oder der Momentangeschwindigkeit des Systems folgt, bezeichnet man die Empfänger als Elongationsmikrophone oder als Geschwindigkeitsmikrophone. Zu der ersten Gruppe gehört beispielsweise das normale Fernsprechmikrophon; die am Mikrophonausgang infolge der Widerstandsänderungen auftretenden Spannungen entsprechen hier der jeweiligen Lage der Mikrophonmembran. Zur zweitgenannten Gruppe gehören die elektrodynamischen Empfänger, wie z. B. das Bändchenmikrophon; die an den Enden des Bändchens auftretenden Spannungen entsprechen der Momentangeschwindigkeit im Magnetfeld.

Der Übertragungsfaktor B reversibler Wandler, d. h. solcher, die sich grundsätzlich sowohl als Empfänger wie als Sender benutzen lassen, ist proportional ihrem elektromechanischen Umwandlungsfaktor M[1], der

---

[1] Nach F. SPANDÖCK: ETZ **76**, 598 (1955) (mit ausführlichen Angaben über die Werte von M, Z_m, K und B bei den verschiedenen kapazitiven, dynamischen, piezoelektrischen, magnetostriktiven und elektromagnetischen Wandlertypen. Zahlreiche Literaturangaben). — Vgl. insbesondere auch noch K. KÜPFMÜLLER: Einführung in die theoretische Elektrotechnik (1941), S. 249—251. Lineare elektrisch-mechanische Systeme.

mechanoakustischen Umwandlungskonstante K und der Nachgiebigkeit d. h. umgekehrt proportional ihrer mechanischen Impedanz Z_m

$$B = M \frac{1}{Z_m} K.$$

Dabei ist $M = \frac{F_s}{i_s} = \frac{e_e}{v_e}$ der Proportionalitätsfaktor zwischen Kraft F_s und Strom i_s beim Sender bzw. zwischen der $EMK\,e_e$ und der Schnelle v_e beim Empfänger und je nach Systemart verschieden, z. B. beim dynamischen System ist $M = B\,l$ gleich seiner magnetischen Induktion B im Luftspalt mal der Leiterlänge l. Die mechanische Impedanz $Z_m = \frac{F}{v}$ besteht aus dem Systemwiderstand w_r und der Strahlungsresistanz r_{str}. Die mechanoakustische Umwandlungskonstante $K = \frac{p_s}{v_s} = \frac{F_e}{p_e}$ ist beim Sender gleich dem Quotient aus Schalldruck p_s und Membranschnelle v_s, beim Empfänger aus der am System wirkenden Kraft F_e und dem Schalldruck p_e im ungestörten freien Schallfeld. Die Werte von K sind für Sender und Empfänger verschieden und zwar ist für den Empfänger $K_e = \alpha\,S$. Dabei ist α der Koeffizient der Schalldruckstauung[1] vor dem Wandler und S die wirksame Membranfläche. Der Faktor K_s für den Sender ist $K_s = \frac{\alpha\,S}{I}$; dabei ist $I = \frac{B_e}{B_s}$ das Verhältnis der Übertragungsfaktoren desselben reversiblen Systems als Sender und Empfänger und wird Reziprozitätsparameter genannt. Er ist im freien Schallfeld in der Entfernung r vom Sender nach dem SCHOTTKYSCHEN Tiefenempfangsgesetz[2] $I_f = \frac{2\,r}{c_0\,l}$ und in einer Druckkammer vom Volumen V nach einem Höhenempfangsgesetz $I_D = \frac{V\,2\,\pi\,f}{E_v}$, wobei f die Frequenz, $E_v = \varkappa\,p_0$ den Volumenelastizitätsmodul und ϱ_0 die Luftdichte bedeutet.

Der Wirkungsgrad der meisten breitbandigen reversiblen Wandler ist für Luftschall deshalb so klein (bei Mikrophonen Promille, bei Lautsprechern wenige Prozente), da — außer in der Resonanz — die mechanische Systemimpedanz Z_s gegenüber der Strahlungsresistanz r_{str} groß ist und M infolge magnetischer Sättigung, elektrischer Durchschlagsgefahr oder der Gefahr des Anklatschens des bewegten Systems sich nicht beliebig steigern läßt.

Die für genaue Messungen und für die Aufgaben hochwertiger Schallübertragung meist benutzten Schallempfänger sind die Kondensatormikrophone, die nach ihrer akustischen Wirkungsweise als Druckempfänger, nach ihrer elektrischen — zumindest im akustisch wichtigen Frequenzbereich — als Elongationsmikrophone arbeiten.

---

[1] Vgl. S. 395.
[2] Vgl. S. 408.

E. C. WENTE[1] hat 1917 das erste für die Aufgaben der klanggetreuen Schallübertragung und für präzise Messungen im ganzen akustischen Bereich in gleicher Weise geeignete Kondensatormikrophon geschaffen. Diese Leistung ist insofern besonders zu werten, als WENTES Konstruktion auch jetzt — 40 Jahre nach ihrer Entstehung — in den meisten Ausführungformen der in der akustischen Praxis in größtem Maß verwendeten Kondensatormikrophone benutzt wird.

Abb. 290 zeigt ein Kondensatormikrophon nach WENTE.

An der Vorderseite des Mikrophons befindet sich eine dünne Membran M aus Duraluminium. Diese Membran ist durch einen Spannring sehr straff gespannt. Hinter der Membran, welche als die eine Elektrode eines Kondensators dient, befindet sich in sehr geringem Abstand eine Gegenelektrode; bei Bewegung der Membran ändert sich die Kapazität zwischen Membran und Gegenelektrode. Die Membran erfährt infolge ihrer Eigenspannung und durch die Wirkung des hinter ihr liegenden Luftpolsters[2]

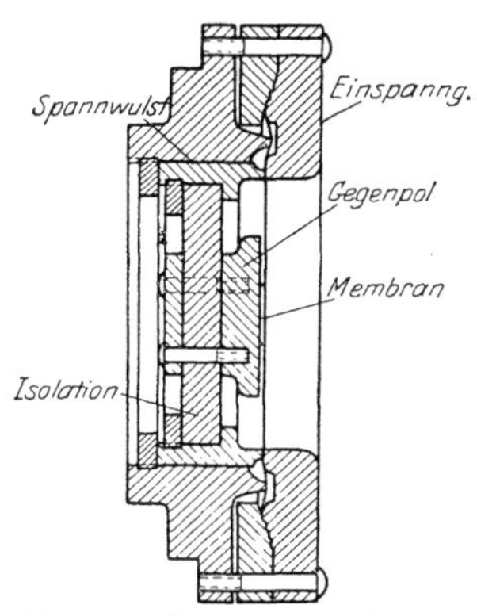

Abb. 290. Kondensatormikrophon (nach E. C. WENTE)

---

[1] WENTE, E. C.: Phys. Rev. (2) **10**, 39 (1917). Bemerkt sei noch, daß der erste Vorschlag zu einem Kondensatormikrophon von A. E. DOLBEAR: Scientific American **1881**, S. 388 stammt. Über Kondensatormikrophone mit stark gespannter Membran vgl. weiter H. LUEDER u. E. SPENKE: E. N. T. **11**, 20 (1934). — OLIVER, D. A.: J. Sci. Instr. **7**, 113 (1930). — HARRISON, H. C., u. P. B. FLANDERS: Bell Syst. Techn. Journ. **11**, 451 (1932). — HALL, W. M.: J. A. S. A. **4**, 83 (1932) (sehr kleines Mikrophon f. Meßzwecke). — ERNSTHAUSEN, W.: Arch. Elektrot. **31**, 487 (1937). — JANOVSKY, W.: Schweiz. Arch. Angew. Wiss. **1938**, H. 8. — SACERDOTE. G.: E. T. Z. **55**, 1257 (1943) (Mikrophon f. Ultraschall bis 50 kHz). — BERG, R.: Norske Vidensk. Selsk. Forh. **13**, 203 (1940). — PFRIEM, H.: A. Z. **5**, 103 (1940) (Berechnung der thermischen Dämpfung in den Luftspalten). — BROWN, T. H.: J. A. S. A. **18**, 496 (Mikrophon f. Ultraschall). — BORDONI, P. G.: Alta Frequ. **15**, 167 (1946) (eingehende kritische Darstellung der mechanischen und elektrischen Wirkungsweise und der Eichverfahren. Umfangreiche Literaturnachweise). — BARDUZZI, J., u. P. G. BORDONI: Elletronica **2**, 295 (1947) (betr. speziell Temperaturabhängigkeit von Kondensatormikrophonen). — RADEMAKERS, A.: Revue Techn. Philips **9**, 330 (1947/48). — BONN, T. H.: J. A. S. A. **18**, 496 (1946) (Kondensatormikrophon für Ultraschall). — VENEKLASEN, P. S.: ebdt. **20**, 807 (1948) (betr. u. a. die Verwendung von Kondensatormikrophonen in Cathode-Follower-Schaltung). — KIRSCHNER, U.: Arch. el. Übertr. **5**, 385 (1951) (Über die Dimensionierung eines Kondensatormikrophon-Verstärkers). — KALUSCHE, H.: Entwicklungsberichte Siemens und Halske **14**, 203 (1951). — FROST, A. D.: J. A. S. A. **25**, 1198 (1953) (Schnellemikrophon). — HAWLEY, M. S.: Bell Lab. Record **33**, No 1, 6 (1955). — RASMUSSEN, G.: Brüel und Kjär Techn. Rev. **1**, 3 (1959).

[2] Zur Luftpolsterwirkung vgl. insbesondere ROBEY, D. H.: J. A. S. A. **26**, 740 (1954) (Einfluß einer dünnen Luftschicht auf die Membranschwingung). — COLIN, C.: J. Phys. Rad. **16**, 863, 868 (1955). — SCHULTZ, T. J.: J. A. S. A. **28**, 337 (1956).

eine starke Rückstellkraft. Die hohe Rückstellkraft und die nur sehr geringe Membranmasse ermöglichen es, die Eigenschwingung sehr hoch zu legen. Nach den Ausführungen S. 28 ist die Amplitude der erzwungenen Schwingung frequenzunabhängig mit der Amplitude der erregenden Kraft verknüpft, solange die Frequenz der erregenden Kraft genügend weit unterhalb der Eigenfrequenz des Systems liegt. Die am Kondensatormikrophon angreifende Kraft ist (wenigstens solange die Wellenlänge λ des auftreffenden Schalls groß gegen den Membrandurchmesser D ist) das Produkt aus Schalldruck und Membranfläche. Bei genügend hoher Lage der Eigenschwingung und bei genügend kleiner Ausführung der Mikrophonkapsel entspricht also die Amplitude der Membranschwingung unmittelbar frequenzunabhängig dem Schalldruck[1]. Ist die Bedingung $\lambda \gg D$ nicht erfüllt, so tritt bei frontal einfallendem Schall infolge der Reflexion an der Empfängeroberfläche eine Drucksteigerung ein, es macht sich also für derartigen Schall eine Empfindlichkeitssteigerung bemerkbar; für seitlich einfallenden Schall andererseits setzt eine Empfindlichkeitsverringerung ein. Wir werden auf diese Richtwirkungsfragen S. 394 eingehen.

Bei den meisten Kondensatormikrophonen ist die Gegenelektrode auf der der Membran zugekehrten Seite gerillt. Bei Bewegung der Membran bewegt sich dann die Luft im Profil der Gegenelektrode, wodurch frequenzabhängige Reibungsverluste entstehen. Diese bewirken eine Dämpfung der Resonanz des Systems. Die Formgebung der Gegenelektrode hat also großen Einfluß auf die Frequenzkurve. Durchbohrt man die Gegenelektrode mit eng aneinanderliegenden Löchern vollständig, so erhält man — da dann der Schalldruck von beiden Seiten auf die Membran einwirkt — einen Druckgradient-(Schnelle-) Empfänger.

In den letzten Jahren haben auch Kondensatormikrophone mit festem Dielektrikum zwischen den Elektroden an Bedeutung gewonnen[2].

---

[1] Bei sehr tiefen Frequenzen tritt ein Nachlassen der Empfindlichkeit der Kondensatormikrophone dadurch ein, daß die Druckschwankung im äußeren Schallfeld sich über eine (zum Ausgleich des statischen Druckes erforderliche) Kapillaröffnung zwischen Luftpolster und Außenluft mit dem Luftdruck hinter der Membran ausgleicht, so daß dann bei extrem langsamen Druckänderungen vor und hinter der Membran der gleiche Druck herrscht, auf die Membran also auch keine Kräfte mehr ausgeübt werden.

Bemerkt sei hier auch noch, daß — infolge der hohen Abstimmung und der großen Dämpfung — bei Kondensatormikrophonen im Hörschallbereich störende Verzerrungen durch Ausgleichsvorgänge nicht auftreten. Vgl. St. Barta: Die Ausgleichsvorgänge bei Mikrophonen. Diss. TH Karlsruhe 1934. Über das Verhalten von Kondensatormikrophonmembranen beim Auftreffen eines Drucksprunges vgl. Ph. M. Morse: Vibration and Sound II. Aufl., New York 1948, S. 206 u. ff.

[2] Diese Mikrophone werden häufig als „Sell-Mikrophone" bezeichnet, da sie von H. Sell: Z. techn. Phys. 18, 3 (1937) beschrieben wurden. — Über derartige

dabei wird als Dielektrikum im allgemeinen eine etwa 10 μm dicke Kunststoffolie verwendet. Diese ist auf einer Seite mit einer dünnen Metallschicht überzogen (bedampft) und liegt mit der anderen Seite auf einer Gegenelektrode auf. Diese Gegenelektrode kann auch hier glatt[1] oder in geeigneter Weise gerillt, angerauht oder durchlöchert sein. — Der Vorteil dieser Mikrophone ist eine im Vergleich zum normalen Kondensatormikrophon um etwa 10 dB höhere Empfindlichkeit. Außerdem kann die Resonanzfrequenz sehr hoch — bis etwa 400 kHz — gelegt werden.

Die Umwandlung der Kapazitätsänderungen in Spannungsänderungen erfolgt meist mit der in Abb. 291 dargestellten Niederfrequenzschaltung. Das Mikrophon wird über einen hochohmigen Widerstand an eine Gleichspannungsquelle (meist von etwa 100 Volt) angelegt. Ändert sich nun die Kapazität des Mikrophons, so fließt ein Ladungsstrom durch den Widerstand R, und damit treten dann an den Enden des Widerstandes Spannungsänderungen auf.

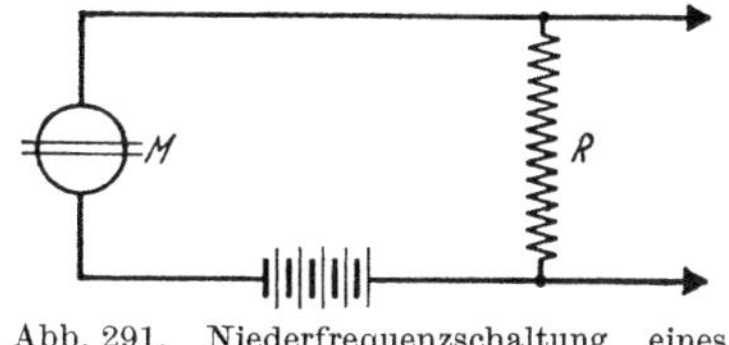

Abb. 291.   Niederfrequenzschaltung eines Kondensatormikrophons

Es läßt sich leicht zeigen, daß die Spannungsschwankung mit der Kapazitätsänderung des Mikrophons und damit mit dem Schalldruck so lange frequenzunabhängig verknüpft ist, als der kapazitive Widerstand des Mikrophons $1/\omega\, C \ll R$ ist. Mit Rücksicht auf eine frequenzunabhängige Übertragung ist es also notwendig, den Belastungswiderstand R hinreichend groß zu wählen, eine Forderung, die sich nur erfüllen läßt, wenn die Isolationswiderstände der gesamten Schaltung sehr hoch sind[2].

Abb. 292 gibt die Frequenzkurve eines Kondensatormikrophons mit Luftpolster, Abb. 293 diejenige zweier Mikrophone mit festem Dielektrikum wieder. Die Abb. 292 und 293 lassen erkennen, daß Mikrophone beider Bauarten im gesamten Hörbereich bestens brauchbar sind, das Mikrophon mit festem Dielektrikum eignet sich sogar für den dem Hörbereich nahen Ultraschall. Die Amplitudenkurve von Kondensator-

---

Fortsetzung der Fußnote 2 von Seite 384

Mikrophone siehe auch GOSEWINKEL, M., u. H. BAUER: Siemens Z. **21**, 53 (1941). — KUHL, W., G. R. SCHODDER u. F. K. SCHRÖDER: Acustica **4**, 519 (1954) (Beschreibung von Aufbau, Wirkungsweise, Frequenzkurven und anderen Eigenschaften sowie Beschreibung der Reziprozitätseichung von derartigen Sendern und Mikrophonen). MATSUZAWA, K.: J. Phys. Soc. Jap. **13** 1533 (1958).

[1] In diesem Falle ist das Luftpolster, das durch unvollständige Berührung von Gegenelektrode und Folie entsteht, äußerst dünn, die Resonanzfrequenz liegt also sehr hoch.

[2] Man legt, um möglichste Störungsfreiheit zu gewährleisten, das erste Verstärkerrohr meist baulich unmittelbar mit dem Kondensatormikrophon zusammen.

mikrophonen verläuft bis zu verhältnismäßig hohen Schalldrucken völlig linear, die Mikrophone besitzen einen sehr kleinen „Klirrfaktor" (S. 39). Erst bei großen Schalldrucken (oberhalb etwa 100 N/m² = 1000 μbar) machen sich nichtlineare Verzerrungen bemerkbar, da dann die Amplituden der erzwungenen Schwingungen nicht mehr gegenüber dem Abstand Mikrophonmembran—Gegenelektrode vernachlässigbar klein sind; der Klirrfaktor wächst dann rasch an. Durch Spezialausführungen mit Membranen besonders großer Rückstellkraft und mit größerem Abstand zwischen Membran und Gegenelektrode lassen sich aber auch noch wesentlich größere Schalldrucke ohne nennenswerte nichtlineare Verzerrungen verarbeiten[1].

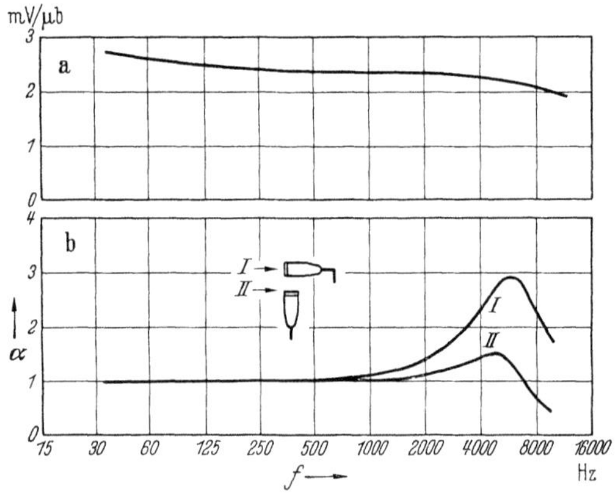

Abb. 292. Frequenzkurven eines Kondensatormikrophons. *a* Druckkammereichung mittels Thermophons, *b* Drucktransformation im freien Schallfeld, *I* senkrecht, *II* parallel zur Schallrichtung (nach W. JANOVSKY)

Eine andere Schaltung von Kondensatormikrophonen ist die von H. RIEGGER[2] stammende Hochfrequenzschaltung, das sog. Verfahren der

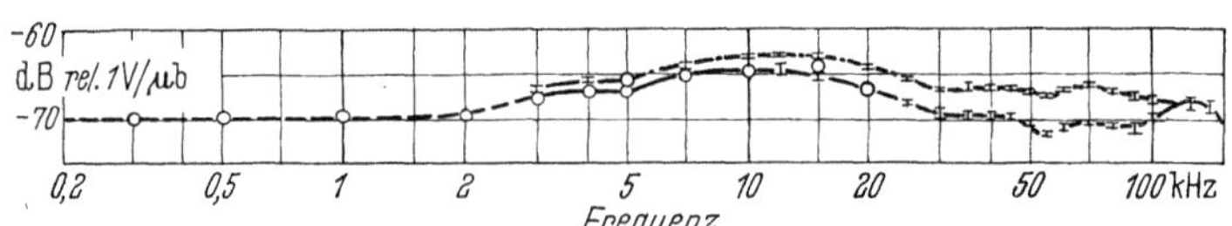

Abb. 293. Frequenzkurven von zwei Mikrophonen mit festem Dielektrikum (nach W. KUHL, G. R. SCHODDER u. K. F. SCHRÖDER)

---

[1] Vgl. hierzu S. 393.

[2] H. RIEGGER hat auch 1924 das erste in Deutschland für die Zwecke der klanggetreuen Schallübertragung mit Erfolg benutzte Kondensatormikrophon geschaffen. Die Bauart dieses Mikrophons unterschied sich von der Bauart des WENTESchen Mikrophons wesentlich; das schallempfindliche System bestand nicht aus einer straffgespannten Membran, sondern einer extrem dünnen Folie, welche zwischen zwei Seidenmembranen gehalten ist. Die Rückstellkraft rührte nahezu allein von einem hinter der Membran befindlichen Luftpolster her. Das Mikrophon wurde in der oben weiter erwähnten Schaltung der halben Resonanzkurve betrieben. Über das RIEGGERsche Hochfrequenzkondensatormikrophon vgl. F. TRENDELENBURG: Wiss. Veröff. Siemens-Werk **3**/2, 43 (1924); **5**/2, 120 (1926). Man verwendet heute an Stelle der Schaltung der halben Resonanzkurve auch Trägerfrequenzschaltungen für Kondensatormikrophone. Über eine derartige Schaltung, die sich durch besonders niedrigen Rauschpegel auszeichnet, vgl. J. J. ZAALBERG VAN ZELST: Philips Techn. Rdschau **9**, 357 (1947/48).

halben Resonanzkurve. Wir haben diese Schaltung bereits S. 93 besprochen. Die RIEGGERsche Hochfrequenzschaltung hat den grundsätzlichen Vorteil, daß sie bis zu extrem langsamen Druckänderungen frequenzunabhängig arbeitet; nach sehr hohen Frequenzen hin ist ihr dadurch eine Grenze gesetzt, daß die Hochfrequenzschwingung hinreichend weit über der höchsten noch im Schallvorgang enthaltenen Frequenz liegen muß, da sonst die Empfindlichkeit nachläßt. Die RIEGGERsche Schaltung wird auch heute noch in den verschiedenartigsten Meßanordnungen verwendet, für Kondensatormikrophone in Schallüber

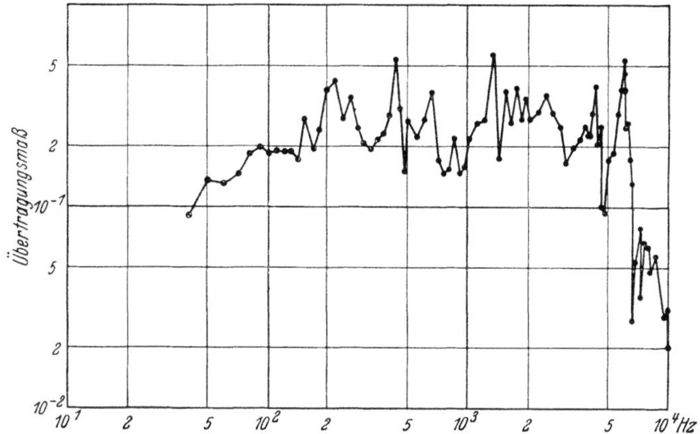

Abb. 294. Frequenzkurve eines Bändchenmikrophons (nach C. A. HARTMANN)

tragungsanlagen wird sie nicht mehr gebraucht; die Niederfrequenzschaltung hat sich hier wegen ihres einfacheren Aufbaus besser bewährt.

Auch nach dem elektro-dynamischen Prinzip lassen sich hochwertige Schallempfänger bauen. So ist z. B. das Bändchenmikrophon von W. SCHOTTKY und E. GERLACH[1] ein elektro-dynamischer Empfänger. Das schallempfindliche System des Bändchenmikrophons ist ein sehr dünnes, zwischen die Pole eines permanenten Magneten gebrachtes Aluminiumbändchen. Bewegt sich beim Auftreffen von Schall das

---

[1] SCHOTTKY, W.: Phys. Z. **25**, 672 (1924). — GERLACH, E.: Phys. Z. **25**, 675 (1924). — Vgl. auch C. A. HARTMANN: Z. techn. Phys. **13**, 9 (1932). — Elektr. Nachr. Techn. **8**, 289 (1931). — Über weitere Ausführungsformen von Bandmikrophonen vgl. H. F. OLSON: J. A. S. A. **3**, 56, 315 (1931). — WENTE, E. C., u. A. L. THURAS: Bell Syst. Techn. J. **10**, 565 (1931); J. A. S. A. **3**, 44 (1932). — WEINBERGER, J., H. F. OLSON u. F. MASSA: ebdt. **5**, 139 (1933). — OLSON, H. F., u. R. W. CARLISLY: Proc. Inst. Radio Engrs., N. Y. **22**, 1354 (1934). — ANDERSON, L. J., u. L. M. WIGINGTON: Audio Engng. **34**, 16 (1950). — RIMSKII-KORSAKOV, A. V.: Akust. Z. (USSR) **1**, 257 (1955).

Bändchen im Magnetfeld, so treten an den Enden des Bändchens elektromotorische Kräfte auf, deren Größe der Momentangeschwindigkeit des Bändchens im Magnetfeld entspricht; das Bändchenmikrophon arbeitet also elektrisch als „Geschwindigkeitsmikrophon". Die akustische Arbeitsweise des Bändchens ist verwickelter als die der oben behandelten Kondensatormikrophone, das Bändchen wirkt — je nach der Frequenz des auftreffenden Schalls und nach der Bauart des den Empfänger nach hinten abschließenden Hohlraumes — als Bewegungs- oder als Druckempfänger. Die Frequenzkurve eines Bändchenmikrophons zeigt Abb. 294. Bis zu verhältnismäßig hohen Schalldrucken arbeiten die Bändchenmikrophone linear.

Eine andere Art von elektrodynamischen Mikrophonen sind die Tauchspulmikrophone, bei denen eine mit einer Membran verbundene Tauchspule in das Feld eines Topfmagneten eintaucht. Abb. 295 zeigt (nach W. BAER[1]) die Bauart eines Tauchspulmikrophons, das aus einer sehr leichten gewölbten Duraluminiummembran besteht, an welcher sich eine Spule von 200 Ohm Widerstand befindet. Hinter der Membran sind verschiedene, durch feine Kanäle verbundene Hohlräume, welche zu der elektrodynamisch bedingten Dämpfung noch zusätzlich mechanischakustische Dämpfung verursachen. In Abb. 296 ist die Frequenzkurve für verschiedene Einfallswinkel wiedergegeben. Man kann bei 200 Ohm Eingangswiderstand rund $100\ \mu V/\mu b = 1\ \dfrac{m\,V}{N\,m^{-2}}$ Empfindlichkeit erreichen.

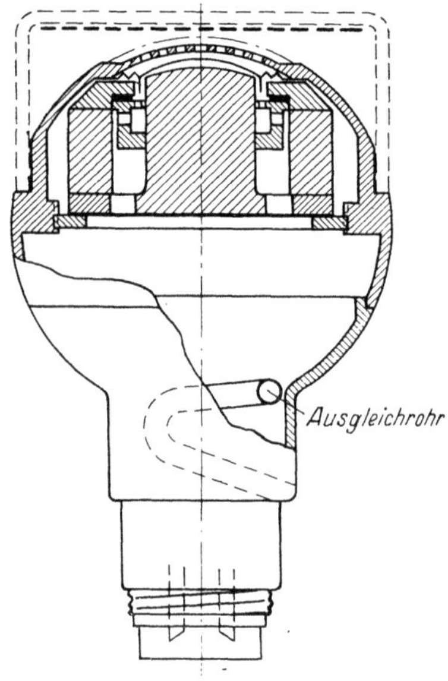

Abb. 295. Tauchspulenmikrophon
(Bauart BEYER, nach W. BAER)

---

[1] BAER, W.: A. Z. **8**, 127 (1943). — Es war bereits (S. 199) erwähnt, daß das Tauchspulenmikrophon von W. v. SIEMENS 1878 erfunden wurde. — Über Tauchspulenmikrophone vgl. weiterhin E. C. WENTE u. A. L. THURAS: J. A. S. A. **3**, 44 (1931). — MARSHALL, R. N., u. F. F. ROMANOW: Bell Syst. Techn. Journ. **15**, 405 (1936). — GLOVER, R. P., u. B. BAUMZWEIGER: J. A. S. A. **10**, 86 (1938). — LAUFFER, H.: A. E. G. Mitt. **1939**, 277. — WHITE, J. E.: J. A. S. A. **18**, 155 (1946) (Theorie des mechanisch-akustischen Verhaltens.) — DE BOER, J., u. G. SCHENKEL: J. A. S. A. **20**, 641 (1948) (betr. Verwendung einer elektromechanischen Rückkoppelung zur Korrektur der Frequenzkurve von Tauchspulmikrophonen). — CHAVASSE, P., u. P. POINCELOT: C. R. **230**, 529 (1950) (Gegenkopplung).

In der Fernsprechtechnik werden als Schallempfänger im allergrößten Umfang Kohlemikrophone verwendet[1]. Die normalen Kohlemikrophone besitzen als schallempfindliches System Metallmembranen, hinter der Membran ist in einer besonderen Grieskammer Kohlegries angeordnet. Der Widerstand der Kohlefüllung hängt von dem auf die Füllung ausgeübten Druck ab. Wird von einer Gleichspannungsquelle aus Strom durch die Kohlefüllung geschickt, so treten infolge der Druckabhängigkeit des Widerstandes beim Auftreffen von Schall auf die Mikrophonmembran Spannungsschwankungen an den Mikrophonklemmen auf.

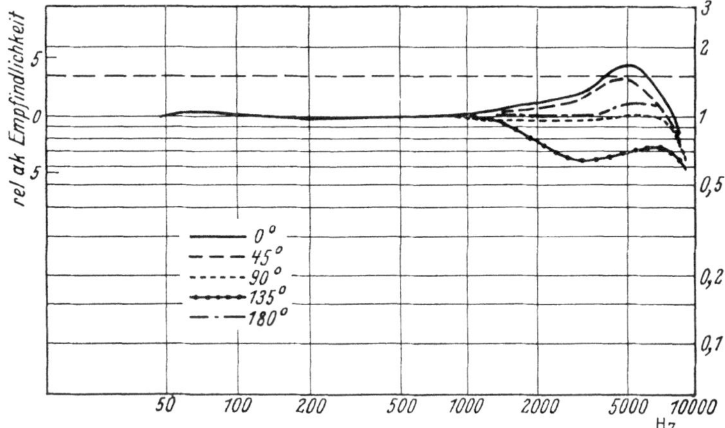

Abb. 296. Frequenzkurven eines BEYER-Tauchspulenmikrophons (nach W. BAER)

Aus Gründen des Wirkungsgrades ist es beim normalen Fernsprechmikrophon nicht möglich, die Eigenresonanzen der Membran ganz aus dem Übertragungsbereich herauszulegen. Die normalen Kohlemikrophone besitzen nur in dem für die Sprachübertragung wichtigsten Frequenzbereich von etwa 300—3400 Hz eine einigermaßen gleichmäßige Empfindlichkeit (Abb. 297). Die normalen Kohlemikrophone besitzen bei größeren Schalldrucken sehr starke nichtlineare Verzerrungen, die im wesentlichen darin begründet sind, daß die Mikrophonmembran einseitig an der Kohlefüllung anliegt, wodurch amplitudenabhängige

---

[1] Einen Kontaktempfänger benutzte schon Ph. REIS. Über die Entwicklung des Mikrophons vgl. insbesondere H. A. FREDERICK: „Development of the microphone". J. A. S. A. **3**, Suppl. July 1931. — GOUCHER, F. S.: J. Franklin Inst. **217**, 407 (1934). — Über die Wirkungsweise von Kohlemikrophonen vgl. insbesondere auch M. GRÜTZMACHER u. P. JUST: Elektr. Nachr.-Techn. **8**, 104 (1931). — McMILLAN, D.: Post Office Electr. Eng. J. **31**, 167 (1938). — PANZERBIETER, H.: Europ. Fernsprechdienst **1938**, 105 (dort ausführliche Literaturangaben). — PANZERBIETER, H., u. A. ÜBERSCHUSS: A. T. M. V. 375—1, 375—2 (1943). — HÖRNER, O. u. W. LANGSDORFF: Siemens Z. **33** 479 (1959).

rückwirkende Kräfte entstehen. Die bei starken Schalldrucken überhand nehmenden nichtlinearen Verzerrungen und die Tatsache, daß bei sehr geringen Schalldrucken das Eigenrauschen der Kohlekontakte stört, bedingen es, daß die normalen Kohlemikrophone nur in verhältnismäßig engem Intensitätsbereich benutzt werden können. Günstiger verhalten sich einige Kohlemikrophonkonstruktionen, die speziell für Rundfunkzwecke entwickelt wurden, so z. B. das symmetrisch gebaute und daher von nichtlinearen Verzerrungen im wesentlichen freie Doppelmikrophon (vgl. S. 41, ferner das REISS-Mikrophon, das Stabmikrophon nach H. SELL[1] und andere mehr; an die Güte des Kondensatormikrophons reichen aber auch diese Spezialmikrophone nicht heran.

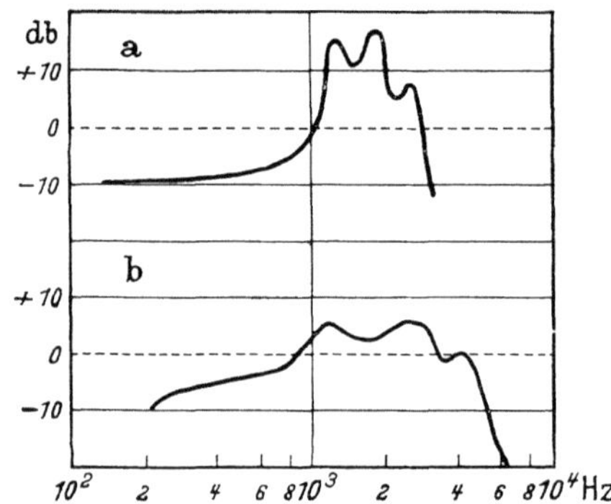

Abb. 297. Übertragungsmaß deutscher Fernsprechmikrophone[3]. a übliche Poststation, b Siemens Sternelektrodenmikrophon mit flacher Einsprache

Auch der piezo-elektrische Effekt[2] kann zur Umwandlung von Schall in elektrische Schwingungen herangezogen werden. In Richtung der elektrischen Achse (der x-Achse Abb. 156, S. 208) an einem Piezokristall angreifende Kräfte bewirken Ladungen an den zu dieser Achse senkrechten Begrenzungsflächen des Kristalls (longitudinaler piezoelektrischer Effekt); in Richtung der y-Achse angreifende Kräfte bewirken gleichfalls Ladungen (transversaler piezo-elektrischer Effekt). Bei Quarz und Turmalin sind die piezo-elektrisch erzeugten Spannungen

---

[1] SELL, H.: Z. techn. Phys. **15**, 30 (1934).

[2] Vgl. hierzu insbesondere A. SCHEIBE: Piezoelektrizität des Quarzes. Dresden u. Leipzig 1938. — CADY, W. G.: Piezoelectricity. New York 1946. — Über Kristallempfänger vgl. insbesondere noch SCHAEFER, O.: Umschau **41**, 1079 (1937). — SCHAEFER, O.: A. Z. **6**, 326 (1941) (elektrisches Ersatzschema von Kristallempfängern). — DE BOER, J.: Nederl. Tijdschr. Natuurkde **8**, 349 (1941) (betr. die Herrichtung der Kristalle für die verschiedenen elektroakustischen Anwendungen). — MASSA, F.: J. A. S. A. **20**, 451 (1948) (Kristallmikrophon für Luftschall, $1/8$ Zoll Durchmesser, brauchbar zwischen 50 Hz und 250 kHz für Schallstärken bis 195 db über der Schwelle). BAUER, B. B.: J. A. S. A. **29**, 1333 (1957). — NEWITT, W.: ebdt. 1356. — SEGARD, N., J. CASSETTE u. F. COCQUEREZ: C. R. Acad. Sci. (Paris) **247**, 873 (1958).

Bemerkt sei noch, daß man für Mikrophonzwecke auch piezoresistive Materialien, deren Widerstand sich bei Druck ändert, verwenden kann. Vgl. F. P. BURNS: J. A. S. A. **29**, 248 (1957). — MASON, W. P., u. R. W. THURSTON: ebdt. 1096.

[3] Entnommen: K. W. WAGNER: A. E. Ü. **3**, 160 (1949). Über Frequenzgänge von Mikrophonen vgl. insbes. auch O. HÖRNER u. W. LANGSDORFF Siemens Z. **33** 479 (1959).

so klein, daß ihre Verwendung als Luftschallempfänger im allgemeinen nicht in Frage kommt; zur trägheitsfreien Messung hoher Drücke und zur Messung von Körperschall finden sie aber Verwendung. Sehr viel größer ist der piezo-elektrische Effekt beim SEIGNETTE-Salz; man kann unter Verwendung von SEIGNETTE-Salz (auch ROCHELLE-Salz genannt) für Luftschall brauchbare Kristallempfänger bauen. Nach dem Vorgehen von C. B. SAWYER[1] benutzt man zu diesem Zweck streifenförmig geschnittene ROCHELLE-Salzkristalle, die man unter Zwischenlage einer Staniolschicht bilamellar aufeinander legt und auf Biegung beansprucht. Man vereinigt meist zwei solche Streifenpaare unter Zwischenlage eines Distanzrahmens zu einer „Doppelklangzelle". Störend für den praktischen Gebrauch insbesondere bei Verwendung zu Meßzwecken ist die große Temperaturabhängigkeit des piezoelektrischen Effekts beim ROCHELLE-Salz und die Empfindlichkeit gegen Feuchtigkeit, gegen Temperaturen über 50 °C und gegen Zug oder Druck über 150 atm. Es ist auch gelungen, Bariumtitanate durch Formieren in einem elektrischen Gleichfeld piezoelektrisch wirksam zu machen. Bariumtitanat hat eine größere Druckfestigkeit und höheren Curiepunkt als SEIGNETTE-Salz. Es wird heute in großem Umfang für Schallempfänger und für andere Anwendungszwecke benutzt[2].

Die Kristallmikrophone arbeiten frequenzunabhängig, solange die Frequenz der auftretenden Schallwellen wesentlich tiefer liegt als die tiefste Eigenfrequenz des mechanischen Systems; bei geeigneter Konstruktion läßt sich die tiefste Eigenfrequenz ohne besondere Schwierigkeiten bis über die obere Grenze des akustisch wichtigen Bereichs hinaus heben, so daß man hochwertige Empfänger herstellen kann. Ein besonderer Vorteil der Kristallmikrophone ist es, daß man sie sehr klein bauen kann[3].

Der magnetostriktive Effekt bzw. seine Umkehrung wird ebenfalls zur Konstruktion von Schallempfängern benutzt. Die an einem ferromagnetischen Stab angreifenden Kräfte erzeugen eine Änderung der Magnetisierung. Dadurch wird in einer den Stab umgebenden Spule eine Spannung erzeugt. Ferromagnetische Materialien sind bei Zimmertemperatur vor allem Eisen, Kobalt und Nickel. Magnetostriktive Schallempfänger verwendet man in großem Umfang für Wasserschall, wir werden hierauf auf S. 394 zurückkommen.

---

[1] SAWYER, C. B.: Proc. Inst. Radio Engrs., N. Y. **19**, 2020 (1931). — WILLIAMS, A.: J. Mot. Pict. Engrs. **12**, 169 (1934). — BALLANTINE, ST.: Proc. Inst. Radio Engrs., N. Y. **22**, 564 (1934). — PEYSSOU, J.: Ann. Radioélectr. **12**, 33 (1957). — PIMONOV, L.: Ann. Télécomm. **12**, 419 (1957) (Biegeschwinger für Infraschall zwischen 2 und 30 Hz).

[2] Vgl. insbesondere G. N. HOWATT, J. W. CROWNOVER u. A. DRAMETZ: Electronics **21**, 97 (1948). — KOREN, H. W.: J. A. S. A. **21**, 198 (1949).

[3] Vgl. insbesondere auch E. V. ROMANENKO: Akust. Z. (USSR) **3**, 342 (1957).

Eine wichtige grundsätzliche Frage ist, bei welchem Schalldruck die unüberschreitbare, durch natürliche Rauschpegel bedingte Empfindlichkeitsgrenze auch des hochwertigsten Schallempfängers liegt. Wir werden (S. 418) sehen, daß die Empfindlichkeit des menschlichen Ohres gerade dort aufhört, wo der Geräuschpegel der BROWNschen Molekularbewegung liegt. Die natürliche Grenze der elektrischen Schallempfänger ist durch elektrische Rauschspannungen bedingt.

W. WEBER[1] hat die Rauschspannung verschiedener Mikrophontypen berechnet; die durch die Rauschspannungen gegebenen Empfindlichkeitsgrenzen (für Zimmertemperatur) einer Reihe von Mikrophontypen sind in der folgenden Tabelle zusammengestellt:

Tabelle 35. Empfindlichkeitsgrenzen verschiedener Mikrophone
(nach W. WEBER*)*

Type	R in Ohm bzw. C in pF	Empfindlichkeit in		Grenzschalldruck db über $2 \cdot 10^{-5}\ N/m^2 =$ $2 \cdot 10^{-4}\ \mu b$
		V N/m^2	mV μb	
Siemens Bandmikrophon	300 Ohm	0,0012	0,12	19
Philips Bandmikrophon Gradienttyp	200 Ohm	0,0014	0,14	16
Beyer Tauchspulmikrophon	200 Ohm	0,001	0,1	19
Standard Electric Tauchspulmikrophon 4017 A	35 Ohm	0,001	0,1	12
Telefunken Kondensatormikrophon .	100 pF	0,01	1,0	24
Kristall-Doppelzelle	1000 pF	0,002	0,2	30
Kondensatormikrophon in Hochfrequenzschaltung	100 pF			etwa 20

Mit der Empfindlichkeitsgrenze speziell des Kondensatormikrophons in Niederfrequenzschaltung beschäftigt sich auch eine Untersuchung von H. GROSSKOPF[2]. Bestimmend für die Empfindlichkeit sind das Übertragungsmaß des Mikrophons und die Störspannung der Röhreneingangsschaltung. Es ergibt sich, daß die Empfindlichkeit mit dem Membranradius, also mit der (oft unerwünschten) Richtwirkung bei hohen Frequenzen wächst. Für ein Mikrophon, das den ganzen Tonfrequenzbereich gleichmäßig überträgt, also hinreichend klein ist, ergibt sich nach dieser Untersuchung eine Ersatzstörlautstärke von etwa

---

[1] WEBER, W.: A. Z. **8**, 121 (1943). Vgl. hierzu weiter H. G. BAERWALD: J. A. S. A. **12**, 131, 461 (1940). — VENEKLASEN, P. S.: J. A. S. A. **20**, 807 (1948). Bemerkt sei noch, daß nach G. WEYMANN [E. N. T. **20**, 149 (1943)] der elektrisch bedingte Rauschpegel niedriger liegt, als nach den oben zusammengestellten von W. WEBER berechneten Werten. — MELLEN, R. H.: J. A. S. A. **24**, 478 (1952) (Rauschen bei Wasserschallempfängern). — BECKING, A. G. TH., u. A. RADEMAKERS: Proc. 1. I. C. A. Congr. Delft (1953), S. 96 (Rauschen bei Kondensatormikrophonen).
[2] GROSSKOPF, H.: Acustica **3**, 279 (1953).

10 phon, also ein etwas kleinerer Wert als nach der obenstehenden Tabelle von W. WEBER.

Die soeben erwähnten Rauschspannungen entstehen im Mikrophon oder im Verstärker und sind elektrischer Art. Außerhalb des Mikrophons, also im umgebenden Medium, können ebenfalls Geräusche auftreten, die teils durch Molekularbewegung, teils durch Turbulenz im Medium und teils durch andere Störquellen entstehen. Von besonderer Bedeutung ist das mit der Turbulenz der Luft verbundene Windgeräusch[1], das entweder unabhängig vom Mikrophon oder am Mikrophon selbst entstehen kann. Zur Behebung der Geräusche umgibt man das Mikrophon mit einer sog. Windhaube aus Stoffgaze und hält so die Elementarschallquellen vom Mikrophon fern. Die am Mikrophon selbst entstehenden Geräusche vermeidet man durch stromlinienförmige Bauart desselben.

Von Interesse ist auch die Frage der Verwendbarkeitsgrenze von Schallempfängern bei sehr hohen Schalldrucken, eine Frage, die besonders bei der Aufnahme von Flugzeugschall, von

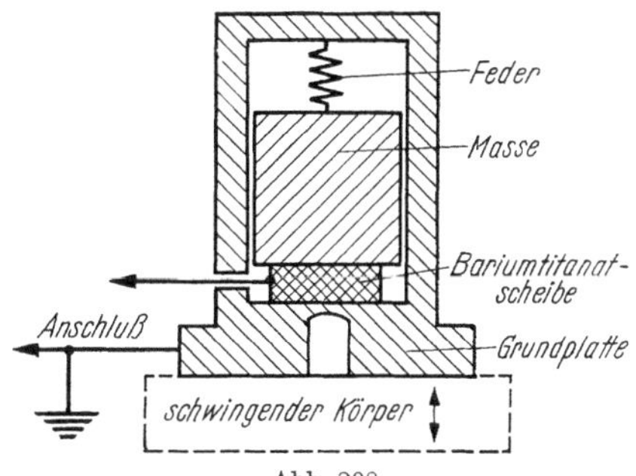

Abb. 298.
Bariumtitanat-Beschleunigungsempfänger
(nach P. v. BRÜEL)

Schall in Gesenkschmieden, von Preßlufthämmern usw. von Bedeutung ist. Gut eignen sich für diese Zwecke Kondensator- und Kristallmikrophone sowie Wasserschallmikrophone. Mit speziellen Konstruktionen konnten für den Frequenzbereich bis zu 30 kHz Mikrophone konstruiert werden, die für den Druckbereich bis 220 dB (über der Hörschwelle von 0,0002 dyn/cm^2) brauchbar sind[2].

Zur Aufnahme von Körperschall eignen sich vor allem piezoelektrische Empfänger[3]. An Stelle des früher vorwiegend verwendeten SEIGNETTE-

---

[1] SPANDÖCK, F.: Z. angew. Phys. **3**, 228 (1951). — LEONARD, R. W.: Proc. 1. I. C. A. Congr. Delft (1953), S. 110. — MAWARDI, O. K.: J. A. S. A. **27**, 542 (1955) (Rauschspektrum durch Turbulenz). — VAN NIEKERK, C. G.: ebdt. **28**, 681 (1956). — DANIELS, F. B.: ebdt. **31**, 529 (1959). — Hingewiesen sei hier noch auf eine Untersuchung über den Einfluß mechanischer Erschütterungen auf verschiedene Mikrophontypen A. CHIESA: Alta Frequenza **27**, 54 (1958).

[2] HILLARD, J. K.: Electronics **26**, 160 (1953). — PETERSON, A.: Noise Control **2**, 20 (1956). — HILLARD, J. K., u. W. T. FIALA: J. A. S. A. **29**, 254 (1957). — KAMPERMAN, G. W.; Noise Control **4**, 22 (1958). (Überblick über die zur Messung hoher Schalldrucke geeigneten Empfängertypen).

[3] v. BRÜEL, P.: Acustica **6**, 207 (1956). — KOIDAN, W.: J. A. S. A. **26**, 428 (1954). — Über Spezialmikrophone für die Schallabnahme am Kehlkopf vgl. J. DE BOER u. K. DE BOER: Phil. Techn. Rdschau **5**, 6 (1940). — MARTIN, D. M.: J. A. S. A. **19**, 43 (1947).

Salzes dient heute meist Bariumtitanat wegen der oben erwähnten Vorzüge als piezoelektrisches Material. Einen Bariumtitanat-Körperschallempfänger zeigt Abb. 298. Unterhalb der Resonanzfrequenz wird auf die Bariumtitanatscheibe durch die Masse eine Kraft ausgeübt, die proportional zur Beschleunigung ist. Es handelt sich also in diesem Frequenzbereich um einen Beschleunigungsempfänger. Durch ein- oder zweimalige elektrische Integration kann man jedoch auch die Schnelle oder die Auslenkung messen.

Empfänger für Flüssigkeitsschall[1], insbesondere Wasserschall, können in elektrischer Hinsicht in ganz ähnlicher Weise aufgebaut werden wie Luftschallempfänger; man kann das elektrodynamische, das elektromagnetische, das kapazitive, das magnetostriktive oder auch das piezoelektrische Prinzip ausnutzen, oder man kann sie auch als Kohlemikrophon bauen. Bei mit Membranen ausgestatteten Wasserschallempfängern ist — woran noch erinnert sei — zur Membranmasse die mitschwingende Mediummasse hinzuzurechnen. Diese kann bei Membranempfängern entsprechender Größe einen Wert von einigen Kilogramm besitzen. Will man einen hochabgestimmten Wasserschallempfänger bauen, so ist es mit Rücksicht auf die mitschwingende Mediummasse notwendig, der Direktionskraft einen um viele Größenordnungen größeren Wert zu geben, als bei Luftschallempfängern.

27. Gerichteter Schallempfang

Eine Abhängigkeit der Empfindlichkeit eines Schallempfängers von der Richtung der einfallenden Schallwellen tritt dann ein, wenn die Ausdehnung der Empfänger groß gegen die Wellenlänge des Schalls ist; Richtwirkungseigenschaften besitzen fernerhin auch solche Empfänger, die nicht auf skalare Schallfeldgrößen — wie z. B. auf die Druckschwan-

---

[1] Vgl. K. Tamm: A. Z. 6, 16 (1941) (Kleine Kristallempfänger für Wasserschall). — Bierl, R.: Z. angew. Phys. 1, 557 (1949) (Bestimmung der Empfindlichkeit und des Dämpfungsdekrements von Wasserschallempfängern). — Güttner, W.: Z. angew. Phys. 2, 206 (1950) (Kristallmikrophon). — Fein, L.: J. A. S. A. 22, 876 (1950) (punktförmiges Wasserschallmikrophon). — Tamm, K.: Proc. 1. I. C. A. Congr. Delft 1953, S. 128 (Kalibrierung von piezoelektrischen Wasserschallempfängern im Bereich 0,1 bis 15 kHz). — Vogel, C. B.: J. A. S. A. 25, 711 (1953) (Wasserschallempfänger für Bohrlöcher). — Bolz, G.: Z. angew. Phys. 6, 54 (1954) (kleine Wasserschallmikrophone für Ultraschall). — Leslie, C. B., J. M. Kendall u. J. L. Jones: J. A. S. A. 28, 711 (1956). — Jabłońska, H.: Pol. Acad. Sci. 1957, S. 143. — Goliamina, I. P., A. D. Sokolov u. V. I. Chulkova: Akust. Z. (USSR) 3, 288 (1957) (betr. Ferritempfänger). — Holak, W., E. Ackermann, H. L. Kinsloe u. J. J. Reid: J. A. S. A. 29, 909 (1957) (Wasserschallempfänger, der auf dem elektrokinetischen Effekt beruht).

kung —, sondern auf vektorielle Größen ansprechen; eine wichtige Gruppe derartiger Empfänger sind die Druckgradientempfänger.[1]

Die Richtwirkungseigenschaften von Empfängern, deren Ausdehnung von gleicher Größenanordnung oder größer als die Wellenlänge des auftreffenden Schalls ist, lassen sich an Hand von Überlegungen über Beugungseffekte verstehen. Wir haben auf S. 256 gesehen, wie Schall um ein Hindernis, das sehr klein gegen die Welle ist, herumgebeugt wird; an derartigen Hindernissen tritt nur eine sehr geringe Reflexion ein. Besitzt die Druckamplitude im ungestörten Schallfeld den Wert p_0, so herrscht nach Einbringen eines derartigen kleinen Empfängers in das Schallfeld auch an der gesamten Empfängeroberfläche der Druck p_0, eine Richtungsabhängigkeit der Empfängerempfindlichkeit besteht nicht. Ist die Empfängerausdehnung nicht vernachlässigbar klein gegen die Wellenlänge, so tritt am Empfänger ein Druckstau α ein, bei sehr kurzen Wellen erreicht α den Wert 2, für besondere Anordnungen (Einbau in Schirme entsprechender Größe) kann α durch Beugungseffekte bis zu 3 ansteigen.[2] Die Empfindlichkeit derartiger Empfänger hängt dann von der Richtung des einfallenden Schalls stark ab.

Die Verhältnisse liegen sehr übersichtlich bei Empfängern, welche in die Oberfläche einer starren Kugel eingebaut sind. Auf S. 257 haben wir ein von LORD RAYLEIGH durchgerechnetes sehr ähnliches Problem, nämlich dasjenige der Schattenwirkung einer Kugel, in deren Oberfläche eine punktförmige Schallquelle liegt, behandelt. Die dort gefundenen Ergebnisse lassen sich ohne weiteres auf das Empfängerproblem übertragen, und zwar liegt diese Möglichkeit im Reziprozitätssatz begründet; dieser Satz lautet in einer von H. v. HELMHOLTZ[3] stammenden Formulierung: ,,Wenn in einem, teils von endlich ausgedehnten festen Wänden begrenzten, teils unbegrenzten Raum Schall im Punkt A erzeugt wird, so ist das Geschwindigkeitspotential in einem anderen Punkt B so groß, als es in A sein würde, wenn dieselbe Schallerregung in B stattfände". Wir können also bei den S. 257 skizzierten Überlegungen Schallquelle und Aufpunkte miteinander vertauschen. Die Abb. 185 gibt dann ohne weiteres die Richtcharakteristik eines in die Oberfläche einer Kugel eingebauten punktförmigen Empfängers wieder. Die Richtwirkungseigen-

---

[1] Zur Frage der Einteilung der Richtmikrophone vgl. H. GROSSKOPF: Techn. Hausmitt. NWDR 4, 209 (1952). Diese Arbeit gibt auch einen Überblick über Aufbau, Wirkungsweise, Richtcharakteristik und Frequenzgang der Richtmikrophone.

[2] Vgl. hierzu (und zu der ebenfalls wichtigen Frage der Vorraumresonanz) F. SPANDÖCK: ETZ (A) 76, 598 (1958). — Ann. Phys. 20, 328 (1934).

[3] HELMHOLTZ, H. v.: J. reine angew. Math. 57, 1 (1860); Wiss. Abh. 1, 309. Leipzig 1882. — Vgl. auch W. SCHOTTKY: Z. Phys. 36, 589 (1926). — READFEARN, S. W.: Phil. Mag. 30, 223 (1940). — Zur Frage der Grenzen der Gültigkeit des Reziprozitätssatzes vgl. J. H. JANSSEN: Acustica 8, 76 (1958) (Satz ist beispielsweise nicht erfüllt bei Vorhandensein biegsamer, poröser Materialien).

schaften technischer Schallempfänger entsprechen weitgehend dem Verhalten derartiger idealisierter Empfänger; so zeigt z. B. Abb. 299, welche die Richtcharakteristik eines technisch benutzten Kondensatormikrophons wiedergibt, die nach allen Richtungen gleichmäßigen Empfindlichkeiten derartiger Empfänger für sehr tiefe und die stark gerichtete Empfindlichkeit für hohe Frequenzen.

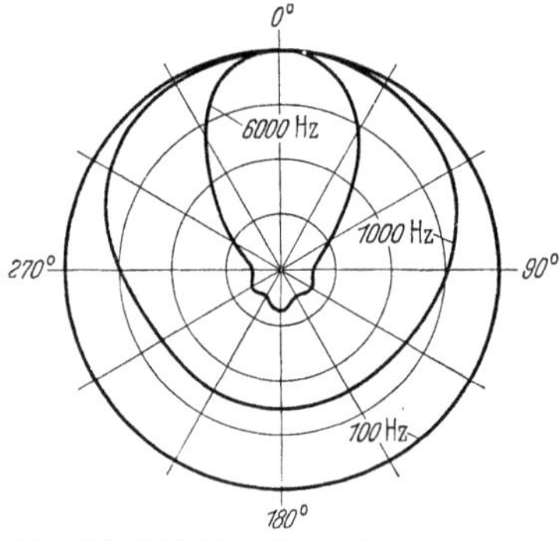

Abb. 299. Richtcharakteristiken eines Kondensatormikrophons bei verschiedener Frequenz (nach W. J. v. BRAUNMÜHL u. W. WEBER)

Von ST. BALLANTINE[1] wurde — aus den RAYLEIGHSchen Ansätzen — die Frequenzabhängigkeit der Druckerhöhung an einem in die Oberfläche einer Kugel eingebauten punktförmigen Empfänger für den Fall senkrechten Schalleinfalls berechnet. Der Verlauf der Kurve ist in Abb. 300 wiedergegeben. Für ein kreisförmiges Mikrophon von endlicher Ausdehnung auf der Oberfläche einer Kugel haben W. KUHL[2] und R. L. PRITCHARD[3] die Richtcharakteristik, d. h. das Druck-

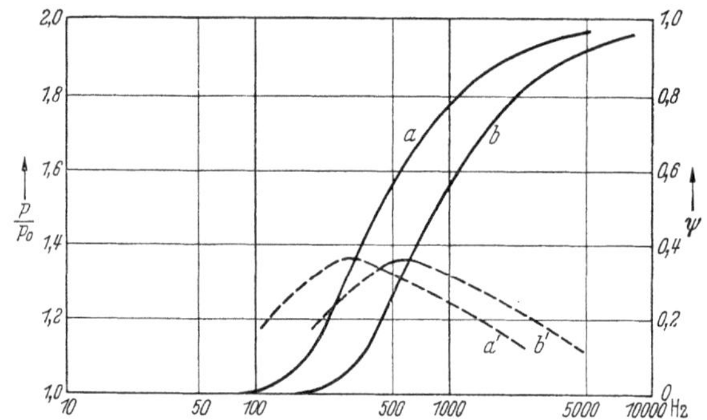

Abb. 300. Verhältnis des Druckes p am Pol einer Kugel zum Druck p_0 im ungestörten Schallfeld, a 12 Zoll, b 6 Zoll Kugeldurchmesser, a', b' Phasenänderung (nach ST. BALLANTINE)

[1] BALLANTINE, ST.: Phys. Rev. (2) **32**, 988 (1928). — Vgl. auch W. WEST: J. Instn. electr. Engrs. **67**, 1137 (1929). — Es sei ergänzend noch bemerkt, daß in bestimmten Fällen, und zwar insbesondere für Empfänger, die in einer ebenen Fläche oder auch in der Oberfläche eines Zylinders eingebaut sind — infolge von Beugungserscheinungen bei bestimmtem Verhältnis D/λ —, auch Druckerhöhungen auftreten können, die etwas größer sind als der bei der Kugel größtmögliche Wert 2. Über die Beugungserscheinungen an Mikrophonen vgl. weiterhin ST. BALLANTINE: J. A. S. A. **3**, 319 (1932). — SIVIAN, L. J., u. H. T. O'NEIL: ebdt. 483. — MULLER, G. G., R. BLACK u. F. E. DAVIS: ebdt. **10**, 6 (1938). — HARRISON, H. C., u. P. B. FLANDERS: Bell Syst. Techn. J. **11**, 451 (1932). — SCHWARZ, L.: A. Z. **8**, 91 (1943).

[2] KUHL, W.: Acustica **2**, 226 (1952).

[3] PRITCHARD, R. L.: Acustica **3**, 359 (1953).

verhältnis in Abhängigkeit vom Einfallswinkel berechnet. Die Ergebnisse von KUHL, die durch näherungsweise Integration über die Mikrophonfläche erhalten wurden, stimmen mit den von PRITCHARD durch Anwendung des erwähnten Reziprozitätsprinzips errechneten Werten im allgemeinen überein. Abb. 301 zeigt das Druckverhältnis in Abhängigkeit vom Einfallswinkel nach KUHL und PRITCHARD. Nur bei den höchsten Θ-Werten ist die Übereinstimmung schlecht. Hier ist den Werten von PRITCHARD der Vorzug zu geben. — Im Falle senkrechten Schalleinfalls stimmen übrigens die Ergebnisse von BALLANTINE für ein punktförmiges Mikrophon mit denen der Abb. 300 überein.

In starkem Maß richtungsabhängig ist die Empfindlichkeit von Empfängern, an die ein Trichter angeschlossen ist. Auf S. 144 haben wir die Richtwirkungseigenschaften von Trichterschallsendern erwähnt; die dort angedeuteten Überlegungen

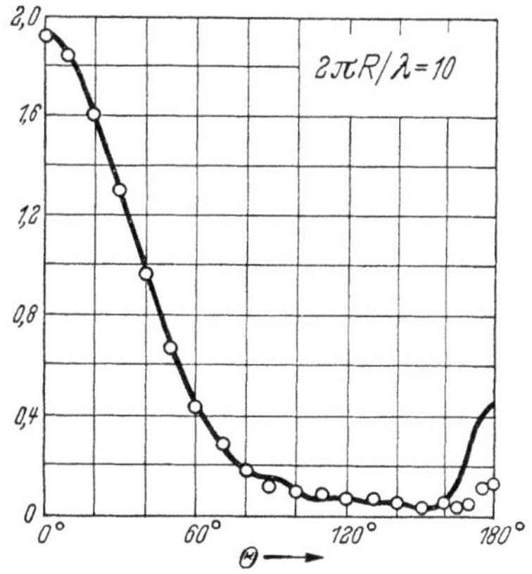

Abb. 301. Richtcharakteristik eines kreisförmigen in die Oberfläche einer Kugel eingebauten Mikrophons (ausgezogene Kurve nach W. KUHL, Punkte nach R. L. PRITCHARD)

lassen sich auf Grund des Reziprozitätssatzes auch auf Trichterempfänger anwenden.

Eine andere Möglichkeit gerichteten Schallempfanges besteht darin, daß man den Empfänger im Brennpunkt eines parabolischen Reflektors einbaut. Ist die Wellenlänge des auftreffenden Schalls sehr klein gegen den Durchmesser des Reflektors und sehr klein gegen die Brennweite, so kann man in erster Annäherung die Gesetze der geometrischen Optik anwenden. Von einer in großer Entfernung auf der Mittelnormalen liegenden Schallquelle aus einfallender Schall wird dann bei dem Brennpunkt gesammelt, während schräg auffallender Schall seitlich vom Brennpunkt gesammelt wird. Im allgemeinen ist freilich die Bedingung vernachlässigbar kleiner Wellenlänge in der Akustik nicht erfüllt; der Schall wird dann infolge von Beugungserscheinungen nicht in einem Punkt, sondern in einem je nach der Wellenlänge mehr oder weniger ausgedehnten Bereich in der Nähe des Brennpunktes gesammelt. Ist die Wellenlänge groß gegen den Durchmesser des Reflektors, so tritt auch in der Brennpunktnähe keine Schallverstärkung mehr auf, der Druck am Empfänger ist dann praktisch der gleiche wie im ungestörten Schallfeld. Man erreicht mit Parabolreflektoren, wenn sie nicht außerordentlich groß ausgeführt sind, infolge der Beugungserscheinungen nur geringe Schalldruckverstärkung. Wie Messungen von J. OBATA und Y. YOSIDA[1] zeigten, kann man dann, wenn der Durchmesser des Reflektors etwa dreimal so groß ist wie die Wellenlänge des auftreffenden Schalls, etwa den dreifachen Druck wie in der ungestörten Welle erhalten. Parabolreflektoren für Schallempfang haben daher keine praktische Bedeutung erlangt.

Auch durch akustische Linsen[2] ist ein gerichteter Schallempfang und zugleich eine Schallverstärkung möglich. Das Mikrophon wird auch hier im Brennpunkt angebracht und mit der Linse durch einen konischen

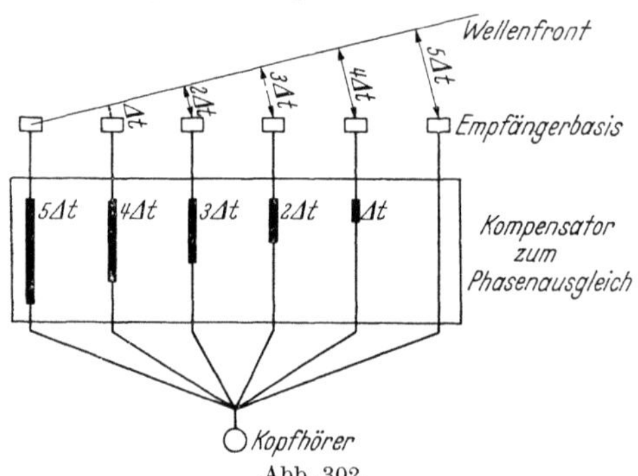

Abb. 302.
Empfängerbasis für gerichteten Schallempfang

Trichter verbunden. Diese Konstruktion hat im Vergleich zum parabolischen Reflektor den Vorteil, daß das Mikrophon nicht im Strahlengang der einfallenden Strahlen liegt. Auch der Nachteil des parabolischen Reflektors, daß von hinten kommender Schall am Reflektor gebeugt und deshalb ebenfalls angezeigt wird, tritt hier nicht auf.

Außerdem ist die Konstruktion einer gut fokussierenden Linse einfacher als die eines ebensolchen Reflektors.

Richtungsempfindliche Systeme lassen sich vorteilhaft auch durch Kombination mehrerer räumlich getrennter Empfänger, durch sog. Empfängergruppen schaffen. Abb. 302 zeigt eine derartige Anordnung, wie sie beispielsweise in der Wasserschalltechnik zur Richtungsbestimmung verwendet werden kann[3]. Die Schallempfänger sind in gleichem

[1] Über die Richtcharakteristik von mit Trichtern ausgerüsteten Empfängern und von Parabolreflektoren vgl. J. OBATA u. Y. YOSIDA: Rep. Aeron. Res. Inst. Tokio V/9 231 (1930). Über Schallspiegel vgl. weiterhin R. C. COILE: J. A. S. A. **11**, 167 (1939).

[2] CLARK, M. A.: J. A. S. A. **25**, 1152 (1953). Vgl. auch Anm. 1, S. 281 angeführte Arbeiten.

[3] Über die Richtwirkung von Gruppenanordnungen vgl. F. A. FISCHER: Elektr. Nachr.-Techn. **9**, 147 (1933); HECHT, H., u. F. A. FISCHER: **10**, 19 (1933). Handb. d. Exp. Phys. **17/2**, 415. Leipzig 1934. — FISCHER, F. A.: Naturwiss. **29**, 138 (1941). — PRITCHARD, R. L.: J. A. S. A. **25**, 879 (1953); **26**, 1034 (1954). — Über die Korrelation bei Empfängergruppen vgl. M. J. JACOBSON: J. A. S. A. **29**, 1342 (1957) und **30**, 1030 (1958). — GILBRECH, D. A., u. R. C. BINDER: J. A. S. A. **30**, 842 (1958). — TUCKER, D. G.: Acustica 8, 58, 112 (1958) (über Signal/Rausch-Verhältnisse). — ANDERSON, V. C.: J. A. S. A. **30**, 470 (1958) (Gruppenanordnungen zur Erforschung von Schallquellen im Ozean). — THOMAS, J. B., u. TH. R. WILLIAMS: ebdt. **31**, 453 (1959). — FAKLEY, D. C.: ebdt. 1307. — JACOBSON, M. J., u. R. J. TALHAM: ebdt. 1352. — BROWN, J. L., u. R. O. ROWLANDS: ebdt. 1638. — LEISTERER, R.: Proc. 3. I. C. A. Congr. Stuttgart (1959).

Abstand längs einer Basis angeordnet. Fällt Schall senkrecht auf die Basis, so werden alle Empfänger in gleicher Phase angeregt, ein an die Empfänger angeschlossener Kopfhörer zeigt dann ein Maximum der Lautstärke. Fällt der Schall schräg auf die Basis, so besitzt die Erregung der verschiedenen Empfänger verschiedene Phasen, die Lautstärke im Kopfhörer wird dann dementsprechend geringer, bis schließlich dann, wenn der Schall so schräg einfällt, daß die Phase von Empfänger zu Empfänger sich um $180°$ ändert, der Schall im Kopfhörer verschwindet. Man kann hiernach durch Eindrehen der Basis auf maximale Kopfhörerlautstärke die Schallrichtung ermitteln, man kann aber auch, wie es in Abb. 302 dargestellt ist, die Basis fest anordnen und hinter jedem Empfänger eine elektrische Verzögerungskette legen, mit deren Hilfe die von den zuerst vom Schall erreichten Empfänger herrührenden elektrischen Schwingungen so weit verzögert werden, daß am Kopfhörer wieder eine gleichphasige Erregung einsetzt, das Maß der zeitlichen Verzögerung gibt dann an, aus welcher Richtung der Schall eintrifft. Der genaue Verlauf der Richtcharakteristiken einer derartigen linearen Basis von n-Gliedern läßt sich in Analogie zur Optik leicht übersehen, das Richtungsdiagramm entspricht dem Beugungsdiagramm eines optischen Gitters von n-Spalten und einem entsprechend gewählten Verhältnis Spaltabstand zu Wellenlänge. Bemerkt sei noch, daß man in der Wasserschalltechnik zum Richtungshören meist keine linearen Basen verwendet, sondern Empfängergruppen, die längs eines entsprechend gewählten Kurvenzuges liegen, und zwar insbesondere Empfänger, deren vertikale Projektion einen Kreis bildet. Mit derartigen Kreisbasen läßt sich unter Verwendung eines entsprechenden elektrischen Kompensators nach jeder beliebigen Richtung mit gleichmäßiger Winkelgenauigkeit beobachten, während mit den linearen Basen die Winkelgenauigkeit um so ungenauer wird, je schräger der Schall einfällt, bis schließlich in der Richtung der Empfängerreihe keine Aussagen mehr möglich sind.

Es war bereits am Eingang dieser Ziffer darauf hingewiesen worden, daß eine Richtungsabhängigkeit des Schallempfangs bei solchen Mikrophonen vorhanden ist, welche auf vektorielle Schallfeldgrößen ansprechen; praktische Verwendung finden vor allen Dingen die Druckgradientmikrophone. Abb. 303 zeigt — nach H. VON BRAUNMÜHL und W. WEBER[1] — die Konstruktion eines kapazitiven Druckgradient-

---

[1] BRAUNMÜHL, H. J. v., u. W. WEBER: Hochfrequenztechn. **46**, 187 (1935). — Über Druckgradientempfänger vgl. auch F. MASSA: J. acoust. Soc. Amer. **10**, 85 (1938). — OLNEY, B., F. H. SLAYMAKER u. W. F. MEEKER: ebdt. **16**, 172 (1945). — OLSON, H. F.: J. A. S. A. **17**, 192 (1946). — BEAVERSON, W. A., u. A. M. WIGGINS: ebdt. **22**, 592 (1950). — Ein Druckgradient-Mikrophon mit frequenzabhängigem Schallweg zwischen Vorder- und Rückseite der Membran beschreibt A. M. WIGGINS: J. A. S. A. **26**, 687 (1954). Der frequenzabhängige Schallweg wird durch zwei

empfängers. Im Gegensatz zu dem normalen, als Druckempfänger arbeitenden Kondensatormikrophon ist bei dieser Mikrophonart die schallempfindliche Membran nicht auf der Rückseite durch eine schallharte Wand abgeschlossen, sondern es grenzt die Membran auf beiden Seiten an das Schallfeld an; sie führt also nur dann erzwungene Schwingungen aus, wenn zwischen den beiden Membranseiten eine Druckdifferenz auftritt. Trifft Schall von vorn oder hinten auf das Druckgradientmikrophon, so ist zwischen den Membranseiten eine Druckdifferenz vorhanden, deren Größe von dem Umweg abhängt, welchen der Schall von der Mitte der einen Membranseite zu der Mitte der anderen Membranseite zu nehmen hat. Anders liegen die Dinge, wenn der Schall von einer Quelle herrührt, die in der durch die Membran gelegten Ebene angeordnet ist; in diesem Falle ist die Erregung an den beiden Membranseiten gleichphasig; es wirken dann keine einseitig gerichteten Kräfte auf die Membran. Die Richtcharakteristik von Druckgradientmikrophonen besitzt die Form einer 8 (Abb. 303), und zwar ist die Form der Richtcharakteristik für alle Frequenzen nahezu gleich.

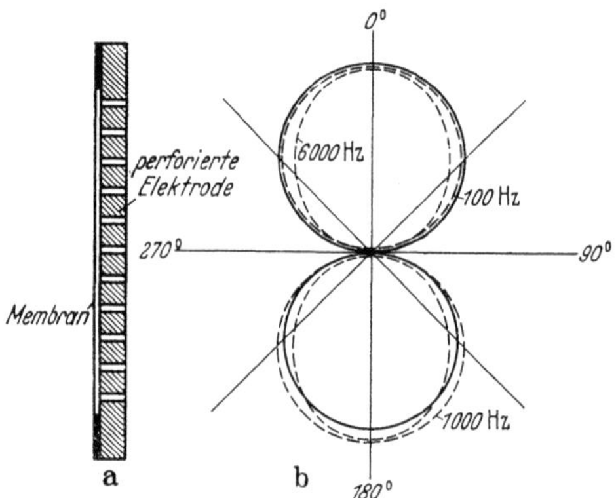

Abb. 303. Bauart (a) und Richtcharakteristik (b) eines kapazitiven Gradientempfängers (nach H. J. v. BRAUNMÜHL u. W. WEBER)

Man kann derartige Achtermikrophone vorteilhaft verwenden, wenn es sich darum handelt, aus bestimmter Richtung stammenden Schall — z. B. Störschall — auszublenden; auch ist es möglich, mit derartigen Mikrophonen die Rückkoppelung in solchen Räumen, in welchen sich vom Raum selbst aus besprochene Lautsprecheranlagen befinden, zu verringern.

Durch elektrische Zusammenschaltung eines Empfängers von kreisförmiger Charakteristik und eines Empfängers von achterförmiger Charakteristik lassen sich Systeme mit kardoidförmiger Richtcharakteristik schaffen, so daß also Schall dann im wesentlichen nur aus einer einzigen Richtung aufgenommen wird. Man kann hierzu beispielsweise die Kombination eines nicht richtenden Tauchspulmikrophons mit einem als Druckgradientempfänger arbeitenden Bändchenmikrophon

---

Fortsetzung der Fußnote 1 von S. 399

Schalleintrittsöffnungen mit verschiedenem Abstand von der Rückseite der Membran und frequenzabhängiger Durchlässigkeit erreicht. Mit diesem Mikrophon können normalerweise nicht herstellbare Richtcharakteristiken erzielt werden.

benutzen. R. N. MARSHALL und W. R. HARRY[1] entwickelten ein derartiges Empfängersystem, das im Bereich von 50—9000 Hz bei nahezu gleicher Empfindlichkeit praktisch gleiche Richtwirkung besitzt.

Eine weitere Möglichkeit, eine starke und frequenzunabhängige Richtungsempfindlichkeit zu schaffen, liegt darin, daß man vor die Membran eines Empfängers ein System von einer großen Zahl paralleler vorn offener Rohre abgestufter Länge schaltet, die hinten alle in eine kleine Kammer vor der Membran einmünden. Durch Interferenz der die Rohre verschiedener Länge durchlaufenden Schallwellen tritt für von der Seite einfallenden Schall weitgehende Auslöschung ein[2].

Eine Vereinfachung dieses Systems stellt das von K. TAMM und G. KURTZE[3] beschriebene Richtmikrophon dar. Bei diesem befindet sich nicht mehr eine Vielzahl sondern nur noch ein Rohr, das der Länge nach geschlitzt ist, vor der Membran. Der als Schalleintrittsöffnung dienende Schlitz wird mit einem dämpfenden Material so abgedeckt, daß die Dämpfung bis zur Membran für alle Schallwege gleich ist. Durch Interferenz der den Schlitz an verschiedenen Stellen treffenden Schallwellen am Ort des Mikrophons tritt auch hier eine starke Richtwirkung ein.

28. Kalibrierung von Schallempfängern

Kalibrierungen von Schallempfängern können durch Einbringen der Empfänger in ein freies Schallfeld bekannter Konfiguration und Stärke, durch Anbau des Empfängers an eine Druckkammer oder auch durch Erregung des Empfängers durch Ersatzkräfte, und zwar insbesondere solcher elektrostatischer Natur erfolgen[4]; man kann ferner bei solchen

---

[1] MARSHALL, R. N., u. W. R. HARRY: J. A. S. A. **12**, 481 (1941); vgl. auch R. N. MARSHALL u. W. R. HARRY: J. Mot. Pict. Eng. **33**, 254 (1939); MASSA, F.: J. A. S. A. **10**, 173 (1939); LIVADARY, J. P., u. M. RETTINGER: J. Mot. Pict. Eng. **32**, 381 (1939); GLOVER, R. P.: J. A. S. A. **11**, 379 (1940); BAUER, B. B.: J. A. S. A. **13**, 41 (1941).

[2] SLAYMAKER, F. H., u. W. F. MEEKER: J. A. S. A. **16**, 172 (1945). — OLSON, H. F.: ebdt. **17**, 192 (1946).

[3] TAMM, K., u. G. KURTZE: Acustica **4**, 469 (1954). — KURTZE, G.: Techn. Mitt. schweiz. Telegr.- u. Teleph.-Verw. **32**, 27 (1954).

[4] Über die verschiedenen zur Mikrophonkalibrierung benutzten Verfahren vgl. insbesondere Comité consult. international téléph. (C. C. I. F.) **4**, 157. Paris 1934. — Mitteilung des Subcommitee on fundamental sound measurements: „Calibration of microphones". J. acoust. Soc. Amer. **7**, 300 (1936). — Mitteilung des Deutschen Akustischen Ausschusses: „Eichung von Mikrophonen." Akust. Z. **4**, 62 (1939). — ERNSTHAUSEN, W.: Akust. Z. **4**, 13 (1939). — Über die bei derartigen Kalibrierungen benutzten elektrischen Methoden vgl. auch H. LUEDER u. E. SPENKE: Elektr. Nachr.-Techn. **10**, 99 (1933). — PODLIASKY, I.: Ann. Post. Télégr. Téléph. **24**, 1 (1935). — HARTMANN, C. A., u. H. JACOBY: Elektr. Nachr.-Techn. **12**, 163 (1935). — BRAUNMÜHL, H. J. v.: Elektr. Nachr.-Techn. **13**, 281 (1936). — PANZERBIETER, H.: ETZ **58**, 735, 765 (1937). — TAMM, R.: Z. techn. Phys. **19**, 134 (1938); Veröff. Nachr.-Techn. **8**, 205 (1938). — THILO, H. G., u. H. KOSCHEL: Siemens-

Empfängern, die reversibel sind und als Schallsender benutzt werden können (wie z. B. Kondensatormikrophonen, Tauchspulkmikrophonen, Kristallmikrophonen) auch ein Kalibrierverfahren, welches auf Reziprozitätsbeziehungen beruht, benutzen. Kalibrierungen im freien Schallfeld besitzen den grundsätzlichen Vorteil, daß man die Empfängerempfindlichkeit unmittelbar unter den gleichen Bedingungen bestimmt, unter denen das Mikrophon praktisch verwendet wird. Bei Druckkammerkalibrierungen und Kalibrierungen durch Ersatzkräfte müssen hingegen die bei der Messung gewonnenen Werte noch auf die für das freie Schallfeld gültigen Werte umgerechnet werden, und zwar ist es insbesondere erforderlich, die Drucktransformation, welche durch die Reflexion der Schallwellen an der Empfängeroberfläche bewirkt wird (S. 355), zu berücksichtigen.

Kalibrierungen im freien Schallfeld[1] erfordern einen schalltoten Raum hinreichender Größe, d. h. einen Raum, bei dem die Schallabsorption der Wände sehr groß ist, bei dem also auch in einiger Entfernung von der Schallquelle die Schallreflexion von den Wänden im Vergleich zum direkten Schall zu vernachlässigen ist. Abb. 304 zeigt die Innenansicht eines derartigen, von E. MEYER, G. KURTZE, H. SEVERIN und K. TAMM[2] in

---

Fortsetzung der Fußnote 4 von Seite 401

Z. **18**, 273 (1938). — KOSCHEL, K.: Veröff. Nachr. Techn. **9**, 29 (1939). — BORDONI, P. G.: Alta Frequenza **15**, 167 (1946) (kritische Gegenüberstellung der für Kondensatormikrophone benutzten Kalibriermethoden). — BUCHMANN, G.: Funk u. Ton **1**, 30 (1947) (Überblick über die verschiedensten Kalibrierverfahren). — Über amerikanische Normen vgl. J. A. S. A. **22**, 602, 609, 611 (1950). — COOK, R. K.: Proc. 1. I. C. A. Congr. Delft 1953, S. 101 (Kondensatormik rophon als Kalibriermikrophon). — GOSEWINKEL, M.: Messung der Übertragungseigenschaften von Telephonen, Mikrophonen u. Fernsprechern. Karlsruhe (1953). — SPANDÖCK, F.: Acustica **5**, 197 (1955) (akustische Sender als Kalibriernormalien). — BADMAIEFF, A.: Audio Engng. **38**, 30 u. 60 (1954). — LEHMANN, R.: Annal. Télécomm. **12**, 392 (1957). — RIETY, P.: Ann. Télécomm. **13**, 16 (1958) (verschiedene Eichverfahren). — ZVEREV, V. A.: Akust. Z. (USSR) **2**, 378 (1956). — GAVREAU, V., u. A. CALAORA: C. R. Acad. Sci. (Paris) **243**, 840 (1956). — SACERDOTE, C. B.: J. A. S. A. **31**, 133 (1959).

[1] Über Kalibrierungen im freien Schallfeld vgl. insbesondere F. TRENDELENBURG: Wiss. Veröff. Siemens-Konzern **5**/2, 120 (1926). — WEST, W.: Post Off. electr. Engrs. J. **26**, 260 (1934). — KING, A. J., u. C. R. MAGUIRE: Nature, Lond. **141**, 1016 (1938). — KENNEDY, W., u. J. BONER: J. A. S. A. **14**, 19 (1942). — BASTIN, D. H.: Electronics Nov. **1948**, 106 (Messungen mit einem Kurztonverfahren). — BENSON, R. W.: J. A. S. A. **25**, 128 (1953). — DADSON, R. S., u. E. G. BUTCHER: Proc. 1. ICA-Congr. Delft 1953, S. 103. — PRITCHETT, J.: Acustica **4**, 544 (1954). — BOCKER, P., u. H. MRASS: Acustica **9**, 340 (1959).

[2] MEYER, E., G. KURTZE, H. SEVERIN u. K. TAMM: Acustica **3**, 409 (1953). — Über den Bau schalltoter Räume vgl. auch W. JANOVSKY u. F. SPANDÖCK: Akust. Z. **2**, 323 (1937). — BEDELL, E. H.: Bell. Labor. Rec. **14**, 79 (1935). — J. A. S. A. **8**, 118 (1936). — McMAHAN, K. D.: Gen Electr. Rev. **41**, 523 (1938). — MEYER, E., G. BUCHMANN u. A. SCHOCH: A. Z. **5**, 352 (1940). — OLSON, H. F.: J. A. S. A.

Göttingen gebauten schalltoten Raumes. Der Raum hat kubische Gestalt. Er ist mit einer Wandbekleidung versehen, die den Schall reflexionsfrei aufnimmt und dann vernichtet. Zur reflexionsfreien Aufnahme dienen Glaswollekeile der in Abb. 305 gezeigten Art. Die Keile sind aperiodische Absorber[1], ihre Keilform dient zur allmählichen Überführung der Kennimpedanz der Luft auf die des Absorbermaterials. Die durch die Länge der Keile bestimmte untere Grenzfrequenz dieser

Abb. 304. Innenansicht des Göttinger schalltoten Raumes (nach E. MEYER, G. KURTZE, H. SEVERIN u. K. TAMM)

aperiodischen Absorber wird durch einen hinter den Keilen sitzenden und als Resonanzabsorber arbeitenden Lufthohlraum heruntergedrückt. Die Vernichtung des Schalls erfolgt im Innern einer hinter den Absorbern liegenden Schicht aus Glaswollematerial. Der Reflexionsfaktor dieser

Fortsetzung der Fußnote 2 von Seite 402

15, 96 (1943). — BERANEK, L. L., u. H. P. SLEEPER: ebdt. **18**, 140 (1946). — HARDY, H. C., F. G. TYZZER u. H. H. HALL: ebdt. **19**, 992 (1947). — MILLS, P. J.: ebdt. 988. — CHAVASSE, P.: C. R. Acad. Sci. Paris **224**, 1341 (1947). — LEHMANN, R.: Ann. de Télécom. **2**, 177 (1947) (betr. den schalltoten Raum des C. N. E. T.). — BRANDT, O., u. T. HAGMAN: Tekn. Tidskr. **80**, 1087 (1950). — MILOSEVIC, M.: Rev. Tech. C. F. T. H. **13**, 33 (1950). — ROBINSON, D. W.: Elect. Comm. **28**, 70 (1951). — EBEL, H., u. P. MAURER: Acustica **2**, (A. B.) 253 (1952). — EPPRECHT, G. W., G. KURTZE u. A. LAUBER: ebdt. **4**, 567 (1954) (betr. den akustisch und elektromagnetisch absorbierenden Raum der PTT in Bern). — VELIZHANINA, K. A., u. S. N. RSCHEVKIN: Akust. Z. (USSR) **3**, 23 (1957) (schalltoter Raum in der Moskauer Universität). — Über schallschluckende Meßtanks für Wasserschall vgl. S. 405.

[1] Man unterscheidet zwischen aperiodischen Absorbern und schwingungsfähigen Absorbern (Resonanzabsorbern). Die Resonanzabsorber haben bei einer oder mehreren Frequenzen eine akustische Impedanz, die etwa gleich der Kennimpedanz des äußeren Mediums ist, nehmen also nur bei diesen Frequenzen den Schall reflexionsfrei auf. Die aperiodischen Absorber sind in einem breiten Frequenzband dem äußeren Medium angepaßt. Allerdings erfordern die aperiodischen Absorber eine wesentlich größere Schichtdicke als die Resonanzabsorber.

Wandbekleidung liegt nach Abb. 305 oberhalb von 70 Hz unter 10%, d. h. der Raum ist von 70 Hz an praktisch reflexionsfrei. — Erwähnt sei, daß durch Einbringen von Graphitpulver in die Glasfaserkeile der Raum auch für elektromagnetische Wellen oberhalb 1000 MHz absorbierend gemacht ist.

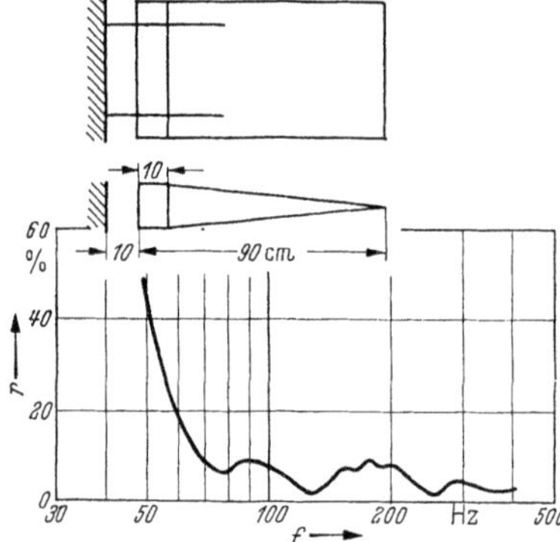

Abb. 305. Reflexionszahl eines Glasfaserpakets mit anschließendem Schlitzresonator, Hohlraumtiefe 10 cm (nach E. Meyer, G. Kurtze, H. Severin u. K. Tamm)

Auch in der Wasserschalltechnik spielen Meßbecken, die schallschluckend ausgekleidet sind, eine Rolle. Die Teilansicht eines derartigen Tanks vor Einfüllen des Wassers zeigt Abb. 306[1]. Die Schallschluckanordnung besteht hier aus Rippen, die zur Überleitung der Kennimpedanz des Wassers auf die des Absorbermaterials vorne ausgezackt sind[2].

Zur Bestimmung der Intensität des zur Kalibrierung benutzten Schallfeldes kann man sich — insofern nicht ein bereits früher kalibriertes Mikrophon als Schalldruckmesser zur Verfügung steht — der Rayleigh-schen Scheibe bedienen. Wir haben die Wirkungsweise der Rayleighschen Scheibe bereits S. 96

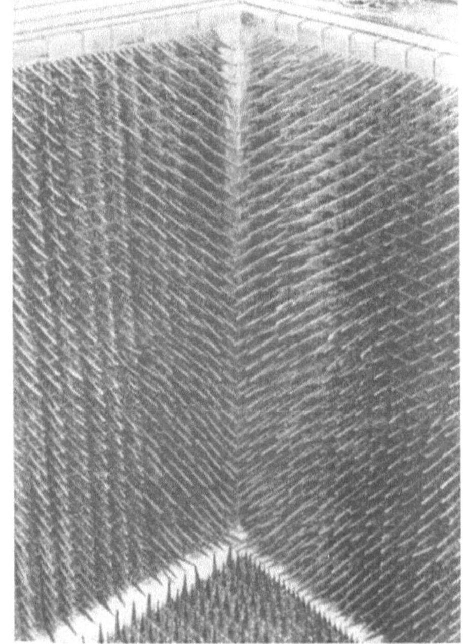

Abb. 306. Mit Schluckstoffrippen ausgekleidetes Wasserschallbecken (nach W. Kuhl)

[1] Kuhl, W.: Acustica 2 (A. B.), 140 (1952). — Über Wasserschalltanks siehe weiterhin W. P. Mason u. F. H. Hibbard: J. A. S. A. 20, 476 (1948). — Weinstein, M. S.: ebdt. 25, 101 (1953) (Wasserschalltank für hohe Frequenzen). — Darner, C. L.: ebdt. 26, 221 (1954) (Wasserschalltank für hohe hydrostatische Drucke).

[2] Zur Frage der Konstruktion von Wasserschallabsorbern siehe E. Meyer u. K. Tamm: Acustica 2 (A. B.), 91 (1952) (Breitbandabsorber). — Meyer, E., u. H. Oberst: ebdt. 149. (Resonanzabsorber). — Vgl. hierzu auch W. Kuhl, H. Oberst u. E. Skudrzyk: Acustica 3 (A. B.), 421 (1953) (Impulsverfahren für Messungen an Wasserschallabsorbern).

besprochen und haben dort gezeigt, wie es mit der RAYLEIGHschen Scheibe möglich ist, die Schallschnelle in absolutem Maß zu messen. Aus der Schallschnelle kann man dann die Druckschwankung gemäß den S. 35 abgeleiteten Beziehungen berechnen. Die RAYLEIGHsche Scheibe läßt sich allerdings nur für Messungen von verhältnismäßig hohen Schallintensitäten verwenden. Die Grenze der Verwendung der RAYLEIGHschen Scheibe liegt bei Schallintensitäten, die Schalldrucken etwa $0,1 \text{ N/m}^{-2} = 1\,\mu\text{b}$ entsprechen. Bei kleineren Schalldrucken ist man auf Kalibrierung in der Druckkammer oder durch Ersatzkräfte angewiesen.

Bei der Druckkammerkalibrierung wird der schallharte Empfänger an eine gegen die Wellenlänge kleine Schallkammer angeschlossen, in der eine Druckschwankung bekannter Größe erzeugt wird. Zur Erregung der Druckschwankung wird vorteilhaft ein Thermophon verwendet (Abb. 307). Die durch ein Thermophon in einer Druckkammer erzeugten Druckschwankungen lassen sich aus den elektrischen, geometrischen und thermischen Daten des Thermophons berechnen[1]. (vgl. S. 215). Man führt die Kalibrierung des Empfängers dann in der Weise durch, daß man zunächst sinusförmigen Schall bekannten Schalldrucks auf den Empfänger einwirken läßt und den Ausschlag des Anzeigegerätes hinter dem Empfänger abliest. Dann schaltet man ohne am akustischen Aufbau sonst etwas zu ändern die Schalleinwirkung ab und

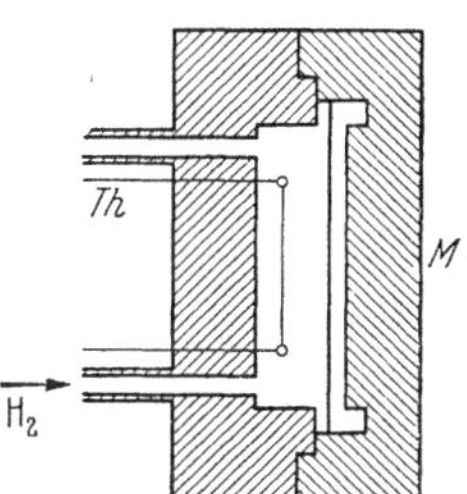

Abb. 307. Anordnung zur Druckkammerkalibrierung eines Mikrophons mittels Thermophon

führt am Empfänger eine elektrische Ersatzspannung gleicher Frequenz ein, deren Amplitude man so bemißt, daß der Ausschlag am Meßinstrument der gleiche wie vorher bei Schallerregung wird („Substitutionsmethode")[2]. Das Verhältnis der Ersatz EMK in V (oder mV) zum Schalldruck in Nm^{-2} (oder μ b) ergibt dann den elektroakustischen Übertragungsfaktor in V/Nm^{-2} (oder $\text{mV}/\mu\text{b}$).

Bei tiefen Frequenzen kann man die Kalibrierung auch in der Weise durchführen, daß man die Druckschwankung in der Kammer nicht durch ein Thermophon sondern durch einen hin- und herschwingenden Kolben, dessen Amplitude man mikroskopisch bestimmt, erzeugt („Piston-

---

[1] Man füllt mit Rücksicht auf die Wellenlänge des vom Thermophon abgestrahlten Schalls die Kammer häufig mit Wasserstoff.

[2] Über die Substitutionsmethode und die bei ihr zu beobachtenden Vorsichtsmaßnahmen vgl. insbesondere H. LUEDER u. E. SPENKE: E. N. T. **10**, 99 (1933). — COOK, R. K.: J. A. S. A. **19**, 503 (1947); ebdt. **20**, 874 (1948). — MADELLA, G. B.: ebdt. **20**, 550 (1948). — HAWLEY, M. S.: ebdt. **21**, 183 (1949).

phonmethode")[1]. Diese Methode eignet sich besonders zu Eichungen im Bereich hoher Schalldrucke (bis etwa 10^4 Nm^{-2} = 10^5 μb maximal).

Zur Kondensatormikrophoneichung kann auch die Methode der elektrostatischen Ersatzkraft[2] verwendet werden. Legt man zwischen eine vor der Membran angebaute Hilfselektrode (Abb. 308) und die Membran selbst eine elektrische Spannung, so treten zwischen der Membran und der Hilfselektrode durch die elektrostatische Anziehung Kräfte auf, welche dem Quadrat der angelegten Spannung proportional sind. Ist die angelegte Spannung aus einem Gleichspannungsanteil (V_0) und einem Wechselspannungsanteil ($V_1 \cdot \sin \omega t$) zusammengesetzt, so wirkt auf die Membran der Druck

$$p = k \cdot 2\, V_0\, V_1 \sin \omega\, t. \tag{202}$$

Es ist hierbei vorausgesetzt, daß V_1 sehr klein gegen V_0 ist[3]; k ist ein Faktor, der vom Abstand und der Form der Hilfselektrode abhängt,

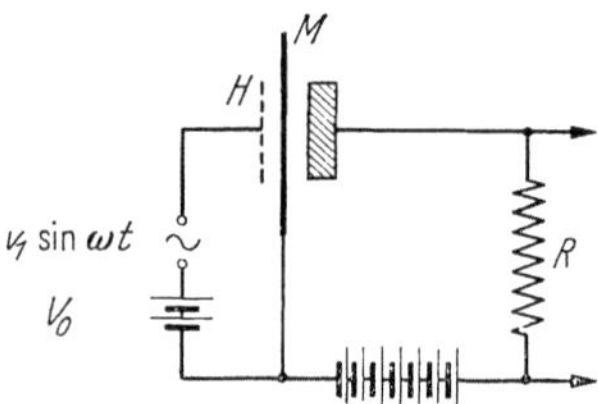

Abb. 308. Anordnung zur Eichung eines mit einer Hilfselektrode (H) ausgestatteten Kondensatormikrophons (M) durch elektrostatische Wechselkräfte (nach E. MEYER)

wir werden auf die Bestimmung der Größe dieses Faktors noch zurück kommen. Ändert man nun die Frequenz der — vorteilhaft von einem Schwebungssummer konstanter Ausgangsspannung[4] gelieferten — Wechselspannung und mißt die an den Klemmen des Belastungswiderstandes infolge der Änderungen der Kapazität zwischen Membran und Gegenelektrode hervorgerufenen Spannungen, so erhält man eine Frequenzkurve des in Frage stehenden Mikrophons; die gewonnenen Werte sind dann freilich noch auf für das freie Schallfeld gültige Werte umzurechnen, es

---

[1] Über das Pistonphonverfahren vgl. E. C. WENTE: Phys. Rev. **10**, 39 (1917). — BALLANTINE, ST.: J. A. S. A. **3**, 319 (1932). — ERNSTHAUSEN, W.: A. Z. **4**, 13 (1939). — BUCHMANN, G.: Funk u. Ton **1**, 30 (1947). — GAVREAU, V., M. DRATZ u. A. CALAORA: C. R. Acad. Sci. (Paris) **234**, 1603 (1952). — BIAGI, F., u. R. K. COOK: J. A. S. A. **26**, 506 (1954) (betr. akust. Eigenschaften der zum Kalibrieren verwendeten Druckkammer). — MERHAUT, J., u. M. VLĈEK: J. A. S. A. **30**, 263 (1958). — DIESTEL, H. G.: Acustica **9**, 398 (1959).

[2] MEYER, E.: Z. techn. Phys. **7**, 609 (1926). — Elektr. Nachr.-Techn. **4**, 86 (1927). — Vgl. auch C. A. HARTMANN: VDE-Fachber. XXXI, 83 (1926). — HARTMANN, C. A.: Elektr. Nachr.-Techn. **7**, 100 (1930). — GRÜTZMACHER, M., u. P. JUST: Elektr. Nachr.-Techn. **8**, 104 (1931). — BORDONI, P. G.: Alta Frequenza **15**, 167 (1946). — v. GIERKE, H. E., u. W. W. VON WITTERN: Proc. Instn. Radio Eng. **39**, 633 (1951).

[3] Ist V_1 nicht vernachlässigbar klein gegen V_0, so tritt neben der Kraft von der Frequenz ω noch eine solche von der Frequenz 2ω auf; auf die Membran wirkt also dann eine nicht sinusförmige Erregung.

[4] Vgl. S. 53.

ist also noch die infolge der Reflexion der Schallwellen an der Empfängeroberfläche auftretende Schalldruckstauung zu berücksichtigen (vgl. S. 395).

Zur Durchführung von Kalibrierungen in absolutem Maß muß der Zahlenwert der Größe k bekannt sein; man kann diesen in folgender einfacher Weise ermitteln. Das Mikrophon wird an eine Druckkammer angeschlossen und ein statischer Überdruck p' von etwa $10 \text{ N/m}^2 = 100 \,\mu\text{bar}$ in der Druckkammer hergestellt. Infolge der Druckerhöhung verkleinert sich die Kapazität des Mikrophons, und es wird nun durch eine Kompensationsgleichspannung V_{Komp} zwischen der Hilfselektrode und der Membran eine Gegenkraft auf die Membran ausgeübt, die so groß ist, daß die Membran genau in ihre Ausgangsstellung zurückkehrt, d. h. also, daß die Kapazität des Ruhezustandes wieder erreicht wird. Die Abgleichung wird an einer Kapazitätsbrücke vorgenommen. Bei genauem Abgleich gilt

$$k = \frac{p'}{V_{\text{Komp}}^2}. \tag{203}$$

Man erhält schließlich für die Beziehung zwischen effektivem Schalldruck und effektiver Wechselspannung den Ausdruck

$$p_{\text{eff}} = 2\, V_0\, V_{\text{eff}}\, \frac{p'}{V_{\text{Komp}}^2}. \tag{204}$$

Das elektrostatische Verfahren gibt auch eine Möglichkeit, sehr genaue Schalldruckmessungen durch Kompensation auszuführen, man kann nämlich die aus dem Schallfeld herrührenden Kräfte durch elektrostatische Gegenkräfte entsprechender Frequenz, Amplitude und Phase kompensieren. Bemerkt sei noch, daß man auch solche Kondensatormikrophone elektrostatisch kalibrieren kann, die keine Hilfselektrode besitzen; man muß hierbei die Mikrophone aber nicht in Niederfrequenzschaltung betreiben, sondern muß sie in einer Hochfrequenzschaltung, also beispielsweise in der RIEGGERschen Schaltung der halben Resonanzkurve verwenden[1].

Von W. ERNSTHAUSEN[2] wurden Ergebnisse der verschiedenen Kalibriermethoden an einem Telefunkenkondensatormikrophon verglichen. Folgende Absolutempfindlichkeiten ergaben sich:

1. Kalibrierungen mit der RAYLEIGH-Scheibe.

a) Im Resonanzrohr bei 100 Hz 3,17 mV/μb; bei 300 Hz 3,25 mV/μb.

b) Im freien Schallfeld bei 100 Hz 3,15 mV/μb.

2. Messungen in der Druckkammer bei 100 Hz 3,1 mV/μb.

3. Elektrostatische Kalibrierung (nach M. GRÜTZMACHER u. E. MEYER) bei 100 Hz 2,98 mV/μb.

---

[1] Vgl. S. 93.

[2] ERNSTHAUSEN, W.: A. Z. **4**, 13 (1939).

4. Elektrodynamische Kalibrierung (nach E. GERLACH) bei 100 Hz
3,2 mV/μb.

Man sieht, daß die Ergebnisse der verschiedenen Kalibrierverfahren
einigermaßen übereinstimmen, die Genauigkeit reicht für die Bedürfnisse
der praktischen Akustik aus.

Bei akustischen Wandlern, deren Verhalten linear und durch eine
einzige Koordinate bestimmt ist (z. B. also bei Kondensatormikrophonen
oder bei Tauchspulmikrophonen) läßt sich — wie zuerst von W. SCHOTT
KY[1] unter Verwendung des HELMHOLTZschen Reziprozitätsprinzips
(S. 395) gezeigt wurde — das Verhalten des Wandlers als Empfänger aus
seinem Verhalten als Sender berechnen; Empfangswirkungsgrad und
Sendewirkungsgrad sind durch den Reziprozitätsparameter (S. 382)
miteinander verknüpft. Diese Reziprozitätsbeziehung gibt eine Möglichkeit, an Schallempfängern der genannten Art in sehr exakter Weise
und mit sehr einfachen Mitteln den Übertragungsfaktor zu bestimmen[2].
Die Reziprozitätsmethode wird neuerdings sehr viel benutzt.

Die Methode sei am Beispiel des Kondensatormikrophons behandelt.
Für Kondensatormikrophone gilt

$$q = k \cdot p \quad \text{und} \quad \delta V = k \cdot 10^{-14} \cdot e \quad \text{(Mech. Größen in MKS)}$$

$$q = k' \cdot p \quad \text{und} \quad \delta V = k' \cdot 10^{-7} \cdot e \quad \text{(Mech. Größen in CGS)}.$$

---

[1] SCHOTTKY, W.: Z. Physik **36**, 689 (1926). — BALLANTINE, ST.: Proc. Inst.
Radio Engrs. 17, 929 (1929). — THOMPSON, S. P.: J. A. S. A. **21**, 538 (1949). —
LYAMSHEV, L. M.: Dokl. Akad. Nauk (USSR) **125**, 1231 (1959).

[2] McLEAN, W. R.: J. A. S. A. **12**, 140 (1940). — COOK, R. K.: ebdt. **12**, 415
(1941). — Bur. of Stand. J. of Res. **25**, 489 (1941). — WIENER, F. M.: J. A. S. A.
17, 102 (1945). — FOLDY, L. L., u. H. PRIMAKOFF: ebdt. 109. — DI-MATTIA, A. L.,
u. F. M. WIENER: ebdt. **18**, 341 (1946) (betr. vergleichende Kalibrierung ein und desselben Mikrophons in drei Laboratorien, die Ergebnisse stimmen im Frequenzbereich
von 50—10000 Hz auf 0,2 db überein). — McMILLAN, E. M.: ebdt. 344. — PRIMA
KOFF, H., u. L. L. FOLDY: ebdt. **19**, 50 (1947) (ausführliche kritische Untersuchung
der Frage, für welche Arten von Wandlern das Reziprozitätsgesetz gilt). — JEF
FERSON, H.: ebdt. 502. — TRENT, H. M.: ebdt. 502. — HILL, A. M.: ebdt. 907. —
MILES, J. W.: ebdt. 910. — McMILLAN, E. M.: ebdt. 922. — CARSTENSEN, E. L.:
ebdt. 961 („Selbstreziprozität": Kalibrierung eines einzigen Empfängers dadurch,
daß dieser zunächst einen kurzen Wellenzug aussendet und diesen dann nach
Reflexion an einer ideal reflektierenden Fläche wieder empfängt). — BUCHMANN, G.:
Funk u. Ton **1**, 30 (1947). — WATHEN-DUNN, W.: J. A. S. A. **21**, 542 (1949). —
FISCHER, F. A.: A. E. Ü. **5**, 382 (1951) (Ableitung der Reziprozitätsbeziehungen
aus den Ersatzschaltbildern der Wandler). — NIELSEN, A. K.: Acustica **2**, 112
(1952) (Kalibrierung von Kondensatormikrophonen nach der Reziprozitätsmethode).
— KAZANTSEVA, M. V.: Zh. Techn. Phys. (USSR) **21**, 1213 (1951) (Reziprozitätskalibrierung mit stehenden Wellen in Rohren). — ACKERNAM, E., u. H. HOLAK:
Amer. J. Phys. **25**, 454 (1957). — GELUK, J. J.: Tijd. Ned. Radiogenoot. **23**, 247
(1958). — DIESTEL, H. G., Acustica **9**, 398 (1959).

Die jeweils erste Beziehung gilt für den Betrieb des Kondensatormikrophones als Empfänger, und zwar ist q die Ladung, welche bei Einwirkung des Schalldruckes p auftritt. Die zweite Beziehung gilt für den Betrieb als Sender; e ist die erregende Spannung und δV die hierdurch bewirkte Volumverschiebung der Membran. k bzw. k' ist der Proportionalitätsfaktor (im allgemeinen eine frequenzabhängige komplexe Größe).

Unter Benutzung dieser aus dem Reziprozitätstheorem folgenden Beziehungen läßt sich nun das Kalibrierverfahren folgendermaßen aufbauen:

Man benutzt zwei Mikrophone (die aber in ihrer Wirkungsweise nicht identisch zu sein brauchen); diese werden zunächst mit dem gleichen Schalldruck beschallt und es werden die Klemmenspannungen e_1 und e_2 der beiden Empfänger ermittelt. Dann wird bei einer zweiten Messung das Kondensatormikrophon 1 als Schallquelle in einer kleinen Druckkammer verwendet, an welche das Mikrophon 2 als Empfänger angeschlossen ist. Die Spannung, mit welcher das als Sender betriebene Mikrophon 1 erregt wird, sei e_1' und die hierbei am Empfängermikrophon 2 auftretende Klemmenspannung e_2'. Für den Übertragungsfaktor B_1 in $\frac{V}{N/m^2}$ bzw. $V/\mu b$ des Mikrophons 1 und denjenigen B_2 des Mikrophons 2 ergibt sich dann:

$$B_1 = \sqrt{\frac{V_0\, e_1\, e_2'}{\varkappa\, P_0\, C_1\, e_2\, e_1'}\left(\frac{V}{N/m^2}\right)} = \sqrt{\frac{10^{-7}\, V_0\, e_1 \cdot e_2'}{\varkappa\, P_0 \cdot C_1 \cdot e_2 \cdot e_1'}}\ (V/\mu b),$$

$$B_2 = \sqrt{\frac{V_0\, e_2\, e_2'}{\varkappa\, P_0\, C_1\, e_1\, e_1'}\left(\frac{V}{N/m^2}\right)} = \sqrt{\frac{10^{-7}\, V_0\, e_2\, e_2'}{\varkappa\, P_0\, C_1\, e_1 \cdot e_1'}}\ (V/\mu b).$$

Hierbei ist V_0 das Kammervolumen in m^3 bzw. cm^3, $\varkappa = c_p/c_v$, P_0 der mittlere Druck in der Kammer und C_1 die Kapazität des Mikrophons 1 in Farad. Man erhält also die Absolutempfindlichkeit in sehr einfacher Weise aus den Messungen der Spannungen $e_1\, e_2\, e_1'\, e_2'$, des Volumens V_0, der Kapazität C_1 und des Atmosphärendrucks P_0.

Aus dem SCHOTTKYschen Reziprozitätsgesetz ergeben sich auch die Grundlagen für ein Reziprozitätsverfahren im freien Schallfeld[1]. Allerdings erhält man nur dann die Empfindlichkeit des Mikrophons im freien Schallfeld, wenn die Eichung im schalltoten Raum oder so durchgeführt wird, daß Reflexionen irgendwelcher Gegenstände nicht stören. Diese störenden Reflexionen kann man dadurch vermeiden, daß man Schallimpulse verwendet[2]. Zeichnet man die am Mikrophon auf-

[1] G. S. COOK, u. R. K. COOK: J. A. S. A. **13**, 81 (1941). — OLSON, H. F.: RCA Rev. **6**, 36 (1941). — EBAUGH, O., u. R. E. MUESER: J. A. S. A. **19**, 695 (1947). — RUDNICK, I., u. M. N. STEIN: ebdt. **20**, 818 (1948). — WATHEN-DUNN, W.: ebdt. **21**, 542 (1949).

[2] TERRY, R. L., u. R. B. WATSON: J. A. S. A. **23**, 684 (1951).

tretenden Impulse z. B. auf einem Oszillographen auf, so kann man den direkten vom reflektierten Schall trennen.

Auch für Körperschallmeßgeräte und Beschleunigungsmesser wurden auf dem Reziprozitätsprinzip beruhende Kalibrierverfahren entwickelt[1].

Die Kalibrierung von Wasserschallempfängern[2] bedient sich im Prinzip derselben Methoden wie die Kalibrierung der Luftschallmikrophone. Bei tiefen Frequenzen, wo das Mikrophon klein im Vergleich zur Wellenlänge in Wasser und in Luft ist, kann die Kalibrierung in einem luftgefüllten Raum durchgeführt werden, da der Schalldruck über die ganze Mikrophonoberfläche konstant ist. Bei hohen Frequenzen ist die Form des Schallfeldes von Bedeutung, weshalb die Messung in Wasser ausgeführt werden muß. Im übrigen können alle für Luftschall beschrie-

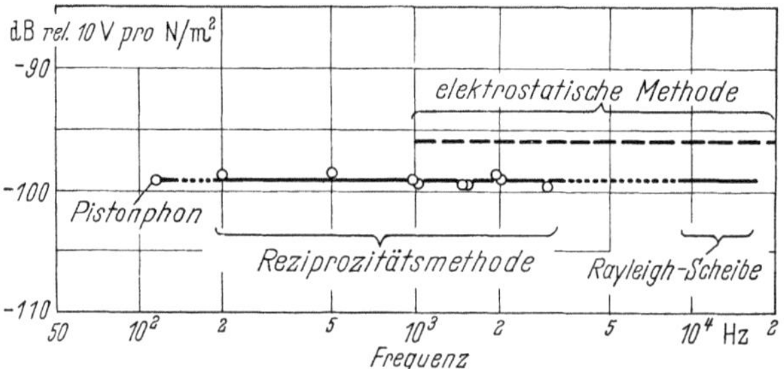

Abb. 309. Eichkurven eines gekapselten Wasserschall-Kristallmikrophons (nach K. Tamm)

benen Methoden auch für die Kalibrierung von Wasserschallempfängern verwendet werden. Abb. 309 zeigt nach K. Tamm die Ergebnisse der Kalibrierung eines gekapselten Lithiumsulfat-Kristallmikrophons nach verschiedenen Kalibriermethoden im Frequenzbereich von 0,1 bis 15 kHz.

---

[1] Vgl. S. P. Thompson: J. A. S. A. **20**, 637 (1948). — Morrow, Ch.: ebdt. 826. — Thompson, S. P.: ebdt. **21**, 538 (1949). — Harrison, M., u. A. O. Sykes u. P. G. Marcotte: J. A. S. A. **24**, 384 (1952). — Mühe, W.: Acustica **6** (A. B.), 220 (1956). — Maguire, C. R.: ebdt. 196. — White, R. M.: J. A. S. A. **29**, 834 (1957) (Selbstreziprozitätskalibrierung in Festkörpern). — Über Kalibrierungsverfahren für Beschleunigungsmesser vgl. weiterhin noch Brennan, J. N., u. J. S. Nisbet: J. A. S. A. **30**, 41 (1958). — Keast, D. N.: ebdt. **31**, 584 (1959).

[2] Tamm, K.: Acustica **4**, 128 (1954) (Gegenüberstellung der Pistonphon-, der Reziprozitäts-, der Rayleigh-Scheiben- und der elektrostatischen Methode). — Vgl. hierzu auch P. Ebaugh u. R. E. Mueser: J. A. S. A. **19**, 695 (1947) (Reziprozitätsmethode). — Hill, A. M.: ebdt. 907. — Bierl, R.: Z. angew. Phys. **1**, 557 (1949) (Hallraumverfahren zur Empfindlichkeitsmessung). — Trott, W. J., u. E. N. Lide: J. A. S. A. **27**, 951 (1955) (Kalibrierung im Frequenzbereich 0,1 bis 500 Hz). — Laufer, A. R., u. G. L. Thomas: ebdt. **28**, 951 (1956) (Kalibrierung im Frequenzbereich 300 bis 5000 kHz mit Strahlungsdruckmethode). — Brandt, O.: Acustica **8**, 31 (1958) (elektrostatische Methode für Infraschallgebiet und Hörschall). — Meroz, H.: Acustica **8**, 103 (1958) (Reziprozitätsmethode). — Sims, C. C., u. R. J. Bobber: J. A. S. A. **31**, 1315 (1959). — Sims, C. C.: ebdt. 1676.

Die Messung der nichtlinearen Eigenschaften von Mikrophonen erfolgt in der Weise, daß man die Mikrophone mit Sinustönen erregt und die durch die nichtlineare Verzerrung entstehenden Kombinationstöne auf elektrischem Wege mißt[1].

29. Das Ohr als Schallempfänger

Das Gehörorgan gibt dem Menschen die Möglichkeit, Schallvorgänge eines sehr großen Intensitätsbereichs und Frequenzbereichs wahrzunehmen, und nach ihrer Stärke, Tonhöhe und Klangfarbe zu unterscheiden, sowie auch die Richtung, aus welcher der Schall einfällt, zu erkennen[2]. Die Leistungsfähigkeit dieses nur einen sehr kleinen Raum beanspruchenden Organs ist erstaunlich groß. Die Schwelle der Hörempfindung liegt so niedrig, wie dies mit Rücksicht auf die in der Natur vorliegenden Verhältnisse überhaupt sinnvoll erscheint. Ein geringes weiteres Absenken der Hörschwelle würde dazu führen, daß bereits die statistische Wärmebewegung der Moleküle als Rauschen zur Wahrnehmung kommen würde.

Die Anordnung der wichtigsten Teile des menschlichen Ohres ist aus Abb. 310 zu erkennen.

Die im Gehörgang beim Auffallen von Schall auftretenden Druckschwankungen bewirken erzwungene Schwingungen des den Gehörgang abschließenden Trommelfells. Die Trommelfellschwingungen übertragen sich auf die Gehörknöchelchenreihe. Den Abschluß der Gehörknöchelchenreihe bildet der Steigbügel mit seiner Fußplatte, die im ovalen Fenster des Innenohres, und zwar am Vorhof der Schnecke (Cochlea), durch ein Ringband elastisch fixiert ist. Die „Schnecke" ist ein in etwa $2^1/_2$ Windungen spiralig aufgewickelter im Felsenbein eingebetteter Kanal von insgesamt rund 35 mm Länge. Der Kanal ist mit Flüssigkeit („Lymphe") angefüllt. In der Mitte des Kanals befindet sich eine Trennwand, die teils aus Knochen (knöcherne Scheidewand), teils durch eine Membran (membranöse Scheidewand, Basilarmembran) gebildet

---

[1] Vgl. hierzu H. J. v. Braunmühl u. W. Weber: ETZ **54**, 1068 (1933). — Tholo, G. H., u. H. Koschel: Siemens-Z. **18**, 273 (1938).

[2] Über den Hörmechanismus vgl. insbesondere folgende zusammenfassende Darstellungen: v. Békésy, G., u. W. A. Rosenblith, „Mechanical Properties of the Ear" im Handbook of Experimental Psychology, herausgeg. von S. S. Steven, New York (1951). — Ranke, O. F.: „Psychologie des Gehörs" im Lehrbuch der Physiologie, herausgeg. v. W. Trendelenburg u. E. Schütz: Berlin-Göttingen-Heidelberg (1953). — Wever, E. G., u. M. Lawrence: Physiological Acoustics, Princeton, N. J. (1954). — Feldtkeller, R., u. E. Zwicker: Das Ohr als Nachrichtenempfänger, Stuttgart (1956). — v. Békésy, G.: „The Ear", Scientific American **197**, No. 2, S. 66 (1957). — Davis, H.: „Biophysics and Physiology of the Inner Ear" Physiological Reviews **37**, 1 (1957).

wird. In der oberen Hälfte des Kanals befindet sich das erwähnte ovale
Fenster, in der anderen ein mit einer feinen Membran verschlossenes
Fenster (das runde Fenster). Druckschwankungen, die in den oberen
Teil der Schnecke über die Gehörknöchelchenreihe durch das ovale
Fenster eingeleitet werden, gleichen sich über das runde Fenster der
unteren Schneckenhälfte mit dem Druck im Mittelohr wieder aus;
hierbei führt die Schneckentrennwand erzwungene Schwingungen aus[1].
Über der Basilarmembran verteilt liegen die Sinneszellen der Schnecke,
von denen die Hörnervenfasern ausgehen. Bei Bewegungen der ent-

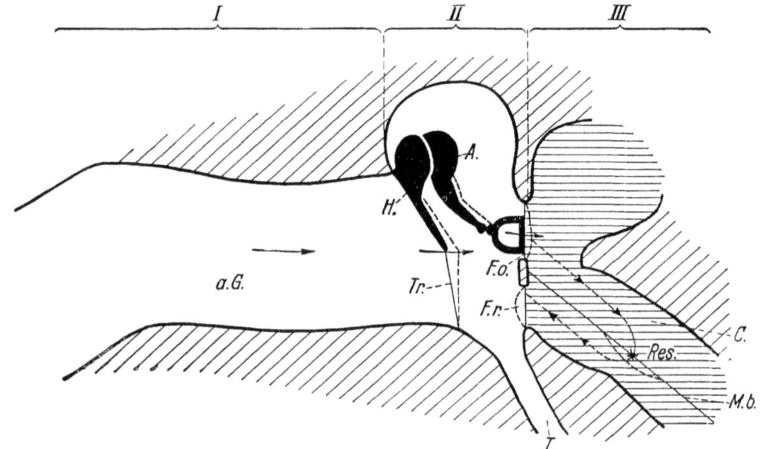

Abb. 310. Das Gehörorgan (schematisch, *a.G.* Gehörgang, *Tr* Trommelfell, *H* Hammer, *A* Amboß
mit Steigbügel, *F.o.* ovales Fenster, *F.r.* rundes Fenster, *C* Cochlea, *Mb* Basilarmembran, *T* Tuba
Eustachii, *I* äußeres Ohr. *II* Mittelohr, *III* Innenohr. Von der Schnecke ist nur der Anfang der
ersten Windung angedeutet)[2]

sprechenden Teile der Basilarmembran werden die dort befindlichen
Sinneszellen gereizt und es entsteht eine Hörempfindung. Bemerkt
sei noch, daß die Basilarmembran an der Schneckenspitze den Kanal
nicht völlig abschließt, sondern daß dort zwischen beiden Kanal-
hälften eine feine Öffnung, das „Helicotrema" frei bleibt, hierdurch

[1] Über die Schallübertragung durch die Fenster in die Schnecke, und zwar insbesondere auch über die bei solchen Personen, an denen die „Fensteroperation"
durchgeführt wurde, wichtige anomale Übertragung durch das runde Fenster vgl.
E. G. WEVER u. M. LAWRENCE: J. A. S. A. **22**, 460 (1950). — Über die Fensteroperation selbst vgl. J. LEMPERT: Arch. Otolaryngol. **28**, 42 (1938); Proc. Roy. Soc. Med.
41, 617 (1948). — BÉKÉSY, G. v.: Acta Otolaryngol. **35**, 301 (1947).

[2] Entnommen H. REIN: Lehrbuch der Physiologie, 10. Aufl. Berlin 1947. —
Zur Anatomie des Ohres vgl. insbesondere auch G. v. BÉKÉSY u. W. A. ROSENBLITH:
Beitr. „The mechanical Properties of the Ear" im Handbook of Experimental Psychology, London, 1951, 1075. — NEUBERT, K.: Z. Anatom. u. Entwicklungsgesch. **114**,
539 (1950) (betr. speziell die Basilarmembran). — BÉKÉSY, G. v.: J. A. S. A. **25**,
770 (1953) (betr. CORTIsches Organ).

können sich langsame Druckschwankungen und insbesondere statische Überdrücke ausgleichen. Die Basilarmembran ist das Endglied des akustisch-mechanischen Teiles des Gehörorgans. Die Vorgänge an der Basilarmembran sind, wie wir sehen werden, für das Tonhöhenunterscheidungsvermögen von größter Bedeutung.

Zur Auslösung einer Hörempfindung kommt es nicht nur durch Zuleitung von Luftschall auf dem oben geschilderten Weg über das Trommelfell und die Steigbügelkette, sondern auch durch unmittelbare Einwirkung von durch Knochenleitung auf das innere Ohr treffenden Körperschall[1]. Diese Art der Schallübertragung spielt beim Hören der eigenen Stimme eine bedeutsame Rolle. Durch Beimischung von Knochenschall zum Luftschall wird der Gehörseindruck so erheblich verändert, daß man nach Ausschaltung des Knochenschalls (bei Wiedergabe von Schallaufzeichnungen) die eigene Stimme kaum noch wiedererkennt.[2]

Die physikalischen Eigenschaften des äußeren Ohres, insbesondere des Trommelfells, lassen sich dadurch ermitteln, daß man an den Gehör-

---

[1] Vgl. G. v. Békésy: A. Z. **4**, 113 (1939); Z. Hals-Nasen-Ohrenheilk. **47**, 430 (1941). — Watson, N. A., u. R. S. Gales: J. A. S. A. **14**, 207 (1943). — Carlisle, R. W., H. A. Pearson u. P. R. Werner: ebdt. **19**, 632 (1947). — Békésy, G. v.: ebdt. **20**, 749 (1948); **21**, 217 (1949). — Carlisle, R. W., u. H. A. Pearson: ebdt. **23**, 300 (1951). — Franke, E. K., H. E. v. Gierke, F. M. Grossman u. W. W. v. Wittern: ebdt. **24**, 142 (1952). — Franke, E. K.: ebdt. 410. — Kietz, H., u. H. Zangenmeister: Z. Laryngol. Rhinol. Otolog. **31**, 303 (1952). — Zwislocki, J.: J. A. S. A. **25**, 752 (1953) (betr. Knochenleitung zwischen den beiden Ohren); ebdt. 986 (betr. Schwingungen der Schneckentrennwand bei Schallzuführung durch Knochenleitung). — Dadson, R. S., D. W. Robinson u. R. G. P. Greig: Brit. J. Appl. Phys. **5**, 435 (1954). — Corliss, E. L. R., u. W. Koidan: J. A. S. A. **27**, 1164 (1955). — Morton, J. Y., u. R. A. Jones: Acustica **6**, 335 (1956) (betr. mechanische Impedanz des Felsenbeins). — Zwislocki, J.: J. A. S. A. **29**, 795 (1957) (betr. Schwellenwert des Hörens durch Knochenleitung in freiem Schallfeld bei Sperrung der Schallzuleitung durch den Gehörgang). — Nixon, C. W., u. H. E. von Gierke: ebdt. **31**, 1121 (1959). — Legouix, J. P., u. S. Tarab: ebdt. 1453. — Corliss, E. L. R., E. L. Smith u. J. O. Magruder: Proc. 3. I. C. A. Congr. Stuttgart (1959).

Eine Schallempfindung kann auch durch elektrische Erregung, und zwar durch einen kapazitiven Effekt bewirkt werden, wie zuerst A. Volta im Jahr 1800 feststellte. Vgl. hierzu S. S. Stevens u. R. Cl. Jones: J. A. S. A. **10**, 261 (1939). — Jones, R. Cl., S. S. Stevens u. M. C. Lurie: ebdt. **12**, 281 (1940).

[2] Békésy, G. v.: Arch. Sprach-Stimm-Heilkde **5**, 117 (1941). — Trendelenburg, W.: Berl. Ber. No. 23 S. 338, **1936**. — Békésy, G. v.: J. A. S. A. **21**, 217 (1949). — Über beim Hören der eigenen Stimme auftretende für den Sprechmechanismus wichtige Rückkoppelungserscheinungen („Lee-Effekt") vgl. B. S. Lee; J. A. S. A. **22**, 639 (1950). — Meyer-Eppler, W., u. R. Luchsinger: Folia Phoniatrica **7**, 87 (1955). — Matzker, J.: Z. Laryng. Rhinol. Otologie **34**, 48 (1955). — Lerche, E., u. E. Nessel: Arch. Ohren- usw. Heilk. **169**, 505 (1956). — Békésy, G. v.: Scient. Amer. **197**, No. 2, 70 (1957). — Butler, R. A., u. F. T. Galloway: J. A. S. A. **29**, 632 (1957).

gang eine akustische Leitung anschließt und die Rückwirkung des Ohrs auf Schallvorgänge in der Leitung beobachtet. Mißt man Druckamplitude und -phase einmal bei Abschluß der Leitung durch das Trommelfell und ein anderes Mal bei Abschluß durch einen schallharten Metallstöpsel, so kann man auf Grund der in Ziff. 24, S. 338 behandelten, die Schallvorgänge in akustischen Leitungen beschreibenden Gesetze die Größe der Abschlußimpedanz — also der Impedanz des Trommelfells — ermitteln.

Abb. 311 zeigt nach J. Tröger[1] die Abhängigkeit der spezifischen Schallimpedanz des Trommelfells von der Frequenz. Das Trommelfell arbeitet als Druckempfänger, die spezifische Schallimpedanz besitzt

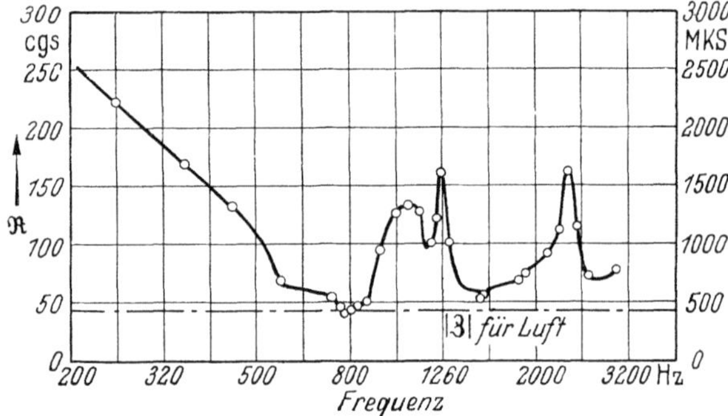

Abb. 311. Scheinwiderstand des Ohres (nach J. Tröger)

elastischen Charakter. Im Bereich von etwa 700—800 Hz besitzt die Impedanz ein Minimum, ihr absoluter Betrag beträgt dort rund

---

[1] Tröger, J.: Phys. Z. **31**, 26 (1930). — Vgl. zu derartigen Messungen auch W. West: Post Off. electr. Engrs. J. **21**, 293 (1929). — Békésy, G. v.: Ann. Physik (5) **13**, 111 (1932). — Waetzmann, E., u. L. Keibs: Ann. Physik (5) **26**, 141 (1935). — Akust. Z. **1**, 3 (1936). — Keibs, L.: Ann. Physik (5) **26**, 585 (1936). — Waetzmann, E.: Z. techn. Physik **17**, 549 (1936). — Kurtz, R.: Akust. Z. **3**, 74 (1938). — Waetzmann, E.: Akust. Z. **3**, 1 (1938). — Metz, O.: Acta Otolaryngol **63**, 254 (1946). — Morton, J. Y., u. R. A. Jones: Acustica **6**, 339 (1956). — Zwislocki, J.: J. A. S. A. **29**, 349, 1312 (1957). — Möller, A. R.: ebdt. **32**, 250 (1960).

Bemerkt sei hier noch, daß man zur Untersuchung des Verhaltens von Kopfhörern und Ohrtelephonen unter Betriebsbedingungen auch „künstliche Ohren" benutzt, deren Impedanz der Ohrimpedanz angeglichen ist. Vgl. hierzu die angezogene Arbeit von J. Y. Morton u. R. A. Jones sowie folgende Arbeiten: West, W.: Post Off. Electr. Eng. J. **22**, 260 (1930). — Inglis, A. H., C. H. G. Gray u. R. T. Jenkins: Bell Syst. Techn. J. **11**, 293 (1932). — Barducci, J.: Ric. Scient. **19**, 1312 (1949). — Annal. Télécomm. **6**, 165 (1951). — Lang, D. W.: Proc. 1. I. C. A. Congr. Delft (1953), S. 159. — Loncheval, A.: ebdt. 161. — Morton, J. Y.: Acustica **8**, 33 (1958). — Zur meßtechnischen Überprüfung von Kopfhörern verwendet man vielfach auch schallharte genormte Kuppler mit eingebautem Kondensatormikrophon. Auch hier spricht man von „künstlichen Ohren". Vgl. Beranek, L. L.: Acoustic Measurements. New York 1949, S. 369.

400 MKS = 40 CGS Einheiten. Die Impedanz entspricht also hier nahezu genau der Schallkennimpedanz der Luft. Das Trommelfell ist also in diesem Frequenzgebiet ein nahezu ideal arbeitender Schallempfänger; die in den Gehörgang einlaufenden Schallwellen[1] werden fast reflexionsfrei vom Trommelfell aufgenommen.

Die günstige akustische Anpassung des menschlichen Ohres läßt sich anschaulich auch an Messungen der Schallabsorption des Trommelfells erkennen, wie sie von W. MENZEL[2] in einer akustischen Brücke ausgeführt wurden. Im Bereich der höchsten Ohrempfindlichkeit erreicht (Abb. 312) die Schallabsorption nahezu den Wert 100%. Zum Vergleich ist in Abb. 312 noch die Absorption einer Versuchsperson, deren Trommelfell fehlt, eingetragen[3].

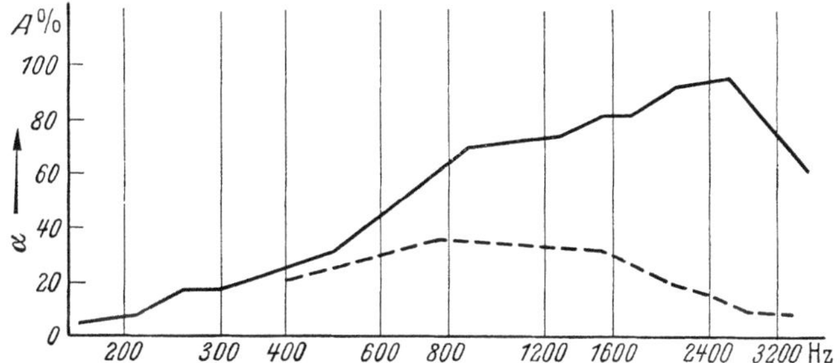

Abb. 312. Schallabsorption des Trommelfells (ausgezogene Kurve; die gestrichelte Kurve ist die Schallabsorption bei fehlendem Trommelfell; nach W. MENZEL)

Die Wirkungsweise der Gehörknöchelchenreihe ist physikalisch klar zu übersehen[4]. Eine wesentliche Aufgabe der Gehörknöchelchenreihe besteht darin, durch eine Art von Hebelübersetzung eine möglichst günstige Übertragung der Trommelfellschwingungen auf die Lymphflüssigkeit zu

---

[1] Bemerkt sei noch, daß die Druckschwankung im Gehörgang infolge der Reflexion am Kopf und von Resonanzerscheinungen im Gehörgang größer ist als die Druckschwankung im freien Medium vor Eindringen des Kopfes. Vgl. G. v. BÉKÉSY: Ann. Phys. (5) 14, 51 (1932). — WIENER, F. M., u. D. A. ROSS: J. A. S. A. 18, 401 (1946).

[2] MENZEL, M.: A. Z. 5, 257 (1940).

[3] Bemerkt sei noch, daß es im Tierreich Gehörorgane gibt, die als Druckgradientempfänger (wie z. B. bei Grillen und Heuschrecken) eingerichtet sind. Auch Geschwindigkeitsempfänger werden in der Natur verwendet (solche sind z. B. die schallempfindlichen Haare der Gliedertiere). — Vgl. zu diesen Fragen H. J. AUTRUM: Naturwiss. 30, 69 (1942). — Über die Mechanismen der Gehörorgane der verschiedensten Tierarten und insbesondere auch bestimmter Fischarten, welche hören können, vgl. F. SCHEMINZKY: Die Welt des Schalles. 2. Aufl. Salzburg 1943. S. 571 ff.

[4] Zur Frage der experimentellen Bestimmung des Frequenzganges der Schallleitungskette im Tierversuch vgl. E. LERCHE u. H. CASPERS: Pflügers Archiv 270, 76 (1959).

ermöglichen, oder mit anderen Worten, eine günstige Anpassung der
Schallkennimpedanz der Lymphflüssigkeit an die um Größenordnungen
kleinere Schallkennimpedanz der Luft zu bewirken. Eine weitere Aufgabe
der Gehörknöchelchenreihe liegt darin, Überlastungen des inneren Ohres
beim Auftreffen sehr hoher Schalldrucke zu vermeiden. Diese Aufgabe
wird nach G. v. Békésy[1] dadurch gelöst, daß die Drehachse des Steigbügels bei großen Amplituden eine andere ist als bei kleinen Amplituden.
Bei großen Schalldrucken liegt die Drehachse nämlich in der Längsachse
der Fußplatte des Steigbügels; es arbeitet dann die eine Hälfte der Steigbügelplatte nach innen, die andere nach außen, so daß kein wesentliches
Anwachsen der Druckschwankungen in der Schnecke mehr stattfindet.

Die Anpassung der Kennimpedanzen erfolgt durch die verschiedene Größe der Trommelfellfläche und der Grundplatte des Steig-

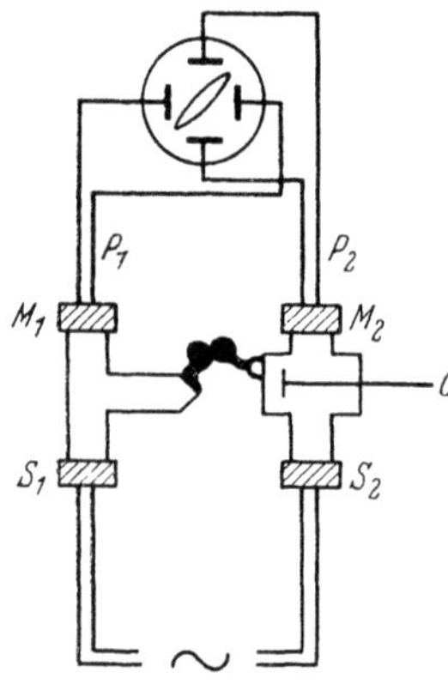

Abb. 313. Anordnung zur Messung der Druckübersetzung
durch die Gehörknöchelchen
(nach G. v. Békésy)

bügels und durch die Hebelwirkung der Gehörknöchelchen. Die Druckübertragung vom
Trommelfell auf die Steigbügelplatte wurde
von G. v. Békésy[2] in der in Abb. 313 skizzierten Weise untersucht. Auf das Trommelfell
wurde von einem elektrischen Schallsender S_1
aus ein mittels eines gleichfalls an den Gehörgang angeschlossenen Mikrophons M_1 nach
Amplitude und Phase meßbarer Schalldruck
gegeben, während die Steigbügelplatte mit
Hilfe eines zweiten hinter ihr angeschlossenen
Schallsenders S_2 ebenfalls durch Schall beaufschlagt wurde, wobei Amplitude und Phase
durch ein zweites Mikrophon M_2 bestimmbar
waren. Die Schalldrucke vor dem Trommelfell und hinter der Steigbügelplatte wurden
nach Amplitude und Phase so einreguliert, daß die Steigbügelplatte
in Ruhe blieb, und zwar erfolgt die Einstellung der Kompensation
mit Hilfe einer hinter der Steigbügelplatte angebrachten kapazitiven
Sonde. Das am Leuchtschirm eines Braunschen Rohres aus einer Lissajous-Figur ermittelte Verhältnis der Schalldrucke ergibt die Druckübertragung. Die Übertragungskurve (Abb. 314) verläuft bis etwa 2400 Hz
nahezu frequenzunabhängig, der Übertragungsfaktor liegt bei 20 (theoretisch ist 22 zu erwarten). Interessant ist noch die Feststellung, daß die
Drehachse der Gehörknöchelchen weitgehend durch Massenkräfte festgelegt ist, durchschneidet man nämlich die Achsenbänder, so findet man
im mittleren Tonbereich nahezu keinen Einfluß auf die Übertragung.

---

[1] Nach G. v. Békésy: A. Z. **1**, 13 (1936).
[2] Békésy, G. v.: A. Z. **6**, 1 (1941).

Der Frequenzverlauf der spezifischen Schallimpedanz des menschlichen Trommelfells und der Frequenzverlauf der Übertragung durch die Gehörknöchelchen sagen unmittelbar über die Frequenzabhängigkeit der Ohrempfindlichkeit noch nichts aus, für diese sind insbesondere die mechanischen Verhältnisse im inneren Ohr und neurophysiologische Momente (vgl. S. 419) von Bedeutung.

Die Ohrempfindlichkeit hängt von der Tonhöhe in außerordentlich starkem Maße ab. In Abb. 315 (unterste Kurve) sind diejenigen Schalldruckwerte verschiedener Frequenz eingetragen, welche im Ohr eben eine Schallempfindung erregen[1].

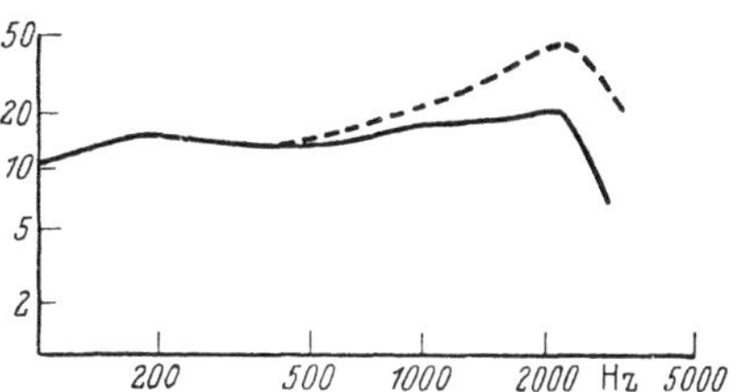

Abb. 314. Drucktransformation durch die Gehörknöchelchen (ausgezogene Kurve: Trommelfell-Steigbügelplatte, gestrichelte Kurve: Eingang des Gehörgangs-Steigbügelplatte, nach G. v. BÉKÉSY)

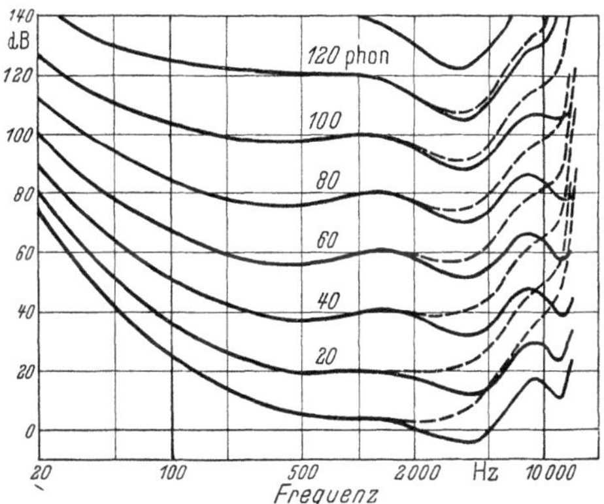

Abb. 315. Hörschwellenkurve und Kurven gleicher Lautstärke, ———— im Alter von 20 Jahren, — — — im Alter von 60 Jahren, $0\,\mathrm{dB} = 2 \cdot 10^{-4}\,\mu\mathrm{b}$ (nach D. W. ROBINSON u. R. S. DADSON)

[1] Nach D. W. ROBINSON u. R. S. DADSON: Brit. J. Appl. Phys. 7, 166 (1956). — J. A. S. A. 29, 1284 (1957).

Die grundlegende Untersuchung über die Schwellenintensität der Gehörempfindung wurde von M. WIEN durchgeführt [Pflügers Arch. 97, 1 (1903)]. Wichtige weitere Arbeiten sind insbesondere folgende: FLETCHER, H., u. R. L. WEGEL: Phys. Rev. 19, 553 (1922). — KRANZ, F. W.: Phys. Rev. 21, 573 (1923). — KINGSBURY, B. A.: Phys. Rev. 29, 588 (1927). — MEYER, E.: Z. Hals- usw. Heilk. 27, 418 (1930). — WAETZMANN, E., u. H. HEISIG: Ann. Phys. (5) 9, 921 (1931). — WAETZMANN, E.: Ann. Phys. (5) 10, 846 (1931). — HUIZING, H. C.: Absolute metingen der geluidsintensiteit ter bepaling van het minimum audible. Dissert. Groningen (1932). — SIVIAN, L. J., u. S. D. WHITE: J. acoust. Soc. Amer. 4, 288 (1933). — WAETZMANN, E., u. W. GEFFCKEN: Phys. Z. 34, 234 (1933). — GEFFCKEN, W.: Ann. Phys. (5) 19, 829 (1934). — GEFFCKEN, W., u. W. KEIBS: Ann. Phys. (5) 16, 404 (1933). — FRANKE, E.: Ann. Phys. (5) 20, 780 (1934). — WAETZMANN, E., u. W. KEIBS: Ann. Phys. (5) 22, 247 (1935). — BÉKÉSY, G. v.: Ann. Phys. (5) 26, 554 (1936). — MENZEL, W.: A. Z. 5, 257 (1940). — STEINBERG, J. C., u. M. B. GARDNER: J. A. S. A. 11, 270 (1940) (betr. Schwellenwertkurven bei Schwerhörigen). — GARNER, W. R.: ebdt. 19, 600, 808 (1947) (betr. Schwelle für Töne kurzer Dauer). — WEBSTER, J. C., H. W. HIMES u. M. LICHTENSTEIN: J. A. S. A. 22, 473 (1950) (Statistische Untersuchungen an über 3000 Personen). — POLLACK, J.: ebdt. 23, 646 (1951) (betr. Geräuschimpulse). — MUNSON, W. A., u. F. M. WIENER: ebdt. 24, 498 (1952) (Unterschied zwischen Schallzuführung durch

Der Verlauf der Schwellenwertkurve zeigt, daß das Ohr im mittleren Frequenzbereich außerordentlich empfindlich ist. Bei 1000 Hz beispielsweise reicht ein Schalldruck von nur $2 \cdot 10^{-5}$ N/m$^2 = 2 \cdot 10^{-4}$ dyn/cm^2 aus, um eine Schallempfindung hervorzurufen. Anders liegen die Dinge bei tiefen und hohen Frequenzen; bei 20 Hz beispielsweise liegt der Schwellendruck bei etwa 1 dyn/cm$^2 = 0{,}1$ N/m^2. Es ist von Interesse festzustellen, daß die Empfindlichkeit des Ohres im Bereich zwischen etwa 1000 und 4000 Hz den höchsten überhaupt zweckmäßigen Wert erreicht. Würde nämlich das Ohr dort eine noch größere Empfindlichkeit besitzen, so würde es bereits auf die durch die BROWNsche Molekularbewegung bewirkten Druckschwankungen ansprechen, man würde

---

Fortsetzung der Note 1 von S. 417

Ohrtelephon und Lautsprecher). — KÖNIG, E.: Acustica 5, 234 (1955) (Stimmgabel: Einfluß des Aufsatzdruckes). — CHOCHOLLE, R.: Acustica 4, 99, 341 (1954) (Unterschiede bei ein- und zweiohrigem Hören). — GÄSSLER, G.: ebdt. 408. — ZWICKER, E., u. W. HEINZ: ebdt. 5, 75 (1955) (Häufigkeitsverteilung der Hörschwelle). — FELDTKELLER, R., u. R. OETINGER: Acustica 6, 489 (1956) (betr. Hörschwellen von Tonimpulsen als Funktion der Impulsdauer, Hörschwellen von Rauschimpulsen). — GLORIG, A., R. QUIGGLE, D. E. WHEELER u. W. GRINGS: J. A. S. A. 28, 1110 (1956) (amerikanischer Normwert für die Hörschwelle) — GAVINI, H.: Acustica 7, 293 (1957). — THURLOW, W. R., u. R. BOWMAN: J. A. S. A. 29, 281 (1957). — CORSO, J. F.: ebdt. 30, 14 (1958). — PLOMP, R., u. M. A. BOUMAN: Proc. 3. I. C. A. Congr. Stuttgart 1959. — CORSO, J. F.: J. A. S. A. 31, 498 (1959). — SMALL, A. M., W. E. BACON u. J. L. FOZARD: ebdt. 508. — MEISTER, F. J.: Acustica 9, 10 (1959). — MRASS, H., u. H. G. DIESTEL: ebdt. 61. — CREMER, L., G. PLENGE u. D. SCHWARZL ebdt. 65. — HINCHCLIFFE, R.: ebdt. 303. — CASPERS, H., E. LERCHE u. P. PLATH: Z. Laryng., Rhinol., Otologie 39, 7 (1960).

Über den Schwellenwert beim Untertauchen in Wasser vgl. noch P. M. HAMILTON: J. A. S. A. 29, 792 (1957). — WAINWRIGHT, W. N.: ebdt. 30, 1025 (1958).

Über die Hörschwelle bei Tieren vgl. W. M. SCHLEIDT: Experientia VII, 65 (1951) (Mäuse). — POGGENDORF, D.: Z. Physiologie 34, 222 (1952) (Zwergwels). — TISCHNER, H.: Acustica 3, 335 (1953) (Stechmücken). — NEFF, W. D., u. J. E. HIND: J. A. S. A. 27, 480 (1953) (Katzen). — CASPERS, H., H. GRÜTER u. E. LERCHE: Pflügers Arch. 267, 93 (1958) (Ratten).

Über Audiometer zur Messung der Hörschwelle und ihre Verwendung für diagnostische Zwecke vgl. insbesondere L. BLOCK u. H. J. KÖSTERS: Philips techn. Rdsch. 6, 235 (1941). — BÉKÉSY, G. v.: A. E. Ü. 1, 13 (1947). — LANGENBECK, B.: Z. Laryngol. Rhinol. u. Otologie 29, 103, 470 (1950); ebdt. 30, 423 (1951). — BEINDORF, W.: Funk u. Ton 4, 76 (1950). — CORLISS, E. L. R., u. W. F. SNYDER: J. A. S. A. 22, 837 (1950). — MORRICAL, K. C., R. W. BENSON u. H. DAVIS: ebdt. 843. — MEISTER, F.: Z. Arch. Techn. Mess. V 666-1 (1952). — KAISER, W.: Acustica 2, 235 (1952). — DADSON, R. C.: Proc. 1. I. C. A. Congr. 151 Delft (1953). — LANGENBECK, B.: Leitfaden der praktischen Audiometrie Stuttgart 1952 und 1956. — MEISTER, F. J.: Akustische Meßtechnik der Hörprüfung, Karlsruhe 1954; Arch. Ohr- usw. Heilkde. 167, 450 (1955). — LEHMANN, R.: Onde électr. 36, 466 (1956). — WARD, W. D.: J. A. S. A. 29, 371 (1957). — WEBSTER, J. C., u. P. O. THOMPSON: ebdt. 895. — BURNS, W., u. R. HINCHCLIFFE: ebdt. 1274. — CHAVASSE, P., u. R. LEHMANN: Acustica 7, 132 (1957) (Normen für Audiometer). — ZWISLOCKI, J., F. MAIRE u. H. RUBIN: J. A. S. A. 30, 254 (1958).

dann also dauernd ein Störgeräusch hören[1]. Die Frage, weshalb das Ohr nach tiefen Frequenzen hin einen so starken Empfindlichkeitsabfall besitzt, läßt sich wohl so deuten, daß bei größerer Empfindlichkeit für tiefe Töne das Ohr zu stark durch Windgeräusche[2] gestört würde; auch würde, worauf G. v. BÉKÉSY[3] hinwies, bei zu großer Empfindlichkeit bei tiefen Frequenzen die Erschütterung des Kopfes beim Gehen als Schall wahrgenommen werden können.

Die außerordentlich große Frequenzabhängigkeit der Gehörempfindlichkeit beruht nur zu einem geringen Teil auf den physikalischen Verhältnissen im Gehörgang, am Trommelfell, in der Gehörknöchelchenreihe und im Innenohr; entscheidend für den Frequenzgang der Gehörempfindlichkeit sind nervenphysiologische Erscheinungen. Vergleicht man den physikalisch ermittelten Frequenzgang der Übertragungscharakteristik Schallfeld—Innenohr mit dem Frequenzgang der Ohrempfindlichkeit, so findet man (nach J. ZWISLOCKI[4]), daß die Nervenempfindlichkeit mit wachsender Frequenz bis etwa 800 Hz frequenzproportional ansteigt. Nach Durchlaufen eines Maximums fällt sie dann im Bereich von 1000 bis 2000 Hz rapid (mit 12 db pro Oktave) ab; oberhalb 2000 Hz sind mangels ausreichender experimenteller Unterlagen über den Verlauf der Übertragungscharakteristik noch keine sicheren Aussagen möglich.

Töne oberhalb etwa 20000 Hz können (bei Luftleitung)[5] nicht wahrgenommen werden, wobei zu bemerken ist, daß diese obere Hörgrenze mit wachsendem Alter herunterrückt, bei einem Lebensalter von 47 Jahren liegt sie beispielsweise bei rund 13000 Hz[6]. Die untere Hörgrenze liegt bei etwa 16 Hz.

Bei Schwerhörigen liegt die Hörschwelle höher als bei Normalhörigen, und zwar bedingt eine „Schalleitungsschwerhörigkeit" im wesentlichen eine Parallelverschiebung des Hörfelds nach höheren Werten, während bei pathologischen Veränderungen im innern Ohr („Re-

---

[1] CZERNY, N.: Z. Techn. Phys. **14**, 436 (1933). — Zur Frage der BROWNschen Bewegung vgl. insbesondere noch H. L. DE VRIES: J. A. S. A. **24**, 527 (1952).

[2] Über Windgeräusche vgl. F. SPANDÖCK: Z. Angew. Phys. **3**, 228 (1951).

[3] BÉKÉSY, G. v.: Scient. American **197**, No. 2, 66 (1957).

[4] ZWISLOCKI, J.: J. A. S. A. **30**, 430 (1958).

[5] Bei Zuführung durch Knochenleitung kann auch starker Ultraschall eine Schallempfindung bewirken; vgl. KUNZE, W., u. H. KIETZ: Arch. Ohr-Heilk. **155**, 683 (1949). — COMBRIDGE, J. H., J. O. ACKROYD u. R. J. PUMPHREY: Nature **167**, 438 (1951). — TIMM, C.: Experientia **6**, 357 (1950). — MÜLWERT, H. H.: H. N. O. Wegweiser f. Fachärztl. Praxis **2**, 320 (1951). — DEATHERAGE, B. H., L. A. JEFFRESS u. H. C. BLODGETT: J. A. S. A. **26**, 582 (1954).

[6] Vgl. M. GILDEMEISTER: Z. Sinnesphysiol. Abt. II **50**, 161 (1918). — SCHOBER, F. W.: Acustica **2**, 219 (1952). — HINCHCLIFFE, R. ebdt. **9**, 306 (1959). — Über die obere Hörgrenze bei Sauerstoffmangel vgl. H. HARTMANN u. F. NOLTENIUS: Luftf.-Forschg. **13**, 22 (1936).

27*

ceptionsschwerhörigkeiten") oder im Verlauf der Hörbahn (,,retrola-byrinthäre Schwerhörigkeiten") Verkleinerungen und Deformationen des Hörfeldes auftreten können. Zur Verbesserung der Hörfähigkeit für Schwerhörige werden elektroakustische Hörhilfen gebraucht. Für Leitungsschwerhörige benutzt man meist Verstärker mit frequenzunabhängiger Verstärkung, während man für Innenohrschwerhörige Geräte mit entsprechend angepaßter selektiver Empfindlichkeit bevorzugt[1].

Die Frequenzabhängigkeit der Hörempfindung — deren Verlauf an der Hörschwelle wir oben besprachen — hängt von der Stärke des auffallenden Schalls ab. In Abb. 315 sind außer der Schwellenwertkurve noch ,,Kurven gleicher Lautstärke"[2] eingetragen. Diese Kurven gleicher Lautstärke werden in der Weise gemessen, daß abwechselnd ein Normalton bestimmter Tonhöhe und bestimmter Druckamplitude und ein Ton anderer Tonhöhe beobachtet wird; durch subjektiven Hörvergleich

---

[1] Vgl. WATSON, N. A., u. V. O. KNUDSEN: J. A. S. A. **11**, 406 (1940) (betr. insbesondere die Prüfung der Wirksamkeit von Hörhilfen an Hand von Silbenverständlichkeitsmessungen). Vgl. über Hörgeräte weiter F. F. ROMANOW: ebdt. **13**, 294 (1942). — KRANZ, F. W., u. C. RUDIGER: ebdt. 363. — SABINE, P. E.: ebdt. **16**, 38 (1944). — SILVERMAN, S. R.: ebdt. 108. — DAVIS, H., C. V. HUDGENS, G. E. PETERSON u. D. A. ROSS: ebdt. **18**, 247 (1946). — MUNDEL, A. B., u. R. W. CARLISLE: ebdt. **19**, 639 (1947). — GÜTTNER, W.: E. T. Z. **71**, 681 (1950). — Z. Angew. Phys. **2**, 33 (1950). — MÜLLER, F.: Funk und Ton **5**, 361 (1951). — CORLISS, E. L. R.: Circ. Nat. Bur. Stand. No. 516 (1951). — ASHTON, J. P.: J. Brit. Inst. Radio Eng. **11**, 51 (1951). — ZANGENMEISTER, H. E.: Ärztl. Wochensch. **7**, 497 (1952). — AYERS, E. W.: Proc. 1. I. C. A. Congr. Delft (1953), 141. — BECKING, A. G. TH.: ebdt. 143. — CHAVASSE, P., u. R. LEHMANN: ebdt. 147. — GÜTTNER, W., u. C. STARKE: ebdt. 155. — MOL, H.: ebdt. 168. — MEISTER, F. J.: ebdt. 165. — HECTOR, L. G., H. A. PEARSON, N. J. DEAN u. R. W. CARLISLE: J. A. S. A. **25**, 1184 (1953). — GÜTTNER, W., u. C. L. STARKE: Z. Laryngol. Rhinolog. Otolog. **33**, 693 (1954). — ZÖLLNER, F.: Arch. Ohr- usw. Heilk. **165**, 120 (1954) (umfassender Bericht über die Indikation zur Verordnung von Hörapparaten). — WANSDRONK, C.: J. A. S. A. **31**, 1609 (1959). — VAN EYSBERGEN, H. C., u. J. J. GROEN: Acustica **9**, 381 (1959). — Praktisch wichtig sind auch die Maßnahmen zum Schutz des Gehörs gegen überstarken Schall. Vgl. hierzu insbesondere N. A. WATSON u. V. O. KNUDSEN: J. A. S. A. **16**, 153 (1944). — ZWISLOCKY, J.: ebdt. **23**, 36 (1951); **24**, 762 (1952); **27**, 460, 1154 (1955). — WEBSTER, J. C., P. O. THOMSON u. H. R. BEITSCHER: ebdt. **28**, 631 (1956). — HERSHKOWITZ, J., u. L. M. LEVINE: ebdt. **29**, 889 (1957). — SHAW, E. A. G., u. G. J. THIESSEN: ebdt. **30**, 24 (1958). — WEINREB, L., u. M. L. TOUGER: ebdt. **32**, 245 (1960).

[2] Über Kurven gleicher Lautstärke vgl. neben den Anm. 1, S. 417 angezogenen Arbeiten insbesondere auch H. FLETCHER u. W. A. MUNSON: J. A. S. A. **5**, 82 (1933). Die von diesen Forschern gemessenen Resultate sind in Ziff. 15, S. 126 dargestellt. Zwischen den Resultaten von ROBINSON und DADSON bzw. FLETCHER und MUNSON bestehen einige Unterschiede; die obenstehend wiedergegebenen Kurven dürften die am besten gesicherten sein. Vgl. ferner noch: GUELKE, R., u. H. HELM: J. A. S. A. **24**, 317 (1952). — EGAN, J. P.: ebdt. **27**, 111 (1955). — MICHELS, W. C., u. B. T. DOSER: ebdt. 1173. — CREMER, L., G. PLENGE u. D. SCHWARZL: Acustica **9**, 65 (1959) (oktavgefiltertes Rauschen). — DIN 1318 (Juli 1959).

wird der Schalldruck des Normaltons (von 1000 Hz) so eingeregelt, daß er mit dem anderen Ton gleich laut erscheint[1]. Der Verlauf der Kurven gleicher Lautstärke zeigt, daß die Gehörempfindlichkeit bei großen Schalldrucken nur eine geringe Frequenzabhängigkeit besitzt. Steigert man den Schalldruck über etwa $1{,}5 \cdot 10^2\,\mathrm{N/m^2} = 1{,}5 \cdot 10^3\,\mathrm{dyn/cm^2}$, so wird Schmerzempfindung erregt[2]. Die von der Schwellenwertkurve und der Grenzkurve der Schmerzempfindung[3] eingeschlossene Fläche nennt man die „Hörfläche"[4].

Zwischen der Hörschwelle und der Schmerzempfindung liegen im Bereich der größten Ohrempfindlichkeit — also bei etwa 1000 Hz — auf

---

[1] Über die Unterschiede der Schwellenwerte für monaurales und binaurales Hören bei reinen Tönen und bei Geräuschen vgl. insbesondere R. Caussé u. P. Chavasse: C. R. Soc. Biol. Paris **135**, 1272 (1941). — Shaw, W. A., E. B. Newman u. I. J. Hirsh: J. Exp. Psychol. **37**, 229 (1947). — Pollack, J.: J. A. S. A. **20**, 52 (1948).

[2] Dieser von G. v. Békésy [Ann. Phys. (5) **16**, 554 (1936)] bestimmte Wert gilt für einohriges Hören.

[3] Zur Frage der Grenzkurve der Belästigung bei Beaufschlagung durch Geräuschbänder verschiedener Frequenzlagen vgl. W. Spieth: J. A. S. A. **28**, 872 (1956).

[4] Bemerkt sei noch, daß bei Beaufschlagung des Gehörs mit sehr leisen reinen Tönen unmittelbar über der Schwelle zunächst keine tonale Empfindung, sondern nur eine Schallempfindung ganz unbestimmter Art ausgelöst wird, erst etwa oberhalb der Schwelle setzt ausgesprochene Tonempfindung ein [vgl. J. Pollack: J. A. S. A. **20**, 146 (1948)].
Hingewiesen sei hier weiter noch darauf, daß man nach Beaufschlagung des Gehörs mit Tönen oder Geräuschen entsprechender Intensität eine Veränderung des Wertes der Hörschwelle beobachtet. Vgl. hierzu Gardner, M. B.: J. A. S. A. **19**, 178 (1947). — Lüscher, E., u. J. Zwislocki: Acta oto-laryng. **35**, 428 (1947). — J. A. S. A. **21**, 135 (1949). — Acta oto-laryng. **37**, 498 (1949). — Hood, J. D.: Acta oto-laryng. Suppl. **92**, (1950). — Munson, W. A., u. M. B. Gardner: J. A. S. A. **22**, 177 (1950). — Zwislocki, J., u. E. Pirodda: Experientia 8, 279 (1952). — Lawrence, M., u. Ph. A. Yantis: J. A. S. A. **29**, 265 (1957). — Trittipoe, W. J.: ebdt. **30**, 250 (1958). — Spieth, W., u. W. J. Trittipoe: ebdt. 523. — Spieth, W., u. W. J. Trittipoe: ebdt. 710. — Hirsh, I. J.: ebdt. 912. — Ward, W. D., A. Glorig u. D. L. Sklar: ebdt. 944. — Trittipoe, W. J.: ebdt. 1017. — Zwislocki, J., E. Pirodda u. H. Rubin: ebdt. **31**, 9 (1959). — Die Veränderungen betehen meist in einem Hörverlust, der sich nach einiger Zeit wieder erholt. Doch konnte unter besonders gelagerten Verhältnissen auch eine Erhöhung der Empfindlichkeit beobachtet werden. Der Grund für diese Erscheinung sind nervenphysiologische Vorgänge. Vgl hierzu Hughes, J. R.: J. A. S. A. **26**, 1064 (1954). — Hughes, J. R., u. W. A. Rosenblith: ebdt. **29**, 275 (1957). — Ward, W. D., A. Glorig u. D. L. Sklar: J. A. S. A. **31**, 522, 600, 791 (1959). — Ward, W. D.: ebdt. **32**, 135 (1960). — Ward, W. D., A. Glorig u. W. Selters: ebdt. 235. — Auch an den Mikrophonpotentialen der Sinneszellen (vgl. S. 440) läßt sich nach akustischen Belastungen des Ohres tierexperimentell ein flüchtiger Empfindlichkeitsverlust nachweisen. Vgl hierzu Lerche, E.: Arch. Ohr- usw. Heilk. **167**, 284 (1955). — Physik. Verh. 8, 101 (1957). — Lerche, E., u. J. Schulze: Forschungsberichte des Wirtschafts- u. Verkehrsministeriums Nordrhein-Westfalen. No. 486 Köln u. Opladen: 1958.

den Druck bezogen mehr als $6^1/_2$, auf die Schallintensität bezogen mehr als 13 Zehnerpotenzen. Es wurde bereits S. 125 ausgeführt, daß man zur zahlenmäßigen Erfassung eines derart großen Bereichs vorteilhaft eine logarithmische Skala verwendet, und zwar läßt man diese Skala auf den Druck bezogen von Zehnerpotenz zu Zehnerpotenz um 20, auf die Intensität bezogen also um 10 Skalenteile fortschreiten. Eine derartige logarithmisch aufgebaute Intensitätsskala besitzt neben formalen Vorteilen denjenigen Vorzug, daß sie dem tatsächlichen Zusammenhang zwischen Empfindungsstärke und Reizstärke wesentlich besser gerecht wird als eine linear aufgebaute Skala.

In erster Annäherung läßt sich der Zusammenhang zwischen Empfindungsstärke und Reizstärke nach dem WEBER-FECHNERschen pyschophysischen Grundgesetz ermitteln. Nach diesem Gesetz steht bei allen Sinnesempfindungen der eben merkliche Reizzuwachs δJ in einem konstanten Verhältnis zu dem bereits vorhandenen Reiz, d. h. es ist — auf die Schallempfindung angewendet — der eben merkbare Lautstärkenzuwachs

$$\delta\Lambda = C\,\frac{\delta J}{J}\,. \tag{205}$$

Nimmt man nun an, daß die eben merkbaren Lautstärkenunterschiede alle untereinander gleich sind, so erhält man nach Integration

$$\Lambda = \text{const}\,\log J\,. \tag{206}$$

Wenn die der Rechnung zugrunde gelegten Annahmen richtig sind — wenn also insbesondere die eben merkbaren Lautstärkenunterschiede, unabhängig von der Schallstärke, stets untereinander gleich sind —, würde nach Gl. (206) tatsächlich ein logarithmischer Zusammenhang zwischen Empfindungsstärke und Reizstärke bestehen. In Wirklichkeit sind aber die der Rechnung zugrunde gelegten Annahmen nur ungenau erfüllt, das logarithmische Gesetz gilt daher nicht streng. Prüft man z. B., wie dies von V. O. KNUDSEN[1] durchgeführt wurde, welche relative Reizänderung $\delta J/J$ subjektiv eben bemerkbar ist, so findet man, daß das Verhältnis $\delta J/J$ durchaus nicht konstant ist, sondern daß es je nach Frequenz und Schallstärke zwischen etwa 0,3 und 0,1 variiert. In den

[1] KNUDSEN, VERN O.: Phys. Rev. **21**, 84 (1923). — Vgl. insbesondere auch G. v. BÉKÉSY: Ann. Phys. (5) **7**, 329 (1930). — DAVIES, H.: Phil. Mag. (7) **18**, 940 (1934). — CHURCHER, B. G., A. J. KING u. H. DAVIES: Phil. Mag. (7) **18**, 927 (1934). — LÖB, E.: A. Z. **6**, 279 (1941) (behandelt insbesondere die Frage der eben merkbaren Klangfarbenänderungen). — MILLER, G. A.: J. A. S. A. **19**, 609 (1947) (betr. Messung des eben merkbaren Wertes $\delta J/J$ für „weiße" Geräusche; die Ergebnisse sind ähnlich wie bei den Messungen von KNUDSEN mit reinen Tönen). — POLLACK, I.: ebdt. **27**, 474 (1955).

Abb. 316a—c ist nach Untersuchungen von R. Chocholle[1] der eben merkbare Intensitätsunterschied in Abhängigkeit vom Pegel (dB oberhalb Schwelle) für Töne von der Frequenz 200, 1000 bzw. 10 000 Hz dargestellt. Bei mittleren Pegeln (um 40 dB) liegt der eben merkbare Unterschied in der Gegend von 0,5 dB, bei kleineren Pegeln erreicht der Wert mehrere dB.

Über die eben erkennbare Amplitudenmodulation von Tönen gibt eine Untersuchung von E. Zwicker[2] Auskunft. In Abb. 317 ist die „Amplitudengrenzmodulation" ($m = a/A$, a Amplitudenhub, A Tonamplitude) für einen Ton von

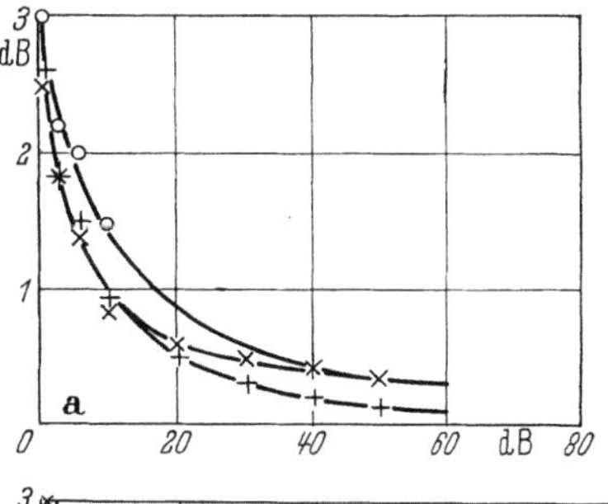
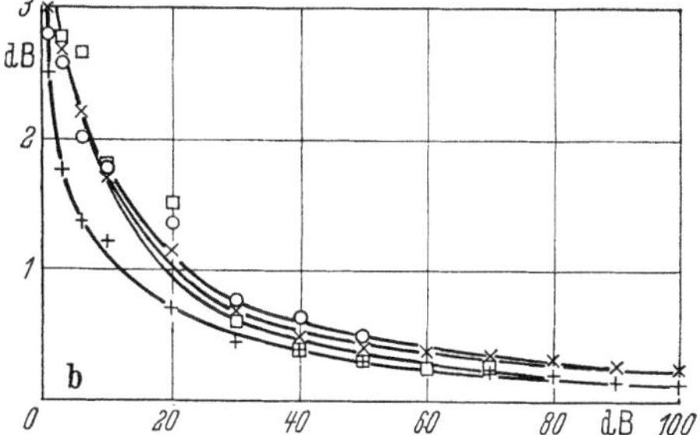
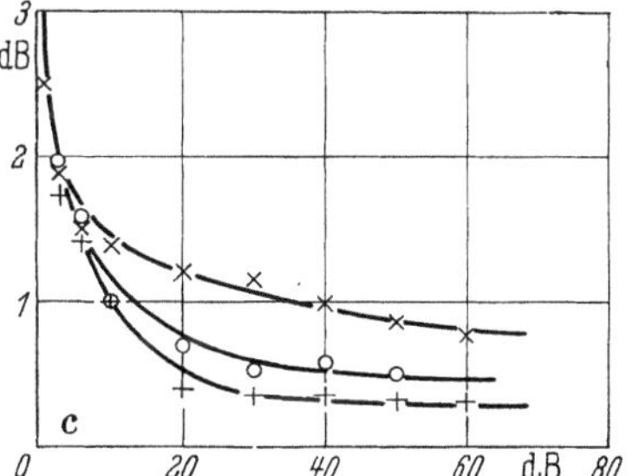

Abb. 316a—c. Schwellenwerte $\delta J/J$ der eben merkbaren Intensitätsunterschiede in Abhängigkeit vom Schallpegel in dB oberhalb der Hörschwelle für drei Versuchspersonen a: 200 b: 1000 c: 10000 Hz

[1] Chocholle, R.: Acustica 5, 134 (1955). — Vgl. hierzu auch I. Pollack: J. A. S. A. 26, 1056 (1954); 28, 906 (1956). — Führt man den Ton variabler Intenstität nur einem Ohr zu, während man dem anderen Ohr gleichzeitig einen konstanten Ton gleicher Frequenz darbietet, so findet man einen kleineren Wert der Empfindlichkeit gegen Intensitätsunterschiede (vgl. R. Chocholle: Acustica 7, 75 (1957); 9, 309 (1959). — Über Messungen der Empfindlichkeit auf Intensitätsänderungen bei Anwesenheit von Störgeräusch vgl. noch C. E. Sherrick: J. A. S. A. 31, 239 (1959).

[2] Zwicker, E.: Acustica 2, (AB.) 125 (1952). Vgl. hierzu auch Pollack, I.: J. A. S. A. 23, 650 (1951) (betr. Erkennbarkeit von Intensitätsunterschieden bei Geräuschfolgen). — Zwicker, E., u. W. Kaiser: Acustica 2, (AB.) 239 (1952). — Ebel, H.: ebdt. 246. — Zwicker, E.: Acustica 3, (AB.) 274 (1953) (Einfluß verdeckender Töne und Geräusche auf die Modulationsschwellen). — Feldtkeller, R., u. E. Zwicker: ebdt. 97. — Small, A. M.: J. A. S. A. 27, 751 (1953) (Einfluß von Amplitudenmodulationen auf die Tonhöhenempfindung). — Mayer, N.: Funk und Ton 8, 1 (1954) (Bemerkbarkeit von Intensitätsunterschieden bei Musikwiedergaben). — Symmes, D., L. F. Chapman u. W. C. Halstead: J. A. S. A. 27, 470 (1955) (betr. Verschmelzung unterbrochenen Rauschens). — Mowbray, G. A., J. W. Gebhard, u. C. L. Byham: ebdt. 28, 106 (1956) (unterbrochenes Rauschen).

1000 Hz in Abhängigkeit von der Modulationsfrequenz (f_{mod}) für verschiedene Lautstärken dargestellt. Subjektiv hat man bei Darbietung amplitudenmodulierter Töne etwa folgende Eindrücke: Für f_{mod} zwischen 1 und 20 Hz empfindet man deutlich die Amplitudenschwankungen, zwischen 20 und 100 Hz wird Rauhigkeit wahrgenommen, über 100 Hz werden Seitenfrequenzen gehört.

Aus der eben hörbaren Amplitudenmodulation lassen sich, wie R. FELDTKELLER und E. ZWICKER[1] zeigten, Aufschlüsse über die Elementargebiete der Lautstärkenempfindung gewinnen.

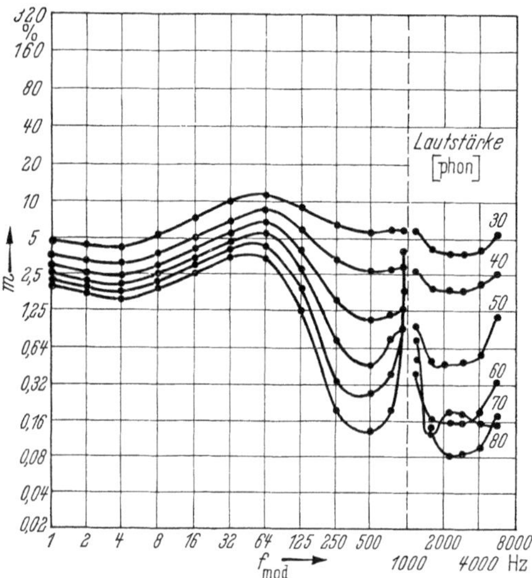

Abb. 317. Amplitudengrenzmodulationen (nach E. ZWICKER)

Oberhalb 1000 Hz hat das Elementargebiet bei einer Lautheit von 0,01 sone (auf das Lautheitsmaß „sone" kommen wir gleich noch zu sprechen) ebenfalls eine Größe von 0,01 sone, oder anders ausgedrückt, das Ohr kann Lautheiten zwischen 0 und 0,01 sone nicht weiter unterteilen. Zwischen 0,01 und 0,1 sone liegen etwa 3 unterscheidbare Stufen, zwischen 0,1 und 1 sone 10, zwischen 1 und 10 sone 30, zwischen 10 und 100 sone 100 und zwischen 100 und 200 sone (Schmerzschwelle) nochmals 100, insgesamt also rund 300 Elementarstufen.

Über die Zusammenhänge zwischen der Empfindungsstärke (der „Lautheit") und der im Phonmaß (S. 127) gemessenen „Lautstärke" von Schallvorgängen hat man durch Versuchsreihen Aufschluß gewonnen, bei denen verschiedenen Beobachtern aufgegeben wurde, zu entscheiden, bei welchen Lautstärkenänderungen im Phonmaß eine Verdoppelung oder auch eine Halbierung der Lautheit empfunden wird[2]. Weitere diesbezügliche Versuche wurden in der Weise vorgenommen, daß man einen Schallvorgang zunächst zweiohrig beobachtet und dann ein Ohr verschließt; es wird dann der einohrig gehörte Schallvorgang wieder auf die gleiche Lautheit wie vordem einreguliert; die Stärkeänderung ent-

---

[1] FELDTKELLER, R., u. E. ZWICKER: Acustica **3**, (AB.) 97 (1953).
[2] FLETCHER, H.: J. Franklin Inst. **220**, 405 (1935). — FLETCHER, H., u. W. A. MUNSON: J. A. S. A. **5**, 82 (1933).

spricht dann einer Lautheitsverdoppelung. Andere Versuche wieder wurden so vorgenommen, daß die doppelte Lautheit durch Addition von zwei in ihrer Frequenz hinreichend auseinanderliegenden Tönen, die vorher auf gleiche Lautheit einreguliert wurden, hergestellt wurde. Die skizzierten verschiedenen Versuchsreihen decken den Zusammenhang zwischen Lautheit und Lautstärke quantitativ auf. In Abb. 318 ist nach H. FLETCHER und W. A. MUNSON der Zusammenhang zwischen Lautheit und Lautstärke wiedergegeben, und zwar ist bei dieser Darstellung die Lautheit an der Hörschwelle gleich 1 gesetzt[1]. Das Bild zeigt, daß die Lautheit im Bereich geringer Lautstärken sehr rasch anwächst, so steigt z. B. beim Anwachsen der Lautstärke von 20 auf 30 Phon die Lautheit um den Faktor 4, beim Anwachsen von 50 auf 60 Phon nur um den Faktor von rund 2.

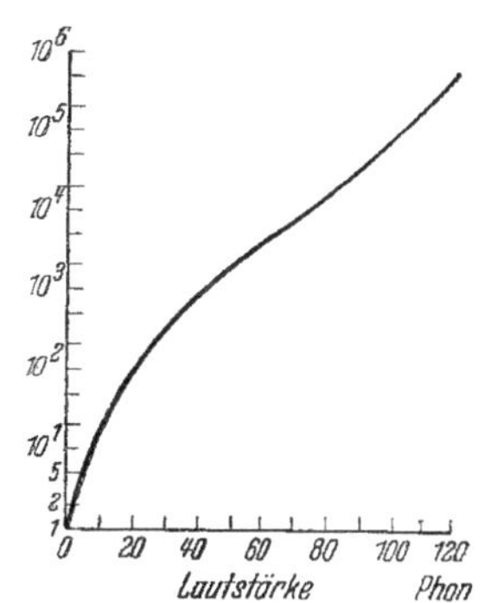

Abb. 318. Lautheit und Lautstärke (nach H. FLETCHER u. W. A. MUNSON)

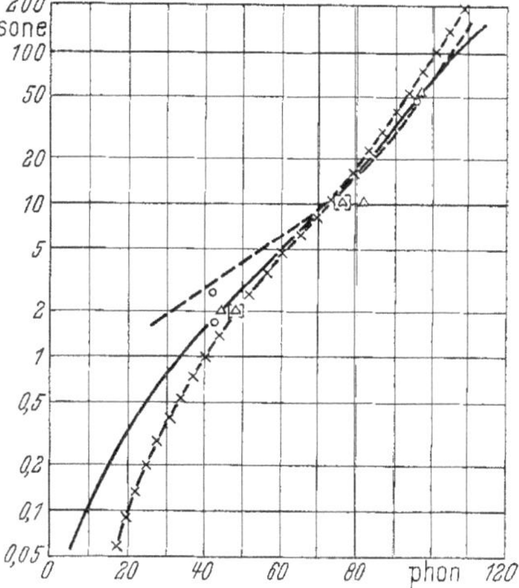

Abb. 319. Zusammenhang zwischen Lautheit und Lautstärke
———— Lautheitshalbierung, — — — Lautheitsverdoppelung, ×—×—× Amerikanische Standardkurve (nach D. W. ROBINSON)

Eingehende kritische Untersuchungen zur Frage des Zusammenhangs von „Lautstärke" und „Lautheit" wurden von D. W. ROBINSON[2] ausgeführt. Abb. 319 zeigt den Zusammenhang zwischen der Lautheitsskala („sone") und der Lautstärkenskala („phon"), wobei ein sone =

---

[1] Diese willkürliche Festsetzung, die dazu führt, daß hohe Lautheiten mit sehr großen Zahlenwerten erscheinen, erweckt den Eindruck, daß das Ohr auch eine sehr große Anzahl verschiedener Lautheitsgrade empfinden könne, was, wie erwähnt, nicht der Fall ist. Man setzt neuerdings die bei 40 Phon empfundene Lautheit gleich 1 „sone" und kommt so zu einer sinnvolleren Lautheitsskala (vgl. Abb. 319).

[2] ROBINSON, D. W.: Acustica 3, 344 (1953). — Vgl. zu diesen Fragen weiterhin S. S. STEVENS: Psychol. Rev. 43, 405 (1936). — HOLTSMARK, J.: Norske Vidensk. Selsk. Forh 11, 38, 42 (1938). — FLETCHER, H.: J. A. S. A. 9, 275 (1938). — MUNSON, W. A., u. M. B. GARDNER: ebdt. 22, 177 (1950). — POLLACK, I.: ebdt. 23, 654 (1951). — GARNER, W. R.: ebdt. 24, 153 (1952). — MOL, H.: P. T. T.-Bedrijf 5, 89 (1953). — GARNER, W. R.: J. A. S. A. 26, 73 (1954). — STEVENS, S. S., M. S.

40 phon gesetzt wurde. Bemerkenswert ist eine grundsätzliche Abweichung zwischen den durch Lautheitsverdoppelung und Lautheitshalbierung gewonnenen Kurven, deren Grund nicht geklärt ist.

Die Ermittlung der Gesamtlautheit eines aus den verschiedensten Komponenten zusammengesetzten Schallvorgangs aus den Lautheiten der Einzelkomponenten stößt insbesondere durch die gegenseitige Verdeckung (vgl. S. 444) der Komponenten auf nicht unerhebliche Schwierigkeiten. Nach H. Fletcher und W. A. Munson[1] kann man hierbei so vorgehen, daß man das Gesamtspektrum in enge Bereiche unterteilt und dann die einzelnen Lautheiten unter in komplizierten Verfahren durchgeführter Berücksichtigung der Verdeckung zur Gesamtlautheit addiert. Einfacher sind Verfahren mit oktavenmäßiger Aufteilung des Spektrums, wie sie insbesondere von H. G. Thilo und U. Steudel[2] und von F. Mintz und F. G. Tyzzer[3] benutzt wurden. Die Oktavenaufteilung stellt aber eine willkürliche Unterteilung dar, die in keiner Weise die Eigenschaften des Ohrs berücksichtigt, wenn sie auch vom technischen Standpunkt aus — man verwendet vielfach in der Meßtechnik Oktavsiebe — Vorteile hat. E. Zwicker und R. Feldtkeller[4] zeigten, daß es richtiger ist, eine Aufteilung auf „Frequenzgruppen" vorzunehmen,

<hr>

Fortsetzung der Fußnote 2 von Seite 425

Rogers u. R. J. Herrnstein: ebdt. **27**, 326 (1955). — Poulton, E. C., u. S. S. Stevens: ebdt. 329. — Stevens, S. S.: ebdt. 815. — Robinson, D. W.: Acustica **7**, 217 (1957). — Stevens, S. S.: J. A. S. A. **29**, 603 (1957). — Zwicker, E.: Acustica **8**, 237 (1958). — Pierce, J. R.: J. A. S. A. **30**, 418 (1958). — Garner, W. R.: ebdt. 1005. — Niese, H.: Z. Hochfrequ. Elektroak. **66**, 115 (1958). — Niese, H., u. J. Köhler: ebdt. 150. — Niese, H.: ebdt. **67**; 26 (1958). — Pollack, I.: J. A. S. A. **30**, 181 (1958). — Stevens, S. S.: ebdt. 995. — Miskolczy-Fodor, F.: ebdt. 1128. — Barducci, I.: Proc. 3. I. C. A. Congr. Stuttgart (1959). — Robinson, D. W.: ebdt. — Scharf, B., u. J. C. Stevens: ebdt. — Stevens, S. S.: ebdt. — Feldtkeller, R., E. Zwicker u. E. Port: Frequenz **13**, 108 (1959).

[1] Fletcher, H., u. W. A. Munson: J. A. S. A. **5**, 82 (1933). Vgl. hierzu insbesondere L. L. Beranek, J. L. Marshall, A. L. Cudworth u. A. P. G. Peterson: ebdt. **23**, 261 (1951). — Garner, W. R.: ebdt. **31**, 602 (1959). — Scharf, B.: ebdt. 783.

[2] Thilo, H. G., u. U. Steudel: Wiss. Veröff. Siemens **14**, 78 (1935). — Zur Frage der Oktavpegelspektren vgl. insbesondere auch E. Lübcke: Proc. 3. I. C. A. Congr. Stuttgart (1959). — Acustica **9**, 243 (1959). — Frequenz **13**, 287 (1959).

[3] Mintz, F., u. F. G. Tyzzer: J. A. S. A. **24**, 80 (1952).

[4] Zwicker, F., u. R. Feldtkeller: Acustica **5**, 303 (1955). — Vgl. zu diesen Fragen weiterhin noch Beranek, L. L., J. L. Marshall u. A. L. Cudworth: J. A. S. A. **23**, 261 (1951). — Pollak, I.: ebdt. **24**, 533 (1952). — Gaessler, G.: Acustica **4**, 408 (1954). — Zwicker, E.: ebdt. 415. — Feldtkeller, R.: Elektron. Rdsch. **9**, 387 (1955). — Quietzsch, G.: Acustica **5**, 49 (1955). — Brand, W., u. J. T. Borch: Techn. Rev. Bruel u. Kjaer No. 4, 8 (1955). — Bauch, H.: Acustica **6**, 40, 494 (1956). — Stevens, S. S.: J. A. S. A. **28**, 807 (1956). — Zwicker, E., G. Flottorp u. S. S. Stevens: J. A. S. A. **29**, 548 (1957). — Scharf, B.: ebdt. **31**, 365 (1959). — Plomp, R., u. M. A. Bonman: ebdt. 749. — Boer, E.: Proc. 3. I. C. A. Congr. Stuttgart (1959).

deren Breite den natürlichen Verhältnissen am Ohr angemessen ist. Vergrößert man nämlich, wie die Abb. 320a—c zeigen, die Bandbreite von Bandpaßgeräuschen, so stellt man fest, daß bis zu einer bestimmten Bandbreite Δf_g die durch Hörvergleich mit einem 1 kHz-Ton ermittelteLautstärke konstant bleibt; erst bei einer Vergrößerung der Bandbreite über den kritischen Wert Δf_g hinaus beginnt die Lautstärke zu wachsen. Der Frequenzgruppeneffekt, der hier bei Lautstärkenmessungen zu beobachten ist, tritt auch bei anderen Ohruntersuchungen, z. B. bei Hörschwellenmessungen an Geräuschen verschiedener Bandbreite und bei Verdeckungsmessungen in Erscheinung. Abb. 321 gibt das Anwachsen der Breite der Frequenzgruppen mit steigender Frequenz der Bandmitte des dargebotenen Geräuschs wieder. Die Aufteilung der in Frage stehenden Schallspektren auf Frequenzgruppen und die Summierung der Lautstärken der Einzelgruppen ermöglicht eine Gesamtlautstärkenberechnung mit guter Genauigkeit.

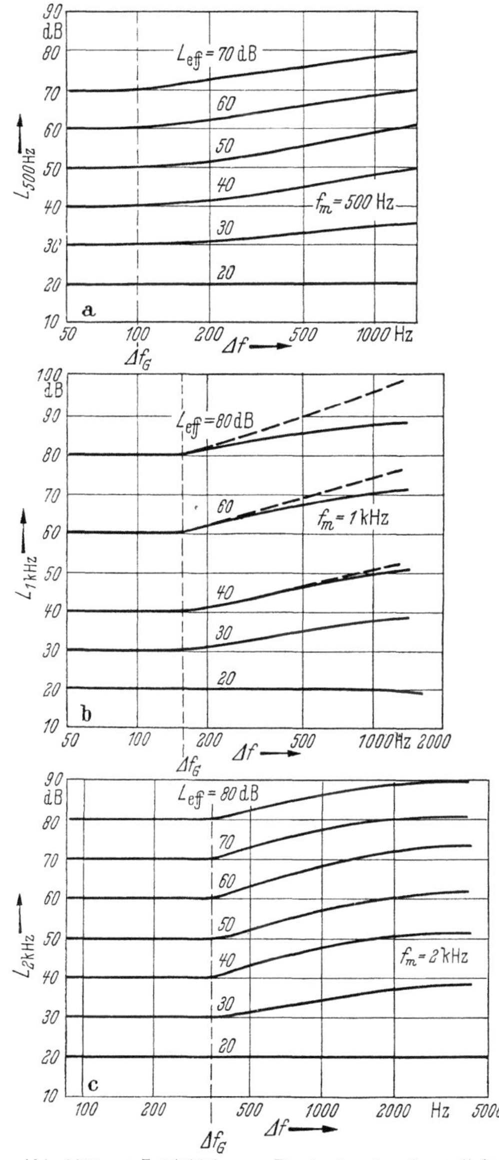

Abb. 320a—c. Lautstärke von Bandpaßgeräuschen mit fest gehaltener Schallintensität bei veränderter Bandbreite Δ (nach E. ZWICKER u. R. FELDTKELLER) a Mittenfrequenz 0,5 kHz, b 1 kHz, c 2 kHz

Bemerkt sei hier noch, daß in der International Organization of Standardization Werte für Grenzfrequenz und Bandbreite von Frequenzgruppen empfohlen wurden. Die Werte sind in Tabelle 36 zusammengestellt.

Abb. 322 zeigt (nach L. CREMER und L. SCHREIBER[1]) den Übergang vom Pegel-Oktav-Spektrum über das Lautstärke-Oktavspektrum zum Lautheits-Oktav-Spektrum, Abb. 323 das „Lautheitsgruppenspektrum".

Die Empfindungsstärke bei Auftreffen von Schall setzt nicht sofort mit voller Stärke ein, es vergeht im Gegenteil eine gewisse Zeit, bis die Lautstärke den der Dauererregung entsprechenden Wert erreicht, ebenso klingt die Lautstärke nach Abschalten der Erregung nicht momentan ab[2]. Das Einsetzen und Aussetzen der Lautstärkenempfindung wurde von G. A. MILLER[3] eingehend untersucht, es wurde bei diesen Versuchen mit an- und abgeschalteten Geräuschen, die eine gleichmäßige Verteilung im ganzen Spektrum besitzen (Röh-

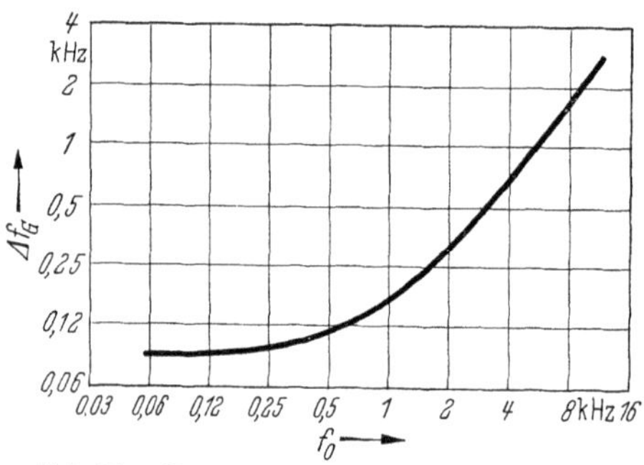

Abb. 321. Frequenzgruppenbreite in Abhängigkeit von der Mittenfrequenz (nach E. ZWICKER u.R. FELDTKELLER)

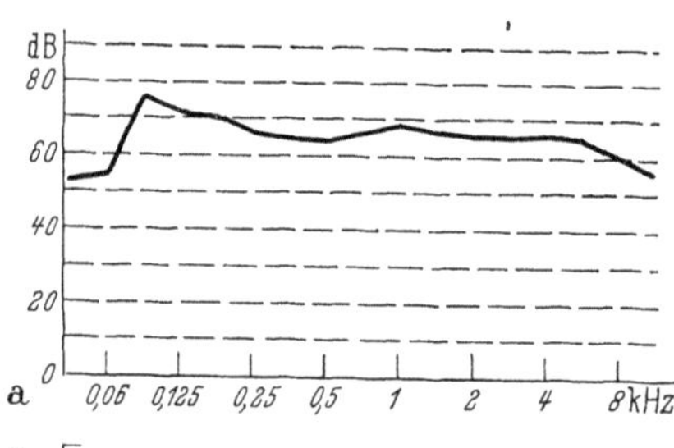

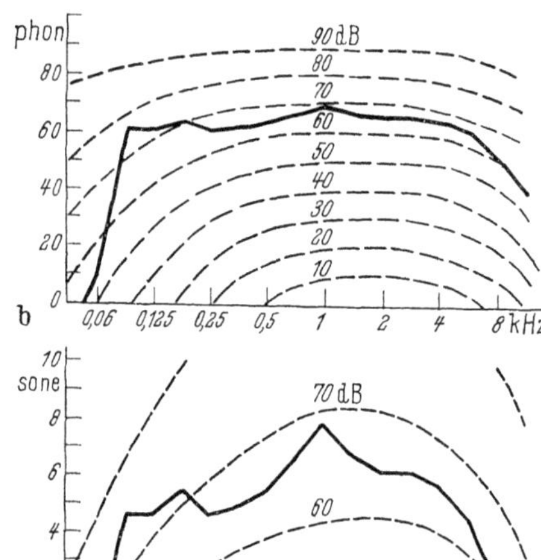

Abb. 322. Pegel-Oktav-Spektrum (a), Lautstärke-Oktav-Spektrum (b) und Lautheits-Oktav-Spektrum (c) (nach L. CREMER u. L. SCHREIBER)

---

[1] CREMER, L., u. L. SCHREIBER: Frequenz **10**, 201 (1956) (ausführl. kritische Übersicht über die verschiedenen Darstellungsmöglichkeiten akustischer Spektren).

[2] BÉKÉSY, G. V.: Phys. Z. **30**, 115 (1929). — Vgl. hierzu auch U. STEUDEL: Z. Hochfrequenz. **41**, 116 (1933). — BÜRCK, W., P. KOTOWSKI u. H. LICHTE: Z. techn. Physik **16**, 516 (1935). — MUNSON, W. A.: J. A. S. A. **19**, 584 (1947).

[3] MILLER, G. A., u. W. G. TAYLOR: J. A. S. A. **20**, 171 (1948). — MILLER, G. A.: J. A. S. A. **20**, 160 (1948). — GARNER, W. R.: J. A. S. A. **20**, 513 (1948) (betr. Lautstärken wiederholt gegebener kurzer Töne. Dort weitere Literatur).

Tabelle 36. Frequenzgruppen

Band No.	Frequenz der Bandmitte	Grenzfrequenzen	Bandweite
		0	
1	50		100
		100	
2	150		100
		200	
3	250		100
		300	
4	350		100
		400	
5	450		110
		510	
6	570		120
		630	
7	700		140
		770	
8	840		150
		920	
9	1000		160
		1080	
10	1170		190
		1270	
11	1370		210
		1480	
12	1600		240
		1720	
13	1850		280
		2000	
14	2150		320
		2320	
15	2500		380
		2700	
16	2900		450
		3150	
17	3400		550
		3700	
18	4000		700
		4400	
19	4800		900
		5300	
20	5800		1100
		6400	
21	7000		1300
		7700	
22	8500		1800
		9500	
23	10500		2500
		12000	
24	13500		3500
		15500	

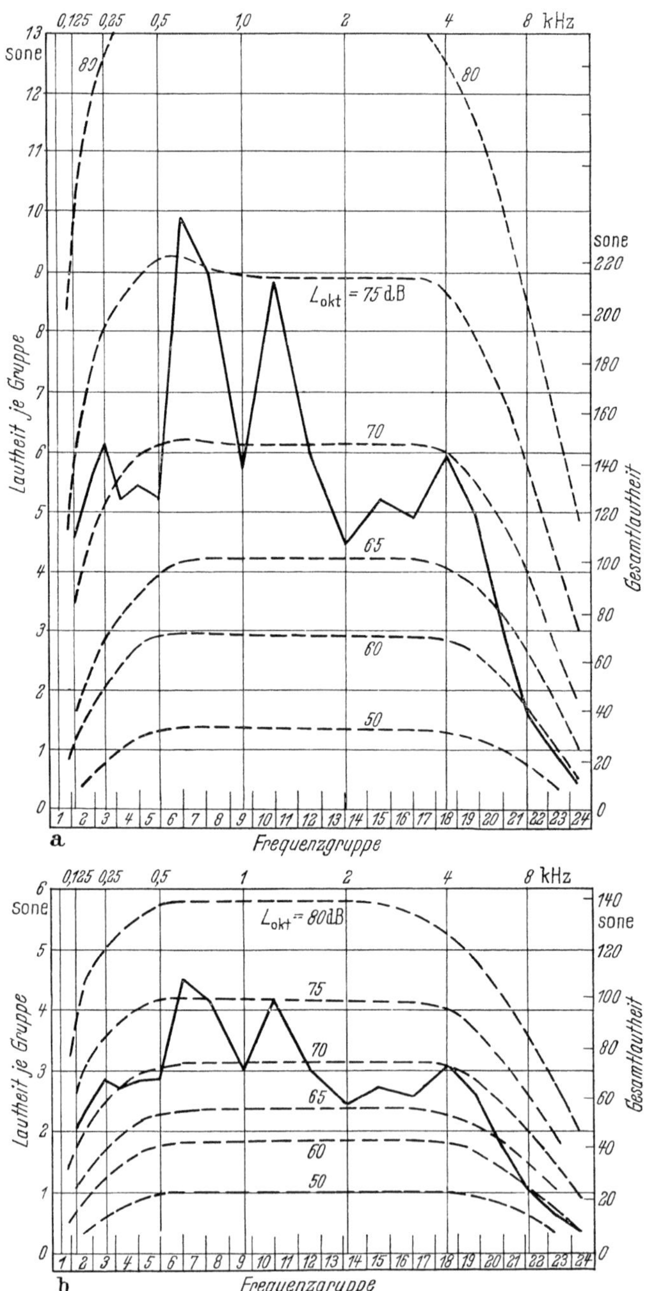

Abb. 323. Lautheitsgruppenspektrum; oben ohne, unten mit Berücksichtigung der gegenseitigen Drosselung (nach L. CREMER u. L. SCHREIBER)

renrauschen), gearbeitet. Derartige Geräusche haben den Vorteil, daß sie beim plötzlichen Ein- und Ausschalten keine Störfrequenzen geben wie plötzlich geschaltete Sinustöne.

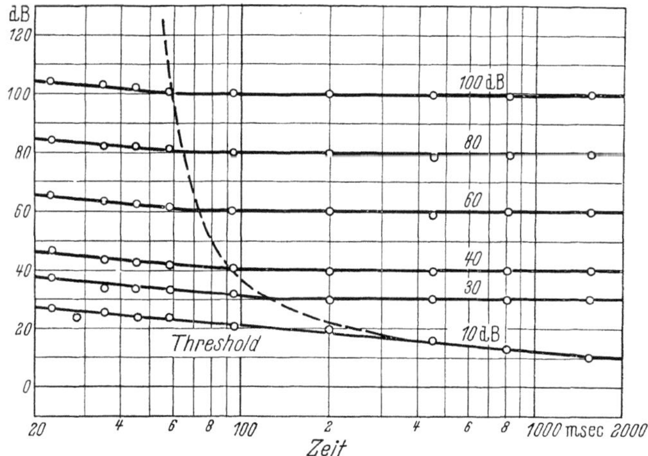

Abb. 324. Lautstärke in Abhängigkeit der Zeitdauer von Geräuschen (nach G. A. MILLER)

Abb. 324 zeigt, welche Schallstärken verschieden lang dauernder Geräusche subjektiv als gleich laut mit Dauergeräuschen empfunden werden.

Die Eigenart des Lautstärkenaufbaus und -abbaus — wie sie aus diesen Versuchen folgt — ist in keiner Weise aus den physikalischen Eigenschaften des Ohres erklärbar, wir werden sehen, daß der Schallanalyseapparat sehr schnell anspricht.

Abb. 325 zeigt den Lautstärkenanstieg mit der Zeit bei einem Pegel von 20 bzw. 90 dB. Im ersten Fall wird die Endlautstärke nach etwa 140 ms, im zweiten nach etwa 65 ms erreicht.

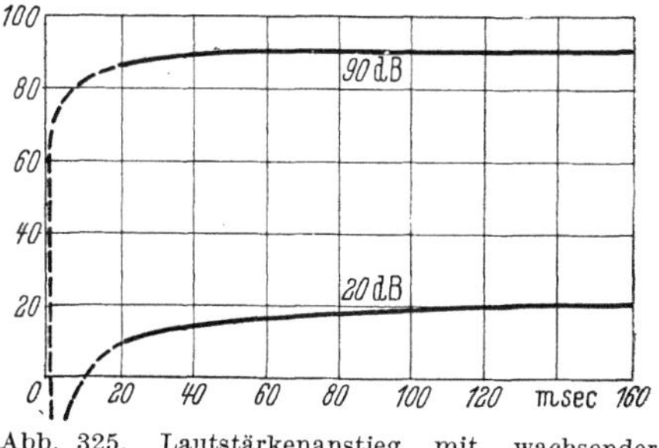

Abb. 325. Lautstärkenanstieg mit wachsender Dauer eines Geräusches (nach G. A. MILLER)

Für den verhältnismäßig langsamen Aufbau und Abbau der Lautstärkenempfindung sind nervenphysiologische Vorgänge von entscheidender Bedeutung. Man weiß, daß dann, wenn Schall die Sinneszellen an den Nervenendigungen reizt, über den Nerven eine Impulsfolge zum Gehirn geleitet wird, und zwar werden bis zu einer gewissen Stärke des Reizes zunächst um so mehr Impulse in der Zeiteinheit fortgeleitet, je kräftiger der Reiz ist[1]. Steigt die Reizstärke dann noch weiter an, so sprechen weitere Sinneszellen an und leiten ihre Impulsfolgen über andere Nervenbahnen zum Gehirn. W. A. MUNSON[2] konnte zeigen, daß man auf Grund dieser nervenphysiologischen Vorstellungen zu einer quantitativen Deutung des Lautstärkenaufbaus kommt[3].

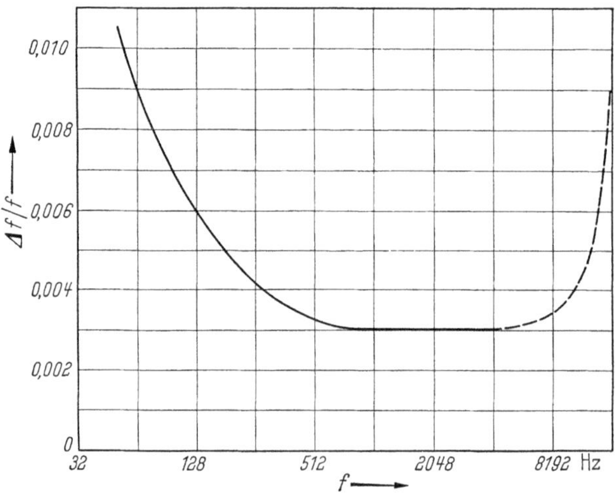

Abb. 326. Verhältnis der eben merkbaren Tonhöhenänderung zur Tonhöhe (nach V. O. KNUDSEN)

Das Gehörorgan besitzt die Fähigkeit, Töne ihrer Höhe nach gut zu unterscheiden. In Abb. 326 sind nach Messungen von V. O. KNUDSEN[4]

---

[1] Vgl. zu diesen Fragen insbesondere R. GALAMBOS u. H. DAVIS: J. Neurophysiol. **6**, 39 (1943) und in Anm. 6, S. 441 angezogene weitere Arbeiten.

[2] MUNSON, W. A.: J. A. S. A. **19**, 584 (1947).

[3] Es sei an dieser Stelle auch noch auf folgende Arbeiten hingewiesen, die sich mit der Frage der Ermüdung des Gehörs durch starke Reize und der Wiedererholung beschäftigen: SCHUBERT, K.: Z. Hals- usw. Heilkde. **51**, 19 (1944). — LÜSCHER, E., u. J. ZWISLOCKI: J. A. S. A. **21**, 135 (1949). — KUNZE, W.: Z. Hals- usw. Heilkde., Wegweiser f. die fachärztl. Praxis **2**, 3 (1950). — ROSENBLITH, H. A.: J. A. S. A. **22**, 792 (1950). — HALLPIKE, C. S., u. J. G. HOOD: ebdt. **23**, 270 (1951) (behandelt insbesondere auch den diagnostisch wichtigen „recruitment"-Effekt). — HIRSH, I. J., u. W. D. WARD: ebdt. **24**, 131 (1952). — HARRIS, J. D., u. A. I. RAWNSLEY: ebdt. **25**, 760 (1953). — CARTERETTE, E. C.: ebdt. **27**, 103 (1955). — JERGER, H. F.: ebdt. 121. — LIGHTFOOT, CH.: ebdt. 356. — THWING, E. J.: ebdt. 741. — HIRSH, J. I., u. R. C. BILGER: ebdt. 1186. — LERCHE, E.: Arch. Ohr- usw. Heilk. **167**, 284 (1955); Physik. Verh. 8, 101 (1957). — THOLHURST, G. C.: J. A. S. A. **28**, 557 (1956). — CARTERETTE, E. C.: ebdt. 865. — JERGER, J. F.: ebdt. **29**, 357 (1957). — LERCHE, E., u. J. SCHULZE: Forschungsberichte des Wirtschafts- und Verkehrsministeriums Nordrhein-Westfalen. No. 486 Köln und Opladen 1958. — WRIGHT, H. N.: J. A. S. A. **31**, 1004 (1959). — SCHAEFER, E.: Proc. 3. I. C. A. Congr. Stuttgart (1959). — Vgl. ferner in Anm. 4, S. 421 angezogene Arbeiten.

[4] KNUDSEN, V. O.: Phys. Rev. **12**, 84 (1923). — ebdt.: **25**, 113 (1925).

die Schwellenwerte des Tonhöhenunterscheidungsvermögens eingetragen; die Töne verschiedener Höhe wurden bei dem in Frage stehenden Versuch hintereinander auf das Ohr gegeben. Im Bereich der größten Ohrempfindlichkeit — zwischen etwa 800 und 3000 Hz — sind bereits relative Frequenzänderungen von $3 \cdot 10^{-3}$ erkennbar, bei sehr tiefen und hohen Frequenzen ist das Unterscheidungsvermögen geringer. Insgesamt kann das Ohr — grob geschätzt — etwa 3000—4000 Töne verschiedener Höhe unterscheiden[1].

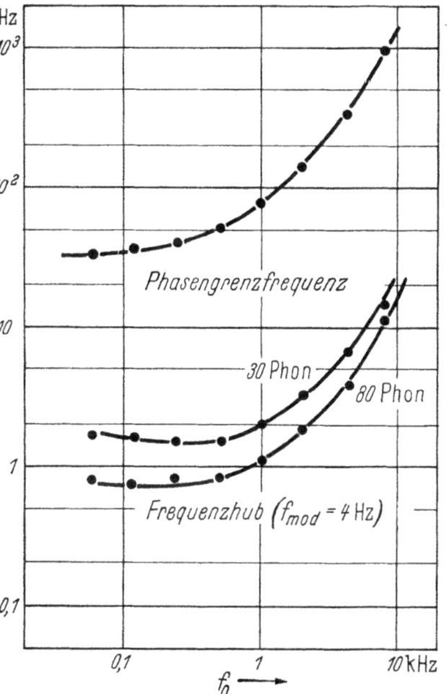

Abb. 327. Eben hörbarer Frequenzhub und Phasengrenzfrequenz in Abhängigkeit von der Trägerfrequenz (zweiohrig)
(nach R. Feldtkeller u. E. Zwicker)

[1] Manche Personen können mit erstaunlicher Genauigkeit die absolute Höhe von Tönen sofort angeben. Über das absolute Tonhöhenbewußtsein vgl. A. Wellek: Beih. No. 83 zur Ztschr. angew. Psychol. u. Charakterkunde, Leipzig 1938. — Bachem, A.: J. A. S. A. 11, 434 (1940). — Neu, D. M.: Psychol. Bull. 44, 249 (1947). — Bachem, A.: J. A. S. A. 26, 751 (1954); 27, 1180 (1955). Zur Frage der Tonhöhenunterscheidung vgl. weiter noch K. N. Stevens: J. A. S. A. 24, 76 (1952) (stationäre und gedämpft abklingende Töne). — Rosenblith, W. A., u. K. N. Stevens: ebdt. 25, 980 (1953) (kritische Gegenüberstellung der von verschiedenen Autoren gewonnenen Ergebnisse). — Thurlow, W. R., u. S. Bernstein: ebdt. 29, 515 (1957) (zwei gleichzeitig dargebotene Töne). — Michaelis, R. M.: ebdt. 520 (enge Geräuschbänder). — König, E.: ebdt. 606. — Flanagan, J. L., u. M. G. Sasulow: ebdt. 30, 435 (1958) (Tonhöhenunterscheidung bei künstlichen Vokalen). — Pollack, J., u. L. B. Johnson: ebdt. 31, 7 (1959) (betr. Methodik der Untersuchungen).— Oetinger, R.: Acustica 9, 430 (1959). — David, E. E., u. G. R. Schodder: Proc. 3. I. C. A. Congr. Stuttgart (1959).

Bemerkt sei noch, daß die Tonhöhenempfindung nicht ganz unabhängig von der Schallintensität ist; auch sind Verdeckungs- und andere Effekte nicht ohne Einfluß. Vgl. zu diesen Fragen C. T. Morgan, W. R. Garner u. R. Galambos: J. A. S. A. 23, 658 (1951). — Ranke, O.: Arch. Ohren- usw. Heilkde 159, 337 (1951), — Egan, J. P., u. D. R. Meyer: J. A. S. A. 22, 827 (1950). — Davis, H., S. R. Silverman u. D. R. McAuliffe: ebdt. 23, 40 (1951). — Webster, J. C., Ph. Miller, P. O. Thompson u. E. W. Davenport: ebdt. 24, 147 (1952). — Stevens, K. N.: ebdt. 76. — Harris, J. D.: ebdt. 750. — Ward, W. D.: ebdt. 26, 369 (1954). — Webster, J. C., u. E. D. Schubert: ebdt. 754. — Pikler, A. G., u. J. D. Harris: ebdt. 27, 124 (1955). — Thurlow, W. R., u. A. N. Small: ebdt. 132. — Ward, W. D.: ebdt. 365 (die Arbeit betrifft den „diplacusis"-Effekt). — Schouten, J. F., u. B. Lopes: Proc. 3. I. C. A. Congr. Stuttgart (1959).

Über den eben hörbaren Frequenzhub bei frequenzmodulierten Tönen in Abhängigkeit von der Trägerfrequenz gibt Abb. 327 (nach R FELDTKELLER und E. ZWICKER[1]) Auskunft, und zwar bezieht sich die Darstellung auf eine Modulationsfrequenz von 4 Hz. Aus den oben erkennbaren Frequenzänderungen und Amplitudenänderungen läßt sich ein Bild über die gesamte Informationskapazität des Gehörs gewinnen. Unter Zugrundelegung gewisser Annahmen läßt sich, wie E. ZWICKER[2] zeigte, die Hörfläche in einer Aufteilung darstellen, die ein anschauliches Bild des Informationsvermögens vermittelt. Abb. 328a zeigt eine Aufteilung für Ausschnitte aus weißem Rauschen mit einer Bandbreite von über 2 kHz, Abb. 328b für Sinustöne. Auffallend ist der sehr viel größere Informationsumfang für Sinustöne.

Das Gehör kann bereits in außerordentlich kurzer Zeit Tonhöhenaussagen machen. Die Frage der „Tonkennzeiten" wurde von W. TÜRK[3] eingehend untersucht. In Abb. 329 sind die Ergebnisse seiner Untersuchungen, welche mit älteren insbesondere von W. BÜRCK, P. Ko-

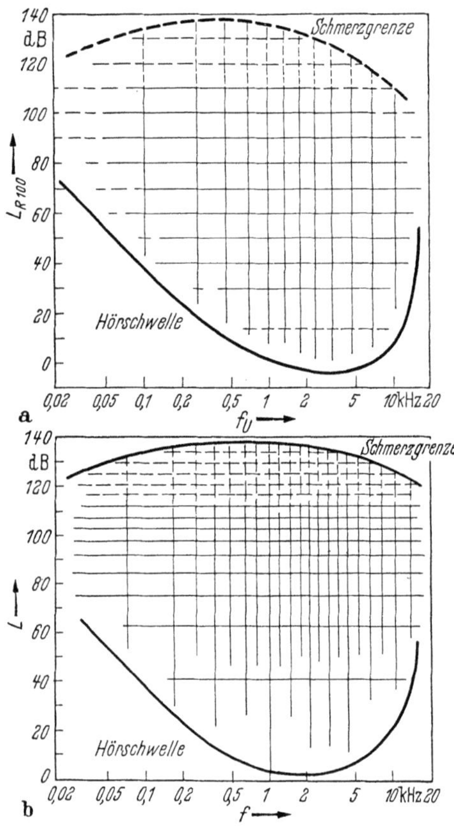

Abb. 328a u. b. Informationsvermögen des Gehörs a für weißes Rauschen mit 2 kHz Bandbreite, ein Rechteck entspricht 100 unterscheidbaren Geräuschen; b für Sinustöne, ein Rechteck entspricht 1000 unterscheidbaren Sinustönen (nach E. ZWICKER)

---

[1] FELDTKELLER, R., u. E. ZWICKER: Acustica **3**, 97 (1953). — Vgl. hierzu insbesondere noch G. A. MILLER u. G. A. HEISE: J. A. S. A. **22**, 637 (1950). — ZWICKER, E.: Acustica **2**, AB. 125 (1952). — ZWICKER, E., u. W. KAISER: ebdt. 239. — ZWICKER, E., u. W. SPINDLER: ebdt. **3**, 100 (1953).

[2] ZWICKER, E.: Acustica **6**, 365 (1956). — Zur Frage des Informationsumfanges vgl. weiterhin insbesondere POLLACK, I.: J. A. S. A. **24**, 745 (1952). — JACOBSON H.: J. A. S. A. **23**, 463 (1951). — POLLACK, I., u. L. FICKS: ebdt. **26**, 155 (1954)

[3] TÜRK, W.: A. Z. **5**, 129 (1940).

TOWSKI und H. LICHTE[1] im wesentlichen übereinstimmen, dargestellt. W.
TÜRK prüfte einerseits die Frage, wie sich das Ohr gegenüber Sinustönen,
die momentan eingeschaltet und abgeschaltet werden — die also eine rechteckige „Hüllkurve" besitzen — verhält (ausgezogene Kurve) und andererseits die Frage, wie groß die Tonkennzeit solcher Töne ist, welche
eine abgerundete Hüllkurve besitzen (gestrichelte Kurve). Die Spektren
derartiger Vorgänge unterscheiden sich insofern, als im ersten Fall neben
dem geschalteten reinen Sinuston noch starke weitere Komponenten auftreten, welche vom Schaltstoß herrühren, während im zweiten Fall der
abgerundeten Hüllkurve die Störkomponenten nur sehr viel schwächer

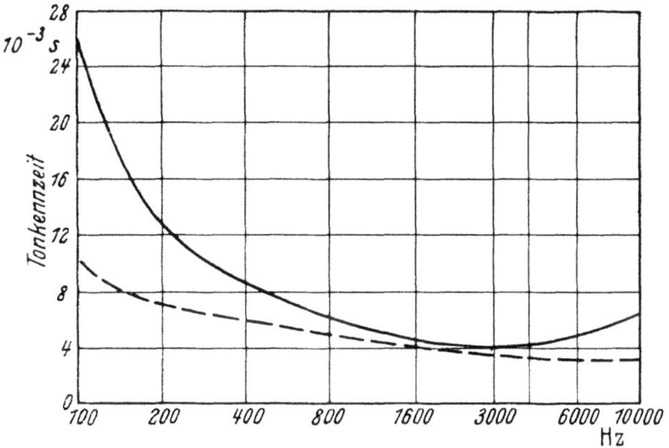

Abb. 329. Minimal erforderliche Tonkennzeiten (ausgezogene Kurve: rechteckige, gestrichelte:
abgerundete Hüllkurve, nach W. TÜRK)

auftreten. Dementsprechend ist im zweiten Fall die Tonkennzeit wesentlich kürzer als im ersten.

Abb. 329 läßt erkennen, daß die Tonkennzeiten sehr kurze sind.
Insbesondere bei tiefen Frequenzen braucht der Ton nur für sehr wenige
Perioden dargeboten zu werden, damit seine Höhe erkannt werden
kann. In mittleren Frequenzbereichen beträgt die Tonkennzeit bei abge-
rundeter Hüllkurve etwa 4 msec. Aus diesem Befund folgt, daß der
Tonhöhenanalysierapparat des Gehörorgans keine schwach gedämpfte
Resonanzanalysatoren aufweisen kann, auf welche man andererseits
nach der großen Schärfe des Tonhöhenunterscheidungsvermögens schließen könnte. Ein schwach gedämpftes Schwingungssystem würde zu

---

[1] BÜRK, W., P. KOTOWSKI u. H. LICHTE: E .N. T. **12**, 326 (1935); Ann. Phys.
(5) **25**, 433 (1936). — Vgl. auch E. LÜBCKE: Z. Techn. Phys. **2**, 52 (1921). — GIL-
FORD, C. L. S., u. T. SOMERVILLE: Nature **165**, 643 (1950).

28*

lange Einschwingzeiten aufweisen, als daß man mit seiner Hilfe Aussagen über die Tonhöhe ganz kurz bestehender Vorgänge machen könnte.

Die Frage, welche physikalischen Vorgänge im Innenohr eine Tonhöhenunterscheidung ermöglichen, ist ein besonders reizvolles Gebiet der Gehörphysik.

HERMANN V. HELMHOLTZ[1] hatte sich folgendes Bild über den Mechanismus des Innenohres gemacht:

Er nahm an, daß die die beiden Schneckenhälften trennende Basilarmembran eine faserige Struktur aufweist, und zwar sollten die Fasern in der Querrichtung liegen und sehr straff gespannt sein, etwa so wie die Saiten eines Klaviers. Die Basilarmembran ist in der Nähe des ovalen Fensters sehr schmal (etwa 0,04 mm), an der Spitze aber verhältnismäßig breit (0,5 mm). HELMHOLTZ nahm nun an, daß die einzelnen Fasern verschiedene Eigenschwingung besitzen, daß also die kurzen Fasern in Fensternähe hoch abgestimmt seien, und die Abstimmung dann mit wachsender Entfernung vom Fenster fällt, bis schließlich unmittelbar an der Spitze der Schnecke die tiefsten Töne ihre Abstimmung haben. Fällt nun Schall auf das Ohr, so kommen diejenigen Fasern zum Mitschwingen, deren Eigenschwingung mit der Frequenz des auffallenden Schalls übereinstimmt. Nach dieser Theorie ist also jedem Ton bestimmter Frequenz auch ein ganz bestimmter Ort maximalen Mitschwingens zugeordnet („Einortstheorie"). Wir wissen heute, daß der Mechanismus des Innenohres bestimmt nicht so einfach ist, wie HELMHOLTZ ihn auffaßte, die HELMHOLTZsche Resonanzhypothese kann schon im Hinblick auf die kurzen Tonkennzeiten in dieser einfachen Form nicht richtig sein. Sicher ist aber, daß tatsächlich eine Einortszuordnung der Töne besteht, und zwar liegen die hohen Töne, so wie HELMHOLTZ es sich vorstellte, fensternah, die tiefen fensterfern.

Daß die Lage der maximalen Erregung auf der Basilarmembran von der Tonhöhe abhängt, wurde zuerst durch Tierversuche von H. HELD und F. KLEINKNECHT[2] mit Sicherheit bewiesen; die genannten Forscher bohrten bei Tieren von außen her die Schnecke an und verletzten auf diese Weise eine kleine Stelle der Basilarmembran, das Hörvermögen der Tiere erlosch dann für bestimmte Frequenzbereiche.

---

[1] HELMHOLTZ, H. v.: Die Lehre der Tonempfindungen. S. 198 (1863). — Die von J. R. EWALD [Pflügers Arch. **76**, 177 (1899); **93**, 485 (1903); **131**, 188 (1910)] aufgestellte „Mehrortstheorie" ist sicher nicht richtig; sie ist nur noch von historischem Interesse.

[2] HELD, H., u. F. KLEINKNECHT: Pflügers Arch. **216**, 1 (1927). — Vgl. auch J. C. STEINBERG: J. A. S. A. **8**, 176 (1937). — DAVIS, H.: J. A. S. A. **25**, 1180 (1953) (Angaben über die Lage der Schädigungsstellen in der Schnecke von Meerschweinchen bei Beaufschlagung mit Tönen verschiedener Frequenz bei sehr großer Intensität).

Über die mechanisch akustischen Vorgänge im Innenohr haben Versuche, welche G. v. Békésy[1] vornahm, weitreichende Aufschlüsse ergeben. Er führte am anatomischen Präparat dem Innenohr mittels einer elektrodynamisch erregten Steigbügelplatte Schall zu und beobachtete die erzwungenen Schwingungen der Schneckentrennwand unter einem Mikroskop durch an verschiedenen Stellen der Schnecke angebrachte Öffnungen. Auf diese Weise konnte die Verteilung der Schwingungsamplituden längs der Schneckentrennwand für verschiedene Töne im Bereich von 25 bis 1600 Hz aufgenommen werden. Abb. 330 und 331 lassen erkennen, daß die Stelle maximaler Amplitude mit wachsender Frequenz immer mehr nach dem ovalen Fenster hin rückt. G. v. Békésy erregte die Schneckentrennwand auch durch Funkenknall zu Ausgleichsvorgängen, er fand, daß die Ausgleichsvorgänge sehr stark gedämpft verlaufen, die Dekremente liegen zwischen etwa 1,4 und 1,8. Die aus der kurzen Tonkennzeit folgende starke Dämpfung des Analysierapparates findet hier also ihre volle Bestätigung. Die Analyse kommt nicht etwa so zustande, daß eine

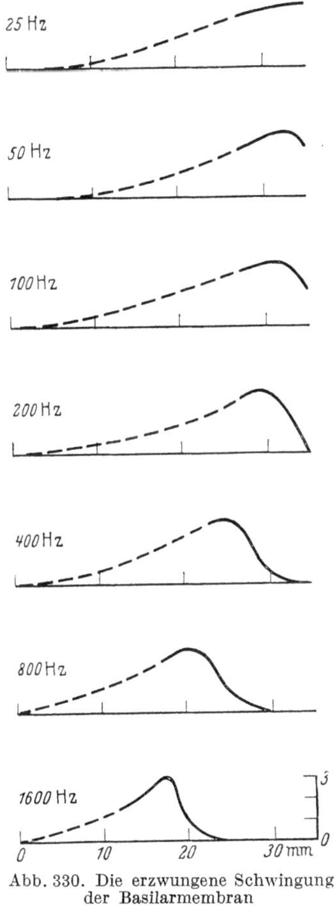

Abb. 330. Die erzwungene Schwingung der Basilarmembran (nach G. v. Békésy)

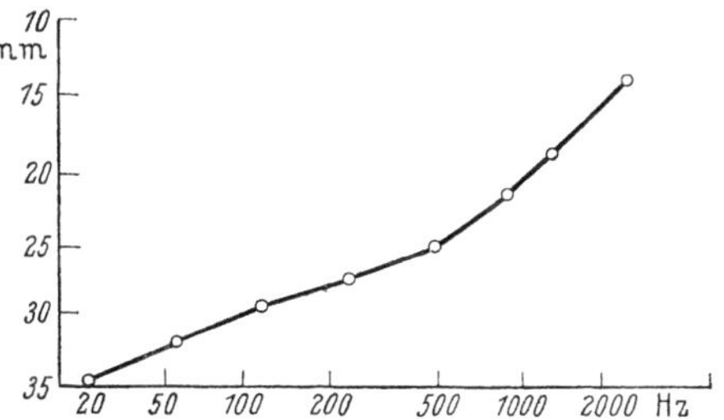

Abb. 331. Lage der Stelle maximalen Mitschwingens der Basilarmembran bei verschiedener Frequenz (Ordinate: Abstand vom ovalen Fenster in mm, nach G. v. Békésy)

[1] Békésy, G. v.: A. Z. 8, 66 (1943); vgl. auch A. Z. 6, 265 (1941) (Messungen der Elastizität der Schneckentrennwand); 7, 173 (1942); 9, 3 (1944) (betr. Untersuchung in der Schnecke verschiedener Tiere); J. A. S. A. 19, 452 (1947) (Untersuchung der Phasenverhältnisse längs der Basilarmembran bei künstlicher sinusförmiger Erregung des Steigbügels. Die Ergebnisse stimmen gut mit den Ergebnissen der S. 438 erwähnten Berechnungen von O. F. Ranke überein); J. A. S. A. 20, 227 (1948); ebdt. 21, 233, 245 (1949).

eng begrenzte schwach gedämpfte Fasergruppe in Resonanz mitschwingt, sondern in der Weise, daß sich auf der Basilarmembran Wellen ausbreiten, die ein breites, stark gedämpftes Amplitudenmaximum durchlaufen, das bei niedrigen Frequenzen fensterfern, bei hohen Frequenzen fensternah gelegen ist. Es findet dann wohl eine Art von Schwerpunktermittelung statt.

Bemerkt sei noch, daß möglicherweise nicht der in (Abb. 330 dargestellte) Ausschlag der Trennwand die für die Nervenerregung maßgebende Größe ist, sondern eine von dieser durch Differentiation abgeleitete Größe, für welche die Selektivität dann schärfer ist, als für den Ausschlag selbst[1].

Bei sehr tiefen Frequenzen, bei denen ja kein Erregungsmaximum mehr auftritt, kann die Tonhöhenanalyse nicht an der Schneckentrennwand vorgenommen werden; sie findet dann offenbar zentral im Gehirn statt. Wir werden hierauf bei Behandlung der beim Hörprozeß auftretenden Aktionsströme noch zurückkommen.

Wichtig ist auch die Feststellung, daß nicht etwa — wie HELMHOLTZ es annahm — die Basilarmembran allein Schwingungen ausführt, sondern daß offenbar auch Biegungsschwingungen der knöchernen Scheidewand eine Rolle spielen. Weiterhin steht nach den Versuchen G. v. BÉKÉSYS fest, daß die Basilarmembran keine stark gespannte Membran ist und daß die HELMHOLTZsche Vorstellung von einem mit Saiten nach Art des Klaviers bespannten Rahmen nicht berechtigt ist. Die Basilarmembran ist im Gegenteil eine gallertartige Platte, auf der eine dünne homogene Faserschicht liegt. Die verschiedene Abstimmung der einzelnen Teile kommt durch die verschiedene Breite der Platte zustande.

Bei der theoretischen Behandlung der erzwungenen Schwingungen der Schneckentrennwand darf man diese aber nun nicht etwa isoliert für sich betrachten. Man muß — wie dies insbesondere in Arbeiten von O. RANKE[2] durchgeführt wird, die Schneckentrennwand als die Trennwand eines mit Flüssigkeit gefüllten engen Kanals verschiedenen Querschnitts auffassen. Nach diesen Berechnungen findet man, daß in die Schnecke eine Art von Pulswelle einläuft, welche zu ähnlicher Schwingungsform der Schneckentrennwand führt, wie sie von G. v. BÉKÉSY experimentell beobachtet wurde.

Abb. 332 zeigt die Schwingungen der Basilarmembran nach den Berechnungen O. RANKES in vier verschiedenen um je eine Achtelperiode unterschiedenen Phasenlagen. Bemerkt sei noch, daß sich nach diesen

---

[1] Vgl. hierzu insbesondere L. CREMER: Acustica **1**, 83 (1951). — HUGGINS, W. H., u. J. C. R. LICKLIDER: J. A. S. A. **23**, 290 (1951). — BÉKÉSY, G. v.: J. A. S. A. **25**, 770 (1953).

[2] RANKE, O. F.: A. Z. **7**, 1 (1942). — Die Gleichrichterresonanztheorie, München (1931). — Z. Biol. **103**, 409 (1950). — J. A. S. A. **22**, 772 (1950). Vgl. zu diesen Fragen auch in Anm. 1, S. 440 angezogene Arbeiten.

Berechnungen auf beiden Seiten der Schneckentrennwand an der Stelle maximalen Mitschwingens ein Wirbelpaar und damit eine Druckstörung ausbildet. Auch im Modellversuch sind — von G. v. Békésy[1] — derartige Wirbel bereits nachgewiesen worden. Allerdings kommt die

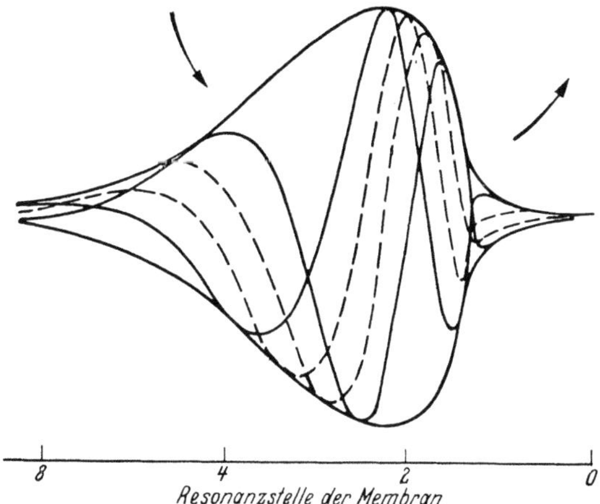

Abb. 332. Die Schwingungsform der Basilarmembran (in vier verschiedenen Phasenlagen, welche je um $1/8$ Periode unterschieden sind; berechnet von O. RANKE)

Wirbelbildung nur bei extrem hohen Steigbügelamplituden zustande und dürfte daher für den Hörprozeß ohne wesentliche Bedeutung sein.

Die Ausbreitungsgeschwindigkeit von Wellen in der Schnecke längs der Basilarmembran ist, wie G. v. Békésy[2] an durch Funkenknall erregten Stoßwellen zuerst nachwies, verhältnismäßig klein. Abb. 333 zeigt die Laufzeit, welche die Wellen benötigten, um vom ovalen Fenster bis zu den verschiedenen Stellen der Basilarmembran zu gelangen. Für die gesamte Strecke von 35 mm Länge werden rund 5 ms benötigt; dies entspricht einer mittleren Geschwindigkeit von 7 m s⁻¹. Die Ausbreitungs-

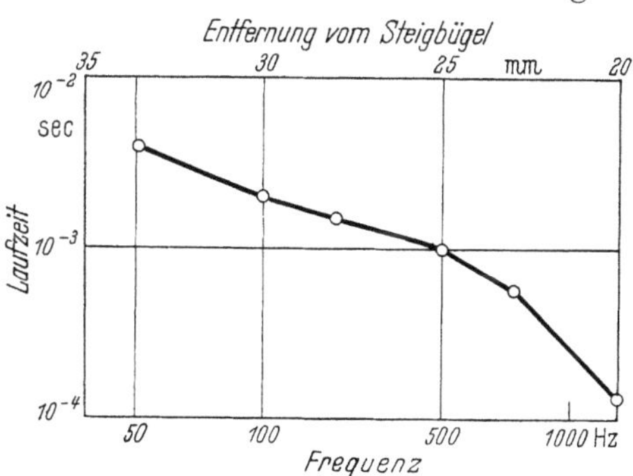

Abb. 333. Zeit-Weg-Kurve für längs der Basilarmembran laufende Wellen (nach G. v. Békésy)

geschwindigkeit hängt aber, wie aus Abb. 333 hervorgeht, von der speziellen Eigenschaft des in Frage stehenden Teils der Schnecke ab. In den fensternahen Partien der Schnecke ist die Ausbreitungsgeschwindigkeit

[1] Békésy, G. v.: Phys. Z. **29**, 793 (1928); E. N. T. **12**, 71 (1935). — Vgl. insbesondere auch in Anm. 1, S. 440 angezogene Arbeiten von J. Tonndorf.

[2] Békésy, G. v.: A. Z. **8**, 66 (1943); J. A. S. A. **27**, 137, 830 (1955).

ein Vielfaches der genannten mittleren Werte, am Helikotrema aber wesentlich kleiner als der mittlere Wert. Der Grund hierfür ist die verschiedene Elastizität der einzelnen Partien der Schneckentrennwand.

Da die Ausbreitungsgeschwindigkeit in der Nähe des ovalen Fensters wesentlich größer als am Helikotrema ist, sind auch die Wellenlängen bei vorgegebener Frequenz am Anfang der Schnecke wesentlich größer als am Schneckenende. Bei entsprechender Frequenz ist dann die Wellenlänge am ovalen Fenster groß gegen die Ausdehnung des Schnekkenkanals, während sie nach dem Helikotrema zu klein gegen die Schneckenausdehnung werden kann. Die skizzierten, sehr komplizierten Bedingungen erschweren die Aufstellung einer ganz allgemein gültigen Theorie[1] der Schwingungsvorgänge in der Schnecke.

Bei einer Beschallung des Ohres können an der Schnecke bioelektrische Potentiale verschiedener Art nachgewiesen werden. Dazu gehören vor allen Dingen die von den Sinneszellen des Cortischen Organs (dem ersten Glied der Erregungskette zwischen Innenohr und Hirnrinde) erzeugten Mikrophonpotentiale (microphonics, Reizfolgeströme)[2]. Diese Potentiale spiegeln bis zu einem mittleren Schalldruck von rund 10^{-1} μb die auf das Ohr fallenden Schallschwingungen im gesamten Tonfrequenzbereich formgetreu wider; das Ohr arbeitet hier wie ein technisches Mikrophon, wobei es seine bioelektrische Energie aus dem Zellstoffwechsel bezieht[3]. In höheren Schalldruckbereichen lassen sich am Mikro-

---

[1] Zu den Vorgängen in der Schnecke vgl. außer den bereits oben angezogenen Arbeiten noch W. Kucharski: Phys. Z. **31**, 264 (1930). — Gildemeister, M.: Z. Hals- usw. Heilkde **27**, 299 (1930). — Reboul, J. A.: Z. Phys. **7**, 185 (1938). — Holtsmark, J.: Norsk. Vidensk. Selsk. Forh. **11**, 117, 205, 209, 221 (1939). — Jung, F.: A. Z. **5**, 268 (1940). — Békésy, G. v., u. W. A. Rosenblith: J. A. S. A. **20**, 727 (1948) (eingehende historische Darstellung). — Zwislocki, J.: ebdt. **22**, 778 (1950). — Peterson, L. C., u. B. P. Bogert: ebdt. 369. — Bogert, B. P.: ebdt. **23**, 61 (1951) (elektrisches Modell). — Fletcher, H.: ebdt. 637. — Meyer, M. F.: Amer. J. Psychol. **65**, 288 (1952); **66**, 261 (1953). — Zwislocki, J.: J. A. S. A. **25**, 743 (1953). — Diestel, H. G.: Acustica **4**, 489 (1954) (mechanisches Modell). — Tonndorf, J.: J. A. S. A. **29**, 558 (1957). — Bogert, B. P.: ebdt. 789 (elektrisches Modell). — Cremer, L.: Acustica **8**, 188 (1958) (mechanisches Modell). — Tonndorf, J.: J. A. S. A. **30**, 929, 938 (1958) (betr. nichtlineare Vorgäng ein der Schnecke). — Pimonow, L.: Acustica **9**, 345 (1959). — Tonndorf, J.: J. A. S. A. **31**, 608 (1959). — Schubert, E. D., u. B. S. Elpern: ebdt. 990. — v. Békésy, G.: ebdt. 1236. — van Bergeijk, W. A.: Proc. 3. I. C. A. Congr. Stuttgart (1959). — Hauser, H.: ebdt. — Legouix, J. P.: ebdt. — Oetinger, R.: ebdt. — Tonndorf, J.: J. A. S. A. **32**, 238 (1960).

[2] Zur Frage der „Microphonics" vgl. A. Forbes, Miller, R. H., u. J. O'Connor: Amer. J. Phys. **80**, 363 (1927). — Wever, E. G., u. C. W. Bray: Proc. Nat. Acad. Sci. USA. **16**, 344 (1930). — Lowy, K.: J. A. S. A. **14**, 156 (1952). — Wever, E. G., u. M. Lawrence: ebdt. **21**, 127 (1949). — Békésy, G. v.: ebdt. **23**, 18, 29 (1951); **24**, 399 (1952). — Tasaki, I., H. Davis u. J. P. Legouix: ebdt. 502. — Békésy, G. v.: ebdt. **25**, 786 (1953). — Wever, E. G., u. M. Lawrence: ebdt. **27**, 853 (1955).

[3] Vgl. hierzu insbesondere E. Lerche: „Praktische Akustik" in Physik in Einzelberichten, H. 2, München u. Mosbach 1957.

phoneffekt der Schnecke nichtlineare Verzerrungen nachweisen. Wird die lineare Aussteuerungsgrenze des Ohres überschritten, so treten zunächst quadratische Verzerrungen auf, die später von kubischen abgelöst werden[1]. Zugleich zeigt sich bei einer akustischen Überlastung des Ohres, daß die Mikrophonpotentiale einem Zeitgang unterliegen, der darauf hindeutet, daß die sog. Hörermüdung, wie sie in Lärmbetrieben beobachtet wird, auf einer bioelektrischen Erschöpfung der Sinneszellen des Cortischen Organs beruht[2].

Durch Beobachtung der „Microphonics" kann man, wie noch erwähnt sei, manche Aufschlüsse über die Schalleitung zum Innenohr gewinnen. So konnte man beispielsweise die Frage, wie Perforationen des Trommelfells sich auswirken, klären. Tierversuche an Katzen zeigten, daß ein Loch von 1 mm $\varnothing$ zwar das Hörvermögen unter 100 Hz zerstört, auf das Hörvermögen über 1000 Hz aber ohne Einfluß ist[3]. Auch konnte im Tierversuch geklärt werden, wie ein künstlich angelegter Verschluß des runden Fensters sich auswirkt[4]. Sehr genaue Aufschlüsse über den Frequenzgang der intakten und gestörten Schallleitung gewinnt man, wenn man die Mikrophonpotentiale bei gleitender Tonfrequenz und konstantem Schalldruck mittels Pegelschreiber automatisch registriert[5].

Neben den Mikrophonpotentialen kann man bei Ableitung von verschiedenen Stellen der Schnecke noch kurzdauernde Potentialschwankungen feststellen, die sich den Mikrophonpotentialen beimischen und von dem der Sinneszelle nachgeschalteten Hörnerven erzeugt werden. Greift man diese Nervenaktionspotentiale[6] mittels Mikroelektrode iso-

[1] LERCHE, E.: Pflügers Arch. **255**, 417 (1952). Vgl. auch Anm. 3, S. 443.

[2] LERCHE, E.: Arch. Ohr- usw. Heilkde **167**, 284 (1955). — Physik. Verh. **8**, 101 (1957). — LERCHE, E., u. J. SCHULZE: Forschungsber. d. Wirtsch. u. Verkehrsministeriums No. 486, Köln u. Opladen (1958).

[3] Vgl. G. v. BÉKÉSY: Scientif. Amer. **197**, Nr. 2, 66 (1957).

[4] Vgl. O. F. RANKE, W. D. KEIDEL u. H. G. WESCHKE: Acustica **2**, (AB.) 145 (1952).

[5] LERCHE, E., u. H. CASPERS: Pflügers Arch. **270**, 76 (1959).

[6] Zur Frage der Nervenaktionspotentiale vgl. E. D. ADRIAN: Phys. Soc. Lond. Rep. Meeting on Audition (June 1931). — HALLPIKE, C. S., H. HARTRIDGE u. A. F. RAWDON-SMITH: Proc. Phys. Soc. Lond. **122** B, 175 (1937). — STEVENS, S. S., u. H. DAVIS: Hearing New York (1938) S. 395. — ADRIAN, E. D.: J. Laryngol. **58**, 15 (1943). — MEYER, E.: Naturwiss. **34**, 358 (1947). — GALAMBOS, R.: J. A. S. A. **22**, 785 (1950). — DAVIS, H.: Physiol. Rev. **37**, 1 (1957) (Bericht mit ausführlichen Literaturangaben). — DEATHERAGE, B. H., H. DAVIS u. D. H. ELDREDGE: J. A. S. A. **29**, 132 (1957). — HUGHES, J. R., u. W. A. ROSENBLITH: ebdt. 275. — BÉKÉSY, G. v.: ebdt. 1059 (Analogiebetrachtungen: Tastempfindungen an der Haut). — GOLDSTEIN, M. H., u. N. Y.-S. KIANG: ebdt. **30**, 107 (1958). — v. BÉKÉSY, G.: ebdt. **31**, 338 (1959). — GALAMBOS, R., u. A. RUPERT: ebdt. 349. — GOLDSTEIN, M. H., N. Y.-S. KIANG u. R. M. BROWN: ebdt. 356. — DEATHERAGE, B. H., D. H. ELDREDGE, u. H. DAVIS: ebdt. 479. — KIANG, N. Y.-S., u. M. H. GOLDSTEIN: ebdt. 786.

liert von einer Einzelfaser ab, so läßt sich das Verhalten der Impulsaktivität bei verschiedenen Tonfrequenzen und Schallintensitäten getrennt von den Mikrophonpotentialen verfolgen. Derartige Untersuchungen haben erstens gezeigt, daß die bioelektrischen Impulsfolgen der Hörnervenfaser im unteren Tonbereich mit der Tonfrequenz weitgehend synchronisiert sind, während im mittleren und oberen Tonbereich anscheinend besondere Gesetzmäßigkeiten der Frequenztransformation vorliegen. Ferner hat sich ergeben, daß die Impulsfolgefrequenz mit steigender Intensität des Reiztones zunimmt.

Die durch den Schallreiz ausgelösten Nervenerregungen werden auf bestimmten Bahnen mit zwischengeschalteten Relaisstationen der Hirnrinde zugeleitet. Umschriebene Anteile der Basilarmembran sind dabei entsprechenden Stellen sowohl der Relaisstationen als auch der Hirnrinde zugeordnet.

Bei dem geschilderten Vorgang werden dem Gehirn also — bei nicht zu hoher Frequenz des auffallenden Schalls — zwei Variable, nämlich die Schallstärke und die Grundperiode übermittelt; die Schallstärke durch die Impulsfolgefrequenz, die Grundperiode durch die mit ihr übereinstimmende Periodizität der Impulsfolgen. In tiefen Frequenzgebieten, in welchen sich auf der Basilarmembran noch kein klares Maximum der Erregung abzeichnet, wird offenbar die Schallanalyse im wesentlichen durch (im einzelnen noch nicht aufgedeckte) zentrale Vorgänge im Gehirn vorgenommen. Für das Tonhöhenunterscheidungsvermögen bei höheren Frequenzen sind die bereits eingehend behandelten Schwingungseffekte an der Basilarmembran, insbesondere die örtliche Zuordnung eines Erregungsmaximums entscheidend wichtig. Allerdings handelt es sich hier nur um eine Vorselektion; die Feinauswahl der Frequenzen erfolgt durch Kontrasteffekte in den nachgeschalteten Relaisstationen der Hörbahn[1].

Das Zusammenwirken von peripher und von zentral zustande kommenden Effekten, nämlich einer örtlichen Aufteilung in der Schnecke und einer Zuleitung von mit dem Primärschall synchronisierten Impulsfolgen zum Gehirn ist wahrscheinlich auch der Grund für die Fähigkeit des Ohres einerseits zeitliche Änderungen, die in sehr geringem zeitlichen Abstand — etwa um 1/30 s — erfolgen, wahrzunehmen und andererseits bei nacheinander gebotenen Tönen Frequenzunterschiede von nur 3 Hz feststellen zu können. Nach der allgemein gültigen Unschärferelation $\varDelta t \times \varDelta f \leqq 1$ würde zu einem $\varDelta t$ von 1/30 s eine Frequenzbreite von 30 Hz gehören; das Ohr dürfte also nur einen Frequenzunterschied von 30 Hz feststellen können. Die im Hinblick auf die Forderung der Unschärferelation bestehenden Schwierigkeiten entfallen, wenn man — wie dies zumindest in tiefen Frequenzbereichen der Fall ist — annimmt, daß das

---

[1] Vgl. TASAKI, I.: Ann. Rev. Physiol. **19**, 417 (1957).

Ohr zwei Arten von der Frequenzbestimmung besitzt[1], oder wenn es an die jeweilige Aufgabe (schnelle Analyse mit grober Auflösung bzw. Feinanalyse bei langer Analysierzeit) angepasst werden kann[2].

Das hoch entwickelte Vermögen des Ohres, Töne verschiedener Höhe zu unterscheiden und ihnen eine bestimmte Empfindungsqualität zuzuordnen, ist von grundlegender Bedeutung für die Fähigkeit des Ohres, beim Auffallen zusammengesetzter Schallvorgänge eine bestimmte „Klangfarbe" zu empfinden.

Die Frage, wie zusammengesetzte Schallvorgänge auf das Ohr wirken, wurde zuerst von G. S. OHM[3] untersucht. Das wichtigste Ergebnis der Untersuchungen OHMS wurden von H. v. HELMHOLTZ[4] folgendermaßen zusammengefaßt: „Das menschliche Ohr empfindet nur eine pendelartige Schwingung der Luft als einfachen Ton, jede andere periodische Luftbewegung zerlegt es in eine Reihe von pendelartigen Schwingungen und empfindet die diesen entsprechende Reihe von Tönen". Man bezeichnet diesen Satz als OHMsches Gesetz der Akustik. Stärke und Frequenz der einzelnen Komponenten bestimmen die beim Auffallen eines Klanges entstehende Gesamtempfindung; sie sind maßgebend für die „Klangfarbe" des Klanges. Die Phasen der einzelnen Teiltöne sind, wie HELMHOLTZ in seiner Lehre von den Tonempfindungen zeigen konnte, auf die subjektive Empfindung ohne wesentlichen Einfluß. Nur durch ganz speziell angelegte Versuche läßt sich eine Abhängigkeit der Klangfarbe von der Phasenlage nachweisen[5]. Das OHMsche Gesetz, nach welchem im Ohr eine Art von FOURIER-Analyse durchgeführt wird, bezieht sich — worauf ausdrücklich hingewiesen sei — auf periodisch aufgebaute Vorgänge, und gilt auch für diese nur mit einer gewissen Näherung; so berücksichtigt es ja beispielsweise nicht das nichtlineare Verhalten des Ohres[6] und andere sekundäre Gehöreffekte. Diese Beschränkung mindert aber nicht die Leistung OHMS, dessen Gesetz mit Recht als ein akustisches Grundgesetz bezeichnet wird.

Für die spektrale Darstellung kompliziert zusammengesetzter Schallvorgänge, wie beispielsweise solcher mit starken Geräuschkomponenten,

---

[1] Vgl. L. CREMER: Acustica **1**, 83 (1951).

[2] Vgl. D. GABOR: Nature (London) **159**, 591 (1947).

[3] OHM, G. S.: Pogg. Ann. Phys. u. Chem. **135**, 513 (1843); **138**, 1 (1844).

[4] HELMHOLTZ, H. v.: Die Lehre von den Tonempfindungen. S. 97. Braunschweig 1863.

[5] CHAPIN, E. K., u. F. A. FIRESTONE: J. acoust. Soc. Amer. **5**, 173 (1934). Über die Grenzen der Gültigkeit des HELMHOLTZschen Phasengesetzes vgl. auch R. C. MATHES u. R. L. MILLER: J. A. S. A. **19**, 780 (1947). — Über Phaseneffekte bei binauraler Schalleinwirkung vgl. insbesondere J. C. R. LICKLIDER u. J. C. WEBSTER: ebdt. **22**, 191 (1950).

[6] Vgl. hierzu F. TRENDELENBURG: E. T. Z. **60**, 449 (1939). Zur Frage der Grenzen der Gültigkeit des OHMschen Gesetzes der Akustik vgl. auch W. R. THURLOW u. I. L. RAWLINGS: J. A. S. A. **31**, 1132 (1959).

ist die FOURIER-Darstellung, wie sie OHM in die Akustik einführte, nicht zweckmäßig. Um zu einer anschaulichen spektralen Darstellung derartiger Schallvorgänge zu kommen, benutzt man vorteilhaft eine Aufteilung des Spektrums auf Oktavgruppen, $^1/_3$ Oktavgruppen oder noch besser Frequenzgruppen. Diese Art der Darstellung wurde S. 428 behandelt.

Treffen auf das Gehörorgan 2 Töne verschiedener Frequenz, so treten für die subjektive Empfindung Erscheinungen auf, die für den Hörmechanismus wichtig sind.

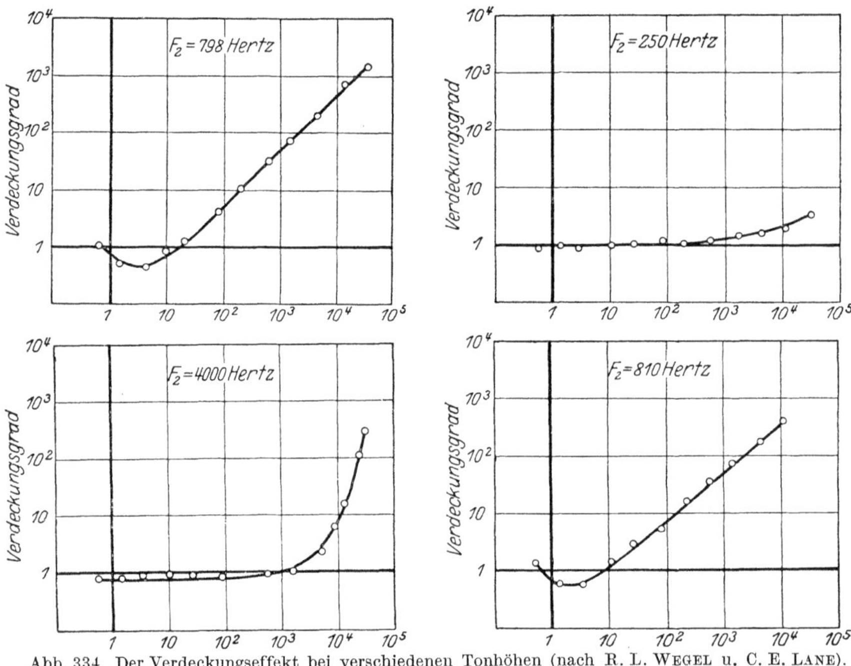

Abb. 334. Der Verdeckungseffekt bei verschiedenen Tonhöhen (nach R. L. WEGEL u. C. E. LANE). Abszissen: Relative Schalldrucke von F_1

Fällt auf das Ohr ein lauter Ton und ein leiser Ton verschiedener Höhe, so wird dann, wenn der Lautstärkenunterschied groß genug ist, nur der laute Ton empfunden, der leise Ton verschwindet. Man nennt diese zuerst von A. M. MAYER[1] beobachtete Erscheinung den „*Verdeckungseffekt*". Eingehende Untersuchungen über diesen Effekt wurden von R. L. WEGEL und C. E. LANE[2] ausgeführt. Es wurde hierbei insbesondere bestimmt, wie stark man einen Sinuston (der ohne Anwesenheit des verdeckenden Tones den Schwellendruck p_0 besitzt) steigern muß, damit er auch bei Anwesenheit des verdeckenden Tones wieder hör-

---

[1] MAYER, A. M.: Phil. Mag. **11**, 500 (1876).
Fußnote 2 Seite 445

bar wird. Beim Wiederhörbarwerden möge er den Schalldruck p_2 besitzen; p_2/p_0 bezeichnet man als „Verdeckungsgrad". In Abb. 334 ist der Verdeckungsgrad für Töne verschiedener Schallintensität und Höhe dargestellt. Der verdeckende Ton F_1 besaß jeweils die Frequenz 800 Hz. In Abb. 335 ist die Abhängigkeit des Verdeckungseffektes von der Frequenz des verdeckten Tones dargestellt, und zwar bezieht sich

[2] WEGEL, R. L., u. C. E. LANE: Physic. Rev. **23**, 266 (1924). — FLETCHER, H., u. W. A. MUNSON: J. acoust. Soc. Amer. **9**, 1 (1937). — FLETCHER, H.: J. acoust. Soc. Amer. **9**, 275 (1938). — Nat. Acad. Science Proc. **24**, 265 (1938). — Vgl. weiterhin G. DE MARÉ: Acta Oto-Laryngol. (Stockholm) **28**, 314 (1940) (betr. diagnostische Bedeutung des Verdeckungseffektes). — PEPINSKY, A.: J. A. S. A. **12**, 405 (1941) (Bedeutung für Fragen der Musik). — LOWY, K.: J. A. S. A. **16**, 197 (1945). — MILLER, R. L.: ebdt. **19**, 798 (1947) (betr. Verdeckungseffekt von periodischen Tonfolgen). — HARRIS, J. D.: ebdt. 816 (Einfluß des Verdeckungseffekts auf das Tonhöhenerkennungsvermögen). — EGAN, J. P.: ebdt. **20**, 58 (1948). — LICKLIDER, J. C. R.: J. A. S. A. **20**, 150 (1948). — HIRSH, I. J.: ebdt. **20**, 536 (1948). — HIRSH, I. J., u. I. POLLACK: ebdt. 761. — HIRSH, I. J., u. F. A. WEBSTER: ebdt. **21**, 496 (1949) (die vier letztgenannten Arbeiten betr. insbesondere Zusammenhänge zwischen dem Verdeckungseffekt und Phasenfragen). — MILLER, G. A., u. W. R. GARNER: ebdt. **20**, 691 (1948) (Verdeckung durch periodisch wiederholte Geräusche). — SCHAFER, T. H., u. R. S. GALES: ebdt. **21**, 392 (1949) (Verdeckungseffekt bei gleichzeitiger Beaufschlagung des Ohres mit mehreren Tönen und einem Geräusch). — WEBSTER, J. C., M. LICHTENSTEIN u. R. S. GALES: ebdt. **22**, 483 (1950) (Einfluß von Rauschen auf Hörschwelle für Töne). — SCHUBERT, E. D.: ebdt. 497 (Einfluß von Rauschen auf Tonhöhe). — EGAN, J. P., u. H. W. HAKE: ebdt. 622. — HIRSH, I. J., W. A. ROSENBLITH u. W. D. WARD: ebdt. 631 (Verdeckung von Knacken durch reine Töne). — POLLACK, I.: ebdt. **24**, 158 (1952). — JEFFRESS, L. A., H. C. BLODGETT u. B. H. DEATHERAGE: ebdt. 523 (Einfluß der Phase an den beiden Ohren auf die Verdeckung von Tönen durch Geräusch). — MEISTER, L. J.: Acustica **2**, 49 (1952) (diagnostische Ausnutzung von Verdeckungsmessungen). — LERCHE, E.: Pflügers Arch. **255**, 417 (1952) (Verdeckungseffekt im Tierexperiment). — LIGHTFOOT, CH., u. J. F. JERGER: J. A. S. A. **26**, 1048 (1954). — POLLACK, I.: ebdt. **27**, 353 (1955) (Verdeckung durch periodisch unterbrochenes Geräusch). — EGAN, J. P.: ebdt. 737. — JEFFRESS, L. A., H. C. BLODGET, TH. T. SANDEL u. CH. L. WOOD: ebdt. **28**, 416 (1956) (Überblick über das Gesamtgebiet der Verdeckungseffekte). — EGAN, J. P., F. R. CLARKE u. E. C. CARTERETTE: ebdt. 536. — THWING, E. J.: ebdt. 606. — JERGER, J. F., u. R. GARHART: ebdt. 611. — FAIRBANKS, G., A. S. HOUSE u. J. MELROSE: ebdt. 614. — SPIETH, W.: ebdt. **29**, 502 (1957). — DEATHERAGE, B. H., R. C. BILGER u. D. H. ELDREDGE: ebdt. 512. — GREEN, D. M., TH. G. BIRDSALL u. W. P. TANNER: ebdt. 523. — MILLER, J. D.: ebdt. **30**, 517 (1958). — BILGER, R. C.: ebdt. 817. — HIRSH. I. J., u. M. BURGEAT: ebdt. 827. — GREEN, D. M.: ebdt. 904. — TANNER, W. P.: ebdt. 919. — VENIAR, F. A.: ebdt. 1020, 1075. — DUBOUT, P.: Acustica **9**, 353 (1959). — BILGER, R. C.: J. A. S. A. **31**, 1107 (1959). — HARRIS, C. M.: ebdt. 1110. — EHMER, R. H.: ebdt. 1115. — EHMER, R. H.: ebdt. 1253. — GREEN, D. M., M. J. McKEY, u. J. C. R. LICKLIDER: ebdt. 1446. — PICKETT, J. M.: ebdt. 1613. — SMALL, A. M.: ebdt. 1619. — GREEN, D. M.: ebdt. **32**, 121 (1960). — BRYAN, M. E., u. H. D. PARBROOK: Proc. 3. I. C. A. Congr. Stuttgart (1959). — CHISTOVICH, L.: ebdt. — LICKLIDER, J. C. R., u. D. M. GREEN: ebdt. — SAMOILOVA, I. K.: ebdt.

die unterste Kurve auf eine Druckamplitude des verdeckenden Tones vom
160fachen Wert des Schwellenwertes, die mittlere auf eine Amplitude
vom 1000fachen Wert, die oberste vom 10000fachen, die Frequenz des
verdeckenden Tones betrug jeweils 1200 Hz. Der Verdeckungsgrad wächst
bei Annäherung der Frequenz der beiden in Frage stehenden Töne zunächst an; dann aber, wenn die Frequenz des verdeckten und des zu
verdeckenden Tones nahezu übereinstimmen, wird der Verdeckungsgrad wieder geringer. Diese Erscheinung ist so zu deuten, daß in dem
betreffenden Frequenzbereich Schwebungen zwischen dem verdeckenden
und dem verdeckten Ton auftreten, die das Heraushören des zu ver-

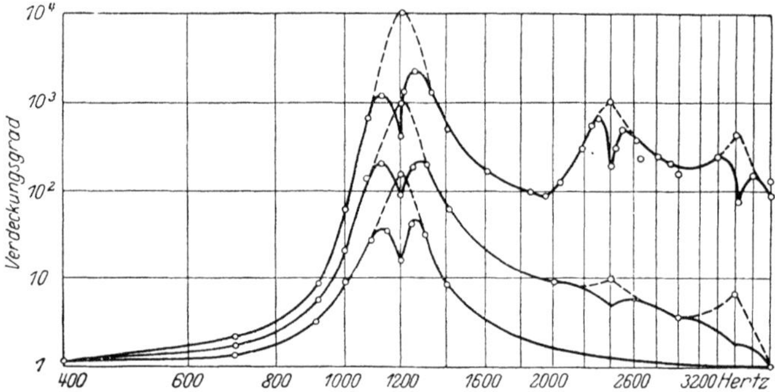

Abb. 335. Frequenzabhängigkeit des Verdeckungseffektes (nach R. L. WEGEL u. C. E. LANE)

deckenden Tones erleichtern — wir werden auf die Frage der Schwebungen gleich noch zu sprechen kommen. Es ist interessant festzustellen,
daß der gleiche Effekt auch dann bemerkbar wird, wenn die Frequenz
des zu verdeckenden Tones ungefähr die doppelte bzw. die dreifache des
verdeckten Tones ist. Dieser Effekt liegt nicht etwa daran, daß der verdeckende Ton nicht sinusförmig gewesen sei, sondern er kommt durch
die nichtlinearen Erscheinungen im Ohr, auf welche wir weiter unten
zu sprechen kommen werden, zustande.

Abb. 336 (nach J. E. HAWKINS und S. S. STEVENS[1]) zeigt den Einfluß der Verdeckung durch ein „weißes Geräusch" auf den Schwellen-

---

[1] HAWKINS, J. E., u. S. S. STEVENS: J. A. S. A. **22**, 6 (1950) (in dieser Arbeit
wird auch die praktisch wichtige Frage der Verdeckung von Sprache durch ein
„weißes" Geräusch behandelt). — Vgl. hierzu weiterhin S. S. STEVENS, J. MILLER
u. J. TRUSCOTT: J. A. S. A. **18**, 418 (1946). — HIRSH, I. J., u. W. D. BOWMAN:
ebdt. **25**, 1175 (1953). — POLLACK, I.: ebdt. **26**, 1053 (1954). — PICKETT, J. M.:
ebdt. **29**, 613 (1957). — DREHER, J. J., u. J. J. O'NEILL: ebdt. 1320. — POLLACK,
I., u. J. M. PICKETT: ebdt. 1328.; **30**, 127 (1958). — PICKETT, J. M.: ebdt. 278. —
POLLACK, I.: ebdt. 282. — POLLACK, I., u. J. M. PICKETT: ebdt. 293. — O'NEILL,
J. J., u. J. J. DREHER: ebdt. 539. — PICKETT, J. M., u. I. POLLACK: ebdt. 955. —
POLLACK, I., u. J. M. PICKETT: ebdt. **31**, 14 (1959). — LICKLIDER, J. C. R., u. N.
GUTTMAN: ebdt. **29**, 287 (1957). — GOODMAN, J.: Proc. 3. I. C. A. Congr. Stuttgart
(1959).

wert der Hörempfindung für Sinustöne. Die unterste Kurve ist die Hörschwellenkurve in völlig ruhiger Umgebung, die an den einzelnen Kurven angegebenen dB-Werte sind die dB-Werte des verdeckenden „weißen Geräusches".

Die Verdeckung von Schmalbandgeräuschen durch Sinustöne wurde

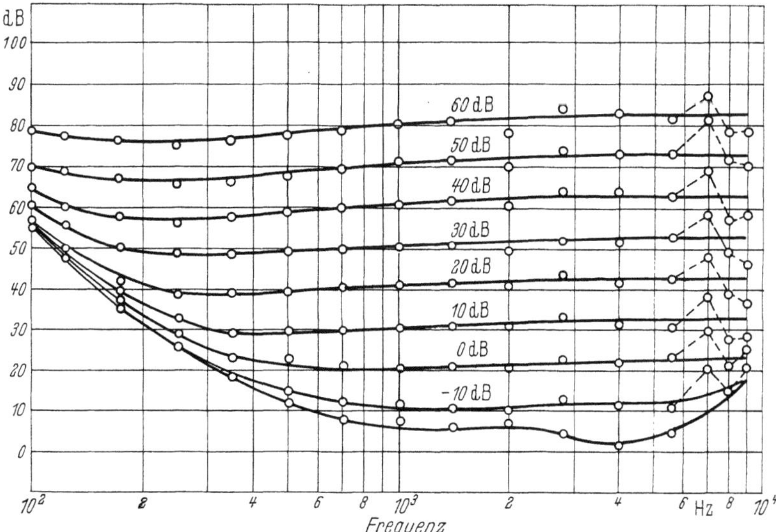

Abb. 336. Monaurale Hörschwelle reiner Töne bei Verdeckung mit weißem Geräusch bei verschiedenen Intensitäten (nach J. E. HAWKINS u. S. S. STEVENS)

von E. ZWICKER[1] untersucht; die Schmalbandgeräusche wurden hierbei aus „weißem" Rauschen mit Hilfe von Bandfiltern ausgesiebt. Abb. 337 zeigt die durch einen einzelnen reinen Ton bewirkte Verdeckung eines Schmalbandgeräusches von 90 Hz Bandbreite und 1960 Hz Frequenz der Bandmitte für 2 Beobachter Z und G. Beide Beobachter stellten fest, daß das Maximum der Verdeckung gegenüber der Bandmitte nach

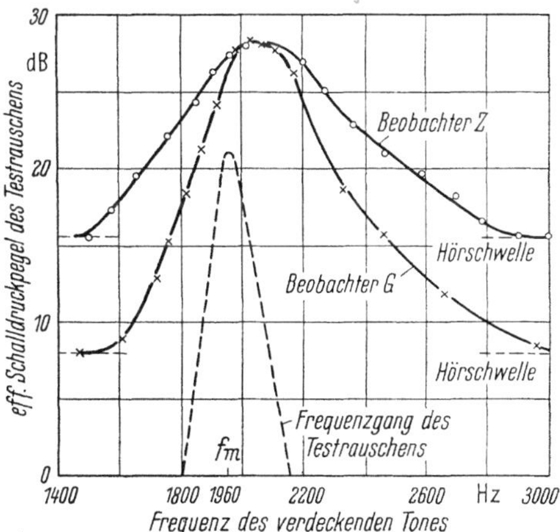

Abb. 337. Verdeckung eines Schmalbandgeräusches durch Sinustöne (nach E. ZWICKER)

[1] ZWICKER, E.: Acustica 4, 415 (1954). — Vgl. zu diesen Fragen auch T. H. SCHAFER, R. S. GALES, C. A. SHEWMAKER u. P. A. THOMPSON: J. A. S. A. 22, 490 (1950). — BILGER, R. C., u. I. J. HIRSH: ebdt. 28, 623 (1956).

höherer Frequenz (2050 Hz) verlagert ist. Dieser Effekt tritt allerdings nur bei Schallpegeln des verdeckenden Tones unterhalb 60 dB auf, bei sehr viel größeren Pegeln liegt dann das Verdeckungsmaximum unterhalb der Bandmittenfrequenz.

In Abb. 338 ist das Ergebnis von Verdeckungsmessungen, die mit 2 Tönen gleicher Stärke (50 dB) vorgenommen wurden, wiedergegeben. Längs der Abszisse ist der Frequenzabstand der beiden verdeckenden Töne aufgetragen. Die Mittenfrequenz der beiden Töne stimmt mit der Bandmittenfrequenz (1960 Hz) überein. Für kleinen Frequenzabstand ist die Verdeckung vom Abstand unabhängig; oberhalb eines

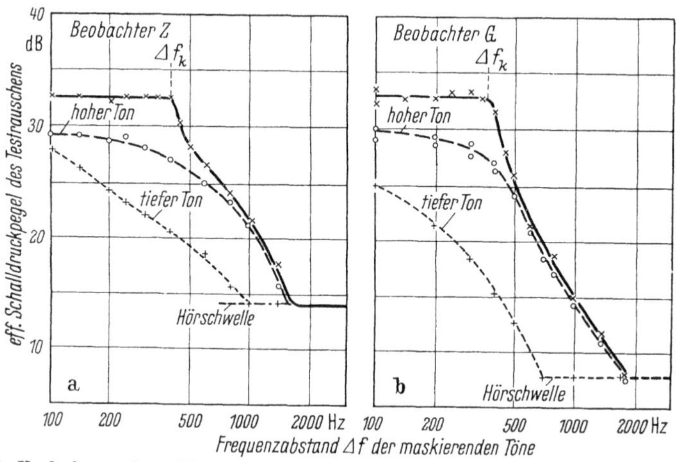

Abb. 338. Verdeckung eines Schmalbandgeräusches durch zwei Sinustöne variablen Frequenzabstandes (nach E. ZWICKER)

kritischen Frequenzabstandes F_k (der in dem behandelten Fall etwa 350 Hz beträgt) fällt die Verdeckung dann rasch ab. Auch für andere Werte der Bandmittenfrequenz ergab sich ein ähnlicher Verlauf der Verdeckungskurven, immer ist ein „kritischer Frequenzabstand" zu beobachten. Abb. 339 gibt die Abhängigkeit des kritischen Frequenzabstandes von der Mittenfrequenz für die Beobachter Z und G wieder. Der Wert steigt von etwa 80 Hz bei tiefen Frequenzen auf bei 2000 Hz für sehr hohe Frequenzen an. Der Effekt eines „kritischen Frequenzabstandes" steht offenbar mit dem „Frequenzgruppeneffekt", den wir bereits bei Behandlung der Lautstärkenfragen besprachen, im Zusammenhang. (Vgl. S. 427.)

Fallen auf das Ohr zwei Töne, deren Frequenzabstand nur ein sehr geringer ist, so nimmt man subjektiv nur einen einzigen Ton wahr, dessen Höhe zwischen der Tonhöhe der beiden einzelnen Töne liegt. Der zur Empfindung kommende Ton besitzt aber nicht dauernd die gleiche Stärke, sondern die Stärke schwankt mit der Frequenzdifferenz der beiden einfallenden Töne. Ist f_1 die Frequenz des einen Tones und f_2 diejenige des zweiten Tones, so hört das Ohr $f_1 - f_2$ sekundliche „Schwebungen". Die Tatsache, daß das Gehörorgan zwei eng benachbarte Töne nicht einzeln empfindet, sondern sie zu einem Schwebungston verschmilzt, zeigt, daß beim Auffallen eines Tones nicht nur ein örtlich extrem begrenzter Bereich des Analysiersystems — der Basilarmembran — erregt wird. Die Basilarmembran schwingt in größerer Breite mit, auch die der Stelle maximalen Mitschwingens benachbarten Nervenendigungen werden erregt. Würde auf jeden der beiden einfallenden Töne nur ein extrem enger Bereich ansprechen, so würde das Ohr die beiden einfallenden Töne getrennt, aber in zeitlich dauernd gleicher Stärke wahrnehmen; wir haben auf diese Frage bereits S. 7 bei der analytischen Behandlung der Schwebungsvorgänge hingewiesen[1].

Man kann Schwebungen selbst dann noch beobachten, wenn die Frequenz der beiden einfallenden Töne nahezu identisch ist. So konnte RAYLEIGH noch Schwebungen von 24 sec Dauer, d. h. also, von einer Frequenzdifferenz der beiden einfallenden Töne von nur $1/_{24}$ Hz wahrnehmen. F. LINDIG[2] bezeichnet sogar Schwebungen von 80—90 sec Dauer noch als wahrnehmbar.

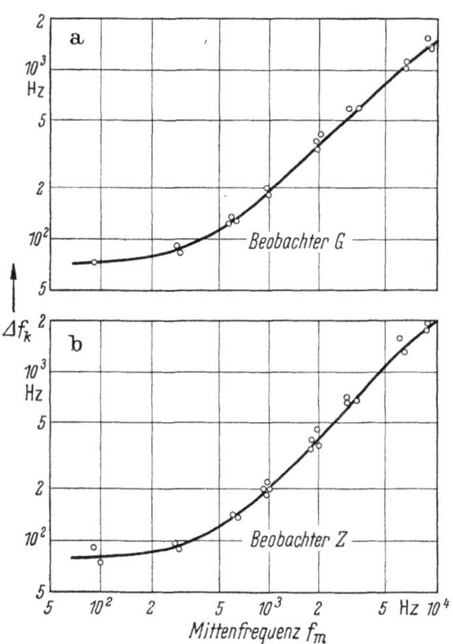

Abb. 339. Abhängigkeit des kritischen Frequenzabstandes Δf_k von der Mittenfrequenz bei zwei Versuchspersonen (nach E. ZWICKER)

Steigert man allmählich die Schwebungsfrequenz, so kann man zwar oberhalb etwa 4—6 Hz den Schwebungen selbst nicht mehr folgen, doch ändert sich (nach H. v. HELMHOLTZ[3]) der Charakter der von den Schwe-

---

[1] Die am Schwebungseffekt erkennbare endliche Analysierschärfe des Ohres folgt — worauf bereits hingewiesen wurde — auch aus dem schnellen Analysierungsvermögen bei kurz andauernden Tönen. Ganz allgemein gesprochen werden diese Erscheinungen durch die allgemeine Unsicherheitsrelation der Wellenlehre bedingt. Vgl. hierzu insbesondere Ziff. 31, S. 489.

[2] LINDIG, F.: Ann. Phys. (IV) **11**, 31 (1903).

[3] HELMHOLTZ, H. v.: Die Lehre von den Tonempfindungen, Braunschweig 1863, S. 252.

bungen ausgelösten Empfindung noch nicht grundsätzlich. Erst für Schwebungsfrequenzen oberhalb etwa 30 Hz tritt ein Wechsel der Empfindung ein; man nimmt dann ein knarrendes, rauhes Tongemisch wahr. Bei einer Schwebungsfrequenz von etwa 400 Schwebungen pro Sekunde kommt dann (nach C. STUMPF[1]) der Schwebungseffekt überhaupt nicht mehr zur Wahrnehmung.

Schwebungen werden auch beobachtet, wenn von 2 Tönen geeigneten Frequenzabstandes ein Ton allein auf das linke und ein Ton allein auf das rechte Ohr einwirkt. Dieser binaurale Schwebungseffekt entsteht zentral im Gehirn. Abb. 340 zeigt (nach J. C. R. LICKLIDER, J. C. WEBSTER und J. M. HEDLUN[2]) die Frequenzgrenze Δf für binaurale Schwebungen bei

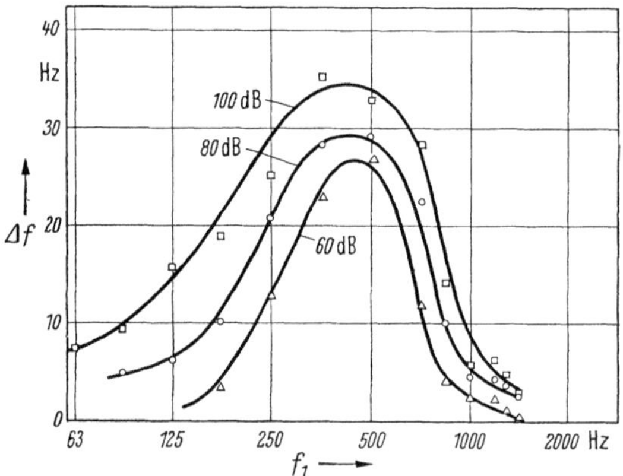

Abb. 340. Frequenzgrenze Δf für binaurale Schwebungen, f_1 Frequenz einer der beiden Sinustöne (nach J. C. R. LICKLIDER, J. C. WEBSTER u. J. M. HEDLUN)

verschiedenen Schallpegeln; das Kriterium für die Frequenzgrenze ist der Übergang von fluktuierender bzw. Rauhigkeitsempfindung zu ausgeglichener Empfindung. Außer im Zentralorgan können, wie noch bemerkt sei, Schwebungen bei binauraler Schalleinwirkung auch durch Knochenleitung zwischen den beiden Ohren auftreten; dies ist aber nur

---

[1] STUMPF, C.: Tonpsychologie **2**, 474, Leipzig 1890.

[2] LICKLIDER, J. C. R., J. C. WEBSTER u. J. M. HEDLUN: J. A. S. A. **22**, 468 (1950) (die Ergebnisse dieser Arbeit sind wichtig insbesondere auch für die Fragen der Übertragung von Schallreizen vom Innenohr zum Gehirn). — Über Binauralschwebungen vgl. insbesondere auch C. E. LANE: Phys. Rev. **26**, 401 (1925). — Über das Gebiet der Schwebungen vgl. weiterhin folgende Arbeiten: ALBERT, K.: Z. Biol. **104**, 321 (1951) (theoretische Betrachtungen über die Einwirkung von Schwebungen auf das Innenohr gem. der Theorie von RANKE). — WARREN, J. M., u. J. P. EGAN: J. A. S. A. **23**, 111 (1951). — KLUMPP, R. G., u. J. P. EGAN: ebdt. 113. — J. P. EGAN u. R. G. KLUMPP: ebdt. 275 (die Arbeiten betreffen die „Methode der besten Schwebungen" zur Messung der Stärke von im Ohr entstehenden Kombinationstönen). — MEYER, M. P.: J. A. S. A. **28**, 877 (1956).

dann der Fall, wenn die Schallintensität der binaural einwirkenden Töne sehr verschieden ist, man spricht in diesem Fall von „objektiven Binauralschwebungen".

Die Schwebungserscheinungen, und zwar insbesondere die mit schnellen Schwebungen verbundenen Rauhigkeiten sind von großer Bedeutung für die Fragen des Zusammenklanges von musikalischen Klängen. Treffen auf das Gehör zwei Klänge verschiedener Höhe, so wird der Zusammenklang je nach der Größe des Intervalls der beiden Klänge als angenehm bzw. unangenehm — oder wie man zu sagen pflegt, als „konsonant" oder als „dissonant" — empfunden. Nach H. v. Helmholtz[1] hängt der Grad der Dissonanz von der Stärke der durch das Schweben der verschiedenen Partialtöne der beiden Klänge hervorgerufenen Rauhigkeiten ab. Akkorde sind um so weniger dissonant, je mehr und je kräftigere Partialtöne übereinstimmen. Die Konsonanz ist nach Helmholtz also durch das Fehlen von Schwebungen charakterisiert. Über die verschiedenen Grade der Konsonanz gibt Helmholtz folgendes an:

„Absolute Konsonanz" besitzen (abgesehen von dem selbstverständlichen Fall des Einklangs) solche Klänge, deren Grundtöne im Oktavverhältnis (1:2) oder in der Duodezime (1:3) stehen.

„Volle Konsonanz" besitzt das Quintenintervall (2:3) und das Quartenintervall (3:4).

„Mittlere Konsonanz" die große Sexte (3:5) und die große Terz (4:5).

„Unvollkommene Konsonanz" die kleine Terz (5:6) und die kleine Sexte (5:8).

Wichtige Ergänzungen zu den Helmholtzschen Anschauungen über Konsonanz und Dissonanz hat C. Stumpf[2] gegeben. Er glaubt, daß das Wesen der Konsonanz durch die Abwesenheit von Rauhigkeiten noch nicht erschöpfend gekennzeichnet sei; er weist der Konsonanz einen gewissen positiven Empfindungsinhalt, und zwar die Empfindung einer „Verschmelzung" zu. Nach seinen Untersuchungen nähert sich die subjektive Empfindung beim Zusammenklang zweier Klänge bald mehr, bald weniger dem Eindruck eines einzigen Klanges, und zwar tritt die „Verschmelzung" der beiden verschiedenen Klänge um so vollkommener ein, je konsonanter das Intervall ist. Versuche zeigen, daß man tat-

---

[1] Helmholtz, H. v.: Die Lehre von den Tonempfindungen, Braunschweig 1863.

[2] Stumpf, C.: Beiträge z. Akustik und Musikwissenschaft. H. 1. Konsonanz u. Dissonanz S. 35, Leipzig 1898. — Zur Frage der Konsonanz vgl. auch W. Hardmeier: Schweiz. Musikzeitg. No. 2. Febr. 1952. — Barkechli, M.: Acustica **2**, 242 (1952). — Corso, J. F.: J. A. S. A. **29**, 138 (1957) und Anm. 1, S. 452 angezogene Arbeiten.

29*

sächlich berechtigt ist, von einer Verschmelzung von Klängen zu sprechen. Läßt man nämlich gleichzeitig zwei Klänge auf das Ohr musikalisch nicht geschulter Versuchspersonen einwirken, so werden von diesen die beiden Klänge unter Umständen fälschlich als ein Einzelklang angesprochen; als Maß für die Verschmelzungsstufe kann man die durch derartige Versuche zu ermittelnde relative Zahl der Fehlurteile benutzen. Der von STUMPF eingeführte Verschmelzungsbegriff leistet insofern mehr als die HELMHOLTZsche Auffassung, als er auch eine Charakteristik des Konsonanzgrades beim Zusammenklang von Klängen bei sehr großen Intervallen zuläßt. Die von HELMHOLTZ und STUMPF angestellten Überlegungen geben aber nicht alle die Konsonanz-Dissonanz-Frage betreffenden Erscheinungen wieder; sie sind wichtige Grundvorstellungen, bedürfen aber in vielen Punkten einer Ergänzung. So zeigte sich z. B., daß die Konsonanzempfindung auch bei geringen Verstimmungen des einen der beiden Intervallbestandteile erhalten bleibt, so z. B. in der temperierten Stimmung, bei der keine genauen einfachen Zahlenverhältnisse mehr vorhanden sind. Weiterhin ist zu bemerken, daß die Beurteilung der Konsonanz bei Darbietung von Sinustönen (insbesondere wenn diese den beiden Ohren getrennt zugeführt werden) nur unsicher ist. Weit sicherer ist die Beurteilung für Oberton-reiche Klänge; durch Klangverzerrung und Lautstärkensteigerung läßt sich, wie W. WEITBRECHT[1] zeigte, eine große Empfindlichkeitssteigerung für Intervallverstimmungen erreichen.

Läßt man auf das Ohr zwei in ihrer Frequenz hinreichend weit auseinanderliegende Töne einwirken, so hört man bei entsprechender Stärke der beiden Töne außer den beiden Primärtönen auch noch weitere primär gar nicht vorhandene Töne, die sog. Kombinationstöne. Die Frequenz der Kombinationstöne gehorcht dem Bildungsgesetz:

$$f_k = m \cdot f_1 \pm n \cdot f_2, \qquad m, n = 0, 1, 2, 3 \ldots \tag{207}$$

wenn mit f_1 bzw. f_2 die Frequenz der Primärtöne bezeichnet wird. Besonders stark ist im allgemeinen der sog. „Differenzton" $f_1 - f_2$ und der erste „Summationston" $f_1 + f_2$ zu hören. Das Auftreten von Differenztönen wurde zuerst von dem deutschen Organisten W. A. SORGE[2] (1740) beobachtet, er hörte beim Anschlagen der reinen Quarte $c_2 \, g_2$ auch (als 1. Differenzton) den Ton c_1. Die „Summationstöne" wurden durch

---

[1] WEITBRECHT, W.: Fernmeldetechn. Z. **3**, 336 (1950). — Vgl. zu diesen Fragen weiterhin insbesondere noch „Die Musik in Geschichte und Gegenwart", herg. v. F. BLUME, Kassel, Basel, London, New York (1958); Beiträge v. F. WINCKEL S. 1482, A. WELLEK 1486 und C. DAHLHAUS, 1501. Dort weitere ausführliche Literaturangaben. — FELDTKELLER, R.: Acustica **2** (A. B.), 117 (1952).

[2] Vielfach wird fälschlich G. TARTINI als Entdecker der Kombinationstöne bezeichnet. Vgl. hierzu die kritische Abhandlung von F. SORGE: Z. techn. Phys. **13**, 223 (1932).

H. v. Helmholtz[1] entdeckt. Dieser gab auch als erster eine theoretische Deutung der Kombinationseffekte. Helmholtz erklärt das Auftreten der Kombinationstöne durch nichtlineare Effekte im Gehörorgan. Wir haben bereits S. 39 ausgeführt, daß in nichtlinearen Systemen Kombinationsschwingungen auftreten. Für das Zustandekommen der nichtlinearen Effekte kommt nach Helmholtz die unsymmetrische Bauart des Trommelfells oder auch die lose Beschaffenheit des Gelenkes zwischen Hammer und Amboß in Frage. Nach neueren Untersuchungen ist das Trommelfell allerdings nicht als der Sitz des Effektes anzusprechen, durch Messungen am Gehörgang läßt sich nämlich zeigen, daß das den Gehörgang abschließende Trommelfell im wesentlichen eine lineare Charakteristik besitzt, es müßten sonst Kombinationstöne — insbesondere der 1. Differenzton — objektiv im Gehörgang nachweisbar sein[2], was nicht der Fall ist. Der Kombinationstoneffekt kommt im Gegensatz zu den Vermutungen von Helmholtz sicher nicht im Trommelfell oder in der Gehörknöchelchenreihe, sondern erst im Innenohr[3], und zwar wahrscheinlich an den Sinneszellen zustande.

Zur Messung der quadratischen und der kubischen Nichtlinearität des Gehörs verwendet E. Zwicker[4] eine Kompensationsmethode; der bei Beaufschlagung des Ohres mit 2 Tönen entstehende Kombinationston wird durch einen Hilfston entsprechender Frequenz und Phase kompensiert. Die Amplitudenabhängigkeit des quadratischen Differenztons entspricht streng dem Gesetz einer Parabel, während der kubische Differenzton bei starker Abnahme der Intensität der Primärtöne nur langsam schwächer wird. Nach den Versuchsergebnissen liegen die Verhältnisse

---

[1] Helmholtz, H. v.: Berl. Ber. **1856**, 279. — Die Lehre von den Tonempfindungen. 6. Aufl., S. 254, 646. Braunschweig 1913. — Über die Lautstärke der Kombinationstöne in Abhängigkeit von der Stärke der Primärtöne vgl. H. Fletcher: J. acoust. Soc. Amer. **1**, 311 (1930). — Békésy, G. v.: Ann. Phys. (5) **10**, 809 (1934). — Lottermoser, W.: Akust. Z. **2**, 148 (1937). — Békésy, G. v.: Akust. Z. **2**, 149 (1937). — Newman, E. B., S. S. Stevens and H. Davis: J. A. S. A. **9**, 107 (1937). — Kuhl, W.: Akust. Z. **4**, 43 (1939). — Moe, C. R.: J. A. S. A. **14**, 159 (1942). — Trimmer, J. D.: ebdt. **15**, 136 (1943). — Dolinski, S.: C. R. Acad. Paris **229**, 812 (1949). — Mülwert, H. H.: Naturwiss. **37**, 398 (1950) (Kombinationstöne bei Ultraschall). — Meyer, M. F.: J. A. S. A. **25**, 1195 (1953); **26**, 560, 759, 761 (1954); **27**, 749 (1955); Amer. J. Psychol. **70**, 203 (1957).

[2] Békésy, G. v.: Ann. Phys. (5) **20**, 809 (1934). — Trendelenburg, F.: Klänge und Geräusche, S. 176. Berlin 1935. — Békésy, G. v.: Ann. Phys. (5) **25**, 413 (1936).

[3] Vgl. E. G. Wever u. Ch. W. Bray: J. A. S. A. **9**, 227 (1938). — Wever, E. G., Ch. W. Bray u. M. Lawrence: J. A. S. A. **11**, 427 (1940). — Wever, E. G.: J.A.S.A. **13**, 182 (1942). — Wever, E.G.: Psychol. Rev. **48**, 93 (1941). — Lawrence, M., u. Ph. A. Yantis: J. A. S. A. **28**, 852 (1956). — Tonndorf, J.: ebdt. **30**, 929, 938 (1958). Vgl. auch S. 441.

[4] Zwicker, E.: Acustica **5**, 67 (1955).

offenbar so, daß die Ohrkennlinie bei Schalldrucken von etwa $\pm\,0{,}1\,\mu$b einen scharfen Knick aufweist.

Mit dem Kombinationstoneffekt in Zusammenhang steht möglicherweise eine andere Erscheinung: Unterdrückt man in einem zusammengesetzten Klang den Grundton, so bleibt die Empfindung des Grundtones erhalten, insbesondere wird als „Tonhöhe" des Klanges weiterhin diejenige des Grundtones empfunden, obgleich dieser physikalisch objektiv gar nicht vorhanden ist. Qualitativ läßt sich die Erscheinung durch den Kombinationstoneffekt deuten: der Grundton kommt als erster Differenzton aller unmittelbar benachbarten Partialtöne zustande. Bedenken gegen diese Erklärung bestehen aber insofern, als man dann nicht verstehen kann, warum eine durch Nichtlinearität verursachte Grundtonempfindung auch bei sehr intensitätsschwachen Klängen, wo die Nichtlinearität keine Rolle spielen dürfte, auftritt[1].

Das Gehör besitzt eine hohe Richtungsempfindlichkeit. Bei der Richtempfindlichkeit des Gehörs ist zu unterscheiden zwischen der bei einohrigem Hören auftretenden Richtungsabhängigkeit, die durch die Schattenwirkung des Kopfes zustande kommt, und zwischen der Richtungsempfindlichkeit bei zweiohrigem Hören, die durch ein Zusammenwirken von physikalischen und psychologischen Vorgängen bedingt ist. Der Verlauf der einohrigen Richtcharakteristik (Abb. 341)[2] ist nach den S. 256 gebrachten Ausführungen leicht zu verstehen. Bei binauralem Hören spielt bei höheren Frequenzen — oberhalb etwa 300 Hz — der durch die Schattenwirkung des Kopfes bei seitlichem Schalleinfall zustande kommende Intensitätsunterschied zwischen rechtem und linkem Ohr eine entscheidende Rolle („Summenlokalisierungseffekt"). In Abb. 342 ist nach Messungen von J. SIVIAN und S. D. WHITE[3] der Intensitätsverlauf an dem der Schallquelle zugewendeten Ohr (A) und dem abgewendeten Ohr (B) in Abhängigkeit vom Winkel

---

[1] J. F. SCHOUTEN hat aus diesen Bedenken heraus die Hypothese aufgestellt, daß es sich hier um einen besonderen Effekt handelt, nämlich um die Bildung eines „Residuums". Als solches bezeichnet er eine Komponente tiefer Tonhöhe, die bei gemeinsamer Wahrnehmung einer Anzahl höherer Harmonischer zum Klang addiert wird. — SCHOUTEN, J. F.: Proc. Acad. Amsterdam **43**, 991 (1940); Philips Techn. Rdschau **5**, 294 (1940). — Vgl. über die Frage der subjektiven Ergänzung des fehlenden Grundtones ferner H. FLETCHER: Phys. Rev. **23**, 436 (1924). — SCHOUTEN, J. F.: Proc. Acad. Amsterdam **41**, 1068 (1938). — LEWIS, D.: J. A. S. A. **13**, 84 (1941). — BRINER, A.: Experientia **6**, 59 (1950). — MOL, H.: P. T. T. Bedrijf **3**, 110 (1951). — MEYER-EPPLER, W., H. SENDHOFF u. A. RUPPRATH: Gravesaner Bl. **4**, 70 (1959). — WINCKEL, F.: Proc. 3. I. C. A. Congr. Stuttgart 1959.

[2] Nach J. TRÖGER: Phys. Z. **31**, 26 (1930).

[3] SIVIAN, J., u. S. D. WHITE: J. A. S. A. **4**, 288 (1933). — Vgl. auch A. FORD: ebdt. **13**, 367 (1942). — WIENER, F. M.: ebdt. **19**, 143 (1947).

zwischen der Medianebene und der Schallquelle sowie der Intensitätsunterschied in dB zwischen den beiden Ohren dargestellt.

Bemerkt sei noch ausdrücklich, daß der Richtungseindruck nicht — wie man früher teilweise annahm — durch den Unterschied des Phasenwinkels an den beiden Ohren zustande kommt, dies würde eine nicht

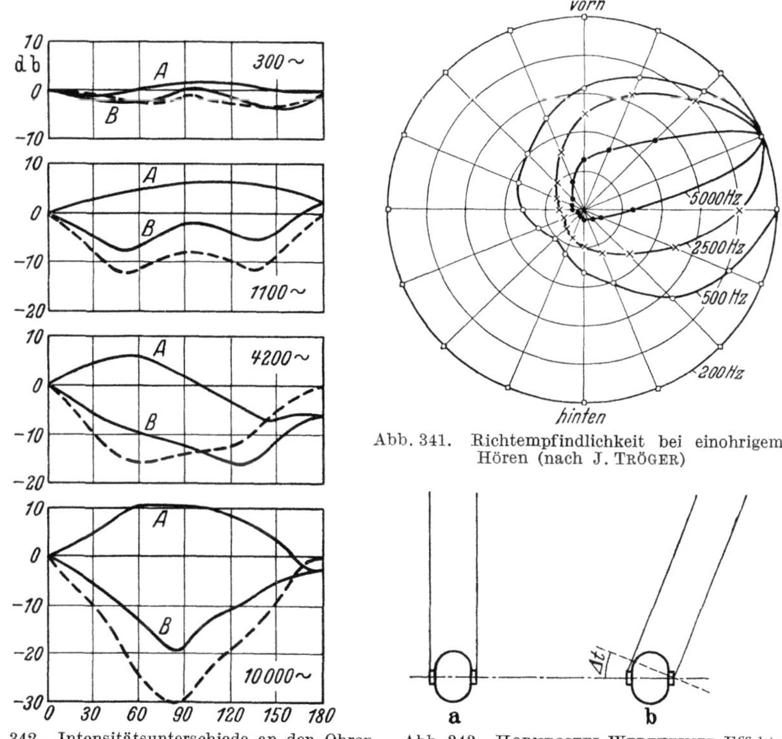

Abb. 341. Richtempfindlichkeit bei einohrigem Hören (nach J. Tröger)

Abb. 342. Intensitätsunterschiede an den Ohren bei verschiedenen Einfallswinkeln (nach Messungen von J. Sivian u. S. D. White)

Abb. 343. Hornbostel-Wertheimer-Effekt: Zeitdifferenz bei schrägem Schalleinfall

vorhandene Frequenzabhängigkeit des Richtungssinns bedeuten; auch würde dann bei hohen Frequenzen, also kleinen Wellenlängen, keine eindeutige Richtungszuordnung möglich sein.

Bei tiefen Frequenzen — unterhalb einigen 100 Hz —, bei denen die Wellenlänge groß gegen den Durchmesser des Kopfes wird, ist der Intensitätsunterschied an den beiden Ohren so klein, daß er nicht mehr zu Richtungslokalisation benutzt werden kann. Im Bereich der tiefen Frequenzen beruht das Lokalisierungsvermögen auf der Zeitdifferenz des Schalleinfalls am rechten und am linken Ohr (Abb. 343). Bietet man den beiden Ohren einen Schalleindruck mit einem zeitlichen Abstand dar, so rückt der Gehöreindruck — wie zuerst E. M. v. Hornbostel und

M. Wertheimer[1] zeigten — bei Überschreiten eines bestimmten zeitlichen Schwellenwertes von etwa $\Delta t = 30\,\mu s$ aus der Medianebene heraus[2]. Die Schallquelle scheint dann seitlich zu liegen. Bei einem Zeitunterschied von $\Delta t = 0{,}63$ ms scheint der Schall von 90° seitlich herzukommen. Zwischen der Richtung φ und der Laufstreckendifferenz $\Delta s = \Delta t \cdot c$ gilt die Beziehung $\Delta s = k \cdot \sin \varphi$, wobei k eine Konstante mit dem Wert 21 cm ist. Diese 21 cm stimmen aber nicht etwa mit dem Wert der tatsächlichen geometrischen Wegdifferenz zwischen den beiden Ohren überein; k ist eine empirische Konstante, deren eigentliche Bedeutung noch nicht klar ist. Wird die Zeitdifferenz größer als etwa 0,63 ms, so wird der Schalleindruck verschwommen, der sehr plastische Binauraleindruck geht verloren, man spricht dann von einem Schalleindruck im Überwinkelgebiet. Für die subjektive Entscheidung über die Frage, ob Schall von vorne oder von hinten einfällt, ist der Umstand von Bedeutung, daß ein Schallvorgang, der von hinten auf die Ohren fällt, infolge Verschiedenheiten in der Schattenwirkung des Kopfes insbesondere auch der Ohrmuscheln ein etwas anderes Klangbild an den Ohren bewirkt,

---

[1] Hornbostel, E. M. v., u. M. Wertheimer: Berl. Ber. **1920**, Nr. 20, 388.

[2] Für den zeitlichen Schwellenwert Δt gibt R. G. Klumpp für bestens geschulte Beobachter $6\,\mu s$ an: J. A. S. A. **25**, 823 (1953). — Vgl. hierzu auch R. G. Klumpp u. H. R. Eady: ebdt. **28**, 859 (1956). — Blodgett, H. C., W. A. Wilbanks u. L. A. Jeffress: ebdt. 639.

Vgl. zu den Fragen des Richtungshörens weiterhin auch G. v. Békésy: Phys. Z. **30**, 721 (1929); **31**, 824, 857 (1930). — Reich, M., u. H. Behrens: Z. techn. Phys. **14**, 1 (1933) (diese Arbeit behandelt die Abhängigkeit der Schärfe des Richtungseindrucks von der Schallzusammensetzung.) — De Boer, K.: Stereophonische Geluidsweergave. Dissertatie Delft **1940**, Philips Techn. Rdsch. **5**, 108 (1940). — Bolle A., A. Lo Surdo u. G. Zanotelli: Ric. Scient. **17**, 873 (1947). — Lippert, W.: Funk u. Ton **1947**, 173, 236. — Hirsh, I. J.: J. A. S. A. **22**, 196 (1950). — Kock, W. E.: ebdt. 801 (betr. Schallokalisation und Verdeckung). — Webster, F. A.: ebdt. **23**, 452 (1951). — Garner, W. R., u. M. Wertheimer: ebdt. 646. — Meyer, E., u. G. R. Schodder: Nachr. Göttinger Akad. Nr. 6 (1952) (Einfluß von Schallrückwürfen auf die Richtungslokalisation). — Kietz, H.: Acustica **3**, 73 (1953) (ausführliche kritische Darstellung des gesamten Gebietes; zahlreiche Literaturangaben). — Snow, W. B.: J. A. S. A. **26**, 1071 (1954). — Sandel, T. T., D. C. Teas, W. E. Feddersen u. L. A. Jeffress: ebdt. **27**, 842 (1955). — Zwislocki, J., u. R. S. Feldman: ebdt. **28**, 860 (1956). — Kikuchi, Y.: ebdt. **29**, 124 (1957). — Békésy, G. v.: ebdt. 489. — Sayers, B. M., u. E. C. Cherry: ebdt. 973. — Feddersen, W. E., T. T. Sandel, D. C. Teas u. L. A. Jeffress: ebdt. 988. — Pollack, I., u. J. M. Pickett: ebdt. **30**, 131 (1958). — Mills, A. W.: ebdt. 237. — Deatherage, B. H., u. I. J. Hirsh: ebdt. **31**, 486 (1959). — David, E. E. jr., N. Guttman u. A. W. van Bergeijk: ebdt. 774. — Levy, S. E., G. W. Sioles, V. Brociner u. R. W. Carlisle: ebdt. 1256. — Moushegian, G., u. L. A. Jeffress: ebdt. 1441. — Tobias, J. V., u. S. Zerlin: ebdt. 1591. — Thurlow, W. R., u. L. F. Elfner: ebdt. 1606. — Mills, A. W.: ebdt. **32**, 134 (1960). — David, E. E.: Proc. 3. I. C. A. Congr. Stuttgart (1959). — David, E. E., u. W. A. van Bergeijk: ebdt. — Franssen, N. V.: ebdt.

wie von vorn auffallender Schall; das Gehör scheint auf Grund jahrelanger Erfahrung die Möglichkeit zu haben, Verschiedenheiten im Klangbild räumlich umzuordnen. Ähnliches gilt für den Oben-Unten-Eindruck. Unterstützt wird der Lokalisierungsvorgang noch durch die beim Drehen des Kopfes wahrzunehmenden Eindrucksänderungen[1].

Schallokalisierungsfragen sind auch für das Hören in raumakustisch wirksamen Innenräumen von Bedeutung. Hierauf wurde schon Ziff. 25, S. 344 hingewiesen. Insbesondere wurde dort auch der raumakustisch sehr wichtige HAAS-Effekt behandelt. Auf die Fragen der räumlichen Klangwiedergabe wird Ziff. 30, S. 475 eingegangen werden.

30. Schallaufzeichnung

Zur Aufzeichnung von Schallvorgängen[2] zwecks späterer Wiedergabe stehen mechanisch bzw. elektromechanisch wirkende Verfahren, photographisch arbeitende Filmverfahren und magnetische Verfahren, bei denen die Niederschrift auf einem Magnettonband erfolgt, zur Verfügung.

Die mechanischen Aufzeichnungsverfahren[3] gehen auf die von TH. A. EDISON 1877 getätigte Erfindung des Phonographen zurück[4]. Der „Phonograph" enthält als schallempfangendes System eine Membran; die Membran ist mit einem Schreibstift verbunden, welcher auf eine rotierende Wachswalze arbeitet (Abb. 344). In Abhängigkeit von der durch den Schall erzwungenen Membranschwin-

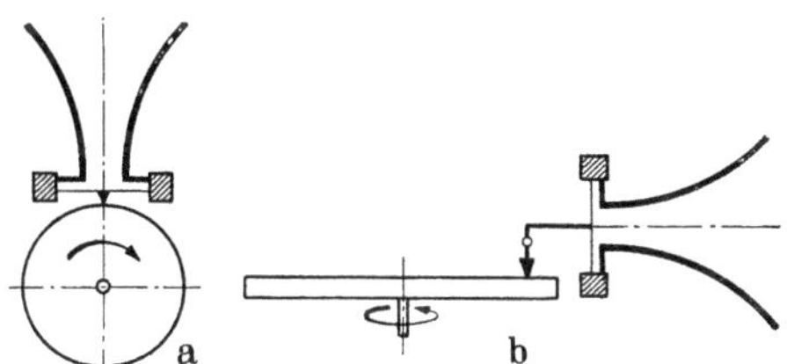

Abb. 344. Mechanische Schallaufzeichnung in Tiefenschrift (a) und in Seitenschrift (b) (schematisch)

[1] Vgl. zu diesen Fragen insbesondere H. KIETZ: Acustica **3**, 73 (1953). — BURGER, J. F.: ebdt. **8**, 301 (1958).

[2] Zu den grundsätzlichen Fragen der Schallspeicherung vgl. insbesondere: G. GOEBEL: FTZ **4**, 38 (1951). — MEYER-EPPLER, W.: Techn. Hausmitt. NWDR **3**, 77 (1951). — SCHIESSER, H.: ETZ **73**, 366 (1952). — SPANDÖCK, F.: Beitr. Sound Recording in Techn. Aspects of Sound, hrsg. v. E. G. RICHARDSON, London 1953, Bd. I, S. 383. — OLSON, H. F.: J. A. S. A. **26**, 637 (1954). — VILLEHUR, E. M.: Audio Engng. **38**, 33, 69 (1954). — ENKEL, F., u. H. ETZOLD: Physik in Einzelber. 1957, Nr. 2, S. 22. — DIDIER, A.: Ann. Telecomm. **13**, 9 (1958).

[3] Das erste Schallregistriergerät war der „Phonautograph" von L. SCOTT (1857). SCOTT registrierte die Membranschwingungen auf einer berußten Walze. Eine Wiedergabe des Schalls war mit diesem Gerät aber noch nicht möglich.

[4] EDISON, TH. A.: Brit. Pat. 2909 v. 30. 7. 77; USA-Pat. 200521 v. 24. 12. 77; DRP. 12631 v. 12. 7. 78. — Die EDISONsche Erfindung war eine solche von höchster wirtschaftlicher Bedeutung: Im Kalenderjahr 1959 wurden z. B. in der Bundesrepublik produziert etwa 50×10^6 Platten, in USA umgesetzt etwa 250×10^6 Platten.

gung gräbt der Stift eine Furche verschiedener Tiefe in die Wachswalze ein („Tiefenschrift" oder „EDISON-Schrift"). Die Wachswalze verschiebt sich während der Aufnahme allmählich längs einer Achse, so daß die Furche als Spirale sehr geringer Steigung über die Wachswalze läuft. Bei den neuzeitlichen mechanischen Aufzeichnungsgeräten erfolgt die Niederschrift nicht auf einer Walze, sondern auf einer ebenen, kreisförmigen Platte und zwar schwingt der Schreibstift nicht senkrecht zur Plattenfläche sondern in der Plattenebene[1]. Die Furche erscheint als Wellenfurche gleicher Tiefe. Man nennt diese Schriftart „Seitenschrift" oder „Berlinerschrift"[2]. Von der Wachsplatte (bzw. neuerdings einer Lackplatte) wird auf galvanoplastischem Wege ein metallisches Negativ hergestellt, von diesem werden dann die handelsfertigen Platten aus hochpolymerem Kunststoff (früher aus einer Mischung von Ruß, Schellack u. a.: „Schellackplatten") abgepreßt.

Die Klangtreue der rein mechanisch arbeitenden Aufzeichnungsgeräte ist nur verhältnismäßig gering. Mit Rücksicht auf eine ausreichende Empfindlichkeit mußte man die Membranresonanz in das zu übertragende Gebiet legen; es ist dann nicht möglich, eine gleichmäßige, insbesondere bis zu hohen Frequenzen reichende Wiedergabe zu erhalten.

Einen außerordentlichen Fortschritt gegen die mechanisch arbeitenden Verfahren bedeutete die Einführung mechanisch-elektrischer Verfahren[3]. Abb. 345 zeigt einen Schnitt durch

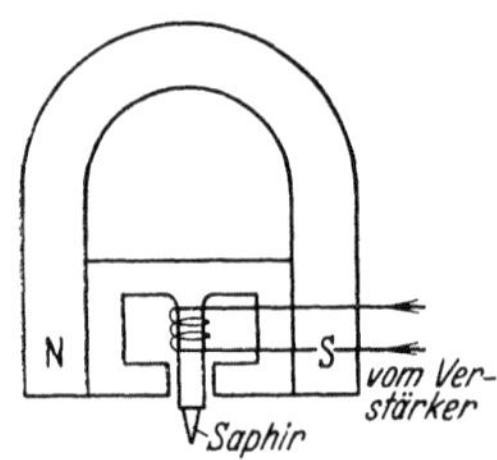

Abb. 345. Plattenschneider. Konstruktive Anordnung

---

[1] Über die bei Stereoplatten benutzte 45°-Schnittrichtung vgl. S. 463.

[2] Die Möglichkeit der Seitenschrift war schon in EDISONS DRP. 12631 erwähnt worden, doch ist sie erst später durch E. BERLINER (DRP. 45048 v. 8. 11. 87) zur technischen Entwickelung gebracht worden.

[3] Über elektro-mechanische Aufzeichnungsverfahren vgl. insbesondere: MAXFIELD, J. P., and H. C. HARRISON: Bell Syst. techn. J. 5, 493 (1926). — KELLOGG, E. W.: J. Amer. Inst. electr. Engng. 46, 1041 (1927). — ELMER, L. A., u. D. G. BLATTNER: Trans. Mot. Pict. Engr. 13, 227 (1929). — FREDERICK, H. A.: Bell Syst. techn. J. 8, 159 (1929). — J. Mot. Pict. Engrs. 18, 141 (1930). — J. acoust. Soc. Amer. 4, 7 (1932). — FORSTMANN, A.: ETZ 52, 1080, 1114 (1931). — FREDERICK, H. A., u. H. C. HARRISON: Electr. Engng. 52, 183 (1933). — BUCHMANN, G., u. E. MEYER: Elektr. Nachr.-Techn. 8, 218 (1931). — HATSCHEK, P.: Kinotechn. 14, 273 (1932). — KLUGE, M.: Hochfrequenztechn. 40, 55 (1932). — EMDE, H., u. O. VIERLING: Hochfrequenztechn. 41, 210 (1933). — GUNDLACH, F. W.: Funktechn. Mtg. 12, 468 (1933). — ARKEL, A. E., u. A. TH. VAN URK: Physica, Haag 1, 425 (1934). — FREDERICK, H. A.: Rev. sci. Instrum. 5, 177 (1934). — LE BEL, C. J.: Electronics, N. Y. 1937, Okt., 25. — KELLER, A. C.: J. A. S. A. 8, 234 (1937). — PIERCE, J. A., and F. V. HUNT: ebdt. 10, 14 (1938). — BRAUNMÜHL, H. J. v.: Akust. Z. 3, 250 (1938). — LÖFGREN, E.: Akust. Z. 3, 350 (1938). — HASBROUCK, H. J.: Proc. Inst. Radio Engrs., N. Y. 27, 184 (1939). — BIERL, R.: A. Z. 4, 238 (1939) (Theorie des Abtastvorganges bei Schallplatten, insbesondere Diskussion

einen elektromechanischen Plattenschneider, und zwar einen solchen, der nach dem elektromagnetischen Prinzip arbeitet. Eine Zunge aus magnetisch weichem Material befindet sich im Feld eines Permanentmagneten. Über der Zunge liegt eine Wicklung, wird durch diese ein Strom geschickt, so führt die Zunge Biegungsschwingungen aus. Am Zungenende befindet sich der zum Schreiben dienende Saphirstift. Die Eigenschwingung der Zunge wird sehr hoch — möglichst an die obere Grenze des für die Aufzeichnung wichtigen Frequenzbereichs oder noch über diesen hinaus — gelegt. Durch eine Gummidämpfung wird die Eigenschwingung stark gedämpft, so daß eine gleichmäßige Wiedergabe aller in Betracht kommenden Frequenzen erfolgt.

Während man früher die Schallplatte so geschnitten hat, daß gleichem Schalldruck im Schallfeld unterhalb 300 Hz gleiche Amplitude und oberhalb 300 Hz gleiche Schnelle der Kurvenschrift entspricht (Kurve a, Abb. 346), verwendet man heute bei Plattenschneidern den in Kurve b dargestellten Frequenzgang. Die nach tiefen Frequenzen abfallende Schnelle bewirkt, daß dort die auf die Platte aufgezeichnete Amplitude nicht zu groß wird, da sonst der Plattenschneider in die Nachbarrille geraten könnte. Der Frequenzgang der Wiedergabeseite soll genau reziprok dazu verlaufen (s. Abb. 347), dies ist bei Verwendung von Kristalltonabnehmern im allgemeinen der Fall. Bei magnetischen und dynamischen Tonabnehmern ist eine elektronische Entzerrung zur Er-

---

Fortsetzung der Fußnote 3 von S. 458

der bei Seitenschrift durch die dynamisch bedingten Änderungen des Auflagedruckes verursachten Fehler). — GUTTWEIN, R.: A. Z. **5**, 330 (1940) (ausführliche kritische Besprechung der linearen und nichtlinearen Verzerrungen beim Schallplattenverfahren). — HUNT, F. V., u. J. A. PIERCE: J. A. S. A. **11**, 379 (1940). — BEGUN, S. J.: Proc. I. R. E. **28**, 389 (1940). — LEWIS, W. D., u. F. V. HUNT: J. A. S. A. **12**, 348 (1941) (Nichtlineare Verzerrungen durch die endliche Ausdehnung der Nadelspitze). — REID, J. D.: ebdt. **13**, 274 (1942). — SEPMEYER, L. W.: ebdt. 276. — BEGUN, S. J., u. T. E. LYNCH: ebdt. 284. — BAUER, B. B.: J. A. S. A. **16**, 246 (1945) (Einfluß der Nadelabnutzung auf die Wiedergabe). — SEPMEYER, L. W.: ebdt. **19**, 161 (1947). — McCLAIN, E. F.: ebdt. 326. — WILLIAMS, F. E.: Proc. Inst. Electr. Eng. III **96**, 149 (1949). — REID, J. D.: J. A. S. A. **21**, 590 (1949) (3-Touren-Plattenspieler). — BRESSIN, M., u. M. MOLES: J. de Phys. et le Radium **11**, Nr. 3 (1950) (Über Nadelgeräusche). — BRESSIN, M.: Radio Franc. Nr. **3**, 14 (1950) (Einfluß der Exzentrizität der Platte). — GILOTAUX, P.: Onde Elect. **30**, 301 (1950) (Materialien zur Plattenherstellung). — DUTTON, G. F.: Wireless World **57**, 227 (1951). — HUNT, F. V.: Proc. 1. I. C. A. Congr. Delft 1953 S. 33 (Bewegung der Tonabnehmernadel). — SCHLEGEL, F.: ebdt. S. 45 (über Schallplattenaufnahmeprobleme). — GAYFORD, M. L.: Electron. Engng. **25**, 24 (1953). — BAYLIFF, A. W., u. M. L. GAYFORD: ebdt. 172. — ROYS, H. E.: J. A. S. A. **25**, 1140 (1953) (die letztgenannten Arbeiten behandeln alle Arten von Verzerrungen). — GILOTAUX, P.: Onde elect. **34**, 257 (1954) (Frequenzcharakteristik von Schallplatten). — KELLER, E. A.: J. A. S. A. **26**, 685 (1954). — LEGERER, F.: Frequenz **8**, 343 (1954) (Rauschpegel).

reichung des richtigen Frequenzganges erforderlich[1]. Insgesamt gewährleisten aufeinander abgestimmte Frequenzgänge der Aufnahme- und der Wiedergabeseite eine frequenzunabhängige Wiedergabe.

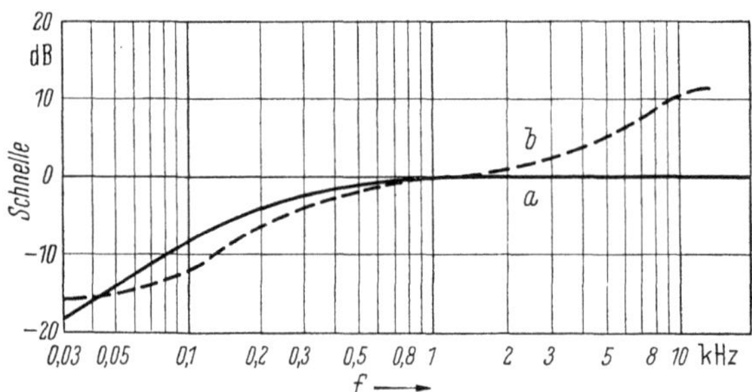

Abb. 346. Frequenzgänge bei Plattenschneidern (nach H. LOTSCH)

Das Rillenprofil einer modernen Langspielplatte zeigt Abb. 348a. Der Abstand zwischen zwei Rillen wird zweckmäßig verkleinert, wenn die Amplitude der aufzuzeichnenden Plattenschrift klein ist (Füllschriftverfahren nach E. RHEIN)[2]. Abb. 348b zeigt die Profile von von Nor-

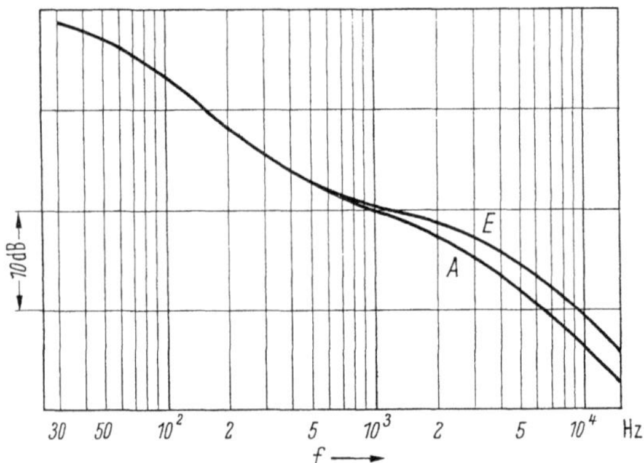

Abb. 347. Vorschläge zur Normalisierung des Frequenzgangs für Langspielplatten-Wiedergabekanäle. Ordinate: Schnelle der Nadelspitze des Tonabnehmers bei konstanter Schallintensität, logarithmisch aufgetragen; A amerikanischer, E europäischer Vorschlag (nach J. L. OOMS)[3]

mal- und Langspielplatten und die Profile der Abtaststifte[4]. Die Stiftprofile sind so gestaltet, daß die Stifte weder in der Tiefe der Rille aufsetzen, noch am oberen Rillenrand schleifen.

---

[1] Über Entzerrer für die Schallplattenwiedergabe vgl. H. LOTSCH: Radio Mentor 19, 314 (1953). — HAMPSTEAD, C. F., u. H. BARHYDT: Audio Engng. 38, 22 (1954). Hingewiesen sei hier noch auf die Festlegungen in DIN 45 533, 36, 37 (April 1959).

[2] Vgl. Funktechnik 1950, G. 18, S. 554.

[3] OOMS, J. L.: Phil. Techn. Rdschau 17, 113 (1955) (Ausführl. Bericht über die Verfahren bei Aufnahme und Wiedergabe von Schallplatten.)

[4] HARTMANN, G.: Radio Mentor 19, 575 (1953).

Während man früher für Schallplatten Umdrehungszahlen von 78 pro Minute anwendete, benutzt man heute meist 45 bzw. 33 pro Minute, für Sprachaufnahmen teilweise auch bereits $16^2/_3$ Umdrehungen pro Minute.

Zur Messung der Schnelle der Kurvenschrift kann ein einfaches, von G. Buchmann und E. Meyer[1] angegebenes optisches Verfahren benutzt

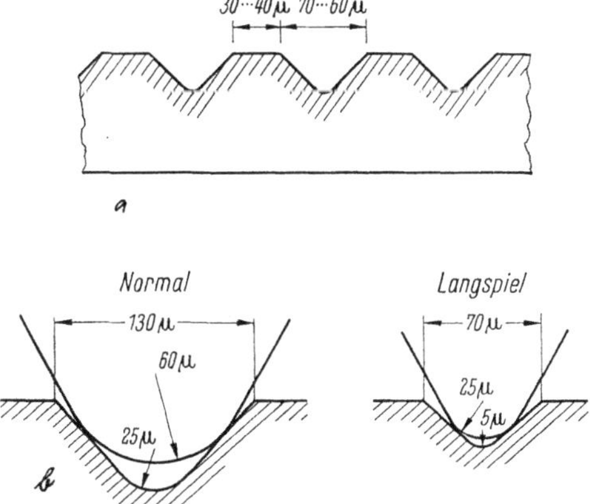

Abb. 348a u. b. a Unmodulierte Rillen einer Langspielplatte im Schnitt (nach J. L. Ooms). b Rillenprofil und Abtaststift bei Normal- und Langspielplatten (nach G. Hartmann)

werden. Läßt man auf eine beschriebene Schallplatte nahezu streifend ein paralleles Lichtbündel einfallen, und beobachtet dann die Platte von der Richtung der Lichtquelle her (Abb. 349, 350), so nimmt man

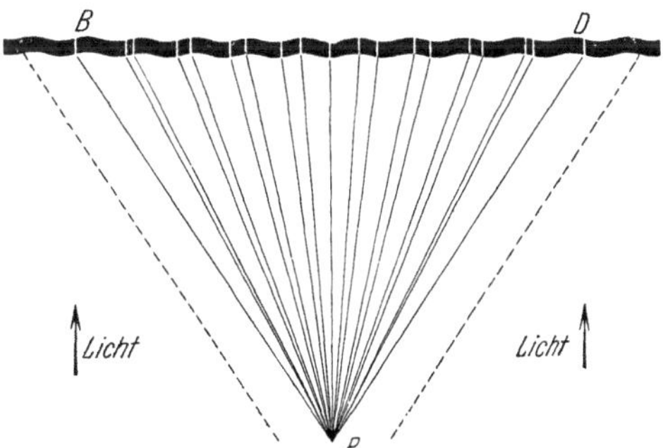

Abb. 349. Reflexion von Licht an Schallplattenfurchen (nach E. Meyer u. G. Buchmann)

---

[1] Buchmann, G., u. E. Meyer: Elektr. Nachr.-Techn. **7**, 147 (1930). — Vgl. auch M. Cowan u. P. Griffith: J. A. S. A. **11**, 380 (1940). — Bierl, R.: A. Z. **5**, 145 (1940). — Wiss. Abh. Phys. Techn. Reichs-Anst. **24**, 201 (1940) (Diskussion der Genauigkeit des „Meyer-Breite"-Verfahrens). — Bauer, B. B.: J. A. S. A. **18**, 387 (1946). — Hornbostel, J.: ebdt. **19**, 165 (1947) (Formeln für nichtparallelen Lichteinfall). — Santo, R. E.: Proc. Inst. Radio Engrs. **36**, 1431 (1948). — Axon, P. E., u. W. K. E. Geddes: Proc. Instn. Elect. Engrs. **100**, 217 (1953). — Bauer, B. B.: J. A. S. A. **27**, 586 (1955).

ein leuchtendes Band wahr; die Bandbreite (die sog. „Meyer-Breite") ist dann ein unmittelbares Maß der Schnelle der auf der Platte niedergeschriebenen Kurvenschrift.

Zur Abtastung der Niederschrift werden elektrisch arbeitende „Tonabnehmer" verwendet[1]. Bei den älteren Apparaturen wurden elektromagnetische Tonabnehmer benutzt. Ein Anker aus magnetisch weichem Material ist im Spalt eines Permanentmagneten drehbar ange-

Abb. 350. Breite des Lichtreflexes („Meyerbreite"), verschieden stark ausgesteuerter Teile einer Schallplatte. (Die Reflexionen liegen längs des in der Abbildung senkrecht verlaufenden Plattendurchmessers, nach G. BUCHMANN u. E. MEYER)

ordnet (Abb. 351). Beim Ablaufen der Schallplatte folgt die Nadel der Schallfurche, die Ankeramplitude entspricht der Amplitude der Kurvenschrift, die durch die Ankerbewegung an den Enden der Spule auftretende EMK der Schnelle. In der modernen Plattentechnik verwendet man vorwiegend mit Saphirstiften ausgestattete piezoelektrische Wandler. Das bewegte System von Kristalltonabnehmern läßt sich sehr viel leichter ausführen wie bei elektromagnetischen Tonabnehmern, was im Hinblick auf die Beanspruchungen durch Massenkräfte von großem Vorteil ist. Kristalltonabnehmer lassen sich so konstruieren, daß man

[1] Über Tonabnehmer vgl. E. MEYER u. P. JUST: Elektr. Nachr.-Techn. **6**, 264 (1929). — FORSTMANN, A.: Elektr. Nachr.-Techn. **7**, 426 (1930). — KLUGE, M.: Z. Hochfrequenztechn. **40**, 55 (1932). — EMDE, H., u. O. VIERLING: ebdt. **41**, 210 (1933). — FLEMING, L.: J. A. S. A. **12**, 366 (1941). — Auch das piezoelektrische Prinzip wird für Tonabnehmer (u. Plattenschneider) verwendet. Vgl. insbesondere A. L. WILLIAMS: J. Soc. Mot. Pict. Engrs. **32**, 552 (1939). — GOLDSMITH, F. H.: J. A. S. A. **13**, 281 (1942). — GERLACH, E.: A. Z. **8**, 81 (1943). — BAUER, B. B.: J. A. S. A. **19**, 319 (1947). — PEARSON, H. A., R. W. CARLISLE u. H. CRAVIS: ebdt. **20**, 830 (1948) (die letztgenannten Arbeiten behandeln insbesondere Verfahren zur Messung der mechanischen Widerstände von Tonabnehmern). — WIGGINS, A. M., u. F. S. LEWIS: J. A. S. A. **20**, 448 (1948) (betr. Kristalltonabnehmer). — WIGGINS, A. M.: Electronics **22**, 94 (1949). — BOUCHIER, G.: Radio France Nr. 4, 9 (1950). — KELLY, S.: Wireless World **57**, 256 (1951) (Messung nichtlinearer Verzerrungen). — WOODWARD, J. G., u. J. B. HALTER: Audio Engng. **37**, 19 u. 52 (1953) (Messung des mechanischen Widerstandes). — ZIEGLER, C. A.: J. A. S. A. **25**, 135 (1953) (Tonabnehmerkalibrierung). — KAISER, R.: Acustica **5**, 81 (1955) (Messung der mechanischen Eingangsimpedanz). — KERSTENS, J. B. S. M.: Philips Techn. Rev. **18**, 89 (1956/57). — WITTENBERG, N.: ebdt. 105 (Magnetodynamischer Tonabnehmer). — HOWLING, D. H.: J. A. S. A. **31**, 620 (1959).

Normalplatten und (nach Kippen des Abnehmers) auch Langspielplatten abspielen kann[1]. Die piezoelektrischen Wandler sind Torsions- oder Biegeschwinger aus Seignettesalz oder Bariumtitanat. Die Ausgangsspannung liegt maximal bei einigen 100 mV.

Stereophonische Schallaufzeichnungen (auf die wir S. 475 zurückkommen) nach dem Zwei-Kanal-Verfahren können auf Platten unter Benutzung nur einer einzigen Furche grundsätzlich so vorgenommen werden, daß für den einen Kanal Seitenschrift, für den anderen Kanal Tiefenschrift zur Anwendung kommt, und man die kombinierte Schrift dann mit einem Abnehmer abtastet, der die beiden senkrecht zueinander liegenden Schriftarten getrennt erfaßt. Mit elektromagnetischen Tonabnehmern beispielsweise läßt sich dies leicht durch Anwendung von zwei unter 90° gekreuzten Magnetsystemen realisieren. Die Kombination von Seitenschrift und Tiefenschrift hat aber erhebliche Nachteile, da sich diese beiden Schriftarten bezüglich nichtlinearer Verzerrungen sehr verschieden verhalten und hierdurch klanglich als störend empfundene

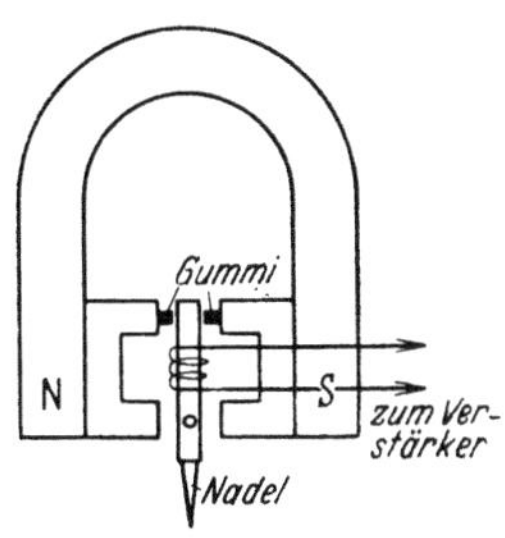

Abb. 351. Elektromagnetischer Tonabnehmer (schematisch)

Unterschiede in der Güte der beiden Kanäle auftreten. Man verwendet daher neuerdings zur stereophonen Plattenaufzeichnung eine Schriftart, bei welcher die beiden gegeneinander senkrechten Schriftrichtungen unter je 45° zur Plattenebene liegen, so daß also dann bezüglich der Verzerrungen völlige Symmetrie herrscht[2].

Für die Leistungsfähigkeit von Schallaufzeichnungsverfahren ist die Frage wichtig, wo die untere Amplitudenbegrenzung und wo die obere Amplitudenbegrenzung des Verfahrens liegt. Die untere Grenze des Aufzeichnungsbereichs ist durch das Störgeräusch, welches bei Platten von der Reinheit des Plattenmaterials abhängt, gegeben. Abb. 352 zeigt nach H. J. v. BRAUNMÜHL[3] die Spektralverteilung des

---

[1] Vgl. hierzu insbesondere L. ALONS: Phil. Techn. Rdschau **13**, 139 (1951/52). — HARTMANN, G.: Radio Mentor **19**, 575 (1953) (weitere Literatur Anm. 1, S. 462).

[2] Über Stereoplatten und deren Abtastung vgl. CROWHURST, N. H.: Radio Electr. **29**, 54 (1958). — TETZNER, K.: Funkschau **30**, 87, 273 (1958). — REDLICH, H., u. H. J. KLEMP: Telefunken-Ztg. **31**, 75 (1958). — WOOD, J. F.: Journ. Audio Eng. Soc. **7**, 92 (1959). — HOROWITZ, H.: Audio **43**, Mai, 19 (1959). — OOMS, J. L., u. R. C. BASTIAANS: Journ. Audio Eng. Soc. **7**, 115 (1959). — FRAYNE, J. F., u. R. R. DAVIS: ebdt. 147. — STEINHAUSEN, H. W.: N. T. F., H. 15, 47 (1959). — NARMA, R., u. N. J. ANDERSON: Journ. Audio Engr. Soc. **7**, 153 (1959).

[3] BRAUNMÜHL, H. J. v.: Akust. Z. **3**, 250 (1938). — Über das Störgeräusch vgl. auch G. BUCHMANN u. E. MEYER: Elektr. Nachr.-Techn. **8**, 218 (1931). — BAUER, B. B.: Electronics **23**, 74 (1950) (Nadeln für Normal -und Mikrorillen). — HOWLING, D. H.: J. A. S. A. **31**, 1463, 1626 (1929).

Störgeräuschs einer Schellackplatte, und zwar ist hier die mit dem Tonfrequenzspektrometer S. 487 gemessene Effektivspannung pro $^1/_3$ Oktave bei gleichmäßiger Verstärkung und bei einer Frequenzbewertung entsprechend der Ohrkurve — also ähnlich dem subjektiven Geräuscheindruck — eingetragen. Die obere Grenze der Aufzeichnung ist dadurch gegeben, daß die nichtlinearen Verzerrungen nicht zu sehr anwachsen dürfen; eine gute Wiedergabe ist nur in der zwischen dem Eigengeräusch der Platte und der durch die nichtlinearen Verzerrungen gezogenen Grenze möglich.

Bei Schellackplatten in Seitenschrift beträgt die nichtlineare Verzerrung nach Messungen von R. GUTTWEIN[1] bei 800 Hz 2%, bei 2000

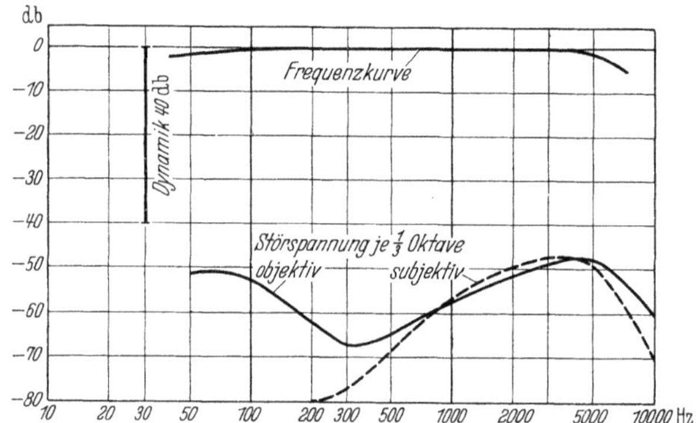

Abb. 352. Schellackplattenwiedergabe. Plattenmaterial: Thermoplastische Schellackmischung; Plattentellerumdrehungen: 78 Umdr./min; Rillenzahl: 40 pro cm; max. Geschwindigkeitsamplitude: 12,5 cm/sec; Tonabnehmer: elektrodynamisch mit Stahlnadel; Spieldauer einer Platte: etwa 5 min (nach H. J. v. BRAUNMÜHL)

6%, bei 5000 Hz 3%, die nichtlinearen Verzerrungen der Tiefenschrift erwiesen sich als noch größer.

Zur Kennzeichnung des zulässigen Amplitudenbereichs verwendet man den Begriff der „Dynamik"[2]; hierunter wird das Verhältnis der maximalen Nutzlautstärke zur Lautstärke des Störgeräuschs verstanden. Als maximale Nutzlautstärke ist diejenige Lautstärke definiert, bei welcher die nichtlinearen Verzerrungen unterhalb des Klirrfaktors von 5% bleiben. Beim Plattenverfahren umfaßt dieser Bereich (für Töne mittlerer Höhe) bei Wachsplatten etwa 60 dB, bei Schellackplatten etwa

---

[1] GUTTWEIN, R.: A. Z. **5**, 330 (1940).

[2] Vgl. hierzu auch eine Mitteilung des Deutschen Akustischen Ausschusses [Akust. Z. **4**, 68 (1939)], wo genauere Festlegungen über die Kennzeichnung der Eigenschaften von Aufzeichnungsverfahren getroffen sind. Der Begriff der Dynamik ist dort noch genauer definiert; es wird dort insbesondere zwischen „Fremdspannungsdynamik" und „Geräuschspannungsdynamik" unterscheiden. Vgl. weiterhin DIN 45 533, 36, 37 (April 1959).

40 dB, bei Kunststoffplatten ist die Dynamik besser als bei Schellackplatten, sie liegt bei etwa 50 dB.

Photographische Schallaufzeichnung kann man nach dem „*Intensitätsverfahren*" oder nach dem „*Amplitudenverfahren*" vornehmen[1]. Beim Intensitätsverfahren (Abb. 353) wird die Helligkeit eines Lichtstrahls durch den Schall gesteuert, und zwar benutzt man zur Helligkeitssteuerung den „Kerreffekt"[2]. Legt man eine elektrische Spannung an zwei in einer doppeltbrechenden Flüssigkeit angebrachte Elektroden, so dreht sich die Polarisationsebene eines durch die Flüssigkeit gesandten Lichtstrahls. Die Größe der Drehung ist innerhalb gewisser Grenzen proportional der zwischen den Elektroden liegenden Spannung. Mittels zweier gekreuzter NICOLscher Prismen werden die Drehungen der Polarisationsebene in Helligkeitsschwankungen verwandelt. Die Helligkeitsschwankungen werden dann auf einem vorbeilaufenden Film aufgezeichnet. Nach dem Entwickeln erscheinen auf dem Film

---

[1] Über die Filmverfahren vgl. insbesondere H. LICHTE: Kinotechn. **12**, 499, 525 (1930). — LICHTE, H., u. H. TISCHNER: Jb. Forsch.-Inst. AEG **1**, 13 (1930). — KEMNA, C., u. H. KLUGE: Siemens Jb. **4**, 361 (1930). — GOLDSMITH, A. N., u. BATSEL, M. C.: Proc. Inst. Radio Eng. **18**, 1661 (1930). — HEHLGANS, F., u. H. LICHTE: Jb. Forsch.-Inst. AEG **2**, 17, 37 (1931). — LICHTE, H., u. A. NARATH: Kinotechn. **14**, 307, 343, 359 (1932). — FISCHER, F.: Z. techn. Phys. **13**, 2 (1932). — EGGERT, J., u. R. SCHMIDT: Einführung in die Tonphotographie. Leipzig 1932. — NARATH, A.: Kinotechn. **15**, 393 (1933). — KOTOWSKI, P., u. H. LICHTE: Hochfrequenztechn. **43**, 60, 88 (1934) (dort ausführliche Literaturangaben). — KOTOWSKI, P.: Kinotechnik **16**, 207, 226, 240, 294, 303 (1934). — NARATH, A.: ebdt. 315, 377 (1938). — GRAJETZKY, H.: Elektr. Nachr.-Techn. **11**, 51 (1934). — NARATH, A.: Telefunkenztg. **17**, H. 73, 57 (1936). — BÜRCK, W., P. KOTOWSKI u. H. LICHTE: Elektr. Nachr.-Techn. **13**, 47 (1936). — HUNT, F. L.: Rev. sci. Instrum. **7**, 323 (1936). — NARATH, A.: Z. techn. Phys. **18**, 121 (1937). — GERLACH, E.: Journ. Soc. Mot. Pict. Eng. **29**, 388 (1937). — VOX, W.: Akust. Z. **3**, 302 (1938). — KÜSTER, A.: Kinotechnik **21**, 167 (1939). — NARATH, A., u. H. WARNKE: ebdt. **22**, 84 (1940). — ULNER, M.: ebdt. **22**, H. 4 u. 5 (1940) (Kritische Gegenüberstellung der Vor- und Nachteile von Sprossen- und Zackenschrift). — STEINBERG, J. C.: J. A. S. A. **13**, 107 (1941). — LICHTE, H., u. A. NARATH: Physik u. Technik d. Tonfilms. Leipzig 1941. — CAMBI, E.: Ric. Scient. **12**, 388 (1941) (Diskussion der verschiedenen Verzerrungsarten beim Tonfilm). — RUST, H. H., u. C. HARTMANN: Bild u. Ton. **3**, 367 (1950) (Messung von Störstellen in der Tonspur). — CARPENTER, R. O.: J. A. S. A. **25**, 1145 (1953) (Beschreibung einer nach dem Intensitätsverfahren arbeitenden Wiedergabeanlage). — PARFENTEV, A. I.: Z. techn. Phys. (USSR) **24**, 667 (1954). — KORNOUKHOV, P. V.: ebdt. 993 (Nichtlineare Verzerrungen in Photozellen). — JAHN, W.: Siemens-Z. **28**, 263 (1954) (Neue Tonfilmgeräte). Hingewiesen sei noch auf DIN 15503 (Dez. 1959).

[2] Die Möglichkeit der Ausnutzung des Kerreffektes zu technischen Zwecken wurde zuerst von A. KAROLUS erkannt. Vgl. H. LICHTE u. A. NARATH: Physik u. Techn. d. Tonfilms, Leipzig 1941, S. 85. — Zum KERR-Effekt in der Tonfilmtechnik vgl. weiter insbesondere F. HEHLGANS: Kinotechn. **12**, 615, 641 (1930). — KINGSBURY, E. F.: Rev. Sci. Instr. **1**, 22 (1930).

senkrecht zur Laufrichtung des Films liegende Streifen verschiedener Durchlässigkeit. Man nennt diese Schriftart auch „Sprossenschrift".

Bemerkt sei noch, daß sich eine praktisch trägheitsfreie Steuerung der Stärke eines Lichtflusses auch durch Ausnutzung des Effektes der Lichtbeugung an Ultraschall (S. 114) durchführen läßt[1]. Die zur Lichtbeugung benutzte Ultraschallwelle wird mit dem aufzuzeichnenden Vorgang moduliert. Es wird dann um so mehr Licht seitlich abgebeugt, je stärker die momentane Modulation ist.

Beim Amplitudenverfahren wird durch den Spiegel eines „Lichthahns"[2] — der ähnlich wie eine Oszillographenschleife arbeitet — ein

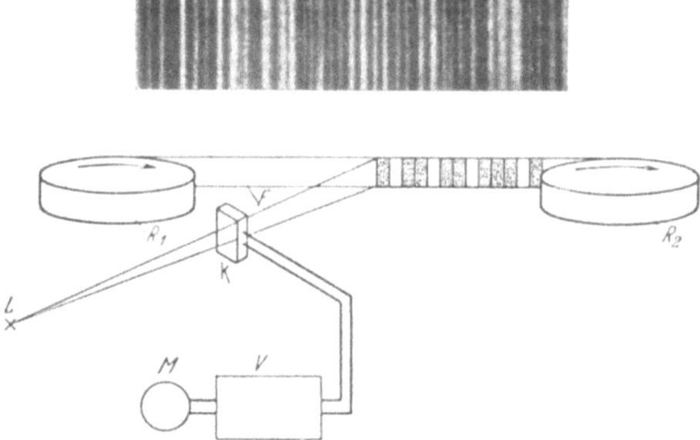

Abb. 353. Tonfilmaufzeichnung (Intensitätsverfahren). *L* Lichtquelle, *K* Kerrzelle, *F* Filmstreifen

Lichtband derart abgelenkt (Abb. 354), daß auf dem vorbeilaufenden Film ein Streifen wechselnder Breite beleuchtet wird. Nach der Entwicklung erscheint dann also ein Teil des Films geschwärzt, während der andere Teil durchlässig bleibt. Die Teilungsbreite entspricht dem momentanen Schalldruck. Man bezeichnet diese Schriftart als „Zacken-

---

[1] Vgl. P. BIQUARD: Brevet Francais 752910 (1932). — KAROLUS, A.: USA-Pat. 2084201 (1933). — SCOPHONY, L., u. J. H. JEFFREE: Brit. Pat. 439236 (1934). — JEFFREE, J. H.: Television Lond. 9, 260 (1936). — BECKER, H. E. R.: Z. Hochfrequenztechn. 48, 89 (1936). — BECKER, H. E. R., W. HANLE u. O. MAERCKS: Phys. Z. 37, 414 (1936). — MAERCKS, O.: Phys. Z. 37, 562 (1936). — LEE, H. W.: Nature 142, 59 (1938). — OTTERBEIN, G.: ETZ 60, 161 (1939). — CAMBI, E.: Ricerca Scient. 12, 368 (1941). — BARONE, A.: ebdt. 678. — GIACOMINI, A.: Alta Frequenza 12, 409 (1943). — Ricerca Scient. 15, 3 (1945) (betr. eine mit mehreren Piezoquarzsendern ausgestattete besonders große Ultraschallzelle). — HUMPHREYS, R. F., W. W. WATSON u. D. L. WOERNLEY: J. appl. Phys. 18, 845 (1947). — SETTE, D.: Ricerca Scient. 18, H. 1 u. 2 (1948). — Alta Frequenza 2, 51 (1948). — GIACOMINI, A.: Ric. Sci. 18, 803 (1948).

[2] Über die verschiedenen Konstruktionen von elektromagnetischen und elektrodynamischen Lichthähnen vgl. insbesondere E. C. WENTE u. R. BIDDULPH: J. Soc. Mot. Pict. Engrs. 37, 397 (1941). — LICHTE, H., u. A. NARATH: Physik u. Technik des Tonfilms. Leipzig 1941. S. 94ff.

schrift". Meist verwendet man allerdings — und zwar insbesondere im Hinblick auf die Verringerung nichtlinearer Verzerrungen — nicht eine Einfachzackenschrift, sondern eine Mehrfachzackenschrift.

Zur Wiedergabe der Filme läuft[1] der Film über einen Spalt ab, unter dem sich eine Photozelle befindet, welche die am Spalt auftretenden Helligkeitsschwankungen in elektrische Spannungen umsetzt.

Der Frequenzumfang der Filmverfahren ist nach tiefen Frequenzen hin unbegrenzt, nach hohen Frequenzen liegt die Begrenzung in der end-

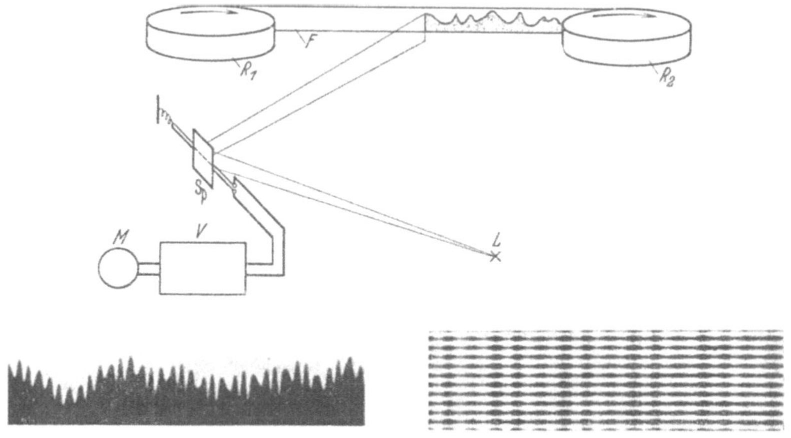

Abb. 354. Tonfilmaufzeichnung (Amplitudenverfahren; Einzacken- bzw. Vielzackenschrift)
L Lichtquelle, *Sp* Spiegel, *F* Filmstreifen

lichen Breite der bei der Aufzeichnung bzw. Wiedergabe benutzten Spalte. Ist nämlich die Wellenlänge der Aufzeichnung (die sog. „Tonlänge") nicht mehr groß gegen die Spaltbreite, so setzt ein Intensitätsabfall ein, bis dann, wenn die Tonlänge mit der Spaltbreite übereinstimmt, die Helligkeitsschwankung zu Null wird (Abb. 355)[2]. Bei noch kleineren Tonlängen würde dann wieder Helligkeitsschwankung auftreten; für das Verhältnis Tonlänge zu Spaltbreite $= 1/2$ verschwindet die Helligkeitsschwankung wieder und so fort. Man verwendet in der Praxis mit Rücksicht auf Beugungseffekte eine Spaltbreite von meist nicht weniger als etwa 20 μ. Bei 7000 Hz hat man bei einem 20-μ-Spalt einen Intensitätsabfall von rund 30%.

---

[1] Die Filmgeschwindigkeit beträgt normalerweise 456 mm/sec.

[2] Nach H. JOACHIM: Z. techn. Phys. **11**, 168 (1930). Zur Frage des durch endliche Breite des Tonspaltes bedingten Frequenzganges vgl. insbesondere die theoretische Arbeit von W. MEYER-EPPLER: Kinotechnik **25**, 1, 16 (1943). — Der in der Praxis des Filmtheaters beim Lichttonverfahren verwendete Frequenzbereich ist 40-8000 Hz (vgl. hierzu insbesondere H. CH. WOHLRAB: Siemens-Ztschr. **27**, 318 (1953).

30*

Sehr wichtig ist die genau planparallele Justierung von Aufnahmespalt und Wiedergabespalt. Sind die Spalte bei Aufnahme und Wiedergabe nicht genau parallel, so tritt beim Intensitätsverfahren ein Abfall für die hohen Frequenzen auf[1]; ein Justierungsfehler von nur 0,5° der beiden Spalte bewirkt bei 10 000 Hz einen Intensitätsabfall von 35%. Beim Amplitudenverfahren führt, wie Abb. 356 zeigt, eine Schrägstellung der Spalte zu nichtlinearen Verzerrungen. Fehler von Bruchteilen von einem Grad in der Justierung machen sich bereits subjektiv störend bemerkbar. Bei Verwendung von Mehrzackenschrift gehen die nichtlinearen Verzerrungen proportional zur Zahl der Zacken zurück. Beim Intensitätsverfahren treten starke nichtlineare Verzerrungen dann auf, wenn die

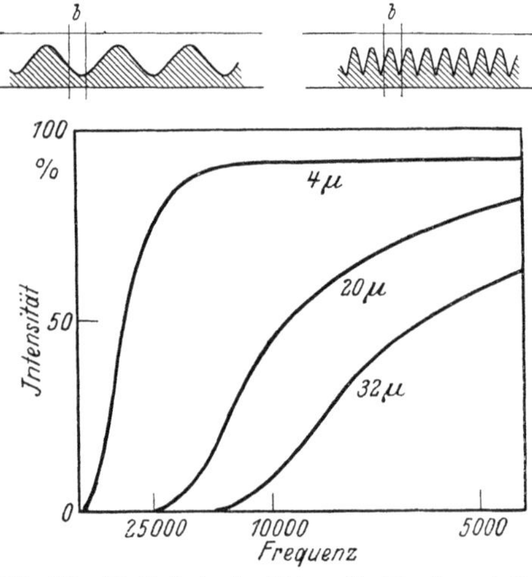

Abb. 355. Einfluß der endlichen Spaltbreite auf die Frequenzkurve einer Tonfilmanordnung

photochemischen Prozesse beim Entwickeln der Filme unrichtig geführt werden. Genau wie bei allen sonstigen photographischen Aufnahmen sind auch bei Tonfilmaufnahmen die Helligkeitswerte nur dann richtig abge-

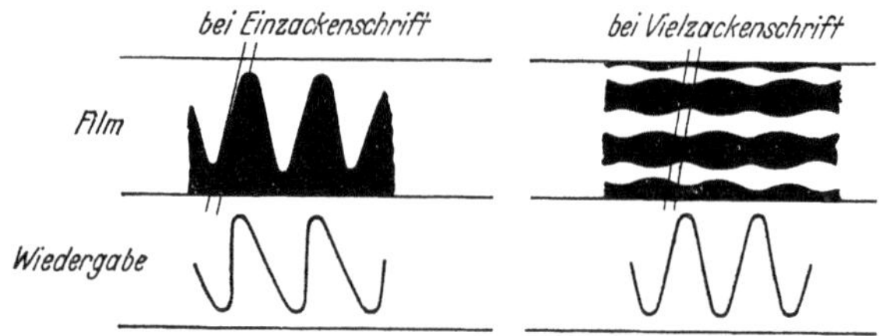

Abb. 356. Nichtlineare Verzerrungen beim Amplitudenverfahren durch schräg stehenden Spalt

stuft, wenn die „Gradationskurve" des Positivfilms und des Negativfilms in richtiger Weise zueinander passen. In Abb. 357 ist die Gradationskurve einer Filmemulsion dargestellt, die Abszisse dieser Kurve ist die im logarithmischen Maß aufgetragene Lichtintensität bei der Filmbelichtung, die Ordinate ist die nach dem Entwickeln vorhandene „Schwärzung", und zwar wird unter Schwärzung der Logarithmus des

<hr>

[1] Vgl. H. Frieser u. W. Pistor: Z. techn. Phys. **12**, 116 (1931). — Schouten, J. F.: Philips Techn. Rdschau **6**, 110 (1941).

Verhältnisses der Intensität des auf den Film auffallenden Lichts zur Intensität des durchfallenden Lichts verstanden. Eine lineare Beziehung zwischen der von der Kerrzelle gesteuerten, auf den Aufnahmefilm fallenden Helligkeit und der durch den Wiedergabefilm auf die Photozelle fallenden Helligkeit besteht nur dann, wenn die sog. GOLDBERG-sche Beziehung[1] $\gamma_{pos} \cdot \gamma_{neg} = 1$ erfüllt ist, hierbei bedeutet γ die Steilheit $= dS/d \log I$ des positiven bzw. des negativen Films; weicht das „Gammaprodukt" von 1 ab, so machen sich nicht lineare Verzerrungen bemerkbar. Einem Gammaprodukt von 1,18 entspricht bereits ein Klirrfaktor

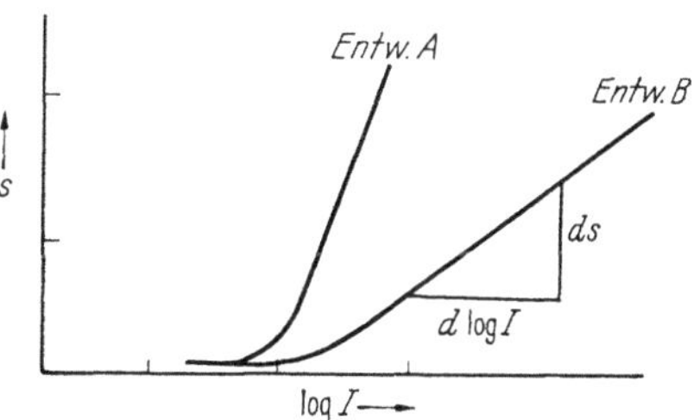

Abb. 357. Gradationskurve einer photographischen Emulsion. A bei hart arbeitendem, B bei weich arbeitendem Entwickler

von 6%, einem solchen von 1,42 ein Klirrfaktor von 14%. Die Einhaltung des richtigen Gammaprodukts stößt insofern auf nicht unerhebliche Schwierigkeiten, als der Verlauf der Gradationskurve einer Emulsion durchaus nicht nur von der Emulsionsart selbst, sondern auch von der Entwicklerzusammensetzung und von der Entwicklertemperatur stark abhängt. Beim Amplitudenverfahren kommen im Gegenteil zu dem Intensitätsverfahren bei unrichtiger Entwicklung keine nichtlinearen Verzerrungen zustande, es ist dies ein Vorteil der Zackenschriftverfahren.

Die Tonfilmverfahren erreichen eine Dynamik von etwas über 40 dB. Vorteilhaft ist insbesondere die Tatsache, daß der ausnutzbare Aufzeichnungsbereich auch bei sehr tiefen Frequenzen verhältnismäßig groß ist, da das Störgeräusch der Filme nicht — wie bei den Schallplatten — nach tiefen Frequenzen hin stark ansteigt, sondern ein einigermaßen frequenzunabhängiges Spektrum besitzt (vgl. Abb. 358).

Das Eigengeräusch des Films tritt besonders stark an den Stellen in Erscheinung, bei denen die Amplitude der Schallaufzeichnung klein ist, an denen also die mittlere Transparenz (hierunter wird das Verhältnis $T = I_D/I_A$ der durchfallenden Lichtmenge I_D zur auffallenden Lichtmenge I_A verstanden) groß ist. Eine beträchtliche Herabsetzung

---

[1] GOLDBERG, E.: Der Aufbau des photographischen Bildes, 2. Aufl., S. 64, Halle 1925. — Über die photographischen Fragen des Tonfilms vgl. weiter LICHTE, H.: Kinotechn. **12**, 499, 529 (1930). — LICHTE, H., u. H. TISCHNER: Jb. Forsch.-Inst. AEG **1**, 13 (1930).

Die Bedeutung der richtigen Anpassung der Gradationswerte beim Tonfilm wurde zuerst von J. ENGL, J. MASSOLLE u. H. VOGT (DRP. 389598 v. 19. 6. 1922) erkannt. Zu den historischen Fragen des Tonfilms vgl. insbesondere auch die Ausführungen S. 205.

der Störgeräusche ermöglichen die „Reintonverfahren", in USA als „Noiseless Recording" bezeichnet[1]. Bei diesen Verfahren wird die mittlere Transparenz, beispielsweise durch Schwärzen der nicht ausgenutzten Filmbreite, automatisch der jeweiligen Amplitude der Schallaufzeichnung angepaßt. Mit den Reintonverfahren lassen sich Dynamiksteigerungen um 10—12 dB erzielen.

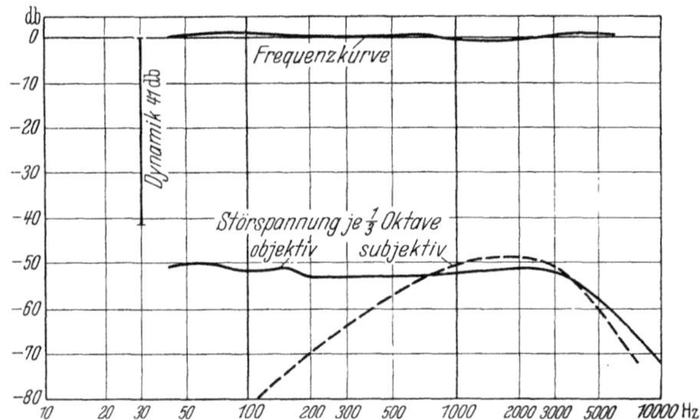

Abb. 358. Schallfilmverfahren. Aufnahmematerial: Agfa TF 4; Filmbreite: 5,83 mm; Spaltbreite: 0,008 mm; Filmgeschwindigkeit: 45,6 cm/sec; Aufzeichnungsverfahren: Vielzackenschrift mit 14 Tonspuren; Breite der Filmspur: 2,4 mm; Wiedergabedauer einer Spule: 11 min
(nach H. J. v. BRAUNMÜHL)[2]

Ein mit mechanischer Niederschrift, aber mit optischer Wiedergabe wirkendes Schallaufzeichnungsverfahren ist das sog. PHILIPS-MILLER-Verfahren[3]. Der Schall wird auf einem durchsichtigen Filmband aufgezeichnet, auf dessen Oberfläche eine sehr dünne, lichtundurchlässige Schicht liegt (Abb. 359). Zur Niederschrift dient ein Stichel, der nach Art eines Tiefenschriftschneiders arbeitet, je nach der Eindringtiefe des Stichels wird dann ein verschieden breiter Streifen der lichtundurchlässigen Schicht herausgehoben. Läßt man den

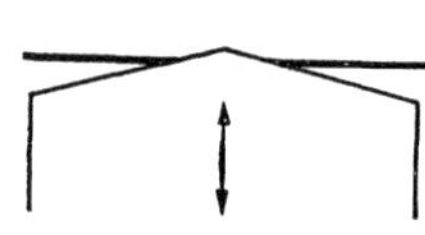

Abb. 359. PHILIPS-MILLER-Verfahren zur Schallaufzeichnung

Film über einen Spalt oder über eine Photozelle ablaufen, so wird er — wie ein in Zackenschrift niedergeschriebener Tonfilm — wiedergegeben.

---

[1] Über Reintonverfahren vgl. H. LICHTE u. A. NARATH: Physik u. Technik des Tonfilms. Leipzig 1941, S. 286ff. — NARATH, A., K. SCHWARZ u. M. ULNER: Kinotechnik **22**, 79 (1940) (betr. insbesondere das bei Sprossenschrift und Vielzackenschrift verwendbare „Schnürschriftverfahren", bei welchem man die Schwärzungsmodulation konstant läßt und zwecks Intensitätsregelung statt dessen einen Teil der Filmbreite abdeckt. — Über ein von K. H. BECKER entwickeltes Verfahren mit sehr großem Dynamikbereich vgl. L. B. LEE: J. A. S. A. **17**, 356 (1946).

[2] v. BRAUNMÜHL, H. J.: Akust. Z. **3**, 250 (1938).

[3] Vgl. R. VERMEULEN: Akust. Z. **3**, 65 (1938).

Die magnetische Schallaufzeichnung bedient sich eines bandförmigen Trägers. Einen erheblichen Fortschritt bedeutete dabei der Übergang vom Stahlband[1] zum Papier- und neuerdings zum Kunststoffband (Magnetophon-Verfahren)[2]. Auf dieses Band[3] ist mit einem Bindemittel eine Schicht von feinsten Eisenoxydteilchen (Korngröße 1 bis $10^{-3}\,\mu$m) aufgebracht. Die Gesamtdicke von Band und Schicht liegt bei modernen Bändern zwischen 21 und 35 μm. Derartige Träger haben den Vorteil, daß sie wesentlich leichter als Stahlband sind. Außerdem kann man, was für die Praxis besonders wichtig ist, solche Teile der Niederschrift, welche nicht wiedergegeben werden sollen, aus dem Band herausschneiden und das Band dann wieder zusammenkleben.

Die Aufzeichnung der Signale auf das Band geschieht durch einen Sprechkopf[4] (Abb. 360). Dieser besteht aus einem von einer Wicklung W umgebenen Weicheisenkern. Der durch W fließende Strom erzeugt beim Spalt S des Weicheisenkerns

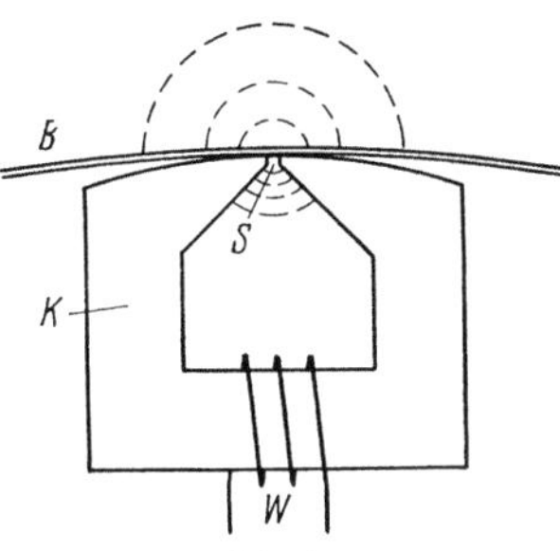

Abb. 360.
Sprechkopf (nach W. K. Westmijze)

---

[1] Das Stahlbandverfahren wurde von V. Poulsen angegeben [Ann. Phys. (4) **3**, 754 (1900)]. — Vgl. weiterhin C. Stille: ETZ **51**, 449 (1930). — Meyer, E., u. E. Schüller: Z. techn. Phys. **13**, 593 (1932). — Hormann, E.: Elektr. Nachr.-Techn. **9**, 388 (1932). — Braunmühl, H. J. v.: Funk **1934**, 825. — Hickmann, C. N.: Bell Syst. techn. J. **16**, 165 (1937). — Barrett, A., u. C. J. F. Tweed: J. Instn. electr. Engrs. **1938**, 495. — Begun, S. J.: Proc. Inst. Radio Engrs. **28**, 528 (1940); **29**, 423 (1941).

[2] Pfleumer, F.: DRP. 500 900 v. 31. 1. 28, DRP. 649 804 v. 9. 9. 1933. Vgl. hierzu auch E. Schüller: ETZ **56**, 1219 (1935). — Lübeck, H.: A. Z. **2**, 273 (1937). — Camras, M.: J. A. S. A. **19**, 322 (1947). — Holmes, L. C.: ebdt. 395. — Gondesen, K. E.: Techn. Hausmitt. NWDR **3**, 221 (1951). — Zenner, R. E.: Elect. Engng. **72**, 951 (1953). — Snel, D. A.: Phil. Techn. Rdsch. **14**, 206 (1953). Winkel, F.: Feinwerktechn. **57**, 72 (1953). — Schiesser, H.: Proc. 1. I. C. A. Congr. Delft 1953, S. 41. — Vgl. auch DIN 45 510 bis 15, 17, 19, 20.

[3] Schiesser, H.: ATI-Mitt. **8**, 52 (1951). — Marchant, A.: Electronics **22**, 72 (1949) (betr. Kopieren von Magnettonbändern). — Schrader, R., A. Simon u. G. Ackermann: Wiss. Z. Techn. Hochsch. Dresden **2**, 537 (1952/53). — Lueck, I. B., u. W. W. Wetzel: Electronics **26**, 131 (1953). — Howling, D. H.: J. A. S. A. **28**, 977 (1956). — Wilson, C. F.: Trans. Inst. Radio Engrs. AU-4, 53 (1956) Nr. 3. — Limpert, W. D.: Funktechnik **12**, 103 (1957). — Didier, A.: Ann. Telecomm. **13**, 9 (1958). — Mayer, L.: J. appl. Phys. **29**, 658 (1958) (Sichtbarmachung der Aufzeichnungen auf Magnettonbändern).

[4] Über den Aufnahme- und Wiedergabevorgang beim Magnettonverfahren vgl. insbesondere W. K. Westmijze: Phil. Techn. Rdschau **14**, 289 (1953), ferner Bierl, R.: Z. angew. Phys. **3**, 161 (1951). — Herr, R.: Electronics **24**, No. 4, 124 (1951). — Merry, I. W.: Elect. Engng. **25**, 312 (1953). — Egerer, K. A.: Frequenz **8**, 180 (1954). —Schwartz, K.: Frequenz **6**, 37 (1952). — Nottebohm, H.: Elektron. Rdsch. **10**, 335 (1956). — Greiner, J.: Proc. 3. I. C. A. Congr. Stuttgart (1959).

ein Streufeld[1], dessen Stärke beiderseits des Spalts stark abnimmt. Das Band B wird an S vorbeigeführt und hierbei magnetisiert. Die Wiedergabe erfolgt durch einen dem Sprechkopf ähnlich gebauten Hörkopf. Die beim Vorbeilaufen des Magnetbandes an einem induktiv arbeitenden Hörkopf, wie er üblicherweise benutzt wird, induzierte EMK ist der Bandflußänderung $d\Phi/dt$ proportional. Ein interessantes Verfahren zur Tonabnahme, welches eine dem Bandfluß selbst proportionale Ausgangsgröße liefert, haben F. KUHRT, G. STARK und F. WOLF[2] angegeben. Bei diesem Verfahren wird ein „Hallgenerator", und zwar eine InSb-Sonde zum Abtasten des Magnetflusses benutzt. Mit einem derartigen Hallgenerator können auch sehr tiefe Frequenzen, ja sogar statische Zustände erfaßt werden.

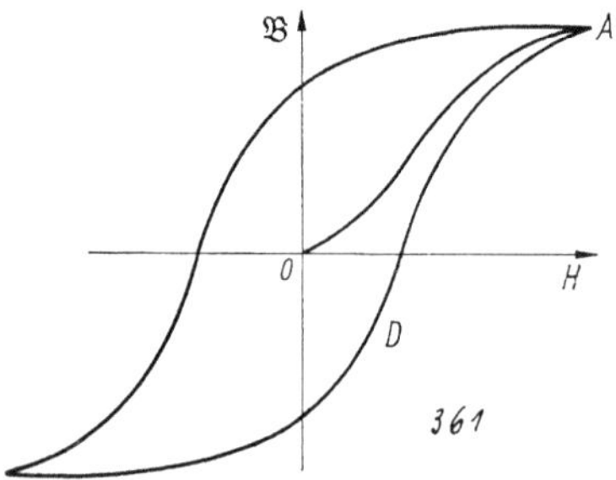

Abb. 361.
Magnetisierungskurve, schematisch

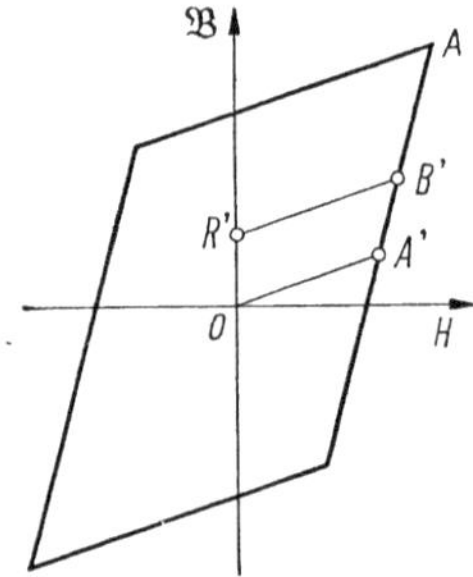

Abb. 362.
Magnetisierungsvorgang bei kleinen Feldstärken

Zum Verständnis der Vorgänge bei der Magnetisierung des Bandes geht man am besten von der Magnetisierungskurve aus. Die Magnetisierungskurve (Abb. 361, schematisch) stellt den Zusammenhang zwischen der an das Material angelegten Feldstärke H und der Magnetisierung $\mathfrak{B}$ dar. Legt man an das zunächst unmagnetisierte Material ein Magnetfeld an, so wird in Abb. 361 der Teil OA durchlaufen. Dabei ist, wie besonders die schematische Darstellung in Abb. 362 zeigt, bei Anlegen kleinerer Feldstärken der Magnetisierungsvorgang reversibel (Teil OA'), d. h. nach Entfernen des Feldes geht die Magnetisierung ebenfalls auf Null zurück. Bei Anlegen einer größeren Feldstärke wird z. B. der Punkt B' erreicht, dem die Remanenz R' entspricht. — Würde man nun ein Tonband ohne zusätzliche Maßnahmen magnetisieren, so würden dementsprechend kleinere Signale gar nicht und größere Signale nicht proportional zu ihrer Größe aufgezeichnet.

Die einfachste Möglichkeit, die Proportionalität in gewissen Grenzen herzustellen, ist das Gleichstrommagnettonverfahren. Dabei geht man

---

[1] Über das Spaltfeld vgl. G. SCHWANTKE: Acustica **7**, 363 (1957).
[2] KUHRT, F., G. STARK u. F. WOLF: Elektron. Rdsch. **13**, 407 (1959).

so vor, daß man das Band, bevor es zum Aufnahmekopf gelangt, durch ein Gleichfeld bis zur Sättigung vormagnetisiert. Dem aufzuzeichnenden Signal wird nun ein Gleichfeld überlagert. Dieses muß in seiner Stärke so beschaffen sein, daß ohne das Signal das Band nach Verlassen des Aufnahmekopfs unmagnetisch wäre. Dadurch arbeitet man, wie leicht einzusehen ist, tatsächlich auf dem annähernd linearen Teil AD der Magnetisierungskurve und erreicht die gewünschte Proportionalität. Ein großer Nachteil des beschriebenen Verfahrens ist ein merkliches Rauschen des so behandelten Bandes.

Diesen Nachteil vermeidet das von H. J. v. BRAUNMÜHL und W. WEBER[1] eingeführte Hochfrequenzverfahren. Bei diesem Verfahren wird dem Signal ein hochfrequenter Wechselstrom (Frequenz etwa 100 kHz) überlagert. Dieser hochfrequente Strom ändert während des Vorbeistreichens eines Bandpunktes am Sprechkopf mehrmals seine Phase. Ist das aufzuzeichnende Signal gleich Null, so bewirkt das beiderseits des Spaltes abnehmende HF-Feld den in Abb. 363 schematisch dargestellten Vorgang: Bei Auslaufen des Bandes aus dem Sprechkopf wird der reversible Ast der Hysteresiskurve durchlaufen und damit zum Schluß die Magnetisierung Null. Ein zusätzliches niederfrequentes Signal bewirkt eine Verschiebung der Magnetisierungskurve in der in Abb. 364 gezeigten Weise, wobei Richtung und Größe dieser Verschiebung nur von der — während des Vorbeigleitens eines Bandpunktes am Sprechkopf als konstant angenommen — Phase und Amplitude des niederfrequenten Signals abhängt. Dabei zeigt sich, daß der remanente Magnetismus des Punktes R'' sehr gut proportional zum niederfrequenten Strom ist.

Beim Hochfrequenzverfahren beträgt die Dynamik bei 76 u. 38 cm s^{-1} Geschwindigkeit 55 dB (Klirrfaktor 3%), bei 19 u. 9 cm s^{-1} 53 bzw. 52 dB (Klirrfaktor 5%). Die früher für hochwertige Aufnahmen übliche

---

[1] BRAUNMÜHL, H. J. v., u. W. WEBER: DRP. 743411 v. 28. 7. 1940. Vgl. auch H. LÜBECK: Funktechnik **2**, H. 5 u. 6 (1947). — TOOMIN, H., u. D. WILDFEUER: Inst. Rad. Eng. Proc. **32**, 664 (1944). — HOLMES, L. C., u. D. L. CLARK: Electronics Juli 1945, S. 126. — HOBSON, P. T.: Nature **159**, 735 (1947). — WETZEL, W. W.: Audio Eng. **31**, 12 (1947); **32**, 26 (1948). — HOLMES, L. C.: J. A. S. A. **19**, 395 (1947). — VINZELBERG, B.: Funk u. Ton **1948**, 633. — GRATIAN, J. W.: J. A. S. A. **21**, 74 (1949). — CAMRAS, M.: Proc. I. R. E. **37**, 569 (1949). — ZENNER, R. E.: ebdt. **39**, 141 (1951). — MUCKENHIRN, O. W.: ebdt. 891. — OERDING, R.: Funk u. Ton **5**, 262, 297 (1951). — AXON, P. E.: Proc. I. E. E. **99**, 109 (1952). — GREINER, J.: Der Aufzeichnungsvorgang beim Magnettonverfahren mit Wechselstromvormagnetisierung. Wiss. Ber. III, H. 6, Berlin 1953. — WESTMIJZE, W. K.: Phil. Techn. Rdsch. **14**, 289 (1953). — SCHMIDBAUER, O.: Funk u. Ton **8**, 341 (1954). — DUINKER, S.: Tijdschr. ned. Radiogenoot. **22**, 29 (1957) (Vergleich des Auflösungsvermögens bei Gleich- und Wechselstromvormagnetisierung). — SCHWANTKE, G.: Frequenz **12**, 355, 383 (1958) (betr. Aufsprechvorgang). — DANIEL, E. D., u. I. LEVINE: J. A. S. A. **32**, 1, 258 (1960). — TJADEN, D. L. A.: Proc. 3. I. C. A. Congr. Stuttgart (1959).

Bandgeschwindigkeit war 76 cm/sec, diese konnte durch Verbesserungen am Band und an den Aufnahme- und Wiedergabegeräten auf 19 cm/sec und jetzt auf 9,5 cm/sec herabgesetzt werden. Für Sprachaufnahmen genügen schon 4,75 und 2,4 cm/sec Bandgeschwindigkeit, sofern nicht besonders hochwertige Qualität gefordert wird.

Die magnetische Niederschrift ist nach tiefen Frequenzen hin unbegrenzt, nach hohen Frequenzen hin ist — ähnlich wie bei den optischen Verfahren — eine Grenze durch die „magnetische" Spaltbreite gesetzt. Bei Magnettonaufnahmen für Tonfilme beschränkt man sich meist auf

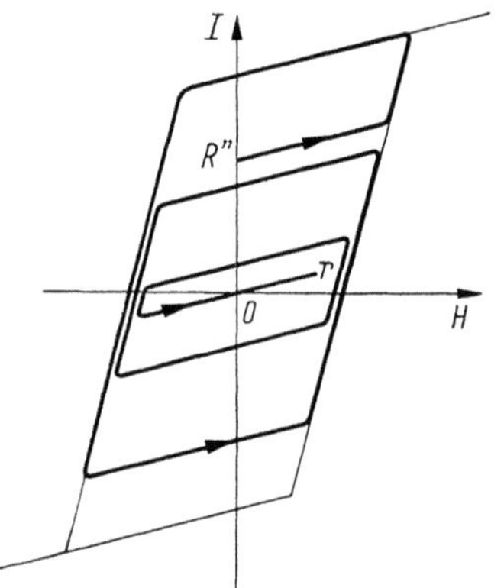

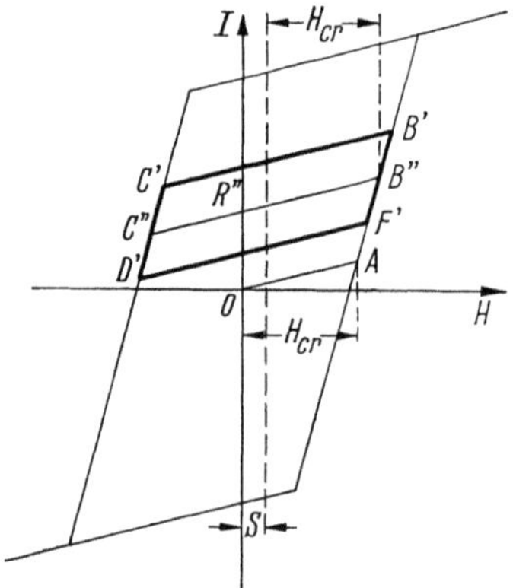

<table>
<tr><td>

Abb. 363.
Löschvorgang (nach W. K. WESTMIJZE).
Nehmen wir als Ausgangspunkt die Remanenz R'' an. Ein zunehmendes Wechselfeld wird nach einer gewissen Anzahl Hübe das Material sättigen und bewirken, daß es den großen Zyklus durchläuft. Nimmt das Feld danach so langsam ab, daß die positiven und die negativen Scheitel immer nahezu gleich sind, so wird eine der gezeichneten ähnliche Bahn durchlaufen, und schließlich wird der reversible Ast r, der durch den Ursprung geht, erreicht, so daß sich zuletzt die Remanenz Null ergibt

</td><td>

Abb. 364. Aufzeichnungsvorgang mit hochfrequentem Vormagnetisierungsfeld
(nach W. K. WESTMIJZE).
Dem konstanten Feld S ist ein schnell wechselndes Vormagnetisierungsfeld überlagert. Die positiven Scheitel sind immer größer als die negativen. Nachdem das Vormagnetisierungsfeld seinen höchsten positiven Wert in B' erreicht hat, wird der Zyklus $B'\,C'\,D'\,F'$ durchlaufen. Sinkt die Amplitude des Vormagnetisierungsfeldes unter den Wert H_{cr}, so bleibt die Magnetisierung weiter auf dem reversiblen Ast durch B'', so daß nach dem Entfernen des Vormagnetisierungs- und des Signalfeldes die Remanenz R'' übrigbleibt

</td></tr>
</table>

den Frequenzbereich 40—10000 Hz, obwohl einer Erweiterung bis etwa 15000 Hz keine grundsätzlichen Schwierigkeiten entgegenstehen[1].

Ein Nachteil des Magnettonverfahrens ist der sog. Kopiereffekt[2]. Darunter versteht man die Einwirkung der Magnetisierung auf die benachbarten Bandwindungen des aufgewickelten Bandes. Dies führt zu störenden Vor- und Nachechos beim Abspielen des Bandes. Der Kopiereffekt ist stark abhängig vom Bandmaterial, der Frequenz, der Temperatur und der Einwirkzeit. — Dieser Nachteil des Magnettonverfahrens

---

[1] Vgl. H. CH. WOHLRAB: Siemens-Ztschr. **27**, 318 (1953).
[2] TAFEL, H. J.: Fernmelde-Techn. Z. **6**, 17 (1953).

wird jedoch durch viele Vorteile im Vergleich zu den anderen Verfahren der Schallaufzeichnung mehr als aufgewogen. Diese Vorteile sind u. a. das günstige Signal/Rausch-Verhältnis, die einfache Aufnahmetechnik und die Möglichkeit der Löschung einer Aufnahme und der damit möglichen Neuverwendbarkeit eines Bandes.

Die Klangwirkung von „Schallübertragungen" läßt sich durch „stereophonische" Wiedergabe wesentlich verbessern.

Grundsätzlich bestehen die beiden Möglichkeiten der kopfbezüglichen und der raumbezüglichen Stereophonie. Im ersten Falle wird die Wiedergabe durch Kopfhörer, im zweiten Falle durch Lautsprecher geleistet. In beiden Fällen ist echte Stereophonie und Pseudostereophonie möglich. Dabei spricht man dann von echter Stereophonie, wenn die Richtungen verschiedener, bei der Aufnahme räumlich getrennter Schallquellen auch bei der Wiedergabe unterschieden werden können. Bei der Pseudostereophonie ist eine derartige Unterscheidung nicht mehr möglich, vielmehr vermittelt die Wiedergabe nur noch einen unbestimmten räumlichen Eindruck.

Die kopfbezügliche Stereophonie erfordert, wie erwähnt, die Verwendung von Kopfhörern. Eine pseudostereophone Wirkung kann man nach H. LAURIDSEN[1] beispielsweise dadurch erreichen, daß man ein und dasselbe Signal mit derselben Phase und gleichzeitig um etwa 100 msec verzögert in Gegenphase auf beide Kopfhörer gibt, diese Wiedergabe erfordert natürlich nur einen Übertragungskanal. Mit zwei Übertragungskanälen läßt sich eine echte Stereophonie erreichen. Man geht dabei so vor, daß man die Kopfhörer über getrennte Leitungen mit zwei im Aufnahmeraum im Ohrabstand angeordneten Mikrophonen verbindet. Der plastische Eindruck kommt in diesem Fall — jedenfalls insofern, als man nicht zwischen den beiden Mikrophonen einen schallabschattenden künstlichen Kopf anordnet — nur durch den HORNBOSTEL-WERTHEIMER-Effekt zustande[2].

Die raumbezügliche Stereophonie verwendet für die Wiedergabe Lautsprecher.

Eine ideale stereophonische Wiedergabe durch Lautsprecher wäre dann gegeben, wenn man jede Originalschallquelle über einen speziellen Übertragungskanal mit einem räumlich entsprechend aufgestellten und mit den gleichen Richtwirkungseigenschaften ausgestatteten Schall-

---

[1] LAURIDSEN, H.: Ingeniøren No. 47, 906 (1954). — Vgl. auch G. R. SCHODDER: Acustica 6, 482 (1956).

[2] Dies Verfahren wurde zuerst von ADER 1881 anläßlich der Pariser Weltausstellung in der Grand Opera verwendet. — Über eine Anordnung mit zwei Mikrophonen, die an einem künstlichen Kopf befestigt sind (bei der also dann auch der Summenlokalisierungseffekt ausgenutzt wird), vgl. R. VERMEULEN: Revue Technique Philips 10, 167 (1948).

sender verbinden würde. Eine derartige Anordnung mit einer Vielzahl von Übertragungskanälen würde aber einen untragbaren technischen
Aufwand erfordern. In der Praxis hat es sich gezeigt, daß man bereits
mit ganz wenigen Übertragungskanälen sehr gute Resultate erzielen
kann[1]. Abb. 365 zeigt eine mit zwei Kanälen arbeitende stereophonische
Anlage nach H. WARNCKE[2]. Bei dieser Anordnung wird vom Summen-
lokalisationsprinzip (Ziff. 29, S. 454) Gebrauch gemacht. Im Aufnahmeraum befindet sich eine Vielzahl von Mikrophonen $M_1 \ldots M_m$ bis M_n,
die — stark gerichtet — jeweils im wesentlichen nur den Schall aus
einem schmalen Streifen aufnehmen. Die Mikrophone sind über geeignete Dämpfungsglieder a_1 bis a_n bzw. b_1 bis b_n auf zwei Lautsprecher

---

[1] Die erste stereophonische Übertragung eines Konzertes, und zwar über drei
Kanäle fand unter künstlerischer Leitung von L. STOKOWSKI und technischer
Leitung von H. FLETCHER am 27. 4. 33 von Philadelphia zur Constitution Hall
in Washington statt. [FLETCHER, H.: Bell Syst. Techn. Journ. **13**, 239 (1934).]
Der erste stereophonische Film wurde 1937 in New York vorgeführt. [MAXFIELD,
J. P.: J. Soc. Mot. Pict. Eng. **30**, 131 (1938).]

[2] Nach H. WARNCKE: Kinotechnik **23**, 83 (1941). — Vgl. weiterhin H. FLETCHER:
J. Motion Pict. Engrs. **34**, 606 (1940) (betr. Weiterentwicklung der in Anm. 1 er-
wähnten Drei-Kanal-Übertragungsanlage, Frequenzbreich 40—16000 Hz. Be-
sondere Mittel zur Dynamikeinebnung bei der Aufnahme auf etwa 50 db und
Dynamikaufweitung bei der Wiedergabe auf 80, erforderlichenfalls 100 db); Bell
Lab. Rec. **18**, 260 (1940); J. A. S. A. **13**, 89 (1941) (allgemeine Theorie der stereo-
phonischen Übertragungen). —DE BOER, K.: Philips Techn. Rdsch. **5**, 108 (1940). —
Stereophonische Geluidsweergave Dissertatie Delft 1940. — THIENHAUS, E.:
Telefunken Hausmitt. **86/87** (1941). — WENTE, E. C., R. BIDDULPH, L. A. ELMER
u. A. B. ANDERSON: J. Mot. Pict. Engrs. **37**, 353 (1941) J. A. S. A. **13**, 100 (1941).
— WENTE, E. C., u. R. BIDDULPH: J. Soc. Mot. Pict. Engrs. **37**, 397 (1941) (Licht-
hahn für Stereoaufnahmen). — SNOW, W. B., u. A. R. SOFFEL: J. Mot. Pict. Engrs.
37, 380 (1941). — SELLE, W.: Kinotechnik **23**, 153 (1941). — STEINBERG, J. C.:
J. A. S. A. **13**, 107 (1941); J. Mot. Pict. Engrs. **37**, 366 (1941). — FLETCHER, H.:
Proc. Inst. Rad. Engrs. **30**, 260 (1942). — LEE, H. B.: J. A. S. A. **17**, 356 (1946)
(Beschreibung des von K. H. BECKER ausgearbeiteten „Stereophonverfahrens".
zwei Tonspuren). — LIPPERT, W.: Funk u. Ton **1947**, 173, 236 (betr. Zweikanal-
übertragung mit Magnetophon). — NARATH, A., u. K. SCHWARZ: Optik **5**, 224
(1949) (Tonoptik für Stereoaufnahmen). — MOIR, I.: Wireless World **57**, 84 (1951).
— VERMEULEN, R.: Audio Engng. **38**, 21, 57 (1954). — CUNNINGHAM, J., u. R. O.
JORDAN: ebdt. 56.—BRODHUN, D., u. K. FEIK: Nachrichtentechnik **5**, 185 (1955) (3 D-
Raumklang). — SCHÄFER, O., u. H. SCHLITT: Z. angew. Phys. **4**, 165 (1955) (zur
Theorie des zweiohrigen Hörens). — KLEIS, D.: Elektron. Rdsch. **9**, 64 (1955). —
CLARK, H. A. M., G. F. DUTTON u. P. B. VANDERLYN: Proc. Instn. Elect. Engrs.
(B) **104**, 417 (1957). — VAKHITOV, IA. SH., u. V. S. MANKOVSKII: Akust. Z. (USSR)
3, 109, 115 (1957). — LAURIDSEN, H.: Ber. 4. Tonmeister Tg. Detmold (1957)
S. 31. — SCHLECHTWEG, W.: Funkschau **30**, 275 (1958). — MAYER, H. F., u. F.
BATH: Rundfunktechn. Mitt. **3**, 174 (1959). — SCHERER, P.: N. T. F. **15**, 36 (1959).
— SCHLECHTWEG, W.: ebdt. 43. — LEAKEY, D. M.: J. A. S. A. **31**, 977 (1959).
— GRAU, W.: Elektron. Rdschau **13**, 253 (1959). — OLSON, H. F.: Proc. 3. I.
C. A. Congr. Stuttgart (1959). — WILHELM, K.: ebdt. — HIRSCH, CH. J.: J.
Audio Engr. **8**, No 1 (1960).

geschaltet. Die Dämpfungsglieder sind so bemessen, daß der linke Lautsprecher besonders stark vom linken Mikrophon M_1 beaufschlagt wird, während die weiter rechts liegenden Mikrophone M_2 bis M_n ihn mit abnehmender Stärke erregen. Umgekehrt wirkt das am weitesten rechts befindliche Mikrophon M_n am stärksten auf den rechten Lautsprecher usw. Bewegt sich nun eine Schallquelle beispielsweise von links nach rechts, so erregt diese zunächst stark den linken Lautsprecher und nahezu nicht den rechten, ist sie in der Mitte angelangt, werden beide Lautsprecher gleich stark erregt und kommt sie schließlich in den rechten Teil des Aufnahmeraums, so spricht im wesentlichen nur der rechte Lautsprecher an. Ein im Wiedergaberaum vor den Lautsprechern sitzender Beobachter hat infolge des Summenlokalisationseffektes den Eindruck, daß sich die Schallquelle von links nach rechts bewegt hat. Die stereophonische Wirkung tritt aber wegen des HAAS-Effektes (S. 344) nur in der Nähe der Mittelsenkrechten der beiden Lautsprecher deutlich in Erscheinung. Für

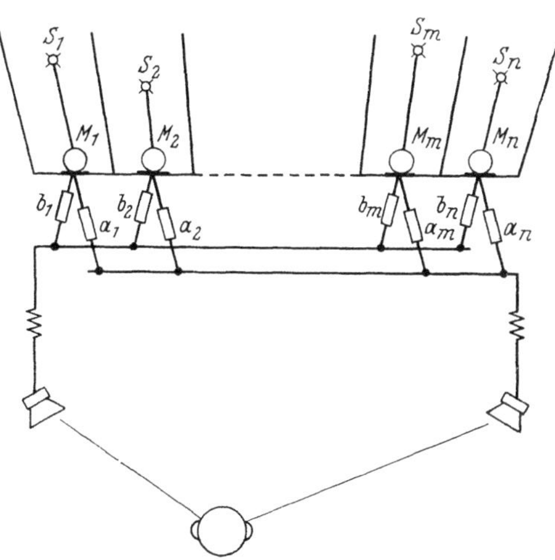

Abb. 365. Raumbezügliche Schallübertragung mit 2 Kanälen (nach H. WARNCKE)

stereophonische Tonfilme verwendet man auch Vierkanal-Magnettonbänder, drei Kanäle dienen zur Steuerung von drei hinter der Bildwand verteilten Lautsprechern, der vierte Kanal ist der sog. „Geräuschkanal", er steuert Lautsprecher an der Rück- und den Seitenwänden des Theaters[1].

Eine pseudostereophonische Wirkung erhält man bereits bei Verwendung von zwei in einiger Entfernung voneinander angebrachten, in Parallelschaltung betriebenen Lautsprechern. Zur Erzielung eines räumlichen Klangeindrucks eignet sich auch eine räumlich ausgedehnte Anordnung einer größeren Zahl von Schallquellen, wie sie beispielsweise ein von H. HARZ und H. KÖSTERS[2] konstruierter Kugellautsprecher

---

[1] Vgl. hierzu H. SCHMIDT: Siemens-Ztschr. **28**, 196 (1954). — JOHN, W.: ebdt. 263.

[2] HARZ, H., u. H. KÖSTERS: NWDR Hausmitt. **3**, 205 (1951). — KUHL, W., u. J. M. ZOSEL: Acustica **6**, 474 (1956). — Vgl. auch noch CARLISLE, R. W., u. A. SCHWARTZ: J. A. S. A. **31**, 1348 (1959).

aufweist. Dieser Lautsprecher besteht aus vielen (bis zu 32) parallel geschalteten Einzelsystemen, die auf einer Kugeloberfläche angeordnet sind. Dadurch wird eine Breitenwirkung des Klangbildes erreicht. In modernen Rundfunkgeräten (3 D-Geräten) wird ein ähnlicher räumlicher Effekt bewirkt. Man verwendet hierbei allerdings höchstens etwa fünf Einzellautsprecher.

VI. Schallanalyse. Physikalische Eigenschaften natürlicher Schallvorgänge

31. Verfahren zur Schallanalyse[1]

Unter Schallanalyse versteht man die Ermittlung von Stärke, Tonhöhe und Phase derjenigen Komponenten, aus denen Schallvorgänge zusammengesetzt sind. Bei rein periodisch aufgebauten Schallvorgängen entspricht die Schallanalyse der FOURIER-Analyse, die wir S. 7 besprochen haben. Bei nicht periodischen Vorgängen liefert die FOURIER-Darstellung zwar eine für den betrachteten Zeitabschnitt des Vorganges einwandfreie und eindeutige mathematische Darstellung, außerhalb des betrachteten Abschnittes besitzt die FOURIER-Analyse aber keine physikalische Realität. Die Phasenlage der in einem Schallvorgang enthaltenen verschiedenen Komponenten ist häufig ohne Interesse; so ist ja z. B. die Phasenlage für die subjektive Wahrnehmung ohne wesentliche Bedeutung (vgl. S. 443); die Schallanalyse kann sich daher praktisch meist auf die Ermittlung der Stärke und der Tonhöhe der verschiedenen Komponenten beschränken. Weiterhin sei bemerkt, daß häufig nicht die Aufgabe vorliegt, die genaue Stärke sämtlicher Komponenten im einzelnen zu ermitteln, sondern daß die Aufgabe nur darin besteht, die Stärke verschiedener Tonbereiche, beispielsweise die Stärke von Oktavbereichen oder Bereichen von Teilen einer Oktave kennenzulernen. Man pflegt im weiteren Sinn auch die Ermittlung der Stärke bestimmter Tonbereiche als Schallanalyse zu bezeichnen. Zur Kennzeichnung der Stärke benutzt man hierbei meist den Schalldruck oder — wenn eine logarithmische Skala zweckmäßiger erscheint, den Schalldruckpegel; bei einer oktavenmäßigen Aufteilung spricht man dann von einem Pegel-Oktavspektrum. Wir hatten oben (Ziff. 29, S. 428) bereits darauf hin-

---

[1] Zu den allgemeinen Fragen der Schallanalyse vgl. insbesondere W. MEYER-EPPLER: Z. Phonetik **4**, 240 (1950) (zusammenfassender kritischer Überblick über das Gesamtgebiet); Z. VDI **96**, 253 (1954). — FISCHER, F. A.: Frequenz **5**, No. 1 (1951) (vergleichende Betrachtungen über Analysatoren für periodische und nichtperiodische Vorgänge). — SOMMER, J.: A. T. M. V-51-3 (1956). Vgl. weiterhin Ziff. 3, S. 7.

gewiesen, daß man bei der Darstellung von Spektren statt der Schalldruckverteilung auch die Lautstärkenverteilung oder auch die Laut-
heitsverteilung angeben kann („Lautstärkenoktavspektren", „Lautheitsoktavspektren" bzw. — wenn man statt der oktavmäßigen Aufteilung eine frequenzgruppenmäßige Aufteilung benutzt — „Lautheits-
gruppenspektren")[1].

Die außerordentlich geringen Energiemengen, die im allgemeinen
bei akustischen Prozessen umgesetzt werden, verschlossen der älteren

Abb. 366. HELMHOLTZ-Resonatoren. (Im Hintergrund ein Tonfrequenzspektrometer)

Forschung die Möglichkeit, leistungsfähige objektiv anzeigende Schall-
analysenverfahren auszubauen. Bis zu dem Zeitpunkt, an dem mit der
Einführung der Verstärkerröhre eine Umwälzung der gesamten akustischen Meßtechnik einsetzte, war die Forschung im wesentlichen auf
Verfahren angewiesen, bei denen das Ohr als Beobachtungsinstrument
benutzt wurde.

H. v. HELMHOLTZ hat dadurch, daß er das Ohr mit einem physikalischen Hilfsgerät — den „Ohrresonatoren" — ausrüstete, die Leistungsfähigkeit subjektiver Messungen der Zusammensetzung von Schallvorgängen außerordentlich verbessert[2]. In Abb. 366 ist ein Satz von

---

[1] Vgl. zu den verschiedenen spektralen Darstellungsmöglichkeiten L. CREMER
u. L. SCHREIBER: Frequenz 10, 201 (1956). — Schematische Abbildungen der verschiedenen Arten von Spektren sind Ziff. 29, S. 428, Abb. 322 dargestellt.

[2] HELMHOLTZ, H.: Die Lehre von den Tonempfindungen. S. 73. Braunschweig 1863.

Ohrresonatoren, wie sie HELMHOLTZ bei seinen Versuchen benutzte, abgebildet. HELMHOLTZ setzte nacheinander die verschieden abgestimmten Resonatoren[1] in den Gehörgang und beobachtete, ob und wie stark die einzelnen Resonatoren ansprechen. Er konnte auf diese Weise sehr wichtige Aufschlüsse über die Struktur von Vokalklängen und Musikklängen gewinnen. Auch C. STUMPF[2] benutzte bei seinen umfangreichen Klanguntersuchungen einen Satz von Resonatoren, allerdings nicht Ohrresonatoren, sondern Stimmgabeln; die Stärke des Mitklingens der verschieden abgestimmten Gabeln beobachtete er subjektiv. Man kann nur immer von neuem bewundern, welche genaue — größtenteils mit den modernen mit großen Hilfsmitteln durchgeführten Untersuchungen völlig übereinstimmende — Feststellungen H. v. HELMHOLTZ und C. STUMPF mit den skizzierten Methoden machten.

Bald nach Einführung der Verstärkerröhre in die Meßtechnik wurden Verfahren entwickelt, die den zeitlichen Verlauf der Schallvorgänge mit großer Genauigkeit aufzeichneten, so daß nunmehr eine Möglichkeit geschaffen war, durch rechnerische oder mechanische FOURIER-Analyse (vgl. S. 7) der registrierten Kurven objektiv gesicherte Aussagen über die Zusammensetzung von Schallvorgängen zu machen.

Bei der Aufzeichnung des zeitlichen Verlaufs von Schallvorgängen bedient man sich elektrischer Schallempfänger, und zwar bei solchen Aussagen, die größere Genauigkeit erfordern, fast ausschließlich eines Kondensatormikrophons. Das Kondensatormikrophon steuert einen Verstärker, und der Ausgangsstrom des Verstärkers wird dann mit einem Schleifenoszillograph[3] oder auch mit einem Kathodenstrahloszillograph (mit einem „BRAUNschen Rohr") aufgezeichnet. Beim Schleifenoszillograph dient als Registriersystem ein vom Strom durchflossenes, in einem Magnetfeld in Form einer Schleife ausgespanntes dünnes Metallband. Fließt ein Strom durch die Schleife, so wird durch die Wechselwirkung von Strom und Magnetfeld der eine Teil des Bandes vorwärts, der andere Teil des Bandes rückwärts, und zwar senkrecht zu den Kraftlinien des Feldes bewegt, ein auf die Schleife geklebtes Spiegelchen führt daher eine Drehung aus. Mittels eines Lichtstrahls wird die

---

[1] Über die Wirkungsweise des HELMHOLTZ-Resonators vgl. Ziff. 24, S. 318.

[2] STUMPF, C.: Berl. Ber. **1918**, Nr. 17, 333. — C. STUMPF benutzt bei seinen klassischen Untersuchungen insbesondere auch die Methode des „Abbaus" von Klängen mittels Interferenzfilter (vgl. hierzu Ziff. 32, S. 499).

[3] „Oszillogramme" von Schallvorgängen wurden (mittels einer mit einem Spiegelchen versehenen) Telephonmembran zuerst von O. FRÖLICH [ETZ **10**, 65, 345, 369 (1889)] aufgenommen. — Über den Schleifenoszillograph vgl. insbesondere F. EICHLER u. W. GAARZ: Siemens-Z. **10**, 598, 635 (1930). — HÄRTEL, W.: A. T. M. J. 035-6, J 035-7 (1950). — HÄRTEL, W., u. J. OEMIGK: A. T. M. 035-8 u. 035-9 (1954). — LANGE, W. u. CH. SÖRENSEN: Siemens Z. **34**, 724 (1960). — KAISER, W.: Elektronik **9**, 193 (1960).

Drehung des Spiegelchens (Abb. 367) auf einem vorbeilaufenden photographischen Papier registriert, auch läßt sich der Schwingungsverlauf mittels eines rotierenden Polygonspiegels auf einer Mattscheibe beobachten. Nach den S. 27 behandelten Gesetzen der erzwungenen Schwingungen wird die Kurvenform des durch die Schleife gesandten Stromes dann getreu abgebildet, wenn die Eigenschwingung der Schleife hoch genug über der höchsten noch in der Stromkurve enthaltenen Komponente liegt und wenn ihre Dämpfung genügend groß ist. Die erforderliche Dämpfung ist dadurch gewährleistet, daß die Schleife in Öl schwingt. Die Eigenschwingung der Schleife wird durch die Spannung einer Feder

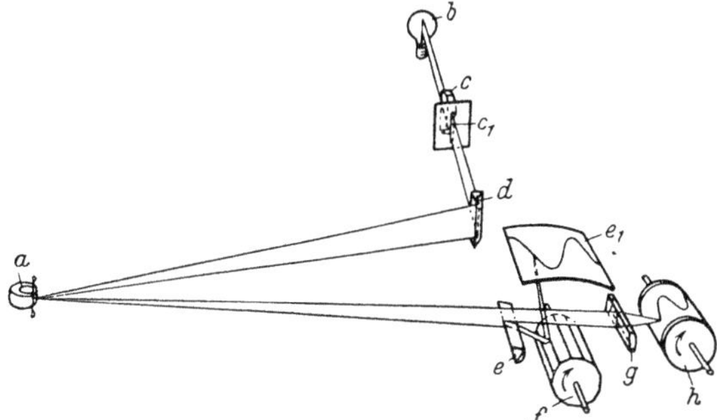

Abb. 367. Strahlengang im Schleifenoszillograph (nach F. EICHLER u. W. GAARZ). a Schleife, b Lampe, c Spalt, d, e Prisma, f Polygonspiegel, g Zylinderlinse, h Filmtrommel, e_1 Mattscheibe

einreguliert, bei den höchst abgestimmten Schleifen liegt die ungedämpfte Eigenschwingung bei etwa 20 000 Hz[1].

Mit dem Schleifenoszillograph ist es bei Einbau einer entsprechenden Zahl von Schleifensystemen möglich, gleichzeitig eine größere Zahl von Meßgrößen aufzuzeichnen. Er ist für Frequenzen des Hörbereichs bis etwa 10 kHz brauchbar. Sehr viel größer ist der Frequenzbereich des Kathodenstrahloszillographen (auch als „BRAUNsches Rohr" bezeichnet)[1], derartige Oszillographen sind außer im Hörbereich auch im Ultraschallbereich brauchbar, je nach Bauart ist eine Auflösung bis maximal etwa 100 MHz möglich.

---

[1] Der Kathodenstrahloszillograph wurde 1897 von F. BRAUN: Wiedem. Annal. **60**, 552 (1897), erfunden. Zur Geschichte des BRAUNschen Rohrs vgl. J. ZENNECK: Naturwissensch. **35**, 33 (1948). Vgl. über Kathodenstrahloszillographen weiterhin: A. BIGALKE: A. T. M. J. 834-24 (1939). — GOLDSTEIN, H., u. P. D. BALES: Rev. Sci. Instr. **17**, 89 (1946) (betr. hohe Schreibgeschwindigkeiten). — KLEIN, P. E.: Kathodenstrahloszillographen, Berlin u. Frankfurt 1948. — PIEPLOW, H.: A. T. M. J. 8340-5 (1949); A. T. M. J. 8340-6 (1950). — BIGALKE, A.: A. T. M. J. 8344-4 (1950). — FERRONI, E. v.: Siemens-Z. **25**, 233 (1951). — TRÖGER, J.: ebdt. **29**, 377 (1955). — DAY, J. E.: Recent Developments in Cathode Ray Oscilloscopes, in „Advances in Electronics", hr. v. L. MARTON: New York 1958. — CZECH, J.: Oszillographenmeßtechnik, Berlin 1959.

Der Kathodenstrahloszillograph besteht (s. Abb. 368) aus einem evakuierten Kolben, in dem sich die Systeme zur Erzeugung, Konzentrierung und Ablenkung des Elektronenstrahls sowie der Leuchtschirm befinden. Der aus der Kathode austretende zur Anode laufende Elektronenstrahl kann durch Änderung der Spannung einer vor der Kathode liegenden Elektrode (WEHNELT-Zylinder, W) in ihrer Intensität geregelt werden. Durch die zylindrische Elektrode Z wird eine Fokussierung des Elektronenstrahls bewirkt. Danach durchläuft der Strahl die senkrecht zueinander angeordneten Plattenpaare P_1, P_2 und P_3, P_4. An den die waagerechte Ablenkung bewerkstelligenden Platten P_3 und

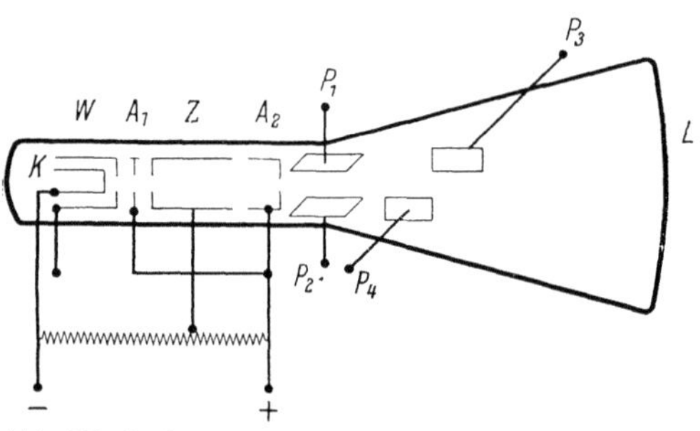

Abb. 368. Kathodenstrahloszillograph (BRAUNsches Rohr, schematisch)

P_4 liegt eine mit der Zeit veränderliche Spannung, beispielsweise eine solche, die abwechselnd proportional zur Zeit zunimmt und dann wieder auf Null springt (Kippspannung). Da die Elektronen eine Ablenkung erfahren, die proportional zur Spannung ist, so bewegt sich der auf dem Leuchtschirm durch Aufprallen der Elektronen entstehende Leuchtfleck in entsprechender Weise. Legt man nun an das Plattenpaar P_1, P_2 die aufzuzeichnende Spannung an, so wird auf dem Leuchtschirm (bei geeigneter Wahl der Kippfrequenz) die Schwingungskurve des in Frage stehenden Vorgangs entworfen. — Da die Elektronen verschwindend kleine Trägheit besitzen, ist es möglich, mit dem Kathodenstrahloszillographen Schwingungsuntersuchungen bis zu sehr hohen Frequenzen durchzuführen. So benutzt man ihn beispielsweise in der elektrischen Hochfrequenztechnik bis zu Frequenzen von etwa $5 \cdot 10^8$ Hz. — Zur gleichzeitigen Darstellung von 2 Meßgrößen kann man Zweistrahloszillographen verwenden. Bei diesen werden durch ein doppeltes Ablenksystem die beiden Vorgänge nebeneinander auf dem Schirm aufgezeichnet. Neuerdings wurden auch Vielstrahloszillographen entwickelt[1].

Die FOURIER-Analyse der oszillographisch aufgezeichneten Kurvenbilder kann nach den S. 10 besprochenen Methoden rechnerisch erfolgen, oder man kann sie unter Benutzung eines mechanischen Analysators durchführen. Der Zeitbedarf derartiger Analysen ist aber, wie erwähnt, ein beträchtlicher.

Sehr gut eignet sich der Kathodenstrahloszillograph auch zum Frequenzvergleich mittels LISSAJOUS-Figuren. Man legt hierzu an die

[1] Vgl. z. B. W. LANGE, CH. SÖRENSEN u. E. SCHMIDT: Siemens Z. **34**, 718 (1960).

Ablenkplatten eine sinusförmige Wechselspannung, deren Frequenz ein ganzzahliges Vielfaches der Grundfrequenz des in Frage stehenden Schallvorganges ist (vgl. S. 18).

Einen außerordentlich großen Fortschritt bedeutete es, als es gelang, mit den Mitteln der elektrischen Meßtechnik Verfahren zu entwickeln, die automatisch und in einem Zeitraum von nur wenigen Minuten eine Schallanalyse von großer Genauigkeit liefern. Ein derartiges Verfahren zur automatischen elektrischen Schallanalyse wurde von M. GRÜTZMACHER angegeben[1].

In Abb. 369 ist die Wirkungsweise dieses Verfahrens skizziert. Am Gitter eines Verstärkerrohres greift außer dem zu analysierenden, vom Mikrophon M aufgenommenen Schallvorgang noch eine sinusförmige Spannung regelbarer Frequenz, der sog. „Suchton‟, an, welcher von einem Schwebungssummer geliefert wird. Der Verstärker besitzt eine nichtlineare Charakteristik, so daß hinter dem Verstärker neben den

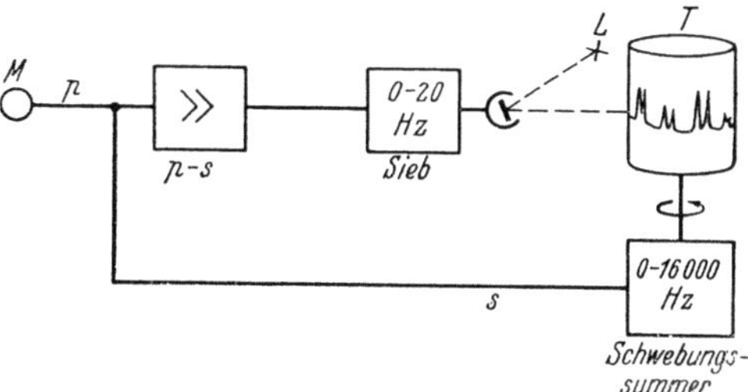

Abb. 369. Suchtonverfahren (nach M. GRÜTZMACHER)

vom Schallfeld herrührenden Komponenten von der Frequenz p und dem Suchton von der Frequenz s auch noch die Kombinationsschwingungen $m \cdot p \pm n \cdot s$ auftreten $(m, n = 1, 2, 3 \ldots)$; es tritt also insbesondere dort der 1. Differenzton $p - s$ und der 1. Summationston $p + s$ auf.

---

[1] GRÜTZMACHER, M.: Elektr. Nachr.-Techn. 4, 533 (1927). — Ungefähr gleichzeitig und unabhängig arbeitete E. GERLACH ein ähnliches Verfahren aus [Z. techn. Phys. 8, 515 (1927)]. — Über Suchtonverfahren vgl. weiterhin C. R. MOORE u. A. S. CURTIS: Bell Syst. techn. J. 6, 216 (1927). — MEYER, E.: Elektr. Nachr.-Techn. 5, 398 (1928). — GRÜTZMACHER, M.: Z. techn. Phys. 10, 570, 577 (1929). — WALTER, C. H.: Z. techn. Phys. 13, 436 (1932). — DIEBITSCH, J., u. H. ZUHRT: Elektr. Nachr.-Techn. 9, 293 (1932). — KLUGE, M.: Z. techn. Phys. 15, 223 (1934). — WALTER, C. H., u. E. FREYSTEDT: Wiss. Veröff. Siemens-Werk 14/1, 63 (1935). — HALL, H. H.: J. acoust. Soc. Amer. 7, 102 (1935). — SCHOEPS, K.: Naturwiss. 24, 202 (1936). — HALL, H. H.: J. Mot. Pict. Engrs. 27, 396 (1936). — WEYMANN, G.: Hochfrequenztechn. 49, 181 (1937). — SCHOEPS, K.: Hochfrequenztechn. 49, 184 (1937). — BUCHMANN, G.: Z. VDI 81, 915 (1937). — HOLLE, W.: Z. techn. Phys. 18, 312 (1937). — MEYER-EPPLER, W.: A. E. Ü. 4, 331 (1950). — KALLENBACH, W.: Acustica 4, (AB 1), 403 (1954). — SPENCER, T. A.: Bell Lab. Rec. 33, 35 (1955). — RICHARD, J. D., P. F. SMITH u. F. H. STEPHENS: I. R. E. Trans. Audio AU 3, 37 (1955). — MARTIN, W.: Rhode u. Schwarz Mitt. No. 6, 353 (1955). Bemerkt sei noch, daß ein Verfahren zur unmittelbaren elektrischen Analyse von Wechselströmen zuerst von TH. DES COUDRES angegeben wurde [Verhdl. Phys. Ges. 17, 1898, Nr. 11; ETZ 21, 752 (1900)].

31*

Am Ausgang des Verstärkers befindet sich ein Tiefpaßfilter, welches nur
einen sehr engen Frequenzbereich, beispielsweise den Bereich zwischen 0
und 20 Hz, hindurchläßt. Streicht nun der Suchton beim Durchdrehen
des Drehkondensators des Schwebungssummers langsam über den ganzen
akustischen Frequenzbereich, so wird hinter der Siebkette stets dann
eine elektrische Spannung auftreten, wenn der Frequenzabstand zwischen
dem Suchton und einer vom Schallfeld herrührenden Komponente kleiner ist als 20 Hz. Ein hinter der Siebkette liegendes Lichtzeiger-Regi-
strierinstrument (L) zeigt also stets dann etwas an, wenn der Suchton
über eine vom Schallfeld herrührende Komponente hinwegstreicht. Bei

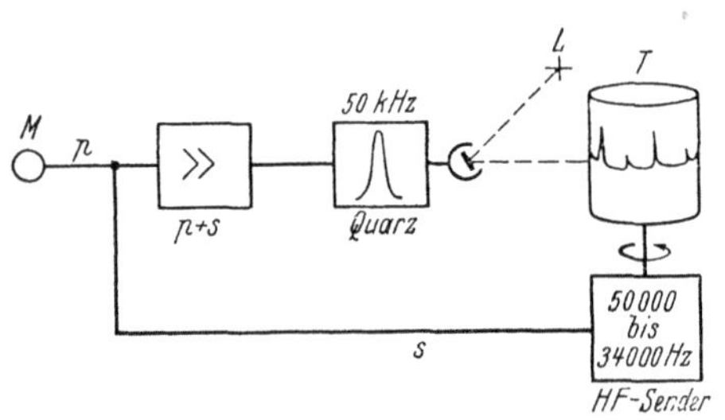

Abb. 370. Suchtonverfahren (mit Quarzfilter)

Einhaltung bestimmter Bedingungen — insbesondere derjenigen, daß die Amplitude
des Suchtons wesentlich größer ist als die Amplitude der
vom Schallfeld herrührenden
Komponente — läßt es sich
erreichen, daß die Anzeige des
Meßinstrumentes proportional der Amplitude der vom
Schallfeld herrührenden Komponente ist. Eine wichtige Bedingung ist
allerdings noch diejenige, daß das Durchdrehen des Schwebungssummers
nicht zu rasch erfolgt, da sonst die Siebkette beim Hinwegstreichen des
Suchtons über eine Schallfeldkomponente nicht genügend Zeit zum
Einschwingen hat[1], eine genaue Schallanalyse benötigt daher einen
Zeitraum von einigen Minuten. In der vorstehend skizzierten Form ist
die Umwandlung des Verfahrens auf rein periodische Schallvorgänge
beschränkt, will man Geräusche analysieren, so muß man statt der einfachen — in Abb. 369 skizzierten — Gleichrichterschaltung eine solche
verwenden, die im Gegentakt arbeitet, da sonst durch Differenztonbildung zwischen eng benachbarten, vom Schallfeld herrührenden
Komponenten ein Dauerausschlag des Registrierinstrumentes bewirkt
wird[2].

Bemerkt sei noch, daß man Suchtonapparaturen statt mit Tiefpaßfiltern auch mit hoch abgestimmten Resonanzkreisen ausrüsten und
dann statt des 1. Differenztones den 1. Summationston zur Anzeige
benutzen kann (Abb. 370). Derartige — beispielsweise mit einem
Piezoquarzresonator ausgestattete — Suchtonapparaturen gestatten

---

[1] Vgl. H. Salinger: Elektr. Nachr.-Techn. **6**, 293 (1929). — Walter, C. H.:
Wiss. Veröff. Siemens-Werk **14**, 56 (1935). — Pimonow, L.: Proc. 3. I. C. A. Congr.
Stuttgart (1959).
[2] Vgl. M. Grützmacher: Z. techn. Phys. **10**, 570 (1929).

zwar etwas raschere Analysen[1] wie die mit Tiefpaßfilter ausgestatteten
Analysatoren[2], eine durch die Einschwingzeit der Resonatoren bedingte
Grenzgeschwindigkeit des Analysierens besteht aber grundsätzlich auch
bei den mit Hochfrequenzresonanzkreisen ausgestatteten Filtern.

In Abb. 371 ist ein mit einem (von G. WEYMANN gebauten) Suchtonanalysator mit hochabgestimmtem Piezoquarzfilter aufgenommenes
Schallspektrum dargestellt. Das Spektrum ist dasjenige einer Lochsirene (S. 173). Die einzelnen harmonischen Komponenten und ein
schwacher, vom Anblasgeräusch herrührender kontinuierlicher Untergrund sind deutlich zu erkennen. Die FOURIER-Zerlegung des Öffnungs-

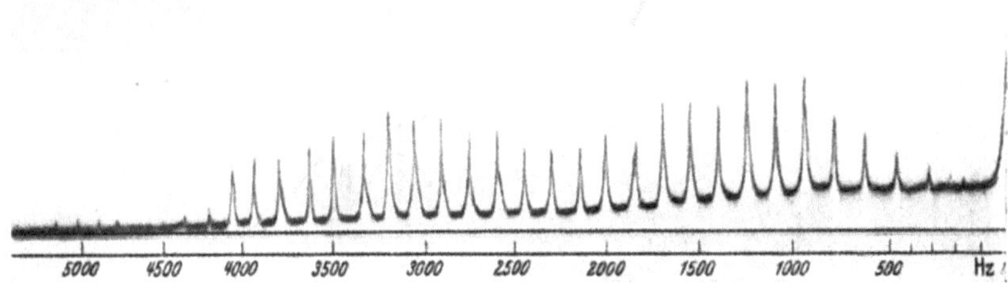

Abb. 371. Spektrum des Schalles einer Lochsirene (Suchtonverfahren, Quarzresonator etwa 45 kHz)

vorganges der Lochsirene führt auf ein Spektrum, welches die tiefen
Komponenten in gleicher Stärke enthält, bei hohen Frequenzen ergeben
sich dann in Abhängigkeit von dem Verhältnis Lochdurchmesser zur
Entfernung der Löcher Nullstellen. Das von dem Analysator aufgezeichnete Klangspektrum zeigt, daß im Gegensatz zur Verteilung
des Spektrums des Öffnungsvorganges in tieferen Gebieten ein starker
Anstieg mit der Frequenz erfolgt; es liegt dies an der Frequenzabhängigkeit des Strahlungswiderstandes der Öffnung. Bemerkt sei, daß in
Abb. 377 derselbe Vorgang im Oktavsieboszillogramm dargestellt ist.

---

[1] Vgl. insbesondere G. WEYMANN: Hochfrequenztechn. **49**, 181 (1937). — Mit
hochabgestimmten, aus mehreren Systemen zusammengesetzten mechanischen
Bandfiltern lassen sich, wie G. BUCHMANN [A. Z. **5**, 7 (1940)] zeigte, Filter bauen,
deren Frequenzkurve nicht so spitz zuläuft wie diejenige von Piezoquarzen und
die außerdem größere Flankensteilheit aufweisen. — Über Hochtonanalyator
vgl. auch K. TAMM u. J. PRITSCHING: Acustica **1**, (AB 1) 43 (1951) (mechanisches
40 kHz Filter, Analysierzeit im Bereich 0 bis 20 kHz 150 s.) Über einen schnell
arbeitenden, keine mechanisch bewegten Teile enthaltenden elektronischen Such-
tonspektrograph für Sprachanalysen vgl. S. STEINBACH: Nachrichtentechn. **6**, 396
(1956).

[2] Das langsamere Arbeiten der mit Tiefpaßfiltern ausgestatteten Analysatoren
liegt im wesentlichen daran, daß beim Herüberlaufen des Suchtones über jede in
Frage stehende Schallfeldkomponente der Differenzton jeweils einmal die Frequenz 0 erreicht, daß das Filter bei jeder Anzeige also zweimal einschwingen muß.

Mittels Suchtonanalysen wurden zahlreiche aufschlußreiche Arbeiten über die physikalische Natur von Schallvorgängen durchgeführt — wir werden die Ergebnisse dieser Untersuchungen S. 506ff. besprechen.

Mit den Suchtonverfahren sind Analysen kurz dauernder schnell veränderlicher Schallvorgänge nur dann möglich, wenn man diese Vorgänge zunächst, beispielsweise auf einem Tonfilm oder einem Magnetband[1], aufzeichnen kann. Man klebt den zu analysierenden Ausschnitt der Aufzeichnung dann zu einem endlosen Band zusammen und analysiert ihn unter Benutzung eines hinreichend trägen Anzeigeinstruments. Man erhält so die mittlere spektrale Zusammensetzung des Gesamtvorganges ohne aber zunächst Aussagen über die momentane Zusammensetzung an den einzelnen Stellen der Aufzeichnung machen zu können.

Aussagen über die momentane Zusammensetzung einzelner Stellen von Klangaufzeichnungen lassen sich mit dem als „Sound Spectrograph" bezeichneten, von W. KOENIG, K. DUNN und L. Y. LAZY[2] entwickelten Verfahren gewinnen. Die Aufzeichnung wird auf einem Magnetband vorgenommen, der in Frage stehende Teil der Aufzeichnung wird ausgeschnitten und als endloses Band auf dem Rand einer Kreisscheibe befestigt. Mit der Achse der Kreisscheibe mechanisch fest verbunden ist die Achse einer Registriertrommel. Die Registrierung der Ausgangsstromstärke des im Sound Spectrograph verwendeten Suchtonanalysators erfolgt auf elektrolytischem Weg, und zwar wird elektrolytisch empfindliches Registrierpapier um so mehr geschwärzt, je größer der Strom durch den Stift ist. Die Einrichtung ist nun so getroffen, daß bei jeder Umdrehung der Trommel und der mit ihr fest gekoppelten, die Aufzeichnung tragenden Scheibe der Stift um einen kleinen Betrag längs der Ordinatenachse gehoben wird, gleichzeitig wird die Frequenz des Suchtonanalysators um einen kleinen Betrag erhöht — jedem Ordinatenwert ist also dann ein bestimmter Frequenzwert des Suchtons zugeordnet. Man erhält so nach und nach in Form einer Dichteschrift die momentane Schallzusammensetzung. Ausdrücklich sei aber bemerkt, daß die Analysiergeschwindigkeit nicht

---

[1] Magnetbandaufzeichnungen werden vielfach zur Schallanalyse herangezogen. Da man gegebenenfalls die Bänder mit stark verlangsamter Geschwindigkeit wieder abspielen kann, kann man, wie noch bemerkt sei, eine oszillographische Aufzeichnung auch mit verhältnismäßig trägen Schleifen oder Spulensystemen vornehmen. Vgl. hierzu J. DREYFUS-GRAF: Microtechn. **7**, 149 (1953).

[2] KOENIG, W., H. K. DUNN u. L. Y. LAZY: J. A. S. A. **18**, 19 (1946). Vgl. auch W. KOENIG u. A. E. RUPPEL: ebdt. **20**, 787 (1948) (Ersatz der elektrolytischen Registrierung durch ein photographisches Verfahren). — KERSTA, L. G.: ebdt. 796. — MATHES, R. C., A. C. NORWINE u. K. H. DAVIS: ebdt. **21**, 526 (1949) (betr. eine ähnliche Anordnung mit einem BRAUNschen Rohr). — PETERSON, G. E., u. G. RAISBECK: J. A. S. A. **25**, 1157 (1953) (Lärmmessungen mit dem Sound Spectrograph). — KOCK, W. E.: J. A. S. A. **26**, 105 (1954) (Qualitätsbestimmung von Musikinstrumenten).

weiter getrieben werden kann, als dies mit Rücksicht auf die Einschwingzeit des im Suchtonanalysator verwendeten Filters möglich
ist. Handelt es sich um eine Aufzeichnung, in der rasche Änderungen
der Schallzusammensetzung vorkommen, so muß man sich mit einer
geringen Analysierschärfe begnügen[1]. Man benutzt bei dem Sound
Spectrograph-Verfahren normalerweise eine Bandbreite des Filters von
300 Hz. Der Sound Spectrograph wurde insbesondere mit Erfolg zur
Untersuchung der momentanen Zusammensetzung von Sprach-Lauten,

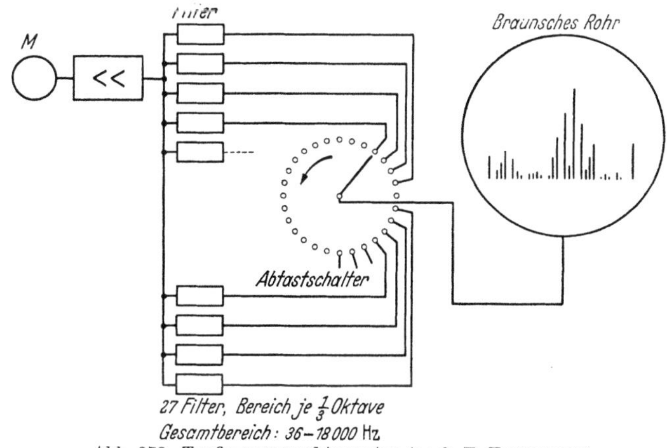

Abb. 372. Tonfrequenzspektrometer (nach E. FREYSTEDT)

-Silben, -Wörtern und Sentenzen verwendet. In Abb. 411 und Abb. 412
sind mit diesem Verfahren gewonnene Sprach-Spektrogramme dargestellt.

Eine unmittelbare fortlaufende Analyse auch schnell veränderlicher
Vorgänge ist mit Filterverfahren, insbesondere mit dem „Tonfrequenz-
spektrometer" und der Methode der „Oktavsieboszillographie" möglich.
Das von E. FREYSTEDT[2] angegebene Tonfrequenzspektrometer (Abb. 372

---

[1] Zur Frage des Zusammenhangs zwischen Einschwingzeit der Ketten und
Analysierschärfe vgl. insbesondere Ausführungen zur Methode der Oktavsieboszillographie auf der nächsten Seite. — Es sei hier auch noch auf eine Arbeit
von R. FELDTKELLER hingewiesen, in welcher die grundsätzlichen Fragen der
Darstellung von Frequenz-Zeitbeziehungen bei Schwingungsvorgängen behandelt
sind [Z. Techn. Physik 14, 456 (1933)].

[2] FREYSTEDT, E.: Z. techn. Phys. 16, 533 (1935). — FREYSTEDT, E., u. F. BATH:
A. T. M. V. 3622-1 (1938). — Vgl. auch P. VETTERLEIN: Z. techn. Phys. 23, 17
(1942) (Ersatz des rotierenden mechanischen Umschalters durch eine Elektronen-
röhrenschaltung). — Über ähnliche mit Filtersätzen ausgestattete Geräte vgl. auch
O. GRUENZ: Bell Lab. Rec. 29, 256 (1951). — SHERMAN, J. B.: Electronics 26, 192
(1953). — ESSLER, W. O.: I. R. E. Trans. Audio AU 3, 24 (1955). — KAULE, W.,
u. A. JOHNE: Nachrichtentechn. 6, 35 (1956) (Analysierbereiche 0 bis 1 kHz mit
20 Filterstufen je 50 Hz bzw. 0 bis 20,5 kHz mit 41 Stufen je 500 Hz Bandbreite.
Elektronische Abtastung).

und 366) besitzt 27 elektrische Filter, die jeweils nur den Bereich von einer Dritteloktave hindurchlassen. Am Ausgang der Filter liegt ein Abtastschalter, welcher 20mal in der Sekunde umläuft und bei jedem Umlauf jedes der Filter einmal mit den senkrechten Ablenkplatten eines BRAUNschen Rohrs in Verbindung bringt, so daß dann die senkrechte Auslenkung des Leuchtflecks des BRAUNschen Rohrs der jeweiligen Stärke der Komponenten in den einzelnen Frequenzbereichen entspricht. Durch eine mit dem Umlauf des Abtastschalters synchrone

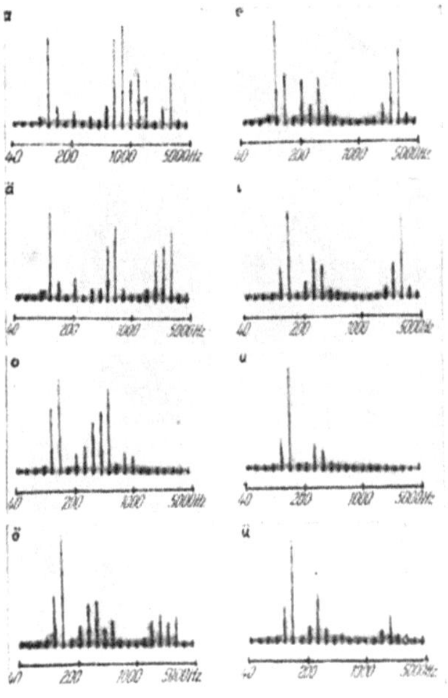

Abb. 373.
Tonfrequenzspektrogramme von verschiedenen Vokalen (nach E. FREYSTEDT)

Ablenkung in der waagerechten Achse des Leuchtschirms wird der Leuchtfleck während jedes Umlaufs einmal längs der waagerechten Achse entlang bewegt, so daß dann also in jeder zwanzigstel Sekunde einmal nebeneinander die Anzeigen der einzelnen Siebe entworfen werden. Das FREYSTEDTsche Tonfrequenzspektrometer gibt ein sehr anschauliches Bild der Zusammensetzung von Schallvorgängen. Änderungen der Schallzusammensetzung lassen sich, insofern sie nicht allzu schnell erfolgen, subjektiv leicht beobachten; auch kann das auf dem Leuchtschirm entworfene Tonfrequenzspektrum kinematographisch aufgenommen werden. Genaue Aussagen über solche Schallvorgänge, deren Zusammensetzung sich während der Umlaufzeit des Abtastschalters, also während $^1/_{20}$ sec wesentlich ändert, sind mit dem Tonfrequenzspektrometer naturgemäß nicht möglich

Als Beispiel einer Schallanalyse mit dem Tonfrequenzspektrometer zeigt Abb. 373 Analysen von Vokalen, die Lage der tiefen und der hohen Formantbereiche (Ziff. 18, S. 181) ist anschaulich zu erkennen.

Zur Untersuchung der Eigenschaften sehr schnell veränderlicher Vorgänge eignet sich das Verfahren der Oktavsieboszillographie[1] (Abb. 374). Hinter dem zum Schallempfang dienenden Kondensator-

---

[1] TRENDELENBURG, F., u. E. FRANZ: Z. techn. Phys. 16, 513 (1935). Wiss. Veröff. Siemens-Werke 15, 78 (1936). — Oszillographische Untersuchungen mit Siebketten wurden insbesondere auch von O. VIERLING [Z. techn. Phys. 16, 528 (1935)] und O. VIERLING u. F. SENNHEISER [Akust. Z. 2, 93 (1937)] durchgeführt. Über Baudaten von Oktavsieben vgl. auch G. BOSSE: Funk u. Ton 1948, 66.

mikrophon liegt ein Satz von Siebketten, welche jeweils den Bereich von einer Oktave hindurchlassen Im Ausgang jeder Kette ist eine Meßschleife eingeschaltet, mit welcher die in dem betreffenden Oktavbereich liegenden Komponenten oszillographisch aufgezeichnet werden. Abb. 375 zeigt die Eichung der Oktavsiebapparatur mit einem Ton, dessen Höhe allmählich von sehr tiefen nach sehr hohen Frequenzen verändert wurde. Man erkennt, wie die einzelnen Siebe nacheinander ansprechen.

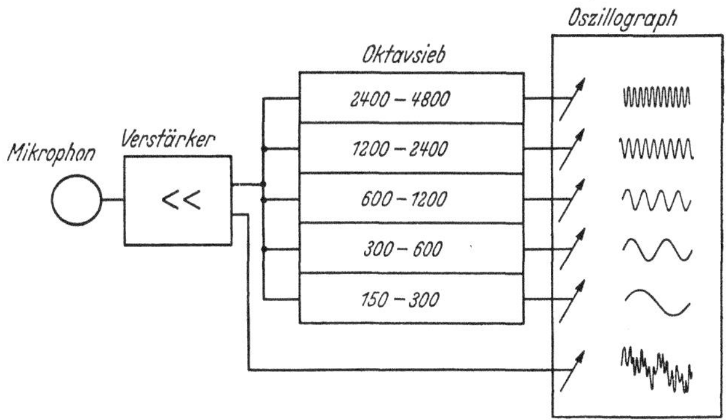

Abb. 374. Anordnung zur Oktavsieboszillographie
(nach F. TRENDELENBURG u. E. FRANZ)

Auch bei der Oktavsieboszillographie ist durch die Einschwingvorgänge der Siebketten eine Auflösungsgrenze gesetzt. Diese Grenze liegt freilich so hoch, daß sie für die meisten praktischen Schallvorgänge keinerlei Rolle spielt. Nach einer von K. KÜPFMÜLLER[1] abgeleiteten Beziehung entspricht die Einschwingzeit ΔT einer Siebkette dem Reziprokwert der Durchlaßbreite Δf, es gilt also

$$\Delta T = \frac{1}{\Delta f}. \tag{208}$$

Die Einschwingzeit beträgt dementsprechend beispielsweise für das Oktavfilter von der Durchlaßbreite 150—300 Hz $^1/_{150}$ sec, für das Filter 300—600 Hz $^1/_{300}$ sec usw. bis schließlich das Filter 4800—9600 Hz seine Einschwingung bereits in einer Zeit von rund $^1/_{5000}$ sec beendet hat Die von KÜPFMÜLLER abgeleitete Beziehung hat sich, wie Abb. 376 zeigt,

---

[1] KÜPFMÜLLER, K.: Elektr. Nachr. Techn. **5**, 18 (1928). — Die KÜPFMÜLLERsche Beziehung ist eine spezielle Form der sog. allgemeinen Unsicherheitsrelation der Wellenlehre. Ganz allgemein gilt, daß Aussagen über die Frequenz einer Schwingung um so genauer möglich sind, je längere Zeit für die Analyse zur Verfügung steht oder — anders ausgedrückt — daß Analysatoren um so ungenauer arbeiten, je schneller sie ansprechen. Über die allgemeine Unsicherheitsrelation der Wellenlänge vgl. insbesondere Ausführungen von H. GUTH zum Beitrag: „Entwickelung und Grundlagen der Quantenphysik" zum Handbuch der Physik **4**, 473 (1929).

gut bestätigt, das Bild läßt erkennen, wie die Einschwingvorgänge jeweils in der Zeitdauer von rund einer Periode des in Frage stehenden Schallvorganges beendet sind   Auch die Ausschwingvorgänge der Filter verlaufen sehr schnell, eine Auswertung der Abb. 376 ergibt, daß die Ketten mit einem Dekrement abklingen, welches zwischen etwa 0,7 und

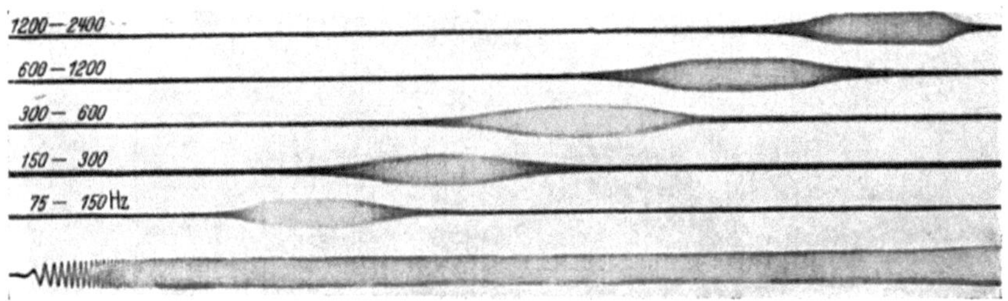

Abb. 375. Eichung eines Oktavsiebsatzes

1,4 liegt. Derart große Dekremente kommen bei natürlichen Schallvorgängen im allgemeinen nicht vor, fast immer wirken ja — wenn man von Sonderfällen, wie einem Funkenknall im Freien oder im extrem gedämpften Raum, absieht — bei der Erzeugung von Schallvorgängen

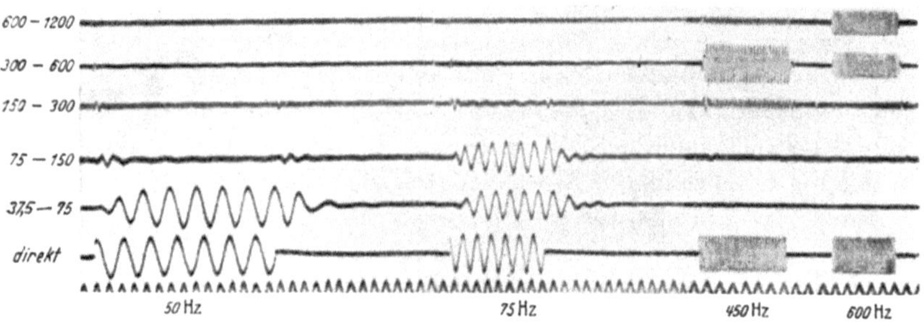

Abb. 376. Ein- und Ausschwingvorgänge (Oktavsiebe)

Resonanzsysteme mit, wie z. B. die Mundhöhle bei der menschlichen Stimme oder die Resonanzkörper bei Musikinstrumenten. Diese Resonanzgebilde besitzen aber durchweg eigene Dekremente, die kleiner sind als die oben stehenden Werte für die Dekremente der Siebketten. Die Siebketten zeichnen daher die Abklingvorgänge der natürlichen Schallvorgänge praktisch getreu auf.

In Abb. 377 ist ein Oktavsieboszillogramm des Schalls der bereits erwähnten Lochsirene (S. 485) wiedergegeben. Das Bild läßt Einzelheiten, wie z. B. den Augenblick des Öffnungsimpulses deutlich erkennen. Die Spitzenwerte in den verschiedenen Oktavbereichen wachsen

mit der Frequenz rascher an, wie dies im Suchtonspektrum Abb. 371 der
Fall ist. Der Grund dafür liegt darin, daß die Durchlaßbreite (in Hz)
von Sieb zu Sieb wächst; sie verdoppelt sich. Dementsprechend wirken
mit wachsender Ordnungszahl des Siebes immer mehr Teilkomponenten
zusammen.

Mit dem Oktavsieboszillographen wurde eine große Zahl aufschluß-
reicher Untersuchungen über die Zusammensetzung veränderlicher
Schallvorgänge, insbesondere bei Sprachlauten und Musikklängen durch-

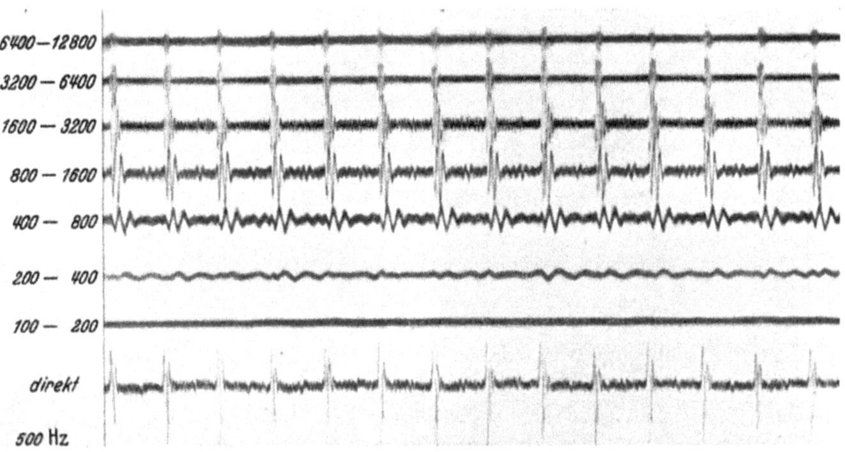

Abb. 377. Oktavsieboszillogramme des Schalles einer Lochsirene

geführt, wir werden die Ergebnisse dieser Untersuchungen S. 520ff.
besprechen.

Dem „Tonfrequenzspektrometer" und dem Verfahren der „Oktavsieboszillographie" ähnlich arbeiten zwei für das „Visible Speech"-Ver-
fahren (Abb. 378 u. 379) benutzte Analysiereinrichtungen; die Zerlegung
findet hierbei ebenfalls durch eine größere Anzahl parallel geschalteter
Filter statt, die Filter sind allerdings nicht oktavenmäßig aufgeteilt,
sondern lassen jedes den Bereich von etwa 300 Hz hindurch. Man benutzt
beim Visible Speech-Verfahren 12 Filter für einen Gesamtbereich von
75—3500 Hz. Bei dem einen, von R. R. RIESZ und L. SCHOTT[1] entwickelten Verfahren (Abb. 378) kommen die Schallspektrogramme auf
dem Leuchtschirm eines BRAUNschen Rohres besonderer Konstruktion
zur Darstellung, und zwar besitzt dieses Rohr einen zylinderförmigen
Leuchtschirm, der am Beobachter vorbei um eine senkrechte Achse rotiert und auf den ein aus der Mitte des Zylinders kommender Kathoden-

---

[1] RIESZ, R. R., u. L. SCHOTT: J. A. S. A. **18**, 50 (1946). — Über das dreh-
bare BRAUNsche Rohr vgl. insbesondere auch J. B. JOHNSON: J. Appl. Phys. **17**,
891 (1946).

strahl fällt. Längs der senkrechten Achse liegt die Frequenzskala. Die momentane Erregung der einzelnen Filter wird mit einem rotierenden Schalter abgegriffen. Entsprechend der Stärke der Erregung der einzelnen Filter regelt sich die Helligkeit des Kathodenstrahles des über die

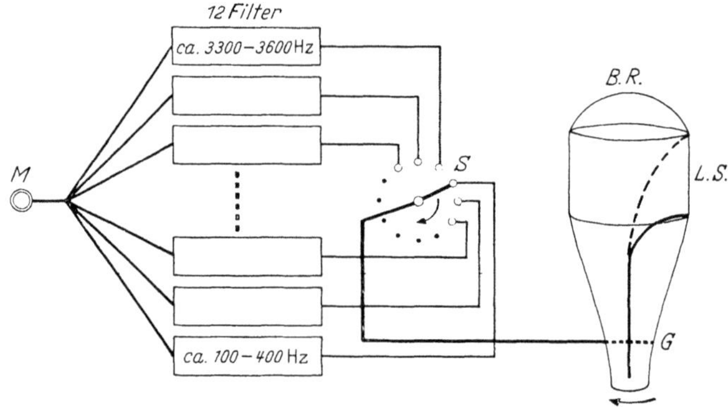

Abb. 378. Visible Speech-Verfahren.
Schallbilder auf BRAUNschem Rohr   (nach R. R. RIESZ u. L. SCHOTT)

senkrechte Achse laufenden Kathodenstrahles, so daß längs dieser Achse das Schallspektrum entworfen wird. Dreht sich der mit einer nachleuchtenden Schicht bestrichene Leuchtschirm am Beobachter vorbei, so

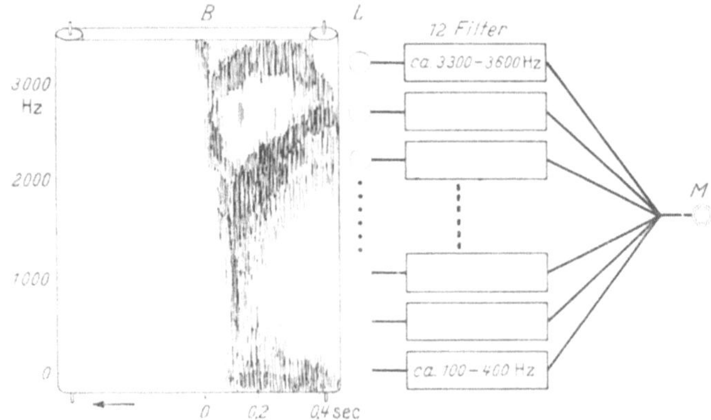

Abb. 379. Visible Speech-Verfahren.   Schallbilder auf nachleuchtendem Band (nach H. DUDLEY u. G. GRUENZ; das skizzierte Schallbild entspricht etwa dem Wort „Three")

sieht dieser sehr anschaulich die Stärkeverteilung der in Frage stehenden Schallvorgänge auf die verschiedenen Bereiche des Spektrums und ihre zeitlichen Variationen. Bei dem zweiten von H. DUDLEY und O. O. GRUENZ[1] entwickelten Verfahren (Abb. 379) erfolgt die Abbildung nicht

---

[1] DUDLEY, H., u. O. O. GRUENZ: J. A. S. A. 18, 62 (1946). Zur Schallanalyse mittels Filtern vgl. ferner noch H. MARKHAM: J. A. S. A. 20, 95 (1948).

durch ein BRAUNsches Rohr, sondern so, daß an den Ausgang jeden Filters ein Lämpchen angeschaltet wird, dessen Helligkeit der jeweiligen Erregung des Filters entspricht. Die in einer senkrechten Linie angeordneten Lämpchen werden mit einer geeigneten Optik auf einem mit einer nachleuchtenden Substanz bestrichenen endlosen Band, das über zwei Walzen läuft, abgebildet. Man sieht dann auf dem Band — ähnlich wie auf dem rotierenden Zylinder des BRAUNschen Rohres — das Schallspektrogramm und seine zeitlichen Änderungen. Mit den beiden skizzierten Verfahren kann man insbesondere Sprache unmittelbar in ihre Bestandteile zerlegen und sichtbar machen; nach einiger Übung gelingt es, die Sprache sofort am Leuchtschirm bzw. am nachleuchtenden Band abzulesen (vgl. S. 526).

Die Aufzeichnung der Schallbilder kann auch mit einem speziellen Verfahren auf Papier erfolgen. Je nachdem, ob eine stärkere Schwärzung des Papiers größerer oder kleinerer Schallintensität entspricht, spricht man dabei von Schwärzungs- oder Helligkeitsschrift. Bei der Wiedergabe derartiger Spektrogramme durch Druck wird der Kontrastumfang sehr klein, so daß Einzelheiten teilweise verschwinden. Nach W. MEYER-EPPLER[1] wird dieser Nachteil bei der sog. Relief-Schrift vermieden. Ein derartiges Relief-Spektrogramm entsteht, wenn man von der Originalvorlage ein photographisches Negativ und ein Plattenpositiv herstellt, Negativ und Positiv so aufeinanderlegt, daß sie um einen kleinen Betrag in Richtung der Zeitkoordinate gegeneinander verschoben sind und davon dann einen Abzug erstellt. Abb. 380 zeigt ein und dasselbe Spektrogramm in Schwärzungs-, Helligkeits- und Reliefschrift.

Ein weiteres prinzipiell sehr interessantes Verfahren zur schnellen Schallanalyse ist das der Schallspektroskopie mittels eines akustischen Gitters. Dies, von E. THIENHAUS[2] entwickelte, Verfahren arbeitet in der Weise, daß durch den zu untersuchenden Schall Hochfrequenzschall moduliert wird, der dann mit einem Beugungsgitter analysiert wird. Fällt Schall, welcher aus Komponenten verschiedener Wellenlänge zusammengesetzt ist, auf ein akustisches Gitter, so liegen die Nebenmaxima in verschiedenen Richtungen, man kann also auch ganz analog zu den Erscheinungen bei optischen Gittern mittels eines akustischen Gitters Schall spektral zerlegen. Dies Verfahren ist aber — mit Rücksicht auf die großen Wellenlängen des Hörschalls für diesen nicht ohne weiteres brauchbar, man kann den Hörschall nur dann mit Gittern analysieren, wenn man zunächst mit seiner Hilfe Ultraschall moduliert, und diesen dann auf ein Schallgitter einwirken läßt. Der zu analysierende

---

[1] MEYER-EPPLER, W.: Acustica **1** (AB) 1 (1951).

[2] MEYER, E., u. E. THIENHAUS: Z. techn. Phys. **15**, 630 (1934). — THIENHAUS, E.: Das akustische Beugungsgitter und seine Anwendung zur Schallspektroskopie, Leipzig 1935.

Schall (dessen Komponenten zwischen 0 und 5000 Hz liegen mögen), fällt auf ein Mikrophon (M) und moduliert über einen Gegentaktmodulator eine Hochfrequenzschwingung von 45000 Hz, so daß dann also infolge dieser Modulation die Hochfrequenzschwingung Seitenbänder aufweist, welche gegen 45000 Hz jeweils um die Frequenz der betreffenden Schallfeldkomponente verschoben auftreten; die Seitenbänder liegen also zwischen 40000 und 50000 Hz (Abb. 381). Durch eine Kondensatorkette werden die unterhalb von 45 kHz liegenden Seitenbänder abgeschnitten, die Frequenzen von 45—50 kHz werden auf einen Bändchenlautsprecher ($N - S$) geleitet, der sie auf ein aus 300 Stahlnadeln bestehendes akustisches Konkavgitter abstrahlt. Längs der Brennlinie des Gitters treten dann Interferenzmaxima auf, und zwar liegen die einzelnen Maxima je nach der Frequenz der ihnen zugeordneten Komponente des Hochfrequenzschalls an verschiedenen Stellen. Bewegt man ein für Hochfrequenzschall empfindliches Kondensatormikrophon (E) längs der Brennlinie, so zeigt dies an allen denjenigen Stellen, an denen Interferenzmaxima liegen, Schall an, und zwar ent-

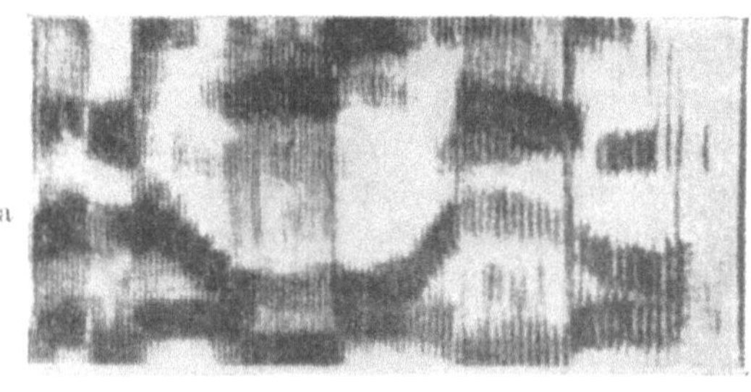
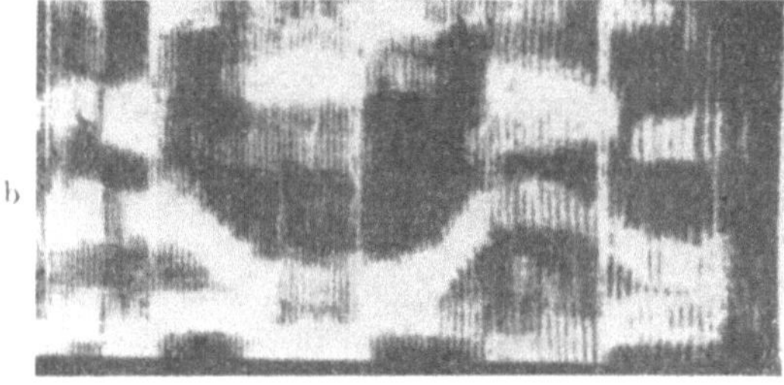
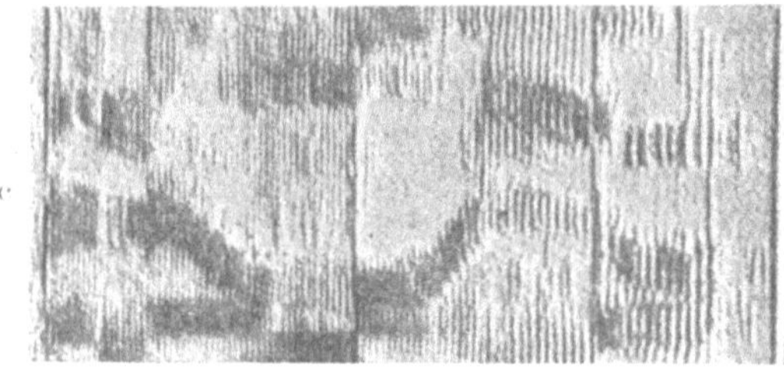

Abb. 380 a—c. Spektrogramme in verschiedenen Schriftarten. a Schwärzungsschrift; b Helligkeitsschrift; c Reliefschrift; Abszisse: Zeit, Ordinate: Frequenz (nach W. Meyer-Eppler)

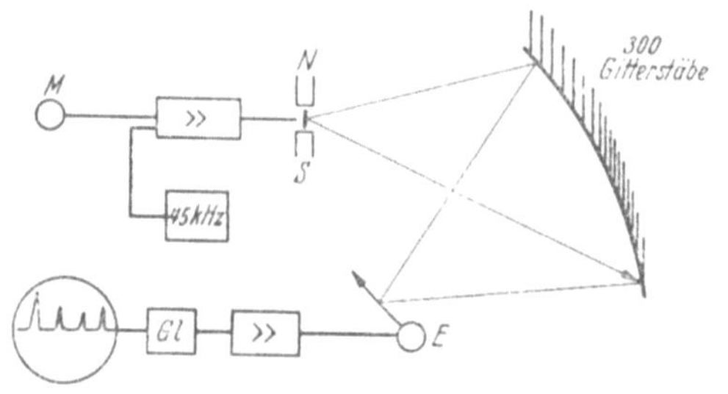

Abb. 381. Verfahren zur Schallanalyse mittels Beugungsgitter (nach E. Thienhaus)

spricht die Erregung des Kondensatormikrophons der Stärke der dem betreffenden Hochfrequenzseitenband zugeordneten Schallfeldkomponente. Auf dem Leuchtschirm eines von dem Kondensatormikrophon gesteuerten BRAUNschen Rohrs kann man dann unmittelbar ein Spektrum des Schallvorganges wahrnehmen (Abb. 382).

Bei einer Gesamtlänge des Gitters von etwa 3 m und bei 300 Gitterelementen wird mit dieser Methode eine Trennschärfe von etwa 125 Hz erreicht; die Dispersion des Gitters entspricht hierbei 125 Hz/cm. Die

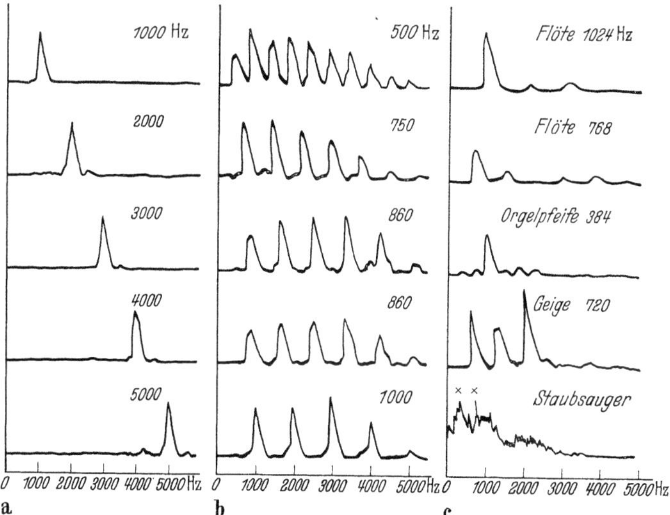

Abb. 382. Ergebnisse von Schallanalysen mittels Beugungsgitter. a reine Töne, b Glimmlampenschwingungen, c Flöte, Orgelpfeife, Geige, Staubsauger (nach E. THIENHAUS)

Aufbauzeit τ des Interferenzfeldes, von welcher die zulässige Analysiergeschwindigkeit abhängt, beträgt

$$\tau = \frac{1}{\Delta F},$$

wenn mit ΔF die Trennschärfe in Hz bezeichnet wird[1]. Für die bei der in Frage stehenden Apparatur erreichten Trennschärfe von 125 Hz beträgt die Aufbauzeit also $^{1}/_{125}$ sec; man ist demnach in der Lage, rasche Klanganalysen vorzunehmen.

Ein dem optischen Plattenspektroskop analog gebautes akustisches Plattenspektroskop wurde von E. MOHR[2] entwickelt. Von einem Bändchenlautsprecher (B) (Abb. 383) aus tritt der mit dem zu analysie-

---

[1] Die Beziehung $\tau = 1/\Delta F$ läßt sich für die in Frage stehende Analysierapparatur leicht aus den geometrischen Daten des Gitters herleiten, sie folgt aber auch aus der Unsicherheitsrelation. Vgl. Anm. 1, S. 489.

[2] MOHR, E.: A. Z. **6**, 209 (1941).

renden Schall modulierte Ultraschall (von 45 kHz) in das Plattenspektroskop ein, und zwar dient als solches ein luftgefüllter flacher Kasten von
78 cm Länge, 13 cm Breite und 3 cm Tiefe, welcher an der Rückseite
von einer Glasplatte und an der Vorderseite von einer $50\,\mu$ starken
Folie begrenzt ist. Vor dem Plattenspektroskop (P) ist ein parabolischer
Spiegel (S) angeordnet, der um eine durch den Punkt D gehende senkrechte Achse drehbar ist. Der Spiegel sammelt die von der Platte ankommenden Wellen in den unmittelbar über D angeordneten Schallempfänger
(Bändchenmikrophon). Dreht man, während Schall in das Spektroskop
eingestrahlt wird, den Spiegel, so treten nacheinander die in den verschiedenen Richtungen gebeugten Wellen in den Schallempfänger ein
und man kann dann das Spektrum des Schalls mit einem Pegelschreiber

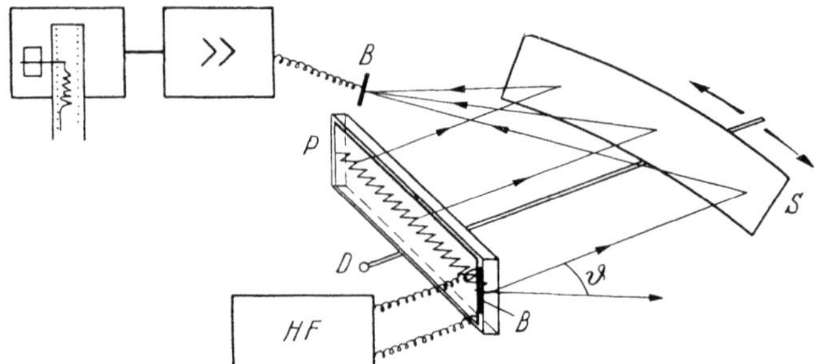

Abb. 383. Plattenspektroskop für Schall (nach E. MOHR)

aufzeichnen. Die Analysiergeschwindigkeit, welche ebenso wie bei der
Anordnung von E. THIENHAUS durch die endliche Aufbauzeit des Interferenzfeldes bedingt ist, ist von ähnlicher Größe wie bei dieser Anordnung, die Analysierschärfe beträgt 60 Hz.

Die beiden eben besprochenen Verfahren haben, so interessant ihre
physikalische Wirkungsweise ist, in der Praxis keine größere Anwendung
gefunden, da sie einen zu großen Aufbau erfordern.

Auch akustische Interferenzfilter, die aus mehreren übereinander
geschichteten Medien bestehen, lassen sich zur Schallanalyse verwenden.
Derartige Anordnungen wirken als Bandpaßfilter mit sehr schmaler
Breite. Ihre Durchlaßfrequenz hängt u. a. von der Dicke der Schichten
ab, kann also durch Änderung einer Schichtdicke verändert werden.
K. K. CURTIS und L. N. HADLEY[1] haben für den Fall senkrechten
Schalleinfalls auf derartige Anordnungen die Durchlaßkurve berechnet
und gute Übereinstimmung mit dem experimentell ermittelten Verhalten
derartiger Filter im Frequenzbereich 5 kHz bis 20 kHz festgestellt.

---

[1] CURTIS, K. K., u. L. N. HADLEY: J. A. S. A. **24**, 721 (1952).

Ein Verfahren zur Schallanalyse, welches den Effekt der Lichtbeugung an Kapillarwellen ausnutzt, wurde von H. E. R. BECKER[1] entwickelt. Das Verfahren ist in Abb. 384 dargestellt. Längs der Oberfläche einer mit Quecksilber gefüllten flachen Schale läuft die durch die hochabgestimmte elektrodynamisch erregte Schneide (*Sch*) erzeugte Kapillarwelle ab. Die Kapillarwelle entspricht in ihrer spektralen Zusammensetzung dem zu analysierenden Schallvorgang. Von einer Lichtquelle (Quecksilberlampe) aus fällt ein Lichtstrahl unter flachem Winkel auf die Flüssigkeitsoberfläche der Schale. Ähnlich wie bei einem optischen Gitter bilden sich Beugungseffekte aus, und zwar erscheinen dann, wenn die Kapillarwelle rein sinusförmig ist (außer dem Bild nullter

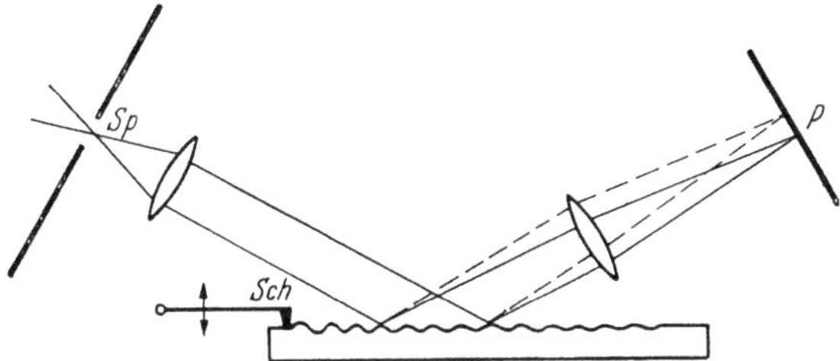

Abb. 384. Schallanalyse durch Lichtbeugung an Kapillarwellen (nach H. E. R. BECKER)

Ordnung) nur die beiden symmetrisch zur nullten Ordnung liegenden Beugungsbilder erster Ordnung, höhere Ordnungen treten dann nicht auf. Ist die Kapillarwelle aus verschiedenen sinusförmigen Schwingungen zusammengesetzt, so werden die Beugungsbilder erster Ordnung der verschiedenen Komponenten an verschiedene Stellen des photographischen Films P (Abb. 384) entsprechend der Wellenlänge der betreffenden Komponente entworfen. Die Helligkeit der Beugungsbilder entspricht der momentanen Amplitude der betreffenden Komponente der Kapillarwelle. Dementsprechend erhält man auf dem photographischen Film ein Spektrum des Schallvorganges. Läßt man den Film ablaufen, so kann man die zeitlichen Änderungen der spektralen Verteilung registrieren. Die Analysiergeschwindigkeit ist durch die endliche Ausbreitungsgeschwindigkeit der Kapillarwelle begrenzt, sie entspricht dem aus der Unsicherheitsrelation folgenden Wert.

Abb. 385 zeigt die zeitlichen Änderungen des Spektrums eines sehr kompliziert zusammengesetzten Vorganges, nämlich einer musikalischen Darbietung: Ausschnitte aus der chromatischen Phantasie und Fuge für Klavier von J. S. BACH. Der zeitliche Verlauf der Tonhöhe und der Stärke der einzelnen Komponenten ist anschaulich zu erkennen.

---

[1] BECKER, H. E. R.: Ann. Phys. **36**, 585 (1939). — Hingewiesen sei hier noch auf zwei Arbeiten zur Theorie der optischen Schallanalyse: J. PICHT: Ann. Phys. **5**, 117 (1949) und **9**, 381 (1951).

Bei der praktischen Anwendung dieses in seiner Wirkungsweise interessanten Verfahrens bestehen freilich Schwierigkeiten, so erfordert es insbesondere sehr sorgfältige Vorkehrungen, um Störungen der Quecksilberoberfläche durch Erschütterungen zu vermeiden.

Handelt es sich darum, aus einem Rauschuntergrund periodische Anteile herauszusuchen, so verwendet man hierfür vorteilhaft die Auto-

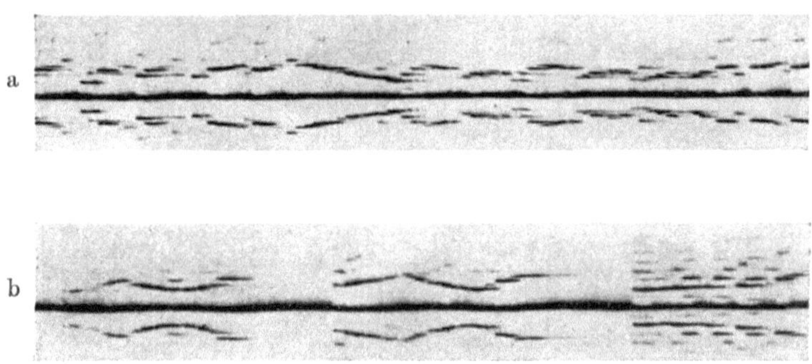

Abb. 385. Schallanalyse durch Lichtbeugung an Kapillarwellen. Ordinate: Frequenz; Abszisse Zeit; a Anfang der chromatischen Phantasie; b Ausschnitt aus dem gleichen Musikstück (nach H. E. R. BECKER)

korrelationsanalyse[1], deren Grundlagen wir bereits in Ziff. 3, S. 15 besprachen.

Die praktische Ausführung eines Autokorrelators zeigt Abb. 386. Die vom Magnetophonband gelieferte Zeitfunktion wird einmal direkt

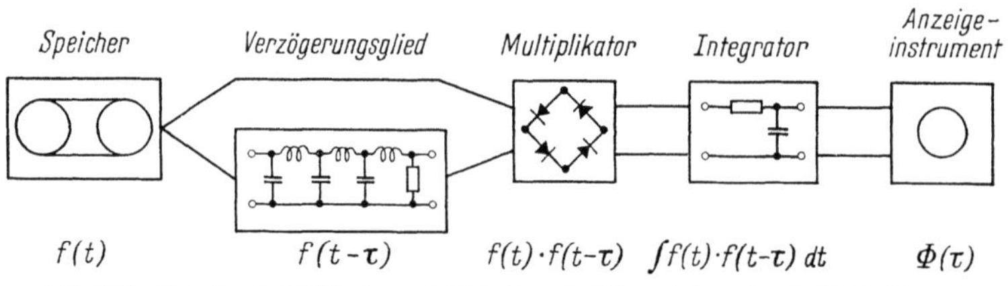

Abb. 386. Prinzipschaltbild eines elektrischen Autokorrelators (nach M. L. EXNER)

---

[1] RICE, S. O.: Bell Syst. Techn. J. **23**, 288 (1944); **24**, 46 (1945). — JAMES, H. M., N. V. NICHOLS u. R. S. PHILLIPS: Theory of Servomechanism, McGraw Hill Book Co., N. Y. 1947, Kap. 6. — STEVENS, N. K.: J. A. S. A. **22**, 769 (1950). — LEE, Y. W., u. J. B. WIESNER: Electronics **23**, 86 (1950). — FANO, R. M.: J. A. S. A. **22**, 546 (1950). — EXNER, M. L.: Acustica **4**, 365 (1954). — BIDDULPH, R.: J. A. S. A. **26**, 539 (1954). — YOUNG, J. E.: ebdt. 788. — HUGGINS, W. H.: ebdt. 790. — HOLMES, J. N., u. J. M. C. DUKES: Proc. Instn. Elect. Engrs. **101**, 225 (1954). — GOFF, K. W.: J. A. S. A. **27**, 223, 236 (1955). — SAPOZHKOV, M. A.: Akust. Z. (USSR) **2**, 279 (1956) (Messung der gesamten Verzerrungen in einem Übertragungskanal durch Bestimmung des Kreuzkorrelationskoeffizienten von Eingangs- und Ausgangsspannung am Kanal). — Über an Zischlauten durchgeführten Autokorrelationsanalysen vgl. Ziff. 18, S. 185.

und einmal durch eine Laufzeitkette verzögert dem Ringmodulator zugeführt. Dort werden die beiden Funktionen multipliziert und anschließend im Integrator integriert. Am Anzeigeinstrument (z. B. einem Galvanometer) ist dann die Autokorrelationsfunktion ablesbar.

Die Korrelationsverfahren werden nicht nur in der Akustik sondern auch auf dem Gebiet der Aerodynamik, der Astrophysik, des Fernsehens, der Hochfrequenztechnik, der Photographie u. a. angewendet[1].

32. Physikalische Eigenschaften natürlicher Schallvorgänge

Untersuchungen über den Frequenzumfang und den Stärkebereich natürlicher Schallvorgänge, über die genaue spektrale Verteilung der in einem Klang enthaltenen Komponenten, sowie über Besonderheiten des zeitlichen Ablaufs sind nicht nur von wissenschaftlichem, sondern auch von großem technischen Interesse. Der Wissenschaftler kann aus den physikalischen Eigenschaften der Sprachklänge wichtige Schlüsse über die physiologischen Vorgänge im Stimmorgan ziehen. Aus den physikalischen Eigenschaften der Musikklänge lassen sich Folgerungen über die Schallerzeugung bei Musikinstrumenten und Anregungen für den Bau von Instrumenten gewinnen. In ganz besonderem Maß ist an den Ergebnissen der Klangforschung die Schallübertragungstechnik interessiert. Ist es ihr doch nur bei genauer Kenntnis der Eigenschaften der zu übertragenden Klänge möglich, die zur Übertragung verwendeten akustischen und elektrischen Anlagen so zu bauen, daß Klangverzerrungen vermieden oder zumindest — falls aus wirtschaftlichen Gründen gewisse Einschränkungen erforderlich sind — auf ein zulässiges Maß beschränkt bleiben[2].

Wichtige Feststellungen über den Frequenzumfang natürlicher Schallvorgänge gelangen zuerst C. STUMPF[3] mit seiner Methode des „Abbaus"; die zu untersuchenden Schallvorgänge wurden hierbei hinter einem aku-

---

[1] Siehe dazu W. MEYER-EPPLER: Comm. Theory 1953, S. 183; VDI-Z. **98**, 600 (1956).

[2] Zu allgemeinen Fragen der musikalischen Akustik vgl. insbesondere E. THIENHAUS: Die Musikforschung **1**, 146 (1948). — LOTTERMOSER, W.: Naturw. **37**, 302 (1950). — YOUNG, R. W.: J. A. S. A. **26**, 955 (1954). — FERSMAN, B. A.: Akust. Z. (USSR) **3**, 274 (1957). — DOUGLAS, A.: Electron. Engng. **29**, 214 (1957).

[3] STUMPF, C.: Berliner Ber. **1918**, Nr. 17 351. — Beitr. Anat. usw. Ohr. usw. **17**, 181 (1921). — Über die Frequenzverteilung von Sprachklängen vgl. insbesondere auch F. TRENDELENBURG: Wiss. Veröff. Siemenswerke **III**/2, 43 (1924). — WAGNER, K. W.: E. T. Z. **45**, 451 (1924). — LUEDER, H.: Wiss. Veröff. Siemens **IX**/2, 167 (1930) (Spitzenwert- und Mittelwertspektren von Sprach- und Musikklängen). — DUNN, K. H., u. S. D. WHITE: J. A. S. A. **11**, 278 (1940). — STEVENS, S. S., J. P. EGAN u. G. A. MILLER: ebdt. **19**, 771 (1947). — RUDMOSE, H. W., K. C. CLARK, F. D. CARLSON, J. C. EISENSTEIN u. R. A. WALKER: ebdt. **20**, 503 (1948). — TARNOCZY, Th.: J. A. S. A. **28**, 1270 (1956). — Acustica **8**, 395 (1958).

stischen Tiefpaßfilter abgehört und es wurde beobachtet, welche Veränderungen beim Abschneiden aller Komponenten oberhalb einer bestimmten Grenzfrequenz auftreten. Die von C. STUMPF gewonnenen Ergebnisse an stimmlosen Sprachlauten und an der stimmhaften Sprache sind in den folgenden Tabellen (37 und 38) zusammengestellt.

Tabelle 37

Veränderungen der stimmlosen Sprachlaute beim Abbau durch Interferenzröhren
(nach C. STUMPF)

Obere Tongrenze	1. bei den geflüsterten Vokalen U, O, A, Ö, Ä, Ü E, J	2. bei den stimmlosen Konsonanten Sch, S, F, Ch_{pal}, K, T, P, Ch_{gutt}, R_{ling}, M, N, Ng, L, H
g^5 (6020)	—	S abgestumpft
d^5 (4645)	—	S stark abgestumpft, Ch_p etwas stumpfer und dunkler
b^4 (3687)	E und J etwas verdunkelt u. geschwächt	S sehr unscharf, F abgestumpft
e^4 (2607)	E und J etwas heiser und blasend	S und F nicht sicher unterscheidbar, Ch_p einem stumpfen S ähnlich
h^3 (1953)	Ae = AOä, Oe = Oeo, Ue = Uü, E = Oö dunkel; J = U	Sch stumpfer, S, F, Ch_p ununterscheidbares Hauchen (Blasen), Ch_g stumpfer T und P kaum unterscheidbar; ebenso M, N, Ng, L undeutlich, mehr ein Blasen
f^3 (1381)	A verdunkelt, Oe fast = O, Ae = AO, Ue = leises U, E = Ou	Sch unkenntlich, Ch_p viel dunkler und schwächer, K mehr wie T, R ein schwach intermittierendes Gaumen-R, M, N, Ng, L nur dunkles Hauchen
h^2 (977)	A = Ao, Ae = Oa	Sch, S, F, Ch_p, Ch_g gleichförmiges dunkles Hauchen, nur Stärkeunterschiede, K, T, P ununterscheidbares dunkles Stoßgeräusch; auch R dunkles, nur schwach intermittierendes Geräusch. Sämtliche Konsonanten auf derselben Tonhöhe b^2
f^2 (691)	O = Ou, A fast = O, Oe = Ou, Ae = O, Ue und J = ganz leises U	R ganz mattes Gurren. Allgemeine Tonhöhe fis^2
c^2 (517)	U schwach, O = Ou, A = U, Oe = Ou, Ae = Uo, Ue, E, J = U	Wie vorher, alle äußerst schwach dumpfes Geräusch, höchstens noch R erratbar. Allgemeine Tonhöhe c^2
fis^1 (366)	U, O, A höchstens minimales, dumpfes Geräusch, die übrigen unhörbar	Alle nahezu oder ganz unhörbar

Die Tabellen zeigen, daß bei Sprachübertragungen bei einer oberen Grenzfrequenz von etwa 4000 Hz Veränderungen im wesentlichen nur an Zischlauten wahrzunehmen sind, während alle übrigen Sprachlaute nahezu unverändert bleiben; die für die Erkennbarkeit entscheidend wichtigen Komponenten liegen — abgesehen von den Zischlauten — im allgemeinen unter etwa 4000 Hz.

Tabelle 38

Veränderungen der stimmhaften Sprache beim Abbau durch Interferenzröhren (nach C. STUMPF)

Obere Tongrenze	
es^4 (2641)	Noch ganz gut verständlich. Einzeln: J und Ue nach U, E nach O hin alteriert.
as^3 (1642)	Ebenfalls noch alles verständlich, doch etwas nebelhaft, schärferes Aufmerken erforderlich. Einzeln; J und Ue = U, E = O, Oe fast O, Ae fast AO.
es^3 (1230)	Vieles unverständlich, doch öfters einige Worte nacheinander bei günstigem Zusammenhang verstanden. Einzeln: Oe = O, Ae = AO.
a^2 (870)	Nur selten noch ein Wort zu verstehen. Einzeln: A stark verdunkelt.
e^2 (652)	Alles unverständlich, kein Wort auch nur zu erraten. Dunkles U-artiges Lallen. Einzeln alle Vokale wie U oder dunkles O

Die von C. STUMPF mit akustischen Mitteln durchgeführten Untersuchungen wurden später mit elektrischen Mitteln wiederholt und erweitert. H. FLETCHER[1] prüfte mit elektrischen Hochpaß- bzw. Tiefpaßfiltern, wie sich die „Verständlichkeit" in Abhängigkeit von der Grenzfrequenz ändert; als „Verständlichkeit" ist hierbei die Zahl der richtig verstandenen Fälle in Prozent der Gesamtfälle, in denen der betreffende Laut in einer Folge von Prüfsilben vorkam, definiert. Abb. 387 zeigt die von H. FLETCHER ermittelte Verständlichkeit einer Reihe von Lauten der amerikanischen Sprache.

---

[1] FLETCHER, H.: Bell Syst. techn. J. **1**, 129 (1922). — Vgl. auch N. R. FRENCH u. J. C. STEINBERG: J. A. S. A. **19**, 90 (1947). — POLLACK, I.: J. A. S. A. **20**, 259 (1948) (betr. Einfluß von Hochpaß- und Tiefpaß-Filterung auf die Sprachverständlichkeit bei Anwesenheit von Geräuschen). — FLETCHER, H., u. R. H. GALT: ebdt. **22**, 89 (1950) (Umfassende Untersuchung über Verständlichkeitsfragen). — FANT, C. G. M.: ebdt. 449 (Filter variabler Breite für Verständlichkeitsuntersuchungen). — HIRSH, I. J., E. G. REYNOLDS u. M. JOSEPH: ebdt. **26**, 530 (1954) (Einfluß der Bandbreite). — MACDONALD, J. R.: ebdt. **29**, 1348 (1957) (Filter variabler Bandbreite). — SAPOZHKOV, M. A.: Akust. Z. (USSR) **5**, 212 (1959) (Erkennbarkeit von Formanten). — POLLACK, I., H. RUBENSTEIN, u. L. DECKER: J. A. S. A. **31**, 273 (1959) (Verständlichkeit bei bekannten und bei unbekannten Texten). — LEHISTE, I., u. G. E. PETERSON: ebdt. 280. — POLLACK, I.: ebdt. 1500, 1509. — CLARKE, F. R.: ebdt. **32**, 35 (1960).

Abb. 388 gibt die „Logatomverständlichkeit" der deutschen Sprache wieder[1]; als Logatom wird das mit einer einzigen sprachlichen An-

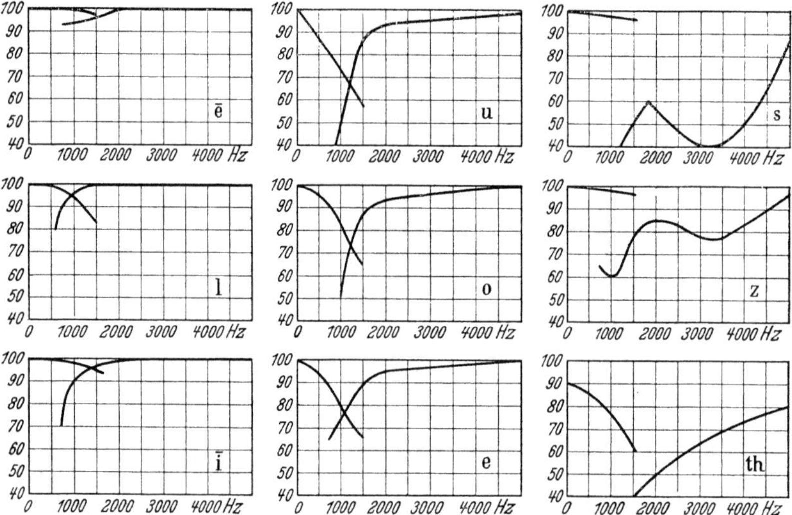

Abb. 387. Verständlichkeit einzelner Sprachlaute (nach H. FLETCHER)

strengung hervorgebrachte, aus Sprachlauten zusammengesetzte Element des Redeflusses bezeichnet[2].

Bei Aussagen über die Bedeutung der einzelnen Gebiete des Tonbereichs für die Erkennbarkeit musikalischer Klänge fehlt ein so scharfes

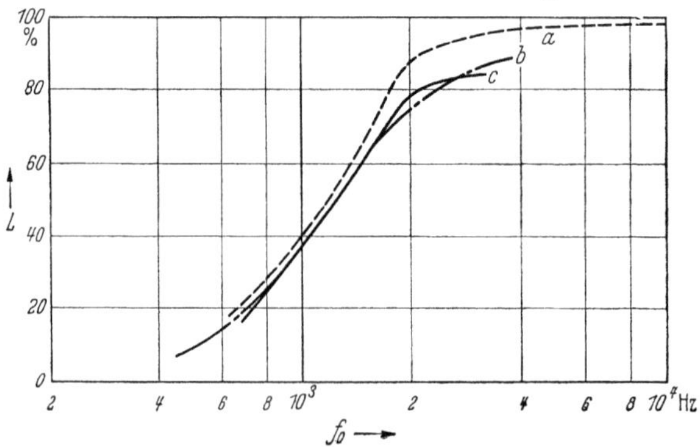

Abb. 388. Logatomverständlichkeit in Abhängigkeit von der oberen Grenzfrequenz des Übertragungssystems (nach H. PANZERBIETER). L Logatomverständlichkeit, a Messung des Sfert-Laboratoriums, b Verständlichkeitskurve (nach H. FLETCHER) c Verständlichkeitskurve (nach Messungen des Zentrallaboratoriums Siemens & Halske)

---

[1] Nach H. PANZERBIETER: Europ. Fernsprechdienst **1938**, 105. — Vgl. hierzu insbesondere auch noch F. STRECKER: Z. techn. Phys. **17**, 568 (1936). — SCHÄFER, E.: Elektr. Nachr.-Techn. **15**, 237 (1938).

[2] Vgl. Comm. Cons. Intern. Telephon. XI. Assembl. plén. Kopenhagen 1936.

Kriterium, wie es Verständlichkeitsmessungen bei der Sprache darstellen — es läßt sich für die Veränderungen, welche musikalische Klänge durch Abbau erfahren, aber insofern ein Kriterium geben, als man — wie dies von W. B. SNOW[1] durchgeführt wurde — feststellen kann, bei welcher Grenzfrequenz 80% einer größeren Anzahl von Beobachtern eben feststellen können, daß nicht der Gesamtklang, sondern nur ein beschränkter Frequenzbereich der Beobachtung dargeboten wurde. Abb. 389 zeigt Ergebnisse derartiger Untersuchungen.

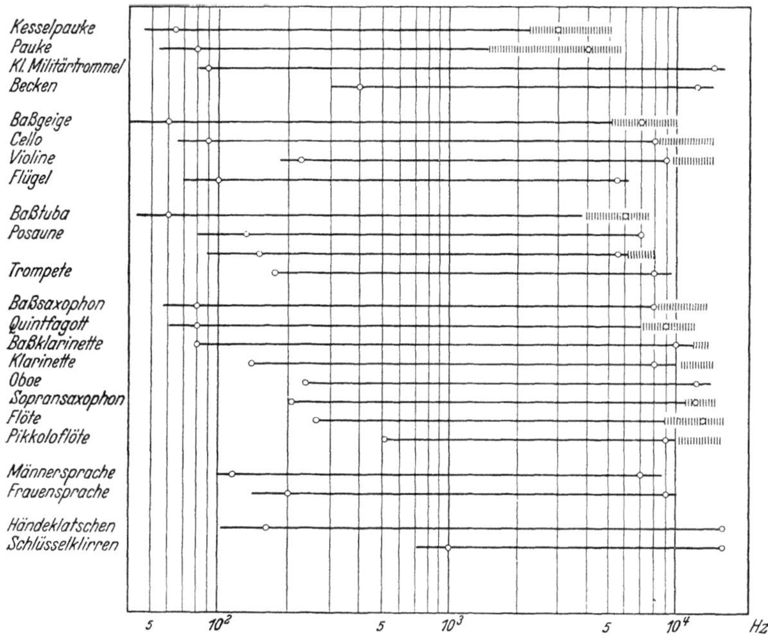

Abb. 389. Erkennbarkeit von Frequenzbegrenzungen und Frequenzbereichen von Sprache und Musik. Die Kreise kennzeichnen die Frequenzen, bei denen eben die Einschaltung einer Frequenzbegrenzung bemerkt wurde (nach W. B. SNOW)

Für die Zwecke der Schallübertragung lassen sich aus den eben skizzierten Ergebnissen folgende wesentliche Schlüsse ziehen. Die zur klanggetreuen Schallübertragung dienenden Apparaturen müssen so konstruiert sein, daß sie den Frequenzbereich von etwa 40 Hz bis hinauf zu mindestens etwa 8000 Hz einigermaßen gleichmäßig wiedergeben. Für Fälle, in denen es nicht auf eine klanggetreue Wiedergabe, sondern nur auf eine ausreichende Sprachverständlichkeit ankommt, reicht ein Frequenzband von etwa 300 bis 3400 Hz gut aus.

---

[1] SNOW, W. B.: J. acoust. Soc. Amer. **3**/1, 155 (1931). — Vgl. hierzu insbesondere auch K. W. WAGNER: ETZ **45**, 451 (1924). — FLETCHER, H.: Proc. Inst. Radio Engrs. **30**, 266 (1942). — OLSON, H. F.: J. A. S. A. **19**, 549 (1947).

Auch die Frage des Intensitätsumfanges natürlicher Schallvorgänge ist für die Schallübertragungstechnik von großer Bedeutung; in den in Frage stehenden Stärkebereichen müssen ja die zur Schallaufnahme und zur Schallwiedergabe dienenden Apparaturen „linear" arbeiten.

Über den Intensitätsbereich natürlicher Schallvorgänge gibt die folgende, einer Arbeit von K. W. Wagner[1] entnommene Zusammenstellung Auskunft. In der Zusammenstellung sind mit p_{max} die maximalen Schalldrücke im Fortissimo, mit p_{min} die minimalen Schalldrücke im Pianissimo, die bei Rundfunkaufnahmen am Mikrophon auftraten, bezeichnet. Bei den einzelnen Darbietungen ist außerdem die Entfernung zwischen Schallquelle und Empfänger in Metern angegeben. Musikdarbietungen können hiernach einen Dynamikbereich von mehr als 50 dB erreichen.

Tabelle 39
Maximal und minimal vorkommende Schalldrucke bei Musikdarbietungen
(nach K. W. Wagner)

Art der Darbietung	p_{max} μbar	p_{min} μbar	$\dfrac{p_{max}}{p_{min}}$
Kontrabaß (6 m)	4,8	0,04	120
Cello, Konzert Op. 33 v. Saint-Saens (3 m)	4,2	0,05	84
Orgel (25 m)	21	0,3	70
Xylophon (25 m)	1,2	0,06	20
Cembalo (4 m)	1,8	0,06	30
Klaviervorträge (3 m)	26	0,2	130
Klaviervorträge namhafter Künstler (7 m)	16,8	0,10	168
Streichquartett (2,5 m)	16,8	0,12	140
Lieder (Sopran 1 m, Flügel 6 m)	25,4	0,08	212
Lieder (Alt und Sopran je 4 m, Cembalo 3 m)	24,2	0,12	182
Männerchor, 38 Mann	6,8	0,15	45
Domchor, 10 Mann, 28 Knaben	23	0,1	230
Tanzkapelle A, 9 Spieler	26	0,2	130
Tanzkapelle B, 14 Spieler	38	0,8	48
Unterhaltungsmusik, Orchester A (6 Spieler)	10,4	0,15	70
Unterhaltungsmusik, Orchester B (21 Spieler)	20	0,08	250
Mandolinenorchester (40 Spieler)	9,1	0,08	114
Kl. Orchester A, Brandenburg. Konzert von J. S. Bach (7 Spieler)	18,7	0,05	374
Blasorchester (25 Spieler)	44,2	0,13	340
Gr. Orchester C, Symphonie (130 Spieler)	58	0,4	145
4 Chöre (250 Sänger), 5 Solisten und großes Orchester (110 Mann)	150	0,5	300

---

[1] K. W. Wagner: Berl. Ber. **1932**, No. 25, S. 372. — Vgl. zu diesen Fragen insbesondere noch H. J. v. Braunmühl: Z. techn. Phys. **14**, 508 (1933). — Overley, J. P.: Trans. Inst. Radio Engrs. AU **4**, 120 (1956). — Young, R. W., u. H. K. Dunn: J. A. S. A. **29**, 1070 (1957).

Die in den Tabellen angegebenen Versuchsergebnisse zeigen, daß die Anforderungen, welche man an die zur klanggetreuen Schallübertragung benutzten Empfänger stellen muß, recht erhebliche sind; treten doch an den Empfängern Schalldrucke auf, die zwischen etwa $4 \cdot 10^{-2}$ und $1{,}5 \cdot 10^2\,\mu\mathrm{bar} = 4 \cdot 10^{-3}$ und $15\ \mathrm{Nm^{-2}}$ liegen. Die Empfänger müssen also einerseits bei sehr geringen Schalldrucken richtig arbeiten, andererseits müssen sie sich bis zu recht beträchtlichen Schalldrucken „linear" verhalten, da sonst durch die (in Ziff. 29, S. 452 behandelten) Kombinationstoneffekte Verzerrungen auftreten, die sich subjektiv sehr unangenehm bemerkbar machen. Ein Klirrfaktor, der einen Wert von etwa 3—5% übersteigt[1], wird bereits subjektiv als störend empfunden. Besonders störend wirken sich nichtlineare Verzerrungen dann aus, wenn bei musikalischen Darbietungen kleine Verstimmungen in den musikalischen Intervallen vorhanden sind, Verstimmungen, wie sie in der praktischen Musikausführung unvermeidbar auftreten. Nach eingehenden Untersuchungen von W. WEITBRECHT[2] liegt die Grenzverzerrung für derartige Störungen bei einem Klirrfaktor von nur etwa $1{,}5\%$. Für Anlagen, die nur der Nachrichtenübermittlung dienen, ohne daß besonderer Wert auf Klangtreue gelegt wird, sind weit größere nichtlineare Verzerrungen zulässig. So verringert z. B. ein Klirrfaktor von 30% eine Sprachverständlichkeit von 72% nur auf etwa 65%, ein solcher von 50% die Sprachverständlichkeit auf rund 60%[3].

Über die von natürlichen Schallquellen abgestrahlten Schalleistungen[3] wurden bereits oben (Ziff. 14, S. 124) Angaben gebracht. Manche

---

[1] Vgl. W. JANOVSKY: Elektr. Nachr.-Techn. **6**, 421 (1929). — BRAUNMÜHL, H. J. v.: Z. techn. Phys. **15**, 617 (1934). — LICKLIDER, J. C. R.: J. A. S. A. **18**, 429 (1946). — ZWICKER, F., u. W. SPINDLER: Acustica **3**, 100 (1953). — GÄSSLER, G.: Frequenz **8**, 15 (1955). — RIMSKII-KORSAKOV, A. V.: Akust. Z. (USSR) **1**, 165 (1955); **2**, 51 (1956). — FELDTKELLER, R.: Proc. 1. I. C. A. Congr. Delft, 70 (1953).— Über den Einfluß anderer Verzerrungsarten (wie z. B. durch differenzierende oder integrierende elektrische Schaltelemente u. a. m.) vgl. STEVENS, S. S., J. MILLER u. I. TRUSKOFF: ebdt. **18**, 418 (1946). — KRYTER, K. D., J. C. R. LICKLIDER u. S. S. STEVENS: ebdt. **19**, 125 (1947). — J. C. R. LICKLIDER u. I. POLLACK: J. A. S. A. **20**, 42 (1948). — MILLER, G. A.: ebdt. **22**, 720 (1950) (Abhängigkeit der Verständlichkeit von der Zahl der Silben in der Zeiteinheit). — LICKLIDER, J. C. R.: ebdt. 820. — FLANAGAN, J. L.: ebdt. **23**, 303 (1951) (Einfluß von Laufzeitverzögerungen). — SPRINGER, A. M.: Ber. 3. Tonmeister-Tg. Detmold (1954) S. 42 (Zeitraffung). — MARTIN, D. W., R. L. MURPHY u. A. MEYER: ebdt. **28**, 597 (1956) (Diskussion des Einflusses der verschiedenen Arten von Verzerrungen). — PICKETT, J. M.: ebdt. 902 (Abhängigkeit der Verständlichkeit von der Stärke der Stimme). — KRYTER, K. D.: ebdt. 590. — WATHEN-DUNN, W., u. D. W. LIPKE: ebdt. **30**, 36 (1958). — PICKETT, J. M.: ebdt. **31**, 1259 (1959). — WENDT, K.: N. T. F. **15**, 21 (1959). — RUPP, H.: Proc. 3. I. C. A. Congr. Stuttgart (1959).

[2] WEITBRECHT, W.: Fernmeldetechn. Z. **3**, 336 (1950).

[3] Vgl. K. KÜPFMÜLLER: Handb. d. Exp. Phys. **11**/3, 431 (1931).

natürliche Schallquellen — beispielsweise die Orgel — strahlen recht beträchtliche Schalleistungen ab; ein Umstand, der für die richtige Dimensionierung der Ausgangsleistung der zum Betrieb von Lautsprechern verwendeten Verstärker wichtig ist[1].

Zur Ermittlung der genauen spektralen Verteilung der verschiedenen, in den natürlichen Schallvorgängen enthaltenen Komponenten steht in dem Suchtonverfahren ein außerordentlich leistungsfähiges Verfahren zur Verfügung; wir haben bereits in Ziff. 31, S. 483 darauf hingewiesen, welch großen Fortschritt für die Klanganalyse die Entwicklung dieses Verfahrens bedeutete. Mit dem Suchtonverfahren wurden von zahlreichen Forschern aufschlußreiche Untersuchungen über die Zusammensetzung von Schallvorgängen durchgeführt.

Mit der Suchtonmethode ermittelte Spektren von Vokalklängen hatten wir bereits S. 181 behandelt. In den Spektren der Vokale, die auf bestimmte Tonhöhe gesungen werden, treten, (wie nach der HELMHOLTZschen Vokaltheorie (Ziff. 18, S. 183) nicht anders zu erwarten, nur harmonisch verteilte Partialtöne auf.

In den Vokalspektren sind oberhalb etwa 4000 Hz Komponenten nennenswerter Stärke im allgemeinen nicht enthalten; wir haben oben bereits darauf hingewiesen, daß der Frequenzbereich oberhalb etwa 4000 Hz aber für Zischlaute von entscheidender Bedeutung ist.

Abb. 390 zeigt Spektren von Zischlauten. Neben diskret verteilten Komponenten oder, wie man auch sagt, neben einem „Linien"-Spektrum ist — und zwar in hohen Frequenzbereichen — eine außerordentlich dicht verteilte Folge von unharmonischen Komponenten, ein sog. „kontinuierliches Spektrum", zu erkennen. Das Linienspektrum rührt ähnlich wie bei den Vokalen, von der durch die Resonanzeigenschaften der Mundhöhle beeinflußten Stimmbandschwingung her. Das kontinuierliche Spektrum ist das Spektrum des „Konsonantgeräuschs", das — als Wirbelgeräusch — beim Strömen der Luft durch die vordere

---

[1] Über die Leistungen verschiedener natürlicher Schallquellen vgl. L. J. SIVIAN, H. K. DUNN u. S. D. WHITE: J. acoust. Soc. Amer. 2, 330 (1931). — Vgl. weiterhin E. MEYER u. P. JUST: Z. techn. Phys. 10, 309 (1929). — LÜBCKE, E., u. K. H. WERNICKE: Hochfrequenztechn. 41, 212 (1933). — THIENHAUS, E., u. W. WILLMS: Musik u. Kirche 5, 199 (1933). — Über die für eine Wiedergabe in Tonfilmtheatern benötigten Ausgangsleistungen von Verstärkern wurden durch den Research Counsil of the Academy of Motion Picture Untersuchungen angestellt. Die folgenden Angaben wurden diesen Untersuchungen entnommen: Platzzahl bis 400 Plätze: 10 W; bis 1000: 20 W; bis 2000: 43 W; bis 3750: 82 W; bis 6000: 132 W. (Nach J. K. HILLIARD: J. Mot. Pict. Engrs. 35, 388 (1940). — Die Angaben sind sehr niedrig. Die angegebenen Leistungen reichen nur dann einigermaßen aus, wenn Lautsprecher sehr hohen Wirkungsgrades verwendet werden. — Ausführliche Angaben über die erforderliche Verstärkerleistung bei den verschiedenartigsten Sprach- und Musikdarbietungen bringen auch H. F. HOPKINS u. N. R. STRYKER: Proc. Inst. Radio Engrs. 36, 315 (1948).

Einengungsstelle — also beispielsweise beim Zischlaut S an der Einengung zwischen den Vorderzähnen — gebildet wird[1]. Beim S reicht das kontinuierliche Spektrum bis etwa 12000 Hz und höher hinauf; wir hatten bereits darauf hingewiesen, daß bei der Übertragung des S große Schwierigkeiten entstehen, wenn die obere Grenzfrequenz des Übertragungssystems zu tief liegt, eine Tatsache, die hierdurch erklärt wird.

Die Spektren der von Musikinstrumenten erzeugten Klänge sind in einer grundlegenden Arbeit von E. MEYER und G. BUCHMANN[2] ermittelt worden.

Die Zusammensetzung der Spektren der Musikklänge ist sehr verschiedenartig. Während bei einer Reihe von Instrumentgruppen die

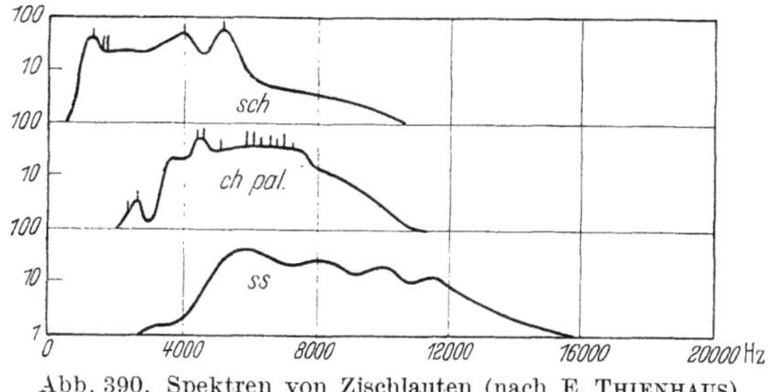

Abb. 390. Spektren von Zischlauten (nach E. THIENHAUS)

Klänge praktisch rein harmonisch zusammengesetzt sind, tritt bei anderen Instrumenten neben der harmonisch aufgebauten Partialtonreihe auch ein starker kontinuierlicher Untergrund — ein Geräuschspektrum — auf. Andere Instrumente wieder besitzen ein vorwiegend kontinuierliches Spektrum ohne harmonische Komponenten.

Zu der erstgenannten Instrumentengruppe gehören die Streichinstrumente. Abb. 391 zeigt Spektren von Geige und Bratsche. Die Spektren sind rein harmonisch aufgebaut[3].

In den tiefen Tonlagen der Streichinstrumente macht sich eine interessante Eigentümlichkeit, auf die wir bereits oben (Ziff. 17, S. 151) hingewiesen haben, bemerkbar. Der Grundton der jeweils tiefsten Klänge der Streichinstrumente tritt nur sehr schwach in Erscheinung. Für diese zuerst von C.W. HEWLETT[4] beobachtete Tatsache gab H. BACK-

---

[1] Über stimmhafte und stimmlose Zischlaute vgl. insbesondere W. MEYER-EPPLER: Z. Phonetik **7**, 89, 196 (1953) und die Ausf. in Ziff. 18, S. 185.

[2] MEYER, E., u. G. BUCHMANN: Berliner Ber. **1931**, Nr. 32, 735.
Vgl. dazu auch R. W. YOUNG u. H. K. DUNN: J. A. S. A. **29**, 1070 (1957).

[3] Gelegentlich wurde auch ein ganz schwacher kontinuierlicher Untergrund beobachtet, dieser ist auf den Bogenstrich zurückzuführen.

[4] HEWLETT, C. W.: Phys. Rev. **35**, 359 (1912).

HAUS[1] die richtige Erklärung: Die Ausdehnung des Instrumentenkörpers ist bei den tiefen Tonlagen relativ zur Wellenlänge des abzustrahlenden Schalls noch so klein, daß keine nennenswerte Abstrahlung zustande kommt; erst bei höheren Tonlagen, bei denen die Ausdehnung des Instrumentenkörpers vergleichbar wird mit der Wellenlänge, ist der Strahlungswiderstand so weit gewachsen, daß das Instrument zu strahlen beginnt (vgl. Ziff. 16, S. 133).

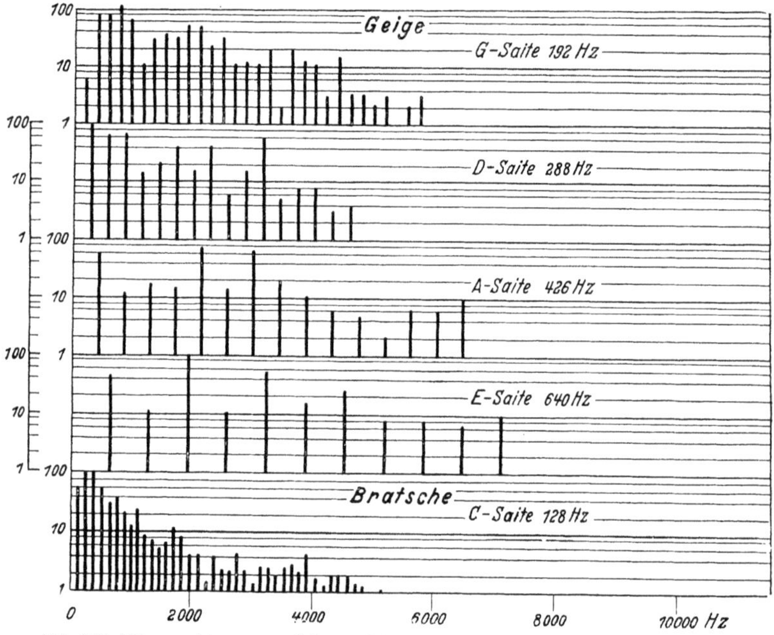

Abb. 391. Klangspektren von Geige und Bratsche (nach E. MEYER u. G. BUCHMANN)

Auch die Analyse der Klänge der Blasinstrumente ergibt harmonisch zusammengesetzte Spektren. Die relative Teiltonverteilung ist je nach der Formgebung der angeblasenen Hohlräume eine verschiedene. Bei weitem Resonanzraum (bei großer „Mensur") treten im allgemeinen nur die Partialtöne niederer Ordnung in Erscheinung, bei enger Mensur hingegen kommen auch die hohen Partialtöne stark hervor.

Einige typische Spektren von Blasinstrumenten sind in Abb. 392 wiedergegeben.

Die Flöte besitzt eine besonders weiche Klangfarbe, Komponenten oberhalb etwa 4000 Hz treten nicht in Erscheinung. Die Klarinette

---

[1] BACKHAUS, H.: Z. techn. Phys. **9**, 491 (1928). — Naturwiss. **17**, 811, 835 (1929). — Vgl. hierzu auch W. S. KASANSKY u. S. N. RSCHEVKIN: Z. Phys. **47**, 233 (1928). — OBATA, J., u. Y. OZAWA: Proc. phys. math. Soc. Jap. (3) **13**, 1 (1931).

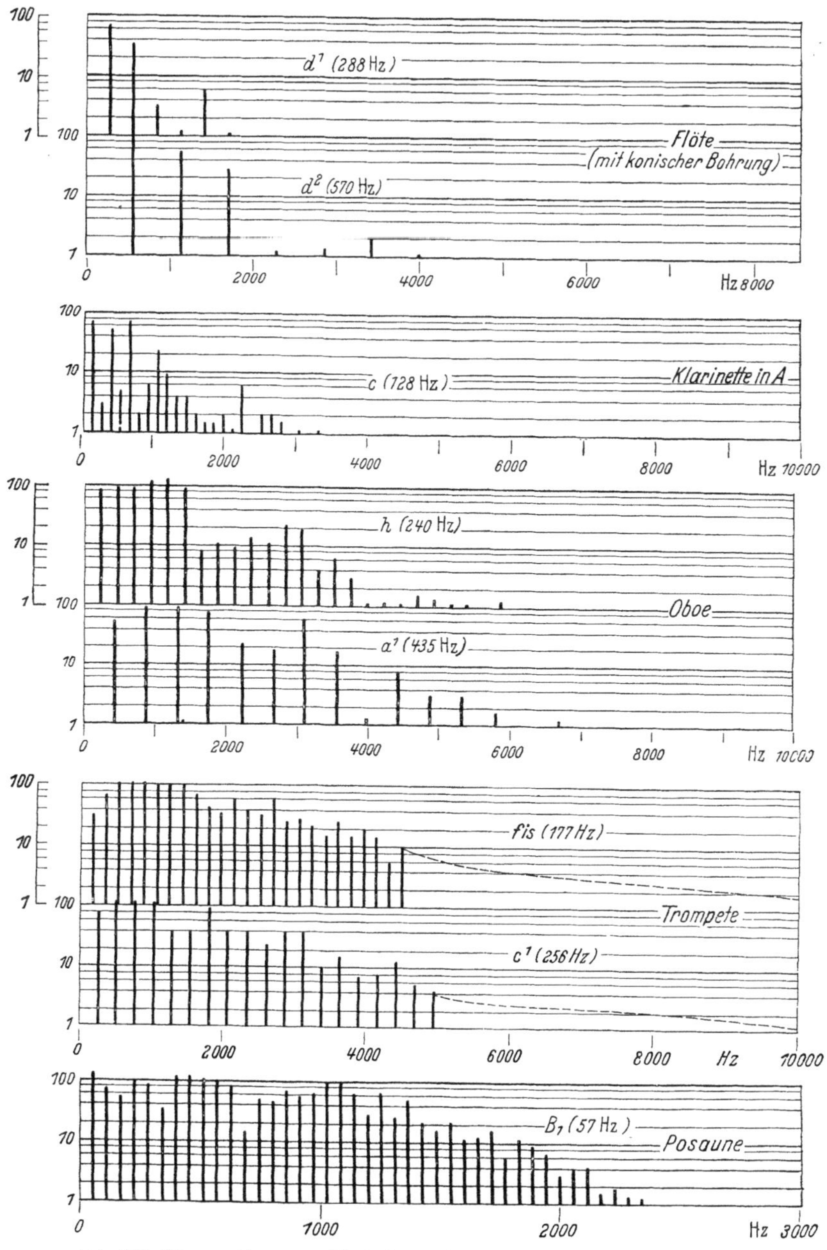

Abb. 392. Klangspektren von Blasinstrumenten (nach E. Meyer u. G. Buchmann)

zeigt in den tiefen Tonlagen eine Eigentümlichkeit: die geradzahligen Partialtöne treten nur sehr schwach auf. Der Grund hierfür ist der, daß das Ansatzrohr der Klarinette infolge der verhältnismäßig hohen Eigenschwingung der zum Anblasen benutzten Rohrblattzunge in Art einer einseitig geschlossenen Pfeife schwingt; die geradzahligen Partialtöne können dann (S. 167) nicht erzeugt werden[1].

In den Spektren der Oboe treten — wie übrigens auch bei dem Fagott — verhältnismäßig stark tiefe Formantgebiete hervor; die in diesen Gebieten liegenden Teiltöne kommen — unabhängig von der Höhe des Grundtons — stets kräftig heraus.

Besonders reich an Obertönen sind die Spektren der Trompete und (der tieferen Teiltonlagen) der Posaune.

Mit der Orgel[2] lassen sich Klänge der verschiedensten Klangfarben erzeugen. Zur primären Schallerzeugung dienen bei der Orgel teils Lippenpfeifen, teils Zungenpfeifen (S. 162). Die verschiedene Klangfarbe der einzelnen Orgelregister wird im wesentlichen durch die verschiedene geometrische Gestaltung der auf die Pfeifen gesetzten Hohlkörper erreicht. Auch das Material der Wandungen spielt eine Rolle. Man verwendet bei den Orgeln teilweise Holz, teilweise Orgelmetall, eine Legierung von Blei und Zinn. Pfeifenwandungen aus Holz bewirken

---

[1] Über die Klarinette vgl. insbesondere noch W. Juswinsky: Techn. Phys. (USSR) **1**, 194 (1934). — Aschoff, V.: A. Z. **1**, 77 (1936). — Ghosh, R. N.: J. A. S. A. **9**, 255 (1938). — Über Spektren von Blasinstrumenten vgl. weiterhin noch F. A. Saunders: J. A. S. A. **18**, 395 (1946). — Bierl, R.: Z. ang. Physik **5**, 231 (1953) (Vergleiche von Blasinstrumenten mit elektronischen Musikinstrumenten). — Igarashi, J., u. M. Koyasu: J. A. S. A. **25**, 122 (1953) (betr. Trompeten). — Vgl. weiterhin in Anm. 1, S. 166 angezogene Arbeiten.

[2] Über Orgeln vgl. A. E. Bate: Phil. Mag. (7) **16**, 562 (1933). — Thienhaus, E., u. W. Willms: Musik u. Kirche **5**, 4 (1933). — Schumacher, J.: Z. techn. Phys. **15**, 274 (1934). — Seiberth, H.: Hochfrequenztechn. **45**, 148 (1935). — Lottermoser, W.: Neue Dtsch. Forschg. **105**, Abt. Phys. 1 (1936). — Jarnak, P.: Fysisk Tidskrift **34**, 137 (1936). — Trendelenburg, F., E. Thienhaus u. E. Franz: Akust. Z. **1**, 59 (1936); **3**, 7 (1938). — Jones, A. T.: J. A. S. A. **8**, 196 (1937). — Hausmann, J. R.: Der Einfluß der Windladensysteme und Ventilformen auf die Einschwingvorgänge von Orgelpfeifen. Diss. T. H. Aachen (1933). — Brown, D. G. B.: Nature, Lond. **141**, 11 (1938). — Boner, C. P.: J. A. S. A. **10**, 32 (1938). — Mokhtar, M.: Proc. Durham Phil. Soc. **9**, 352 (1938). — Phil. Mag. (7) **27**, 195 (1939). — Jones, A. T.: J. A. S. A. **10**, 167 (1939). — Thienhaus, E.: Arch. f. Musikforschg. **4**, 86 (1939). — Jones, A. T.: J. A. S. A. **11**, 122 (1939). — Northrop, P. A.: ebdt. **12**, 90 (1940). — Nolle, A. W., u. C. P. Boner: ebdt. **13**, 145 (1941). — Binder, R. C., u. A. S. Hall: ebdt. **14**, 140 (1942). — Lottermoser, W.: Naturwissensch. **37**, 302 (1950). — Trendelenburg, F.: Ric. Scient. **21**, 339 (1951). — Thienhaus, E.: Musik und Kirche **21**, H. 5 (1951). — Lottermoser, W.: Acustica **3** (AB 1), 129 (1953). — Grützmacher, M.: Acustica **4**, 226 (1954). — Lottermoser, W.: Z. Naturf. **11a**, 515 (1956). — Rienstra, A. R.: J. A. S. A. **29**, 783 (1957). — Weitere Arbeiten sind bei der Behandlung der für die Klangwirkung der Orgel entscheidend wichtigen Einschwingvorgänge, S. 520 angezogen.

einen weicheren Klang als metallische Wandungen, und diese wieder klingen um so schärfer, je höher der Zinngehalt ist[1].

Bezüglich des Einflusses der geometrischen Form auf die Klangfarbe ist zu sagen, daß bei Lippenpfeifen der Klang um so weicher wird, je weiter die Pfeife ist, oder — wie man im Orgelbau zu sagen pflegt, je größer die Mensur ist. In Abb. 393 sind nach E. Meyer und G. Buchmann[2] mit der Suchtonmethode aufgenommene Spektren von Orgelpfeifen wiedergegeben. Man erkennt, daß bei der engen Pfeife Nr. 1 die unteren Partialtöne etwa in gleicher Stärke vorhanden sind, wie der Grundton. Mit wachsender Weite der Pfeife treten die Obertöne dann gegen

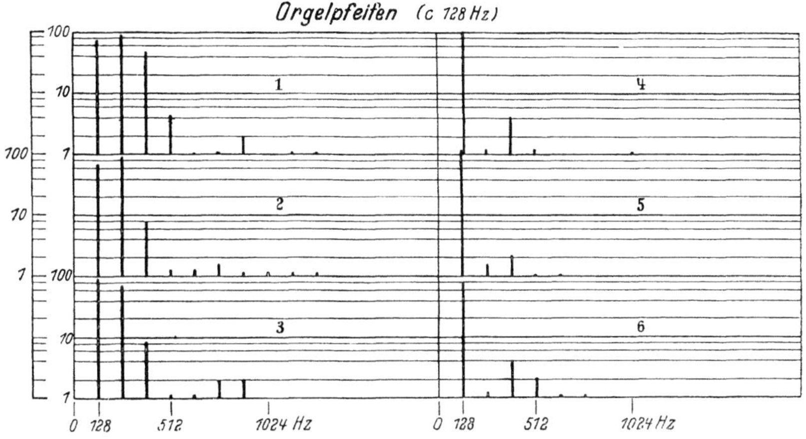

Abb. 393. Klangspektren von Orgelpfeifen verschiedener Mensur. 1—5 zunehmende Weite, zylindrisch; 6 konisch verengt (nach E. Meyer u. G. Buchmann)

den Grundton immer mehr zurück, bei der sehr weiten Pfeife 5 erreicht beispielsweise der Schalldruck der stärksten Obertöne nur etwa 2% des Wertes des Grundtones. Bei der spitz zulaufenden Pfeife 6 treten die Obertöne dann wieder etwas stärker in Erscheinung.

In Abb. 394 bis 396 sind typische Formen von Orgelpfeifen[3] dargestellt. Die wichtigsten, am oberen Ende offenen Pfeifen, die als Lippenpfeifen arbeiten, sind folgende:

---

[1] Lottermoser, W.: A. Z. **2**, 129 (1937). — Boner, C. P., u. R. B. Newman: J. A. S. A. **12**, 83 (1940).

[2] Meyer, E., u. G. Buchmann: Ber. Berl. Akad. XXXII, **1931**, 735.

[3] Nach Chr. Mahrenholtz: Die Orgelregister. 2. Aufl. Kassel 1942. — Es wurden oben nur einige physikalisch besonders charakteristische Formen von Pfeifen behandelt. In dem erwähnten Buch von Mahrenholtz sind die außerordentlich zahlreichen verschiedenen Register, die man bei Orgeln kennt, eingehend behandelt.

Prinzipal (P, zylindrisch, mittelweit, herber Klang).

Nachthorn (N.H., zylindrisch, sehr weit, ganz weicher Flötenklang).

Flöte (F, ziemlich eng, weicher Klang).

Zartgeige (Z, sehr eng, sehr leiser zarter Klang, streicherartig).

Spitzflöte (S. F., konisch, heller Klang).

Am oberen Ende geschlossene („Gedackte") Pfeifen sind folgende:

Gedackt (G, hohl und flötenartig klingend).

Lieblich Gedackt (L.G., zarter heller Klang, wird vorwiegend zu Begleitzwecken verwendet).

Spitzgedackt (S.G., heller und in hohen Lagen streichender Flötenklang).

Doppelflöte (D.F., gedackte, weichklingende Flöte aus Holz).

Von den durch Zungenpfeifen erregten Registern (Abb. 396) sind folgende besonders typische Formen vorhanden:

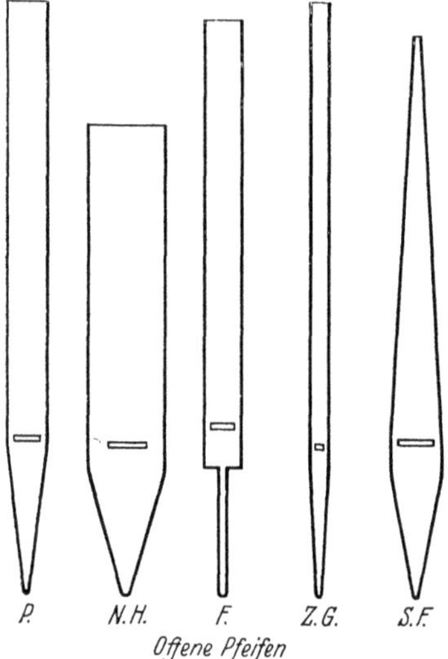

Abb. 394. Orgelpfeifen (Lippenregister)

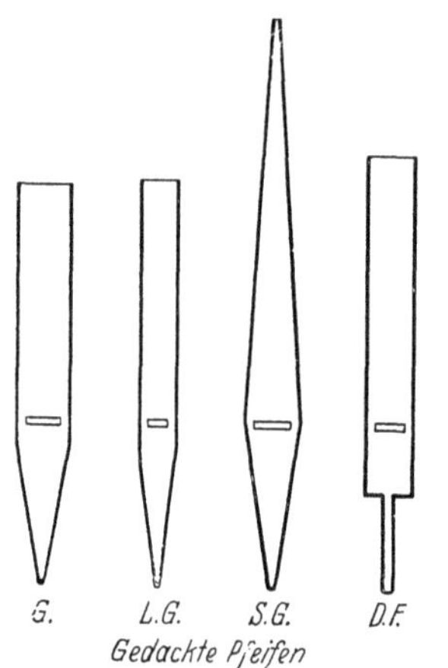

Abb. 395. Orgelpfeifen (Lippenregister)

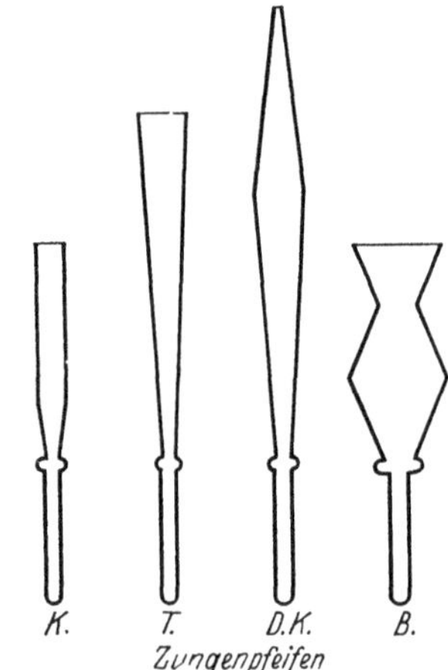

Abb. 396. Orgelpfeifen (Zungenregister)

Klarinette (K, ähnlich dem Orchesterinstrument gleichen Namens, etwas hohl klingend).

Trompete (T, besonders hellschmetternder Klang).

Doppelkegelregal (D.K., mittelweich, singend).

Bärpfeife (B, sehr weiter Resonanzkörper, etwas brummender Klang)[1].

Bei Klanganalysen an Orgeln ergaben sich sehr typische Unterschiede zwischen den Spektren der Orgeln der Barockzeit (deren Klang-

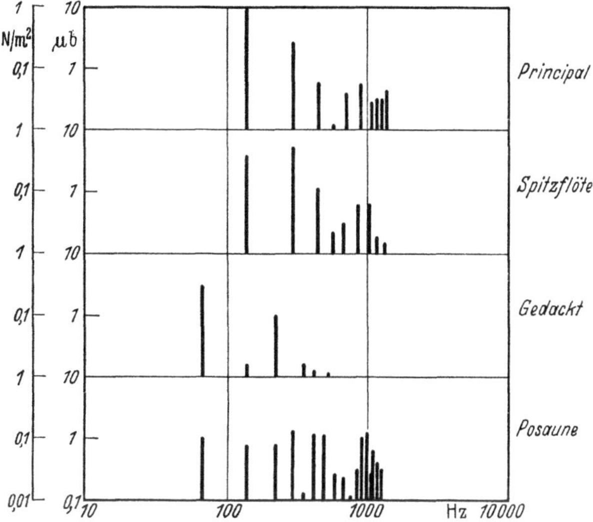

Abb. 397. Klangspektren einer SILBERMANN-Orgel (Principal 8′ c; Spitzflöte 4′ c; Gedackt 8′ c; Posaunenbaß 16 c′; nach W. LOTTERMOSER)

bild heute wieder als das Ideal des Orgelklangs gelten) und moderneren Orgeln. In Abb. 397 sind nach W. LOTTERMOSER[2] Klangspektren der

[1] Eine etwas abgeänderte Konstruktion der Bärpfeife ist die Vox humana, mit welcher sich den menschlichen Lauten sehr ähnliche Klänge erzeugen lassen. Der akustische Aufbau der Vox humana entspricht durchaus dem des Sprachorgans, ähnlich wie bei diesem durch die Resonanz der Mundhöhle der vom Stimmband gezeugte Klang wird, wird bei der Vox humana der von der Zunge herrührende obertonreiche Klang durch die Resonanzen der angesetzten Hohlräume geformt.

[2] LOTTERMOSER, W.: A. Z. **5**, 324 (1940).

[3] LOTTERMOSER, W.: Phys. Blätter

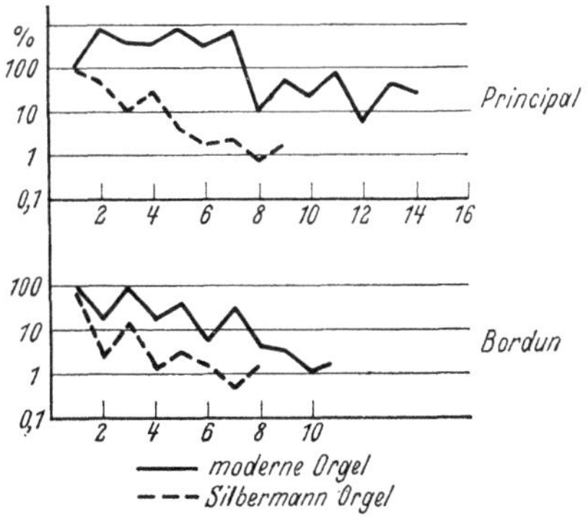

Abb. 398. Klangspektren einer SILBERMANN-Orgel und einer modernen Orgel (Principal 8′ c²; Bordun 8′ c; nach W. LOTTERMOSER)[3]

1948, 103. — Z. Naturforschg. **3a**, 298 (1948); **5a**, 159 (1950). — LOTTERMOSER, W., u. F. J. MEYER: Acustica 8, 398 (1958). — LOTTERMOSER, W.: Arch. f. Musikwiss. **17**, 71 (1960). — Auf die wichtigen Fragen der Klangeinsätze der Orgeln der Barockzeit werden wir S. 520 eingehen.

33 Trendelenburg, Akustik, 3. Aufl.

von G. SILBERMANN 1731 in Reinhardtsgrimma in Sachsen erbauten Orgel dargestellt. Die Schalldrucke der höheren Teiltöne der Lippenpfeifen: Principal, Spitzflöte, Gedackt fallen mit wachsender Ordnungszahl rasch ab. Bei neueren Orgeln ist dies vielfach nicht der Fall.

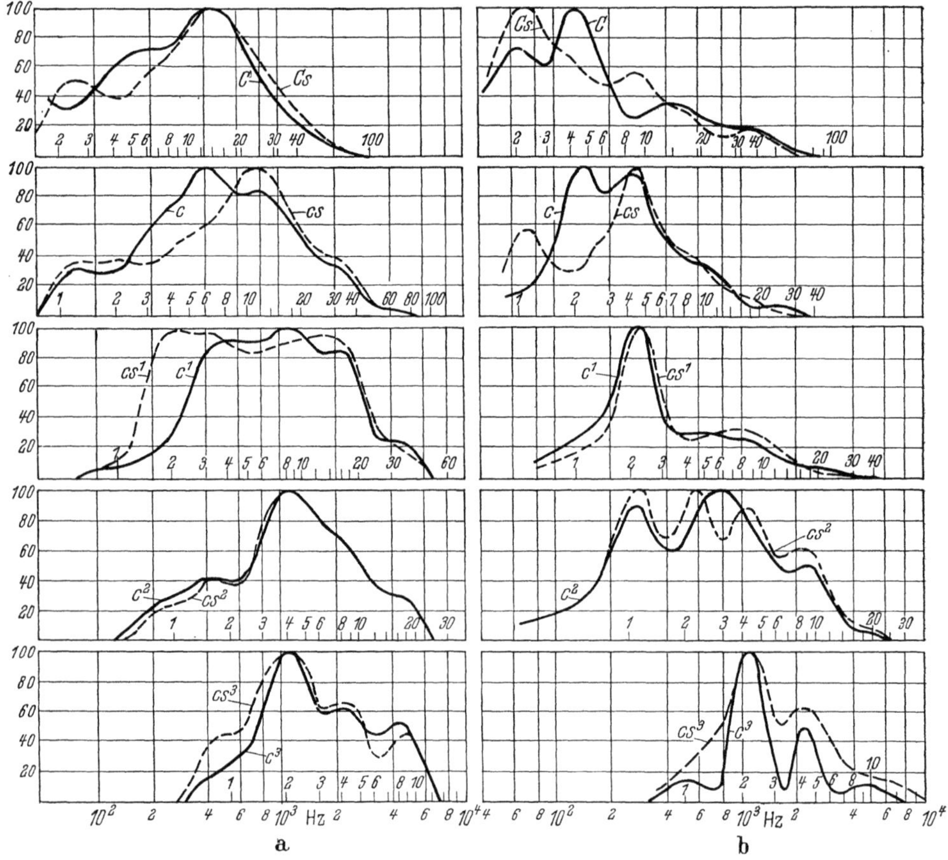

Abb. 399. Oktavsiebanalysen der Plenumklänge des Hauptwerks
a) der Großen Orgel von RIEPP (Beteiligte Register: Copel 16′, Prinzipal 8′, Copel 8′, Prinzipal 4′, Mixtur, Zimbel)
b) einer modernen Orgel (Beteiligte Register: Prinzipal 16′, Prinzipal 8′, Oktave 4′, Oktave 2′, Mixtur)

Abb. 398 zeigt zum Vergleich auch die Spektren einer 1900 erbauten Orgel, diese Orgel wirkt im Gegensatz zu der Barockorgel schrill.

In Abb. 399 sind — ebenfalls nach Untersuchungen von W. LOTTERMOSER — Oktavsiebanalysen der Plenumklänge der von K. L. RIEPP 1757—66 in Ottobeuren erbauten Orgel dargestellt. Für die Klangunterschiede der Barock- und der neueren Orgeln ist offenbar auch die Lage der Intensitätsmaxima von Bedeutung, bei der Orgel von K. L. RIEPP liegt das Intensitätsmaximum unabhängig von der Tonhöhe im wesentlichen im Bereich 400—1000 Hz.

Die Absolutwerte der Schalldrucke sind bei Barockorgeln etwa 2—3mal kleiner als bei modernen Orgeln. Es zeigt sich also, daß die klangliche Güte einer Orgel durchaus nicht etwa auf besonders großer Lautstärke beruht, im Gegenteil ist eine leisere, dafür aber in ihrer Klangfarbe gut zusammengesetzte Orgel der lautstarken Orgel musikalisch überlegen.

Bei den angeschlagenen und den angezupften Saiteninstrumenten tritt neben harmonischen Anteilen ein kontinuierlicher Untergrund auf

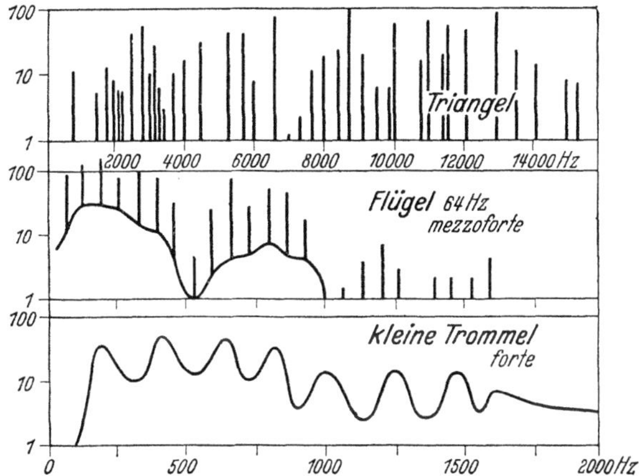

Abb. 400. Klangspektren des Triangels und der Trommel (nach E. MEYER u. G. BUCHMANN)

(Abb 400). Der kontinuierliche Anteil rührt im wesentlichen davon her, daß durch die Unstetigkeit im Augenblick des Anschlags bzw. des Abreißens der Saite sämtliche freien Eigenschwingungen des Instrumentes, also neben der harmonisch aufgebauten Folge der Saiteneigentöne, auch die unharmonisch liegenden Resonanzen des Instrumentenkörpers, angestoßen werden[1].

Bei der Pauke, der Trommel und dem Becken sind diskret verteilte Teiltöne nicht zu erkennen, diese Instrumente weisen vorwiegend ein kontinuierliches Spektrum auf, wenn auch gewisse Bereiche dieses Spektrums verstärkt vorhanden sind.

Ein interessantes Spektrum weist der Triangel auf, bei diesem Instrument sind zwar nur diskret verteilte Partialtöne ohne kontinuierlichen Untergrund vorhanden, die einzelnen Partialtöne liegen aber unharmonisch zueinander, eine Eigenart, die darin begründet liegt,

---

[1] Über die Eigenart des Anschlags bei Flügel, Klavichord und Cembalo vgl. F. TRENDELENBURG, E. THIENHAUS u. E. FRANZ: A. Z. 5, 309 (1940).

daß die Eigenschwingungen von Stäben in unharmonischer Folge verteilt sind (vgl. S. 76).

Die Methoden der automatischen Klanganalyse haben nicht nur bei der Untersuchung der Spektren der Musikinstrumente wichtige Aufschlüsse gebracht, sondern sie konnten auch für die Untersuchung von Geräuschen, insbesondere Störgeräuschen erfolgreich verwendet werden[1]. Die Erkennung der Lage und Stärke der einzelnen Komponenten von Störgeräuschen kann insofern von großem praktischen Nutzen sein, als es nach Aufklärung der Zusammensetzung des Störgeräusches häufig leicht gelingt, die für die Erzeugung der einzelnen Komponenten maßgeblichen Quellen zu finden und dann durch geeignete Gegenmaßnahmen diese Geräusche zu beseitigen Abb. 401 zeigt nach (E. Lübcke[2]) die Analyse des Störgeräusches eines elektrischen Generators; auf einem kontinuierlichen Untergrund erscheinen diskret verteilte Komponenten, die sich nach ihrer Frequenz bestimmten Entstehungsarten zuordnen lassen; so sind z. B. einzelne Komponenten durch die vom magnetischen Wechselfeld erregten mechanischen Schwingungen erzeugt worden, andere wieder sind nach Art der Sirenentöne entstanden.

Bei modernen Konstruktionen elektrischer Großmaschinen strebt man eine möglichst hohe elektrische Ausnutzung des aktiven Materials

---

[1] Über Geräusche an Maschinen usw. vgl. J. H. Vivian u. R. R. Peck: Trans. Amer. Inst. El. Engrs. **70**, 328 (1951) (betr. Transformatoren). — Bristow, J. R.: Autom. Div. Proc. Inst. Mech. Engrs. No. 1 (1951/52) S. 9. (Geräusche im Kraftwagen). — Jordan, H., u. H. Rothert: Elektrotechn. Z. **74**, 637 (1953) (Asynchronmaschinen). — Heuven, E. W. van: Acustica **5**, 101 (1955) (Leuchtstofflampen). — Conover, W. B., u. R. J. Ringlee: Trans. Amer. Inst. Electr. Engrs. **74**, 77 (1955) (Transformatoren). — Fukushima, K., T. Nimura, K. Shibayama, K. Kido, J. Sugai, H. Sakamizu u. T. Ishigaki: J. Inst. Electr. Engrs. Jap. **75**, 471 (1955) (Transformatoren). — Lübcke, E.: Z. VDI. **98**, 791 (1956) (Zusammenfass. Ber. über Maschinengeräusche, Lit.-Ang.). — Alger, P. L., u. E. Erdelyi: J. A. S. A. **28**, 1063 (1956) (Magnetisches Geräusch von Induktionsmotoren). — Baron, P.: Acustica **6**, 412 (1956) (Elektromotoren). — Lübcke, E.: ebdt. 109 (Körperschall im Elektromaschinenbau). — ebdt. **7**, 113 (1957). — Frequenz **12**, 209 (1958) (Allg. Fragen der Geräuschmessung). — Hampe, E. A.: Kunststoffe **47**, 640 (1957) (Geräusche in Fahrzeugkarosserien und Entdröhnungsfragen). — Skudrzyk, E.: J. A. S. A. **31**, 68 (1959) (betr. Aufstellung auf federnden Unterlagen). — Reiplinger, E.: Siemens Z. **33**, 69 (1959). — Slavin, I. I.: Akust. Z. (USSR) **5**, 221 (1959). — de Lank, G.: Proc. 3. I. C. A. Congr. Stuttgart (1959). — Mühleisen, K.: ebdt. — Slavin, I. I., u. J. M. Iljaschtschuk: ebdt. — Vgl. auch DIN 45632.

Über Verkehrsgeräusche vgl. G. L. Bonvallet: J. A. S. A. **22**, 201 (1950). — **23**, 435 (1951). — Callaway, D. B.: ebdt. 55 (betr. Hupen). — Takeuchi, R.: Mem. Inst. Sci. Industr. Res. Osaka Univ. **9**, 53 (1952) (Straßengeräusch). — Callaway, D. B., u. H. H. Hall: J. A. S. A. **26**, 216 (1954) (Lastwagen). — Meister, F. J.: ebdt. **29**, 81 (1957) (Straßengeräusche). — Weitere Arbeiten sind in Anm. 1 S. 129 zitiert.

[2] Nach E. Lübcke: Z. Techn. Phys. **15**, 652 (1934).

an; auch verwendet man an Stelle von früher verwendetem Gußeisen geschweißte Konstruktionen aus Walzblech, um zu einer Gewichtsverringerung und Herstellungsvereinfachung zu kommen. Diese Maßnahmen haben zur Folge, daß einerseits die elektromagnetischen Kräfte zwischen Stator und Rotor größer werden und andererseits die verringerte Masse und verkleinerte innere Materialdämpfung das Auftreten von Schwingungen begünstigen. Für die Erregung mechanischer Eigenschwingungen ist, wie E. Lübcke[1] zeigte, nicht nur eine Übereinstimmung der erregenden Frequenz mit der Frequenz der Eigenschwingung,

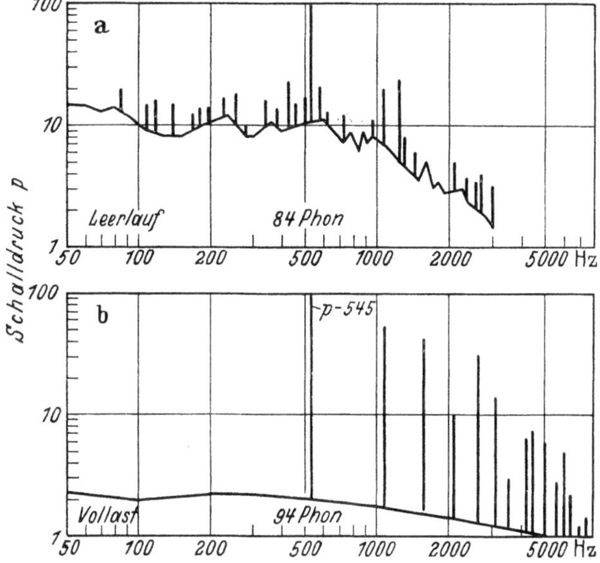

Abb. 401 a u. b. Analysen des Geräusches eines Motorgenerators (nach E. Lübcke).
a Leerlauf, b Vollast

sondern auch die räumliche Verteilung der anregenden Kräfte im Vergleich zu den räumlichen Bedingungen der Eigenschwingungen von Bedeutung.

Störend sind bei mechanischen Maschinen, die mit Getrieben ausgerüstet sind, vielfach auch die durch den Zahneingriff erregten Geräusche. Durch Vergleich von Luftschall- und Körperschallanalysen läßt sich — wie Abb. 402 (nach E. Lübcke[2]) zeigt — entscheiden, welche Geräuschkomponenten vom Getriebe und welche vom Generator herrühren.

Die spektrale Ausmessung von Störgeräuschen wird in der Praxis meist mit Lautstärkemessern (Ziff. 15, S. 128) unter Benutzung von

<hr>

[1] Lübcke, E.: Acustica 7, 113 (1957). Vgl. zu diesen Fragen insbesondere auch E. Lübcke: Acustica 6, 113 (1956) (Zusammenfassender Bericht über Körperschallprobleme im Elektronenmaschinenbau). — VDI-Z. 98, 791 (1956).

[2] Lübcke, E.: Acustica 6, 109 (1956).

Oktavfiltern durchgeführt. Die Darstellung der Meßergebnisse in Form von Lautstärken-Oktavspektren und Lautheitsoktavspektren haben wir Ziff. 29, S. 428 bereits behandelt. Hier sei noch darauf hingewiesen, daß es (nach einem Vorschlag von E. Lübcke[1] und L. Cremer) vorteilhaft sein kann für die Beurteilung von Geräuschen, nicht die Kurven gleicher Lautstärke zugrunde zu legen, sondern Grenzkurven zu verwenden, die mit 3 dB/Oktave abfallen und die vom Höchstwert des Spektrums nicht überschritten werden sollen. Ein derartiges Vorgehen berücksichtigt besser die „Belästigung" durch Geräusche, gibt aber natürlich keine mit Lautstärkenmessungen übereinstimmende Information.

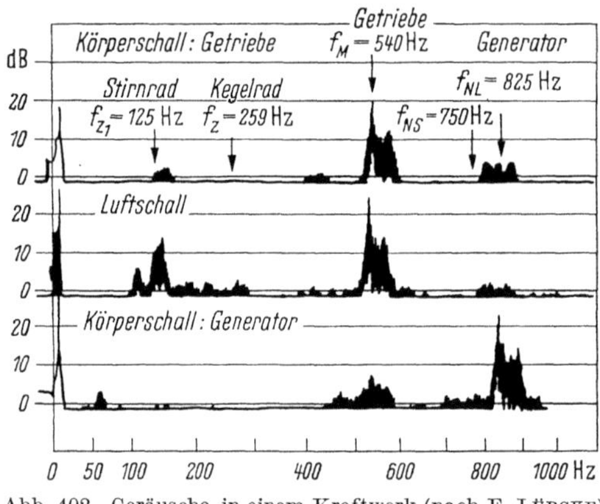

Abb. 402. Geräusche in einem Kraftwerk (nach E. Lübcke)

In vielen Fällen ist bei den natürlichen Schallvorgängen neben der Zusammensetzung der stationären Teile die Art und Weise, wie die Schallvorgänge einsetzen und wie sie ausklingen, also — mit anderen Worten — die Art der „Ausgleichsvorgänge", von großer Bedeutung. In ganz besonderem Maß gilt dies für kurzdauernde Schallvorgänge; bei manchen derartigen Vorgängen, wie z. B. den Explosivlauten der menschlichen Stimme, läßt sich ja ein stationärer Teil gar nicht abgrenzen, es ändert sich im Gegenteil die Zusammensetzung des Schalls während der ganzen Zeitdauer des Vorgangs in starkem Maß.

Auf die Bedeutung der Klangeinsätze für den Klangcharakter wurde bereits von H. v. Helmholtz[2] und insbesondere von C. Stumpf[3] hingewiesen. Der letztgenannte Forscher führte aufschlußreiche Untersuchungen darüber aus, wie die Erkennbarkeit von Klängen musikalischer Instrumente sich gestaltet, wenn einem Beobachter nur der stationäre Klangteil, nicht aber der Klangeinsatz dargeboten wird. Es zeigte sich hierbei, daß dann, wenn der Klangeinsatz abgeschnitten

[1] Lübcke, E.: Frequenz **12**, 209 (1958); **13**, 287 (1959) (mit ausführlichen Literaturangaben). — Zur Frage der Belästigung durch Störgeräusche vgl. insbesondere noch F. J. Meister: Z. VDI. **99**, 329 (1957) und einige der S. 516. Anm. 1 angegebenen Arbeiten.

[2] Helmholtz, H. v.: Die Lehre von den Tonempfindungen. S. 114. Braunschweig 1863.

[3] Stumpf, C.: Die Sprachlaute, S. 374. Berlin 1926.

wird, mannigfache Verwechselungen in der Beurteilung der Klänge vorkommen. So unterliefen selbst musikalisch bestens geschulten Versuchspersonen schwerwiegende Fehlurteile. Es kamen nicht nur naheliegende Verwechslungen, wie Flöte mit Stimmgabel, Kornett mit Trompete, Posaune mit Horn, Klarinette mit Oboe, Fagott mit Cello, sondern auch Verwechslungen von Stimmgabel mit Trompete, Kornett mit Violine, Waldhorn und Flöte mit Fagott, Violine mit Oboe u. a. m. vor.

H. BACKHAUS[1] hat als erster die Natur der Ausgleichvorgänge mit dem Mittel der objektiven Klangaufzeichnung untersucht; er zeichnete die in Frage stehenden Vorgänge oszillographisch auf und analysierte

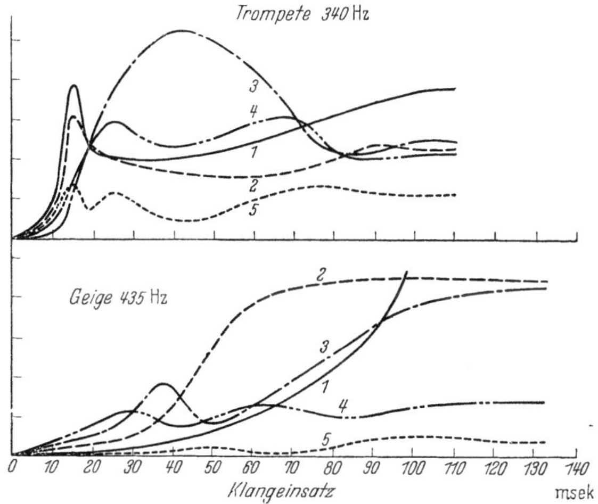

Abb. 403. Klangeinsatz bei einer Trompete (oben) und bei einer Geige (unten) (nach H. BACKHAUS)

dann die in kurze Abschnitte unterteilten Oszillogramme Abschnitt um Abschnitt mit dem MADERschen Analysator. Durch Aneinanderreihen der für die einzelnen Abschnitte gewonnenen Analysen läßt sich dann ein Bild der zeitlichen Änderung der Schallzusammensetzung gewinnen. Abb. 403 zeigt die Ergebnisse derartiger Analysen des Einsatzes eines Trompetenklanges und eines Geigenklanges. Der Trompetenklang wird sehr rasch aufgebaut, und zwar erscheinen alle Partialtöne nahezu gleich schnell. Anders liegen die Dinge bei der Geige. Der Einsatz erfolgt hier insgesamt wesentlich langsamer, auch werden die einzelnen Partialtöne

[1] BACKHAUS, H.: Z. techn. Phys. 13, 31 (1932). — Zur Frage der Ausgleichsvorgänge vgl. insbesondere noch MOLES u. CORSAIN: J. Phys. et le Radium 12, Beilage No. 6 (1951). — DARRÉ, A.: Frequenz 6, 65 (1952). — BRINER, H.: Onde Electr. 34, 200 (1954) (Verfahren zur Analyse von Ausgleichsvorgängen). — SKUDRZYK, E.: Acustica 4, 249 (1954).

nicht gleich schnell aufgebaut, sondern sie erscheinen nach und nach in der umgekehrten Folge ihrer Ordnungszahl.

Mit den S. 486 besprochenen Methoden zur Untersuchung schnell veränderlicher Schallvorgänge, und zwar insbesondere mit der Methode der Oktavsieboszillographie[1], konnten die Erkenntnisse über die Struktur veränderlicher Schallvorgänge erheblich erweitert werden.

Wichtige Feststellungen konnten mit der Methode der Oktavsieboszillographie insbesondere über die Klangeinsätze und Klangübergänge bei der Orgel gemacht werden. Mit dieser Methode wurde insbesondere die musikalisch sehr wertvolle Orgel in der Eosanderkapelle in Berlin-Charlottenburg untersucht[2], diese Orgel wurde von ARP SCHNITGER 1706 gebaut. Abb. 404 zeigt Oktavsieboszillogramme des Klangeinsatzes einer Pfeife aus dem Trompetenregister. Man erkennt, daß bei diesem mit Zungenpfeifen ausgerüsteten Register der Klang sehr schnell aufgebaut wird, bereits nach etwa 2—3 Schwingungen entspricht die Klangzusammensetzung dem stationären Klang. Ganz anders liegen die Verhältnisse bei Lippenpfeifen. Beim Prinzipal z. B. (Abb. 405) werden mehr als 0,6 sec (in tiefen Tonlagen) benötigt, bis der Klang aufgebaut ist. Einen Klangeinsatz ganz besonderer Art weist das Register „Lieblich Gedackt" dieser Orgel auf. Hier erkennt man Abb. (406) vor dem eigentlichen Klang ganz isoliert einen Vorläufer, dessen Frequenz

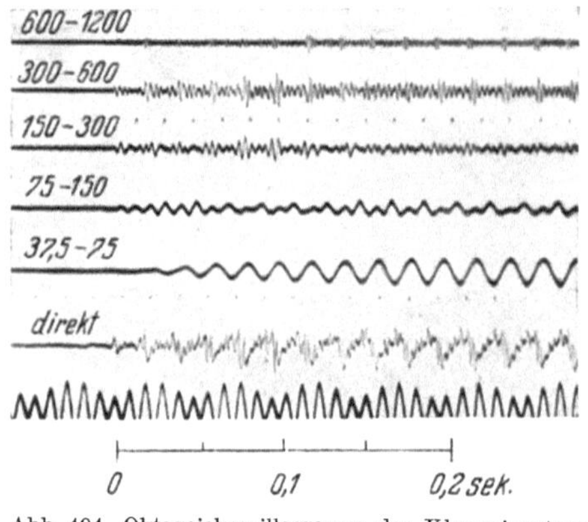

Abb. 404. Oktavsieboszillogramm des Klangeinsatzes eines Orgelklanges (Trompete 8 Fuß A)

---

[1] TRENDELENBURG, F., u. E. FRANZ: Z. techn. Phys. **16**, 513 (1935). — Wiss. Veröff. Siemens **15**, 78 (1936). — Vgl. auch O. VIERLING: Z. techn. Phys. **16**, 528 (1935).

[2] TRENDELENBURG, F., E. THIENHAUS u. E. FRANZ: A. Z. **1**, 59 (1936); **3**, 7 (1938). — Über Einschwingvorgänge an Orgelpfeifen vgl. weiter auch VIERLING, O., u. F. SENNHEISER: Akust. Z. **2**, 93 (1937). — NOLLE, A. W., u. C. P. BONER: J. A. S. A. **13**, 149 (1941). — MERCER, D. M. A.: Nature **164**, 783 (1949). — J. A. S. A. **23**, 45 (1951). — DÄNZER, H.: Annal. Phys. **10**, 395 (1952). — MERCER, D. M. A.: Amer. J. Phys. **21**, 376 (1953). — DÄNZER, H., u. W. MÜLLER: Annal. Phys. **13**, 97 (1953). — LOTTERMOSER, W.: Acustica **3**, (AB 1) 129 (1953). — MERCER, D. M. A.: Acustica **4**, 237 (1954). — RICHARDSON, E. G.: J. A. S. A. **26**, 960 (1954). — LOTTERMOSER, W.: in „Klangstruktur der Musik" hg. v. A. WINCKEL: S. 49. Berlin (1955). — DÄNZER, H., u. W. KOLLMANN: Z. Phys. **144**, 237 (1956). — CADDY, R. S., u. H. F. POLLARD: Acustica **7**, 277 (1957). — LOTTERMOSER, W.: Archiv f. Musik Wissensch. **15**, 113 (1958).

etwa die $5^1/_2$fache derjenigen des Grundtons im eingeschwungenen Zustand ist. Der Vorläufer liegt also völlig unharmonisch zum stationären Klang. Das Register Lieblich Gedackt der Orgel in der Eosander-

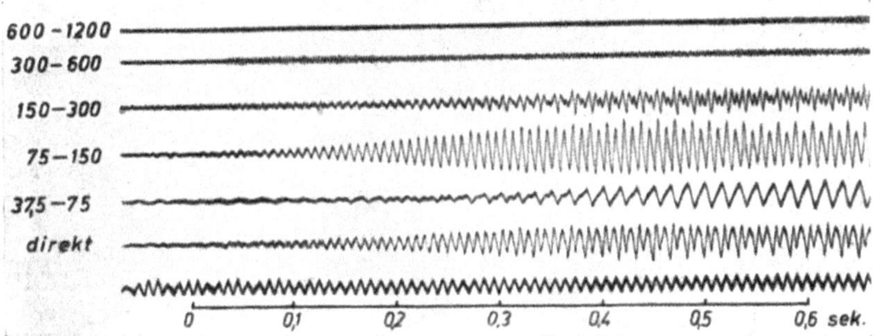

Abb. 405. Oktavsieboszillogramm des Klangeinsatzes eines Orgelklanges (Prinzipal 8 Fuß C)

kapelle weist diese eigentümlichen Klangeinsätze bei allen Pfeifen auf. Beim Spiel der Orgel hört man die eigenartigen, melodiösen, etwas ängstlich klingenden Einsätze subjektiv sofort heraus. Die Einsätze

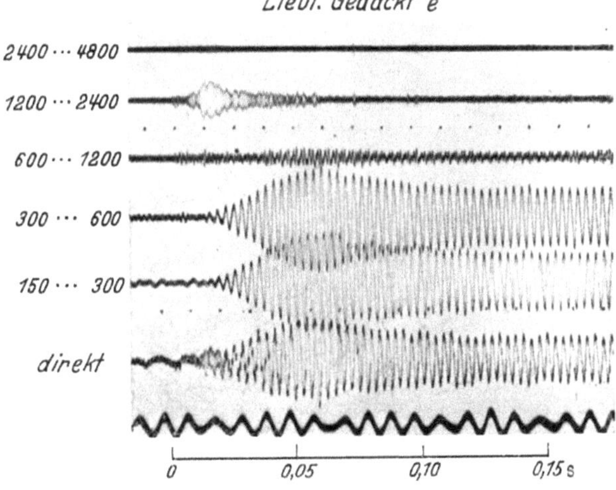

Abb. 406. Oktavsieboszillogramm des Klangeinsatzes eines Orgelklanges (Lieblich Gedackt 8 Fuß e¹)
(nach F. TRENDELENBURG, E. THIENHAUS u. E. FRANZ)

geben dem Hörer auch dann, wenn viele Register gleichzeitig gespielt werden, die Möglichkeit, die Klänge des Lieblich Gedackt (das, wie oben erwähnt, besonders zur Melodieführung verwendet wird) herauszuhören.

Für die Erzielung derart eigenartiger Klangeinsätze ist ein niedriger und langsam ansteigender Winddruck eine notwendige Vorbedingung.[1] Die eigenartigen Einsätze fehlen bei modernen Orgeln mit schnell an-

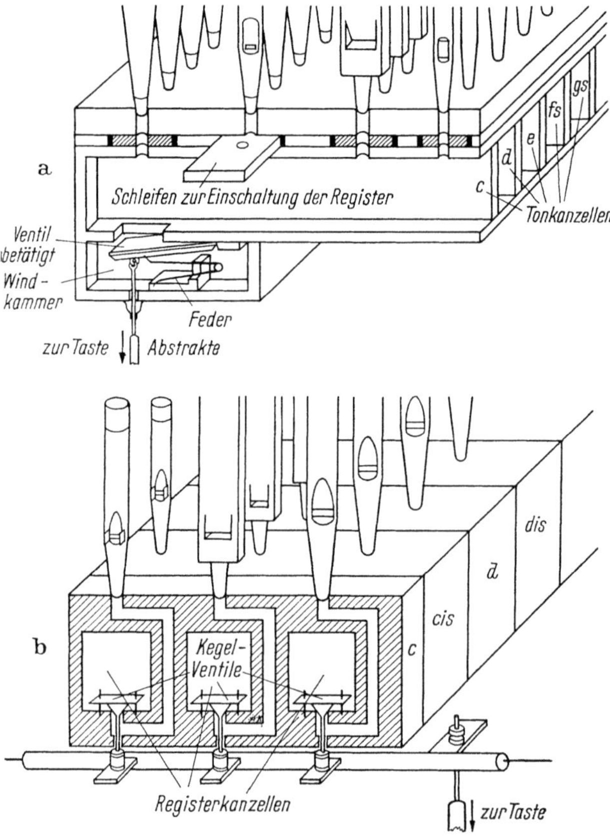

Abb. 407a u. b. Tonkanzelle (a) und Registerkanzelle (b) (nach W. LOTTERMOSER)[2]

steigendem und hohem Winddruck. Bei derartigen Orgeln springen auch die Klänge der Lippenregister sehr plötzlich — ähnlich wie die der Zungenregister — an, es fehlt der melodiöse Wechsel der Klangfarbe zwischen Einsätzen und stationärem Klang.

Die Art des Druckanstieges an den Pfeifen hängt von der Konstruktion der Windzuführung ab. Die alten Orgelbauer des Barock bevorzugten die als „Tonkanzelle" bezeichnete Bauart, bei welcher die

---

[1] Zur Theorie der Einschwingvorgänge vgl. insbesondere H. Dänzer: Annal. Phys. **10**, 395 (1952). — Dänzer, H., u. W. Kollmann: Z. Phys. **144**, 237 (1956).

[2] Lottermoser, W.: Akustische Untersuchungen an alten und neuen Orgeln in „Klangstruktur der Musik, herg. v. A. Winckel" S. 54 Berlin (1955).

Pfeifen gleicher Tonhöhe der verschiedenen Register auf einer größeren Kammer gemeinsam angeordnet sind (Abb. 407a). Am Eingang der Kammer liegt das bei der Betätigung der Taste sich öffnende Ventil der Windzuführung. Die verschiedenen Register selbst werden durch sog. Schleifladen freigegeben. Bei Betägigung der Taste steigt der Druck in der Kammer nur langsam an und die Pfeifen machen dann solch eigenartige Einschwingvorgänge durch, wie wir sie beim Register Lieblich Gedackt der Eosanderkapellenorgel kennen lernten. Bei den modernen Orgeln hat man aus Gründen der Wirtschaftlichkeit meist eine andere Bauart, nämlich die der „Registerkanzelle" (Abb. 407b) gewählt. Bei dieser Bauart liegt das bei Betätigung der Taste freigegebene Ventil dicht an der Pfeife, so daß der Druck, weil die Pufferwirkung der Kammer fehlt, im Vergleich zur Tonkanzelle schneller ansteigt.

Die bisherigen Ausführungen über Einschwingvorgänge bei Orgelpfeifen bezogen sich auf einzelne Pfeifen. Werden — wie im Plenumspiel — gleichzeitig mehrere Pfeifen intoniert, so ergeben sich, wie W. LOTTERMOSER[1] zeigte, bei Tonkanzellen weitere Effekte infolge von Koppelungserscheinungen zwischen den verschiedenen, auf einem gemeinsamen Kanzellenraum sitzenden in harmonischem Frequenzverhältnis gestimmten Pfeifen. Diese Koppelung bewirkt — wie auch H. DÄNZER und W. MÜLLER[2] in einer theoretischen Arbeit belegen konnten — daß die zuerst anspringenden höherfrequenten kleineren Pfeifen die Anregung der großen Pfeifen durch Mitnahmeeffekte beschleunigt. Bei Registerkanzellen fehlt die Koppelung durch einen gemeinsamen Kanzellenraum, hier ist nur eine Koppelung durch die Außenluft[3] vorhanden. W. LOTTERMOSER weist darauf hin, daß der skizzierte Effekt und die durch diesen bewirkte präzisere Artikulation der Tonkanzellen von besonderem Vorteil für den Vortrag polyphoner Kompositionen insbesondere für Musikdarbietungen in Kirchen mit langem Nachhall ist.

Die Eigenart der Klangeinsätze fällt um so mehr ins Gewicht, je schnellere Tonfolgen gespielt werden. Gerade für die BACHsche Musik ist Eigenart der Klangeinsätze von großer Bedeutung. BACHsche Musik klingt auf den klassischen Orgeln der Barockzeit ganz besonders farbig und lebendig. Wie stark die Eigenarten der Klangeinsätze im praktischen Orgelspiel wirksam werden, dafür ist Abb. 408 ein ausgezeichnetes Beispiel. Die Oszillogramme geben den Beginn der Umkehrungen des Themas zum 4. Satz der Pastorale F-Dur von JOH. SEB. BACH wieder. Deutlich ist bei jedem neuen Ton der Vorläufer des stationären Klangs

[1] LOTTERMOSER, W.: Acustica **3** (A. B.) 129 (1953).
[2] DÄNZER, H., u. W. MÜLLER: Ann. Phys. **13**, 97 (1953).
[3] Über raumakustische Koppelungserscheinungen und ihre Auswirkung auf die Einschwingvorgänge von Lippenpfeifen vgl. F. TRENDELENBURG, E. THIENHAUS u. E. FRANZ: A. Z. **1**, 59 (1936); **3**, 7 (1938).

im Oktavbereich 2400—4800 Hz zu erkennen. Besonders darauf hingewiesen sei, daß die Oszillogramme durchaus den natürlichen Bedingungen entsprechen, sie wurden nicht etwa an einzelnen Pfeifen unter unnatürlichen Verhältnissen sondern durch Abspielen einer gelegentlich einer Rundfunkübertragung aufgenommenen Schallplatte gewonnen.

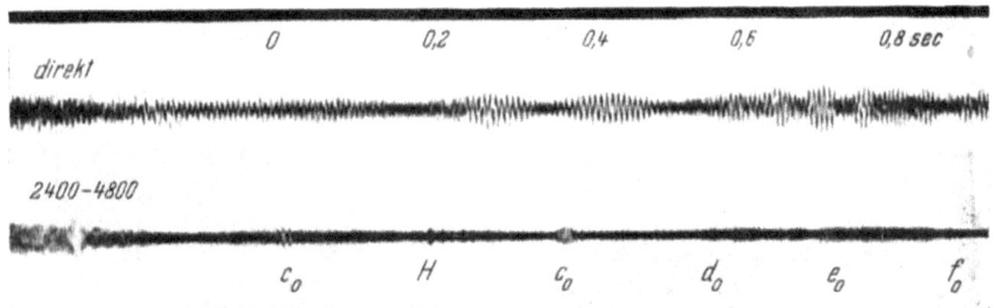

Abb. 408. Klangübergänge (Jakobikirche, Lübeck) (nach F. TRENDELENBURG, E. THIENHAUS u. E. FRANZ)

Die Registrierung der Orgel[1] war Lieblich Gedackt 8 Fuß und Oktav 2 Fuß.

Mit der Methode der Oktavsieboszillographie konnten weitreichende Aufschlüsse auch über die physikalischen Eigenschaften der Sprache gewonnen werden[2]. Wir haben die Oktavsieboszillogramme der schnellstveränderlichen Sprachlaute, der Explosivlaute, bereits S. 187 behandelt.

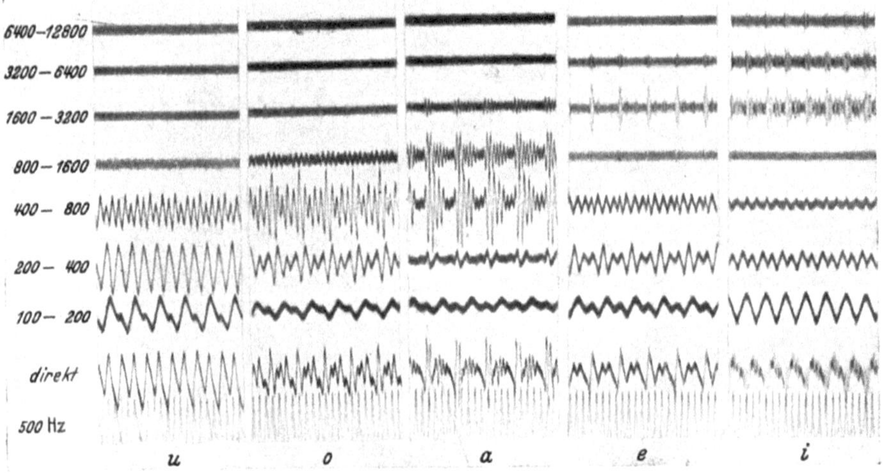

Abb. 409. Oktavsieboszillogramme von Vokalklängen

<hr>

[1] Die Orgel (Jakobikirche Lübeck) wurde 1636 von F. STELLWAGEN erbaut.

[2] TRENDELENBURG, F., u. E. FRANZ: Z. techn. Phys. **16**, 513 (1935). — Wiss. Veröff. Siemens **15**, 78 (1936). — Vgl. auch O. VIERLING: Z. techn. Phys. **16**, 528 (1935). — VIERLING, O., u. F. SENNHEISER: A. Z. **2**, 93 (1937). — TRENDELENBURG, F.: Proc. 3. Intern. Congr. Phonetic Science Gent. 1938, S. 128.

Als weiteres Beispiel seien noch Oktavsieboszillogramme von Vokalen (Abb. 409) und ein Oktavsieboszillogramm des gesprochenen Wortes „Akustik" gebracht (Abb. 410). In den Oktavsieboszillogrammen der Vokale ist die den verschiedenen Formantlagen entsprechende Energieverteilung (vgl. Ziff. 18, S. 179) anschaulich zu erkennen; außerdem sieht man Einzelheiten wie die bei der Stimmritzenöffnung angestoßenen hohen Eigenschwingungen. Im Oktavsieboszillogramm des Wortes

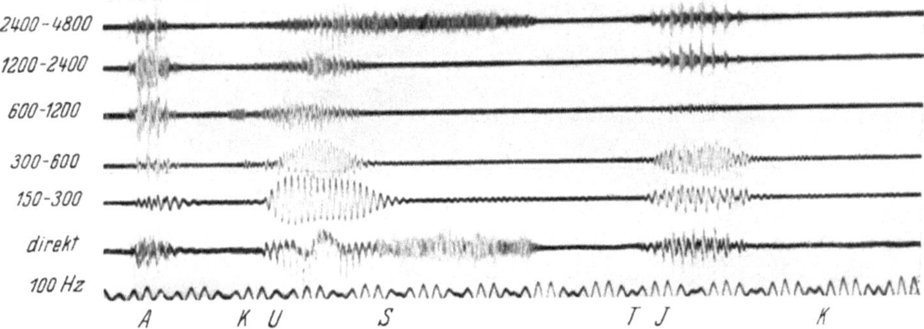

Abb. 410. Oktavsieboszillogramm des gesprochenen Wortes „Akustik"

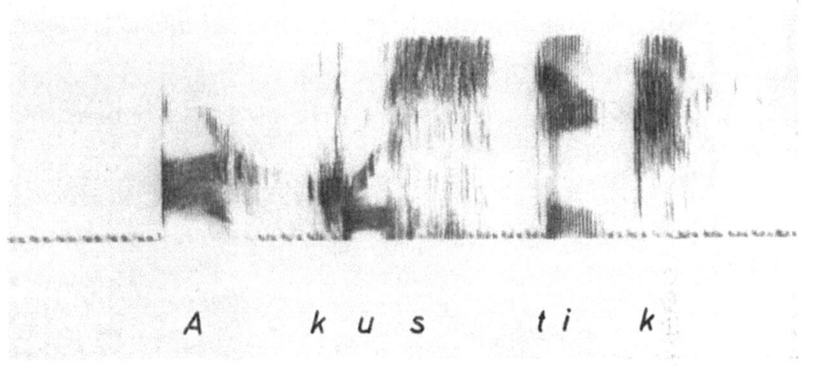

Abb. 411. Sound-Spektrogramm des gesprochenen Wortes „Akustik" (gleicher Sprecher wie für Abb. 410)

„Akustik" ist der vollständige Einsatz des Vokales A (Hauptformant im Sieb 600—1200 Hz) nach nur ein bis zwei Schwingungen zu erkennen. Der Stimmton setzt dann vor Beginn des Explosivlautes K (aus der Gruppe der Tenues, vgl. S. 187) völlig aus. Das Konsonantgeräusch des K ist in den Sieben 600—4800 Hz bemerkbar, unmittelbar anschließend folgt das U (Hauptformant im Sieb 150—300 Hz). Ungemein anschaulich sind die hohen Komponenten des Zischlautes S im Bereich 2400—4800 Hz. Auf den Explosivlaut T folgt das I (Hauptformant um 3000 Hz); auch das abschließende K ist zu erkennen. In Abb. 411 ist das gesprochene Wort „Akustik" noch als Sound-Spectrogramm wiedergegeben. Abb. 412 zeigt ein weiteres solches Bild, nämlich die Wörter „Unusual Pictures". Das Sound-Spectrograph-Verfahren wurde bereits S. 486 behandelt, es verwendet wie das Verfahren der Oktavsieboszillographie einen Satz von Filtern, die allerdings nicht auf Oktavenbreite sondern auf Bereiche von je 300 Hz Breite aufgeteilt sind. Der Darstellungsart beim Sound-Spectrograph entspricht diejenige beim Visible-Speech[1]-Verfahren, bei welchem die momentan entworfenen Bilder auf dem Leuchtschirm einer BRAUNschen Rohres

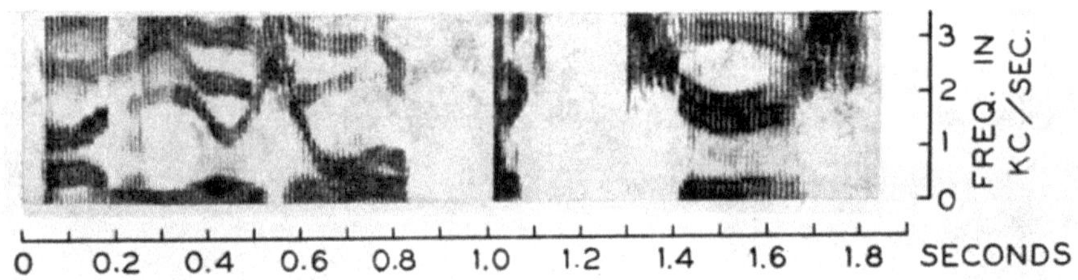

Abb. 412. Sound-Spektrogramm der Wörter „Unusua Pictures" (nach R. P. POTTER u. G. E. PETERSON)[2]

bzw. auf einem vorbeilaufenden nachleuchtenden Band beobachtet werden (vgl. Ziff. 31, S. 491). Bei einiger Übung ist es beim Visible-Speech-Verfahren möglich, gesprochenen Text unmittelbar abzulesen, so daß man sich auf diese Weise z. B. mit Gehörlosen verständigen kann. Für einen Wortschatz von etwa 500 Worten, der für eine Unterhaltung über einfache Fragen des täglichen Lebens ausreicht, braucht man eine etwa dreimonatige Lehrzeit mit etwa 200 Übungsstunden.

Die Kenntnis der Eigenart der Ausgleichsvorgänge ist von Interesse auch für die Schallübertragungstechnik. Zeigen die Ergebnisse der Untersuchungen doch klar, wie wichtig es ist, bei Übertragung von Schallvorgängen Verzerrungen von Ausgleichsvorgängen — wie sie

---

[1] POTTER, R. K.: J. A. S. A. **18**, 1 (1946). — STEINBERG, J. C., u. N. R. FRENCH: J. A. S. A. **18**, 4 (1946). — KOPP, G. A., u. GREEN, H. C.: J. A. S. A. **18**, 74 (1946). — POTTER, R. K., G. A. KOPP u. H. C. GREEN: Visible Speech. New York 1947. — POTTER, R. K., u. G. E. PETERSON: J. A. S. A. **20**, 528 (1948). — POTTER, R. K.: ebdt. **21**, 1 (1949). — POTTER, R. K., u. J. C. STEINBERG: ebdt. **22**, 807 (1950). — PETERSON, G. E., u. H. L. BARNEY: ebdt. **24**, 175 (1952). — PETERSON, G. E.: ebdt. 629.

[2] Die Aufnahme erfolgte bei einem Besuch in den Bell Laboratorien in Murray Hill (N. J.) USA. Verfasser ist den Bell Laboratorien für die Aufnahme und für die Erlaubnis zur Reproduktion zu Dank verpflichtet.

z. B. durch zu schwach gedämpfte Resonanzschwingungen in der Über-
tragungsapparatur hervorgerufen werden können — zu vermeiden[1].

Die elektrischen Verfahren zur Schallregistrierung und -analyse haben
wichtige Aufschlüsse auch über die physikalische Natur der für die medizinische Diagnose so wichtigen Schallerscheinungen am menschlichen
Körper, die bei der Funktion des Herzens und der Lunge auftreten, er-
bracht, und Zusammenhänge zwischen der Art dieser Erscheinungen
und Erkrankungsformen aufgeklärt[2].

VII. Anhang

33. Benennungen in der Akustik[3]

Schall: Mechanische Schwingungen und Wellen eines elastischen
Mediums, insbesondere im hörbaren Frequenzbereich (16 Hz bis 20 kHz).

Infraschall: Mechanische Schwingungen und Wellen eines elastischen
Mediums unterhalb des Frequenzbereiches des menschlichen Hörens.

Ultraschall: Mechanische Schwingungen und Wellen eines elastischen
Mediums oberhalb des Frequenzbereiches des menschlichen Hörens[4].

(Einfacher oder reiner) Ton: Schall von sinusförmigem Schwingungsverlauf mit einer im Hörbereich liegenden Frequenz.

Normstimmton: Ton oder Klang mit einer Grundfrequenz von 440 Hz
(Schwingungen je Sekunde).

Tonhöhe: Empfindungsmäßige Zuordnung eines Tongemisches zu
einer bestimmten Skala zwischen tiefen und hohen Tönen.

Harmonischer Klang: Aus harmonischen Teiltönen zusammengesetzter Schall.

---

[1] Vgl. insbesondere H. NEUMANN: Z. techn. Phys. **12**, 627 (1931). — H. BACK-
HAUS: ebdt. **13**, 31 (1932). — BÜRCK, W., P. KOTOWSKI u. H. LICHTE: Elektr.
Nachr.-Techn. **13**, 1 (1936). — DARRÉ, A.: Frequenz **6**, 65 (1952).

[2] Vgl. zu diesen Fragen F. TRENDELENBURG: Verhdlg. d. dtsch. Ges. f. Kreislaufforschg. **20**, 293 (1954) (betr. Physikalische Grundlagen der Herzschallregi-
strierung). — SCHÜTZ, E.: ebdt. 305 (betr. Physiologische Grundlagen). — MAASZ,
H.: ebdt. 326 (betr. Methodische Fortschritte und Standardisierung). — Alle drei
genannten Arbeiten enthalten ausführliche Literaturangaben. — Hingewiesen sei
hier auch noch auf folgende Arbeiten über Herzschall: KEIDEL, W. D.: Arch.
Kreislaufforschg. **17**, 72 (1951). — WALLACE, J. D., J. R. BROWN, D. H. LEWIS,
u. G. W. DEITZ: J. A. S. A. **29**, 9 (1957). — WALLACE, J. D., J. R. BROWN, D. H.
LEWIS, G. W. DEITZ. u. A. ERTUGRUL: ebdt. **31**, 712 (1959).
Zu diagnostischen Zwecken benutzt man auch durch Klopfen erregten Schall.
Über die physikalischen Fragen der „Perkussion" vgl. G. OBERHOFFER: Dtsch.
Arch. klin. Med. **203**, 201 (1956) (dort ausführliche Literaturangaben).

[3] Bezüglich Benennungen vgl. noch DIN 1311 (Schwingungslehre), 1317 (Normstimmton), 1320 (Allgemeine Benennungen in der Akustik), 5045 (DIN Lautstärken), 45510 (Schallaufnahme u. -wiedergabe), 45570 (Lautsprecher). 45590 (Elektroakustik, Mikrophone). — Über Benennungen in USA. vgl. Proc. Inst. Radio
Engrs. **39**, 509 (1951).

[4] Schall im Gebiet oberhalb 1000 MHz bezeichnet man meist als Hyperschall.

Klang(gemisch): Aus harmonischen Klängen mit Grundtönen beliebiger Frequenzen zusammengesetzter Schall.

Tongemisch: Aus Tönen beliebiger Frequenzen zusammengesetzter Schall.

Geräusch: Tongemisch, das sich aus sehr vielen Einzeltönen zusammensetzt, deren Frequenzdifferenzen überwiegend kleiner sind als die tiefsten hörbaren Töne (< 16 Hz).

Knall: Kurzzeitige Druckänderung (Schallstoß), vornehmlich von großer Schallstärke.

Lärm: Jede Art von Schall, der eine gewollte Schallaufnahme oder die Stille stört, auch Schall, der zu Belästigungen oder Gesundheitsstörungen führt.

Schallgeschwindigkeit: Ausbreitungsgeschwindigkeit einer Schallwelle.

Schallausschlag: Auslenkung eines schwingenden Teilchens aus der Ruhelage.

Schallschnelle: Wechselgeschwindigkeit eines schwingenden Teilchens.

Potential der Schallschnelle (Geschwindigkeitspotential): Funktion, deren Gradient die Schallschnelle ist.

Schalldruck: Durch die Schallschwingung hervorgerufener Wechseldruck.

Schallstrahlungsdruck: Gleichdruck in der Schallwelle an einer Trennfläche.

Schallfluß (Volumenschnelle): Produkt aus Schallschnelle und Querschnitt senkrecht zur Schwingungsrichtung.

Ergiebigkeit einer Schallquelle: Der Anteil des von der Quelle erzeugten Schallflusses, der für die Schallabstrahlung (Potential der Schallschnelle) maßgebend ist.

Schallenergie: Mechanische Energie in Form von Schall.

Schalleistung: Quotient Schallenergie durch Zeit.

Schallintensität (Schallstärke): Quotient Schalleistung durch Querschnitt senkrecht zur Schwingungsrichtung.

Schallenergiedichte: Räumliche Dichte der Schallenergie (Quotient Schallenergie durch Volumen).

Schalldruckpegel (Schallpegel): Zwanzigfacher Zehnerlogarithmus des Verhältnisses des effektiven Schalldrucks zu einem Bezugsschalldruck. Der Schalldruckpegel wird in Dezibel (dB) angegeben. Bei beliebigem Bezugsschalldruck handelt es sich um den relativen Schalldruckpegel (Schalldruckpegeldifferenz), beim Bezugsschalldruck

$$2 \cdot 10^{-5}\,\mathrm{N/m^2} = 2 \cdot 10^{-4}\,\mu\mathrm{bar}$$

um den absoluten Schalldruckpegel.

Lautstärke: Vergleichsmaß für die Stärke der Schallempfindung, gemessen in phon, entsprechend dem Pegel eines gleichlaut empfundenen Tons von 1000 Hz.

Lautheit: Stärke der Schallempfindung, ausgedrückt in sone.

Nachhallzeit: Zeit, in der die mittlere Schallenergiedichte in einem Raum auf den millionsten Teil abfällt. Praktisch wird an Stelle der Schallenergie im allgemeinen der Schalldruckpegel gemessen, und man bezeichnet dann als Nachhallzeit diejenige Zeit, in der der Schalldruckpegel um 60 dB abfällt.

Schallreflexionsfaktor: Verhältnis des Schalldrucks der reflektierten Welle zum Schalldruck der auftreffenden Welle. Der Schallreflexionsfaktor ist im allgemeinen komplex.

Schallreflexionsgrad: Verhältnis der reflektierten zur auftreffenden Schallintensität.

Schallabsorptionsgrad: Verhältnis der nichtreflektierten zur auftreffenden Schallintensität.

Äquivalente Absorptionsfläche (Absorptionsvermögen eines Raumes für Schall): Eine Fläche mit dem Schallabsorptionsgrad 1, die bei allseitig gleichmäßiger Schallverteilung unter Vernachlässigung der Randbeugung den gleichen Anteil der Schalleistung absorbieren würde wie die gesamte Oberfläche des Raumes und die in ihm befindlichen Gegenstände.

Schalltransmissionsgrad: Verhältnis der durchgelassenen zur auftreffenden Schallintensität.

Schallisolationsmaß: Der zehnfache Zehnerlogarithmus des reziproken Wertes des Transmissionsgrades. Das Schallisolationsmaß wird in Dezibel (dB) angegeben.

Mechanische Impedanz: Quotient Kraft durch Schnelle.

Akustische Impedanz: Quotient Schalldruck durch Schallfluß.

Spezifische Schallimpedanz: Quotient Schalldruck durch Schallschnelle.

Schallkennimpedanz: Quotient Schalldruck durch Schallschnelle in einer ebenen, fortschreitenden Welle. Wird die Reibung vernachlässigt, so ist die Schallkennimpedanz gleich dem Produkt aus Schallgeschwindigkeit und Dichte des Schallmediums.

Schallstrahlungsimpedanz: Quotient komplexe Leistung einer Schallquelle durch Quadrat ihrer Schnelle oder Wert, um den die mechanische Impedanz eines Schallstrahlers zunimmt infolge Schallabstrahlung, d. h. gegenüber dem Betrieb im Vakuum.

Schallstrahlungsresistanz: Realteil der Strahlungsimpedanz.

Schallstrahlungsreaktanz: Imaginärteil der Strahlungsimpedanz.

(Äußere) Strömungsresistanz: Quotient Druckdifferenz beiderseits einer Materialprobe durch Strömungsgeschwindigkeit, wenn durch die Materialschicht ein konstanter, gleichmäßiger Luftstrom hindurchfließt.

(Akustisch wirksame) Porosität: Verhältnis des akustisch wirksamen Luftvolumens in den Poren zum Gesamtkörpervolumen.

Richtungsfaktor: Absolutes Verhältnis des effektiven Schalldruckes $\tilde{p}$ im Fernfeld eines akustischen Senders oder der effektiven Spannung $\tilde{U}$ an einem elektroakustischen Aufnahmewandler unter einem räumlichen Winkel φ zu dem effektiven Schalldruck $\tilde{p}_0$ bzw. der effektiven Spannung $\tilde{U}_0$ in einer Bezugsrichtung, z. B. für $\varphi = 0$.

34. Formelzeichen

Benennung	Formelzeichen	Einheiten	
		CGS	MKS
Ortskoordinaten . . .	$x, y, z, (r)$	cm	m
Fläche	S	cm²	m²
Volumen	V	cm³	m³
Zeit	t	s	s
Zeitintervall	T	s	s
Frequenz	f	s⁻¹ = Hz (Hertz)	s⁻¹ = Hz
Kreisfrequenz	ω	s⁻¹	s⁻¹
Kraft	F	cm g s⁻² = dyn	m kg s⁻² = N (Newton)
Elastizitätsmodul . . .	E	cm⁻¹ g s⁻² = dyn cm⁻²	m⁻¹ kg s⁻² = N m⁻²
Adiabatische Kompressibilität . .	K	cm g⁻¹ s² = dyn⁻¹ cm²	N⁻¹ m² = m kg⁻¹ s²
Poissonsche Zahl . . .	μ		
Masse	m	g	kg
Dichte	ϱ	cm⁻³ g	m⁻³ kg
Steifigkeit (Direktionskraft) . .	s	g s⁻² = dyn cm⁻¹	kg s⁻² = N m⁻¹
Reibungsresistanz . . .	r	g s⁻¹ = dyn cm⁻¹ s	kg s⁻¹ = N m⁻¹ s
Reibungsresistanz im Drehschwingungssystem	R	cm² g s⁻¹	m² kg s⁻¹
Mechanische Impedanz.	Z_m	g s⁻¹ = dyn s cm⁻¹ (mech. Ohm)	kg s⁻¹ = N m⁻¹ s
Abklingkonstante . . .	δ	s⁻¹	s⁻¹
Logarithmisches Dekrement	Λ		

Formelzeichen (Fortsetzung)

Benennung	Formelzeichen	Einheiten	
		CGS	MKS
Energie	E	$cm^2\ g\ s^{-2} = erg$	$m^2\ kg\ s^{-2} = N\ m$ (Joule)
Kinetische Energie . .	T	$cm^2\ g\ s^{-2} = erg$	$m^2\ kg\ s^{-2} = N\ m$
Potentielle Energie . .	U	$cm^2\ g\ s^{-2} = erg$	$m^2\ kg\ s^{-2} = N\ m$
Flächenträgheitsmoment	I	cm^4	m^4
Massenträgheitsmoment	J	$cm^2\ g$	$m^2\ kg$
Moment einer Kraft .	M	$cm^2\ g\ s^{-2} = dyn\ cm$	$m^2\ kg\ s^{-2} = N\ m$
Direktionsmoment . . .	D	$cm^2\ g\ s^{-2}\ rad^{-1}$	$m^2\ kg\ s^{-2}\ rad^{-1}$
Schalldruck	p	$cm^{-1}\ g\ s^{-2}$ $= dyn\ cm^{-2}$ $= \mu bar$	$m^{-1}\ kg\ s^{-2}$ $= N\ m^{-2}$
Atmosphärischer Druck .	P_0	$bar = 10^{\ 6}\ \mu bar$	$N\ m^{-2}$
Schallstrahlungsdruck .	Π	$cm^{-1}\ g\ s^{-2}$ $= dyn\ cm^{-2}$ $= \mu bar$	$m^{-1}\ kg\ s^{-2}$ $= N\ m^{-2}$
Schallgeschwindigkeit .	c	$cm\ s^{-1}$	$m\ s^{-1}$
Schallfluß	q	$cm^3\ s^{-1}$	$m^3\ s^{-1}$
Verschiebungsvolumen .	ΔV	cm^3	m^3
Ergiebigkeit einer Schallquelle	A	$cm^3\ s^{-1}$	$m^3\ s^{-1}$
Potential der Schall- schnelle	Φ	$cm^2\ s^{-1}$	$m^2\ s^{-1}$
Schalleistung	P	$cm^2\ g\ s^{-3}$ $= erg\ s^{-1}$	$m^2\ kg\ s^{-3}$ $= Joule\ s^{-1}$ $= Watt$
Schallintensität	J	$g\ s^{-3}$ $= erg\ cm^{-2}\ s^{-1}$	$kg\ s^{-3}$ $= Joule\ m^{-2}\ s^{-1}$ $= Watt\ m^{-2}$
Schallenergiedichte . . .	E_R	$cm^{-1}\ g\ s^{-2}$ $= erg\ cm^{-3}$	$m^{-1}\ kg\ s^{-2}$ $= Joule\ m^{-3}$ $= Watt\ m^{-3}\ s$
Verhältnis der spezifi- schen Wärmen c_p/c_v .	$\varkappa$		
Dämpfungskonstante . .	α	cm^{-1}	m^{-1}
Phasenkonstante . . .	β	$rad\ cm^{-1}$	$rad\ m^{-1}$
Ausbreitungskonstante .	γ	cm^{-1}	m^{-1}

34*

Formelzeichen (Fortsetzung)

Benennung	Formelzeichen	Einheiten	
		CGS	MKS
Wellenlänge	λ	cm	m
Spezifische Schallimpedanz	W	cm^{-2} g s^{-1} (Rayl)	m^{-2} kg s^{-1} $= N\ m^{-3}$ s
Akustische Impedanz	Z	cm^{-4} g $s^{-1} = \mu$ bar cm^{-3} s (ak. Ohm)	m^{-4} kg s^{-1} $= N\ m^{-5}$ s
Schallkennimpedanz	W_0	cm^{-2} g $s^{-1} = \mu$ bar s cm^{-1} (Rayl)	m^{-2} kg s^{-1} $= N\ m^{-3}$ s
Schallstrahlungsimpedanz	w_r	g $s^{-1} =$ dyn s cm^{-1}	kg $s^{-1} = N\ m^{-1}$ s
Schallstrahlungsresistanz	r_s, r_{str}	g $s^{-1} =$ dyn s cm^{-1}	kg $s^{-1} = N\ m^{-1}$ s
Mitschwingende Mediummasse	m_s	g	kg
Lautheit	N	(sone)	(sone)
Lautstärke	Λ	(phon)	(phon)
Schalldruckpegel	L	(dB)	(dB)
Schallpegeldifferenz	ΔL	(dB)	(dB)
Schallreflektionsfaktor	k_r		
Schallreflexionsgrad	ϱ		
Schallabsorptionsgrad	α		
Schalltransmissionsgrad	τ		
Nachhallzeit	T	s	s

		MKSA-System	Gemischte Einheiten
Elektroakustischer Übertragungsfaktor	B		
für Empfänger	B_E	V$/\mu$ bar	V m^2/N
für Sender	B_S	μ bar/V	N/V m^2
Wirkungsgrad	η		
Schallabsorptionsvermögen	A	m^2	

Umrechnungsfaktoren ;

$$1\ \text{dyn} = 10^{-5}\ \text{Newton}$$
$$1\ \text{bar} = 10^6\ \text{dyn cm}^{-2} = 10^5\ \text{N m}^{-2}$$
$$1\ \mu\text{bar} = 1\ \text{dyn cm}^{-2} = 10^{-1}\ \text{N m}^{-2}$$
$$1\ \text{erg} = 10^{-7}\ \text{Joule}$$
$$1\ \text{erg s}^{-1} = 10^{-7}\ \text{Watt}$$
$$1\ \text{Rayl} = 10\ \text{N s m}^{-3}$$

35. Zusammenstellung praktisch wichtiger akustischer Formeln [1]

1. Schallgeschwindigkeit c [m s^{-1}].

a) in Gasen $c = \sqrt{\dfrac{1}{K \varrho_0}} = \sqrt{\dfrac{\varkappa P_0}{\varrho_0}}$,

$K =$ (adiabatische) Kompressibilität,

$\varkappa = c_p/c_v =$ Verhältnis der spezifischen Wärmen,

$P_0 =$ Gasdruck im Gleichgewichtszustand,

$\varrho_0 =$ Dichte.

b) in Flüssigkeiten $c = \sqrt{\dfrac{1}{K \varrho_0}}$.

c) in unendlich ausgedehnten festen elastischen Körpern.

α) Longitudinale Wellen $c_{\text{long}} = \sqrt{\dfrac{E(1-\mu)}{\varrho_0(1-\mu-2\,\mu^2)}}$,

$E =$ (dynamischer) Elastizitätsmodul,

$\mu =$ Poissonsche Konstante der Querkontraktion,

$\varrho_0 =$ Dichte.

β) Transversale Wellen $c_{\text{trans}} = \sqrt{\dfrac{E}{2(1+\mu)\,\varrho_0}} = \sqrt{\dfrac{F}{\varrho_0}}$,

$F =$ Torsionsmodul.

d) in Stäben.

α) Longitudinale Wellen $c_{\text{long stab}} = \sqrt{\dfrac{E}{\varrho_0}}$.

β) Biegungswellen $c_{\text{bieg Stab}} = \dfrac{2\,\pi}{\lambda} \sqrt{\dfrac{E \cdot I}{\varrho_0 \cdot q}}$,

$\lambda =$ Wellenlänge,

$I =$ Flächenträgheitsmoment,

$q =$ Querschnitt.

---

[1] Es sei hier auch noch auf eine Zusammenstellung „Praktische Tabellen für die technische Akustik" hingewiesen, welche G. H. Domsch im Arch. techn. Messen V 50—2, Febr. 1937 gegeben hat. Einige der in obenstehender Zusammenstellung gebrachten Angaben wurden diesen Tabellen entnommen.

Bei rechteckigem Stabquerschnitt, Breite b, Dicke d,

Schwingungsrichtung parallel zu b wird: $c_{\text{bieg}\,\square} = \dfrac{\pi \cdot d}{\lambda} \sqrt{\dfrac{E}{3\varrho_0}}$.

Bei kreisförmigem Querschnitt, Radius r: $c_{\text{bieg}\,\odot} = \dfrac{\pi \cdot r}{\lambda} \sqrt{\dfrac{E}{\varrho_0}}$.

e) in gespannten Saiten $c_{\text{Saite}} = \sqrt{\dfrac{P}{\varrho_0}}$,

$P = $ Spannung der Saite je Flächeneinheit.

2. Schalldruck p [kg m^{-1} s^{-2} = Nm^{-2}],

    Schnelle v [m s^{-1}],

    Ausschlag a [m],

    Schallkennimpedanz W_0 [kg m^{-2} s^{-1}],

    Akustische Impedanz Z [kg m^{-4} s^{-1}],

    Mechanische Impedanz Z_m [kg s^{-1}].

$$\left.\begin{aligned} p_{\text{eff}} &= \frac{p}{\sqrt{2}} \\ v_{\text{eff}} &= \frac{v}{\sqrt{2}} \end{aligned}\right\} \text{ für Sinuswellen},$$

$$p = v \cdot W_0,$$

$$v = p/W_0,$$

$$a = \frac{v}{\omega} = \frac{p}{\omega\,W_0},$$

$$W_0 = \varrho_0 \cdot c \cdot \cos\varphi.$$

Für ebene Wellen wird $\alpha = 0^\circ$ und $\cos\varphi = 1$.

Für Kugelwellen wird $\operatorname{tg}\varphi = \dfrac{\lambda}{2\,\pi\,r}$, wobei r die Entfernung des Aufpunktes von der Quelle bedeutet.

$$Z = \frac{p}{v \cdot S},$$

$$Z_m = \frac{p \cdot S}{v}, \text{ wobei } S \text{ den Querschnitt bedeutet.}$$

Für die mechanische Impedanz eines aus einer Masse und einer Federung zusammengesetzten mechanischen Schwingungskreises mit der

Kraftgleichung $m \dfrac{d^2x}{dt^2} + r \dfrac{dx}{dt} + s\,x = F_0 \cos \omega\, t$, gilt

$$Z_m = r + j\,(m\,\omega - s/\omega),$$

$$|Z_m| = \sqrt{r^2 + (m\,\omega - s/\omega)^2},$$

$$\operatorname{tg} \varphi = \frac{m\,\omega - s/\omega}{r}.$$

3. Schallintensität J $[\mathrm{kg\,s^{-3}} = \mathrm{Nm^{-1}\,s^{-1}} = \mathrm{Watt/m^2}]$

   Schallenergiedichte (bei stehenden Wellen)

   E_R $[\mathrm{kg\,m^{-1}\,s^{-2}} = \mathrm{Nm^2} = \mathrm{Watt\,s/m^3}]$

   Schalleistung P $[\mathrm{kg\,m^2\,s^{-3}} = \mathrm{Nm\,s^{-1}} = \mathrm{Watt}]$

$$J = \frac{p \cdot v}{2} \cdot \cos \varphi = p_{\text{eff}} \cdot v_{\text{eff}} \cdot \cos \varphi$$

$$= \frac{1}{2}\, v^2\, W_0 \cos \varphi = v_{\text{eff}}^2\, W_0 \cdot \cos \varphi$$

$$= \frac{1}{2}\, v^2\, \varrho_0 \cdot c \cdot \cos^2 \varphi = v_{\text{eff}}^2 \cdot \varrho_0 \cdot c \cos^2 \varphi$$

$$= \frac{1}{2}\, \frac{p^2}{W_0} \cos \varphi = \frac{p^2}{2\,\varrho_0 \cdot c} = \frac{p_{\text{eff}}^2}{\varrho_0 \cdot c},$$

$$E_R = J/c,$$

$$P = \oint J\, dS.$$

4. Strahlungsresistanz r_{str} $[\mathrm{kg\,s^{-1}}]$

   Mitschwingende Masse m_s $[\mathrm{kg}]$

   Abgestrahlte Leistung P_{str} $[\mathrm{kg\,m^2\,s^{-3}} = \mathrm{Nm\,s^{-1}} = \mathrm{Watt}]$

   $$P_{\text{str}} = r_{\text{str}} \cdot v^2/_2 = r_{\text{str}} \cdot v_{\text{eff}}^2.$$

   a) Für den Kugelstrahler nullter Ordnung (atmende Kugel)

   $$r_{\text{str}} = \frac{4\,\pi\,R_0^2\,c \cdot \varrho_0}{1 + \left(\dfrac{\lambda}{2\,\pi\,R_0}\right)^2}$$

   $$m_s = 4\,\pi\,R_0^3\,\varrho_0 \frac{1}{1 + \left(\dfrac{2\,\pi\,R_0}{\lambda}\right)^2},$$

   $R_0 = $ Radius der atmenden Kugel.

1. Spezialfall $(\lambda \gg 2\,\pi\,R_0)$,

$$r_{\mathrm{str}} = \frac{4\,\pi\,R_0^4\,\varrho_0\,\omega^2}{c}\,,$$

$$m_s = 4\,\pi\,R_0^3\,\varrho_0\,.$$

2. Spezialfall $(\lambda \ll 2\,\pi\,R_0)$,

$$r_{\mathrm{str}} = 4\,\pi\,R_0^2\,\varrho_0 \cdot c\,,$$

$$m_s = 0\,.$$

b) Für den Kugelstrahler erster Ordnung

$$r_{\mathrm{str}} = \frac{\dfrac{4\,\pi}{3}\,\varrho_0\,R_0^3\,\omega\left(\dfrac{2\,\pi\,R_0}{\lambda}\right)^3}{4 + \left(\dfrac{2\,\pi\,R_0}{\lambda}\right)^4}\,,$$

$$m_s = \frac{4\,\pi}{3}\,R_0^3\,\varrho_0\,\frac{2 + \left(\dfrac{2\,\pi\,R_0}{\lambda}\right)^2}{4 + \left(\dfrac{2\,\pi\,R_0}{\lambda}\right)^4}\,.$$

1. Spezialfall $(\lambda \gg 2\,\pi\,R_0)$,

$$r_{\mathrm{str}} = \frac{\pi\,\varrho_0\,R_0^6\,\omega^4}{3\,c^3}\,,$$

$$m_s = \frac{2\,\pi}{3}\,R_0^3\,\varrho_0\,.$$

2. Spezialfall $(\lambda \ll 2\,\pi\,R_0)$,

$$r_{\mathrm{str}} = \frac{4}{3}\,\pi\,R_0^2\,\varrho_0 \cdot c\,,$$

$$m_s = 0\,.$$

c) Kolbenmembran (vom Radius R_0) in unendlich ausgedehnter starrer Wand, einseitig strahlend

$$r_{\mathrm{str}} = \varrho_0 \cdot c \cdot \pi\,R_0^2\,h(y)\,,$$

$$y = \frac{4\,\pi\,R_0}{\lambda} \qquad h(y) = 1 - \frac{2\,J_1(y)}{y}\,,$$

$J_1(y) = $ BESSELsche Funktion erster Ordnung,

$$m_s = \frac{8}{3}\,\varrho_0\,R_0^3\,g(y)\,,$$

$$g(y) = \frac{3\,\pi}{2}\,\frac{K_1(y)}{y^3}\,,$$

$$K_1(y) = \frac{2}{\pi}\left(\frac{y^3}{1^2 \cdot 3} - \frac{y^5}{1^2 \cdot 3^2 \cdot 5} + \frac{y^7}{1^2 \cdot 3^2 \cdot 5^2 \cdot 7} - \cdots\right).$$

1. Spezialfall $(\lambda \gg 2\,\pi\,R_0)$,

$$r_{\text{str}} = \frac{\varrho_0\,\pi\,R_0^4\,\omega^2}{c}\,,$$

$$m_s = \frac{8}{3}\,\varrho_0\,R_0^3\,.$$

2. Spezialfall $(\lambda \ll 2\,\pi\,R_0)$,

$$r_{\text{str}} = \pi\,R_0^2\,\varrho_0 \cdot c\,,$$

$$m_s = 0\,.$$

d) **Für Konustrichter** $r_{\text{str}} = \varrho_0 \cdot c \cdot S_1 \dfrac{\left(\dfrac{2\,\pi\,x_1}{\lambda}\right)^2}{1+\left(\dfrac{2\,\pi\,x_1}{\lambda}\right)^2}\,.$

$S_1 =$ Fläche der in der Entfernung x_1 von der Konusspitze eingebauten schallstrahlenden Kolbenmembran.

e) **Für Exponentialtrichter von der Form** $S/S_1 = e^{m\,x}$,

$$r_{\text{str}} = \varrho_0 \cdot c\,S_1 \sqrt{1 - \frac{m^2\,c^2}{4\,\omega^2}}\,,$$

$S_1 =$ Fläche der am Trichteranfang eingebauten schallstrahlenden Kolbenmembran.

Für die untere Grenzfrequenz des Exponentialtrichters gilt

$$\omega_g = m \cdot \frac{c}{2}\,, \quad f_g = \frac{m \cdot c}{4\,\pi}\,.$$

5. **Eigenschwingung des** Helmholtz-**Resonators** f_0 [s^{-1}],

$$f_0 = \frac{c}{2\,\pi} \sqrt{\frac{\pi\,R^2}{V(l + R\,\pi/2)}}\,.$$

$V =$ Volumen des Resonatorhohlraumes,

$l =$ Länge des Halses,

$R =$ Radius des Halses.

Für Luft von 20° C und 760 Torr gilt

$$f_0/\text{Hz} = 9680 \sqrt{\frac{(R/\text{cm})^2}{V/\text{cm}^3\,(l/\text{cm} + R/\text{cm}\,\pi/2)}}$$

$$= 96{,}8 \sqrt{\frac{(R/\text{m})^2}{V/\text{m}^3\,(l/\text{m} + R/\text{m}\,\pi/2)}}\,.$$

Bei verschwindend kleiner Länge des Halses wird

$$f_0 = \frac{c}{2\pi}\sqrt{\frac{2R}{V}},$$

$$f_0/\text{Hz} = 7720\sqrt{\frac{R/\text{cm}}{V/\text{cm}^3}} = 77{,}2\sqrt{\frac{R/\text{m}}{V/\text{m}^3}}.$$

6. Nachhallzeit T [s].

Schallabsorptionsvermögen A.
Absorptionsgrad α.

$$A = \alpha \cdot S,$$

$$T = 13{,}8\,\frac{4V}{A\cdot c} = 13{,}8\,\frac{4V}{\alpha\cdot S\cdot c},$$

V = Raumvolumen [m³],

S = Fläche der Raumbegrenzungen [m²].

c = Schallgeschwindigkeit [ms⁻¹]

Für Luft von 20° C und 760 Torr gilt $T/s = 0{,}161\,\dfrac{V/\text{m}^3}{\alpha\,S/\text{m}^2}$.
Effektiver Schalldruck in geschlossenem Raum von der Nachhallzeit T und der Schallquellenleistung P:

$$p_{\text{eff}}/N/m^2 = 101{,}5\sqrt{\frac{T/\text{s}\ P/\text{Watt}}{V/\text{m}^3}},$$

$$p_{\text{eff}}/\mu\text{b} = 1015\sqrt{\frac{T/\text{s}\ P/\text{Watt}}{V/\text{m}^3}}.$$

Schalleistung in geschlossenem Raum von der Nachhalldauer T beim effektiven Schalldruck p_{eff}:

$$P/\text{Watt} = 0{,}97\cdot 10^{-4}\,\frac{(p_{\text{eff}}/N/m^2)^2\,V/m^3}{T/\text{s}}.$$

Schallenergiedichte in geschlossenem Raum von der Nachhallzeit T und der Schallquellenleistung P:

$$E_R/\text{Watt s/m}^3 = 7{,}25\cdot 10^{-2}\,\frac{P/\text{Watt}\ T/\text{s}}{V/\text{m}^3}.$$

36. Entsprechungen zwischen mechanischen und elektrischen Schwingungssystemen [1]

Tabelle 40

Mechanisches translatorisches System		Mechanisches Drehschwingsystem	
Benennung	MKS-Einheit	Benennung	MSK-Einheit
Kraft $F = s\,x$	N	Drehmoment $M - D \cdot \xi$	$\dfrac{m^2\,kg}{sec^2}$
Schnelle $v = \dfrac{dx}{dt}$	$\dfrac{m}{sec}$	Winkelgeschwindigkeit $\omega = \dfrac{d\xi}{dt}$	$\dfrac{1}{sec}$
Weg x	m	Winkel ξ	—
Direktionskraft s	$\dfrac{kg}{sec^2}$	Direktionsmoment D	$\dfrac{m^2\,kg}{sec^2}$
Masse m	kg	Massenträgheitsmoment J	$m^2\,kg$
Mechanische Resistanz r	$\dfrac{kg}{sec}$	Mechanische Resistanz R	$\dfrac{m^2\,kg}{sec}$
Konstanten des mechanischen Parallelkreises:		Konstanten des mechanischen Parallelkreises:	
Dämpfungskonstante $\dfrac{r}{2 \cdot m}$	$\dfrac{1}{sec}$	Dämpfungskonstante $\dfrac{R}{2 \cdot J}$	$\dfrac{1}{sec}$
Logarithmisches Dekrement $$\Lambda \cong \pi \dfrac{r}{\sqrt{m \cdot s}}$$	—	Logarithmisches Dekrement $$\Lambda \cong \pi \dfrac{R}{\sqrt{J \cdot D}}$$	—
Schwingungsdauer der gedämpften Schwingung $$\overline{T} = \dfrac{2\,\pi}{\sqrt{\dfrac{s}{m} - \left(\dfrac{r}{2\,m}\right)^2}}$$	sec	Schwingungsdauer der gedämpften Schwingung $$\overline{T} = \dfrac{2\,\pi}{\sqrt{\dfrac{D}{J} - \left(\dfrac{R}{2\,J}\right)^2}}$$	sec

[1] Ausgearbeitet von G. SESSLER.

Anmerkungen zur Tabelle 40:

Anm. 1. Die 2. Analogie entspricht in allen Punkten dem elektrischen System. Zwar entspricht der elektrischen Impedanz die reziproke mechanische Impedanz. Dies liegt jedoch nur an der Definition der Letzteren. Sie hätte genau so reziprok definiert werden können.

Die oft zugunsten der 1. Analogie angeführten Kausalitätsbetrachtungen (Spannung bzw. Kraft sind Ursachen von Strom bzw. Schnelle) sind nicht richtig, da die angegebene Richtung der Kausalzusammenhänge nicht bewiesen werden kann.

Anm. 2. Strom und Kraft beziehen sich immer auf einen bestimmten Querschnitt („Querschnittsgrößen"). Spannung und Schnelle sind jeweils zwischen zwei Punkten vorhanden („Potentialgrößen").

Tabelle 41

Elektrisches System	Mechanisches translatorisches System	
	1. Analogie	2. Analogie
	Die „primären" Größen (Ursachen) Spannung und Kraft und die „sekundären" Größen (Wirkungen) Strom und Schnelle werden in Analogie gesetzt. (Siehe Anmerkung 1 über Kausalitätsbetrachtungen)	Die „Querschnittsgrößen" Strom und Kraft und die „Potentialgrößen" Spannung und Schnelle werden in Analogie gesetzt. (Siehe Anmerkungen 1 und 2)

Dann entsprechen sich die Differentialgleichungen

$$L\frac{dI}{dt} + R\cdot I + \frac{1}{C}\int I\,dt = U \qquad\qquad m\frac{dv}{dt} + r\cdot v + s\int v\,dt = F \qquad\qquad \frac{1}{s}\frac{dF}{dt} + \frac{F}{r} + \frac{1}{m}\int F\,dt = v$$

$$\frac{1}{L}\int U\,dt + \frac{U}{R} + C\frac{dU}{dt} = I \qquad\qquad \frac{1}{m}\int F\,dt + \frac{F}{r} + \frac{1}{s}\frac{dF}{dt} = v \qquad\qquad s\int v\,dt + r\cdot v + m\frac{dv}{dt} = F$$

Aus diesen folgt:

1. Es entsprechen sich die Schaltungsarten

| Serienschaltung | Parallelschaltung | Serienschaltung |
| Parallelschaltung | Serienschaltung | Parallelschaltung |

2. Es entsprechen sich die Gleichungen

$$U = I\cdot Z \qquad\qquad F = v\cdot Z_m \qquad\qquad v = F\frac{1}{Z_m}$$

Die Gleichung $F = v\cdot Z_m$ dient zur Definition der mechanischen Impedanz
Daher entsprechen sich (siehe auch unten)

| Elektrische Impedanz | mechanische Impedanz | reziproke mechanische Impedanz |

3. Die Gesamtimpedanz Z bzw. Z_m ist bei

| Serienschaltung von $Z_1, Z_2, \ldots$ | Parallelschaltung von $Z_{m1}, Z_{m2}, \ldots$ | Serienschaltung von $Z_{m1}, Z_{m2}, \ldots$ |

bestimmt durch

$$Z = Z_1 + Z_2 + \cdots \qquad\qquad Z_m = Z_{m1} + Z_{m2} + \cdots \qquad\qquad \frac{1}{Z_m} = \frac{1}{Z_{m1}} + \frac{1}{Z_{m2}} + \cdots$$

4. Es entsprechen sich die Größen

Benennung	Prakt. Einheit	Benennung	MKS-Einheit	Benennung	MKS-Einheit
Spannung U	Volt	Kraft F	N	Schnelle v	$\dfrac{\text{m}}{\text{sec}}$
Stromstärke I	Ampere	Schnelle v	$\dfrac{\text{m}}{\text{sec}}$	Kraft F	N
Ladung q	Coulomb	Weg x	m	Impuls	N sec
Kapazität C	Farad	Reziproke Direktionskraft $1/s$ (z. B. einer Feder)	$\dfrac{\text{sec}^2}{\text{kg}}$	Masse m	kg
Induktivität L	Henry	Masse m	kg	Reziproke Direktionskraft $1/s$	$\dfrac{\text{sec}^2}{\text{kg}}$
Resistanz X (Ohmscher Widerstand R) Reaktanz Y einer Kapazität $\dfrac{1}{\omega C}$ einer Induktivität ωL Impedanz Z	Ohm	Mechanische Resistanz r (Reibungs-, Strahlungsresistanz usw.) Mechanische Reaktanz einer Feder $\dfrac{1}{\omega \cdot 1/s}$ einer Masse $\omega \cdot m$ Mechanische Impedanz Z_m	$\dfrac{N\,\text{sec}}{\text{m}}$ $=\dfrac{\text{kg}}{\text{sec}}$	Reziproke mechanische Resistanz $1/r$ Reziproke mechanische Reaktanz einer Masse $\dfrac{1}{\omega \cdot m}$ einer Feder $\omega \cdot 1/s$ Reziproke mechanische Impedanz $1/Z_m$	$\dfrac{\text{m}}{N\,\text{sec}}$ $=\dfrac{\text{sec}}{\text{kg}}$
Konstanten des Serienkreises: Dämpfungskonstante $\dfrac{R}{2 \cdot L}$	$\dfrac{1}{\text{sec}}$	Konstanten des Parallelkreises: Dämpfungskonstante $\dfrac{r}{2m}$	$\dfrac{1}{\text{sec}}$	Konstanten des Serienkreises: Dämpfungskonstante $\dfrac{s}{2 \cdot r}$	$\dfrac{1}{\text{sec}}$
Logarithmisches Dekrement $\Lambda \cong \pi R \sqrt{\dfrac{C}{L}}$	—	Logarithmisches Dekrement $\Lambda \cong \pi \dfrac{r}{\sqrt{m \cdot s}}$	—	Logarithmisches Dekrement $\Lambda \cong \pi \dfrac{\sqrt{m \cdot s}}{r}$	—
Schwingungsdauer der gedämpften Schwingung $\overline{T} = \dfrac{2\pi}{\sqrt{\dfrac{1}{LC} - \left(\dfrac{R}{2 \cdot L}\right)^2}}$	sec	Schwingungsdauer der gedämpften Schwingung $\overline{T} = \dfrac{2\pi}{\sqrt{\dfrac{s}{m} - \left(\dfrac{r}{2m}\right)^2}}$	sec	Schwingungsdauer der gedämpften Schwingung $\overline{T} = \dfrac{2\pi}{\sqrt{\dfrac{s}{m} - \left(\dfrac{s}{2r}\right)^2}}$	sec

Sachverzeichnis